개정증보2판 6쇄 인쇄 | 2024년 10월 1일
개정증보2판 1쇄 발행 | 2023년 12월 16일

지은이 | 이정기, 타블라라사 편집팀
펴낸곳 | (주)타블라라사
컨텐츠 담당 | 홍경진, 윤지혜, 윤선영, 김수경, 엄연희, 이경미, 김아름, 김지영, 변계숙, 우예진, 윤강희, 김현정
편집디자인 | 홍경진
표지디자인 | KUSH

출판등록 | 2016년 8월 10일(제 2019-000011호)
이메일 | quiz94@naver.com
홈페이지 | http://aidenmapstore.com

*값과 ISBN은 뒤표지에 있습니다.
*잘못된 책은 구입한 서점에서 바꾸어 드립니다.
*본 도서에 대한 문의사항은 이메일을 통해 받고 있습니다.

에이든
국내여행
가이드북

2024
＼2025

들어가며.....

오랜 시간이 걸려 340 페이지가 추가된 총 864페이지의 거대한 개정 증보 2판을 출간하게 되었다. 기존 524페이지로는 전국을 담기 어려웠다. 과거 십여 년 전보다 최근 몇 년간 생긴 여행지와 가볼 만한 곳들이 훨씬 많은 것 같다. 그만큼 여행지는 많아졌고 다양해졌다. 아이러니 하게도 코로나바이러스는 국내 여행지들이 더 많이 생기게 된 원인이 된건 아닌지 생각해본다.

2022년 본 도서 이전 판인 "에이든 국내여행 가이드북 개정증보판"은 **교보문고 여행 부문 연간 베스트셀러 1위**에 올랐다. 또한 2022년 **예스24 올해의 책 100권** 안에 올랐다. 굉장히 영광스러운 일이 아닐 수 없다.

타블라라사 출판사는 여행 가이드북을 만드는 출판사이지만 여행 지도를 전문적으로 만드는 지도 회사이기도 하다. 그래서 다양한 여행지도 들을 잘게 쪼개서 가득 담았다. 이는 타블라라사만 할 수 있는 것으로 어느 여행가이드북 도서와 비교해 보아도 차별점이 될 것이다. **지도로 여행지를 검색하고 루트를 고려해 보는 국내 여행자라면 무조건 타블라라사의 가이드북을 고를 것이다.**

역시 개정 증보 2판을 준비하면서, 종이책을 통한 여행서 출간이 어떤 의미가 있을지 많은 생각을 했다. **"종이책은 필요한가?"**라는 원초적인 질문은 언제나 편집자의 머릿속에 가득했다. 기존의 여행 가이드북이 잡지처럼 과도한 감성 스토리와 수식어구로 여행자에게 혼돈을 주고 있진 않은지, 너무 깊은 접근으로 내용이 많아져 전국의 여행지를 두루두루 담지 못한 것은 아닌지. 더 고민하게 되었다.

서점에서 이 책을 들추고 있을 독자분들의 목적은 '국내 여행 가볼 만한 곳'을 쉽게 찾기 위해서 일 것이다. **가볼 만한 곳은 쉽게 찾아지지 않는다.** 내 마음을 움직여야 하는 데 그 마음을 움직이기 위해서는 여행지 사이의 동선과 주변 맛집 그리고 '끌림'이 존재 해야 한다. "에이든 국내여행 가이드북 개정 증보 2판"은 그 모든 것을 담았다. 첫째, 어디 갈지 여행지를 고르고 둘째, 여행 일정에 맞춰 동선을 확인해 가며 여행지의 순서를 정하고 셋째, 동선에 맞는 맛집과 카페를 선택해 가장 즐거운 여행이 되도록 만드는 것을 도우면 된다. 그리고 넷째, 그 지역에 가면 꼭 먹어봐야 하는 음식 또는 제철 음식을 추천하거나 최근 뜨고 있는 핫스팟과 사 올 만한 것들 추천해 주고 있다.

여행스팟이 2,500여개나 되고, 삽입되어 있는 지도 위의 스팟 3,500개에서 여행지를 고를 수 있도록 제공하고, 이와 연결된 정보가 가득 담긴 지도 60여 장이 삽입되어 있다. 오지를 탐험하는 특별한 여행자 몇을 제외하면 인터넷이 없어도 누구라도 이 정도의 정보만으로 여행지를 고를 수 있도록 만들어 두었다. 인스타그램, 네이버를 검색하지 않아도 된다. 모두다 검색 검토해서 반영해 놓았다.

'에이든 가이드북 시리즈'는 지도 전문 기업이 만드는 만큼 자세한 '지도'들이 많이 삽입되어 있다. **별 고민 없이 지도만 보아도 여행 계획이 세워지는 그런 '쉬움'**을 만드는 것이 우리의 목적이다. 또한 이런 점들이 타블라라사에서 만드는 여행 도서의 차별점이라 생각한다. '에이든 국내여행 가이드북 개정 증보 2판'은 여행 에세이가 아니다. 감성을 끌어내리고 **'억지 노력'** 하지 않는다. 많은 여행 가이드북들이 자신만의 여행 스토리나 여행 코스를 알려주려고 노력하지만 우리는 코스를 만들어 제시하지 않는다. 왜냐하면 가이드북에서 가지고 있는 콘텐츠만으로 자연스레 계획을 세울 수 있도록 하기 때문이다.

중구난방 출판되는 여행 도서 속에서 여행 가이드북은 여행자의 든든한 조언자 역할을 해야 한다. 인터넷에서 웬만한 정보는 다 찾을 수 있음에도 불구하고 책을 구입하는 이유는 요약된 정보가 시간을 절약해 주기 때문일 것이다. 정확한 정보를 찾아 알맞게 요점을 정리해 놓은 가이드북은 여행자들의 소중한 시간을 절약해 준다. 인터넷으로만 여행을 계획한다면 넘쳐나는 '과도한 정보와 광고'로 인하여 계획에 피로도가 매우 심하다.

타블라라사 출판사에서 이렇게 도서를 만들 수 있는 이유가 있다. 다른 출판사에서는 절대 따라 할 수 없는 구조적 이유이기도 하다. 타블라라사에서는 외부 저자를 섭외하여 책을 만들지 않는다. 17년 차 여행 콘텐츠 전문가인 대표부터 전 직원이 전국을 돌고 촬영하고 편집과정에 참여한다. 그러면서 초판, 개정증보판, 개정 증보 2판으로 발전되어 업그레이드 되고 있다. 또한 외부 여행자들의 사진을 포함한 정보와 의견도 최대한 반영하고 독자들의 의견도 최대한 반영을 한다. 이렇게 만들어야 최대한 객관적 정보에 접근할 수 있다고 생각했다. 우리나라에 타블라라사 이외에 이렇게 콘텐츠를 직접 제작하는 출판사는 없다.

여행 떠날 그날을 기약하며 어디를 어떻게 돌아볼지 계획하는 그 순간부터 이미 설레는 여행은 시작된다. 그 여행 계획의 시간이 복잡하고 힘든 시간이 되지 않도록 '에이든 국내여행 가이드북 개정증보2판'이 여러분을 도와줄 것이다.

2023년 11월 타블라라사 이정기

JK.lee

가이드북 사용법

01 테마에서 컨셉잡기

다양한 테마로 여행컨셉을 구성할 수 있도록 꾸며놓았습니다.

꽃/식물 지도, 액티비티 지도, 전국 유명 카페, 감성 숙소, 감성 리조트, 역사여행지, 빵지순례 등 다양한 컨셉의 테마를 보시고 컨셉을 잡아보세요

어디를 어떤 컨셉으로 가야할지 감을 잡는게 우선입니다.

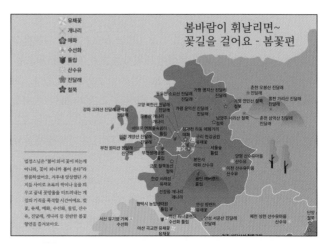

02 도별 먹거리 찾기

1번 테마에서 컨셉을 잡고 가고자하는 행정구역 '도/광역시/특별시'를 골랐다면, 예를 들어 강원도라면(강원특별자치도 줄임)

· 강원도 먹거리
· 강원도에서 살만한 것들
· 강원도 BEST 맛집

등을 추천 받을 수 있다. 먹을 메뉴를 고르고 맛집을 추천받고, 돌아오면서 살만한 것들을 고르는것 자체가 행복한 여행을 만드는데 중요한 요소이다

강력추천

2022년 교보문고 여행 부문 연간 베스트셀러 1위

2022년 예스24 올해의 책 100권 후보작 선정

강원도의 먹거리

황기족발 | 원주시

황기를 넣고 삶은 황기족발은 원주를 대표하는 명물 먹거리다. 한방 향이 족발 특유의 느끼함을 잡아준다.

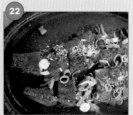

용대리황태구이 | 인제군 용대리

용대리 황태 덕장은 전국 황태 생산의 70%를 차지한다. 황태구이는 황태에 고추장 양념을 발라 구운 요리로 뽀얀 황탯국과 같이 나온다.

정선군 감자옹심이 | 정선군

옹심이는 강원도 감자를 갈아 물을 뺀 뒤 가라앉은 전분과 함께 동글게 빚은 것으로, 멸치 육수에 옹심이와 채소를 넣고 끓여 양념장을 얹어 먹는다. 메밀면이나 칼국수 면과 같이 끓여 먹기도 한다.

춘천 막국수 | 춘천시

막국수는 메밀국수에 매콤달콤한 양념을 얹고 국물에 말아 먹는 음식으로, 국물은 동치미 국물이나 소고기 육수 등으로 가게마다 다르다. 샘밭, 유포리, 남부 막국수가 춘천 3대 막국수 집이다.

03   여행지 고르기

여행지 목록이 전국 2500개 이상 집필되어 있습니다. 가고자 하는 여행지를 고르시는데 네이버나 인터넷의 도움 없이도 충분히 가능합니다.

간단하고 심플하게 요약하여 여행지를 소개하고 있어 불필요하게 많은 텍스트를 읽지 않아도 됩니다.

그냥 고르시고 아래 지도위에 표시만 해두시면 됩니다.

※ (주)타블라라사는 한국관광공사에서 우수 관광벤처에 선정된 여행 콘텐츠 및 여행 지도 전문 출판사 입니다.

04   지도에서 살펴보기

3번에서 고른 여행지 주변으로 또 다른 어떤 여행지/맛집/카페가 있는지 살펴볼 수 있습니다.

최종적으로 여행 동선을 한눈에 짤 수 있는 지도가 삽입되어 있습니다. 이 지도에는 전국 4000개 이상의 스팟이 담겨 있습니다.

TIP. 한눈에 펼쳐볼 수 있는 큰 지도를 구매하시려면 네이버에서 "에이든 전국여행지도"를 검색하시거나 아래 QR로 이동이 가능합니다.

여행하는 곳의 역사까지 알면 금상첨화
역사지도 제공 →

한탄강 주상절리길
"한탄강 협곡 풍경을 즐기며 걷는 길"

현무암과 화강암으로 이루어진 주상절리 절벽 트레킹 코스. '진도'라고도 불린다. 보통 철원 한탄강 드르니 매표소에서 시작해 순담 매표소까지 이동하지만, 그 반대 구간(들의 매표소-순담 매표소으로도 이동할 수 있다. 한탄강 건너로는 현무암 절벽이, 반대편으로는 화강암이 길게 펼쳐진다. 길이 다소 미끄러울 수 있으므로 등산화 신고 이동하는 것을 추천. (p231 E:1)

■ 강원 철원군 갈말읍 순담길
#주상절리 #트레킹 #한탄강

한탄강물윗길
"주상절리를 감상하는 얼음 트레킹"

지 개방. 얼음이 미끄러울 수 있으므로 아이젠 착용을 권장한다. (p324 B:1)

■ 강원 철원군 철원읍 금강산로 265
#얼음 #트레킹 #겨울여행

내대막국수 (맛집)
"시골집 분위기의 천연 매일 막국수집"

내산을 사용하며 방송도 출연해 유명해진 곳이다. 매달 1,3번째 화요일 정기휴무. 브레이크타임 15시4230분~17시 (p320 A:1)

■ 강원 철원군 갈말읍 내대1길 29-10
#시골집분위기 #막국수맛집 #주문동시반죽

놈스톤 화덕피자앤파스타 (맛집)
"화덕에서 장작으로 구워 고소한 피자"

2015년 첫 오픈을 시작으로 설 직전 이름속의 쫀득한 피자 맛이 유명한 곳이다. 나폴리식 도우를 기본으로 하며 강원도 지역 식자재를 사용하고 파스타, 샐러드 소스, 반죽, 리코타 치즈 등 모두 직접 만든다고 한다. 메뉴는 피자, 파스타, 샐러드, 스테이크, 리조또 등 다양하다. 브레이크타임 15시~17시 (p324 B:1)

■ 강원 철원군 동송읍 금학로210번길 7-14 1층
#화덕피자 #겉바속촉 #피자달인

고석정랜드

목 차

619

부산광역시

661

전북특별자치도

715

전라남도·광주

785
제주특별자치도

853
INDEX

MAP

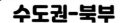

수도권-북부

장풍군

개성
판문점
만 10세 이상의 단체(최소 30명 이상 최대 40명 이하)만 방문 가능, 통일부 홈페이지 확인 필

도라전망대
개성시와 송악산이 보이는 북한 방향 전망대 전망대 옆 제3땅꿀이 있는데 모노레일을 타고 내부를 관람할 수 있다.

적성면

아슬리

임진각 평화누리공원
휴전선 남쪽으로 7km 떨어진 통일을 염원하는 공간이나 공원으로 1953년 포로 2천여 명이 귀환했던 자유의 다리 일부가 남아있다.

헤이리 예술마을
49만 5868제곱 미터의 넓이를 가진 예술 마을 갤러리, 공연장, 카페, 박물관 등이 있고 예술인들의 주거공간. 국내외 건축가들이 직접 설계한 예술적인 건축물

감악산 출렁다리
150m 무주탑 산악

파주시

연안군

고려산 낙조대
고려산 적석사에 위치한 전망대로 석모도와 교동도 사이의 아름다운 석양 관람. 적석사에서 계단으로 전망대까지 이동

개풍군

프로방스 마을
프랑스 남부 프로방스 지역의 이름을 따온 계획 마을. 만화 속에 들어온 듯한 파스텔톤의 건물 각종 소품가게, 의류샵, 레스토랑, 카페, 빵집탄생한 곳

오두산통일전망대
황해북도 개풍군이 보이는 해발 140m 전망대

문화수목원

마장호수 출렁다리

교동도

강화군
대룡시장
(6.25 피난민들에 의해 형성된 시간이 멈춰둔한 시장)

부근리 고인돌

고려궁지

태산패밀리파크
(텐트설치마는)

강화 광성보
몽골, 미국등의 외세와의 침략전쟁을 치른 곳

덕포진
1866

김포

고양시

서울

석모도
강화군에 속한 섬으로 보문사,민머루해수욕장 등이 있다. 예전에는 배를 타고 들어갔는데 석모대교 개통후 당일치기 여행이 가능해졌다.

동막해변 차이나타운
인천역 앞에 있는 중국인 거주 지역으로 중국음식점이 많다. 붉은색 중국 간판들이 많아서 마치 중국에 여행 온 느낌

인천

불음도

주문도

월미공원 전망대 및 둘레길
월미도는 인천상륙작전의 전초기지 역할을 한 곳으로 월미 전망대에 오르면 인천항, 연안부두, 소월미도 등이 보이고 멀리 송도의 높은 빌딩들이 보인다.

영종도 인천국제공항

김포국제공항

부천시

광명시

을왕리해수욕장

송도 센트럴파크
송도 국제도시에 위치한 고층 빌딩 사이의 그림 같은 공원. G타워 33층에 오르면 센트럴 파크 전경 관람가능

시흥시

군포시

시흥옥구공원 낙조대

안산시

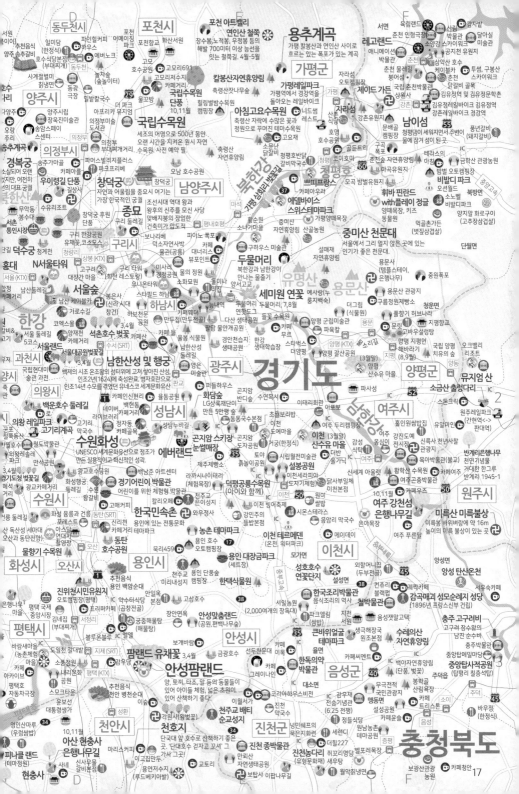

경기도북부-북부

1

로하스 캠핑장
밤고개
연천 삼곶리 돌무지무덤리룡터
기황후릉터
중면
옥계마을 (농촌체험마을)
러브팜 (낙어체험)
태풍전망대
임진강평화습지원
신망리역
연강갤러리
군남홍수조절지 두루미테마파크
망곡산 돌레길
연천역
연천군
사나래글램핑파크
군남홍수조절지
연천역 급수탑
임장서원
미수 허목공묘역 (조선 중기 대학자이자 서예가)
나룻배마을 (농촌체험마을)
군남면
조선왕가 Healinghill (왕실체험)
계영초소천
허브빌리지
스튜디오108 (촬영지)
조선왕...
상승OP (제1땅굴)
알렉스 카페& 베이커리
왕징면
차탄천 주상절리
들꽃갈농정 (체험농장)
정발 장군묘 (임진왜란때의 장군으로 부산진전투에서 전사)
앤드리버
평화누리길 11코스 (임진적벽길)
은대리 판상절리와 습곡구조
좌상바위
명선반점 (짬뽕)
푸르내마을 (농촌체험마을)

2

조각가 박시동미술관 (조각공원 및 야영장)
민속ока오리 장작구이
전곡리 선사유적지
전곡읍
정경부인 여흥민씨 묘
연천 숭의전자 (조선시대 사당터)
아슐리안형 주먹도끼가 발견된 구석기유적지
전곡역
오두막골식당 (민물새우탕, 닭도리탕)
옷고개
백학면
당포성 (삼국시대 성곽)
전곡선사박물관
한탄강역
열두개울
박진장군묘 (조선 선조때 장군)
항일독립 운동기념탑
임진강 주상절리 병풍처럼 펼쳐져 있는 6500만년 전 화상활동
한탄강 관광지 캠핑장, 펜션, 야외수영장 어린이캐릭터 공원
초성김치마을 (농촌체험마을)
사미천
고랑포길 ★ 평화누리 10코스 숭의전-장남교, 20km
새둥지마을 (농촌체험마을)
한반도통일 미래센터
연타이(차동쉼터)
신북리조 스프링...
연천 고랑포구 역사공원
자유로쉼밥 (제育,고등어)
38선마을
약가바위
연천양원리 고인돌
청산면
초성리역
카페 다돌
호로고루 (고구려성벽)
장남면
가윌리·주윌리 구석기 유적
수우골 (체험농장)
평화통일 체험학습장
포천 허...
고랑포구
호로고루 해바라기밭
장남교
산머루마을 (농촌체험마을)
마차산 양우리고개
쇼요 별앤숲 테마파크
허브를 테마로 다...
물줄기가 있는곳
불등화축제, 각종...
장좌못
임진강 황포돛배
마차산 밤골재
소요산역
토가(불낙전골)
덕일봉
칠송정
적성면
운계폭포
감악산
마차산 댕댕이고개
미식쌈밥
경기북부 어린이박물...
평화누리길 9코스(율곡길)
눌노천
감악산 출렁다리 감악산 둘레길 시작부근 150m의 무주탑 산악 현수교
월드 푸드 스트리트
파인힐커피하우스
동두천역
아이와 함께 할수 있는, 예약 필수
자유수호협회 박물관
파산서원
조소앙기념관
유정부대찌개
스피드파크(카트)
무건리 물푸레나무
김덕함 묘 및 신도비
초록지기마을 (농촌체험마을)
일미담 (한정식)
보산동
파평용연 (파평윤씨 발상지, 윤씨연못)
봉암저수지
굴식냥 동두천점
보산역
소요산탑 유황온천
적성면
낫다...
남면
동두천시
동두천중앙역
생연동
동두천상대 (펼쳐리천체층소)
평화를 품은 집 (도서관)
노패개울천
상패천
갓바위
동두천시상대
3
쇠꼽마을 (농촌체험마을)
공시고개
눌노천
직천지
지행역
불현동
느타나무 바지락 칼국수
파주 이이유적 고즈넉하고 산책하기 좋은 율곡이이의 자운서원
비학산
장근바위 전망대
맑은물농원 (관광농원)
망당산
죽골
은현면
사당골
피크닉 (반려...
왕방계곡
18
두루뫼 박물관
효촌천
안터골
나지모리 스튜디오 경기도 일본마을 드라마세트장이었던 곳을 테마파크로
덕정역
용암리 막국수
칠봉산 레저타운
회암사...

경기도북부-서부

제3땅굴 ☆
1978년 10월 발견된 남침땅굴.
임진각주차장에서 DMZ 안보연계견학
참여. 모노레일 관광로 도보관람로 중 선택

대성동 자유의 마을 ☆
(남한 유일 비무장지대
JSA에 위치한 마을)

사제김정국 묘역
(조선중기 문신, 기묘화)

허준 묘
(조선 선조때 명의)

해마루촌
(농촌체험마을)

도라전망대 ☆
개성시와 송악산이 보이는 북한 방향 전망대
전망대 옆 제3땅꿀이 있는데 모노레일을
타고 내부볼 관람할 수 있다.

덕진산성
(고구려,민통선)

파주 율곡 습지공원
(유채꽃, 코스모스)

장단면

도라산역

임진각관광지

장산전망대

임진강

임진각 평화곤돌라 ☆
국내 최초 민통선을 연결하는
곤돌라. 길이 850m.

임진강역

반구정나루
터집(장어)

반구정과
황희선생유적지

문산자유시장

운천역

화석정(전망)

이세화선생묘
(조선 숙종때 문신, 청백)

임진각 평화누리공원 ☆
휴전선 남쪽으로 7km 떨어진
통일을 염원하는 공간이자
공원으로 1953년 포로 2천여 명이
귀환했던 자유의 다리
일부가 남아있다

문산역

퉤마리랜드

성혼선생묘
(조선 성)

문산읍

파주향교

문지리535
(커피, 브런치)

갈릴리농원
본관(장어맛집)

만우천

황희정승 묘

파주

헤이리 예술마을 ☆
49만 5868제곱 미터의 넓이를 가진
예술 마을. 갤러리, 공연장, 카페, 박물관
등이 있고 예술인들의 주거공간. 국내외
건축가들이 직접 설계한 예술적인
건축물

황정육묘및
신도비

파주LCD 단지

월롱면

파주역

광교

77

파주팜랜드
(체험목장, 캠핑
글램핑, 바베큐)

만우천

소울관
(정원,식물원카페)

용주서원

월롱역

파주닭죽수

삼고집
파주점
(고기말이)

탄현면

모산목장

용상사

벽

1000여종의

오두산통일전망대 ☆
황해북도 개풍군이 보이는
해발 140m 전망대

오두산성

카트랜드

파주 영어마을
공식명칭 경기래교육 파주 캠퍼스로 마치
세트같은 마을 분위기로 많은 예능과 드라마
촬영지

청곡
농원

프로방스 마을
프랑스 남부 프로방스 지역의 마을을
따온 계획 마을. 만화 속에 들어온 듯한
파스텔톤의 건물 각종 소품가게,
레스토랑, 카페, 빵집탄생한 곳

금촌역

망굴천

조리읍

애기봉 평화생태공원 ☆
평화, 생태를 주제로한 전시관
북한을 가까이에 볼 수 있는
전망이 좋은 곳

권상묘역

시암리습지

파주 장릉
인조,인열왕후

일산화토
마루한증막

앤드테라스

파주시립
중앙도서관

파주시

파주삼릉 ☆
공릉(장순왕후), 순릉(공혜왕후)
영릉(진종소황제, 효순황후)

평화누리길
3코스(한강철책길)

조강저수지

평화누리길
2코스

레드파이프
(커피, 브런치)

카페진정성
하성본점

태산

고인돌 산림욕장
(고인돌 20여기)

퍼스트가든 ☆
수목원, 넓은 공간에
사진찍기 좋은 곳, 야경 불빛과
볼 것 많은 소

바위재백숙(삼계)

개화천

김포다도 박물관

태산패밀리파크
1000평의 피크닉장
놀이터, 야생화, 실습
체험, 물놀이장

더테트렁크
(커피, 브런치)

운영역

운정카페
거리

설문천

장옥정 세트

김포사 사계절
썰매장

나비나라 박물관

청산어죽

채식공간 녹두
(파스타,채소)

일산 어린이
천문대 ☆

고봉산

꿈목장
낙농체험, 체험목장
송아지 우유주기 체험

현보람목장
(낙농체험)

지혜의 숲
도서관, 전시관,박물관과
복합문화공간

열화당
책박물관

심학산 전망대 ☆
북한의 개풍군도 볼 수 있는
전망대.높이가 낮은 산

고양생태공원

일산

백제원 일산점
(한우, 한정식)

덤핑거리(구제 쇼핑)

실내동물
물놀이장

검바위 약수터

포내천

남양홍씨
예사공순모단

통진읍

김포 한강
오토캠핑장

뱀부15-8

전류리 포구

파주출판단지 ☆
북 카페, 헌책방, 갤러리,
레스토랑 등이 모여있다

김포시

천마산

거물대천

IC 저감포
통진

양촌읍

가마지천

한강 신도시
호수공원

김포아트빌리지 ☆
17개의 한옥과 5개의 창작
스튜디오, 야외공연장 등

김포한강 야생조류
생태공원

운양주막
카페거리

김포 라베니체 ☆

고창천

일산서구

일산킴수국

구 일산
역사

원마운트
쇼핑몰, 워터파크
스노우월드, 스포츠 클럽

이한농원(딸기체험)
아침이슬농원(딸기체험)

김포한강로

장항습지

일산동구

일산칼국수
본점

킨텍스(전시장)

아쿠아플라넷
(아쿠아리움)

백마역

일산 동물의 왕국
(동물원)

꿈떼 바베큐 킨텍스점

달맞이
공원

누구커피
애니골

포레스트카
(커피, 브런

고양

비비하우스

일산호수공원 ☆
산책로가 잘 되어 있는
일산의 대표 공원

YELLOW
MOUNTAIN

대곡역

심학산 전망대
날씨가 좋은 날엔 북한의 개풍군도 볼 수 있는 전망대

파주출판단지
경기도 파주시 문발동 일대에 위치한 출판단지. 북 카페, 헌책방, 갤러리, 레스토랑 등이 모여있다.

파주시

하니랜드

중남미문화원 병설 박물관
중남미 문화원 정문 앞쪽에 위치한 박물관. 중남미의 토기, 목기, 석기, 가면, 생활공예품 전시. 미술관과 종교시설관, 조각공원도 함께 운영된다. 연중무휴.

테마동물원 쥬쥬
동물들을 우리 밖에서 체험할 수 있는 체험학습형 동물원. 뱀, 파충류 등을 만져보거나 앵무새의 환영 인사를 들어볼 수 있다. 매주 동물과의 미팅, 먹이주기 등의 프로그램 진행.

북한산 우이령길 단풍
강북구 견인 차량 보관소 앞 우이령길 입구부터 오봉이 바라보이는 총 6.8km. 우이탐방지원센터~교현탐방지원센터 약 4.5km가 본격 숲길. 사전예약 필수, 신분증 필요. 어린이 노약자 모두 걸을 수 있는 쉬운 노쵀길

김포아트빌리지
17개의 한옥과 5개의 창작 스튜디오, 야외공연장 등

현대모터 스튜디오 고양
(자동차 테마파크)

북한산 진달래
북한산 우이동 대동문을 잇는 1km 구간의 진달래 능선. 백련사 매표소에서 출발하여 백련사 갈림길에서 진달래 능선을 따라 대동문까지 이동하여 구천 폭포 방향으로 하산하는 코스를 추천.

렛츠런팜 원당
넓은 초원 그리고 뛰어노는 말들을 볼 수 있는 서울 군교 목장.

고양 배다골테마파크 연꽃밭
배다골테마파크 후문 나무데크길로 이어진 연꽃밭. 연꽃을 포함해 갈대, 창포, 부들 등 다양한 수생 식물을 관찰할 수 있다.

고양시

경복궁
임진왜란으로 소실되어 오랜 기간 방치되었지만, 여전히 조선의 대표 궁궐

창덕궁
창덕궁 후원 단풍

종묘

서울특별시

남산 케이블카

인천 계양산 진달래
계양산 팔각정을 빙 둘러 피어나는 진달래

덕수궁
고종, 대한 제국의 황제로 즉위한 곳이자 사망한 곳

N서울타워
명실상부한 서울의 대표 랜드마크 중 하나. 정상에는 N서울타워의 방송탑. 팔각정 도성의 남쪽에 있는 산이라 하여 '남산'

전쟁기념관
국립중앙박물관

부천자연 생태공원
부천식물원, 자연생태학습관 무릎도원수목원, 튼튼유아숲체험원

푸른수목원
항동저수지, 수생식물원, 도서관 계류원, 항동철길

인천광역시

부평구

부천시

웅진플레이도시
도심형 종합 레저스포츠 타운

인천대공원
소래산 줄기의 자연풍경 수목원, 전망대, 인라인스케이트 등

광명시

광명동굴
폐광업 일제시대 금광산을 개조하여 만든 동굴 테마파크

광명에디슨뮤지엄
어린이 과학체험

시흥 갯골생태공원
일제 시대부터 145만평의 소래염전이었던 자연

연꽃테마파크
관곡지 주변의 연꽃테마파크 및 산책

시흥시

안양시

만안구

김중업건축박물관
근대 건축의 대가, 프랑스 르코르뷔지에의 유일한 한국인 제자

서울랜드

과천시

과천야생화 자연학습장

서울대공원 둘레길

서울대공원 벚꽃길

서울대 관악수목원

관악산립욕장

배곧한울공원
바다놀이터와 해수풀장

시흥옥구공원 낙조대
시화호, 시흥, 송도, 오이도를 내려다 볼 수 있는 전망대

안산시

군포시

백운호수

의왕시 둘레길

초막골생태공원
산책로가 잘 되어 있는 자연친화형 도서공원

25

경기도남부-동부

양평군

더그림
미니 식물원이 있는 카페
온실카페, 다양한 방송촬영장소

양평양떼목장
먹이주기 체험, 산책
오리, 돼지, 양, 타조, 포토존

양평읍

지평면 해바라기 마을 ★
무왕리 마을회관과 무왕교회 사이
대로변 앞뒤로 해바라기밭이 드넓게
펼쳐져 있다. (8~9월)

이천 산수유마을 ★
도립리에 위치한 산수유 마을
길에서(산수유 사랑채) 영원사를
원적봉 정상에 올라 육괴정으로
하산하는 코스. (3월말)

설봉공원(및 국제조각공원) ★
이천도자기 축제, 살물하축제
개최지이자 휴식처

여주곤충박물관 ★
곤충교육 전문인력을
양성하는 체험 가능한

여주 강천섬 은행나무길 ★
강천섬 안쪽 수변데크 근처를 따라 위치한
1.3km 규모의 은행나무 길, 캠핑족들의
백패킹 명소, 카약, 래프팅

상백리 청보리축제
4월에서 5월사이 상백리 양화천,
남한강 변 일대에서 개최되는 청보리
축제. 마을 주민들이 자체적으로 기획된
소담한 축제로 줄봄 타기, 보리 구워
먹기 등의 이색 체험행사들이 진행된다.

황포돛배나루터 ★

신륵사 국민 관광지 ★
신륵사, 여주도자세상,
여주박물관, 백옥도자미술관

이천시

여주시

충주시

27

강원도 - 북부

A   B   C

금강군

김화군

철원 평화전망대
철원군 중부전선의 비무장지대를 한눈에 볼
수 있는 전망대. 모노레일카로 쉽게 전망대에
오를 수 있다.

백마고지
전적지

동송읍
구 철원 제일교회

철원DMZ 생태평화공원
(제2땅굴, 평화전망대, 월정리역,
승리전망대, 화살머리고지
홈페이지 확인 필)

근동면 원남면 원동면 임남면 동면 제4땅굴

양구 펀치볼 마을

두타연 평화누리길

양구 두타연 단풍
민통선 안쪽으로 계곡 단풍
트레킹하기 좋은 곳10,11월

제2땅굴

화천읍
백암산 케이블카
2.12km 1178미터 정상
평화의댐, 금강산댐 관람

칠성 전망대

두타연
방산면
평화의 댐

세계평화의
종 공원

양구 생태식물원
양구 백자박물관
양구 수목원

팔랑폭포

소이산 생태숲
녹색길
억고드름

백마고지

비수구미 계곡

박물원
평원

석담
온천

내대국수

고석정 국민관광지
(철원 제일의 명승)

추천음식
철원군 화강 다슬기

기와걸음

매월대 폭포
(김시습 은거, 단종의
복위를 도모하던 곳)

비수구미마을 단풍
단풍으로 가득한 풀빛 물길
오지 트레킹10,11월

해산 전망대

양구 근현대
사 박물관

해산

양구 선사박물관

한탄강

교동 라라소
솔향기(만우전골)

대교천 현무암 협곡
주상절리길

순담계곡
(한탄강, 래프팅)

삼부연폭포

복주산 자연휴양림

두류산

화천 카트레일카
1.2km 붕어섬 순환

봉어섬

평양막국수계탕

춘천 소양강 유람선

광치
박수근미술관

파로호

아인53 카페

한반도섬

박수근미술관

파로호쌈밥
(육개장)

도촌막국수

인제나르샤파크
스카이워크 스카이다이빙

양구군

재인폭포

포천 한탄강
하늘다리

철원막국수

조경철천문대

56

명성산성

56

화천

프로프라이프

사내면

삼호가든
(깨죽삼계탕)

원천상회라면
어쩌다 사장
촬영지

거리에 사랑나무

숲어드림

국립화천
숲속야영장

산정호수
명성산 억새
9,10,11월

산정호수
명성산수돌레길

한탄강
평강랜드

가벼

화적연

원조숭이미자
할머니갈비

국립봉자연
휴양림
1987

아르테마수목원
메타세콰이어길

프라임 캠핑장

용화

명성산

청산별미
(버섯전골)

백운산

이동갈비
마을

오기골만찬
쌈밥

해피초원목장

이상원
미술관

유기농카페
유포리
막국수

춘천 소양강 유람선

춘천동나무집닭갈비

추천음식
춘천 닭갈비 막국수

소양호

자작나무벤
션 캠핑장

자작나무섬

10,11월

포천시
소요산

그린달
(숯불이야기)

연천

명지산

연인산

강원도립화목원

춘천 인형극장

동면

비미의정

산정호수
소요산역

포천 허브
아일랜드
(화폐박물관)

술빛별관

산사원
술박물관

추천음식
가평 닭갈비, 막국수

레고랜드

애니메이션
박물관

소남구 스카이워크
구천진 유원지

달아실
미술관

달아실
미술관

동두천시
에버노크

연인산 철쭉
장수봉,노적봉, 우정봉의
해발 700미터 이상 능선을
있는 철쭉길. 4월-5월

용추계곡
가평 칼봉산과 연인산 사이로
흐르는 맑은 폭포가 있는 계곡

춘천 물레길
붕어섬

케이블카
춘천 춘천박물관

삼악산 호수
케이블카
스카이워크

구봉산 전망대
해발 441.3m 높이의 춘천에
한눈에 들어오는 전망대. 카페거리가
있어 카페에 들어가 전망을 관람할 수도
있다.

동두천

칼봉산자연휴양림
축령산잣나무숲

가평엘리파크
가평에서 경강역을
오랜 시간을 지켜온 원시 자연

가평군

아침고요수목원
축령산 자락에 수많은 꽃과
정원으로 꾸며진 테마수목원

제이드 가든
니드 랜드

강촌유원지

김유정역 및 김유정문학촌

김유정레일바이크 경강역

홍천군

돌숲

국립수목원

국립수목원
세조의 어명으로 500년 동안,
오랜 시간을 지켜온 원시 자연
수목원, 사전 예약 필

고모리691
고모리저수지
카페 미쁘다

자라섬
오토캠핑장

고요피아

호명산
강촌유원지

남이섬
청평댐이 세워지면서 주변이
물에 잠겨 섬이 됐다

풍년갈비
(돼지갈비)

홍천동키마을
(당나귀 체험)

알프스밸리
캠핑장

의정부

오남 호수공원

고모

소남산
자연휴양림

청평유원지
갈비막국수

골든트리

코미호명

남이섬

춘천숲 자연휴양림

밤벌 오토캠핑장

홍천항교

수타사

홍천 고인돌
오토캠핑장

홍천사랑말
캠핑장

러스틱라이프

공작산

남양주시

쁘띠프랑스

37

에델바이스
스위스테마파크

청평반달
곡포 방범유원지

테라스의 숲

오션월드

비발디 파크

국학학산 관광농원

양매목장, 키즈
동물원

비발디파크

비발디파크
스노벨

구리시

구리 둘레길

가평양떼목장

휴바 핀란드
with플레이 정글

밤벌

먹고촌가든
(고추장삼겹살)

홍천천

양지말 화로구이

무궁화 수목원

구리 한강공원
유채꽃 코스모스

보나리별

피아노 폭포

소나기마을

중미산
자연휴양림 산골숲

중미산 천문대
서울에서 그리 멀지 않은 곳에 있는
인기가 좋은 천문대

양지말 화로구이
(고추장삼겹살)

벗꽃삼겹살

청일

덕소자연사박
(과림공원)

카페
뷰포인트

티하우스 미술관

설매재
자연휴양림

풍수원 성당
(빨간 벽돌과
고딕양식의 종탑이 독특해
영화나 드라마 촬영지로도 유명)황성 한우구이

횡성호

황성
자연휴양림

고구려대
대장요리 마을

유니온타워 미술관

유포리숯가마

스타필드 하남

세조묘원

숯화묘원

두물머리
북한강과 남한강이
만나는 물길

용문사
템플스테이,
은행나무

용문산관광지

단월면

횡성 호수길

갑천면

횡성

추천음식
황성자연휴양림

섬강 유원지

횡성호

하남시

능내역

두물머리

세미원 연꽃
두물머리, 7,8월

예사랑(누
룽지백숙)

용문산

용문면

운길산관광지

더그림
구름정원제솝소

청운면

중원폭포

단월면

트레블펜션

화림
(숯불하우구이)

상봉(KTX)

30

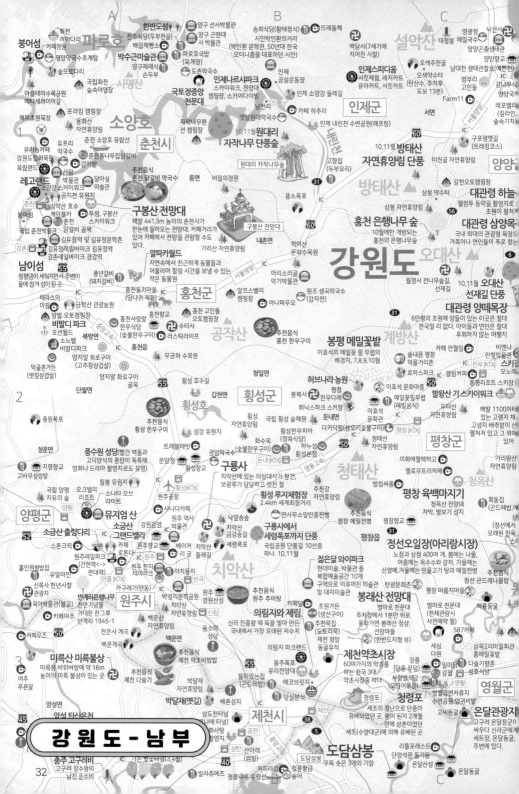

강원도 - 남부

낙산 해수욕장

낙산 전복팔도식당(물곰탕)

양양 오토캠핑장

오산리 선사유적 박물관

동호해변

하조대 해수욕장

서피비치
이국적인 느낌의 해변에서 서핑과 맛있는 음식, 맥주를 마시며 즐길 수 있는 곳. 프리존과 서피비치존으로 나뉘며,해먹, 파라솔 등 시설을 이용하려면 서피패스를 유료로 구입해야한다. 샤워장은 무료.

하조대
기암괴석 위의 정자, 앞에 하조대 무인등대가 있고 조금 더 가면 하조대 전망대, 하조대 해수욕장이 있다.

죽도해변

죽도정(해안풍경)

휴휴암
(해안가 바로옆 사찰)

인구해변

동해막국수

엄비치(국내 유일 애견전용 해수욕장)

도깨비시장
오드커피
커피바다

주문진해변

주문진 방파제

추천음식
강릉 초당순두부

연곡해변 솔향기캠핑장

곳

보헤미안박이추커피

주문진수산시장
영동 지방 제일로 꼽히는 주문진수산시장에서는 싱싱한 수산물을 볼 수 있다.

강릉시

경포호

벚꽃길 4월

순두부젤라또

1호점

퇴마루

교균 허난설헌 기념관(생가터)

경포해변

강릉짬뽕순두부 동화가든

하슬라아트월드
(호텔, 정원, 갤러리)

안목해변 커피거리
백사장 길이 500미터의 아름다운 해변 아름다운 해변을 보며 예쁜카페에서 마시는 커피한잔

선교장
99칸 화려한 사대부의 권위를 느껴볼 수 있는 개인소유의 민속문화재

오죽헌
율곡 이이 선생의 유적지

정동진해변 및 정동진역
광화문의 정 동쪽에 있는 세계에서 바다와 가장 가까운 역, 정동진역 동해 바다와 썬크루즈호텔을 배경으로 붉게 떠오르는 태양을 볼 수 있는 곳 바다와 정동진역과 태양만으로도 감성에 젖는 여행지

노암 터널

엄지네 포장마차본점

정동진 레일바이크

정동진역

정동진

테라로사

모래시계공원

정동심곡 바다부채길

정동진 선크루즈
해발 60미터 절벽 위에 만들어진 배 모양의 리조트 및 복합시설 특히 이곳에서 바라보는 정동진 해변의 모습은 더 웅장하게 보인다.

삼교리동치미막국수 본점

진앙횟집
오삼불고기 거리

알펜시아
스키장

대관령
황태덕장

황태덕장 마을

알펜시아
700 워터파크

대관령 자연휴양림
우리나라 제일의 소나무숲을 만끽하며 태고의 웅장함이 느껴짐, 각종 편의시설과 숙박시설도 보유. 숲속에서 피톤치드를 통한 산림욕도 해보는 숙박여행도 추천

정선레일바이크
구절리역

정선 아우라지
슬픈 이야기가 담긴 곳 정선 아우라리의 그곳 '아우라지', '아우라지'란두 갈래의 물이 모여 어우러지다 '나루'라는 의미 정선아라리 중에 '아우라지 뱃사공아 배 좀 건너주게'라는 구절,팔도 아리랑 중 유일 정선 아리랑만이 무형문화재로 알려져있다.

동해시

망상해수욕장

현성소

망상 오토캠핑장

추천음식
동해 묵호 회

묵호등대

오뚜기칼국수(장칼국수)

거동탕수육(문어탕수육, 문어찜밥)

도깨비골 스카이밸리(스카이 사이클)

논골담길(예쁜 골목길)

논골 카페
묵호287

동해빵

묵호

소복소복(그림)

천곡황금박쥐
동굴

카페 얼

보사노바 커피로스터스 삼척점

순두부젤라또 4호점

무릉계곡

감추사

약막국수

부일
막회

삼척해수욕장

환선굴
5억 3천만 년 전의 석회암 동굴, 모노레일을 타고 올라가는 것을 추천. 큰 규모의 동굴에 깜짝 놀람. 동굴 안의 온도가 낮아져 겉옷이 필요

삼척 맹방 벚꽃길
상맹방 해수욕장, 바닷가엮 유채꽃 그리고 벚꽃길 3,4월

덕풀어마을
체험마을(청보리밭)

덕산기계곡

화암약수

소금강

죽서루

암벽위 절경

삼척
시립박물관

구공리

이사부길

덕산바다횟집

신기

정선군

나천

정선항토
박물관

화암동굴

몰운대

대이리 동굴지대

환선굴

대금

신기

삼척

정선향

**아리힐스리조트
스카이힐스전망대**
(병방치 스카이워크)

동강

동강전망
자연휴양림
오토캠핑장

민둥산 억새
9,10,11월

정선 감자옹심이

궁촌해수욕장

삼척해양케이블카
(용화역,장호역)

태백 바람의 언덕 전망대
해발 1300미터에 있는 40만평의 고랭지 배추밭과 하얀 풍력발전기 총 17대의 풍력발전기와 고랭지 배추밭이 이색 장관을 이룬다.

삼척 해양레일바이크
(궁촌 정거장 출발)

노곡면

근덕면

용화해수욕장

민둥산
가을 억새로 유명한 (단풍, 겨울에는 설경이 아름다운 곳)1118.8m의 산.7개 능선까지는 나무들이 우겨져 있는데 정상 부분은 나무가 없어 민둥산으로 불린다.

하이원추추파크
오토캠핑장

황먼의봄

몽토랑산양목장

용화 해수욕장
네가시바다

장호해수욕장

**하이원 추추파크
철도테마파크**

원덕면

갈남항

해신공원
(남근상공원)

신남해수욕장

임원해수욕장

도사곡
자연휴양림

아우라로

사북

고한

태백심배식당
(한우숯불구이)

타임캡슐공원
영화,'엽기적인 그녀'의 그 소나무가 있는 곳. 나만의 타임캡슐을 묻을 수 있다.

동강

동강

아라리촌

정선항교

아나

덕구온천
스파월드

덕구보양온천

시민닭갈비막국수

플랫하우스

예원(중식)

함백산 만항재
해발 1330m의 야생화 군락지로 국내 최대 가을에는 단풍, 겨울에는 설경이 아름다운 소나무숲 산책길도 조성

도화산

하트해변
(폭풍속으로 드라마
촬영지)

대수호

제일반점

삼척시

태백시

함백산

태백 경찰서
(인스타)망루

태백산
국립공원

태백산
닭유원

탄광문화촌

태백고생대
자연사박물관

태백고원
자연휴양림

청옥산
자연휴양림

금강소나무
생태경영림

태양의 후예
촬영지

철인탄탄파크

석포역

용소폭포

석포

용연동굴

아자뫼

구수곡자연휴양림

국립백두대간 수목원
아시아 최대규모 수목원

태백산

죽변항

죽변해안 스카이레일

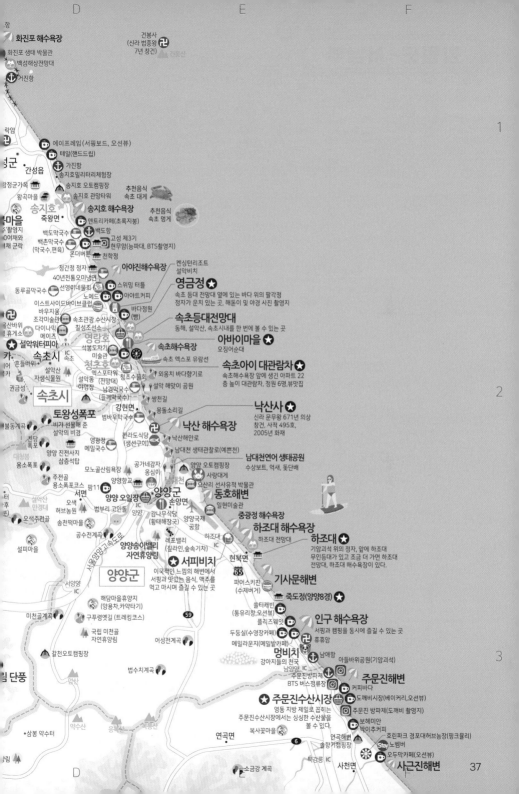

강원도-서남부

홍천군

화촌면

수타사
임진왜란으로 불탄뒤
인조14 중창되었다

공작산(887.4m)

횡성군

풍수원 성당
빨간 벽돌과 고딕양식의 종탑이 독특해
영화나 드라마 촬영지로도 활용

뮤지엄 산
노출 콘크리트의 대가 안도타다오 설계
뮤지엄으로 플라워가든, 워터가든,
스톤가든, 제임스터렐관

소나타 오브 라이트
오크밸리 리조트의 참나무 숲에 마련된 빛의
산책 코스. 해가 지고 어둠이 찾아오면
숲속엔 형형색색의 또 다른 빛이 켜진다.
20:00~23:00

소금산 출렁다리
카페스톤크릭(수리봉 정벽 뷰)
판다아이스파크(인공빙벽)

원주 레일파크
간현역(풍경열차)·판대역(레일바이크)→간현역

소금산 그랜드밸리

원주시

구룡사
치악산에 있는 의상대사가 창건,
보광루가 당당하고 멋진 절
단풍(10,11월)

치악산
(1,288m)

반계리 은행나무
천연기념물, 거대한 한그루
반계리 1945-1

원주시

미륵산 미륵불상
미륵봉 바위벼랑에 약 16m
높이의 미륵 불상이 있는 곳

여주시

충주시

이 지도는 평창군, 정선군, 영월군 일대의 관광지도입니다.

주요 관광지

대관령 삼양목장 — 국내 최대의 관광형 목장으로 가족들이나 연인들이 주로 찾는다

하늘목장 — 웰컴투 동막골 촬영지로 드넓은 초원이 펼쳐지는 곳

대관령 양떼목장 — 6만평의 초원에 양들이 있는 이곳은 절대 한국의 길이 없다. 아이들과 연인은 절대 후회하지 않는 여행지

봉평 메밀꽃밭 — 이효석의 메밀꽃 필 무렵의 배경지, 7, 8, 9, 10월

허브나라농원 — 다양한 식물과 예쁜 건물 계곡, 산책

안반데기 — 해발 1100미터의 고산지대에 영에 전망대 고랭지 채소밭이 있는 곳 끝없이 배추밭이 산등성이로 넓게 펼쳐져 있고 그 위에 풍력발전소가 있어 이국적인 느낌

오선700 워터파크

알펜시아 스키점프 센터 — 모노레일 전망대

정선레일바이크

정선 아우라지

정선오일장 — 노점과 상점 400여 개, 봄에는 나물, 여름에는 옥수수와 감자, 가을에는 산열매, 겨울에는 민물고기 탕과 메밀전병 매달 2,7,12,17,22,27일 장이 들어서는 곳

로미지안가든 — 멋진 산책길, 사진찍는 가시버시성

아라리촌 — 정선 옛 주거문화를 볼 수 있는 민속촌

아리힐스 리조트 — 짚와이어,짚코스터,짚라인,ATV

병방치 스카이워크

타임캡슐공원 — 영화 '엽기적인 그녀'의 소나무가 있는 곳 나만의 타임캡슐을 묻을 수 있다. 1년 대여 20,000원. 설레는 추억을 마음속에 묻을 수 있는 좋은 방법

봉래산 전망대 — 별마로 천문대 주차장에서 1분만 위로 올라가면 봉래산 정상. 도보 등반없이 영월의 멋진 전망을 볼 수 있다

별마로 천문대 — 천체관람시 사전예약 필

청령포 — 세조의 정난으로 단종이 유배되었던 곳 왕이 된지 2개월 만에 삼촌이었던 세조(수양대군)에 의해 유배된 곳 물길이 휘감아 흐르고 더욱 단절되었던 비운의 장소 단종이 거닐었던 그 길을 걸어보고 태생적 인간의 외로움과 인생의 무상함을 깊이 느껴보자

횡성 루지체험장 — 4km의 세계 최장거리 루지. 기존 국도를 용해 만든 곳여라 주변의 아름다운 풍경을 끽하며 달릴 수 있다

국립 횡성 숲체원

평창 육백마지기 — 청옥산 전망대, 차박, 별보기, 샤스타데이지 성지

주요 지명

평창군, 정선군, 영월군

계방산 (1,579m), 청태산 (1,194m), 가리왕산 (1,561m), 발왕산 (1,459m)

강원도-동남부

갈천오토캠핑장
법수치계곡
멍비치
남애항
강아지들의 천국
남양양 IC
주문진방파제
BTS 버스정류장
아들바위공원
주
커피바다
방태산
자연휴양림 단풍
10,11월
미산계곡
마산인박직당
(두부구이)
삼봉 약수터
약수산
응복산
연곡면
복사꽃마을
연곡해변
솔향캠핑장
퇴근의 IC
사천진
리
피크닉존
주문진수산시장
주문진수산시장에는 싱싱한 수산물을
볼 수 있다.
도깨비
주문진 등
보헤미
박이스

강원도-동남부

홍천 은행나무 숲
10월에만 개방되는 홍천의 은행나무 숲
문암산
내면
추천음식
홍천 한우구이
소개방산
오대산
선재길 단풍
10,11월
오대산
(1,565m)
소금강 계곡
추천음식
강릉 초당순두부
99화려한 사대부의 권위를 느껴볼
수 있는 개인소유의 민속문화재
선교장
오죽헌
신사임당과 율곡이이가 태어난 곳.
조선초기주택에서 한국 주택건축중
가장 오래된 건물에 속한다.
강릉 엄지네포
차 본점(포지)
강릉
IC
리

계방산
(1,579m)
오대산
국립공원
월정사
난다나
숲길, 선재길
월정사 전나무
대관령 삼양목장
국내 최대의 관광형
목장으로 가족이나
연인들이 주로 찾는다
하늘목장
웰컴투 동막골
촬영지로도 널리
초원이 펼쳐지는 곳
강릉시
성산면
솔향수목
계방산 오토캠핑장
미약골
밀브릿지(백숙)
감자네
(닭볶음탕)
대관령 양떼목장
6만평의 초원에 양들이 있는 이곳은
절대 한국일 리 없다. 아이들과
연인은 절대 후회하지 않는 여행지
평창한우마을
대관령점
선자령
오봉서원
오봉산
대관령 자연휴
우리나라 제일의 소나무
웅장함을 느껴짐. 각종
숙박시설도 보유. 숲속
림욕도 해보는 숙박
강릉커피박물관
홍천
홍정산
봉평 메밀꽃밭
이효석의 메밀꽃 필 무렵의
배경지, 7,8,9,10월
풀내음
(메밀묵/비빔국수)
카페마카
(메밀꽃밭 전망)
솔내음 평창
먹거리촌
방아다리약수터
카페 연필일
월정사
성보박물관
대관령
진부령
(당수육)
횡계기 오삼
불고기 거리
방림메밀막국수
영동고속도로
알펜시아 스키장
알펜시아골드팜
용평리조트
강릉커피박물관
발왕산 기 스카이워
발왕산의 정기를 받을 수 있는 곳이
허약한크면 멀리 강릉까지 볼 수
우리나라에서 가장 높은 스카이
이효석
문학관
이효석
문화마을
봉산서재
이효석 메밀꽃밭 전망
비엔나
인형박물관
오션700 워터파크
로하스파크
(메밀꽃밭 전망)
와우대관령한우
부일식당(산채백반)
진부 IC
진부면
앨리카페
스키점프 센터
모노레일 전망대
대관령황태덕장마을
용평리조트
마운틴코스터
메밀꽃필무렵
(메밀음식)
평창한우다래
휘닉스파크
스키장
대관령
한우프라자
이효석
문학의길
이효석
대관령
IC 평창
면온
IC 면온
카페산스커재
손마이트버거
용평면
평창군
안반데기
해발 1100미터의 고산지대에
있는 고랭지 채소밭이 있는 곳
꼬불꼬불 배추밭이 산등성이로
넓게 펼쳐지고 그 위에
풍력발전소가 있어
이국적인 느낌
발왕산
(1,459m)
두타산
자연휴양림
명에 전망대
국립 횡성 숲체원
청태산
자연휴양림
청태산
(1,194m)
거문산
대화면
추천음식
평창 메밀전병
장전계곡
막동계곡
수항계곡
명
구절리역
구절리 역에서
아우라지역까지 7.2km
벅스랜드 스카이벅스
(모노레일VR체험)
노추산
(1,322m)
정선레일바이크
구미정
아우라지
보타닉가든
금당계곡
금당산
숙암계곡
백석봉
로쉬카페(파스타, 화덕피자)
정선 알파인
경기장
백석폭포
카페 아라미스
가리왕산
자연휴양림
가리왕산
(1,561m)
아라리인형외
나전역카페
(기차가 서는 카페)
나전역
북평면
번영수퍼(보리밥)
할머니밥상 느낌
아우라지역
여량면
나전역
상정바위산
정선 아우라지
슬픈 이야기가 담긴 곳 정선 아라리의
'아우라지', '아우라지'란 두 갈래의
어우러지는 '나루'라는 의미
정선아라리 중에 '아우라지 뱃사공이
건너게 해'는 구절.팔도 아리랑
아리랑만이 무형문화재로 지정
보스킷 캠핑장
(메타세쿼이아길)
든내 러쳐우스
초원가든
(고등어구이,생선구이)
7 40
방림면
뇌운계곡
백덕산
법흥사
방림싸롱
(레트로)
이화에
월백하고
노산성
평창 육백마지기
평창바위공원 청옥산 전망대, 차박
별보기, 샤스타데이지 성지
평창읍
평창군
그리심
(정원카페)
평창향교
평창 돌담화체험관
노성산
정선오일장
노점과 상점 400여 개. 봄에는 나물,
여름에는 옥수수와 감자, 가을에는
산열매,겨울에는 민물고기 탕과 메밀전병
매달 2,7,12,17,22,27일 장이 선다
회동집(콧등치기국수,곤드레밥)
대박집
정선읍
정선향교
로미지안가든
멋진 산책길, 사진명소 가시버시성
정선역
정선군
정선양파
정선양교
아라리촌
정선 옛 주거문화를
볼 수 있는 민속촌
병방치 스카이워크
아리힐스 리조트
짚와이어,짚코스
터,짚라인,ATV
선평역
덕우리체험장
(청보리밥)
덕산기계곡
소금강
정선군
화암카트체험장
화암동굴
정선향토박물관
화암약수
몰운대
미탄면
삼방산
수하계곡
탄광
문화촌
평창
어름치마을
백룡동굴
동강
법흥사
덕산기계곡
민둥산
가을 억새로 유명한 1
7부 능선까지는 나무
부분에는 나무나 없고
능선을 따라 억새군락
민둥산
억새
초원가든
(고등어구이,생선구이)
든내 러쳐우스
열월 섬다리마을
영월화석박물관
탄광
문화촌
평창읍
동강
영월읍
아라리계곡
동강
별어곡역
남면
민둥산역
민둥산
억새

괴석)

진해변

강(베이커리,오션뷰)

제(도깨비 촬영지)

피
호린파크 경포대허브농장(핑크뮬리)
노범버
오두막카페(오션뷰)

사근진해변

경포생태저류지
그림같은 길, 메타세쿼이아길에서
인생샷을 찍을 수 있다.

경포호
벚꽃길 4월   **경포해변**
경포호

허균 허난설헌기념관(생가터)
강릉짬뽕순두부 동화가든
카페 툇마루,
순두부젤라또 1호점

안목해변 커피거리 ★
백사장 길이 500미터의 아름다운 해변
아름다운 해변을 보며 예쁜카페에서 마시는 커피한잔

하슬라아트월드 ★
아이들과 함께 체험도 해보고 가볍게 현대미술을
관람하기 좋은 미술관

강릉
남대천
만호재냉
중앙시장

현대장칼국수

7

안인역

정동진
레일바이크

정동진해변 및 정동진역 ★
광화문의 정 동쪽에 있는 세계에서 바다와 가장 가까운 역, 정동진역
동해 바다와 썬크루즈호텔을 배경으로 붉게 떠오르는 태양을 볼 수 있는 곳
바다와 정동진역과 태양만으로도 감성에 젖는 여행지

구정면

송담서원

테라로사

강릉통일
공원

정동진시간박물관

IC 남강릉

강릉시

정동진역

모래시계공원

정동진 선크루즈 ★
해발 60미터 절벽 위에 만들어진 배
모양의 리조트 및 복합시설
특히 이곳에서 바라보는 정동진
해변의 모습은 더 웅장하게 보인다.

정동심곡
바다부채길

림 ★
으로 태고의
의시설과
피트치드를 통한
도 추천

칠성산

옥계역

망상오토캠핑장

망상해수욕장 ★
도째비골 스카이밸리(스카이 사이클)

베이커리카페 클램(오션뷰)

옥계면

강릉쌍둥이
동물농장

석병산

망상해수욕장역

묵호역

묵호등대

동해제빵소

오뚜기칼국수(장칼국수)

묵호항 ★

소복소복(일식)

곤쥴담길(예쁜 골목길)

별누리천문대

묵호당(수제우유아몰트)

백두대간 생태수목원

동해시

동해시

42

천곡동

동해 IC

한섬해변 터널

감추사

씨만
는,
다
잠

천곡황금박쥐동굴

북평동

추암 촛대바위 및 추암조각공원 ★
솟아오른 기암괴석과 조각공원의 전시

동해항

계면

백두대간 약초나라

카페히든
(한옥, 드립커피)

무릉계곡

삼화역

이사부사자공원

솔비치 삼척 ★
삼척전북해물뚝배기

추암역

삼척해변역

그곳
이 우거져
배 좀
직 정선

증봉산

무릉계곡 베틀바위 산성길

두타산성

도경리역(폐역)

사계절썰매장

부남막국수

삼척해수욕장 ★

마천루
협곡

죽서루

삼척시립

마린데코(오션뷰,화덕피자,카페)

삼척항

구공리

도경리역

박물관

새천년해안도로

삼척 미로정원

미로면

천은사

하안남만
(파스타)

이사부길

두타산
(1,353m)

미로역

삼척
삼척해변역

벽너머엔 나릿골 감성마을(핑크뮬리)

삼척 맹방 벚꽃길 ★
상맹방 해수욕장, 바닷가옆
유채꽃 그리고 벚꽃길 3,4월

영경묘

대궐
(대형 한옥)

준경묘

삼척시

근덕면

IC 근덕

덕봉산해안
생태탐방로

산감자옹심이
나물밥

맹방해수욕장 ★
BTS 순례지, '버터' 촬영지

추천음식
정선 감자옹심이

신기면

강원 종합
박물관

율산바다횟집

민물고기
전시관

맹방비치
캠핑장

덕산역

하장면

환선굴 ★
5억 3천만 년 전의 석회암 동굴
모노레일을 타고 올라가는 것을 추천
큰 규모의 동굴에 깜짝 놀람
동굴 안의 온도가 낮아서 겉옷이 필요

신기역

대금굴

대이리
동굴지대

노곡면

내평계곡

파운리

부남해수욕장 ★
'헤어질 결심' 촬영지

초곡용굴 촛대바위길
바다를 따라 걷는 길

삼척 해양 레일바이크 ★
궁촌역 <-> 용화역

삼척해양케이블카 ★
용화역<->장호역

용화해수욕장
캠핑장

장호항

덕항산
(1,071m)

35

마차리역

18.8m의 산
이 우거져 있는데 정상
등산으로 불린다. 정상부터
가 형성되어 있다.

태백시

삼척시

텃밭에노는닭(매운닭갈비)

장호해수욕장 ★

네가있는바다

갈남항
(스노쿨링성지)

해신당공원
(남근상공원)

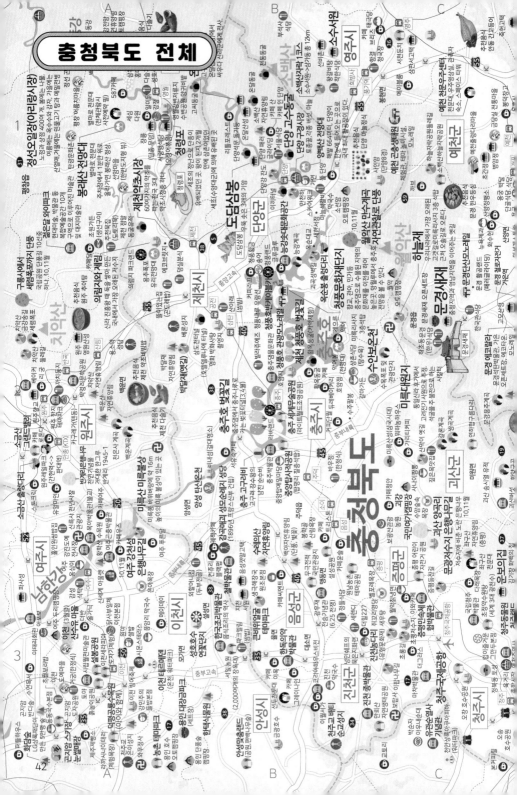

세종특별시

상수허브랜드
환광농원 및 수목원
1000여 종의 허브 재배

☆대청댐
대전과 청주 사이에 있는
우리나라에서 3번째로 큰
댐. 많은 이들이 대청호
주변 드라이브

문의문화재단지
의의향교,문의문산관
청주시립
대청호미술관
더 대청호

청남대 ☆
대청댐 부근에 있는 대통령
전용 별장. 노무현 대통령에
의해 일반인에게 개방,
승용차로 오려면
홈페이지에서 미리 예약

청남대 단풍
10,11월
월리사

오박사마을
(농촌체험)

현도면

현암사

대청호
오백리길
대청호 호반 트레킹
코스 총 21구간

대청호 추동습지
☆보호구역
억새,갈대/습지 공원
9,10,11월
명상정원 나의산랑은
나무꾼(삼겹살)
포레포레

대청호 오백리길
9구간(지용향수길)

☆부소담악
호수 위에 떠 있는 병풍바위
대청호 오백리길
7구간(부소담악길)

수생식물학습원 ☆
이색적 인스타 핫플, 예약

호수위의찻집
방아실돼지집
(생고기,얼무냉면)

대청호 오백리길
14구간

대전광역시

군북면

구절사

옥천문화원
옥천문화예술회관

☆옥천군

옥천성당

정지용 문학관
및 생가 ☆

석탄리 선돌,
석탄리 고인돌

춘추민속관,
정지용 문학관

동이면

목담서원

장령산자연
휴양림 야영장

용암사

장령산
자연휴양림

금산군

의평저수지

개심저수지

마나산관광농원

☆영국사
천년은행나무, 신라후기 창건
양산팔경(풍광좋은 사찰)

☆비단강숲마을
다슬기 잡이, 자전거 타기
금강 둘레길, 반짝이는 금강

영동블루
와인농원

선희삭당
(인삼어죽)

영동 국악체험촌

난계 박연선생 생가
(고려우왕 4년 태생)

옥계
폭포

양산팔경
금강둘레

광한농촌
교육농장

양산면
금강
모치마을

갈기산
관광농원

독립군나무

학산면

보은

검암서원

구룡산

대안소류지

신문소류지
쌍암저수지

상궁저수지

산모랭이
풀내음 농장

회인향교

건천 자드락촌
생태마을

보은 하얀
민들레마을(봄 3,4월)

오장환
문학관

회인서당

꽃밭날골

말목골
육각집

안내면

화인
메타세쿼이아

장계관광지

향수한우
판미옥

☆동가차가
소정

풍미당
(물폴면)

이지당

대성당

안터
선사유적

독락정

추부
(384m)

둔주봉
한반도지형

옥천 청마리
제신탑

금강
(전망

금강 IC

☆충청북도-남부

48

충청남도-전체

신두리해안사구
우리나라 최대 규모의
해안사구 지역, 바닷가를 따라
3.4Km 가량 사구가 형성

천리포수목원
푸른 눈의 한국인 고 민병갈 설립자가 40
년여에 걸쳐 만들어낸 17만평에 이르는 1
세대 수목원

신두리
해수욕장

백리포해수욕장
천리포해수욕장
만리포해수욕장
어은돌해수욕장
파도리해수욕장

갈음이해수욕장
(깨끗한 바닷물)

가의도

옹도

태안군

외연도 상록수림
대천항에서 1시간 30분가량 걸리는 보령
외연도의 상록수림
20m 넘는 나무를 비롯하여 신비한 자연의
숲을 있는 그대로 볼 수 있는 곳. 2박 추천!

외연도

횡견도

호도

녹도

어청도
중국 산동반도와 300km정도의 거리로 중국과
가까운 영해
우럭,해삼,전복이 많이 잡히는데 특히 자연산
우럭으로 잡은 찜이 유명

어청도

왜목 해수욕장
난지섬지 관광지

소난지도

왜목마을
일출과 일몰을 동시에 볼 수 있는 장소
안되는 장소

당진시

삽교호놀이동산

서산시

도비산 전망대
부석사 근처에 있는 해돋이와 해넘이를
동시에 볼 수 있는 도비산의 전망대

해미읍성
왜구를 방어하기 위해 세종 때
축성된 충청지역 육군 총지휘본부

서산시간월도

몽산포해변
넓은 갯벌

백사장항
봄에는 맛있는 꽃게를 신선하게 맛볼 수 있고,
가을이면 바로잡은 대하를 맛볼 수 있는 수산물
시장과 음식점이 많다.

남당항

추천음식
남당리 대하, 새조개

안면도 수목원

꽃지해변

안면도 자연휴양림
100년 내외의 소나무로 가득한 국내 유일의
소나무 천연림

안면도

간월암

속동
전망대

천북굴단지

홍성군

예산 황새공원
습지, 문화관, 휴게광장
겨울황새를 볼 수 있다.

청양군

오서산 정상
바다전망 억새

무량사
부여 무량사 단풍
신라 천년고찰 그리고 단풍.

부여군

백제문

국립희리산
해송자연휴양림

신성리 갈대밭

서천군

꽃지해변

춘장대 해변
해송과 아카시아나무

무창포해수욕장
매월 음력 보름날과 그믐날 전후 해변에서
석대도까지 1.5km 바닷길이 열린다.

대천해수욕장

용두해수욕장

보령시

비인해변

마량리 동백나무 숲

연도

근대역사박물관.1
근대건축관.2
근대미술관.3
해양박물관.4
호남 관세박물관.5
(구 군산세관)

십이동파도

50

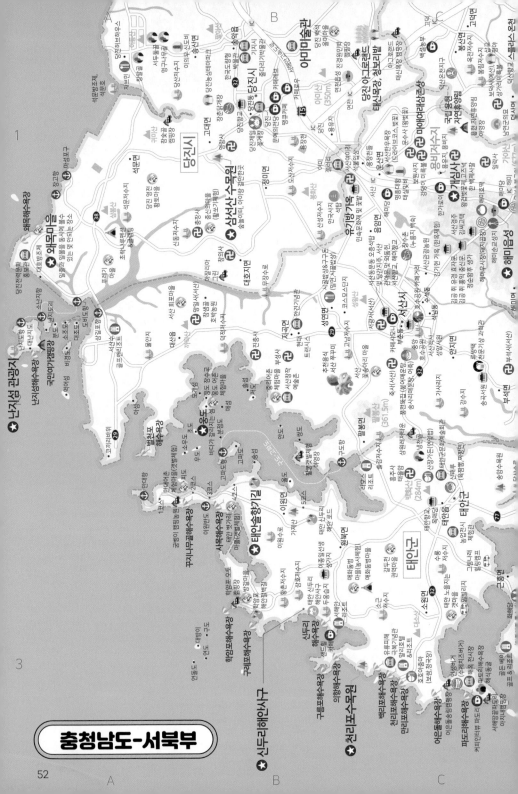

충청남도-서북부

충청남도-서남부

나치도

꽃다라

오마이갤러리

★안면도 자연휴양림★
100년 내외의 소나무로 가득한
국내 유일의 소나무 천연림

홍성방조제

훈이네펜션
(굴찜)

★안면도수목원

★꽃지해변
에 있는 5km에 이르는 끝내주는
전망 해변, 백사장을 따라 해당화가
만발해 '꽃지'라는 이름을 갖게 됨

꽃지해변

해안공원

안면가(해물정판)

코리아 플라워파크★
튤립, 수국 등 다양한 꽃축제

아일랜드 리솜
오아시스 선셋스파

안면도

★천북굴단지★
11월~2월까지 잡히는
최상품으로 매년 12월
'천북 굴 축제'

추천음식
보령 천북

태양사신기
안면도세트장

닭섬
할미섬
뒷섬
모래섬

맨삽지(학성리
공룡발자국화석)

천북 페목공
청보리밭
오양손칼국
오천항

외도

샛별
글램핑

안면도
미로공원

바람아래관광농원

아티카리조트

멜로우데이즈

아래나무섬

육도항

육도

★샛별해수욕장

운여해변

고남패총박물관

조개부리
마을

★고남면

추도항
추도

월도항
허류도

허육도항

더반
글랜

보

장삼포해수욕장

장돌해수욕장

바람아래해변

딴명장섬

장고도항

고대도항

영목항

소도 소도항

효자도항

효자도

이지함
선생묘

대천-안면

고대도

바이더오

안면도-원산도

초전항 선촌항

오봉산 차박지
Stay

원산도 원산창고

스테이오봉

오봉산

오천면

재두항

대천-삼시도

보령해저터널

삼시도
둘레길

삼시도항

대천항·호도

★대천해수욕장★
스카이바이크

보령 시민탑광장

JFK 대천 워터파크

보령머드축

삼시도

토끼섬

★대천해

보령

대천-안면도

명덕도

호도항

★죽도 심

다보도

호도해수욕장

호도

추도

대길산도

중길산도

소길산도

녹도

녹도항

모도

녹도·외연도

소화사도

대화사도

★무창포해수욕장★
매월 음력 보름날과 그믐날 전후 해변에서
석대도까지 1.5km 바닷길이 열린다.

무창포 비체

독산

관장도

책청도

소청도

외연도

외연도항

불공여도

독섬

황화

독섬
석도
오도

무마도

외연도 상록수림★
대천항에서 1시간 30분가량 걸리는 보령
외연도의 상록수림
20m도 넘는 나무를 비롯하여 신비한 자연의
숲을 있는 그대로 볼 수 있는 곳, 2박 추천!

부사병

해송과 아카시아

춘장대 해

홍원항(꽃게,쭈꾸미,직판장)

서천 마량리
★동백나무 숲

오력도

한국국
성경전

연도·어청도

연도

연도항

충청남도-동남부

★ 대청댐
대전과 청주 사이에 있는
우리나라에서 3번째로 큰
댐. 많은 이들이 대청호
주변 드라이브

청남대 단풍
10,11월

청남대
IC 회인

청남대 ★
대청 부근에 있는
대통령 전용 별장
노무현 대통령에 의해
일반인에게 개방
승용차로 오려면
홈페이지에서 미리 예약

IC 보은

보은군

세종 호수공원 (한식 가정식)
합강공원
오토캠핑장

세종특별자치시
바람꽃의
다육식물관

국립세종수목원
계절마다 달라지는
넓은 수목원

금강대도

금남 백로
서식지

남세종

추천음식
대전 유성
도토리묵밥이

반석동 ←
카페 거리
가는

국립중앙과학관
우리나라 대표 과학
과학관, 체험

노은동
노은IC

국립대전현충원
보훈둘레길 카페인터뷰
골
공간테리

자광사

대전 유성

대덕구

대전엑스포 과학공원

화회로

한밭수목원

서구

대청댐
금강로하스
대청댐 물문화관

신탄진 핑크물리
신탄진역
삼정
신탄진동
생태공원
석봉동
덕암동 대청호

계족산 황톳길
계족산에는 명품 100리 숲길과
장동산림욕장 그리고 황톳길.
황톳길은 맨발로 걸을 수 있는
힐링 여행지. 20분만 오르면
계족산성이 있는데 대전 전망.

대청호 ★
오백리길
대청호 호반 트레킹
코스 총 21구간

★ 대청댐

추동

대청호 추동
습지보호구역
억새갈대/습지
9,10,11월

추동인공
생태습지

쥐백정

잔생마을

대청호

옥천군

오봉산

대전시립미술관
천근대

유성구

유성온천역

서구

대전광역시

중구

대전 오월드

보문산마애
여래좌상

델 빠네

대전광역시 ★ 성심당

서대전역

대덕구

종촌당근밭

명성화원
명학성원
대전
김정선생
묘소일원

이사지공정격리

오씨칼국수
대동
태화정

대전천

적경원

우암사

보문산
(457m)

용화사

뿌리공원

대전역

파이브퍼센트

하늘만큼
성심당 본점
(두부두루치기)

진호집

쌍청당

판암IC

동구

식장산
(598m)

IC 대전
남대전

식장산 전망대
일몰과 야경이
아름다운 대전 전경을
볼 수 있는 전망대

세천역
경부고속도로

IC 옥천

옥천역

이원역

심천역

경부고속도로

2

IC 금강

금강

구봉산
(264m)
창계
금철산

유희당사우당, 안동권씨유회당
종가일원

구만리
계곡

사우당
IC 산내

뮤지엄B

문원재, 두마신원재,
암선재, 계룡 사계고택
IC 계룡

흑석리역

저수지

장태산자연휴양림

장태산
자연휴양림야영장

추천음식
금산 인삼 삼계탕

지구별
그림책마을

아르체마레
(카페 파스타)

단재 신채호
선생생가지

상소오토캠핑장

상소동
삼림욕장

캠프
항기

옛터민속
박물관

하늘물빛정원

서대산
(904m)

아우
광리
은행나무

금산 보곡산골
비단고을 산벚꽃
3,4월

신안사

천태산
(715m)

영동군

목소리
테마파크

만인산푸른학습원
만인산 자연휴양림

추부면

태조대왕
태실

장준관,명성각
(찜빵, 짜장면)

온양이씨
어필각

너구리의피난처
(파전, 해물수제비)

군북면

숭암저수지

조팝꽃
피는마을

바리실마을

구사내
이골

금산

월영산 출렁다리 ★

아일랜드
금산
원골

견휴양림

태고사
(멋진 전망)

수락계곡
군지폭포

대둔산
(878m)

완주군

복수약국수
복수면

진산향교

조헌사당(표충사)

진산면

권율장군 이치대첩비
(이치 전투 : 권율/황진 장군이 왜군에
승리해 왜군의 전라도 진출을 막음)

청강수
계곡

금성산

금산
인삼관광공원

고경명선생비

금산 칠백의총

금산양지리
팽나무 연리목

아인리석탑

원골싱딩 (어죽, 도리뱅뱅이)

금산 천내리 용호석,
권충민공순절비

금산 대원정사

천내리고인돌

금산 천내리
과학체험관

전내강

용화리고인돌

용강서원

금산군

금산 대원정사

금산향교

금산읍

탑선리석탑

청풍사

금강생태
과학체험관

용화리

금산산림문화타운
캠핑, 야영장, 체험숲, 생태숲

느티골산림욕장

금산 백령성

남이자연휴양림

금산생태숲

육백고지

제원면

금산한방
스파호텔류

진악산
(732m)

삼월가든(전골)

태영민속
박물관

개삼밭골, 개삼각

개삼저수지

영천암

남이면

의병승장비

청동서원

부리면

용화리

가양구곡

적벽강

적벽강
휴양의 집

농바우
마을

적벽강
비단물길

수통1리마을

용강서원

산댐이골

두문동골

봉황천

보석사 ★

천년 은행나무 홍도마을

홍도저수지

마야산

남일면

진안군

공간케렌시아

죽포동천폭포

십이폭포골

무주군

IC 무주

통영대전고속도로

59

경상북도-북부

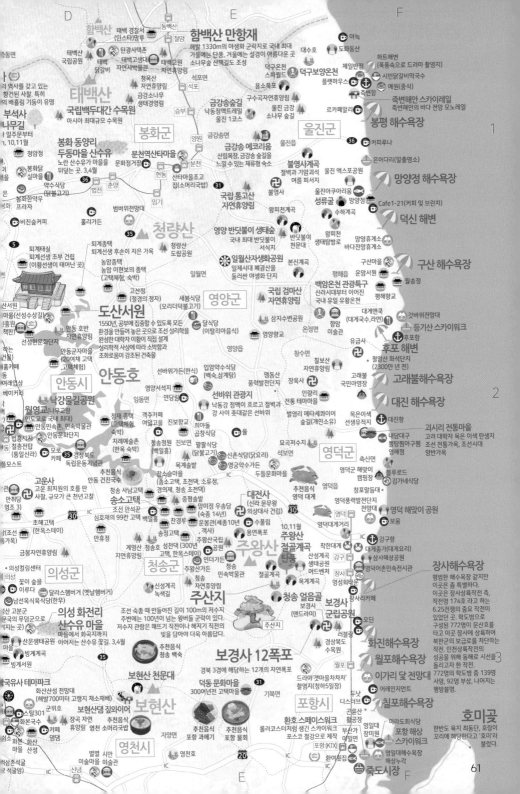

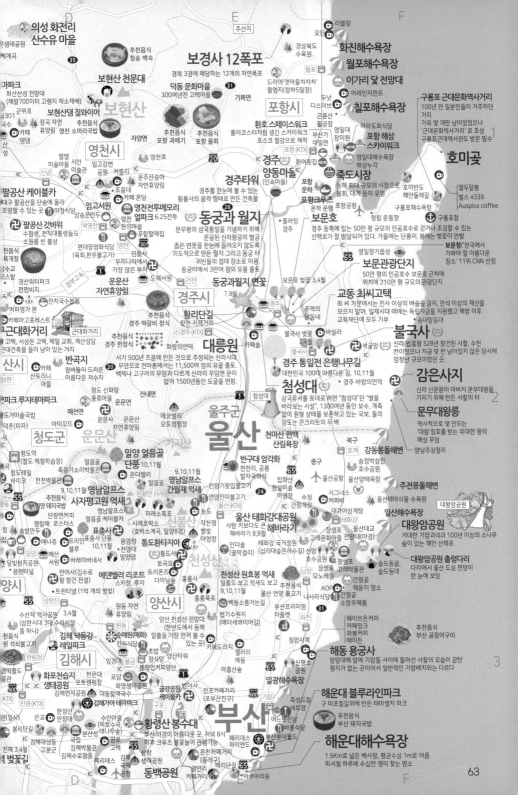

경상북도-서북부

보은군

영동군

64

경상북도-동북부

태백시

소백산 국립공원 (1,439m)

부석사
1,300년의 역사를 갖고 있는 삼국시대 창건된 사찰, 특히 무량수전의 배흘림 기둥이 유명

영주 부석사 은행나무길
부석사 일주문부터 500m, 10,11월

선달산계곡 캠핑장
마구령 (820m)

남대리
우구치계곡

오전약수 관광지

국립청옥산자연휴양림

봉화 대현 얼음어 속

국립백두대간 수목원
아시아 최대규모 수목원이며 백두산 호랑이를 볼 수 있는 곳

청옥산 (1,277m)

금강소 생태경

소백산 자락길10코스

봉화객주

화석피자

황토흙집

월로천

각화산 (1,175m)

봉화별야영장

문수산 자연휴양림

문수산 (1,205m)

숲속캠핑장

참새골

구마계곡 (고선계곡)

봉화 동양리 두동마을 산수유
노란 산수유가 마을을 뒤덮는 곳, 3,4월

봉화 서동리 동ㆍ서 삼층석탑 문화정거장

청옥야영장

소천면

분천역
눈썰매ㆍ

물야면

봉화 담성마을

청암정 삼계서원

다덕약수관광지

사미정계곡

임기역

뒷마그네골

범바위전망대

청량산 도립공원

청량산 (870m)

청량사

다래바위

도산서원
1550년, 공부에 집중할 수 있도록 모든 환경을 만들어 놓은 곳이며 조선 성리학을 완성한 대학자 이황이 직접 설계(도산서당) 성리학적 사상에서 소박함과 조화로움이 강조된 건축물

예천 곤충생태원

영주시

영주시

예천군

병산서원
유네스코 세계유산
(류성룡 선생이 징비록을 집필한곳, 고택체험)
류성룡 위패

안동하회마을
유네스코 세계문화유산이자 이순신, 권율을 천거한 영의정 류성룡의 고향. 류성룡은 이곳에서 징비록을 저술하게 된다. 나라를 구한 인재를 배출한 곳 그래서 이곳은 영험 물길 건너 부용대에 오르면 그림 같은 마을 전경이 보인다.

안동시

안동민속촌

낙강 물길공원
한국의 모네 '지베르니 숲'
SNS 사진 명소(이국적)

월영교

안동시

고운사
고운 최치원의 호를 딴 사찰
30여 건물과 규모가 큰 천년고찰

송소고택

경상북도-동남부

경상남도-동부

경상남도-서남부

전라북도-전체

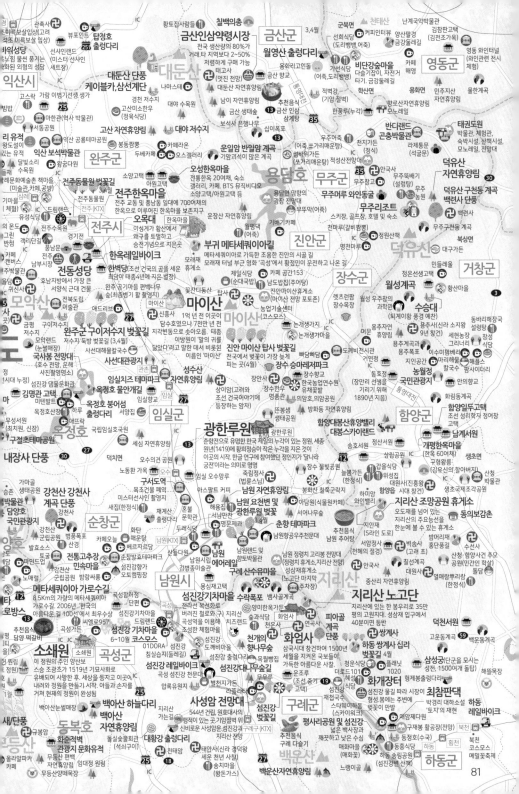

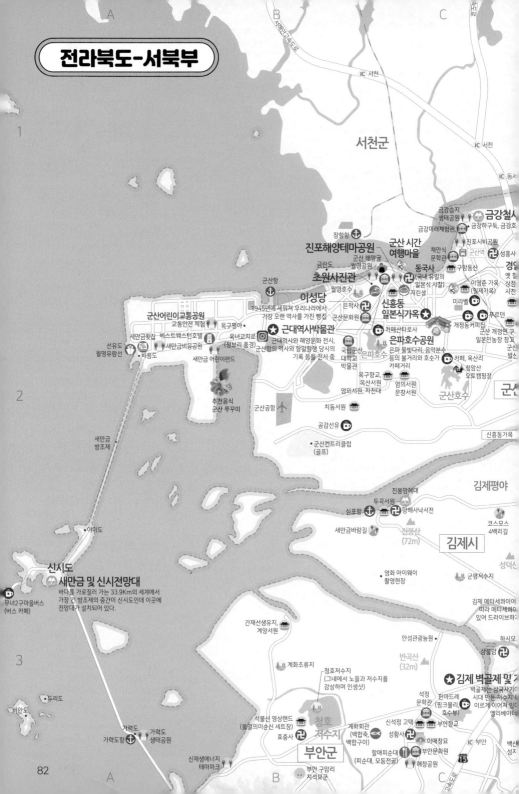

전라북도-서북부

1

서천군

IC 서천

JC 서천

IC 동서

금강습지생태공원

금강철

금강하구둑, 금강호

금강미래체험관

진포시비공원

채만식문학관

군산역

성흥사

경

옛날

상전

사진

장항항

진포해양테마공원

군산 해망굴

월명공원

군산 시간여행마을

구암동산

이영춘 가옥

(일제가옥)

금란도

동국사

(국내 유일의

일본식 사찰)

지린성

미라벨

군산항

초원사진관

월명호수

월명

이성당

1945년에 세워져 우리나라에서

가장 오랜 역사를 가진 빵집

은적사

군산문화원

신흥동

일본식가옥

개정동커피집

군산 개정연구

일본인농장 가옥

군산

발산

푸른던

군산어린이교통공원

교통안전 체험

옥구평야

옥녀교차로

(청보리 풍경)

근대역사박물관

근대역사와 해양문화 전시,

군산항의 역사와 항일항쟁 당시의

기록 등을 전시 중

카페산타로사

은파호수공원

은파 물빛다리, 음악분수

등의 볼거리와 호수가

카페거리

카페, 옥산리

선유도

월명유람선

새만금회집

베스트웨스턴호텔

새만금비응공원

바응도

옥구향교, 옥산서원

염의서원, 자천대

국립군산대학교박물관

은파공원

청암산

오토캠핑장

새만금 어린이랜드

2

새만금

방조제

추천음식

군산 쭈꾸미

군산공항

염의서원

문창서원

치동서원

군산호수

군산

신흥동가옥

공감선유

아미도

김제평야

군산컨트리클럽

(골프)

김제시

진봉망해대

두곡서원

망해사나루전

심포항

코스모스

4백리길

새만금바람길

진봉산

(72m)

성덕소

신시도

새만금 및 신시전망대

바다를 가로질러 가는 33.9Km의 세계에서

가장 긴 방조제의 중간이 신시도인데 이곳에

전망대가 설치되어 있다.

무녀2구마을버스

(버스 카페)

영화 마이웨이

촬영현장

군평저수지

김제 메타세콰이어

따라 메타세콰이

있어 드라이브하기

안성관광농원

하시모

삼봉암

간재선생유지,

계양서원

청호저수지

(그네에서 노을과 저수지를

감상하며 인생샷)

반곡산

(32m)

김제 벽골제 및 7

박곡제는 삼국사기

시대 만든 저수지

이르면서 이어져있

엘리베이터

3

비안도

두리도

계화조류지

박금리

문학관

판야드레

(핑크뮬리,

호수뷰)

석정

비안도

가력도

가력도항

가력도

생태공원

석불산 영상랜드

(불멸의이순신 세트장)

계화회관

(백합죽,

백합구이)

신석정 고택

성황사

부안향교

하매창묘

부안군

신재생에너지

테마파크

효암사

청호

저수지

부안군

부안 구암리

지석묘군

할매피순대

(피순대, 모둠전골)

부안문화원

매창공원

IC 부안

백산

성지

영동군

D   E   F

1

덕기봉

향로산 자연휴양림
모노레일

태권도원 ★
박물관, 체험관, 숙박시설
산책시설, 모노레일 타고
전망대에서 전망가능

삼도봉대화합
기념탑

내도리강변유원지
섬마을
(여죽, 도리뱅뱅)

무주 오산리
구상화강편마암

무주 향로산
자연휴양림

무주 지전마을
옛 담장

대불저수지

무주우죽
(여죽, 쏘가리매운탕)

북고사 전북제사1970

무주 산골영화관

무주 호통불마을

라제통문(석굴문)

37

관음사 卍

예향천리
금강변마실길

한풍루 (누각)

천지가든
(천지정식,
버섯전골정식)

일성 무주
리조트

달곰개골

김환태문학관과
최북미술관

반디랜드
곤충박물관
반딧불이를 테마로 천문과학관
등을 운영하는 박물관

덕천서원

30

무주반딧골캠핑장

백산서원

섬바위가든(매운탕)

무주 트리스쿨
IC 무주

신미가
(갈비짬뽕)

무주양수
홍보관

와룡담

서벽정

무주 금막마을
(금자마을)

무주 마루
와인동굴

무풍승지마을

분양서원

수지

섬바위(천년송)

진안
감동마을

적상산사고지(고려말 조선초
역대 왕조의 실록을 보관하던곳)

적상산성
(고려문)

반딧불이서식지

함벽소

무주서원

적상산
(1,029m)

무주군

애플스토리
테마공원

용담댐
물 문화관

안국사 卍

적상산성
호국사비

캠브런치
(브런치, 애견동반)

진안고원길
금강물길
(11코스)

치목삼베마을

무주농원
(닭볶음탕)

서림연가
(자연이 공존하는
펜션,인스타성지)

국립 덕유산 ★
자연휴양림

2

화산서원 卍

무주창고
(베이커리 대형카페)

19

구리골산
(659m)

무주똑배기
(설렁탕)

구천동주목군청

샤또무주
(와인)

호

버드산
(512m)

무주 리조트 ★
스키장, 골프장
호텔 및 숙소

산들애
(더덕한상차림)

구천동맛집
(더덕한상차림)

무주 구천동
관광특구

무주더루펜션
카페브라운

노채마을
(청국장,
추어탕, 어수제비)

화산(512m)

무주덕유산리조트
야외노천탕&Pool

무주리조트
관광곤도라

H힐스리조트

부부락(청국장,
추어탕, 어수제비)

무주 천리길 구천동길 어사길 ★
계곡 따라 트레킹 하기 좋은 길
덕유산국립공원삼공주차장에서 백련사까지
13km 4시간

구천동계곡

덕유산 구천동 계곡 ★
백련사 단풍 10,11월

지사제

진안 능길마을

용담향교

구량천

지선당

덕유산 IC

천마루
(해물갈비짬뽕)

죽계서원

백련사

향적봉
(1,520m)

무주 구천동
3경

거창군

옥천사 卍

청원산책
(마운틴뷰)

줄New음
산촌마을

덕산

노을이들
와 절벽, 노을 명소

적반산
(575.8m)

명천마루(가든카페)

칠연계곡

덕유산
(1,614m)

3

봉광대
용광가든(뽕버섯전골,
오리불고기)

3코스)

명천호

칠연의총

무병장수마을
정인승유허비
원촌마을

문태사, 박춘실
의병대장 전적비

원동사 卍

하늘내
들꽃마을

용연정

장수양악탑

토옥동송어횟집

토옥동계곡

시루봉
(638.4m)

13

성관사 卍

남덕유산
참샘

월관사 卍

35

월강서원, 주양서원
옛터가든(백숙)
자락정

JC 장수
백화산고분군
(가야고분군)

명덕천

용암사 卍

용서원

암서원

침령산성
(백제말
신라와의
생가마을
전투를 위해)

장수군

장수
흥림당

렛츠런팜
장수목장
(승마체험)

육십령 고개
(승마체험)

장수논개길
(백제말
신라와의
생가마을
전투를 위해)

생가

장수
흥림당

감나무택시도비

수열비

대곡호

논개생가사당
(제비추리, 육회비빔밥)

화산서원 卍

화산사 卍

대곡관광지

크래프트 브루어리
(수제맥주)

도깨비전시관

대곡관광지

금강

빼담빼담

서상 IC

85

D

전라북도-서남부

부안군

1
- 변산영인바지락죽
  (바지락회비빔밥)
  바지락회무침
- 변산해수욕장
- 고사포해수욕장
  하섬
- 격포해변
  수성당
- cafe909(바다
  미닐뷰)
  적벽강
- 소노벨 변산 오션플레이
- ☆부안 채석강
  화강암, 편마암을 기반층으로
  백악기(1억년 전)부터 형성. 총
  1.5km의 해안 절벽으로 수만 개의
  돌을 켜서 겹겹이 쌓아놓은 것
  같은 인류의 자연조형물
- 격포항
- 상록해수욕장
- 추천음식
  부안 격포항 꽃게
- 모항갯벌해수욕장

- 비안도
- 뮤리노
- 가력도
  가력도항
- 가력도
  생태공원
- 새만금방조제
- 신재생에너지
  테마파크
- 변산해수
  찜스파
- 대항갯벌체험
- 부안댐
  물문화관
- 카페쿠숑(낙조뷰,
  브런치 카페)
- 카페마사
- 채석강 해식동굴
- 소노벨변산
- 쇼트앤드(루프탑)
- 부안 영상 테마파크
  (불멸의이순신세트장)
- 금구원야외조각미술관
- 바다마실길
  (바지락칼국수)
- 두포갯벌체험장
- 모항어촌
  체험마을
- 스테이
  변산바람꽃(펜션)
- 국립 변산
  자연휴양림
- 모항갯벌체험장
- 죽도

- 석불산 영상랜드
  (불멸의이순신 세트장)
- 효충사
- 문수제
  (저수지)
- 용암봉
  (424.5m)
- 부안누에타운
  누에곤충과학
  관, 수변학습장
- 월명암
- 부안 낙조대
- 직소폭포
- 내소사
  백제시대
  사찰로
  전나무숲길
  이 유명
- 내소사삼층석탑
- 휘목아트타운
  미술관
- 현정이네
  (횟집)
- 곰소
  젓갈마을
- 곰소항

- 청호
  저수지
- 계화회관
  (백합죽
  백합구이)
- 할매피순대
  (피순대, 모둠전골)
- 신석정 고택
- 성화사

- 부안 구암리
  지석묘군
- 승암산
  (84m)
- 변산반도 단풍탐방로 ★
  변산반도국립공원 명품 탐방로
  10,11월
- 우금산성
- 변산
  (509m)
- 내변산
  (459m)
- 청림리
  석불상
- 변산반도
  국립공원
- 내소사
- 부안청림
  천문대
- 개암사
- 보령서원
- 청계서원
- 석제
- 부안김씨종중고문서
- 반계선생유적지
- 유천서원
- 부안청자
  박물관
- 부안
  우리랑마을
- 슬지네
  제빵소(찐빵)
- 곰소 염전(천일염을
  생산하는 곳, 하늘반영샷)
- 부안청자 유천리 요지
- 부안오디
- 하늘소농장
- 줄포만갯벌생태, IC 줄포
  공원 캠핑장
- 줄포만 갯벌
  생태공원(잼버리 공원)

2
- 쌍어도
- 대죽도
- 소죽도
- 동호해수욕장
- ☆상하농원
  농어촌 체험형 테마공원,
  목장체험을 할수있는 곳
- 구시포해수욕장
  가막도
  구시포 해수욕장
  노을 캠핑장
  914해변캠핑장

- 금단양만
  (풍천장어,장어뱅기스,
  셀프, 바다뷰)
- 만돌갯벌
  체험학습장
- 서해안
  바람공원
- 팜카페이솔
  (새싹보리라떼)
- 하라천
- 추천음식
  고창 장어
- 명사십리및
  구시포
- 파머스카페 상하
  (상하농원 내부)
- 구시포
  해수찜월드
- 서해바다(회)

- 고창
  하전갯벌체험장
- 고창갯벌
- 석상암
- 선운사 백파율사비
- 명가풍천장어
  (지주식풍천장어)
- 선운산
  생태숲
- 참당암
- 천마봉
  (284m)
- 선운산
  낙조대

- 미당 서정주
  시문학관
- 소요산
  (444m)
- 청림정금자할매집
  (장어구이)
- 병바위
- ★선운사 동백꽃
  명승고찰
- 장어파는부부
  (산부 장어구이)
- 도솔암

- 안현돔옴밭마을
- 미당 서정주 생가
- 디온실
  고창국민어
  컨버터토리(온실
  캠핑, 카페, 화분케이크)
- 꽃프로젝트
  (핑크뮬리 명소)
- 아르메리아
- 연다원(녹차정원)
- 스테이 선운
  호텔
- 운곡서원
- 운곡천
- ☆주진천
- 운곡습지 및
  고인돌군
- 나래글 (차돌박이
  짬뽕, 짬 짜면)
- 김정희
  전봉준장군
  생가터

- 고창
  분청사기요지
- 동림저수지
- 흥덕향교
- 흥성동헌
- IC 선운산
- 만화서원
- 효교천 (약수)
- ☆운곡람사르습지
  자연생태공원
  신림저수지
- 땡스덕 베르네
- 상원사
- 월암서원
- 고창향교
- 고창읍
  불고기
- 중위

3
- 영광군

- 두암저수지
- 고창 무장
  동학농민혁명 기포지
- 도암서원

- 무장향교
- 무장향교 대성전
- 고창 무장현
  관아와 읍성
- 고창 무장객사
- 청보리밭(드넓은
  청보리밭이 있어 힐링장소,
  인스타그램 인기포토촌)
- 청보리밭

- 지장제산
  (152m)
- 장사산
  (269m)
- 송림산
  (296m)
- 삼시세끼
  고창편 촬영지
- ★고창 고인돌 유적
- 조치제
- ★보리나라 학원농장
  15만 평의 부지에 계절별로 다양한
  품종을 볼 수 있다. 청보리밭은 봄날 4~5
  월, 해바라기밭은 여름 8월, 메밀꽃은
  가을 9~10월 사진촬영을 위해 찾아오는
  이들이 많다.
- 청매골
  선산마을
- 미동제
- 고창증산리의
  이팝나무

- 고창 고인돌
  박물관
- 고창 고인돌
  서당
  화강
  서원
- 고창판소리박물관
- 고창읍성
  조선시대에 자연석으로
  성곽. 호남 내륙을 방어
  벚꽃과 철쭉영으로도 유
- 고창향교
- 월곡서원 고창
- 고인돌
- IC 고창
- JC 고창
- IC 남고창
- 과치제
- 죽2
- 문수사
- 김기서강학당
- 고창군
- 숲길
  천연
  뛰어니

- 화동서원
- 용화사
- 대림제
- 장자제

86

전라북도-동남부

정읍시

임실군

순창군

담양군

곡성군

아쿠아틱파크
아마존
워터파크, 물놀이

★ 옥정호 붕어섬 출렁다리
420미터 붕어섬으로 들어가는
출렁다리

국사봉 전망대
호수 전망, 운해
사진촬영명소, 옥정호
호수 안의 섬을 한눈에
볼 수 있는 곳

옥정호물안개길
마암리 버스정류장 부터
용운리 총거리 11.7km

★ 김명관 고택
고즈넉한 조선 상류층 고택
정조8년 1784년 건립, 현
김동수씨 가옥

칠보물테마
유원지
물놀이장,
체험전시관, 놀이터

옥정호
구절초테마공원

옥정호
수변공원

국립 회문산
자연휴양림

강천산 군립공원

순창발효테마파크
미생물 뮤지엄, 식물원, 사이언스관

★ 전통고추장 민속마을
고추장 장인들이 모인 민속마을
마을 전체가 고추장 판매마을이자 관광지

발효소스토굴
17도 내외의 온도,
60~70% 습도를 유지하여
발효식품 포장 최적의 장소

3

88

25

B

C

A

장수군

남원시

남원향공우주천문대

광한루원
춘향전으로 유명한 한국 제일의 누각이 있는 정원,
세종 원년(1419)에 황희정승이 작은 누각을 지은
것이 이곳의 시작, 한글 언문에 참여했던 정인지가
'달나라 궁전'이라는 의미로 명명

정령치 휴게소
(고리봉 전망)

구례군

전라남도 - 일부

전라남도-서북부

고창군

가마미해수욕장
백사장 1km
가마미
야영장
홍농읍
한마음
공원
영광
성산리지
석교군
계마항
영광대교
백제불교 최초도래지
영광불교성지관광
모래미 해수욕장
영광노을전시관,대신등대
갈비골목
(음식점 거리,굴비마을)
파스
쿠찌
정일품한정식
(보리굴비)
카페보리(일몰이 멋진 카페,오션뷰)
로드96
미르목장(피자, 치즈체험)
백암해안전망대
원불교영산성지
감애기식당
(보리굴비정식) 22
영광정유재란열부순절지
원불교영산
성지
77
계송서원
무령서원
대석만도
대석만항
IC 영광
영광군
백수읍
물무산행복숲
묘량영당
이규헌가옥
(조선시대
민속문화재)
카페밭뷰(새싹보리
라떼,디저트카페)
영광향교
이흥서원
영광읍
송이도
낙월면
천일염전
영광풍력발전단지
군서면
밀양박
(해물칼국수)
묘량면
불갑저수지
수변공원
함평 역덕드림
고분군(백제)
백바위
해수욕장
지내동웅기탑공원
영광매간당고택
추천음식
영광 장어
기동교안
순교지
산채로밥
궁지골 농원
구계저수지
각이도
대각이도
내사
서원
불갑사
불갑
(516m)
영광
용암마을
연흥사
불갑산관광지
테마공원
천일염전
하낙월도
선착장
상낙월도
선착장
군남면
심도정
영광 ★
칠산타워
칠산대교 바다조망 전망
화랑
생태공원
신광면
잠월미술관
소각씨도
대각씨도
대각시도
선착장
무안 황토 갯벌랜드
갯벌습지보호구역,전시관과 놀이
시설이 있고, 카라반, 방갈로,
캠핑장이 인기
도리포 유원지
(멋진 바다전망,
일몰과 일출 동시에)
함평읍
손불면
상화리
함평 양서파충류
생태공원
23
하낙월도
선착장
이의도
이의도
선착장
큰도작도
무안
원갑사
미륵당산
송계 어촌
체험마을
안악
해수욕장
담양소리
카페
송계
마을
월천마을(낙지)
함평
함평군
국내 최대 양서파충류
전시관이 있는 생태공원
함평 죽암리고분
푸포어커피(바다뷰)
신흥상회(낙지)
만지도
수도
점암마
참도선착장
지도
무안 발산마을
미륵당산
해제면
주포수산 민물장어구이
주포한옥마을(핑크뮬리)
옥당기식당
나산면
녹우원(전통차,잔디밭)
함평향교
임자도
진리항
신안튤립공원
튤립축제
(4월말5월초)
지도읍
지도공도
돌머리해수욕장
사거리반점
(낙지찜뽕)
함평 해수찜
돌머리촌
체험마을
석암마을
주포 캠핑장
함평군
키친205
화랑식당
(육회비빔밥,소고기)
황금박쥐
전시관
IC 동함평
함평 고막천
재원도
사옥도
커피
인터뷰
무안
암꽐마을
파토목장-무안
(치즈/목장 체험,
캠핑장)
보깡사
함평
JC
함평 고막리
석교
카페출싱싱
자몸
홍도
인터뷰
백길천사
횟집
홍통유원지,
홍통해변
(해변, 깨끗한 백사장)
제일회식당
(기절낙지)
함평 엑스포공원
(공원, 워터파크)
함평영교
몽베르
함평천지
고막역외
신안군
송도선착장
(주)태평소금
천일염 힐링캠프
소금항카페
(소금빵,소금아이스크림)
안마도
약조도
증도
보기
선착장
선도
망운면 곰솔나무
(나이 300년)
무안879
애오시옹달빌라 Stay
무안
박봉나
가옥
무안박봉가
무안자산서원
북무안
IC
무안
IC
동상작
(연포탕,낙지)
무안자산서원
사창
학교역
왕따나무
관현설
카페
신안 증도 태평염전
신안 증도 소금밭 전망대
우전 해수욕장
왕바위식당
(민어회,짱뚱어탕,낙지)
증도면
증도
증도항
태평염전
해양힐링스파
선도선착장
수포라식당(나흐자신
대에 나온 야외식당)
무안명가(낙지코스)
물맞이골산림욕장
톰바기마을
(노송과 모래사장)
무안
국제공항
무안향교
펭미가옥
개서나무길
나주영상테마파크
(추몽 등)
밀리터리
테마
파크
무안역
정명전시관
무안 식영정
섬티아고순례길
12사도 이름을 딴 작은
건축작품이 있는 순례길
병풍도
병풍도선착장
마산도
대기점도
소기점도
소악도
마화도
기섬
무안 전통 생활문화체험파크
무안 백련
콩물국수
무안 백련
무안
회산백련지
연꽃
나주호
강변
동강면
우습재
공산면
무안군
효지도
아름다운
금빛펜션
삼발섬
당사도
베네치아(천사대교
뷰,돌파스,카페)
당사도항
대덕면
마연일반
식육식당
(삼겹살,추돌락)
청계면
나주곰탕커피
무우당
맨리스카페
앤틱마을
한옥마을
약초골
휴양마을
무안
옛달뜨까스
장부식육식당맛집
도축암대지육마을
회산백련지
오토캠핑장
무안 백련
콩물국수
마한읍
영산내동리쌍
무덤(마한)
백련카페
대미도
헤있마이가라도
꽃밭머두화가
(전복해조솥밥)
암해읍
무안 유리고
무안회산
백련지
초의선사
유적지
무안
회산백련지 연꽃
자은도
암태도
추포도
기동삼거리
백파마벽화
천사섬
분재공원
오도선착장
천사
대교
송공항
신안군
목포시
안좌도 노을
무안산
전망대(유선각)
누에치마전망관람대
(한반도 지형이 보이는
스카이워크 9.4km 길로 유명)
동양 최대의 백련 자생지(7,8월)
연산동
아기타
삼향동
목포시
장미의 거리
(먹자거리)

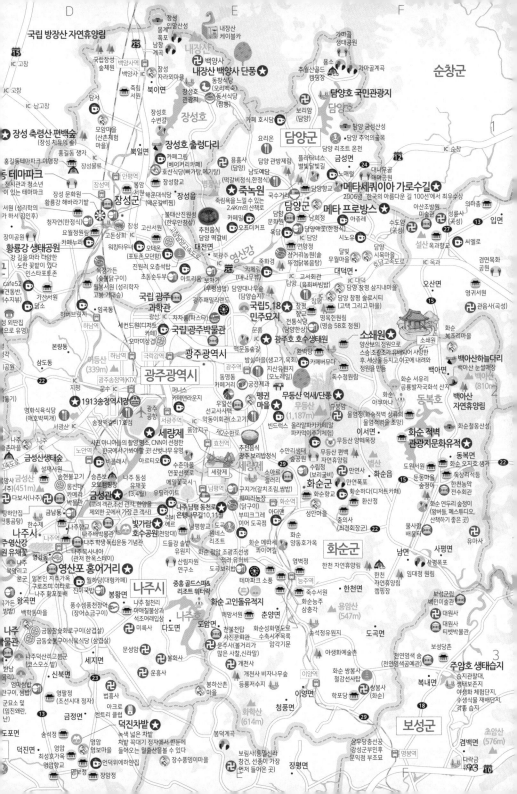

경기/강원 역사지도

고려(918~1392년)

황해북도

경기도

충청남도

거란의 3차 침략 퇴각
신은현(신계군)에서 개경 공격이 쉽지 않음을 판단하여 퇴각 하였다. 강감찬의 청야작전

홍건적의
원의 지배하에 1359년 1차 침공 2차 침공을 했으며 홍건적은 퇴각하던 선봉에 서서 홍건적의 침투는 고려에도 막대한

궁예 후고 (철원 901)

몽골의 1차 침입
1231년(고려 고종 18년) 고려를 침입 귀주 함락이 쉽지 않자 개경에 진격하여 포위 그러자 고려가 강화를 요청하여 몽골인 감독관 (다루가치) 72명을 두고 철군하였다.

고려 송악(개성)
개경, 왕건의 고려 건국(918년) 1년 뒤인 919년 송악으로 수도 이전. 고려는 남경(서울), 서경(평양), 동경(경주)을 두고 통치

박연폭포
송도 삼절과 한반도 3대 명폭으로 알려진 폭포

선조, 도성을 나와 개성 도착
1592년 4월 30일, 임진왜란 의주파천 경로

연안성 전투
1592.8.28(선조 25년) 초토사 이정암이 구로다 나가마사 3군을 상대해 물리침. 왜군은 퇴각함

임진강 전투
1592년 6월 27일, 임진왜란 조선 육군 13,000명이 불어난 임진강에 진을 치자 왜군은 작전상 후퇴, 조선 조정의 명령에 따라 도하하여 왜군에게 대패

양주(해유령) 전투
선조를 쫓아 온 왜병 선발대(70명)를 부원수 신각의 육군이 격퇴, 육군 최초의

정묘호란 (후금 홍타이지)
1627년 광해군을 위해 원수를 갚는다는 명분으로 조선을 궁궐(인조 5년) 압록강 너머 의주성, 정주, 평양, 인조가 파신한 강화도 앞까지 진격, 조선은 항복 형제국이 되어 강화를 체결

고려 강화 천도
1232년(고종 19년) 최우는 독단으로 강화 천도 이에 자극을 받아 몽골의 2차침입 보문사

행주대첩
1593년 3월 14일 행주산성에서 권율의 조선군이 크게 승리한 전투 임진왜란 육전 3대첩 중 하나

병인양요 (1866년 고종3년)
천주교 탄압을 구실로 로즈 제독이 이끄는 프랑스 함대 7척이 강화도를 점령하고 통상조약 체결 요구 12월 2일 프랑스 군이 문수산성을 점령하다. 조선군의 공격으로 27명 사상 12월 17일 강화성을 절거하면서 불을 지르고 서적, 무기, 보물들을 가지고 청나라로 철군(프랑스군 3명 사망) 조선의 쇄국정책은 한층 강화

강화 광성보
몽골, 각국과의 외세와의 침략전쟁을 치른 곳

선조, 도성 복귀
1592년 4월 30일 도성을 떠나 1593년 9월 19일 도성으로 복귀 임진왜란 의주파천 경로

신미양요 (1871년 고종8년)

몽골의 강화도 전투
해전에 약한 몽골이 강화를 치지 못하고 항복을 권유 몽골대장 살리타가 고려 김윤후에게 화살 맞고 전사하여 철수 1235년(고종 22) 몽골은 다시 공격 4년간 전국 각지를 황폐화 했으며 황룡사 9층 목탑도 이때 파괴되었다. 고려는 이 시기 팔만대장경을 재조하였으며 1238년(고종 25년)몽골이 강화를 제의하고 몽골은 철수하였다. 끈질기게 고려왕의 입조, 출륙을 요구했다. 강화에 들어간지 39년 끝에 몽골의 간섭하에 들어갔다. 1270년 원종이 개경으로 환도하면서 고려-몽골 전쟁은 끝났다.

용인전투
1592년 7월 13일 임진왜란 대패 패전했도 이광 4만 전라도방어사 곽영 2만 충청도 윤선각 1만5천등 약8만의 조선군이 왜의 1600여명에 전략 실패로 대패

동학농민운동 빌미 텐진조약으로 왜군 상륙
1894.6.9 동학군 진압을 위해 텐진조약에 근거하여(청 원병을), 왜 7天 파병)인천 상륙 동학군 진압이 목적이었으므로 실제 상륙했는데 전주화약으로 청군은 철군했으나 왜군은 철군하지 않고 한양을 점령(1894.7.23). 왜에 의해 강제 갑오개혁 실시

당성(화성)
6세기 중엽 한강유역을 차지하여 중국과 직교역로를 확보한 곳이 당성(당항성)이다. 회수리 죽제소

동학농민운동 빌미로 청군 상륙
1894.6.8 동학군 진압을 위해 고종과 민씨 세력은 청군 원병을 청해 아산만 상륙

동학농민과 조선정부의 전주화약 내용
고종과 민씨의 청군 원병으로 텐진조약에 의해 일본군 자동 파병 청과 왜의 철군을 위해서 동학군 해산하겠다. 전라도에 집강소를 설치하여 행정과 치안을 공동 관리

1894.6.11 전주화약 체결

화수리 학살사건
1919.4.11

제암리 학살사건
1919.4.15 제암리 만세운동기, 제암교회 에 성인남녀를 불러와 불을 질러 사망케 함

수원화성

음내리산성 전투
1236년 충북

98

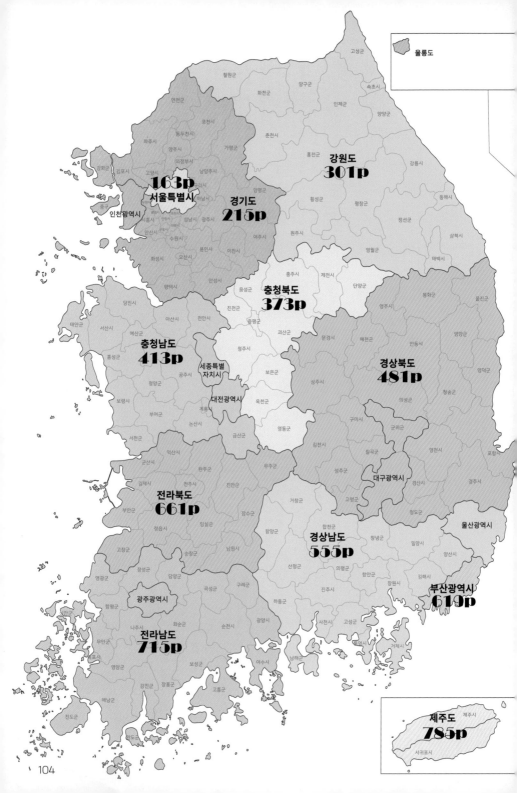

울릉도

강원도
301p

서울특별시
163p

경기도
215p

인천광역시

충청북도
373p

충청남도
413p

세종특별
자치시

대전광역시

경상북도
481p

전라북도
661p

대구광역시

경상남도
555p

울산광역시

광주광역시

전라남도
715p

부산광역시
619p

제주도
785p

제주시

서귀포시

테마

신이 내린 선물,
전국 팔도 대표 음식

서울
- 응암동 감자국
- 종로 생선구이
- 남산 돈까스
- 광장시장 빈대떡
- 남대문 갈치조림
- 종로 설렁탕

강원도
- 영월 다슬기해장국
- 양양 송이버섯전골
- 인제 황태구이
- 정선 곤드레밥
- 화천 산천어회
- 삼척 곰치국
- 원주 추어탕
- 홍천 화로구이
- 고성 동치미막국수

경기도
- 용인 백암순대
- 안산 바지락칼국수
- 양평 옥천냉면
- 시흥 조개구이
- 파주 장어구이
- 일산 칼국수
- 양주 송추갈비
- 인천 월미도 조개구이
- 여주 천서리막국수
- 파주 황복회
- 연천 매운탕

충청북도
- 단양 마늘정식
- 괴산 메기매운탕
- 옥천 생선국수
- 영동 어죽
- 진천 도리뱅뱅이
- 충주 꿩요리
- 제천 약초비빔밥

제주
- 옥돔구이
- 오분자기
- 회국수

부산
- 갈비
- 밀면
- 돼지국밥

지역별로 여행시 반드시 먹어봐야 할 특산물, 대표 요리들이 있어요. 여행 지역을 대표하는 인기 음식, 대표 음식이 무엇인지 꼭 확인해보아요. 여행 지를 이해하는 가장 빠른 방법은 그 지역의 음식을 경험해 보는 것일지 몰라요. 그 지역의 음식에 역사와 문화, 자연특성과 인심이 고스란히 담겨있으니 말이죠.

충청남도
보령 굴밥
태안 주꾸미
공주 국밥
부여 연잎밥
금산 인삼 삼계탕
서산 어리굴젓
당진 꽃게장
태안 꽃게탕
대전 묵밥
홍성 새조개샤브샤브

전라북도
부안 백합죽
전주 콩나물국밥
진안 애저찜
군산 꽃게장

전라남도
보성 벌교꼬막
완도 전복구이
무안 낙지요리
순천 짱뚱어탕
신안 흑산도 홍어삼합
장흥 매생이국
진도 간재미회무침
진안 애저찜
목포 세발낙지

경상북도
울진 대게
문경 약돌돼지구이
안동 간고등어
울릉도 오징어물회
경주 쌈밥
대구 뭉티기
예천 돼지막창순대
고령 도토리수제비
청송 백숙
영천 소머리국밥
대구 육개장

경상남도
창원 불고기
거제 도다리쑥국
거제 복요리
통영 굴요리
통영 충무김밥
남해 멸치회
진주 육회비빔밥
함양 연잎밥
김해 뒷고기
창녕 송이백숙
거제 대구탕

봄바람이 휘날리면~
꽃길을 걸어요 - 벚꽃편

삼척 맹방 벚꽃길
벚꽃

영주 서천 벚꽃길
벚꽃

강릉 경포호 벚꽃길
벚꽃

속초 영랑호
벚꽃

제천 청풍호 벚꽃
벚꽃

원주 반곡역 벚꽃(기찻길 벚꽃길)
벚꽃

춘천 소양강댐 벚꽃
벚꽃

강원대학교
벚꽃

감성 석촌호수
벚꽃

충주호 벚꽃길
벚꽃

조안 다슬긴 벚꽃길
벚꽃

양개천
벚꽃

충주 수안보 벚꽃길
벚꽃

청주 무심천 벚꽃
벚꽃

미사경정공원
겹벚꽃

하남 산곡천 벚꽃
벚꽃

가평 경춘선 대성리역
벚꽃

가평 섬자리
벚꽃

분당 중앙공원 벚꽃
벚꽃

천안 단국대학교 호수
벚꽃

파주 마정호수
벚꽃

동두천 자유수호평화박물관 진입로 벚꽃길
벚꽃

보리매공원
겹벚꽃

팔당호
벚꽃

청계천마크 서울
벚꽃

서울대공원
벚꽃

경기도청 벚꽃길
벚꽃

아산 신정호수
벚꽃

남산
벚꽃

송파둘레길 성내천
벚꽃

석촌호수
벚꽃

중앙선
벚꽃

아산 순천향대학교 벚꽃길
벚꽃

여의도 윤중로
벚꽃

일산 호수공원
벚꽃

이광횡송호수
벚꽃

의왕 금정역 벚꽃길
벚꽃

광교 저수지 마룡길 벚꽃길
벚꽃

파주 오산리 기도원
벚꽃

자유공원
겹벚꽃

의왕시청사 벚꽃길
벚꽃

서산 해미천
벚꽃

고양 랏츠건립 인라츠종나목장
벚꽃

시흥 개울생태공원 벚꽃길
벚꽃

안용준 벚꽃길(안양천 벚꽃길)
벚꽃

예산 가야선 가는 벚꽃길
벚꽃

국립서울현충원
벚꽃

군포 금정여 벚꽃길
벚꽃

인하대 캠퍼스 벚꽃길
벚꽃

인천대공원
벚꽃

자유공원
겹벚꽃

부천 도당산 벚꽃축제
벚꽃

벚꽃

겹벚꽃

벚꽃이 휘날릴 때, 비로소 봄이 완성되었음을 느껴요. 아무리 사막같은 마음이어도 벚꽃이 만들어내는 화사함과 봄바람이 더해지면 건조했던 마음에도 촉촉함이 생겨납니다. 화창해도, 바람이 불어도, 심지어 비가 내려도 좋아요. 벚꽃은 언제봐도 아름다우니까요. 전국의 벚꽃 명소들을 소개합니다.

경주 벚꽃

청양 장곡사 벚꽃길
벚꽃

경주 동화사 가는 벚꽃길
벚꽃

대전 충남대학교 벚꽃길
벚꽃

상주 북천 벚꽃길
벚꽃

경주 대릉원 옆 돌담길 벚꽃
벚꽃

경주 보문호 벚꽃
벚꽃

제주 삼성혈 벚꽃

제주대학교 벚꽃길
벚꽃

독산도
벚꽃

보령 주산 벚꽃길
벚꽃

영천임 호반벚꽃 100리길

경주 불국사 벚꽃
경북 경부벚

에레셋타공원
벚꽃

대전 현충원
벚꽃

경주 영남대 벚꽃길
벚꽃

경주 서천둔치 벚꽃길
경북

부산 에운대 달맞이길 벚꽃
벚꽃

구미 금오산 벚꽃길
벚꽃

대구 팔공산 벚꽃길
벚꽃

부산 삼정산 벚꽃
벚꽃

제주 전농로 벚꽃거리
벚꽃

대전 서천유원지(서천공원) 벚꽃
벚꽃

금산 보국선물 바디교 벚꽃길
벚꽃

익산 함벽정 벚꽃길
벚꽃

김천 연화지 벚꽃길
벚꽃

대구 마이산 향사 벚꽃길
벚꽃

이월도

대구 성서군 용산사가는 벚꽃길(옥포 벚꽃길)
벚꽃

대구 월곡역사공원
경북

부산 낙동강 독립 벚꽃
벚꽃

익산 송전마을 벚꽃길
벚꽃

원주 송강사 가는 벚꽃길
벚꽃

전주 완산공원
경북벚

진해 경화역 공원 벚꽃길
벚꽃

진해 장복산 공원 벚꽃길
벚꽃

진해 여좌천 벚꽃
벚꽃

진해 제황산공원 벚꽃
벚꽃

군산 은파호수공원벚꽃길
벚꽃

전주 동물원 벚꽃길
경북벚

전주 완산칠봉꽃동산
벚꽃

진안 마이산진봉꽃동산
벚꽃

남원 요천변 및 광한루원 벚꽃
벚꽃

하동 쌍계사 십리벚꽃길
벚꽃

사천 청룡사
경북벚

전주 진양호
벚꽃

김제 금산사 가는 벚꽃길
벚꽃

원주 구이군 구이(저수지 벚꽃길
경북벚

구례 섬진강 벚꽃길
벚꽃

순천 선암사
경북벚

구례 화지마을 벚꽃
벚꽃

정읍 내장산 벚꽃터널
벚꽃

정읍 내장산벚꽃길
벚꽃

나주 한수제 벚꽃
벚꽃

순천 송광사 가는 벚꽃길
벚꽃

보성 대원사 가는 벚꽃길
벚꽃

봄바람이 휘날리면~
꽃길을 걸어요 - 봄꽃편

법정스님은 "봄이 와서 꽃이 피는게 아니라, 꽃이 피니까 봄이 온다"라 말씀하셨어요. 겨우내 앙상했던 가지틈 사이로 초록의 싹이나 움을 틔우고 끝내 꽃망울을 터트려내는 계절의 기적을 목격할 시간이에요. 벚꽃, 유채, 매화, 수선화, 튤립, 산수유, 진달래, 개나리 등 찬란한 봄꽃 향연을 즐겨보아요.

유채꽃 개나리 매화 수선화 튤립 산수유 진달래 철쭉

"여름이었다" 생명력의
여름꽃 향연

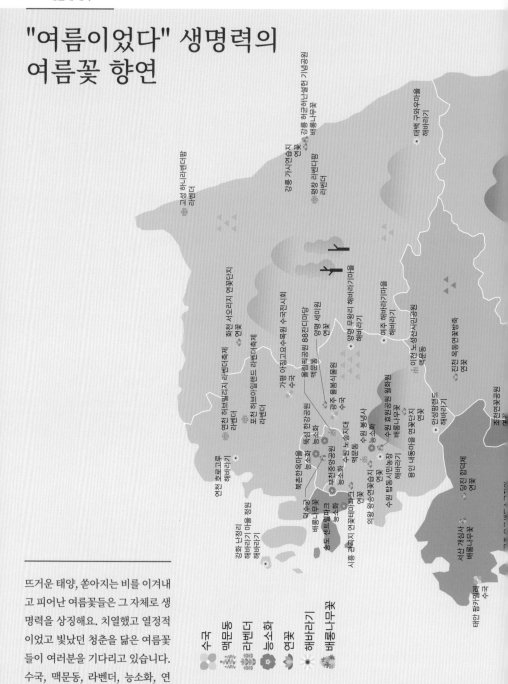

고성 하늬라벤더팜
라벤더

강릉 가시연습지
연꽃

강릉 허균허난설헌 기념공원
배롱나무꽃

평창 라벤다림
라벤더

태백 구와우마을
해바라기

연천 허브빌리지 라벤더축제
라벤더

화천 서오지리 연꽃단지
연꽃

포천 허브아일랜드 라벤더축제
라벤더

가평 아침고요수목원 수국전시회
수국

올림픽공원 88잔디마당
맥문동

양평 세미원
연꽃

양평 무왕리 해바라기마을
해바라기

여주 해바라기농원
해바라기

이천 노성산수변공원
맥문동

연천 호로고루
해바라기

광주 율봄식물원
수국

수원 융건릉
맥문동

진천 독동연꽃마을
연꽃

독산 한강공원
능소화

수원 호원공원 일월저수지
배롱나무꽃

안성팜랜드
해바라기

조선연꽃농원
연꽃

북천읍의마을
능소화

남한산성공원
능소화

수원 수인노송지대
능소화

용인 내동마을 연꽃단지
연꽃

당진 합덕제
연꽃

덕수궁
배롱나무꽃

송도 센트럴파크
능소화

시흥 관곡지 연꽃테마마을
연꽃

의왕 왕송연꽃습지
연꽃

서산 개심사
배롱나무꽃

강화 난정리
해바라기 마을 정원
해바라기

태안 팜카멜레온
수국

뜨거운 태양, 쏟아지는 비를 이겨내고 피어난 여름꽃들은 그 자체로 생명력을 상징해요. 치열했고 열정적이었고 빛났던 청춘을 닮은 여름꽃들이 여러분을 기다리고 있습니다. 수국, 맥문동, 라벤더, 능소화, 연꽃, 해바라기, 베롱나무 등 전국의 여름꽃 명소들을 소개합니다.

수국   맥문동   라벤더   능소화   연꽃   해바라기   배롱나무꽃

113

사계절의 하이라이트, 가을꽃지도

단풍 · 은행나무 · 핑크뮬리 · 팜파스 · 코스모스 · 황화코스모스 · 댑싸리 · 메밀꽃 · 억새

사계절의 절정은 가을이 아닐까요? 가을을 완성시키는 것은 단연 꽃입니다. 세상에 색을 입히는 단풍을 비롯하여 은행나무, 핑크뮬리, 팜파스, 코스모스, 댑싸리, 메밀꽃, 억새 등이 가을의 장면을 완성시킵니다. 가을꽃들이 바람에 너울대면 복잡했던 상념들도 가라앉아 비로소 보는이의 마음도 안정됩니다.

추울수록 더 뜨거워지는 겨울

스키&스노우보드

강원도
평창 모나 용평리조트
평창 휘닉스파크
평창 알펜시아리조트
홍천 비발디파크
원주 오크밸리리조트
정선 하이원리조트
춘천 엘리시안 강촌
횡성 웰리힐리파크
태백 오투리조트

경기도
곤지암리조트
이천 지산포레스트리조트
용인 양지파인리조트
포천 베어스타운

전라북도
무주 덕유산 리조트

날이 추워진다 하여 가만히 앉아있을 수만은 없죠. 액티비티를 즐기기 가장 좋은 계절인 겨울이 다가왔어요! 스키, 썰매, 아이스하키 등 온몸을 뜨겁게 달아올릴 겨울 액티비티를 가장 신나게 즐길 수 있는 핫스폿들을 소개합니다.

스케이트

서울
목동 종합운동장 실내아이스링크
반얀트리 클럽 앤 스파 아이스링크
그랜드하얏트서울 아이스링크
광운대학교 아이스링크
잠실 롯데월드 아이스링크
고려대학교 아이스링크
성동 디엣지 아이스링크
태릉 국제스케이트장
서울광장 스케이트장

경기도
과천 빙상장
하남 아이스링크
용인 웨이브즈 아이스링크
안양종합운동장 실내빙상장
하남 ICEBOX

대전
남선공원 스케이트장

대구
이월드 83타워 아이스링크

부산
동래 아이스링크
신세계 센텀시티 아이스링크

추울수록 더
뜨거워지는 겨울

눈썰매

강원도
홍천 스노위랜드

서울
어린이대공원
잠원한강공원

경기도
과천 서울랜드
원마운트 스노우파크
용인 에버랜드
남양주 어린이비전센터
사계절 썰매장

충청북도
증평 민속체험박물관

충청남도
청양 알프스마을

전라북도
무주 반디랜드 사계절 썰매장

경상북도
경주월드

대구
군위 삼국유사테마파크

울산
울주 자수정동굴나라

얼음썰매

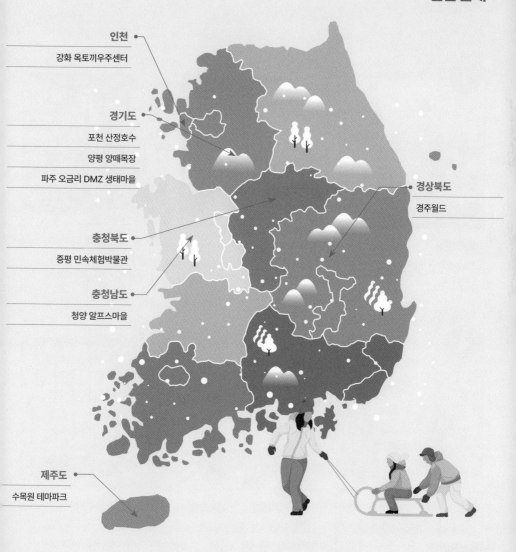

인천
강화 옥토끼우주센터

경기도
포천 산정호수
양평 양떼목장
파주 오금리 DMZ 생태마을

충청북도
증평 민속체험박물관

충청남도
청양 알프스마을

경상북도
경주월드

제주도
수목원 테마파크

전국 탑티어 유명 카페 Best22

여행가면 인스타에 "지역명+카페" 검색해보시는분 손! 이제 카페는 단순히 커피를 즐기는 공간이 아닌 그 자체로 여행지, 지역을 대표하는 명소로 거듭나고 있어요. 전국 유명 카페 22곳을 소개합니다.

몰또 이탈리안 | 서울 중구

명동성당 뷰가 아름다운 노천카페 감성의 카페

943킹스크로스 | 서울 마포

해리포터 덕후의 천국, 영화 속 음료, 초대형 마법 지팡이가 있다.

스멜츠 | 경기 광주

시원한 통창으로 보이는 우거진 나무, 특히 겨울에 눈오는 날이 아름다움

골든트리카페 | 경기 가평

노출콘크리트 건물이 프레임이 되어주는 북한강 뷰

포레스트아웃팅스 | 경기 고양

실내 플랜테리어가 멋져 온실속에 들어온듯한 대형 카페

칼리오페 | 경기 용인

식사와 와인까지 즐길수 있는 베이커리 카페 , 야외 결혼식장도 운영

7

칠성조선소 | 강원 속초

옛 조선소의 레트로한 분위기의 카페

8

@a86reum

툇마루 | 강원 강릉

한옥 툇마루가 연상되는 인테리어, 흑
임자 라떼는 필수메뉴

9

@iam___jina

글루글루 | 충북 제천

호수 뷰 포토존으로 유명한곳 가만히
앉아만 있어도 힐링이 되는 뷰

10

@skyhills_coffee

구름위의 산책 | 충북 단양

패러글라이딩 전망 뷰

11

@chouchou_hee

트레블 브레이크 | 충남 태안

유럽 정원 인테리어 대형카페

전국 탑티어
유명 카페
Best22

12

로드1950 | 충남 당진

미국감성의 대형카페, 서해대교 뷰

13

베이커리 카페 루 | 충남 천안

밤과 낮이 다른 궁전을 닮은 하얀 건물
직접 생산한 빵 맛집

14

퍼프슈 카페 | 전남 담양

야구장 컨셉의 스포티한 감성과 당일
제조한 수제 퍼프슈

15

카페 오하라 | 전남 나주

핑크색 컨테이너 건물로 감성 충전. 라
떼와 크로플도 필수

16

소양한옥티롤 | 전북 완주

사진 그대로의 풍경. 한옥 앞 연못에서
나룻배 타고 인생사진 남기기

17

디온실 컨서버토리 | 전북 고창

사계절 쾌적한 400평 실내온실과 미
니수목원

카페 포토피아 | 경북 포항

포르투갈 페나성이 생각나는 카페

SD카페 | 경남 창원

대형 오션뷰 카페, 루프탑의 샤넬백이 인기 포토존

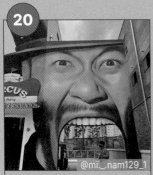

홍철책빵 서커스점 | 경남 김해

드라이브 스루 입구의 홍철얼굴이 시끌 벅적한 카페

브라보비치 | 제주도 서귀포시

성산 일출봉, 우도와 제주도 푸른 바다가 한눈에 보이는 카페

호텔샌드 | 제주도 제주시

협재해수욕장 앞 카페. 이국의 바닷가에 앉아 쉬는 기분이 나는 곳

50K 이상, 전국 유명 인 스타 핫플 20!

내가 좋아하는 '공간'에서 멋진 사진을 찍어 인스타에 올리는 재미는 우리 일상에서 너무 중요한 부분이 되었죠. 지역별로 인스타 명소를 찾는 수고로움을 덜어드립니다. 어디로 가서 무엇을 어떻게 찍을지 친절히 알려드려요.

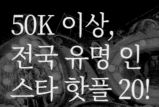

#서울 잠실 롯데월드
밤이 될수록 그 매력이 배가되는 마법의 공간. 롯데월드에 조명이 켜지면 내 마음에도 불빛이 켜진다.

@jx_c
@borar

#서울숲 거울연못
연못 위로 비치는 푸르른 나무와 하늘의 완벽한 반영샷!

#경기 동두천 니지모리스튜디오
동두천에서 만나는 일본. 일본 전통 의상을 입고
일본 거리를 걸어보자.

#경기 안산 탄도항 누에섬
풍력 발전기가 선사하는 멋진 풍경과 일몰이 환상적이다.
하루 2번 썰물 때 탄도와 누에섬에 도보로 갈 수 있다.

@youdin_97
@haedeun.___e

#강원 삼척 미인 폭포
옥빛 물색으로 밀키스 폭포라 불리는 곳.
단풍명소로도 유명.

@nawusmik
@in_ggggg

#강원 영월 요선암 돌개구멍
물과 바람이 깎아 만든 암석의 돌개구멍은
자연의 신비 그 자체!

#충북 충주 악어봉
악어떼가 물 속으로 기어들어가는 형상이라
이름 붙여진 충주호 최고 명소!

@hi_s_yy
@ceonxa

#대전 동구 상소동산림욕장
시민들의 건강을 기원하며 정교하게 쌓은 돌탑이 이국적
한국의 앙코르와트라 불린다.

@ini
@two_ohy

#충북 제천 의림지 용추폭포
시원하게 떨어지는 폭포와 팔각정이 한폭의 그림같다.

#충남 공주 연미산 자연미술공원
자연 속에서 즐기는 예술! 3층 높이의 곰 조형물 앞에서
인증샷은 필수!

#충남 논산 온빛자연휴양림
메타세콰이어 숲과 동화같은 집이 비치는 호수의 신비함!

@ray._travel
@yoonauoo

#전북 부안 채석강 해식동굴
한반도 모양을 닮은 해식동굴 안에서 바다를
향해 찍는 인증샷이 인기.

@joohwa._coin
@su__in_2

#전북 전주 덕진공원 연화정도서관
한옥 창살 너머로 보이는 연꽃 뷰가 이곳의 대표 명소.

#전남 신안 퍼플교
온 섬을 물들인 보랏빛의 장관! 보라색 옷이나 신발 등을
착용하면 입장료가 무료!

#전남 여수 개도
백패킹의 성지, 자연이 만든 돌침대로 유명.
에메랄드 빛 바다를 볼 수 있다.

#경북 울진 성류굴
동굴 사이사이로 흐르는 왕피천의 풍경이 일품!

@hyuna
@

#경북 포항 스페이스 워크
롤러코스터를 연상케하는 곳으로 영일만의
일출, 일몰을 볼 수 있다!

@jina1000
@twinkle_2yu

#해운대 해변열차(블루라인파크)
미포-청사포-송정을 달리는 옛 철길 코스!
뒤로는 바다, 앞으로는 건널목을 지나는 열차의 모습이 이국적이다.

#경남 고성송학동 고분군
싱그러운 텔레토비 동산이미지

#경남 거제 매미성
성곽에서 보이는 시원한 오션뷰

@_goldashh

@nan.kyung
@dain__n2

두봉 키세스 존
터널 사이로 비치는 키세스 초콜릿 모양의 하늘과 바다 운이 좋
비행기와 함께 짝을 수도!

129

여행지에 꽂는 꽃갈피, 전국 감성숙소 Best19!

좋은 여행의 기준은 모두 다르죠, 누군가는 좋은 음식에, 누군가는 편안한 잠자리가 그 어떤 것보다 중요합니다. 여행의 경험이 쌓일수록 숙소에 대한 관심이 늘어납니다. 일상에서 잠시 비켜나 온전히 쉼을 경험할 수 있는 공간이 바로 숙소이기 때문입니다. 마감재 하나, 모서리 하나, 소재 하나 허투루 하지 않은 작품과 같은 숙소들을 골랐습니다. 지금 바로 확인해보세요.

#강원 고성 서로재

소나무 숲에 둘러싸인 이곳은 모든 객실이 서로 다른 개별 정원을 품고 있다. 노천욕장이 있어 숲속에서의 완벽한 쉼을 경험할 수 있고, 이곳의 오마카세 박스는 계절별 싱싱한 해산물로 채워져 특별함을 더한다. 강원 고성군 죽왕면 봉수대길 118

PHOTOGRAPHY BY 김동

#강원 홍천 유리트리트

한국건축문화대상 대통령상 수상에 빛나는 자연과의 조화를 이룬 숲속의 집. 최대 6인까지 묵을 수 있어 가족여행에 좋다. 실내수영장은 물론 실외의 넓은 인피니티 풀장까지 갖춘 럭셔리 풀빌라. 실내 취사와 바비큐장 이용이 가능하다. 강원 홍천군 서면 한서로 1468-55 유리트리트풀빌라

#경기 가평 기억의 사원
자연을 있는 그대로 활용해 지은 유니크한 숙소다. 공간과 공간을 잇는 길이 자연스레 만들어져 산책하기 좋다. 운무가 낀 웅장한 산의 능선 뷰가 좋다. 노을을 보며 스파를 즐길 수 있어 하루를 완벽하게 마무리하기에 좋다. 경기 가평군 가평읍 상지로 832-86

#경기 평택 트리하우스
발리가 부럽지 않은 나무 위의 집과 수영장이 있는 숙소. 나무 위의 집은 숙박이 아닌 피크닉 장소로 쓰인다. 수영장은 한 타임에 한 팀만 예약을 받아 프라이빗하게 수영장을 이용할 수 있다. 숙박은 민박집을 따로 운영한다.
경기 평택시 진위면 삼봉로 442-15

#서울 광진 나무호텔
서울 근교에서 호캉스를 즐길 수 있는 자연을 담은 호텔. 야외 자쿠지에서 맥주 한잔하며 즐기는 반신욕은 도시의 피로를 잊게 해준다. 고즈넉하고 아름다운 공간의 룸에는 들어서자마자 느껴지는 풀 내음이 좋았다는 후기가 많다. 서울 광진구 아차산로76가길 12

#인천 강화도 호텔무무&펜션
숲으로 둘러싸인 자연 친화적인 숙소. 스파를 즐기며 폴딩 도어를 활짝 열면 경계 없는 자연 속에서 오롯이 휴식을 즐길 수 있다. 웰컴 드링크와 브런치를 제공한다.
인천 강화군 화도면 해안남로1066번길 12

#충북 증평 정연하다
오직 한 팀만을 위해 운영되는 독채 펜션으로 대가족이 머물 수 있을 만큼 넓은 공간과 깔끔하고 간결한 인테리어가 정돈된 느낌을 준다. 건물 맨 끝에 마련된 풀장에서 삼거 저수지의 노을지는 풍경을 감상할 수 있다.
충북 증평군 증평읍 삼거리길 8-25 정연하다

#충남 공주 스테이인터뷰 빌라 드 우
발리 감성 숙소 스테이인터뷰 빌라 드 우. 라탄가구가 가득한 내부 인테리어와 숙소 주변으로 운하 같은 넓은 수영장이 있어 휴양지 분위기를 돋운다. 이곳의 하이라이트는 발리 감성 테라스에서 즐기는 야외 스파와 바비큐. 충남 공주시 우성면 용봉입동로 109-19

villa de woo

#경남 남해 까사 드발리

소나무 숲이 감싸고 있는 발리 콘셉트의 낮은 건물과 인
피니티 풀장이 있는 프라이빗 숙소. 전 객실 바다 뷰로
시원한 개방감을 느낄 수 있다. 온수풀과 자쿠지를 갖추
고 있으며 버기카 서비스를 제공한다. 조식 제공. 경남
남해군 미조면 미송로 341-12 까사드발리 풀빌라

#경북 포항 스타스케이프 풀빌라

경상북도 건축대상을 수상한 지중해의 하얀 건물 콘셉트의 풀빌라.
포항의 푸른 바다를 보며 수영할 수 있는 인피니티 풀장이 해외에
온 듯한 착각을 일으킨다. 바다 뷰 통창으로는 일출을 감상할 수 있
다. 함께 운영 중인 카페에서 조식 제공.
경북 포항시 남구 호미곶면 구만길 224

#경남 거제 지평집

멀리 지평선을 마주하고 있는 가조도 끝자락에 위치한 숙소. 콘크리트 건물이 땅속에서
부터 자라나는 형상의 독창적인 건물로 바다로 향한 시선을 가리지 않는 전면 뷰가 특징
이다. 편백 향 가득한 히노끼탕에서 고요한 휴식을 즐기기 좋다. 경남 거제시 사등면 가
조로 917

#전남 담양 청아연

예쁜 개별 정원과 시원한 통창이 있는 풀빌라. 숙소 주변으로 산책하기 좋은 시크릿 가든
이 있다. 전 객실 자쿠지 무료 이용. 주변에 내장산과 백양사 등 단풍을 즐기기 좋은 곳이
많다. 수영장은 4~10월까지 운영. 전남 담양군 용면 해오름길 26

#전남 담양 호시담

무등산과 추월산으로 둘러싸인 자연 속에서 진정한 휴식을 선물해주는 숙소. 테라스에서
탁 트인 정원을 만나고, 높은 담으로 둘러싸인 야외 노천탕에서는 쏟아질 듯 수많은 별을
마주할 수 있다. 카페 호시담을 함께 운영한다.전남 담양군 용면 추령로 375-25

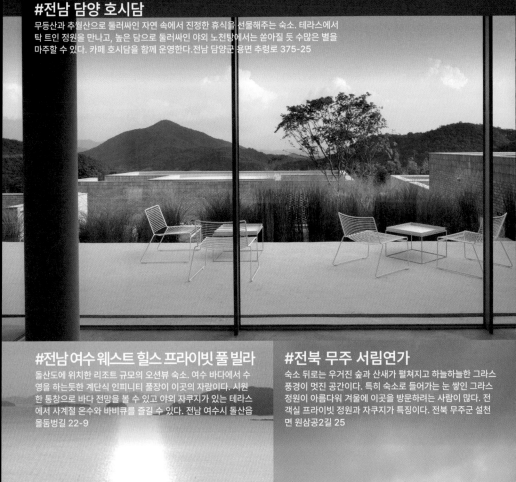

#전남 여수 웨스트 힐스 프라이빗 풀 빌라

돌산도에 위치한 리조트 규모의 오션뷰 숙소. 여수 바다에서 수
영을 하는듯한 계단식 인피니티 풀장이 이곳의 자랑이다. 시원
한 통창으로 바다 전망을 볼 수 있고 야외 자쿠지가 있는 테라스
에서 사계절 온수와 바비큐를 즐길 수 있다. 전남 여수시 돌산읍
몰둠벙길 22-9

#전북 무주 서림연가

숙소 뒤로는 우거진 숲과 산새가 펼쳐지고 하늘하늘한 그라스
풍경이 멋진 공간이다. 특히 숙소로 들어가는 눈 쌓인 그라스
정원이 아름다워 겨울에 이곳을 방문하려는 사람이 많다. 전
객실 프라이빗 정원과 자쿠지가 특징이다. 전북 무주군 설천
면 원삼공2길 25

#제주 서귀포 핀크스포도호텔

하늘에서 내려다보면 한 송이의 포도 같은 핀크스 포도호텔은 세계적인 건축가 이타미 준이 설계한 것으로 유명하다. 제주의 오름과 초가집을 모티프로 설계된 자연 친화적인 공간에서 프라이빗 온천을 즐길 수 있다. 제주 서귀포시 안덕면 산록남로 863

#제주 한림 잔월

거대한 팽나무 세 그루 사이에 자리한 까만 지붕의 프라이빗 공간. 툇마루에 앉아 바람길 사이로 들려오는 자연의 소리와 함께 차를 즐겨보자. 프라이빗 스파 동의 이끼 정원 사이 에 마련된 자쿠지에서 노천온천을 할 수 있다. 제주 제주시 한림읍 명월로2길 11

관광과 휴식을 동시에, 전국 리조트 Best16

01

@cyeong._

롯데리조트 속초 | 강원 속초

동해의 아름다움을 오감으로 느낄 수 있는 전객실 오션뷰 숙소다. 전연령이 즐길 수 있는 실내외 풀장이 이곳의 매력이다. 액티비티한 레저와 온전한 휴식의 스파를 함께 경험해보자.

02

한화리조트 설악쏘라노 | 강원 속초

설악산의 기운과 동해의 영롱함, 노천온천을 함께 즐길 수 있는 숙소이자 테마파크! 자연속에서 쉼을 취하기에도, 짜릿한 어트랙션의 워터피아에서 액티비티를 즐기기에도 안성맞춤이다.

03

하이원 리조트 | 강원 정선

워터파크, 골프, 스키, 카지노 등을 모두 즐길 수 있는 숙소이자 종합 테마파크! 회복을 돕는 명상과 요가 중심의 HAO 웰니스를 비롯, 짜릿한 속도감의 알파인코스터 등도 인기다.

04

@2.jeong.2

쏠비치 삼척 | 강원 삼척

삼척에서 만나는 그리스 산토리니! 투숙객 전용 해변이 운영되어 동해의 푸른 바다를 프라이빗하게 즐길 수 있다.

숙소 자체가 여행지인 곳들을 소개해요. 숙면을 보장하는 안락한 룸 공간을 비롯하여 인피니티풀, 골프, 스키, 케이블카 등 다양한 액티비티 체험이 동시에 가능한 전국의 리조트들을 안내해드립니다.

오크밸리 리조트 | 강원 원주

골프, 스키, 전시, 조명쇼 등 레저와 휴식, 그리고 문화생활을 함께 누릴 수 있는 곳이다. 잘 관리된 자연 속에서 전 연령 가족 단위로 레포츠와 예술, 휴식을 즐기기 좋다.

소노문 델피노 | 강원 고성

설악의 산새에 안겨있는듯한 숙소로 동해까지 조망 가능하다. 사계절 온천수 이용이 가능한 오션플레이는 필수! 인원, 연령, 취향에 따라 객실 선택이 가능하며 가성비 역시 훌륭하다.

썬크루즈 호텔&리조트 | 강원 강릉

초호화 실제 유람선을 경험해 볼 수 있는 기회! 크루즈형 리조트다. 해안절벽에 위치해 있어 일출 조망이 가능하다. 바다를 보며 즐기는 해수풀도 이곳의 인기!

곤지암 리조트 | 경기 광주

수도권에서 빠르고 짜릿하게 즐길 수 있는 스키장이자 리조트! 다양한 테마의 객실, 이국적인 풍경, 데스티네이션 스파 등 5성급 호텔을 뛰어넘는 다채로운 시설을 자랑한다.

관광과 휴식을 동시에,
전국 리조트 Best16

09

@kim.dayday

아난티 남해 | 경남 남해

최상의 골프 코스와 스파를 갖춘 품격 높은 리조트! 푸른 남해 바다와 초록의 숲에 둘러싸인 자연친화적인 공간으로 특히 산책로가 좋기로 유명하다.

10

@cheolsu___

비체팰리스 | 충남 보령

무창포 해수욕장에 위치하여 객실에서 오션뷰와 서해의 타는 저녁놀을 볼 수 있다. 워터파크 이용은 물론, 신비의 바닷길 열린 현상, 바닷길 사이로 갯벌 생태체험도 가능하다.

11

포레스트 리솜 | 충북 제천

자연 그대로의 공간에서 친환경자재로 쌓아올린 휴식의 공간이다. 풍수적으로 손꼽히는 명당에 위치한 이곳은 인위적인 시설은 최대한 줄이고 숲속 피톤치드를 통한 온전한 쉼을 보장한다.

12

@y.muu__

쏠비치 진도 | 전남 진도

진도의 푸른 바다를 조망할 수 있는 환상적인 숙소로, 수평선과 맞닿은 인피니티풀과 스파가 특히 좋다. 탁트인 바다와 고요한 파도 소리로 힐링의 시간을 가져보자.

소노벨 변산 | 전북 부안

격포해수욕장 인근에 위치하여 서해의 바다를 내려다볼 수
있으며, 일몰 감상하기 좋은 숙소이다. 채석강과의 접근성
이 좋으며 워터파크와 사우나 등의 물놀이가 용이하다.

아난티 힐튼 부산 | 부산 기장

부산을 대표하는 여행지가 된 숙소! 수평선과 맞닿은 완벽
한 오션 인피니티풀을 비롯 프라이빗 발코니의 넓은 객실,
이국적이면서도 고급스러운 공간으로 최고의 휴식을 선사
한다.

해비치 호텔앤리조트 제주 | 제주 표선

숙소에서 바라보는 제주 바다의 감동, 바다를 보며 즐기는
사계절 이용 가능한 온수풀, 표선해수욕장과 신천목장과의
접근성 등 누구와 언제 와도 만족하는 제주를 대표하는 숙소
이다.

서머셋 제주신화월드 | 제주 안덕

곶자왈 속 리조트. 3개의 침실을 갖춘 넓은 내부, 풀옵션 주방
의 취사 가능형 숙소이다. 대가족이 이용하기에도, 한달살이
등의 장기 여행지로도 좋다. 럭셔리, 프라이빗 그 자체!

레츠코레일 로드
KTX SRT

운전의 고단함, 막혔다 풀렸다 하는 도로의 사정에서 잠시 벗어나보세요. 열차 창밖으로 보이는 풍경을 통해 여행의 설렘을 온전히 만끽해보세요. 기차는 교통수단이 아니라 그 자체로 여행이 되기도 한답니다. 자, 기차표 끊을 준비 되셨나요?

141

여행을 위한 '빠른 길'

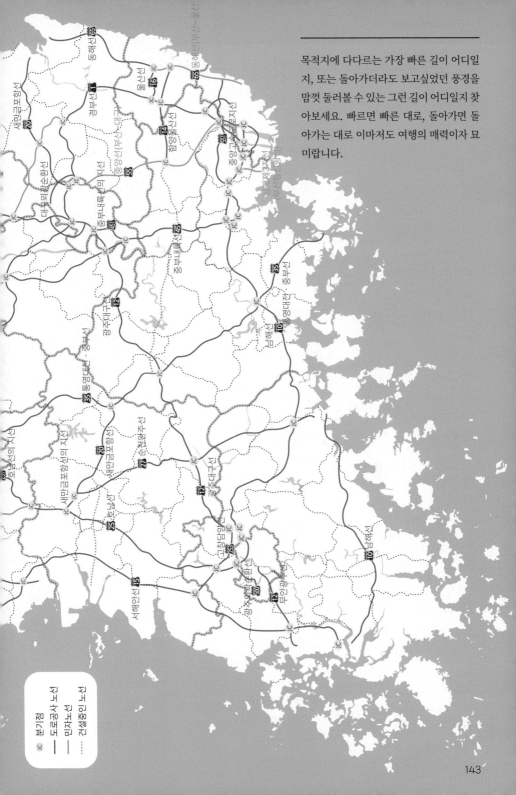

목적지에 다다르는 가장 빠른 길이 어디일지, 또는 돌아가더라도 보고싶었던 풍경을 맘껏 둘러볼 수 있는 그런 길이 어디일지 찾아보세요. 빠르면 빠른 대로, 돌아가면 돌아가는 대로 이마저도 여행의 매력이자 묘미랍니다.

한국관광공사 선정 관광100선
역대 여행지 235곳

서울특별시

서울 남산 N서울타워

서울 동대문디자인플라자

서울 서대문형무소역사관

서울 서울 5대 고궁

서울 서울스카이&롯데월드

서울 서울시립미술관

서울 익선동

서울 코엑스(스타필드)

서울 홍대거리

서울 광장시장

서울 남대문시장

서울 명동거리

서울 북촌한옥마을

서울 북한산 국립공원

서울 서울로7017

서울 서울숲

서울 이태원 관광특구

서울 인사동

서울 청와대앞길&서촌마을

경기도·인천광역시

가평 아침고요수목원

가평 쁘띠프랑스

가평 자라섬

과천 서울랜드&서울대공원

광명 광명동굴

광주 화담숲

광주 남한산성

수원 수원화성

안성 농협경제지주 안성팜랜드

양평 두물머리

연천 재인폭포공원

연천 한탄강관광지

용인 에버랜드

용인 한국민속촌

인천 개항장문화지구&인천 차이
나타운(송월동 동화마을)

인천 강화 원도심 스토리워크

인천 소래포구

인천 송도 센트럴 파크

인천 영종도

인천 제부도

인천 백령도, 대청도

인천 월미도

인천 차이나타운

파주 임진각과 파주 DMZ

파주 헤이리예술마을

포천 국립수목원

포천 아트밸리

포천 허브아일랜드

강원도

강릉 커피거리

강릉 주문진

강릉 경포대

강릉 오죽헌

강릉 정동진

강원 태백산

고성 DMZ

동해 도째비골 스카이밸리
&해랑전망대

동해 무릉계곡

삼척 대이리동굴지대

속초 해변

속초 아바이마을

양양 낙산사

원주 뮤지엄 산(SAN)

원주 소금산 출렁다리
(간현관광지)

인제 설악산

인제 원대리 자작나무숲

정선 삼탄 아트마인

정선 하이원

철원 한탄강 유네스코
세계지질공원

춘천 남이섬

춘천 물레길

춘천 삼악산 호수 케이블카

평창 대관령

홍천 비발디파크&오션월드

홍천 오대산

우리나라를 대표하는 여행지 235곳을 소개합니다. 한국관광공사가 선정하여 더욱 믿을 수 있는, 우리나라의 랜드마크들을 살펴보세요. 2년에 한번씩 발표하는 우리나라의 대표여행지들을 모두 모아 정리했습니다. 한국인이라면 반드시 가봐야 할, 외국인에게 자신있게 추천해줄 관광명소를 추천해 드립니다.

충청북도

괴산 괴산 산막이 옛길

단양 만천하스카이워크&
　　단양강 잔도

단양 단양팔경

단양 도담삼봉

단양 소백산

보은 보은 법주사

보은 속리산 법주사&
　　속리산테마파크

제천 의림지

제천 청풍호반케이블카

청주 청남대

충주 중앙탑사적공원&
　　탄금호무지개길

충청남도·대전광역시·세종특별자치시

공주 백제유적지(공산성, 무령왕
　　릉과 왕릉원)

대전 계족산 황톳길

대전 장태산 자연휴양림

대전 한밭수목원

대천 대천 해수욕장

부여 백제유적지
　　(부소산성, 궁남지)

부여 부소산성

서산 해미읍성

서천 국립생태원

세종 세종호수공원 일원

세종 국립세종수목원

아산 외암마을

예산 예당호출렁다리&음악분수

예산 예산황새공원

예산 수덕사

태안 신두리 해안사구

태안 안면도 꽃지해변

태안 안면도

경상북도·대구광역시

경주 불국사&석굴암

경주 대릉원&동궁과 월지
　　&첨성대&황리단길

고령 대가야 고분군

대구 서문시장&동성로

대구 수성못

대구 팔공산

대구 근대골목

대구 방천시장과 김광석
　　다시그리기길

대구 안지랑 곱창골목

대구 앞산공원

문경 단산모노레일

문경 문경새재 도립공원

봉화 백두대간 협곡열차

안동 병산서원

안동 하회마을

영덕 대게거리

영주 부석사

영주 소수서원

울릉도 울릉도&독도

울진 금강소나무숲길

울진 죽변해안스카이레일

청송 주왕산&주산지

포항 간절곶

포항 스페이스워크

포항 운하&죽도시장

한국관광공사 선정 관광100선
역대 여행지 235곳

경상남도

거제 바람의 언덕

거제 외도 보타니아

거제 해금강

거창 항노화힐링랜드

고성 당항포

김해 김해가야테마파크

남해 독일마을

남해 다랭이마을

진주 진주성

진해 여좌천(벚꽃)

창녕 우포늪

통영 동피랑 마을

통영 디피랑

통영 소매물도

통영 스카이라인 루지

통영 장사도

통영 수도조망 케이블카

함양 지리산

합천 해인사

합천 황매산국립공원

부산광역시

부산 감천문화마을

부산 다대포 꿈의 낙조분수&
　다대포 해수욕장

부산 용궁 구름다리&
　송도 해수욕장

부산 용두산&자갈치 관광특구

부산 태종대

부산 흰여울문화마을

부산 해운대&송정해수욕장

부산 광안리해변&SUP존

부산 국제시장&부평깡통시장

부산 마린시티

부산 송도 해수욕장

부산 엑스더스카이&
　해운대 그린레일웨이

부산 오시리아 관광단지

부산 원도심 스토리투어

부산 자갈치시장

울산광역시

울산 간절곶

울산 대왕암공원

울산 반구대 암각화

울산 영남 알프스

울산 태화강 국가정원

울산 장생포 고래문화특구

울산 태화강 십리대숲

전라북도

고창 고창고인돌운곡습지마을

고창 선운산

군산 고군산군도

군산 시간여행(근대문화유산)

남원 남원시립김병종미술관

무주 덕유산

무주 반디랜드&태권도원

부안 변산반도

순창 강천산

완주 삼례문화예술촌

익산 미륵사지

익산 왕궁리 유적

임실 치즈마을

전주 한옥마을

정읍 내장산

정읍 옥정호 구절초 지방정원

진안 마이산

전라남도·광주광역시

강진 가우도

고흥 쑥섬(애도)

곡성 섬진강 기차마을

광주 국립아시아문화전당

광주 무등산

광주 5.18 기념공원

광주 대인예술시장

광주 양림동 역사문화마을

구례 상생의길&소나무숲길

담양 죽녹원

목포 근대역사문화공간&
목포해상케이블카

보성 보성 녹차밭(대한다원)

순천 순천만습지&순천만국가정원

순천 낙안읍성

신안 퍼플섬

신안 증도

신안 홍도

여수 오동도&엑스포해양공원

여수 여수세계박람회장&
여수해상케이블카

여수 향일암

완도 청산도

장흥 정남진장흥토요시장

해남 땅끝 관광지

해남 해남 미황사

제주도

제주 비자림

제주 성산일출봉

제주 올레길

제주 우도

제주 천지연 폭포

제주 카멜리아힐

제주 한라산

제주 김영갑갤러리 두모악

제주 돌문화공원

제주 사려니숲길

제주 산굼부리

제주 서귀포 매일올레시장

제주 섭지코지

제주 성읍 민속마을

제주 쇠소깍

제주 에코랜드 테마파크

제주 절물자연휴양림

제주 중문관광단지

제주 지질트레일

조선 일제강점기 역사여행지

500년이 넘는 시간 동안 우리를 하나의 뿌리로 지탱해온 조선의 국권이 일본에 의해 침탈당했어요. 조선의 찬란했던 역사와 일제 수탈의 뼈아픈 현장들이 우리나라 곳곳에 남아있답니다. 역사적 가치가 큰 의미있는 장소들을 추려보았습니다. 역사를 잊은 민족에게 미래는 없다 하지요. 오래 기억해야할 공간들을 확인해보세요.

서울 종로구 창덕궁

유네스코 세계문화유산으로 등재된 궁궐로 조선의 왕들이 정무를 보아오던 궁궐이자 왕들이 가장 오래 머물렀던 곳이다.

@imchicagom

서울 서대문구 서대문형무소

일제강점기~해방 독립운동가들이 투옥되었던 감옥. 독립운동가들에게 자행된 모진 핍박의 흔적이 그대로 남아있다.

@yeonhee319

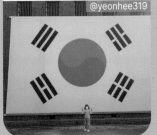

서울 종로구 경복궁

조선의 다섯 궁궐 중 가장 큰 규모와 아름다운 건축미를 자랑하는 조선 제일의 법궁. 서울의 랜드마크이다.

@hye_memory.zip

경기 수원시 수원화성

유네스코 세계문화유산이자 조선시대 성곽 건축의 정점이자 백미. 정조의 효심으로 시작되어 군사적 요새로 쓰였다.

충남 천안시 독립기념관

독립을 기념하고, 일본의 역사 왜곡을 막고자 국민의 성금을 모아 1987년 광복절에 건립된 곳이다

@itsboram_

경북 포항시 일본인 가옥거리

일본인들에 의해 착취되었던 아픈 역사를 잊지 않기 위해 그들의 가옥들을 보수 정비하여 만든 거리이다.

@rinirini_v

전북 군산서 일본식가옥

대지주였던 히로쓰 게이사브로의 가옥으로 일본식 전통 가옥+서양의 응접실+우리의 온돌이 더해진 독특한 구조를 자랑한다.

@_0_9_27_hrj

전북 군산시 군산 근대화거리

군산근대건축관, 근대미술관, 근대역사박물관, 호남관세박물관 등 일제강점기 수탈의 역사가 남아있는 공간이다.

@arjoonhee

전북 김제시 내촌아리랑마을

일본의 악랄한 수탈에 민초들이 겪었던 수난과 투쟁을 기록해둔 대하소설 <아리랑> 배경들을 재현해 둔 곳

전북 완주군 삼례문화예술촌

일제 강점기 호남평야 쌀 수탈의 거점이었던 삼례 양곡 창고가 지역 문화공간으로 재탄생했다.

@shy_for_love

경남 부산광역시 대항항

일제강점기 당시 가덕도 대항항의 해안절벽에 군사요새로 활용하고 주둔하기 위해 만든 동굴이다.

@hyungjune01

제주 서귀포시 알뜨르비행장 및 일본군 비행기 격납고

일제강점기 당시 일본군이 태평양전쟁을 위해 제주도민을 강제 징용하여 만든 비행

제주 제주시 어승생악일제동굴

해발 1,169m 어승생오름에 1945년 일본군이 구축한 동굴 형태의 군사 진지이다.

@weme_moruwat

직접 가볼 수 있는 고구려 여행지

천년 넘는 역사를 지니며 한반도 북부와 만주벌판까지 그 영향력을 키워왔던 강인한 왕조였어요. 한반도의 위쪽을 주무대로 삼았기에 현재 우리나라 안에서 고구려의 흔적을 찾기란 쉽지 않지만, 그렇기에 더 뜻깊고 귀한 고구려의 역사 여행지들을 소개해드립니다. 고구려로 시간여행 떠나볼까요?

서울 광진구 아차산 생태공원

소나무 숲길, 황톳길, 습지원, 나비정원 등 테마 공간과 고구려 역사 홍보관이 있다.

경기 구리시 고구려대장간마을

고구려 대장촌을 그대로 재현해 놓아 고구려 시대 사극 촬영장으로 유명하다. 고구려 토기와 철제 무기가 발굴되었다.

경기 연천군 당포성

삼각형 모양의 절벽에 만들어진 고구려성으로, 전략적 요충지였다. 대표적인 고구려의 역사여행지이다.

강원 강릉시 하슬라 아트월드

고구려 시대 당시 불리던 강릉의 옛 지명인 '하슬라'로 이름 지어진 이곳은, 바다와 함께 현대미술 작품들을 감상할 수 있는 곳이다.

@habom0714

경기 연천군 연천 호로고루

고구려 때부터 조선시대까지 군사 목적으로 활용된 역사적인 건물로, 고구려 시대의 건축 양식을 살펴볼 수 있다.

@juhee_hihi

충북 단양군 온달 관광지

볼품없던 온달에게 무술과 병법을 가르쳐 고구려의 훌륭한 장수로 성장시킨 평강공주의 이야기를 테마로 한 관광지로 고구려 배경 세트장이기도 하다.

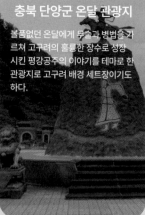

충북 충주시 고구려비 전시관

우리나라에 유일하게 남아있는 고구려비로, 장수왕이 5세기 경 남한강 일대를 점령한 것을 기념하기 위해 세워졌다.

충북 충주시 장미산성

고구려 산성으로 백제, 고구려, 신라가 차례대로 이 성을 차지해왔다. 3국이 치열한 전투를 벌인 장소이자, 전략적 요충지였다.

@_sora.93

충북 충주시 충주박물관

고구려 백제 신라 3국 모두 이곳을 차지하기 위해 치열한 전투를 벌여왔다. 삼국의 유물이 모두 이곳에서 발굴되었다.

경북 문경시 가은오픈세트장

고구려의 성을 답사하고 고증하고, 고분벽화의 색채감을 입혀 고구려를 재현해둔 세트장이다.

신라 천년의 역사 스탬프 투어

삼국시대를 이끈 주역, 천 년의 역사를 이어온 신라 왕국! 부족 연맹으로부터 출발하여 백제와 고구려를 정복하며 통일을 이끌어낸 신라는 우리 역사에서 반드시 짚고 넘어가야 할 중요한 대목이에요. 그 찬란했던 역사가 고스란히 남아있는 명소들을 소개합니다. 신라시대로의 타임슬립을 떠나보아요.

경북 경주시 문무대왕릉

삼국통일을 이끌어낸 문무대왕을 추모할 수 있는 수중릉이다.

경북 경주시 동궁원

경주 동궁원이라고도 불리며 신라시대 풍경을 그대로 담은 테마 식물원으로 꾸며져 있다.

경북 경주시 분황사

선덕여왕을 위해 지어진 사찰로 원래는 매우 큰 사찰이었으나 승유억불 정책으로 작은 암자 크기로 남아있다.

경북 경주시 불국사

다보탑, 불국사3층석탑, 금동아미타여래좌상 등 국보 7점을 보유한 신라불교의 역사를 지닌 곳이다.

@yeonnee319

경북 경주시 첨성대

첨성대는 신라 선덕여왕 때 지어진 관측시설로 국보 제31호로 지정되어 있다.

경북 경주시 동궁과 월지

삼국통일 후, 문무대왕이 왕권을 강화하기 위해 보다 화려하게 지었던 별궁과 연못이다.

경북 경주시 신라역사과학관

신라를 대표하는 문화유산들의 기능과 제작 원리를 모형으로 관찰하며 배울 수 있는 곳이다.

경북 경주시 대릉원과 천마총

가장 큰 규모의 고분군인 대릉원, 각종 토기 및 장신구 등 1만 개 이상의 유물이 쏟아진 천마총은 신라를 대표하는 문화재이다.

경북 영천시 화랑 설화마을

1,000년의 역사를 가진 화랑도와 옛 설화를 바탕으로 한 역사 테마파크

@woo18_20_22

경북 경주시 석굴암

유네스코 세계문화유산에 등재된, 신라 불교의 대표적인 문화재이다.

경남 진주시 남악서원

김유신 장군이 꿈에서 신령을 만나 삼국통일의 가르침을 받았다 전해지는 곳으로, 그가 꿈을 꿨던 자리에 서원을 세웠다.

153

백제로 떠나는 시간 여행

중국으로부터 새로운 문물을 유연하게 받아들여 백제화 하고, 이를 일본에 전하며 동아시아 문화권을 만드는데 혁혁한 공을 세웠던 백제! 지금의 서울을 중심으로 세력을 떨쳤던 백제의 흔적을 따라가보아요. 은은하면서도 찬란했던 백제의 문화를 짚어봅니다.

서울 송파구 한성 백제박물관

500년간 백제의 수도였던 서울의 생활상과 백제의 흥망성쇠를 한눈에 확인할 수 있다.

충남 부여군 서동요테마파크

백제 무왕이 지은 향가 '서동요'를 테마로 지어진 백제 건축물이다.

충남 공주시 무령왕릉과 왕릉원

백제시대 왕과 왕족의 묘. 무령왕릉은 도굴 없이 1,500년 전 모습 그대로 발굴되었다.

충남 부여군 백제문화단지

백제시대를 고증해낸 역사 테마파크이다. 삼국시대 왕궁으로는 최초로 당시 모습을 재현해낸 사비궁은 역사적 가치가 크다.

충남 부여군 궁남지

우리나라에서 가장 오래된 인공정원으로, 서동요로 유명한 백제 무왕 때 만들어진 것으로 추정된다.

충남 부여군 국립부여박물관

백제문화를 대표하는 유물 금동대향로가 전시되어 있는 백제문화 박물관.

충남 부여군 낙화암

나당 연합군이 쳐들어오자 궁녀들이 이곳에서 몸을 던졌는데, 그 모습이 꽃이 떨어지는 모습과 같았다 하여 낙화암이라 불린다.

충남 부여군 부여왕릉원

사비시대 백제 왕족의 무덤군. 유네스코 세계유산으로 등재되어 있다.

전북 김제시 김제 벽골제

백제시대 당시 농사를 위해 지었던 우리나라 최초의 농경용 저수지이다.

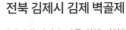

전북 익산시 미륵사지

신라로부터의 침입을 종교의 힘으로 막아내기 위해 지어진 백제 최고 규모의 사찰로 미륵사지 석탑이 있다.

전남 영광군 백제불교최초 도지

영광의 법성포는 백제불교의 도래지로, 백제 시대의 불교 모습, 불교의 전파 과정에 대해 알 수 있는 곳이다.

@naryblossom_1

전남 영암군 왕인박사유적지

일본으로 건너가 백제문화를 전수하며 일본 황실의 스승이 되었던 왕인의 영정과 위패가 모셔져 있는 곳이다.

@shy_for_love

가야, 신라와 백제와 함께 한 삼국시대

고구려, 백제, 신라와 함께 600여 년에 걸쳐 세력을 키워나갔던 가야! 이 시대를 일컬어 사국시대라 불러야 한다는 이들도 있어요. 철기를 앞세워 탄탄했던 군사력을 비롯, 자율적이고 수평적인 체계를 유지해온 가야만의 특별한 흔적을 짚어보아요. 신비의 왕국, 가야시대로의 역사여행에 초대합니다.

경북 고령군 대가야생활촌

1,500년 전 대가야 사람들이 살던 모습을 복원해놓은 마을 겸 살아있는 역사박물관이다.

경북 고령군 지산동고분군

삼국시대 6가야 중 하나인 소가야의 고분들이 모여있는 유적지이다.

경북 성주시 가야산역사신화관

가야 문화에 대한 역사 및 신화를 스토리텔링으로 만든 테마관이다.

경북 고령군 대가야문화누리

경북 고령 지역은 대가야를 대표하는 지역으로, 대가야는 가야금을 제작하고 음악을 정리하는 등 높은 문화 수준을 보유했다.

@sihyeon1610

경남 고성군 송학동 고분군

삼국시대 6가야 중 하나인 소가야의 고분들이 모여있는 유적지이다.

경남 김해시 김해 수로왕릉

약 4백만 명의 본관으로 알려진 김해 김씨의 시조이자 금관가야의 시조인 김해 수로왕이 모셔져 있는 능이다.

경남 김해시 대성동고분박물관

금관가야의 최고 지배계층들이 잠들어있는 대성동고분군을 통해, 가야 문화의 정수를 알 수 있는 곳이다.

경남 창녕군 교동, 송현동 고분군

경남 창녕군 교동과 송현동 일대에 걸쳐 있는 6가야 중 하나인 비화가야의 고분군이다.

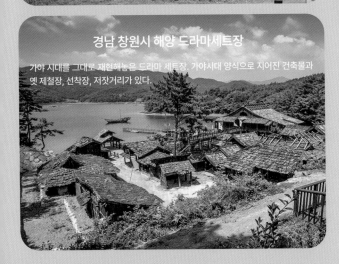

경남 합천군 합천박물관

대가야 소속이었던 고대 다라국 지배자들의 묘역인 옥전고분군에서 출토된 유물들이 전시되어 있는 곳

경남 창원시 해양 드라마세트장

가야 시대를 그대로 재현해놓은 드라마 세트장. 가야시대 양식으로 지어진 건축물과 옛 제철장, 선착장, 저잣거리가 있다.

액티비티 전국일주

지루한 것 못 참는 당신을 위한 추천 여행지! 신나고 짜릿한 경험 가득한 액티비티 명소들을 소개합니다. 패러글라이딩, 루지, 모노레일, 레일바이크, 요트 등 아름다운 풍경은 물론 짜릿한 즐거움을 선사하는 전국의 액티비티 성지들을 확인해보세요.

경상북도
- 레일바이크 청도군 청도 레일바이크
- 레일바이크 문경시 문경철로자전거진남역
- 루지 청도군 군파크 루지 테마파크
- 모노레일 문경시 문경 단산모노레일
- 스카이레일 울진군 죽변해안스카이레일
- 짚라인 대구광역시 스파크랜드

전라북도
- 모노레일 무주군 태권도원
- 스카이트레일 남원시 지리산 허브밸리
- 스카이트레일 익산시 다이노키즈월드

전라남도
- 루지 여수시 유월드 루지테마파크
- 모노레일 나주시 빛가람전망대 모노레일
- 모노레일 순천시 순천 스카이큐브
- 모노레일 완도군 완도타워 모노레일
- 모노레일 완도군 장보고 어린이공원
- 모노레일 해남군 땅끝전망대
- 카트 영암군 영암국제카트경기장
- 케이블카 여수시 여수 해상케이블카

제주도
- 짚라인 서귀포시 토종흑염소목장 남원본점
- 짚라인 서귀포시 코코몽에코파크 제주점
- 카트 서귀포시 세리월드
- 카트 서귀포시 윈드1947 테마파크
- 카트 제주시 비체올린

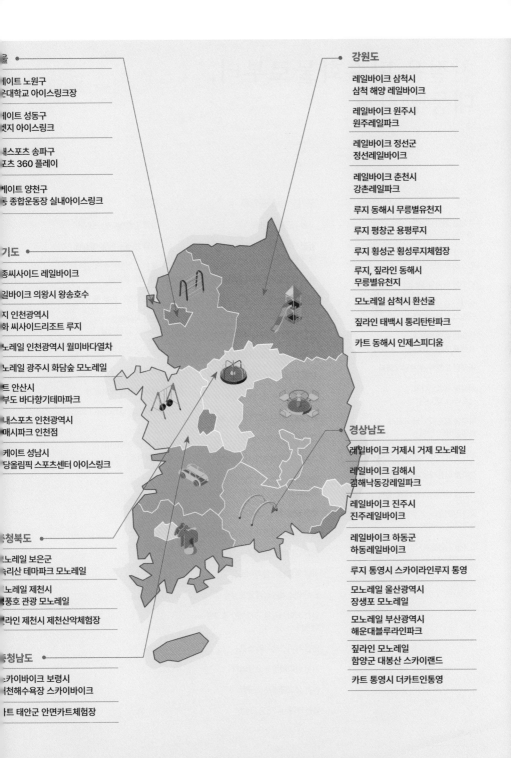

울
케이트 노원구
관대학교 아이스링크장

케이트 성동구
벤지 아이스링크

내스포츠 송파구
포츠 360 플레이

케이트 양천구
동 종합운동장 실내아이스링크

기도
종씨사이드 레일바이크

일바이크 의왕시 왕송호수

지 인천광역시
화 씨사이드리조트 루지

노레일 인천광역시 월미바다열차

노레일 광주시 화담숲 모노레일

트 안산시
부도 바다향기테마파크

내스포츠 인천광역시
매시파크 인천점

케이트 성남시
당올림픽 스포츠센터 아이스링크

청북도
노레일 보은군
화산 테마파크 모노레일

노레일 제천시
풍호 관광 모노레일

라인 제천시 제천산악체험장

청남도
스카이바이크 보령시
천해수욕장 스카이바이크

트 태안군 안면카트체험장

강원도
레일바이크 삼척시
삼척 해양 레일바이크

레일바이크 원주시
원주레일파크

레일바이크 정선군
정선레일바이크

레일바이크 춘천시
강촌레일파크

루지 동해시 무릉별유천지

루지 평창군 용평루지

루지 횡성군 횡성루지체험장

루지, 짚라인 동해시
무릉별유천지

모노레일 삼척시 환선굴

짚라인 태백시 통리탄탄파크

카트 동해시 인제스피디움

경상남도
레일바이크 거제시 거제 모노레일

레일바이크 김해시
김해낙동강레일파크

레일바이크 진주시
진주레일바이크

레일바이크 하동군
하동레일바이크

루지 통영시 스카이라인루지 통영

모노레일 울산광역시
장생포 모노레일

모노레일 부산광역시
해운대블루라인파크

짚라인 모노레일
함양군 대봉산 스카이랜드

카트 통영시 더카트인통영

친절은 탄수화물로부터, 대동빵지도

서울

논현동 꼼다비뛰드 바게트샌드위치

한남동 타르틴베이커리 컨트리브레드

장충동 태극당 모니타

양재 소울브레드 크림치즈 치아바타

연희동 폴앤폴리나 프레첼, 치아바타

이태원 오월의 종 호밀무화과

서초동 루엘드파리 크로아상, 데니쉬

망우동 팡도리노 베이커리 호밀앙버터, 맘모스

봉천동 장블랑제리 단팥빵, 맘모스

성북동 나폴레옹과자점 사라다빵

상도동 브레드덕 프레첼, 깜빠뉴

망원동 어글리베이커리 사워도우, 크림빵

도곡동 김영모과자점 몽블랑

연희동 피터팬1978 아기궁댕이

경기도·인천광역시

고양 가온베이커리 스콘

양평 하우스베이커리 대파치즈브레드

파주 나무와베이커리 치아바타

양평 곽지원빵공방 두물머리스페셜빵

고양 심플리브레드 밤팥바게트, 팥빵

가평 르봉빵 연유쌀바게트

포천 브래드팩토리 자색고구마빵

고양 웨스트진베이커리 엘리게이터

의정부 르뱅브레드 깜빠뉴, 호밀빵

오산 홍종흔베이커리 어니언킹

수원 하얀풍차제과 치즈바게트

안양 우리밀빵굼터 건강담은 밤콩밤콩

수원 오봉베르 크로아상

성남 데조로의집 바질크런치베이글

안양 곰이네 고래빵 포카치야

성남 앙토낭카렘 화이트롤

인천 안스베이커리 엔젤링

인천 베이커리율교P3120 콩고물 바게트

인천 제이스레시피 스콘

인천 실리제롬 도쿄앙버터

인천 샹끄발레르 소금빵

인천 베이커리이을 크림빵

강원도

강릉 강릉빵다방 크림빵

영월 브레드 메밀 메밀빵

춘천 그림같은빵집시즌2 데니쉬, 몽블랑

강릉 빵짓는농부 통밀빵

춘천 자유빵집 프레첼, 크로아상

강릉 바로방 야채빵

춘천 대원당 구로맘모스

삼척 문화제과 꽈배기

춘천 유동부치아바타 치아바타

강릉 돌체테리아 먹물치즈식빵

지역을 대표하는 유명 빵집들! 빵덕후들의 가슴을 떨리게 하는 지역의 터줏대감 빵집들을 소개합니다. 인근 지역으로 여행하면 반드시 들러야 할, 먹어봐야 할 대표 메뉴가 있는 지역별 빵집들을 정리했어요. 오래된 역사를 자랑하거나 전국구 인기를 이끄는 특별한 메뉴를 지닌 빵집만을 선정했어요.

충청북도

단양 훈이네 마늘빵

충주 우봉제빵집,브래드365
깜빠뉴

청주 안셈 앙버터

청주 브레드홈 마늘바게트

청주 우리 베이커리 초코케이크

충청남도·대전광역시
·세종특별자치시

천안 뚜쮸루과자점 거북이빵

천안 몽상가인 바게트

대전 성심당 빵

대전 하레하레
못난이 녹차 인절미

대전 한스브레드 크로아상

부여 에펠제과 소보루

세종 이한빵집 올리브푸가스

세종 시옷빵집 식빵

경상북도·대구광역시

경주 황남빵

경주 쌀보리빵

대구 삼송빵집

안동 하회탈빵 사과빵

예천 토끼간 빵

의성 마늘빵

경주 찰보리빵

포항 독도빵

울릉군 오징어먹물빵

울릉군 호박빵

울진 대게빵

안동 맘모스제과 크림치즈빵

포항 한스드림베이커리
갈릭바게트

포항 시민제과 런치사라다

경주 녹음제과 크로아상

경상남도·부산광역시
·울산광역시

통영 꿀빵

부산 송도 고등어빵

부산 갈매기빵

부산 옵스 슈크림빵

부산 1950태성당 빵

마산 코아양과 롤케이크

거제 블루일베이커리 앙버터프레첼

창원 메종드르뱅 팡도르

김해 김덕규베이커리 마늘크림빵

창원 그린하우스제과 몽블랑

마산 고려당 빠다빵

부산 바게트제작소 바게트

부산 베이커스 크로아상

부산 무슈뱅상 바통

부산 밀한줌 단팥빵

부산 비엔씨제과 파이만주

부산 백구당제과점 크로이즌

부산 이흥용과자점
검정고무신, 흰고무신

부산 희와제과 맘모스, 밤팥빵

부산 겐츠베이커리 밤페스츄리

부산 루반도르파티세리 새우감자
바게트

친절은 탄수화물로부터, 대동빵지도

전라북도

전주 풍년제과 초코파이

익산 풍성제과 옥수수식빵

남원 명문제과 생크림 소보로

전주 올드스터프 크림크로와상

광주 궁전제과 공룡알빵

전라남도·광주광역시

목포 목화솜빵

여수 갓버터도나스

광양 매화빵

담양 대나무케이크

구례 밤파이

보성 벌교꼬막빵

무안 양파빵

장성 사과발효빵

장흥 매생이빵

완도 전복빵

진도 울금도넛

신안 대파빵

구례 목월빵집 호밀빵

목포 코롬방제과점
새우바게트, 크림치즈바게트

여수 여수당 바게트버거

보성 모리씨빵가게 아몬드 크림빵

여수 싱글벙글빵집 야채사라다빵

순천 화월당 볼카스테라

군산 물밀소 치아바타

군산 이성당 빵

제주도

제주공항 파리바게뜨점 마음샌드

제주하멜 치즈케이크

제주동문시장 솔브레 소금빵

애월빵공장앤카페
애월샌드, 현무암쌀빵

애월당 카페 돌크림빵

카페 노티드 제주 도넛

마마롱 에끌레어

버터모닝 버터빵

노을리 연탄빵

도누케이크하우스 빵

탐나쑥빵

제주 시차 화과자

수애기베이커리 소금빵, 마늘빵

프리튀르 수제 도너츠

사계제과 버터비 마카롱

효은디저트 산방산카페점
한라봉양갱

볼스카페 소금빵

아베베베이커리 크림빵

프랑제리 사과빵

백한철 꽈배기, 식빵

수와래 베이커리 소금빵

하례감귤점빵협동조합 상웨빵

옵서빵집 녹차빵,
녹차야채 샐러드빵

저스트브레드 고사리잠봉뵈르

일출봉쑥빵보리빵 보리찐빵

덕인당 쑥빵, 보리빵

01

서울특별시

#서대문형무소

#창경궁 대온실

#N서울타워

#덕수궁 석조전

164

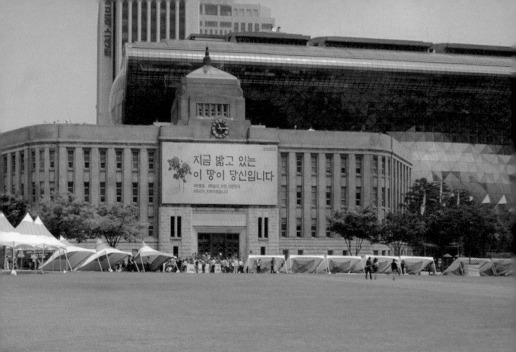

#서울 시청 광장

#계동길

#북촌한옥마을

165

#서울숲

#올림픽공원

#커먼그라운드

#경복궁

#청계천

#롯데월드타워

#서울식물원

서울의 먹거리

01

우이동 먹거리마을 | 강북구 우이동

도봉산과 북한산 사이 휴게소에 있다. 닭백숙, 오리 백숙, 더
덕 불고기, 장어구이 등 보양 음식점이 많아 등산 후에 식사
를 해결하기 좋다.

02

망원시장 길거리음식 | 마포구 망원시장

개성 있는 뒷골목 분위기로 망리단길 가운데 있는 길거리
음식의 성지. 특히 수제 고로케와 닭강정, 어묵 등이 유명

03

노량진수산시장 회 | 동작구 노량진수산시장

전국 최대규모의 수산시장으로 동·서해안뿐만 아니라 전 세
계에서 잡아 올린 수산물들이 모두 모여있다. 상차림비를 내
면 식당에서 직접 고른 회를 먹고 갈 수 있다.

04

광장시장 빈대떡 | 종로구 광장시장

간 녹두에 숙주, 김치, 파가 들어간 반죽을 기름을 넉넉히 둘러
즉석에서 부쳐준다. 겉은 바삭하고, 아삭한 숙주와 파가 들어
간 속은 촉촉하다.

05

성수동 카페거리
| 성동구 성수동

성수역 3번 출구에서 나와 우회전하면 분위기 좋은 카페거리가 이어진다. 브런치 카페와 갤러리도 모여있어 데이트 코스로도 좋다

06

인사동 한정식 | 종로구 인사동

인사동 쌈지길 근처에 운치 있는 한정식집이 모여있다. 친구들과 가볍게 한 끼 식사를 즐기기 좋은 곳부터 고급스러운 코스요리까지 다양하다.

07

통인시장 길거리음식
| 종로구 통인시장

엽전을 사서 도시락을 받고 그 안에 반찬을 엽전으로 살 수 있다. 기름떡볶이와 마약 김밥, 모짜렐라 닭꼬치가 인기

08

남대문시장 갈치조림
| 중구 남대문시장

양은냄비나 뚝배기에 고춧가루 양념으로 칼칼하게 끓여 나온다. 부드럽게 익은 무와 국물에 흰밥을 비벼 먹는 게 별미다.

09

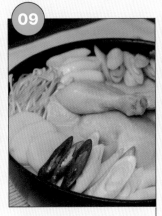

동대문 닭한마리 | 종로구 동대문

닭 한 마리를 통째로 넣고 감자, 파, 대추, 인삼 등을 넣어 즉석에서 끓여 먹는 음식이다. 닭고기를 건져 먹고 칼국수를 넣어 다시 끓여 먹으면 더 맛있다.

10

신당동 떡볶이 | 중구 신당동

신당동 떡볶이 골목에서는 떡볶이, 오뎅, 라면 사리, 만두, 계란, 치즈가 듬뿍 들어간 푸짐한 떡볶이를 판매한다.

서울의 BEST 맛집

01

오레노라멘 본점 | 마포구

스스로에게 떳떳한 라멘을 만들어요
미슐랭 선정 라멘 맛집

02

목란 | 서대문구

이연복 쉐프가 운영하는 중식당
동파육 멘보샤는 사전예약 필수

03

진미식당 | 마포구

서해에서 직접 잡은 꽃게로 만드는 간
장게장 단일메뉴. 미슐랭 선정

04

옥동식 | 마포구

지리산 순종 흑돼지로 끓인 맑은 육수,
담백하고 감칠맛 나는 미슐랭 선정 돼
지 곰탕

05

@nanalife87

광화문 미진 | 종로구

60년 넘는 메밀국수 맛집. 종로 회사
원들에게 사랑받는 미슐랭 맛집

06

명동교자 | 중구

50년 역사의 칼국수집. 진한 닭육수
에 푸짐한고명의 칼국수 메뉴에 만두
한판을 추가하면 완벽

@stop_it_food

우래옥 | 중구

80년 전통 평양냉면 성지

진주집 | 영등포구

여름엔 하루 1,000그릇씩 팔린다는
콩국수

삼청동 수제비 | 종로구

1982년부터 이어진 수제비 노포

@home_xoon

중앙해장 | 강남구

질좋은 곱창 가득한 해장국, 곱창전골
맛집

소이연남 | 마포구

미쉐린 빕 구르망에 오른 태국 쌀국수
음식점

@gugujeoljeol_food

서촌계단집 | 종로구

소라, 문어, 꽃게, 갑오징어 등 다양한
해산물 메뉴를 맛볼 수 있는 곳

금왕돈까스 | 성북구

생고기의 부드러운 맛과 칼칼한 특제
고추소스가 버무러진 돈까스

@imttoyoung

희정식당 | 영등포구

노포 감성의 부대찌개집 티본 모듬 스
테이크도 인기

@amabile_0125

삼산회관 교대점 | 서초구

비법양념의 100일의 숙성과정을 거
친 김치가 들어간 돼지고기김치찌개

서 울

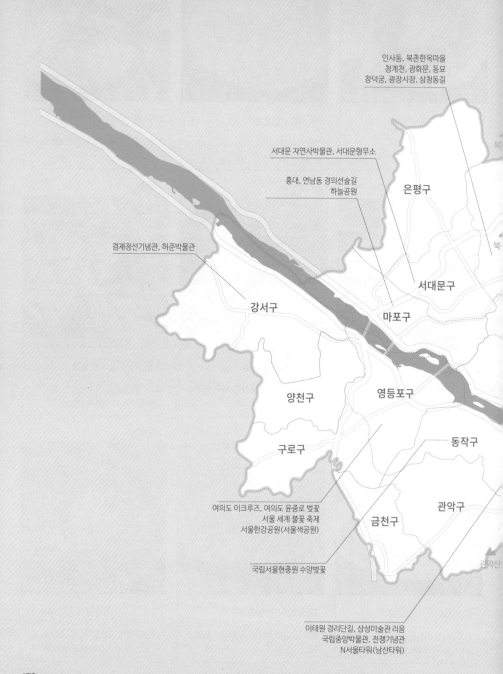

인사동, 북촌한옥마을
청계천, 광화문, 동묘
창덕궁, 광장시장, 삼청동길

서대문 자연사박물관, 서대문형무소

홍대, 연남동 경의선숲길
하늘공원

은평구

겸재정선기념관, 허준박물관

서대문구

강서구

마포구

양천구

영등포구

동작구

구로구

관악구

여의도 이크루즈, 여의도 윤중로 벚꽃
서울 세계 불꽃 축제
서울한강공원(서울색공원)

금천구

국립서울현충원 수양벚꽃

이태원 경리단길, 삼성미술관 리움
국립중앙박물관, 전쟁기념관
N서울타워(남산타워)

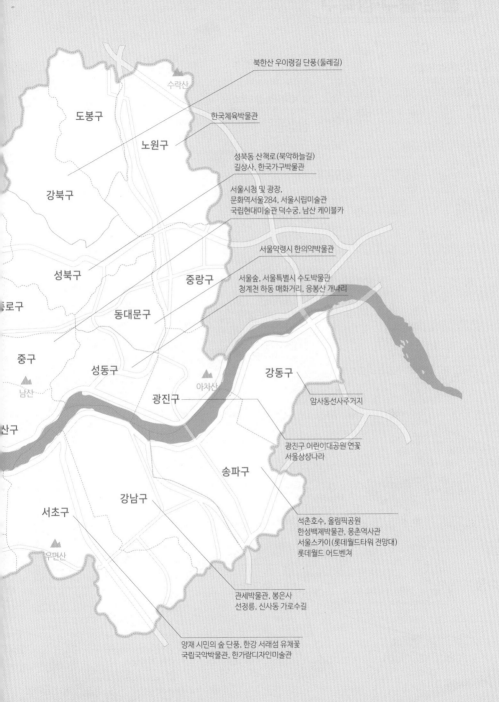

북한산 우이령길 단풍(둘레길)

한국체육박물관

성북동 산책로 (북악하늘길)
길상사, 한국가구박물관

서울시청 및 광장,
문화역서울284, 서울시립미술관
국립현대미술관 덕수궁, 남산 케이블카

서울약령시 한의약박물관

서울숲, 서울특별시 수도박물관
청계천 하동 매화거리, 응봉산 개나리

도봉구

수락산

노원구

강북구

성북구

중랑구

동대문구

종로구

중구

남산

성동구

아차산

광진구

강동구

암사동선사주거지

광진구 어린이대공원 연꽃
서울상상나라

송파구

강남구

서초구

우면산

석촌호수, 올림픽공원
한성백제박물관, 몽촌역사관
서울스카이(롯데월드타워 전망대)
롯데월드 어드벤처

관세박물관, 봉은사
선정릉, 신사동 가로수길

양재 시민의 숲 단풍, 한강 서래섬 유채꽃
국립국악박물관, 한가람디자인미술관

173

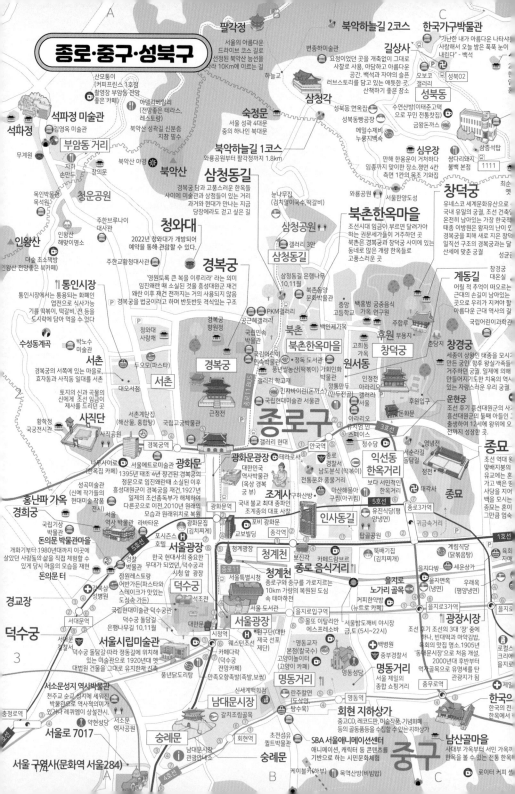

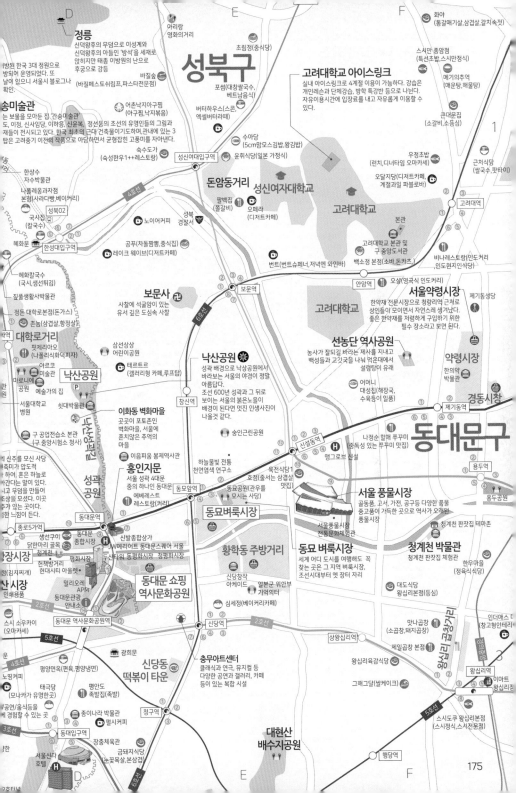

경복궁·서촌·북촌

서촌

서촌은 경복궁 서쪽에 있는 마을을 일컫는 별창이다. 오랫동안 골목을 지켜온 낡은 상점들과 한옥집, 그리고 새로 생겨난 숍들과의 조화가 전혀 어색하지 않은 곳이다. 미로 같은 골목길을 걷다 보면 상큼한 파스텔 컬러의 벽화와 앙증맞은 그림들이 눈과 발을 사로잡는다. 옛 느낌과 더불어 감각적이고 세련된 공간들을 함께 공존하고 있는 서촌은 특유의 정겨움과 소박함을 유지하고 있다.

종로구립 박노수미술관

1937년경 절충식 기법으로 지어진 가옥으로 1973년 박노수 화백이 소유한 후 서울시 문화재자료 제1호로 등록. 벽돌 푼자의 아늑한 느낌을 주고 지붕은 서까래를 노출한 박공지붕으로 되어 있어 독특한 분위기를 자아낸다.

청운효자동 주민센터

지아츠 갤러리
김지아의 뷰티숍샵으로 삼청동에 오픈

청와대

2022년 청와대가 개방되어 예약을 통해 관람할 수 있다. 3월~11월 9시~18시, 12월~2월 9시~17:30분 관람 가능. 관람 해설사로 부터 해설을 들을 수 있다.

대통령 관저

청와대 본관

대정원

소정원

녹지원

영빈관

대통령 비서실
여민1관

대통령 비서실
여민2관
여민3관

무궁화동산
옛 중앙정보부의 궁정동 안전가옥 터에 마련된 시민휴식공원

청와대사랑채
대한민국 역대 대통령의 발자취와 한국 문화 관련 전시 진행. 한국 문화 전시, 한식 홍보관 등도 함께 운영된다.

아키비스트
(아연슈페너가 맛있는카페)

청와대 앞길
청와대 사랑채, 분수대, 대고각, 영빈관, 무궁화 동산이 나오는 효자삼거리에서 팔판 삼거리에 이르는 길

건청궁
(고종아 휴식을 지은 이궁, 민비

향원정

한국전통주연구소
쌀, 전통누룩, 물, 꽃과 약재 등 자연 재료로만 술을 빚는 국내 전통주 양주기술을 교육하는 기관

함화당
(후궁 거처)
집경당
(후궁 거처)

서촌 통인시장 ✪
경복궁의 서쪽에 있는 마을로, 효자동과 차척동 일대를 서촌이랬으며 통인시장에서는 통용되는 화폐인 엽전으로, 식사할 수 있는 곳이다. 통인시장에서는 기름 떡볶이, 떡갈비, 전 등을 도시락에 담아 먹을 수 있다.

경복궁 ✪
'영원토록 큰 복을 이루리라' 라는 의미의 경복궁. 임진왜란 때 소실된 것을 흥선대원군의 지휘 아래 재건. 임진왜란 이후 재건 전까지는 거의 사용되지 않음. 경복궁을 법궁이라고 하며 반듯반듯 격식있는 구조

효자베이커리
백종원3대 천왕, 콘브레드 추천

고트델리서촌
(잠봉비르샌드위치, 파지)

공정무역가게 그루
(의류와 수공예품 등 300여 가지의 공정무역상품을 판매)

스펙터

전통문화원

잘빠진메밀 서촌 본점
(메밀국수)

용금옥 (추어탕)

애월식당
(제주돼지 맛집)

서촌금상고로케

자하문로9길

대오서점
(60년 넘은 서점으로 현재는 문화공간 및 촬영장소로 유명, 아이유 앨범사진)

오스테리아오스피
(이탈리안 레스토랑,벨라안나)

정부서울청사
창성동 별관

하향정

경회루 ✪

교태전
(왕비의 침전)

강녕전
(국왕의 침전)

이상의 집
소설가 이상이 살던 집터에 꾸며진 문화공간

서촌구루루

돌밭메밀꽃
(메밀국, 메밀전병, 메밀칼국수)

천추전
수정전

자경전
사정전
(왕이 집무를 보던 편전)

배화여고

칸다소바 경복궁점
(일본식라멘, 마제소바)

제이엘리
(한옥레스토랑, 향정살리츠조)

서촌길돈까스
(치즈듬뿍 돈가스)

대림미술관
현대 사진 작품 위주의 전시가 열리는 미술관

재단법인
아름지기

근정전(경복궁의 정전으로 국가의식, 외국사신 접견)

큰정문

스탠픽스
(은행나무 마당이 있고 뷰가 좋은 파운드케이크, 디저트카페)

애초라이크
(브런치카페)

사직단
토지의 신과 곡물의 신에게 조선 임금이 제사를 드리던 곳으로 조선 태조 이성계가 1395년에 종묘와 함께 만들었다. 사적 121호

서촌나들미
(한복대여점)

채부동참치
들깨칼국수, 잔치국수

쏘리에스프레소바
(에스프레소, 에그타르트)

국립고궁박물관
조선 왕실의 보물과 문화재 전시

경복궁

세종마을 음식문화거리

서촌계단집
(각종회, 해산물찜)

한복남
(한복 대여점)

홍례문

① ② ③ ④

2호선 경복궁역(정부서울청사)

⑦

서울메트로미술관
경복궁역에 위치한 공공 문화공간

⑤

나무사이로(아담한 한옥집의 카페)

서울지방경찰청

카페아르크
(루프탑뷰가 멋진 디저트카페)

176

정부서울청사

광화

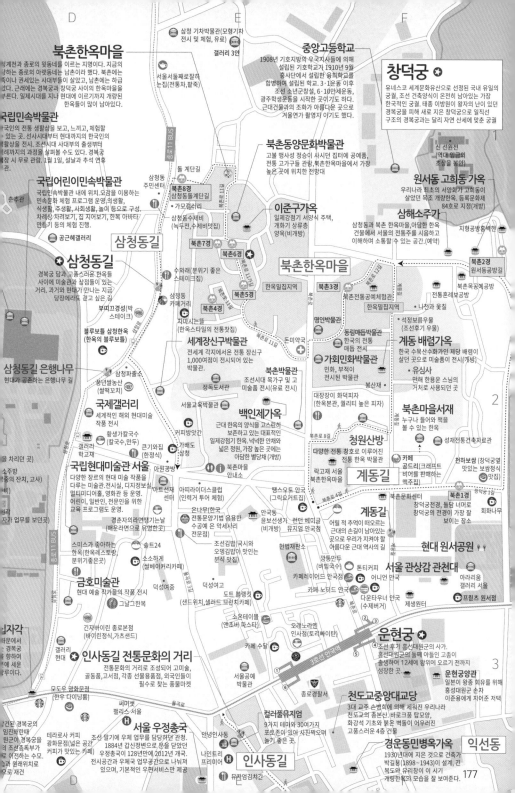

북촌한옥마을
청계천과 종로의 윗동네를 이르는 지명이다. 지금의 강하는 종로의 아랫동네는 남촌이라 했다. 북촌에는 족이나 권세있는 사대부들이 살았고, 남촌에는 하급 관리들이 살았다. 근래에는 경복궁과 창덕궁 사이의 한옥마을을 이룬다. 일제시대를 지나 현대에 이르기까지 개량된 한옥들이 많이 남아있다.

국립민속박물관
국인의 전통 생활상을 보고, 느끼고, 체험할 있는 곳. 선사시대부터 현대까지의 한국인의 활상을 전시. 조선시대 사대부의 생활상, 식생활, 주생활, 사회생활, 놀이 등으로 구성. 까지의 과정을 살펴볼 수도 있다. 경복궁 장 시 무료 관람. 1월 1일, 설날과 추석 연휴.

국립어린이민속박물관
국립민속박물관 내에 위치. 오감을 이용하는 민속문화 체험 프로그램 운영. 의생활, 식생활, 주생활, 사회생활, 놀이 등으로 구성. 차례상 차려보기, 집 지어보기, 한복 아바타 만들기 등의 체험 진행.

공근혜갤러리

삼청동길
경복궁 담과 고풍스러운 한옥들 사이에 미술관과 상점들이 있는 거리. 과거와 현대가 만나는 지금 당장에라도 걷고 싶은 길.

◆ **삼청동길**

삼청동길 은행나무
현대가 공존하는 은행나무 길

삼청 기차박물관(모형기차 전시 및 체험, 유료)
갤러리 3안

서울서물째로찰래 눈집(전통차, 팥죽)

중앙고등학교
1908년 기호지방의 우국지사들에 의해 설립된 기호학교가 1910년 9월 홍사단에서 설립한 융희학교를 합병하여 설립된 학교. 3·1운동 이후 조선 소년군창설, 6·10만세운동, 광주학생운동을 시작한 곳이기도 하다. 근대건축과의 조화가 아름다운 곳으로 겨울연가 촬영지 이기도 했다.

창덕궁 ◆
유네스코 세계문화유산으로 선정된 국내 유일의 궁궐, 조선 건축양식이 온전히 남아있는 가장 한국적인 궁궐. 태종 이방원이 왕자의 난이 있던 경복궁을 피해 새로 지은 창덕궁으로 일직선 구조의 경복궁과는 달리 자연 산세에 맞춘 궁궐

신 선원전 (역대 임금의 초상을 봉안)

북촌동양문화박물관
고물 맹사성 정승이 사시던 집터에 공예품, 전통 고가구를 관람, 북촌한옥마을에서 가장 높은 곳에 위치한 전망대

원서동 고희동 가옥
우리나라 최초의 서양화가 고희동이 살았던 목조 개량한옥. 등록문화재 84호로 지정(개방)

지형공방혼벽헌

이준구가옥
일제강점기 서양식 주택, 개화적 상류층 양옥(비개방)

삼해소주가
삼청동과 북촌 한옥마을, 아담한 한옥 건물에서 서울의 전통주를 시음하고 이해하며 소통할 수 있는 공간.(예약)

삼청동 주민센터

돌 계단길

북촌8경
삼청동계단길
가모갤러리

삼청동수제비(녹두전,수제비맛집)

북촌7경

북촌6경 ◆

북촌한옥마을
한옥밀집지역

북촌2경
원서동공방길

전통혼례보공방

나전과 옻칠

전통목공예공방

북촌3경

북촌5경 ◆

북촌4경 ◆

수화랑(분위기 좋은 스테이크집)

삼청동 카페거리

북촌전통공예체험관
한국의 전통 매듭 전시

한옥밀집지역

석점보석우물 (조선후기 우물)

부띠끄경성(박 스테이크)

블루보틀 삼청한옥
(한옥의 블루보틀)

차마시는뜰
(한옥스타일의 전통찻집)

세계장신구박물관
전세계 각지에서온 전통 장신구 1,000여점이 전시되어 있는 박물관.

명인박물관

동림매듭박물관
한국의 전통 매듭 전시

계동 배렴가옥
한국 수묵산수화가 제당 배렴이 살던 곳으로 미술품이 전시(개방)

유심사
만해 한용운 스님의 거처로 사용되던 곳

삼청파출소

풍년쌀농산(쌀떡꼬치)

국제갤러리
세계적인 해외 현대미술 작품 전시

가회민화박물관
민화, 부적이 전시되어 있는 박물관

북촌박물관
조선시대 목가구 및 미술품 전시(유료 전시)

봉산재

북촌마을서재
누구나 들어와 책을 볼 수 있는 한옥

성재단출건축자료관

정독도서관

대장장이 화덕피자 (한옥본관, 퀄리티 높은 피자)

북촌마을 안내소

황생가칼국수 (칼국수/만두)

갤러리 학고재

큰기와집
(한정식)

가배或

아원공방

국립현대미술관 서울
다양한 장르의 현대 미술 작품을 다루는 미술관.전시실, 디지털정보실, 멀티디어홀, 영화관 등 운영. 어린이, 일반인, 전문인을 위한 교육 프로그램도 운영.

백인제가옥
근대 한옥의 양식을 고스란히 보존하고 있는 대표적인 일제강점기 한옥. 넉넉한 안채와 넓은 정원, 가장 높은 곳에는 아담한 별당채 (개방)

청원산방
다양한 전통 창호로 된 전통 한옥 박물관

북촌1경
창덕궁전경, 돌담 너머로 창덕궁의 전경이 가장 잘 보이는 장소

회화나무

천하보쌈 (창덕궁옆 맛있는 보쌈맛집)

카페 공드리(크래프트 비어를 판매하는 맥주집)

락고재 서울 북촌한옥마을

커피방앗간

국립현대미술관 서울
아트 선재센터

아디다스러닝클럽
(인력거 투어 체험)

안국동

현대 원서공원

북촌문화센터

서울 관상감 관천대

아라리움 갤러리 서울

프린츠 북서점

스미스가 좋아하는 한옥(한옥레스토랑, 분위기좋은곳)

솔트24

소소하게(쌀베이커리카페)

금호미술관
현대 예술 작가들의 작품 전시

그날그한복

덕성여중

덕성여대

계동길
어릴 적 추억이 떠오르는 근대의 손길이 남아있는 곳이니 우리가 지켜야 할 아름다운 근대 역사의 길

은나무(전통옹기 기법 응용한 수공예 은 악세사리 전문점)

유보선생가 (비개방)

런던 베이글 뮤지엄 안국점

헌법재판소

깡통만두

토니커피

어니언 안국

다운타운어 안국 (수제버거)

제생원터

도트 블랭킷 (샌드위치, 샐러드 브런치카페)

소소테이블 (앤조비 파스타)

조선김밥(국시와 오뎅김밥이 맛있는 분식 맛집)

긴자바이린 종로본점
(바이린정식,가츠샌드)

갤러리 현대

오레노라멘 인사점(토리빠이탄)

카페 수월

인사동길 전통문화의 거리
전통문화의 거리로 조성되어 고미술, 공예품, 고서점, 각종 선물용품점, 외국인들이 필수로 찾는 풍물마켓.

모도요 광화정 한우 다이닝룸)

써머셋 팰리스 서울

테라로사 커피 광화문점(넓은 공간 커피가 맛있는 카페)

운현궁 ◆
조선 후기 흥선대원군의 사가. 흥선대원군의 둘째 아들인 고종이 출생하여 12세에 왕위에 오르기 전까지 성장한 곳

운현궁양관
일본이 왕종 회유를 위해 흥선대원군 손자 이준용에게 지어준 저택

익선동

3호선 안국역

서울공예박물관

종로경찰서

천도교중앙대교당
3대 교주 손병희에 의해 세워진 우리나라 천도교의 총본산. 바로크식 탑모양, 화강석 기초와 붉은 벽돌이 어우러진 고풍스러운 4층 건물

경운동민병옥가옥
1930년대에 지은 것으로 건축가 박길룡(1898~1943)이 설계, 긴 복도와 유리창이 이 시기 개량한옥의 모습을 잘 보여준다.

서울 우정총국
조선 말기에 우체 업무를 담당하던 관청. 1884년 갑신정변으로 문을 닫았던 우정총국이 128년만에 2012년 개국. 전시공간과 우체국 업무공간으로 나뉘어 있으며, 기본적인 우편서비스만 제공

나인트리 프리미어

인사동길

뮤지엄김치간

컬러풀뮤지엄

H 안녕인사동

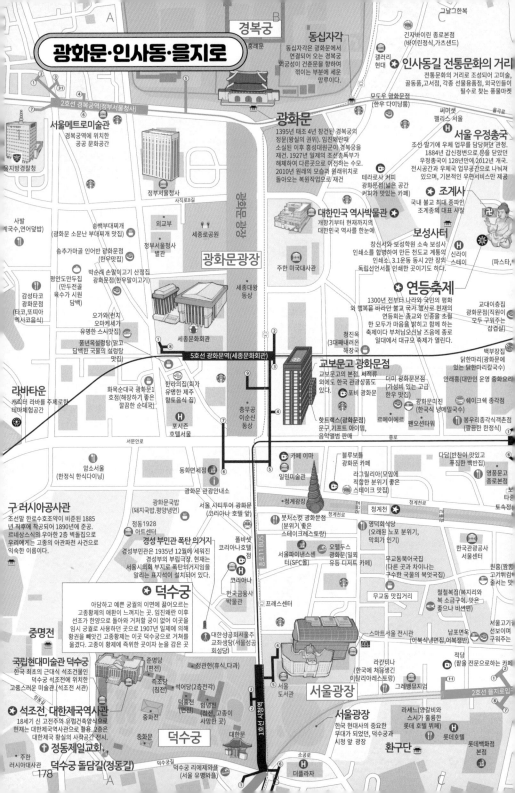

광화문·인사동·을지로

경복궁

동십자각
동십자각은 광화문에서 연결되어 오는 경복궁 외곽성이 건춘문을 향하여 꺾이는 부분에 세운 망루이다.

인사동길 전통문화의 거리
전통문화의 거리로 조성되어 고미술, 골동품, 고서점, 각종 선물용품점, 외국인들이 필수로 찾는 풍물마켓

광화문
1395년 태조 4년 창건된 경복궁의 정문(왕실의 권위). 임진왜란때 소실된 이후 흥선대원군이 경복궁을 재건. 1927년 일제의 조선총독부가 해체하여 다른곳으로 이전하는 수모. 2010년 원래의 모습과 원래위치로 돌아오는 복원작업으로 재건

서울 우정총국
조선 말기에 우체 업무를 담당하던 관청. 1884년 갑신정변으로 문을 닫았던 우정총국이 128년만에 2012년 개국. 전시공간과 우체국 업무공간으로 나뉘어 있으며, 기본적인 우편서비스만 제공

조계사
국내 불교 최대 종파인 조계종의 대표 사찰

대한민국 역사박물관
개항기부터 현재까지의 대한민국 역사를 한눈에

보성사터
창신서와 보성학원 속의 보성사 인쇄소를 합병하여 만든 천도교 계통의 인쇄소, 3.1운동 당시 2만 장의 독립선언서를 인쇄한 곳이다.

연등축제
1300년 전부터 나라와 국민의 평화와 행복을 바랐던 불교 국가 행사로 현재의 연등회는 종교와 인종을 초월한 모두가 마음을 밝히고 함께 하는 축제이다 부처님오신날 즈음에 종로 일대에서 대규모 축제가 열린다.

광화문광장

세종대왕 동상

교보문고 광화문점
교보문고의 본점. 서적류 외에도 한국 관광상품도 있다.

구 러시아공사관
조선말 한로수호조약이 비준된 1885년 직후에 착공되어 1890년에 준공. 르네상스식의 우아한 2층 벽돌집으로 우리에게는 고종의 아관파천 사건으로 익숙한 이름이다.

경성 부민관 폭탄 의거지
경성부민관은 1935년 12월에 세워진 경성부의 부립극장. 현재는 서울시의회 부지로 폭탄의거지임을 알리는 표지석이 설치되어 있다.

덕수궁
아담하고 예쁜 궁궐의 이면에 끓어오르는 고종황제의 애환이 느껴지는 곳. 임진왜란 이후 선조가 한양으로 돌아와 거처할 곳이 없어 이곳을 임시 궁궐로 사용했던 곳으로 1907년 일제에 의해 황제를 빼앗긴 고종황제는 이곳 덕수궁으로 거처를 옮겼다. 고종이 황제로 즉위한 곳이자 눈을 감은 곳

국립현대미술관 덕수궁
한국 최초의 근대식 석조건물인 덕수궁 석조전에 위치한 고품스러운 미술관(석조전 서관)

석조전, 대한제국역사관
18세기 신 고전주의 유럽건축양식으로 현재는 대한제국역사관으로 활용. 2층은 대한제국 황실의 사적공간전시.

정동제일교회

덕수궁 돌담길(정동길)

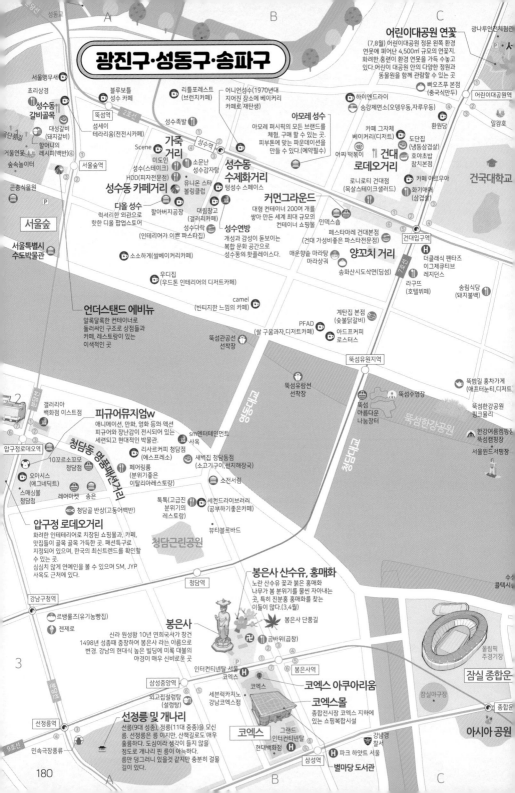

광진구·성동구·송파구

어린이대공원 연꽃
(7,8월) 어린이대공원 정문 왼쪽 환경연못에 피어난 4,500㎡ 규모의 연꽃지. 화려한 홍련이 환경 연못을 가득 수놓고 있다. 어린이대공원 안의 다양한 정원과 동물원을 함께 관람할 수 있는 곳

빠오즈푸 본점 (중국식만두)

광나루안전체험관

어린이대공원역

리틀포레스트 (브런치카페)
블루보틀 성수 카페
서울앵무새
쵸리상경
성수동 갈비골목
대성갈비(돼지갈비)
할머니의 레시피(백반)
서울숲역
거울연못
숲속놀이터
곤충식물원

뚝섬역
섬세이 테라리움(전전시카페)
성수족발

하이앤드라이
송강재면소(오뎅우동,자루우동)

Scene
미도인
성수(스테이크)
HDD(피자전문점)

소문난 성수감자탕
유니온 스타

가죽거리

성수역

아모레 성수
아모레 퍼시픽의 모든 브랜드를 체험, 구매 할 수 있는 곳. 피부톤에 맞는 파운데이션을 만들 수 있다.(예약필수)

카페 그자체
베이커리(디저트)
아찌 떡볶이

환원당
도단집(냉동삼겹살)
호야초밥
참치본점

건대로데오거리

건국대학교

성수동 수제화거리
볼링클럽
텅성수 스페이스

성수동 카페거리

다올 성수
럭셔리한 외관으로 핫한 다올 팝업스토어

할아버지공장
성수다락
(인테리어가 이쁜 파스타집)

대림창고 (갤러리카페)

성수연방
개성과 감성이 돋보이는 복합 문화 공간으로 성수동의 핫플레이스다.

커먼그라운드
대형 컨테이너 200여 개를 쌓아 만든 세계 최대 규모의 컨테이너 쇼핑몰

로니로티 건대점 (목살스테이크샐러드)
카페 아트무아
화기애애(삼겹살)

인데숍

페스타마레 건대본점 (건대 가성비좋은 파스타전문점)

양꼬치 거리

더클래식 펜타즈 이그제큐티브 레지던스

송림식당 (돼지불백)

소소하게(쌀베이커리카페)

매운향솔 마라탕 마라샹궈
송화산시도삭면(딤섬)

라구두 (호텔뷔페)

우디집 (우드톤 인테리어의 디저트카페)

언더스탠드 에비뉴
알록달록한 컨테이너로 둘러싸인 구조로 상점들과 카페, 레스토랑이 있는 이색적인 곳

camel (빈티지한 느낌의 카페)

계탄집 본점 (숯불닭갈비)

PFAD (쌀 구움과자,디저트카페)

아드프커피 로스터스

뚝섬유원지역

뚝섬관광선 선착장

뚝섬유람선 선착장

뚝섬수영장

뚝섬한강공원

뚝방길 홍차가게 (애프터눈티, 디저트)
뚝섬한강공원 핑크뮬리

한강여름웸핑&
뚝섬캠핑장
서울윈드서핑장

뚝섬 아름운 나눔장터

2

갤러리아 백화점 이스트점

압구정로데오역

피규어뮤지엄w
애니메이션, 만화, 영화 등의 액션피규어와 장난감이 전시되어 있는 세련되고 현대적인 박물관.

청담동 명품빼썽거리

10꼬르소꼬모 청담점

오아시스 (에그네딕트)

스매싱볼 청담점

레어마켓 송은

sm엔터테인먼트
사옥

리사르커피 청담점 (에스프레소)

페어링룸 (분위기좋은 이탈리아레스토랑)

새벽집 청담동점 (소고기구이 선지해장국)

소전서점

압구정 로데오거리
화려한 인테리어로 치장된 쇼핑몰과, 카페, 맛집들이 골목 골목 가득한 곳. 패션특구로 지정되어 있으며, 한국의 최신트렌드를 확인할 수 있는 곳. 심심치 않게 연예인을 볼 수 있으며 SM, JYP 사옥도 근처에 있다.

청담골 반상(고동어백반)

톡톡(고급진 분위기의 레스토랑)

세컨드라이브러리. (공부하기좋은은쿤카페)

뷰타블로바드

청담근린공원

청담역

강남구청역

르뱅롤즈(유기농빵집)

젠제로

봉은사 산수유, 홍매화
노란 산수유 꽃과 붉은 홍매화 나무가 봄 분위기를 물씬 자아내는 곳. 특히 진분홍 홍매화를 찾는 이들이 많다.(3,4월)

봉은사 단풍길

봉은사
신라 원성왕 10년 연회국사가 창건 1498년 성종때 중창하여 봉은사 라는 이름으로 변경. 강남의 현대화 높은 빌딩에 미륵 대불의 야경이 매우 신비로운 곳

곰바위(곰장)

봉은사역

인터컨티넨탈 서울
코엑스

삼성중앙역

외고집설렁탕 (설렁탕)

세븐럭카지노
강남코엑스점

코엑스

코엑스 아쿠아리움

코엑스몰
종합전시장 코엑스 지하에 있는 쇼핑복합시설

잠실 종합운

아시아 공원

선정릉역

민속극장풍류

선정릉 및 개나리
선릉(9대 성종), 정릉(11대 중종)을 모신 릉. 선정릉은 릉이지만, 산책길로도 매우 훌륭하다. 도심이라 생각이 들지 않을 정도로 개나라 핀 릉이 아늑하다. 릉만 덩그러니 있을것 같지만 충분히 걸을 길이 있다.

선정릉역

9호선

삼성역

그랜드 인터컨티넨탈
현대백화점

별마당 도서관

파크 하얏트 서울

올림픽 주경기장

잠실야구장

종합운

잠실 종합운

A   B   C

D

E

F

아차산역

아차산공원

어린이대공원 벚꽃
(3,4월) 잔디밭을 주변에 벚나무가
늘어져 있어 사진촬영하기 좋다.

카페드노보
(브런치카페)

유니버설
아트센터

안다즈
카페

광진숲나루

부카디제비
(파스타,수제피자,양식)

어린이대공원

서북면옥
(냉면)

카페러슬
(루프탑카페)

어린이대공원
5세이하 아이들과 하기
더욱 좋은 테마파크

광나루역

광진교 8번가

광진교

천호대교

1

함흥본가면옥(회냉면,만두)

광진구

브레트가쎄올리
(유기농밀가루로 만드는 빵집)

모두랑
(즉석떡볶이,야끼만두)

밀도 광장동점
(식빵이 유명한 곳)

찌마기 구의점
(조개찜)

에이치테이블
브런치카페

대원칼국수(손칼국수)

2호선

구의역

스시텐
(초밥,우동)

강변테크노마트

민정식당(수육전골,수제돈가스)

황금손가락밥초밥
(특초밥,모둠초밥)

올림픽대교

카페다르다
(애견동반가능 카페)

강변 스파랜드

강변역

동서울
종합터미널

오후의빵집
(금,토에만 열리는프랑스빵집)

라멘다이야
완탕라멘,일본식라면)

우리유황온천

광나루
한강공원

광나루
한강공원

서울아산병원

올림픽공원

송파구에 있는 1986년에 완공한 43만 평의
공원. 몽촌토성 지가 복원되어 있고 각종 조각과
미술관 등의 시설. 특히 '나 홀로 나무'는 웨딩
스냅사진 촬영의 성지

유천냉면 풍납본점
(물냉면,비빔냉면)

엥겔커피

수라연
(떡갈비,영정식)

몽촌역사관

몽촌토성

2

가을단풍길(성내천산책길)

올림픽공원

올림픽공원
호돌이열차

서울책보고

전국 최초의 초대형 헌책방, 13만권의
헌책이 가득한 공간에 헌책을 열람하고
판매하는 곳에서 그치지 않고 다양한
프로그램과 북콘서트가 진행되는
복합문화공간이다.

잠실나루역

서울스카이

서울을 360도 뷰로 볼 수 있는 23층,
555m 높이의 국내최고 높이 전망대.
117층 전망층, 118층 스카이데크, 119층
캐릭터디저트카페,122층 서울스카이카페,
123층 라운지

몽촌토성역

한성백제역

잠실한강공원
여름캠핑장

송파구

방이동 먹자골목

석촌호수

롯데월드와 롯데월드타워를 끼고 있는
호수로 원래 송파나루터가 있는 한강.
1970년대 매립공사가 진행되면서
물길이현재의 석촌호수로 남게 되었고
잠실동과 신천동이 생겨남.
멘야하나비(소바) 석촌호수에는 벚꽃나무가 많아 봄이
되면 벚꽃축제가 열린다.

실수상레저파크 패들보드, 카약

잠실수영장

현명주호두파이
(호두파이전문점)

롯데월드 아이스링크장
유리돔 천장으로 밤에는
테마파크 야경과 퍼레이드
축제의 즐거움을 느낄 수 있다.

롯데월드타워

롯데월드
아쿠아리움

8호선

한성백제박물관

카페 페퍼(디저트카페)

송리단길

잠실역

롯데월드 민속박물관

2호선

잠실새내역

요리하는남자
(파스타,화덕피자)

대흥집(쭈꾸미)

디저블라썸 커피(더티초코,디저트카페)

해주냉면(매운냉면으로 유명한곳)

늘푸른목장 잠실본점
(육회,경주소갈비살)

키자니아 서울
어린이를 위한
직업체험 놀이공간

롯데월드 어드벤처

롯데월드 및 타워

롯데월드

시그니엘

삼전도비

서울놀이마당

매직아일랜드

뉴질랜드
스토어
(브런치)

엘리스리틀이태리
(피자)

마운틴누
송리단길점

송파나루역

카페 노티드 잠실

서울방이동
고분시

석촌호수 벚꽃길
롯데월드타워와 롯데월드에서
나오는 야간불빛과 벚꽃의 야경이
아름답다.

D

F

181

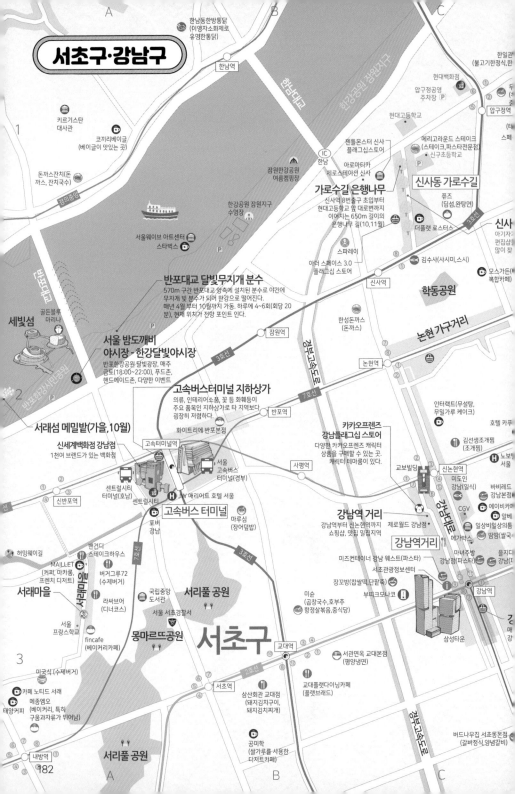

서초구·강남구

A B C

한남동한방통닭
(이영자소화제로
유명한통닭)

한일관
(불고기와정식,한...)

한남역

현대백화점

압구정공원
주차장 P

압구정역

스파...

키르기스탄
대사관

현대고등학교

두...

코끼리베이글
(베이글이 맛있는 곳)

**젠틀몬스터 신사
플래그십스토어**

메리고라운드 스테이크
(스테이크,파스타전문점)

신구초등학교

돈까스잔치(돈
까스, 잔치국수)

**아로마티카
제로스테이션 신사**

신사동 가로수길

퓨즈
(딤섬,완탕면)

경의중앙...

잠원한강공원
여름캠핑장

가로수길 은행나무

신사역 8번출구 초입부터
현대고등학교 앞 대로변까지
이어지는 650m 길이의
은행나무 길(10,11월)

더플랫 로스터스

신사

아기자...
편집샵이
많이 찾...

한강공원 잠원지구
수영장

서울웨이브 아트센터
스타벅스

반포대교 달빛무지개 분수

570m 구간 반포대교 왼쪽에 설치된 분수로 야간에
무지개 빛 분수가 되어 한강으로 떨어진다.
매년 4월 부터 10월까지 가동. 하루에 4~6회(회당 20
분). 현재 위치가 전망 포인트 인다.

스파레이

아터 스페이스 3.0
플래그십 스토어

김수사(사시미,스시)

학동공원

신사역

모스가든
복합카페

세빛섬

골든블루
마리나

한성돈까스
(돈까스)

논현 가구거리

**서울 밤도깨비
야시장 - 한강달빛야시장**

반포한강공원 달빛광장, 매주
금토(18:00~22:00), 푸드존,
핸드메이드존, 다양한 이벤트

잠원역

논현역

인터랙트(무설탕,
무밀가루 케이크)

호텔 카푸

고속버스터미널 지하상가

의류, 인테리어소품, 꽃 등 화훼등이
주요 품목인 지하상가로 타 지역보다
굉장히 저렴하다.

반포역

**카카오프렌즈
강남플래그십 스토어**

다양한 카카오프렌즈 캐릭터
상품을 구매할 수 있는 곳.
캐릭터 테마룸이 있다.

김선생김치찜
(조개찜)

노보텔
서울

서래섬 메밀밭(가을,10월)

화이트리에 반포본점

사평역

교보빌딩

신논현역

미도인
강남(일식)

바비레드
강남본점

에이비카

신세계백화점 강남점

1천여 브랜드가 있는 백화점

고속터미널역

서울
고속버스
터미널(경부)

제로월드 강남점

CGV

알벨

일상비일상의
땀땀

센트럴시티
터미널(호남)

센트럴시티

JW 메리어트 호텔 서울

강남역 거리

강남역부터 신논현역까지
쇼핑샵, 맛집 밀집지역

고속버스 터미널

마루심
(장어덮밥)

강남역거리

메가박스

땀땀

강남(...

신반포역

포비
강남

미즈컨테이너 강남 웨스트(파스타)

서초관광정보센터

마녀주방
강남점(파스타)

을지대
강남(T...

헤밍웨이길

반건다
스테이크하우스

장작방(찹쌀떡,단팥죽)

부띠끄모나코

강남역

강

매...

MAILLET
(커피, 마카롱,
프렌치 디저트)

버거그루72
(수제버거)

국립중앙
도서관

미순
(곱창국수,호부추
항정살볶음,중식당)

서래마을

라싸브어
(디너코스)

서리풀 공원

서초구

삼성타운

서울
프랑스학교

fincafe
(베이커리카페)

몽마르뜨공원

서울 서초경찰서

교대역

서관면옥 교대본점
(평양냉면)

미국식 (수제버거)

서초역

삼산회관 교대점
(돼지김치구이,
돼지김치찌개)

교대플랫다이닝카페
(플랫브레드)

카페 노티드 서래

메종엠오
(베이커리, 특히
구움과자류가 뛰어남)

태양커피

서리풀 공원

공미학
(쌀가루를 사용한
디저트카페)

버드나무집 서초동본점
(갈비정식,양념갈비)

A B C

갤러리아
백화점 웨스트점
카이스갤러리
카페캠프통

갤러리아
백화점 이스트점

압구정 로데오거리
압구정로데오역

피규어뮤지엄w
애니메이션, 만화, 영화 속 액션
피규어와 장난감이 전시되어 있는
세련되고 현대적인 박물관.

뚝섬유원지역

뚝섬유람선
선착장

sm엔터테인먼트
사옥

뚝섬
아름다운
나눔장터

뚝섬수

뚝섬한강

달마시안
꿈티드툴레아

스파더엘
풍월당

오아시스
(에그네딕트)

스매싱볼
청담본점

청담동 명품패션거리
10꼬르소꼬모
청담점

레어마켓 송은

리사르커피 청담점
(에스프레소)

페어링룸
(분위기좋은
이탈리아레스토랑)

새벽집 청담동점
(소고기구이, 선지해장국)

소전서림

도산
공원

도산 안창호 기념관

설화수 도산
플래그십 스토어

현대정육식당
(김치찌개,삼겹살)

청담골 반상(고등어백반)

압구정 로데오거리
화려한 인테리어로 치장된 쇼핑몰과, 카페,
맛집들이 골목 골목 가득한 곳. 패션특구로
지정되어 있으며, 한국의 최신트렌드를 확인할
수 있는 곳.
심심치 않게 연예인을 볼 수 있으며 SM, JYP
사옥도 근처에 있다.

톡톡(고급진
분위기의
레스토랑)

세컨드라이브러리,
(공부하기좋은카페)

뷰티블로바드

청담근린공원

청담역

에스제이
쿤스트할레

대가방 본점
(탕수육,중식당)

가로수길
카페와 맛집, 의류샵,
밀집. 젊은이들이
가속의 거리

스가 있는 갤러리형

해옹(삼겹살,등갈비)

강남구청역

르뱅블드(유기농빵집)

젠제로

봉은사 산수유, 홍매화
노란 산수유 꽃과 붉은 홍매화
나무가 봄 분위기를 물씬 자아내는
곳, 특히 진분홍 홍매화를 찾는
이들이 많다.(3,4월)

봉은사 단풍길

봉은사
신라 원성왕 10년 연회국사가 창건
1498년 성종때 중창하여 봉은사 라는 이름으로
변경. 강남의 현대식 높은 빌딩에 미륵 대불의
야경이 매우 신비로운 곳

곰바위(곱창)

엠비케이
엔터테인먼트

임피리얼 팰리스
서울 호텔

강남구

학동역

7호선

인터컨티넨탈 서울
코엑스

봉은사역

삼성중앙역

외교집설렁탕
(설렁탕)

세븐럭카지노
강남코엑스점

코엑스 아쿠아리움

코엑스몰
종합전시장 코엑스 지하에
있는 쇼핑복합시설

선정릉역

선정릉 및 개나리
선릉(9대 성종), 정릉(11대 중종)을 모신
릉. 선정릉은 릉이지만, 산책길로도 매우
훌륭하다. 도심이라 생각이 들지 않을
정도로 개나리 핀 릉이 아늠하다.
릉만 덩그러니 있을것 같지만 충분히 걸을
길이 있다.

민속극장풍류

9호선

언주역

코엑스

그랜드
인터컨티넨탈

현대백화점

삼성역

강남경
찰서

파크 하얏트 서울

별마당 도서관
서울코엑스의 랜드마크
개방된 도서관으로
자유롭게 휴식을 취하거나
책을 읽거나 누군가를
기다리기 좋은 장소
(코엑스몰 지하1층)

테헤란로

포스코사거리

선릉역

쏭타이 역삼점
(똠얌꿍,뿌팟퐁커리)

일미리금계찜닭 선릉점
(구름치즈찜닭,찜닭)

포스코 센터

피양콩할마니
(콩국수)

부타이 1막
(마제소바,히카츠정식)

보노보노 삼성점
(씨푸드뷔페,
스시뷔페)

양떼띠 커피로스터스
(루프탑카페)

카페413
프로젝트(브런치)

진풍정 강남점
(전통궁중한정식요리)

로브니
(디저트카페)

농만백암순대 본점
(순대국)

르브런쉬 대지점
(브런치카페)

대치 정육식당
(한우등심)

노크노크
(프렌치토스트,브런치카페)

2호선

역삼역

빅조이케이크
(수제케이크 전문점)

할매채첩국 대치점
(재첩국,물회)

신동궁감자탕 역삼본점
(뼈숯불구이)

보슬보슬 강남본점
(키토김밥)

테헤란로

한티역

양재천 벚꽃길
3,4월 학여울역부터 영동2교까지 이어지는
양재천의 산책로에 벚꽃이 만발한다

학여울

지하상가
만명 이상 방문하는
지하의 주요 쇼핑 구역

강강술래 역삼점
(숯불소갈비,한우전문점)

세라듀(도자기공방)

더뭉티기
(육사시미,육개장)

나폴레옹제과점 대치점
(사라다빵,에프터눈티세트)

대치역

3호선

빵빵막국수
(만두전골,들기름막국수)

로마옥(이탈리아움식)

김영모과자점 도곡타워점
(몽블랑,마늘바게트)

양재천 핑크뮬리 정원

도곡
공원

도곡역

개포동역

매봉역

구룡역

마포구·여의도

전쟁과 여성 인권박물관
가정집을 개조한 공간에 역사적 사실을 전시한 박물관

연남동 경의선숲길
경의선 폐 철길 1.2Km를 공원화 다양한 맛집들과 아기자기한 구경거리

마포구

망리단길
오래된 구도심, 아기자기한 카페와 맛집들이 각각의 독특한 인테리어로 재탄생된 곳. 근처에 망원시장이 있어 같이 방문하기 좋다.

코브라파스타클럽

서울함공원
실제로 사용했던 퇴역함정 3척(서울함, 고속정, 잠수함)을 전시, 체험하는 곳으로 다목적 광장과 공원이 있어 아이들과 함께하기 좋은 곳.

망원시장
마포구 망원동에 있는 재래시장으로 다양한 먹거리가 있어 미디어에서 많이 소개된 곳이다. 방송국이 많은 상암동과 가까워 TV 촬영지로 많이 활용되기도 한다.

선유도 공원
과거 정수장 건물을 자연과 공유할 수 있도록 재탄생 시킨 환경재생 생태공원. 수생식물원, 수질정화원, 온실, 바람의 언덕, 카페, 도서관 등의 시설이 있다.

선유도원 공원

메세나폴리스 쇼핑몰

상상마당

KT&G 상상마당
아이디어 팬시, 독특한 악세사리 문구들로 가득한 곳

당인리발전소
매년 1주일 가량 벚꽃길 관람이 가능한 유일한 곳

절두산 순교성지
천주교 신자들의 순례 장소이며 근처의 양화진역사공원과 양화진외국인선교사묘원도 함께 둘러볼만하다.

서울 밤도깨비 야시장 - 여의도 월드나이트마켓
여의도 물빛광장, 매주 금토(18:00~23:00), 푸드존, 핸드메이드존, 낭만아트존

서울마리나 요트

선유도역

워커스 홀리데이 (디저트카페)

카페셜리번 당산점 (디저트카페)

또순이네
(숯불에 끓인 된장찌개 맛집)

아조보쌈 (오징어보쌈, 보쌈)

안양천 벚꽃길
양천, 영등포, 구로로 이어지는 안양천의 벚꽃 제방길(3,4월)

미락가츠(돈까스)

코끼리베이글 (카페,베이커리)

양평유수지 생태공원

시즌커피앤베이크 티퍼플차,멜팅밀크

언아이콘 (무지개빛 티퍼플차, 멜팅밀크)

YDP 직충체험 학습관

당산공원

여의도 윤중로 벚꽃길
원효대교 남단부터 국회의사당 방면 강변을 따라 이어지는 벚꽃길 엄청난 인파가 예상됨으로 새벽길이 오거나, 대중교통을 추천한다.

국회의사당
1975년에 준공된 건물로 돔형태의 지붕으로 건축되었다. 국회참관은 국회의사당과 헌정기념관 전시실을 관람할 수 있다. 온라인예약 필수

우쭉1984 (우대갈비, 대창)

읍(우유단팥빵,베이커리)

베르두레(브런치카페)

영등포 경찰서

KBS

문화의 마당(광장)

카페드레이프

영등포 전통시장

씨랄라 워터파크
슬라이드, 키즈존, 구내 매점, 마사지 서비스 등을 갖춘 도심 실내 워터파크

쉐프조 문래본점
(딸기생크림케익, 케이크맛집)

라크라센터
(창고형인테리어의 브런치카페)

대한옥(꼬리수육)

오월의종 타임스퀘어점

떡본점(촉떡)

부일숯불갈비

타임스퀘어

음식거리

세상의모든아침 (뷰가 좋은 브런치레스토랑)

패트릭스와플 (벨기에와플맛집)

세브란스병원

편의방
(중국만두)

경의선 책거리
시민들에게 책을 통합
복합문화공간을 제공하고자 경의선
폐선부지에 조성한 테마거리

글벗서점

라구식당
(라구파스
타라자냐)

신촌역

위샐러듀 이대점

이화 캠퍼스
복합단지

이화 가정식)

신촌부근곱창

신촌

소바연구소

신촌플러버스

닭한마리 신촌점

포티드

고르드

클로리스

유담스토리

사주카페거리

이대거리

이대역

연어초밥

이대 쇼핑거리
약세서리, 구두, 의류, 핸드백등의
20대 초반 여성들이 좋아할만한
소품들을 살 수 있는 작은 샵들이
많다.

오르락애거리

아현동
가구거리

충정로역

아현역

아현동 전골목
모듬전과 막걸리 몇병이면 기분좋게 배를 채울
수 있다. 그 규모는 크진 않지만 옛 모습을
찾아볼 수 있는 곳이다.

황금콩밭
(미술랭 소개,
두부보쌈 및
두부전문점)

익스페레스
공덕점

37.5

마포
경찰서

애오개역

진미식당
(간장게장)

비파티세리
공덕점

고삼치(숯불등어구이,삼
치,오징어볶음)

카츠업(김치카
츠나베)

아오이토리
(야끼소바빵)

경의선숲길

이한열 기념관
1987년 유월항쟁의 기록을 보존하고,
연구하며, 전시를 통해 민주주의의
역사를 교육하는 공간이다. 주말은
예약제로 운영된

노고산

신촌/이대 거리
이화여대, 연세대, 서강대등의 대학이
몰려있는 20대 초반의 젊은이들이 많은
거리. 신촌주변에는 음식점이 많고 이대역
앞에는 작은 의류 샵들이 많다.

일신기사식당
(불고기백반유영)

홍대
수많은 젊은이의 인파와 북잡스러운
상가들이 밀집되어있는 홍익대학교
앞 젊은이의 거리

서강대학교

공덕동 족발골목
시장 한쪽에서 시작한 족발집은 이 골목을
이루며 원래 시장보다 더 사람들이 많이
찾는 곳이다. 대를 이어 순대와 족발을 파는
오래된 집들도 있다.

일미대(평양냉
면,녹두지짐)

효창공원

김구 묘소

우산

예술시장 프리마켓
매주 토요일 오후에 열리는 프리마켓,
비가오면 열리지 않고 겨울철(12~2월)에도
열리지 않는다.

광흥창역

대흥역

아이엠베이글 공덕점
(브런치 카페)

마포공덕시장

백범김구 기념관
및 묘역

이봉창, 윤봉길
백정기
3의사의 묘소

우스불랑
(샌드위치,베이커리카페)

도꼭지
(도미솥밥)

신성각(중식당)

백범김구
기념관

mtl효창(디저트카페)

서강나루공원

신수로
(제주돈마호크,도까살)

과자방
(디저트카페)

복성각(중화요리)

공덕역

청대포
(갈매기살,
돼지껍데기)

효창공원앞역

램랜드(오래된
양갈비 전문점)

역전회관 마포본점
(바꿈불고기)

프린츠
도화점

마포곱
(차돌수육)

원조주박집
(돼지갈비)

마포조약돌이
(백종원의3대떡볶이)

도화아파트먼트
(베이커리 북카페)

경의선숲길

용문해장국
(55년전통해장국)

창성옥
(해장국,뼈전골)

마포공영주차장

마포역

산동만두(군만두,
찐만두)육쌈이
일품

아이엠도넛
(앙버터도넛,디저트카페)

마포 음식문화거리
여의도와 인접해있어 직장인들이 많이 찾는
갈비와 주물럭으로 유명한 거리이다. 한결같이
수십년을 갈비식당도 많다.
용강동 재개발 이후 갈비와 주물럭 이외에도
족발, 곱창, 치킨 등의 음식점들이 많이
있으니 한번쯤 가볼만 하다.

현래장(손짜장)

채그로

브런치카페
르클리브

아이오유
(한강뷰 레스토랑)

원효상가

나진전자월드

도매상가

용산전자상가
(G-Train)

전자랜드

나진상가

선인프라자

여의도 물빛광장
시원한 강바람을 맞으며 야경을
즐길 수 있는곳으로 여름에는
밤도깨비야시장이 열린다.
여름에는 얕은 물놀이장으로
개장

노보텔 스위트 앰배서더
서울 용산 호텔

용산역

영앤스(레
(레터링케이크)

이랜드 크루즈
스토리 크루즈, 한강 투어 크루즈, 달빛 크루즈 등
다양한 코스 운영. 선상 음악 연주들도 들을 수
있다.서울의 화려한 야경을 볼 수 있는 디너 코스
추천. 겨울에는 다소 쌀쌀할 수 있으므로 옷을
따뜻하게 입고 탑승하자.

서해금빛열차(G-Train)
용산역에서 출발해 익산역까지 운행하는 서해안 관광열차.
중간 구간에서 개그 공연과 오카리나 연주 이벤트도 진행된다.
온돌마루가 설치된 객실이 있고, 족욕 카페도 운영.
코레일이 운영하는 관광열차 중 가장 인기가 좋다.
익산에 도착하면 보석 박물관, 미륵사지 석탑에
방문해보자.공간을 운영

볼드핸즈

미미옥

신용산전(양지쌀
국수,미나리김밥)
튀김

여의나루역

한강레저
스포츠

여의나루역

브레드05
(앙버터,치즈프랑스)

스톤드

희정식당(부대
찌개,스테이크)

새남터 순교성지
천주교 신자들의 순례
장소이며 김대건신부의 처형
순교지

섬집(참게매운탕,
와다비빔밥)

백빈건널목

한강 아라호 유람선
일반(40분), 공연(90분), 디너(90분)
코스 운영. 특정일에 해맞이, 낭만
크루즈도 운영한다. 한강 아라호
유람선으로도 공연 수준이 높은 편이다.

오리배
탑승장

오근내닭갈비
본점(서울에서
춘천 닭갈비 맛)

HYBE INSIGHT
(하이브 뮤지엄)

자매공원(양카라공원)
터키의 풍물이 담긴
주제공원으로 조성. 양카라는
터키의 수도

63스퀘어
지상 249미터의 63빌딩 전망대이다. 서울의
상징적인 랜드마크로 오랫동안 유지되었다.
전망대인 63아트와 아쿠아리움인 아쿠아플라넷이
있다. 주차는 패키지 구입시 최장4시간까지
무료이다.

아쿠아플라넷
63

63스퀘어

이촌
한강공원

노들섬 달토끼촌

노들섬

187

은평한옥마을
"북한산 자락 아래 한옥마을"

한국의 멋을 담뿍 느낄 수 있는 곳. 북한이나 서촌보다 훨씬 규모가 큰 한옥 단지인 탓에 훨씬 웅장하고 볼거리가 풍성하다. 북한산과 진관사까지 함께 둘러볼 수 있어 가족 나들이는 물론 데이트에도 추천!(p239 E:3)

- 서울 은평구 진관동 193-14
- 주차 : 서울 은평구 진관동 205, 은평한옥마을주차장
- #한옥단지 #북한산 #진관사 #은평핫플

목란 맛집
"이연복 쉐프가 운영하는 중식당"

@yeon_j93

이연복 쉐프가 운영하는 중식당으로 런치, 저녁 코스요리와 중식 단품 메뉴가 있다. 동파육, 몽골리안 비프, 멘보샤 등 사전 예약 메뉴가 있어 미리 확인 후 방문하는 것을 추천한다. 가장 인기 있는 메뉴는 부드러운 식감의 동파육. 전화 및 방문 예약이 가능하며 매월 1일과 15일 한달에 딱 2번만 예약이 가능하다. 브레이크타임 15시~17시, 월요일 정기휴무.

- 서울 서대문구 연희동 연희로15길 21
- #이연복 #짜장면 #짬뽕 #탕수육 #멘보샤

서대문형무소 추천
"투옥된 독립운동가들의 사진을 보자마자 가슴이 메어온다"

독립운동가들을 투옥하기 위해 일제강점기 때 만들어져 유관순 열사, 윤봉길 의사, 강우규 의사 등의 독립투사들이 투옥되었다. 광복 후에도 감옥으로 쓰였으며 4.19, 5.16 등의 정치 사건과 관련하여 많은 민주투사가 투옥된 곳이다.(p174 A:1)

- 서울 서대문구 통일로 251
- 주차 : 서울 서대문구 현저동 101
- #역사 #박물관

오레노라멘 본점 맛집
"스스로에게 떳떳한 라멘을 만들어요"

진한 닭 육수가 매력적인 토리파이탄과 깔끔하면서도 깊은 맛을 느낄 수 있는 소유라멘만 판매되는 곳으로 매일 라멘 육수와 면을 만들며 '스스로에게 떳떳한 라멘을 만들고 싶다'를 모티브로 깊고 깔끔한 라멘 맛이 좋다는 평. 2019년~2023년까지 미슐랭으로도 선정된 곳이다. 연중무휴

- 서울 마포구 독막로6길 14
- #미슐랭선정 #깔끔깊은맛 #라멘맛집

소이연남 맛집
"미쉐린 빕 구르망에 꼽힌 연남동 대표 맛집"

@soi_yeonnam

오랜 시간 사랑받고 있는 태국 쌀국수 음식점, 소이연남. 깊고 진한 풍미를 자랑하는 태국 쌀국수를 유명하게 만든, 연남동 맛집을 이끌어 온 대표적인 곳이다. 합리적인 가격에 훌륭한 음식의 레스토랑을 꼽는 미쉐린 빕 구르망에도 올랐다.

- 서울 마포구 동교로 267
- #연남동 #태국의맛 #핫플 #쌀국수 #미쉐린빕구르망

연남취향 맛집

"줄서서 먹는 파스타 핫플레이스"

통창 외관과 유럽풍 인테리어로 웬만한 카페 이상의 분위기를 연출하는 파스타 맛집이다. 수비드 포크 스테이크와 항정 매콤 크림 파스타는 이곳의 시그니처 메뉴. 넉넉한 양과 깔끔한 맛이 재방문을 다짐하게 한다.

- 서울 마포구 동교동 113-25
- #연남동맛집 #연남동핫플 #연남동파스타 #데이트코스

홍대

"젊은이들만의 거리는 아니야, 우리 모두의 거리지"

수많은 젊은이의 인파와 복잡스러운 상가들이 밀집된 곳. 아기자기한 카페와 소소한 맛집이 즐비하다. 도심 속 공원 연남동이나 조금은 더 고급스러운 레스토랑이나 주점이 몰려있는 상수동도 근처에 있다.(p187 D:1)

- 서울 마포구 서교동 365-26
- 주차 : 서울 마포구 서교동 365-28
- #쇼핑 #맛집 #카페

진미식당 맛집

"서해에서 직접 잡은 게로 요리해요"

서해에서 직접 잡은 꽃게로만 메뉴를 선보이는 곳으로 간장게장 한 가지만 단일메뉴로 제공된다. 서산 생강을 넣고 삭힌 간장에 3일동안 숙성이 된 게장의 매콤단짠을 맛볼 수 있다. 계란찜, 게국지 등 총 10가지의 깔끔한 밑반찬 평도 좋은 편. 인기가 많아 사전 예약을 추천한다. 재료 소진 시 조기마감, 브레이크타임 15시30분~17시, 일요일 정기휴무

- 서울 마포구 마포대로 186-6
- #꽃게요리 #미슐랭선정 #매콤단짠

연남필름

"MZ세대와 필름카메라의 만남 "

디지털 시대에 다시 인기를 끌고 있는 아날로그 문화. 연남필름에선 수동카메라, 자동카메라, 일회용카메라 등 다양한 카메라를 빌리거나 구입할 수 있다. 카메라는 물론, 필름과 현상, 인화, 스캔까지 패키지로 이용이 가능하다.

- 서울 마포구 성미산로29안길 11 우측 202호
- #필름카메라 #아날로그 #카메라대여 #감성사진 #기다림

옥동식 맛집

"맑은 육수의 담백한 곰탕"

지리산 자락에서 키운 국내산 순종 흑돼지의 앞다리, 뒷다리 살만 고아 맑은 육수를 자랑하는 돼지국밥 단일메뉴로, 담백하고 진한 감칠맛이 좋다는 맛 평이다. 자극적이지 않아 김치와 함께 먹으면 더 감칠맛 있는 국밥 맛을 느낄 수 있다. 2018년~2023년 미슐랭으로도 선정된 곳이다. 1일 100그릇 한정판매, 브

레이크타임 15시~17시

- 서울 마포구 양화로7길 44-10
- #맑은육수 #곰탕맛집 #미슐랭선정

연남동 경의선숲길 추천

"소박한 먹거리와 아기자기한 구경거리"

경의선 폐철길을 공원화한 것으로 연남동 구간은 1.2Km 길이이다. 2호선 홍대입구역과 공항철도가 연결되어 접근성이 좋다. 복잡한 상업 거리 홍대가 싫다면, 10분만 내려오면 연트럴파크가 나온다.(p186 C:1)

- 서울 마포구 연남동 375
- 주차 : 서울 마포구 연남동 364-1
- #공원 #휴식 #친구 #커플

콘하스 연희 카페 카페

"작은 수영장이 딸린 주택 개조 카페"

@toothless_0_

마당에 있는 작은 수영장이 메인 포토존. 수영장에 걸터앉아 시원하고 평온한 느낌을 담아보자. 주택을 개조한 건물로 정원이 잘 가꿔져 있다. 카페 내부 통창에서 보이는 정원뷰가

멋지다. 주택에 위치한 카페로 주차 공간이 매우 협소하다. 대중교통 이용을 추천한다.

■ 서울 마포구 연희로 1-11,2층
■ #연희동 #빈티지 #수영장

스타일난다 핑크풀카페 `카페`

"핑크빛 카페와 아담한 수영장"

@zziri_ring

핑크 풀 카페에는 작은 수영장이 있고 둘레에는 핑크 덕후들을 저격하는 포토존이 많다. 핑크 문을 열고 들어가면 내부가 온통 핑크빛이다. 핑크빛 주방까지, 인테리어가 사랑스럽다. 수영장뿐만 아니라 다양한 포토존이 있어 예쁜 사진을 많이 찍을 수 있는 곳이다.

■ 서울 마포구 와우산로29다길 23
■ #홍대카페 #핑크카페 #수영장

계동길

"응답하라 1919, 근대의 거리로 초대해"

하늘공원 `추천`

"가을 억새는 이곳이 거대 도시라는 걸 잊게 해"

월드컵공원의 일부인 테마공원으로 6만여 평에 달하는 난지도 쓰레기매립장에 조성된 생태공원. 계절별로 유채, 해바라기, 코스모스 그리고 가을 억새로 유명하다.(p230 C:2)

■ 서울시 마포구 하늘공원로 95   ■ 주차 : 서울 마포구 상암동 1538
■ #공원 #꽃 #억새

북촌 한옥마을을 지나 중앙중·고등학교부터 안국역에 이르는 길로 어릴 적 추억이 떠오르는 근대의 손길이 그대로 남아있다. 우리나라 최초의 목욕탕인 '중앙탕'이 있으며, 중앙중·고등학교는 '겨울연가'의 촬영지이기도 하다. 경복궁을 관람하고 나서 이곳까지 이르면 숨어있던 감성이 되살아난다. 우리가 지켜야 할 아름다운 근대 역사의 길 중하나.(p175 D:2)

■ 서울 종로구 계동 129-6
■ 주차 : 서울 종로구 견지동 85-18
■ #근대거리 #역사 #레트로

연등회 및 연등축제

"서울에서 축제다운 축제라 할 수 있으니 부처님 오신날 꼭 참여해봐"

1300년 전부터 나라와 국민의 평화와 행복을 바라던 불교 국가 행사. 현재의 연등회는 종교와 인종을 초월한 모두가 마음을 밝히고 함께 하는 축제이다. 부처님오신날 즈음에 종로 일대에서 축제가 열린다.(p174 B:2)

■ 서울 종로구 공평동 100-6
■ #부처님오신날 #불교 #연등

인사동, 인사동길 전통문화의 거리

"해외의 프리마켓에 온 것 같은 마음이 들어, 내가 외국인이 된 것처럼 말이야"

조선 시대부터 있던 길로 청계천 장교를 지나 남대문까지 이어졌던 길. 전통문화의 거리로 조성되어 고미술, 골동품, 고서점, 각종 선물 용품점이 모여있다. 외국인들이 필수로 찾는 풍물 마켓이기도 하다.(p177 A:3)

- 서울 종로구 관훈동 36
- #골동품 #미술품 #전통소품

북촌한옥마을 추천

"조선시대 임금이 부르면 달려가야 하는 권문세가들이 거주하던 곳"

북촌은 경복궁과 창덕궁 사이에 있는 동네로 경복궁과 가까워 권문세가들이 주로 거주하던 곳이다. 아직도 남아있는 많은 개량 한옥이 이곳의 역사를 지키고 있다.(p174 C:2)

- 서울 종로구 북촌로12길 19
- #한옥 #한복체험 #사진촬영

금호미술관

"다양한 현대미술, 볼만하다!"

현대 예술 작가들의 작품이 전시된 갤러리. 기성 작가뿐만 아니라 신예 작가들의 전시도 열린다. 시기별 다양한 현대 미술품 전시와 시민들을 위한 교육 프로그램도 진행된다. 매주 월요일 휴관.(p174 B:2)

- 서울 종로구 삼청로 18
- 주차 : 서울 종로구 삼청로 18
- #현대미술 #특별전

삼청동길

"과거와 현대가 만나는 사진을 보면, 지금 당장에라도 걷고 싶은 길"

북촌한옥마을과 경복궁 사이에 있는 길로 경복궁 담과 고풍스러운 한옥들 사이에 미술관과 상점들이 있다.(p174 A:1)

- 서울 종로구 삼청로 156
- 주차: 서울 종로구 삼청로 141-1
- #한옥 #카페 #산책

삼청동수제비 맛집

"미쉐린 가이드가 추천한 삼청동 노포 수제빗집"

1982년부터 삼청동을 지켜온 터줏대감 맛집. 주문을 받은 즉시 면을 뽑고 수제비 반죽을 떼어내어 다른 곳보다 반죽이 찰지다. 육수에는 해물과 다시마가 아낌없이 들어가 시원한 맛이 나고, 칼칼한 김치와도 잘 어울린

191

다. 점심시간에 많이 밀리기 때문에 한두 시간 정도 여유를 두고 방문하는 것이 좋다.

- 서울 종로구 삼청로 101-1
- #칼국수 #수제비 #해물육수 #김치맛집

경복궁 (추천)

"반듯 반듯한 정통 궁궐이 갖는 매력, 베르사유 궁전에 비할 바가 아니지"

'영원토록 큰 복을 이루리라'라는 의미를 담은 경복궁. 임진왜란 때 소실된 것을 흥선대원군의 지휘 아래 재건하였으며 임진왜란 이후 재건 전까지는 거의 사용되지 않았다. 경복궁을 법궁이라고 하며 반듯반듯 정리하듯 조화를 이루고 있다.(p174 A:3)

- 서울 종로구 사직로 161 경복궁
- 주차: 서울 종로구 효자로 12
- #궁궐 #가족 #커플 #친구

광화문집 (맛집)

"옛 김치찌개가 먹고싶다면"

@uutonut

일반 가정집 같은 정겨운 분위기의 음식점. 잘 익은 김치의 새콤달콤한 맛과 두툼한 돼지고기가 들어있는 돼지김치찌개 대표메뉴로 생

두부, 계란말이, 제육볶음 등도 있다. 옛 과거를 떠오르게 하는 김치찌개를 맛보고 싶다면 이곳을 추천한다. 연중무휴 (p174 B:2)

- 서울 종로구 새문안로5길 12
- #노포감성 #옛김치찌개 #정겨운위기

국립민속박물관

"경복궁내 있는 민속박물관"

한국인의 전통 생활상을 보고, 느끼고, 체험할 수 있는 박물관. 선사시대부터 현대까지의 한국인의 생활상을 전시하며, 조선 시대 사대부의 출생부터 제례까지의 과정도 살펴볼 수 있다. 경복궁 입장 시 무료 관람. 1월 1일, 설당일, 추석당일 휴무

박물관 내 어린이박물관이 있어 차례상 차려보기, 집지어보기, 한복 아바타 만들기 등의 민속문화 체험 프로그램을 이용할 수 있다. (p174 B:3)

- 서울 종로구 삼청로 37
- 주차 : 서울 종로구 효자로 12
- #경복궁 #향토박물관 #민속문화

청계천

"광화문앞 하천, 별것 아닌데 빌딩 속이라 새롭다"

서울 종로구와 중구를 가로지르는 10km가량의 하천으로, 1960년대 복개되었던 청계천을 2005년 도심 테마하천으로 복원하였다. 경복궁과 광화문광장 그리고 청계천으로 이어지는 여행코스가 유명하다.(p174 C:3)

- 서울 종로구 종로5가
- 주차 : 서울 종로구 인사동11길 19
- #산책 #피서 #커플 #홀로

광화문

"수많은 수모를 겪고 2010년이 돼서야 제자리를 찾았어"

1395년 태조 4년 창건된 경복궁의 정문(왕실의 권위). 광화문 좌우에는 해태상이 설치되어 있다. 임진왜란 때 소실된 이후 흥선대원군이 경복궁과 함께 재건하였으나, 1927년 일제의 조선총독부가 해체하여 다른 곳으로 이전하는 수모를 겪었으며, 2010년 원래의 모습과 원래 위치로 돌아오는 복원작업으로 재건되었다.(p174 B:3)

- 서울 종로구 효자로 12
- 주차 : 서울 종로구 효자로 12
- #역사 #조선시대 #건축물

국립고궁박물관

"세종대왕의 해시계를 직접 본다구?"

조선 시대 왕궁의 보물과 문화재가 전시된 박물관. 앙부일구(해시계), 천상열차분야지도 각석 등을 전시한다. 가이드 시간에 맞추어 2층 데스크에 방문하면 한국어, 영어, 일본어, 중국어 오디오 가이드를 들어볼 수 있다. 입장료 무료, 1월 1일, 설날과 추석 당일 휴관.(p176 C:3)

- 서울 종로구 효자로 12
- 주차 : 서울 종로구 효자로 12
- #경복궁 #왕실유적 #해시계

삼청동길 은행나무
"걷는 것만으로 기분 좋아지는 길"
경복궁 사거리 동십자각부터 삼청공원까지 이어지는 1.5km 규모의 단풍길. 삼청동의 한옥 건물과 화랑, 카페, 박물관, 골동품점 등을 함께 감상할 수 있다. 삼청동은 예로부터 궁궐과 관련된 중인들이 거주하는 곳이었다고 한다. 은행나무길 근처에 있는 경복궁과 북촌 한옥마을에도 방문해보자.(p174 B:3)

- 서울 종로구 팔판동 166-2
- 주차 : 서울 종로구 소격동 165
- #은행나무 #한옥 #산책

광화문 광장
"지금 이순간 대한민국 현대사가 펼쳐지는 곳 걷는 것만으로 역사공부가 되지"

조선 시대 광화문 앞에는 육조의 관아들이 늘어선 육조거리였으며, 조선 시대 육조거리 복원을 통한 공간 재탄생 사업으로 만들어졌다. 광화문 광장은 민주주의의 가치를 실현하는 시민의 창구로, 개방 이후 수많은 집회가 열리고 있다.(p174 B:1)

- 서울 종로구 세종대로 175 세종이야기
- 주차 : 서울 종로구 세종로 79-10
- #역사 #시위 #세종대왕동상

대한민국역사박물관
"대한민국 역사를 요약정리해 놓은 곳!"

대한민국 역사박물관은 19세기 말 개항기부터 현재까지의 대한민국 역사를 기록한 곳으로, 대한민국 최초의 국립 근현대사 박물관이다. 대한민국의 태동, 기초 확립, 성장과 발전, 선진화 과정을 전시하고 있으며, 어린이 박물관인 '역사 꿈 마을'에서 체험형 전시도 진행된다. 무료입장. 1월 1일, 설날과 추석 당일 휴관.

- 서울 종로구 세종대로 198
- 주차 : 서울 종로구 세종로 82-1
- #대한민국 #근현대사 #독립

국립현대미술관 서울
"현대미술은 창의력을 키워주지!"

다양한 장르의 현대 미술 작품을 다루는 미술관. 전시실과 디지털정보실, 멀티미디어홀, 영화관 등이 있으며, 어린이, 일반인, 전문인을 위한 교육 프로그램도 운영된다. 한국어, 영어 오디오 가이드 기기를 빌리거나 스마트폰 앱의 오디오 가이드를 활용할 수 있다.(p174 C:1)

- 서울 종로구 삼청로 30
- #현대미술 #미술교육 #가이드

국제갤러리
"해외 주요작가들의 트렌드를 느낄 수 있는 곳"

헬렌 프랑켄탈러, 샘 프란시스, 짐 다인 등 해외 주요 작가 작품이 전시되었던 갤러리로, 시기별로 다양한 전시가 진행된다. 실력 있는 신인 작가를 발굴, 후원하기도 한다. 주말과 공휴일에도 개관하지만, 1월 1일 및 특정 일은 휴관.(p174 B:1)

- 서울 종로구 삼청로 54
- 주차 : 서울 종로구 소격동 60-7
- #현대미술 #해외작가

동묘 벼룩시장
"세계 어디 도시를 여행해도 꼭 찾는 곳은 그 지역 벼룩시장"

조선 시대부터 옛 장터 자리로 현재는 골동품, 고서, 가전, 공구 등 다양한 풍물 중고품이 거래되고 있다.(p174 B:2)

- 서울 종로구 숭인동 102-8
- 주차 : 서울 종로구 숭인2동
- #골동품 #레트로 #구제

성곡미술관

"민족의 얼 이란 무엇일까?"

우리 민족의 정서를 대변하는 현대미술 작품을 전시하고 있는 성곡미술관은 신예 작가 발굴을 위한 '성곡 내일의 작가' 사업을 진행하고 있다. 미술관에는 시기별로 다양한 전시가 진행되며, 조각공원과 카페도 함께 운영하고 있다. 매주 월요일 휴관.

- 서울 종로구 경희궁길 42
- 주차 : 서울 종로구 신문로2가 1-225
- #현대미술 #신예작가 #조각공원

광장시장

"여전히 서울의 3대 '시장' 중에 하나"

조선 후기 조선의 3대 '장' 중 하나로, 1905년 '동대문시장'으로 첫 개장했다. 2000년대 후반부터 먹자골목으로 유명세를 탄 관광지가 되었다.(p174 B:1)

- 서울 종로구 창경궁로 88
- 주차 : 서울 종로구 예지동 293-1
- #육회 #빈대떡 #꼬마김밥

창덕궁 추천

"경복궁이 조선의 법적 대표성을 지닌다면, 창덕궁은 조선의 문화적 대표성을 지닌 가장 조선스러움을 가진 궁궐"

유네스코 세계문화유산으로 선정된 국내 유일의 궁궐. 조선 건축양식이 온전히 남아있는 가장 한국적인 궁궐이기도 하다. 태종 이방원은 왕자의 난이 있던 경복궁을 피해 창덕궁을 새로 지었다. 일직선 구조의 경복궁과는 달리 자연 산세에 맞춘 궁궐로, 자연과 조화로움을 중요한 가치로 생각한 건축양식을 엿볼 수 있다. 임진왜란 이후 소실된 궁궐 중 가장 먼저 재건. 조선 임금이 가장 많이 사용한 궁궐이다.(p174 B:3)

- 서울 종로구 율곡로 99
- 주차 : 서울 종로구 예지동 293-1
- #궁궐 #창덕궁 #비원

창덕궁 후원 단풍

"거대하진 않지만 위엄있는 단풍"

창덕궁 후원 입구부터 흐드러지게 붉게 빛을 내는 단풍은 걸으면 걸을수록 진해진다. 창덕궁의 후원은 북원(北苑), 금원(禁苑)이라 불렸고 고종 이후 비원(秘苑)으로 불렸으며, 임금을 비롯한 왕가의 휴식 공간으로 쓰였다. 창덕궁 후원은 낮은 산과 골짜기에 자연 그대로를 살린 가장 한국적인 정원으로, 부용지, 부용정, 주합루, 어수문, 영화당 등 수많은 정자와 연못이 있다.(p175 B:2)

- 서울 종로구 율곡로 99
- 주차 : 서울특별시 종로구 와룡동 3-16
- #은행나무 #가을산책 #한복체험

국립어린이과학관

"과학관 만큼 체험 소재가 많은 곳도 없어!"

어린이를 위한 체험, 관찰탐구, 창작활동이 이루어지는 어린이 과학관. 감각 놀이터, 상상 놀이터, 창작 놀이터, 4D 영상관 등을 운영한다. 인터넷을 통한 사전 예약 시에만 입장할 수 있다. (p175 D:2)

- 서울 종로구 율곡로 99
- 주차 : 서울 종로구 와룡동 2-70
- #과학 #탐구 #교육 #놀이

익선동 추천
"잠시 시간과 걸음이 멈추어 선 곳"

오래된 서울의 모습을 가장 잘 간직하고 있는 곳. 골목골목마다 역사와 이야기가 모여있는 곳. 어른들에겐 추억의 공간으로, 젊은 세대들에겐 낯섦인 공간으로 늘 발길이 끊이지 않는 곳. 골목과 한옥이 어우러진 이곳에서 시간여행을 떠나보자. (p175 D:2)

- 서울 종로구 익선동
- 주차 : 서울 종로구 삼일대로 428, 낙원상가 밑 노상 공영주차장
- #뉴트로 #골목여행 #시간여행 #전통

더숲초소책방 카페 카페
"인왕산 전망 2층 테라스"

@_soso_is_soso

서울이 내려다보이는 카페다. 2층 야외테라스에 앉아 서울의 풍경을 담을 수 있다. 테라스에서는 일출부터 일몰까지 모두 볼 수 있다. 인왕산 가까이에 있어 인왕산 뷰는 볼 수 없지만 인왕산의 암벽과 암벽 사이로 자란 나무들을 가까이에서 볼 수 있다. 야외 테이블에 앉아 암벽을 배경으로 사진을 찍는 것도 인기다.

- 서울 종로구 인왕산로 172
- #서촌카페 #시티뷰 #인왕산

두오모 맛집
"아늑하고 따뜻한 분위기"

@yoo_kihun

아늑하고 한적한 내부 인테리어로 따뜻한 분위기를 느낄 수 있다. 신선한 재료로 음식을 제공해 매주 런치 메뉴는 변경된다. 파스타, 스테이크, 샐러드 등 다양한 이탈리아 음식을 맛볼 수 있다. 모든 코스요리는 2인 이상 주문 가능하며 별도 주차장이 없어 도보 이동 추천한다. 일,월요일 정기휴무

- 서울 종로구 자하문로16길 5 1층
- #이탈리아가정식 #파스타맛집 #서촌맛집

서촌계단집 맛집
"산지직송! 당일판매!"

@gugujeoljeol_food

소라, 문어, 꽃게, 갑오징어 등 다양한 해산물 메뉴를 맛볼 수 있는 곳이다. 해산물 전문점이다 보니 계절에 따라 판매되는 제철 메뉴가 달라진다. 홍합탕이 기본 메뉴로 제공되며 산지직송, 당일판매로 더욱 신선한 해산물 맛보기가 가능하다. 좁은 골목 사이에 위치해 있어 노포 감성을 제대로 느낄 수 있다. 당일판매로 연중무휴 (p174 B:2)

- 서울 종로구 자하문로1길 15
- #노포감성 #해산물맛집 #제철해산물

광화문미진 맛집
"미쉐린 가이드에 소개된 메밀국수 맛집"

@nanalife87

60년 넘게 광화문을 지켜온 메밀국수 맛집. 종로 회사원들이 즐겨 찾는 맛집이기도 하다. 푸짐한 양의 메밀 면에 무, 간장 육수가 딸려 나온다. 원기를 북돋아주는 냉 메밀 낙지도 추천한다.(p174 B:3)

- 서울 종로구 종로 19
- #메밀국수 #메밀낙지 #메밀전병

석파정 서울미술관
"운치있는 자연경관을 가진 미술관"

서울 유형문화재 석파정 옆에 위치한 미술관. 3층 규모의 미술관에서 시기별로 다양한 전시가 진행된다. 흥선대원군 별서, 다목

195

적 홀, 뮤지엄 숍 등의 부대시설이 갖추어져 있다. 매주 월요일 휴관, 문화가 있는 날은 관람료를 반값 할인해준다. (p174 C:1)

- 서울 종로구 종로구 부암동 201
- 주차 : 서울 종로구 부암동 202-4
- #석파정 #특별전시

창경궁 대온실
"한국 최초의 서양식 온실"

건축 당시 동양 최대 규모를 자랑했던 창경궁의 대온실. 궁 안에 숨겨져 있는 비밀정원 같은 이곳은, 조선의 위상을 격하시키기 위해 지어진 아픈 역사의 잔재이지만 당시의 역사를 보존하고 되새긴다는 가치가 있다. 밤엔 더 아름다운 매력을 지니고 있다. (p174 C:1)

- 서울 종로구 창경궁로 185 창경궁
- 주차 : 서울 종로구 와룡동 2-1, 창경궁주차장
- #창경궁 #비밀정원 #야경 #역사

경복궁 향원정
"조선 왕들의 휴식처"

조선 왕과 왕비의 휴식처였던 경복궁의 연못

중앙에 있는 정자. 건청궁과 향원정을 잇는 취향교가 2021년에 원위치인 북측에 복원완료되었다. 가을 단풍이 절경을 이룬다. (p174 C:1)

- 서울 종로구 청와대로 1-0 (세종로)
- 주차 : 서울 종로구 사직로161, 경복궁주차장
- #왕의휴식처 #경복궁연못 #경복궁정자 #단풍명소 #문화재재건

서촌 통인시장
"북촌만큼 정비되어 있지 않아 어떻게 보면 좀 더 사람 냄새 나는 곳, 서촌"

경복궁의 서쪽에 있는 마을로, 효자동과 사직동 일대를 서촌이라고 한다. 통인시장에서는 통용되는 화폐인 엽전으로 식사할 수 있으며, 기름 떡볶이, 떡갈비, 전 등을 도시락에 담아 먹을 수도 있다.(p174 B:2)

- 서울 종로구 청운효자동 14-4
- 주차 : 서울 종로구 효자동 68-1
- #기름떡볶이 #엽전도시락

대림미술관
"사진은 무엇인가?"

사진을 중심으로 한 현대 예술품 전시하는 미

술관. 시기별로 다양한 전시가 열리며, 어린이, 청소년, 대학생, 일반인, 교사를 위한 교육 프로그램도 진행된다. 프랑스의 건축가 뱅상 코르뉴가 디자인한 건물 외관도 멋지다. 특히 한국 전통 보자기를 본뜬 4층의 스테인드글라스가 인상적이다.(p174 C:1)

- 서울 종로구 통의동 35-1
- 주차 : 서울 종로구 세종로 1-57
- #사진 #스테인드글라스

가나아트갤러리
"고미술부터 현재미술까지"

국내외의 수준 높은 작품이 기획전시 되는 아트센터. 개인 초대전, 거장 유작전, 주제 기획전 등이 열린다. 고미술부터 현대미술까지, 미술을 넘어 음악, 무용, 연극 등 다분야 전시가 기획되는 곳.

- 서울 종로구 평창동 97
- 주차 : 서울 종로구 평창동 97
- #미술 #음악 #연극 #무용

북악스카이웨이 및 팔각정
"아주 천천히, 차를 몰고 가는 것만으로도 기분 좋아지는 곳"

서울의 아름다운 드라이브 코스 길로 선정된 하늘길. 북악산 능선을 따라 10Km에 이르는 길로, 원래 군사적 방어와 관광용으로

건설되었다. 북악스카이웨이 중간에 팔각정에서는 서울 전경과 평창동 전경을 볼 수 있다.(p174 C:1)

- 서울 종로구 평창동 산 6-17
- 주차 : 서울 종로구 평창동 산6-18
- #드라이브 #평창동전망

종묘 추천
"장엄하고 웅장한 건물에 매료될지라도 너무 놀라지 말것, 엄숙함을 유지해야 하니까"

조선 시대 역대 왕과 왕후의 신주를 모신 사당으로 맞배지붕의 장엄한 건축미가 우리를 압도한다. 유교에는 혼과 백이라 하여, 혼은 하늘로 가고 백은 땅으로 돌아간다는 말이 있는데, 이에 따라 사당을 지어 혼을 모시고 무덤을 만들어 백을 모시는 형태로 조상을 모셨다. 이곳 종묘는 혼이 깃든 신주가 있는 곳인 만큼 엄숙하고 장엄한 느낌이 든다.(p174 B:2)

- 서울 종로구 훈정동 86-2
- 주차 : 서울 종로구 종로4가 32-19
- #역사 #조선시대 #유적지

성북동 산책로(북악하늘길)
"조용히 걸으며 서울을 느껴봐!"

41년 만에 개방된 북악하늘길, 일명 북악산 '김신조 루트'로 불린다. 41년간 군사 통제구역이었으며 이곳에서 서울 시내, 북한산, 북악산, 인왕산을 모두 볼 수 있다.(p174 C:1)

- 서울 성북구 대사관로 1
- 주차 : 서울 성북구 성북동 321-2
- #자연 #전망 #친구 #홀로

성북동면옥집 맛집
"한옥스타일의 냉면 맛집"

모던한 분위기의 한옥 인테리어로 포근한 느낌의 식당이다. 통창으로 되어 있어 성북동 전경을 한 눈에 볼 수 있어 인기가 좋다. 냉면, 갈비찜, 갈비탕, 회냉면이 메뉴로 면발의 쫄깃함과 시원하고 깔끔한 육수의 냉면이 인기가 좋은 편. 연중무휴 (p174 C:2)

길상사
"지금 눈이 내리는 것은 가난한 내가 아름다운 나타샤를 사랑하기 때문이야"

법정 스님의 '무소유'에 감명받은 김영한 님(자야)이 시주한 사찰로, 원래는 대원각이라는 요정이었다. 요정이었던 곳을 개축 없이 그대로 사찰로 사용하여 더 이색적이다. 백석과 자야의 슬픈 러브스토리를 담고 있는 애틋한 곳이기도 하다.(p174 C:1)

- 서울 성북구 성북동 323
- 주차 : 서울 성북구 성북동 321-2
- #사찰 #휴식

- 서울 성북구 대사관로 40
- #북악스카이웨이맛집 #냉면맛집 #성북동맛집

윤휘식당 맛집
"정갈한 일본가정식 한 끼"

매일 아침 모든 재료와 소스를 직접 만들어 제공하는 곳이다. 오리지널 함박스테끼 정식, 바질 돈테끼 정식 등 다양한 일본 가정식 전문점으로 정갈한 한끼를 즐길 수 있다. 밥, 미소된장국, 샐러드, 단무지, 장조림, 두부, 과일이 기본으로 제공된다. 태블릿 주문, 월요일 정기휴무 (p179 E:1)

- 서울 성북구 보문로34길 70 2층
- #일본가정식맛집 #성신여대맛집

한국가구박물관

"사전 예약 필수인 전통 가구 전시장"

10여 채의 전통가옥과 목가구, 유기, 옹기 등 전시된 가구박물관. 브랜드 피트와 시진 핑 주석, 콜린 퍼스, 할리우드 스타 등 해외 귀빈들이 꼭 찾는 곳으로도 유명하다. 현재 박물관 재정비 중으로 관람은 일시 중단된 상태이다. (p174 B:2)

- 서울 성북구 성북동 330-577
- 주차 : 서울 성북구 성북동 산24-26
- #한옥 #고가구 #예약제

간송미술관

"세계기록문화 유산 훈민정음 해례본을 소장하고 있는 박물관"

@soohwan_no.9

문화재 보호를 위해 전형필이 전재산을 털 어 만든 대한민국 최초의 민간 박물관. 서화 와 도자기 등 많은 문화재와 특히 훈민정음 해례본 중 하나를 소장하여 더 유명. 일년에 봄, 가을 정기전에만 개관, 자세한 일정은 재단 홈페이지를 통해 확인할 수 있다. 내부 보존 공사로 휴관 중이다.(p174 C:3)

- 서울 성북구 성북로 102-11 간송미술관
- #최초사립박물관 #간송미술관 #훈민정음해례본 #성북동역사문화마을

금왕돈까스 맛집

"추억의 옛날돈까스"

생고기의 부드러운 맛과 칼칼한 특제소스가 버무려진 돈까스를 맛볼 수 있는 곳. 안심, 등 심, 치킨까스 등이 있으며 스프, 깍두기, 쌈장, 고추 밑반찬과 마카로니와 완두콩샐러드가 제공되며 경양식 돈까스를 맛보고 싶다면 추 천한다. 고추와 쌈장은 돈까스와 함께 먹으면 별미라는 맛 평. 월요일 정기휴무 (p174 C:1)

- 서울 성북구 성북로 138
- #돈까스와고추의조화 #돈까스맛집 #옛날 돈까스

수연산방 카페

"고즈넉한 풍경과 건강한 전통차를 즐길 수 있는 전통찻집"

@seongbuk_official

한옥에 앉아 고즈넉하게 풍경과 전통차를 즐길 수 있는 오래된 전통찻집. 소설가 상허 이태준 고택을 개조. 외국인 관광객들에게 도 핫플레이스. 단호박 빙수가 유명하며, 서 비스로 나온 한과와 곡물차는 리필 가능하 다.(p174 C:1)

- 서울 성북구 성북로26길 8
- #성북동카페 #전통찻집 #분위기맛집 # 단호박빙수 #이태준고택 #성북동역사문화 마을

성북동누룽지백숙 맛집

"아들야들한 닭백숙"

@emdiba.mari

18년된 맛집으로 남녀노소 누구나 즐길 수 있는 곳이다. 항아리 모양의 솥 위에 백숙 한 마리와 솥 안에 누룽지가 제공되는데 누룽지 닭죽, 백숙, 배추 동치미의 조합이 고소하면 서도 쫀득쫀득한 맛이라는 평. 높은 천장과 갤러리풍 인테리어로 되어 있어 보다 편안한 식사가 가능하다. 주류 반입 및 판매금지, 별 도 대기공간 보유, 포장가능, 월요일 정기휴무 (p174 C:3)

- 서울 성북구 성북로31길 9
- #남녀노소좋아하는맛 #쫀득고소 #주류 금지

한국은행 화폐박물관

"지구에서 화폐는 어떤 의미를 가지고 있을까?"

한국은행 건물에 위치한 화폐 박물관. 모형 금고, 세계의 화폐, 위조지폐 식별 방법 등 이 전시되어 있다. 화폐를 통해 경제 관념과

금융 지식을 쌓을 수 있다. 무료입장. 월요일, 공휴일 휴관

- 서울 중구 남대문로3가 110
- 주차 : 서울 중구 서소문동 122
- #화폐 #위조지폐 #경제

명동교자 맛집
"미쉐린에 빛나는 명동교자"

50년이 훌쩍 넘는 역사의 칼국숫집. 맛있게 얼큰한 마늘 김치에 진한 칼국수를 함께 먹으면 얼어있던 몸이 녹는 기분이 든다. 진한 닭육수에 푸짐한 고명, 여기에 만두 한판까지 함께 하면 속이 든든하다. 수년째 미쉐린가이드에 선정되고 있는 맛집이다. (p175 E:1)

- 서울 중구 명동10길 29
- #칼국수 #만두 #닭육수 #만두피가얇은

몰또이탈리안에스프레소바 카페
"명동성당과 남산타워 전망"

루프탑에서 명동성당을 등 뒤로 하고 사진을 찍으면 마치 로마에 와 있는 듯하다. 명동성당과 남산타워를 한 장에 담을 수 있다. 루프탑에 앉아 커피를 마치면 유럽의 노천카페 부럽지 않다. 실내는 스탠딩바로 아름다운 유선형

서울시청 및 광장
"무채색의 서울 구청사와 푸른 잔디광장, 과거와 현재의 공존을 느끼게 해주는 곳"

서울시청 구청사는 일제강점기 경성부청으로 이용되다, 광복 후 서울시청 건물로 사용되어 왔으며, 신청사가 뒤에 생기면서 서울 도서관으로 용도가 변경되었다. 서울 도서관 뒤에 유리창으로 덮인 건물이 신청사이다. 서울광장은 구시청사 앞에 있는 광장으로 서울광장이기 이전에 덕수궁 대한문 앞 광장이다. 고종황제가 덕수궁에 기거한 이후 대한문 앞쪽에 광장을 설치했는데, 사실 그 광장이 지금의 서울광장이라고 봐도 무방하다. 이곳에서는 고종 보호를 위한 시위, 3.1운동 4·19혁명 등의 민주화 운동이 일어났는데, 한국 현대사의 중요한 무대라고 할 수 있다. 무채색의 서울 구청사 건물과 대조를 이루며 과거와 현재를 이어주는 서울의 대표적인 랜드마크가 되고 있다.(p176 C:1)

- 서울 중구 명동 세종대로 110
- 주차 : 서울 중구 태평로1가 31
- #역사 #도서관 #잔디밭

이 돋보이는 바리스타 스테이션이 인상적이다. 주차는 인근 남산 공영주차장을 이용하면 된다. (p175 E:2)

- 서울 중구 명동길 73 3층
- #명동역카페 #명동성당뷰 #유럽감성

문화역서울284
"서울역은 우리 모두의 추억이지!"

옛 서울 역사를 그대로 재현해 놓은 문화역서울284는 서울역 안에 있는 복합 문화공간이다. 다양한 문화예술 작품 전시되어 있으며 다양한 공연과 강연도 진행된다. 284는 옛 서울역의 사적 번호를 뜻한다.(p184 C:1)

- 서울 중구 봉래동2가 122-25
- 주차 : 서울 용산구 동자동 43-205
- #감성 #예술 #공연 #전시

커피한약방 을지로점

"레트로 분위기에 고급스러운 드립커피를 맛볼 수 있는 을지로핫플레이스"

@kmg0112_

서울 을지로 골목 깊숙한 곳에 위치한 고풍스러운 레트로 감성 카페. 허준이 병자를 치료하던 자리의 옛건물을 개조, 자개장의 독특한 인테리어가 특징이다. 훌륭한 드립커피와 앞의 혜민당 디저트를 함께 맛볼 수 있다. 혜화점도 운영 중이다.

- 서울 중구 삼일대로12길 16-6
- #을지로핫플레이스 #커피맛집 #수제로스팅커피 #핸드드립커피 #혜민당디저트

덕수궁 <추천>

"아담하고 예쁜 궁궐의 이면에는 끓어오르는 고종황제의 애환이 느껴져"

왕실(월산대군)의 개인 저택이었으나 임진왜란 이후 선조가 한양으로 돌아와 거처할 궁이 없어 이곳을 임시 궁궐로 삼았다. 1907년 일제에 의해 황권을 빼앗긴 고종황제는 이곳 덕수궁으로 거처를 옮겼다. 을사늑약 이후, 조선의 자주성을 되찾기 위한 큰 노력을 한 곳이며, 고종이 대한 제국의 황제로 즉위한 곳이자 사망한 곳이기도 하다.(p177 D:2)

- 서울 중구 소공동 세종대로 99
- 주차 : 서울 중구 정동 5-8
- #역사 #일제강점기 #고종

서울시립미술관

"덕수궁길에 있어 더 운치 있는 곳"

덕수궁 길에 위치한 서울시립미술관. 르네상스 양식으로 지어진 우리나라 최초의 재판소 옛 대법원 건물에 현대적으로 신축한 내부로 건축적, 역사적 가치가 높다. 천경자 컬렉션, 가나아트 컬렉션 등 시기별로 다양한 전시가 열린다. 미술관 근처에는 정동교회, 러시아 공사관, 성공회 성당이 있다.(p176 B:3)

- 서울 중구 서소문동 37
- 주차 : 서울 중구 서소문동 37
- #덕수궁 #르네상스 #특별전

덕수궁 석조전

"과거와 현대의 만남, 고즈넉한 석조전"

대한제국 고종이 세운 최초의 서양식 건물. 야간 프로그램, 음악회 등 다양한 행사들이 운영 됨. 낮과 밤, 사계절 언제든 고즈넉한 정취를 감상할 수 있음. 석조전에는 국립현대미술관이 있다. 1900년대부터 60년대까지의 전세계 근대미술 작품을 전시하고 있다. 가족과 함께 역사 공부는 물론 다양한 전시를 즐길 수 있다. (p177 D:2)

- 서울 중구 세종대로 99
- 주차 : 서울 중구 세종대로21길 15 대한성공회서울대성당 주차장
- #덕수궁 #분수 #상설전시

덕수궁 돌담길 단풍

"궁궐의 돌담과 단풍의 조화"

덕수궁 대한문 좌측길을 따라 정동제일교회 구세군중앙회관에 이르는 돌담길. 정동길이라고도 하며, 단풍 철에는 이 길 사이가 노란색의 은행나무 길이 된다. 시립미술관 앞의 산책길도 걸을 만하다. 돌담길을 걷고 가을 덕수궁의 단풍도 만끽해보자. 2017년 8월부터 영국대사관 방면의 돌담길도 개방

되었다.(p177 D:3)

- 서울 중구 정동 5-10
- 주차 : 서울 중구 서소문동 37
- #가을 #은행나무 #돌담길

금돼지식당 `맛집`

"뜯어먹는 재미 쏠쏠한 갈빗대 삼겹살"

BTS가 다녀가 더욱 유명해진 미쉐린 삼겹살 맛집. 갈비뼈가 붙은 돼지고기 삼겹살을 2주간 저온 숙성해 구워주는데, 일반 삼겹살보다 육즙이 풍부하고 쫄깃한 식감을 자랑한다. 후식으로 나오는 통돼지로 끓인 김치찜 스타일의 김치찌개도 추천.(p178 B:2)

- 서울 중구 신당동 다산로 149
- #저온숙성 #생삼겹살 #목살

우래옥 `맛집`

"평양냉면의 성지"

@02x19x

80년에 가까운 오래된 역사와 전통을 자랑하는 평양냉면 성지. 한우의 육수, 슴슴한 메밀면발이 조화를 이룬다. 평양냉면을 좋아하지 않는 사람도 이곳의 냉면은 받아들일 것이다. 가격대는 높은 편이지만 그 값을 한다는 평이 많다. 좋은 재료와 깨끗한 조리법, 그리고 감칠맛 나는 맛까지 딱 맞아떨어진다.(p178 C:1)

- 서울 중구 창경궁로 62-29
- #평양냉면 #비빔냉면 #육향 #깔끔한불고기

서울 시티투어 광화문(코리아나 호텔 앞)

"버스 타고 즐기는 서울의 야경"

서울 시티투어 버스는 5호선 광화문역 6번 출구, 1·2호선 시청역 3번 출구 코리아나호텔 앞에서 탑승할 수 있다. 현재 도심고궁남산코스, 야경코스만 운행하고 있다. 야경 버스는 오후 7시에 1회만 운행된다. 티머니 카드로 (고급형) 결제할 수 있다.(p178 C:2)

- 서울 중구 세종대로 135-7
- 주차 : 서울 종로구 신문로1가 58-36
- #야경 #투어 #가이드

N서울타워(남산타워) `추천`

"서울의 중심에 올라 외쳐봐! 내가 왔다고!"

명실상부한 서울의 대표 랜드마크 중 하나로, 정상에는 N서울타워와 방송탑, 팔각정이 있다. 도성의 남쪽에 있는 산이라 하여 '남산'이라고 불린다. 조선 시대 국방 통신제도의 하나인 봉수대가 설치되어 있는데, 이 봉수대는 조선 팔도 전국을 연결했었다.(p185 D:1)

- 서울 용산구 남산공원길 105
- #자물쇠 #돈가스 #전망대

남산 케이블카

"남산을 가장 빨리 오르는 법"

1962년 5월 운행을 시작하여 많은 사랑을 받은 전통을 자랑하는 케이블카. 회현동 승강장부터 남산 꼭대기까지 편도 약 600m 길이로 이동에는 3분이 소요된다. 상행과 하행 2기가 동시에 운행되며, 정원은 48명이다.(p185 D:1)

- 서울 중구 회현동1가 산1-19
- 주차 : 서울 중구 회현동1가 산1-2
- #자물쇠 #돈가스 #연인

한남동한방통닭 맛집

"노릇노릇 한방통닭"

@likeabutton

찹쌀, 대추, 은행 등이 들어 있는 전기구이 통닭 전문점. 최근 TV프로그램에 방영되어 더욱 인기있는 곳이다. 뜨거운 철판 위에 제공되 따뜻한 통닭을 맛볼 수 있으며 겉은 바삭하고 속은 촉촉한 치킨 맛이 좋다는 평. 개인 기호에 맞게 소금, 겨자, 양념소스를 찍어먹으면 더 풍미있는 맛을 느낄 수 있다. 통닭 속에 찹쌀이 가득 차 있어 포만감을 느끼기 좋다. 일요일 정기휴무 (p185 F:2)

- 서울 용산구 대사관로34길 38
- #전기구이 #통닭맛집 #한방통닭

다운 타우너 맛집

"쉑쉑버거보다 훨씬 맛있는 다운 타우너 수제 버거"

한남동에서 시작하여 쉑쉑버거보다 맛있다고 소문난 수제 버거 맛집. 워낙 인기가 많아 대기가 긴편. 단, 포장은 대기 없이 바로 주문 가능. 아보카도 버거와 갈릭소스를 얹어 먹는 감자튀김이 유명하다. 현재 한남점, 잠실점, 안국점, 청담점, 광교점 등 지점 운영.(p185 E:2)

- 서울 용산구 대사관로5길 12 1층
- #수제버거맛집 #아보카도버거 #갈릭소스감자튀김 #인생맛집

용산공원 미군기지 장교숙소

"서울 속 미국, 용산 최고의 핫플레이스"

@big._.gie

미군 기지가 철수하며 해당 부지가 일반인들에게 공개되었다. 특히 장교숙소는 이국적인 느낌 덕에 발길이 끊이지 않는 곳. 너른 잔디밭 속 빨간 벽돌집은 어쩐지 미드 속 한 장면 같은 이색적인 느낌을 주기도. 특히 5516동을 추천!

- 서울 용산구 서빙고로 221
- 주차 : 서울 용산구 서빙고로 185, 용산가족공원주차장
- #미군기지 #용산공원 #용산핫플 #이색관광지 #감성사진

널담은공간 카페

"원하는 언젠가로 편지를 보내는 엽서 카페"

@matin__clair

원하는 날짜가 적힌 우편함에 엽서를 넣어두면 이듬해의 그 날짜에 엽서가 배달되어 오는 그런 카페가 있다. 문자메시지 한 통이면 지금 당장 보낼 수도 있겠지만, 시간을 거쳐 마음을 담아 수줍게, 그리고 따뜻하게 표현하고 싶을 때도 있다. 특별한 추억을 만들고 싶은 분들에게 추천한다.

- 서울 용산구 신흥로15길 18-12
- #엽서카페 #해방촌카페 #미래로부치는편지 #이색카페

더로열푸드앤드링크 카페

"용산 시내 전망 포토존"

@__qhdud

용산을 한눈에 내려다볼 수 있는 메인 포토존. 의자에 앉아 뷰를 바라보는 사진을 찍어보자. 이용은 불가능하고 포토존으로 비워두게 되어 있다. 포토존 옆에도 비슷한 자리가 있는데 거울을 통해 뷰를 담을 수 있다. 뷰가 좋은 곳으로 루프탑에서는 남산타워를 가까이에서 볼 수 있다. 벽의 색감과 그늘에서 휴양지 느낌이 난다.

- 서울 용산구 신흥로20길 37
- #해방촌 #뷰맛집 #루프탑

전쟁기념관 추천

"엄청난 크기의 기념관"

조국을 위해 목숨을 바친 호국 선열을 추모하고 기리는 기념관. 호국 추모실, 전쟁 역사실, 해외파병실, 국군 발전실 등으로 나뉘어 운영되며, 삼국시대부터 현대까지의 호

국 선열의 역사를 살펴볼 수 있다. 6·25전쟁 당시 사용되었던 전차, 미사일, 헬리콥터도 만나볼 수 있다. 기념일에는 국군 군악·의장 행사, 현충일 사생대회 등도 진행된다.(p184 C:2)

■ 서울 용산구 이태원로 29
■ 주차 : 서울 용산구 이태원로 29
■ #전쟁 #현충일 #국군

국립중앙박물관
"서울 도심 초대형 박물관"

22만 점의 유물을 소장한 서울 도심의 초대형 박물관. 고고, 역사, 미술, 아시아 관련 문화재들을 전시하고 있으며, 사회교육, 공연 등의 행사도 진행된다. 공원 폭포와 전경이 아름다워 산책로로도 자주 활용된다. 전시관 안에 카페테리아, 휴게실, 아트 숍, 식당, 편의점 등의 편의시설이 갖추어져 있다.(p184 C:3)

■ 서울 용산구 용산동6가 168-6
■ 주차 : 서울 용산구 서빙고로 137
■ #유물 #미술품 #문화재 #행사

국립한글박물관
"한글의 원리를 아주 쉽게 볼 수 있는 곳"
한글의 역사와 가치, 문화를 알리는 박물관. 한글 문학, 한글을 활용한 음악과 디자인 등이 전시되어 있으며, 한글 도서관, 어린이와 외국인을 위한 한글 배움터도 함께 운영한다.(p185 D:3)

■ 서울 용산구 용산동6가 168-6

■ 주차 : 서울 용산구 용산동6가 168-6
■ #한글 #디자인 #한글학교

백빈건널목
"드라마 속 그 공간, 도심에서 떠나는 추억여행"

<나의 아저씨>를 비롯, 많은 드라마의 촬영지로 유명. 서울에선 보기 힘든 철길 건널목. 땡땡거리라고도 불림. 용산의 번화가에서 만나는 정겨운 풍경이라 출사를 나온 사람들이 많다. '용산 방앗간'을 검색하여 갈 것을 추천.

■ 서울특별시 용산구 한강로3가 40-45
■ #용산기찻길 #철길건널목 #드라마촬영지 #출사명소 #땡땡거리

이태원 경리단길
"해외여행을 온 것 같아"

이태원역에서 도보 5분 거리에 있는 이색거리. 다양한 세계음식을 맛볼 수 있는 곳으로도 유명하다.(p185 D:2)

■ 서울 용산구 이태원동 210-65
■ 주차 : 서울 용산구 이태원동 227-9
■ #외국느낌 #맛집 #카페

부자피자 맛집
"이탈리아 정통 음식을 맛볼 수 있는 곳"

@dianahonorahong

우드톤의 인테리어로 아늑한 분위기를 느낄 수 있는 곳으로 메뉴는 샐러드, 피자 등 다양하다. 최근 유튜브에서 방영되어 인기가 좋아졌다. 시그니처 메뉴는 마르게리타 콘 부팔라로 토마토 소스, 모짜렐라, 바질이 얹어진 피자이다. 화덕으로 구워 쫄깃한 피자를 맛볼 수 있다. 씹을수록 고소한 라자냐 클라시카도 인기가 있다. 테이블링 앱 예약 가능, 월요일 정기휴무 (p185 E:2)

■ 서울 용산구 이태원로55가길 28
■ #화덕피자 #한남동맛집 #한남동피자

효뜨 맛집
"서울에서 즐기는 베트남 현지 맛"

@muksoon__ji

용리단길의 핫한 베트남 음식점. 짜조와 여름 한정 메뉴인 냉분짜가 유명하다. 런치와 디너 메뉴가 다르고, 주말 및 공휴일엔 디너 메뉴만 주문 가능하다. 맛뿐만 아니라 베트남 현지의 분위기를 느끼기 좋다. 현장 대기만 가능. 휴

무 없음. 브레이크타임 15:00-17:30

■ 서울 용산구 한강대로40가길 6 1층 2층

■ #삼각지맛집 #용리단길 #쌀국수

도토리카페 `카페`

"지브리 분위기 오두막 카페"

@a_young_1.20

푸른빛이 감돌고, 지브리 스튜디오 분위기가 물씬 풍기는 외관에 앉아 사진을 찍으면 영화 속으로 들어온 듯한 기분이 든다. 짙은 색의 우드 테이블과 드라이 식물들이 천장에 매달려 있어 오두막 분위기가 난다. 오래된 다락방 느낌도 난다. 색다른 인테리어와 다채로운 베이커리를 맛볼 수 있는 카페다.

■ 서울 용산구 한강대로52길 25-6 1층

■ #용리단길 #지브리감성 #일본감성

삼성미술관 리움

"고풍스러운 미술로 가득한 곳"

MUSEUM 1(고미술품), MUSEUM 2(근·현대미술관)로 나뉘어 운영되는 미술관. 세계적인 현대 미술가들의 작품이 전시되는 곳으로 유명한데, 리움 건물 또한 세계적인 건축가들의 작품이다.(p185 E:2)

■ 서울 용산구 이태원로55길 60-16

■ 주차 : 서울 용산구 한남동 742-21

■ #삼성 #고미술 #근현대미술

섬세이 테라리움

"이색 전시, 오감으로 체험하는 자연"

@meami_luv

성수동에서 요즘 떠오르는 전시장이 있다. 오감으로 체험하는 특별한 전시장, 섬세이 테라리움이 주인공. 도심 속에서 자연을 느껴볼 수 있는 다양한 전시와 힙한 느낌의 포토존들이 인기를 끌고 있다.

■ 서울 성동구 서울숲2길 44-1

서울숲 `추천`

"뚝섬 일대에 있는 35만 평의 공원"

서울숲 광장, 뚝섬생태숲, 자연체험학습장, 습지생태원, 한강공원으로 이루어진 숲길. 뉴욕의 센트럴파크, 런던의 하이드파크와 같이 서울을 대표하는 도심 속 숲이다. 야생동물을 만나볼 수 있다.(p180 A:1)

■ 서울 성동구 성수동1가 685

■ #자연 #공원 #뚝섬

■ #오감체험 #전시끝판왕 #서울숲전시 #핫플 #힙한전시장

호호식당 `맛집`

"고즈넉한 분위기에서 맛보는 일본 가정식, 데이트하기 좋은 장소"

@jiwoo2_6

운치 있는 한옥에서 깔끔한 일본 가정식을 맛볼 수 있는 맛집. 다소 양이 적은편이며, 인기가 많아 대기 필수. '네이버예약' 추천. 대학로, 익선동, 성수동 지점 운영. 이용 시간 1시간으로 제한.

■ 서울 성동구 서울숲4길 25

■ #성수동맛집 #일본가정식 #데이트코스 #한옥맛집

서울숲 은행나무 군락지 단풍

"여행갈 시간이 없다면 지하철 타고 단풍숲 속으로…"

빼곡히 숲을 이룬 서울숲의 은행나무 군락은 가을 사진 촬영의 명소이다. 서울숲은 18만 평 규모의 5개 테마공원으로, 영국의 하이드파크, 뉴욕의 센트럴파크를 표방하고 있다. 숲에는 광장, 화단, 스케이트파크, 휴게실, 놀이터등 다양한 시설이 설치되어 있다. 서울숲 9번 출구에서 계단으로 내려와 좌회전하면 200m 길이의 은행나무길이 있다. 서울 단풍길 100선으로 선정된 곳. 300여 그루의 은행나무가 빽빽이 늘어서 가을 분위기를 자아낸다.(p180 A:1)

- 서울 성동구 성수동1가 678-1
- 주차 : 서울 성동구 성수동1가 643
- #서울숲 #피크닉 #가족 #가을

대림창고 `카페`

"작품 감상도 하며 편안하게 쉬었다 갈 수 있는 갤러리 카페"

옛날 공장을 카페 겸 갤러리 컬럼으로 개조한 곳. 공장 특유의 천장이 높고 공간이 넓어서 편안한 느낌의 카페. 곳곳에 설치된 난로는 레트로 감성을 느끼기에 충분하다. 음료와 식사부스는 별도 운영.(p180 B:1)

- 서울 성동구 성수이로 78
- #성수동핫플카페 #대림창고갤러리컬럼 #창고형카페원조

살라댕템플 `카페`

"배를 타고 입장하는 사원을 닮은 이색적인 카페"

성수동에서 만나는 태국st 카페. 태국의 사찰을 만난듯 큰 불상이 시선을 사로잡는다. 배를 타고 들어가는 이색적인 체험이 가능하다. 마치 신전에 온듯한 분위기 속에서 프렌치 음식과 와인 등을 즐길 수 있다. 오감이 만족하는 성수동 최고의 핫플이다.

- 서울 성동구 성수이로16길 32
- #동남아분위기 #불상 #스페셜3단트레이

블루보틀성수카페 `카페`

"미니멀한 인테리어와 커피 본연의 맛으로 승부를 보는 커피 브랜드 카페"

커피계의 애플로 불리우는 국제 프랜차이즈 커피 전문점. 커피 본연의 맛에 집중하고자 매장내 와이파이와 콘센트를 설치하지 않아 더 유명. 라떼와 산미 커피 애호가 추천. 대기가 긴편이다.(p180 A:1)

- 서울 성동구 아차산로 7 케이터링커스
- #커피계의애플 #성수카페 #노와이파이 #노콘센트 #산미커피

피치스 도원

"핑크색 건물 앞 슈퍼카 전시"

노티드피치스 카페가 피치스 도원으로 재탄생했다. 핑크색의 외벽, 하얀 차가 세워진 건물 외관이 메인 포토존. 힙한 분위기에 슈퍼카를 볼 수 있는 복합문화공간이다. 흰 모래 위로 나무들이 가득한 정원, 개러지 공간을 지나 코너로 들어가면 나오는 흰 벽면 등 곳곳이 포토존이다.

- 서울 성동구 연무장3길 9
- #성수 #핫플 #슈퍼카

미도인 `맛집`

"가정식 스테이크 맛집"

스테이크 덮밥 맛집인 미도인은 긴 웨이팅으로도 유명하다. 푸짐한 스테이크 양과 셰프 정성이 느껴지는 음식 맛에 사람들의 발길이 끊이지 않는다. 스테이크, 덮밥, 파스타, 탄탄멘 등이 주 메뉴이다.

- 서울 성동구 연무장7가길 3 1층
- #가정식스테이크 #스테이크덮밥 #가성비맛집 #데이트명소

청계천 하동 매화거리

"도심 한복판에서 보기 쉽지 않은 매화"

하동에서 매화를 가져다 심었다고 하여 하동 매화거리, 매실거리라 불린다. 2호선 용답역 2번 출구에서 신답역까지(청계천 방향) 1.2km 이어진 매화 거리로, 도심에서 보기 쉽지 않은 매화를 서울 한복판에서 볼 수 있다. 매화꽃은 4월에 잎보다 먼저 피며 연홍색이 도는 흰빛이다. 매화꽃이 지면 매실 열매가 달린다.

- 서울 성동구 용답동 171
- 주차 : 서울 성동구 용답동 4-1
- #봄꽃 #매화 #가족

응봉산 개나리

"개나리가 이렇게 가득 모인 곳 찾기 쉽지 않을걸?!"

@west._.seoul

성동구 응봉동에 있는 해발 94m의 개나리꽃 명소로 매년 3월 말 개나리 축제가 열린다. 한강, 서울숲, 잠실 운동장 등의 서울 동쪽의 모습을 전망할 수도 있다.

- 서울 성동구 응봉동 271
- 주차 : 서울 성동구 응봉동 269-3
- #개나리 #명소 #서울전망

한강 윈드서핑장

"한강에서 즐기는 패들보드"

보드 위에서 노를 젓는 SUP. 주로 뚝섬한강공원에서 즐길 수 있다. 굳이 바다를 찾지 않아도, 파도에 상관없이 쉽게 배울 수 있어 초보자들에게도 인기가 높다. (p180 C:2)

- 서울 광진구 강변북로 139
- 주차 : 서울 광진구 자양동 564, 서울윈드서핑장주차장
- #SUP #패들보드 #뚝섬한강공원 #수상레포츠 #초보자가능

광진구 어린이대공원 연꽃

"아이들도 즐겁고 산책하기도 좋은 곳"

어린이대공원 정문 왼쪽 환경 연못에 피어난 4,500㎡ 규모의 연꽃지. 화려한 홍련이 환경 연못을 가득 수놓고 있다. 이곳의 연꽃은 연꽃 명소인 부여 궁남지에서 기증받은 것이라고 한다. 연못을 가로지르는 300m 길이의 나무 데크 길이 설치되어 있다. 어린이대공원 안의 다양한 정원과 동물원을 함께 관람할 수 있다.(p180 C:1)

- 서울 광진구 능동 18
- 주차 : 서울 광진구 능동 18
- #어린이대공원 #여름 #가족

서울상상나라

"영유아를 위한 체험도 있어요!"

어린이를 위한 다양한 체험학습이 진행되

는 복합체험 문화시설. 100여 점 이상의 체험식 전시와 영유아 요리학교, 오르골 만들기, 연극학교 등 다양한 문화체험 프로그램을 운영하고 있다. 일일 입장 인원이 제한되어 있으니 홈페이지 예약 후 방문을 추천한다. 전시장 내 음식물 반입은 불가능하지만, 3층 가족 쉼터에서 준비해온 도시락을 먹을 수 있다. 매주 월요일, 1월 1일, 명절 연휴 휴관.(p180 C:1)

- 서울 광진구 능동 18
- 주차 : 서울 광진구 능동 18
- #어린이 #체험교실 #만들기

커먼그라운드

"독특한 외관의 우리나라 최초 컨테이너박스 건축물이자 젊은이들의 핫한 복합쇼핑몰"

건대입구역에 위치, 파란 컨테이너 박스 건물로 시선을 사로잡는 이색 복합 쇼핑몰. 이색적인 외관을 배경으로 찍는 인증샷 명소. 트랜디한 브랜드, 핫한 맛집, 다양한 행사 등으로 즐길거리가 가득한 젊은이들의 핫플레이스.(p180 B:1)

- 서울 광진구 아차산로 200
- #건대핫플레이스 #컨테이너건축물 #건대복합쇼핑몰 #건대맛집

북한산둘레길 21구간
"완만한 코스, 구간마다 특색있는 길"

북한산 둘레길 1~12구간은 북한산 방면으로, 13~21구간은 도봉산 방면을 돌아보는 코스다. 길이 잘 정비되어 있으며 각 구간의 경사가 완만해서 하루에 2~3구간을 이동하는데 무리가 없다. 소나무 숲길, 순례길, 명상길 등 다양한 이름을 가진 각 코스는 구간마다 특색이 있어 걷는 재미를 더한다. (p239 E:2)

■ 서울 강북구 삼양로
■ #북한산 #도봉산 #둘레길

북한산 우이령길 단풍(둘레길)
"서울 도심 안에 있는 진짜 단풍 숲길"
강북구견인차량보관소 앞 우이령길 입구부터 오봉아파트까지 총 6.8km를 우이령길이라 부르는데, 우이탐방지원센터~교현탐방지원센터 약 4.5km 구간에 본격적인 숲길이 이어진다. 어린이 노약자 모두 걸을 수 있는 쉬운 산책길. 이곳은 무장공비(김신조) 침투사건 이후 출입금지되었다가 2009년 예약제로 개방하고 있다. 우이동 유원지에 중간중간 공영주차장이 있어 차로 이동하기도 좋다. 방문 전 사전예약은 필수, 신분증도 필요하다.(p241 F:1)

■ 서울 강북구 삼양로181길 349
■ 주차 : 서울 강북구 우이동 234-2
■ #단풍 #둘레길 #가족

카페산아래 카페
"북한산 숲이 내 품안에 "

@cafe_sanare

숲속인가 싶게 초록의 청량감이 넘치는 카페이다. 북한산 숲뷰로 유명한 카페답게 통창 너머로 계절이 눈에 보인다. 커피와 함께 크로플도 함께 드시길 추천한다. (p239 F:3)

■ 서울 강북구 삼양로181길 56
■ #북한산뷰 #숲속뷰 #통창 #초록초록 #크로플맛집

서울식물원 추천
"식물따라 떠나는 초록색 세계여행"

열대, 지중해 기후의 식물들을 로마, 바르셀로나, 이스탄불, 자카르타, 하노이 등 12개의 도시 컨셉으로 소개하는 대형 실내 식물원이다. 줄기가 뻗어나온 듯한 독특한 모양의 천장을 가진 원형의 건물 자체도 좋은 볼거리이다. 각 도시별 포토존들도 잘 마련되어 있어, 가족, 연인들의 실내 데이트 코스로 인기 높다. (p186 A:2)

■ 서울 강서구 마곡동로 161
■ #데이트코스 #온실 #열대식물

북서울꿈의숲
"자연이 주는 선물, 우리 가족의 소풍 여행지"

서울에서 4번째로 큰 규모를 자랑하는 시민들의 휴식처. 서울을 내려다볼 수 있는 전망대와 아름다운 월영지, 다양한 프로그램이 운영 중인 미술관과 공연장 등 가족 단위의 시민들이 다양하게 쉴 수 있는 공간이다.

■ 서울 강북구 월계로 173
■ 주차 : 서울 강북구 월계로 173 북서울꿈의숲주차장
■ #전망대 #4대공원 #가족여행 #산책 #데이트명소

화랑대 철도공원
"서울의 마지막 간이역 화랑대역의 변신"

경춘선 숲길의 마지막 구간인 화랑대역은 이제 기차 운행은 하지 않지만 박물관, 카페 등 다양한 프로그램이 운영 중이다. 특히 불빛정원은 10코스의 다양한 야간 조형물로 밤에 특히 아름답다. 기차와 함께 시간이 멈춰 있는 듯한 화랑대역으로 시간 여행을 떠나보자.

- 서울 노원구 화랑로 608 (공릉동) 화랑대철도공원
- #경춘숲길 #마지막간이역 #불빛정원 #시간여행

항동푸른수목원
"언제 와도 '푸른' 수목원"

도심에서 즐길 수 있는 생태섬으로, 다양한 수생생물들을 볼 수 있는 환경적 가치가 매우 큰 곳이다. 수천 종의 식물과 다양한 테마원이 운영되어 숲 체험이 가능하다. 나무데크

둘레길이 펼쳐져 있어 산책하기 좋다. 아이와 걷기에도 훌륭. (p230 C:3)

- 서울 구로구 연동로 240
- 주차 : 서울 구로구 연동로 240
- #서울최초시립수목원 #생태섬 #종보존 #수생생물 #가족나들이

진주집 맛집
"여의도 직장인들에게 유명한 콩국수 전문점"

여름철엔 하루 1,000그릇 넘게 팔린다는 콩국수 맛집. 1962년부터 3대째 내려오는 콩국수 전문점으로, 걸쭉한 콩 국물과 잘 어울리는 톡 쏘는 김치맛이 일품이다. 겨울에는 따끈한 국물의 칼국수를 추천한다.(p187 D:3)

- 서울 영등포구 국제금융로6길 33 여의도백화점 지하1층
- #콩국수 #칼국수 #수제만두 #김치맛집

또순이네집 맛집
"숯불에 끓여 먹는 차돌박이 된장찌개"

@emily_narae

차돌박이와 소고기, 두부, 냉이, 고추, 파를 넣고 매콤하게 끓인 된장찌개 맛집. 원래는 양

념 고기구이 전문점이었지만, 맛있는 된장찌개로 유명해졌다. 뚝배기에 담긴 된장찌개를 숯불 위에 놓고 끓여먹는데, 마지막 한술까지 뜨끈하게 즐길 수 있다. 된장찌개 포장 가능.(p186 A:2)

- 서울 영등포구 선유로47길 16 오오1004빌딩
- #된장찌개 #진한국물 #고기구이 #포장가능

희정식당 맛집
"노포 감성의 부대찌개 맛집"

@imttoyoung

30년 넘게 영업한 노포 감성의 부대찌개집으로, 점심은 진한 국물에 소세지와 햄이 잔뜩 들어 있는 부대찌개와 티본 모듬 스테이크를 판매한다. 부대찌개에 라면사리, 공기밥이 포함되어 있다. 텁텁하지 않고 개운하면서 깔끔한 옛 부대찌개 맛이 좋다는 평. 직장인들에게 특히 인기가 좋다. 일요일 정기휴무

- 서울 영등포구 여의나루로 117
- #직장인맛집 #부대찌개 #노포감성

더현대 서울
"백화점이야 공원이야? 서울 최대 백화점"

2021년 서울 최대 규모로 개장했다. 현대백화점의 플래그십 스토어로, 하이테크한 외관과 실내의 반을 차지하는 조경 공간으로 여의도 랜드마크로 급부상했다.

- 서울 영등포구 여의대로 108
- 주차 : 서울 영등포구 여의대로 108
- #플래그십스토어 #서울최대백화점

세상의모든아침 맛집

"탁트인 서울 시내 전망을 볼 수 있는 뷰맛집"

@waenji_kk

여의도 전경련회관 50층에 위치한 전망 좋은 브런치카페. 서울의 멋진 야경과 예쁜 인테리어로 인증샷 성지. 창가 자리는 예약 필수. 이용 시간 2시간으로 제한된다.(p186 C:3)

- 서울 영등포구 여의대로 24
- #브런치카페 #뷰맛집 #연인

서울한강공원(서울색공원)

"이렇게 아름다운 강이 가까이 있다는 건 축복이야"

자전거를 빌려 탈 수 있는 공원으로 주말이면 수많은 사람이 이용하고 있다. 세계 어느 유명 대도시를 비교해봐도 괜찮을 정도로

서울 세계 불꽃 축제

"수많은 인파가 예견되는 그래서 미리 계획을 세워야 하는 축제"

여의도 한강공원 일대에서 9월 말~10월 사이에 개최되는 불꽃 축제. 개최 장소뿐만 아니라 여의도 근처 고층 빌딩에서도 감상할 수 있다. 축제 기간에는 63빌딩에서 식사를 포함한 불꽃놀이 관람 패키지 상품을 판매한다. 수많은 인파로 인해 교통이 다소 불편할 수 있다.

- 서울 영등포구 여의도동 8
- #야경 #불꽃놀이 #63빌딩

아름다운 곳으로 여유로운 한때를 멍때리며 즐기기 좋다.

- 서울 영등포구 여의동로 330
- 주차 : 서울 영등포구 여의도동 84-4
- #한강 #자전거 #산책

여의도 이크루즈

"서울 살면서 한강 유람선 한번 못 타본다는 게 말이 돼?"

여의도 이크루즈는 스토리 크루즈, 한강 투어 크루즈, 달빛 크루즈 등 다양한 코스를 운영하며, 선상 연주도 들을 수 있다. 이 중에서 서울의 화려한 야경을 볼 수 있는 디너 코스를

추천한다. 겨울에는 다소 쌀쌀할 수 있으니 옷을 따뜻하게 입고 탑승하자.(p187 E:3)

- 서울 영등포구 여의도동 85-1
- 주차 : 서울 영등포구 여의도동 84-4
- #한강 #크루즈 #디너쇼

여의도 윤중로 벚꽃길

"서울에서 가장 쉽게 가볼 수 있는 벚꽃길"

원효대교 남단부터 국회의사당 방면으로 강변을 따라 이어지는 벚꽃길. 벚꽃 철에는 엄청

난 인파가 예상됨으로 새벽같이 오거나, 대중교통을 추천한다. 벚꽃은 3cm가량으로 분홍색 또는 백색의 꽃으로 피며, 군락을 이룬 곳은 눈이 온 것 같다. 벚꽃이 떨어질 때 꽃비가 되기도 한다.(p186 C:2)

- 서울 영등포구 여의로 330
- 주차 : 서울 영등포구 여의도동 83-6
- #국회의사당 #여의도 #벚꽃

국립서울현충원 수양벚꽃
"아이와 어른과 함께 이야기로 넘쳐나는 수양벚꽃 나들이"

국립서울현충원은 버드나무처럼 아래로 길게 늘어진 수양벚꽃을 볼 수 있는 곳으로도 유명하다. 매년 봄 수양벚꽃 행사를 하는데, 자세한 일정은 홈페이지에서 확인하면 된다. 한옥의 정자 위로 수양버들처럼 늘어진 흰 벚꽃이 더욱 운치 있다. 시간대가 맞으면 군인들의 교대식도 볼 수 있다.

- 서울 동작구 동작동 209-8
- 주차 : 서울 동작구 동작동 326
- #현충원 #수양벚꽃 #교대식

방배김밥 [맛집]
"밥보다 속재료가 더 많이 들어갔어요"
밥보다 속재료가 더 많이 들어가고 큼지막한 김밥 크기로 유명세를 탄 곳. 우엉, 돈까스, 김치, 소고기, 고추 등 다양한 김밥 메뉴가 있으며 대표메뉴는 잘게 썬 유부와 단무지가 어우러져 야채로 고기맛을 낸 방배김밥이다. 담백한 맛이 좋다는 평. 포장만 가능하며 현금으로 계산 후 알아서 거스름돈을 가져가는 셀프 시스템. 월요일 정기휴무

- 서울 동작구 동작대로27길 59-16
- #서울3대김밥맛집 #유부김밥 #담백고소

샤로수길
"핫플의 성지, 골목으로 떠나는 세계여행"
서울대입구역 2번 출구에 형성된 거리. 맛집은 물론 카페, 소품숍까지 사람들의 발길이 이어지는 핫플레이스들의 집합소. 대학가만의 에너지와 세계 각국의 음식점들이 독특한 분위기를 자아낸다. (p241 E:2)

- 서울 관악구 관악로14길
- #서울대입구역 #2번출구 #핫플레이스 #맛집명소

텐동요츠야 [맛집]
"특제 소스와 튀김의 궁합이 환상적인 샤로수길 대표 맛집"

@s0_0507

텐동은 튀김을 밥 위에 얹은 일본식 튀김덮밥이다. 새우, 전복, 장어, 버섯, 호박 등을 식용유와 참기름을 섞은 기름에 튀겨내어 매우 고소하다. 다양한 튀김 종류를 골라 주문할 수 있으며, 생맥주나 하이볼도 함께 주문할 수 있다.

- 서울 관악구 봉천동 1612-40
- #텐동 #새우튀김 #전복튀김 #장어튀김 #맥주 #하이볼 #샤로수길

임병주산동칼국수 [맛집]
"조개 육수 국물이 시원한 손칼국수 맛집"
임병주 주방장이 직접 뽑은 수타면과 바지락 육수를 함께 끓인 손칼국수 전문점. 아낌없이 들어간 바지락과 겉절이가 환상 궁합을 자랑한다. 이곳의 겉절이는 물고추를 갈아 만들어, 다른 김치보다 더 시원한 맛이 난다. 함흥식 회 냉면, 보쌈, 족발도 맛있다. 밥과 칼국수 면

리필 가능하며 점심시간에는 다소 밀릴 수 있으므로 여유롭게 방문하는 것이 좋다.

- 서울 서초구 강남대로37길 63
- #손칼국수 #회냉면 #물고추겉절이 #보쌈

양재 시민의 숲 단풍
"서울의 단풍 명소"

양재 시민의 숲이 가장 아름다워지는 계절 가을이다. 단풍 및 낙엽 숲길이 운치있다. 신분당선 양재 시민의 숲역에서 하차하거나 공영주차장 주차하고 도보로 이동한다. 우측 구룡산과 좌측 우면산 사이, 경부고속도로 옆에 양재 시민의 숲이 있다.

- 서울 서초구 매헌로 99 양재시민의숲
- 주차 : 서울 서초구 양재동 237
- #가을 #도심공원 #가족

삼산회관 교대점 [맛집]
"할머니의 따뜻한 손 맛 가득"

@amabile_0125

할머니의 비법양념으로 100일 숙성과정을 거친 국내산 김치와 150시간 숙성한 무항생제 국내산 돼지고기로 만들어낸 김치찌개. 추억 속 옛날 할머니의 김치찌개를 맛 볼 수 있는 곳이다. 국물이 자작해 쌈과 함께 싸먹는

돼지김치구이도 인기가 좋다. 브레이크타임 15시~17시

- 서울 서초구 반포대로28길 77 1층
- #할머니손맛 #김치찌개맛집 #교대맛집

한강 서래섬 유채꽃
"서울 반나절 유채꽃 여행"

9호선 신반포역 1번 출구 하차 후 북측으로 20분 이동. 반포 대도심에서 유채꽃 향기를 즐길 수 있는 곳으로, 감성적인 글귀들과 조형물로 이루어진 포토존이 잘 갖춰져 있다. 봄 축제 기간에는 다양한 체험 행사와 공연 행사도 진행되며 한복을 빌려 입고 꽃놀이를 즐기는 이색 체험도 가능하다.

- 서울 서초구 반포동 1335-1
- 주차 : 서울 용산구 용산동6가 451-1
- #서래섬 #봄꽃 #스냅

한강 서래섬 메밀꽃
"가을의 특별한 선물, 메밀꽃밭"

@wooah12

봉평 메밀꽃 축제가 부럽지 않은 서래섬의 메밀꽃! 봄엔 유채꽃이, 가을엔 메밀꽃이 서래섬을 수놓는다. 도심 속에서 즐길 수 있는 꽃

축제로, 일몰 시간에 맞춰 가면 훨씬 더 감동적!

- 서울 서초구 신반포로 11길 40
- 주차 : 서울 서초구 신반포로11길 40, 반포지구2주차장
- #반포한강공원 #인공섬 #서래섬 #메밀꽃

밴건디 스테이크하우스 맛집
"미국 정통 스테이크 맛"

미국 고급 레스토랑의 느낌이 물씬 풍기는 인테리어로 인기가 좋은 곳. 런치세트, 파스타 세트, 스테이크 세트 등 세트 구성으로 되어 있으며 에피타이저, 메인 요리 등 코스로 나와 가성비가 좋다. '합리적인 가격과 최고의 맛을 전하겠다'를 모티브로 부드럽고 고소한 맛의 스테이크를 맛보고 싶다면 추천한다. 캐

서울웨이브아트센터 추천
"물 위에 떠 있는듯, 통창을 통해 보는 한강 뷰"

@rrenna_kim

한강을 가장 아름답게 감상할 수 있는 공간. 잠원지구 내 설치되어 있으며 다양한 전시 콘텐츠들이 활용되고 있음. 통창을 통해 보이는 한강의 수면, 서울의 야경은 이곳의 가장 큰 자랑거리. 밤에 더 아름다운 곳이다. (p185 E:3)

- 서울 서초구 잠원로 145-35
- 주차 : 서울 서초구 잠원동 14-1, 잠원6주차장
- #한강뷰 #서울야경 #스타벅스명소 #전시장 #아트센터

치테이블 예약 가능, 브레이크타임 15시~17시30분

- 서울 서초구 사평대로22길 5 1층
- #서래마을맛집 #스테이크맛집 #가성비

한가람디자인미술관
"다양한 전시가 열리는 곳"

예술의 전당 전면 왼쪽에 있는 한가람디자인미술관은 광천장 시스템을 도입하여 실내에서 감상하는 듯한 느낌을 준다. 기간별로 다양한 전시와 아트마켓 등의 행사가 진행된다. 근처에 노천카페와 한식당이 운영된다. 매주 월요일 휴무.

- 서울 서초구 서초동 700
- #디자인 #현대미술 #특별전시

스타벅스 서울웨이브 `카페`
"한강 분수 쇼 전망 스타벅스"

@ayajin9

건물로 들어가는 다리에서 스타벅스 로고를 보이도록 서서 한강을 담을 수 있다. 배를 타기 위해 선착장을 가는 듯한 분위기다. 통창을 통해 한강을 보며 물멍을 하기 좋다. 유람선을 탄 느낌을 받을 수도 있다. 1층 코너 쪽 자리에 앉아 따뜻한 햇살을 받으며 출렁이는 한강 물을 바라보는 운치가 있다. 분수 쇼 시간에 맞추려면 통창을 통해 분수 쇼를 감상할 수 있다.

- 서울 서초구 잠원로 145-35
- #잠원카페 #서울웨이브 #한강

핑크멜로우 카페 `카페`
"핑크색 버스정류장과 포토존"

@dyoni_24

카페 외관을 핑크색 버스 정거장으로 꾸며 놓았다. 핑크 덕후라면 꼭 한 번 방문해봐야 하는 카페다. 자리마다 눈길을 사로잡는 핑크 인테리어로 꾸며져, 그 자체로 인생사진을 얻을 수 있는 포토존이라 할 수 있다. 2층의 네온사인 조명이 있는 공간에서는 몽환적인 느낌의 사진을 찍을 수 있다. 귀여운 초들과 파티용품을 판매하고 있어 기념일이 방문해도 좋겠다.

- 서울 강남구 강남대로158길 27 지상1, 2층
- #가로수길 #핑크감성 #디저트맛집

을지다락 강남 `맛집`
"감성가득한 양식 음식점"

시그니처 메뉴는 다락 오므라이스와 다락 로제다. 오므라이스는 유럽식 스타일의 볶은 밥과 부드러운 일본식 오믈렛, 수제 오므라이스 소스가 버무려져 입에 살살 녹는다는 맛 평. 매콤크림파스타, 게살매콤리조또 등 매콤한 맛의 메뉴도 있다. 감성 가득한 인테리어와 대형 핑크색 옷이 있는 포토존이 있어 인기가 좋다. 네이버 예약 가능, 브레이크타임 15시10분~16시30분 (p182 C:3)

- 서울 강남구 강남대로96길 22 2층
- #감성가득 #오므라이스 #핑크포토존

봉은사 `추천`
"강남 빌딩 사이에 천년 사찰 이라니!"

신라 원성왕 10년에 연희국사가 창건한 절로 1498년 성종 때 중창하여 봉은사라는 이름으로 변경되었다. 강남의 현대식 높은 빌딩에 미륵 대불의 야경이 매우 신비롭다.(p180 B:3)

- 서울 강남구 삼성1동 봉은사로 531　　■ 주차 : 서울 강남구 삼성동 73
- #강남 #사찰 #홍매화

봉은사 산수유, 매화
"서울 도심에서 산수유 보기!"

코엑스 북측, 서울 대도심에 위치한 사찰 봉은사 곳곳을 물들인 산수유, 매화나무. 노란 산수유꽃과 붉은 홍매화 나무가 봄 분위기를 물씬 자아낸다. 봄철이 되면 이곳의 진분홍 홍매화를 찾는 이들의 발길이 이어진다. 홍매화로 유명한 사찰로는 이곳 봉은사와 전남 구례 화엄사가 있다. 지하철 9호선 봉은사역에서 하차하면 대중교통으로도 쉽게 이동할 수 있다. 봄철 꽃구경을 위해 인근 직장인들이 자주 찾는다.(p180 B:3)

- 서울 강남구 봉은사로 531 봉은사
- #강남 #사찰 #홍매화

선정릉 개나리
"생각보다 가보면 훨씬 아늑하고 좋은 곳"

선릉(9대 성종), 정릉(11대 중종)을 모신 릉. 역사 여행지이지만, 개나리꽃을 감상하며 산책하기도 매우 좋다. 도심이라 생각이 들지 않을 정도로 개나리 핀 릉이 아늑하다. 릉만 덩그러니 있을 것 같지만, 충분히 걸을 길이 있다. 선릉역 8번 출구에서 가깝다.(p180 A:3)

- 서울 강남구 선릉로100길 1
- 주차 : 서울 강남구 삼성2동 137
- #봄 #산책 #가족

청담골 반상 맛집
"30년 전통의 백반집"

@twokang90

제육볶음, 누룽지, 스팸, 고등어구이 등 다양한 한정식을 맛 볼 수 있는 30년 전통의 백반집. 계란찜, 도토리묵, 콩나물무침 등 다양한 밑반찬과 함께 깔끔한 음식 맛이 좋다는 평. 주문과 결제 키오스크 시스템으로 번호를 불리면 셀프로 가지러 가는 시스템이다. 오픈 주방 및 깔끔한 외관으로 인기가 좋다. 브레이크 타임 15시~17시, 토, 일 정기휴무 (p183 E:1)

- 서울 강남구 선릉로112길 21
- #오픈주방 #30년전통 #선정릉백반집

신사동 가로수길
"모델처럼 멋진 옷을 입고 걸어봐!"

아기자기한 카페와 맛집, 의류샵, 편집샵들이 밀집되어 있으며 젊은이들이 많이 찾는 약속의 거리이기도 하다.(p182 C:1)

- 서울 강남구 신사동 667-13
- #쇼핑 #맛집 #커플 #친구

진미평양냉면 맛집
"더위를 싹 가시게 해주는 평양냉면 맛집"

담백한 고기 국물에 동치미 국물을 섞은 평양냉면 전문점. 감칠맛 나는 육수에 수육을 곁들여 먹으면 더 맛있다. 물 대신 차가운 메밀면수를 제공한다. 여럿이 방문한다면 고기 편육과 채소, 육수를 넣고 끓여낸 어복쟁반도 추천한다.

- 서울 강남구 학동로 305-3
- #평양냉면 #어복쟁반 #편육 #불고기 #만두

신사동 가로수길 은행나무
"은행나무길 아래 쇼핑거리"

3호선 신사역 8번 출구 방향 200m 거리에 있는 초입에서부터 현대고등학교 앞 대로변까지 이어지는 650m 길이의 은행나무길. 커피숍, 맛집, 디자인 소품 판매장, 편집숍, 로드샵 등이 모여있으며, 이국적인 분위기로 연인들과 외국인 관광객들에게도 인기가 많다. (p182 C:1)

- 서울 강남구 신사동 667-13
- 주차 : 서울 강남구 신사동 550-11
- #은행나무 #로드샵 #카페

중앙해장 맛집
"이토록 푸짐한 해장국"

@home_xoon

부속물이 워낙 많아 밥을 말 수 없을 정도의 훌륭한 해장국집. 곱창전골로도 유명하다. 질

좋은 곱창에 푸짐한 채소까지 그야말로 최고의 맛집이다. 가족식사, 회식 자리로도 인기

- 서울 강남구 영동대로86길 17 육인빌딩
- #양선지해장국 #내장탕 #선지 #푸짐

올림픽공원

"웨딩 스냅사진을 많이 찍는다는 것은 한번 가볼 만한 곳이라는 증거"

송파구에 있는 1986년에 완공한 43만 평의 공원. 몽촌토성 지가 복원되어 있고 각종 조각과 미술관 등의 시설이 있다. 특히 '나홀로 나무'는 웨딩 스냅사진 촬영의 성지로 꼽히기도 한다. 올림픽공원의 언덕 경사로에 마련되어 있는 들꽃마루에는 계절별로 다른 꽃들이 심어지는데, 특히 가을엔 주황색의 황화 코스모스가 장관을 이룬다. 꽃양귀비, 황화코스모스, 갈대 등 계절별 야생화를 즐겨보자.(p181 D:2)

- 서울 송파구 방이동 올림픽로 424
- #송파구 #스냅사진 #공원

서울스카이(롯데월드타워)

"한강변 서울 전망을 가장 멋지게 볼 수 있어!"

세계 5위 국내 최고 높이 123층, 555m 높이의 전망대. 서울을 360도 뷰로 한눈에 볼 수 있다. 117층 전망 층, 118층 스카이테크, 119층 캐릭터 디저트 카페, 122층 서울 스카이 카페, 123층 라운지를 운영한다.(p181 E:3)

- 서울 송파구 신천동 29
- #555m #전망대 #한강뷰

석촌호수

"이제는 서울 여행 필수 코스"

롯데월드와 롯데월드타워를 끼고 있는 호수. 원래 송파나루터가 있는 한강이었으나 1970년대 매립공사가 진행되면서 물길이 현재의 석촌호수로 남게 되었다. 그 당시 매립공사로 잠실동과 신천동이 생겨났다. 봄이 되면 벚꽃축제가 열린다.(p181 E:3)

- 서울 송파구 잠실동
- 주차 : 서울 송파구 신천동 32
- #잠실 #오리배 #벚꽃

롯데월드 어드벤쳐

"말해 무얼 하겠어 서울에서 그래도 가장 유명한 실내 테마파크지!"

서울 어디에서나 접근성이 좋은 도심의 초대형 실내 테마파크. 바이킹, 거울 미로, 열기구 여행 등 다양한 어트랙션을 제공한다. 다양한 주제로 진행되는 퍼레이드도 유명하다. 공휴일과 방학 시즌에는 대기 줄이 길어질 수 있다.(p181 E:3)

- 서울 송파구 잠실동 40-1
- 주차 : 서울 송파구 잠실동 40-1
- #실내 #테마파크 #어린이 #가족

암사동선사유적지

"서울에서 가장 오래된 마을"

선사시대를 대표하는 유적지. 신석기시대의 흔적을 확인할 수 있는 곳. 빗살무늬토기를 비롯 다양한 유적지와 박물관 견학이 가능하다. 역사 교육은 물론 고즈넉한 산책 명소이기도 하다. 박물관은 사전 예약이 필수이다.

- 서울 강동구 올림픽로 875
- 주차 : 서울 강동구 올림픽로 875
- #선사시대 #빗살무늬토기 #역사여행

02

경기도·인천

#부천 아트벙커

#인천 온수리성당

@kj_jy_sy

#인천 송도센트럴파크

#인천 월미도테마파크

#김포 아트빌리지

#고양 중남미문화원

#고양 렛츠런팜원당

#고양 행주산성 및 역사공원

@o__xinn

#파주 임진각 평화누리공원

217

#동두천 니지모리스튜디오

#남양주 물의 정원

@nawusmik   @youngeun927

#포천 아트밸리

218

#가평 아침고요수목원

#시흥 갯골생태공원

#광명 광명동굴

@rrnrrir

경기도·인천의 먹거리

01

가평 닭갈비 | 가평군

닭고기와 갖은 채소를 고추장 양념에 재웠다가 구워 먹는 요리로, 큰 무쇠 팬에 볶아 먹는 형태와 숯으로 구워 먹는 형태로 나뉜다.

02

가평 막국수 | 가평군

메밀국수에 매콤달콤한 양념을 얹고 국물에 말아 먹는 음식으로, 국물은 가게에 따라 동치미 국물을 쓰기도, 소고기 육수를 쓰기도 한다.

03

곤지암 소머리국밥 | 광주시

곤지암은 경상도 사람들이 한양으로 과거시험을 보기 위해 지나던 길목으로, 이들이 소머리국밥을 자주 먹었다고 전해진다.

04

남한산성 백숙거리 | 광주시

남한산성 성곽 안에는 2대, 3대로 이어져 오는 백숙 거리가 조성되어 있다. 일반 백숙도 맛있지만, 토종닭이나 오리를 넣은 누룽지 백숙이 인기

05

동두천 떡갈비 | 동두천시

동두천 떡갈비는 육즙이 많고 부드러운 식감과 달콤한 양념 맛이 일품이다. 보통 한정식 차림의 반찬이나 갈비탕과 함께 나온다.

06

팔달문 통닭거리 | 수원시

'극한직업'으로 더 유명해진 수원 통닭거리는 팔달문시장 안에 있다. 진미통닭, 용성통닭 두 가게가 가장 유명하며, 영화 속 갈비통닭도 맛볼 수 있다.

07

수원 왕갈비 | **수원시**

전국 3대 우시장이었던 수원 우시장
의 영향으로 왕갈빗집이 많이 생겼다.

08

시흥 연잎밥 | **시흥시**

국내 최대 연근생산지 을왕저수지에
서 나온 연근, 연잎 요리

09

대부도 바지락칼국수 | **안산시**

갯벌에서 채취한 질 좋은 바지락으로
끓인 바지락칼국수 전문점

10

양주 송추갈비 | **양주시**

큰 가마가 있는 송추 가마골에서 자란
소로 만든 갈비

11

옥천리 옥천냉면 | **양평군**

한우 편육과 큰 돼지 완자를 곁들여 먹
는 것이 특징인 황해도식 냉면

12

양평 쌈밥 | **양평군**

친환경 농업 특구 지역에서 자란 청정
하게 갓 재배한 채소 쌈밥

13

양평해장국 | **양평군**

선지와 소 내장, 콩나물을 넣고 얼큰하
게 끓여 만든 해장국

14

백암리 백암순대 | **용인시**

조선 시대 백암시장에서 만들어 먹던
채소가 많이 들어간 순대

15

의정부식 부대찌개 | **의정부시**

미군 보급품인 스팸, 핫도그 햄을 이용
해 끓인 부대찌개를 탄생시킨 곳

경기도·인천의 먹거리

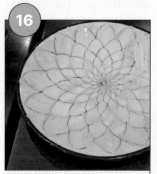

파주 황복회 | 파주시

4~6월 봄철에 임진강과 강화도 창후리에서만 잡힌다. 바다 복어보다 살이 연하고 단맛이 나며 맛이 가장 좋은 복어로 꼽힌다.

송탄식 부대찌개 | 평택시

의정부식과 달리 치즈나 햄, 라면 사리 등 부재료를 듬뿍 넣고 끓여 깊고 진한 맛을 낸다.

장암리 이동갈비 | 포천시

60년대부터 암소의 생갈비나 양념갈비를 참숯에 구워 먹는 이동갈비촌이 생겨났다. 조각 갈비를 길게 펼쳐 가격 대비 양이 많고 맛이 독특하다.

화성 바지락칼국수 | 화성시

궁평리와 제부도 일대에 바지락칼국수 전문점이 모여있다. 바지락 파전, 바지락탕 등도 별미

강화 장어 | 인천광역시

자연방식으로 기른 뱀장어로, 자연산에 가까운 두툼한 크기와 흙냄새가 거의 없는 맛이 매력적이다.

인천 물텀벙이 | 인천광역시

인천의 물텀벙이는 아귀찜을 뜻한다. 콩나물과 미더덕, 아귀가 아낌없이 들어간 매콤한 아귀찜인 물텀벙이

22

연평도 꽃게 | **인천광역시**

살이 많고 알이 꽉 찬 최상급 꽃게의
산지

23

신포시장 쫄면 | **인천광역시**

냉면을 잘못 뽑아내다 탄생한 쫄면의
시초 신포국제시장

24

신포시장 닭강정 | **인천광역시**

가마솥에 튀겨낸 닭고기에 매콤달콤
양념과 땅콩가루 솔솔

25

월미도 조개구이 | **인천광역시**

월미도 문화의 거리를 따라 늘어선 조
개구이집들

26

월미도 해물찜 | **인천광역시**

전복, 랍스터, 키조개, 대하, 낚지호롱
구이 등을 넣은 해물찜

27

차이나타운 짬뽕 | **인천광역시**

제1패루 안쪽 짬뽕 짜장면 맛집이 모
여있다.

28

차이나타운 짜장면 | **인천광역시**

우리나라에서 재탄생한 음식 짜장면,
최초의 짜장면집 공화춘

경기도·인천에서 살만한 것들

01

가평 잣 | 가평군

전국 잣 생산량의 44%를 차지하는 가평 잣은 해발고도가 높은 산림지대에서 자라나 알이 굵고 윤기가 난다. 3대 영양소와 무기질, 비타민이 풍부해 노약자와 환자에게 더욱 좋다.

02

강화 인삼 | 인천광역시 강화

한국전쟁 이후 개성의 인삼 업자들이 강화도에 내려와 인삼을 재배하기 시작했다. 보통 6년근 인삼이 재배되어 향이 진하며, 다른 지역의 인삼보다 묵직하고 탄탄하다.

03

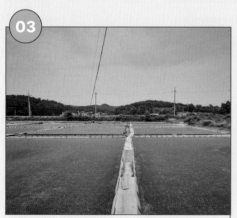

대부도 천일염 | 안산시 대부도

대부도 갯벌 염전에서 생산되는 천일염은 미네랄뿐만 아니라 혈압을 조절하는 칼륨, 뼈와 근육에 도움을 주는 칼슘, 진정 작용을 하며 에너지를 내는데 필요한 마그네슘이 풍부하다.

04

대부도 포도 | 안산시 대부도

경기도 안산시에 위치한 섬 대부도에서는 서해의 습도와 큰 기온 차로 인해 육지보다 달콤한 포도가 생산된다. 대부도 포도는 껍질이 두껍고 과육이 치밀해서 오래 두고 먹을 수 있다. 대부도의 포도를 이용한 포도주와 포도즙도 인기 있다.

05

양평 딸기 | **양평군**

다양한 딸기 체험 행사가 진행되는 딸기 산지

06

연평도 꽃게 | **인천광역시 옹진군**

연평도 꽃게는 신선하고 속이 꽉 차 있어 주로 간장게장으로 요리해 먹는다.

07

이천 도자기 | **이천시**

점토와 땔감이 풍부한 도자기의 도시, 사음동 도예마을, 도자기 축제가 유명

08

장단면 장단콩 | **파주시 장단면**

오염되지 않은 민간인 통제구역 일대에서 재배된 장단콩. 알이 굵고 영양가가 높다. 장단콩 두부, 간장, 메주 등을 판매한다.

09

송산 포도 | **화성시 송산**

해양성 기후로 인해 알이 굵고 단단하며 달콤한 포도가 수확되는 곳

경기도·인천 BEST 맛집

@minor._.94

연경 | 인천광역시

화려한 외관으로도 유명한 곳. 하얀콩을 60일간 숙성시켜 만든 하얀춘장을 이용한 담백한 하얀짜장이 유명

@s2_pong_s2

오목골 즉석메밀우동 | 인천

계란말이 김밥과 메밀 우동이 유명한 집. 24시간 영업

@ts32287546

일산칼국수본점 | 고양시

조개 베이스의 시원하고 진한 국물맛과 쫄깃한 면발이 어우지는 닭칼국수집

갈릴리농원본관 | 파주시

장어단일메뉴집. 공기밥, 김치 등 별도 메뉴는 없어 옆 마트에서 따로 구매 후 식사할 수 있다. 기본으로 쌈, 소스만 제공된다.

송추가마골 본관 | 양주시

1층에서는 갈비탕, 곰탕 등 식사류, 2층에서는 구이류를 먹을 수 있는 곳

팔당원조칼제비칼국수 | 하남시

TV프로그램에서 방영되어 더욱 유명해진 곳으로 칼제비가 대표메뉴.

장지리막국수 | 광주시

산처럼 쌓여 있는 숙주가 가득한 불고기 전골과 막국수의 조합

그늘집 | 여주시

한우 샤브고기, 육전 등 채소가 가득한 전골인 진주 어복쟁반

홍원막국수 | 여주시

90년 전통 막국수 전문점. 시원한 육수와 메밀면이 잘 어울린다.

청목 | 이천시

이천쌀로 만든 쌀밥 한정식집

고기리 막국수 | 용인시

들기름막국수가 인기인 고기리 막국수, 물막국수, 비빔막국수도 호평

윤밀원 | 성남시

분당 3대 족발 맛집으로 평양냉면, 막국수, 칼국수, 족발, 양곰탕이 인기

진미통닭 | 수원시

커다란 가마솥으로 튀겨낸 후라이드 치킨

장수촌 | 의왕시

국내산 오리와 닭, 100% 천연재료로 음식이 제공되는 백숙집.

안성장터국밥 | 안성시

1920년부터 운영하고 있는 노포. 장터국밥, 소머리수육 2가지 메뉴

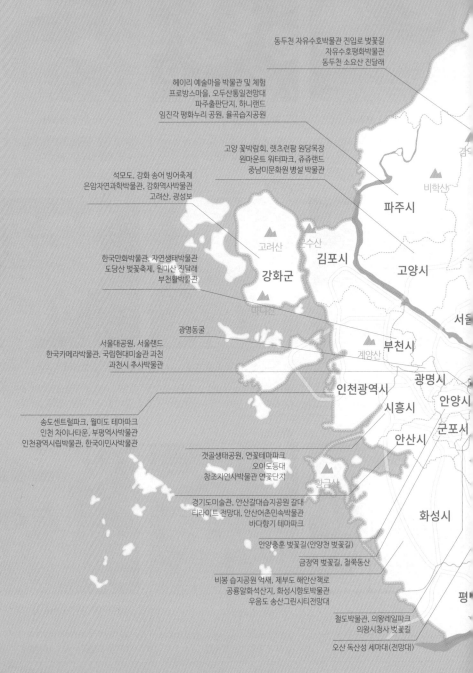

경기도·인천

동두천 자유수호박물관 진입로 벚꽃길
자유수호평화박물관
동두천 소요산 진달래

헤이리 예술마을 박물관 및 체험
프로방스마을, 오두산통일전망대
파주출판단지, 하니랜드
임진각 평화누리 공원, 율곡습지공원

고양 꽃박람회, 렛츠런팜 원당목장
원마운트 워터파크, 쥬쥬랜드
중남미문화원 병설 박물관

석모도, 강화 송어 빙어축제
은암자연과학박물관, 강화역사박물관
고려산, 광성보

한국만화박물관, 자연생태박물관
도당산 벚꽃축제, 원미산 진달래
부천활박물관

광명동굴

서울대공원, 서울랜드
한국카메라박물관, 국립현대미술관 과천
과천시 추사박물관

송도센트럴파크, 월미도 테마파크
인천 차이나타운, 부평역사박물관
인천광역시립박물관, 한국이민사박물관

갯골생태공원, 연꽃테마파크
오이도등대
창조자연사박물관 연꽃단지

경기도미술관, 안산갈대습지공원 갈대
티라이트 전망대, 안산어촌민속박물관
바다향기 테마파크

안양충훈 벚꽃길(안양천 벚꽃길)

금정역 벚꽃길, 철쭉동산

비봉 습지공원 억새, 제부도 해안산책로
공룡알화석산지, 화성시향토박물관
우음도 송산그린시티전망대

철도박물관, 의왕레일파크
의왕시청사 벚꽃길

오산 독산성 세마대(전망대)

파주시

비학산

고양시

김포시

고려산   문수산

강화군

바다온

서울

부천시

계양산

광명시

인천광역시

안양시

시흥시

군포시

안산시

안양시

화성시

평

228

전곡선사박물관

고대산

천군

보가산

국립수목원, 산정호수 명성산 억새
아프리카예술박물관
베어스타운 스키장

소요산

양주 나리공원 코스모스
회암사지박물관

동두천시

포천시

감악산

시

아침고요수목원, 용추계곡
에델바이스 스위스테마파크
경춘선 대성리역 벚꽃, 자라섬 불꽃축제

의정부시

청계산   명지산

주금산

운악산   연인산

가평군

축령산

남양주시립박물관, 실학박물관
서리산 철쭉, 소화묘원
능내연꽃마을

남양주시

흥명산

구리 한강공원, 곤충생태관
고구려 대장간마을

구리시

하남 산곡천 벚꽃

하남시

유명산 용문산

두물머리, 세미원 연꽃
양평군립미술관, 패러글라이딩(양평)
중미산 천문대, 양평친환경농업박물관

검단산

별시

남한산

양평군

분당 중앙공원 벚꽃, 판교박물관

성남시

양자산

남한산성, 경기도 도자박물관
곤지암리조트 스키장

시

광주시

원적산

시

용인시

태화산

여주시

여주박물관, 폰박물관
상백리 청보리축제, 강천섬 은행나무길

오산시

이천시

칠봉산

이천시립월전미술관, 이천시립박물관
테르메덴, 산수유마을

에버랜드, 호암미술관
한국민속촌, 경기도어린이박물관
경기도박물관, 모빌리티 뮤지엄

안성시

칠현산

수원화성, 수원화성박물관
광교 호수공원, 경기도청 벚꽃길
지도박물관, 수원박물관

안성팜랜드
이경순소리박물관, 서운산 진달래
구사리 은행나무길

A　　　　　　B　　　　　　C

1

장풍군

개성

도라전망대
개성시와 송악산이
보이는 북한 방향 전망대
전망대 옆 제3땅굴이
있는데 모노레일을 타고
내부를 관람할 수 있다.

적성면

판문점
만 10세 이상의 단체(최소 30명
이상 최대 40명 이하)만 방문
가능, 통일부 홈페이지 확인 필

임진각 평화누리공원
휴전선 남쪽으로 7km 떨어진 통일을 염원하는
공간이자 공원으로 1953년 포로 2천여 명이
귀환했던 자유의 다리 일부가 남아있다.

덕진산성(민통선)

장남교 호로고루
해바라기밭
(8,9월)

감악산 출렁다
150m 무주탑 현수
자운(

파주시

장산리
전망대

헤이리 예술마을
49만 5868제곱 미터의 넓이를 가진 예술 마을
갤러리, 공연장, 카페, 박물관 등이 있고 예술인들의
주거공간. 국내외 건축가들이 직접 설계한 예술적인
건축물

물곡수목원

반구정과
황희선생
유적지

연안군

개풍군

프로방스 마을
프랑스 남부 프로방스 지역의 이름을
따온 계획 마을. 만화 속에 들어온 듯한
파스텔톤의 건물 각종 소품가게, 의류샵,
레스토랑, 카페, 빵집탄생한 곳

**벽초지
문화수목원**

마장호
출렁다

2

고려산 낙조대
고려산 적석사에 위치한 전망대로 석모도와
교동도 사이의 아름다운 석양 관람.
적석사에서 계단으로 전망대까지 이동

부근리 고인돌

강화나들길

연미정

문수산성

신세계
앤드
아울렛

파주 영어마을
민이네숯불
닭갈비막창

운정카페거리
(천년고찰)

모선목장

파주 삼릉

레드파이프

조선

오두산통일전망대
황해북도 개풍군이 보이는
해발 140m 전망대

김포 한강
오토캠핑장

더티트럭킹

레드브릿지

용암사

일산

싱글벙글

임진레만드고

교동도

선착장

강화나들길

역사박물관

강화나들길
19코스

조양방직

금문도

고려궁지

갈곶돈대

평화누리

김포
포구

전류리
포구

지혜의숲(출판도시)

디스케이프

기간 방치되었

고양시

고려산 낙조대

대룡시장
(6.25 피난민들에 의해
형성된 시간이 멈춘듯한
시장)

강화군

삼오실
간장게장

농가의식탁

태산패밀리파크
(텐트설치가능)

덕포진
1866

꼬꼬리
주물럭

병인양요

아보가

일산
호수공원

가로수길

바리데기

KTX

롯데타운 원당

강화 장어

불음도

광성보

추천음식

강화 광성보
몽골, 미국등의 외세와의
침략전쟁을 치룬 곳

덕진진

전등사

김포평화
공원

수산공원

실반

김포

행주산성
(서울전망)

서울

석모도

신송리

어진면옥

온수
성당

초지진

대명포구

김포
아트빌리지

라베니체

모네정원

서울숲

서대문재생센터
메타세쿼이아길

하늘공원 억새

캠핑

망리단길

석모도
강화군에 속한 섬으로
보문사,민머루해수욕장이 있다.
예전에는 배를 타고 들어갔는데 석모대교
개통후 당일치기 여행이 가능해졌다.

주문도

카페라르고

마니산

멍때림

강화나들길

맘도오가니

바다보다

동막해변 차이나타운
인천역 앞에 있는 중국인 거주 지역으로
중국음식점이 많다. 붉은색 중국 간판들이
많아서 마치 중국에 여행 온 느낌

신도

대명포구

계양산

계양 꽃마루

하늘공원

김포국제공항

무룡묵공원

항동철길

인천

푸른수목원

3

월미공원 전망대 및 둘레길
월미도는 인천상륙작전의 전초지 역할을 한
곳으로 월미 전망대에 오르면 인천항,
연안부두, 소월미도 등이 보이고 멀리 송도의
높은 빌딩들이 보인다.

장봉도

장봉도 해안둘레길

영종도 인천국제공항

인천공항T2

카페오라

IC 바다앞
테라스

우서 은골 카페거리

백운산 전망대

영종씨사이드
레일바이크

개항누리길

천라호수
공원

월미테마파크

웅진플레이
도시

상동호수공원

아인스월드

부천 한옥체험마을

부천시

광명시

답동
성당

현책방거리

청라호수
공원

JC

인천항

인천대공원

백년도가

장미공원

에디스라버

소래습지 생태공원

광명 동굴

창조 자연사
생태공원

안양

을왕리해수욕장

영종도 하늘정원

추천음식
바지락칼국수

마시안
제빵소

월미도
조개구이

소래포구

호반아트리움

김중업건축
박물관

마시안 해변

대무의도

송도 센트럴파크
송도 국제도시에 위치한 고층 빌딩 사이의
그림 같은 공원. G타워 33층에 오르면
센트럴 파크 전경 관람가능

소무의도

소무의도 둘레길
(무의바다누리길)

월미도 유람선

추천음식
시흥 연밥벌

생명의 나무 전망대

오이도등대

시흥시

소래철교

나라분천

초막골
생태공원

시흥옥구공원 낙조대

A　　　　　　B　트라이트　　　　　C

철원군

D E F

철원 평화전망대
철원군 중부전선의 비무장지대를 한눈에 볼
수 있는 전망대. 모노레일카로 쉽게 전망대에
오를 수 있다.

백마고지
전적지

동송읍

구 철원 제일교회

철원DMZ 생태평화공원
(제2땅굴, 평화전망대, 월정리역,
승리전망대, 해살막리고지
홈페이지에 확인 필)

근동면 원남면 임남면

제2땅굴

백마고지

소이산 생태숲

녹색길

갈말읍

철원군

추천군

철원군 화강·다슬기

화천읍

백암산 케이블카
2.12km 1178미터 정상
강원의 담,
금강산댐 관람

평화의 댐

화천군

억고드름

철원
노동당사

카페허하수

연천읍

내대막국수

고석정 국민관광지
(철원 제일의 명승)

대교천 현무암 협곡

기와물골

칠성 전망대

두류산

해산 전망대

비수구미마을 단풍
단풍으로 가득한 풀빛 풀킷
화산 기 트레킹 10,11월
꺼먹다리

평화누리길

대광리

신탄리

평화무리길

신망리

한탄강

교동 가마소
[용암 가스튜브,
현무암 침식]

주상절리길

순당계곡
(한탄강, 래프팅)

매월대 폭포
(김시습 은거, 단종의
복위를 도모하던 곳)

47

복주산 자연휴양림

삼부연폭포

조경철천문대

파로호

평화막국수초계탕

화천군

화천 카트레일리카
1.2km 붕어섬 순환

붕어섬

숲속으로다리

남두수
조절지수

세라비한옥카페
[한정식]

재인폭포
테마파크
출렁다리

두루미
테마파크

연천군

허브빌리지
전곡읍

전곡

연천회관

연천전곡

재인폭포

하늘다리

화적연

명성산

명성산 억새
9,10,11월

56

사내면

삼교주막
(깨죽상계탕)

하남면 원천상회(라면
거래리 사랑나무 쿠키토스트,
어째다 사장의
촬영지)

국립화천
숲속야영장

우레마수목원
메타세콰이어길

전곡리 선사유적지
리안형 주먹도끼 발견된
구석기 유적지

당포성

한탄강

그린달

어린이박물관

산정호수

산정호수둘레길

평강랜드

평강식물원

원조이동갈미자
할머니갈비

복지산 자연휴양림

명지산

연인산

강원양양회식(송어회)

사북면

해피초원목장

유기농카페

프라나 캠핑장

용추산
자연휴양림

춘천 소양호 유람선

유포리
막국수

신라가든(불고기)
돌솥바비큐

경기북부
어린이박물관

청산별미
(버섯전골)

국망자연
갈비

포천 이동갈비
1987

한화터널
쌈지공원

강원도립화목원

감자밭

추천송어횟집
동두천떡갈비

포천시

상성리

매운탕

하악터널
쌈지공원

서면

육림랜드

춘천 인형극장

막국수
닭갈비 골목

담작도서관

달아실
미술관

강촌유원지

소양강 스카이워크
공지천유원지

동두천시

일미가
(한정식)

양주

포천 아트밸리
과거 하나의 폐채석장,
훼손된 자연경관의 탈바꿈

연인산 철쭉
장수봉,노적봉, 우정봉 등의
해발 700미터 이상 능선을
잇는 철쭉길. 4월-5월

용추계곡
가평 활봉산과 연인산 사이에
잇는 있는 폭포가 있는 계곡

코버월드
(화폐박물관)

37

포천 허브
아일랜드

어메이징파크

화산서원

포천항

가평군

레고랜드

애니메이션
박물관

춘천케이블카
의암호스카이워크

케이블카

춘천

김유정역
김유정문학촌

김유정레일바이크 경강역

남이섬
청평댐이 세워지면서 주변이
물에 잠겨 섬이 된 곳

55

JC

파인힐커피
[한정식]

하우스
에버노크

놀자숲
숲놀이터

국립수목원
단풍
10,11월

힐링별빛수목원
캠핑장

칼봉산자연휴양림
춘천삭마늘

아침고요수목원
축령산 자락에 수많은 꽃과
정원으로 꾸며진 테마수목원

자라섬

제이드 가든

상원사

오토캠핑장

니드썸

레스트

국립 춘천박물관

강촌

댱신자 유원지

남이섬

청평호반
갈비막국수

국립수목원
세조의 어명으로 500년 동안.
오랜 시간을 지켜온 원시 자연
수목원, 사전 예약 필.

축령산
자연휴양림

소담안
닭갈비

청평호반

빵돌마회마

호수공원

골든트리

마곡유원지

북한강

묘락산 자연휴양림

테라스의
극각산 과수농원

밤벌 오토캠핑장

양주시립
장욱진미술관

의정부예술의
정당도서관

오남 호수공원

쁘띠프랑스

모곡 밤벌유원지

60

비발디 파크

오션월드

소노벨
비발디파크

양주

송암스페이스
센터

파더어린이
파크프리베

카페이아우라

에델바이스
스위스테마파크

자연애가든
산골농원

북방면

북한산
경복궁
소실되어 오랜

창덕궁
자연과 어울림을 중요시 여기는
가장 한국적인 궁궐

남양주시

마석

가평 상회막국수 별내

산수유마을

중미산 천문대
서울에서 그리 멀지 않은 곳에 있는
인기가 좋은 천문대

가평양떼목장

먹골촌가든
(벚꽃밭가든)

단월면

우이령길 단풍

37

휘바 핀란드
with플레이 정글
양떼목장, 키즈

종묘

파인내천 대역 광위
왕후의 신주를 모신 사당
맞배지붕의 장엄한
건축미가 압도적

운길산

용문산관광지

구름정원빵스

청운면

산수유마을

구리시

구리 한강공원
유채밭, 코스모스

보나브레

고구려대

피아노 폭포

카페
다�너스

구하우스 미술관

설매재
자연휴양림

용문산

용문사 관광지

더그림

향림 허브나라

중원폭포

중원리

N서울타워

구리타워
[화전 레스토랑]

경정공원

미사리

덴마크마을
뷰포인트

다산 생태공원

세미원 연꽃
에사랑(누
룽지 백숙)

더그림

양평 군립미술관

양평지평면
해바라기(7,8월)

국립 양평
치유의 숲

오크밸리
리조트

홍대

서울숲

고구려대

대장간 마을

유니온타워

소화묘원

양서교

두물머리

두물머리, 7,8월

두메향
식물원

들꽃 수목원

스타벅스
더양평R

양평 파라통
해바라기(?)

지평주조

양평 (KTX)
소나기길

한강

남산둘레길

가로수길

스타필드 하남
창전

신라 시대
창전

카페웨더

두물머리
한강

파사성

세미원

파주

다산 생태공원
생태학습장

양평

카브고서탕탕

서울숲

남산 한옥마을

양천

볼봄 식물원

한강산성
동래공원

리슈빌

강화 생태공원
생태학습장

세미원

양평 갈산공원

3,4월

양평 KTX

남양주시벚꽃길

석촌호수 벚꽃
3,4월

남한산성 및 행궁
백제의 시조 온조왕의 성터부터 고쳐 쌓아진 산성,
인조2년(1624)에 축성완료. 병자호란의
인조14년 수모를 겪었던 유네스코 세계문화유산

과천

국립현대미술관
과천

카페골목

의왕

백운호수 둘레길

의왕 레일파크

고기계곡
막국수

퍼들랜드

화담숲
LG상록재단이
가꾸는 숲

서울랜드

3,4월

경기도

남한강

곤지암
반디숲

곤지암 스키장
눈썰매장

5곤지암마을

5월마실정원숲

5월램랜산업

더아름
파사성

곤지암 스키장
눈썰매장

소나기 5만평

초콜릿부리밥

동동곤지수목원

이천 (3월밀)

산수유 마을

홀인원쌈밥집

유알마을

소감산 출렁다리

52

스톤크릭

원주레일밸리
(간현역~
판대역)

여주시

성남시

정자동
카페골목

곤지암

도예마을

이포보

이태리회관

231

D E F

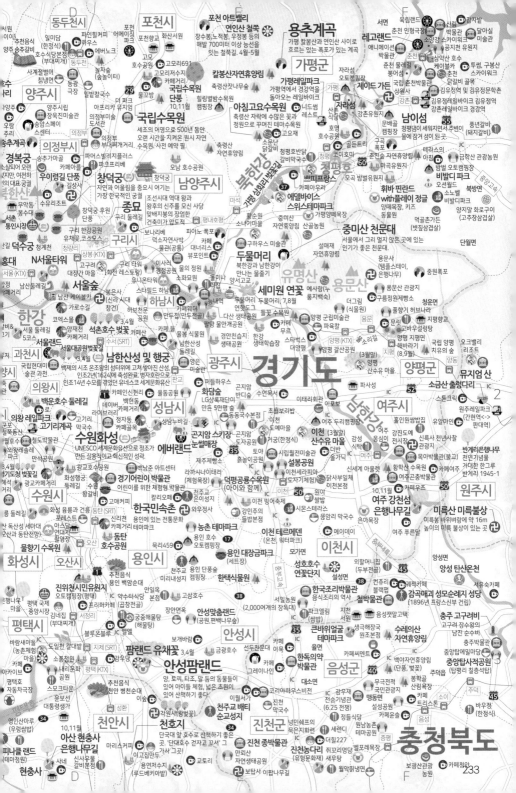

경기도북부-북부

A   **B**   **C**

기황후릉터

러브팜
(낙농체험)

밤고개

로하스
캠핑장

연천 삼곶리
돌무지무덤룽터

옥계마을
(농촌체험마을)

신망리역

태풍전망대

중면

1

임진강평화습지원

연강갤러리

군남홍수조절지
두루미테마파크

망곡산
둘레길

연천역

양금재봉

장승

연천군

미수 허목공묘역
(조선 중기 대학자이자 서예가)

사나래글램핑파크

군남홍수조절지

연천역
급수탑

연천역

임진서원

계명초소천

나룻배마을
(농촌체험마을)

군남면

조선왕가
Healingshill
(왕실체험)

상승OP
(제1땅굴)

허브빌리지

알렉스 카페&
베이커리

스튜디오108
(촬영지)

연천군

정발 장군묘
(임진왜란때의 장군으로
부산진전투에서 전사)

앤드리버

왕징면

차탄천
주상절리

돌곶가람농장
(체험농장)

조각가 박시동미술관
(조각공원 및 야영장)

평화누리길 11코스
(임진적벽길)

은대리 판상절리와
습곡구조

좌상바위

정경부인
여흥민씨 묘

민속온오리
장작구이

푸르내마을
(농촌체험마을)

명신반점
(짬뽕)

옷고개

콩자지농원

연천 숭의전지
(조선시대 사당터)

★ 전곡리 선사유적지
아슐리안형 주먹도끼가 발견된
구석기 유적지

전곡읍

박진장군묘
(조선 선조매 장군)

백학면

항일독립
운동기념탑

당포성
(삼국시대 성곽)

전곡선사박물관

전곡역

오두막골식당
(민물새우탕,
닭도리탕)

사미천

★ 임진강 주상절리
병풍처럼 펼쳐져 있는
6500만년 전 화산활동

한탄강역

열두개울

2

고랑포길 ★
평화누리 10코스
숭의전-장남교, 20km

새둥지마을
(농촌체험마을)

★ 한탄강 관광지
캠핑장, 펜션, 야외수영장
어린이캐릭터 공원

엔타이(차돌짬뽕)

초성리치마을
(농촌체험마을)

연천 고랑포구
역사공원

카페 다올

자유로행(제육,고등어)

한방동물
미래센터

38선마을

고랑포구

호로고루
(고구려성벽)

가월리·주월리
구석기 유적

약가바위

청산면

신북리
스프링

초성리역

**★ 호로고루
해바라기밭**

장남면

평화통일
체험학습장

산머루마을
(농촌체험마을)

수우원
(체험농장)

연천원리
고인돌

장좌못

장남교

임진강
한우마을

칠송정

임진강
황포돛배

평화누리길
9코스(율곡길)

적성면

운계폭포

마차산 양우리고개

쇼요 별앤숲
테마파크

★ 포천 허
허브를 테마로
불켜기가 있는
불빛동화축제,

파산서원

스피드파크(카트)

★ 감악산 출렁다리
감악산 둘레길 시작부근
150m의 무주탑 산악 현수교

감악산
(674.9m)

마차산 밤골재

미식쌈밥

토가(불낙전골)

소요산역

덕

파평용연
(파평윤씨 발상지,
윤씨연못)

무건리
물푸레나무

조소앙기념관

마차산 댕댕이고개

월드 푸드 스트리트

파인힐커피하우스

3

경기북부 어린이박물
아이와 함께 할수 있는, 예약 필수

적성면

김덕함 묘
및 신도비

초록체험마을
(농촌체험마을)

봉암저수지

일미담
(한정식)

동두천역

동두천 관광특구

자유수호평화
박물관

유정부대찌개

보산동

소요산탑
유황온천

★ 경기북부

평화를 품은
집(도서관)

노패개울천

닷다

글삿당 동두천점

생연동

보산역

동두천

쇠골마을
(농촌체험마을)

곰시고개

눌노천

상패천

갓바위

동두천중앙역

★ 동두천시

동두천기상대
(별자리천체관측소)

평화오르골

장군바위
전망대

맑은물농원
(관광농원)

남면

상패천

태봉산

은현면

지행역

불현동

왕방계곡

느티나무
바지락 칼국수

비학산

망당산

사내산

죽골

용암리
막국수

덕정역

사당골

피크

★ 파주 이이유적
고즈넉하고 산책하기 좋은
율곡이이의 자운서원

두루외
박물관

호촌천

안터골

★ 니지모리 스튜디오
경기도 일본마을,드라마세트장이었던
곳을 테마파크로

칠봉산
레저타운

회암사

234

A   **B**   **C**

가평군

대금산 (704m)
여우가 달을 사랑할때

조종암

유천폭포
서대고개

녹수계곡

신숙희친골막국수
츠카페

조종천계곡

산장국민관광지

청평호반닭갈비막국수
청평면

목원
은 꽃과 정원으로
10만평의 면적으로 22
이루어진 특색있는

라버라인

청평자연휴양림
숙박, 전망대, 카페
정원, 산림욕길, 피크닉장

가평 삼회리 벚꽃길
북한강변 가평의 벚꽃
드라이브 코스 (3,4월)

에델바이스 스위스테마파크
스위스 마을 축제 주제 테마파크
치즈박물관, 초코렛 박물관,
와인박물관, 스위스테마관,
산타빌리지

호명산 (755m)

꼬무네 카페

가일 미술관

종점
덮밥)
가든
숙식, 팥타이)

술관
가와국내작가들 작품
원

황순원 소나기마을
인공소나기 황순원문학관

물관
초과정을

중미산 천문대
서울에서 그리 멀지 않은 곳에 있는 인기가 좋은
천문대. 가족과 함께 연인과 함께 별보러 가는
여행은 꽤나 감성적이고 사랑이 넘치게 한다.

양평군

미원 연꽃 ⭐
는 연못 길을 걸을 수 있다.
은 보통 오전에 개화하고
든다. 연못 사이에 있는
다.

원역

브릿지짚라인
총 7개 코스를 단번에

이벙실 장군묘
(고려후기 무신)

중종대왕 태봉

색현터널
(인스타 촬영스팟)

이화천

꿈의동산 놀이공원
바이킹, 범퍼카, 범퍼보트,
회전목마, 미니바이킹,
개구리그네

호명호수공원
(백두산 천지를
연상케하는 호수)

**청평자연
유원지**

**이탈리아마을
피노키오와 다빈치**
(쁘띠프랑스와 같은 곳에서
운영하는 이탈리아 마을)

쁘띠프랑스
프랑스 테마파크로 프랑스를 비롯
다양한 유럽의 문화체험을
느낄 수는 곳

청평호반
매운탕촌

카페 아우와

캠프통아일랜드 가평 번지 레저캠프
수상레저

레인보우수상레저

스위티안 레스토랑
(파스타, 피자)

ClubFun수상레저

하이수상레저

가평냉면 부손
설악본점

그레이트풀
그라운드

유영숯불닭갈비

LX22베이커리카페
가평점

IC 설악

설매재미술관

금강막국수

가평 양떼목장
6만평의 초지에 양, 알파카
건초 먹이주기 체험, 카페

벽계천

아나라펜트
하우스 서울

용문산전투
전적비

절골

가평별묘
(조선후기 학자
남도진 사당)

어비계곡

통방산 (650m)

(유명산자연 휴양림옆)
달빛정원 글램핑/카라반
별똥별 글램핑
유명산 라온캠핑장
한화리조트 눈썰매장

중미산 자연휴양림

산교농원
(닭볶음탕)

국립 유명산자연휴양림 ⭐
해발 862m 유명산 입구에 만들어진
자연휴양림. 야생화단지, 유라온실, 잔디광장, 캠핑

유명산계곡

유명산 (862m)

예사랑(누룽지 백숙)

양평 옥천리 쌈밥 집들 ⭐
양평은 국내 유일 친환경 농업 특구 지역으로, 군내
농약사용이 불가능하다. 양평에서 자란 청정하게 갓
재배한 채소가 나오는 쌈밥은 향긋함이 그지없다.
양평에는 제육볶음이나 불고기, 오리 훈제와 먹는
쌈밥 정식집이 많다.

더그림
미니 식물원이 있는 카페
온실카페, 다양한 방송촬영장소

양평 옥천리 냉면

옥천리
냉면마을

국수역

가평레일파크 ⭐
가평역에서 경강역을
돌아오는 레일바이크

가평역

포포팩토리
자라섬캠핑장

굴봉산역

강촌

자라섬 ⭐
청평댐이 건설되면서 생긴 자라섬은 동도,
서도, 중도, 남도 4개의 섬. 레저·생태공원,
캠핑장과 국제재즈페스티벌

힐링닭갈비
아따춘천닭갈비
꼬끼오닭갈비

남꽃꽃정원

스카이라인 짚와이어
80미터 높이 짚타워에서 남이섬까지 가는
레저시설로(나오는 선박요금 포함)

남이섬 ⭐
청평댐이 세워지면서 주변이 물에 잠겨 섬이 된
곳. 동화나라, 노래의섬 컨셉으로 다양한
문화행사, 콘서트 및 전시. 잘 가꾸어진 숲,
정원으로 이루어진 테마 섬

물안산

달맞이봉

장원한
정려각

골든트리

춘천시

인터렉티브 아트뮤지엄
(입체적 상호작용 체험)

서울춘천고속도로

탑코리아수상레저

청평호 수상레저 ⭐
수상스키, 웨이크보드, 제트스키 등 수상
레저를 즐기기 좋은 곳으로 호변을 따라
다양한 업체들이 있다.

라벤트리
리조트 H

블루힐리조트
웰빙타운

보리산

마치
고개

왕방골

소설암지
(공민왕때 국사인 보우국사의
수도지이자 열반장소)

초롱이둥지마을
(농촌체험마을)

237

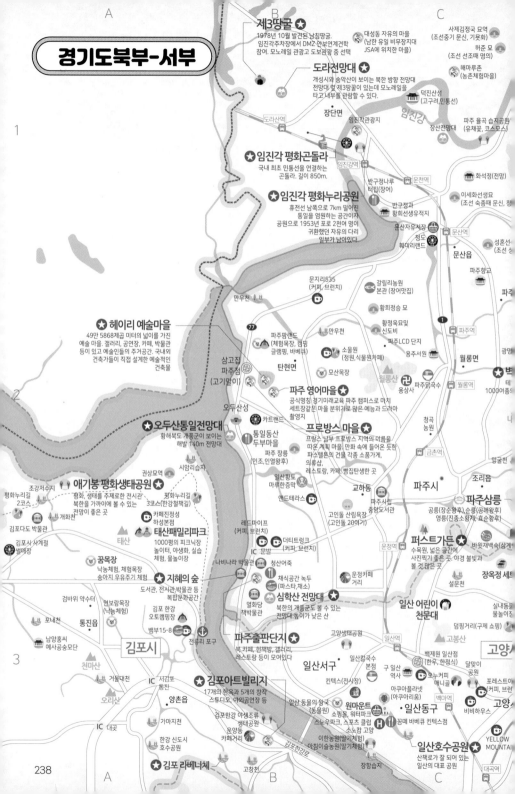

경기도북부-서부

A · **B** · **C**

제3땅굴 ★
1978년 10월 발견된 남침땅굴.
임진각주차장에서 DMZ·안보연계견학
참여. 모노레일 관광과 도보관광 중 선택

대성동 자유의 마을
(남한 유일 비무장지대
JSA에 위치한 마을)

사제김정국 묘역
(조선중기 문신, 기묘화)

허준 묘
(조선 선조때 명의)

도라전망대 ★
개성시와 송악산이 보이는 북한 방향 전망대
전망대 옆 제3땅꿀이 있는데 모노레일을
타고 내부를 관람할 수 있다.

덕진산성
(고구려,민통선)

해마루촌
(농촌체험마을)

파주 율곡 습지공원
(유채꽃, 코스모스)

장단면

임진각관광지

장산전망대

도라산역

임진각 평화곤돌라 ★
국내 최초 민통선을 연결하는
곤돌라. 길이 850m.

임진강역

화석정(전망)

**반구정나루
터집(장어)**

이세화선생묘
(조선 숙종때 문신, 청)

임진각 평화누리공원 ★
휴전선 남쪽으로 7km 떨어진
통일을 염원하는 공간이자
공원으로 1953년 포로 2천여 명이
귀환했던 자유의 다리
일부가 남아있다.

**반구정과
황희선생묘역**

문산자유시장

**청도
헤이리랜드**

문산역

문산읍

파주향교

성혼선
(조선 선

문지리535
(커피, 브런치)

갈릴리농원
본관 (장어맛집)

황희정승 묘

파주역

파주

헤이리 예술마을 ★
49만 5868제곱 미터의 넓이를 가진
예술 마을. 갤러리, 공연장, 카페, 박물관
등이 있고 예술인들의 주거공간. 국내외
건축가들이 직접 설계한 예술적인
건축물

만우천

**황정옥묘및
신도비**

**삼고집
파주점**
(고기맛이)

파주팜랜드
(체험목장, 캠핑
글램핑, 바베큐)

만우천

소원
(정원,식물원카페)

파주LCD 단지

용주서원

월롱면

탄현면

모산목장

월롱산

파주닭죽수

용상사

월롱역

벽
테
1000여를

오두산성

파주 영어마을 ★
공식명칭 경기미래교육 파주 캠퍼스로 마치
세트장같은 마을 분위기로 많은 예능과 드라마
촬영지

카트랜드

프로방스 마을 ★
프랑스 남부 프로방스 지역의 아름을
따온 계획 마을. 만화 속에 들어온 듯한
파스텔톤의 건물 각종 소품가게,
의류샵,
레스토랑, 카페, 빵집탄생한 곳

**청곡
농원**

금촌역

오두산통일전망대 ★
황해북도 개풍군이 보이는
해발 140m 전망대

**통일동산
두부마을**

파주 장릉
(인조,인열왕후)

**파주시립
충앙도서관**

파주시

뱅굴천

조리읍

권상묘역

시암리습지

**일산황토
마루흙침대**

고인돌 산림욕장
(고인돌 20여기)

파주삼릉
(공릉(장소왕후), 순릉(공혜왕후)
영릉(진종소황제), 효순황후))

애기봉 평화생태공원 ★
평화, 생태를 주제로한 전시관·
북한을 가까이에 볼 수 있는
전망이 좋은 곳

**평화누리길
3코스(한강철책길)**

앤드테라스

운정역

퍼스트가든 ★
수목원, 넓은 공간에
사진찍기 좋은 곳. 야경 불빛과
볼 것 많은 곳

바위재백숙(상견

**평화누리길
2코스**

**카페진정성
하성본점**

레드파이프
(커피, 브런치)

**운정카페
거리**

설문천

장옥정 세

조강저수지

태산패밀리파크
1000평의 피크닉장
놀이터, 야생화, 실습
체험, 물놀이장

더티트렁크
(커피, 브런치)

**운정카페
거리**

김포다도 박물관

태산

나비나라 박물관

청산수목

**실내놀이
물놀이ㅊ**

**김포시 사계절
썰매장**

채식공간 녹두
(파스타,채소)

**일산 어린이
천문대**

덤핑거리(구제 쇼핑)

꿈목장
낙농체험, 체험목장
송아지 우유주기 체험

지혜의 숲 ★
도서관, 전시관·박물관 등
복합문화공간

심학산 전망대 ★
북한의 개풍군도 볼 수 있는
전망대(높이가 낮은 산

고봉산

검바위 약수터

현보람목장
(낙농체험)

**김포 한강
오토캠핑장**

고양생태공원

일산역

백제원 일산점
(한우, 한정식)

달맞이

통진읍

뱀골15-8

전류리 포구

파주출판단지 ★
북 카페, 헌책방, 갤러리,
레스토랑 등이 모여있다

일산서구

**일산컬처수
본점**

**구일산
역사**

**오누우피
애니멀**

**포레스트가
(커피, 브런**

**남양홍씨
예사공숭모단**

천마산

김포시

김포아트빌리지 ★
17개의 한옥과 5개의 창작
스튜디오, 야외공연장 등

킨텍스(전시장)

**아쿠아플라넷
(아쿠아리움)**

백마역

고양

비비하우스

거물대천

오리산

양촌읍

가마지천

**김포한강 야생조류
생태공원**

김포한강로

일산 동물의 왕국
(동물원)

원마운트 ★
쇼핑몰, 워터파크,
스노우파크, 스포츠 클럽

일산동구

아침이슬농원(딸기체험)

소노캄 고양

꿈때 바베큐 킨텍스점

**YELLOW
MOUNTAI**

대곶

**한강 신도시
호수공원**

김포 라베니체 ★

고창천

장항습지

일산호수공원 ★
산책로가 잘 되어 있는
일산의 대표 공원

대곡역

1 · **2** · **3**

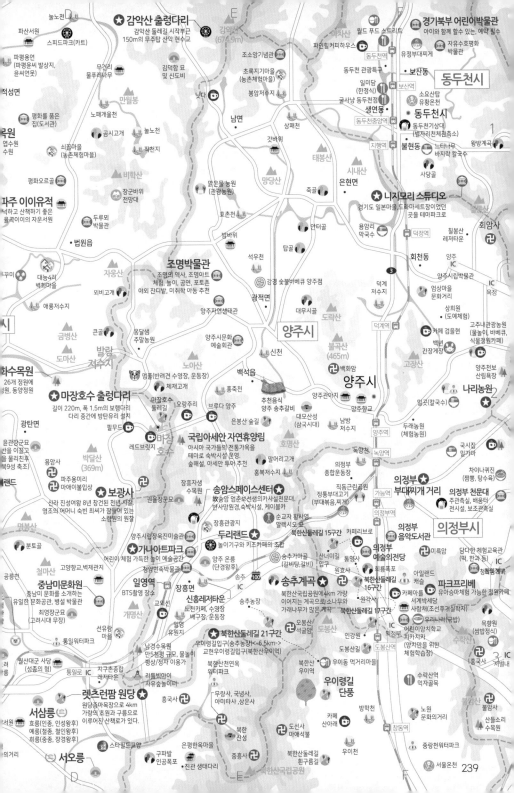

★ 감악산 출렁다리
감악산 둘레길 시작부근
150m의 무주탑 산악 현수교

놀노천
파산서원
스피드파크(카트)
파평윤씨
파평용연
(파평윤씨 발상지,
윤씨연못)
적성면

☆ 경기북부 어린이박물관
아이와 함께 할수 있는, 예약 필수

월드 푸드 스트리트
파인힐커피하우스
자유수호평화
박물관
동두천역

감악산
(674.9m)
조소앙기념관
초록지기마을
(농촌체험마을)
봉암저수지

유정유원지
동두천 관광특구
일미담
(한정식)
굴사낭
생연동
동두천중앙역

보산동
보산역
소요산캠
유황온천
☆ 동두천시
동두천시상대
(별자리천체관측소)

동두천시

무건리
물푸레나무
김덕항 묘
및 신도비
만월봉
노래개울천
공시고개
낫다
남면
상패천
갓바위
태봉산
남방
막국수
바지락 칼국수
사당골

평화를 품은
집(도서관)
쇠꼽마을
(농촌체험마을)
놀노천
직천지
비학산
장군바위
전망대

맑은물골 농원
(관광농원)
망당산
죽골
은현면
시내산
지행역
불현동
느티나무
왕방계곡

☆ 니지모리 스튜디오
경기도 일본마을, 도파머세트장이었던
곳을 테마파크로

파주 이이유적
넉넉히 산책하기 좋은
율곡이이의 자운서원

두루외
박물관
효촌천
밤바위
안터골
탑골
용암리
막국수
덕정역
칠봉산
레저타운
회암사

법원읍

평화오르골
엽수원의
수원

금병산
자웅산
외비고개
큰골
석우천
광적면
대무골
도락산

조명박물관
조명의 역사, 조명아트
체험, 놀이, 공연, 포토존
야외 잔디밭, 미취학 아동 추천

강경 숯불바베큐 양주점

양주자연생태관
양주시문화
예술회관
신천

★ 마장호수 출렁다리
길이 220m, 폭 1.5m의 보행다리
다리 중간에 방탄유리 설치

발랑
저수지
도마산
노아산
멍풀(반려견 수영장, 운동장)
체재고개
백석읍
홍죽천
추천음식
양주 송추갈비

불곡산
(465m)
고장산
덕계역
회천동
양주
IC
양주시립박물관
엄상마을
문화회관
상희원
(도예체험)
카페 검을현
백년
간장게장
양주천로
산림욕장

나리농원
멍곳(칼국수)

차이나퀴진
(짬뽕, 탕수육)
의정부
부대찌개 거리
의정부 천문대
주관측실, 배움터
전시실, 보조관측실

광탄면
윤관장군묘
(공신, 여윤관묘
을 물리친휴
N9성 축조)
용암사
파주용미리
마애이불입상
☆ 보광사
신라 진성여왕 8년 창건된 천년 사찰,
영조의 어머니 숙빈 최씨가 잠들어 있는
소령원의 원찰

☆ 국립아세안 자연휴양림
아시아 국가들의 전통가옥을
테마로 숙박시설 운영,
숲체험, 아세안 투어 추천

말머리고개
호명산
독양천
녹양역
의정부
종합운동장
직동근린공원
정동부대고기
(부대볶음, 찌개)

가능역
☆ 의정부
음악도서관

박달산
(369m)

장흥자생
수목관
★ 송암스페이스센터
故송암 엄춘보선생의카사셀천문대,
방사망원경,숙박시설, 케이블카

☆ 의정부
예술의전당

미륵암

☆ 가나아트파크
어린이 체험 가득한 놀이 예술공간

양주시립장욱진미술관
교구장문묘
☆ 두리랜드
놀이기구와 키즈카페의 조합

청암민속박물관

양주 온릉
(단경왕후)

순교자 황사영
알렉시오 묘

북한산둘레길 15구간

카페리브로
아일랜드
캐슬

파크프리베
유아숙마체험 가능한 정원카페

서계박세당
사랑채(조선후가철학자)

중남미문화원
중남미 문화를 소개하는
유일한 문화공간, 병설 박물관
최영장군묘
(고려시대 무장)

일영역
BTS촬영 장소

☆ 송추계곡
북한산국립공원에4km 가량
이어지는 계곡으로 소나무와
가래나무가 많은 계곡

북한산둘레길 17구간

우리미나리국밥
어린이양치학교
치카치카
(양치만을 위한
체험학습장)

목창원
(쌈밥정식)

렛츠런팜 원당
원당종마목장주변 4km
가량의 초원과 구름으로
이루어진 산책로가 있다

신흥레저타운
눈썰매카페, 수영장
배구장, 캠핑장

★ 북한산둘레길 21구간
우이령길입구(송추농장)<6.5km>
교현우이령길입구(북한산우이역)

북한산자연옥
워터파크

북한산둘레길
16구간

완사박스포
☆ 북한산둘레길 16구간

오봉산 석굴암
인강원
도봉산역
도봉산
도봉역
수유역

서삼릉
효릉(인종, 인성왕후)
예릉(철종, 철인왕후)
희릉(철종, 장경왕후)

스타필드고양
구파발
☆ 서오릉
은평한옥마을

무랑사, 국녕사,
아미타사, 상운사

흥국사

우이령길
단풍

북한
산성

북한산둘레길
흰구름길

카페
산마래

방학천
도선사
마애석불

노원
문화의거리

산들소리
수목원

서울온천

239

경기도남부-동부

하남시

B 아쿠아 필드
하남시 문화예술회관 ◈ 시소스
팔당조정경기장제비칼국수
천호동 로데오거리 사라고개 여방집(한정식) 하남위례길
곱등광산 약수터
▲ 검단산 (657m)
능내성 연꽃마을
C ◈ 두물머리 세미원(연꽃)
몽양 기념관
남한강

하남시 흠커피 동사리 만두집(전골) 사충서원 ▲ 남한산 (522m)
남한산성 서문전망대 만해기념관 단대약수 닭죽촌

팔당
물안개공원
엘 포레스트
남종면
분원리
얼굴박물관 사람의 얼굴을 본뜬 와당과 가면들 전시
율봄 식물원
분원자료박물관 (조선 왕실 가마터 유적)
여성광 생가
대하리

코엑스몰 코엑스 K-POP광장 양재천
석촌호수 벚꽃 3,4월 석촌호수
일원동 맛의거리 수서역
◈ 남한산성 및 행궁 ★
백제의 시조 온조왕의 성터위에 고쳐 쌓아진 산성, 인조2년(1624)에 축성완료, 병자호란으로 인조14년 수모를 겪었던 유네스코 세계문화유산

강마을다람쥐 (한정식)

영동리 토속 음식마을 예전 한정식
엄지고개

수정구
남한산성면
광주시
남한산성아트홀
퇴촌면 퇴촌카페촌
경안천 습지 생태공원 일본군'위안부' 역사관
천진암 성지

렛츠런파크 서울 마이랜드(브런치) 진달래능선
국립현대 미술관 과천 정보라 파트너스 제과명장 김영옥 천렴산 봉수식
신구대학교 식물원 봉화산 온천정식 나들이 하기 좋은 중원구
단둔이집묘역
광주시 조선백자 요지 (조선시대 백자 가마터)
영은미술관 (피크닉 가능한) 도장고개
무갑계곡
천진암계곡 열미계곡

성남시 성남시
호텔아델리아(브런치) 모란민속 5일장
판교박물관 스윗(브런치) 서판교 IC
맹산생태학습원 정담아트센터 파파리나(피자네) 맹산반딧불이 자연학교 서현동 먹거리촌
남한산성둘레길
갈마치 고개 장지수제순대 물빛공원
남동기 고개
경기광주 JC
곤지암반디숲 숲+트램폴린+물놀이 +autocar
경기도자박물관 (조선 왕실도자기 연구 전시
무우산

잡월드 아이들을 위한 직업체험 테마파크
분당구
분당 중앙공원
오포읍
화담숲 ★
팀영캠퍼스 (캠핑, 축구장 풋살장 등)
동국수(국수,육전)
외미자소머리국밥

고기리계곡 서분당 IC-(고가)
정자동 카페골목
족발 스멜즈
한국등잔박물관 등기구 전문 민속 박물관
오산천
모현읍
곤지암리조트 스키장 및 눈썰매장
서울에서 40분 거리 스파라스키, 예쁜 산책길 곤돌라, 루지, 화담숲, LG
지순택요 (고려도자)
도예촌 쌀밭거리 이천 도예촌

수지구
레몬하우스 Stay
그라데 (피자,파스타) 용인호박 등불마을
삼성화재 교통박물관 자동차 박물관
카페 톤 (브런치)
용인자연 휴양림 아영장
태화산 (641m)

동천자연식물원 (숲놀이터)
보정동 카페거리
은하초코 기사단 (초콜릿)
호암미술관 삼성 창업주 호암 이병철 수집 미술품
왕산리 지석묘
용인자연 휴양림 짚라인
박목월 시의 정원
소옥재고개

수지구 동수원 IC
어반런드렛 인 테라스
삼막서원
장욱진고택 (조선시대 가옥)
법화산 (385.2m)
눈썰매장
캐리비안 베이
태화산 (394.3m)

플라타너스 (열기구)
텔른
기흥구
에버랜드 ★
푸곡읍 희락보리 (보리밥)
별빛정원 우주
불빛정원, 야경명소 야간입장(주간 카페만)

광교 호수공원 매년 300만 명이 찾는 공간 가꾸어진 호수 공원
마성 동백호수 공원
루트889 (바베큐, 쌀국수)
정수산
경상
덕평공룡수목원 ★
5만평 규모의 전나무 숲 공룡과 곤충체험의 수목원 움직이는 공원

수원시 지도박물관
경기어린이박물관 어린이를 위한 체험형 박물관, 예약 필수
아로프 슬라이스 피스
한터팜 오토캠핑장
이천설봉 장수촌 (백숙)
이천양천
청평저수지

월화원(중국 전통정원)
영통구
한국민속촌 우리 땅에 있는 전통문화 테마파크 우리 문화속 생활풍습을 한데 모아놓은 곳 조선시대 각 지방에서 옮겨오거나 복원한 실물 가옥으로 이루어져 있음
화운사 칼리오페
양지면 양지
양지항교
용인시
은이성지 (청년김대건길)
조랑말농장
추계고개
언돌드_UNTOLD
양조장 술샘
마장면
각평저수지

온천곡 온천 신동카페거리 경희천문대
용인시
처인구
명지대학교 박물관
기후변화체험 교육센터
삼박골
외어둔 저수지
나무영상 용인스튜디오
대자연농원 용인 내동마을 연꽃
이천성지

동탄센트럴파크 북극해고등어 스미스 평화촌 (중국 요리)
오산천
동탄역
만의사
송전천 노루실
와우정사 누워있는 불상 이색사찰
명봉산
농도원목장 체험, 낙농체험 우유만들기 체험

아스달연대기 촬영지
반장산 스타벅
동탄
장뱅이골 상해루 (중국요리)
신리천
부아산 IC
와부면
운학동돌방무덤 (통일신라)
가창저수지
오토캠핑장
17
가창저수지

권리사 오색시장
오색시장
동탄호수공원 송방천 물길을 막아만든 인공호수공원으로 신도시 주민들을 위해 매우 깔끔하게 만들었다
용인 농촌테마파크 체험농장, 들꽃광장, 잔디광장, 곤충전시관 아이랑 함께하기 좋은곳
안젤미술관
용덕저수지
처인성 (고려시대)
이동읍
묵리459 (커피,파스타)
용인 석포
연선골
사곡리 숲공원
천주교 미리내성지 드라마 도깨비 촬영지
윈덕마을 (떡, 한과)
마운틴캠핑장
양평수동 레저

오산시
카페 메르오르
오산역 IC
오산시
용인대장금 파크
한화 리조트 용인
화산 IC
처인성 (고려시대)
정곡
중리
신사동네
쌍령산
두창리 삼충석탑
에아리 청미천
청미천

A 242 B C

경기도남부-남부

★ 티라이트 전망대
75미터 높이로 조력발전 전시관
360도 파노라마 투명 유리바닥으로
360도 전망이 가능

오이도등대
오이도는 원래 육지에서 4km
떨어진 섬이었으나
일제시대 갯벌이 염전이 되면서
육지로 연결, 오이도 섬의 모양이
'까마귀 귀'와 비슷하하여
'오이도'라는 명칭

배곧한울공원
바다놀이터와 해수풀장

금눈심계탕

시흥오이도공원 낙조대
시화호, 시흥, 송도,
오이도를 한눈에 내려다
볼 수 있는 전망대

시흥시

안산 고잔역 해바라기
폐철로인 고잔역 협궤철로를 따라 자라난 500m 길이의
해바라기 길. 4호선 고잔역 2번 출구에서 왼쪽으로
나오면 바로 열차 길이 등장한다.

송산그린시티 전망대
시화호가 한눈에 보이는 전망대로
2022년까지 15만 명이 거주하게 될
관광·레저복합도시가 송산그린시티

방아머리항
여객선터미널

시화호

방아머리 해수욕장

시화나래
휴게소

화성 공룡알화석지
천연기념물 414호 공룡의
알 화석을 볼 수 있다.

비봉습지공원
갈대숲과 습지, 관찰로
전망대 및 쉼터 등

구봉도
낙조전망대

대부도
종현마을
독도횟집
(조개,칼국수)

16호원조
할머니칼국수

대부도서
남부연결도로

씨엘관광농원
글램핑

철선장어
(장어,가리비)

대부
해솔길

어섬비행장

추천음식
대부도 바지락 칼국수

동주염전

안산 대부광산 퇴적암층
선사시대 공룡발자국과 화석
이 발견된 퇴적암층

탄도바닷길
물때 확인 필수★

★ 탄도항 누에등대전망대
대부도 끝자락에 있는 일몰 명소.
바다위에 풍력발전 풍차와 함께
일몰이 지는 곳 (갯벌체험 가능)

제부도 해안산책로
제부도는 하루에 두번 바닷물이 갈라지는
길이 열린다. 해안산책로는 1km 가량으로
기암괴석과 아름다운 바다를 볼 수 있다.
제부도에서 보는 일물 또한 아름답다.

**제부도
해수욕장**

★ 서해랑 해상케이블카
전곡항과 제부도를 잇는 해상케이블카
2.12km 길이로 서해를 조망

하내 테마파크
고둥박물관, 수영장
소금족탕, 철쭉갈수련원

서신면

매화리
해바라기 군락지

백미리어촌체험마을
(조개캐기, 굴따기)

해솔마을
오토캠핑장

**궁평리
해수욕장**

★ 우리꽃식
도심속 자연을 느낄
전망대, 산책로, 유리실

추천음식
화성시 바지락
칼국수

우정읍

할아버지 동물농장
(놀이터, 먹이주기 체험)

매향리
평화생태공원

민들레
연극마을

당진시

수도사
(신라시대 창건)
원효대사께서 수도사 부근
토굴에서 해골물 깨달음

서해수호
NLL과 해전실
연평해전, 천안

웨스턴베이마리나호텔
라마다 앙코르 평택 호텔
라마다 평택 호텔

244

군포시

안산 객사

군포시

산나래한정식

남으동(꼬막,야구찜)

백운호수 ★ 둘레길

백운산 IC

타임빌라스

E

헬로우드리 (파스타)

모아니

고기리계곡

계곡주변의 카페와 음식점이 많은

IC 서분당(고가)

분당구

정자동 카페골목

유일불 (족발)

분당 중앙공원

신시현리

풀질공예 박물관

카페 인

오포읍

43

F

능안산 문헌산

초막골생태공원
산책로가 잘 되어 있는 자연친화형 도시공원

누리 천문대

의왕시

의왕시

Stay 레온하우스

스멜츠

한국등잔박물관
등기구 전문 민속 박물관

오산천

반월호수둘레길
카을에서 아름다운 둘레길

모더스
송라트

누리꾸꾸미

★ 철도박물관
다양한 기차들 볼 수 있는

왕송호수

한옹인묘역

의왕 레일파크
왕송호수 4.3km
레일

수원화성 ★
UNESCO 세계문화유산으로
정조가 만든 매우 실용적이고
혁신적인 성곽. 왕이 거처할 수
있는 화성행궁으로 정조 18
년(1794)에 착공, 2년 만에 완공

북수원 IC

해우재

동탄물레길

수지구

타임투바

루디지수

어반런드렌 더 테라스

동천자연식물관

고기리
막국수

보정동
카페거리

분당 어린이
천문대

산으로간
고등어

대광사

란란타운 (피자/파스타)

용인호반
롯데캐슬

은하초코 기사단(초콜릿)

삼성화재
교통박물관
아이가 좋아하는
자동차 박물관

호암미술관
삼성 창업주 호암 이병철
수집 미술관

눈썰매장

캐리비안
베이

경기도청

벚꽃길

9,10,11월

곡교 IC

수원시

팔달구

플라잉수원
(건)기구

건강밥상도
마니 (백숙)

월화원(중국 전통정원)

장욱진고택
(조선시대 가옥)

법화산
(385.2m)

에버랜드 ★

기흥구

동백호수
(파스타)

동백탑
(파스타)

루트889
(바베큐,
쌀국수)

어로프 슬라이스 피스

칠보산
약수터

수원화성
억새

의왕 레일파크

권선구

탑골

광교 호수공원
매년 300만 명이 찾는 잘
가꾸어진 호수 공원

동화호수 (족발)

백년손
마트그린

카페 인중리

칼리오페

화운사

경기어린이박물관
어린이를 위한 체험형 박물관. 예약 필수

용인시

용인시

처인구

봉두산

명지대학교
박물관

45

수원화성 박물관
정조시대 문화와 역사를
돌아보며 화성의 가치를
배울 수 있는 곳

지도박물관

영통구

신둔카페거리

온수골
온천

경희천문대

한국민속촌
용인에 있는 전통문화 테마파크
우리 문화속의 생활풍속을 한데
모아놓은 곳
조선시대 각 지방에서
옮겨오거나 복원한 실물
가옥으로 이루어져 있음

고매커피

안젤리미술관

용덕저수지

이한응
열사묘

묵리499
(커피,파스타)

연선교

신사동(초)

화성 어린이
문화센터

예랑도예터

멍우리골

한식마을

송전IC

노루실

화성시

김유신
장군사당

건달산

덕우저수지

용건릉

용건릉
둘레길

소다미술관

해경교베이커리
(오산과 동탄전망, 권율장군 주둔)

동탄센트럴파크
오산 동산에 자리해 주변과
북송해고등어

스위스
평화원
(중국집)

동탄역

상해루
(중국집)

신리천
카페거리

신리천

장뱅이골

원곡골

용인산토리니
(셀프바베큐 및 펜션)

화곡저수지

한화 리조트
용인

남사읍

중리
저수지

병원자연학교

팔탄면

율암온천
작은 온돌에서 자연
용출수가 흘러내림

화성 베어랜드
(반달곰, 해양동물)

정남면

홍송인고가

서오산IC

오산시

북오산

아스달연대기
촬영지

스타빌

동탄
포근베이커리

동탄호수공원
송방천 물길을 막아만든
인공호수공원으로 신도시 주민들을
위해 매우 깔끔하게 만들어졌다

용인
문화유산

절골

그린웨이

등도사

화성 제암리
3.1운동 순국 유적 및 기념관
일제의 3.1운동 탄압 학살현장

송곡천

공미산

물향기 수목원
습지생태원, 수생식물원
유실수원, 소나무원, 곤충생태원

고래
울산골

백정골

오색거장

권리사

오산시

오산IC

만기사

진위면

진위천시민유원지
오토캠핑장, 레일바이크
물놀이장, 수변쉼터

어비낙조 ★
일몰이 아름다운

청원사

추조사

장서리즘

신성봉

벳남반미
(쌀국수)

뺑덕이골
(쌈밥)

사창저수지

초록서
산림욕장

아기농부
(사계절 농부체험)

상신
도시숲

43

서탄면

사리당

덕절리골

황구지천

서정리역

소풍
(동물원)

회화리보

평택 국제
중앙시장

부락산문화공원

익선탑

앰봉

정도전사당

최규하
어서각

한천

안성 3.1
운동기념관

양성면

양양학교

안성 석조
여래입상

15

고잔저수지

JC 서평택

신숙주
선생사당

40

청북읍

팽성

오성면

무성산
성지

하나농원
숙속워터파크

도락
개골

바람구지골

용성리성지

평택서부문화
예술회관

H 평택 로얄
관광호텔

포승읍

동합소

도대리카페

현덕면

D

오산면

초록미소마을
(농촌체험)

연황동
(계곡)

방아골

고덕면

김때골

김네집
(부대찌개)

평택고덕

오쇄미지

원곡면

오성강변

오가
교통찜

원군장군묘

예에랄드 그린

경복궁
(한정식)

IC 송탄

고등어명품이다
(고등어 구이)

JC 안성

IC 서안성

약수터식당
(곱창전골)

고성산
(297m)

무양산성

양감면

바람새마을
외딴 판에 코스모스
핑크뮬리,천일홍 등

바람새마을

소풍정원
캠핑장, 산책로, 진위천제방길
연꽃, 자전거 라이딩 가능

유박사
칼국수
평택향교

안성천

평택시

중식고궁

석남사

봉현정효자묘
(아버지를구하기 위해 물에
몸을 던졌다가 익사한 효자)

대동법시행
기념비

박승완
선생기념관

배꽃길61

안성맞춤
가족공원

올드타임(박물관
겸 레스토랑)

대덕면

미양면

내리문화공원

스모타운
(바베큐, 포크)

안성천

평성읍

45

안성팜랜드 ★
양, 토끼, 타조, 말 등의 동물들이
있어 아이들 체험, 넓은 초원이
있어 산책하기 좋다

팜랜드유채꽃
3,4월

245

E

F

부천자연 생태공원

"농작물과 농기계를 직접 만져볼 수 있는 기회!"

@leejungae0901

넓은 공원 부지에 부천식물원, 자연 생태박물관을 함께 운영한다. 도시에서는 쉽게 보기 힘든 다양한 농작물과 농기계를 직접 보고 만질 수 있다. 토끼, 닭과 교감할 수 있는 동물체험 공간도 마련되어 있어 아이들과 함께 들러볼 만하다.(p241 E:2)

- 경기 부천시 길주로 660
- #부천식물원 #박물관 #농업체험

아트벙커B39

"예술로 거듭난 쓰레기 소각장"

수년간 방치되던 쓰레기 소각장이 복합문화예술공간으로 거듭났다. 쓰레기를 쏟아붓고 저장하던 공간이 전시와 공연이 가능한 홀로 활용되고 있다. 실험적인 전시와 공연이 펼쳐지는 이곳이 과연 소각장이 맞나 의심이 될 정도.

- 경기 부천시 삼작로 53
- 주차 : 경기 부천시 삼작로 53
- #쓰레기소각장 #복합문화예술공간

한국만화박물관

"만화가 웹툰이 되기까지!"

만화의 도시 부천에 재개관된 국내 최초 만화 전문 박물관. 만화 관련 희귀자료, 원로 작가의 원화 등이 전시되어 있다. 1900년대 만화부터 최신 만화까지 두루 살펴볼 수 있으며, 4D 애니메이션과 만화 그리기를 체험해 볼 수도 있다. 매주 월요일, 1월 1일, 설날과 추석 연휴 휴관

- 경기 부천시 상동 529-36
- 주차 : 경기 부천시 상동 529-36
- #만화 #웹툰 #애니메이션 #체험

나리스 키친 맛집

"엔틱한 분위기의 이탈리아 레스토랑"

엔틱하고 고풍스러운 느낌의 내부 인테리어를 지닌 이탈리안 레스토랑. 스테이크, 피자, 파스타, 리조또, 랍스타, 킹크랩, 전복요리 등 다양한 이탈리아 음식을 제공하는 곳이다. 좌석은 소규모부터 단체모임까지 수용 가능하다. 네이버 예약시 탄산음료 or 감귤쥬스 쿠폰 제공. 브레이크 타임 15시~17시(p241 E:2)

- 경기 부천시 신흥로 150 중동 위브더스테이트 702동 110호
- #정부지정안심식당 #분위기맛집 #엔틱한 분위기

웅진플레이 도시

"온천과 워터파크를 한번에"

@ka.rin.23

수도권 최대 규모 워터파크 겸 온천스파. 파도 풀과 다양한 놀이시설이 갖추어진 워터파크와 천연 온천수를 이용한 바데 풀과 수압 마사지장이 갖추어진 스파 시설이 있어 가족 단위 여행객에게 인기가 있다. 공식 홈페이지나 카카오톡 채널을 통해 할인, 프로모션 행사를 안내받을 수 있다. (p230 C:3)

- 경기 부천시 조마루로 2
- #워터파크 #온천 #가족여행

부천 원미산 진달래

"4만그루 진달래는 어떤 느낌일까?"

부천 종합운동장과 원미산 정상 사이에 있는 3km 규모의 진달래 동산. 원미산을 등산하며 15,000㎡ 규모의 4만여 그루 진달래를 감상할 수 있다. 진달래 개화 시기에는 동산뿐만 아니라 원미산 기슭 곳곳이 진달래로 물들며, 우리나라 토종 꽃인 백 진달래

도 구경할 수 있다. 아름다운 풍경으로 부천 둘레길 1코스로도 지정된 곳으로, 평탄한 지형이라 남녀노소 부담 없이 걸을 수 있다.

- 경기 부천시 춘의동 산21-1
- 주차 : 부천시 춘의동 8
- #진달래 #백진달래 #둘레길

인천 계양산 진달래
"등산없이 진달래꽃을 즐길 수 있는 곳"
계양산 팔각정을 빙 둘러 피어난 진달래. 계양산 둘레길이 운영되지만, 팔각정을 거치지 않으니 인천녹지 축 둘레길을 거쳐 이동하는 것을 추천한다. 팔각정은 등산로 초입에 있으니, 진달래만 즐길 예정이라면 굳이 정상까지 등산하지 않아도 된다.(p241 D:1)

- 인천 계양구 계산동 산10-11
- 주차 : 계양구 계산동 548-11
- #진달래 #계양산 #팔각정 #둘레길

인하대 캠퍼스 벚꽃
"풋풋한 청춘을 닮은 캠퍼스의 벚꽃"
인하대 대학 캠퍼스 내 벚꽃 명소로 인경호, 하이데거숲, 정보학술정보관과 벚꽃의 어울림이 볼만하다. 벚꽃단지 군락이 아니라 소소한 일상에 찾아오는 행복처럼 산책길 틈마다 벚꽃이 있다.

- 인천 남구 소성로 71
- 주차 : 남구 학익동 336-1
- #인하대 #인경호 #하이데거숲

인천대공원
"동물원, 캠핑장이 있는 도심 공원"

관모산에 속해있는 도심공원으로, 온실, 조각공원, 동물원 등 볼거리가 많아 주말이면 피

송도센트럴파크 (추천)
"만화속에 나오는 미래도시같아"

인천 연수구 송도 국제도시에 위치한 대형 공원. 하늘로 뻗은 고층 빌딩들 사이로 아주 깔끔하게 정리된 공원이 그야말로 그림 같다. 송도는 많은 외국인이 미래도시로 알고 있을 정도로 계획적으로 완성된 도시인데, 그 중심에는 도심 공원인 송도 센트럴 파크가 있다. 이곳에는 한옥마을, 산책 정원, 테라스 정원, 토끼섬, 사슴농장을 함께 운영하며, 선셋 카페에서는 멋진 야경도 감상할 수 있다. G타워 33층에 오르면 센트럴 파크 전경을 마치 조감도 느낌으로 볼 수 있다.(p240 C:3)

- 인천 연수구 송도동 24-5
- #신도시 #한옥마을 #G타워

크닉 하러 오는 가족들로 북적인다. 어린이 동물원에는 낙타, 사막 여우, 독수리 등 평소에 보기 힘든 희귀 동물들을 만나볼 수 있다. 공원 부지 내에 캠핑장이 마련되어 있는데, 화장실, 샤워실, 식수대, 매점 등이 갖추어져 있어 편리하다. (p241 D:3)

- 인천 남동구 무네미로 236
- #조각공원 #동물원 #가족여행

오목골 즉석메밀우동 (맛집)
"메밀면을 넣어 끓인 얼큰한 우동"

@s2_pong_s2

계란말이 김밥과 메밀 우동이 유명한 집. 우동의 진한 국물과 고명으로 올라간 쑥갓과 지단, 파가 잘 어울린다. 살짝 매콤한 맛의 튀김가루를 뿌려 먹으면 더욱 맛있다. 1인 1메뉴 주문시 사리추가 1회 무료. 24시간 영업으로 출출한 밤 야식으로 즐기기 좋다. 연중무휴 (p241 D:2)

- 인천 미추홀구 석정로 142
- #메밀우동 #메밀짜장면 #메밀비빔면

인천 펜타포트 락 페스티벌
"수준높은 뮤지션 대다수 참가"

매년 여름 인천광역시가 주최하는 초대형 록 페스티벌. 페스티벌에 참가하는 뮤지션들의 수준도 높아 명성을 얻고 있다. 얼리버드 티켓을 활용하면 더욱 저렴하게 즐길 수 있다.

- 인천 연수구 센트럴로 350
- 주차 : 인천광역시 연수구 송도동 26-1
- #락 #밴드 #송도 #축제 #먹거리

백령도
"그 이름만으로도 가보고 싶은 섬"

북한과 근접한 최북단의 섬. 사곶 해변은 단단한 백사장으로 인해 비행장으로 사용되기도 했다. 유람선을 타면 기암 바위 등의 절경을 감상할 수 있다.

- 인천 옹진군 백령면 가을리 702-2
- 주차 : 옹진군 백령면 진촌리 413-52
- #유람선 #기암괴석 #최북단

대이작도
"모든 면이 바다로 둘러쌓인 모래섬 '풀등' 다녀오면 자꾸 생각 나는 곳"

물이 빠지면 사라지고 물이 들면 나타나는 신비의 모래섬 '풀등'이 있는 곳. 부아산 정

월미도 추천
"서울에서 한시간 반이면 도착하는 바다, 섬 그리고 테마파크"

한때 연인들의 데이트 코스로 손꼽히던 월미도는 아직까지도 인천에서 첫 번째로 손꼽히는 관광지. 그 시절 유행했던 바이킹과 디스코 팡팡이 있는 놀이동산뿐만 아니라, 인천 앞바다를 돌아볼 수 있는 바다열차, 우리나라 이민의 아픈 역사를 전시해놓은 이민사 박물관까지 볼거리가 풍성하다. (p230 B:3)

- 인천 중구 월미로 6
- #바이킹 #디스코팡팡 #이민사박물관

상에서 볼 수 있는 하트모양의 항구, 작지만 보면 볼수록 매력에 빠지는 작은 풀안 해수욕장뿐만 아니라 부아산 정상가는 길 아기자기한 빨간 구름다리도 볼 만 하다. 섬 전체가 산책로로 되어 있다.

- 인천 옹진군 자월면 이작리
- 주차 : 옹진군 자월면 이작리 760-2
- #유람선 #구름다리 #들꽃 #캠핑

월미 전망대
"인천상륙작전의 전초지로 민둥산이 되었던 곳, 그 정상에서 인천 앞바다를 바라다본다."

월미 전망대에 오르면 인천항, 연안부두, 소월미도 등이 보이고 멀리 송도의 높은 빌딩들이 보인다. 월미도는 인천상륙작전의 전초지 역할을 했는데, 당시 월미산은 폭격으로 민둥산이 되었다. 소월미도 앞바다는

러시아 전함과 일본 전함의 전투로 러일전쟁의 발단이 된 역사적인 장소이다.(p230 B:3)

- 인천 중구 북성동1가 125
- 주차 : 인천 중구 북성동1가 102-11
- #바다전망 #도시전망 #인천상륙작전

월미도 유람선 선착장
"떠나가는 것에는 이유가 없다"

영종도를 지나 영종대교, 작약도를 1시간 30분가량 돌아본다.(p240 C:3)

- 인천 중구 북성동1가 98-264
- 주차 : 중구 북성동1가 97-16
- #영종도 #영종대교 #갈매기

인천 차이나타운 `추천`

"해외 여행 온 느낌도 내고 맛있는 중국 음식도 먹고!"

인천역 바로 앞에 차이나타운에는 중국 음식점들이 즐비하게 몰려있다. 차이나타운의 음식들은 같은 짬뽕, 짜장면이라도 조미료 맛이 아닌 뭔가 특별한 맛이 난다. 붉은색 중국 간판들이 많아서 마치 중국에 여행 온 느낌이 든다. 음식점 이외에도 기념품을 사거나 경극 공연을 하거나 하는 공간들이 많다.(p240 C:3)

- 인천 중구 북성동3가 5-6
- 주차 : 인천 중구 북성동2가 12-36
- #짬뽕 #하얀짜장 #딤섬

고목정쌈밥 `맛집`

"을왕리에서 건강한 한끼"

10개 이상의 반찬이 제공되고, 셀프코너에 쌈이 있어 싱싱하고 다양한 쌈채소를 마음껏 먹을 수 있다. 제육쌈밥이 인기다. 쌈장이 맛있기로 유명하다. 갓 지은 솥밥과 제육볶음을 쌈에 얹어 맛있게 먹어보자. 매주 수요일 휴무(p240 A:2)

- 인천 중구 용유서로172번길 10
- #을왕리맛집 #솥밥 #한정식

영종도 백운산 전망대

"장관을 이루는 바다 위 인천대교, 보고 싶지 않아?"

인천 앞바다, 인천대교, 송도국제도시 등을 한눈에 볼 수 있다. 공항철도 운서역에서 도보 15분 거리에 등반 입구가 있다. 등반 입구 주소는 '운서동 산72-5', 차로 이동할 경우 운서역 앞에 주차장을 검색한 후 주차하자.(p230 B:3)

- 인천 중구 운서동 산1-1
- 주차 : 인천 중구 운남로 199-1
- #인천대교 #서해안 #송도

영종씨사이드 레일바이크 왕복 5.6km

"서울에서 가까운 바다 풍경 레일바이크"

월미도, 인천대교의 풍경을 즐길 수 있는 5.6km 길이의 레일바이크. 인공폭포, 디지털트리, 수목 터널 존 등을 함께 운영한다. 레일바이크가 운행되지 않는 구간은 자전거로 이동할 수 있다. 캠핑장, 놀이 시설, 전망데크, 산책로도 함께 즐길 수 있다.(p230 B:3)

- 인천 중구 구읍로 75
- 주차 : 인천 중구 중산동 1967-1
- #영종도 #레일바이크 #캠핑

인천개항박물관

"근대 인천을 보는 것도 재미가 쏠쏠!!"

개항 이후 근대 인천의 모습을 살펴볼 수 있는 박물관. 인천 개항장, 경인 철도, 인천 전환국 등에 대해 전시하고 있다. 박물관은 옛 일본 제일은행 인천지점 자리에 있으며, 르네상스식 건물 양식을 띄는 건물 자체로도 가치가 있다. 연중무휴 운영.

- 인천 중구 중앙동1가 9-2
- 주차 : 인천광역시 중구 해안동2가 6-2
- #인천항 #경인선 #근대 #교역

연경 `맛집`

"차이나타운 하얀짜장 맛집"

외관이 화려하고, 내부는 중국 분위기가 물씬 풍긴다. 북경오리, 코스요리, 딤섬 등 메뉴가 다양하다. 얇고 바삭한 튀김옷에 달짝찌근한 소스의 탕수육, 하얀콩을 60일간 숙성시켜 만든 하얀춘장을 이용한 담백한 하얀짜장이 유명하다. 주말은 차없는 거리로 주차 불가.(p230 B:3)

- 인천 중구 차이나타운로 41
- #차이나타운 #하얀짜장 #딤섬

팔미도 유람선

"인천상륙작전의 격전지 팔미도!"

민간인의 출입이 금지되었던 무인도 팔미도를 둘러보는 유람선. 오전 코스, 오후 코스, 선셋 코스를 운영한다. 팔미도에 도착하면 대한민국 최초로 세워진 팔미도 등대도 구경해보자. 팔미도 등대는 인천 상륙 작전의

성공에 크게 기여한 것으로도 유명하다. 디오라마 전시관에서 인천 상륙 작전 관련 지식을 얻을 수도 있다.

- 인천 중구 항동7가 58-1
- 주차 : 인천 중구 항동7가 60
- #팔미도 #등대 #인천상륙작전

고려궁지
"고려 왕조의 도읍지였던 강화도"

몽골의 침략을 피해 강화도로 도읍지를 옮긴 고려 왕조가 거주하던 궁궐 터. 원래 큰 규모의 궁궐이었지만 병자호란, 병인양요 등 크고 작은 사건들을 겪으며 대부분의 건물이 화재로 전소 혹은 훼손되었다. 근처에 우리나라에서 가장 오래된 한옥 성당인 강화 성당이 있고, 매달 2, 7로 끝나는 날에 강화 오일장이 서니 함께 방문해 보자. (p230 B:2)

- 인천 강화군 강화읍 강화대로 394
- #고려시대 #궁궐 #역사여행지

조양방직 `카페`
"강화도의 핫플레이스로 빈티지한 소품들과 인테리어로 볼거리가 가득한 복합문화공간"

@danny_huun

방치된 도시의 흉물, 방직공장을 개조하여 레트로 감성 카페로 변신. 한때 섬유산업을 주도했던 역사적 장소. 근현대 시대적 소품들이 각동에 전시되어 볼거리가 가득하다. 카페 메인홀은 옛 컨베이어벨트라인 자리에 긴 테이블 놓여 있는 것이 특징이다.(p230 B:2)

- 인천 강화군 강화읍 향나무길5번길 12
- #강화도핫플레이스 #강화도카페 #강화도나들이 #복합문화공간

교동도 대룡시장
"1970년대에서 시간이 멈췄어 지금 이 순간이, 어릴 적 과거에서 꾸던 꿈일지도 몰라"

연산군, 광해군, 안평대군 등의 유배지였던 교동도에 6·25전쟁의 피난민들이 모여 만들어진 시장. 대룡시장에는 60~70년대가 그대로 멈춘 듯 같은 느낌의 시장 골목이 남아있다. 강화도와 다리가 연결되어 군의 출입증을 받으면 쉽게 들어갈 수 있다. (p230 A:2)

- 인천 강화군 교동면 교동서로 2
- #꽈배기 #문방구 #레트로 #스냅사진

온수리성당
"한옥성당의 품격"

@kj_jy_sy

우리나라에선 보기 힘든 한옥으로 된 성당. 200년 전 지어졌던 모습 그대로 보존 중이다. 전통의 한옥의 모습에 이국적인 성당의 모습이 더해져 신비함을 자아낸다. 근현대사의 역사가 고스란히 간직되어 있는 이곳은, 역사적 가치와 함께 특유의 분위기에 매료된 사람들이 많이 찾는다.

- 인천 강화군 길상면 삼랑성길 24
- 주차 : 인천 강화군 길상면 온수길38번길 14, 온수리교회
- #한옥성당 #대한성공회 #역사여행 #강화도 #출사

강화 고려산 낙조대
"해지는 서해의 석양은 언제나 아름다워"

고려산 서쪽 적석사까지 차로 오를 수 있는 곳. 적석사에서 계단으로 전망대까지 이동하면 석모도와 교동도 사이의 아름다운 석양을 즐길 수 있다.(p230 B:2)

- 인천 강화군 내가면 고천리 산74-1
- 주차 : 강화군 내가면 고천리 산74-1
- #일몰 #서해 #적석사 #진달래

강화 고려산 진달래 군락지
"1시간 30분 정도 등산이라면 괜찮지 않아?"

고려산 정상에서부터 미꾸라지 고개 방향으로 이어진 진달래 군락지. 큰 산불로 인해 나무가 타 버린 빈자리에 피어난 진달래가 군락을 이루었다. 평일에는 백련사 절 입구에 주차하고 1km 산행 후 진달래 군락지까지 이동할 수 있다. 백련사 주차 후 정상으로 향하는 2km 1시간 30분 백련사 코스를 추천. 도로가 평탄하고 구간이 짧아 남녀노소 쉽게 방문할 수 있다.(p240 B:1)

- 인천 강화군 내가면 고천리 산131-2
- 주차 : 강화군 하점면 부근리 230
- #진달래 #고려산 #백련사 #등산

나룻터꽃게집 `맛집`
"속 살이 꽉차 있는 꽃게요리 전문점"

7종의 밑반찬과 함께 꽃게탕은 큼지막한 꽃게와 콩나물, 각종 야채들이 있어 시원한 국물, 꽃게튀김은 게를 통으로 튀겨 안에 가득한 게 살과 바삭한 튀김 맛이 어우러져 맛 평이 좋은 편이다. 한정판매로 판매되는 꽃게탕, 간장게장, 양념게장, 꽃게튀김이 나오는 꽃게정식이 메뉴를 시키면 다양한 꽃게요리를 즐길 수 있다. 수요일 정기휴무. (p240 A:1)

- 인천 강화군 내가면 중앙로 1270
- #꽃게정식 #게장맛집 #강화도맛집

강화 광성보 `추천`
"끝까지 싸워보겠다는 그 의지가, 살아 있는 장소"

고려 시대 몽골의 침략에 대항하기 위해 세운 성. 1871년 신미양요 때 미국함대와의 치열했던 격전지였으며, 모두 전사할 때까지 싸운 항쟁 의지를 보여주었다.(p230 B:2)

- 인천 강화군 불은면 덕성리 833
- #고려 #성곽 #신미양요 #역사

강화나들길
"강화도 구석구석을 걸어볼 기회"

1900년도 초부터 강화군민들이 거닐던 강화해협 산책로를 누구나 걷기 좋은 둘레길로 정비해놓았다. 강화도를 중심으로 20개의 코스가 나누어져 있어 강화 본섬뿐만 아니라 주변 교동도, 석모도까지 샅샅이 둘러볼 수 있다. 강화도는 철새 도래지로도 유명하기 때문에, 운이 좋다면 저어새, 두루미 등 천연기념물로 지정된 철새들도 만나볼 수 있겠다. 해 질 녘에는 산책로를 따라 노을 진 풍경이 아름답다. (p230 B:2)

- 인천 강화군 불은면 오두리 698
- #트래킹 #둘레길 #철새도래지

석모도 `추천`
"보문사에서의 일몰이 끝내주는 곳"

강화군에 속한 섬으로 보문사, 민머루해수욕장 등이 있다. 예전에는 배를 타고 들어갔는데, 석모대교 개통 후 당일치기 여행이 가능해졌다.(p230 A:2)

- 인천 강화군 삼산면 삼산북로 4
- #해수욕장 #일몰 #석모대교

강화 송어 빙어축제
"아이와 함께 물고기 잡고 맛있게 먹고"

인산 저수지에서 즐기는 송어, 빙어 낚시 축제. 송어잡이, 빙어 뜨기, 얼음 썰매 등의 행사가 진행된다. 잡은 물고기는 송어회, 송어구이, 송어 튀김, 빙어 튀김 등으로 요리해 먹을 수 있다. 물고기는 무제한 잡을 수 있지만 2마리 이상 가져갈 수는 없다.

- 인천 강화군 양도면 인산리 153-2
- 주차 : 강화군 양도면 인산리 167-7
- #얼음낚시 #송어 #빙어 #눈썰매

부근리 고인돌
"누군가에게는 그냥 돌덩이 마음의 눈으로 보면 청동기시대로의 시간여행!"

유네스코 세계문화유산으로 지정된 강화 부근리 고인돌은 동북아시아 지역 최대 규모를 자랑하는 탁자식 고인돌로, 다른 고인돌보다 크기가 커서 웅장한 느낌이 든다. 받침돌 위 상판 돌 무게가 무려 50톤에 달하는데, 이 무거운 돌을 어떻게 위에 올렸을지 통 짐작이 가지 않는다. (p230 C:2)

- 인천 강화군 하점면 부근리 317
- 주차 : 강화군 하점면 부근리 334
- #유네스코 #청동기 #역사

맛을담은강된장 맛집

"오늘 하루 수고한 나에게 선물"

조미료를 넣지 않고 음식 본연의 맛과 향을 내는 곳으로 주문과 동시에 조리하여 갓 지은 가마솥밥과 정갈한 계절 반찬을 맛볼 수 있다. 화이트톤에 내부 인테리어로 깔끔하다. 메뉴는 전복영양밥, 문어영양밥, 우렁강된장 등 다양하며 어린이가 먹을 수 있는 어린이 불고기 메뉴가 별도 있다. 쌈과 반찬은 무한리필로 제공된다. 캐치테이블 앱으로 예약 가능 (p240 B:2)

■ 인천 강화군 화도면 해안남로 1164 강화군 화도면 사기리 320

■ #정부지정안심식당 #노조미료 #루지맛집

수산공원 카페 카페

"고래 미디어 아트 전시"

@zjy__yjz

내부에 크게 고래 영상이 나오는데 2층에서 사진을 찍는 것이 대표 포토존이다. 김포를 대표하는 초대형 복합문화공간으로 TV 및 유튜브의 많은 유명 채널에서 방영되어 더욱 인기가 많은 곳이다. 카페는 물론 수족관, 동물원, 키즈카페 등이 있어 아이와 함께 방문하기도 좋은 곳이며 내, 외부에는 천국의 계단,

핑크 계단 등 다양한 포토존이 많다. (p230 B:2)

■ 경기 김포시 대곶면 대명항1로 52 나동 1층 수산공원

■ #김포대형카페 #수산공원 #고래카페

덕포진

"신미양요 치열한 전투의 현장"

조선시대 해상 전투를 위한 포대가 설치되어 있는 군사시설이다. 신미양요 때 미군, 프랑스 군과의 전쟁에서 이 덕포진이 이용되었으며, 당시 사용되었던 포대 및 전투 장면이 재현되어 있다. 1981년 사적 292호로 지정되었다. (p230 B:2)

■ 경기도 김포시 대곶면 신안리 224-2

■ #해상전투 #군사안보시설 #문화유적

김포아트빌리지

"전통과 예술이 만나는 공간"

김포 예술가들의 작업실과 교육 전시관, 오픈 스튜디오, 야외공연장 등이 모여있는 예술 단지. 원 데이 클래스 등 일반 시민들도 참여할 수 있는 행사들이 기획되어 있다. 전통문화를 배우고 전통놀이, 한옥 숙박도 즐길 수 있는 한옥마을도 함께 운영한다. (p238 B:3)

■ 경기 김포시 모담공원로 170

■ #예술마을 #예술체험 #한옥체험

글린공원 카페

"자연친화적인 카페에서 힐링 타임~편안한 느낌의 최적의 장소"

@ay____1122

일반적인 창고형카페와 다른 예쁜 정원과 연못이 있는 그린 카페. 직접 만들어 당일 제공하는 베이커리와 시그니쳐 커피가 있다. 식물을 보면서 오랫동안 휴식을 취하는 사람들로 자리 잡기가 어려운편이다.(p230 C:2)

■ 경기 김포시 양촌읍 석모로5번길 34

■ #서울근교 #김포카페 #식물카페 #힐링카페 #김포나들이 #데이트코스

애기봉 평화생태공원

"북한을 지척에서 볼 수 있는 곳"

@tjsl0214

멀리 북한 땅이 들여다보이는 전망공원. 공원 전망대 및 안보교육실, 평화생태전시관과 함께 평안북도 출생 김소월 시인의 문학관이 마련되어 있다. (p238 A:2)

■ 경기 김포시 월곶면 평화공원로 289

■ #북한전망 #안보교육관 #김소월문학관

라베니체
"김포의 베니스, 라베니체"

@ppum_ee

인공수로를 따라 양옆으로 상가들이 이어져 있다. 낮에도 예쁘지만 이곳은 밤이 하이라이트! 상가들의 네온사인이 켜지고 거리의 가로등이 켜지면 이곳이 한국인지, 이탈리아의 베네치아인지 헷갈리고 만다. 수로를 따라 보트를 탈 수도 있어서 더욱 낭만적이다.(p238 A:3)

- 경기 김포시 장기동 2080-1
- #인공수로 #금빛수로 #문보트 #베네치아 #네온사인

뱀부 15-8 `카페`
"피톤치드 가득한 곳에서 맛있는 한끼"

@seo._.oo0_

매장 내 600여그루의 살아 있는 대나무, 야자수가 있어 피톤치드가 가득한 곳에서 맛있는 한 끼 식사를 할 수 있는 곳이다. 메뉴는 파스타, 샐러드, 피자 등 양식이며 저렴하고 다양하게 맛 볼 수 있는 세트메뉴도 있다. 카페로도 이용되는 곳이라 식사 후 카페 메뉴를 즐기는 것도 추천한다. 테이블링 앱 예약 가능.

브레이크 타임 15시30분~16시30분 (p238 B:3)

- 경기 김포시 하성면 금포로1915번길 7 뱀부카페&레스토랑
- #대나무숲 #카페식당 #분위기좋은곳

중남미문화원 병설 박물관
"빠에야와 타코도 꼭 먹어봐"

중남미 문화원 정문 앞쪽에 위치한 박물관. 중남미의 토기, 목기, 석기, 가면, 생활공예품을 전시하며, 미술관과 종교전시관, 조각공원도 함께 운영된다. 연중무휴.(p241 D:2)

- 경기 고양시 덕양구 고양동 302
- 주차 : 고양시 덕양구 고양동 295
- #중남미 #공예품 #미술 #종교

고양 북한산 진달래
"서울 근교 진달래 등산길"

북한산 우이동과 대동문을 잇는 1km 구간의 진달래 능선. 백련사 매표소에서 출발하여 백련사 갈림길에서 진달래 능선을 따라 대동문까지 이동하여 구천 폭포 방향으로 하산하는 코스를 추천한다. 진달래 매표소에서 진달래 능선을 타고 대동문까지 이동할 수도 있다. 진달래 능선에는 수유동 국립 419 민주묘지가 있다. (p241 F:1)

- 경기 고양시 덕양구 대서문길 375
- 주차 : 서울 강북구 수유동 535-353
- #진달래 #북한산 #대동문 #등산

디스케이프 카페 `카페`
"몽환적인 붉은 벽돌 건물"

@b_rabbit.xx

멀리서부터 눈길을 사로잡는 독특한 붉은 벽돌 건물 앞에서 사진을 찍는 것이 메인 포토존. 해 질 녘에는 노을과 함께 더 몽환적이고 예술적인 사진 연출이 가능하다. 미술관을 연상케 해 작품 안에 들어가 있는 듯한 기분을 느낄 수 있다. 잠봉뵈르, 소시지 빵 등 다양한 베이커리류와 브런치, 음료를 즐길 수 있다. (p230 C:2)

- 경기 고양시 덕양구 대장길 99
- #예술적 #붉은벽돌 #독특한외관

고양 렛츠런팜 원당 벚꽃
"말과 작은 동물농장도 있는 벚꽃명소"

농협대에서 렛츠런팜 원당(종마목장)까지, 그리고 렛츠런팜 원당(종마목장) 내부에도 벚꽃길이 이어진다. 단, 렛츠런팜 원당은 개방되는 시간과 휴무일이 있으니 홈페이지에서 꼭 확인해야 한다. 렛츠런팜 원당 내부에서는 뛰어노는 말들 옆으로 피어있는 벚꽃들을 볼 수 있으며, 아이들도 좋아하는 작은 동물농장도 운영되고 있다.(p239 D:3)

■ 경기 고양시 덕양구 서삼릉길 233-112
■ 주차 : 고양시 덕양구 서삼릉길 233-112
■ #벚꽃 #목장 #농장 #가족

렛츠런팜원당(원당종마목장)
"서울 근교에 말이 뛰어노는 초원이 있다는 것만으로 한 번 쯤 가봐야 할 곳"

넓은 초원 그리고 뛰어노는 말들을 볼 수 있는 서울 근교 목장. 푸른 하늘과 녹색 초원 그리고 하얀색의 울타리가 있어 사진촬영 장소로 유명하며, 어린이를 대상으로 말을 타 볼 수 있는 체험도 있다.(p241 D:2)

■ 경기 고양시 덕양구 원당동 201-79
■ 주차 : 고양시 덕양구 원당동 201-79
■ #승마 #테마파크 #사진

주막보리밥 서오릉본점 〔맛집〕
"특허 받은 시래기 털레기 수제비 맛집"

@156.h_cm

22년동안 운영되고 있는 곳으로 특허 받은 시래기 털레기 수제비, 코다리찜이 대표 메뉴이다. 가장 인기가 많은 시래기 털레기 수제비는 통으로 시래기가 들어가 시래기 향과 쫄깃한 수제비 반죽, 된장 베이스로 칼칼한 국물맛이 조화로워 맛 평이 좋다. 본관과 신관으로 나누어져 있으며 웨이팅이 있는 편. 별도

대기 공간 보유.

■ 경기 고양시 덕양구 용두로47번길 133
■ #시래기털레기수제비 #서오릉맛집 #특허

행주산성 및 역사공원
"행주대첩의 무대가 된 이곳!"

@o__xinn

권율 장군이 일본군과의 전쟁에서 큰 승리를 거둔 행주대첩의 무대가 된 곳. 승리를 기념하기 위해 세워진 권율 장군 동상과 승전비가 세워져 있다. 공원 가장 높은 곳으로 올라가면 서울 시내까지 내려다볼 수 있는 전망대가 있는데, 건물과 자동차의 불빛이 반짝이는 야경이 특히 아름답다. (p230 C:2)

■ 경기 고양시 덕양구 행주동 행주로15번길 89
■ #권율장군 #행주대첩 #방화대교뷰

고양 배다골테마파크 연꽃밭
"볼것도 많고 산책길도 좋은 곳"

배다골테마파크 후문 나무데크길로 이어진 연꽃밭. 연꽃을 포함해 갈대, 창포, 부들 등 다양한 수생 식물을 관찰할 수 있다. 이곳의 연꽃은 원래 연못에 비단잉어를 키우면서 수질 관리를 목적으로 재배하게 되었다고 한다. 연꽃밭뿐만 아니라 민속 정원, 동물원, 체육시설 등 다양한 체험시설을 즐길 수 있다.(p241 D:2)

■ 경기 고양시 덕양구 화정동 58-2
■ 주차 : 고양시 덕양구 화정동 3-3
■ #연꽃 #갈대 #부들 #잉어

일산칼국수본점 〔맛집〕
"닭고기 깊은 맛의 닭칼국수 전문점"

@ts32287546

닭칼국수 전문점으로 메뉴판에는 없지만 바지락 칼국수도 따로 있다. 차이점은 닭고기 양이다. 조개 베이스의 시원하고 진한 국물맛과 쫄깃한 면발이 어우러져 맛 평도 좋고 양도 많다는 평이 많다. 좌석은 의자 테이블, 좌식 테이블로 나누어져 있고, 웨이팅이 있지만 회전율이 빠른 편. 재료 소진 시 조기마감. 포장 가능

■ 경기 고양시 일산동구 경의로 467
■ #닭칼국수 #김치맛집 #담백한국물

포레스트아웃팅스 〔카페〕
"식물원 느낌 인테리어 카페"

@roxane.ellaa

2층 둥근 조명을 중심으로 카페의 내부 인테리어가 한눈에 보이는 곳이 대표 포토 스팟. 카페 내부에 크고 작은 잉어들이 헤엄치며 연못이 있고, 다양한 식물들이 있어 식물원에 온 것 같은 느낌을 받을 수 있다. 계단식 좌석, 마루 등 테이블과 좌석 스타일이 조금씩 달라 취향과 편의에 맞게 앉을 수 있다. 음료는 물론 크루아상, 스콘 등 아기자기하고 맛있는 베이커리류와 브런치를 즐길 수 있다. (p238

C:3)

■ 경기 고양시 일산동구 고양대로 1124
■ #베이커리카페 #식물원카페 #다양한좌석

일산호수공원
"호수공원의 대명사!"

우리나라에서 가장 유명한 호수 공원으로, 라
페스타, 롯데백화점, 이마트 트레이더스, 아
울렛, 대형마트 등 주요 상업시설이 모두 이
곳에 모여있어 쇼핑하러 오는 사람들이 많다.
(p230 C:2)

■ 경기 고양시 일산동구 호수로 595
■ #쇼핑 #라페스타 #나들이

원마운트 워터파크
"경기 고양시에 있는 워터파크"

도심 속 실내외에서 즐길 수 있는 워터파크.
실내 워터파크는 4층, 실외 워터파크는 7층
에 있다. 수영 모자를 반드시 착용해야 하므
로 잊지 말고 챙겨가자.(p230 C:2)

■ 경기 고양시 일산서구 대화동 2606
■ #워터파크 #실내 #실외 #수영

현대모터스튜디오 고양
"자동차에 대한 모든 것"

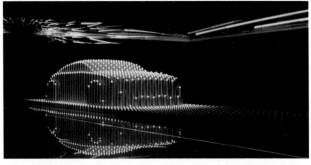

아이도, 어른도 반하는 자동차 테마파크. 자동차의 제작 과정, 기술, 시승 등 자동차에 관한 모
든 체험이 가능하다. 4D Ride 체험관에선 놀이기구를 탄 듯 실감 나는 움직임을 느껴볼 수도
있다. 워낙 많은 사람들의 사랑을 받고 있는 곳이라 사전 예약은 필수!(p241 D:1)

■ 경기 고양시 일산서구 킨텍스로 217-6
■ 주차 : 경기 고양시 일산서구 킨텍스로 217-6
■ #자동차테마파크 #고양핫플 #첨단기술 #자동차과학 #자동차시승

고양 꽃박람회
"엄청난 규모여서 미리 준비 해야!"

30개국의 다양한 꽃을 한자리에서 즐길 수
있는 화훼 박람회. 식물 액자, 꽃바구니, 압
화 엽서 등을 직접 만들어볼 수 있고, 무대
에서 다양한 장르의 음악공연도 개최된다.
야간에 방문하면 꽃밭과 함께 멋진 야경을
즐길 수 있다.

■ 경기 고양시 일산서구 대화동 2710
■ 주차 : 고양시 일산서구 대화동 2710
■ #꽃밭 #포토존 #축제 #체험 #공연

마장호수 출렁다리
"수채화 속에 들어와 있는듯한 착각"

농업용 저수지에서 호수공원으로 변신한 마
장호수! 이곳의 하이라이트는 출렁다리. 긴
출렁다리에서 내려다보는 호수와 주변의 풍
경은 아찔함과 아름다움을 동시에 느끼게 해
준다.(p230 C:2)

■ 경기도 파주시 광탄면 기산로 313
■ 주차 : 경기 파주시 광탄면 기산리 산150-
27, 마장호수제2주차장
■ #파주 #마장호수 #출렁다리 #산과호수 #
수채화

보광사

"드라마 <더 글로리>에 등장했던 사찰"

고령산에 있는 절로, 신라시대에 도선국사가 창건하였다. 넓은 주차장이 마련되어 있어 자동차로 쉽게 이동할 수 있다. 최근 넷플릭스 '더 글로리'에 등장하며 이곳을 찾는 관광객들이 부쩍 늘었다. (p230 C:2)

- 경기 파주시 광탄면 보광로474번길 87
- #신라시대 #불교사찰 #더글로리

벽초지 문화수목원

"27가지 주제로 꾸며진 동서양 정원"

@1_ayeon710

동서양 정원 어우러진 풍경에서 인생 사진 찍을 수 있는 곳. 신화, 모험, 자유 등 27가지 주제로 꾸며진 유럽식 정원과 한국식 정원이 있다. 사철 계절 꽃들이 피어나 아름답지만 그중에서도 특히 가을철 국화꽃이 탐스럽고 예쁘다. (p230 C:2)

- 경기 파주시 광탄면 부흥로 242
- #유럽식정원 #한국식정원 #포토존

지혜의 숲 추천

"책으로 둘러싸인 독서 천국"

@rang_rang_home

파주 출판도시에 있는 열린 문화공간 겸 도서관으로, 8m 높이로 쌓아 올린 책 앞에서 사진 찍어가는 이들이 많다. 각 층에는 국내외의 다양한 도서들이 실제로 전시되어 있는데, 내게 맞는 책을 추천받거나 잠시 빌려 읽을 수 있다. 시설 내 카페도 운영하며, 커피를 마시며 책을 읽을 수도 있다. 무료입장, 연중무휴 10~20시 개관. (p230 C:2)

- 경기 파주시 교하읍 회동길 145
- #도서관 #북카페 #포토존

제3땅굴

"한국전쟁 당시 만들어진 땅굴"

한국전쟁 때 북한군이 우리나라에 침입하기 위해 만들었던 땅굴로, 1978년 10월 17일 발견되었다. DMZ 관광셔틀버스를 타고 제3땅굴, 도라산전망대, 도라산역을 돌아보는 투어 프로그램을 운영한다. 영상관에서 분단의 역사를 살펴보고 난 후, 엘리베이터를 타고 땅굴에 직접 들어가 볼 수 있다. (p238 B:1)

- 경기 파주시 군내면 제3땅굴로 210-358
- #한국전쟁 #땅굴 #역사여행지

심학산 전망대

"둘레길도 걷고 한강전망의 북한땅도 보고"

날씨가 좋은 날엔 북한의 개풍군도 볼 수 있는 전망대. 높이가 낮은 산이어서 둘레길로 등반하는 데 그리 어렵지 않다. 둘레길은 2시간이면 완주 할 수 있는데, 산마루가든, 우농타조농장, 교하배수지, 약천사 등에서 오르면 된다. 주차장은 여러 곳이 있지만, 일반적으로 심학산 둘레길 주차장을 이용한다. (p238 B:3)

- 경기 파주시 동패동 산 282-1
- 주차 : 경기 파주시 서패동 52-2
- #둘레길 #전망대 #한강전망

판문점

"한국전쟁이 멈춰진 역사의 현장"

한국전쟁 휴전 협정이 이루어진 역사적인 공간으로, 영화 '공동경비구역 JSA'의 무대가 되기도 했다. 휴전선을 경계로 2km가 비무장지대(DMZ)로 지정되어 있는데, 판문점은 이곳에 속해있어 사전 예약을 해야만 방문할 수 있다. 판문점뿐만 아니라 군사 분계선, UN 사령부, 제3초소 전망대 등 한국전쟁과 관련된 비무장지대 주요 구역들을 돌아볼 수 있다. (p230 C:2)

- 경기 파주시 문산읍 임진각로 148-40
- #한국전쟁 #비무장지대 #역사여행지

임진각 평화누리 공원 _{추천}
"넓은 잔디 언덕 그리고 수천 개의 바람개비"

휴전선 남쪽으로 7km 떨어진 통일을 염원하는 공간이자 공원. 1953년 포로 2천여 명이 귀환했던 자유의 다리 일부가 남아있다. 총, 포탄의 흔적이 고스란히 남아있는 경의선 폐기관차가 전시되어 있으며, 임진각 옆, 평화누리공원 넓은 잔디 언덕에는 각종 문화예술 프로그램들 진행되고 있다.(p238 B:1)

- 경기 파주시 문산읍 마정리 618-13
- #통일 #남북전쟁 #역사공원

채식공간 녹두 _{맛집}
"소박한 분위기의 유기농 채식 음식점"

목,금,토요일만 운영하는 소박한 분위기의 친환경, 유기농 채식 음식점으로 텃밭에서 기른 유기농채소와 로컬푸드로 베이스로 한 제철 요리가 제공된다. 메뉴는 20여가지의 뿌리, 열매, 잎 채소와 매콤새콤한 전통 발효 간장 양념이 나오는 제철 채소구이와 밥 외에 솥밥, 나물 주먹밥 등이 있다. 공간이 크지 않아 예약을 하고 방문하는 것을 추천한다. 브레이크타임 15시~17시 (p238 B:2)

- 경기 파주시 산남로107번길 35-35
- #비건식당 #제철요리 #친환경재료

임진각 평화곤돌라
"임진강을 건너 평화의 시대로 "

임진각, 평화정, 평화등대 등 북한 접경지대 일대를 둘러볼 수 있는 곤돌라. 임진각 관광지에서 출발해 미군 반환 기지 캠프까지 이동한다. 운행 구간에 민간인 통제 구역도 포함되어 있어 더 특별한 추억을 남길 수 있다. 바닥이 투명한 크리스탈 캐빈을 타면 임진각의 때묻지 않은 자연 풍경을 오롯이 즐길 수 있다. 평일 10~19시, 주말 09~19시 영업, 일행 중 1명 이상 신분증 지참 필수. (p238 B:1)

- 경기 파주시 문산읍 임진각로 148-73
- #북한전망 #민통선 #신분증필참

평화열차 DMZ(D-Train) 서울-도라산
"분단의 아픔을 돌아보는 관광열차"

서울역에서 도라산역까지 운행되는 관광열차. 전쟁, 생태, 기차를 테마로 한 카페, 전망석, 포토존, 갤러리 등 운영한다. 전쟁·생태·기차를 테마로 한 카페와 전망석, 포토존, 갤러리 등을 운영한다. DMZ 패스를 사면 무제한으로 이용할 수 있으니 참고. 민간인 출입통제구역을 지나갈 경우 반드시 신분증을 지참해야 한다. 또한, 꼭 왕복표를 소지해야 한다.(p238 B:1)

- 경기 파주시 장단면 노상리 556
- #한국전쟁 #통일 #민통선

파주 이이유적
"율곡 이이와 신사임당이 모셔져 있어"

신사임당의 아들이자 조선 중기 학자였던 율곡 이이 선생의 유적지. 율곡 및 신사임당의 가족이 이곳에 모셔져 있다. 율곡의 생애와 업적을 전시해놓은 율곡 기념관이 유적지 안에 있다. 산책로 및 벤치가 마련되어 있어 간단하게 나들이를 즐기기에도 좋다. (p234 A:3)

- 경기 파주시 법원읍 자운서원로 204
- #율곡이이 #역사유적지 #교육여행지

도라산전망대
"눈에 보이지만 갈 수 없는 곳"

서부전선 군사분계선 최북단에 있는 전망대. 개성공단과 송악산, 개성시 일부 모습이 선명하게 보인다. 전망대 옆 제3 땅굴이 있는데, 모노레일을 타고 내부를 관람할 수 있다.(p238 B:1)

- 경기 파주시 장단면 제3땅굴로 310
- 주차 : 파주시 문산읍 마정리 1336-1
- #북한전망 #땅굴 #모노레일

감악산 출렁다리
"절경을 보며 걷는 짜릿한 이 기분!"

150m 길이의 출렁다리로, 그 아찔한 감각이 정말 '악소리가 나게 한다. 하지만 초속 30m 강풍에도 안전한 다리라 하니 안심하고 이동하자. 감악산 둘레길 코스에 속해있으며, 이 일대는 경기도를 대표하는 해돋이, 진달래 명소로 꼽힐 정도로 그 경치가 아름답다.(p230 C:2)

- 경기 파주시 적성면 설마천로 238
- #감악산 #출렁다리 #아찔한

하니랜드
"장곡 호수 옆의 아담한 놀이동산"

파주 조리읍 장곡 호숫가에 위치한 놀이공원. 꼬마 기차, 우주 비행선, 박치기 차(범퍼카), 바이킹, 입체 상영관과 야외수영장, 눈썰매장, 미니 골프장이 있다. 장곡 호수는 낚시 명당으로도 유명하며, 유네스코 문화유산으로 지정된 명소 파주 삼릉과도 가깝다.(p239 D:2)

- 경기 파주시 조리읍 장곡로 218
- 주차 : 파주시 조리읍 장곡리 420-5
- #놀이공원 #수영 #눈썰매

더티트렁크 카페
"창고형 카페의 원조격, 넓은 좌석이 부족할 정도로 유명한 파주 랜드마크 카페"

압도적인 규모와 감각적인 인테리어를 자랑하는 창고형 감성 카페. 공간이 넓어서 활용도가 좋은데 특히 1층에서 2층을 연결하는 계단에 마련된 좌식 테이블은 이곳의 명당. 커피와 베이커리, 간단한 식사 등 다양한 메뉴를 즐길 수 있다. 주말에는 너무 많이 붐비기 때문에 평일 방문을 추천한다.(p230 C:2)

- 경기 파주시 문발동 지목로 114
- #서울근교 #파주카페 #창고형카페 #베이커리 #파스타맛집 #파주나들이 #데이트코스

파주출판단지
"출판의 천국, 유명 건축물을 보는 재미는 덤!"

출판사와 디자인, 인쇄업체가 모여있는 곳으로, 각 회사에서 서점, 갤러리, 북 카페, 중고책방 등을 운영해 출판 종사자 뿐만 아니라 일반인들도 즐길 거리가 많다. 유명 건축가가 설계한 개성 있는 건축물이 많아 건물 구경하러 오는 이들도 많다. 특히 '화인 링크'라는 건물이 유명하다. (p238 B:3)

- 경기 파주시 직지길 469
- #건축물 #북카페 #중고책방

갈릴리농원본관 맛집
"오로지 장어 맛에만 집중했어요"

메뉴는 장어 단일 품목이며 주류는 판매되지만 공기밥, 김치 등 별도 메뉴는 없어 옆 마트에서 따로 구매 후 식사할 수 있다.(육류,어패류,술,음료 반입불가) 구매하지 않고 사전에 챙겨오면 비용을 아낄 수 있어 햇반, 대파, 김치 등 미리 준비하는 것도 하나의 팁. 기본으로 쌈, 소스만 제공되며 더 필요할 경우 셀프

바를 이용하면 된다. 연중무휴 (p230 C:2)

- 경기 파주시 탄현면 방촌로 1196
- #장어맛집 #외부음식반입가능 #가성비장
어구이

프로방스마을

"만화 속에 들어가 사진 한 장 찍고 싶
은 알록달록 마을"

프랑스 남부 프로방스 지역의 이름을 따온
계획 마을. 만화 속에 들어온 듯한 파스텔톤
의 건물에는 각종 소품, 의류, 레스토랑, 카
페, 빵집 등이 있어 한나절 먹고 쉬고 가기
에 적합하다.(p230 C:2)

- 경기 파주시 탄현면 성동리 82-1
- 주차 : 경기 파주시 탄현면 성동리 84
- #테마파크 #가족여행 #스냅사진

문지리535 카페

"야자수 산책로 카페"

카페 내부 야자수나무가 쫙 펼쳐져 있는 산책
길에서 푸릇한 사진을 찍어보자. 총 3개의 층
으로 구성되어 있으며 각 층마다 층고가 높아
개방감을 느낄 수 있다. 실내는 통유리로 되어
있어 푸릇한 잔디뷰 감상도 가능하다. 1층은
웅장한 크기의 식물들과 평소 보지 못하는 식
물들, 인공연못까지 있어 피톤치드를 느끼며

산책하기 좋다. 샌드위치, 치아바타 등 브런치
도 맛볼 수 있다.

- 경기 파주시 탄현면 자유로 3902-10
- #식물원카페 #대형카페 #브런치카페

오두산통일전망대

"지도에서만 보았던 황해도 이렇게 쉽게
볼 수 있을 줄이야"

황해북도 개풍군 관산반도의 북한 주민들
이 보인다. 한강과 임진강이 만나는 오두산
해발 140m에 있다.(p238 B:2)

- 경기 파주시 탄현면 필승로 369
- 주차 : 파주시 탄현면 성동리 659
- #북한전망 #황해도 #오두산

헤이리 예술마을 추천

"예술인들이 모여산대"

49만 5,868m²의 넓이를 가진 예술 마을. 갤러리, 공연장, 카페, 박물관과 예술인들의 주
거공간이 있다. 국내외 건축가들이 직접 설계한 예술적인 건축물도 만나볼 수 있다.(p238
B:2)

- 경기 파주시 탄현면 헤이리마을길 82-105
- #갤러리 #북카페 #예술거리

퍼스트가든

"20개가 넘는 테마정원부터 놀이동산까
지, 가족여행의 필수코스!"

식물원, 수목원, 동물원, 놀이동산, 레스토랑
까지 함께 운영하고 있어 가족 여행객이 편히
쉬다 갈 수 있다. 피크닉 가든, 테라스 가든,
허브 가든, 버드 가든 등 20가지 넘는 테마정
원을 비롯해 회전목마, 바이킹, 범퍼카 등 다
양한 놀이 기구까지 즐길 거리가 가득하다.
(p238 C:2)

- 경기 파주시 탑삭골길 260
- #식물원 #동물원 #놀이동산

파주 율곡습지공원 코스모스
"소리 소문 없이 다녀올 수 있는 곳"

파주 파평면 주민들이 습지를 활용해 손수 가꾼 100만 송이 코스모스 꽃밭. 가을철에 코스모스 꽃밭에서 코스모스 축제와 음악회도 진행된다. 봄에는 유채꽃과 양귀비꽃이 피어난다. 율곡 습지 공원과 임진강 사이는 민통선 철책선으로 막혀 있지만, 생태 탐방로를 따라 평화 누리길까지 이동할 수 있다.(p238 C:1)

- 경기 파주시 파평면 율곡리 188
- 주차 : 파주시 파평면 율곡리 195-1
- #코스모스 #축제 #생태탐방로

양주 나리공원 코스모스
"잘 가꾸어진 공원"

양주 나리공원 동쪽에 있는 드넓은 황화 코스모스 꽃밭. 동쪽 천일홍 꽃밭을 따라서도 황화 코스모스가 꽃길을 이루고 있다. 황화 코스모스뿐만 아니라 천일홍, 핑크뮬리, 장미 등 다양한 꽃이 심겨 있고, 곳곳에 쉼터와 원두막이 있어 편하게 이동할 수 있다.(p239 F:2)

- 경기 양주시 광사동 731
- 주차 : 양주시 광사동 731
- #황화코스모스 #천일홍 #핑크뮬리

오랑주리 `카페`
"식물원 느낌 브런치 카페"

@dallee11

온통 초록색으로 덮인 푸른 식물원 느낌의 내부 인테리어. 입구부터 식물들이 가득하다. 내부 인공연못 안에 커다란 잉어도 볼 수 있고 화분들도 판매하고 있다. 음료는 커피, 티, 스무디, 리큐어 등으로 준비되어 있고 피자, 파니니 등 간단한 식사도 가능하다. 주차는 음료 주문 후 식기 반납할 때 요청하면 2시간 무료 지원이 된다. (p239 E:2)

- 경기 양주시 백석읍 기산로 423-19
- #식물원카페 #온실카페 #양주카페

회암사지박물관
"왕실사찰의 위용"

고려 말부터 조선 초까지 최대의 왕실사찰이었던 회암사에 있는 박물관. 회암사의 역사와 위상, 유물, 모형, 영상 등이 전시되어 있다. 매주 월요일, 1월 1일, 설날과 추석 연휴 휴관.

- 경기 양주시 율정동 299-1
- 주차 : 경기 양주시 율정동 301-1
- #회암사 #사찰 #유물 #역사

용암리 막국수 `맛집`
"메인은 부지깽이 막국수!"

@andy877_5

메밀막국수, 메밀손만두, 수육이 있으며 메밀막국수는 물, 비빔, 장, 부지깽이 이렇게 4가지로 나누어져 있다. 부지깽이 막국수는 오직 용암리 막국수에서만 먹을 수 있는 메뉴로 신선한 메밀면, 들기름, 특제 양조간장, 부지깽이 나물을 넣어 만들어지는데 먹을 때 바로 섞지 말고 막국수랑 나물을 조금씩 곁들여 먹으면 더 맛이 좋다는 평. 화요일 정기휴무. (p234 C:3)

- 경기 양주시 은현면 평화로1889번길 46-12
- #양주맛집 #부지깽이막국수 #막국수맛집

가나아트파크
"온가족이 함께 즐기는 예술 놀이터"

다양한 예술 전시와 체험행사가 있는 예술 테마파크. 회화, 조각품이 전시되어 있는 실내 공간 말고 야외에도 다양한 조형물과 그물 놀이 기구 등 예술작품으로 채워진 야외 놀이터가 마련되어 있다. 10:30~18:00 개관, 주말 및 공휴일 10:30~19:00 개관, 야외 놀이터 입장료 별도. (p239 E:2)

- 경기 양주시 장흥면 권율로 117
- #미술관 #예술체험 #놀이기구

두리랜드
"임채무 배우가 맞이해주는 어린이 테마파크"

배우 임채무 씨가 운영하는 놀이동산으로 유명하다. 장흥국민관광지를 내려다볼 수 있는 관람차와 바이킹, 회전목마, 범퍼카, 회전그네 등 다양한 놀이시설 및 트릭아트 체험장, 야외수영장이 마련되어 있다. (p239 E:2)

- 경기 양주시 장흥면 권율로 120
- #회전목마 #범퍼카 #트릭아트

송추가마골 본관 _{맛집}
"흔들다리가 있다고?"

1층에서는 갈비탕, 곰탕 등 식사류를, 2층에서는 구이류를 먹을 수 있는 공간으로 구성되어 있다. 갈비탕은 큰 뚝배기에 푸짐한 팽이 버섯, 당면, 많은 고기양이 있어 인기가 많고 고기는 직원 분이 직접 구워주시고 부드럽고 연하다는 맛 평이 많다. 본관과 신관을 이어주는 흔들다리가 있어 소소한 재미를 느낄 수 있다. 넉넉한 주차공간. 포장가능, 연중무휴 (p239 E:2)

- 경기 양주시 장흥면 호국로 525
- #양주장흥맛집 #두리랜드맛집 #가족식사하기좋은곳

송암스페이스센터
"별 볼 일 있는 우주테마파크"

지금까지와는 다른, 전혀 새로운 천체관측소가 생겨났다. 최첨단 장비로 별을 관측할 수 있는 천문대, 우주를 배울 수 있는 스페이스센터, 이 자체로 여행이 따로 없는 케이블카, 호텔급 숙소와 레스토랑까지... 그야말로 국내 최고의 우주테마파크이다.(p239 E:2)

- 경기 양주시 장흥면 권율로185번길 103
- 주차 : 경기 양주시 장흥면 권율로185번길 103
- #천체관측소 #천문대 #스페이스센터 #케이블카 #우주테마파크

송추계곡
"물놀이와 식도락을 함께, 도심 계곡"

@jeon_sunjin

송추역과 가까워 수도권 주민들이 여름 피서지로 즐겨 찾는 곳. 계곡 주변에 수영장과 낚시터가 마련되어 있고, 매운탕과 백숙을 판매하는 음식점도 많아 편하게 물놀이를 즐기다 올 수 있다. 근처에 도봉산이 있어 산행을 즐기고 송추계곡에 놀러 오는 등산객도 많다. (p230 C:2)

- 경기 양주시 장흥면 울대리 송추계곡
- #계곡 #낚시터 #백숙

일미담 _{맛집}
"깔끔한 한정식 식당을 찾는다면"

@kitig0821

깔끔한 한정식 맛집으로, 한정식, 간장게장, 생선구이, 직화돼지불고기가 주 메뉴이다. 추가 비용을 내고 견과류가 가득한 돌솥밥으로 변경 가능하다. 테이블에 빈틈 없이 채워지는 정갈한 밑반찬도 맛 평이 좋은 편. 강원도 삼

척에 본점을 두고 있다. 단체좌석 보유. 연중무휴 (p234 C:3)

- 경기 동두천시 동광로 73
- #정부지정안심식당 #솥밥정식 #동두천한정식

동두천 소요산 진달래
"소요산 등산은 진달래 철에"

소요산 초입부터 정상까지 등산로 곳곳을 물들인 진달래 무리. 일주문-자재암-하 백운대-중 백운대-선녀탕을 지나 다시 일주문으로 돌아오는 5.7km 1시간 30분 거리의 코스를 추천한다. 거리는 짧지만 험한 산길이 이어져 주의를 기울여야 한다. (p234 C:3)

- 경기 동두천시 상봉암동 산1-1
- #진달래 #소요산 #정상 #등산

파인힐커피하우스 _{카페}
"산속 정원 딸린 베이커리 카페"

@winsome_yudini

1층 야외에 푸릇한 산을 배경으로 사진을 찍는 곳이 대표 포토존. 약 2만 평의 정원 안에 위치해 있어 자연 풍경과 함께 여유로움을 만끽하며 즐기기 좋은 곳이다. 높은 지대에 위치해 있어 탁 트인 풍광을 볼 수 있다. 인공분수, 곳곳에 그림 등이 있어 갤러리에 온 듯한 느낌도 얻을 수 있다. 간단한 베이커리류와 마카롱이 준비되어 있고 야외테라스에서만 반려견 동반이 가능하다.

- 경기 동두천시 안흥로 65-34
- #동두천카페 #애견동반카페 #마운틴뷰

니지모리 스튜디오 추천
"동두천으로 떠나는 교토 여행"

@nawusmik

일본 교토 풍경을 그대로 옮겨놓은 듯한 스튜디오 및 숙박시설. 건축물부터 작은 소품 하나하나까지 일본식으로 꾸며져 있다. 기모노를 빌려 입고 마치 일본 여행에 온 듯한 기념사진을 찍어갈 수 있다. 19세 미만 미성년자는 출입이 제한된다는 점을 주의하자. (p234 C:3)

- 경기 동두천시 천보산로 567-12
- #일본풍 #포토존 #미성년자출입제한

토가 맛집
"집밥 같은 식사를 찾는다면"

@wu_enzhi

옛스러운 내부 분위기가 매력적이고, 나무로 만들어진 메뉴판이 독특한 곳. 메뉴는 불낙전골, 버섯전골 2가지로 나뉘며 사이드메뉴로 해물파전, 도토리묵, 더덕구이가 있다. 소고기와 각종 채소들에 간장, 와사비 소스를 곁들여 먹으면 시원한 국물맛과 배부른 한 끼를 맛 볼 수 있다. 정갈한 밑반찬도 맛도 좋아 평이 좋은 편. 브레이크 타임 15시~17시(공휴일 제외)

- 경기 동두천시 평화로 2914-24
- #안심식당 #소요산맛집 #옛분위기

나크타 카페 카페
"낙타 벽화 루프탑 카페"

@joyvely_427

카페 외관 낙타 그림과 함께 귀여운 사진을 남겨보자. 1층은 화이트, 우드톤의 인테리어로 꾸며져 있고, 2층은 큰 통창으로 되어 있어 나무숲 뷰를 즐기기 좋다. 3층 루프탑은 타프가 있어 날씨가 좋을 때는 맑은 하늘과 함께 즐기기 좋다. 베이커리류는 음식 프로그램에서 시오 빵을 만든 쉐프가 제조하여 유명한데 그

중 도봉산 호랑이 빵이 시그니쳐 메뉴이다. 음료는 커피, 티 등이 있다.

- 경기 의정부시 망월로28번길 137
- #숲속사막 #도봉산카페 #의정부카페

의정부미술도서관
"도서관으로 떠나는 여행"

@two_love____

도서관에 미술관을 더한 우리나라 최초의 특화 도서관. 기획 전시실을 비롯, 오픈스튜디오까지 복합문화공간이다. 유럽의 유명 미술관이 떠오르는 아름다운 공간을 구경하는 재미에 시간이 흐르는 것도 잊을 정도이다. 공간, 책, 전시 모두 어느 것 하나 빠지는 게 없는 매력적인 도서관이다. (p231 D:2)

- 경기 의정부시 민락로 248
- 주차 : 경기 의정부시 민락로 248
- #의정부 #특화도서관 #오픈스튜디오 #갤러리

차이나퀴진 맛집
"깔끔하고 맛있게 중화요리를"

@bentixx

짜장면, 짬뽕, 탕수육 등이 있는 중화요리 음식 전문점으로 짬뽕과 탕수육이 인기메뉴이다. 짬뽕은 텁텁하지 않고 깔끔한 뒷 맛과 불

맛이 나서 평이 좋다. 인테리어도 깔끔하다. 아기의자 보유. 브레이크타임 15시30분~17시. 월요일 정기휴무 (p239 F:2)

- 경기 의정부시 용민로 493 엘스퀘어2층 228호
- #의정부맛집 #민락동맛집 #중식당

의정부 부대찌개 거리
"의정부에 왔다면 반드시 들러야해!"

미군부대가 있던 의정부시에서는 미군 보급품인 햄, 소시지를 넣어 얼큰한 찌개를 끓여 먹었는데, 이게 부대찌개의 시초가 되었다. 김치, 소시지가 들어간 베이스에 라면, 떡 사리 등을 추가해 나만의 부대찌개를 만들어 먹을 수 있다. 다양한 부대찌개집이 모여있지만 '오뎅식당'이라는 가게가 특히 유명하다. (p231 D:2)

- 경기 의정부시 호국로1309번길 7
- #지역음식 #소시지 #라면사리

오뎅식당 의정부 본점
"1960년대 정통 의정부식 부대찌개 맛볼 수 있는 곳"

1960년 개업해 우리나라에서 부대찌개를 처음으로 선보인 식당. 햄, 소시지, 두부, 다진 소

고기에 직접 담근 묵은지를 넣어 얼큰하게 끓여준다. 소시지, 햄, 베이컨, 감자수제비, 라면 사리 등을 추가해 먹을 수 있다.

- 경기 의정부시 의정부1동 호국로1309번길 7
- #의정부부대찌개 #원조부대찌개 #깔끔

국시집 밀가마 맛집
"사골국물 베이스로 만든 걸쭉한 칼국수"

@food_jung_

김치, 야채가 들어간 통만두와 사골국물로 만든 손칼국수가 대표메뉴로 수타 작업하는 조리장을 직접 볼 수 있다. 살짝 양념이 되어 있는 국내산 육우와 양념 고추가 고명으로 올려져 있어서 겉절이와 함께 먹으면 진한 국물맛과 함께 쫄깃한 면발이 조화로워 맛이 좋다는 평. 실내 벽이 통유리로 되어 있어 개방감을 느낄 수 있다. 일,월 정기휴무. (p239 F:2)

- 경기 의정부시 호국로1723번길 28 밀가마 국시집
- #의정부맛집 #수타면 #칼국수맛집

당포성
"당포성으로 별 보러 가지 않을래?"

임진강 위에 지어진 고구려의 성이다. 우리나

라에서 흔히 볼 수 없는 고구려 유적지라서 더 특별하다. 별의 빛을 방해하지 않는 탁 트인 공간에서 오롯이 별을 바라볼 수 있어 별 보기 좋은 곳으로도 꼽힌다. 당포성 정상에 있는 나홀로나무에서 꼭 사진을 찍어보자. (p230 C:1)

- 경기 연천군 미산면 동이리 778
- 주차 : 경기 연천군 미산면 동이리 778
- #연천군 #고구려 #전략적요충지 #임진강 #별명소

임진강 주상절리
"한탄강을 따라 뻗은 주상절리 절경"

연천군 미산면 동이리, 한탄강이 흐르는 이 자리에서 1.5km 대형 주상절리를 발견할 수 있다. 한탄강을 따라 직선으로 뻗은 주상절리 절벽을 따라 폭포, 담쟁이덩굴이 멋진 경치가 되어준다. 가을이면 이 주상절리를 따라 단풍잎이 피어나 경치가 더 아름답다. (p234 B:2)

- 경기 연천군 미산면 마동로196번길 226-28
- #한탄강 #주상절리 #단풍

고랑포길
"연천 평화누리길이 시작하는 곳"

임진강 서북쪽에 있는 포구로, 임진강 평화 누

리길 10코스에 속해있다. 신라의 마지막 임금인 경순왕이 모셔져 있는 곳이기도 하다. (p234 A:2)

- 경기 연천군 백학면 노곡리 1908-4
- #임진강 #포구 #경순왕

자유로쌈밥 `맛집`
"10종류의 쌈, 무한제공"

@sook0220

청국장 우렁이쌈장을 기본으로 제육, 고등어, 오리고기 등 선택이 가능하다. 쌈밥은 2인 이상 주문가능하다. 10종류의 쌈채소를 제한 없이 먹을 수 있어 가성비가 좋고 밑반찬도 푸짐하게 나온다는 평. 포장 가능. 연중무휴 (p234 A:2)

- 경기 연천군 백학면 청정로53번길 19 자유로쌈밥
- #우렁이쌈장 #호로고루맛집 #쌈채소무한리필

대호식당 `맛집`
"시원하고 칼칼한 국물이 땡길 땐"

@bkm830504

연천 로컬 느낌의 식당. 메뉴는 부대찌개, 동태찌개 2가지이며 라면,햄,소세지, 당면, 알, 고니를 추가 사리로 넣을 수 있다. 동태찌개는 두부, 콩나물, 대파가 어우러져 시원하고 칼칼한 국물이라 맛이 좋다는 평이 많다. 마지막에 누룽지가 제공된다. 화요일 정기휴무.

호로고루 해바라기밭
"9월엔 이곳, 고구려 유적지에서 보는 해바라기 밭!"

@juhee_hihi

지형이 마치 조롱박과 같이 생겼다 하여 이름 지어진 호로고루는, 고구려의 3대 평지성 중 하나이다. 성벽 앞으로 너른 해바라기 밭이 펼쳐져 있다. 뒤로는 고구려의 유적지가, 앞으로는 임진강이 펼쳐져 있는 호로고루 해바라기 밭은 드넓은 잔디밭도 함께 있어 활동적인 아이가 있는 가족여행지로 매우 좋다. 9월쯤 방문했을 때 만개한 해바라기와 깨끗하고 높은 하늘, 가을의 정취를 제대로 즐길 수 있다. (p230 C:1)

- 경기 연천군 장남면 원당리 1258
- #해바라기밭 #연천 #고구려유적지 #임진강 #9월여행지

- 경기 연천군 신서면 연신로 1154 대광리역 앞
- #대광리역 #동태찌개맛집 #로컬맛집

재인폭포 출렁다리
"한탄강과 주상절리의 절경을 한눈에"

한탄강 재인폭포를 가로지르는 출렁다리. 다리 위에서 현무암 주상절리와 어우러지는 시원한 계곡물 풍경을 즐길 수 있다. 근처에 매점이나 식당이 없으니 간단히 요깃거리를 챙겨가자. (p231 D:1)

- 경기 연천군 연천읍 고문리 산21
- #한탄강 #출렁다리 #여름여행지

연천회관 카페 `카페`
"빈티지풍 베이커리 카페"

@st0702_nnd

예스러운 분위기가 물씬 느껴지는 카페 입구에서 사진을 찍어보자. 본관과 별관으로 나누

어져 있으며 내부 인테리어는 빈티지스러운 소품들이 있다. 시그니처 음료는 고소한 율무와 달콤한 크림, 우유, 에스프레소가 섞여 있는 연천 커피이다. 이 외에도 커피, 우유, 청량음료인 청심이, 차 등이 있다. 누텔라 페스츄리, 누네띠네 페스츄리, 등 다양한 베이커리류도 즐길 수 있다. (p231 D:1)

■ 경기 연천군 연천읍 평화로1219번길 42
■ #연천카페 #베이커리카페 #연천커피

한탄강 관광지
"캠핑을 사랑한다면 이곳을 기억하세요"

현무암과 모래사장이 있는 한탄강 유역은 오토캠핑장 및 숙박시설이 잘 갖춰져 있어 캠핑여행 장소로 인기가 많다. 한탄강 위를 오리배로 유유자적 돌아볼 수도 있으며, 여름철에는 물놀이도 즐길 수 있어 가족 여행객이 주로 방문한다. (p234 C:2)

■ 경기 연천군 전곡읍 선사로 76
■ #현무암 #캠핑장 #여름여행지

전곡리 선사유적지
"아슐리안 주먹도끼가 발견된 역사적인 곳에서 선사시대 체험"

동북아시아 최초로 아슐리안 주먹도끼가 발굴된 곳. 전곡선사 박물관에서 구석기 시대 화석들과 당시 사람들이 불을 피우고, 도자기를 만들던 모습을 그대로 재현해 전시하고 있다. 사냥하기, 집 짓기 등 선사시대 체험 프로그램도 진행하고 있다. 선사 박물관 10~18시 개관, 7~8월 10~19시 개관, 매주 월요일 휴관, 월요일이 공휴일일 경우 개관. (p231 D:1)

■ 경기 연천군 전곡읍 전곡리 515
■ #구석기 #주먹도끼 #선사시대체험

베어스타운 스키장
"장비가 없어도 괜찮아"

서울 근교에 위치한 대형 스키장. 장비가 없더라도 스키복과 장비 세트를 대여해준다. 국제스키연맹 공인 슬로프를 보유하고 있다.(p236 B:1)

■ 경기 포천시 내촌면 소학리 산123
■ 주차 : 포천시 내촌면 소학리 302-1
■ #스키 #보드 #장비대여 #슬로프

나리농원
"가을꽃의 성지"

가을이 되면 천일홍과 핑크뮬리로 붉게 물드는 야외 식물원. 대한민국에서 가장 규모가 큰 천일홍 군락지이기도 하다. 천일홍이 개화하는 9~10월이면 꽃 축제가 열린다.

■ 경기 포천시 소흘읍 이곡리 258-12
■ #천일홍 #핑크뮬리 #가을여행지

국립수목원 추천
"오랜 기간 만큼이나 억지로 꾸며짐 없이 깊은 맛이 느껴지는 수목원"

@qkqtns1004

세조의 어명으로 500년 동안 지켜온 수목원. 거대한 크기로 오랜 시간을 지켜온 원시 자연 수목원으로, 엄격한 출입통제로 사전 예약을 통해서만 입장할 수 있다. 과거에는 광릉수목원으로 불렸으며, 광릉은 세조의 무덤이다.(p231 E:2)

■ 경기 포천시 소흘읍 광릉수목원로 415
■ #자연 #숲 #피톤치드 #가족

포천아트밸리 `추천`
"인공적으로 만든 호수 천주호가 유명한 포천 핫플레이스"

영화와 드라마 촬영의 주요 단골 장소. 인공호수 천주호, 소원의 하늘정원(전망대), 조각공원, 천문과학관 등 볼거리가 가득하다. 서울근교 당일 나들이 코스로 강추. 오르막길이라 모노레일로 이동하는 것을 추천한다.(p231 E:1)

■ 경기 포천시 신북면 아트밸리로 234
■ #경기도가볼만한곳 #폐채석장 #포천나들이 #모노레일

카페 숨 `카페`
"온실 정원과 산책로"

@coco__.12

카페 내부 중앙에 푸릇푸릇한 온실 정원에서 사진을 찍어보자. 2,000평 규모의 숲속 정원 카페로 노키즈존으로 주말만 운영한다. 내부 인테리어는 우드톤으로 꾸며져 있어 차분한 분위기이다. 실내외 좌석이 많아 여유롭게 즐길 수 있다. 커피, 티, 쥬스 등 음료와 케이크 등 간단한 디저트를 맛볼 수 있다. 야외에 산책로가 잘 조성되어 있어 거닐기 좋다.

■ 경기 포천시 소흘읍 죽엽산로 502-61
■ #숲뷰 #주말운영 #노키즈존

포천 허브아일랜드 `추천`
"국내 최대 허브 테마파크! "

대한민국에서 가장 큰 규모의 허브 테마파크. 물의 도시 베네치아를 연상시키는 향기로운 허브정원을 중심으로 허브체험실, 허브 공방, 허브 레스토랑과 박물관, 숙박시설까지 갖추고 있다. 아로마 입욕 체험, 허브 디톡스 체험 등 즐길 거리가 많아 하루 종일 즐길 거리가 많다. 쌈장을 넣어 만든 허브 비빔밥이 레스토랑 인기 메뉴. (p231 D:1)

■ 경기 포천시 신북면 청신로947번길 35
■ #허브정원 #레스토랑 #숙박

비둘기낭폭포
"드라마 <킹덤> 속 신비한 그 곳"

비둘기의 둥지 마냥 주머니 모양을 하고 있어 비둘기낭이라 불리는 이곳은 지형학적 가치를 인정받아 천연기념물로 지정되어 보호받고 있다. 산속 깊은 곳의 신비한 폭포 모습에 다들 홀린 듯 감탄하는데, <킹덤>, <추노>, <아스달연대기> 등의 드라마도 이곳에서 촬영되었다.

■ 경기 포천시 영북면 대회산리 415-2
■ 주차 : 경기 포천시 영북면 대회산리 415-2
■ #천연기념물 #신비한곳 #포천여행 #킹덤촬영지 #드라마촬영지

포천 한탄강 하늘다리
"한탄강이 그대로 내려다 보이는 투명 스카이워크"

투명한 강화유리가 깔린 한탄강 스카이워크. 위로 오르면 한탄강 주상절리와 적벽강이 훤히 내려다보인다. 한탄강 주상절리 둘레길이 모두 이 하늘다리를 걸치고 있기 때문에, 둘레길을 걸으며 두루 관광해도 좋겠다. (p231 E:1)

■ 경기 포천시 영북면 비둘기낭길 207
■ #한탄강 #강화유리 #스카이워크

산정호수 `추천`
"얼어붙은 호수 위 썰매를 타보세요"

명성산 자락과 산정호수의 푸른 물이 어울려 그림 같은 풍경을 만들어낸다. 호수를 둘러싸고 나무 데크 산책로가 있고, 산책로에는 소나무 숲이 우거져 있어 길을 따라 시원하게 산책할 수 있다. 매년 겨울이면 호수 물이 꽁꽁 얼어붙기 때문에, 호수 위에서 얼음썰매를 즐길 수도 있다. (p231 E:1)

- 경기 포천시 영북면 산정호수로411번길 89
- #명성산 #산정호수 #산책로

산정호수 명성산 억새
"가을억새의 몽환적인 느낌과 탁트인 호수전망이 일품"

가을에는 산정호수 일원에서 억새꽃 축제가 열린다. 산정호수에서 1시간 반가량 올라가면 억새꽃 군락지가 나온다. 산정호수 주변에도 억새를 체험할 수 있는 산책로가 있다. 산정호수 산정지주차장(산동주차장)에 주차 후 등반하면 된다.(p234 C:3)

- 경기 포천시 이동면 도평리 산426

- 주차 : 포천시 영북면 산정리 75-5
- #포천 #가을 #억새 #산정호수

포천 장암리 이동갈비 `맛집`
"포천에 왔다면 이동갈비는 필수"

포천 이동면 장암리에 이동갈비 전문점 20여 곳이 모여있다. 보통 고소한 맛이 일품인 생갈비와 양파, 간장, 마늘 등을 넣고 양념한 양념갈비, 두 메뉴를 판매한다. 신선한 한우를 직접 공수해 가격이 합리적이면서도 맛도 뛰어나다. (p231 E:1)

- 경기 포천시 이동면 화동로 1996
- #생갈비 #양념갈비 #지역음식

원조이동 김미자할머니갈비 `맛집`
"옛 이동갈비 맛을 느끼고 싶다면"

15년 이상 숙성한 특제 양념에 직접 갈비를 재어 제공하는 곳으로 푸짐한 양과 달짝지근하면서 감칠맛 나는 양념 갈비 맛으로 인기있는 곳이다. 연탄에 구워 살짝 입힌 불향과 밥을 함께 먹으면 맛이 좋다는 평. 바로 앞에 백운계곡이 있어 자연친화적인 분위기를 느낄 수 있다. 연중무휴 (p231 E:1)

- 경기 포천시 이동면 화동로 2087
- #계곡뷰 #50년전통 #수제갈비

옹기골만찬쌈밥 `맛집`
"40년 전통의 우렁 쌈밥 전문점"

40년 전통의 우렁 쌈밥 전문 음식점으로 재육볶음, 떡갈비 등을 선택하여 개인 취향에 맞게 정식 주문을 하면 된다. 밥은 시래기밥이 제공되는데 일반 쌀밥으로 변경도 가능하다. 각종 야채 위에 밥과 강된장, 복분자 쌈장을 올려서 싸 먹거나 비빔밥 그릇에 강된장, 매실 고추장을 넣고 비벼 쌈을 싸 먹으면 더 깊은 맛을 느낄 수 있다고 한다. 브레이크타임 15시30분~17시 (p231 E:1)

- 경기 포천시 일동면 수입로 12 옹기골만찬
- #포천한정식 #산정호수맛집 #우렁쌈밥

골든트리 카페 `카페`
"북한강 전망 노출 콘크리트 카페"

북한강을 배경으로 유명 건축가의 설계로 지어진 노출 콘크리트 건물이 함께 놓여있는 프레임이 이곳의 포토존으로 한 폭의 그림 같은 사진을 남길 수 있다. 각종 음료와 더불어 같이 곁들여 먹을 수 있는 케익, 스콘류도 먹을 수 있다. 내부는 통창으로 되어 있어 시원한 북한강 조망이 가능하다. 2층 테라스 루프탑

은 노키즈존이다. (p231 F:2)

- 경기 가평군 가평읍 금대리 130-18
- #북한강카페 #멋진건축물 #가평카페

자라섬
"꽃과 음악이 흐르는 아름다운 섬"

매년 가을마다 열리는 자라섬 재즈 페스티벌이 유명하다. 섬 안에 오토캠핑장이 있어 하루 머물다 가는 사람들도 많다. 섬 안에는 시기별로 철쭉, 유채, 국화꽃 등 계절 꽃이 만개하고, 바다를 둘러싸고 둘레길이 마련되어 있다. 일몰부터 밤 11시까지는 야간 조명이 불을 밝혀 멋진 밤 풍경을 만들어준다. (p231 F:2)

- 경기 가평군 가평읍 달전리 1-1
- #재즈페스티벌 #오토캠핑장 #둘레길

남이섬 짚와이어(춘천) 추천
"남이섬까지 한번에"

경기도 가평군 자라섬과 강원도 춘천시 남이섬을 가로지르는 짚와이어. 이 짚와이어는 아시아 최대 규모로, 가평 선착장 타워에서 남이섬까지 940m를 와이어로프로 이동한다. 약 1분간 북한강 일대를 조망하며

남이섬으로 이동할 수 있다.(p237 E:1)

- 경기 가평군 가평읍 북한강변로 1024
- 주차 : 가평군 가평읍 달전리 144-2
- #짚와이어 #남이섬 #스릴

힐링닭갈비 가평본점 맛집
"애견 동반 가능한 철판닭갈비 전문점"

내 자식들에게, 내 부모님에게 대접할 수 있는 음식만 손님에게 대접한다'라는 모티브로 운영하고 있는 닭갈비집. 미리 초벌 후 철판으로 닭갈비가 제공되며, 취향에 맞게 떡, 우동 등 사리를 추가할 수 있다. 간장 소스로 맛을 낸 어린이 닭갈비가 있어 어린이를 동반한 가족 단위 손님도 부담 없이 이용할 수 있다. 소형견 동반 가능.연중무휴 (p237 E:1)

- 경기 가평군 가평읍 북한강변로 1083
- #잣고을100대맛집 #애견동반가능 #남이섬맛집

용추계곡
"넓은 바다로만 다니다가 산줄기 계곡이 그리워 찾게 된 곳"

가평 칼봉산과 연인산 사이로 흐르고 있는 폭

포가 있는 계곡. 용추폭포 일대에는 바위 등이 많으며 유원지로 형성되어 있다.(p231 E:2)

- 경기 가평군 가평읍 승안리
- #가족 #물놀이 #피서

가평 명지산 진달래
"조금은 험난할지라도 정상은 멋진 전망을 보여줘!"

명지산 화채 바위에서 사향봉까지 1km 구간에 이르는 진달래 터널. 아비재 고개 귀목마을 능선에도 진달래 군락지가 조성되어 있다. 익근리 주차장에서 출발해 사향 봉 방향으로 등산한 후 화채 바위 삼거리(1079봉, 명지4봉) 에서 명지 1봉 정상까지 이동 후 하차하는 코스 추천. 산행에는 약 6시간이 소요되며 산길이 험하므로 체력이 필요하다. 명지산 정상에 오르면 진달래 터널을 조망해 볼 수 있다. 명지산은 경기도 내에서 두 번째로 높은 산으로 높이 1,267m를 자랑한다.

- 경기 가평군 북면 도대리 산266
- 주차 : 가평군 북면 도대리 623
- #진달래 #명지산 #사향봉 #등산

가평 연인산 철쭉
"등산으로 가평여행 떠나보면 어떨까?"

연인산 장수봉에서부터 연인산을 잇는 철쭉 길. 장수봉뿐만 아니라, 우정봉, 매봉, 칼봉, 노적봉 모든 구간에 걸쳐 해발 700m 이상 능선에서부터 정상 부근까지 철쭉을 감상할 수 있다. 정상으로 향할수록 철쭉이 더욱더 탐스러워진다. 백둔리에서 장수고개, 장수 능선을 거쳐 정상을 향하는 코스를 추천한다.(p231 E:1)

- 경기 가평군 북면 백둔리 산1-2
- 주차 : 가평군 가평읍 용추로 229-41 (연인산도립공원탐방안내소)
- #철쭉 #연인산 #장수봉 #등산

아침고요수목원 추천
"많은 꽃과 20개의 정원의 민간 수목원으로 만족도가 매우 높은 곳"

원예학적 관점의 주제로 20여 개의 정원을 만든 수목원. 시기별로 다양한 꽃나무로 수목원이 가득하며 단풍, 수국 시즌에 특히 인기다. 축령산 자락에 있으며 분재정원 입구에는 350년 된 소나무 분재가 있다. 영화 <편지>, <조선 명탐정>, <중독>과 드라마 <구르미 그린 달빛>등 수많은 작품의 촬영장소로도 이용되었다.(p236 C:2)

- 경기 가평군 상면 수목원로 432
- #정원 #분재 #꽃나무 #단풍 #수국

송원 맛집
"한옥에서 즐기는 건강한 밥상"

가평에서 유명한 잣 요리를 맛볼 수 있는 곳으로 한식을 좋아하는 분들에게 추천한다. 한옥 외관과 우드톤의 인테리어로 깔끔하다. 모든 메뉴는 2인이상 주문 가능하며 잣두부 버섯전골, 보쌈, 보리밥 등 구성에 따라 메뉴가 달라 개인에 취향에 맞춰 주문하면 된다. 강된장에 6가지 나물을 섞어 먹으면 아삭한 식감의 나물과 보리밥이 조화로워 맛 평이 좋다. 연중무휴 (p236 C:1)

- 경기 가평군 상면 수목원로 72
- #한정식맛집 #잣요리 #한옥외관

에델바이스 스위스테마파크
"가평속의 작은 스위스"

가평에 있는 스위스 테마 마을로, 이색적인 건물들로 기분전환 하기 좋다. 다양한 전시공간 및 카페 등이 있으며 어디서든 찍어도 예쁜 사진을 얻을 수 있다.(p231 E:2)

- 경기 가평군 설악면 다락재로 226-57
- 주차 : 가평군 설악면 이천리 304-6
- #스위스 #체험 #스냅사진

청평호 수상레저(가평)
"수상 레저 한번 해보는 것도 좋아"

청평호는 수상스키, 웨이크보드, 제트스키 등 수상 레저를 즐기기 좋은 곳으로, 서울에서 자가용 50분 거리로 접근성도 좋다. 청평호 인근에 수상 레저 업체들도 많이 운영되고 있다.(p231 E:2)

- 경기 가평군 설악면 사룡리 372
- 주차 : 가평군 청평면 청평리 79-1
- #청평호 #수상레저 #장비대여

국립 유명산자연휴양림
"캠핑성지, 예약을 위한 치열한 움직임!"

국가에서 운영하는 자연휴양림 겸 캠핑장. 시설 이용료가 저렴하면서도 시설이 잘 갖추어져 있어 캠핑족들에게 더 유명하다. 수도권과 접근성이 좋아 주중에도 사람이 많고, 캠핑장 예약도 치열하다. 1988년 개장한 국내 최초의 자연휴양림이기도 하다. (p237 E:3)

- 경기 가평군 설악면 유명산길 79-53
- #캠핑장 #자연휴양림 #가족여행

가평 경춘선 대성리역 벚꽃
"다소 한적한 가평 시골 벚꽃길"
대성리역 뒤편으로 나와 북한강변 산책로부터 북쪽으로 이어지는 강변 벚꽃길. 대성리역에서 청평대교를 지나 청평유원지에 이르는 곳에는 4km가량의 가평 올레길이 형성되어 있다. 다소 한적한 가평의 강변 벚꽃 산책길이 운치 있다.(p236 C:2)

- 경기 가평군 청평면 대성리 392-24
- 주차 : 가평군 청평면 대성리 393-3
- #북한강 #올레길 #대성리역

가평 삼회리 벚꽃길
"봄에 가평 놀러갔다면, 꼭 벚꽃길 들러보세요~!"
신청평대교 건너 삼회리 큰골까지 4.5km 거리에는 30년 이상 된 수백 그루의 벚나무가 늘어서 있다. 가평 아침고요수목원, 남이섬, 춘천 등을 다녀올 때 들르기 좋은 곳. 벚꽃은 3cm가량으로 분홍색 또는 백색의 꽃으로 피며, 군락을 이룬 곳은 눈이 온 것 같다. 벚꽃이 떨어질 때 꽃비가 되기도 한다.(p237 D:2)

- 경기 가평군 청평면 삼회리 191-14
- 주차 : 가평군 청평면 삼회리 185-2
- #가평 #벚꽃 #고목 #가족 #연인

쁘띠프랑스 `추천`
"어린왕자 동화 속으로..."

@ssang_3

프로방스풍 마을과 소설 '어린 왕자' 무대를 그대로 옮겨놓은 듯한 테마파크. 가구 전시관, 기차 모형 전시관, 어린 왕자 기념관 등 다양한 프랑스풍 건축물이 놓여있으며 유럽을 연상시키는 무대공연도 열린다. 12월~2월은 어린 왕자 별빛축제라 불리는 야간 축제가 열리니 기회가 된다면 시기를 맞추어 방문해 보자. 09~18시 개장, 연중무휴. (p237 D:2)

- 경기 가평군 청평면 호반로 1063
- #유럽식정원 #유럽식건축물 #포토존

피노키오와 다빈치
"예술에 동심 더하기 "

우리나라에서 이탈리아를 테마로 한 유일한 테마파크이다. 피노키오와 다빈치의 작품들, 이탈리아를 대표하는 마을들을 체험해 볼 수 있다. 사진 찍는 모든 곳이 포토존이 되는 곳, 동화 속 나라로 여행을 떠나보자.(p237 D:2)

- 경기 가평군 청평면 호반로 1073-56
- 주차 : 경기 가평군 청평면 고성리 619-1, 이탈리아 마을 피노키오와 다빈치 주차장
- #이탈리아테마파크 #국내유일 #이국적 #동화 #포토존 #동심

목향원 `맛집`
"수락산 경치가 아름다운 고즈넉한 산채 식당"

흥국사 전망을 즐길 수 있는 운치 있는 한옥 식당. 식사류로는 돼지 불고기 쌈밥, 산나물비빔밥과 잔치 국수가 인기 있으며, 다양한 차도 후식으로 즐길 수 있다. 쌈밥에 나오는 쌈 채소는 직접 농사지은 것이라 신선하고 식감도 아삭하다. 수락산과 불암산 등반객들이 자주 찾는 등산객 맛집이기도 하다.

- 경기 남양주시 별내동 2334
- #쌈밥 #시래기국 #돼지불고기 #우렁쌈장 #산채비빔밥 #잔치국수 #초가집 #연못 #정자 #흥국사 #수락산 #불암산

비루개 `카페`
"야간 조명과 별빛이 아름다운 연인들의 데이트코스"

@sjin_

자연과 함께 여유로움을 느낄 수 있는 최고의 뷰카페. 24개월 이상 1인 1주문 영수증 확인 후 식물원 카페 입장(입장료 포함). 한쪽에서 장작불에 구워먹는 마시멜로랑 가래떡이 이곳의 별미이다. 구석구석 다양한 공간과 멋진 야경을 보며 힐링하기 좋은 장소이다.

- 경기 남양주시 별내면 용암비루개길 219-88
- #서울근교 #남양주카페 #식물원카페 #야간데이트코스

남양주 서리산 철쭉
"수도권 최대 규모 자생 철쭉 군락지"
서리산 전망대에서 정상까지 이르는 길에 있는 철쭉 동산. 제2 주차장 하차 후 산림과

양관-화채봉 삼거리를 거쳐 철쭉동산에 들른 후 정상을 찍고 억새밭 삼거리-전망대-임도 삼거리를 거쳐 다시 제2 주차장으로 하차하는 코스를 추천. 이 코스는(서리산 코스) 7km 거리로, 2시간 30분이 소요된다. 서리산은 수도권 최대 규모의 자생 철쭉 군락지로 유명하다.

- 경기 남양주시 수동면 외방리 산28
- 주차 : 남양주시 수동면 외방리 산49-4
- #철쭉 #서리산 #등산

남양주 능내연꽃마을 연꽃
"다산길에서 만난 연꽃"

다산생태공원 서쪽에 위치한 드넓은 연꽃 단지. 팔당호를 끼고 광활한 백련 무리가 자라나 있다. 옛 능내역이 있던 남양주 조안면 능내 연꽃 마을에서 출발하는 다산길 2코스를 걸으며 다산생태공원과 연꽃단지를 모두 둘러보고 원점으로 돌아올 수 있다. 다산길 2코스는 13km 거리로 도보 약 3~4시간이 소요. 자전거 도로가 조성되어 하이킹 코스로도 인기가 많다.(p236 B:3)

- 경기 남양주시 조안면 능내리 60-3
- 주차 : 남양주시 조안면 능내리 56-16
- #연꽃 #둘레길 #자전거

소화묘원
"두물머리 뒤 산자락위로 뜨는 일출이 정말 끝내주는 곳"

두물머리를 배경으로 뜨는 일출이 멋진 곳. 수도권에서 일출 사진 명소로 사진작가들에게 정평이 나 있다.(p231 E:3)

- 경기 남양주시 조안면 능내리 산10
- 주차 : 남양주시 조안면 능내리 491
- #천주교 #성당 #일출 #일몰

능내역
"시간이 정차하는 추억의 능내역"

기차는 다니지 않지만 시간이 정차하고 있는 곳이 있다. 바로 간이역이다. 4대강 자전거 도로 길목에 있어 접근성이 뛰어나다. 잠시 시간이 멈추어 선 듯 옛 감성이 물씬 풍기는 이곳으로 추억여행을 떠나보자.(p231 E:3)

- 경기 남양주시 조안면 다산로 566-5
- 주차 : 경기 남양주시 조안면 다산로 566-5
- #간이역 #폐역 #레트로 #시간여행 #감성

대너리스 카페 `카페`
"북한강 전망 앤틱 카페"

@flying_ashley

내부에, 통창에 넝쿨이 둘러싸여 있어 북한강을 볼 수 있는 사각 창문이 대표 포토존. 지하 1층부터 3층 규모로 되어 있으며, 담쟁이로 둘러싸인 예쁜 건물과 유럽 느낌으로 꾸며진 푸릇한 정원이 이쁜 곳이다. 내부는 앤틱한 느낌의 그림들이 걸려 있어 미술관 갤러리 느낌

도 받을 수 있다. 포토 인화기도 있어 사진을 인화하여 추억 남기기도 가능하다. 평일에만 브런치를 즐길 수 있다. (p231 E:2)

- 경기 남양주시 조안면 북한강로 914
- #넝쿨프레임 #유럽풍정원 #북한강뷰

물의정원
"드넓은 장소에 계절마다 매력적인 풍경을 보여주는 힐링 코스"

@youngeun927

초여름의 상징 양귀비, 가을에는 코스모스로 가득한 정원. 한적하게 산책하면서 힐링하기 좋은 장소. 큰 일교차와 강으로 둘러싸여 있어 새벽 물안개가 장관을 이룬다. 사진 애호가들의 촬영지로 유명하다.(p231 E:3)

- 경기 남양주시 조안면 진중리 95
- #서울근교 #양귀비명소 #코스모스명소 #사진촬영지 #남양주나들이

콤비식당 `맛집`
"좋은 식재료에 진심"

쌀은 철원 오대쌀, 굴은 통영 산지에서 직송으

로 받아 조리하며, 멸치는 남해에서 직접 잡은 생 멸치만을 사용하여 조리되는 신선한 식재료의 식당이다. 메뉴는 우대갈비, 양념갈비 등 숯불직화메뉴와 계절보양식인 멸치 쌈밥정식, 굴구이 정식이 있다. 다양한 쌈채소와 사장님이 직접 만든 어리굴젓과 함께 먹는 멸치쌈밥이 가장 인기가 많다. 김치찌개 주문시 라면사리 무한 제공된다. 연중무휴 (p236 A:2)

- 경기 남양주시 진접읍 금강로 1580
- #진접맛집 #멸치쌈밥 #신선한식재료

김삿갓밥집 `맛집`
"나물류가 제일 많은 보리밥집"

@kimjeongnam

삿갓정식 단일 메뉴만 제공되는 곳으로 고급스럽고 화려하진 않지만 매일 30찬이 넘는 반찬을 직접 조리하는 곳이다. 가정집 느낌의 외관으로 정원이 있어 가볍게 거닐기도 좋다. 보리밥, 30찬, 수육, 호박죽이 나오며 반찬 리필도 가능하다. 식후에 즐기기 좋은 식혜도 9시간 조리해 직접 만들었다고 하니 맛보는 것을 추천한다. 별도 대기공간 보유. 월, 화요일 정기휴무 (p236 C:2)

- 경기 남양주시 화도읍 경춘로 2483
- #정부지정안심식당 #가정식식당 #밑반찬 30종

고구려 대장간마을
"고구려의 가옥은 다른 시대와 어떻게 다를까?"

고구려 토기, 철기, 담덕채(가옥), 기와집, 대장간 등이 남아있는 테마 마을. 창살 무늬가 새겨진 문과 가옥의 온돌 시설이 인상적이다. 굴렁쇠, 제기차기 등 전통문화를 체험

해볼 수도 있다. 인기 드라마 태왕사신기의 촬영지이기도 하다.(p236 A:3)

- 경기 구리시 아천동 316-472
- 주차 : 경기 구리시 아천동 316-54
- #기와집 #대장간 #체험 #어린이

구리 한강공원 유채꽃
"수도권 최대의 유채꽃밭"

한강을 따라 조성된 수도권 최대 규모(25,000㎡) 유채꽃밭. 꽃길을 따라 벤치와 원두막이 설치되어 있어 쉽게 이동할 수 있다. 도심에서 한강과 유채꽃을 모두 조망할 수 있어 사람들이 많이 찾는 곳. 한강과 유채꽃밭 사이로는 산책로와 자전거 도로가 조성되어 있다. 봄철 축제 기간에는 가요제, 체험행사 등이 진행된다.(p231 D:2)

- 경기 구리시 토평동 843
- 주차 : 구리시 토평동 810
- #유채꽃 #한강 #자전거 #축제

카페웨더 `카페`
"휴양지 감성 브런치 카페"

WEATHER
@mzzji

동남아 분위기가 물씬 풍기는 내부 인테리어와 함께 이국적인 사진을 연출해보자. 아이 포함하여 최대 입장 가능 인원은 6인이며, 7인 이상일 경우 사전 예약 후 대관으로만 이용이 가능하다. 노키즈존과 예스키즈존으로 나누어져 있다. 빈티지스러운 아기자기한 소품들이 있어 감성적이다. 오픈 샌드위치, 샐러드 등 다양한 브런치와 스콘, 케익 등 베이커리류를 맛볼 수 있다. (p231 E:3)

- 경기 하남시 검단산로 228-8
- #동남아분위기 #휴양지느낌 #검단산카페

팔당원조칼제비칼국수 `맛집`
"시원한 국물이 끝내줘요"

TV프로그램에 소개되며 유명세를 얻은 곳으로 칼제비가 대표메뉴다. 국물이 끓기 시작하면 김가루를 넣고 국물이 1분 정도 끓으면 수제비를 넣고, 먼저 먹은 후 4분 후 칼국수를 먹으면 더욱 맛있는 칼제비를 즐길 수 있다. 기호에 따라 사리, 볶음죽 추가 주문이 가능하다. 매운 얼큰 칼제비와 하얀 바지락 국물 칼제비가 있어 남녀노소 먹기 좋다. 연중무휴.

- 경기 하남시 검단산로 348
- #정부지정안심식당 #칼제비 #방송맛집 #칼제비

소진담 `카페`
"루프탑 핫플에서 즐기는 케이크 한 조각"

루프탑으로 유명한 카페. 미사리 조정경기장이 한눈에 내려다보인다. 스타필드에서도 가까워 쇼핑 후 접근하기 좋다. 내부는 통창으로 되어 있어 널찍한 개방감이 맘을 트이게 하고, 루프탑은 계절을 느낄 수 있게 해준다. 케이크가 맛있고 예쁘기로 유명한 곳이니 기억해두자!

- 경기 하남시 미사동로40번길 178-42
- #루프탑 #서울근교카페 #스타필드 #케이크맛집 #조정경기장뷰 #통창

하남 산곡천 벚꽃

"벚꽃보러 꼭 멀리 갈 필요는 없어"

하남 검단산에서 한강으로 유입되는 하천으로 봄철 벚꽃이 만발한다. 근처 스타필드 하남에서 쇼핑하고 나와 산곡천에서 벚꽃 나들이하기에 좋다. 벚꽃은 3cm가량으로 분홍색 또는 백색의 꽃으로 피며, 군락을 이룬 곳은 눈이 온 것 같다. 벚꽃이 떨어질 때 꽃비가 되기도 한다. (p236 B:3)

- 경기 하남시 창우동 532
- 주차 : 하남시 창우동 523
- #하남 #검단산 #벚꽃 #산곡천

마방집 맛집

"100년 전통의 정갈한 한정식집"

@xxiuren1226

100년 전통 경기도 지정 대물림 향토 음식점. 모든 자리가 한옥으로 되어 있다. 메뉴는 한정식, 돼지장작불고기, 더덕구이가 있으며 모든 음식들이 정갈하게 나와 평이 좋은 편. 한정식을 주문하면 따뜻한 숭늉도 나온다. 애견동반도 가능하며 개별룸 공간으로 되어 있어 프라이빗한 식사가 가능하다. 캐치테이블 앱 웨이팅 가능. 브레이크타임 15시~16시

- 경기 하남시 하남대로 674
- #100년전통 #향토음식 #애견동반가능

장지리막국수 맛집

"뜨거운 소불고기와 시원한 막국수의 만남"

대표 메뉴는 물,비빔 막국수다. 불고기 전골을 함께 먹으려면 2인 이상 주문 해야하며, 보통과 곱빼기 가격이 동일하여 취향에 맞게 주문하는 것을 추천한다. 마치 산처럼 쌓여있는 숙주가 가득한 불고기 전골과 막국수의 조합 맛 평이 좋은 편. 별도로 마련되어 있는 대기공간은 후식도 즐길 수 있는 곳으로 보리강정, 커피가 있다. 아기의자 보유. 브레이크타임 16시~17시 (p242 B:2)

- 경기 광주시 고불로 7
- #소불고기막국수세트 #경기광주맛집 #가성비맛집

곤지암도자공원

"볼 것 많고, 할 것 많은 체험형 복합공간"

@seunghyeonji_i

20만 평 규모의 체험형 복합문화공간. 구석기 유적지이기도 한 이곳은 조각공원, 도자쇼핑몰, 박물관까지 갖추고 있어 교육은 물론 예술, 놀이 등 여행의 모든 요소를 충족시켜준다.(p242 C:2)

- 경기 광주시 곤지암읍 경충대로 727
- 주차 : 경기도 광주시 곤지암읍 경충대로 727
- #체험형복합공간 #구석기유적지 #도자기의모든것 #조각공원 #도자쇼핑몰

경기도자박물관

"도자란 무엇이고 어떻게 만들어질까?"

조선 시대 전통 도자 정보가 수록된 도자 박물관. 도자의 개념과 역사, 한반도 자기 문화 발전과정 등을 살펴볼 수 있다. 전통공예 작가를 지원하는 전통공예원도 함께 운영한다. 월요일, 1월 1일 휴관.(p242 C:2)

- 경기 광주시 곤지암읍 삼리 72-1
- 주차 : 광주시 곤지암읍 삼리 72-1
- #도자기 #전통공예 #예술

강마을다람쥐 맛집

"아기자기한 외관의 도토리 음식 전문점"

도토리로 만드는 웰빙 음식 전문점. 아기자기한 외관이 매력적인 곳으로 여름에는 묵의 부드러움과 야채의 아삭한 식감을 느낄 수 있는 묵사발, 겨울에는 따뜻하게 즐길 수 있는 도토리 묵밥이 인기가 좋은 편. 웨이팅이 긴 편이나 강 주변으로 정원이 잘 꾸며져 있어 바깥 풍경을 감상하며 기다리기 좋다. 테이블링 앱 예약 가능. 브레이크 타임 16시 30분~17시 30분 (p242 C:1)

- 경기 광주시 남종면 태허정로 556
- #도토리음식 #웰빙음식 #카페같은식당

화담숲 추천
"모노레일을 타며 즐기는 가을 단풍의 성지"

곤지암리조트 근처 41만 평 넘는 대지에 이끼원, 탐매원, 원앙 연못, 자연생태관 등 17개의 테마 정원 및 편의시설이 갖추어져 있다. 숲 지형이지만 5.3km 길이의 산책로가 나무 데크 길 등으로 잘 정비되어 있고, 일부 구간을 모노레일로 이동할 수 있어 남녀노소 편하게 산책을 즐길 수 있다. 평일 09~18시, 주말 08:30~18:00 개장. (p231 E:3)

■ 경기 광주시 도척면 도척윗로 278
■ #이끼정원 #매화정원 #산책로

곤지암리조트 스키장
"겨울 액티비티는 이곳에서!"

곤지암리조트에서 스키, 눈썰매, 루지 등 다양한 겨울 스포츠를 즐길 수 있다. 트랙 곳곳에 조명이 설치되어 있어 밤늦은 시간까지 스포츠를 즐길 수 있다. 스키장을 개장하는 겨울 시즌에 곤지암리조트 투숙까지 즐길 수 있는 패키지 상품을 합리적인 가격으로 판매한다.(p231 E:3)

■ 경기 광주시 도척면 도척윗로 278
■ #스키 #리프트 #가족 #연인

카페새오개길39 카페
"한옥마을 갤러리 카페"

@luvly_jian

카페 입구, 기와는 낮은 담벼락으로 쌓여 있고 뒤쪽으로는 한옥마을 전경이 담겨지는 곳이 대표 스팟. 포토존에는 나무 의자가 놓여 있는데 앉아서 사진을 찍거나 삼각대, 핸드폰을 올려두고 찍으면 멋진 사진을 연출할 수 있다. 광주 한옥마을 내에 자리 잡고 있으며, '일상을 예술로 만드는 카페'를 모티브로 다양한 예술 아티스트들의 활동을 지원하는 카페이다.

■ 경기 광주시 새오개길 39
■ #한옥카페 #광주한옥마을 #경기광주카페

남한산성 및 행궁 추천
"견고하게 만들어진 산성과 행궁임은 확실해 이곳에 오면 꼭 다른 세상에 온 것 같은 기분이 들거든."

백제의 시조 온조왕의 성터 위에 고쳐 쌓아진 산성으로 인조 2년(1624)에 축성되었다. 남한산성에는 유사시 임금이 거처할 행궁과 하궐이 있는데, 실제로 인조 14년 병자호란으로 이곳에서 수모를 겪게 되었다. 2014년 유네스코 세계문화유산으로 등재되었다.(p231 D:3)

■ 경기 광주시 중부면 산성리 928
■ #남한산성 #전망대 #유네스코

남한산성 서문 전망대
"서문을 지나 펼쳐지는 서울 전경은 다른 세계에 온 것 같이 황홀해"

서울을 제대로 보려면 서울을 벗어나야 한다는 사실은 그럴듯하게 들렸다. 남한산성 국청사 근처에 차를 주차하고 5분 거리 전망대에서 보는 서울의 전경은 나를 가슴 뛰게 한다.(p231 D:3)

■ 경기 광주시 중부면 산성리 801-1
■ 주차 : 광주시 남한산성면 산성리 804
■ #서울전망 #야경 #남한산성

율봄 식물원
"사계절 언제 가도 아름다운 식물원"

@minimini.mg

총 면적 2만여 평에 달하는 율봄 식물원에는 제철을 맞은 광주 특산품을 이용한 다양한 농촌체험 프로그램이 진행된다. 봄철 딸기, 여름 토마토, 가을에는 밤과 고구마를 수확하는 프로그램을 진행한다. (p231 E:3)

- 경기 광주시 퇴촌면 태허정로 267-54
- #체험여행 #딸기수확 #토마토수확

두물머리 ⟨추천⟩
"두 물이 만나는 고즈넉한 곳"

북한강과 남한강이 만나는 물줄기로, 두 물이 만나는 곳이라 해서 두물머리라 불린다. 느티나무와 황포 돛배 그리고 잔잔한 강과 물안개가 어우러져 몽환적인 느낌이 든다.(p231 E:3)

- 경기 양평군 양서면 양수리 850-2
- 주차 : 양평군 양서면 양수리 773
- #뱃놀이 #자연 #사진

양평 세미원 연꽃
"환상의 경치 두물머리와 연꽃"

양평 두물머리 상춘원 매표소에서 입장권을 끊고 매표소 앞 배다리를 건너면 나타나는 대형 연꽃 정원. 홍련, 백련단지뿐만 아니라 수련단지, 빅토리아 연못, 온실 등이 조성되어 있다. 연꽃 박물관에 들러 연꽃을 소재로 한 다양한 생활용품과 음식도 관람할 수 있다. 생각보다 규모가 커 여유롭게 방문하면 더욱더 좋은 곳. 코스를 다 돌아보는 데는 약 2시간이 소요되는데, 그늘이 많지 않아 여름에는 물과 모자 등을 준비하는 것이 좋다.(p231 E:3)

- 경기 양평군 양서면 용담리 423
- 주차 : 양평군 양서면 양수리 772-1
- #연꽃 #테마파크 #박물관 #가족

양평군립미술관
"현대미술은 창의력을 높여주곤 해!"

양평 군립미술관은 전시장, 교육 시설, 세미나실, 카페 등을 갖춘 복합 문화시설로 시기별로 다양한 현대미술 작품이 전시되고 있다. 매주 월요일 휴관.(p231 E:3)

- 경기 양평군 양평읍 양근리 543
- 주차 : 양평군 양평읍 양근리 542
- #현대미술 #특별전시 #교육

구벼울 카페 ⟨카페⟩
"남한강과 잔디밭 전망 카페"

@lminjjj

카페 1층 야외좌석에서 잔디밭을 배경으로 멋진 사진을 남겨보자. 남한강과 함께 사계절 변하는 자연을 온전히 느낄 수 있는 양평 카페로 배우 남상미 씨가 운영하여 유명해진 곳이다. 좌식과 실내외 좌석을 보유하고 있다. 메뉴는 커피, 티, 밀크티, 쥬스, 에이드, 스무디로 구성되어 있으며 스콘, 바질브레드, 마늘빵 등 베이커리류도 판매하고 있다.

- 경기 양평군 옥천면 남한강변길 123-19
- #남한강카페 #양평카페 #남상미카페

중미산 천문대
"감성과 사랑이 폭발하는 곳"

서울에서 그리 멀지 않은 곳에 있는 인기가 좋은 천문대. 가족과 함께 연인과 함께 별 보러 가는 여행은 꽤 감성적이고 사랑이 넘치게 한다. 대략 3,000여 개의 별을 볼 수 있는 곳이라고 한다.(p231 E:2)

- 경기 양평군 옥천면 신복리 85
- 주차 : 양평군 옥천면 신복리 117-1
- #밤하늘 #별자리 #가족 #연인

그늘집 맛집
"여주식 한식을 맛볼 수 있는 곳"

아담한 주택을 개조한 외관이 이색적인 곳이다. 메뉴는 가마 화덕에 구운 불고기가 나오는 가마 한우 불고기 밥상, 직접 만든 만두, 한우 샤브고기, 육전 등 채소가 가득한 전골인 진주 어복쟁반이 대표 메뉴. 입맛 돋구는 돼지고추 장아찌, 고춧잎,두부조림 등 각종 밑반찬은 깔끔하고 맛이 좋다는 평이다. 재료 소진 시 조기마감. 월,화요일 정기휴무 (p231 E:2)

■ 경기 여주시 가남읍 본두3길 91
■ #여주프리미엄아울렛근처 #한식맛집 #주택개조

여주 강천섬 은행나무길 추천
"섬이라는 건 언제나 신비로워"

강천섬 안쪽 수변 데크 근처를 따라 위치한 1.3km 규모의 은행나무 길. 강천섬 입구에 주차하여 도보로 강천교, 굴암교를 건너 이동한다. 은행나무와 함께 남한강, 억새 등 다양한 생태를 구경할 수 있다. 여주 강천섬은 캠핑족들의 백패킹 명소로, 카약, 래프팅 등 다양한 수상 레포츠도 즐길 수 있다.(p231 E:2)

■ 경기 여주시 강천면 강천리 627
■ #강천섬 #은행나무 #캠핑 #레포츠

홍원막국수 맛집
"90년 전통을 자랑하는 이포나루 전통 막국수"

여주 천서리 막국수촌에서도 손꼽히는 막국수 전문점. 소고기 양지머리와 닭고기, 무, 다시마를 넣고 끓인 시원한 육수가 메밀 면과 잘 어울린다. 물 막국수, 비빔 막국수 중 선택할 수 있으며 함께 주문할 수 있는 편육도 막국수만큼이나 인기이다.

■ 경기 여주시 대신면 여양1로 14
■ #물막국수 #비빔막국수 #편육

파사성
"남한강 따라 걷는 성곽길"

파사산 능선을 따라 지어진 1,800m에 이르는 산성. 신라시대 때 처음 만들어진 것으로 보고되고 있다. 이곳 능선을 따라 걷다 보면 남한강의 풍경을 한눈에 담을 수 있다. 파사성은 막국수로 유명한 천서리에 속하기에, 산행 후 막국수 한 그릇을 꼭 추천한다. (p243 E:2)

■ 경기 여주시 대신면 천서리 산9
■ 주차 : 경기 여주시 대신면 천서리650, 파

사성주차장
■ #성곽길 #전략적요충지 #역사여행 #천서리 #막국수 #남한강

쌀밥지정업소 홀인원쌈밥집 맛집
"35년 전통이 있는 여주쌀밥지정업소"

여주시가 지정한 몇개 안되는 여주 쌀밥 전문점 중 한 곳. 직접 담근 된장으로 만든 구수한 된장찌개와 푸짐한 쌈, 대패삼겹살과 싸먹는 쌈밥이 이곳의 인기메뉴다. 삼겹살 말고도 오겹살, 차돌박이로 고기류 선택도 가능하다. 이 외 청국장, 황태해장국, 육개장 등도 맛볼 수 있다. 브레이크 타임 15시~16시30분 (p231 F:3)

■ 경기 여주시 북내면 당전로 79
■ #정부지정안심식당 #골프장근처맛집 #푸짐한한상

신륵사 국민 관광지
"도자와 황포돛대를 모두 즐길 수 있어"

예술작품보다는 실생활에 자주 쓰이는 생활 도자 작품을 직접 만져보고, 만들어보고, 구매할 수 있는 도자기 체험장 및 신륵사 사찰 일원. 매년 5월이면 여주시에 도자기 축제가 열리는데, 품질 좋은 생활 도자기를 합리적인 가격에 구매할 수 있으므로 그릇을 좋아하는 분

이라면 한 번쯤 들러보면 좋겠다. (p243 F:2)

- 경기 여주시 신륵사길 73
- #도자기축제 #도자기판매 #신륵사

여주곤충박물관
"다양한 동식물을 체험할 수 있는 곳"

나비를 비롯한 곤충뿐만 아니라 수생식물, 앵무새, 물고기 등 다양한 동식물을 체험할 수 있다. 애벌레 담기, 장수풍뎅이 만져보기, 나무곤충 목걸이 만들기 등의 다양한 체험거리가 운영되어 아이들에게 인기가 많다. 농업전시장에서 옛날 농기계 체험도 즐길 수 있다. 9월~6월 10:00~17:00(주말18시)개관, 7월~8월 10:00~18:00(평일 12~13시 점심시간)개관 (p243 E:2)

- 경기 여주시 명성로 114-146
- #나비 #곤충 #농업체험

바하리야 카페 [카페]
"이집트 바하리야 사막 컨셉 카페"

@black_minji5

카페 외부 삼각형의 건축물과 백사막을 배경으로 신비로운 사진을 연출할 수 있다. 해 질

무렵 노을 질 때는 더 이국적인 분위기의 사진을 찍을 수 있다. 이집트 바하리야 사막을 모티브로 백사막, 물, 빛을 테마로 만들어진 카페이다. 음료는 커피, 라떼, 프라페, 에이드, 생과일쥬스, 티 등이 있으며 쌀, 찹쌀, 현미, 보리, 콩을 볶아서 만든 여주 쌀 라떼가 시그니처 메뉴이다. (p243 E:2)

- 경기 여주시 점봉길 43 바하리야
- #여주카페 #백사막 #사막컨셉

여주박물관
"여주는 어떤 곳일까?"

여주박물관은 황마관(문학, 수석, 조선왕릉)과 여마관(여주 역사, 학예연구)으로 나뉘어 운영된다. 그중 황마관에 위치한 기획전시관에서 매번 다양한 전시가 이루어진다. 전통놀이를 직접 체험할 수 있는 공간도 있으니 함께 즐겨보자. 무료입장. 매주 월요일, 1월 1일, 설날과 추석 연휴 휴관.

- 경기 여주시 천송동 545-1
- 주차 : 여주시 천송동 543-2
- #여주 #역사 #향토 #전통놀이

황포돛배 나루터
"황포돛대를 타고 도는 남한강 한 바퀴"

이천 쌀로 지은 돌솥밥에 20가지 반찬이 제공되는 한정식집. 반찬으로 나오는 꽁치, 조기, 수육, 시래기 된장국, 나물, 간장게장 등은 무한 리필된다. 인테리어도 깔끔하고 반찬도 정갈해서 손님 대접하기도 좋다. 식사시간에는 30분 이상 대기해야 하므로 여유롭게 방문하는 것을 추천한다.

- 경기 이천시 경충대로 3046
- #이천쌀 #돌솥밥 #한정식 #반찬무한리필

여주 영릉 선착장에서 황포돛배를 타고 강변유원지, 신륵사 등 여주 시내를 한 바퀴 둘러볼 수 있다. 이 황포돛배는 자동차가 없던 시절 서울 마포구와 충청도까지 연결해 주는 여객선이었다. 해상 체험이다 보니 일정에 변동이 생길 수 있으므로 사전 문의는 필수.(031-882-2206) 신분증을 지참해야 탑승할 수 있다는 점도 잊지 말자. (p234 A:2)

- 경기 여주시 천송동
- #황포돛배 #이색체험 #신분증필참

여주 상백리 청보리축제
"대규모가 아니어도 아늑하고 좋아"

상백리 양화천, 남한강 변 일대에서 개최되는 청보리 축제. 마을 주민들이 자체적으로 기획한 소담한 축제로, 줄불 타기, 보리 구워 먹기 등의 이색 체험행사들이 진행된다. 보리를 이용한 먹거리와 여주의 농산물도 판매된다.(p243 E:2)

- 경기 여주시 흥천면 상백리 301
- 주차 : 여주시 흥천면 상백리 301
- #청보리 #축제 #체험 #먹거리

청목 [맛집]
"찰진 돌솥 밥과 20가지 반찬이 딸려 나오는 한정식집"

설봉공원(및 국제조각공원)
"이천 여행의 떠오르는 명소"

도자기 공예품 및 조형물로 낭만적인 분위기 물씬 풍기는 조각 공원. 설봉호 한가운데 둥둥 떠다니는 백자를 바라보며 호젓한 산책을 즐겨보자. 이천 도자기 축제도 이곳에서 열리는데, 꼭 축제 기간이 아니더라도 공원 안의 세계도자센터에서 다양한 도자기 작품을 살펴보고 직접 구매할 수 있다. (p243 D:2)

- 경기 이천시 경충대로 2709번길 128
- #도자기 #조각공원 #도자기판매장

이천엄지장수촌 맛집
"남녀노소 즐길 수 있는 보양식"

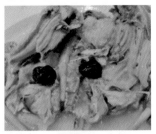

통전복이 들어간 토종닭, 오리 누룽지 백숙집. 남녀노소 누구나 즐길 수 있는 보양식으로 볏짚 숙성으로 아들아들한 고기와 깊은 국물이 조화를 이뤄 맛이 좋다는 평. 국물에는 황기, 엄나무, 인삼 등 보양식 재료를 사용한다고 한다. 밑반찬은 겉절이, 오이무침, 무김치, 갓김치까지 총 4종류가 제공된다. 식사를 마치고 입구에 아이스크림을 후식으로 제공한다. 연중무휴

- 경기 이천시 마장면 덕평로 816-40
- #정부지정안심식당 #아울렛맛집 #몸보신

티하우스에덴 카페
"식물 가득한 유리온실"

온통 초록빛이 가득한 정원에서 유리온실인 엔젤하우스와 함께 이국적인 느낌의 사진을 찍어보자. 실내외 온통 식물들이 가득 차 있어 멋진 플랜테리어 감상이 가능하다. 티 전문점 카페인만큼 애플 티, 다르질링, 웨딩 임페리얼 등 다양한 티와 커피, 밀크티 등이 있고 티라미수, 스콘, 타르트 등 간단한 디저트를 즐길 수 있다. (p242 C:2)

- 경기 이천시 마장면 서이천로 449-79
- #식물원카페 #정원뷰 #온실느낌

덕평공룡수목원
"공룡덕후들 모여라~!"

수목원 곳곳에 숨어있는 공룡 모형을 찾는 재미가 있는 곳. 공룡의 움직임부터 울음소리까지 그대로 재현해 마치 실제 공룡을 보는 듯하다. 그 밖에도 공룡 분수 등 아이들이 즐길 만한 시설이 많다. (p242 C:3)

- 경기 이천시 마장면 작촌로 282
- #공룡모형 #공룡분수 #놀이터

시몬스테라스
"이국적인 인스타 성지"

시몬스 침대의 전시는 물론, 박물관과 카페를 결합하여 힙한 문화허브로 거듭나고 있다. 인스타 성지로 꼽히며 지금까지 40만 명이 방문했다고. 크리스마스엔 초대형 트리와 장식으로 더욱 환상적으로 변신한다.

- 경기 이천시 모가면 사실로 988
- 주차 : 경기 이천시 모가면 사실로 988
- #시몬스 #침대의변신 #이천 #문화허브 #인스타성지

이천 테르메덴
"온가족이 즐거운 워터파크"

넓은 부지의 숲에 둘러싸인 한국 최초의 독일식 온천. 삼림욕, 바데풀, 스포츠 시설 등이 갖추어져 있다. 온천에서 나오는 물줄기로 몸을 자극하여 안마, 피부 활성화 효과를

얻을 수 있다.(p243 D:3)

- 경기 이천시 모가면 신갈리 361-2
- 주차 : 이천시 모가면 신갈리 360-1
- #온천 #테마온천 #어른 #가족

이천 산수유마을
"산수유는 마을과 어우러져 더 정감있어!"

이천 백사면 송말리, 도립리, 경사리에 걸쳐 조성된 산수유 마을. 도립리에 위치한 산수유 마을 초입에서(산수유 사랑채) 영원사를 지나 원적봉 정상에 올라 옥괴정으로 하산하는 코스 곳곳에서 노란 산수유꽃을 즐길 수 있다. 이중 산수유 마을 초입에서부터 영원사를 지나는 구간이 특히 아름답다. 이천의 산수유 둘레길 코스로도 지정된 곳. 이곳에 위치한 산수유나무는 100~150년 된 것이라고 한다. 이천 산수유 마을은 전남 구례 다음으로 꼽히는 대규모 산수유 군락지이다.(p231 E:3)

- 경기 이천시 백사면 도립리 1006
- 주차 : 이천시 백사면 도립리 1006
- #산수유 #둘레길 #스냅사진

이천돌솥밥 [맛집]
"밑반찬이 다양한 돌솥밥집"

30년이 넘게 운영된 곳으로 직접 담근 장류로 음식을 제공한다. 메뉴는 돌솥밥, 특돌솥밥이며 멸치볶음, 고사리, 열무 등 다양한 밑반찬이 정갈하게 제공되어 평이 좋은 편. 마지막은 물을 부어 누룽지까지 먹으면 든든한 한 끼를 채우기 좋다. 쌈채소 셀프바가 있어서 자유롭게 이용이 가능하다. 연중무휴

- 경기 이천시 신둔면 경충대로 3194
- #현지맛집 #가성비식당 #한식맛집

동백식탁 [맛집]
"이탈리아 캐주얼 레스토랑"

다른 레스토랑과 달리 보리쌀을 이용하여 건강한 밥상을 제공하는 이탈리아 캐주얼 레스토랑. 파스타, 리조또, 필라프, 피자, 스테이크 등 다양한 메뉴를 맛 볼 수 있다. 따로 마련되

한국민속촌 [추천]
"드라마처럼 조선시대로 뿅~!"

용인에 있는 전통문화 테마파크. 우리 문화 속 생활풍속을 한데 모아놓았다. 내부는 조선시대 각 지방에서 옮겨오거나 복원한 실물 가옥으로 이루어져 있다. 관광안내소, 유모차대여소, 물품보관소 등 다양한 편의시설이 있다.(p242 A:2)

- 경기 용인시 기흥구 민속촌로 90
- #한옥 #민속놀이 #체험

어 있는 샐러드바에 차차보리밥이 있는데 김가루와 함께 비벼 든든한 한끼 식사를 즐기기 좋다. 브레이크 타임 15시~17시 (p242 B:2)

- 경기 용인시 기흥구 동백중앙로 283 골드프라자 D동 2층
- #정부지정안심식당 #동백역맛집 #분위기좋은곳

경기도박물관
"한반도에서 경기도가 갖는 지리적 역사적 의미는 무엇일까?"

경기도의 문화예술품을 전시·관리하고 전통문화를 알리는 박물관. 민속생활실, 미술실, 역사실, 고고 미술실 등을 운영하며 야외에도 놀이마당, 팔각정, 원형극장 등이 있다. 무료 관람. 매주 월요일, 1월 1일, 설날과 추석 연휴 휴관.

- 경기 용인시 기흥구 상갈동 85
- #경기도 #예술 #민속 #향토 #체험

산으로간고등어 맛집
"참나무 고등어 구이와 함께하는 건강 밥상"

고등어, 삼치, 민어, 메로 등 다양한 제철 생선을 구워주는 곳. 토판염으로 간한 생선을 500도 참나무 화덕에서 구워낸다. 삼 채 나물이 함께 제공돼 건강한 한 끼를 즐길 수 있다.(p242 A:2)
- 경기 용인시 수지구 동천동 고기로 126
- #생선구이 #고등어 #삼치 #임연수 #코다리양념구이 #숯불고추장불고기

고기리 막국수 맛집
"36개월 미만 아기 막국수 무료"

한옥 느낌의 내외부로 편안한 분위기와 깔끔한 인테리어가 매력적인 곳이다. 신발을 벗고 전 좌석을 이용하며 메뉴는 들기름막국수, 물/비빔막국수가 있다. 대표메뉴는 들기름막국수로 고소한 들기름 향과 함께 감칠맛이 느껴진다는 맛 평. 36개월 미만 어린이에게 아기막국수를 무료로 제공한다. 주류는 1인당 1잔, 2인당 1병으로 제한된다. 테이블링 앱을 통해 예약 가능. 화요일 정기휴무 (p231 D:3)
- 경기 용인시 수지구 이종무로 157
- #정부지정안심식당 #깔끔담백 #들기름막국수

고기리 계곡 추천
"얕은 물이 졸졸 흐르는 아이와 가기 좋은 계곡"

성남시와 용인시 경계에 있는 고기리 계곡은 낙생저수지 주변의 최대 유원지이다. 계곡 주변으로 카페와 맛집, 미술관과 박물관이 이어져 있어 핫플로 떠오르고 있다. (p231 D:3)
- 경기 용인시 수지구 샘말로131번길 15
- #낙생저수지 #카페거리 #맛집 #핫플 #용인최대유원지

용인농촌테마파크
"도심에서 즐기는 농촌 체험"

농업체험, 과학체험, 동화체험 등 즐길 거리가 많은 야외 농장 및 박물관. 종합체험관 1층에는 채소 심기 체험, 젖소 체험 등을 진행하는 농촌 체험장이, 2층에는 우리 신체가 어떻게 구성되어 있고 무슨 역할을 하는지 알아보는 인체의 신비관이, 3층에는 전래동화를 그대로 재현해놓은 갤러리가 마련되어 있다. 그 밖에 곤충체험관, 동물체험장, 야외정원 등이 하루 종일 즐길 거리가 많다. (p242 C:3)
- 경기 용인시 원삼면 농촌파크로 80-1
- #농촌체험 #과학체험 #동화체험

용인자연 휴양림(에코어드벤처)
"공중에서 관람하는 울창한 숲길"

정광산 숲속에 위치한 용인자연휴양림을 가로지르는 짚라인. 6개의 코스로 운영되어 초심자부터 숙련자까지 누구나 즐길 수 있다. 짚

라인에 대한 두려움이 없다면 300m 길이의 6번 알바트로스 코스를 추천한다. 근교에 위치한 에버랜드, 한국민속촌, 백남준 아트센터도 함께 들러보자.(p242 B:2)

- 경기 용인시 처인구 모현읍 초부리 284 용인자연휴양림
- 주차 : 용인 처인구 모현면 초부리 284
- #짚라인 #이색체험

용인 대장금 파크 `추천`
"유명 사극의 주인공이 되어보자"

<대장금>을 비롯해 <옷소매 붉은 끝동>까지 우리나라 대부분의 사극이 이곳에서 촬영되었다. 삼국시대와 그 이후 건축물들을 그대로 재현해놓아 곳곳이 사진 찍기 좋다. 드레스를 빌려 입을 수 있는 이색 카페를 함께 운영한다. (p242 C:3)

- 경기 용인시 처인구 백암면 용천드라마길 25
- #삼국시대 #사극촬영지 #드레스카페

한택식물원
"바오밥 나무 보러 오세요"

계절 꽃, 들꽃 풍경이 아름다운 식물원. 봄에는 매화, 산수유, 수선화가, 여름에는 작약, 모란, 나리꽃 등을 감상할 수 있다. 넓은 부지에 29개의 테마 정원으로 구성되어 있는데, 이중 호주 온실로 이동하면 소설 '어린 왕자'에 등장하는 거대한 바오밥 나무를 구경할 수 있다.

- 경기 용인시 처인구 백암면 한택로 2
- #계절꽃 #테마정원 #바오밥나무

용인 내동마을 연꽃
"다양한 종류의 수련을 볼 수 있는 곳"

용인시 처인구 원삼면 내동마을 마을회관 앞으로 펼쳐진 100,000㎡ 연꽃단지. 아트렉션, 조이토마식, 셀레브레이션 등 다양한 종류의 수련이 피어난다. 수련은 일반 연꽃과 달리 꽃이 수면과 맞닿아 피어나고, 연잎이 갈라져 있다. 내동마을에서는 홍련, 백련뿐만 아니라 분홍, 노란빛 수련도 만나볼 수 있다. 겨울철에는 아이들을 위한 눈썰매장이 운영된다.(p242 C:3)

- 경기 용인시 처인구 원삼면 사암리 827
- 주차 : 용인시 처인구 원삼면 사암리 827
- #연꽃 #분홍수련 #노랑수련

어비낙조
"감동적인 이동저수지 일몰 풍경"

용인 8경 중 제2경으로 꼽히는 어비 낙조는 해 질 녘 낙조(석양) 사진촬영 명소로 유명하다. 어비리 저수지 일대를 붉게 물들이는 석양 풍경이 아름다워 문체부 지정 '사진 찍기 좋은 녹색명소'로 지정된 바 있다.

- 경기 용인시 처인구 이동읍 어비리
- #낙조전망 #저수지 #사진촬영

묵리459
"수묵화를 닮은 카페, 계절을 담은 통창뷰"

큰 통창 밖으로 보이는 자연과 계절. 지금이 어떤 계절인지 구경하는 것만으로도 시간 가는 줄 모르겠다. 수묵화를 닮은 카페 내부. 단정하고 차분한 분위기가 매력이다. 갤러리에 온 것 같은 카페에서 자연을 구경하며 커피 한 잔을 즐겨보자.(p242 B:3)

- 경기 용인시 처인구 이동읍 이원로 484
- #통창뷰 #용인핫플 #삼봉산 #갤러리카페

모빌리티 뮤지엄
"아이들이 너무 좋아하는 자동차 박물관"

희귀 자동차, 모터사이클, 자전거, 마차 등 세계의 명차들이 전시되어있는 박물관. 자동차 경주의 역사를 알아보거나 어린이를 위한 교통안전 교육도 받아볼 수 있다. 매주 월요일, 1월 1일, 설날과 추석 연휴 휴관.

- 경기 용인시 처인구 포곡읍 유운리 292
- 주차 : 용인 처인구 포곡읍 유운리 292
- #자동차 #교통 #교육 #어린이

에버랜드 추천
"대한민국 최대 규모의 종합 테마파크"

경기도 용인시에 위치한 대한민국 최대 규모의 테마파크. T 익스프레스, 호러메이즈 등 유명한 놀이기구가 있고, 튤립 축제, 장미축제, 할로윈, 일루미네이션 등 1년 내내 볼거리가 풍성하다. 주토피아에서 다양한 동물들을 만나볼 수도 있다. 2016년부터 VR을 이용한 어트랙션도 운영하고 있다.(p242 B:2)

- 경기 용인시 처인구 포곡읍 유운리 551-11
- #놀이기구 #퍼레이드 #동물원

용인 에버랜드 튤립
"아름다운 튤립의 향연"

에버랜드 유러피안 어드벤처에 위치한 장미원과 포시즌스 가든을 물들인 튤립. 하나의 꽃잎에서 두 가지 색상을 보이는 튤립 등 이색 튤립도 심겨 있다. 봄에 개최되는 튤립 축제 기간에 방문하면 장미원, 포시즌스 가든뿐만 아니라 에버랜드 곳곳에서 다양한 봄꽃과 튤립을 감상할 수 있다. 튤립 축제와 함께 다양한 퍼레이드 행사도 개최되는 곳. 곳곳에 포토 스팟이 마련되어 사진 찍기에 좋으며, 야경도 아름답다.(p242 B:2)

- 경기 용인시 처인구 포곡읍 가실리 131-1
- #에버랜드 #축제 #스냅사진 #어린이

캐리비안 베이
"여름의 시작을 알 수 있는 핫한 워터 파크"

카리브해를 모티브로 한 이국적인 워터파크. 겨울에는 실내에서 따뜻한 유수 풀을 즐길 수 있다. 실외 파도 풀, 메가 스톰, 워터 봅슬레이, 아쿠아루프를 추천. 성수기에는 일부 어트랙션에 다소 대기가 있을 수 있다.(p245 F:1)

- 경기 용인시 처인구 포곡읍 유운리 551-1
- 주차 : 처인구 포곡읍 유운리 547
- #워터파크 #야외풀 #온수풀

호암미술관 추천
"산책하기 좋은 잘 가꾸어진 미술관"

삼성그룹 창업주인 이병철 선생이 개관한 국내 최초의 사립미술관. 본관 건물이 전통 한옥 형태로 되어있어 조경미를 주며, 잘 관리된 전통 정원도 멋스럽다. 근대미술, 목가구, 목공예품, 고서화, 불교 미술품 등이 전시되어 있다. 매주 월요일, 1월 1일, 설날과 추석 연휴 휴관.(p242 B:2)

- 경기 용인시 처인구 포곡읍 가실리 204
- 주차 : 용인 처인구 포곡읍 가실리 210
- #한옥 #정원 #근대미술 #목공예품

호암미술관 벚꽃길(가실 벚꽃길)
"조용하고 아늑한 미술관 벚꽃 길"

용인 에버랜드 후문부터 호암미술관에 이르는 벚꽃 길. 삼성에서 운영하는 호암미술관 자체가 잘 정돈된 정원의 느낌이어서 아름다운 벚꽃 나들이 장소로 충분하다. 벚꽃철 주차가 어려우니 되도록 에버랜드 후문 주차장에 세우고 도보 이동하는 것을 추천한다.(p242 B:2)

- 경기 용인시 처인구 포곡읍 가실리 135
- 주차 : 용인시 처인구 포곡읍 가실리 210
- #호암미술관 #에버랜드 #벚꽃

희락보리 맛집
"나물, 보리밥이 리필되는 곳"

구수한 청국장과 보리밥이 기본으로 고등어구이가 나오는 고등어 보리밥, 직접 담근 국내산 양념게장이 제공되는 양념게장 보리밥, 기본 보리밥 청국장 3가지 메뉴로 나뉜다. 보리밥과 비벼 먹을 수 있는 생부추, 콩나물, 느타리버섯, 고사리 등 나물들이 다양해서 참기름과 함께 비벼먹으면 고소한 맛이 좋다는 평. 나물과 보리밥 리필도 가능하다. 수요일 정기휴무 (p242 B:2)

- 경기 용인시 처인구 포곡읍 포곡로234번길 10
- #정부지정안심식당 #호암미술관맛집 #에버랜드근처

도넛드로잉 카페
"빈티지 인테리어 도넛 카페"

@today._iam_soooo___

입구 도넛 드로잉 카페 외관이 대표 포토존으

로 빈티지스러운 사진 연출이 가능하다. 컨테이너를 개조한 느낌의 건물과 입구 앞쪽으로는 얕은 풀이 있어 휴양지 감성을 느낄 수 있다. 도넛 종류는 총 8개가 있는데 이 중 바질크림치즈 도넛이 시그니처 메뉴이다. 음료는커피, 티, 에이드, 스무디 등이 있다. 반려견은야외테라스에서만 동반할 수 있다.

- 경기 성남시 분당구 대왕판교로 103
- #분당카페 #휴양지감성 #도넛맛집

윤밀원 맛집
"고수와 함께 쫄깃한 족발 한쌈"

분당 3대 족발 맛집으로 평양냉면, 막국수, 칼국수, 족발, 양곰탕이 주 메뉴이다. 고수, 부추절이, 마늘과 함께 한 쌈을 싸먹으면 쫄깃하고 부드러운 식감의 족발과 어우러져 맛 평이좋은 편이다. 칼국수도 고기양도 많고 푸짐해서 인기가 좋다. 테이블에서 패드로 직접 주문이가능하다. 테이블링 앱 예약 가능. 브레이크타임 15시~17시. (p242 A:2)

- 경기 성남시 분당구 백현로 154 1층
- #분당3대족발 #쫄깃쫄깃 #평양냉면

분당 중앙공원 벚꽃
"황새울광장부터 분당호까지 벚꽃 자전거 나들이 한바퀴"

봄이 되면 중앙공원 탄천 길을 따라 천 양쪽에 1.5km 벚꽃길이 펼쳐진다. 자전거를 타고 한 바퀴 도는 것도 즐거운 나들이가 될수 있다. 중앙광장으로 오면 사당과 한옥 화장실 분당호의 경치가 멋지다. 주차장은 A주차장과 B주차장이 있는데 벚꽃 철 주차장에 주차하기 힘들다. 조금 걷더라도 주변주차장을 찾는 편이 나을 수 있다. (p242 A:2)

- 경기 성남시 분당구 수내동 70
- 주차 : 성남시 분당구 수내동 69-1
- #분당 #중앙공원 #벚꽃 #분당호

잡월드
"버라이어티한 직업의 세계"

다양한 직업체험을 해볼 수 있는 이색 테마파크. 만 4세부터 초~중학생까지 어린이의 눈높이에 맞춘 직업체험을 진행한다. 고용노동부에서 운영하기 때문에 일반 테마파크보다더 전문적인 직업체험을 즐길 수 있다. (p242 A:2)

- 경기 성남시 분당구 정자동 분당수서로 501
- #직업체험 #어린이 #고용노동부

파파라구 맛집
"5시간 끓인 특제 라구 소스"

한돈과 한우를 베이스로 양파와 당근, 샐러리등을 5시간 이상 뭉근히 끓여 만든 라구 소스가 이곳의 매력이다. 샐러리를 포함하여 파스타, 피자 등 8가지의 메뉴가 있다. 피자는 이태리 전통 화덕에 굽는 곳이다. 라자냐 예약은 1일 15개 한정 제공. 산뜻한 노란색빛의

내부 인테리어로 꾸며져 있다. 브레이크 타임 15시~17시. 화요일 정기휴무 (p242 A:2)

- ■ 경기 성남시 분당구 판교역로10번길 22-3
- ■ #라자냐맛집 #판교맛집 #백현동카페거리 맛집

수원 당수동 시민농장 해바라기
"아담한 해바라기 밭"

당수동 시민농장 텃밭 구역 가운데에 있는 해바라기밭. 무릎 높이까지 올라오는, 다소 작은 해바라기가 심겨 있다. 해바라기와 함께 코스모스, 연꽃도 감상할 수 있으며, 오리와 닭을 사육하는 사육장도 마련되어 있다.

- ■ 경기 수원시 권선구 당수동 434
- ■ 주차 : 수원시 권선구 당수동 434
- ■ #해바라기 #코스모스 #주말농장

건강밥상심마니 광교점 맛집
"건강한 특효재료로 만드는 보양식"

@kim8500132

다양한 메뉴가 있지만 불로장생 샤브샤브와 건강밥상 곤드레 정식이 가장 인기가 좋다. 불로장생 샤브샤브는 호흡기 질환과 면역력을 강화시키기에 좋은 재료들을 토대로 육수를 우려내 건강식을 맛볼 수 있다. 내부가 넓어 단체모임을 하기에도 좋다. 식후에 즐길 수 있는 십전대보차, 석류차, 매실차, 수정과가 준비되어 있다. 연중무휴 (p242 A:2)

- ■ 경기 수원시 영통구 광교중앙로 145
- ■ #한정식당당 #가족회식장소 #건강한식재료

수원박물관
"수원을 알고 싶으면 일단 와보라고!"

수원 박물관에는 수원역사박물관, 한국 서예 박물관이 함께 운영되고 있다. 1960년대 수원의 영동시장 거리를 재연한 모습이 인상적이다. 한국 서예 박물관 상설전시실

은 189평 국내 최대 규모로 운영되고 있다. 매달 첫째 주 월요일 휴관.

- ■ 경기 수원시 영통구 이의동 1088-10
- ■ #수원 #영동시장 #레트로 #서예

광교 마루길 벚꽃
"광교저수지 수변산책로는 그냥 산책해도 좋아"

광교공영주차장부터 광교저수지 수변 산책로를 따라 영동고속도로가 보이는 광교 쉼터까지 1.5km의 벚꽃 길. 수변 산책로가 나무 데크로 만들어져 있어 마루길이라고 불린다.

- ■ 경기 수원시 장안구 하광교동 산57-19
- ■ 주차 : 수원시 장안구 하광교동 393-2
- ■ #벚꽃 #저수지 #나무데크 #쉼터

광교 호수공원
"산책하고 운동하기에 너무 잘 가꾸어 놓은 곳"

수원시 영통에 있는 매년 300만 명이 찾는 잘 가꾸어진 호수로 수원, 성남, 용인 일대에서 바람 쐬러 가기 좋은 곳이다.(p245 E:1)

- ■ 경기 수원시 영통구 하동 1023
- ■ 주차 : 경기도 수원시 영통구 하동 1048
- ■ #산책 #피크닉 #가족

수원화성 추천

"이런 혁신적인 성곽이 조선 초기에 나왔더라면 역사가 달라졌을까?"

유네스코 세계문화유산으로 지정된 유명한 역사 여행지. 한양을 방어하기 위해 만들어진 조선 시대의 매우 실용적인 새로운 성곽. 왕이 거주할 수 있는 화성행궁은 정조 18년(1794)에 착공하여 2년 만에 완공되었다. 성곽에 벽돌을 사용한 것은 수원화성이 처음이라고 한다. 가을이 되면 성곽 따라 펼쳐져 있는 억새밭이 가을이 왔음을 알려준다. 서남각루에서 억새길 사이로 지는 일몰도 아름답다.(p245 E:1)

- 경기 수원시 팔달구 매향동 151
- #유네스코 #조선시대 #성곽

플라잉 수원

"열기구 타고 수원화성을 한 눈에!"

150m 상공에서 바라보는 수원화성의 모습은 어떨까? 도심의 하늘을 날 수 있는 기회는 그리 흔치 않을 것이다. 검증받은 파일럿과 함께 안전한 헬륨기구에서 수원의 하늘을 날아보자. 특히 수원화성의 야경은 동화 속 그 자체일 것이다.(p245 E:1)

- 경기 수원시 팔달구 경수대로 697
- #수원화성 #헬륨기구 #야경 #열기구

수원화성박물관

"정조시대의 화성이 담고 있는 의미"

세계 문화유산으로 지정된 화성의 역사와 문화를 공부할 수 있는 곳. 화성은 군사 건축물이자 도시 전체를 아우르는 고성으로, 이곳에서 화성 건설에 참여한 인물이나 주둔했던 군사 정보를 얻어갈 수 있다.(p245 E:1)

- 경기 수원시 팔달구 매향동 49
- 주차 : 수원시 팔달구 매향동 49
- #수원화성 #역사 #군사

경기도청 벚꽃길

"도청뒷길을 지나 화성행궁으로 가는 벚꽃길"

경기도청 후문 또는 정문부터 팔달산으로 오르는 벚꽃길로 수원의 대표 벚꽃 명소이다. 그리 높지 않은 산책길로 오르다 보면 수원 시내를 한눈에 볼 수 있는 팔달산 팔달공원에 이른다.(p245 E:1)

- 경기 수원시 팔달구 매산로3가 1-10
- 주차 : 수원시 팔달구 고등동 57-1
- #벚꽃 #경기도청 #팔달산 #팔달공원

방화수류정

"피크닉의 성지로 거듭나다."

수원성곽의 누각 중 하나. 높은 벼랑 위에 있어 이곳에서 보는 경관은 비현실적일 정도로 아름답다. 화성에서 가장 독창적인 공간으로 평가받고 있다. 화성을 배경으로 미디어아트 쇼가 펼쳐지기도 하는데, 밤에 보면 더욱 환상적이라 피크닉의 성지로도 불린다.

- 경기 수원시 팔달구 수원천로392번길 44-6
- 주차 : 경기 수원시 장안구 경수대로743번길 57, 연무동 공영주차장
- #수원성곽 #벼랑위누각 #피크닉성지 #미디어아트쇼 #데이트명소

효원공원 월화원
"한국에 온 중국식 정원 "

한국과 중국, 서로의 나라에 전통 정원을 짓기로 약속하면서 세워진 정원이다. 중국 광동지역의 전통 양식에 따라 지어졌다. 중국 드라마 세트장 같은 느낌의 이국적인 분위기를 자랑하여, 이곳에서 사진을 찍으려는 사람들이 많다. (p245 E:1)

- 경기 수원시 팔달구 인계동
- 주차 : 경기 수원시 팔달구 효원로307번길 20 경기아트센터주차장
- #중국식정원 #인공호수 #인공폭포 #정자 #이국적 #핫플

유치회관 맛집
"선지가 따로 나오는 이색 해장국"

백종원의 3대 천왕에 소개되었던 바로 그 선지 해장국집. 고기, 팽이버섯과 배추가 들어간 국물과 선지 덩어리가 따로 나와 선지를 싫어하는 사람들과 함께 가기에도 부담 없다. 고기와 선지, 국물 모두 리필된다.

- 경기 수원시 팔달구 인계동 효원로292번길 67
- #선지해장국 #고기리필 #선지리필 #국물리필

가보정 맛집
"수원 3대 갈비 중에서도 으뜸!"

경기도에서 맛집 리뷰, 추천수가 가장 많은 곳. 유명 맛집답게 건물과 시설의 규모가 엄청나다. 한우와 미국산 갈비로 주문 가능하며 생갈비와 양념갈비 모두 평이 좋다. 수원을 대표하는 3대 갈비가 있지만 이곳은 언제나 으뜸!

- 경기 수원시 팔달구 장다리로 282
- #한우생갈비 #미국산생갈비 #3대갈비천왕

팔레센트 카페
"장안문 전망 루프탑 카페"

@l.jaeweon

조선시대 문화재인 장안문을 한 프레임에 담아 사진을 찍을 수 있어 인기가 많은 카페이다. 음료는 커피, 논 커피, 티, 에이드가 있고 시그니처 메뉴는 카페팔레센트로 그린티 크림, 커피, 우유가 들어간 커피다. 간단한 베이커리류도 판매하고 있다. 루프탑은 실내 유리식기가 반출되지 않아 초록 캐리어를 이용해 리유저블컵으로 바꾼 후 이용이 가능하다.

- 경기 수원시 팔달구 정조로 904-1 2층
- #행궁동카페 #장안문뷰 #루프탑카페

수원 화성문화제
"능 행차 재현만으로도 꼭 가볼 만한 곳"

정조대왕의 부국강병에 대한 소망의 상징인 화성에서 열리는 축제. 여러 행사 중에서도 정조대왕 능 행차 재현 행사가 가장 인상적이다. 그밖에 솟대 타기, 한의학 체험, 공방 체험 등 다양한 전통문화를 체험해볼 수 있다.(p245 E:1)

- 경기 수원시 팔달구 팔달로1가 138-5
- 주차 : 수원시 팔달구 남창동 38-6
- #화성 #축제 #정조 #능행차 #체험

의왕시청사 벚꽃길
"한적한 벚꽃 소풍 나들이"

의왕시청사에서 중앙도서관으로 이어지는 벚꽃길. 의왕시청 주차장이 붐비면 중앙도서관 주차장을 이용할 수 있다. 많은 가족 나들이객들이 시청 벚꽃축제에 참가한다. 다양한 문화행사와 체험도 진행된다. 벚꽃은 3cm가량으로 분홍색 또는 백색의 꽃으로 피며, 군락을 이룬 곳은 눈이 온 것 같다. 벚꽃이 떨어질 때 꽃비가 되기도 한다.

- 경기 의왕시 고천동 171
- #의왕시청 #벚꽃 #축제

산나래한정식 맛집
"굴비 본연의 맛을 느낄 수 있는 곳"

5년된 천일염에 절인 보리굴비를 손질하고 조리하여 제공되는 한정식 식당. 대표메뉴는 보리굴비 정식이며 이 외 꽃게간장게장 정식, 소갈비찜 정식, 제주오갈치조림정식이 있다. 후식으로 생강차 또는 매실차를 무료 제공해 준다. 프라이빗한 룸들이 많아 모임에도 좋은 곳이다. 동시 50대까지 주차수용이 가능하다. 월요일 정기휴무 (p241 F:2)

- 경기 의왕시 능안길 151
- #안심식당 #백운호수맛집 #룸식당

막시 카페 왕송호수점 카페
"왕송호수 뷰 유리통창"

2, 3층 모두 유리통창에서 왕송호수를 배경으로 사진을 찍어보자. 한쪽은 호수뷰, 다른 한쪽은 숲 뷰로 다른 느낌의 사진을 남길 수 있다. 카페 앞쪽 왕송호수 둘레길이 있어 산책하기도 좋고, 레일바이크가 지나가는 모습도 볼 수 있다. 메뉴는 커피, 티, 쥬스, 에이드 등 있으며 케이크 등 간단한 베이커리류도 맛볼 수 있다.

- 경기 의왕시 왕송못동로 280
- #왕송호수뷰 #뷰맛집 #의왕카페

철도박물관 추천
"기차 만한 추억의 소재도 없지!"

1899년부터 시작된 대한민국 철도의 역사를 전시해놓은 박물관. 증기기관차부터 KTX까지 다양한 열차 모형들과 증기기관차, 대통령 전용 객차, 화차 등의 실물도 전시되어있으며, 철도의 과학적 원리를 학습할 수도 있다. 월요일, 공휴일 다음 날, 1월 1일, 설날과 추석 연휴 휴관.(p245 D:1)

- 경기 의왕시 월암동 374-1
- #철도 #기차 #객실 #모형

의왕레일파크
"레일바이크를 타고 둘러보는 왕송호수"

국내 최초로 호수를 돌아보는 레일바이크. 왕송호수는 철새 도래지로도 유명하다. 호숫가에서 바라보는 일몰이 인상적이다. 레일바이크 노선 중간에 꽃 터널, 팝업뮤지엄, 포토존도 함께 운영된다.(p231 D:3)

- 경기 의왕시 월암동 525-10
- #레일바이크 #왕송호수 #장미터널

장수촌 맛집
"20년된 백숙 장인이 직접 끓여요"

부드럽고 신선한 국내산 오리와 닭, 100% 천연재료로 음식이 제공되는 백숙집. 인삼, 대추, 밤 등과 찹쌀로 만든 누룽지는 고소하고 쫀득한 맛이 나 평이 좋다. 음식이 남았을 경우 별도 비용 지불 후 셀프로 포장하여 가져갈 수 있다. 한 쪽에 족구장이 마련되어 있는데 예약 후 사용가능하다(족구공 대여 가능). 야외 반려동물 반입 가능, 브레이크타임 16시~17시

- 경기 의왕시 청계로 183-1
- #청계산맛집 #애견동반가능 #누룽지닭백숙

백운호수 둘레길
"걷기 좋은 백운호수 산책길"

호수를 둘러싸고 나무데크길이 이어져있어 산책하기 좋다. 오리 배를 타고 백운호수를 유유자적 누빌 수도 있다. 백운호수는 1950년대 농업용수 공급을 위해 만들어진 인공 호수로, 주변에 호수 풍경을 즐길 수 있는 카페와 레스토랑들이 모여있다. (p231 D:3)

- 경기 의왕시 학의동 산75-3
- #백운호수 #둘레길 #오리배

타임빌라스 추천

"아울렛으로 나들이 가자!"

@ssukleee

롯데프리미엄아울렛인 이곳은 쇼핑뿐만 아니라 나들이 명소로 손꼽히고 있다. 자연친화적인 설계와 풍부한 콘텐츠들 덕분에 가족 단위의 방문객들에게 만족도가 높다. 특히 글라스빌과 플레이블은 대표적인 포토존이자 핫플레이스! (p241 F:2)

- 경기 의왕시 학의동 1039
- #프리미엄아울렛 #쇼핑 #나들이명소 #핫플 #가족여행

렛츠런파크 서울

"경마장으로 소풍을"

경마는 물론 승마 체험과 가족공원에서의 산책까지 가족과 연인의 소풍지로 손색없는 곳이다. 특히 봄에는 금청동마상부터 실내승마장까지 이어지는 길이 벚꽃으로 물들어 봄철 최고의 데이트 코스로 꼽힌다. 경마를 좋아하는 사람도, 그렇지 않은 사람도 즐길 거리가 많은 곳이다.(p242 A:1)

- 경기 과천시 경마공원대로 107
- #과천경마장 #벚꽃성지 #데이트명소

렛츠런파크서울(서울경마공원) 벚꽃길

"경마장외곽에 자리잡은 이색 벚꽃길"

렛츠런파크 서울 매표소 앞 우측길을 따라 승마 연습장, 실내마장, 조교 관람대까지 벚꽃길을 걸을 수 있다. 렛츠런파크에서는 야간 벚꽃축제를 열어 꽃마차와 포토존, 체험존을 운영한다. 해지기 전 5시 30분쯤 도착하면 주·야경 벚꽃을 모두 볼 수 있다.(p242 A:1)

- 경기 과천시 주암동 685-56
- #벚꽃 #축제 #야간개장 #포토존

하이도나 카페

"토끼 의자와 귀여운 도넛"

@__limish

입구에 마련된 토끼 의자와 하이도나 캐릭터가 그려진 곳이 대표 포토스팟. 알록달록 색감의 100% 천연 버터를 사용한 도넛은 입맛은 물론 눈까지 사로잡는다. 아이들이 좋아하는 수제 아이스크림과, 우유 등 다양한 음료들이 준비되어 있다. 아기 의자와 좌식 공간이 마련되어 있고 테이블 간 간격도 넓어 아이들과 함께 가기 좋은 곳이다. 신분증을 맡기면 야외 테이블과 돗자리 대여가 가능하다.

- 경기 과천시 뒷골1로 14
- #도넛맛집 #아이와가기좋은곳 #아기자기

서울대공원 추천

"세계 10대 동물원이 있는 테마공원"

227만여 평 대규모 면적에 조성된 자연 문화 체험공간. 동물원, 식물원, 국립현대미술관, 서울랜드, 산림욕장 등이 함께 운영된다. 서울대공원 동물원은 세계 10대 동물원에 속해있다.(p231 D:3)

- 경기 과천시 막계동 159-1 서울대공원
- #동물원 #서울랜드 #아이 #가족

서울대공원 벚꽃길

"서울역에서 대략 40분, 조금은 여유로운 벚꽃 산책길을 원한다면"

봄철 서울대공원은 주차장과 과천저수지 입구부터 벚꽃길이 형성된다. 특히 제4호교를 지나 동물원의 우측길이 벚꽃이 많다. 붐비는 여의도나 석촌호수보다는 비싸진 않지만, 입장료를 내는 이곳이 좀 더 한적하게 벚꽃을 즐길 수 있다. 주차장이 굉장히 넓으며, 대중교통 이용 시 4호선 대공원역에서 하차하면 되어 교통은 매우 편리하다. (p231 D:3)

- 경기 과천시 막계동 산117-10
- 주차 : 경기 과천시 막계동 270-2
- #서울대공원 #동물원 #벚꽃 #아이

서울랜드
"서울 도심속 유명 테마파크"

28만여 제곱미터 대규모 면적에 조성된 테마파크. 세계의 광장, 모험의 나라, 환상의 나라 등의 여러 테마를 가진 놀이기구가 모여있다. 바이킹, 엑스 플라이어, 은하 열차 999, 스카이엑스 등의 놀이기구가 있으며, 매직 쇼, 뮤지컬, 야간 조명 쇼 등도 개최된다. 계절별로 열리는 꽃 축제와 야간 개장 시 관람할 수 있는 레이저 쇼도 볼 만하다.(p231 D:3)

- 경기 과천시 막계동 82
- #바이킹 #회전목마 #야간개장

스팀하우스 [맛집]
"육즙 가득 딤섬, 땅콩 가득 탄탄멘!"

홍콩, 중국 6성 음식을 맛 볼 수 있는 감각 모던 중식 요리 전문점. 가장 인기 있는 메뉴는 딤섬과 3단계 맵기로 조절 가능한 탄탄멘이다. 딤섬은 육즙이 가득하고, 탄탄멘은 얇은 면에 땅콩의 고소함과 부드러움을 한꺼번에 느낄 수 있어 맛이 좋다는 평이다. 네이버 예약 가능, 브레이크타임 15시~17시 (p241 F:2)

- 경기 안양시 동안구 인덕원로 19-2 1층
- #딤섬맛집 #관양동맛집 #퓨전중식

안양충훈벚꽃길(안양천 벚꽃길)
"안양충훈벚꽃 축제만으로도 충분해"

안양천을 따라 천변에 1.5km가량 벚꽃길이 형성되어 있으며 석수동 충훈2교 일대에서 안양 충훈 벚꽃 축제가 열린다. 이 시기에는 다양한 체험행사와 즐길 거리 볼거리 먹거리가 펼쳐진다. 천변에는 서너 군데의 주차 공간이 있다. 대중교통 이용 시 관악역에서 24분 거리에 있다.

- 경기 안양시 만안구 석수동 666-20
- 주차 : 안양시 만안구 박달2동 141-2
- #안양천 #벚꽃 #축제 #관악역

김중업건축박물관
"건축을 예술로 끌어올린 김중업 교수의 업적"

@juju.kim79

우리나라 1세대 건축가인 김중업 교수의 생애와 건축물들을 전시하고 있는 박물관. 김중업 교수는 프랑스 대사관, 신당동 서산부인과, 옛 제주대학교 본관 등을 설계한 건축가로, 박물관에서 건물 모형과 설계도 등을 살펴볼 수 있다. 근처에 안양예술공원이 있으니 함께 방문하는 것을 추천한다. 09~18시 개관, 매주 월요일과 설날, 추석 당일 휴관. (p230 C:3)

- 경기 안양시 만안구 예술공원로103번길 4
- #건축가 #김중업 #박물관

루프탑118 [카페]
"식물로 꾸민 화사한 인테리어 카페"

@_rosesitive

카페 내부에 이쁜 플랜테리어로 꾸며져 있는 곳이 대표 포토존. 화사하면서도 산뜻한 사진 연출이 가능하다. 실내에는 자리마다 조그만 거울과 조명이 있어 미러샷을 찍을 수 있고 루프탑에도 아기자기한 좌석들이 있다. 보드게임을 빌려 즐기기도 가능하며, 원활한 운영을 위해 주말 2시간, 평일 3시간으로 이용 시간이 정해져 있다.

- 경기 안양시 만안구 예술공원로118번길 5 3층 루프탑118(옥상118)
- #꽃포토존 #안양예술공원카페 #루프탑

사이숲 `카페`
"분위기 좋은 브런치 카페"

총 3층으로 구성되어 있으며 1층 주문, 2층 식사, 3층 야외 카페석이다. 새하얀 외관에 아늑한 인테리어로 꾸며져 있다. 소소한 샌드위치 파스타, 피자, 리조또 등 다양한 브런치 메뉴가 있다. 카페가 같이 운영되는 곳이라 식사 후 후식을 즐기기도 좋다. 야외 반려동물 동반 가능. (p241 E:3)

- 경기 안양시 만안구 예술공원로131번길 31
- #안양예술공원맛집 #애견동반가능 #브런치카페

군포 금정역 벚꽃길
"기찻길옆 벚꽃 길"

1.4호선 금정역 3번 출구 앞으로 1km가량의 벚꽃길이 펼쳐진다. 출퇴근할 때나, 주말이나, 어느 때곤 벚꽃 무리를 볼 수 있는 군포 시민들이 부러워진다.

- 경기 군포시 금정동 33-6
- #군포 #금정역 #벚꽃

군포 철쭉동산
"백만그루 철쭉 군락"

군포 철쭉공원 옆에 있는 1백만 그루 이상의 철쭉 군락지. 20,000㎡ 규모의 다양한 색의 철쭉이 군포 시내를 물들인다. 한국관광공사가 선정한 봄에 가보고 싶은 명소로

꼽힌 곳으로, 매해 봄에는 군포 철쭉 축제를 열어 다양한 문화행사도 진행한다. 철쭉동산 안에는 군포의 자랑 김연아 선수의 동상도 설치되어 있다.(p230 C:3)

- 경기 군포시 산본동 1152-14
- 주차 : 군포시 산본동 1153
- #철쭉 #공원 #축제 #공원

홍종흔베이커리 `카페`
"소나무 포토존 베이커리 카페"

@7.06com

넓은 산책길에 보이는 커다란 소나무가 대표 포토스팟. 총 18개의 지점이 있지만 군포점에서만 볼 수 있는 이색적인 조경수가 있어 가장 인기가 많다. 한옥 스타일의 대형 베이커리 카페로 제과제빵 분야에서 알려져 있는 홍종흔 명장이 만드는 천연발효 빵집으로 유명하다. 반려견, 반려묘는 외부 테라스 동반이 가능하다. 카페 정원에는 300년이 넘는 향나무, 소나무 등도 볼 수 있다.

- 경기 군포시 번영로 252
- #소나무카페 #대형카페 #명장빵집

남도연 `맛집`
"자연을 담은 건강한 밥상"

@nest_ej

직화구이와 사계절 내내 국내산 벌교꼬막을 맛 볼 수 있는 남도 음식 전문점. 가장 인기가 많은 메뉴는 꼬막정식으로 간장 베이스인 간장꼬막정식과 초고추장 베이스인 남도꼬막정식 2종류다. 한꺼번에 비비지 않고 꼬막을 밥 위에 적당량을 덜어 덮밥처럼 먹으면 더 맛있게 즐길 수 있다. 브레이크 타임 15시30분~17시 (p241 F:2)

- 경기 군포시 산본로323번길 4-17 군포프라자 2층
- #군포맛집 #꼬막맛집 #건강한밥상

안산 고잔역 해바라기
"폐철로는 언제나 감성적이야!"

폐철로인 고잔역 협궤철로를 따라 자라난 500m 길이의 해바라기 길. 4호선 고잔역 2번 출구에서 왼쪽으로 나오면 바로 열차 길이 등장한다. 철로 곳곳에는 옛 협곡 열차 사진이 전시되어 있고, 벤치도 마련되어 있다. 해바라기밭 옆으로 더 이동하면 야생화를 즐길 수 있는 계절 숲이 나온다.(p244 C:1)

- 경기 안산시 단원구 고잔동 289-2
- 주차 : 안산시 단원구 고잔동 679-1
- #해바라기 #철길 #스냅사진 #연인

구봉도 낙조전망대
"서해에서 가장 아름다운 석양을 볼 수 있는 곳"

@lovehyosun

서해에서 가장 아름다운 석양을 볼 수 있는 곳은 어디일까. 구봉도의 할배바위, 할매바위 사이로 떨어지는 해의 모습은 인생에서 꼭 한번은 보아야 할 명장면이라 꼽힌다. 낙조전망대에서 보는 서해의 낙조, 대부도 경치 역시 손꼽히는 명소이다.(p244 A:1)

- 경기 안산시 단원구 구봉타운길 43
- 주차 : 안산시 단원구 대부북동 산35-3 구봉도공영주차장
- #서해 #낙조 #석양 #낙조전망대

발리다 카페 `카페`
"발리 감성 베이커리 카페"

@da_02_99

입구 앞에 있는 노란 '발리다' 글자 조형물이 이곳의 대표 포토존. 마치 휴양지 발리에 온 듯한 기분을 느끼게 해주는 카페이다. 달콤쌉싸름한 맛이 일품인 더스트브라운, 파인애플과 레몬즙을 넣어 하루 20잔만 한정적으로 판매하는 트로피컬 파인 등 독특한 음료 메뉴가 8가지가 있다. 조각 케이크도 있어 간단한 베이커리류도 즐길 수 있다. 2층은 안전상의 문제로 노키즈존으로 운영된다. (p244 A:1)

- 경기 안산시 단원구 구봉타운길 57 1, 2층
- #휴양지느낌 #발리분위기 #대부도카페

티라이트 전망대(달 전망대)
"답답한 마음이 들 때 난 전망대에 올라!"

75m 높이로 조력발전 전시관이 내부에 있다. 파노라마 투명 유리 바닥으로 360도 전망할 수 있다.(p244 A:1)

- 경기 안산시 단원구 대부동 대부황금로 1927
- 주차 : 경기 안산시 단원구 대부동
- #대부도 #시화호 #투명바닥 #전망대

대부바다향기테마파크
"바다향기 따라 걷는 나무데크길"

10~11월 금빛으로 물든 갈대들이 넘실대는 풍경이 아름다운 곳. 서해바다를 마주하고 있어 그 이름 그대로 바다 향기가 물씬 느껴진다. 갈대밭을 따라 걷기 좋은 나무데크길이 쭉 이어져 있다. 단, 근처에 매점이나 식당이 없으므로 간식거리나 마실 거리를 챙겨가는 것이 좋겠다. (p244 A:1)

- 경기 안산시 단원구 대부황금로 1480-7
- #서해전망 #갈대밭 #철새도래지

대부바다향기테마파크 코스모스
"잘 가꾸어진 꽃밭"

안산 대부도 바다 향기 테마파크 화훼꽃 단지에 조성된 코스모스 꽃밭. 산책로가 잘 조성되어 있고, 곳곳에 포토존도 마련되어 있다. 테마파크 규모가 크고, 화훼꽃 단지는 정문과는 다소 떨어져 있으니 자차 이용 시 테마파크 남쪽 메타세콰이아길을 이용해 입장하면 편리하다. 대중교통 이용 시에는 정문 부근에서 셔틀버스를 이용하면 된다. (p244 A:1)

- 경기 안산시 단원구 대부북동 1841-10
- #코스모스 #테마파크 #대부도

탄도바닷길 `추천`
"하루 두 번, 바닷길이 열린다"

@a_sun_young_

탄도항과 누에섬을 잇는 바닷길로, 하루에 2번 바닷물이 빠져 항구와 섬까지 바닷길이 생겨난다. 바닷길의 시작점인 탄도항에는 안산어촌민속박물관이 있는데, 이 일대를 비롯한 안산의 어촌문화를 자세히 전시하고 있어 한번쯤 들러볼 만하다. (p244 B:1)

- 경기 안산시 단원구 대부황금로 17-34
- #탄도항 #누에섬 #신비의바닷길

16호원조할머니칼국수 맛집
"조개찜과 조개칼국수를 한번에"

대표메뉴는 황제해물바다칼국수로 조개찜과 조개칼국수를 한번에 맛볼 수 있다. 낙지, 가리비, 전복 등 푸짐한 해물양과 쫄깃한 면발, 시원한 국물이 조화롭다는 맛 평. 해물은 직접 손질해주신다. 매일 새벽 수산시장에서 신선한 해물을 공수해오며, 국내산 배추와 고추를 사용하여 3주에 한번씩 직접 김치를 담그고 숙성을 통해 제공된다. 화요일 정기휴무 (p244 A:1)

- 경기 안산시 단원구 대선로 10
- #대부도칼국수 #해물가득 #대부도맛집

경기도미술관
"나들이 하기에도 괜찮은 곳"

다양한 장르의 현대 미술품이 전시된 미술관. 시기별로 전시 내용이 바뀌며, 각종 교육과 행사도 진행된다. 무료입장, 매주 월요일, 1월 1일, 설날과 추석 당일 휴관.

- 경기 안산시 단원구 초지동 667
- #현대미술 #특별전시 #교육

유니스의 정원
"정원이 있는 복합문화공간"

영국의 시골 정원을 연상케 하는 숲, 실내 정원, 카페, 레스토랑으로 이루어진 복합문화공간. 레스토랑은 실내와 야외공간으로 구성되어 있으며 바비큐, 스파게티, 스테이크 등을 맛 볼 수 있다. 테이블 내 연결된 패드가 있어 바로 주문 가능하다. 식사 후 야외 산책로를 거닐며 산책을 즐기기 좋다. 브레이크 타임 15시~17시, 월요일 정기휴무 (p245 D:1)

- 경기 안산시 상록구 반월천북길 139
- #이풀실내정원 #반월호수맛집 #식물원식당

카페피크닉 카페
"제주 해변 감성 루프탑 카페"

제주에 온 듯한 느낌의 사진 연출이 가능하다. 내부에 아기자기한 인테리어가 많고, 대형 곰돌이가 앉아있는 벤치와 파란 느낌의 통창에서도 멋진 사진을 남길 수 있다. 스무디, 에이드, 커피 등 다양한 음료가 있지만 수제그릭요거트와 크로플이 가장 유명한 메뉴 중 하나이다. 2층은 안전상의 이유로 13세 이상만

이용이 가능하다.

- 경기 시흥시 거북섬둘레길 34 더오션2 104호
- #제주감성 #피크닉기분 #크로플맛집

연꽃테마파크
"여름을 수놓는 연꽃의 절경"

@junie_joony

연꽃테마파크(관곡지)는 우리나라 최초로 연꽃이 꽃을 틔운 역사적인 장소다. 조선시대 인물인 강희맹이 중국에서 백련 씨를 가져와 이곳에 싹을 틔웠다 전해진다. 7~8월 중 연꽃이 잎을 틔워 아름다운 풍경을 즐길 수 있다. 연잎과 연근을 넣어 만든 아이스크림을 판매하는데, 자극적이지 않은 삼삼한 맛이 매력적이다. (p230 C:3)

- 경기 시흥시 관곡지로 139
- #백련 #홍련 #여름여행지

퓨전굽는삼계탕 맛집
"독특한 이색 삼계탕을 찾는다면"

메뉴는 전복이 들어가는 오리지널과 은이버섯이 들어가는 눈꽃 삼계탕으로 나누어져 있

다. 독특하게 숯불구이 닭과 함께 퓨전으로 만들어진 삼계탕으로 닭에서 숯불구이 향을 느낄 수 있다. 숯불로 구워진 닭 위에 국물을 끼얹으면서 구워 먹는 방식이다. 모든 삼계탕에 산삼배양근, 은이버섯, 활전복 등 추가 가능하다. 14시 라스트오더(공휴일 제외). 월요일 정기휴무 (p241 D:3)

- 경기 시흥시 동서로168번길 71-1
- #이색삼계탕 #몸보신 #화려한비쥬얼

시흥 갯골생태공원 흔들전망대

"주변에 아무런 건물이 없는 우뚝 솟은 나무 전망대!"

시흥갯골생태공원은 경기도 유일의 염전 정취를 느낄 수 있는 공원이다. 옛 소래 염전 자리로 국가 해양습지 보호지역으로 지정되었다. 전망대에 올라가면 약한 흔들림이 있는데, 안전 허용치 내의 흔들림이라고 한다.(p230 C:3)

- 경기 시흥시 섬말길 94
- #흔들전망대 #염전 #습지

시흥 갯골생태공원 벚꽃길

"갯골생태 체험도 하고 벚꽃도 보고"
시흥갯골생태공원은 경기도 유일의 염전 정취를 느낄 수 있는 공원으로 봄에 벚꽃이 수로를 따라 만발한다. 벚꽃이 떨어질 때 꽃비가 되기도 한다.(p230 C:3)

- 경기 시흥시 장곡동 724-32
- 주차 : 시흥시 장곡동 724-32
- #갯골생태공원 #염전 #벚꽃

시흥 갯골생태공원 추천

"갯벌과 염전의 정취를 느낄 수 있는 평화로운 공원"

일제강점기에 천일염이 생산되었던 옛 소래염전 부지로, 소금 생산이 중단된 현재는 철새들이 찾아오는 갯벌 생태체험장이 되었다. 아직 소금 창고와 염전이 남아있어 염전 체험과 생태체험을 즐길 수 있다. 3~11월 중에만 운영하는 해수족욕장에도 들러 발과 마음을 깨끗하게 정화시켜 보자. (해수족욕장 매주 월요일 휴무) (p230 C:3)

- 경기 시흥시 연성동 동서로 287
- #소래염전 #염전체험 #철새도래지

아마추어작업실 카페

"브런치 즐기기 좋은 복합문화공간"

은계호수가 보이는 1층~6층까지 총 1400평으로 구성된 복합문화공간. 1~3층은 베이커리 카페, 4~5층은 바베큐, 브런치, 펍을 즐길 수 있는 공간, 6층은 루프탑 공간으로 구성되어 있다. 테이블 내 연결된 모니터로 바로 주문이 가능하며 백립, 소시지, 볶음밥 등으로 구성된 핏 샘플러, 브런치, 파스타 등 다채로운 메뉴를 경험할 수 있다. 연중무휴. (p241 E:3)

- 경기 시흥시 은계중앙로 254 은계호수타운1 아마추어작업실 시흥점
- #은계호수뷰 #대형식당카페 #아이랑가기좋은곳

소래등대

"빨간 등대를 배경으로 사진 찍어 인스타에 올리고 바지락칼국수나 조개구이 먹고 돌아오면 돼!"

오이도는 원래 육지에서 4km 떨어진 섬이었으나, 일제강점기 갯벌이 염전이 되면서 육지와 연결되었다. 오이도 섬의 모양이 '까마귀 귀'와 비슷하다 하여 '오이도'라고 불린다.

- 경기 시흥시 정왕3동 오이도로 175
- 주차 : 경기 시흥시 정왕동 2003-16
- #등대 #스냅사진 #조개구이

시흥 연꽃테마파크
"3만6000㎡ 규모의 도심형 연꽃테마파크"

시흥시 하중동 관곡지 동쪽 담장 너머, 시흥시 생명 농업기술센터 북쪽에 있는 3만 6000㎡ 규모의 도심형 연꽃테마파크. 백련, 홍련, 수련, 가시연, 노랑어리연 등 다양한 오색의 연꽃이 심겨 있다. 관곡지 안에 위치한 연못에도 다양한 연꽃이 심겨 있다. 이곳은 개인 사유지로 안까지는 출입을 수 없지만, 낮은 담 너머로 연못풍경을 충분히 즐길 수 있다.

- 경기 시흥시 하중동 224-1
- #백련 #홍련 #가시연 #오색연꽃

광명본갈비 　맛집
"40년 전통의 갈비 맛집"

@87hongsam

대표 메뉴는 한우 꽃등심, 한우 생등심 등 한우와 돼지갈비 메뉴가 있다. 화력 좋은 숯불 불판 위에 고기를 굽는 형태이며 고기는 겉은 바삭하고 속은 촉촉한 육즙이 가득하여 맛 평이 좋다. 공간이 넓고 프라이빗한 룸이 있어 단체모임 장소로도 이용 가능(p241 E:3)

- 경기 광명시 덕안로77번길 5 지웰에스테이트 206호
- #광명맛집 #40년전통 #돼지갈비

광명동굴 　추천
"서울 근교 여름 피서지로 각광받는 사시사철 시원한 광명동굴"

@rrnrrir

폐광산을 관광상품화한 동굴형 테마파크. 조명이나 조형물, 동굴을 활용한 레이져쇼 등 다양한 볼거리가 있으며, 카페와 와인 시음장도 있다. 등산코스처럼 계단식으로 이동. 여름에도 내부는 추우니 겉옷을 꼭 챙기자!(p241 E:3)

- 경기 광명시 가학로85번길 142
- #한국인100대관광명소 #경기10대관광명소 #동굴테마파크 #광명핫플레이스 #서울근교 #광명나들이

드블랑카페 　카페
"유럽 정원 느낌 식물원 카페"

@hanxia19

초록초록한 식물과 유럽식 느낌을 자아내는 외관이 메인 포토존. 내부 인테리어는 식물과 우드, 앤틱 느낌의 아기자기한 소품들이 있어 구경하기 좋다. 입은 물론 눈까지 사로잡는 예쁜 브런치 메뉴도 인기가 많다. 커피는 추가 비용을 지불할 경우 디카페인 변경도 가능하다. 테라스도 있어 따뜻한 햇살을 맞으며 커피 한 잔의 여유를 즐기기에도 좋은 곳이다.

- 경기 광명시 소하로92번길 11

- #유럽식카페 #소하동카페 #햇살맛집

비봉 습지공원 억새
"바람에 부딪치는 억새 소리 그리고 이어폰으로 나오는 음악"

시화호 남쪽 화성의 습지공원은 비봉습지공원으로 불린다. 안산 갈대습지 공원과도 연결되어 있어 이어서 탐방도 가능하다. 이 갈대밭은 시화호로 유입되는 물의 수질 관리를 위해 수생식물을 심은 31만 평의 대규모 인공습지이다. 축구장 앞 주차장에 주차 후 이동하자.(p244 C:1)

- 경기 화성시 비봉면 삼화리
- 주차 : 화성시 비봉면 유포리 619
- #억새 #시화호 #화성

서해랑 제부도해상케이블카 `추천`

"서해안의 일몰 풍경을 감상할 수 있는 해상 케이블카"

2,120m, 전곡항에서 제부도까지 이어지는 전국 최장 길이의 해상 케이블카. 전곡항과 제부도를 포함한 서해안 풍경을 즐길 수 있어 SNS 사진촬영 명소로 입소문을 타고 있다. 일몰 시간에는 제부도 너머 해가 저물어가는 풍경을 감상할 수 있다. 평일 10~19시, 주말 09~20시 영업. 바닥이 투명한 크리스탈 캐빈을 함께 운영한다. (p244 B:1)

- 경기 화성시 서신면 전곡항로 1-10
- #서해전망 #케이블카 #투명바닥

우음도 송산그린시티전망대

"서해 놀러갈 때 꼭 들러봐"

송산그린시티는 2030년까지 15만 명이 거주하게 될 관광·레저복합도시. 시화호, 송전탑, 초원이 딸린 꽤 이색적인 느낌의 전망대로, 서해 쪽으로 놀러 가면 잠깐 들릴 만하다.(p244 B:1)

- 경기 화성시 송산면 고정리 산1-38
- #서해전망 #시화호 #송전탑

제부도 해안산책로

"일몰보며 산책하는 그기분은 뭐랄까…"

제부도는 하루에 두 번 바닷물이 갈라져 길이 열린다. 해안 산책로는 1km가량으로 기암괴석과 아름다운 바다를 볼 수 있다. 제부도에서 보는 일몰 또한 아름답다.(p244 B:1)

- 경기 화성시 서신면 해안길 421-12
- 주차 : 화성시 서신면 제부리 289-14
- #바다전망 #기암괴석 #일몰

화성 공룡알화석산지

"1억 년 전 공룡의 서식지 떠나보자"

1억 년 전 공룡의 주요 서식지였던 곳. 세계적으로 공룡알 화석이 한꺼번에 발견된 것은 매우 드물다.(p244 C:1)

- 경기 화성시 송산면 고정리
- 주차 : 경기 화성시 송산면 고정리
- #공룡 #화석 #박물관 #아이

우리꽃식물원

"국내 자생식물 생태학습장"

우리나라에서 자생하는 1,000여종의 꽃을 만나볼 수 있는 식물원. 한옥처럼 꾸며진 유리온실 '우리꽃 사계절관'을 중심으로 석림원, 생태연못, 280년 된 소나무 등이 있어 사계절 언제 찾아도 볼거리가 다양하다. 3~10월엔 오전 9시~오후 6시까지, 11~2월엔 오전 9시~오후5시 운영된다. 매주 월요일과 1월 1일, 설날과 추석 당일 휴관. (p244 C:2)

- 경기 화성시 팔탄면 3.1만세로 777-17
- #한옥 #유리온실 #자생화

더포레 카페 `카페`

"유럽풍 온실과 농장 카페"

@rose_.sis

카페 외부 농장 느낌의 인테리어와 함께 이색 사진을 남겨보자. 유럽식 농장을 모티브로 운영되는 카페로 젊은 농부들이 가꾸는 숲속 작은 마을 컨셉이다. 음료와 다양한 베이커리를 맛볼 수 있는 나무집, 온실 정원, 야외테라스로 나누어져 있다. 아이들을 위한 작은 놀이터가 있어 아이와 함께 가기 좋으며 사전 예약 후 이용할 수 있는 우드 케빈이 있어 편안하게 시간을 보낼 수 있다.

- 경기 화성시 향남읍 두렁바위길 49-13
- #대형카페 #유럽정원느낌 #아이와볼만한곳

벳남반미 `맛집`

"베트남 특유의 이국적인 맛"

분짜, 반쎄오, 짜조, 해물볶음쌀국수, 쌀국수와 같은 다양한 베트남 음식을 경험해 볼 수 있는 곳. 물과 반찬은 셀프이며, 베트남 특유의 이국적인 맛이 잘 녹여 있어 맛 평이 좋다.

쌀국수는 직접 육수를 고와내어 진하고 깊은 맛이 일품이라는 평. 속은 촉촉하고 겉은 바삭한 베트남식 바게트에 고기, 각종 소스, 채소 등을 넣어 먹는 반미도 인기가 좋다. 포장 가능, 연중무휴. (p245 D:2)

- 경기 화성시 향남읍 발안양감로 205 메인탑 프라자1층109호
- #베트남음식맛집 #향남맛집 #반쎄오맛집

화성 제암리 3.1운동 순국 유적 및 기념관

"애국선열의 독립정신을 배우는 곳"

1919년 4월 15일 제암리 마을 교회에서 일본군에 의해 3.1운동에 참여했던 마을 주민 23명이 끔찍하게 살해당하는 사건이 발생했는데, 이 사건이 바로 '제암리 학살사건'이다. 캐나다인 선교사였던 스코필드가 이 참상을 사진으로 찍어 해외 언론에 제보하였고, 한국이 일본으로부터 독립하는데 큰 영향을 끼쳤다. (p245 D:2)

- 경기 화성시 향남읍 제암길 50
- #제암리학살사건 #독립운동 #역사여행지

북극해고등어 오산본점 `맛집`

"북극해에서 어획한 생선구이요리 전문점"

북극해 청정지역에서 어획한 고등어를 사용하여 480도 화덕에 구워 겉은 바삭하고 속은 촉촉한 생선구이를 맛볼 수 있는 곳이다. 고등어뿐만 아니라 방어, 임연수, 대구뽈살 등 각종 생선구이 요리를 맛볼 수 있다. 와사비, 간장소스와 함께 생선구이를 곁들이면 더욱 감칠맛을 느낄 수 있다. 연중무휴 (p242 A:3)

- 경기 오산시 경기대로 845
- #깔끔한맛집 #화덕생선구이 #가족외식

스티빈 `카페`

"연못과 정원 딸린 베이커리 카페"

@choonghyo928

삼각형의 큰 통유리창이 매력적인 외관이 대표 포토존. 앞쪽에는 연못과 야외정원이 잘 가꾸어져 있고 삼면이 산으로 둘러싸여 있어 자연 힐링할 수 있는 곳이다. 메뉴는 커피, 차, 밀크티와 쿠키, 크로플, 크루아상 등 간단한 메뉴가 있으며 잠봉뵈르 샌드위치 등 총 6가지의 브런치가 있어 허기를 채우기에도 좋다.

- 경기 오산시 삼미로47번길 81-14
- #브런치카페 #오산카페 #야외정원

오산 독산성 세마대(전망대)

"조선시대 경기 남부 주요 군사요지! 그러니 전망이 좋겠지?"

임진왜란시 권율 장군의 주둔지였던 독산성은 경기 남부 주요 군사 요새였다. 독산성 성곽길에서는 주변 경관 감상이 가능하다. 밤에는 오산~동탄 방면의 반짝반짝 아름다운 야경을 감상할 수 있다. 차로 이동할 경우 '독산성 산림욕장 주차장'에 주차하자.(p245 D:2)

- 경기 오산시 지곶동 155
- 주차 : 경기 오산시 지곶동 148
- #전망대 #야경 #성곽길

물향기 수목원 추천
"걷기 좋은 수목원"

지하철 오산역에서 가까워 대중교통으로 이동하기도 좋은 수목원. 소나무, 단풍나무 숲길이 이어지며 길가에는 들꽃이 심겨있어 산책길을 더 향기롭게 만들어준다. 습지 생태원, 수생식물원, 곤충 생태관, 조류원을 함께 운영한다. 원래 경기도에서 임업 시험장으로 사용하던 곳이었으나 수목원으로 개장하였다. (p245 E:2)

- 경기 오산시 청학로 211
- #소나무숲길 #단풍숲길 #피크닉

송탄 영빈루 맛집
"5대 짬뽕 맛집에서 마약 짬뽕 한그릇"

1945년 처음 개업한 영빈루는 전국 5대 짬뽕 맛집으로 선정된 곳으로도 유명하다. 돼지고기가 건더기가 푸짐한 이곳 짬뽕은 일명 '마약 짬뽕'으로 불린다. 탕수육도 짬뽕만큼이나 유명하니 같이 시켜 먹어보자.

- 경기 평택시 탄현로 341
- #전국5대짬뽕 #마약짬뽕 #탕수육

소풍정원
"캠핑장을 품은 숲속 정원"

편백나무가 가득한 정원으로, 넓은 캠핑장이 갖춰져 있어 캠핑하러 오는 사람들도 많다. 매년 여름이면 물놀이장을 개장한다. (p245 E:3)

- 경기 평택시 고덕면 궁리 426-39
- #편백나무 #물놀이장 #캠핑장

서해수호관
"서해를 지켜낸 해군 장병의 희생을 기리는 곳"

연평 해전 때 북방한계선을 지켜낸 대한민국

해군의 역사를 전시하고 있는 군사 박물관. 연평 해전, 연평도 포격사건 등 서해 북방한계선 일대를 지키기 위해 순직하신 호국영령의 넋을 기리고, 안보정신을 고취할 수 있는 추모공간이기도 하다. (p244 C:3)

- 경기 평택시 포승읍 2함대길 122
- #해군 #군사박물관 #연평해전

카페 메인스트리트 카페
"뉴욕 스타일 인테리어 카페"

@__chanvely

마치 뉴욕 거리에 온 듯한 느낌의 외관 벽화 앞에서 이국적인 사진을 찍어보자. 입구부터 뉴욕 지하철 느낌으로 총 3층으로 구성되어 있으며 모두 다른 느낌의 인테리어로 꾸며져 있어 곳곳이 포토존이다. 아이들이 놀 수 있는 놀이공간도 별도로 마련되어 있어 아이와 함께 가기도 좋으며 다양한 좌석들이 많다. 층마다 음료, 베이커리, 식사를 판매하는 곳이 달라 확인 후 주문하면 된다.

- 경기 평택시 포승읍 만호리 697-17
- #대형카페 #뉴욕감성 #사진맛집

평택호 관광지
"평택호로 떠나는 피크닉"

평택호를 따라 호수 산책로가 마련되어 있는데, 봄에는 산책로에 벚꽃이 드리워 더욱 아름답다. 평택호 예술관에 호수 전망이 멋지게 보이는 전망대가 마련되어 있다.

- 경기 평택시 현덕면 평택호길 48
- #호수 #벚꽃길 #산책

봉궁순대국 맛집
"직접 만든 순대와 사골 100% 육수"

직접 만든 순대와 국내산 사골 100%만을 사용한 사골육수로 만드는 순대국집. 메뉴는 육수의 진한 맛이 일품인 눈꽃순대국, 매운 불꽃순대국, 시래기 순대국, 산낙지 순대국 등 다양하다. 기호에 맞게 테이블에 놓여 있는 들깨가루, 양념장, 새우젓을 넣으면 그 풍미가 확 살아난다. 브레이크 타임 15시~16시 (p245 D:1)

- 경기 안산시 상록구 사사안골길 2-2
- #보양식 #안산맛집 #이색순대국

안산갈대습지공원
"황금빛 일렁이는 갈대의 풍경"

안산 시화호 동부에 있는 습지공원으로, 31만 평이 넘는 면적을 자랑한다. 가을이면 너른 갈대밭이 펼쳐져 드라이빙 겸 산책 나오는 사람들이 많다. 해마다 철새들이 찾아오는 철새 도래지이며, 민물고기인 붕어, 잉어가 잘 낚이는 낚시터로도 유명하다. (p244 C:1)

- 경기 안산시 상록구 해안로 820-116
- #갈대밭 #철새도래지 #가을여행지

안산갈대습지공원 갈대
"한국수자원 공사가 만든 국내 최대의 인공습지"

시화호 습지는 북쪽 안산갈대습지(안산)와 남쪽 비봉습지공원(화성)으로 나뉜다. 갈대는 흙 속으로 공기를 제공해줘 습지를 맑고 깨끗한 땅으로 유지해주는 천연 정화기 역할을 한다. 이곳의 갈대밭은 시화호로 유입되는 물의 수질 관리를 위해 수생식물을 심은 31만 평의 대규모 인공습지로, 생태공원으로서의 역할을 하고 있다. 습지공원 주차장에 주차 후 이동.(p244 C:1)

- 경기 안산시 상록구 본오동 665-57
- 주차 : 안산시 상록구 갈대습지로 76
- #갈대 #생태공원 #습지 #교육

안성장터국밥 맛집
"100년동안 이어진 장터국밥"

1920년부터 운영하고 있는 오래된 안성 국밥집. 메뉴는 장터국밥, 소머리수육 2가지다. 장터국밥은 한그릇에 7,000원. 담백하고 깔끔한 국물맛과 고기, 야채 등 속재료도 푸짐하게 들어있어 배부른 한 끼를 먹을 수 있다는 맛 평이 많다. 포장가능, 라스트오더 19시40분

- 경기 안성시 미양면 구례골길 170-17
- #안성팜랜드맛집 #4대째 #가성비맛집

안성팜랜드 `추천`

"대관령까지 가지 않아도 돼, 경기도 남부 안성의 초원으로 가보자"

@quiz94

양, 토끼, 타조, 말, 소 등의 동물들이 있어 아이들과 동물체험 할 수 있는 곳. 넓은 초원이 있어 산책하기 좋다. 여름에는 야외수영장, 봄에는 호밀밭 축제 등이 열린다.(p245 F:3)

- 경기 안성시 공도읍 신두리 3631
- #농사체험 #동물체험 #가족

안성 팜랜드 유채꽃

"아이와 함께 하기 좋은 유채꽃밭"

안성팜랜드 이색자전거길과 신사의 품격 드라마촬영지 사이에 위치한 유채꽃밭. 드넓게 펼쳐진 유채꽃밭 사이로 사잇길이 나 있어 사진 촬영에 제격이다. 푸르게 자란 호밀밭 사이로 피어난 노란 유채꽃이 더욱더 싱그러워 보인다. 팜랜드 내에서 놀이기구, 목장 체험도 할 수 있다.(p245 F:3)

- 경기 안성시 공도읍 신두리 산64
- #유채꽃 #체험 #사진 #어린이

안성맞춤랜드

"남사당공연부터 사계절 썰매까지 안성 맞춤!"

매주 주말마다 남사당 공연이 열리는 곳. 남사당은 용인시에서 기원한 우리나라 전통문화다. 매년 8월 지역축제인 안성맞춤 남사당 바우덕이 축제가 열리는 곳이기도 하다. (p431 E:1)

- 경기 안성시 보개면 남사당로 198
- #남사당공연 #바우덕이축제 #가족여행

안성 구사리 은행나무길

"시골 마을 은행나무길"

안성시 보개면 보개교에서 구사리 마을 초입까지 논길을 따라 이어진 1.2km 규모의 은행나무 길. 300여 그루의 은행나무와 들녘이 노랗게 물든 풍경이 아름다운 곳. 옛 향수를 간직한 구사리 마을의 풍경도 고즈넉하다.

- 경기 안성시 보개면 구사리 69
- 주차 : 안성시 보개면 구사리 65-5
- #은행나무 #드라이브 #가을

약수터식당 맛집

"푸짐한 곱창전골이 땡긴다면"

곱창전골 전문 한식당으로 약 200명 넘게 수용 가능하다. 떡, 버섯, 깻잎, 마늘이 듬뿍 올라가 있는 전골을 보글보글 끓인 후 꽉찬 곱과 함께 먹으면 얼큰하고 시원해 속이 쫙 풀린다라는 맛 평이 많다. 마지막에 볶음밥을 먹는 것도 추천한다. 월요일 정기휴무(공휴일 제외), 포장가능 (p245 F:3)

- 경기 안성시 양성면 만세로 667
- #현지맛집 #곱창전골 #안성맛집

03

강원특별자치도

#철원 한탄강 주상절리길

@raraspoo

#철원 한탄강 물윗길

#철원노동당사

#화천 아르테마수목원

302

#춘천 중도 물레길
@sin_seongeun

#춘천 남이섬
@borami_da

#춘천 김유정역

#춘천 구봉산 전망대
@venus_ok79

#춘천 해피초원목장

@suin2_ @grandis_soonyi

#인제 소양강 둘레길

#횡성 풍수원 성당

#원주 뮤지엄 산

#평창 대관령 하늘목장

@sooooongram

#원주 반계리 은행나무

@habom0714

#강릉 하슬라 아트월드

305

강원도의 먹거리

사천 물회 | 강릉시 사천면

해산물, 채소에 고추장 양념장을 얹어 찬물에 말아 먹는 물회는 먼저 회를 먹은 뒤 밥이나 소면을 말아먹는다. 사천 물회는 광어, 가자미, 우럭, 한치, 해삼, 오징어 등의 해산물을 넣어 만든다.

중앙시장 닭강정 | 강릉시 중앙시장

중앙시장에는 가마솥에서 바로 튀긴 닭에 새콤달콤한 양념을 발라주는 닭강정집이 많다. 그중에서도 명성닭강정, 베니닭강정이 유명하다

초당순두부 | 강릉시

초당순두부는 깨끗한 강릉의 바닷물로 간을 맞추어 만든다. 간장 양념을 끼얹어 콩의 담백한 맛을 즐기며 먹는다. 순두부 백반이나 전골 세트 등의 메뉴도 있다. 순두부는 필수 아미노산, 단백질 함량 등이 높은 건강식품이다

감자옹심이 | 강릉시

옹심이는 강원도 감자를 갈아 물을 뺀 뒤 가라앉은 전분과 함께 동글게 빚은 것으로, 멸치 육수에 옹심이와 채소를 넣고 끓여 양념장을 얹어 먹는다. 메밀면이나 칼국수 면과 같이 끓여 먹기도 한다.

05

백도 가리비 | 고성군 백도

고성은 청정해역 양식 가리비의 국내 최대 생산지로, 찜, 전, 회무침 등으로 요리해 먹는다.

06

고성 홍게 | 고성군

수온이 낮은 고성 앞바다에서 잡힌 홍게는 신선하고 살도 꽉 차있다. 홍게는 보통 양념 없이 담백하게 쪄 먹는다.

07

고성 막국수 | 고성군

고성에도 춘천, 봉평 못지않게 유명한 막국수 집이 많다. 막국수는 메밀면에 육수와 양념장, 채소를 얹어 먹는 음식으로 담백한 맛이 특징이다.

08

오징어 물회 | 동해시

오징어물회는 배, 양파, 풋고추, 오이 등의 채소를 곁들여 버무려 먹으며, 7~11월이 가장 맛있다. 오징어잡이 배 불빛으로 빛나는 묵호항 야경도 유명

09

묵호물회 | 동해시 묵호항

묵호항에서 어획한 오징어, 활어, 전복 등이 들어간다. 신선한 횟감을 채소와 함께 새콤달콤한 양념에 무쳐 먹는다.

10

삼척 곰치국 | 삼척시

곰치국은 자산어보에 '맛이 순하고 술병에 좋다'는 기록이 남아 있을 정도로 해장에 좋다. 특히 얼큰하고 시원한 국물 맛이 일품이다.

강원도의 먹거리

속초 대게 | 속초시 동명항, 대포항

속초 동명항, 대포항 주변에 대게 음식점이 많이 모여있다. 대게는 배의 색이 진하고 배딱지를 눌렀을 때 단단한 것이 좋으며, 늦겨울과 이른 봄에 가장 맛이 좋다

오징어 순대 | 속초시 아바이마을

오징어순대는 오징어 몸통에 찹쌀, 고추, 배추, 숙주, 당면 등으로 속을 채워 만든다. 보통 썰어서 달걀 물을 입혀 구운 뒤 소스에 찍어 먹는다. 속초시장이나 아바이마을에 오징어 순대 전문점이 많다.

속초 중앙시장 닭강정 | 속초시 중앙시장

닭강정은 속초 중앙시장을 대표하는 먹거리로, 시장 부근에 만 80여 개가 넘는 닭강정 집이 모여있다. 그중에서도 만석 닭강정, 속초시장 닭집, 예스 닭강정이 유명하다. 식어도 맛 있으니 자리가 없다면 포장해서 먹어보자.

속초 중앙시장 순대국밥 | 속초시 중앙시장

속초 중앙시장의 순댓국밥은 시장을 대표하는 숨은 먹거리다. 다른 지역과 달리 깔끔하고 담백한 순댓국밥이 여행의 피로를 싹 풀어줄 것이다.

15

코다리 냉면 | 속초시

반건조한 명태 코다리를 넣어 만든 코
다리 냉면은 속초를 대표하는 먹거리
다. 쫄깃한 코다리 살이 매콤달콤한 비
빔냉면과 잘 어울린다.

16

양양 메밀국수 | 양양군

육수에 부어 먹는 것과 달리 동치미 국
물을 부어 먹는 것이 양양식 메밀국수
다. 양념장과 오이, 김을 얹은 면에 따
로 나오는 동치미를 부어먹는다.

17

양양 송이밥 | 양양군

양양은 암과 성인병 예방에 특효인 송
이버섯의 산지. 살이 단단하고 향이 풍
부해 유명한 양양 송이는 보통 송이돌
솥밥, 송이 전골 등으로 요리한다.

18

영월 칡국수 | 영월군

영월 칡국수는 칡뿌리에서 나온 녹말
로 만든다. 멸치육수에 국수를 끓여 김
치 썬 것과 고춧가루 양념장을 얹어 얼
큰한 맛이 좋다.

19

영월 곤드레나물밥 | 영월군

곤드레는 보릿고개 시절 곡물을 대신하
던 태백산 자생 산채로, 삶아둔 곤드레
를 들기름과 소금 등으로 양념한 뒤 쌀
위에 얹어 밥을 짓는다.

20

원주 추어탕 | 원주시

상위에 솥을 올리고 끓여서 먹는 것이
원주식 추어탕이다. 미꾸라지를 갈지
않고 통째로 넣고, 고추장을 넣어 끓여
국물이 진하고 얼큰한 맛이 난다.

강원도의 먹거리

황기족발 | 원주시

황기를 넣고 삶은 황기족발은 원주를 대표하는 명물 먹거리다. 한방 향이 족발 특유의 느끼함을 잡아준다.

용대리 황태구이 | 인제군 용대리

용대리 황태 덕장은 전국 황태 생산량의 70%를 차지한다. 황태구이는 황태에 고추장 양념을 발라 구운 요리로 뽀얀 황탯국과 같이 나온다.

정선군 감자옹심이 | 정선군

옹심이는 강원도 감자를 갈아 물을 뺀 뒤 가라앉은 전분과 함께 동글게 빚은 것으로, 멸치 육수에 옹심이와 채소를 넣고 끓여 양념장을 얹어 먹는다. 메밀면이나 칼국수 면과 같이 끓여 먹기도 한다.

춘천 막국수 | 춘천시

막국수는 메밀국수에 매콤달콤한 양념을 얹고 국물에 말아 먹는 음식으로, 국물은 동치미 국물이나 소고기 육수 등으로 가게마다 다르다. 샘밭, 유포리, 남부 막국수가 춘천 3대 막국숫집이다.

25

춘천 닭갈비 | 춘천시

닭갈비는 닭고기와 갖은 채소를 고추
장 양념에 재웠다가 구워 먹는데, 큰
무쇠 팬에 볶아 먹는 형태와 숯으로 구
워 먹는 형태로 나뉜다.

26

메밀전병 | 평창군

메밀전병은 메밀 반죽을 얇게 부친 뒤
속을 넣어 팬에 지져 먹는 일종의 떡으
로, 속에는 김치와 돼지고기 다진 것
등이 들어간다.

27

메밀음식거리 | 평창군

메밀 음식 거리는 평창 효석문화마을
에 있는 맛집 거리이다. 9월경에 방문
하면 흐드러지게 핀 꽃도 구경할 수 있
다.

28

홍천군 닭갈비 | 홍천군

홍천닭갈비는 춘천식과는 달리 육수
를 넣고 자박하게 끓여 만든다. 춘천식
과는 또 다른 매력!

29

안흥찐빵 | 횡성군안흥면

기계식 찐빵과 달리 삼삼하고 담백한
맛이 일품이다. 안흥면 찐빵마을에 할
머니들이 손수 빚어 만든 수제 안흥찐
빵 집이 모여있다.

30

횡성 한우 | 횡성군

'횡성 한우 시장'은 동대문 밖에서 열
리는 가장 큰 시장이다. 청정 고랭지의
신선한 목초를 먹고 자라며, 추운 기후
덕에 지방 축적률이 높아 육질이 좋다.

강원도에서 살만한 것들

제일한과 ❘ 강릉시 사천면

사천면 모래내한과마을에서는 아직도 찹쌀 반죽을 기름에 튀기고 튀밥을 묻혀 만든 전통 한과가 만들어지고 있다. 어르신들이 좋아해 명절 선물로 인기 있다.

주문진 오징어 ❘ 강릉시 주문진항

강원도 주문진항에서 어획되는 오징어는 단백질 함량이 높고 비타민, 타우린 등이 함유되어 피로 해소에도 좋다. 깨끗한 바닷바람으로 말린 마른오징어나 반 건조된 오징어도 맛있다.

속초 오징어 순대 ❘ 속초시

오징어순대는 오징어 몸통에 소고기, 두부, 채소, 당면 등을 넣어 만드는 영양간식이다. 속초 중앙시장에 가면 오징어순대 집이 모여있고, 집에서 먹을 수 있도록 냉동한 제품을 살 수도 있다.

속초 젓갈 ❘ 속초시

속초 젓갈은 실향민들에 의해 제조되기 시작했다. 일반적인 젓갈과 달리 염분이 낮고, 고춧가루를 넣어 맵게 먹는다. 맛내기용 젓갈과 달리, 젓갈 자체를 반찬으로 먹는다. 명태젓, 명란젓, 가자미식해가 유명하다.

05

양양 송이버섯 | 양양군

태백산 자락에서 재배된다. 살이 두껍
고 향이 진하며, 수분 함량이 적어 오
래 보관할 수 있다. 8cm 이상에 갓이
퍼지지 않고 자루가 굵은 제품이 상품!

06

영월 칡 | 영월군

칡 국수, 칡 비빔국수, 칡냉면 등으로
도 많이 활용된다. 영월 서부시장과 고
씨동굴 근처에서 칡을 이용한 음식을
맛볼 수 있다.

07

치악산 복숭아 | 원주시

해발 1,288m에서 재배되는 치악산
복숭아는 100년 넘는 재배의 역사를
가지고 있다. 오랫동안 품종을 개발해
병충해에 강하고 맛이 달콤하다.

08

정선 곤드레 | 정선군

태백산 정상 부근에서 자라나는 곤드
레나물은 식감이 연하고, 담백하면서
도 향기가 좋아 한번 맛보면 다시 찾게
된다.

09

정선찰옥수수 | 정선군

강원도 정선군 고산지대에서 재배된 달
콤하고 쫄깃한 찰옥수수는 옥수수 낱알
의 껍질이 얇아서 껍질이 이에 끼지 않
고 식감도 좋다.

10

정선 황기 | 정선군

청정지역 정선군에서 재배되는 황기
는 보통 닭백숙이나 삼계탕, 수육을 할
때 넣어 먹는다.

강원도에서 살만한 것들

홍천 잣 | 홍천군

홍천군은 해발이 높고 자연환경이 깨끗해 더 고소한 잣이 생산된다. 잣에는 면역력을 높여주는 불포화 지방산과 혈압을 낮춰주는 마그네슘이 많이 함유되어있다.

정선 수리취떡 | 정선군

수리취라는 식물의 어린잎을 넣어 찐 멥쌀 떡을 수리취떡이라고 한다. 조상들이 단옷날 꼭 챙겨 먹은 음식이기도 하다. 안에 팥고물이 든 수리취떡도 있다. 정선 오일장이나 떡집에서 구매할 수 있다.

정선 조청 | 정선군

조청은 곡물을 엿기름으로 졸여 만든 달콤한 전통 감미료다. 정선에서는 무, 도라지, 옥수수 등으로 만든 다양한 조청을 판매한다.

춘천 닭강정 | 춘천시

닭갈비로 유명한 춘천에서는 속초 못지않은 맛있는 닭강정을 맛볼 수 있다. 바삭하면서도 양념장의 매콤달콤한 맛이 매력적이다. 닭강정은 양념치킨과는 달리, 식혀 먹으면 더 바삭하고 맛있어진다.

봉평 메밀묵 | 평창군 봉평면

창동리 봉평 시장에서 메밀묵을 사거나 메밀묵 요리를 맛볼
수 있다. 동네 마트에서도 메밀묵을 살 수 있다. 보통 한입
크기로 썰어 양념에 무쳐 먹거나, 가늘게 채를 썰어 육수, 김
치, 김 가루, 참기름 등을 넣고 묵사발을 만들어 먹는다.

평창당귀 | 평창군 진부면

10~11월 중 강원도 평창군 진부면 일대에서 생산되는 당귀
는 보통 말려서 절단된 형태로 판매되며, 생당귀는 술에 넣
어 당귀 주로 먹기도 한다. 당귀는 몸통이 크고 잔뿌리가 적
으며 잘린 단면이 희고 깨끗하며 진득한 것이 좋다.

안흥찐빵 | 횡성군 안흥면

횡성군 안흥면에서 재배한 국산 팥고물을 넣어 만든 안흥찐
빵은, 기계식 찐빵과 달리 삼삼하고 담백한 맛이 일품이다.
안흥면 찐빵마을에 할머니들이 손수 빚어 만든 수제 안흥찐
빵을 살 수 있다.

횡성 더덕 | 횡성군

횡성 더덕은 육질이 부드럽고 산더덕처럼 깊은 향이 난다. 더
덕에는 사포닌과 인우린이 많이 함유되어 폐, 신장 건강에 좋
다. 더덕은 겉이 매끄럽고 뿌리가 적은 것이 상품이다.

강원도 BEST 맛집

토담숯불 닭갈비 | 춘천시

간장, 고추장, 소금 등 다양한 소스의 닭갈비 메뉴가 있어 삼색 닭갈비를 맛볼 수 있다. 달궈진 석쇠 위에 닭갈비를 올려 구워 먹는 방식이다.

용바위식당 | 인제군

황태국밥, 메밀전병 등이 있으며 구이, 국, 밥으로 구성된 황태구이 정식이 주메뉴이다. 김무침, 젓갈, 장아찌, 각종 나물들이 밑반찬으로 제공된다.

금수강산 막국수 | 홍천군

주변이 산으로 둘러쌓여 있는 막국수 맛집. 주메뉴는 메밀 물막국수, 메밀 비빔막국수!

횡성축협 한우프라자 | 횡성군

정육 매대에서 고기를 직접 구입해 상차림비를 별도 지불하고 먹는 셀프식당. 저렴한 고기부터 한우 최고등급까지 다양한 한우고기를 맛 볼 수 있다.

까치둥지 | 원주시

단일 메뉴 알탕으로 오징어 젓갈, 마늘쫑 무침, 멸치볶음, 햄감자 샐러드 등 정갈한 밑반찬 평이 좋은 곳

풀내음 | 평창군

100% 국산 메밀을 사용하는 메밀음식전문점으로 대표메뉴는 메밀국수, 메밀모듬. 마치 할머니집에 온 것 같은 정겨운 인테리어가 매력적인 곳

07

감자네 | 평창군

27년째 운영되는 닭볶음탕 맛집

08

엄지네포장마차 | 강릉시

신선한 꼬막과 육회 맛 평이 좋은 곳

@sisun_by_stella

09

강릉짬뽕순두부 동화가든 | 강릉시

100% 우리 콩을 사용하여 만드는 짬뽕 순두부집

10

오뚜기칼국수 | 동해시

얼큰하고 쫄깃한 면발의 장칼국수 맛집

11

태백닭갈비 | 태백시

매콤한 육수가 있어 물닭갈비라고도 불린다.

12

찬이네 감자탕 | 정선군

곤드레가 잔뜩 들어간 깔끔한 감자탕

@leee5637.

13

초원가든 | 영월군

돌솥밥과 고소한 고등어구이를 함께

14

선영이네물회 | 고성군

물회, 오징어 순대가 맛있는 곳

15

청초수물회 | 속초시

청초호뷰를 보며 새콤달콤한 물회를!

강원도

고석정랜드, 철원 평화전망대

철원군

적근산

고대산

양구 두타연 단풍, 양구선사박물관
양구백자박물관, 박수근미술관

인제산촌민속박물관
원대리 자작나무숲 단풍

양구군

대암산

인지

한시

화천군

얼음나라 산천어축제, 화천박물관
비수구미 마을 단풍, 서오지리 연꽃단지

화악산

남이섬, 소양강 스카이워크
춘천 관광열차(춘천), 김유정문학촌
애니메이션박물관, 국립춘천박물관

춘천시

가리산

백암산

홍천 은행나무 숲, 가리산 진달래
오션월드, 비발디파크 스키장

홍천군

아미

웰리힐리파크 스키장,
풍수원 성당

횡성군

대화산

치악산

원주시

미륵산 미륵불상, 반곡역 벚꽃
원주역사박물관, 구룡사
원주 레일바이크, 도연사 연꽃

별마로 천문대, 조선민화박물관
동강사진박물관, 함백산 만항재
영월아프리카미술박물관, 영월곤충박물관

건봉산

고성군

DMZ박물관, 화진포 해양박물관
고성 통일전망대

마산

속초시립박물관, 속초해수욕장
속초 등대전망대, 권금성 케이블카
한화호텔앤드리조트 워터피아

속초시

봉산

설악산

점봉산

오산리선사유적박물관

정족산

양양군

정동진역, 참소리축음기 에디슨과학박물관
정동진 레일바이크, 강릉선교장
안목해변 커피거리, 주문진 수산시장

방태산

강릉시

대관령 하늘목장, 휘닉스 스노우파크
용평리조트 스키장, 알펜시아 모노레일
대관령 양떼목장, 대관령 삼양목장

석화산

오대산

황병산

정산

칠성산

평창군

망상해수욕장, 추암해변 촛대바위
묵호등대, 동해 정월대보름맞이축제

백석산

동해시

하이원리조트 스키장, 정선 오일장
아우라지, 병방치 스카이워크
타임캡슐 공원, 아라리촌

남병산

상원산

가리왕산

청옥산

두타산

용화해수욕장, 삼척해상 케이블카
장호해수욕장, 삼척-정동진 바다열차
해신당 공원, 환선굴

정선군

덕항산

삼척시

민둥산

육백산

영월군

고생대자연사박물관, 석탄박물관
바람의 언덕 전망대, 태백산 진달래
태백 구와우마을 해바라기

매봉산

태백시

태백산

별마로 천문대, 조선민화박물관
동강사진박물관, 함백산 만항재
영월아프리카미술박물관, 영월곤충박물관

D   E   F

금강군

고성군

고성 통일전망대
금강산과 해금강을 조망할 수 있는 남한의
최북단에 위치한 전망대

해돈이
통일전망대타워
6.25 체험 전시관
DMZ박물관

통일전망대 출입신고소
청간호
화진포 생태박물관

화진포 역사안보전시관
(이승만, 이기붕, 김일성 별장)

화진포 해수욕장
화진포 김일성별장
고성화진포 둘레길
테일커피

간성향교

추천음식
고성 가리비
(신라 법흥왕 7년 창건)

건봉사

송지호 해수욕장
송지호 오토캠핑장
송지호 관양사당
백촌막국수
녹원식당(가오리찜)

속초등대전망대
동해, 설악산, 속초시내를 한 번에 볼 수 있는 곳

영금정
속초 등대 전망대 옆에 있는 바다 위의 팔각각
정자가 운치 있는 곳, 해돋이 및 야경 사진 촬영지

포장마차 거리

영금정

을지전망대

양구DMZ 펀치볼 둘레길
양구 펀치볼 마을
양구 전쟁기념관

제4땅굴

동면

하늬리벤터팜
진부령미술관

청간정 정자, 관동팔경
천학정

추천음식
속초 대게

구 두타연 단풍

속초 스위밍터틀
노메드
글라스하우스
커피고

대암산 용늪
국내 람사르습지 1호
출입허필

바다정원
속초해수욕장
칠성조선소
봉보네스

설악산 비선대 탐방로 단풍
초보자 코스 설악 트레킹
단풍코스10,11월

권금성

설악 흔들바위

설악 권금성 케이블카
천불동계곡
권금성

아바이마을
(오징어순대, 생선구이, 냉면)

속초아이 대관람차
왜왕치 바다향기로

속초 엑스포 유람선

속초 멍게

바다포차빵스
(짬뽕)

설악 맑이 공원

인제군

낙산 해수욕장

서피비치
이국적인 느낌의 해변에서 서핑과 맛있는
음식/맥주를 마시며 즐길 수 있는 곳

설악산

속초시

동해해변

하조대 해수욕장

하조대
기암괴석의 정자, 앞에 하조대 무인등대가 있고
조금 더 가면 하조대 전망대, 하조대 해수욕장이
있다.

인제군

양양군

원대리
자작나무 단풍숲

방태산
자연휴양림 단풍

홍천 은행나무 숲

강원도

오대산

주문진수산시장
영동 지방 제일로 꼽히는 주문진수산시장에서는
싱싱한 수산물을 볼 수 있다.

강릉시

경포해변

강릉팽나무순두부 동화가든

오죽헌

안목해변 커피거리

대관령 자연휴양림

봉평 메밀꽃밭

허브나라 농원

강원도

횡성군

평창군

동해시

정선 아우라지
슬픈 이야기가 담긴 곳 정선 아우라지의 그곳
'아우라지', '아우라지'란 두 갈래의 물이 모여
어우러지는 '나루'라는 의미

321

강원도-서북부

★ 철원평화전망대
철원의 비무장지대를 한눈에 모두 해안망루로 쉽게
볼 수 있다.

★ 철원DMZ 생태평화공원
제2땅굴, 평화전망대, 월정리역,
승리전망대, 화살머리고지
홈페이지 확인 필

★ 제2땅굴

동송저수지
● 철원 철새도래지

백마고지 전적지
철원노동당사
구 철원
금강산전기
철도교량

토교저수지
두루미생태
탐조대

철원 충렬사지

추천음식
철원군 화강 다슬기

승리전망대
기와물결

철원군

르방베이커리

소이산
소이산 생태숲
남매소

소이산

학저수지
카페 은하수

신탄리역

★ 한탄강물윗길
유네스코 세계문화유산으로 등재된 한탄강
주상절리를 물 위에서 감상할 수 있는 트레킹

연천군
대광리역

● 은하수교(전망)
직탕폭포

동송읍
(한탄강변)

● 카페은하수 (은하수교 전망)
내대막국수 (천연메밀막국수)

43 ● 김화읍

근남면

두루웰
자연휴양림

두루웰캠핑장

김화읍

대성산

56

칠성

농스톤화덕피자앤파스타
담터계곡

철원 용암대지
담백빼깔국수

송대소 주상절리
코스모스 십리길

★ 매월대 폭포
감시승 은거, 단종의
복위를 도모하던 곳

화천군

고석정 국민관광지
철원 제일의 명승

카페 프로방스스콘
순담계곡
(한탄강, 래프팅)

서면
잠곡저수지

복주산
자연휴양림

상서

비령암

★ 고석정 꽃밭
무지개가 연상되는 다채로운 꽃밭에는 댑싸리,
맨드라미, 메밀꽃 등 종류별로 예쁜 꽃들이 심어져
있다. 첫 해에 39만 명이 다녀갔을 정도로 많은
인기를 끌었다. 축구장 20개 규모의 대형 꽃밭에서
인생사진을 찍어보자.

철원군
드르니 갈말읍
카페 뜰
(루프탑, 뷰가 멋진곳)

철원국수

★ 삼부연폭포
용화저수지

복계산

감성마을

만산동계곡

각종계곡

신망리역

연천역

초성리역

소요산역

명성산성
(궁예가 왕건에
쫓기던 곳)

★ 한탄강 주상절리길
순담매표소부터 드르니매표소층거리 3.7km

명성산
(928m)

★ 조경철천문대
우리나라 천문학계 발전에
없어선 안 될 조경철 박사의
업적을 기리기 위해 세워진
천문대. 최신식 기계들을 이용해
달의 표면, 별들을 관찰하기
좋다. 워낙 주운 곳이다 보니
든든한 외투는 필수!

광덕별아래
프로프
라이프

두류산

하남면

★ 아르테마
메타478

포천시

사내면

광덕계곡

석산막국수
(선지해장국)

러브펌
캠핑장

용담계곡

삼일계곡

원천상회 (라면
'어쩌다삭장' 촬영지)
서오지리(연곡)

사북면

집다리골
자연휴양림

화악산

지암계곡

★ 이상원미술관
극사실주의 작가 이상원 화백이
개관한 미술관. 높은 고도에 지어진
원형의 유리 건물로 전시뿐만
아니라 숙박시설도 있다.

오학교
(카페, 파스타)

7만

전곡역

동두천역

방동리 고구려고분

장절공신 숭겸장군묘역 및 정문

춘천 한백록묘역 및

★ 레고랜드
거의 모든 것이 레고로 만들어진 어린이 테마파크

애니메이

가평군

★ 춘천 중도 물레길
카누체험 '1박2일', '런닝맨'등
촬영지

경강 레일바이크
영화 '편지' 촬영지 북한강철교
느티나무 터널

Stay 피그말리온이펙트

IC 신북

IC 포천

제이드
가든

강촌유원지

IC 선단

가평 레일바이크
가평역과 경강역을 돌아오는
왕복코스, 느티나무 터널

백양리역
(폐역)

백양리역
(폐역)

양주 IC
IC 옥정

가평역

남이섬 노래박물관

문배골
캠핑장

관매마을

구곡폭포

남산

양주 IC

차라섬

봉화산

★ 남이섬
청평댐이 세워지면서 주변이 물에 잠겨
섬이 된 곳. 메타세쿼이아길 잣나무 길
등으로 테마 섬으로 만들고 공원화

IC 선단

의정부

IC 민락

청평역

남면

서울양양고속도

IC 동의정부

북한강

마곡유원지

모곡방범
유원지

매견

한서남궁
억기념관

의정부

324

IC 동별내

D   E   F

제4땅굴 ★

을지전망대 ★
DMZ 및 북한 전망
양구 펀치볼 전망

양구DMZ 펀치볼 둘레길   해안분지
                                        양구 전쟁
                                        기념관
양구군   한국DMZ
                                        평화생명동산

양구군   양구 펀치볼 마을

백석산   두타연 ★   양구 두타연 단풍   내심적계곡 ★
양구군   두타연   민통선 안쪽으로 계곡 단풍
화천군   생태관광 학습원   평화누리길   두타연갤러리   트레킹하기 좋은 곳 10,11월

백암산 케이블카 ★   비목공원   천미계곡   팔랑교   서화면
2.12km 1178미터 정상   직연   양구   DMZ야생동물생태관   대암산 용늪 ★   용늪마을
평화의댐, 금강산 댐 동시 관람   폭포   백자박물관   국내 람사르습지 1호   자연생태학교
                                                         동면   양구 수목원   등록지 꼭 필   카페천국 ★
화천 백립암봉화대   해산 전망대 ★   평화의 댐   월운   양구   양구   대암산
                     세계평화의   저수지   아인53카페   생태식물원   (1,312.6m)
5   종 공원   파서탕   (브런치카페)   대암산 생태탐방로
                     비수구미 계곡   양구읍   31   광치   인제군
                                         파로호   팔랑약수터   후곡약수터   자연휴양림
화천 산천어밸리   한반도섬 ★   양구읍   광치계곡   북면   소양강
산천어 낚시체험   비수구미마을 단풍 ★   배꼽찜빵소   광치약수터   (메밀국수)
                  단풍으로 가득한 폴깃 폴깃 (베이커리카페)   양구근현대사박물관   인제
천서만두   오지 트레킹10,11월   파로호 꽃섬 ★   정수경계숙불구이   비봉   공설운동장
 그집푸꾸미   전주식당   전망타워   인제향교   합강정
                 남천리암육장   토속살생태체험관   박수근미술관 ★   시래원(시래기밥)   도촌막국수   내린천 번지점프
화천만두   딴쓰   생가터인 양구읍 정림리마을 양구재래식   46
 두부래   화천   꺼먹다리   위치기념관, 현대미술관,   손두부   인제읍
섬 등   박수근 파빌리온,   인제재래식손두부   인제향교
사랑나무   우정갈비   시골밥밥   어린이미술관, 라킥비움   인제
                 숲속으로닭한   국토정중앙 ★   시인박인환의거리 민속박물관
우원   반지교   파로호 국민관광지   천문대   박인환 문학관, 50년대 한국   인제나라사파크 ★
                 평양막국수초계탕   양구선착장   모더니즘을 대표하던 시인   스카이워크, 전망대
거실   숲속으로닭   하트섬 ★   서영산   봉화산   무장애 숲길   캠핑장 스카이다이빙
                 간동면   도송리 481   추곡약수터
동래마을   인제 소양강 둘레길 ★
                 용화산   국립화천   양구선착장   인제 아로고   2
용화산   이와림 Bstay   숲속야영장   체험센터
 (878m)   (ATV, 레저체험장)
이와림 Bstay   프라임캠핑장   용화산   부용산   38COFFEE
             춘천산천   자연휴양림   번418EAST
             숲체험   (마운틴뷰, 베이커리카페)   10,11월
해피초원목장 ★ 청평사   청평사계곡   북산면   44
길 한우 방목 목장   원대리 속삭이는 ★
유기농카페   인더가든   자작나무 단풍숲
상리삼삼석탑   강원도립   춘천막국수 토담숯불   남면   (정원, 애견동반가능카페)   속삭이는 자작나무숲
고승도치섬   화목원   체험박물관   닭갈비   능칸탬
             산리   식물원집닭갈비   자작나무오토
춘천 인형극장 ★   소양호 유람선   캠핑장
육림랜드 ★   공지천   생밤막 곰숙 감자밭(베이커리)   인제 비밀의 정원 ★
하중도   소양강 스카이워크 ★   달아실미술관   군사 보호지역으로 출입 및 항공촬영이
삼악산 호수 케이블카 ★ 춘천명동   (어른, 아이 모두가 즐기는 장난감 놀이터)   금지되어 있어 자연의 비밀스러움이
물관   의암호   춘천풍물시장   그대로 보존되어 있다. 446번 지방도
린   스카이워크 ★   우성닭갈비 본점   가리산   길가에 설치된 전망대에서 촬영할 수
봉어섬   원미당(빵)   구봉산 전망대 ★   자연휴양림   있다. 매년 10월이면 단풍과 새벽에
                         해발 441.3m 높이, 춘천이 한눈에   하얀 서리 풍경을 찍기 위해 출사 나온
삼악산 호수 케이블카 ★   카페드220볼트   들어오는 전망대. 카페거리가 있어   사람들로 매우 북적인다.
스카이워크 ★   그린보드(식물원)   카페에서 전망을 관람할 수도 있다.
원미당(빵)   알파카월드 ★   가리산   바퀴마을
춘천최재근기술   베이크포레스트   자연속에서 친근하게 동물들과   (1,050m)   (초가체험촌)
                 (야외정원, 뷰가 좋은 곳)   어울리며 힐링 시간을 보낼 수   가리산 레포츠파크
                                       있는 작은 동물원   짚라인
김유정 레일바이크 ★   가리산막국수   용소계곡
김유정역 및   북한강 절경을 즐기는 국내 최대 규모   기미만세공원 ★
김유정문학촌 ★   두촌면   내촌면   척곡서
                                                     뚜레한우 홍천본점   문화수목원
분덕스   56   홍천 풍리문
(인테리어가 멋신   동학혁명군전적지
브런치카페)   남춘천IC   춘천음식   춘천 닭갈비 막국수   서석면
             60   춘천 닭갈비 막국수   아미산
춘천휴양림   JC   서울양양고속도로
자연휴양림   홍천군   아로마   IC   내촌   동막산
             55   강원도전원환경   토탈쌤체험박물관 허브동산   서석면
금학산   모형항공기박물관 연구공원   (어린이체험관)   IC
관광농원   북방면   홍천군   홍천 고인돌   알프스밸리
굴지강변   홍천   홍천 동키마을 대진교   캠핑장
        금학산   무궁화수목원   (당나귀체험)   강변
테라스의아침   홍천강   홍천사랑말   수타사 산소길   공작산 (887.4m)
(브런치)   절경   한우식당(육회)   농촌테마공원
        밤밤   수타사   아나파우오
오토캠핑장 ★   오토캠핑장 ★   홍천읍   미미중식당(짬뽕)   (한, 빵)   수타사 ★   동막산
강변   임진왜란으로 불탄뒤
                                               인조14 중창되었다

325

강원도-동북부

A **B** **C**

청진호
현내면
화진포 해양박물관
화진포
노안산
고성화진포
둘레길

극락
추천음식
고성 가리비
간성향교
고성군
고성

하늬라벤더팜
보랏빛 라벤더가 선물하는 유럽풍 정원

제4땅굴
을지전망대
DMZ 및 북한 전망
양구 펀치볼 전망
장신리유원지

왕곡마
영화 '동주'촬
100년된 기와집 200
초가집 30여채

양구DMZ 펀치볼 둘레길
해안분지
양구 전쟁
기념관

고성산

양구군

한국DMZ
평화생명동산
내심적계곡
진부령
미술관
진부령
자연휴양림

마산

진부령식당
(황태해장국)
부흥식당(황태구이)

양구군

두타연
두타연
평화누리길
두타연갤러리
양구백토

백석산지구
전투 전적비

팔랑골
캠핑장

용늪마을
자연생태학교
서화면

용봉위식당(황태)
용대리 매바위
인공폭포

내설악
백공미술관

설악 케이블카
설악산 권금성에까지 완결되어
있는 케이블카

직연
폭포
양구
백자박물관

동면

월운
저수지

DMZ야생동물생태관
양구 수목원

대암산 용늪
국내 람사르습지 1호
출입하가 필

동국대학교
만해마을
(북카페)

한국시집 박물관

설악산
(1,708m)
천불

아인53카페
(브런치카페)

팔랑폭포
양지말외
막국수

공립인제
내설악미술관

구만동계곡
어천김용현서예관
십이선녀탕
백담사(7세기에
지어진 사찰)

곰배령
산림생태탐방
예약필수

파서탕

후곡약수터
대암산 생태탐방로

광치
자연휴양림

뜨레네불체
옥녀탕계곡

필례약수터(단풍)

양구읍.
파로호

광치막국수

광치계곡

인제군

북면

소양강
하안단구

수향정
장수대

인제스피디움
서킷체험, 레저카트,
유아카트, 서킷카트

한반도섬

배꼽제빵소
(베이커리카페)

양구근대역사박물관
장수곡계상불구이

국토정
중앙면

남계수
(메밀국수)

공설운동장
인제향교

한강정
내린천 번지점프

인제캠핑타운

하추리산촌마을
(가마솥밥집기,체험망)

파로호 꽃섬

전주식당
(두부전골)

인제읍

카페
하추리숲의
운영하는 카페

박수근미술관
생가터인 양구읍 정림리마을
위치기념관, 현대미술관,
박수근 파빌리온,
어린이미술관, 라키비움

비봉
전망타워

양구재래식
순두부

도촌막국수

인제 내린천
수변공원(래프팅)

인제읍

시인박인환의거리
박인환 문학관, 50년대 한국
모더니즘을 대표하던 시인
인제재래순두부

인제나르샤파크
스카이워크,전망대
캠핑장,스카이다이빙

인제군

한석산

국토정중앙
천문대

봉화산
무장애 숲길

고향집
(두부요리)

아침가리계곡
(트레킹)

주곡약수타

38COFFEE

인제 소양강 둘레길

인제 아르고
체험센터
(ATV,레저체험)

Star 별들의 기침

진동계곡

춘천시

번418EAST
(마운틴뷰,베이커리카페)

자작나무숲인투데이

옛날대막국수
(막국수)

10,11월

기린면

방동계곡

북산면

남면
인더가든
(정원,애견동반+
능카페)

**원대리 속삭이는
자작나무 단풍숲**
속삭이는 자작나무숲

**방태산
자연휴양림**
10,11월

자작나무오토
캠핑장

소양강
(소양호)

인제 비밀의 정원
군사 보호지역으로 출입 및 항공촬영이
금지되어 있어 자연의비밀스러움이
그대로 보존되어 있다. 446번 지방도
길가에 설치된 전망대코에서 촬영할 수
있다. 매년 10월이면 단풍과 새벽녘
하얀 서리 풍경을 찍기 위해 출사 나온
사람들로 매우 북적인다.

가리산
자연휴양림

용봉산

IC 인제

상남면

미산계곡

알파카월드
자연속에서 친근하게 동물들과
어울리며 힐링 시간을 보낼 수
있는 작은 동물원

가리산
(1,050m)

가리산 레포츠파크
짚라인

용소계곡

바회마을
(초가체험촌)

마의태자권역

미산민박식당
(두부구이)

삼봉 자연휴양림

가리산막국수

가령폭포

A **B** **C**

326

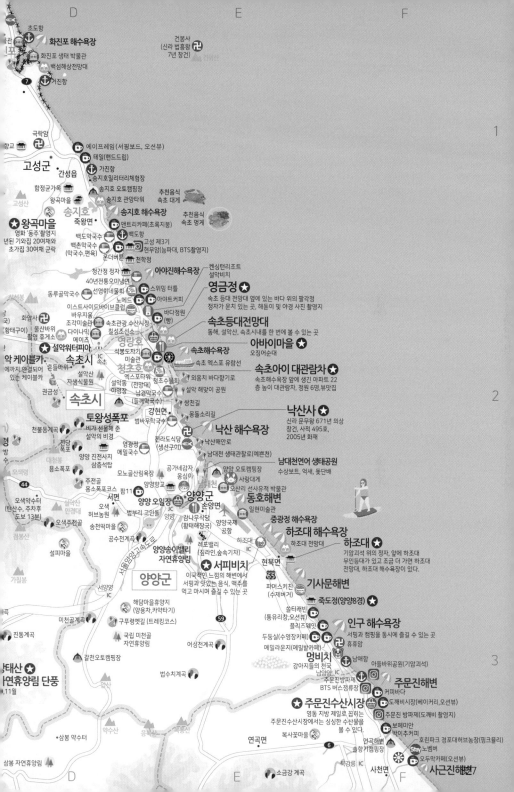

강원도-서남부

강원도-동남부

방태산

방태산 자연휴양림 단풍
10,11월

미산계곡
미산민박식당
(두부구이)

삼봉 자연휴양림

법수치계곡

오토캠핑장

멍비치
강아지들의 천국
남애IC
남애향
아들바위앙금
주문진방파제
BTS 버스정류장
주문진수산시장
영동 지방 제일로 꼽히는
주문진수산시장에서는 싱싱한 수산물을
볼 수 있다.
주문진
커피바다
도깨비
주문진항

복사꽃마을
연곡해변
솔향기캠핑장

삼봉 약수터

살둔계곡

문앙골

홍천 은행나무 숲
10월에만 개방하는 홍천의 은행나무숲

추천음식
홍천 한우구이

내면

석화산

소개방산

추천음식
강릉 초당순두부

소금강 계곡
사천강 IC

선교장
99칸 화려한 사대부의 권위를 느껴볼
수 있는 개인소유의 민속문화재

오죽헌
신사임당과 율곡이이가 태어난 곳.
초선초기주택으로 한국 주택건축중
가장 오래된 건물에 속한다.

강릉 엄지네포장마차 본점(꼬막)

강릉시

계방산
(1,579m)

미약골

오대산
선재길 단풍
10,11월

오대산
국립공원
월정사

오대산
(1,565m)

계방산 오토캠핑장

대관령 삼양목장
국내 최대의 관광형
목장으로 가족이나
연인들이 주로 찾는다

하늘목장
웰컴투 동막골
촬영지로 드넓은
초원이 펼쳐지는 곳

선자령

대관령
성산면

솔향수목원

오봉서원

봉평 메밀꽃밭
이효석의 메밀꽃 필 무렵의
배경지, 7,8,9,10월

감자네
(닭볶음탕)

난다나

월정사 전나무
숲길, 선재길

월정사
성보박물관

솔내음 평창
먹거리촌

방아다리약수터

대관령 양떼목장
6만평의 초원에 양들이 있는 이곳은
절대 한국일 리 없다. 아이들과
연인은 절대 후회하지 않는 여행지

평창한우마을
대관령점

카페 연일일

진태원
(탕수육)

밀브릿지(백숙)

분고가 거리
방림막국수

대관령황태진마을

알펜시아 스키장

대관령자연휴
우리나라 제일의 소나무
웅장함이 느껴짐. 각종 표
숙박시설도 보유, 휴식공
산림욕도 해보는 숙박명소

강릉커피박물관

풀내움
(메밀물/비빔국수)

이효석
문학관

카페마카
(메밀꽃밭 전망)

봉산서재

부일식당(산채백반)

비에나

인형박물관

오션700 워터파크

알펜시아골드클럽

용평리조트

알펜시아골드

용평리조트

발왕산 기 스카이워크
발왕산의 정기를 받을 수 있는 곳
허락한다면 멀리 강릉까지 볼 수 있
우리나라에서 가장 높은 스카이

이효석
문화예술관

메밀꽃필무렵
(메밀음식)

대관령
한우프라자

봉평메밀가연
이율곡선생사당

IC 평창

와우대관령한우

영동고속도로

진부 IC

진부역

알펜시아
스키점프 센터
모노레일 전망대

엘림커피

용평면

평창군

평창역

면온

국립 횡성 숲체원

청태산
자연휴양림

청태산
(1,194m)

거문산

대화면

보타닉가든

가리왕산
(1,56m)

가리왕산
자연휴양림

뇌운계곡

방림면

방림 싸롱
(레트로)

금당계곡

노산성

이화에
월백하고

안반데기
해발 1100미터의 고산지대에 있
는 고랭지 채소밭이 있는 곳
고냉지 배추밭이 사등능선으
로 넓게 펼쳐져 있고 그 위에
풍력발전소가 있는
이국적인 느낌

발왕산
(1,459m)

노추산
(1,322m)

뚜타산
자연휴양림

수항계곡

장전계곡

막동계곡

추천음식
평창 메밀전병

숙암계곡

벽스랜드 스카이버스
(모노레일VR체험)

구절리역

구미정

구절리역에서
아우라지역까지 7.2km

정선레일바이크

백석폭포

로쉬카페(파스타, 화덕피자)

정선 알파인
경기장

카페 아라미스

백석폭포

나전역카페
(기차가 서는 카페)

아우라지역

나전역

여량면

아우라지

정선 아우라지
슬픈 이야기가 담겨 있는 정선 아라리의
'아우라지', '아우라지'란 두 갈래의 물
어우러진다는 '나루'의 의미
정선아라라 중에 '아우라지 뱃사공아'
건너주게'라는 구절,팔도 아라랑 중 모
아라랑만이 무형문화재로 지정

아라리인형의집

북평면
번영수퍼(보리밥,
할머니밥상 느낌)

정선오일장
노점과 상점 400여 개. 봄에는 나물,
여름에는 옥수수와 감자, 가을에는
산열매,겨울에는 민물고기 탕과 메밀전병
매달 2,7,12,17,22,27일 장이 들어선다
회동집(콩동지기국수,곤드레밥)

로미지안가든
멋진 산책길, 사진명소 가시버시성

상고사벼랑

정선양떼
목장

덕산기계곡

화암카트체험

보보스킷 캠핑장
(메타세콰이어길)

든해 터하우스

영월 섶다리마을

초원가든
(고등어구이,생선구이)

330

평창 육백마지기
청옥산 전망대, 차박,
별보기, 샤스타데이지 성지

평창군

평창읍

그리심
(정원카페)

평창향교

평창바위공원

평창 돌문화체험관

미탄면

수하계곡

탄광
문화촌

영월읍

어라연계곡

동강

평창
어름치마을

백룡
동굴

병방치 스카이워크

아리힐스 리조트
짚와이어,짚코스
터,짚라인,ATV

덕우리체험마을
(청보리밥)

정선역

아리랑촌
정선 옛 주거생활
볼 수 있는 민속촌

정선읍

대박길

정선향교

병방치 스카이워크

정선군

정선군

정선황토박물관

화암관광

화암동굴

화암약수

화암면

소금강

몰운대

별어곡역

남면

민둥산
억새

민둥산
가을 억새로 유명한 11
7부능선까지는 나무
부분은 나무가 없어 민
능선의 유명한 억새군락

해변

케이커리,오션뷰)

도깨비 촬영지)

호린파크 경포대허브농장(핑크뮬리)
노벰버
오두막카페(오션뷰)

사근진해변

경포해변

경포생태저류지
그림같은 길, 메타세쿼이아길에서
인생샷을 찍을 수 있다.

안목해변 커피거리 ★
백사장 길이 500미터의 아름다운 해변
아름다운 해변을 보며 예쁜카페에서 마시는 커피한잔

하슬라아트월드 ★
아이들과 함께 체험도 해보고 가볍게 현대미술을
관람하기 좋은 미술관

정동진해변 및 정동진역 ★
광화문의 정 동쪽에 있는 세계에서 바다와 가장 가까운 역, 정동진역
동해 바다와 썬크루즈호텔을 배경으로 붉게 떠오르는 태양을 볼 수 있는 곳
바다와 정동진역과 태양만으로도 감성에 젖는 여행지

정동진시간박물관

정동진 선크루즈
해발 60미터 절벽 위에 만들어진 배
모양의 리조트 및 복합시설
특히 이곳에서 바라보는 정동진
해변의 모습은 더 웅장하게 보인다.

강릉시

베이커리카페 클램(오션뷰)

망상해수욕장
도깨비골 스카이밸리(스카이 사이클)

묵호등대

오뚜기칼국수(장칼국수)

묵호항

추천음식
동해 묵호 물회

백두대간 생태수목원

동해시

동해시

천곡황금박쥐동굴

추암 촛대바위 및 추암조각공원 ★
솟아오른 기암괴석과 조각공원의 전시

이사부사자공원

솔비치 삼척
삼척전복해물뚝배기

삼척해수욕장
마린데라포(오션뷰,화덕피자,카페)

두타산
(1,353m)

삼척 맹방 벚꽃길 ★
상맹방 해수욕장, 바닷가엶
유채꽃 그리고 벚꽃길 3,4월

맹방해수욕장
BTS 순례지, '버터' 촬영지

덕봉산해안
생태탐방로

부남해수욕장
'헤어질 결심' 촬영지

삼척시

환선굴 ★
5억 3천만 년 전의 석회암 동굴
모노레일을 타고 올라가는 것을 추천
큰 규모의 동굴에 깜짝 놀람
동굴 안의 온도가 낮아서 겉옷이 필요

초곡용굴 촛대바위길 ★
바다를 따라 걷는 길

삼척 해양 레일바이크 ★
궁촌역 <-> 용화역

덕항산
(1,071m)

삼척해양케이블카 ★
용화역<->장호역

삼척시

장호해수욕장

태백시

331

한탄강 주상절리길 `추천`

"한탄강 협곡 풍경을 즐기며 걷는 길"

@raraspoon

현무암과 화강암으로 이루어진 주상절리 절벽 트래킹 코스. '잔도'라고도 불린다. 보통 철원 한탄강 드르니 매표소에서 시작해 순담 매표소까지 이동하지만, 그 반대 구간(들으니 매표소-순담 매표소)으로도 이동할 수 있다. 한탄강 건너편으로는 현무암 절벽이, 반대편으로는 화강암 바위가 길게 펼쳐진다. 길이 다소 미끄러울 수 있으므로 등산화를 신고 이동하는 것을 추천. (p324 B:1)

■ 강원 철원군 갈말읍 순담길
■ #주상절리 #트래킹 #한탄강

한탄강물윗길

"주상절리를 감상하는 트래킹"

겨울에만 방문할 수 있는 특별한 얼음 트래킹 코스. 주상절리 절벽 위의 한탄강변이 이름 그대로 꽁꽁 얼어붙어 특별한 얼음길을 만든다. 주상절리를 따라 이어진 하얀 빙벽이 어디에서도 볼 수 없었던 비경을 만들어 낸다. 태봉대교에 주차 후 은하수교, 승일교, 고석정을 거쳐 순담 매표소까지 이동. 12월부터 3월까지 개방. 얼음이 미끄러울 수 있으므로 아이젠 착용을 권장한다. (p324 B:1)

■ 강원 철원군 철원읍 금강산로 265
■ #얼음 #트래킹 #겨울여행

내대막국수 `맛집`

"시골집 분위기의 천연 메밀 막국수집"

@flyman8192

물막국수, 비빔 막국수가 대표메뉴로 주문과 동시에 반죽을 해서 면을 뽑아 다소 시간이 소요되는 편. 육수를 넣고 기호에 맞게 겨자, 설탕을 넣어 먹으면 된다. 깔끔하고 담백한 육수맛이 좋다고 알려져있으며, 모든 재료는 국

내산을 사용하며 방송도 출연해 유명해진 곳이다. 매달 1,3번째 화요일 정기휴무. 브레이크타임 15시30분~17시 (p320 A:1)

■ 강원 철원군 갈말읍 내대1길 29-10
■ #시골집분위기 #막국수맛집 #주문동시반죽

놈스톤 화덕피자앤파스타 `맛집`

"화덕에서 장작으로 구워 고소한 피자"

@joungtome

2015년 첫 오픈을 시작으로 겉은 바삭하고 속은 쫀득한 피자 맛이 유명한 곳이다. 나폴리식 도우를 기본으로 하며 강원도 지역 식자재를 사용하고 파스타, 샐러드 소스, 반죽, 리코타 치즈 등 모두 직접 만든다고 한다. 메뉴는 피자, 파스타, 샐러드, 스테이크, 리조토 등 다양하다. 브레이크타임 15시~17시 (p324 B:1)

■ 강원 철원군 동송읍 금학로210번길 7-14 1층
■ #화덕피자 #겉바속촉 #피자달인

고석정랜드

"사진 촬영하기에도 충분 한 곳"

안보 도시이자 관광명소로도 유명한 철원

군 고석정에 위치한 테마파크. 오래된 놀이기구들이 어른들에게는 추억을, 아이들에게는 재미를 선사한다. 고석정 앞에 위치한 한탄강에서 레저스포츠도 즐겨보자.(p324 B:1)

- 강원 철원군 동송읍 장흥리 20-1
- #놀이공원 #레트로 #스냅사진

고석정 꽃밭
"꽃평선, 끝이 보이지 않는 꽃밭"

철원의 대표 관광지인 고석정은 한탄강 협곡 내의 15m의 바위를 뜻한다. 철원시는 고석정 주변, 옛 군사 훈련지에 고석정 꽃밭을 운영 중이다. 무지개가 연상되는 다채로운 꽃밭에는 댑싸리, 맨드라미, 메밀꽃 등 종류별로 예쁜 꽃들이 심어져 있다. 첫 해에 39만 명이 다녀갔을 정도로 많은 인기를 끌었다. 축구장 20개 규모의 대형 꽃밭에서 인생사진을 찍어보자. (p324 B:1)

- 강원 철원군 동송읍 장흥리 10-2
- #철원군 #꽃밭 #해바라기 #맨드라미 #메밀꽃 #억새

철원 평화전망대
"가슴아픈 역사 가슴뭉클한 느낌!"

철원군 중부 전선의 비무장지대를 한눈에 볼 수 있는 전망대로, 모노레일로 쉽게 전망대에 오를 수 있다.(p320 A:1)

- 강원 철원군 동송읍 중강리 588-14
- #전망대 #비무장지대 #모노레일

철원DMZ 생태평화공원 `추천`
"대자연의 감동, 분단의 아픔"

DMZ 접경지대에 있는 공원으로 비무장지대와 때묻지 않은 생창리 마을 풍경이 아름답다. 생창리 탐방안내소에서 신분증 확인 후 이동한다. 생태체험프로그램과 숙박시설을 함께 운영한다. 생태체험프로그램은 제1코스(십자탑 탐방로), 제2코스(용암보 코스)가 있으며 매일 10시, 14시부터 약 3시간 진행. (p320 A:1)

- 강원 철원군 김화읍 생창길 479
- #비무장지대 #생태체험 #숙박

철원노동당사 `추천`
"분단의 아픔, 평화의 소중함"

6.25 전쟁 이전 북한 조선노동당 당사로 쓰였던 역사적인 건축물. 1946년, 이 자리가 북한 땅이었을 때 러시아식 건축양식을 따라 지어졌다. 당시 반공을 주장하던 사람들이 이곳에서 학살당한 아픈 역사가 있다. 건물 벽에는 그때 생긴 탄흔을 발견할 수 있다. 6.25전쟁 당시 '철의 삼각지대'라 불리던 지역 중 하나로, 지금도 전쟁의 아픈 역사를 가장 가까이에서 느낄 수 있다. (p320 A:1)

- 강원 철원군 철원읍 금강산로 265
- #역사 #한국전쟁 #학살

평화열차 DMZ(D-Train) 서울-백마고지
"평소에 갈 수 없었던, 백마고지로 향할 때 그 느낌"

서울역에서 백마고지역까지 운행되는 관광열차. 전쟁·생태·기차를 테마로 한 카페와 전망석, 포토존, 갤러리 등을 운영한다. DMZ 패스를 구입하면 무제한으로 이용할 수 있으니 참고. 민간인 출입통제구역을 지나갈 경우 반드시 신분증을 지참해야 한다.(p324 A:1)

- 강원 철원군 철원읍 대마리 50-11
- #백마고지 #민통선 #한국전쟁

조경철 천문대
"은하수가 흐르는 천문대"

우리나라 천문학계 발전에 없어선 안 될 조경철 박사의 업적을 기리기 위해 세워진 천문대다. 우주에 관심이 많은 아이들이 간다면 그 어떤 테마파크를 갔을 때보다 행복해할 곳이다. 최신식 기계들을 이용해 달의 표면, 별들을 관찰하기 좋다. 워낙 추운 곳이다 보니 든든한 외투는 필수! (p324 C:1)

- 강원 화천군 사내면 천문대길 431
- 주차 : 강원 화천군 사내면 천문대길 431
- #화천핫플 #천문대 #조경철박사 #우주 #별관찰

아르테마수목원
"그림같은 사랑나무"

북한강이 내려다보이는 곳에 사랑나무 한 그루가 그림 같은 풍경을 그려내고 있다. 나무 그네에 앉아 흐르는 강물을 보고 있으면 세상의 근심이 모두 사라지는 기분. 산책로 끝엔 '반지교'도 있으니 걸어볼 것을 추천한다. (p325 D:2)

- 강원 화천군 하남면 거레리 514-1
- #수목원 #사랑나무 #반지교

화천 서오지리 연꽃단지
"분홍 연잎 아름답게 피어오르고"

강원도 춘천시 사북면 지촌리 시내에서 북쪽으로 이동하여 북한강 상류에 있는 건널들 길을 건너면 만날 수 있는 10만 평 규모의 대규모 연꽃단지. 진하게 물든 분홍 연잎이 아름답다. 징검다리, 벤치, 오솔길이 마련되어 단지 내를 쉽게 걸어 다닐 수 있다. 연꽃단지 체험관에서는 연꽃 아이스크림과 연잎 차를 맛볼 수 있다.

- 강원 화천군 하남면 서오지리 25-7
- #연꽃아이스크림 #연잎차

비수구미 마을 단풍
"쉿! 비밀! 알려지지 않은 트레킹하기 좋은 곳"

일반인들에게 잘 알려지지 않은 숨은 트레킹 여행지 '비수구미 마을'에는 현재 4가구 정도가 살고 있다. 터널이 있기 전에는 배를 타고 들어갔을 정도로 오지였으며, 현재는 오지 트레킹이라는 타이틀로 소규모의 사람들만 찾고 있다. 비수구미 마을에 있는 식당은 산채 비빔밥으로 유명하다. 트레킹코스는 해산령터널을(해산령 쉼터에 주차) 나와 우측 길을 따라 이동, 차량 이동 할 경우는 비수구미마을을 네비에 찍고 이동, "소형차량 접근 가능한 곳"에 주차하고 1km 도보로 이동하자.(p320 B:1)

- 강원 화천군 화천읍 동촌리 2715-3
- 주차 : 화천군 화천읍 동촌리 산304-32
- #트래킹 #산채비빔밥 #시골풍경

그집주꾸미 맛집
"피자와 주꾸미를 함께"

@yun_sss_mom

메뉴는 주꾸미를 기본으로 도토리전, 삼겹철판 등이 있다. 가장 인기 있는 메뉴는 주꾸미볶음, 피자블랙, 도토리묵사발, 샐러드, 비빔공기밥이 나오는 그집주꾸미 피자블랙세트이다. 꿀에 찍어먹으면 맛있는 고르곤졸라피자가 매운 주꾸미 맛을 잡아준다고 한다. 테이블에 주문 가능한 메뉴판이 있어 바로 주문이 가능하다. 후식으로 아메리카노 제공, 20시 라스트오더 (p325 D:1)

- 강원 화천군 화천읍 산수화로5길 1
- #안심식당 #피자와주꾸미 #화천맛집

화천 얼음나라 산천어축제
"엄청난 인파지만 아이와 함께라면 갈 수 있어!"

화천에 위치한 대규모 얼음 낚시터에서 산천어 낚시 체험. 남녀노소 누구나 손쉽게 손맛을 느낄 수 있다. 낚시 외에도 눈썰매, 봅슬레이, 문화공연까지 즐길 수 있다.(p325 D:1)

- 강원 화천군 화천읍 중리 186-5
- #얼음낚시 #눈썰매 #가족

시골쌈밥 맛집
"건강한 시골밥상을 찾는다면"

@choyoungmi_ch

대표메뉴는 우렁쌈밥세트로 제육볶음, 삼겹살 중 선택하면 된다. 2인 이상 주문 가능하며 밑반찬 8종과 함께 제공된다. 쌈장 위에 우렁이 올려져 있어서 잘 비벼 쫄깃한 식감의 우렁장과 함께 곁들여먹으면 된다. 특히 세트에 포함되는 된장찌개에 냉이가 들어 있어 냉이향이 입안 가득 퍼지며 된장 구수함까지 조화로워 맛 평이 좋다. 수요일 정기휴무 (p325 D:1)

- 강원 화천군 화천읍 평화로 333
- #우렁쌈밥 #시골밥상 #건강밥상

백암산 케이블카
"북한을 볼 수 있는 최전방 케이블카"
북한 접경 지역에는 최초로 만들어진 케이블카로, 백암산 너머 북한의 모습까지 눈에 담을 수 있다. 백암산 정상까지 약 10분간 2km를 이동한다. 케이블카에서 내려 전망대까지 이동하면 망원경이 설치되어 있다. 전망대에서 절벽과 너른 산세 풍경을 감상할 수 있는데, 특히 겨울철 설경이 아름답다. (p320 B:1)

- 강원 화천군 하남면 춘화로 3351
- #백암산 #전망 #케이블카

소양강 스카이워크
"잔잔한 호수가 보고 싶다면, 춘천을 추천해"

소양강은 인제군에서 발원하여 중부지역의 남서쪽을 지나 춘천 북쪽에서 북한강과 합류하는 강이다. 춘천 시내와 가까운 소양제2교 옆에 소양강 스카이 워크가 있는데, 투명 유리로 바닥이 제작된 관광용 다리로, 소양강 위를 걸을 수 있다. 소양제2교에서

12Km가량 상류에 있는 소양강댐은 1973년에 완공된 다목적댐으로 굽이치는 물길과 산세가 아름답다.(p325 D:2)

- 강원 춘천시 근화동 8-4
- 주차 : 강원 춘천시 소양로1가 108
- #소양강전망 #유리바닥

강촌랜드
"때로는 화려한 것 보다는 이렇게 소박하게 정감이 가"
강촌역 도보 15분 거리에 위치한 소규모 놀이동산. 허리케인, 바이킹, 범퍼카, 회전목마 등이 있고, 어린이 전용 미니 바이킹도 탈 수 있다. 펀치 기계, 두더지 잡기, 풍선 다트, 사격, 야구 등 추억의 게임들도 즐길 수 있다.

- 강원 춘천시 남산면 강촌리 252-2
- 주차 : 춘천시 남산면 강촌리 224-7
- #레트로 #놀이공원 #오락기

남이섬 추천
"영화속 멋진 가로수길은 대부분 이곳 이더라!"

@borami_da

엘리시안강촌스키장
"다양한 코스 보유"

경춘선이나 ITX-청춘열차 탑승 후 강촌역(백양리역) 하차. 6인승 고속 리프트를 운영하기 때문에 대기시간이 짧다. 다양한 코스를 운영해 초심자들도 부담 없이 즐길 수 있다.

- 강원 춘천시 남산면 백양리 산97-6
- #스키장 #초심자 #기차이동

원래 섬이 아니었으나 청평댐이 세워지면서 주변이 물에 잠겨 섬이 되었다. 메타세쿼이아 길 잣나무 길 등으로 테마 섬으로 만들고 공원화되었으며, 겨울연가의 촬영지로 알려지면서 유명세를 치르기 시작했다. 가을엔 자작나무숲, 메타세쿼이아, 은행나무, 잣나무등의 단풍이 절정에 달한다. 음악 페스티벌, 세계책나라축제가 열리기도 한다.(p324 C:1)

- 강원 춘천시 남산면 남이섬길 1
- 주차 : 가평군 가평읍 달전리 109-1
- #가로수길 #포토존 #연인

제이드 가든 `추천`

"서양식 가든에 오니 외국에 온 것 같기도 해, 유럽 여행할 때가 그립네"

@na_baegopa_

자주 보는 것들에 익숙해지는 순간 인간의 감각은 무뎌지기 시작한다. 공기와 자유의 소중함은 빼앗겨봐야 비로소 알게 되는 것처럼. 쉽게 접할 수 없는 유럽식의 이색적인 정원. 산길을 오르고 내리고 걷다 보면 이내 내가 있는 곳이 어디인지 알고 싶은 욕구가 생기기 마련이다. 익숙하지 않은 길을 걷는 것만으로 잠자고 있던 감각은 살아난다.(p324 C:3)

- 강원 춘천시 남산면 햇골길 80
- 주차 : 춘천시 남산면 서천리 410
- #유럽풍 #포토존 #연인

카페드220볼트 `카페`

"넓은 정원과 3층 전망 공간"

@solhi_travel

총 3층, 각 층마다 통창이 주는 느낌이 다르다. 그 중 시그니처뷰는 3층이다. 3층 통창뷰에서 찍는 사진은 따뜻한 햇살과 함께 고급스러운 분위기를 연출할 수 있다. '지친 일상의 감정충전소' 컨셉 카페. 2층에는 넓은 정원이 있어 아이들과 반려동물이 뛰어놀기에 좋다. 파니니, 샐러드 등 브런치 메뉴와 쫀득이빵, 다양한 종류의 커피가 있다. (p325 D:2)

- 강원 춘천시 동내면 금촌로 107-27
- #통창뷰 #넓은정원 #대형카페

우성닭갈비 본점 `맛집`

"30년 전통의 닭갈비집"

30년 전통의 닭갈비 집으로 100% 순수 국내산 닭다리살을 사용하는 곳이다. 건물 앞 정원이 잘 꾸며져 있어 카페 분위기를 느낄 수 있다. 메뉴는 2인분 기준이며 어린이 메뉴도 별도 있어서 아이있는 가족단위도 편하게 방문할 수 있는 곳이다. 별도 웨이팅 공간이 마련되어 있다. 브레이크타임 15시~17시(주말, 공휴일 제외) (p325 D:2)

- 강원 춘천시 동면 만천양지길 87
- #안심식당 #30년전통 #정원있는식당

춘천 오봉산 진달래

"진달래는 등산과 함께"

오봉산 입구부터 정상까지 이르는 진달래 군락지. 성동 계곡 방향에서도 진달래가 자생하지만, 1, 2, 3봉에 이르는 북쪽 사면에 있는 진달래 경관이 매우 아름답다. 버스로 이동한다면 배후령에서 출발해 1, 2, 3봉을 거쳐 오봉산 정상에 올라 하산하는 3시간 거리의 코스를 추천한다. 단, 배후령에서 출발하는 춘천행 버스는 하루에 4번만 운행되므로 주의. 오봉산 정상에서 바라본 소양댐과 기암괴석의 모습도 아름답다. (p325 D:2)

- 강원 춘천시 북산면 청평리 산189-2
- 주차 : 춘천 북산면 청평리 산182-131
- #봄철여행지 #등산 #소양댐전망

구봉산 전망대(산토리니 카페) `추천`

"첫사랑과의 여행지였던 춘천, 다시 찾아와 바라본다는 것만으로 벅차"

@venus_ok79

춘천 시내에서 22분, 서울 종로에서 1시간 40분 걸리는 해발 441.3m 그리 높지 않은 산. 그 중턱임에도 불구하고 춘천은 그 넓은 마음을 나에게 허락했다. 힘들게 높은 곳에 오른 이의 특권을 구봉산은 모두에게 허락했다. 예쁜 건물과 아름다운 춘천 전경을 감상할 수 있는 뷰맛집(p320 B:2)

- 강원 춘천시 동면 장학리 139-76
- 주차 : 춘천시 동면 장학리 산26-27
- #산토리니 #춘천전망 #사진

춘천 소양호 유람선
"잔잔한 호수를 보는 것 만으로도"

국내 최대 면적, 저수량을 가진 소양강댐을 둘러보는 유람선. 주변 계곡에서 향어, 송어, 잉어 등의 담수어를 낚을 수 있다. 유시민 전 장관이 아내에게 사랑 고백을 한 곳으로도 유명하다. 탑승 시 신분증을 꼭 지참해야 한다.(p325 E:2)

- 강원 춘천시 북산면 청평리 산205-1
- #계곡전망 #낚시

해피초원목장
"춘천으로 떠나는 스위스 여행"

@suin2_

친환경 방목 한우를 저렴하게 맛볼 수 있는 곳. 이곳의 시그니처 메뉴인 한우 버거는 BTS 멤버들의 추천 메뉴로도 유명하다. (p325 D:2)

- 강원 춘천시 사북면 춘화로 330-48
- #한우버거 #한우식당 #가성비

이상원미술관
"예술로 충전을, 숙박으로 힐링을"

극사실주의 작가 이상원 화백이 개관한 미술관. 높은 고도에 지어진 원형의 유리 건물로 전시뿐만 아니라 숙박시설로도 인기가 높다. 자연 속에서 제대로 된 쉼과 충전을 원하는 분이라면, 전시로 충전을 숙박으로 온전한 쉼을 얻을 수 있을 것이다. (p324 C:2)

- 강원도춘천시 사북면 화악지암길 99
- #춘천핫플 #아트호텔 #전시 #호텔 #자연

애니메이션박물관
"더빙 체험도 해볼 수 있어!"

우리나라에서 유일한 애니메이션 박물관. 애니메이션 기원, 탄생, 발전, 종류, 제작기법 등이 전시되어 있다. 녹음실에서 애니메이션에 직접 음향효과를 넣거나 더빙해 볼 수도 있다. 인기 애니메이션 '구름빵'을 테마로 한 카페도 운영된다. 근처에 위치한 김유

정 문학촌도 방문해보자.(p325 D:2)

- 강원 춘천시 서면 현암리 367
- #만화 #애니메이션 #구름빵카페

춘천 삼악산 진달래
"100대 명산 삼악산"

삼악산 입구부터 정상 용화봉까지 곳곳을 물들인 진달래 군락지. 삼악산장 매표소에서 출발하여 용화봉 정상을 찍고 흥국사, 등선폭포 방향으로 내려오는 3~4시간 코스를 추천한다. 이외의 코스는 다소 위험하고 힘들 수 있다. 삼악산은 풍부한 볼거리로 산림청에 의해 100대 명산으로 선정되었는데, 삼악산 정상에서 바라본 의암호와 북한강 전망도 절경이다. (p325 D:2)

- 강원 춘천시 서면 덕두원리 산186-3
- 주차 : 춘천시 서면 덕두원리 산186-8
- #삼악산 #등산 #의암호 #북한강

국립춘천박물관
"강원도의 역사는 어떨까?"

1층에서는 강원의 선사~고대시대가, 2층에서는 강원의 중세~근세 시대가 전시된 박물관. 야외정원에서 강원도 고인돌 등도 관람할 수 있고, 비정규적으로 특별 전시와 교육·문화행사도 진행된다.(p325 D:2)

- 강원 춘천시 석사동 95-3
- #강원도 #향토박물관

춘천 중도 물레길 추천
"의암호를 가르는 카누의 물결"

@sin_seongeun

카누를 타고 의암호와 호수 일대를 둘러볼 수 있다. 1코스(붕어 섬), 2코스(의암댐), 3코스(삼악산), 4코스(중도 사잇길), 5코스(중도 사잇길-애니 박물관)을 운영하며 코스별로 약 1시간~2시간 정도가 소요된다. 5~11월 주말에는 중도에서 카누와 캠핑을 함께 즐길 수 있는 카누캠핑 프로그램도 운영한다. (p325 D:2)

- 강원 춘천시 스포츠타운길223번길 95 1층
- #카누체험 #물길 #캠핑

강촌레일파크 레일바이크 경강역 왕복 7.2km
"아이들과 커플과 함께하는 레일바이크"

경강역과 가평 철교를 왕복하는 7.2km 코스의 레일바이크. 경강역과 가평 철교 부근의 아름다운 자연을 감상할 수 있다. 4인승 바이크를 이용할 수 있어 가족 여행할 때 방문하기 딱 좋다.

- 강원 춘천시 신동면 증리 323-2
- 주차 : 춘천시 신동면 증리 1043-152
- #레일바이크 #철교

김유정역, 김유정문학촌
"동백꽃을 읽자마자 나는 얼굴이 붉어졌어 그리고 김유정이 살았던 곳을 가보고 싶어졌지"

29살에 요절한 비운의 작가, 김유정. 메마른 내 가슴에 사랑의 설렘을 다시 가져다준 소설 "동백꽃". 시대는 흘러도 '사랑'의 마음만은 변함이 없다. 동백꽃은 소설이 김유정이 지금의 나에게 주는 "선물"이다. 그는 2년간 소설 30편, 수필 12편, 일기 6편, 번역소설 2편을 남기고 1937년 폐결핵으로 사망하였다.(p325 D:3)

- 강원 춘천시 신동면 증리 940-36
- 주차 : 춘천시 신동면 증리 915-5
- #동백꽃 #기차여행 #문학여행

강촌레일파크 레일바이크 김유정역-강촌역 왕복17km
"아이들과 커플과 함께하는 레일바이크"

김유정역과 휴게소까지는 레일바이크를 운영하고, 휴게소에서 강촌역까지는 낭만 열차를 운영한다. 2인승, 4인승 바이크로 북한산 절경을 즐길 수 있다.

- 강원 춘천시 신동면 증리 945-1
- #레일바이크 #북한산전망

토담숯불닭갈비 맛집
"인생 닭갈비를 찾는다면 바로 이곳!"

철판 닭갈비가 아닌 숯불 닭갈비이다. 부드러운 식감에 아이들도 먹을 수 있는 소금, 간장 닭갈비 그리고 어른들이 좋아하는 고추장 닭갈비를 모두 함께 먹을 수 있다. 공간이 아주 넓고 깨끗하여 가족 식사 자리로 아주 좋다.(p325 D:2)

- 강원 춘천읍 신북읍 신샘밭로 662
- #간장숯불닭갈비 #소금숯불닭갈비 #더덕

감자밭 카페
"감자빵의 원조! 춘천 최고의 핫플!"

@suin2_

소양강 자락에 위치한 핫한 카페. 카페 앞으로 해바라기 밭이 있어 소양강과 해바라기를 함께 볼 수 있다. 전국적으로 감자 모양의 빵 유행을 일으킨 주인공이다. 진짜 감자 모양이라 재밌기도 하지만 맛도 훌륭하다. 반려견도 동반 가능한 카페이니 소양강, 꽃, 베이커리 모두 즐겨보시길. (p325 D:2)

- 강원 춘천시 신북읍 신샘밭로 674
- #감자빵 #감자라떼 #해바라기 #맨드라미 #소양강 #애견동반카페

춘천통나무집닭갈비 맛집
"춘천 현지인도 인정한 닭갈비 맛집"

춘천 닭갈비집 중에서도 가장 유명한 40년 된 닭갈비집. 닭갈비, 호박, 양배추를 매콤한 양념에 볶아주며, 양이 워낙 푸짐해 성인 남성이어도 1인분만 시켜도 될 정도이다. 소양댐 경치를 즐길 수 있는 고즈넉한 통나무집으로, 넓은 팔각정과 아이들이 뛰어놀 수 있는 트램펄린도 설치되어 있다.(p325 D:2)

- 강원 춘천시 신북읍 신샘밭로 763
- #닭갈비 #유명맛집 #푸짐한양 #철판구이 #경치맛집 #소양댐 #팔각정 #트램펄린

의암호 스카이워크
"조금 더 한적한 호수와 물레길"

의암호 물레길에서는 산책길 및 자전거길이 있다. 스카이워크는 관광용 유리 다리로 아래 물 위를 걷는 듯하다. 근처에 수상 카페와 낚시터가 있다.(p325 D:2)

- 강원 춘천시 칠전동 486
- 주차 : 강원 춘천시 칠전동 458
- #유리바닥 #산책길

레고랜드 추천
"상상이 현실이 되는 동심의 테마파크"

세계 각국의 명소를 레고 피규어로 꾸민 글로벌 테마파크로, 레고로 객실을 꾸민 호텔을 함께 운영한다. 레고랜드는 덴마크에서 시작해 세계에 단 10곳만 운영되고 있다. 놀이공원 내부는 브릭스트리트, 브릭토피아, 레고 캐슬, 레고 닌자고월드, 해적의 바다, 레고시티, 미니랜드 등 7개의 테마 구역으로 구성되어 있다. 내가 원하는 레고 작품을 직접 만들어보거나 레고를 배경으로 한 다양한 놀이기구에 탑승해볼 수 있다. (p320 B:2)

- 강원 춘천시 하중도길 128
- #레고체험 #놀이동산 #호텔

육림랜드
"작지만 알찬 테마파크"

2만 평 규모의 놀이동산 겸 동물원 겸 체험학습장. 어린이 만화 극장, 비눗방울, 전통놀이도 체험할 수 있고, 여름에는 풀장을 운영해 수영도 할 수 있다. 육림랜드에 방문한 뒤 춘천인형극장, 소양댐을 방문하는 여행 코스를 추천한다.(p320 B:2)

- 강원 춘천시 칠전동 486 사농동 61-2
- #놀이공원 #동물원 #수영장

춘천 소양강댐 벚꽃
"닭갈비 먹고 벚꽃 구경하고!"

매년 벚꽃 철 소양강댐으로 향하는 길에 벚꽃이 만발한다. 벚꽃은 3cm가량으로 분홍색 또는 백색의 꽃으로 피며, 군락을 이룬 곳은 눈이 온 것 같다. 벚꽃이 떨어질 때 꽃비가 되기도 한다.(p325 E:2)

- 강원 춘천시 신북읍 천전리 산73-6
- 주차 : 춘천시 신북읍 천전리 산 73-21
- #벚꽃 #소양강댐

시래원 맛집
"시래기 음식을 맛볼 수 있는 식당"

시래기 소불고기 정식으로 단일 메뉴이며 2인 기준으로 제공된다. 부드러운 식감의 시래기와 정갈한 반찬 맛이 평이 좋다. 청어알과 김, 각종 나물을 넣어 비빔밥으로도 즐길 수 있으며, 소불고기와 함께 김을 싸먹어도 좋다. 마지막에 나오는 고소한 누룽지 맛도 일품. 화,수,목 11시~16시/금,토,일 11시~20시 영업. 월요일 정기휴무 (p325 F:1)

- 강원 양구군 국토정중앙면 봉화산로 457
- #시래기음식 #정부지정안심식당 #나물비빔밥

양구 두타연 단풍
"탐험적 트레킹을 좋아하는 분 추천!"

두타연은 민통선 안의 오염되지 않은 계곡으로, 가을 단풍여행으로 제격인 곳이다. 민간인 출입통제선 북방인 방산면 수입천 지류 계곡은 오염되지 않아 천연기념물인 열목어의 국내 최대 서식지이기도 하다. 높이 10m의 두타폭포 아래 20m의 바위가 병풍을 두른 곳이 두타연이다. 두타연 주차장에 주차하고 이목정 안내소에서 출입신청서, 서약서, 신분증을 제출하고 입장한

다.(p320 C:1)

- 강원 양구군 방산면 고방산리 1026-1
- #민통선 #계곡 #폭포

양구 재래식손두부 맛집
"직접 만든 두부를 바로 고소하게!"

100% 양구산 콩을 이용하여 만든 두부요리 식당으로 매일 새벽마다 두부를 만들고 당일 소진이 원칙이라 더 품질 좋은 두부 음식을 맛볼 수 있다. 메뉴는 두부전골, 청국장 등이 있으며, 기본 밑반찬이 푸짐하게 나와 평이 좋은 편. 고소하고 담백한 두부맛으로 인기가 좋은 곳이다. 식후 달달한 식혜도 무제한으로 맛볼 수 있다. 연중무휴 (p325 E:2)

- 강원 양구군 양구읍 학안로 6
- #재래식손두부 #두부요리 #푸짐푸짐

을지전망대
"최전방에 마련된 전망대"

펀치볼 지형을 감상할 수 있는 전망대. 펀치볼은 해안분지에서 나타나는 지형으로, 영국 등에서 음료수를 담는 둥근 물그릇을 뜻한다. 북한 금강산 방면의 펀치볼 지형을 관찰할 수 있다. 09~18시 영업 (11~2월은 17시 매표 마

감), 공휴일을 제외한 매주 월요일 휴무, 1월 1일과 설날 추석 당일 오전 시간 휴무. (p320 C:1)

- 강원 양구군 해안면 전망대로 540
- #펀치볼 #해안분지 #지리여행

방태산 자연휴양림 단풍
"가을 단풍캠핑을 즐겨봐!"

폭포 & 단풍트레킹이 유명한 인제의 단풍 관광지. 계곡을 따라 폭포에 이르는 단풍의 모습이 아름답다. 방태산의 식생은 대부분 천연 활엽수가 많아 단풍이 많을 수밖에 없다. 등산이 아닌 단풍 산책이 가능한 자연휴양림으로 가벼운 마음으로 다녀올 수 있다.(p326 C:3)

- 강원 인제군 기린면 방동리 산282-1
- #산책 #캠핑 #야영 #폭포

인제스피디움
"짜릿한 스피드, 레이싱의 성지"

세계 자동차 연맹의 인증을 받은 국제 규모 서킷을 갖춘 드라이빙 장. 시기마다 다양한 레

이싱 경기가 열리는 곳이기도 하다. 슈퍼카 체험, 드라이빙 체험 등 다양한 체험거리가 있고, 호텔과 콘도를 함께 운영해 숙박까지 한번에 해결할 수 있다. (p321 E:2)

- 강원 인제군 기린면 상하답로 130
- #F1 #레이싱 #서킷

곰배령
"자연 본연의 천상의 화원"

유네스코에서 생물권 보전지역 및 천연보호림으로 지정한 점봉산 일대와 곰배령에서 때묻지 않은 자연을 만끽할 수 있다. 1급수 물에는 다양한 물고기들이 살고 있으며, 다양한 야생화 산을 수놓는다. 점봉산 생태관리센터 주차 후 곰배령까지 약 3~4시간 이동, forest.go.kr 산림청 홈페이지에서 입산 신청 필수.

- 강원 인제군 기린면 설피밭길 552
- #유네스코 #점봉산 #생태체험

인제 소양강 둘레길
"원시 자연의 매력"

@grandis_soonyi

박달나무 군락과 계곡 풍경이 아름다운 트래킹 코스. '인제 천리길'이라고도 불리며, 살구미에서 시작해 박달나무 군락지까지 약 5km 이동한다. (p325 F:2)

- 강원 인제군 남면 가넷고개길 48-8
- #박달나무 #트래킹 #둘레길

비밀의정원 추천
"비밀스러운 단풍 출사지"

사진을 좋아하는 사람이라면 모르는 이 없는 비밀의 정원. 군사 보호지역으로 출입 및 항공촬영이 금지되어 있어 자연의 비밀스러움이 그대로 보존되어 있다. 446번 지방도 길가에 설치된 전망데크에서 촬영할 수 있다. 매년 10월이면 단풍과 새벽녘 하얀 서리 풍경을 찍기 위해 출사 나온 사람들로 매우 북적인다. 알록달록한 단풍, 그 위에 내려앉은 안개와 서리... 숨 막히게 아름다운 자연의 풍경을 찍기 위해 오늘도 비밀의 정원으로 사람들이 모이고 있다. (p325 E:2)

- 강원 인제군 남면 갑둔리 산121-4번지
- #446번지방도 #시크릿가든 #비밀의정원 #자연의연출 #몽환적풍경 #단풍명소 #출사

용바위식당 맛집
"30년 역사가 있는 황태요리 식당"

@71airwolf

황태국밥, 메밀전병 등이 있으며 구이, 국, 밥으로 구성된 황태구이 정식이 주 메뉴이다. 김무침, 젓갈, 장아찌, 각종 나물들이 밑반찬으로 제공된다. 뽀얗고 진한 국물의 삼삼한 간으로 되어 있는 국물과 큼지막하지만 부드러운 식감의 황태 맛이 좋은 편. 라스트 오더 17시20분 (p321 E:1)

- 강원 인제군 북면 진부령로 107
- #황태해장국 #30년역사 #인제맛집

남북면옥 맛집
"속메밀 100%로 만든 막국수"

@journal_a_la_table

1955년 오픈한 오래된 맛집으로 순메밀 동치미 물국수가 대표 메뉴이며 이 외에도 비빔국수, 잔치국수, 수육, 감자전이 있다. 메밀 겉 껍질을 넣지 않고 평양실 속 메밀 100% 사용하여 만들어 흰 메밀면을 자랑하는 곳이다. 기호에 맞춰 짭짤하고 시원한 동치미 국물을 넣어 먹으면 된다. 담백한 국물 맛 평이 좋은 편. 화요일 정기휴무.

- 강원 인제군 인제읍 인제로178번길 24
- #오래된맛집 #동치미물국수 #안심식당

대왕산 용늪
"희귀 동식물의 보고, 국내 대표 습지"

창녕 우포늪과 함께 우리나라를 대표하는 습지대 중 한 곳이다. 좀뱀잠자리 등 세계적으로 희귀한 동식물들이 살고 있어 1997년 대한민국 첫 람사르 습지로 지정되었다. (p321 E:1)

- 강원 인제군 인제읍 인제로187번길 8
- #람사르습지 #습지식물 #지리여행

홍천 은행나무 숲 추천
"은행나무로 너무나도 유명한 곳"

홍천 두빛나래펜션을 따라 올라가면 위치한 500m 규모의 은행나무 숲. 2천여 그루의 은행나무가 빽빽하게 심어져 사계절 절경을 이룬다. 과거 부인을 사랑하던 남편이 부인의 병이 낫기를 기원하며 은행나무를 심었던 것이 홍천 은행나무 숲의 기원이 되었다고 한다. 사유지이지만 10월 한 달간은 관광객을 위해 개방된다.(p321 E:3)

- 강원 홍천군 내면 광원리 686-4
- 주차 : 홍천군 내면 광원리 699-2
- #10월 #은행나무길 #스냅사진

원대리 속삭이는 자작나무숲
"가을에도 아름다운 자작나무숲"

하얀 자작나무 가지가 신비로움을 더하는 산책코스. 인제 원대 산림감시초소 하차 후 도로를 따라 약 3.5km 이동하면 자작나무 숲이 나온다. 자작나무 코스, 치유 코스, 탐험 코스 총 3개의 탐방 코스가 있으며, 유치원~초등학생들이 즐길만한 숲 체험(숲 유치원) 프로그램도 마련되어 있다. (p320 C:2)

- 강원 인제군 인제읍 자작나무숲길 760
- #자작나무 #원대산 #숲체험

수타사
"천년 고찰로 떠나는 조용한 숲길"

신라 성덕왕 때 만들어진 유서 깊은 불교 사찰로, 주변에 수타계곡과 공작산 숲길이 있어 그 경치도 그윽하다. 수타사 동종, 월인석보 등 문화재로 지정된 귀한 불교 유물들도 전시되어 있다. 공작산은 산수유나무가 많이 심겨있어 경치가 아름답고, 아이들이 숲 체험을 즐길 수 있는 교육관도 마련되어 있다. (p325 E:3)

- 강원 홍천군 동면 수타사로 473
- #숲길 #문화재 #불교

홍천 가리산 진달래
"분홍빛 진달래 꽃으로 물든 가리산 어때?"

가리산의 온 능선을 수놓은 진달래 군락. 특히 가리산 정상부에 있는 진달래 군락지가 아름답다. 가리산 자연휴양림에서 출발해 계곡삼거리-제2봉-뱃터갈림길을 지나 정상에 오른 후 남릉 삼거리에서 다시 휴양림으로 하차하는 등산 코스를 추천한다. 해당 코스는 9.4km 길이로 등산에 약 4시간 정도가 소요된다. 가리산의 이름은 산 입구에 있는 폐광된 가리 광산에서 유래했다는 설이 있다.(p325 E:2)

- 강원 홍천군 두촌면 천현리 산134-133
- #가리산 #등산 #진달래길

오션월드

"어른, 아이 할것없이 모두 좋아하는 여름 테마파크"

이집트 사막 속 오아시스를 표방한 워터파크. 익스트림 존에 위치한 익스트림 리버를 추천한다. 성수기에는 대기가 길어질 수 있으며, 사계절 이용할 수 있지만 여름에 방문하는 것을 추천한다.(p323 D:2)

- 강원 홍천군 서면 팔봉리 1279-3
- 주차 : 홍천군 서면 팔봉리 산310-11
- #워터파크 #여름여행지 #가족 #연인

비발디파크 스키장

"잠실에서 1시간 거리 스키장"

잠실에서 자가용 1시간 거리에(77km) 위치한 스키장. 리조트형 스키장 중 국내 최대 규모의 숙박시설을 자랑하며, 오션월드와 골프장, 승마장도 함께 즐길 수 있다.(p322 A:1)

- 강원 홍천군 서면 팔봉리 1290-2
- 주차 : 홍천군 서면 팔봉리 1288
- #리조트 #오션월드 #레포츠

금수강산 막국수 `맛집`

"달달하고 시원한 막국수 맛집"

주변이 산으로 둘러쌓여 있어 자연 친화적인 분위기이며 본채와 별채가 있어 규모가 큰 편이다. 대표 메뉴는 메밀 물막국수, 메밀 비빔막국수로 테이블에는 간장, 식초, 겨자 등이 셋팅되어 있어 기호에 맞게 뿌려 먹으면 된다. 달달하고 시원한 막국수 맛 평이 좋은 편이다. 테이블링 앱으로 웨이팅 가능. 수요일 정기휴무.

- 강원 홍천군 서면 한치골길 785
- #홍천맛집 #비발디파크맛집 #막국수최고

러스틱라이프 카페 `카페`

"책방과 온실이 있는 한옥카페"

@nouveau.n

100% 사전 예약제로 실내 카페와 단독 공간인 숲 책방, 한옥 온실, 유리온실로 나누어져 있다. 한옥 온실 툇마루 앞에서 숲속을 바라보며 사진을 찍으면 운치 있는 사진 촬영이 가능하다. 숲속 생활과 쉼을 공유하는 팜 카페. 예약 후 입장 시 음료와 다과 세트, 식물 관찰책, 색연필, A4용지를 가방에 넣어주셔서 마

치 소풍 온 듯한 기분을 느낄 수 있다. (p321 D:3)

- 강원 홍천군 영귀미면 속새길 70
- #팜카페 #프라이빗카페 #한옥온실

한우애 `맛집`

"놀이방이 있는 한우 전문 정육식당"

200여석 좌석을 보유하고 있는 한우전문 정육식당으로, 한우애 삼합 세트(우삼겹, 키조개, 표고버섯)과 갈비탕, 육회비빔밥 등 다양한 메뉴가 있다. 고기를 정육점에서 주문해 상차림 비용을 별도 지불 후 이용하면 된다. 고기 육즙이 풍부해 맛 평이 좋은 편. 어린이 놀이터와 오락실이 있어 가족 단위 방문객에게도 추천한다. 연중무휴

- 강원 홍천군 홍천읍 양지말길 12
- #정육식당 #삼합세트 #깔끔깔끔

양지말화로구이 `맛집`

"홍천 여행의 필수코스, 고추장 삼겹살"

@yam_yh

홍천에 왔다면 반드시 들러야 하는 맛집. 좋은 숯에 고추장 화로구이를 먹고 막국수를 시키면 딱 좋다. 달콤하고 부드러워 어른 아이 할 것 없이 즐겨 찾는다.(p323 D:2)

- 강원 홍천군 홍천읍 양지말길 17-4
- #고추장화로구이 #양송이더덕구이

알파카월드

"자연속에서 친근하게 동물들과 어울리며 힐링 시간을 보낼 수 있는 작은 동물원"

동물들과 교감하며 아이들이 마음껏 뛰어놀 수 있는 곳. 아이들의 즐거운 추억 만들기에 좋은 장소. 알파카와 힐링산책, 먹이주기, 열차타기 등 다양한 체험 프로그램 운영되고 있다. 일부 체험을 하기위해서는 현금이 필요하다.(p320 C:2)

- 강원 홍천군 화촌면 풍천리 310
- #홍천여행 #아이와가볼만한곳 #알파카 #체험프로그램 #가족나들이 #데이트코스

웰리힐리파크 스키장

"아시아 최초 스노보드 세계선수권 대회 개최지"

웰리힐리파크 스키장은 강원도 횡성에 위치하여 적설량이 많고 설질이 좋다. 아시아 최초의 스노보드 세계선수권 대회 개최지이기도 하며, 수준 높은 하프파이프와 펀 파크로도 유명하다.(p329 D:2)

- 강원 횡성군 둔내면 두원리 485
- #스노보드 #스키 #숙련자

풍수원 성당 （추천）

"고딕 양식으로 운치 있게 지은 소박하고 작은 성당"

한국에서 네 번째, 강원도에서는 처음 지어진 성당으로 지방문화재 제69호로 지정되었다. 1801년 신유박해 때 40여 명의 신자들이 피신해서 이곳에 정착하였다. 빨간 벽돌과 고딕 양식의 종탑이 독특해 영화나 드라마 촬영지로도 활용되었다.(p322 A:2)

- 강원 횡성군 서원면 경강로유현1길 30   ■ 주차 : 횡성군 서원면 유현리 1097
- #성당 #고딕 #역사여행지

안흥 찐빵마을

"횡성에 왔다면 반드시 먹어야 할 이것!"

안흥찐빵은 막걸리로 발효해 쫄깃한 식감이 나고, 마트표 찐빵보다 달지 않아 더욱 손이 간다. 찐빵마을에는 '심순녀 안흥찐빵' 등 유명한 찐빵 전문점들이 모여있다. 안흥찐빵은 강릉 가는 서울 여행객들이 간단히 끼니를 해결하기 위해 사 먹다가 유명세를 치렀다고 한다. (p328 C:2)

- 강원 횡성군 안흥면 서동로 1088
- #찐빵 #먹거리 #간식

횡성 루지 체험장

"세계 최장 루지 체험장의 위엄"

@yoonj_ss

폐쇄되어 있던 도로의 짜릿한 변신! 중력에 의지해 운전자가 속도를 제어할 수 있는 루지. 횡성 루지 체험장은 2.4km의 세계 최장거리를 자랑한다. 기존 국도를 활용해 만든 곳이라 주변의 아름다운 풍경을 만끽하며 달릴 수 있다. 자연과 속도를 경험해 보자.(p322 B:2)

- 강원 횡성군 우천면 전재로 407
- #루지 #폐쇄도로의변신 #세계최장길이 #횡성 #익스트림 #국도

채림의 정원 맛집
"농촌진흥청 지정 농가맛집"

예약제로 운영하며 농촌진흥청 지정 농가맛집. 대표 메뉴는 우엉영양솥밥, 곤드레나물솥밥으로 깔끔하고 담백한 맛의 음식이 제공되는 곳이다. 횡성 특산물인 더덕향이 잘 버무려진 더덕양아찌, 푸딩 같은 도토리묵 등 밑반찬도 정갈하게 나와 평이 좋은 편. 잘 꾸며진 정원과 통나무로 되어 있는 내부인테리어로 아늑한 느낌을 준다. 14시 라스트오더, 월·화 정기휴무 (p328 C:2)

- 강원 횡성군 우천면 정포로 34
- #농촌진흥청지정 #예약제 #농가맛집

노랑공장 카페 카페
"트램과 다양한 빈티지 소품들"

영국을 연상케 하는 이층버스, 미국 스쿨버스, 앤틱스러움이 가득한 마차 등 다양한 포토존이 있다. 빈티지, 앤틱소품의 실제 물류창고를 카페로 전환하여 독특하고 볼거리가 많은 카페. 마치 박물관 같은 이국적인 분위기를 지닌 곳이다. 내부 좌석마다 인테리어 느낌이

달라 어디에 앉든 다르게 사진 연출이 가능하다. 간단한 베이커리류 및 브런치도 맛볼 수 있다.

- 강원 횡성군 횡성읍 태기로 488 A동
- #빈티지카페 #영국풍 #앤틱카페

횡성축협 한우프라자 본점 맛집
"다양한 종류의 소고기 맛집"

원하는 메뉴를 주문해 먹는 전문식당과 정육매대에서 고기를 직접 구입해 상차림비(1인당 3천원)를 별도 지불하고 먹는 셀프식당 2가지로 나뉜다. 저렴한 고기부터 한우 최고등급인 1++(9)까지 다양한 한우고기를 맛 볼 수 있다. 갈비탕, 한우탕, 육회비빔밥 등 식사 메뉴와 후식 물냉면, 비빔냉면 등 후식메뉴도 있다. 연중무휴 (p328 B:2)

- 강원 횡성군 횡성읍 횡성로 337
- #정부지정안심식당 #소고기구이 #횡성맛집

미륵산 미륵불상
"멀리서 봐야 보이는 신비로운 바위 조각"

미륵산 정상 바위 벼랑에는 16m 초대형 미륵불상이 새겨져 있다. 미륵불이란 이상적인, 미래에 올 부처를 의미한다. 전설에 의하면 이곳 미륵불상의 모습은 신라 56대 임금인 경순왕의 초상이라고도 전해져 온다.(p322 A:3)

- 강원 원주시 귀래면 운남리 산123
- 주차 : 강원 원주시 귀래면 운남리 956
- #불교 #불상 #16미터 #경순왕

반계리 은행나무 추천
"800년 역사의 상징이자 자연문화재"

우리나라에서 가장 크고 오래되었다는 반계리 은행나무는 약 800년 넘는 세월 동안 이곳에 뿌리내리고 있었다고 전해진다. 34.5m 높이에 나무 기둥 둘레는 17m나 된다 하니 그 규모에 압도될 수밖에 없다. 가치를 인정받아 자연문화재로 지정되기도 했다. (p323 D:2)

- 강원 원주시 문막읍 반계리 1495-1
- #은행나무 #문화재 #가을여행지

원주 반곡역 벚꽃
"역은 언제나 감성을 가져다주지, 커플 사진 촬영 최적지"

2005년 근대문화유산으로 등록된 반곡역의 벚꽃. 근대 서양 목조기술을 엿볼 수 있어서 등록문화재 제165호로 등록되었다. 근대 시대로 돌아간 것 같은 분위기의 간이역과 그 간이역을 휘감아 도는 벚꽃 덕분에 역 입구에서 커플들의 촬영이 많다. 벚꽃은 3cm가량으로 분홍색 또는 백색의 꽃으로 피며, 군락을 이룬 곳은 눈이 온 것 같다. 벚꽃이 떨어질 때 꽃비가 되기도 한다.(p322 A:3)

- 강원 원주시 반곡동 154-2
- 주차 : 원주시 반곡동 154
- #기차여행 #문화유산 #스냅사진

치악산 구룡사에서 세렴폭포까지 단풍
"국립공원 10대 단풍길 중 하나"

치악산은 예로부터 동악명산이라 하여 구룡사, 상원사 등의 천년고찰이 있으며, 기암괴석과 산림이 울창하다. 구룡계곡, 세렴폭포 등이 유명하며 가을철 단풍, 겨울철 설경으로도 유명하다. 치악산 주차장에 주차하고 구룡사 매표소부터 구룡사를 지나 세렴폭포까지 3km 1시간 30분가량의 단풍 산책길이 이어진다.(p322 B:2)

- 강원 원주시 소초면 학곡리 1018
- 주차 : 원주시 소초면 학곡리 983-3
- #단풍 #구룡계곡 #세렴폭포

구룡사 추천
"9마리 용이 있는 연못을 메우고 창건한 사찰"

신라 문무왕, 의상대사가 창건한 사찰. 9마리 용이 있는 연못을 메우고 창건하여 구룡사라고 불린다. 오대산을 거쳐 태기산을 지나 치악산에 이르는 백두대간의 맥에 구룡사가 있고, 치악산 방면 구룡사 가는 길에는 옛 궁궐을 지을 때나 사용하던 소나무가 심어진 '금강소나무길'이 있다.(p322 B:2)

- 강원 원주시 소초면 학곡리 1029

- 주차 : 원주시 소초면 학곡리 983-3
- #불교 #사찰 #소나무길

신혼부부 맛집
"가성비 좋은 시장 분식집"

@hee_kkong2

유튜브 채널에 나와 더욱 유명해진 곳으로 입식과 좌식 모두 보유하고 있다. 떡볶이, 돈까스, 김치볶음밥 등 메뉴가 다양하며 메뉴 대부분이 6,000원대라 가성비 좋은 곳이다. 떡볶이는 즉석 떡볶이처럼 제공되는데 긴 밀떡볶이로 칼칼하고 단 맛이 나며, 단맛과 짠맛을 느낄 수 있는 돈까스도 인기가 좋다. 일요일 정기휴무. (p328 B:2)

- 강원 원주시 중앙시장길 11 자유상가 지하

소금산 그랜드밸리 추천
"소금산 대협곡 풍경을 즐기는 국내 최장 출렁다리"

2022년 원주 간현 관광지 일대가 '소금산 그랜드 밸리'로 새 단장했다. 소금산 출렁다리를 중심으로 원주 대표 관광지들이 모여있다. 소금산 출렁다리는 우리나라에서 가장 길고 높은 출렁다리로, 높이가 100m, 길이는 무려 200m에 달한다. 아찔하게 출렁이는 소금산 출렁다리 양옆으로 웅장한 소금산 대협곡 풍경이 펼쳐진다. 고소공포증이 있다면 이동에 어려움이 있을 수 있으므로 출렁다리 대신 하늘바람길을 이용하면 된다. 09~18시 운영, 동계 09~17시 단축 운영, 매주 첫째 주, 셋째 주 월요일 휴무. (p323 D:3)

- 강원 원주시 지정면 소금산길 12
- #원주 #소금산 #가족여행

2-2
- #중앙시장맛집 #가성비끝판왕 #분식맛집

소나타 오브 라이트
"오크밸리에서 펼쳐지는 3D 조명 축제"

오크밸리 리조트에서 운영하는 야간 3D 조명 축제. 숲속에 입체 조명을 비추어 실제로 빛이 움직이는듯한 느낌을 준다. 미디어아트계의 거장 김광태 감독이 기획한 공연으로도 유명하다. 매년 동절기 18~22시에 공연을 진행하며, 이때 오크밸리 리조트 숙박과 연계한 패키지 상품도 판매한다. (p322 A:2)

- 강원 원주시 지정면 월송리 1061-24
- #빛축제 #산책로 #야간개장

뮤지엄산 추천
"건물 자체가 예술이고 작품이 되는 곳"

원주를 대표하는 여행지. 이름이 곧 브랜드인 유명 건축가 안도 타다오의 설계로 지어진 곳으로, 건물을 보는 것만으로도 시간 가는 줄 모르는 곳이다. 건물 자체가 작품인데다 전시 역시 볼 것이 많다. 카페 테라스는 카누 cf의 촬영지였던 곳으로, 주변 산 정취를 느낄 수 있다는 점에서 많은 사람들이 찾고 있다. (p322 A:2)

- 강원 원주시 지정면 오크밸리2길 260
- #오크밸리 #안도타다오 #자연 #예술

까치둥지 맛집
"최자로드에 소개된 알탕 맛집"

작고 허름한 외관의 노포. 그렇지만 이곳의 알탕을 먹기 위해 서울에서 달려오는 사람들이 많을 정도로 원주의 유명 맛집이다. 전골냄비 가득히 채워진 알과 해물, 채소들의 양에 놀라고, 그 맛에 또 한 번 놀란다. 그리고 이곳은 밑반찬이 예술. 반찬만으로도 밥 한 공기는 우습다. 미식가로 유명한 최자의 <최자로드> 맛집으로도 유명하다고. (p322 B:2)

- 강원 원주시 치악로 1731
- #원주맛집 #알탕 #최자로드 #노포 #미식

카페 스톤크릭 카페
"겨울철 설산 풍경으로 유명"

@mallangsunhwa

양쪽 카페 건물 사이로 보이는 마운틴뷰를 배경으로 사진을 찍어보자. 이곳의 대표 포토존인 만큼 줄 서서 사진을 촬영해야 하며, 수리봉 절벽의 웅장함을 느낄 수 있다. 특히 겨울에 오면 눈 쌓인 수리봉의 또 다른 절경을 감상할 수 있다. 카페는 총 3개의 건물로 이루어져 있고, 드넓은 마당이 있어 아이, 강아지 동반 여행객에게 추천할만한 곳. (p323 D:3)

- 강원 원주시 지정면 지정로 1101
- #원주카페 #마운틴뷰 #원주카페추천

대관령 하늘목장 추천
"푸른 하늘 아래 양 떼는 물론 젖소, 말, 염소를 볼 수 있어~!"

1974년 설립된 40년간 가꾸어진 목장으로 2014년 관광용으로 일부 개방되었다. 정상 하늘마루 전망대에는 드넓은 초원과 수십 기의 풍력발전기가 있으며, 웰컴투 동막골 등 영화나 드라마 촬영지로도 활용되었다. 400여 마리의 젖소, 100여 마리의 한우, 말, 염소, 양이 살고 있으며, 양떼 체험, 승마체험도 진행. 트랙터 마차를 타고 하늘마루 정상에 오를 수 있다.(p321 F:3)

- 강원 평창군 대관령면 꽃밭양지길 458-23 ■ 주차 : 평창군 대관령면 횡계리 470-5
- #양 #젖소 #동물체험

황태회관 `맛집`
"스키 마니아들이 즐겨 찾는 평창 황태
요리 맛집"

강원도 겨울바람으로 말린 황태로 만든 매콤
한 황태찜과 황태구이, 황태 불고기를 선보이
는 곳. 용평스키장 길목에 있어 스키 마니아
들에게는 이미 입소문이 난 곳이다. 반찬으로
나오는 시원한 황탯국과 매콤한 황태 식해도
입맛을 돋운다.

■ 강원 평창군 대관령면 눈마을길 19
■ #황태찜 #황태구이 #황태불고기 #스키장
맛집 #대관령맛집

발왕산 기 스카이워크
"우리나라 최고(最高)의 스카이워크"

@neul_bomnal

발왕산의 정기를 받을 수 있는 곳. 날씨만 허
락한다면 멀리 강릉까지 볼 수 있는, 우리나
라에서 가장 높은 스카이워크이다. 높은 고도
를 자랑하는 곳답게 스릴 넘치고 짜릿함을 자
랑한다. 스카이워크 아래로 내려다보이는 발
왕산의 능선과 정취는 자연의 웅장함을 느끼
게 해주고 숙연함까지 선물해준다. 좋은 기운

을 팍팍 얻어오시길!(p321 E:3)

■ 강원 평창군 대관령면 올림픽로 715
■ 주차 : 강원 평창군 대관령면 올림픽로 715
■ #최고 #스카이워크 #정기 #발왕산 #아찔

모나 용평리조트
"스키강습을 받아보자!"

백두대간 한가운데에 위치한 스키장. 적설
량이 풍부해 11월 중순부터 4월 초까지 이
용할 수 있다. 외국인을 위한 스키 강습도
진행된다.(p321 F:3)

■ 강원 평창군 대관령면 용산리 130
■ 주차 : 평창군 대관령면 용산리 132
■ #스키강습 #평창 #초보자

모나파크 용평리조트 마운틴코스터
"산을 타고 내려오는 맨몸 롤러코스터"

@jjmm_jjmm_

평창에서 가장 핫한 곳을 꼽으려면 마운틴코
스터를 꼽아야 한다. 스키장 리프트를 타고
올라가 레일 위로 최고 시속 40km에 이르는
빠른 속도를 맨몸으로 체감하는 익스트림 시
설이다. 산줄기를 온몸으로 체감할 수 있고 급
경사, 급커브의 속도를 온몸으로 느껴볼 수
있다는 점에서 인기가 많다. (p321 F:3)

■ 강원 평창군 대관령면 올림픽로 715
■ 주차 : 강원 평창군 대관령면 올림픽로 715
레드탑승장
■ #레일 #익스트림스포츠 #급경사 #급커브
#속도 #평창핫플

알펜시아리조트스키장
"스노보드 전용 슬로프와 모노레일"

남녀노소 실력에 따라 이용 가능한 다양한
슬로프를 보유한 스키장. 스노보드 전용 슬
로프도 이용할 수 있다. 국내에서 유일하게
사계절 사용할 수 있는 스키점프대가 있다.
모노레일 표를 사면 영화 국가대표 촬영지
로 유명한 스키점프대를 관람할 수 있다. 스
키점프대에서는 아찔한 스키점프 하늘길
도 체험하고 동계스포츠에 대해 알아볼 수
있다. 정해진 시간에 전문 해설사가 스키 역
사 해설도 진행되니 시간을 맞추어 방문해
보자. 2층까지 갈 수 있는 스페셜 표 구매를
추천한다.(p321 F:3)

■ 강원 평창군 대관령면 용산리 438-176
■ #스키점프 #사계절 #모노레일

알펜시아 스키점프 센터
"하늘을 날고 싶다는 꿈 아이들에게는
현실적인 꿈일지 몰라"

평창동계올림픽 때 스키점프 센터로 이용되었던 곳으로, 현재는 체육대회 등이 개최되는 복합체육공간으로 활용되고 있다. 모노레일을 타고 전망대에 올라가 선수의 출발점에 서서 그 마음을 느껴볼 수도 있다. 경기장은 총 13,500명을 수용할 정도로 규모가 크다.(p321 F:3)

- ■ 강원 평창군 대관령면 용산리 산71-3
- ■ 주차 : 평창군 대관령면 수하리 240-19
- ■ #평창동계올림픽 #스키점프 #박물관

대관령 양떼목장 추천

"초원을 보면 이유 없이 '플란다스의 개'가 생각나, 마지막 장면에서 엄청 울었던 기억"

해발 900m, 6만 평가량의 드넓은 초원 그리고 1.2km의 산책로를 걸으며 양 떼를 구경할 수 있는 아름다운 목장. 설립자가 15년을 걸쳐 현재의 모습으로 일궈낸 곳으로, 잔잔한 감동과 아이들에게 추억을 만들어 줄 수 있다.(p321 F:3)

- ■ 강원 평창군 대관령면 횡계리 14-275
- ■ 주차 : 평창군 대관령면 횡계리 14-111
- ■ #양 #풍력발전기 #산책

대관령 삼양목장 추천

"동해 바다가 보이는 국내 최대 목장"

양, 타조, 젖소, 토끼 등이 있는 국내 최대의 초원 목장. 맑은 날에는 강릉과 주문진도 볼 수 있다.(p321 F:3)

- ■ 강원 평창군 대관령면 횡계리 산1-186
- ■ 주차 : 평창군 대관령면 횡계리 704-9
- ■ #동물체험 #초원 #전망

평창 육백마지기

"별빛이 쏟아지는 그림같은 풍경"

평창 청옥산 정상에 펼쳐진 평탄한 고원지대로, 새하얀 풍력발전기를 중심으로 주변에 들꽃이 넓게 피어나 사진촬영 명소가 되었다. 특히 6월부터는 계란을 닮은 샤스타데이지 꽃이 만개해 이곳을 찾는 이들이 많다. 육백마지기 옆에 육십 마지기라 불리는 또 다른 언덕도 있는데, 2~30분이면 정상에 도착하니 함께 방문해 봐도 좋겠다. (p322 C:2)

- ■ 강원 평창군 미탄면 평안한치길 721-98
- ■ #풍력발전기 #꽃단지 #사진촬영

풀내음 맛집

"옛 정취를 가득한 애견동반가능식당"

마치 할머니집에 온 것 같은 정겨운 인테리어가 매력적인 곳. 정자, 원두막 스타일의 시골 정취를 느낄 수 있는 야외좌석과 실내좌석으로 구분되어 있어 실외 애견동반도 가능하다. 호미, 농기계가 있어 옛 소품들을 둘러보는 재미도 쏠쏠하다. 100% 국산 메밀을 사용하는 메밀음식전문점으로 대표메뉴는 메밀국수, 메밀모듬이다.화요일 정기휴무, 라스트오더 19시 (p329 E:1)

- ■ 강원 평창군 봉평면 메밀꽃길 13
- ■ #정부지정안심식당 #애견동반식당 #옛정취가득

휘닉스 스노우파크
"다양한 슬로프 보유"

국내 최고의 설질을 자랑하는 스키장. 21개면의 다양한 슬로프를 갖추고 있다. 스키하우스에서 입장권 구매, 장비 대여, 식사까지 해결할 수 있다.

- 강원 평창군 봉평면 면온리 1106-6
- 주차 : 평창군 봉평면 무이리 706-20
- #장비대여 #식당 #눈썰매

봉평 메밀꽃밭
"메밀전도 먹고 메밀꽃도 보고"

봉평 메밀꽃밭은 근처 이효석문학관에 주차하고 조금 내려오면 나온다. 10월보다는 9월쯤에 꽃이 더 많이 핀다. 이효석의 '메밀꽃 필 무렵'에 봉평장터가 주요 배경으로 나온다. 근처에 봉평장터가 있는데, 끝자리 2일과 7일에 장이 선다.(p321 E:3)

- 강원 평창군 봉평면 창동리 707-2
- 주차 : 평창군 봉평면 창동리 548-3
- #메밀꽃 #이효석 #메밀전 #막국수

허브나라농원
"허브와 꽃과 함께 하는 힐링"

허브와 꽃길이 이어진 힐링 여행지로, 로맨틱한 분위기 덕분에 이곳을 찾는 연인들과 가족 여행객이 많다. 100여 종류의 허브가 자라고 있는 허브향 가득한 농장뿐만 아니라 허브 공방, 박물관, 갤러리 등을 함께 운영한다. 식당에서 판매하는 허브 비빔밥도 유명하니 기회가 된다면 꼭 먹어보자. (p321 E:3)

- 강원 평창군 봉평면 흥정계곡길 225
- #허브체험 #허브정원 #허브식당

오대산 선재길 단풍
"온가족이 같이 걸을 수 있는 단풍길"

월정사 전나무 숲길에서 상원사까지 단풍이 절정인 산책길. 단풍 계절이 아니더라도 걸으며 사색하기 좋다. 대부분 평지이고 가을이면 계곡을 따라 단풍이 아름답기로 유명하다. 어린이도 쉽게 걸을 수 있을 만큼 길이 잘 정비되어 있으며, 단풍길은 총 9km로 걸어서 3시간가량 소요된다.(p321 E:3)

- 강원 평창군 진부면 동산리 산1
- #월정사 #상원사 #산책

감자네 [맛집]
"27년째 운영되는 닭볶음탕 맛집"

@pbpbvv

27년째 운영되는 닭볶음탕 맛집으로 곤드레밥, 모듬전, 콩나물냉국, 밑반찬 5종이 셋팅된다. 돌솥에 곤드레밥이 나와 고소한 숭늉도 맛볼 수 있으며 기호에 맞게 곤드레밥을 양념간장과 닭볶음탕에 비벼 김에 싸 먹으면 더욱 맛있게 즐길 수 있다. 영수증 리뷰시 감자창고 카페 젤라또 쿠폰 1매 증정. 화요일 정기휴무, 브레이크타임 15시30분~17시 (p329 E:1)

- 강원 평창군 진부면 방아다리로 360
- #닭볶음탕맛집 #곤드레밥 #평창맛집

평창 송어축제
"아이와 함께하기 너무 좋은 축제"

평창 오대천에서 서식하는 송어를 낚을 수 있는 지역축제. 텐트 낚시, 얼음낚시, 맨손잡기 프로그램이 진행된다. 잡은 송어는 즉시 회, 구이로 요리해 먹을 수 있다.

- 강원 평창군 진부면 하진부리 325
- #얼음낚시 #송어회 #가족

카페 그리심 [카페]
"유럽 감성 앤틱 카페"

@hayun.mom47

앤틱한 분수, 흔들그네, 조각상 등이 있어 유럽 감성을 느끼며 사진 찍기 좋다. 들어가는 입구도 마치 동화 속 마을을 연상케 하며 숲 속의 작은 유럽을 느끼게 해주는 카페이다. 또한 야외는 넓은 잔디밭이어서 반려동물과 아이들이 뛰놀기 좋으며, 주변은 청옥산에 둘러싸여 자연 힐링이 가능한 곳이다. 내부는 아기자기한 소품이 전시되어 있어 구경하기 좋다. (p329 E:2)

- 강원 평창군 평창읍 제방길 33-6
- #엔틱카페 #유럽감성 #청옥산

평창 패러글라이딩(평창)

"도전하기 쉽진 않지만 살면서 한번쯤은 해보는 거야!"

평창군 평창읍 중리 평창 바위공원에 위치한 평창 패러글라이딩장은 아침 9시부터 일몰 30분 전까지 운영된다. 준비 시간은 40분, 비행시간은 10분 소요되며, 동계올림픽 개최지이자 한국의 알프스로 불리는 평창의 하늘을 만끽할 수 있다. 6세 이상, 몸무게 25~100kg 사이의 사람만 탑승할 수 있으며, 이용일 하루 전까지 예약은 필수다.

- 강원 평창군 평창읍 중리 8-3
- 주차 : 평창군 대관령면 용산리 214
- #패러글라이딩 #스릴

스테이인터뷰 `카페`

"야외 오두막 딸린 카페 겸 숙소"

@woo_my_

아담한 규모의 야외 오두막이 이곳의 시그니처 포토존. 산과 바다 그리고 우드 데크가 조화를 이루고 있어 인생샷을 얻을 수 있다. 숙

소와 카페를 함께 운영하는 곳으로, 투숙객이 아닌 일반 손님도 카페를 이용할 수 있다. 실내는 넓지 않지만, 테라스와 야외 공간이 넓고, 바다를 보며 커피를 마시기 좋은 곳.

- 강원 강릉시 강동면 율곡로 1458
- #강릉오션뷰카페 #뷰맛집 #오두막포토존

하슬라 아트월드

"아이들과 함께 체험도 해보고 가볍게 현대미술을 관람하기 좋은 미술관"

@habom0714

높은 지대에 위치한 전망 좋은 현대미술관. 실내 미술관(현대미술관, 피노키오미술관)에서 야외조각공원순으로 감상. 야외조각공원은 산책하면서 동해바다를 바라보며 힐링하기 좋은 장소. 같은 건물에 뮤지엄호텔도 운영하고 있다.(p331 D:1)

- 강원 강릉시 강동면 율곡로 1441
- #강릉미술관 #피노키오미술관 #현대미술관 #야외조각공원 #뮤지엄호텔 #동해바다

정동진 해변 및 정동진역 `추천`

"기찻길과 나란한 역, 뒤로 펼쳐지는 바다. 부서지는 파도 앞에 철길이 있다고 상상해봐"

광화문의 정 동쪽에 있는 세계에서 바다와 가장 가까운 정동진역. 동해와 썬크루즈 호텔을 배경으로 붉게 떠오르는 태양을 볼 수 있다. 바다와 정동진역과 태양만으로도 감성에 젖을 수 있다.(p331 D:1)

- 강원 강릉시 강동면 정동진리 303-3
- 주차 : 강릉시 강동면 정동진리 259
- #동해안 #기차여행 #해맞이

정동진 썬크루즈

"정동진 앞바다의 전망을 멋지고 웅장하게 보고 싶다면"

해발 60m 절벽 위에 만들어진 배 모 양의 리조트 시설. 테마공원과 식당, 카페, 전망대, 객실을 보유하고 있으며, 이곳에서도 해돋이를 볼 수 있다. 특히 이곳에서 바라보는 정동진 해변의 모습은 더 웅장하게 보여 전망 감상하기 딱 좋다.(p331 D:1)

- 강원 강릉시 강동면 헌화로 950-39
- 주차 : 강릉시 강동면 정동진리 50-37
- #해돋이 #해맞이 #전망호텔

정동진 레일바이크

"아이들과 커플과 함께하는 레일바이크"

정동진 바닷바람을 맞으며 달리는 레일바이크. 정동진역과 모래시계 공원에서 탑승할 수 있으며, 레일바이크 탑승 시 포토존에서 사진을 남겨준다. 2인승, 4인승 바이크를 함께 운영한다.(p331 D:1)

- 강원 강릉시 강동면 정동진리 303
- 주차 : 강릉시 강동면 정동진리 328-13
- #바다전망 #정동진역

안목해변 커피거리 추천

"아름다운 해변을 보며 예쁜카페에서 마시는 커피한잔"

백사장 길이 500m의 아름다운 해변으로, 강릉에서 버스로 30분 거리에 있다. 카페거리로도 유명해 젊은이들이 많이 찾는다. 전국 최초로 커피 축제가 열린 강릉은 이곳 커피 명장들의 노력으로 커피의 도시라는 타이틀을 얻었다.(p331 D:1)

- 강원 강릉시 견소동 창해로14번길 20-1
- 주차 : 강원 강릉시 견소동 286-4
- #카페 #커피콩빵 #소품숍

엄지네포장마차 맛집

"신선한 꼬막과 육회 맛 평이 좋은 곳"

@sisun_by_stella

100% 국산 꼬막을 취급하여 음식이 제공된다. 주메뉴로는 꼬막무침, 꼬막무침비빔밥, 육사시미가 있다. 꼬막비빔밥은 쪽파, 고추가 들어있어 매콤한 맛과 간장, 들기름의 고소한 맛을 자랑한다. 대부분은 3만 원대 가격으로 2인 기준이다. 번호표를 받고 2층 별도 대기실에서 웨이팅이 가능하며 테이블도 많고 회전율이 빠른 편이다. 연중무휴, 포장 가능 (p321 F:3)

- 강원 강릉시 경강로2255번길 21
- #국산꼬막 #꼬막비빔밥 #꼬막무침

강릉선교장

"사대부가 된 기분으로 하룻밤 한옥 체험을 해봐"

보존이 매우 잘 된 조선 후기 사대부 가옥. 안채, 사랑채, 별당, 연못 등 총 99칸의 화려한 사대부의 권위를 느껴볼 수 있다. 개인 소유의 국가지정 민속문화재로, 한옥 체험형 숙박도 즐길 수 있다.(p321 F:3)

- 강원 강릉시 경포동 운정길 63
- 주차 : 강원 강릉시 운정동 958-1
- #조선시대 #한옥 #한옥체험

테라로사 커피공장 카페

"훌륭한 핸드드립 커피를 맛볼 수 있는 커피 맛집"

핸드드립 커피로 유명한 커피 맛집. 커피 산미가 있는 편이지만 맛있는 베이커리와 입맛따라 커피 원두를 선택할 수 있다. 예쁜 공간과 자연을 배경 삼아 사진찍기 좋은 장소. 그밖에 뮤지엄, 레스토랑도 위치해 있다.(p321 F:3)

- 강원 강릉시 구정면 현천길 25
- #강릉여행코스 #커피공장 #핸드드립커피 #베이커리맛집 #아이와볼만한곳

툇마루 카페

"오픈런이 필수인 흑임자라떼"

@a86reum

흑임자라떼로 유명한 카페. 엄청난 웨이팅을 각오하고 찾게 되는 카페이기도. 진하면서도 고소한 느낌의 흑임자라떼는 길었던 기다림의 위안이 되어 준다. 카페 이름이 툇마루인 것처럼 내부 인테리어도 정갈한 한옥의 툇마루가 연상되어 세련됨이 인상적이다.

- 강원 강릉시 난설헌로 232 카페 툇마루
- #강릉카페 #강릉핫플 #웨이팅필수 #흑임자라떼

현대장칼국수 맛집

"밥 말아 먹으면 더 맛있는 매콤 구수 장칼국수"

장칼국수는 고추장과 된장을 섞어 끓인 얼큰한 국물에 고기 고명과 김 가루를 넣은 진한

맛 칼국수로, 강원도에서만 맛볼 수 있는 향토 음식이다. 진하고 구수한 국물은 밥 말아 먹기 딱 좋다.(p331 D:1)

- 강원 강릉시 임영로182번길 7-1
- #고추장국물 #칼국수 #진한맛 #향토음식

대관령 자연휴양림
"힐링되는 소나무 숲길"

1988년 한국 최초의 자연휴양림으로, 103km에 이르는 금강소나무 숲길이 유명하다. 해발 200m부터 정상까지 이곳이 자랑하는 소나무 숲길이 이어진다. 힐링 프로그램 및 숲 체험 프로그램을 운영하고 있으며, 숲 나들이 사이트를 통해 숲속의 집, 산림문화휴양관 등 시설 예약도 가능하다.(foresttrip. go.kr) (p321 F:3)

- 강원 강릉시 성산면 삼포암길 133
- #금강소나무 #소나무숲길 #트래킹

오죽헌 추천
"율곡이이와 신사임당 생가"

신사임당과 율곡 이이가 태어난 집. 오죽헌 몽룡실에서 율곡 이이가 탄생했다. 율곡 이이는 퇴계 이황과 함께 16세기를 대표하는 기호학파 학자였다.(p321 F:3)

- 강원 강릉시 율곡로3139번길 24
- #신사임당 #율곡이이 #조선철학

경포 해변 추천
"사람들로 넘쳐나는 백사장에 오고 싶다면 출발~!!"

1.8km의 백사장이 딸린 동해안 최대 해변. 수심 1~2미터가량으로 완만한 경사를 이루고 있어 피서지에 적합하다. 여름이면 워낙 많은 사람이 찾는 곳이라 주변에 호텔, 리조트, 펜션들이 즐비하게 펼쳐져 있다.(p321 F:3)

- 강원 강릉시 강문동 산1 -1
- #해수욕 #여름여행지 #가족 #커플

안반덕(안반데기) 추천
"가슴이 뻥 뚫리는 느낌을 받고 싶다면 고~"

안반데기는 해발 1100m의 고산지대에 있는 고랭지 채소밭이 있는 곳이다. 떡메로 떡을 칠 때, 밑에 받치는 안반처럼 평평하게 생겼다고 해서 이런 이름이 붙었다. 고랭지 배추밭이 산등성이 넓게 펼쳐져 있고 그 위에 풍력발전소가 있어 특이하고 이국적인 느낌이 든다.(p321 F:3)

- 강원 강릉시 왕산면 안반덕길 428
- 주차 : 강릉시 왕산면 대기리 2214-229
- #배추밭 #무밭 #포토존

강릉 경포생태습지 연꽃
"그대에게 행운을 - 가시연의 꽃말 -"

경포생태습지를 둘러 피어난 가시연의 발원지. 가시연은 가시 달린 잎자루가 잎 한가운데 달린 연꽃으로, 환경부가 지정한 멸종위기야생생물 2급으로 지정되었다. 가시연의 꽃말은 '그대에게 행운을'이며, 동북아시아에서만 자생한다.(p321 F:3)

- 강원 강릉시 운정동 555
- 주차 : 강원도 강릉시 저동 144-3
- #가시연 #습지 #7월 #8월

강릉 경포호 벚꽃길

"경포대, 가시연습지, 허균/허난설헌 생가터로 이어지는 관광지와 벚꽃길"

경포호는 바다로 이어지는 자연호수로 호수를 둘러싸고 벚꽃이 아름답게 핀다. 경포대에서 바라보는 경포호의 모습이 아름다운 가운데, 벚꽃이 피어있는 야경은 더욱 아름답다. 경포대 아래 경포호 부근의 벚꽃길과 경포천을 따라 펼쳐진 벚꽃길도 절경이다.(p321 F:3)

- 강원 강릉시 운정동 99-2
- 주차 : 강원도 강릉시 저동 144-3
- #경포호 #경포천 #야경

참소리에디슨손성목영화박물관

"에디슨 발명품을 가장 많이 보유"

이 박물관은 참소리 박물관, 에디슨 과학박물관으로 이분화되어 운영하고 있다. 참소리 박물관에는 세계 60여 국의 명품 축음기, 뮤직박스, 라디오, TV 등이, 에디슨 박물관에는 에디슨의 발명품과 유품 등 2000여 점도 전시되어 있다. 에디슨 발명품을 가장 많이 보유한 곳으로도 유명하다.

- 강원 강릉시 저동 36
- 주차 : 강원 강릉시 저동 36-2
- #에디슨 #축음기 #발명품

주문진해변

"온가족이 즐기기 좋은 딱 좋은 해변"

강릉에서 양양 가는 중간에 있는 길이 700m의 다소 수심이 낮은 해변. 매년 여름 오징어 축제가 열리고 해변축제는 7월쯤에 있다. 주문진항으로부터 1.5Km 떨어져 있다.(p321 F:2)

- 강원 강릉시 주문진읍
- 주차 : 강릉시 주문진읍 향호리 8-17
- #오징어 #조개구이 #여름바다

주문진 수산시장

"싱싱한 해산물 및 생선구이를 먹을 수 있는 곳"

영동 지방 제일로 꼽히는 주문진수산시장에서는 사계절 내내 싱싱한 수산물을 살 수 있다. 주문진항 근처에는 주문진 성황당과 주문진 등대도 볼만 하다. 주차장이나 식당은 미리 검색해보고 가는 편이 좋다.(p321 F:2)

- 강원 강릉시 주문진읍 주문리 312-260
- 주차 : 강릉 주문진읍 주문리 312-684
- #오징어 #회 #생선구이

강릉 커피축제

"커피의 도시 강릉"

브라질, 인도네시아, 케냐 등의 커피를 맛볼 수 있는 축제. 실력 있는 바리스타들이 직접 커피를 내려준다. 커피 로스팅 체험, 커피영화관, 스탬프 랠리도 함께 운영한다.

- 강원 강릉시 초당동 505
- 주차 : 강원 강릉시 운정동 484
- #핸드드립 #카페거리 #이색축제

순두부 젤라또 1호점 〔카페〕

"초당순두부 먹고 후식으로 안성맞춤인 이색 젤라또"

두부맛 아이스크림으로 유명한 젤라또 맛집. 달달하면서 두부의 고소한 맛이 매력적. 순두부젤라또, 인절미젤라또, 흑임자젤라또 등등 기호에 따라 골라먹는 재미가 있다.

(p321 F:3)

- 강원 강릉시 초당순두부길 95-5
- #강릉순두부젤라또 #젤라또맛집 #강릉맛집 #초당순두부골목

강릉짬뽕순두부 동화가든본점 맛집

"강릉 명물 짬뽕 순두부를 처음으로 선보인 식당"

초당 순두부마을에서 순두부보다 더 유명해진 '짬순' 전문점. 짬순은 짬뽕과 순두부를 결합한 요리로, 고소한 국산 콩 순두부에 매콤한 국물 맛이 어우러져 한국인이라면 누구나 좋아할 만하다. 함께 판매하는 국산콩 청국장과 각종 두부 요리들도 구수한 맛이 일품이다.(p331 D:1)

- 강원 강릉시 초당순두부길77번길 15
- #짬순 #짬뽕 #순두부 #원조 #두부요리

묵호등대

"드라마 '찬란한 유산'의 촬영지"

묵호등대는 묵호항의 명물로 손꼽히는 곳이다. 묵호 어시장 맞은편 등대오름길로 올라가다 보면 동네 주민들이 직접 지은 시와 벽화도 감상할 수 있다.(p331 E:2)

- 강원 동해시 묵호동 등대오름길 34-3
- 주차 : 강원 동해시 묵호진동 2-244
- #포토존 #산책로#논골담길

묵호항 추천

"동해 여행의 시작과 끝"

묵호항을 중심으로 벽화마을로 유명한 논골담길, 묵호등대, 도째비골 스카이밸리 등 동해의 핫플레이스들이 모여있다. 항구에서는 이곳에서 갓 잡은 신선한 수산물을 이용한 요리들을 판매하는데, 특히 여름철 시원하게 즐길 수 있는 물회와 진짜 대게가 들어간 대게 빵이 유명하다. (p331 E:2)

- 강원 동해시 묵호진동 해맞이길 289
- #벽화마을 #묵호등대 #묵호물회

추암해변 촛대바위

"촛대바위 위로 뜨는 일출의 모습은 애국가 첫 장면의 장소로 쓰일 만큼 멋지다"

애국가에도 등장하는 동해바다 촛대바위는 추암해변 앞 '능파대'에 속해있다. 능파대는 조선시대 강원도 제찰사였던 한명회가 그 아름다움에 반해 이름 붙인 것으로 알려져 있다. 능파대 주변으로는 집현전 학자였던 심동로가 후학을 기르기 위해 설립한 해암정이 놓여 있으니 함께 방문해 보자. 촛대바위 주차장 옆에 있는 수산물 직판장에서 즉석에서 구워주는 오징어와 쥐포도 맛볼 수 있고, 선물용 마른 오징어도 판매한다. (p331 E:2)

- 강원 동해시 북평동 촛대바위길 28
- #애국가 #포토존 #해돋이 #해맞이

오뚜기 칼국수 맛집

"얼큰하고 쫄깃한 장칼국수 맛집"

대표메뉴는 장칼국수, 장칼만두국이다. 흰칼국수, 아기의자도 보유하고 있어 아이와도 편하게 즐길 수 있다. 김, 계란, 깨가 들어고 걸죽하고 얼큰한 국물과 쫄깃하고 탱글한 면발이 어우러져 맛이 좋다는 평. 양도 많아 푸짐하게 맛볼 수 있다. 묵호항 근처에 있어 접근성이 좋다. 웨이팅이 있는 편이라 시간 여유 두고 방문하는 것을 추천한다. 월요일 정기휴무 (p331 E:2)

- 강원 동해시 일출로 10-1 발한상가아파트
- #장칼국수 #아기의자보유 #얼큰쫄깃

소복소복 맛집
"새우소바가 유명한 동해 현지 맛집"

현지 맛집으로 유명하며 메뉴는 새우소바, 새우튀김, 장어소바 이렇게 3가지가 있다. 기본 반찬으로는 물김치, 유자 단무지가 제공된다. 새우소바는 살얼음이 동동 띄운 육수에 바삭한 새우튀김 맛이 어우러져 맛 평이 좋다. 양도 많은 편. 웨이팅이 긴 편으로 캐치테이블앱에서 예약하고 방문하는 것을 추천한다. 15시 마감, 월요일 정기휴무 (p331 E:2)

- 강원 동해시 평원5길 8-5
- #새우소바 #현지맛집 #많은양

맹방해수욕장
"BTS 순례지, '버터' 촬영했던 그곳"

BTS가 '버터' 앨범 재킷을 촬영했던 해수욕장. 아미들에겐 순례지로 꼽힌다. 촬영 때 쓰였던 소품들 그대로 설치되어 있어 그 느낌과 감성을 살려 사진 찍기 좋다. 얕은 수심과 맑은 물, 소나무 산책길도 좋아 여름철 여행지로 딱이다.(p331 E:2)

- 강원 삼척시 근덕면　■주차 : 강원 삼척시 근덕면 맹방해변로 228-239
- #BTS #버터 #BTS순례지 #스탬프투어 #피서지 #휴가지

삼척해양레일바이크 궁촌정거장-용화정거장 총 5.4km
"동해와 해송 숲을 한눈에 담다"

동해를 따라 운행되는 해양 레일바이크. 동해와 해송 숲, 기암괴석을 모두 관찰할 수 있다. 체험 도중 만날 수 있는 루미나리에와 레이저 쇼도 인상적이다. 2인승, 4인승 바이크를 운영하며 인터넷을 통해 1일 전까지 사전 예매해야 한다.(p331 F:3)

- 강원 삼척시 근덕면 궁촌리 146-10
- 주차 : 삼척시 근덕면 궁촌리 324-11
- #해송 #기암괴석 #레이저쇼

파로라 카페 카페
"크로플 유명한 오션뷰 카페"

@kate_ljh

카페 루프탑에서 볼 수 있는 궁촌항과 오션뷰를 배경으로 사진을 찍는 것이 유명한 곳. 테이블 앞에 있는 흰색 의자에 앉아 뒷모습을 촬영하는 것을 추천. 내부는 화이트&샌드 컬러 인테리어를 콘셉트로, 곳곳에 열대 나무와 라탄 소품이 조화를 이루고 있는 휴양지 느낌의 카페. 크로플 맛집으로도 잘 알려져 있다.

- 강원 삼척시 근덕면 궁촌해변길 135
- #삼척카페 #오션뷰카페 #궁촌항

삼척 맹방 유채꽃마을 벚꽃길

"바닷가 옆 유채꽃단지와 벚꽃길, 1석 3조 여행"

삼척 맹방해수욕장 뒤편, 유채꽃 따라 펼쳐지는 벚꽃 길. 맹방 벚꽃길은 푸른 바다와 노란색 유채꽃, 벚꽃이 어우러져 다른 여행지에서는 볼 수 없는 매력이 있다. 벚꽃은 3cm가량으로 분홍색 또는 백색의 꽃으로 피며 군락을 이룬 곳은 꼭 눈이 온 것 같은 느낌이 든다. 또한 벚꽃이 떨어질 때 꽃비가 되어 낭만적인 장면을 연출한다.(p331 E:2)

- 강원 삼척시 근덕면 상맹방리 505
- #벚꽃 #유채꽃 #해수욕장

용화해수욕장

"아담하고 사랑스러운 해변"

삼척에서 24km가량의 거리에 위치한 한적한 시골 어촌마을. 백사장 길에 1km로 작은 규모로, 조수 간만의 차가 없고 파도도 높지 않아 아이들이 놀기에 제격이다 (p331 F:3)

- 강원 삼척시 근덕면 용화리 226-1
- #삼척 #해수욕장 #여름

삼척해상 케이블카 추천

"삼척 바다를 내려다 보는 짜릿함"

삼척시 근덕면 용화리와 장호항을 잇는 케이블카로, 32명 수용 가능한 케이블카 2대가 운영된다. 케이블카 너머 내려다보이는 장호항은 한국의 나폴리라는 별명답게 아름다운 풍경을 보여준다. 케이블카 매표소 근처인 궁촌정거장, 용화 정거장에 방문해 이색 해양레일바이크도 함께 즐겨보자.(p331 F:3)

- 강원 삼척시 근덕면 용화리 6
- #케이블카 #해변전망
- 주차 : 삼척시 근덕면 장호리 321-6

장호해수욕장

"조용한 곳을 선호한다면 추천!"

삼척에서 24km가량 떨어진 파도가 높지 않고 아담한 해수욕장. 장호항에서 나오는 싱싱한 해산물을 즐길 수 있다. 지형적 천연 바람막이가 있어 낚시하기도 제격이다. (p331 F:3)

- 강원 삼척시 근덕면 장호리 413-8
- #삼척 #해수욕장 #낚시

임원 해수욕장

"조용한 가족만의 여행을 꿈꾼다면!"

백사장 길이 200m, 폭 50m로 아담한 해수욕장. 주변 임원항 방파제에서는 전국 제일의 감성돔 낚시터가 있다.

- 강원 삼척시 근덕면 장호리 413-8
- #삼척 #해수욕장 #낚시

초곡용굴 촛대바위길

"바다를 따라 걷는 길"

구렁이가 용으로 승천한 곳이란 전설을 지닌

곳. 멋진 바위들 사이로 데크길이 나 있는데, 바다를 끼고 걸을 수 있어 매우 짜릿하다. 바다 위를 걷는 기분을 느끼게 해주는 탐방로가 아주 인상적이다. 바로 눈앞에서 해안절경을 느낄 수 있어 방문객들의 만족도가 매우 높다. 그간 아는 사람만 찾던 숨은 명소에서 점점 유명세를 얻고 있는 중이다.(p331 F:3)

■ 강원 삼척시 근덕면 초곡길 236-20
■ 주차 : 강원 삼척시 근덕면 초곡길 236-11, 초곡항
■ #에메랄드빛바다 #해안데크길 #해안탐방로 #숨은명소 #포토존

하이원 추추파크
"스위스 산악열차부터 레일코스터까지"

국내 최초의 산악철도 전문 테마파크로, 다양한 기차를 직접 체험해 볼 수 있다. 심포리역-홍전역-나한정역-도계역까지 9.2km를 운행하며, 증기기관 관광열차 '스위치백 트레인' 및 산악열차 '인클라인 트레인', 레일바이크, 철도원 체험 등을 즐길 수 있다.

■ 강원 삼척시 도계읍 심포남길 99
■ #기차체험 #산악열차 #레일바이크

삼척-정동진 바다열차
"기차에서 보는 아름다운 바다 전경"

삼척역에서 정동진역까지 왕복 운행되는 관광열차. 노선은 총 56km 길이로, 1시간 30분이 소요된다. 국내 철도 노선 중 바다와 가장 가까운 노선으로 모든 좌석이 창가에서 바다를 바라볼 수 있도록 배치되어 있다.(p331 E:2)

■ 강원 삼척시 사직동 51-16
■ #정동진 #바다전망 #기차여행

부일막국수 맛집
"부드러운 수육과 막국수가 맛있는 곳"

수육, 비빔막국수, 물막국수가 있으며 연겨자, 식초, 설탕을 기호에 맞게 넣고 먹으면 된다. 수육은 돼지고기가 얇게 썰려 부드러운 맛이 좋다는 평이 있고 막국수는 부드러운 메밀면에 단맛은 강하며 짠맛은 약하고 고소한 맛이 좋다고 한다. 양념장을 빼서 먹는 것

도 색다른 맛을 느낄 수 있다. 브레이크 타임 15~16시30분, 화요일 정기휴무. (p331 E:2)

■ 강원 삼척시 새천년도로 596
■ #막국수맛집 #부드러운수육 #메밀면

갈남항
"스노클링의 성지"

@yujumom_0423

물이 워낙 맑아 스노클링 명소로 꼽히는 곳. 바다 왼쪽 끝엔 두 개의 바위가 있는데, 이 사이에서 찍는 사진이 인기다. 바위 사이로 예쁜 갈남항 해변을 담을 수 있어 인스타 명소로 꼽힌다. 바다는 수심이 다양하여 스노클링을 하기에도, 수영을 하기에도 좋다. (p331 F:3)

■ 강원 삼척시 원덕읍 갈남리 99-20
■ 주차 : 강원 삼척시 원덕읍 갈남리 99-20
■ #스노클링 #프리다이빙 #물맑음 #바위사진 #인스타명소

환선굴 추천
"5억 년 전의 석회암 동굴. 동굴 입구까지 모노레일 탑승을 강력 추천!"

5억 3천만 년 전의 석회암 동굴. 모노레일을 타고 올라가는 것을 추천한다. 동굴은 깜짝 놀랄만큼 큰 규모로, 내부 온도가 낮아서 겉옷을 챙겨 가는 것이 좋다.(p331 E:3)

■ 강원 삼척시 신기면 환선로 800
■ #석회암 #동굴 #모노레일

해신당 공원

"친한 사람끼리만 갈것!"

해신당 공원은 어촌민속전시관과 해학적인 웃음을 자아내는 남근 조각공원으로 구성되어 있다. 남근 조각공원에는 성인 조각이 야외에 대놓고 전시되어 있어 같이 가는 사람을 잘 생각해 보고 방문하시길 바란다.(p331 F:3)

- 강원 삼척시 원덕읍 삼척로 1852-6
- 주차 : 삼척시 원덕읍 갈남리 산21-18
- #성인 #조각 #산책

삼척 월천솔섬

"공단이 들어서 아쉽지만…"

영국의 사진작가 마이클 케냐의 작품으로 유명해진 곳. 대한항공의 비슷한 사진으로 논란이 되기도 하며 사진촬영 성지가 되었으나, 현재는 대규모의 엘엔지 공장이 들어서, 예전과는 사뭇 다른 모습을 보여주고 있다.

- 강원 삼척시 원덕읍 호산리
- 주차 : 삼척시 원덕읍 월천리 165-24
- #산책 #피톤치드 #포토존

삼척전복해물뚝배기 `맛집`

"해산물로 원기회복하려면 이곳으로"

@mong___222

활전복, 가리비, 새우, 게, 미더덕 등 20여 가지 재료를 넣고 끓인 해물뚝배기 맛집. 시원한 국물과 담백한 해산물 맛이 기운을 돋운다. 야들야들한 돌문어 숙회와 당근을 잘게 썰어 넣은 전복죽도 추천. (p331 E:2)

- 강원 삼척시 테마타운길 59
- #해물뚝배기 #문어숙회 #전복죽 #전복회

태백 고생대자연사박물관

"고생대부터 신생대까지!"

구문소 지역의 고생대 자연환경과 생물의 역사를 전시해놓은 박물관. 고생대부터 신생대까지 다양한 동식물 정보를 전시하고 있다. 구문소`지역은 일대는 국내 유일하게 전기 고생대 지층 질서가 연속되어 관찰되고, 중기 고생대 부정합면을 관찰할 수 있는 곳으로 유명하다. 연중무휴 개관.

- 강원 태백시 동점동 295
- #공룡 #화석 #자연과학

태백 석탄박물관

"석탄은 무엇이고 어떻게 발달되어 현재까지 왔을까?"

우리나라의 경제발전에 기여한 에너지원 석

탄의 역사와 석탄 산업의 변천사를 감상할 수 있는 곳. 석탄의 생성, 채굴, 광산 정보, 탄광 생활 등 다양한 정보가 전시되어있으며, 직접 갱도 체험을 해 볼 수도 있다. 매주 월요일 휴관.

- 강원 태백시 소도동 166
- 주차 : 강원 태백시 소도동 326
- #광산 #석탄 #갱도체험

태백닭갈비 `맛집`

"육수가 있는 물닭갈비집"

일반적으로 생각하는 닭갈비와 다르게 특이하게 육수가 있어 물닭갈비라고도 불리며 야채를 고명으로 해서 5분정도 끓여 깻잎, 배추와 함께 어우러져 매콤한 맛이 좋다는 평. 면사리를 넣어 먹으면 더 맛있다. 마지막으로 볶음밥을 볶아 먹는 것도 추천한다. 가정집을 개조해서 만든 식당으로 웨이팅 장소는 협소한 편. 연중무휴

- 강원 태백시 중앙남1길 10
- #물닭갈비 #가정집개조식당 #매콤한맛

태백 바람의 언덕 전망대 `추천`

"고랭지 배추밭과 거대한 풍력발전기"

해발 1300m에 있는 40만 평의 고랭지 배추밭과 하얀 풍력발전기. 총 17대의 풍력발전기와 고랭지 배추밭이 이색 장관을 이룬다.

- 강원 태백시 창죽동 9-384
- 주차 : 강원도 태백시 창죽동 9-384
- #배추밭 #풍력발전기 #자연

백두대간 협곡열차(V-Train) 철암 (철암-분천)

"백두대간 협곡을 가로지르는 열차"

철암역에서 출발해 분천역으로 향하는 사파리 형 협곡 열차. 여름에는 자연 바람을 맞으며, 겨울에는 난로 열기를 쬐며 백두대간의 운치를 느낄 수 있다. 목탄 난로를 이용해 구워 먹는 군고구마도 꿀맛. 리모델링을 통해 스위스풍으로 꾸며진 분천역을 구경해보자.

- 강원 태백시 철암동 370-1
- #난로 #군고구마 #추억여행

백번의봄 `카페`

"이국적인 외관과 인테리어"

@iyunhyi4844

이국적인 외관과 아기자기한 내부 인테리어가 돋보이는 카페. 노키즈존으로 운영되며 형형색색 조명들이 있어 더 이색적인 분위기를 연출한다. 2층에는 귀여운 소품들이 많아 구경하는 재미도 쏠쏠하다. 카페 터줏대감인 고양이 춘희와 춘식이도 애교가 많아 인기가 좋다. 외부 테라스에서는 셀프로 라면도 끓여 먹을 수 있다.

- 강원 태백시 태백로 422
- #이국적인느낌 #노키즈존 #소품샵

태양의후예촬영지

"태양의 후예 덕질(?)은 태백에서"

드라마 <태양의 후예>가 촬영되었던 태백의 삼탄아트마인이다. 2001년 폐광된 삼척탄좌를 그대로 활용하여 예술단지로 변신시켰다. 드라마는 이곳의 옛 창고 건물에서 촬영되었다. 드라마를 아꼈던 시청자라면 이곳에서 어떤 장면이 촬영되었는지 가늠이 될 정도로 익숙하고 반가운 곳들이 많다. 촬영뿐만 아니라 다양한 전시들이 운영 중이니 드라마, 탄광, 예술 전시 등을 함께 즐겨보실 것을 추천한다.

- 강원 태백시 통골길 116-52
- 주차 : 강원 태백시 통골길 116-52
- #태백 #탄광 #삼척탄좌 #삼탄아트마인 #태양의후예 #유시진대위 #전시

태백산 진달래

"왕복4시간 등산로"

태백산 천제단에서 정상까지 이어진 300m 규모의 진달래 군락지. 철쭉과 고산식물도 함께 감상할 수 있다. 유일사 매표소에서 천제단까지 향하는 4km 유일사 코스, 혹은 백단사 매표소에서 천제단까지 향하는 4km 백단사 코스를 추천한다. 등산에는 왕복 4시간 정도가 소요된다.

- 강원 태백시 혈동 산87-2
- 주차 : 강원 태백시 혈동 260-68
- #태백산 #유일산코스 #백단사코스

태백 구와우마을 해바라기

"고원에 피는 100만송이 해바라기"

태백 구와우마을 고생자원식물원 동편(정문 뒤편)에 있는 해바라기밭. 해발 850m 고원 높은 곳에 있는 드넓은 고원에 100만 송이에 이르는 해바라기꽃이 피어난다. 해바라기꽃이 피는 8월에는 태백 해바라기 축제가 진행되는 곳으로, 해바라기뿐만 아니라 코스모스꽃과 숲길 산책도 즐길 수 있다.

- 강원 태백시 황지동 279
- 주차 : 강원도 태백시 황지동 283
- #해바라기 #축제 #구와우마을

원조태성실비식당 `맛집`

"가성비 좋은 한우갈비 맛집"

강원도 3대 고깃집으로 선정된 가성비 좋은 한우구이 맛집. 한우 생갈비와 양념갈비, 주물럭을 연탄불에 구워 먹는다. 당일 공수한 태백 한우만 취급해 더욱 인기 있다. 밑반찬으

로 나오는 물김치와 우거지 된장국도 훌륭하다.

- 강원 태백시 황지동 감천로 4
- #태백맛집 #한우구이 #연탄구이 #갈비살 #육회

몽토랑산양목장
"고원 위 동물농장으로 소풍을!"

@gnieah

해발 800m의 고원에 위치한 목장. 타조, 유산양, 염소, 아기돼지 등 다양한 동물들을 만날 수 있다. 450만 평에 가까운 큰 규모에 초록의 들판과 동물들을 보고 있자면, 이곳이 알프스인지 태백인지 헷갈리고 만다. 목장 안에 카페가 있는데, 산 전체가 내려다보이는 큰 통창으로 산의 능선들은 물론 태백 시내를 한 눈에 볼 수 있다. 자연과 함께 힐링여행이 가능하다.

- 강원 태백시 효자1길 27-2
- #태백핫플 #동물농장 #능선 #알프스 #통창카페 #아기돼지

메밀촌막국수 (맛집)
"막국수와 곤드레밥으로 유명한 맛집"

@sera8019

삼탄아트마인 (추천)
"폐광의 예술적인 변신"

함백산의 옛 탄광촌 및 광업소를 개조해 만든 복합예술공간. 이곳은 원래 국내 최대 규모의 석탄 채굴용 탄광이었으나 폐광 지역 지원 사업을 통해 아트센터로 새 단장했다. 메인이 되는 삼탄 아트센터 건물에서 광부들의 공동 샤워장, 작업화 세척장, 석탄을 모아두었던 조차장 등을 살펴볼 수 있다. 성수기를 제외한 매주 월요일 휴관.

- 강원 정선군 고한읍 함백산로 1445-44
- #탄광촌 #예술마을 #박물관

명태회와 메밀순이 들어간 메밀 막국수로 유명한 곳. 메밀순이 들어가 그 향이 더 그윽하다. 다양한 산채 나물 반찬이 나오는 곤드레밥 정식과 보쌈 정식도 인기 메뉴. 보쌈은 강원도 황기를 넣어 삶아 만든다.

- 강원 정선군 고한읍 고한로 79
- #메밀막국수 #곤드레밥정식 #보쌈정식 #감자전

정선 민둥산
"가을여행지로 10월이면 억새꽃축제가 열리는, 억새산"

가을 억새로 유명한 1118.8m의 산. 7부 능선까지는 나무들이 우거져 있는데 정상 부분은 나무가 없어 민둥산으로 불린다. 정상부터 능선을 따라 억새군락지가 형성되어 있다.(p330 C:3)

- 강원 정선군 남면 무릉리 산 135
- #가을 #억새 #등산

하이원리조트 스키장
"마운틴 탑 전망대의 전망도 훌륭"

21km 대규모 슬로프와 3기의 곤돌라를 구비한 대규모 스키장. 가족이 함께 탈 수 있는 대규모 리프트가 있다. 마운틴 탑 전망대에서 전망대와 회전 레스토랑도 함께 운영한다. 콘도에 묵는다면 별자리 과학관과 무료 노천탕도 즐겨보자.

- 강원 정선군 고한읍 고한리 산1-242
- 주차 : 정선군 고한읍 고한리 130-57
- #스키 #전망대 #회전레스토랑

하이원리조트 운암정 `카페`

"고즈넉한 분위기 한옥카페"

@_heejeongim

실내에서 뒤뜰로 나갈 수 있는 원형 문이 시그니처 포토존으로, 동그라미 안에 앉아 사진을 촬영하는 것이 가장 유명하다. 한식당이었던 곳을 한옥 카페로 리뉴얼한 곳으로, 외부 곳곳에 포토존이 있어 고즈넉한 사진을 얻을 수 있다. 애프터눈티 세트와 수리취 모나카, 와플 등이 대표 메뉴이며, 하이원 그랜드 호텔 메인 타워 맞은편에 있다.

- 강원 정선군 사북읍 하이원길 265
- #정선한옥카페 #하이원 #애프터눈티

하이원리조트 마운틴탑 곤돌라

"아이들과 연인과 곤돌라를 타고 하이원 리조트 정상으로~!"

마운틴콘도에서 탑승할 수 있는 곤돌라. 마운틴 탑에는 아이들이 좋아할 만한 작은 동물원이 있고, 전망대에는 '탑 오브 더 탑' 레스토랑이 운영 중이다.

- 강원 정선군 사북읍 하이원길 265-1
- #동물원 #레스토랑 #가족

번영슈퍼 `맛집`

"할머니집에 온듯한 레트로 밥집"

아침 9시부터 당일 전화 예약제로 운영한다. 할머니집에 온 것 같은 레트로한 인테리어가 매력적인 곳이다. 메밀국죽, 보리밥, 만둣국 등 토속음식 전문점으로 대부분의 메뉴가 6,000원으로 저렴하다. 밑반찬은 약 13여가지가 나오며 만두는 직접 빚어 제공되어 더 쫄깃한 맛이 난다고 한다. 18시까지 영업. 일요일 정기휴무. (p329 F:2)

- 강원 정선군 북평3길 58-6
- #레트로밥집 #메밀국죽 #전화예약제

찬이네 감자탕 `맛집`

"곤드레가 잔뜩 들어간 깔끔한 감자탕"

@leee5637

주메뉴는 곤드레 감자탕, 시래기 감자탕, 묵은지 감자탕, 양푼이 매운 갈비찜이다. 버섯, 시래기, 깻잎, 대파 등이 들어 있으며 깻잎과 곤드레가 많아 향이 좋고 뼈에 잡내도 없고 텁텁한 맛보다 깔끔한 맛이 좋다는 평. 마지막에 볶음밥을 먹는 것도 추천한다. 연중무휴

- 강원 정선군 사북읍 사북중앙로 35
- #곤드레감자탕 #감자탕맛집

타임캡슐 공원

"타임캡슐에 지금의 추억을 묻어둘 수 있다면 내 아이가 5살이 되던 날 그 추억을 전해줄 수 있을지도 몰라"

영화 '엽기적인 그녀'에 나온 소나무가 있는 곳. 나만의 타임캡슐을 묻을 수 있는 곳으로 유명하다. 1년 대여 20,000원이면 설레는 추억을 마음속에 묻을 수 있다. 아이와 연인과 가족의 추억을 남겨둘 수 있다.

- 강원 정선군 신동읍 엽기소나무길 518-23
- 주차 : 정선군 신동읍 조동리 산70-26
- #추억 #힐링 #소나무 #타임캡슐

정선 레일바이크 구절리역-아우라지역 편도 7.2km

"정선의 자연을 가로지르다"

구절리역에서 아우라지역까지 이어지는 7.2km 길이의 레일바이크. 4인승은 차광막이 없는 것이 더 가벼워 운행하기 좋다. 현장 구매도 가능하지만 대기가 길기 때문에 가급적 예매하는 것을 추천한다. 열차 카

페와 여치 모양의 음식점도 운영 중이다. 주변 관광명소로 아리힐스, 화암동굴, 정선 오일장 등이 있다.(p329 F:2)

- 강원 정선군 여량면 구절리 290-82
- #레일바이크 #열차카페

정선 아우라지 추천

"아우라지 처녀의 슬픈 이야기가 전해지는 두 갈래의 물이 만나는 '나루'"

'아우라지'란 두 갈래의 물이 모여 어우러지는 '나루'라는 의미를 담고 있다. 구절천과 골지천이 만나 그 가운데 아우라지 처녀상이 있다. 팔도 아리랑 중 오직 정선 아리랑만이 무형문화재로 지정되었는데, 이 정선아리랑 중에 '아우라지 뱃사공아 배 좀 건너주게'라는 구절이 있다.(p321 F:3)

- 강원 정선군 여량면 여량리 190-3
- 주차 : 정선군 여량면 여량리 204-2
- #정선 #아리랑 #전설

정선 아리랑열차(A-Train) 청량리-아우라지

"정선여행을 기차와 함께"

청량리역에서 출발해 아우라지역까지 운행되는 관광열차. 모든 객실이 넓은 창과 고급 의자를 구비하고 있다. 고풍스러운 객실 디자인과 아리랑 선율을 표현한 기차 외관도 매력적. 정선 오일장 기간이나 공휴일이 아닌 월, 화요일에는 운행되지 않는다.(p321 F:3)

- 강원 정선군 여량면 여량리 212-6
- 주차 : 정선군 여량면 여량리 201-2
- #아리랑 #기차여행 #테마기차

정선 짚와이어

"공중에서 만나는 작은 한반도"

정선군 동강과 한반도 모양의 섬 '밤섬'을 가로지르는 짚와이어. 높이 325.5m, 최고 시속 약 100km로 짜릿한 경험을 할 수 있다. 신장 134cm 이하, 200cm 이상, 몸무게 35kg 이하~125kg 이상, 임산부나 심장질환자, 척추 질환자 등은 탑승할 수 없으므로 주의. 스카이워크도 함께 이용할 수 있다.(p329 F:2)

- 강원 정선군 정선읍 북실리 579-7
- #레포츠 #밤섬 #한반도지형

아라힐스 리조트

"짚와이어에서 스카이워크까지"

동강 한반도 지형 전망 스카이워크와 짚와이어를 즐길 수 있다. 해발 583m 스카이워크는 바닥이 강화유리로 되어있고, 초속 120km 스카이워크는 최대 4명까지 함께 탑승할 수 있다. 곤돌라, 눈썰매장, 글램핑장을 함께 운영한다. (p329 F:2)

- 강원 정선군 정선읍 병방치길 235
- #동강 #한반도지형 #아찔한

병방치 스카이워크 추천

"굽이도는 정성 물돌이를 안 보고 갈 순 없잖아, 돈의 가치로 평가하진 말자!"

굽이굽이 흐르는 동강의 물돌이와 풍경을 볼 수 있는 곳. 유리로 된 전망대로 입장료가 있다. 바로 옆에 집라인 있어 하늘을 나는 체험을 할 수 있다.(p329 F:2)

- 강원 정선군 정선읍 병방치길 225
- 주차 : 정선군 정선읍 귤암리 산200-6
- #전망대 #유리바닥 #짚라인

정선 오일장 `추천`

"사람들이 모이면 이유 없이 정겨워 나물 종류를 좀 알아야 엄마 사다 드릴텐데 말이야"

노점과 상점 400여 개가 모인 로컬 장터. 봄에는 나물, 여름에는 옥수수와 감자, 가을에는 산 열매, 겨울에는 민물고기 탕과 메밀전병을 판매한다. 매달 2, 7, 12, 17, 22, 27 일 장이 들어서는데, 2일부터 5일씩 더해나가면 된다.(p322 C:2)

- 강원 정선군 정선읍 봉양리 349-20
- #나물 #농산물 #메밀전병

아라리촌

"정선의 현재와 과거가 만나는 곳"

옛날에 약초시장 및 재래시장이 열리던 곳으로, 지금은 옛 정선 군민들의 삶의 모습을 살펴볼 수 있는 공간이 마련되었다. 너와집, 굴피집, 겨릅집 등 전통 가옥이 세워져있다. 굴피집, 너와집은 나무껍질과 판자로 만든 전통 가옥을 뜻한다. 여름에는 이 전통 가옥에서 숙박도 가능하다.(정선시설관리공단 홈페이지 참고, jsimc.or.kr) 매주 주말마다 '정선아라리' 공연이 열려 여행의 흥을 돋운다. (p329 F:2)

364

- 강원 정선군 정선읍 애산로 37
- #전통문화체험 #전통가옥 #정선아라리

영월아프리카미술박물관

"여행가지 않아도 아프리카 문화를 체험해 볼 수 있는 곳!"

영월의 대표 관광명소 고씨동굴 근처에 위치한 미술관 겸 박물관. 아프리카 여러 부족의 생활, 의식, 신앙, 축제와 관련된 그림을 전시하고 있으며, 그들의 미술 소재, 제작 기법 등을 느껴볼 수 있는 다. 연중무휴.(p329 E:3)

- 강원 영월군 김삿갓면 진별리 592-3
- #아프리카 #공예품 #민속

청령포 `추천`

"단종이 엄청난 고뇌에 빠졌을 그 길을 나도 한번 걸어보고 싶어! 지금 나도 힘드니까"

세조의 정난으로 단종이 왕이 된 지 2개월 만에 삼촌이었던 세조(수양대군)에 의해 유배된 곳. 물길이 휘감아 돌아 세상과 더욱 단절되었던 비운의 장소. 단종이 거닐었던 그 길을 걸어보고 태생적 인간의 외로움과 인생의 무상함을 깊이 느껴보자.(p322 C:3)

- 강원 영월군 남면 광천리 산 67-1

- 주차 : 영월군 영월읍 방절리 237
- #단종 #남한강 #산책로

함백산 만항재

"이름도 알 수 없는 어떤 꽃들을 마주한다는 건..."

해발 1,330m에 있는 국내 최대 규모의 야생화 군락지. 가을에는 단풍, 겨울에는 설경이 아름답다. 소나무숲 산책길도 조성되어 있다.

- 강원 영월군 상동읍 함백산로 853-199
- 주차 : 영월군 상동읍 구래리 산 1-35
- #산책로 #야생화 #소나무 #단풍

장릉보리밥집 `맛집`

"옛스러운 분위기에서 건강식 밥상을"

TV프로그램에 소개되며 유명세를 얻은 곳으로, 오래된 한옥을 리모델링하여 옛스러운 분위기가 풍기는 식당 인테리어가 매력적인 곳이다. 모든 좌석이 좌식테이블로 구성되어 있다. 메뉴는 보리밥, 감자부침, 두부구이 등이 있으며 영월 현지 나물과 구수한 된장찌개를 한숟갈 넣어 보리밥과 싹싹 비벼먹는 맛이 일품. 연중무휴 (p329 E:3)

- 강원 영월군 영월읍 단종로 178-10
- #현지나물 #보리밥맛집 #영월맛집

선돌 `추천`
"신선이 노닐었다는 절벽"

@na.hyo

신선암으로도 부르는 기암괴석. 누군가 큰 절벽을 쪼개놓은 듯한 모습의 입석의 주변으로 강줄기가 흐르고 있다. 선돌 전망대에서 사진을 찍으면 깎아내린 듯한 선돌 사이로 흐르는 강물까지 함께 찍을 수 있다.

- ■ 강원 영월군 영월읍 방절리 373-1 ■ 주차 : 강원 영월군 영월읍 방절리 373-1
- ■ #신선암 #쪼개진절벽 #강줄기 #선돌전망대 #기암괴석

영월 봉래산 전망대
"전망도 보고 천문대에서 별도 보고"
별마로 천문대 주차장에서 1분만 위로 올라가면 봉래산 정상이 나온다. 도보 등반 없이 영월의 멋진 전망을 볼 수 있다.(p322 C:3)

- ■ 강원 영월군 영월읍 영흥리 154-3
- ■ #천문대 #전망대 #가족 #커플

별마로 천문대
"끝없는 우주위에 아주 먼지 같은 존재인 '나'를 발견하는 곳"

천체망원경으로 목성이나 달 같은 행성을 볼 수 있는 곳. 배고플 수 있으니 약간의 간식을 챙겨 가자. 전망대까지 멋진 드라이브 코스가 이어진다. 어른들도 한 번쯤 들어봐야 하는 별 이야기가 있는 곳이다.(p329 E:3)

- ■ 강원 영월군 영월읍 영흥리 산59
- ■ #천문대 #전망대 #야간

초원가든 `맛집`
"돌솥밥과 고소한 고등어구이를 함께"

생선구이, 생선조림, 고추장 불고기가 있으며 모든 메뉴는 2인분 이상 주문해야 한다. 꼬막, 간장게장 등 다양한 반찬류가 제공된다. 생선구이는 구워진 생선을 불판 위에서 직접 구워 껍질은 바삭하고 속은 부드러운 맛을 느낄 수 있다. 생선 종류는 고등어, 이면수, 가자미 등 다양하게 나온다. 웨이팅이 긴 편으로 테이블링앱에서 예약하고 방문하는 것을 추천. (p322 B:3)

- ■ 강원 영월군 주천면 서강로 145-3
- ■ #고등어구이 #돌솥밥 #한식맛집

젊은달 와이파크 `추천`
"SNS 핫플의 강렬한 위엄"

최옥영 작가의 '붉은 대나무'로 유명해진 곳. 강렬한 빨강 인조 대나무가 길게 늘어서 있는 풍경으로 SNS 사진촬영 명소가 되었다. 붉은 대나무 외에 미술관 내에도 재활용품을 활용한 다양한 설치미술품이 설치되어 있어 곳곳을 누비며 사진 찍기 좋은 공간이다. (p322 B:2)

- ■ 강원 영월군 주천면 송학주천로 1467-9
- ■ #포토존 #박물관 #미술관

고성하늬라벤더팜
"보랏빛 라벤더가 선물하는 유럽풍 정원"

라벤더가 자라기 가장 좋은 조건을 갖춘 고성. 하늬라벤더팜은 3만㎡ 부지에 보랏빛 라벤더가 장관을 이루고 있다. 일본 홋카이도의 '팜 토미타'가 연상되는 이곳은, 보랏빛 융단이 깔린듯한 동화 속 공간이다. 농장 주변으로 호밀밭, 메타세콰이아 길도 있으니 함께 둘러보자. 언제가도 사람이 넘쳐나는 풍경 맛집이다. (p326 C:1)

- 강원 고성군 간성읍 꽃대마을길 175
- #라벤더 #보라색 #팜토미타 #메타세콰이아 #유럽 #6월여행지

화진포 김일성별장
"김일성이 여름 휴양지로 삼았던 이곳"

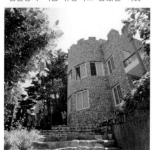

6.25전쟁 이전, 북한 김일성 일가와 공산당 간부들이 사용했던 별장 건물로, 현재는 한국전쟁 및 북한과 관련된 자료들을 전시해놓은 박물관으로 활용되고 있다. 09~18시 운영, 11~2월 09:00~ 17:30 운영. 김일성 별장, 이승만 별장, 이기붕 별장, 화진포 생태 박물관 통합 입장권을 판매하는데, 모두 근처에 있으니 함께 방문해 보자. (p321 E:1)

- 강원 고성군 거진읍 화진포길 280
- #역사여행지 #건축물 #박물관

왕곡마을
"고성을 대표하는 전통민속마을"

고려 말부터 조선 초기까지, 이성계의 조선건국에 반대했던 강릉 함 씨와 강릉 최씨가 모여 살고 있는 집성촌. 당시 건축 양식을 따른 북방식 가옥과 초가집 50여 채가 모여있는데, 이 건물들은 건축된 지 최소 50년부터 최고 180년까지 된 역사적인 건축물들이다. (p326 C:1)

- 강원 고성군 죽왕면 왕곡마을길 38
- #초가집 #기와집 #역사여행

백촌막국수 맛집
"로컬 맛집, 경지에 오른 막국수"

@mic_chelin

오픈 시간에 맞춰 가도 1-2시간의 웨이팅을 감수해야 하는 고성 최고의 맛집. 슴슴한 막국수, 속이 뻥 뚫리는 동치미, 계속해서 입맛을 돋우는 명태식해, 씹는 맛과 부드러움이 일품인 수육까지... 괜히 소문난 맛집이 아니구나 싶다. 웨이팅을 감수하고서라도 맛보고 싶은 막국수이다.(p321 E:1)

- 강원 고성군 토성면 백촌1길 10
- #고성맛집 #막국수 #로컬맛집 #노포 #맛없는메뉴없음

노메드 카페 카페
"발리 감성 충만한 오션뷰 카페"

@ddu_bbbbbb

라탄 인테리어로 발리 감성 충만하게 꾸며진 곳으로, 야외 라탄 의자에 앉아 사진 찍는 것이 유명한 카페이다. 아야진 해변과 청간 해변 근처에 있으며, 내부 통창이 있는 자리에 앉아 바다를 보기에도 좋은 곳. 이국적인 분위기가 물씬 풍기는 카페로, 해외여행이 어려운 요즘 시기에 가보면 좋을 만한 장소이다. 주차는 카페 옆에 큰 공터에 가능하다. (p321 E:1)

- 강원 고성군 토성면 청간정길 43 nomad
- #발리감성 #라탄인테리어 #고성카페

선영이네물회 맛집
"물회, 오징어 순대가 맛있는 곳"

메뉴는 물회, 전복죽, 오징어 순대 등이 있다. 신선한 회와 종류별 해산물, 소면이 아닌 해초면이 들어 있는 물회는 새콤달콤한 맛이 일품이며, 오징어 순대는 쫀득하고 부드러운 식감에 고소한 계란물을 덮어 맛이 좋다는 평. 전 메뉴에 미원을 사용하지 않는 것도 특징. 브레이크 타임 16~17시30분, 화요일 정기휴무 (p327 D:2)

- 강원 고성군 토성면 토성로 75
- #물회맛집 #오징어순대 #고성맛집

DMZ박물관
"군사분계선 만큼 가슴아픈 곳도 없지!"

군사분계선 근처 민간인 통제구역에 위치한 박물관. 한국전쟁 전후 모습과 휴전선, 이산

가족, 군사 충돌 관련 자료들이 전시되어 있으며, 때 묻지 않은 DMZ의 생태환경도 살펴볼 수 있다. 민간인 통제구역 내로 들어가기 위해서는 신분증이 필요하다. 매주 월요일, 1월 1일 휴무.(p321 E:1)

- ■ 강원 고성군 현내면 송현리 174-1
- ■ 주차 : 고성군 현내면 송현리 212
- ■ #민통선 #분단 #한국전쟁

고성 통일전망대 `추천`

"이렇게밖에 북한을 볼 수 없는 안타까운 우리 역사, 우리는 여전히 통일을 고대한다."

남한의 최북단에 위치한 전망대. 금강산 자락과 해금강을 볼 수 있다. 근처 화진포 해수욕장은 깨끗하기로 유명하다.(p321 E:1)

- ■ 강원 고성군 현내면 금강산로 481
- ■ 주차 : 강원 고성군 현내면 명호리 88-1
- ■ #금강산 #해금강 #전망대

남경막국수 `맛집`

"고소하고 담백한 막국수 맛이 일품"

곤드레, 흑임자, 들깨 막국수 등이 있으며 대표 메뉴는 들깨 막국수이다. 곱게 갈려 소복히

얹어진 들깨가루를 비벼 육수와 섞이면 크리미해지면서 담백하고 고소한 맛이 느껴지는 막국수를 맛볼 수 있다. 속초에는 총 2곳이 있는데 23년 오픈해 대포항뷰를 볼 수 있는 대포항점이 유명한 편. 메뉴판 상단에 핸드폰을 대고 핸드폰 주문이 가능하다. 화요일 정기휴무 (p327 D:2)

- ■ 강원 속초시 대포항희망길 47 남경막국수
- ■ #고소담백 #들깨막국수 # 막국수맛집

영금정

"바다 위의 팔각정 그리고 일출로 많은 사진작가들이 찾는 곳"

속초 등대 전망대 옆에 있는 바다 위의 정자. 팔각정의 정자는 바다 조망하기에 딱 좋다. 해돋이 및 야경 사진 촬영지로도 유명하다.(p327 D:2)

- ■ 강원 속초시 동명동 영금정로 43
- ■ 주차 : 강원도 속초시 동명동 1-246
- ■ #동해안 #해돋이 #포토존

동명항 오징어 난전

"오징어 먹는 재미, 사람 구경하는 재미"

@yummyumm_m

아는 사람들만 아는 속초의 명물. 갓 잡은 오징어를 바로 맛볼 수 있는 곳으로 동명항 초입에 있는 포장마차 거리이다. 여객선 터미널 앞에 있어 커다란 크루즈를 보며 오징어를 즐길 수 있고, 그날그날 시세에 따라 가격은 유동적이다. 회, 찜, 물회, 무침 다양하게 즐길 수 있다.

- ■ 강원 속초시 설악금강대교로 228
- ■ 주차 : 강원 속초시 설악금강대교로 228
- ■ #동명항초입 #여객선터미널 #오징어 #포장마차거리 #난전

설악 권금성 케이블카 `추천`

"설악산을 가장 빠르고 쉽게 볼 수 있는 방법, 생각보다 너무 멋진 광경을 보게 될걸!!"

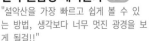

권금성까지 단번에 갈 수 있는 케이블카. 케이블카 하차 후 10분가량 올라가면 정상이 나와 설악산의 멋진 경관을 쉽게 볼 수 있다. 어린아이들도 쉽게 올라갈 수 있도록 정비되었다. 아침 일찍 가야 기다리지 않고 탑승할 수 있다. 방문 전 홈페이지에서 운행 상태를 확인하자.(p321 E:2)

- ■ 강원 속초시 설악동 146-2
- ■ 주차 : 강원 속초시 설악동 146-2
- ■ #설악산 #케이블카

설악산 비선대 탐방로 단풍

"말할 필요없는 대한민국 최고 명산"

@ddaeii21

설악산의 가을 풍경은 한지에 붓으로 그린 동양화가 떠오른다. 왕복 5.2km 2시간 40분 거리로, 초보자도 쉽게 등산할 수 있는 단풍 트레킹 코스가 조성되어 있다. 설악동 탐방지원센터 앞 주차 후 설악케이블카 탑승지를 지나 신흥사 왼쪽 탐방로로 진입하면 비선대, 기암절벽 사이에 여러 개의 봉우리가 보이는 아름다운 경관을 감상할 수 있다.(p321 E:2)

- 강원 속초시 설악산로 1119-180
- 주차 : 강원 속초시 설악동 114-1
- #단풍 #트래킹 #케이블카

청초수물회 맛집

"청초호뷰를 보며 새콤달콤한 물회를!"

청초호 통창뷰로 되어 있어 멋진 외관를 보며 새콤달콤한 물회를 맛볼 수 있는 곳이다. 메뉴는 물회, 활전복 회덮밥 등이 있다. 꼬들꼬들한 식감의 회와 부드러운 해산물 식감 평이 좋다. 소면과 밥이 맛보기용으로 제공되어 포만감을 채울 수 있고, 웨이팅이 있지만 회전율이 빠른편. 별도 대기 좌석이 마련되어

있다. 포장 가능. 연중무휴 (p327 D:2)

- 강원 속초시 엑스포로 12-36
- #청초호뷰 #물회맛집 #꼬들꼬들

속초 등대전망대

"동해, 설악산, 속초 시내를 한 번에 볼 수 있는 곳"

오르는 데 약간 힘이 들지만 오르고 나면 만족하는 곳. 동해와 설악산 그리고 속초 시내를 한 번에 볼 수 있다. 가파른 계단 때문에 노약자는 주의해야 한다.(p321 E:2)

- 강원 속초시 영랑정로5길 8-28
- 주차 : 강원 속초시 영랑동 1-4
- #등산 #속초전망 #동해안전망

봉포머구리집 맛집

"오션뷰 물회 맛집"

@129.1298

속초에서 가장 유명한 맛집. 속초의 바다를 보며, 신선한 해산물 가득한 물회를 즐길 수 있다. 입 안에 바다를 넣은듯 바다향 가득한

물회의 맛이 일품이다. 주문, 서빙 모두 자동화, 체계화 되어 있어 편리하다.

- 강원 속초시 영랑해안길 223
- #전복물회 #성게알밥 #로봇서빙 #등대해변뷰

한화호텔앤드리조트 워터피아

"리조트라 시설이 훌륭한 곳"

사우나, 야외 스파, 낙수탕, 원목탕 등이 모여있는 워터피아는 설악산 풍경을 바라보며 노천온천을 즐길 수 있는 곳으로도 유명하다. 속초 바닷가와 순두부촌과도 가까우니 함께 들러보자.(p327 D:2)

- 강원 속초시 장사동 24-9
- 주차 : 속초시 장사동 24-59
- #설악산전경 #온천리조트 #가족

속초해수욕장 추천

"동해안 답지 않게 해변 앞 섬이 있어 조금은 더 감성적인 곳"

속초 시내에서 가깝고 풍경이 좋은 곳. '조도'라는 섬이 앞에 있어 여행지 느낌이 물씬하다. 규모가 있어서 여름에는 엄청난 사람들이 찾는다.(p321 E:2)

- 강원 속초시 조양동 해오름로 186
- 주차 : 강원 속초시 조양동 1450-2
- #백사장 #여름 #가족 #연인

88생선구이 `맛집`
"숯불 화로에 구워먹는 생선구이"

@uomo1005

속초에서만 맛볼 수 있는 모둠 숯불 생선구이 전문점. 고등어, 꽁치, 삼치, 가자미, 청어 등 소금 간이 되어 있는 생선을 숯불에 직접 구워준다. 구워진 생선은 와사비와 마늘, 간장이 들어간 특제 소스에 찍어 먹는데, 생선의 담백한 맛을 더해준다.

- 강원 속초시 중앙동 468-55
- #생선구이 #숯불구이 #고등어 #꽁치 #특제소스

칠성조선소 카페 옛조선소 `카페`
"옛 조선소를 재현한 레트로 카페"

@hyuna043

조선소의 역사를 한눈에 볼 수 있는 미니 박물관 입구가 메인 포토존. '칠성조선소라고 쓰인 간판 아래 중앙에 서서 사진을 찍는 것을 추천. 이곳은 1952년부터 2017년까지 실제 조선소로 운영되던 곳을 개조하여 카페로 탈

아바이마을
"실향의 그리움이 곳곳에 남아있는 마을"

속초시 중앙동에서 갯배를 타고 아바이 마을로 이동할 수 있다. 갯배는 줄을 당겨 이동하는 이곳만의 교통수단으로, 아주 저렴한 가격으로 운행한다. 청호대교를 통해 자동차로 이동할 수도 있다. 마을 안에는 이북 음식인 아바이순대와 오징어순대를 판매하는 가게들이 많다. 드라마 '가을동화' 촬영지로도 유명하다. (p321 E:2)

- 강원 속초시 청호로 122
- #전통마을 #갯배체험 #오징어순대

속초아이 대관람차 `추천`
"설악산과 동해를 그대 품안에"

무지갯빛 캐빈으로 유명한 속초 대관람차. 속초 해수욕장 한가운데 있어 속초 시내와 설악산, 속초해수욕장 풍경까지 모두 눈에 담아 갈 수 있다. (p321 E:2)

- 강원 속초시 청호해안길 2
- #대관람차 #속초시내 #바다전망

바꿈한 곳이다. 2층에서 오션뷰와 주변 속초 전망을 볼 수 있어서 뷰 맛집 카페로도 유명하다. (p321 E:2)

- 강원 속초시 중앙로46번길 45
- #속초카페 #속초핫플 #레트로느낌

영광정메밀국수 맛집

"새콤한 국물이 매력적인 동치미 메밀국수 원조집"

1974년, 한국에서 처음으로 동치미 막국수를 선보인 맛집. 한 달 이상 숙성한 살얼음 동치미 국물에 메밀국수를 말아먹으면 여름 더위를 잊을 수 있다. 새콤달콤한 양념이 더해진 막국수, 오겹살을 쫄깃하게 삶아 낸 수육, 담백한 메밀전병도 맛있다. (p321 E:2)

- 강원 양양군 강현면 진미로 446
- #동치미막국수원조 #여름별미 #수육 #메밀전병

사랑대게 맛집

"살수율이 좋은 대게 맛집"

살수율이 좋은 대게 맛집으로 유명하며 깔끔하게 발라먹을 수 있도록 껍질을 손질하여 제공된다. 새우, 전복, 멍게 등 다양한 해산물과 물회가 사이드 디시로 나와 평이 좋은 편. 대게를 먹고 마지막에 먹을 수 있는 고소한 맛이 일품인 게딱지 볶음밥도 인기가 좋다. 영수증 리뷰 시 게딱지밥 서비스 제공. 네이버예약 및 방문포장 시 할인 가능. (p327 E:2)

- 강원 양양군 손양면 선사유적로 721 사랑대게
- #대게맛집 #양양대게 #다양한밑반찬

오산리선사유적박물관

"흙으로 만든 인면상이 가치가 높은 곳"

우리나라 신석기 유적지 중 가장 오래된 유적지인 오산리 호숫가 모래언덕에서 출토된 신석기시대 유물을 전시하고 있는 박물관. 이중 흙으로 만든 인면상은 특히 가치가 높은 유물이라고 한다. 이 밖에도 다양한 유물이 오산리 선사 이야기, 발굴 유물 이야기 등 6개 테마로 나뉘어 전시되어 있다. 토기 조각 짝 맞추기 등 다양한 체험 행사도 진행된다.

- 강원 양양군 손양면 오산리 51
- 주차 : 양양군 손양면 오산리 51
- #신석기 #선사시대 #인면상

낙산사 추천

"동해를 내려다보는 천년 고찰"

바다와 어우러지는 풍경으로 유명한 불교 사찰. 신라시대 문무왕이 설립한 사찰로, 정철의 '관동별곡'에서 관동팔경 중 하나로 꼽히기도 했다. 16m 높이의 거대한 해수관음상과 그 앞에 놓인 관음전 풍경이 가장 유명하고, 해안절벽에 놓인 의상대도 새해 일출 명소로 꼽힌다. (p321 E:2)

- 강원 양양군 강현면 낙산사로 100
- #바다전망 #불교 #사찰

감나무식당 맛집

"아침식사로 좋은 황태국밥집"

@siasky710

버섯불고기, 제육볶음 등이 있으며 황태국밥이 주메뉴다. 일반적인 황태국밥과는 다르게 뽀얀 국물에 콩나물, 황태가 들어 있는 걸죽한 국밥으로 진하고 고소한 맛 평이 좋은 편. 밑반찬도 다양하며 가자미구이도 나와 국밥과 함께 곁들여 먹기 좋다. 14시30분 라스트 오더. 재료소진 시 조기마감. 목요일 정기휴무 (p322 C:1)

- 강원 양양군 양양읍 안산1길 73-6
- #아침식사추천 #황태국밥 #걸죽한국밥

죽도정(양양8경)

"양양8경에 빛나는 일출 명소"

양양 인구리 죽도(동산) 정상에 있는 정자. 죽도는 원래 섬이었지만 지형변화로 인해 육지에 편입되었다. 죽도정은 기암괴석과 소나무 숲으로 둘러싸인 정자로, 양양 8경에도 꼽힐 만큼 그 경치가 아름답다. 근처에는 바다 전망을 더 넓게 즐길 수 있는 죽도 전망대가 마련되어 있다. (p327 E:3)

■ 강원 양양군 인구항길 24
■ #기암괴석 #솔숲 #바다전망

플리즈웨잇 카페 `카페`

"양리단길 최고의 핫플"

@9.7.h.a

나무 파라솔, 야자수가 있어 하와이 감성 가득한 카페 입구가 메인 포토존. 밤이 되면 화려한 조명이 켜져 특유의 감성을 더할 수 있다. 인구해변 바로 앞에 있으며, 1층 야외 좌석이 노천카페처럼 되어 있어 인기가 좋다. 카페와 칵테일 바로 운영 중인 곳으로, 오션뷰를 감상할 수 있는 양양 핫플레이스로 유명한 곳. (p321 F:2)

■ 강원 양양군 현남면 인구길 28-23
■ #하와이느낌 #양리단길 #양양감성카페

하조대 `추천`

"하조대, 하조대 전망대, 무인등대, 해수욕장, 이 모두를 묶어 하조대 관광지라 해도 무방하다"

기암괴석 위의 정자. 앞에 하조대 무인등대가 있고 조금 더 가면 하조대 전망대, 하조대 해수욕장이 있다.(p321 F:2)

■ 강원 양양군 현북면 조준길 99
■ 주차 : 양양군 현북면 하광정리 4-1
■ #기암괴석 #등대 #전망대 #해수욕장

서피비치 `추천`

"자유롭고 이국적인 분위기에 해외에 온듯한 느낌을 주는 비치"

@ku_sena   @ku_sena

이국적인 느낌의 해변에서 서핑과 맛있는 음식, 맥주를 마시며 즐길 수 있는 곳. 프리존과 서피비치존으로 나뉘며, 해먹, 파라솔 등 시설을 이용하려면 서피패스를 구입(1만원, 음료 1잔 포함)해야한다. 샤워장은 무료이다..(p321 F:2)

■ 강원 양양군 현북면 하조대해안길 119 서피비치
■ #양양여행코스 #서핑 #윈드서핑 #해외휴양지

인구해변

"서핑과 캠핑을 동시에 "

수심이 비교적 얕은 편이라 아이가 있는 가족들이 즐기기에 충분한 해수욕장이다. 능숙하지 않은 서퍼들에게도 인기가 좋다. 최근 캠핑지로도 인기를 끌고 있다. 조용하고 넓은 해변이라 서핑은 물론 캠핑을 함께 즐길 수 있는 명소로 꼽힌다. (p327 E:3)

- 강원 양양군 현남면 인구항길 12
- 주차 : 강원 양양군 현남면 인구항길 12
- #피서지 #가족여행 #서핑천국 #캠핑 #양양핫플

04

충청북도

#단양 봉발채

@linu4u

@95_s_hyejin

#단양 고수동굴

#단양 도담삼봉

#제천 용추폭포

#제천 청풍호반 케이블카

#충주 활옥동굴

#충주 장미산성

@j_young01.25

375

#청주 상당산성

#충주 악어섬

@lovely_jjmom

#청주 청남대

@wanggufari

#충주 탄금호 무지개길

#음성 감곡매괴 성모순례지 성당

@12.21＿＿＿

#옥천 수생식물학습원

#옥천 옥천성당

377

충청북도의 먹거리

단양 쏘가리매운탕 | 단양군

쏘가리 매운탕은 오뉴월 효자가 부모께 바친다고 하여 '효자탕'이라고도 불렸다. 채소, 고추장, 고춧가루 등을 넣고 위에 쑥갓을 얹어 끓여 먹는다.

단양 마늘정식 | 단양군

다른 지역에 비해 더 맵고 맛과 향이 독특한 육쪽마늘이 난다. 마늘 돌솥밥, 마늘장아찌, 마늘 샐러드, 마늘 떡갈비 등 한정식 차림

제천약초비빔밥 | 제천시

오가피, 황기, 뽕잎, 당귀 등의 약초와 콩나물, 표고버섯 등이 들어가 있다. 여기에 된장찌개, 나박김치와 산나물, 약초로 만든 나물 반찬이 나온다.

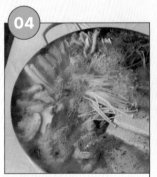

제천 두부전골 | 제천시

질 좋은 두부가 많이 나는 제천의 지리적 특징 덕분에, 손두부를 직접 만드는 두부 전문점이 많다.

제천 막국수 | 제천

강원도와 가까운 제천에는 전국적으로 인기 있는 막국숫집이 많이 모여있다. 더덕 막국수, 약초 막국수 등 이색 막국수도 선보인다.

제천 닭갈비 | 제천시

제천에는 강원도만큼이나 닭갈비 맛집이 많이 모여있다. 닭갈비 먹고 남은 양념에 밥을 볶아 먹어도 맛있다.

충청북도에서 살만한 것들

괴산 고추 | 괴산군

해발 250m 청정한 고지대에서 재배되어 '청결 고추'라고 불리며, 모양이 소뿔처럼 생겼다고 해서 '쇠뿔고추'로 불리기도 한다.

단양 마늘 | 단양군

석회암 지대에서 재배되는 한지형 육쪽마늘은 크기가 작고 껍질은 약간 붉은 색을 띤다. 육쪽마늘은 매콤하며 살균력이 좋고, 오래 보관할 수 있다.

영동 포도 | 영동군

전국 포도 생산량의 12.7%를 차지하는 제1의 포도 주산지다. 포도 생과뿐만 아니라 와인, 포도즙 등으로도 유명하다.

영동 곶감 | 영동군

빛깔이 선명한 주황색으로 곱고, 주름이 적어 선물용으로 인기 있다

화산동 약초 | 제천시 화산동

전국 약초의 80%가 제천약초시장을 통해 거래되고 있다. 이곳에서 판매되는 약초들은 대부분 충북에서 생산된 것으로, 국내산 약재만 취급

충주 사과 | 충주시

일조량, 일교차가 큰 충주에서 재배된 사과는 색, 당도, 향기가 뛰어나다. 사과빵, 사과 식혜 등도 유명

충청북도 BEST 맛집

01

@flighttrip

향미식당 | 단양군

백종원의 3대천왕에 나온 단양 맛집.
두툼하고 쫄깃한 찹쌀탕수육

02

금성제면소 | 제천시

일본라멘 맛집. 라면과 덮밥을 판매한
다. 닭과 돼지를 장시간 끓여 담백하고
깔끔한 육수가 일품인 토리파이탄라
멘

03

뜰이있는집 | 제천시

제천시 인증 맛집으로 모둠해물장이
시그니처 메뉴다.

04

탄금대왕갈비탕 | 충주시

왕갈비탕 맛집. 팽이버섯과 송송 썬 대
파, 지단이 올라간 갈비탕. 바글바글
끓는 뚝배기에 이름에 걸맞는 커다란
왕갈비

05

숲속장수촌 | 충주시

낙지 한마리가 통으로 들어간 닭해물
탕이 이색적

06

@_kinderheim

맛식당 | 괴산군

허영만의 식객에 소개된 올갱이국 맛
집. 직접 담근 된장에 아욱과 부추, 올
갱이를 가득 넣어 끓인 올갱이국 단일
메뉴

07

함지박소머리국밥 | 증평군

맑은 국물이 일품인 소머리국밥. 담백
하고 묵직한 느낌의 육수

08

@96_true

정들식당 | 음성군

고추장파불고기맛집으로 푸짐한 양과
맛으로 유명

09

@twee.eewt

초향기칼국수 | 음성군

향토음식경연대회에서 칼국수 맛집
부문 대상을 받은 곳

10

@tommyspider

농민쉐프의묵은지화련 | 진천군

10년 이상된 묵은지와 갈비의 만남

11

본궁석갈비 | 청주시

미리 익혀둔 양념갈비를 뜨거운 돌판
위에 올려 먹을 수 있는 곳

12

경희식당 | 보은군

역사와 전통을 자랑하는 법주사 맛집.
상째 내오는 잘차려진 한상

13

방아실돼지집 | 옥천군

저렴한 가격의 흑돼지고기 맛집

14

덕승관 | 영동군

백종원의 3대 천왕에 나온 유니짜장
맛집

15

안성식당 | 영동군

3대째 운영중인 올뱅이국 맛집. 아욱,
버섯이 가득 들어간 담백한 국물

충청북도

진천 종박물관

음성군

진천군

괴산

증평군

청남대 단풍, 상당산성 철쭉공원
국립청주박물관
청주고인쇄박물관, 무심천 벚꽃&개나리
청주시립미술관

청주시

보은군

옥천군

충주호 벚꽃길, 탄금대, 하늘재
월악산 만수계곡자연관찰로
수안보 벚꽃길, 충주박물관

의림지와 제림, 의림지파크랜드
청풍문화재단지, 청풍호 벚꽃
청풍호 비봉산 관광모노레일, 약초시장

구학산

용두산

제천시

충주시

단양군

소백산

보령산

금수산

도담삼봉, 소백산 철쭉
온달 관광지, 만천하 스카이워크
단양구경시장, 양백산 패러글라이딩

월악산

용두산

흰봉산

박달산

괴산 양곡리 문광저수지 은행나무길

칠보산

법주사, 보은 구병리아름마을 메밀꽃밭
속리산 세조길 단풍, 원정리 느티나무

속리산

옥천 청산면 청보리밭

영동 매천리 복사꽃
난계국악박물관

백화산

동군

월악산

각호산

충청북도-북부

충주 강천리
석불입상

밤별생각
닿닿이야기
덕동생태숲
덕동계곡

세계기
박물관

추천음식
제천 약초비빔밥

추천음식
제천 다슬기

포레스트
리솜

산아래석갈비
(석갈비, 곤드레)

백운면

충주 추평리
삼층석탑

충주 억정사지
대지국사탑비

신흥사, 신흥사
석조 나한상

탄방마을

밤별캠핑장
오갑사지
석불좌상

샘개우물
솔미동병

양성 탄산온천

능암 온천랜드, 양성온천지구

켄싱턴리조트

청룡사
위전비

청룡사   청룡사지

19

원곡소류지

비내섬 (갈대 명소)

소태면

서유숙카페

백운암

오태호
아트팩토리

온유 호텔&S파, 능암 호텔,
유엔 관광호텔

비내길 1코스

능암랑(자연)

석보군
묘소

방단적석구

1

★ 감곡매괴 성모순례지 성당

감곡성당,1896년 프랑스신부 건립
위합머니집
(두부전골)

매괴박물관

감곡면

컨츄리블랙랩

38

김주태가옥

서정우가옥

음성권근상대
묘소및신도비

수레의산
국민여가
캠핑장

대덕저수지

노은면

보현산 (765m)

수룡폭포

봉황

묵계솔밥

봉황

목계나루

목행역

충주

지천서원

생극면

큰바위얼굴
테마파크

금왕읍

음성군

수레의산
자연휴양림

응천

동요마을

생극해장국
(내장탕, 해장국)

김재욱

교사기념관

서충주

중원 원평리
미륵석불

중원 신청리
차석묘

박평녀
사당

문성

응강강

이상급 신도비

충주 고구려비 ★

고구려 장수왕의 남진 순수비

대소원면

중앙탑사적공원
(탑평리 칠층석탑)

충주 세계무술공원 ★
(라이트월드 조명공원)

충주호 벚꽃길 ★

충주댐에서 충주나루로
가는 벚꽃터널(3,4월)

중앙탑면

목행웅담탕

김생
유적지

이수일
묘소

라바랜드

탄금대 ★

우륵이 가야금을 연주한곳
임진왜란 탄금대 전투

계명산 자연휴양림

제천

충주커피 박물관 ★
개인이 수집한 커피유물관

★ 수안보온천

지하 250미터 수온 53도
산도8.3 약 알카리성온천

괴산군

B

384

좌구산 자연휴양림 ★

충청북도-중부

세종특별시

대전광역시

옥천군

금산군

충청북도-남부

388

보은군

산외면

안소류지

상궁저수지

노티저수지

△ 법주사
신라 진흥왕때 창건한
현재 조계종 사찰.
국내 유일의 목탑인
'팔상전' 목탑

카페 시루섬

말티재 자연휴양림
속리산의 관문 말티재,
세조가 말을 타고
왔다 하여 붙여진

삼년산성 (신라 자비왕
13년에 쌓은 산성)

보은향교

보은군

보은읍

수한면

보은
문화원

동헌

김천식당
(순대전골)

환성정식)

우당고택
(대청마루)
선병국가옥

보은최감찰댁
빌리지

어라운드

보은최감찰댁
빌리지

IC 보은

IC 속리산

목골

육각정

후울당

삼승면

중봉조헌
신도비

조헌묘소

문수암

옥천대성사
석조여래입상

별빛수목원

망월소류지

독락정

안남면

덕양서당

경율당

한두레마을
너와두리농촌
캠핑장

청산면

이성산성

반도지형

옥천 청마리
제신탑

금강휴게소
(전망, 상하행선)

금강 IC

금강유원지

옥천
장수마을

궁촌재

새뜨마골

심천역(추억이
머무는 간이역)

지탄역

국악체험촌

박연산생 생가
신라 원성왕 4년 태생)

심천역

소석고택(조선 고종22년)

각계역

난계국악
박물관

불휘농장와이너리

옥계
폭포

마니산

선희식당(도리뱅뱅)

다래 김참판고택
(김전조가옥)

커피 인터뷰

양강면

충효국민관광지(리버뷰)

덕수이씨

육세팔효정문

학산면

서낭당고개

봉황저수지

백화산
(634m)

상주시

경희식당,
신토불이약초식당

신토불이약초식당

속리산
조각공원

연꽃단지

속리산 둘레길

속리산면

말티재 전망대
(속리산,보은군 전망)

서원계곡. 7,8,9,10월

상현서원

속리산
관광구

속리산
산채비빔밥 거리

속리산
△ 속리산
(1,058m)

정이품송 공원

LOTUS
BLOSSOM

솔향공원 스카이바이크

보은 구병리
아름마을 메밀꽃밭

만수
계곡

삼가 저수지

주병리
아름마을

구병산(877m)

보은
서원리 소나무

마로면

IC 구병산하이패스

나인밸리파크

서당골천문대

IC 화서

석화 소류지

탄부면

독수리봉
(244m)

고봉정사

깃대 캠핑장

보청천

원정리 느티나무
500년 된 느티나무와 들판의
황금빛 벼 사진

대성소류지

청산향교

한곡저수지

큰곡리

팔음산

찐한식당, 선광집
(생선국수,어죽)

의동저수지

청산면
작품하나농원

반야사
통일신라 승려 상원이 창건한 사찰
삼층석탑(고려시대), 신중탱화(고종27년 음성)

경부고속도로

영동신향리
삼존불입상

IC 영동

용산면

송담교

박달산

지장사
(구, 대작사)

월류봉
둘레길

영천사

석천계곡

월류봉
(400.7m)

덕승관(유니짜창)

가학루(왜란때 소실된
것을 광해군때 중건)

뒷골

초강천

한천정사

황간면

황간향교

영동치즈캠프
(치즈,피자만들기체험)

노근리평화공원
(미군의 학살사건이
있던 곳, 쌍굴다리)
추풍령역 금수탑 기차

구리기저수지

영동 추풍령 전적 및
장지현 순절비

추풍령

IC 황간

황간역

옥산역

영동군

노거리평화공원

산촌관광농원

사로당, 흥학당,
봉유재

경부고속도로

영동규마고택

안성식당
(올뱅이국밥)

금성사

영동향교

영동읍

영동역

영동문화원

과일나라
테마공원

영동 와인터널
와인관련 전시, 시음

양강면

빙옥정

죽촌마을

영동당곡고개
십이장신당

산막저수지

지촌저수지

고자리계곡

성위재가옥

상시저수지

삼봉산

천덕산

영동편백
치유숲

영동군

도란원
(사토미소)

세천재

농민문학
기념관

매곡면

와인코리아(와이너리)

하가저수지

산악
와이너리

삼괴당

상촌면

영모재

영모재
(고택)

강진
저수지

영축서원

중화사

화수루

곤천산

세막
저수지

바람재
표지석

달차
캠핑장

순장골

깊이나무골

핏들캠핑장

맑은누리 캠핑장

물한계곡

곤천산

도마령

조동
산촌마을

민주지산
자연휴양림
해발 1200미터의 민주지산 등에 둘러싸인 휴양림

민주지산
(1,242m)

애골

소주골

새막골

김천시

신암역

김천

IC 추풍령

직지사역

김천

389

충청북도 단양군

보발재 추천
"굽이굽이 단풍이 물들다"

@linu4u

소백산 자락길 6구간 코스이자 가곡면 보발리에서 영춘면 백자리까지의 고갯길이다. 굽이굽이 단풍길로, 사진작가들뿐만 아니라 일반인들에게도 단풍 명소로 알려져 있다. 단풍이 스민 소백산의 산세와 굽이진 도로가 만나 황홀한 풍경을 만들어낸다. 절정의 풍경을 찍을 수 있는 포토존, 데크가 마련되어 있어 누구나 감상하고 사진찍을 수 있다.

- 충북 단양군 가곡면
- #소백산자락길6구간 #고갯길 #단풍길 #소백산

구름위의산책 카페
"구름 위를 산책하는 이들을 바라보다"

@skyhills_coffee

산 중턱에 자리 잡고 있는 카페. 초록의 잔디밭에 자리를 잡고 음료를 마시고 있다 보면 하늘을 날고 있는 이들이 보인다. 패러글라이딩을 하는 사람들을 나도 하늘을 날고 있는 느낌을 경험할 수 있다. 초록의 땅과 광활한 하늘을 계속 보게 되는 곳이다.

- 충북 단양군 가곡면 두산길 179-18
- #패러글라이딩뷰 #잔디 #활공

카페산 카페
"멋진 카페산 뷰와 패러글라이딩 구경도 할 수 있는 단양 최고의 핫플레이스"

@wooseok0723

산꼭대기에 위치해 산 전망을 바라보며 맛있는 베이커리와 커피를 맛볼 수 있는 힐링 카페. 패러글라이딩 체험도 할 수 있는 곳이다. 올라가는 길이 험해서 초보 소형차는 길안내요원이 필요하다.

- 충북 단양군 가곡면 두산길 196-86
- #단양여행 #단양카페 #패러글라이딩명소 #베이커리맛집

양백산 패러글라이딩
"혼자여도 괜찮아, 하늘을 날고 있으니까"

해발 664m의 단양 양백산에서 즐기는 패러글라이딩. 단양팔경과 단양읍내를 한눈에 조망할 수 있는 코스를 운영하며, 고프로로 체험 동영상을 촬영할 수도 있다. 두산마을에 패러글라이딩 업체가 모여있다.(p385 F:2)

- 충북 단양군 가곡면 사평리 246-33
- 주차 : 단양군 단양읍 고수리 105-6
- #패러글라이딩 #동영상촬영

단양 소백산 철쭉
"비로봉으로 가는 등산"

소백산 연화봉에서 정상 비로봉까지 이어지는 4km 구간 철쭉 길. 우아한 연분홍빛 철쭉이 인상적이다. 희방탐방지원센터에서 희방폭포-희방사-연화봉을 거쳐 정상인 비로봉에 도착 후 하산하는 코스를 추천한다. 등산에는 약 6~7시간이 소요되므로 체력이 필요하다.(p385 F:2)

- 충북 단양군 가곡면 어의곡리
- 주차 : 경북 영주 풍기읍 수철리 산1-13
- #희방폭포 #희방사 #연화봉 #트래킹

충주호 유람선(장화나루)
"단양 8경과 충주호 관람"

단양팔경, 옥순봉, 구담봉 등을 왕복하는 유람선. 1시간 길이로 12가지 관광코스를 순회한다. 선장님의 재미있는 안내도 인기 있다. 온라인 예약을 이용하면 더 저렴하게 탑승할 수 있다. 탑승 시 신분증을 꼭 지참해야 한다.(p384 C:2)

- 충북 단양군 단성면 장회리 90-3
- #단양팔경 #해설 #유람선

고수동굴 추천
"단양관광의 필수코스, 웅장하고 멋진 천연 동굴을 볼 수 있는 곳"

@95_s_hyejin

5억년 화석, 석주, 석순 등 자연이 만들어낸 신비한 석회암 동굴. 여름철 최고의 피서지. 아기자기한 코스지만 오르내리는 700여 계단이 있어 성인도 힘들고, 한번 진입하면 강제 완주해야하니 주의하자. 복장은 간단한 차림을 추천한다.(p385 E:2)

- 충북 단양군 단양읍 고수동굴길 8 고수동굴관리사무소
- #단양여행 #단양천연동굴 #고수동굴 #단양가볼만한곳

양방산 전망대 추천
"굽이치는 단양의 남한강 물줄기를 네 눈에 직접 담아봐"

해발 664m, 단양이 한눈에 들어오는 곳. 국내 최대 활공장(패러글라이딩, 행글라이딩)이 있다. 주차 걱정 없이 정상까지 올 수 있다.(p385 E:2)

- 충북 단양군 단양읍 기촌리 354-2
- 주차 : 단양군 단양읍 기촌리 354-2
- #시내전경 #패러글라이딩

단양 도솔봉 진달래
"산 초입에 있어 등산이 필요없어"

소백산 죽령에서 도솔봉 능선을 따라 자란 진달래 터널. 산 정상보다는 초입과 중턱에 진달래가 군집을 많이 이루고 있다. 도솔봉은 사계절 아름다워 소백산의 축소판으로도 불리는데, 서쪽은 충청도, 동쪽은 경상도, 남측은 전라도에 속한다. 산행에는 약 6시간이 소요되므로 체력이 필요하다.

- 충북 단양군 대강면 용부원리 산1-13
- #도솔봉 #진달래길 #트래킹

단양구경시장
"마늘과 꿀로 유명해"

소백산 토종꿀, 각종 버섯, 마늘로 유명한 로컬시장으로 단양군에서 가장 큰 재래시장이다. 매월 오일장도 병행해서 열린다. (1, 6, 11, 16, 21, 26)(p385 E:2)

- 충북 단양군 단양읍 도전5길 31
- #육쪽마늘 #토종꿀 #오일장

가연 맛집
"임금님 수라상이 부럽지 않은 마늘 떡갈비 한상"

마늘 떡갈비로 유명한 맛집. 음식 프로그램의 단골손님이기도 하다. 한우마늘육회, 육회비빔밥도 유명하다. 이곳은 밑반찬도 가기 막혀서 종류도 다양하고 맛도 일품이다. 단양에

왔다면 이곳을 꼭 들러보자.
- 충북 단양군 단양읍 삼봉로 87
- #마늘 #단양맛집 #마늘떡갈비 #푸짐

석문
"자연이 만들어준 액자"

단양8경 중 하나. 돌로 이루어진 문을 뜻한다. 석회동굴이 무너지면서 생긴 구름다리 형태로 보존되고 있다고 추정되고 있다. 자연이 만들어둔 큰 문 사이로 보이는 남한강과 마을의 모습이 마치 한 폭의 그림 같다. 석문의 규모는 동양에서 가장 큰 것으로 알려져 있다.
- 충북 단양군 매포읍 삼봉로 644-33
- #단양8경 #돌문 #구름다리 #동양최대규모

향미식당 맛집
"두툼하고 쫄깃한 찹쌀탕수육"

@flightrip

백종원의 3대천왕에 나온 단양 맛집. 두툼하고 쫄깃한 찹쌀탕수육이 인기 메뉴다. 특이하게 알배추가 얹어져 나온다. 사각사각 식감이 좋다. 탕수육의 양도 많아 배부르게 먹을 수 있다. 윤기가 흐르는 짜장면과 함께 먹기 좋다. 칼칼한 육개장은 별미다. 해장용으로 좋

도담삼봉 추천
"우뚝 솟은 3개의 기암 그리고 그 위의 정자가 신비로울 뿐이야"

정도전 호의 유래라 일컬어지는 곳으로, 도담삼봉은 우뚝 솟은 3개의 기암을 의미한다. 도담삼봉 세 개의 봉우리 중 가장 큰 봉우리 위 정자는 경치를 구경하고자 정도전이 만든 것이다. 충주댐의 완성으로 도담삼봉 하단 1/3이 잠기게 되었다.(p385 E:2)
- 충북 단양군 매포읍 하괴리 84-1
- #봉우리 #정자 #사진
- 주차 : 단양군 매포읍 하괴리 83-3

다. 15:30~16:30은 브레이크 타임이며 월요일은 휴무다. (p385 E:2)
- 충북 단양군 매포읍 평동4길 5
- #백종원의3대천왕 #찹쌀탕수육 #단양맛집

단양 온달 관광지
"온달이 바보인 줄만 알았어, 고구려의 장수였다는 건 팩트"

고구려 온달장군이 온달산성(아단성)에서 싸우다 신라군에게 전사한 장소. 온달관광지 세트장, 온달동굴, 온달관, 온달산성이 주변에 있다.(p385 F:1)
- 충북 단양군 영춘면 온달로 23
- 주차 : 단양군 영춘면 하리 147
- #온달동굴 #온달산성 #고구려

이끼터널
"자연이 만들어준 초록 스튜디오"

수양개빛터널 근처에 있는 터널로, 양쪽 벽에 초록의 이끼가 일부러 칠해 놓은 듯 자리하고 있다. 마치 초록 스튜디오에 와 있는 것 같은 이끼터널은 특유의 이국적인 분위기에 매료된 사람들로 늘 북적인다.
- 충북 단양군 적성면 애곡리 129-2
- #수양개빛터널 #초록터널 #이끼 #이국적

충청북도 단양군

만천하 스카이워크
"남한강 위를 걷는 짜릿한 체험"

8~90m 높이 남한강 절벽에 설치된, 말발굽형 15m 길이의 유리 다리. 남한강과 단양 시내, 소백산 연화봉을 함께 감상할 수 있다. 입장료 결제 시 일부 카드로는 결제가 불가능하므로 현금을 챙겨가자. 매주 월요일 휴무.(p385 E:2)

- 충북 단양군 적성면 애곡리 94
- #유리바닥 #전망대 #현금결제

새한서점
"경치 좋은 산속에 조용하고 고즈넉한 멋을 가진 오래된 서점"

영화 '내부자들' 촬영지로 유명한 실제 운영되는 헌책방. 운치 있는 산속에 천장까지 빼곡히 쌓인 책들 사이로 오래된 서점의 감성을 느낄 수 있는 장소. '인생샷' 말고 '인생책' 고르시길 문구가 책의 소중함을 일깨워준다.

- 충북 단양군 적성면 현곡리 56
- #단양여행 #단양헌책방 #내부자들촬영지 #인생책

모산비행장 해바라기밭
"BTS가 'Forever'를 찍었던 그곳"

@41004u

원래는 항공훈련을 위해 만들어진 비행장이지만, 제천시에서 시민공원으로 조성했다. 뻥뚫린 활주로 주변으로 빽빽한 꽃들이 만개해 있다. 백일홍을 비롯해 해바라기 등 다양한 꽃들을 심어 마음을 정화시켜준다. 이곳에서 BTS가 Young Forever 뮤비를 찍었다고도 하니 BTS를 좋아하는 분이라면 이곳을 꼭 메모해두시길!

- 충북 제천시 고암동 1249
- #제천 #활주로 #백일홍 #해바라기 #BTS #뮤비촬영지

금성제면소 맛집
"제천에서 만나는 일본"

일본라멘 맛집. 라면과 덮밥을 판매한다. 닭과 돼지를 장시간 끓여 담백하고 깔끔한 육수가 일품인 토리파이탄라멘이 인기 메뉴다. 일본식 정원, 외관, 내부의 일본풍 인테리어가 일본에 온 듯한 착각을 불러일으킨다. 월요일 휴무. 예약 불가. 오픈런하지 않으면 대기가 긴편. 식사 후 청풍관광단지를 구경하기 좋다.(p385 D:2)

- 충북 제천시 금성면 청풍호로 991
- #제천맛집 #일본라멘 #청풍맛집

의림지파크랜드
"제천의 10경 중 하나"

제천 10경 중 1경에 속하는 의림지에 위치한 놀이공원. 바이킹, 회전목마, 토마스 기차, 미니 바이킹 등이 있고, 워터 범퍼, 워터 볼, 전동 바이크도 즐길 수 있다. 어른들을 위한 사격장, 야구장도 있다.(p385 D:1)

- 충북 제천시 모산동 236-1
- #놀이공원 #사격장 #야구장

제천 의림지와 제림
"축조된 지 1400년이나 지난, 현재도 관개용 저수지로 사용되는 곳"

신라 진흥왕 때 둑을 쌓아 만들었던 국내에서 가장 오래된 저수지. 삼국시대 저수지로는 김제 벽골제, 상주 공갈 못, 제천 의림지가 있다.(p385 D:1)

- 충북 제천시 모산동 238-23
- 주차 : 충북 제천시 모산동 181
- #삼국시대 #저수지 #문화재

용추폭포 유리전망대 추천
"발 아래로 떨어지는 폭포 절벽"

이곳 폭포에서 떨어지는 물소리가 마치 용의 울음소리 같다 하여 지어진 이름. 그만큼 수량도 규모도 웅장한 곳이다. 절벽으로 물이 떨어지는 폭포 위로 유리 전망대가 설치되었다. 발 아래로 떨어지는 폭포를 확인할 수 있다. 아찔한 높이, 거센 물줄기, 자연의 웅장함을 그대로 느낄 수 있다.

- 충북 제천시 모산동 581 ■ 주차 : 충북 제천시 의림지로 30, 의림지파크랜드주차장
- #의림지 #용의울음소리 #폭포 #절벽 #유리전망대

산아래석갈비 맛집
"뜨겁게 달궈진 돌 위에 올려진 석갈비 맛집"

석갈비는 이미 구워져 나온 갈비를 뜨거운 돌 위에 올려 내어 계속 따뜻하게 즐길 수 있는 음식이다. 이곳 석갈비는 제천 한약재와 과일 등 20여 가지 재료가 들어간 소스를 발라 더욱 감칠맛이 난다.

- 충북 제천시 백운면 금봉로 182
- #석갈비 #특제소스 #한약재

배론성지
"천주교 성지, 단풍의 성지"

지금의 한국 천주교를 있게 한 진원지. 박해받던 신자들이 이곳에서 생계와 신앙을 이어나 갔다고 알려져 있다. 천주교 역사의 가치도 물론이지만, 이곳은 아름다운 단풍으로도 유명한 곳이다. 1시간 정도가 소요되는 배론성지 순례길을 따라 걸으면 절정에 이른 단풍을 만끽할 수 있을 것이다. (p385 D:1)

- 충북 제천시 봉양읍 배론성지길 296
- #천주교성지 #진원지 #단풍성지 #배론성지순례길

박달재(옛길)
"애절한 전설이 깃든 험한 고개 "

울고 넘는 박달재'라는 노래와 노랫말로 유명한 곳으로, 길이 워낙 험하고 산짐승이 많아 '울고 넘는'이라는 수식이 붙었다고 한다. 고개를 넘어 정상에 오르면 스피커를 통해 박달재 노래가 들려온다. 그 밖에도 간단히 식사할 수 있는 휴게소와 조각 공원, 동상, 전망대 등이 마련되어 있다. (p385 D:1)

- 충북 제천시 봉양읍 원박리 245
- #고갯길 #트래킹 #등산

상천 산수유마을
"용담폭포가지 600미터 구간"

제천시 수산면 상천리 마을(산수유 마을) 마을회관에서부터 등산로를 따라 용담폭포까지 600m 북상하는 구간에 식재된 산수유. 마을과 어우러진 정겨운 산수유꽃의 풍경이 아름다워 청풍호 자드락길 4코스로 지정되기도 했다. 청풍호 자드락길 4코스를 처음부터 즐기고 싶다면 능강교에서 출발하면 된다.

- 충북 제천시 수산면 상천리 319-3
- 주차 : 제천시 수산면 상천리 722-1
- #산수유꽃 #산수유열매 #자드락길

글루글루 `카페`
"청풍호를 배경으로 인생사진을"

@iam___jina

청풍호를 감상할 수 있는 제천의 핫플. 글루글루에서 이용할 수 있는 포토존은 2곳인데, 청풍호와 노을을 함께 찍을 수 있는 바위 포토존, 그리고 글루글루의 사유지인 의자 포토존이 그 주인공이다. 두 곳 모두 청풍호와 하늘을 함께 담을 수 있다는 점에서 인기가 좋다. 카페의 음료와 베이커리도 수준급이니 즐겨보시길.

- 충북 제천시 수산면 옥순봉로10길 2
- #청풍호 #노을 #일몰 #포토존 #인스타핫플 #제천카페

옥순봉 출렁다리
"청풍명월 청풍호 위를 걷다"

@harriet_201

옥순봉은 충주호와 아름다운 주변 풍경에 반한 퇴계 이황이 붙인 이름이다. 2021년 222m 길이의 출렁다리가 생겨 금수산과 옥순봉의 풍경을 더 가까이서 즐길 수 있게 되었다. (p385 E:2)

- 충북 제천시 수산면 옥순봉로 342
- #출렁다리 #옥순봉 #충주호

제천 약초시장
"체질에 맞는 약초 찾기!"

질 좋은 제천 약초를 판매하는 전국 3대 약초시장 중 한 곳. 전국 생산량의 80%가 이곳에서 유통된다고 한다.(p385 D:1)

- 충북 제천시 원화산로 121
- 주차 : 충북 제천시 화산동 1
- #산야초 #인삼 #야생화

청풍나루 유람선
"충주호를 둘러볼 수 있는 유람선"

충주호 관광선은 충추나루, 월악나루, 장회나루, 청풍나루로 나뉜다. 왕복 1시간~2시간 정도 진행되며 기암절벽인 옥순봉과 금수봉 등을 볼 수 있다.(p385 D:2)

- 충북 제천시 청풍면 51
- 주차 : 제천시 청풍면 읍리 34
- #충주호 #기암절벽 #관광유람선

청풍호반 케이블카 `추천`
"산과 호수를 동시에 볼 수 있는 유일한 케이블카"

케이블카를 타고 비봉산과 청풍호를 내려볼 수 있다. 이때가 단풍시즌이라면? 환상의 풍경을 경험할 수 있다. 능선들을 한눈에 볼 수 있고, 햇살을 받아 반짝이는 청풍호의 윤슬을 본다면 자연이 주는 감동이 얼마나 큰지 알 수 있다. 대기와 기다림이 정말 길 수 있으니 각오가 필요하다. 사전예약은 필수. 당일 예약은 어려우니 미리 준비해두자. (p385 D:2)

- 충북 제천시 청풍면 문화재길 166
- 주차 : 충북 제천시 청풍면 문화재길 166
- #비봉산 #청풍호 #산과호수 #케이블카 #단풍 #절경 #사전예약필수

청풍호 비봉산 관광모노레일
"예약 없이 갔다가는 탈 수 없을 만큼 인기가 많아!"

제천 비봉산 전망대를 오르는 청풍호 관광모노레일. 왕복 40분 걸리며 예약은 필수. 무작정 현장으로 갈 경우 못 타는 경우가 대

다수이니 주의하자.(p385 D:2)

- 충북 제천시 청풍면 도곡리 114
- 주차 : 제천시 청풍면 도곡리 100-4
- #비봉산 #모노레일 #예약제

뜰이있는집 맛집

"곤드레밥과 모둠해물장을 한상에"

제천시 인증 맛집으로 모둠해물장이 시그니처 메뉴다. 참문어, 황게, 전복, 새우, 연어 등의 해산물을 다양하게 맛볼 수 있다. 적당히 짭쪼름하고 달달매콤하다. 곤드레 돌솥밥에 청국장과 해물장을 같이 먹으면 된다. 잘 차려진 한상으로 지역에서는 상견례 장소로 유명하다. 브레이크타임은 15:00~17:00, 목요일 휴무. (p385 D:1)

- 충북 제천시 하소천길 176
- #제천맛집 #모둠해물장 #곤드레밥

제천 청풍호 벚꽃

"청풍호반에 수놓아진 아름다운 벚꽃 터널"
청풍명월의 고장 제천의 호수 청풍호 벚꽃축제. 제천시 금성면 청풍호 입구에서부터 청풍면 소재지까지 13km 구간의 벚꽃이 이어진다. 청풍랜드, 청풍문화재단지, SBS 제천세트장을 지나 청풍면으로 들어서면 벚꽃 축제가 한창이다. 벚꽃은 3cm가량으로 분홍색 또는 백색의 꽃으로 피며, 군락을 이룬 곳은 눈이 온 것 같다. 벚꽃이 떨어질 때 꽃비가 되기도 한다.(p384 C:2)

- 충북 제천시 청풍면 청풍호로 2048
- 주차 : 제천시 청풍면 물태리 114-25
- #청풍호 #벚꽃축제 #청풍랜드

청풍문화재단지 추천

"망월루에 올라 눈에는 보이지 않는 것들을 마음으로 느껴봐 물에 잠긴 마을 때문에 슬퍼지려 할지도 몰라"

향교, 관아, 민가 등 충주댐으로 수몰된 지역의 문화재 43점을 이전하여 놓은 곳. 망월루에 오르면 청풍문화재단지를 감싸고 있는 충주호 전망을 볼 수 있다.(p385 D:2)

- 충북 제천시 청풍면 읍리 산8-1
- 주차 : 제천시 청풍면 읍리 34
- #전망대 #충주댐 #문화재

충주탄금공원

"자연 품에서 마음껏 뛰놀 수 있는 곳"

충주세계무술공원 내 박물관에서 무술에 대해 심도 있게 배워갈 수 있다. 한국 전통 무술인 택견뿐만 아니라 동양무술, 서양 무술에 대해 자세히 전시해놓고 있고, 건물 4~5층에는 탄금공원의 전망을 한눈에 내려다볼 수 있는 전망대가 마련되어 있다. (p384 C:2)

- 충북 충주시 남한강로 24
- #한국무술 #택견 #해외무술

충주세계무술박물관

"택견의 본고장에서 배우는 세계무술"

충주세계무술공원 내에 위치한 무술 박물관. 매해 가을 충주 세계 무술 축제가 개최되는 장소이기도 하다. 우리의 전통무술을 비롯해 세계의 전통무술 지식을 쌓을 수 있다. 무료입장. 매주 월요일, 1월 1일, 설날과 추석 연휴 휴관.(p384 C:2)

- 충북 충주시 금릉동 601
- 주차 : 충북 충주시 금릉동 600
- #전통무술 #태권도 #택견

탄금대왕갈비탕 맛집
"왕 큰 갈비가 들어간 왕갈비탕"

왕갈비탕 맛집. 팽이버섯과 송송 썬 대파, 지단이 올라간 갈비탕. 바글바글 끓는 뚝배기에 이름에 걸맞게 왕갈비가 들어가 있다. 고기가 연하고 부드러워 뼈와 분리가 쉽다. 오래끓여 진한 고기국물은 국물 자체로도 맛있다. 고기를 숭덩숭덩 썰어 먹으면 된다. 한숟가락 가득 떠 김치와 함께 먹는 것을 추천. 월요일 휴무 (p384 C:2)

- 충북 충주시 능바우길 35
- #충주맛집 #탄금대 #왕갈비탕

충주호 벚꽃길
"벚꽃의 감성은 호수에서 최고가 되지!"
충주댐 우안공원 물레방아휴게소에서 충주나루로 가는 호반도로 벚꽃길. 호반 도로를 따라 벚꽃길 드라이브도 좋고 나무데크를 따라 산책을 해도 좋다. 충주댐 우안공원 또는 물문화관 주차장에 주차한다.(p385 D:2)

- 충북 충주시 동량면 지등로 745
- 주차 : 충주시 동량면 조동리45
- #충주호 #드라이브 #산책

활옥동굴 추천
"동굴 안에서 투명카약을 탄다고? "

한 여름에도 시원하게 즐길 수 있는 동굴 여행. 원래 이곳은 동양 최대 규모를 자랑하는 활석 광산이었지만, 광산 산업의 몰락으로 2019년 문을 닫게 되었다. 그 후 광산 설비나 동굴 보트 체험을 즐길 수 있는 관광지로 탈바꿈해 어린이를 포함한 가족 여행객들이 자주 방문한다. 매일 09~18시 운영, 매주 월요일 휴관. (p387 E:1)

- 충북 충주시 목벌안길 26
- #광산 #여름여행지 #가족여행

악어섬
"충주호에 악어떼가 나타났다?"

@lovely_jjmom

충주호로 향하는 산자락이 마치 악어떼들의 모습 같다 하여 지어진 이름. 실제로 섬은 아니지만, 악어떼 모양의 땅을 악어섬이라 부른다. '게으른 악어' 카페에서 보면 충주호와 악

어섬을 함께 조망할 수 있어 많이 찾는다. 악어봉 정상에서 보면 악어섬을 제대로 확인할 수 있지만, 공식적으로 개방하고 있지 않으니 입산하면 안 된다.

- 충북 충주시 살미면 신당리
- 주차 : 충북 충주시 살미면 월악로 927, 게으른악어주차장
- #충주호 #악어섬 #악어봉 #게으른악어 #악어떼

하늘재
"우리나라에서 가장 오래된 고갯길을 걸어보자"

우리나라에서 가장 오래된 고갯길. 3km가량의 완만한 길로, 1850년 전 신라가 북진을 위해 만들었다. 미륵리사지 3층 석탑 근처 오솔길로 오른다.(p385 D:3)

- 충북 충주시 상모면 미륵리 52-5
- 주차 : 충주시 수안보면 미륵리 203
- #미륵리사지 #역사 #고갯길

숲속장수촌 맛집
"해물탕과 닭의 만남"

백숙 전문점인데 닭해물탕이란 이색 메뉴가

인기다. 낙지 한마리가 통으로 들어간다. 위만 보면 해물탕이지만 아래가 닭고기가 가득 들어있다. 각종 해산물의 시원한 국물과 닭의 담백한 맛이 잘 어울린다. 국물이 진하고 깊은 맛이 난다. 얼큰하기까지해 계속 먹게 된다. 수제비나 라면 사리를 넣어 먹어도 좋다. 화요일 휴무. 네이버 예약 가능. (p384 C:2)

- 충북 충주시 쇠저울1길 36
- #누룽지닭백숙 #보양식 #충주맛집

월악산 만수계곡자연관찰로 단풍
"계곡&단풍을 사진으로 담고 싶다면"

@lavinia_kiim

월악산의 만수계곡에 펼쳐진 단풍의 모습이 매우 아름답다. 4km의 탐방로가 있고 더 진입하면 월악산을 등반할 수 있다. 월악산은 백두대간이 소백산에서 속리산으로 연결되는 중간 부분에 있는 산으로, 기암 절경과 폭포가 아름다운 경관을 만들어낸다. 만수 탐방 지원센터 앞 주차 후 민수계곡 자연관찰로로 이동. 수안보온천을 즐기고 단풍놀이를 오는 것도 좋은 여행 코스가 된다.(p385 E:3)

- 충북 충주시 수안보면 미륵송계로 988
- 주차 : 충주시 수안보면 미륵리 141-1
- #단풍 #만수계곡 #산책

충주 수안보 벚꽃길
"온천도 하고 벚꽃도 보고 축제도 즐기고!"
수안보 공영주차장에 주차를 하고 수안보 온천랜드부터 하천(석문동천)을 따라 내려오다 보면 천변에 벚꽃이 만발한다.(p384 C:3)

- 충북 충주시 수안보면 온천리 181-1
- 주차 : 충주시 수안보면 온천리 218-2
- #수안보 #온천랜드 #벚꽃

수안보온천
"피로 풀고 행복 채우고"

수안보온천은 약알칼리성 온천으로 피부 질환, 부인병, 위장병 등에 효험이 좋다고 알려져 있다. 고려 ~ 조선시대 왕과 사대부들부터 일제강점기 때 일본인들까지 수안보 온천을 즐겨 찾았다는 기록이 있을 정도로 역사적인 온천이다. 충주시에서 온천수를 직접 관리하고 호텔과 목욕탕에 공급하기 때문에 수질 관리가 철저하여 안심하고 온천욕을 즐길 수 있다. (p384 C:3)

- 충북 충주시 수안보면 주정산로 32
- #약용온천 #가족여행 #숙박

중앙탑메밀마당 맛집
"충주에서만 맛볼 수 있는 메밀막국수와 메밀치킨"

새콤달콤한 동치미 국물 막국수와 메밀 반죽으로 튀긴 메밀 치킨의 궁합이 환상적인 곳. 겉은 바삭하고 속은 촉촉한 메밀 치킨은 메밀 동동주와 메밀 모주와 함께 즐기기 좋다.

- 충북 충주시 중앙탑길 103
- #메밀막국수 #동치미막국수 #메밀치킨 #메밀동동주 #메밀모주 #메밀만두 #메밀부추 추천

충주 고구려비
"우리나라에 유일하게 남은 고구려비"

우리나라에 딱 한 점 남아있는 고구려비로, 국보 제205호로 지정될 만큼 역사적 가치가 높다. 높이 2m, 폭 55cm에 달하는 돌기둥의 4면에 고구려가 신라에 어떤 영향을 미쳤는지에 대한 내용이 새겨져 있다. 이 비석은 고구려 장수왕이 세웠다는 가설이 유력하다. 원래 충주 입석마을에서 대장간 기둥, 빨래판으로 사용하던 돌이었으나 1500년 후에서야 그 정체가 밝혀졌다. (p384 B:2)

- 충북 충주시 중앙탑면 감노로 2319
- #고구려비 #문화유산 #역사여행지

장미산성
"삼국시대 역사를 따라 걷는 길"

@j_young01.25

장미산을 따라 지어진 산성. 삼국시대 당시 지어졌던 것으로 추정되는 역사 깊은, 오래된 성이다. 성곽 아래로 흐르는 남한강의 모습은 평화롭기만 하다. 원형의 모습을 잘 간직한 채 오랜 세월을 버텨온 장미산성을 거닐며 자연과 역사를 느껴보자.(p384 B:2)

■ 충북 충주시 중앙탑면 장천리
■ 주차 : 충북 충주시 중앙탑면 장천리 산 77-1,장미산성주차장
■ #삼국시대 #산성 #역사 #장미산 #능선 #역사여행

중앙탑막국수 맛집
"치킨과 막국수의 이색조합"

쫄깃쫄깃한 메밀 막국수와 바삭바삭한 메밀 후라이드 치킨이 맛있는 곳. 바삭바삭한 치킨을 먹다가 매콤 달콤한 막국수로 입가심을 해보자. 막걸리도 함께 주문하면 '치막'을 제대로 즐길 수 있다.(p384 C:2)

■ 충북 충주시 중앙탑면 중앙탑길 109
■ #메밀막국수 #메밀치킨 #막걸리 #치막

탄금호 무지개길
"충주호에 달이 뜨고 무지개가 뜨면"

@wanggufarm

드라마 <사랑의 불시착>이 촬영되었던 곳. 한국관광공사 야경 100선에 선정되었을 정도로 밤에 그 매력이 돋보이는 곳이다. 긴 다리 구간 곳곳에 다양한 조명과 작품을 설치해 두어 야경이 정말 아름답다. '충주라서 달달해' 문구처럼, 공원 곳곳에 보름달 조명이 설치되어 있어 마음을 설레게 한다.

■ 충북 충주시 중앙탑면 루암리 642
■ 주차 : 충북 충주시 중앙탑면 탑정안길 6, 중앙탑사적공원 주차장
■ #야경100선 #무지개다리 #인스타명소 #핫플 #달달해 #충주여행

충주박물관
"중앙탑사적공원 속 박물관"

충주시 중앙탑 사적공원 부지에 위치한 종합 박물관. 불교 미술품, 민속품, 충주 역사, 충주 명헌 등이 전시되어 있으며 전통문화학교, 어린이 박물관 학교 등 체험 행사도 운영한다. 무료입장. 매주 월요일, 1월 1일, 설날과 추석 연휴 휴관.

■ 충북 충주시 중앙탑면 탑평리 47-5
■ 주차 : 충주시 중앙탑면 탑평리 46
■ #향토박물관 #민속품

탄금대
"기암절벽 사이를 흐르는 남한강 줄기의 절경"

3대 악성 중의 하나인 우륵이 가야금을 연주하던 곳으로, 기암절벽을 휘돌아 흐르는 남한강의 절경이 아름답다. 임진왜란 때 신립 장군이 패하여 투신자살한 곳이다.(p384 C:2)

■ 충북 충주시 칠금동 산1-1
■ #남한강 #우륵 #신립장군

맛식당 `맛집`
"허영만의 식객에 나온 올갱이국"

@_kinderheim

허영만의 식객에 소개된 올갱이국 맛집. 직접 담근 된장에 아욱과 부추, 올갱이를 가득 넣어 끓인 올갱이국 단일메뉴를 판매한다. 간이 세지 않고 조미료 맛이 나지 않는다. 토속적이고 감칠맛이 난다. 자극적이지 않아 좋다. 다진고추를 넣으면 칼칼하게 먹을 수 있다. 월, 화,수 휴무

- 충북 괴산군 괴산읍 괴강로 12
- #괴산맛집 #허영만식객 #올갱이국

괴산 양곡리 문광저수지 은행나무길
"저수지에 비친 노란 은행나무는 환상적이야!"

괴산군 소금랜드부터 문광 낚시터까지 이어진 대로변에 있는 400m 길이의 은행나무길. 문광 저수지 수면에 비친 은행나무의 모습이 특색있다. 사진작가들의 사진 촬영 명소로 유명하며, 가을에는 은행나무 마을 축제도 개최된다.(p384 B:3)

- 충북 괴산군 문광면 양곡리 54-1
- #고목 #사진촬영 #축제

트리하우스가든 `카페`
"유럽풍 석조건물과 정원이 아름다워"

@_chae.eun__

트리하우스 가든 카페는 유럽풍 석조건물과 정원을 배경으로 사진찍기 좋은 감성 카페다. 돌벽에 아치형 문이 딸린 유럽식 석조건물이 주요 포토스팟인데, 이 앞으로 뻗은 벽돌 길이 잘 보이도록 살짝 뒤에서 찍으면 더 예쁘다. 매주 화, 수요일이 휴무일이며 10~19시 운영하고, 1인 1 음료 주문이 원칙이다. 정원은 금연 구역이며 외부 음식은 반입할 수 없다는 점을 참고하자.

- 충북 괴산군 불정면 한불로 1216
- #유럽풍 #돌집 #가든

블랙스톤 벨포레 목장 `추천`
"아이와 함께 하는 여행지를 찾는다면"

아이 있는 집이라면 반드시 주목해야 할 여행지. 강원도가 부럽지 않은 자연경관에 먹이주기가 가능한 동물농장, 몬테소리 체험센터, 양몰이와 공룡 공연까지 함께 할 수 있다. 바이킹이나 루지 같은 익스트림도 즐길 수 있으

니 가족 단위의 여행객들에겐 매우 효율적인 여행지. 숙소 역시 지어진지 얼마 되지 않아 컨디션이 매우 좋다. (p386 C:1)

- 충북 증평군 도안면 벨포레길 400
- #증평여행지 #가족여행지 #아이와여행 #동물농장 #몬테소리체험센터

동원식당 `맛집`
"화양구곡 물놀이식당"

@jeongmin__7

토종닭볶음탕이 주력 메뉴다. 토종닭이라 크기가 크고 부드럽고 쫄깃하다.암서재와 계곡이 한폭의 그림처럼 멋진 뷰를 선보인다. 화양구곡에 위치해 물놀이 하기 좋다. 예약이 차를 가지고 갈 수 있고, 미예약시 팔각정 식당에 주차 후 전기버스를 타고 올라가면 된다. 방문전 전화문의 및 예약 필수. (p387 D:2)

- 충북 괴산군 청천면 화양동길 206
- #괴산맛집 #닭볶음탕 #물놀이식당

연하협 구름다리
"괴산의 떠오르는 신흥 여행지 "

서천광

괴산호와 연하 협곡 풍경을 즐길 수 있는 구름다리로, 괴산의 관광명소 산막이 옛길과 이어져있어 함께 방문하기 좋다. (p384 B:3)

- 충청북도 괴산군 칠성면 사은리 산5-5
- #괴산호 #폭포수 #산막이옛길

증평민속체험박물관
"전통놀이는 물론 눈썰매까지!"

농경문화유산과 근대문화유산이 전시되어 있으며, 줄타기, 활쏘기 등 다양한 전통놀이와 체험활동을 즐길 수 있는 민속박물관. 매년 여름이면 수영장을, 겨울이면 썰매장을 개장하며 6월이면 들노래축제가 열려 아이들이 즐길 거리가 더 풍성해진다. (p386 C:2)

- 충북 증평군 증평읍 둔덕길 89
- #농업체험 #줄타기 #활쏘기

미몽 카페 `카페`
"산 전망 유리통창 카페"

@_chickweed

미몽은 산 전망을 즐길 수 있는 2층 테라스가 딸린 전망 카페다. 카페 규모가 크고, 여러 건물이 연결된 형태라 2층에도 구석구석 전망 즐기기 좋은 공간이 많은데, 그중 네모난 유리 통창 아래로 동그란 나무 테이블 두 개가 있는 좌석이 뷰포인트다. 창밖으로 산과 들판, 건물이 들여다보여 시골 마을 감성 사진을 찍어갈 수 있다. (p386 C:1)

- 충북 증평군 증평읍 미암리 829
- #산전망 #루프탑 #유리통창

좌구산 자연휴양림
"숲이 주는 치유"

명상 프로그램으로 유명한 자연휴양림. 명상뿐만 아니라 요가, 독서, 트래킹 등 다양한 숲해설 프로그램을 운영한다. 김득신과 거북이를 소재로 한 이색 테마파크와 펜션형 숙소도 마련되어 있어 가족 단위 방문객이 많다. 숲나들e에서 프로그램 및 숙소를 예약할 수 있다. (p384 A:3)

- 충북 증평군 증평읍 솟점말길 107
- #숲명상 #요가 #트래킹

함지박소머리국밥 `맛집`
"콩나물무침을 넣어 먹는 소머리국밥"

맑은 국물이 일품인 소머리국밥. 담백하고 묵직한 느낌의 육수다. 반찬으로 나오는 콩나물무침을 다대기처럼 곰탕에 넣어 빨갛게 국물을 만들어 먹는 것이 이 식당의 특징. 얼큰한 맛으로 먹을 수 있다. 다양한 소머리 고기가 들어있다. 특히 우설이 많이 들어가 있다. 잡내가 없어 좋다. 15:00~16:00 쉬어가며, 일요일은 휴무다. (p386 C:2)

- 충북 증평군 증평읍 역전로 17 역전로 17

- #증평맛집 #국밥 #소머리국밥

삼기저수지 등잔길
"버드나무를 보며 걷는 수변산책로"

@ung_keol

삼기저수지를 따라 만들어진 산책로. 3km 코스로 대부분 데크길로 조성되어 있다. 물속에 뿌리를 내린 버드나무들을 보며 걸을 수 있어 운치를 더한다. 조용하고 한적하여 생각을 정리하기에도 좋고, 높낮이가 고른 평탄한 길이라 부담 없이 운동하기에도 좋은 길이다. (p386 C:2)

- 충북 증평군 증평읍 율리휴양로 163
- 주차 : 충북 증평군 증평읍 율리 680, 삼기저수지 공영주차장
- #삼기저수지 #산책로 #버드나무

이와카페 `카페`
"한옥에서 맛있는 베이커리와 커피, 풍경 감상은 덤"

@95_s_hyejin

증평에서 가장 유명한 한옥의 멋스러움이 물씬 풍기는 카페. 직접 만들어 판매하는 다양한 메뉴의 베이커리가 인기. 눈높이에 맞춘 큰 창문으로 둘러싸여 있어 한폭의 그림을 보는 것처럼 밖의 경치를 감상할 수 있다.(p384 A:3)

■ 충북 증평군 증평읍 중안지길 155
■ #증평카페 #청주근교카페 #한옥카페 #가족나들이 #데이트코스

송원칼국수 `맛집`
"증평 사람들이 즐겨 찾는 진짜 맛집"

@jiyoung_yun85

근처 직장인들이 즐겨 찾는, 40년 전통을 간직한 칼국수 맛집. 얼큰한 국물의 버섯칼국수와 깔끔한 국물의 조개 칼국수 두 가지 메뉴를 고를 수 있다. 느타리버섯과 표고버섯이 들어간 버섯칼국수가 인기 메뉴. 면을 건져 먹고 볶음밥을 해 먹을 수도 있다. (p386 C:2)

■ 충북 증평군 증평읍 초중리 570-1
■ #버섯칼국수 #조개칼국수 #삼계탕 #볶음밥

감곡매괴 성모순례지 성당
"100년의 역사, 이국적인 감성"

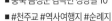
@12.21____

1896년 9월 17일 설립된 오랜 역사를 간직한 성당. 가톨릭 신자들 사이에서 아주 유명한 순례지 중 한 곳이다.

■ 충북 음성군 감곡면 성당길 10
■ #천주교 #역사여행지 #순례지

라바크로 카페 `카페`
"변기 테마 이색 카페"

@yhka_1208

테라스 앞에 소나무를 프레임으로 활용해 위쪽에 살짝 걸치게 찍으면 공간감을 살릴 수 있다. 라바크로는 욕실용품을 취급하는 인터비스 회사에서 운영하는 이색 컨셉카페 겸 화장실 문화 전시장으로, 전시장 곳곳이 황금색 변기, 컬러 세면기 등의 욕실용품으로 꾸며져 있다. 가장 유명한 포토존은 파스텔톤의 알록달록한 변기가 빼곡히 들어찬 거대한 철제 랙인데, 규모가 워낙 커서 어디서 어떤 방향으로 사진을 찍어도 화면 가득한 배경이 되어준다. 전시건물은 매일 09~21시 개장한다. (p386 B:1)

■ 충북 음성군 대동로537번길 114
■ #파스텔톤 #변기공장 #전시장

한독의약박물관
"동서양의 의약이 궁금하다면"

한독제석재단에서 운영하는 의학 박물관 겸 예술품 전시공간. 충청북도의 문화유산을 활용한 한의학 체험 등 다양한 체험 프로그램이 운영되니 관심이 있다면 홈페이지나 전화를 통해 문의해 보자. (p386 B:1)

■ 충북 음성군 대소면 대풍산단로 78
■ #박물관 #미술관 #기획전시

정들식당 `맛집`
"고기와 양념된 파의 조합"

@96_true

고추장파불고기맛집으로 푸짐한 양과 맛으로 유명하다. 호일 위의 고기가 어느 정도 익으면 양념된 파채를 올려 볶아 먹으면 된다. 매콤 달콤한 파와 감칠맛 나는 고기의 조합이 좋다. 폭탄 계란찜과 함께 먹는 것을 추천. 고기를 어느 정도 남겨두고 치즈볶음밥을 해먹는 것은 필수. 14:30~17:00 쉬어가며 일요일은 휴무다. (p386 C:1)

■ 충북 음성군 맹동면 대하4길 6-17 104호
■ #고추장파불고기 #음성맛집 #치즈볶음밥

코리아크래프트 브류어리
"공방 같은 맥주 공장"

한국 최초의 수제맥주 양조장으로, 브류어리 투어를 진행하고 있다. 이곳에서 생산한 맥주는 공장제 맥주보다 깊은 풍미가 일품이다. (p384 A:2)

- 충북 음성군 원남면 원남산단로 97
- #맥주체험 #양조장 #수제맥주

초향기칼국수 맛집
"코스로 즐기는 올갱이칼국수"

@twee.eewt

향토음식경연대회에서 칼국수 맛집 부문 대상을 받은 곳. 보리밥, 묵무침, 메밀전병, 만두, 녹두빈대떡, 올갱이칼국수, 음료로 구성된 초향기스페셜이 추천메뉴. 된장 베이스에 아욱과 건새우, 올갱이가 들어간 칼국수는 잡곡면으로 쫀득한 맛이 일품이다. 묵무침에 있는 채소를 보리밥에 비벼먹으면 맛있다. 가성비 맛집. (p384 A:3)

- 충북 음성군 원남면 충청대로 327
- #칼국수 #올갱이칼국수 #음성맛집

농민쉐프의묵은지화련 맛집
"10년 이상된 묵은지와 갈비의 만남"

@tommyspider

허영만의 백반기행에 나온 한식 맛집. 묵은지 갈비전골이 시그니처 메뉴. 정식으로 먹으면 8가지 반찬에 삼합 또는 수육, 잡채가 나오는 풍성한 구성을 맛볼 수 있다. 직접 기른 재료들로 밑반찬을 만든다. 재료에 대한 자부심이 느껴진다. 10년이상된 묵은지를 넣어 육수를 만든다. 사전예약 가능. 화요일 휴무 (p386 B:1)

- 충북 진천군 덕산읍 이영남로 73 이영남로 73
- #진천맛집 #백반기행 #한식

천주교 배티순교성지
"천주교 박해의 역사 현장"

1950년을 전후로 한국 천주교 박해기에 배티 골짜기 근처에 비밀리에 천주교 신앙 공동체들이 생겨났다. 최양업 신부 박물관과 함께 오반자 복자 묘소, 삼박골 모녀 순교자 묘소, 6인의 묘, 14인의 묘 등 순교자들의 유해가 모셔져 있다. (p386 A:1)

- 충북 진천군 백곡면 배티로 663-13
- #천주교 #역사여행지 #순례지

진천막국수 맛집
"메밀 싹을 넣어 향이 더욱 진한 막국수"

메밀싹을 넣어 향긋함과 아삭함을 더한 물막국수, 비빔막국수 전문점. 감칠맛나는 명태식해가 곁들여 나오는 수육과 메밀 왕만두도 맛있다. 겨울철에는 메밀 들깨수제비와 메밀 칼국수도 판매한다. (p386 B:1)

- 충북 진천군 이월면 노원리 682-1
- #메밀싹 #물막국수 #비빔국수 #수육 #메밀왕만두 #명태식해 #깔끔한맛

롯스퀘어 카페
"미래 농업 복합문화공간"

아이들에게 미래의 농업이 어떻게 발전될 것인지 보여줄 수 있는 곳. 롯스퀘어에서 자라는 농산물을 활용한 레스토랑과 카페가 있다. 카페 내부에는 시냇물이 졸졸흐르고 다양한 식물이 자라고 있다. 스마트팜과 디자이너들의 건축물도 같이 관람 가능하다. 건축가의 집은 숙소로도 운영된다.

- 충북 진천군 이월면 진광로 928-27
- #플랜테리어 #전시 #스마트팜 #아이와여행

손맛한식뷔페 맛집
"9천원으로 한식 뷔페를"

진천 사람들 모두가 아는 그 집. 9천원에 한식 뷔페를 먹을 수 있다. 보리밥과 쌀밥, 잡채와 나물반찬이 다양하게 있다. 치킨, 아귀찜, 족발, 제육볶음이 인기 메뉴. 반찬은 그날 그날 달라진다. 버너를 가져가 자리에서 라면을 직접 끓여먹을 수 있다. 가성비 좋은 뷔페를 먹을 수 있다. (p386 B:1)

- 충북 진천군 진천읍 문진로 974
- #로컬맛집 #한식뷔페 #한정식

진천 종박물관
"한국 금속 예술의 극치, 범종"

진천 석장리 고대 철 생산 유적지에 있는 종박물관. 한국 범종의 유형 유산과 무형 유산이 공존하고 있다. 매주 월요일, 1월 1일, 설

진천 농다리 추천
"오래된 돌다리를 건너며 가볍게 산책하며 바람쐬기 좋은 곳"

1000년이 흘러도 변함 없는 우리나라에서 가장 오래되고 긴 돌다리. 지방유형문화재로 지정. 초평호와 하늘다리까지 경치를 감상하며 가벼운 산책 코스로 다녀오기 좋다. 매년 5월에는 농다리 축제가 열린다.(p386 B:1)

- 충북 진천군 초평면 화산리
- #진천여행 #진천농다리 #초평저수지 #하늘다리

날과 추석 연휴 휴관.(p386 B:1)

- 충북 진천군 진천읍 장관리 710
- 주차 : 진천군 진천읍 장관리 768-40
- #한국종 #범종 #무형문화유산

쥐꼬리명당 맛집
"배 타고 가서 먹는 맛집, 명당이로다!"

@ujnijah

배 타고 들어가야 하는 음식점. 강물을 바라보며 초록의 그늘막 아래에서 닭볶음탕, 매운탕, 백숙 등을 먹을 수 있다. 쌀, 고추장 식재료 대부분을 직접 만들어 손님상에 내는 정성 어린 밥집이다. 비록 가는 길은 수고스럽지만 그

값어치는 충분한 곳이다. 전화 예약이 필수이니 미리 확인해 보자.(p386 B:2)

- 충북 진천군 초평면 화산리 724
- #배 #강물 #닭볶음탕 #백숙 #매운탕 #예약필수

한반도지형전망공원
"청룡이 한반도를 품고 있는 모습"

@nazzangi

초평호가 땅을 둘러싸고 있는 모습이 청룡이 한반도를 품고 있는 모습과 닮았다 하여 지어진 이름. 전망대에 올라서 보면 정말 한반도

지형과 매우 비슷하다. 전망대로 올라가는 데 크길도 주변을 조망하며 갈 수 있어 매우 좋다. 물멍, 산멍이 가능한 곳이다.(p386 B:2)

- 충북 진천군 초평면 화산리 산51-9
- #초평호 #한반도지형 #전망대 #청룡 #물멍 #산멍

국립청주박물관
"박물관 자체가 건축가 김수근의 아름다운 작품이야"

충청북도 지역의 문화유산이 전시된 박물관. 충청북도의 선사시대부터 삼국시대까지의 변천사와 불교 조각 등의 역사 미술 작품이 전시되어있으며, 어린이와 성인을 대상으로 한 교육 프로그램도 진행된다. 무료입장. 매주 월요일, 1월 1일, 설날과 추석 당일 휴관.(p386 B:2)

- 충북 청주시 상당구 명암동 87
- #충북 #역사 #불교미술

미동산 수목원
"숲의 치유 기능을 깨닫게 되는 곳"

충북 최대 규모의 수목원. 94만 평이 넘는 큰 부지에 임업 기술의 발전을 위해 식물을 연구

하고 보존하는 곳이다. 황톳길, 미로원 등 취향에 맞게 걸을 수 있는 산책 코스가 다양하게 마련되어 있어 진정한 숲캉스가 가능한 곳이다. 특히 하늘이 보이지 않을 정도로 쭉 뻗은 메타세쿼이아 길은 보고 걷는 것만으로도 스트레스가 풀리는 기분이다. 숲의 치유 기능을 몸소 깨닫게 되는 곳이다.(p386 C:3)

- 충북 청주시 상당구 미원면 수목원길 51
- #충북최대수목원 #식물연구 #보존 #숲캉스 #산책로 #메타세콰이아

청남대 단풍
"어른 모시고 오면 좋아할거야!"

청남대 입구 가로수길과 청남대 숲속에는 아름다운 단풍이 무리 지어 늘어서 있다. 청남대는 대청댐 부근에 있는 대통령 전용별장으로, 노무현 대통령에 의해 일반인에게 개방되었다. 승용차로 이동하려면 홈페이지에서 사전 예약하고 방문해야 한다.(p388 C:1)

- 충북 청주시 상당구 문의면 신대리 산 26-1
- #대통령길 #단풍길 #사전예약

청남대 〔추천〕
"대청댐 부근에 있는 대통령 전용 별장"

대청댐 부근에 있는 대통령 전용 별장. 노무현 대통령 때 일반인에게 개방되었다. 승용차로 오려면 홈페이지에서 예약하고 와야 한다.(p386 B:3)

- 충청북도 청주시 상당구 문의면 청남대길 646
- 주차 : 상당구 문의면 신대리 171-1
- #대통령길 #방문예약

청주 상당산성 철쭉공원
"산책할만한 철쭉 공원"

청주 상당산 상당산성 성곽을 따라 조성된 철쭉공원. 공원 내 잔디와 어우러진 철쭉이 눈을 더욱더 즐겁게 한다. 청주 시민들이 산책과 휴식을 위해 주로 찾는다. 상당산성은 백제 시대 청주 서쪽을 방어하기 위해 만들어진 토성으로 추측되고 있다. 성곽에는 아직도 치성(돌출된 성벽)과 암문(숨겨 만든 성문) 등이 남아있다.(p386 B:2)

- 충북 청주시 상당구 산성동 178
- #산성길 #철쭉 #피크닉 #역사

청주 무심천 벚꽃
"천변 꽃놀이도 좋고 먹거리도 많아!"

청주 용화사에서 청남교까지 4Km에 이르는 무심천 벚꽃길로 개나리와 벚꽃이 함께 피어난다.

- 충북 청주시 상당구 서문동 228-3
- 주차 : 청주시 서원구 사직동 710-2
- #무심천 #개나리 #벚꽃

상당산성
"자연을 따라, 옛길을 걸어보세요"

청주를 대표하는 천년고도의 산성. 상당산 능선을 따라 설치되어 있다. 성 안에 있는 전통마을에서 파전, 청국장 같은 요리도 맛볼 수 있다. 이곳에서 둘러보는 단풍은 그야말로 예술이다. 문화관광해설사가 상주한다.(p386 C:2)

- 충북 청주시 상당구 성내로 70
- 주차 : 충북 청주시 상당구 산성동 48-1, 상당산성주차장
- #천년고도 #청주산성 #상당산 #능선

무심천 개나리
"청주에서 산책하기 가장 좋은 곳"

매년 봄 무심천 우측(북측)에는 개나리와 벚꽃이 많이 피어난다. 보통 개나리가 피고 곧이어 벚꽃이 같이 핀다. 차량 이동시 무심천 하상 공영주차장에 주차하고 산책을 즐겨보자. 단, 꽃이 만개했을 때는 주변에 주차할 곳이 없으니 아침 일찍 가거나 주변에 주차하는 것이 낫다.

- 충북 청주시 서원구 사직동 48-1
- 주차 : 청주시 서원구 사직동 1-2
- #무심천 #산책 #봄철여행지

청주시립미술관
"햇살이 드는 아름다운 미술관 안을 걸어보자."

청주시 서원구 사직동에 위치한 청주시립미술관의 분관. 옛 KBS 청주방송국 사직동 청사 자리에 있으며, 6개의 전시실을 통해 시기별 다양한 전시가 진행된다. 매주 월요일 휴관 (p386 B:2)

- 충북 청주시 서원구 사직동 604-26
- #현대미술 #특별전시

대산보리밥 맛집
"보리밥으로 차려진 한정식 한상"

프랑스 요리학교를 졸업한 사장님이 운영하는 한식집. 오색빛깔 채소에 고추장, 참기름, 청국장을 듬뿍넣어 보리밥에 비벼먹으면 된다. 수육, 샐러드, 고등어구이(고르곤졸라피자, 수제순두부 중 선택)등푸짐한 한상이 나온다. 대기는 있지만 음식은 빠르게 세팅된다. 모든 식재료가 국내산이라 믿고 먹을 수 있다. 수제 보리 식혜도 판매한다. 브레이크타임 15:00~17:00

- 충북 청주시 서원구 성화로69번길 43-23
- #청주맛집 #고등어구이 #청국장

다래목장 카페
"아이들과 함께 다양한 체험을 해볼 수 있는 목장 카페"

직접 만든 요거트와 치즈를 맛볼 수 있는 농장 겸 카페. 아이와 함께 방문하여 소먹이주기, 치즈 만들기 등 다양한 체험 학습을 할 수 있는 곳이다.(p386 C:2)

- 충북 청주시 청원구 내수읍 세교리 128-4
- #청주카페 #체험농장 #데이트코스

운보의집 추천
"드라마 미스터 선샤인이 촬영되었던 한옥의 진수 "

만 원짜리 지폐에 그려진 세종대왕 초상화를 그린 운보 김기창 선생님의 거주지 겸 미술관. 운보 김기창 선생님과 부인 박래현선생님의 원본 작품을 관람할 수 있다. 전통 한옥과 정자, 정원을 따라 회화 작품, 공예품, 분재 등이 전시되어 있다. 운보 김기창 선생님의 원본 작품을 전시해놓은 '운보 미술관'이 유명하다. 09:30~17:30 개관, 매주 월요일 휴관. (p386 C:2)

- 충북 청주시 청원구 내수읍 형동2길 92-41
- #한옥 #갤러리 #미술관

아트빈 카페 카페
"인공연못과 파라솔 설치된 감성카페"

@eunji_saena

청주 대규모 카페로 유명한 아트빈 마당에는

산책하기 좋은 기다란 인공연못 물길이 이어진다. 물길 양옆으로 흰색 파라솔과 벤치가 놓여있는데, 여기 앉아 길게 이어진 인공연못이 잘 보이도록 사진을 찍으면 분위기 있는 인물사진을 찍을 수 있다. 카페 안쪽에도 사진 찍기 좋은 감성적인 공간들이 많으니 꼭 함께 둘러보시길. (p386 C:3)

- 충북 청주시 청원구 사천로 33
- #인공연못 #산책로 #파라솔

봉용불고기 맛집
"파 불고기 맛 보러 오세요"

@150cm_93

파채 불고기로 유명한 곳. 냉동 돼지고기를 굽다가 소스를 부은 뒤, 파채를 올려 다시 볶는다. 일반 삼겹살 보다는 얇고, 대패 삼겹살 보다는 두꺼운 독특한 고기 두께에 맛있는 파채가 묘하게 잘 어울린다.(p386 B:3)

- 충북 청주시 청원구 중앙로 108
- #돼지고기 #파절이불고기 #볶음밥 #파

정북동토성
"세상에서 가장 아름다운 노을을 만날 수 있는 곳"

청동기 말기 또는 원삼국시대에 지어진 것으로 추정되는 아주 오래된, 역사 깊은 토성이

다. 높은 산성과 달리 평지에 낮은 언덕처럼 보이는 정북동토성은 원형을 유지하고 있는 국내 유일의 토성이라고 한다. 넓은 초원 사이로 소나무가 심어져 있는데, 그 앞이 대표적인 포토존. 낮에도 예쁘지만 일몰에 가면 초원, 소나무, 하늘까지 더해져 환상적인 사진을 얻을 수 있다.

- 충북 청주시 청원구 정북동
- 주차 : 충북 청주시 청원구 정북동 353-2
- #삼국시대토성 #역사 #초원 #소나무 #포토존 #인스타핫플 #일몰

청주 강내면 연꽃마을
"연잎 요리도 맛볼 수 있는 곳"

연꽃 음식뿐만 아니라 생활소품도 만들어 볼 수 있는 생태체험 마을. 연꽃마을 초입에서 남서쪽으로 이동하면 나오는 연꽃 마을 생태 체험지에서 하얗게 자라난 백련 무리를 즐길 수 있다. 마을에 위치한 체험관에서 화분 만들기, 황토방 체험도 할 수 있고, 연을 이용한 연잎 칼국수나 연잎밥 요리도 맛볼 수 할 수 있다. 겨울철에도 냉동된 연잎을 이용해 요리 체험을 즐길 수 있다.(p386 A:3)

- 충북 청주시 흥덕구 강내면 궁현리 309-4
- 주차 : 흥덕구 강내면 궁현리 207
- #백련 #연요리 #시골체험

본궁석갈비 맛집
"뜨거운 돌판 위에 얹어진 양념 석갈비"

미리 익혀둔 양념갈비를 뜨거운 돌판 위에 올려 따뜻하게 먹을 수 있는 석갈비 전문점. 갈비가 미리 구워져 나오기 때문에 음식 나오는 속도가 빠르다. 따끈한 양념 석갈비를 냉면에 싸 먹는 것이 별미!

- 충북 청주시 흥덕구 강서동 204-22
- #석갈비 #냉면 #정갈한밑반찬

상춘고택 맛집
"옛 가옥에서 즐기는 한정식"

옛 가옥 그대로 보존되어 있다. 코스요리로 긴 시간 소요되는 단점. 점심은 100% 예약제. 캐치테이블로 예약. 메뉴에 따라 해파리 냉채, 양갈비구이, 민어구이 등 고급스러운 음식이 나온다. 귀한 손님을 대접하기 좋아 상견례나 비지니스 모임, 잔치 장소로 인기다.

14:30~17:30 쉬어간다. (p386 B:1)

- 충북 청주시 흥덕구 옥산면 소로1길 62-27
- #한정식맛집 #옥산맛집 #코스요리

청주고인쇄박물관
"가장 오래된 금속활자본 직지"

과거 '백운화상초록불조직지심체요절'을 인쇄한 청주 흥덕사에 위치한 박물관. 선조들의 인쇄, 문화 기술의 위대함과 인쇄문화 발달사를 배워보고, 신라, 고려, 조선 시대의 목판본과 금속 활자본 등도 살펴볼 수 있다. 직지심체요절은 세계에서 가장 오래된 금속 활자본이다. 무료입장. 매주 월요일, 1월 1일, 설날과 추석 연휴 휴관.

- 충북 청주시 흥덕구 운천동 866
- #직지심체요절 #금속활자 #인쇄

원정리 느티나무
"500년 된 느티나무와 들판의 황금빛 벼 사진을 찍으려면 가을에 와!"

보은 마로면 원정리의 500년 된 느티나무. 가을 황금색 벼가 익을 무렵은 사진 촬영의 성지가 된다. 야간에 별 사진 촬영으로도 유명하다. 각종 영화나 드라마 촬영도 진행된

충청북도 청주시 보은군

곳이다.(p389 E:2)

- 충북 보은군 마로면 원정리 500
- 주차 : 보은군 마로면 원정리 471
- #가을여행지 #스냅사진 #야경

보은 구병리아름마을 메밀꽃밭
"충북의 산골마을 메밀꽃 필 무렵"
노송이 우거지고 군데군데 메밀꽃이 피어있는 해발 500m 구병리아름마을은, 보은 구병산 자락에 있는 마을로 충북의 알프스라고도 불리는 산촌이다. 마을 전체가 메밀꽃으로 둘러싸인 모습이 색다른 메밀꽃의 느낌을 준다. 펜션을 운영하는 곳이 많아서 하루쯤 산촌에서의 숙박도 좋은 체험이 될 듯하다. 축제 때는 길이 좁아 도로주차가 힘들기 때문에 분교 운동장에 주차하고 셔틀버스를 이용하는 것이 편리하다.(p387 E:3)

- 충북 보은군 속리산면 구병리 529-1
- 주차 : 보은군 속리산면 삼가리 140
- #메밀꽃 #숙박 #메밀먹거리

법주사 추천
"국내 유일의 목탑인 법주사 '팔상전' 목탑이 지금껏 남아 있음에 그 모습 또한 신비롭다."

경희식당 맛집
"상다리 부러지는 한정식 한상"

역사와 전통을 자랑하는 법주사 맛집. 잘 차려진 한상을 상째 들고 온다. 씻은 묵은지가 들어간 자작한 불고기가 메인 메뉴. 간이 세지 않아 국물을 떠먹기 좋다. 나물을 한데 넣어 비빔밥을 만들어 먹는다. 마지막에 나오는 누룽지까지 제대로된 한식을 먹을 수 있다. 남은 반찬은 포장해갈 수 있다. (p387 D:3)

- 충북 보은군 속리산면 사내7길 11-4
- #보은맛집 #한정식 #법주사맛집

속리산 자락에 있는 조계종 사찰. 신라 진흥왕 14년(553) 창건되었고 고려 때 중창되어 이어져 왔으나 임진왜란 때 소실되었고, 인조 4년 이후 조금씩 재건되어 현재에 이른다. 속리산 입구에서 법주사까지 가는 길은 완만해서 산책코스로 다녀와도 좋다. 국보 55호인 국내 유일의 목탑인 법주사 팔상전 1605년에 재건된 것으로 전통적인 목탑형식을 볼 수 있는 귀중한 건물이다.(p389 E:1)

- 충북 보은군 속리산면 법주사로 405
- #목탑 #사찰 #국보 #문화재

속리산 세조길 단풍
"피부병을 치료 하러 세조가 오가던 길"

세조길은 속리산 법주사 일주문을 지나 세심정에 이르는 2.35km의 둘레길. 대부분 평지이며 군데군데 나무데크 길을 만들어 놓아 어렵지 않게 산책할 수 있다. 상수도 수원지에 비추는 단풍의 모습은 사진 촬영지로 유명한 곳. 속리산은 기암 절경이 빼어난 한국 8경 중 하나에 속한다.(p387 E:3)

- 충북 보은군 속리산면 사내리 257
- 주차 : 보은군 속리산면 사내리 201-1
- #나무데크 #기암절경 #가을여행지

방아실돼지집 (맛집)
"꼬들비계를 좋아한다면 여기!"

흑돼지를 저렴한 가격에 맛볼 수 있다. 생고기와 공기밥을 판매. 공기밥 주문시 된장찌개 제공. 기본 반찬은 셀프코너에서 이용가능. 숭덩숭덩 썬 삼겹살, 목살, 살코기가 섞여나온다. 꼬들거리는 비계가 맛있다. 김치를 구워먹어도 맛있다. 수생식물학습원 근처에 위치.브레이크타임 15:00~16:00 (p388 C:2)

- 충북 옥천군 군북면 방아실길 9
- #흑돼지구이 #생고기 #로컬맛집

호반풍경 카페 (카페)
"대청호 전망 캐노피 커플석"

@victoria12_felix16

수생식물학습원 (추천)
"대청호 물길따라 걷다보면..."

유럽풍 건축물과 식물들로 꾸며진 화려한 야외정원. 대청호를 배경으로 다양한 수생식물을 바라보며 잠시 쉬어가는 시간을 가져보자. 10~18시 개관, 매주 일요일 휴관 (p388 C:2)

- 충북 옥천군 군북면 방아실길 255
- #프로방스 #포토존 #정원

호반 풍경 카페는 대청호 뷰를 따라 캐노피 커플석이 마련되어있어 데이트 코스로 인기가 많은 곳이다. 건물 1층 밖으로 나가면 야외 테라스가 마련되어 있는데, 아래쪽 테라스가 아닌 건물 바로 밖에 있는 위쪽 테라스에서 대청호 전망 사진을 찍어갈 수 있다.

- 충북 옥천군 군북면 성왕로 2007
- #대청호 #소나무 #커플사진

부소담악
"호수 위로 보이는 병풍바위 "

날씨가 가물어지면 대청댐 수위가 낮아지고 부소담악 아랫부분의 병풍바위가 드러나 더 멋진 풍경을 즐길 수 있다. '대한민국의 100대 멋진 풍경'으로 꼽히기도 했다. (p388 C:2)

- 충북 옥천군 군북면 추소리 759
- #자연경관 #병풍바위 #절경

풍미당 (맛집)
"우동과 쫄면의 중간 맛 물쫄면"

@yangstable

전국 3대 온쫄면집으로 꼽히는 맛집으로, 주력 메뉴는 '물쫄면'이다. 물쫄면은 유부, 쑥갓 등을 넣은 우동국물에 쫄면을 넣어 끓인 음식으로, 따뜻한 국물과 쫄깃한 면발 맛을 함께 즐길 수 있다. 김밥을 시켜 함께 먹으면 더욱 든든하다.(p388 C:2)

- 충북 옥천군 옥천읍 금구리 146
- #물쫄면 #비빔쫄면 #수제비 #김밥 #분식

옥천성당 `추천`
"회색빛 아름다운 서양식 성당"

1903년부터 지어져 1955년 지금의 모습이 갖추어진 오래된 성당. 규모도 크고 역사도 깊어 천주교에서 의미있는 장소이다. 이곳의 종탑은 맑은 소리로 유명한데, 1955년 프랑스에서 공수한 것이라고. 회색빛 파스텔톤의 외관이 이국적이다. (p388 C:2)

- 충북 옥천군 옥천읍 중앙로 91
- #옥천여행 #오래된성당 #종소리 #드라마<괴물>촬영지

정지용 문학관 및 생가
"그곳이 차마 꿈엔들 잊힐리야"

'그곳이 차마 꿈엔들 잊힐리야', 현대 시인 정지용의 고향이 바로 이 옥천 하계리다. 생가 및 전시관에서 그의 삶을 좀 더 심도 있게 살펴볼 수 있다. 어린이를 위한 동시나 영상 시 낭송 등 시 관련 체험거리가 다양해서 어린이와 함께 방문하기 좋다. 09~18시 개관, 월요일 휴관, 무료입장. ((p388 C:2)

- 충북 옥천군 옥천읍 향수길 56
- #정지용 #생가 #박물관

찐한식당 `맛집`
"금강 민물고기로 만든 생선국수"

생선국수와 도리뱅뱅이가 시그니처 메뉴. 금강으로 유입되는 맑은 하천에서 잡은 물고기를 사용한다. 어죽의 쌀 대신 국수를 넣어 끓인 생선국수는 생선 살들이 국물 위로 보인다. 비리지 않고 감칠맛이 난다. 바삭한 생선에 매콤달콤한 소스의 도리뱅뱅이. 민물고기 위에 깻잎과 청양고추를 얹어 먹으면 맛있다. 흔히 먹을 수 없는 음식이라 맛보는 것을 추천한다. 월요일 휴무 (p389 D:2)

- 충북 옥천군 청산면 지전길 14
- #옥천맛집 #생선국수 #도리뱅뱅이

옥천 청산면 청보리밭
"넓은 벌 동쪽 끝으로 실개천이 휘돌아 나가는…"

청산 체육공원 쪽 보청천 둔치를 따라 자전거길까지 조성된 청보리밭. 10,000㎡ 규모의 드넓은 둔치에 청보리가 빽빽이 뒤덮여 있다. 보청천의 맑은 물과 어우러진 푸른 청보리가 인상적이다. 청산면 지역 명물인 생선조림 도리 뱅뱅이와 생선 국수도 맛보자.

- 충북 옥천군 청산면 지전리 378-5
- 주차 : 옥천군 청산면 지전리 378-5
- #청보리 #도리뱅뱅이 #생선국수

심천역
"동백꽃 필 무렵, 추억도 머뭅니다"

지역을 대표하는 간이역. 1934년 지금의 위치로 이전된 이래 지금의 모습을 유지 중이다. 세월이 묻어나는 역답게 <동백꽃 필 무렵> 드라마의 촬영지로, 예능 프로그램 <간이역>의 무대로도 활용되었다. (p389 D:2)

- 충북 영동군 심천면 심천로5길 5-1
- #간이역 #영동여행 #동백꽃필무렵 #촬영지

선희식당 `맛집`
"기력을 더하는 인삼어죽으로 유명한 곳"

@food._.hhh

어죽과 도리뱅뱅으로 유명한 영동군 향토음 식점. 어죽은 민물고기에 인삼, 대추 등을 넣어 기력을 복 돋우는 여름 음식이고, 도리뱅뱅은 빙어를 가지런히 돌려 담아 매운 양념에 조린 음식이다. 인삼어죽은 2인 이상 주문 가능하다.(p389 D:3)

- 충북 영동군 양산면 금강로 756
- #인삼어죽 #도리뱅뱅 #빠가사리매운탕 #빙어튀김 #민물새우 #인삼주

비단강숲마을
"김장부터 와인시음까지"

금강변을 따라 다양한 생태체험을 즐길 수 있는 농촌체험마을. 뗏목체험, 포도잼 만들기, 웰빙 촌 음식 만들기 등 시기별로 다양한 체험행사를 진행한다.

- 충북 영동군 양산면 수두1길 20-42
- #생태체험 #요리체험 #숙박

영국사
"가을이 쉬어가는 사찰"

1,000년 수령의 은행나무가 있는 불교 사찰. 이 은행나무는 가을이면 드넓게 퍼진 노란 잎을 드리운다. 천년고찰로 불리는 영국사 내에서 다도체험 및 템플스테이도 즐길 수 있다. (p388 C:3)

- 충북 영동군 양산면 영국동길 225-35
- #은행나무 #다도체험 #템플스테이

영동 매천리 복사꽃
"100년이 넘은 수령의 배나무 꽃도 볼 수 있는 곳"

복사꽃은 복숭아의 꽃으로 4월에서 5월 사이에 피는데, 연분홍빛 꽃이 가지에서 잎다도 먼저 피어난다. 안견의 '몽유도원기', 도연명의 '도화원기' 등 유토피아를 꿈꾸는 그림에서 종종 복사꽃이 등장할 정도로 은은한 아름다움을 가지고 있다. 영동 매천리는 1890년대부터 키워온 배나무밭으로도 유명한데, 과일나라테마공원 부지에 수령이 100년이 넘는 배나무가 20그루나 남아 있다.

- 충북 영동군 영동읍 매천리 34
- 주차 : 영동군 영동읍 매천리 33-3
- #복숭아꽃 #복사꽃 #고목

반야사 추천
"호랑이의 기운을 품은 천년고찰"

호랑이의 기운을 품고 있는 천년 고찰. 백화산 자락에 위치하고 있으며, 석천계곡이 이 사찰을 품듯이 감아 흐르고 있다. 이곳에 심어져 있는 배롱나무는 500년이 넘는 오래된 나무로, 꽃이 피면 절의 아름다움이 절정을 맞는다. 세조의 친필이 간직되어 있고 템플스테이로도 유명하다. (p389 E:3)

- 충북 영동군 황간면 백화산로 652
- #백화산 #천년고찰 #세조 #배롱나무 #석천계곡 #절경 #호랑이기운

영동 와인터널
"터널 안에서 즐기는 와인"

영동뿐만 아니라 세계 각지의 유수한 와인을 소개하는 체험형 와인터널. 420m 길이의 터널에 영동 와인관, 세계 와인관, 와인 체험관, 와인 저장고 등 다양한 체험시설이 마련되어 있다. 와인 체험관에서 영동 와이너리에서 주조한 와인을 3번까지 시음할 수 있고, 3인 이상 방문객은 뱅쇼 만들기 체험도 즐길 수 있다. (P389 D:3)

- 충북 영동군 영동읍 영동힐링로 30
- #와인동굴 #와인체험 #뱅쇼만들기

노근리평화공원
"잊어선 안 될 노근리 사건 "

노근리 양민 학살 사건을 기리기 위해 조성된 평화공원. 이 사건은 한국전쟁 때 미군이 비무장 피난민을 무차별 학살한 사건으로, 한국전쟁 때 미군에 의해 발생한 225여 개의 사건 중 유일하게 미군이 잘못을 인정한 사건이기도 하다. 한국 현대사의 아픔이 담겨있는 이 공간은 수십 년이 지난 지금에도 깊은 울림을 준다. (P389 E:2)

- 충북 영동군 황간면 목화실길 7
- #역사여행지 #한국전쟁 #박물관

안성식당 맛집
"시원하고 담백한 국물"

3대째 운영중인 올뱅이국 맛집. 올갱이를 영동지역에서는 올뱅이라고 부른다. 올뱅이와 수제비, 아욱, 버섯이 가득 들어간 올뱅이국. 시원하고 담백한 국물이 일품이다. 다진 고추를 넣어 얼큰하게 먹어도 좋다. 밥을 말아 꼴뚜기젓갈을 올려먹어도 좋다. 자극적이지 않고 건강한 한끼를 먹을 수 있다. (P389 D:3)

- 충북 영동군 황간면 영동황간로 1618
- #황간맛집 #올뱅이국 #건강한맛

덕승관 맛집
"고기와 채소를 갈아 넣은 유니짜장 전문점"

@sera88

잘게 다진 고기와 채소를 넣어 만든 유니짜장 전문점. 구수한 춘장 양념이 얇은 면에 잘 배어들어있다. 면을 다 먹고 나서 밥을 추가해 짜장밥을 만들어 먹어도 별미. '백종원의 3대 천왕'에 소개된 바 있다.(p389 E:3)

- 충북 영동군 황간면 소계로 5
- #유니짜장 #짜장면

05

충청남도·대전·세종

#아산 외암리 민속마을

@salt.desert_

#세종국립수목원

#공주 불장골저수지

@jieuni12

#공주 공산성

@h.71hy0

#공주 연미산자연미술공원

#태안 청산수목원

#서산 간월암

415

#태안 삼봉해수욕장 해식동굴

#부여 성흥산성 사랑나무

@pf_ju @rami_loveme

#당진 아그로랜드 태신목장

#부여 무량사

#당진 아미미술관

#서천 장항스카이워크

#대전 소제동 카페

@youngji.go.go

#금산 대둔산 단풍

충청남도·대전·세종의 먹거리

01

관평동 도토리묵말이 | 대전광역시 유성구 관평동

구즉동 일대의 묵 마을이 관평동으로 이전하며 도토리묵말이집이 많이 생겼다. 길게 썬 도토리묵에 김, 깨소금, 고춧가루를 얹고 뜨끈한 육수에 말아 먹는 음식으로, 여기에 잘게 썬 묵은지나 삭힌 고추를 취향껏 넣어 칼칼하게 먹는다.

02

대전 칼국수 | 대전광역시

대전 시민 60%가 지역을 대표하는 음식으로 칼국수를 꼽을 정도로, 대전은 칼국수가 맛있는 곳이다. 대전에서는 전골 요리나 샤브샤브를 해 먹고 남은 국물로 칼국수, 볶음밥을 해 주는 음식점이 많다.

03

가락국수 | 대전광역시 중구 대전역

예전에는 철도 구조상 호남선을 타려면 대전역에서 환승해야 했는데, 이때 간단하게 끼니를 때우려는 사람들이 몰려 대전역 가락국수가 유행하게 되었다. 보통 멸칫국물에 담긴 우동면에 유부, 김 가루, 고춧가루, 쑥갓 등이 올라간다.

04

공주 국밥 | 공주시

국밥은 양지머리 우린 국물에 간장 간을 하고 소고기를 넣어 밥을 말아 먹는 음식으로, 국과 밥을 따로 내는 '따로국밥'이 바로 공주 국밥이다. 공주에는 어머니 드릴 국밥을 쏟은 이복이 울고 갔다는 국고개 전설이 있다.

금산 인삼 삼계탕 | 금산군

금산은 1500년을 이어온 인삼의 고장이다. 금산에서는 인삼 삼계탕과 함께 인삼 튀김, 인삼 어죽을 맛볼 수 있다

당진 꽃게장 | 당진시

액젓, 생강 등을 넣어 전통 비법으로 끓인 당진 꽃게장은 봄철의 암게만을 골라 급속냉동하여 사용한다. 짜지 않고 달콤한 감칠맛 도는 양념이 특징

대천항 꽃게 | 보령시 대천항

대천항 꽃게는 크기가 크고 담백한 맛으로 유명하다. 5월부터 6월까지는 암꽃게, 10월부터 11월까지는 수게가 맛있다.

당진 칼국수 | 당진시

당진에는 지역 특산품인 바지락으로 육수를 낸 손칼국수 맛집이 많다. 닭고기가 들어간 닭 칼국수도 맛있다.

조개구이 | 보령시 대천해수욕장

대천해수욕장 앞에는 모둠조개구이를 하는 많은 해산물 음식점이 있다. 대천항 인근에서 채취하는 품질좋은 바지락이 들어간 바지락탕도 대천의 명물

무창포 굴 | 보령시 무창포

무창포 해수욕장 근처에서 직접 채집한 자연산 굴을 구매할 수 있다.

충청남도·대전·세종의 먹거리

오천항 키조개 | 보령시 오천항

오천항은 전국 키조개 생산량의 60~70%를 차지하고 있다. 키조개는 산란기인 7월 이전 4, 5월이 제철로, 이때 방문하면 샤브샤브, 회무침, 버터구이, 양념 볶음 등의 요리를 즐길 수 있다.

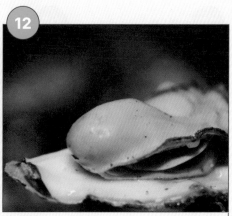

천북 굴 | 보령시 천북면

천북면 장은리 굴단지에서 굴회, 굴밥, 굴구이 등의 굴 요리를 즐길 수 있다. 굴은 카이사르, 카사노바, 나폴레옹도 사랑했던 고급 진미이다.

천북 굴밥 | 보령시 천북면

천북면에서는 은행, 대추, 밤 등을 넣고 굴을 올린 굴 돌솥밥을 맛볼 수 있다. 달래 간장을 넣고 비벼 먹으면 고소하고 상큼한 맛이 난다. 천북 굴단지 주변에 굴밥 식당이 모여있다.

서동한우 | 부여군

건조 숙성(드라이에이징)을 통해 감칠맛을 더한 한우 전문점. 마블링이 없는 고기임에도 부드럽고 진한 맛이 난다

연잎밥 | 부여군

부여는 연잎, 연근 요리로도 유명하다. 궁남지 근처에 연잎에 찹쌀, 은행, 대추, 잣을 넣어 찐 밥과 연근 요리 반찬이 나오는 전문음식점이 많다.

간월도 굴밥 | 서산시 간월도

고소하고 진한 맛의 간월도 산 강굴에 은행, 콩, 대추, 호두 등을 돌솥에 넣은 굴밥

마량항 도미 | 서천군 마량항

마량항 도미는 산란기인 봄철에 가장 맛이 좋다. 도미는 단백질은 많고 지방질은 적어 중년기나 회복기 환자에게 좋다.

서천 전어구이 | 서천군

전어에 칼집을 내 소금을 뿌려 그대로 구워 먹는 전어구이는 가을에서 겨울 사이 홍원항, 마량포 근처 횟집에서 맛볼 수 있다.

민물장어구이 | 아산시 인주면

5~11월경, 조수간만의 차가 심한 아산호에는 자연산 장어가 많이 잡힌다. 인주면 장어촌 특화 거리에 방문하면 신선한 자연산 장어를 맛볼 수 있다.

붕어찜 | 예산군

예당저수지에서 잡히는 붕어는 담백하고 쫄깃한 맛이 난다. 보통 말린 무청을 깔고 갖은양념과 민물 새우를 넣어 쪄낸다.

충청남도·대전·세종의 먹거리

21

서천 주꾸미 | 서천군

주꾸미는 산란기인 3월 중순부터 5월 사이 알이 꽉 차 가장 맛이 좋다. 마량항 주꾸미 철에 마량리 동백숲이 개화하니 주꾸미 먹고 꽃구경도 가 보자.

22

병천순대 | 천안시

천안 삼거리 길목에 있던 아우내(병천)장에서 팔던 장터 음식. 돼지 소창에 갖은 채소와 선지, 찹쌀, 들깨를 넣어 만든다. 당면이 거의 들어가 있지 않고 채소량이 많아 담백하다. 병천리 병천순대거리 특구에 음식점들이 모여있다.

23

구기자 갈비전골 | 청양군

구기자의 단맛과 사골의 구수함, 청양고추의 칼칼함이 어우러진다. 구기자는 소염, 해열작용, 혈압과 혈당을 낮추는 데 효과적이며, 비타민 C가 오렌지의 500배나 되어 일명 '청양산 자양 강장제'로 불린다.

24

안면도 꽃게 | 태안군 안면도

안면도에서는 신선한 꽃게를 이용한 향토 음식인 게국지와 간장게장을 맛보고 오자. 5~6월에는 암꽃게, 10~11월에는 수게가 가장 맛있다.

안면도 대하 | 태안군

대하는 한의학적으로 양기를 왕성하게 하여 몸을 데우는 효과가 있다. 또, 글리신, 아미노산과 단백질, 칼슘이 풍부해 원기회복에도 도움을 준다.

박속밀국낙지 | 태안군

밀이 날 무렵인 5~6월엔 살이 달고 크기가 작은 어린 낙지가 잡힌다. 무 대신 박속과 고추, 파 등을 넣고 끓인 것에 산 낙지를 살짝 데쳐 먹는다.

대하찜 | 태안군

태안은 대하 어획량의 70%를 차지하는 최대 집산지다. 보통 싱싱한 대하를 통째로 붉어질 때까지 쪄내서 초장에 찍어 먹는다.

남당리 대하 | 홍성군 남당리

가을 서해안의 명물, 새우의 왕! 천수만은 대하의 최대 산란지이자 서식지이다.

남당리 새조개 | 홍성군 남당리

속살이 새 부리와 닮아 새조개라 불리며 어린이 주먹만 하다. 보통 배추, 청경채, 버섯 등을 넣고 끓인 채수에 새조개와 주꾸미 등을 데쳐 먹는다.

홍성 한우구이 | 홍성군

매해 한우 축제가 열릴 정도로 한우로 유명한 곳이다. 다른 지역의 소고기보다 마블링이 촘촘하고 부드럽다.

충청남도·대전·세종에서 살만한 것들

금산 인삼 | 금산군

비옥한 마사토에서 재배되는 금산 인삼은 영양가가 높고 신선하다. 특히 사포닌 함량이 높은 여름형 인삼, 수삼을 건조한 백삼이 유명

강경 젓갈 | 논산시 강경읍

강경은 일제강점기에 해산물 거래가 활발히 이루어지는 강경포구가 있던 곳

논산 딸기 | 논산시

토양이 비옥하고 일조량이 많아 다른 지역보다 크고 달콤한 딸기가 재배된다. 비료 대신 미생물 퇴비를 사용하여 안심하고 먹을 수 있다.

대천김 | 보령시

서해안에서 채취한 원초만을 사용해 감칠맛이 깊다. 보통 소금간이 된 조미김 형태로 판매

서산 마늘 | 서산시

삼국 시대부터 재배되어 온 재래종 마늘이다. 육쪽마늘은 매콤하며 살균력이 좋고, 오래 보관할 수 있다.

생강한과 | 서산시

생강한과는 전국 생산량 30%를 차지하는 서산 생강으로 만든 전통 간식. 생강 찹쌀 반죽을 튀겨 튀밥을 묻히는 정통 방식으로 제작한다.

07

한산소곡주 | 서천군

달콤하고 감칠맛이 좋은 술. '앉은뱅이 술'이라는 별명

08

병천순대 | 천안시

천안 아우내(병천) 장터에서 판매되기 시작한 향토 음식

09

입장 거봉포도 | 천안시

입장 거봉 포도 마을은 전국 거봉 수확의 43%를 차지하는 주산지

10

남당항 새조개 | 태안군

갯살이 새 부리처럼 생겨 새조개라고 불리며, 맛도 닭고기 맛이 난다.

11

안면도 대하 | 태안군

9~10월에 잡힌것이 더 감칠맛 난다.

12

안면도 대합 | 태안군

살이 통통해 구워 먹거나 쪄먹기 좋고, 감칠맛이 풍부해 찜, 탕도 좋다.

13

태안 꽃게 | 태안군

채석포항에서 잡히는 꽃게는 껍질이 청록색을 띠며 두껍고, 크기가 크다.

14

광천 새우젓 | 홍성군

토굴에서 숙성 시켜 감칠맛이 깊고 젓 갈 색이 곱다.

충청남도·대전·세종 BEST 맛집

박순자아우내순대 | 천안시

병천순대거리에 위치한 병천 3대 순
대라 불리는 집. 순대국밥, 모둠순대
두가지 메뉴만 판매

가야밀면 | 천안시

밀면이 주력 메뉴. 주문하는 순간 면을
뽑아 쫀득하고 찰기있는 면발, 생면이
라 소화에도 좋다.

곰골식당 | 공주시

운치 있는 한옥에서 즐기는 시골밥상
전문점. 생선구이나 제육불고기 등 일
품 메뉴와 정갈한 반찬

마곡사 서울식당 | 공주시

40년 전통 더덕산채정식 맛집. 잘 구
워진 더덕구이를 흰쌀밥에 올려 먹으
면 꿀맛이다. 부드럽고 향도 좋다.

동해원 | 공주시

고기와 채소를 얇게 썰어 진한 국물맛
이 나는 짬뽕집. 고기와 고추기름이 넉
넉히 들어가 육개장을 닮은 짬뽕 국물
맛이 일품이다.

한일식당 | 예산군

한 번 먹으면 계속 생각나는 맛. 빨간
국밥이 대표 메뉴로 칼칼하고 매콤하
게 먹을 수 있다.

소복갈비 | 예산군

80년의 오랜 전통을 자랑하는 한우 갈비집. 역대 대통령의 맛집

장춘닭개장 | 당진시

닭개장 단일메뉴만 판매한다. 얼큰하고 진한 국물의 닭개장

다원 | 태안군

알과 장이 가득찬 암꽃게로 만든 게국지

오양손칼국수 | 보령시

3대째 이어온 맛집. 갑오징어와 키조개가 들어간 칼국수

은행집 | 청양군

직접 띄운 청국장으로 만들어 걸쭉하고 구수한 맛

@pine2020

왕곰탕 식당 | 부여군

시금치와 부추무침을 넣어 먹는 국밥. 40년 전통

@sunghoon___kim

진미식당 | 서천시

2대째 이어온 서리태 콩국수. 서천군 1호 백년가게로 선정된 곳.

원조연산할머니순대 | 논산시

4대째 이어오고 있는 순대맛집이다. 내장의 진한맛을 좋아한다면 추천

@kangiy90

오씨칼국수 | 대전광역시

수타면을 이용한 칼국수 전문점. 물총 조개탕과 손칼국수가 별미

충청남도·대전·세종

당진시

간월암, 간월도 유채꽃
해미읍성, 도비산 해돋이 전망대

안면도 자연휴양림, 백사장항
몽산포해수욕장, 만리포해수욕장
천리포수목원, 꽃지해변

팔봉산

서산시

태안군

지령산

도비산

예산군

가야산

홍성군

아그로랜드 태신목장, 리솜스파캐슬덕산
한국고건축박물관, 예산 가야산 가는 벚꽃길
임존성 전망대(봉수산 전망대)

오서산

오서산 정상 억새, 남당항

성주산

옥마산

면수산

장곡사 벚꽃길, 칠갑산 진달래

보령시

대천해수욕장, 보령석탄박물관
외연도 상록수림, 무창포해수욕장
보령 스카이바이크

천방산

서천군

금강하구둑놀이공원, 춘장대해수욕장
장항 스카이워크

왜목마을, 합덕수리민속박물관
기지시줄다리기박물관

현충사, 파라다이스 도고
아산 스파비스, 순천향대학교 벚꽃길
지중해마을, 곡교천 코스모스 및 유채꽃

아름다운정원 화수목, 독립기념관
천호지, 소노벨 천안 오션어드벤처
천안박물관, 우정박물관

위례산

성거산

태조산

아산시

흑성산

천안시

충청남도산림박물관, 국립조세박물관
교과서박물관, 세종시립민속박물관
세종 조천연꽃공원

광덕산

세종특별자치시

공산성 철쭉, 계룡산 단풍(갑사, 동학사)
공주 한옥마을, 국립공주박물관
충청남도역사박물관, 석장리박물관

공주시

태화산

무성산

장태산 자연휴양림 단풍, 대청댐
대전 오월드, 식장산 전망대,
국립중앙과학관, 대전시립미술관
대전화폐박물관

계족산

대전광역시

계룡산

계룡시

보문산

식장산

금산 보곡산골 비단고을 산벚꽃
금산인삼약령시장

논산시

서대산

금산군

문산

진악산

궁남지, 관북리유적 및 부소산성
백제문화단지, 능산리 고분군
국립부여박물관, 무량사 단풍
정림사지 및 오층석탑

백제군사박물관

429

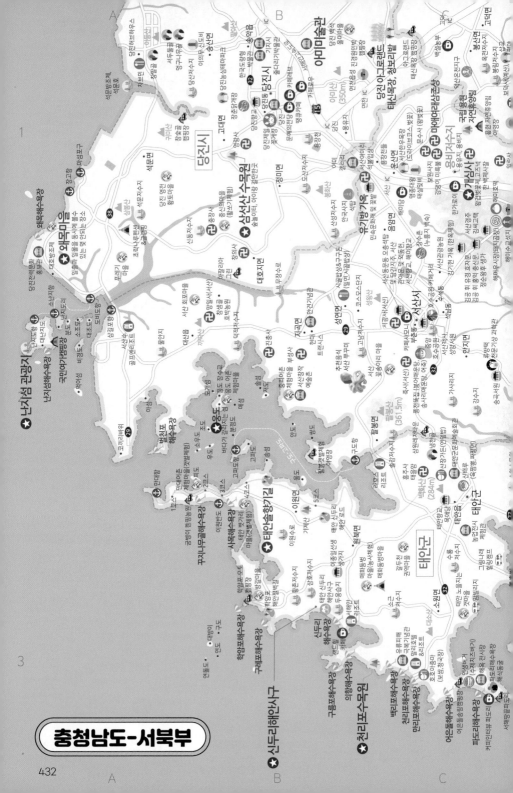

충청남도-서북부

충청남도-동북부

평택시

A

신동저수지
충장사
충신의마을 (활쏘기체험)
고대면
량곡사
장춘달래개장
당진농심테마파크
팔아산
★ 삼선산 수목원
숲놀이터, 아이랑 같이한곳
당진향교
한국도량형
박물관
송악읍
IC 당진
당진제일
꽃게장
당진진도 당진시
기지시
줄다리기박물관
서해안고속도로
단호박
올리고마을
신평양조장
백련 양조문화원
로드1950
(서해전망카페)

당진시
정미면
당진
문예의전당
땡큐카페
카페로우
아미
갤러리
용유천

JC
당진
산성저수지
봉화산
아미
당진
★ 아미미술관
폐교를 개조해서 만든
아미산
(350m)
당진 백색
올리마을
사계절식당 (어죽)
순성면
★ 당진 아그로랜드
태신목장, 청보리밭
추천삼리
당진 꽃게장
우강면
한갑동가옥
솔위성지
합덕수리민속박물관
합덕성당 (드라마 배경)

도산저수지
도시면
안국사지
석탑
어미
당진

유기방 가옥
민속문화재 및 꽃밭
음암면
서산여미리
석불입상
영탑사
면천면
서산 IC
면천읍성 진영원인박
캠핑장
면천향교
크래프트1153
4,5월
아그로랜드
태신목장 캠핑장
카페
피에라
태신목장
황우실성지
버그내순례길
신리성지
세계 꽃식물원
일년내내 20여가지
테마의 꽃축제

서산시
해미당
명종대왕
태실밸미
서산한우목장 (드라이브코스, 벚꽃)
문수사 (왕벚꽃)
보원사지
강당아 미륵불
★ 매애여래삼존상
용비저수지
용비저수지
용비, 용비지
국립 용현
자연휴양림
★ 개심사
왕갑벚꽃제, 고즈넉
한 백제사찰
옥저저수지
봉산면
고덕면
덕산온천지구
예산 화전리
석조사면불상
정동호
가옥
월성위김한신묘
화암사
추사김정희
선생 고택·묘

해미읍성
해미당
낙상
가야산
(677m)
해미순교성지
카페노빌레
덕산면
내포보부상촌
예덕상원사
윤봉길의사기념관
충의사
스플라스 온천
워터파크
한일식당
빨간소머리
인형박물관
삽교읍
삽교
할머니곱창
삽교역
예산수덕사 IC
오가면
국립예산
치유의숲
양길카페 (한옥)
★ 외암민속
조선 명종 이후 예안이씨가 거주하던 곳이 이름다운 곳
느껴볼수
외암민속마을

덕숭산
(495m)
카페두리
★ 수덕사
대웅전(국보 제49호)
파인힐캠프
홍성상하리미륵불
용봉산
자연휴양림
케이카페
리버스
트리
이응노선생
사적지(수덕여관)
응봉면
예산 알토란
사과마을
카페잉
느린캠프수길
대흥식당 (민물새우튀김)
예당관광지
예당조각공원
★ 예당호 출렁다리
한국에서 가장큰 저수지

예산군

고북면
갈산면
한국고건축
박물관
홍성온천
홍주읍성(홍성)
조양문
홍주읍성(홍성)
★ 수덕사
용봉사(홍성)
용봉산
(381m)
이응노의집
★ 예당 황새공원
습지, 문화관, 휴게장
겨울 황새들을 수 있다.

김좌진장군
생가지
백야기념관
에덴힐스 힐링파크
만해 한용운
선생 생가지
카라반에코
빌리지
홍성
구항면
거북이마을
★ 임존성 전망대
예당저수지의 아름다운 전망

홍성군

청양군

434

B

C

A

B

C

나치도

꽃다리
오마이갤러리

★ **안면도수목원**

★ **안면도 자연휴양림**
100년 내외의 소나무로 가득한
국내 유일의 소나무 천연림

홍성방조제
훈이네굴수
(굴찜)

★ **꽃지해변**
태안 안면읍에 있는 5km에 이르는 끝내주는
낙조 전망 해변, 백사장을 따라 해당화가
만발해 '꽃지'라는 이름을 갖게 됨

꽃지
해안공원
아일랜드 리솜
오아시스 선셋스파

안면가(해물절판)

★ **코리아 플라워파크**
튤립, 수국 등 다양한 꽃축제

★ **천북굴단지**
11월~2월까지 잡히는
최상품으로 매년 12월
'천북 굴 축제'

추천음식
보령 천북 굴

외도

1

외파수도

꽃지해변

★ **샛별해수욕장**

태왕사신기
안면도세트장

샛별
글램핑

안면도
미로공원

운여해변

고남패총박물관
아티카리조트

뒷섬
모래섬

맨삽지(학성리
공룡발자국화석)

천북 폐목장
청보리밭
오양숫칼국수
오천항

★ **장삼포해수욕장**

옐로우데이즈

아랫나무섬

더번 힐
글램핑

닭섬
할미섬
바람아래관광농원

장돌해수욕장

조개부리
마을

고남면

주도항

육도항
주도

육도
허육도

허육도항

보령
에너지

바람아래해변

영목항

소도
소도항

이지함
선생묘

딴명장섬
장고도

장고도항

원산도
오봉산 차박지

고대도-안면도-원산도

고대도-안면도항

초전항

효자도항
효자도

덕두항

은섬

대천
해운

바이더오
오봉산

스테이오봉
Stay

원산도
원산창고

오봉산

오천면

더

삽시도
둘레길

삽시도항

재두항

대천-원산도

대천항

삽시도

대천항-호도

★ **대천해수욕장**
스카이바이크

대천항

보령 시민탑광장
JFK 대천 워터파크
보령머드축제

명덕도

토끼섬

★ **호도해수욕장**

호도항

외점도 볼모도

★ **대천해수욕**
보령머드

호도

주도

다보도

대길산도
중길산도

소길산도

녹도

★ **죽도 상호**
산책,
용두

모도

녹도항

소화사도

★ **무창포해수욕장**
매월 음력 보름날과 그믐날 전후 해변에서
석대도까지 1.5km 바닷길이 열린다.

벨
관장도

2

대화사도

녹도-외연도

무창포 비체팰리스

독산해

소청도

연도

★ 외연도항

불공어도

황죽도

장안

독섬

당산양도

무마도

부사방조제

해송과 아카시아나무

외연도 상록수림 ★
대천항에서 1시간 30분가량 걸리는 보령
외연도의 상록수림
20m도 넘는 나무를 비롯하여 신비한 자연의
숲을 있는 그대로 볼 수 있는 곳, 2박 추천!

춘장대 해변

홍원항(꽃게,쭈꾸미,직판장)

서천 마량리

★ **동백나무 숲**

서
(
푸

동백정

오력도

한국최초
성경전래지

연도-어청도

3

연도

연도항

충청남도-서남부

충청남도-동남부

438

(한식 가정식)

세종 호수공원
세종특별자치시

합강공원
오토캠핑장
우주축제
관측센터

바람꽃의
다육식물원

국립세종수목원 ★
계절이니 달라지는
넓은 수목원

금강대교

★ 대청댐
대전과 청주 사이에 있는
우리나라에 3번째로 큰
댐. 많은 이들이 대청호
주변 드라이브

청남대 단풍
10, 11월

청남대
대청호 부근에 있는
대통령 전용 별장
노무현 대통령에 의해
일반인에게 개방
승용차로 오려면
홈페이지에서 미리 예약

IC 회인

보은군

금남 백로
서식지

남세종

추천음식
대전 유성
도토리묵말이

반석동 반석역
카페거리

국립세종과학공원

국립중앙과학관 ★
우리나라 대표 국립 과학관, 체험

노은역
노은동

국립대전현충원
보훈둘레길
커피인터뷰
공간태리

대전광역시

대전 오월드 ★

서대전 JC

구봉산
(264m)

모원재, 주마신원재,
염세재, 계룡 사계고택
C 계룡

흑석리역

수지

자연휴양림

매포역

오봉산

신탄진역

신탄진 IC

수운교
도솔천

여진불교
미술관
북대화

회덕 JC

대전엑스포 과학공원

회덕향교

한밭수목원

유성구

유성온천역
유성

서구 시청역

대덕구

대전광역시

성심당
중구

델 빠네

진잠향교

가수원역

용화사

서대전

대전역

동춘당공원
IC 대전

추동
생태공원

대청호
오백리길
대청호 호반 트레킹
코스 총 21구간

대청호 추동
습지보호구역
억새/갈대/습지 공원
9, 10, 11월

옥천군

철도 JC

명상정원
아시공공경력가

김정선생
묘소원

우암사
적정원

태전향교

파이퍼센트

하늘만큼땅

쌍청당

옥천

IC 옥천

옥천역

경부고속도로

계족산 황톳길
계족산에는 명품 100리 숲길과
장동산림욕장 그리고 황톳길.
황톳길은 맨발로 걸을 수 있는
힐링 여행지. 20분만 오르면
계족산성이 있는대 대전 전망.

대청호

세천역

신탄동
석봉동

찬샘마을

대청호
오백리길

대청호

식장산
(598m)

식장산 전망대
일몰과 야경이
아름다운 대전 전경을
볼 수 있는 전망대

금강

IC 이원역

심천역

옥천 IC

경부고속도로

진잠향교

진장향교
권율장군 이치대첩비
(이치 전투 : 권율/황진 장군이 왜군에
승리해 왜군의 전라도 진출을 막음)

금산군

금산인삼약령시장
전국 생산량의 80%가
거래되는 인삼전문시장
타 지역보다 2~50%
저렴하게 구매 가능

대둔산
(878m)

대둔산
자연휴양림

청강수
계곡

금산양지리
팽나무 연리목

고경명선생비

금산향교

아이린석탑

금산한방
스파호텔туре

금산양지리

금산읍

진악산
(732m)

37

탑삼리석탑

삼영가든(천렵)

개삼터, 개삼각

청풍서원
부리면
덕산사

서대산
(904m)

금산 보곡산골
비단고을 산벚꽃
3, 4월

천태산
(715m)

영동군

월영산 출렁다리 ★

천내강

적벽강

저벽강

농바위
마을

원골식당 (어죽, 도리뱅뱅이)

금산원골

용화리
용호서원

아일랜드

금산생태
과학체험장

금화리고인돌

귀양사

적벽강
휴양의 집

적벽강
비단길
수통리마을

금산산림문화타운
캠핑, 야영장, 체험장, 생태숲

진안군

느티골산림욕장
남이자연휴양림
금산생태숲

육백고지

두문동골

남일면

태영민속
박물관

의병승장비

마이산

봉황천

보석사
천년 은행나무 홍도마을

남일면

공간퀘렌시아

죽포동천폭포

십이폭포골

무주군

산당이골

보은군

439

아산 레일바이크 옛도고온천역 왕복 4.8km 추천
"정겨운 들판을 달리는 레일바이크"

옛 도고온천역에서 출발해 약 40분간 4.8km 운행하는 레일바이크. 아산의 정겨운 시골 풍경이 정겹다. 일몰 시간에 즐길 수 있는 선셋 레일바이크도 운영된다. 현장 발권도 가능하지만 다소 대기가 있을 수 있으니 예약하는 것을 추천한다. 역 건물 바로 옆에서 짚라인도 체험할 수 있다. 6~9월에는 철길 양쪽으로 코스모스 꽃길이 펼쳐진다. 일몰 시각에 탑승하면 석양을 바라보며 코스모스길을 즐길 수 있다.(p430 C:1)

- 충남 아산시 도고면 신언리 142-1
- #레일바이크 #일몰 #짚라인 #코스모스길

파라다이스 도고
"온천과 물놀이를 동시에"

바데풀, 유수풀, 연인탕, 닥터피시 체험존 등이 딸린 파라다이스 도고는 물놀이뿐만 아니라 바데풀로 건강까지 챙길 수 있어 가족 단위의 여행객들이 많다. 겨울철에는 오가피, 생강, 귤 등을 이용한 이벤트탕도 운영한다. 야외에 위치한 히노끼탕은 꼭 이용해보자.(p434 A:2)

- 충남 아산시 선장면 신성리 260
- 주차 : 아산시 도고면 기곡리 180-1
- #노천탕 #히노끼탕 #피부

세계 꽃 식물원
"꽃이 주는 즐거움"

1년 내내 꽃이 만개해있는 실내외 꽃 식물원. 커다란 유리온실이 있어 한겨울에도 볼거리가 가득하다. 튤립, 작약, 수선화 등 구근식물들의 중심으로 3,000여 종의 식물을 취급하고 있다. 폐타이어나 화분 등을 활용한 친환경적인 포토존이 정감 있다. (p430 C:1)

- 충남 아산시 도고면 아산만로 37-37
- #유리온실 #작약 #수선화

종가면옥 맛집
"소고기 덩어리가 들어간 푸짐한 비빔냉면"

맛있는 녀석들에 소개된 비빔냉면 맛집. 커다란 소고기 덩어리가 통째로 들어가 속이 든든하다. 섞이미냉면에는 소고기와 회무침이 함께 올라간다. 겨울에는 따뜻한 국물 맛이 좋은 온소면도 추천. 속이 꽉 찬 만두는 한정 판매되고 있으니 기회가 된다면 꼭 시켜 먹어보자. (p434 B:2)

- 충남 아산시 배방읍 북수리 1214
- #비빔냉면 #섞이미냉면 #만두맛집

신정호 카페 거리 추천
"신정호의 아름다운 뷰를 품은 카페가 많이 밀집되어 있는 곳"

신정호 주변을 따라 형성된 카페 거리. 넓은 루프탑과 베이커리 전문 우즈베이커리카페, 논뷰 베이커리 맛집 윔 사이트, 리얼 모던 라프카페 등등 다양한 컨셉의 카페를 투어할 수 있다.(p431 D:1)

- 충남 아산시 신정로 일대
- #아산카페 #신정호카페 #당진근교카페 #카페투어 #아산가볼만한곳

외암리민속마을 추천

"500년 전부터 형성된 마을로 아름다운 한옥의 멋을 느껴볼 수 있어"

500년 전에 형성된 마을로 강씨와 목씨 등이 정착해 마을을 이뤘으며, 조선 명종 이후 예안이씨가 이주해 오면서 지금의 모습을 갖추었다. 예안 이씨 이정의 6대손인 이간의 호를 따서 '외암'이라 부른다. 아름다운 한옥의 멋을 느껴볼 수 있는 곳이다.(p431 D:1)

- 충남 아산시 송악면 외암리 258-3
- 주차 : 아산 송악면 역촌리 65-8
- #초가집 #기와집 #장승

예산 가야산 가는 벚꽃길

"아늑함이 느껴지는 시골 벚꽃길"

덕산면에서 옥계저수지를 지나 남연군묘 입구까지 4km가량의 벚꽃 길. 가야산으로 가다 보면 옥계저수지가 나오는데, 산책을 할 수 있도록 나무데크가 설치되어 있다. 차량 이동시 내비게이션에 덕산면에서 남연군묘를 찍고 가거나, 옥계저수지 근처나 가야산 도립공원 주차장에 주차하고 둘러봐도 좋다.

- 충남 아산시 신창면 읍내리 646
- #벚꽃길 #가야산 #산책 #낭만

아산 순천향대학교 벚꽃길

"따뜻한 봄날 캠퍼스의 벚꽃 낭만으로 들어가보자!"

순천향대학교는 캠퍼스 구석구석이 벚나무로 가득해 벚꽃 철이 되면 많은 사람이 찾는다. 학교 건물 사이사이 벚꽃길을 걷는 것도 나름대로 운치 있고, 피닉스 광장이라 불리는 잔디광장 주변의 벚꽃을 보는 것도 추천한다.

- 충남 아산시 신창면 읍내리 646
- #벚꽃길 #낭만 #피닉스광장

아산 인취사 연꽃

"소박하지만 고즈넉한 분위기"

아산시 신창면에 위치한 인취사 대웅전 북쪽에 피어난 백련. 이곳의 연꽃은 혜민 스님이 30년간 가꾼 연꽃이다. 인취사의 백련은 김제 청운사에까지 전해졌다고 한다. 규모는 다소 소박하지만 인취사의 고즈넉한 분위기와 어울려 순박한 백색 연꽃을 온전히 즐길 수 있다.

- 충남 아산시 신창면 읍내리 82-5
- 주차 : 아산시 신창면 읍내리 산67-29
- #백련 #혜민스님 #불교

환경과학공원

"생태체험의 보고"

쓰레기 소각장을 활용한 환경공원으로, 다양한 동물들과 곤충의 생태를 살펴볼 수 있는 아산시 생태곤충원과, 측우기와 물시계를 체험해 볼 수 있는 장영실 과학관을 함께 운영하고 있다. 통합 입장권을 판매하고 있으니 참고하자. 하절기 10~18시 개관, 동절기 10~17시 개관, 매주 월요일 및 설날과 추석 연휴 휴관.(p434 B:1)

- 충남 아산시 실옥로 220
- #곤충체험 #생태체험 #박물관

현충사 추천

"이 충무공이 어릴적 살던 동네"

1706년 숙종 32년에 세워졌으며 숙종의 명으로 현충사란 이름이 내려졌다. 현재의 현충사는 일제강점기 때 다시 지어진 것이다. 현충사 부근 충무공의 외가가 있어 무과 급제 때까지 이곳에서 자랐다고 한다.(p431 D:1)

- 충남 아산시 염치읍 현충사길 126
- #이순신 #사당

아산 현충사 은행나무길

"현충사부터 곡교천까지"

현충사 입구에서부터 곡교천까지 조성된 650m 규모의 은행나무 길. 곡교천변을 따라서도 대규모의 은행나무길이 계속 이어진다. 현충사 주차장과 현충사 내부의 은행나무도 절경을 이룬다. 현충사 내부에도 방문해 충무공 이순신 장군의 얼을 느껴보자.(p431 D:1)

- 충남 아산시 염치읍 백암리 286-1
- 주차 : 아산시 염치읍 백암리 286-1
- #현충사 #은행나무 #은행잎

아산 곡교천 은행나무길 [추천]

"아산 꽃길명소, 4월 유채꽃, 11월 은행나무길, 이 두 가지만 기억해"

아산 충무교에서 곡교천변을 따라 조성된 2km 규모의 은행나무길. '한국의 아름다운 길 100선', '전국의 아름다운 10대 가로수길'에 소개된 바 있다. 은행나무길과 곡교천변 사이 둔치에는 코스모스가 피어나 정취를 한껏 돋운다. 350여 그루의 은행나무가 노랗게 물들어 절경을 이룬다. 봄에는 유채꽃이 만발해 또 다른 매력을 느낄 수 있다.(p431 D:1)

- 충남 아산시 염치읍 석정리 62-3
- #곡교천 #유채꽃 #산책 #은행나무 #가로수길 #코스모스

은행나무길 국수집 [맛집]

"한정판매 멸치국수를 맛보자"

@jeonginksan

멸치국수는 한정판매라 늦게 가면 못 먹을 수 있다. 비빔국수는 매콤하고 달달하고 고소하다. 할머니집에 가면 있을법한 옻칠한 둥그런 나무상에 앉아 식사를 한다. 레트로 감성을 느낄 수 있다. 연잎을 갈아넣어 만든 만두피의 만두도 인기다. 은행나무길에 위치해 산책 후 식사하기 좋다. 화요일 휴무. 애견동반 (p434 B:1)

- 충남 아산시 염치읍 송곡남길 100 1층
- #현충사맛집 #비빔국수 #멸치국수

영인산마루 [맛집]

"제철채소 가득한 우렁쌈밥 한상"

우렁쌈밥정식이 시그니처 메뉴다. 우렁무침, 우렁튀김, 우렁쌈장 등 다양한 우렁 요리를 먹을 수 있다. 우렁이 가득한 우렁삼장은 짜지 않아 듬뿍 덜어 먹어도 좋다. 직접 재배한 계절별 제철 쌈채소를 제육볶음에 싸먹는 것도 별미다. 직접 만든 어리굴젓이 입맛을 돋운다. 브레이크타임 16:00~17:00, 월요일 휴무 (p431 D:1)

- 충남 아산시 영인면 아산온천로 16-8
- #아산맛집 #우렁쌈밥 #제철재료

피나클 랜드

"사계절 꽃이 피어나는 곳"

아산만 방조제 제작에 쓰였던 돌을 캐던 채석장이 자연 테마파크로 탈바꿈했다. 물, 바람, 꽃, 나무를 형상화한 테마공원과 가로수 산책로가 마련되어 있다. 이곳에서 판매하는 허브 비빔밥과 돈가스는 남녀노소 호불호 갈리지 않는 인기 메뉴. 4~10월엔 10:00~18:30, 11~3월엔 10:00~17:00 운영된다. 매주 월요일과 설날, 추석 휴관. (p431 D:1)

- 충남 아산시 영인면 월선길 20-42
- #테마공원 #산책로 #식당

목화반점 [맛집]

"부먹, 찍먹 논란이 필요없는 곳"

탕수육 찐(?)맛집. 신세계 정용진 회장이 다녀간 곳으로 더 유명해진 곳이기도 하다. 잡내가 느껴지지 않는 고기에, 소스와도 잘 어우러진다. 약간 묽은 소스가 산뜻함을 더한다. 겉바속촉의 탕수육 내공이 느껴지기도. (p431 D:1)

- 충남 아산시 온주길 28-8
- #부먹 #탕수육 #정용진 #겉바속촉 #탕수육맛집

아산 스파비스
"충남 지역에 있는 온천수 워터파크"

국내 최초로 온천수를 사용한 워터파크. 딸기, 쑥, 솔잎, 인삼탕 등을 운영하여 물놀이뿐만 아니라 건강까지 챙길 수 있어 가족 단위의 방문객이 많다. 근처에 온양민속박물관, 현충사, 외암리 민속마을도 함께 들러보자.(p434 B:1)

- 충남 아산시 음봉면 신수리 288-6
- #아산온천 #워터파크 #가족여행

모나밸리 카페 더그린 본점 카페
"역 삼각뿔 포토존"

카페 앞 커다란 분수 정원에 역 삼각뿔 모양 조형물이 장식되어 있는데, 이 삼각뿔 앞이 모나무르의 시그니처 포토존이다. 역 삼각뿔과 분수대 사이에 서서 연못이 화면에 절반쯤 차도록 기념사진을 남겨보자. 모나밸리 카페 실내도 갤러리처럼 꾸며져 있어 사진 찍기 좋다.

- 충남 아산시 장존동 순천향로 624
- #갤러리카페 #조형물 #역삼각뿔

지중해마을
"지나가다 커피 한 잔 마시면 만족할만한 곳"

아산에 있는 이국적인 건물이 모여 있는 마을로 '지중해 마을'이라고 한다. 하얀색 건물과 파란색의 원형 지붕이 있는 건물들이 많이 있는데, 카페, 옷 가게, 음식점, 소품 판매점 등이 있다. 테마형 마을로 완벽히 갖추어진 것이 아니기 때문에 멀리서 이곳을 여행지라고 찾아오기엔 실망할 수도 있다. 그냥 지나칠 때 커피 한잔하러 들르면 괜찮은 장소다.(p431 D:1)

- 충남 아산시 탕정면 갈산리 599-18 ■ 주차 : 아산시 탕정면 명암리 928-3
- #지중해풍 #스냅사진 #쇼핑

아름다운정원 화수목
"고속도로 운전하다 여유 되면 잠깐 쉬어가기 충분한 곳"

고속도로 타고 아래 지방 오고 갈 때 잠깐 쉬어갈 수 있는 곳. 천안 분기점(JC)에서 15분 거리에 있다. 여유가 있고 휴게소 음식이 지겹다면, 차 한 잔이나 식사하고 갈 만하다.(p435 E:2)

- 충남 천안시 동남구 목천읍 교천리 211
- #천안 #정원 #식사

독립기념관 추천
"역사공부하기 좋은 굉장히 볼거리가 많은 곳"

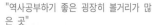

대한민국의 국난 극복사와 국가 발전사를 전시해놓은 박물관. 입체영상을 관람하며 호국정신을 배워볼 수도 있다. 다양한 독립운동 체험 프로그램에도 참가해보자. 무료 입장, 매주 월요일 휴관.(p431 E:1)

- 충남 천안시 동남구 목천읍 남화리 230-1
- 주차 : 동남구 목천읍 남화리 산38-1
- #일제강점기 #독립운동 #역사

박순자아우내순대 맛집
"병천순대거리를 대표하는 순대 맛집"

@hougo_j

병천순대 거리를 대표하는 순대 맛집으로, 전국적으로 유명한 맛집임에도 불구하고 푸짐한 양과 저렴한 가격을 자랑한다. 순대국밥은 새우젓, 들깻가루, 후춧가루, 다진 양념을 넣어 기호에 맞게 즐길 수 있다.(p431 E:1)

- 충남 천안시 동남구 병천면 아우내순대길 47
- #병천순대 #순대국밥 #모둠순대 #푸짐한 양 #가성비

교토리 카페
"풍경과 일본풍 인테리어로 핫한 인스타 감성 카페"

@kyotori__

산과 우거진 나무, 아름다운 풍경과 함께 일본 교토감성을 그대로 옮겨 놓은 힙한 카페. 자연 속에서 힐링할 수 있는 공간. 어디서 찍어도 인생샷을 찍을 수 있다.

- 충남 천안시 동남구 북면 위례성로 782
- #천안카페 #교토감성 #일본풍인테리어 #가족나들이 #데이트코스

천안박물관
"어린이 체험프로그램이 매우 많은 곳"

천안 시민들의 크고 작은 역사를 전시한 박물관으로 고려 시대부터 현대까지의 천안인의 역사를 엿볼 수 있다. 과거 천안삼거리를 재현한 천안삼거리관에서는 아름다운 아가씨와 옛 주막 모습을 확인할 수 있다. 무료입장. 매주 월요일, 1월 1일, 설날과 추석 당일 휴관.(p435 E:2)

- 충남 천안시 동남구 삼룡동 261-10
- #천안 #민속박물관 #천안삼거리

베이커리 카페 루 카페
"유럽 궁전 느낌 나선형 카페"

@04.14n

천연 대리석 벽과 나선형 창문이 이어진 카페 루 건물은 유럽이나 중동에서나 볼 법한 궁전 느낌을 준다. 나선형 유리창이 잘 보이는 카페 정면과 호수 쪽이 궁전 느낌이 가장 잘 나타나는 뷰포인트다. 정문 올라가는 계단 길에서 계단 위에 선 인물을 찍어도 예쁘고, 카페 안쪽에서 창문 안쪽 테이블에 앉은 사람을 정방형으로 찍어도 예쁘다.

- 충남 천안시 동남구 서부대로 531-20
- #유럽감성 #화이트톤 #궁전카페

소노벨 천안 오션어드벤처
"천안에 있는 워터파크"

서울, 충청도에서 접근성이 좋은 천안에 위치한 워터파크로, 천안 온천수, 탄산수를 이용해 건강을 챙길 수 있다. 수영 모자가 없으면 입장할 수 없으니 꼭 챙겨가자. 주변에 천안삼거리, 독립기념관, 유관순 열사 유적지가 있으며, 천안의 명물 병천 순대 거리와도 가깝다.(p435 E:2)

- 충남 천안시 동남구 성남면 용원리 672
- #온천 #워터파크 #야외풀장

천호지
"한적하게 산책하기 좋은 곳"

천안 안서동, 단국대 앞 호수로 산책하기 좋은 곳. 호수를 보며 카페에서 아늑하게 한 때 보내기 좋다. '꽃송이가'라는 노래 가사 중 '단대 호수 걷자고 꼬셔'가 바로 이곳이다.(p431 E:1)

- 충남 천안시 동남구 안서동 522-3
- #단국대 #호수 #카페 #커플

뚜쥬루 돌가마점 맛집

"시식을 할 수 있는 본점, 빵 테마파크처럼 조성된 빵돌가마점"

빵돌 가마의 높은 열로 빵을 구운 겉바속촉 거북이 빵과 천안 팥이 듬뿍 들어간 돌가마 만주로 유명한 뚜쥬르제과점은 천안에서 가장 유명한 빵집이다. 본점은 양과자점과 초콜릿 공방도 함께 운영한다.(p435 E:2)

- 충청남도 천안시 동남구 풍세로 706
- #천안명물 #거북이빵 #통팥빵

가야밀면 맛집

"쫄깃한 식감이 일품인 밀면"

@mmo1019

밀면이 주력 메뉴. 주문하는 순간 면을 뽑아 쫀득하고 찰기있는 면발, 생면이라 소화에도 좋다. 12시간 이상 우려낸 온육수를 마시다 보면 금방 음식이 나온다. 물밀면은 쫄깃한 식감이 일품이다. 살얼음이 있어 면이 더 탱글하다. 감칠맛 나는 육수에 한그릇 뚝딱 할 수 있다. 성환배로 양념을 만든 비빔냉면도 새콤매콤 맛있다. 15:00~16:30 쉬어간다.

- 충남 천안시 서북구 성환읍 성환1로 151
- #성환맛집 #밀면 #현지인맛집

충청남도산림박물관

"중부권 최고의 자연학습 교육장"

충청남도 산림박물관은 박물관 시설뿐만 아니라 자연휴양림, 수목원, 열대 온실, 야생동물원, 야생화원, 연못, 팔각정 등을 갖추고 있다. 금산 은행나무, 안면도 소나무 등의 실제 크기 모형도 놓여있다. 11월 7일, 12월 5일 휴관.

- 세종 금남면 산림박물관길 110
- #나무 #수목원 #온실 #식물

가배서림 카페 카페

"4층 규모 화이트톤 루프탑 카페"

화이트톤의 4층 루프탑 카페 가배서림은 옥상 전망도 멋지지만, 가장 유명한 포토존은 바로 입구에 있는 전신거울이다. 넓은 거울이 전신뿐만 아니라 주변 산 배경을 모두 담아주어 멋진 배경 사진을 담아갈 수 있다. 10월 중순부터는 거울 속에 울긋불긋한 단풍잎 풍경이 비추어 더 아름답다.

- 세종 금남면 안금로 241
- #단풍맛집 #루프탑카페 #전신거울

국립조세박물관

"수염세, 방귀세, 창문세...세금의 세계"

국세청이 운영하는 조세 박물관. 시대별 조세제도와 조세와 관련한 역사자료도 감상하고, 국세청이 하는 일을 살펴보며 게임, 카툰, 세금 체험도 즐길 수 있다. 무료입장. 매주 월요일, 공휴일 휴관.

- 세종 나성동 457
- #세금 #국세청 #경제 #사회

진성민속촌 맛집

"해장으로 뼈다귀해장국 어때요?"

@min_ji_the_foodie

칼칼하고 진한 육수의 감자탕이 유명함. 감자탕에 들어있는 묵은지를 밥과 함께 먹으면 좋다. 막걸리가 무료로 제공돼 낮술하기 좋다. 노포 맛집으로 각종 매체에 출연하였다. 오전 5시부터 영업해서 아침 식사하기 좋음. 매주 월요일 휴무. (p435 F:3)

- 세종 부강면 청연로 125
- #부강맛집 #뼈해장국 #감자탕

세종국립수목원 추천
"도심 속 식물원"

@salt.desert_

도심형 수목원. 우리나라에서 가장 큰 사계절 온실이기도 하다. 날이 추워져도 따뜻한 온실에서 초록의 식물들을 마음껏 볼 수 있다. 도심 한복판에 세워진 최초의 수목원답게 보다 쉽고 편하게 접근할 수 있다. 20만 평 규모에 3천 종이 넘는 식물들이 모여 있으니 이곳에서 제대로 된 정화를 기대해 보자.(p431 E:2)

■ 세종 연기면 수목원로 136
■ #국내최초 #도심형수목원 #국내최대사계절온실 #식물 #정화 #힐링

용댕이매운탕 맛집
"30년 전통 미나리 메기 매운탕"

미나리를 넣어 비린 맛을 잡아낸 메기매운탕 전문점. 미나리는 원하는 만큼 추가해 먹을 수 있고, 참게나 수제비 사리를 추가해 먹을 수도 있다. 점심 특선 메뉴인 어탕국수도 추천.

■ 세종 연동면 명학리 102
■ #메기매운탕 #어탕국수 #미나리무한리필

산장가든 맛집
"참숯가마에서 초벌구이한 양념 돼지갈비"

참숯가마에서 초벌구이해 나오는 양념 돼지갈비 전문점. 숯불 향이 밴 양념 돼지갈비와 반찬으로 나오는 동치미, 시래기 된장국이 잘 어울린다. 양념에 사용되는 배와 동치미에 쓰이는 무는 직접 농사지은 것이라고 한다.(p430 B:1)

■ 세종 서면 도신고복로 1131-7
■ #양념갈비 #돼지갈비 #숯불구이 #동치미

에브리선데이 카페 카페
"인공연못과 유리온실 딸린 카페"

@bling_beige

고복저수지 전망카페 에브리선데이는 3층 규모의 루프탑 카페로, 각 층이 저마다의 매력을 지니고 있다. 1층 야외 테라스 가운데 커다란 인공 연못이 있고, 그 사이를 가로지를 수 있는 동그랗고 넓적한 돌다리가 놓여있는데, 여기가 사진이 가장 예쁘게 나오는 포토존이다. 그 밖에도 유리온실처럼 생긴 야외 별관과 저수지 전망이 들여다보이는 통창 등 사진 찍을만한 곳이 가득하다.

■ 세종 연서면 안산길 76
■ #인공연못 #돌다리 #유리온실

도토리숲 키즈파크
"숲에서 뛰놀고 미꾸라지도 잡아보고"

아이들을 위한 복합 숲 문화 체험공간. 숲속 놀이터와 문화 체험장, 전시회 등 다양한 즐길 거리가 마련되어 있다. 음악회 등 다양한 축제도 비정기적으로 개최되니 행사 일정을 살펴보자. (p434 C:3)

■ 세종 장군면 영평사길 34
■ #숲속놀이터 #숲문화 #숲축제

세종 조천연꽃공원
"나무데크길은 무릉도원으로 가는 길"

조치원 홈플러스 동쪽 다리를 건너면 등장하는 40,000㎡ 규모의 연꽃공원. 나무데크길을 걸으며 조천을 따라 자라난 연꽃 무리를 감상할 수 있다. 7종류의 다양한 연꽃과 소나무, 명자나무, 이팝나무 등이 심겨 있다. 쉼터, 팔각정, 자전거도로, 주차장이 잘 구비되어 있으며 야간에도 산책로를 따라 조명이 들어와 안전하게 걸어 다닐 수 있다.

■ 세종 조치원읍 번암리 226
■ #벚꽃길 #연꽃 #야간산책

베어트리파크 추천
"식물원과 동물원을 합친 곳"

10만 평 대지에 50년간 가꿔온 동식물들을 볼 수 있는 곳. 베어트리 정원, 애완동물원 등으로 구성되어 있으며 전망대에 오르면 이 모든 것을 한눈에 내려다볼 수 있다. 40여만 점에 이르는 꽃과 나무를 볼 수 있고 반달곰을 만날 수 있다. 동물원이자 식물원인 이곳으로 주말여행을 계획해 보자.(p431 E:2)

- 세종 전동면 신송로 217
- #명품정원 #식물원 #동물원 #반달곰 #연못 #전망대

계룡산 단풍(갑사)
"공주와 대전의 최고 단풍여행지"

춘마곡 추갑사(봄에는 마곡계곡, 가을에는 갑사계곡)라는 말이 있을 정도로 가을 단풍이 볼만하다. '하늘과 땅과 사람 가운데서 가장 으뜸간다'고 해서 갑사라는 이름이 붙었다. 갑사는 조선 세종 6년 사원 통폐합에서도 제외될 만큼 영향력이 있던 사찰로, 근처에도 용문폭포, 수정봉, 천진보탑, 군자대 등 볼거리가 많다.(p431 E:2)

- 충남 공주시 계룡면 갑사로 567-3
- 주차 : 공주시 계룡면 중장리 23-1
- #갑사 #가을 #사진촬영

계룡산 단풍(동학사)
"계곡을 따라 천천히 걸을만 한 짧은 거리"

계룡산 탐방안내소에서 동학사까지 30분 산책로. 동학사계곡은 계룡팔경 중 5경에 해당한다. 원래 신라 성덕왕 23년 상원조사가 암자를 짓고 수행하던 터였는데, 후에 회의라는 사람이 동학사를 창건했다고 한다.(p431 E:2)

- 충남 공주시 반포면 동학사1로 462
- 주차 : 공주시 반포면 학봉리 742
- #계룡산 #계곡 #단풍

계룡산국립공원 추천
"계룡산에서 좋은 기운 잔뜩 얻어가세요"

충남의 최고 명산. 풍수적으로도 기운이 좋아 신비로운 산으로 꼽힌다. 천황봉을 시작으로 용문폭포, 동학사 등 계룡사에는 유명한 사찰과 유적이 많다. 산이 특별히 험하지 않고 아늑하여 산행지로 추천하기 좋다. 자연의 품에서 좋은 기운을 많이 받아 가시길!(p431 E:2)

- 충남 공주시 반포면 동학사1로 327-6
- #계룡산 #충남최고의산 #신비의산 #풍수지리 #신성

공주 동학사가는 벚꽃길
"대전·공주시민들에게 오래전부터 사랑받는 벚꽃명소"

박정자 삼거리에서 동학사 주차장까지 2.6km(도보 40분) 왕벚나무 벚꽃이 만발한다. 동학사 왕벚나무는 그 크기가 커 웅장한 벚꽃 터널을 만들어낸다. 벚꽃길 양쪽으로 음식점과 펜션이 줄을 지어 있다. 동학사 주차장에 주차하고 벚꽃길을 왕복하는 방법을 추천한다. 벚꽃은 3cm가량으로 분홍색 또는 백색의 꽃으로 피며, 군락을 이룬 곳은 눈이 온 것 같다. 벚꽃이 떨어질 때 꽃비가 되기도 한다.(p431 E:2)

- 충남 공주시 반포면 학봉리 704-2
- 주차 : 공주시 반포면 학봉리 728-6
- #사찰 #왕벚나무 #벚꽃터널

곰골식당 `맛집`

"계룡산 자락 시골밥상 즐길 수 있는 곳"

운치 있는 한옥에서 즐기는 시골밥상 전문점. 생선구이나 제육불고기 등 일품 메뉴를 시키면 나물 등 정갈한 반찬이 딸려 나온다. 구수한 흑미 솥밥과 된장국도 맛있다. 생선구이와 제육 석쇠는 1인분부터 주문 가능하다.

- 충남 공주시 반죽동 338
- #생선구이 #갈치조림 #석쇠불고기 #묵은지갈비 #시골밥상 #계룡산

미르섬

"금강을 따라 흐르는 꽃물결"

꽃섬이다. 핑크뮬리, 코스모스, 양귀비 등 계절별로 다양한 꽃들이 금강 주변을 따라 물결처럼 채워져 있다. 지평선 끝까지 꽃으로 채워져 있으니 꽃평선이라 불러도 무리가 없을 정도. 꽃이 주는 행복과 위안을 꼭 경험해 보시길.(p434 C:3)

- 충남 공주시 금벽로 368

448

- 주차 : 충남 공주시 금벽로 368
- #꽃섬 #양귀비 #핑크뮬리 #유채꽃 #꽃평선 #금강

공주 금강 신관공원 유채꽃

"역사적인 산성을 배경으로 산책하는 느낌, 괜찮은데?"

금강신관 공원 미르섬에 피어난 코스모스 꽃밭. 미르섬은 금강신관 공원에서 아치형 다리를 통해 붙어있는 작은 섬이다. 미르섬뿐만 아니라 금강신관 공원 산책로를 따라서도 코스모스를 포함한 다양한 들꽃이 자라나 있다. 금강신관 공원에서 신분증을 맡기면 무료로 자전거를 대여할 수 있다.

- 충남도 공주시 신관동 438-4
- 주차 : 충남 공주시 신관동 553
- #미르섬 #금강 #코스모스

청벽산 금강조망명소(청벽대교 전망)

"사진 마니아들의 일몰 사진 명소"

굽이도는 금강 위로 지는 붉은 태양을 사진에 담을 수 있는 곳. 사진 마니아들 사이에 일몰 촬영지로 이미 유명하다. 청벽가든 주변에 주차 후 20여 분 올라가면 된다.

- 충남 공주시 반포면 마암리 529-2
- 주차 : 충남 공주시 반포면 마암리 555-2
- #일몰 #트래킹 #사진

불장골저수지

"물안개가 피어나는 아침의 풍경"

송곡지라고도 불리는 저수지. 이곳은 물에 비친 산과 하늘의 완벽한 반영샷을 찍을 수 있는 멋진 곳이기도 하다. 날이 아주 맑은 날 아침이면 물안개와 함께 그림 같은 반영 사진을 찍을 수 있다. 저수지 안에는 '엔학고레'라는 카페가 있는데, 평온한 물과 초록의 나무들과 함께 휴식을 즐길 수 있어 많은 사람들의 사랑을 받는 곳이다. 공주에서 사진 찍기 가장 좋은 곳이니 기억해두자.

- 충남 공주시 반포면 송곡리 산21-6
- 주차 : 충남 공주시 반포면 송곡리 산21-6
- #저수지 #송곡지 #물안개 #반영샷 #출사 #단풍 #엔학고레

카페 에어산 `카페`

"라탄 소품과 빈백이 놓인 루프탑"

동학사 카페에어산은 1, 2층 건물과 옥상 루프탑을 함께 운영한다. 2층 테라스 길을 따라

옥상으로 올라가면 커다란 라탄 의자와 빈백들이 놓여있고 작은 연못 사이 버진 로드가 있는데 이곳이 메인 포토존이다. 단, 옥상 루프탑은 노키즈존이므로 아이 입장이 불가능한 점을 참고하자. (p431 E:2)

- 충남 공주시 반포면 학봉리 927
- #결혼식장감성 #루프탑 #빈백

마곡사 추천
"백범 김구 선생의 흔적이 남아있는 사찰"

명성황후 시해 사건 때 백범 김구 선생님이 은신한 곳이 바로 이 마곡사다. 근처에 김구 선생님이 스님이 되기 위해 삭발했던 자리가 있는데, 이후 3년간 이곳에서 스님으로 계셨다. 마곡사를 끼고 주변을 둘러보는 '백범 명상길'을 즐겨봐도 좋겠다.(1코스 3km, 2코스 10km) (p434 B:3)

- 충남 공주시 사곡면 마곡사로 966
- #김구 #백범명상길 #불교사찰

마곡사 서울식당 맛집
"40년 전통 더덕산채정식 맛집"

@paran7515

더덕산채정식이 인기메뉴다. 잘 구워진 더덕구이를 흰쌀밥에 올려 먹으면 꿀맛이다. 부드

공산성 추천
"백제의 마지막을 함께한 외롭고도 슬픈 왕성, 의자왕을 미워하지마"

475년 고구려 장수왕의 침입으로 백제는 수도 한성을 포기하고 이곳 웅진(오늘날의 공주 공산성)으로 도읍을 옮겼다. 이는 성안에 왕궁을 둔 매우 독특한 사례이다. 2011년 이곳에서 갑옷 등의 유물이 발견되었는데, 이 유물에서 '정관 19년'이라는 정확한 연대가 적힌 글씨가 발견되었다. 정관 19년은 의자왕 5년, 즉 서기 645년을 의미한다. 서기 660년 이곳 공산성에서 의자왕은 나당 연합군에 의해 최후를 맞이하게 된다.(p431 D:2)

- 충남 공주시 산성동 웅진로 280
- 주차 : 충남 공주시 금성동 65-6
- #백제 #산성 #궁궐터 #의자왕

럽고 향도 좋다. 양념과도 잘 어울린다. 전, 버섯, 간장제육, 간장게장 등 다양한 밑반찬이 나온다. 푸짐한 한상을 맛볼 수 있다. 밤으로 유명한 공주라 식사와 함께 밤막걸리를 먹는 사람이 많다. (p434 B:3)

- 충남 공주시 사곡면 마곡상가길 13-2
- #마곡사맛집 #더덕정식 #한정식

공주 공산성 철쭉
"유네스코 세계문화유산에 핀 철쭉"

공산성 금서루 전면부를 붉게 물들이는 철쭉 군락. 공산성은 백제 문무왕 시절 도읍지인 공주시를 지키기 위해 축조된 성으로, 유네스코 세계문화유산에 등재된 주요 문화재이다. 그중 공산성의 서문인 금서루는 현대에 와서 복원된 것으로, 본래 서문지의 생김새가 어떠했는지는 확인하기 어렵다고 한다.(p435 E:3)

- 충남 공주시 금성동 53-44
- #철쭉 #들꽃 #유네스코세계문화유산

석장리박물관
"구석기 시대를 체험해 보자"

공주 석장리 지역 구석기 유물을 통해 구석기 시대를 체험하는 곳. 전시관, 선사공원, 석장리 구석기 유적지, 체험공간 등이 운영되며, 석장리에서 출토된 석기와 선사인들의 주거공간인 막집 등을 전시하고 있다. 매월 마지막 주 수요일은 무료입장.(p434 C:3)

- 충남 공주시 석장리동 118
- #석기 #막집 #선사시대

동해원 맛집
"전국 5대 짬뽕집으로 꼽힌 담백한 짬뽕 맛집"

고기와 채소를 얇게 썰어 진한 국물맛이 나는 짬뽕집. 고기와 고추기름이 넉넉히 들어가 육개장을 닮은 짬뽕 국물 맛이 일품이다. 남은 국물에 밥을 말아 먹어도 별미. 오전 11시부터 오후 3시까지만 영업한다.(p434 C:3)

- 충남 공주시 소학동 납다리길 22
- #짬뽕 #고기국물 #짜장면 #찹쌀탕수육

연미산 자연미술공원 추천
"숲속 곳곳이 포토존"

연미산 중턱에 있는 야외 미술 전시장. 세계 유명 작가들이 참여하는 '금강 국제 자연 미술전'이 바로 이곳에서 열린다. 그 밖에도 연중 다양한 설치미술 작품들을 전시하고 있다. (p434 C:3)

- 충남 공주시 우성면 연미산고개길 98
- #야외전시 #특별전시 #설치미술

공주산성시장
"공산성 둘러보고 이곳에서 배를 채워봐!"

백제 왕궁터인 성곽 아래 위치한 로컬시장. 공주 유일의 장터로 문화관광형 시장으로 선정되었다. 밤 막걸리, 밤 과자 등 공주 특산물을 구매할 수 있다.(p431 E:2)

- 충남 공주시 용당길 22
- 주차 : 충남 공주시 산성동 190-1
- #밤막걸리 #알밤빵 #국밥

연미산 자연미술공원 전망대
"사진 마니아들의 일출 사진 명소"

연미산자연미술공원에서 30분 걸리는 전망대. 금강 배경으로 일출을 볼 수 있다.(p434 C:3)

- 충남 공주시 우성면 신웅리 산26-3
- 주차 : 충남 공주시 우성면 신웅리 산 26-8
- #금강조망 #일출 #미술전시

공주 한옥마을
"전통한옥에서 숙박을 원한다면 이곳에서! 공산성, 무령왕릉, 국립공주박물관으로 쉽게 이동 가능"

무령왕릉까지 800m, 국립공주박물관까지 500m 걸리는 한옥마을. 한옥 스테이도 체험할 수 있지만, 예약이 필요하다. 한복, 다도 등의 여러 가지 체험행사가 진행되며, 전주 한옥마을처럼 규모가 크지는 않다.(p431 E:2)

- 충남 공주시 웅진동 337
- #한옥체험 #민속체험

국립공주박물관

"백제의 역사를 직접 눈으로 보는 것은 어떨까?"

백제의 두 번째 수도였던 웅진(현재 공주시)의 역사·문화를 전시하고 있는 박물관. 공주를 비롯한 충청남도에서 출토된 유물이 전시되어 있다. 국보 19점, 보물 3점을 포함한 1만여 점의 문화재가 있으며, 백제 문화유적 발굴 조사, 연구에 따른 학술자료도 발간된다. 스마트 투어가이드 국립 공주 박물관 앱을 통해 안내도 들을 수 있다. 무료입장.(p434 C:3)

- 충남 공주시 웅진동 360
- 주차 : 공주시 웅진동 359-4
- #백제 #웅진 #문화유산

유구 색동 수국정원

"말 그대로 꽃길만 걷자"

매년 6~7월경 수국축제가 열리는 곳으로, 축제가 긴에 방문하면 하얀색, 분홍색으로 탐스럽게 핀 수국 무리를 만나볼 수 있다. 축제 기간에는 야간 조명도 설치되어 낭만적인 밤 산책도 즐길 수 있다. (p434 B:3)

- 충남 공주시 유구읍 창말길 44
- #수국축제 #야간개장 #산책로

공주경비행기

"살면서 한번 타봐야 하지 않을까?"

20년 경력의 조종사와 함께 즐기는 경비행기 체험장. 입구 찾기가 다소 힘들 수 있으니 주의하자. 500m 상공에서 공주의 자랑 무령왕릉, 공산성, 금강을 둘러볼 수 있다. 기상에 따라 운행이 중단될 수 있으니 방문 전 전화 문의는 필수다.

- 충남 공주시 의당면 수촌리 928
- 주차 : 공주시 의당면 수촌리 943
- #경비행기 #이색체험 #백제문화재

공주 국고개문화거리 벚꽃

"유명여행지는 아니지만 아기자기한 사진촬영지로 좋아"

충남역사박물관 주차장에 주차하고 계단을 오르면 국고개 문화거리가 나온다. 국고개를 넘어 충남역사박물관으로 오르는 계단을 오르면 큰 벚나무들이 아담하게 펼쳐져 있다. 효자가 어머니 봉양을 위해 국을 안고 이 고개를 넘다 국을 쏟아 '국고개'라는 이름이 붙었다. 국고개 문화거리에는 충남역사박물관 중동성당, 효심공원이 있다.

- 충남 공주시 중동 284-1
- 주차 : 충남 공주시 국고개길 24
- #국고개 #왕벚나무 #스냅사진

충청남도역사박물관

"충남에 산다는 것은 어떤 의미일까?"

고려 말부터 근, 현대에 이르는 충남의 문화재가 전시된 곳. 전시실, 교육실습실, 체험학습실, 휴게실 등을 운영한다. 충남의 유래, 문화유산, 충청도 양반의 전통 등을 배울 수 있다. 무료입장, 1월 1일, 매주 월요일 휴무.

- 충남 공주시 중동 284-1
- #충남 #문화유산 #민속품

당진 아그로랜드 태신목장 청보리밭 `추천`

"아이들이 좋아할만한 다양한 볼거리"

당진 아그로랜드(구 태신목장) 정면에 있는 공터 동쪽에 있는 청보리밭. 언덕 사이로 빼곡한 청보리의 모습이 아름다워 인물사진 촬영지로도 인기 있는 곳. 공터에도 벚나무, 메타세쿼이아, 은행나무와 함께 예쁜 조형물이 설치되어 있다. 목장에서 우유 짜기, 승마 체험, 치즈 만들기 등의 체험행사도 즐길 수 있다.(p430 C:1)

- 충남 예산군 고덕면 상몽리 774
- #청보리 #목장체험 #가족
- 주차 : 충남 당진시 면천면 문봉리 산46

예산 임존성 전망대(봉수산 전망대)

"잔잔한 저수지의 드넓은 전망이라!"

임존성은 흑치상지가 3년여 동안 후백제 부흥 운동 거점으로 활용한 곳. 임존성은 백제 산성 중에서도 그 규모가 커 산성 연구의 기초가 되었다. 봉수산 정상에서는 예당저수지가 아름답게 보인다.(p430 C:2)

- 충남 예산군 광시면 동산리 산 10
- 주차 : 충남 예산군 대흥면 상중리 470-3
- #산성 #예당저수지 #산전망

한국고건축박물관

"기와 끝에 앉은 저 동물 이름 알아?"

전국의 고건축 문화재를 축소해 전시해놓은 박물관. 선조들의 정신이 담긴 고건축을 한자리에서 감상할 수 있다. 근처에 수덕사, 충의사, 김정희 선생 고택이 있으니 함께 방문해보자. 매주 월요일 휴관. 11월 1일~2월 28일까지는 매주 월, 화요일 휴관.

- 충남 예산군 덕산면 대동리 152-18
- 주차 : 예산군 덕산면 대동리 145-30
- #건축 #역사 #목조건물

수덕사 추천

"현존하는 12곳의 백제 사찰 중 가장 큰 규모를 자랑하는 곳"

백제 시대에 지어진 불교 사찰로 대웅전 건물이 특히 유명하다. 대웅전은 1308년 세워진 우리나라에서 가장 오래된 목조 건축물인데, 무거운 지붕을 받치기 위해 기둥이 배흘림 양식으로 되어 있다. 당시에 이런 고도의 건축 기술이 적용되었다니 놀라울 따름이다. 그 밖에 관음전 앞 관음보살 상도 꼭 보고 가야 할 불교문화유산 중 하나. (p433 D:1)

- 충남 예산군 덕산면 수덕사안길 79
- #문화유산 #불교 #건축물

예산 황새공원

"황새에 관한 모든 것"

천연기념물 199호로 지정된 황새를 가장 가까이에서 만나볼 수 있는 곳. 황새공원에는 황새에 대한 정보를 살펴볼 수 있는 황새 문화관과 황새 사육장, 황새 먹이주기 체험장, 탐조대 등이 마련되어 있다. 그 밖에도 시기별로 반딧불 관찰 체험, 습지 체험 등 다양한 프로그램들을 진행한다. (p430 C:2)

- 충남 예산군 광시면 시목대리길 62-19
- #철새도래지 #전망대 #습지체험

스플라스 리솜

"물 좋기로 유명한 온천 워터파크"

호반그룹에서 운영하는 워터파크 겸 호텔 리조트. 시원한 파도 풀과 어트랙션뿐만 아니라 따뜻한 노천온천을 즐길 수 있어 사계절 내내 가족 여행객들이 많이 찾아온다. 600년의 역사를 가진 덕산 온천수를 사용하는 것으로도 유명하다.(p430 C:1)

- 충남 예산군 덕산면 온천단지3로 45-7
- #온천 #워터파크 #숙박

카페 백설농부 [카페]
"오두막 모양 카페 건물이 귀여운 곳"

@teeny_yejin

카페 백설농부는 2동의 목제 건물로 이루어져 있는데, 이 건물이 오두막 모양으로 반듯하게 지어져 감각적인 사진 배경이 되어준다. 네모반듯한 건물이 잘 나오도록 수평과 수직을 맞추어 건물 사진이나 인물사진을 찍어보자. 카페 내부도 분위기 있는 우드 톤으로 꾸며져 있고, 커다란 유리 통창이 설치되어 사진찍기 좋다.

- 충남 예산군 봉산면 봉산로 516
- #동화풍 #네모반듯 #건물사진

한일식당 [맛집]
"예산식 빨간 소머리국밥"

@kjh216

한 번 먹으면 계속 생각나는 맛. 한일식당을 설명하기에 충분한 수식어다. 예산식 소머리국밥은 빨간 국밥이 대표 메뉴로 칼칼하고 매콤하게 먹을 수 있다. 소머리국밥엔 중면이 가득 들어있다. 밥이 말아져 나와 따로 먹고 싶으면 미리 말해야 한다. 브레이크타임

15:30~17:00. 연중무휴 (p679 E:2)
- 충남 예산군 삽교읍 삽교역로 58
- #예산맛집 #소머리국밥 #따로국밥

소복갈비 [맛집]
"역대 대통령이 찾은 맛집"

@chufreediver

80년의 오랜 전통을 자랑하는 한우 갈비집. 역대 대통령의 맛집으로 알려졌다. 양념갈비는 너무 달지 않고 부드러운 식감과 잡내가 없는 것이 특징이다. 브로일러에 구운 후 뜨겁게 달궈진 팬에 제공되어 바로 먹으면 된다. 생갈비는 육향이 진하다. 갈비탕은 끝맛이 달지 않고 깔끔하다. 야들야들한 고기가 역시 한우구나 싶다. 생갈비는 수량한정. 브레이크 타임 14:00~17:00 (p434 A:2)

- 충남 예산군 예산읍 천변로195번길 9
- #대통령맛집 #한우갈비 #양념갈비#갈비탕

예당호 출렁다리 [추천]
"출렁다리를 건너며 즐기는 음악분수 "

예당호를 가로지르는 길이 402m, 높이 64m의 출렁다리로, 우리나라에서 가장 긴 출렁다리로 꼽힌다. 가장 높은 주탑까지 이동하면 예당호 저수지와 일대 풍경을 오롯이 즐길 수 있다. 출렁다리를 건너면 대규모 음악분수가 나오는데, 해 질 녘이 되면 조명과 함께 분수 쇼가 펼쳐진다. (p434 A:2)

- 충남 예산군 응봉면 예당관광로 158
- #출렁다리 #예당호 #아찔한

빙빙반점 [맛집]
"부추와 양파가 수북히 샐러드처럼 먹는 독특한 탕수육"

서리태 면이 들어간 홍합짬뽕과 부추가 수북이 올라간 탕수육으로 유명한 중국집.(p430 C:1)

- 충남 당진시 교동길 147
- #부추탕수육 #서리태면

독일빵집 [맛집]
"다양한 종류의 꽈배기 중 단연 최고는 기본 꽈배기"

줄 서서 먹는 꽈배기로 유명한 30년 전통의 빵집. 크림 꽈배기부터 먹물 꽈배기까지 종류도 다양하지만, 기본 꽈배기가 가장 인기 있다.

- 충남 당진시 밤절로 168
- #빵 #꽈배기

당진제일꽃게장 맛집
"비리지 않아 맛있는 간장게장"

게장백반과 꽃게탕을 판매한다. 그 중 게장 백반이 인기 메뉴다. 간장게장과 함께 밑반찬이 빠르게 세팅된다. 게장 살을 쭉 짜서 밥 위에 얹고 슥슥 비벼서 김에 싸먹으면 된다. 간장 양념이 짜지 않고 비린맛이 없다. 탱글탱글한 게살의 맛을 느낄 수 있다. 게딱지에 비벼먹는 밥은 밥도둑으로 손색이 없다. (p432 B:1)

■ 충남 당진시 백암로 246

■ #게요리 #게장 #당진맛집

삼선산 수목원
"마음껏 뛰고 마음껏 쉴 수 있는 곳"

여름방학, 겨울방학에 아이들을 위한 다양한 생태탐험 프로그램을 운영하는 수목원. '플라스틱 제로 수목원'으로 지정되어 일회용품 반입이 불가능하다는 점을 참고하자. (p430 B:1)

■ 충남 당진시 삼선산수목원길 79

■ #생태체험 #트래킹 #가족여행

왜목마을 추천
"서해에서 바다 배경으로 일출을 볼 수 있다는 사실"

일출과 일몰을 동시에 볼 수 있는 몇 안 되는 장소이다.(p430 B:1)

■ 충남 당진시 석문면 교로리 844-25

■ 주차 : 충남 당진시 석문면 교로리 847-26

■ #일출 #일몰 #횟집

아미 미술관
"담쟁이 덩굴로 덮인 건물이 하나의 작품같은 인스타 핫플레이스 미술관"

난지도 해수욕장
"진정한 쉼이 가능한 한적한 해수욕장"

난지해수욕장과 낚시터, 캠핑장, 해수욕장을 아우르는 관광지. 해양수산부가 추천한 한적한 해수욕장에 꼽혔으며, 조용하게 해수욕 즐기기 좋다. (p430 B:1)

■ 충청남도 당진시 석문면 난지도리 708

■ #캠핑장 #낚시터 #해수욕장

폐교를 개조해서 세워진 이색 미술관. 미술, 건축 등 다양한 전시와 아기자기한 소품까지 전시되어 작지만 알찬 볼거리 가득. 어떻게 찍어도 예쁘게 나오는 인생샷 스팟이다.(p430 C:1)

■ 충남 당진시 순성면 남부로 753-4

■ #당진여행 #당진미술관 #가족나들이 #데이트코스 #사진찍기좋은곳 #담쟁이덩굴

로드1950 `카페`
"초대형 오션뷰 카페"

@jongmining

서해대교가 보이는 오션뷰 카페. 규모가 엄청 나다. 역대급 대형카페로, '이곳이 미국인가' 싶을 정도로 이국적인 분위기를 자랑한다. 커피, 베이커리, 식사 메뉴도 판매한다. 통창 너머로 보이는 바다가 맘을 시원하게 해준다. 규모와 분위기에 반하는 카페.(p430 C:1)

- 충남 당진시 신평면 매산로 170 로드1950 카페
- #서해대교 #오션뷰 #통창 #대형카페 #아메리칸스타일

해어름 `카페`
"서해와 서해대교의 최고의 전망을 볼 수 있는 뷰맛집"

@dariapo__

3층 건물 전체 통유리로 되어 있어 확 트인 시야로 서해바다를 보며 힐링할 수 있는 곳. 테이크아웃을 해서 앞 정원 또는 바닷길 산

책하는 것을 추천한다. 1~2층은 카페 겸 레스토랑, 3층은 루프탑이다. 1인 1주문 원칙.(p434 A:1)

- 충남 당진시 신평면 매산리 29-10
- #당진카페 #삽교호카페 #일몰맛집 #서해대교 #당진가볼만한곳 #데이트코스

삽교호 놀이동산 `추천`
"레트로 감성 가득한 추억의 놀이동산"

@seul_1117

논 뷰 대관람차 포토존으로 유명한 삽교호 놀이동산. 당진의 서해와 서해대교가 보이는 곳에 위치해 있다. 어린 시절, 추억의 놀이동산 감성이 스며있는 곳으로, 레트로한 사진을 원하는 분이라면 이곳을 기억해 두자. 대관람차에서 보는 일몰은 영화 속 장면처럼 감동적이니 시간을 잘 맞춰 둘러볼 것을 추천한다.(p430 C:1)

- 충남 당진시 신평면 삽교천3길 15
- 주차 : 당진시 신평면 삽교천3길 15
- #당진 #삽교호 #서해 #논뷰 #대관람차 #포토존 #인스타핫플 #레트로감성

삽교호 함상공원 `추천`
"바다를 꿈꾸고 해군의 소중함을 체험할 수 있는 곳"

실제 우리나라 해군에서 활약했던 함정 2척이 전시되어 있는 군함 박물관. 군함 안에는 해군과 관련된 자료들이, 함께 운영하는 해양 테마 체험관에는 바다생물에 관한 자료들이 전시되어 있다. 3~5월 9:00~18:00, 6~8월 9:30~19:30, 9~10월 9:00~18:00, 11~2월 9:00~18:00 개관.

- 충남 당진시 신평면 삽교천3길 79
- #해군정 #군사박물관 #역사박물관

우렁이박사 `맛집`
"당진에 왔다면 우렁이 정식을!"

통통한 우렁이를 다양하게 즐길 수 있는 곳이다. 담북찜장, 우렁덕장, 우렁쌈장 등 구수하고 매콤하고 담백한 맛의 우렁이를 즐겨볼 수 있다. 밑반찬들도 하나같이 깔끔하고 맛있어서 입맛을 돋운다.(p430 C:1)

- 충남 당진시 신평면 샛터로 7-1
- #박사네정식 #우렁무침 #3가지장

장춘닭개장 맛집
"이제껏 먹어본 적 없는 닭개장맛"

닭개장 단일메뉴만 판매한다. 얼큰하고 진한 국물의 닭개장을 맛볼 수 있다. 잡내가 없고 감칠맛이 난다. 숙주, 부추, 고사리, 토란 등 채소의 씹히는 맛이 좋다. 이제껏 먹어본 닭개장 중 가장 맛있는 닭개장을 먹을 수 있다. 특히 백김치가 맛있다. 국물 리필이 가능하다. 오전 7시 영업시작으로 아침 식사를 위한 여행객의 방문이 많다. 일요일 휴무 (p430 C:1)

■ 충남 당진시 정안로 50
■ #노포 #닭개장 #당진맛집

웅도
"육지와 연결된 섬"

웅도는 간조 때 물이 빠지면서 바닷길이 열리는 독특한 섬이다. 이때가 되면 걸어서 섬으로 이동해 조개잡이 체험을 즐길 수 있다. 이곳에서 생산하는 어리굴젓이 특히 유명하다. (p432 B:2)

■ 충남 서산시 대산읍 웅도1길 45
■ #바닷길 #조개잡이 #산책

서산 간월암 추천
"간조 때 물 위에 떠 있는 암자로 보여 그래서 사진촬영지로 유명하지"

서산 부석면 간월도리에 있는 암자. 무학대사가 이곳에서 달을 보고 깨우쳤다고 하여 간월암이라는 이름이 붙었다. 밀물과 썰물에 따라 섬이 되기도 하고 길이 생기기도 한다.(p430 B:2)

■ 충남 서산시 부석면 간월도리 16-11   ■ 주차 : 충남 서산시 부석면 간월도리 26-17
■ #암자 #사진촬영지

웅도 잠수교 추천
"바닷길이 열리면 드러나는 다리"

@l_kyung2

곰이 웅크린 모습을 닮았다 하여 '곰섬'이라고도 부르는 웅도. 이곳은 갯벌체험으로도 유명하지만, 간조 시간에 맞춰 바닷길이 열리고 그때 드러나는 잠수교로 더욱 유명해졌다. 다리 위로 물이 찰랑이고, 가로등까지 켜지면 영화 속 장면이 부럽지 않다. 물때 시간에 맞춰 이 신비한 잠수교의 매력을 느껴 보시길.

■ 충남 서산시 대산읍 웅도리
■ 주차 : 충남 서산시 대산읍 웅도리,웅도제1유두교
■ #웅도 #곰섬 #갯벌 #간조 #만조 #인스타핫플

서산 간월도 유채꽃
"봄철, 간월암 갈 때 들릴 만한 곳"
간월암에서 간월교차로까지 이어진 60,000㎡ 규모의 유채꽃밭. 푸른 바다를 따라 피어난 노란 유채꽃이 인상적이다. 상쾌한 봄 바다와 봄꽃 향기를 함께 즐길 수 있다. 유채꽃밭 끝자락에 위치한 간월암은 밀물 때 바닷물이 들어와 섬이 된다. 간월포구의 신선한 굴을 이용한 어리굴젓도 맛보고 오자.(p430 B:1)

■ 충남 서산시 부석면 간월도리 681-1
■ 주차 : 서산시 부석면 간월도리 685-8
■ #간월암 #유채꽃 #드라이브

서산 도비산 해돋이 전망대

"가벼운 등산으로 해돋이를 볼 수 있어"

해돋이와 해넘이를 동시에 볼 수 있는 도비산의 전망대. 충청권의 해돋이 명소로 해넘이 전망대도 근처에 있다. 차량 이동시 부석사 주차장에 주차하고 등반하자.(p430 B:1)

- 충남 서산시 부석면 지산리 산58
- 주차 : 서산시 부석면 취평리 154-1
- #해돋이 #해맞이 #새해

서산 버드랜드

"직접 철새를 관찰하는 탐조투어"

천수만의 철새를 관찰할 수 있는 철새 조망대 및 철새 박물관. 드넓은 논이 있어 독수리, 흑두루미, 오리, 기러기 등 다양한 철새들이 먹이활동을 위해 이곳에 모여든다. 버드랜드 홈페이지에 방문해 천수만 철새 현황을 살펴볼수 있다. 건물 안에는 철새 박물관, 입체영상관이 마련되어 있으며 철새와 관련된 다양한 체험 프로그램도 운영한다. (p433 E:1)

- 충남 서산시 부석면 천수만로 655-73
- #철새도래지 #철새전망대 #박물관

시골밥상&구구돈 맛집

"저렴하게 즐기는 든든한 한끼"

된장찌개, 8종류의 반찬, 쌈채소, 제육볶음
@noella0214

을 만원 조금 넘는 가격에 먹을 수 있다. 계란 후라이는 셀프로 해먹을 수 있다. 불맛이 강한 제육볶음은 매콤하게 입맛을 돋운다. 부산 출신 사장님이 여름에만 판매하는 밀면도 별미다. 서산에서 부산의 맛을 느낄 수 있다. 시골밥상은 10~14까지만 가능. 브레이크타임 14:00~16:00,. 2,4번째 월요일 휴무 (p430 B:2)

- 충남 서산시 성연면 신당1로 38
- #삼겹살 #밀면 #서산맛집

개심사 추천

"잠시 근심을 내려놓아요"

백제 의자왕 때 창건된 불교 사찰로, 임진왜란과 6.25 전쟁 때에도 피해를 입지 않아 옛 모습을 그대로 간직하고 있다. 사찰 가는 길목에 연못, 돌계단, 계곡이 있어 볼거리 즐길 거리를 더한다. 4월 말부터 5월 말까지 겹벚꽃 사진 촬영 명소가 된다. 겹벚꽃은 일반 벚꽃보다 크고 탐스러워 일반 벚꽃보다도 사진이 더 예쁘게 나온다. (p432 C:1)

- 충남 서산시 운산면 개심사로 321-86
- #불교사찰 #겹벚꽃 #건축물

장수촌 맛집

"백숙과 겉절이, 환상의 궁합"

@sunkyung4300

부드러운 누룽지 닭백숙, 구수한 누룽지 오리백숙을 판매한다. 누룽지 백숙의 살을 겉절이 김치에 쌈 싸듯 먹으면 환상의 궁합이다. 푹 익혀 부드러운 닭고기를 맛볼 수 있다. 아이들이 먹기도 좋다. 백숙을 먹은 후 누룽지가 들어간 닭죽은 고소한 맛이다. 남은 죽은 싸갈 수 있다. 예약 후 방문시 기다림 없이 먹을 수 있다. 브레이크타임은 15:00~17:00이며, 1,3번째 월요일은 휴무다.

- 충남 서산시 음암면 동암마을길 306
- #누룽지백숙 #삼계탕 #해미맛집

해미읍성 추천

"흔히 볼 수 없는 평지 읍성, 신기해"

해미(海美)는 바다가 아름답다는 뜻으로, 해미읍성은 왜구를 효과적으로 방어하기 위한 충청병영이다. 태종 때 착공하여 세종 때 축성이 완료되었다. 한마디로 이곳은 충청지역 육군 총지휘본부이며, 이순신 장군도 군관일 때 10개월 정도 근무한 곳이다. 이곳은 천주교 병인박해 때 천여 명의 천주교 신자들이 고문당하고 사형당한 곳이기도 한데, 당시 고문에 사용되었던 나무가 여전히 남아있다.(p430 B:1)

- 충남 서산시 해미면 읍내리 32-2
- 주차 : 서산시 해미면 읍내리 102-1
- #병영지 #병인박해 #성곽

서산 해미읍성 코스모스

"무궁화 동산 옆으로 조성된 코스모스 꽃길"

해미읍성 동문인 잠양루쪽 성곽을 따라 안쪽에 조성된 코스모스 꽃길. 맞은편에는 무궁화동산이 있어 두 꽃을 함께 구경할 수 있다. 봄에는 코스모스 대신 유채꽃이 가득히 피어난다. 해미읍성은 조선 시대의 대표적인 읍성으로, 조선 시대말 많은 천주교 신자들이 박해당한 곳이다.(p430 B:1)

- 충남 서산시 해미면 읍내리 492
- 주차 : 서산시 해미면 읍내리 98-12
- #코스모스 #들꽃 #역사유적

얄개분식브라질떡볶이 [맛집]

"옛날 분식점으로 떡볶이 먹기 타임슬립"

응답하라 1988 촬영지로도 유명한 떡볶이집. 떡, 어묵, 라면 사리, 만두, 계란, 콩나물 등이 들어간 모둠 떡볶이 단일 메뉴만 판매한다. 떡볶이를 먹고 남은 국물을 비빔밥으로 만들어 먹어도 별미다.

- 충남 서산시 해미면 읍성마을4길 24-1
- #모둠떡볶이 #비빔밥

운여해변

"별빛이 쏟아져 내리는 해변"

@plan40_outdoor

앞으로는 고운 백사장과 함께 그림 같은 바다가, 뒤로는 울창한 솔숲이 연결되어 조화를 이루는 해변이다. 특히 운여해변은 영화 같은 일몰과 동화 같은 은하수로 유명한 곳이다. 소나무 사이로 넘어가는 해, 밤이 되면 소나무 숲 위로 쏟아지는 별들이 황홀하기 그지없다. 일몰 시간에 맞춰 방문해 보실 것을 추천한다.

- 충남 태안군 고남면 장삼포로 535-57
- 주차 : 충남 태안군 고남면 장삼포로 535-57
- #솔숲 #일몰 #은하수 #별 #출사

태안 안흥 유람선

"태안의 작고 아름다운 섬들을 둘러보자"

태안해안국립공원에 위치한 섬들을 둘러보는 유람선. A코스(비정규), B코스(오전 11시 30분, 오후 2시), 응도하선 코스(오전 11시, 오후 2시)를 운영하며, 각 1시간, 1시간 30분, 2시간 40분이 소요된다.

- 충남 태안군 근흥면 신진도리 525
- 주차 : 충남 태안군 근흥면 신진도리 525-3
- #섬전망 #낚시 #수산물

안면도 쥬라기박물관

"진짜! 공룡이 나타났다!"

웬만한 영화 제작비 이상의, 60억 원의 건설비가 투자된 쥐라기 공원. 전시장 안에는 공룡 진품 골격, 알 등의 화석 등이 전시되어 있다. 전시장 밖으로는 생태공원이 꾸며져 있어 다양한 생물을 체험해 볼 수 있고, 곳곳에 움직이는 공룡 구조물이 설치되어 있어 재미를 더한다. 공룡에 관심이 많은 아이가 있는 가정이라면 흥미진진하고 유익한 여행지가 될 것이다.(p433 E:1)

- 충남 태안군 남면 곰섬로 37-20
- #공룡화석 #공룡골격 #공룡모형 #생태공원

몽산포해수욕장

"아이들과 갯벌체험하기 좋은 해변"

넓게 퍼진 소나무 숲에 있는 오토캠핑장으로 유명한 곳. 넓은 갯벌에 조개와 게를 잡는 체험을 할 수 있다. 근처 몽대포구에서는 회를 저렴한 가격으로 먹을 수 있는 횟집들이 모여있다.(p430 A:2)

- 충남 태안군 남면 몽산포길 65-27
- 주차 : 태안군 남면 신장리 360
- #캠핑장 #갯벌체험 #가족

청산수목원

"사계절 주인공 꽃이 바뀌는 다채로운 수목원"

@h.71hy0

계절마다 꽃 사진 찍기 좋은 사진 촬영 맛집. 여름에는 홍가시나무와 연꽃, 가을이면 핑크뮬리와 팜파스가 한가득 피어나 곳곳이 사진 찍기 좋은 포토존이 되어준다. 잎이 황금색을 띠어 더욱 특별한 황금 메타세쿼이아 길도 주요 사진촬영 스팟 중 하나. 4~5월 09~19시, 6~10월 08~19시, 11~3월 09~17시 개장,

연중무휴. (p430 B:1)

- 충남 태안군 남면 연꽃길 70
- #홍가시나무 #핑크뮬리 #포토존

팜카밀레 허브농원
"수국과 라벤더 보러 오세요"

우리나라에서 가장 큰 허브 농원. 다채로운 테마로 꾸며진 정원과 검증된 허브 제품들을 체험해 볼 수 있다. 200여 종의 허브와 500여 종의 야생화, 그리고 동물들까지 함께 볼 수 있다. 라벤더와 수국이 특히 인기가 좋으니 계절에 맞춰 방문해 보시길.

- 충남 태안군 남면 우운길 56-19
- #국내최대허브농원 #태안핫플 #허브체험 #수국 #라벤더

다원 맛집
"알과 장이 가득찬 암꽃게로 만든 게국지"

김수미 추천 맛집. 알과 장이 가득찬 암꽃게에 배추를 넣어 시원하게 끓인 게국지가 주력 메뉴. 다원스페셜 주문시 게국지, 간장게장, 양념게장, 생선구이, 황태구이가 나온다. 게국지는 끓일수록 진하고 시원한 맛이난다. 서대, 능성어 등의 생선구이는 기름에 튀기지

않고 구워서 담백하다. 안면도에서 재배한 태양초로 만든 고춧가루를 사용. 네이버예약 가능. (p433 E:1)

- 충남 태안군 남면 천수만로 134-4
- #김수미맛집 #게국지 #게장

만리포해수욕장 추천
"넓은 모래사장위를 마음껏 뛰어봐!"

조수 간만의 차가 크고 해변이 넓고 완만한 해수욕장. 활처럼 휜 모래사장이 1km가량 펼쳐진다. 넓고 완만한 해변은 동해나 제주도의 해변과는 다른 매력이 있다.(p430 A:1)

- 충남 태안군 소원면 만리포2길 190-3
- 주차 : 태안군 소원면 모항리 1394
- #서해안 #해수욕장

파도리해수욕장 해식동굴
"가장 완벽한 동굴샷을 얻을 수 있는 곳"

@nowiz_one

해식동굴은, 해변가 정면을 기준으로 오른쪽으로 가야 한다. 바윗길을 거쳐 가야 해서 길

이 험하긴 하지만, 세월이 느껴지는 절벽과 솔숲, 서해답지 않게 맑은 바닷물을 보며 걷는 길이라 수고가 아깝지 않다. 이곳은 밀물 시간을 피해서 가야 하는 곳으로, 동굴 구멍이 2개인데 그중 왼쪽이 사진이 더 잘 나오는 편이다. 두 곳을 함께 찍어도 좋고 나누어 찍어도 좋다. 동굴을 액자 프레임 삼아 인생사진을 남겨보자. (p430 A:1)

- 충남 태안군 소원면 모항파도로 490-85
- 주차 : 충남 태안군 소원면 파도리 571-5, 군자캠핑장
- #해식동굴 #절벽 #썰물 #액자샷

천리포수목원
"태안 해변을 여행하다 숲이 궁금해진다면"

푸른 눈의 한국인 故 민병갈 설립자가 40여 년에 걸쳐 만들어낸 1세대 수목원. 17만 평에 이르는 규모로, 15,800여 종의 식물 등이 일부 공개되어 있다.(p430 A:1)

- 충남 태안군 소원면 천리포1길 187
- 주차 : 태안군 소원면 의항리 1058-2
- #자연 #산책 #식물

코리아 플라워파크
"낙조를 품은 꽃"

@most.ardently_

459

매년 4월 '태안 세계 튤립꽃박람회'가 개최되는 곳으로, 축제 기간이 되면 플라워파크 일대에 전 세계에서 공수한 100여 종의 튤립들이 만개한다. 이 기간에는 구근 수확 체험, 빛축제 등 다양한 부대 행사가 함께 진행된다. (p430 B:2)

- 충남 태안군 안면읍 꽃지해안로 400
- #튤립 #꽃단지 #축제

트레블브레이크커피 (카페)

"어린아이와 반려견 동반하여 편안하게 쉬었다 갈 수 있는 휴양지 느낌의 카페"

@chouchou_hee

동남아 이국적인 분위기의 인테리어와 예쁜 조경을 바라 보며 힐링할 수 있는 안면도 핫플레이스 카페가 트레블브레이크커피이다. 야외 테라스에 세모 텐트 모양의 프라이빗한 오두막이 이곳의 명당이다. 반려견 동반 가능.(p433 E:1)

- 충남 태안군 안면읍 등마루1길 125
- #태안안면도카페 #애견동반 #세모텐트 #동남아휴양지스타일 #가족나들이 #데이트코스

태안 승언저수지 연꽃

"조용한 산책은 저수지가 최고!"

안면 시외버스터미널 동쪽 승언2저수지~승언1저수지에 걸쳐 자생하는 연꽃. 승언2저수지는 안면도 시내와의 접근성이 좋고, 승언1저수지는 연꽃 군락이 더욱 아름다우며, 산책로가 조성되어 있다. 이곳 중 한 곳만 가야 한다면 승언1저수지를 추천한다. 높게 자란 소나무와 백련, 홍련, 수련이 고

꽃지해변 (추천)

"할매, 할배 바위 뒤로 지는 석양은 황홀할 따름이지"

태안 안면읍에 있는 5km에 이르는 해변. 백사장을 따라 해당화가 만발해 '꽃지'라는 이름을 갖게 되었다. 할매, 할배바위가 있어 더욱 아름다운 느낌이 든다.(p430 B:2)

- 충남 태안군 안면읍 승언리 339-285
- 주차 : 태안군 안면읍 승언리 339-272
- #노을 #바위 #사진촬영

즈넉한 분위기를 자아낸다. 관광지가 아니므로 나무데크길이나 쉼터 등이 따로 조성되어 있지는 않다.

- 충남 태안군 안면읍 승언리 산32-366
- #저수지 #백련 #홍련

안면도 자연휴양림

"소나무 숲이 고려 시대부터 관리되던 것이라니!"

국내 유일의 소나무 천연림. 100년 내외의 소나무가 381ha 규모로 펼쳐져 있다. 안면도의 소나무는 궁궐을 지을 때 사용되었기 때문에, 고려 시대 이후로 지속 특별하게 관리되어 왔다고 한다. 수목원은 한국식 정원으로 여러 개의 테마공원으로 조성되어 있다.(p430 B:2)

- 충남 태안군 안면읍 안면대로 3195-6
- #소나무 #정원 #피톤치드

안면가 (맛집)

"철판 가득한 해산물과 닭한마리"

용궁철판과 꼬막비빔밥이 시그니처 메뉴. 용궁철판 주문시 꼬막비빔밥이 나온다. 가리비, 갑오징어, 키조개, 새우, 게 등 해산물이 큰 철판 가득 나온다. 닭한마리가 통째로 들어있어 몸보신용으로도 좋다. 마무리로 칼국수 사리를 추가하면 해물칼국수를 먹을 수 있다. 대기가 길어 도착 즉시 입구에서 테이블링 예약할 것. 브레이크 타임은 15:00~17:00이다. 현재 임시 휴업 중. 2024년 4월 재오픈 예정.

- 충남 태안군 안면읍 안면대로 3253 1층
- #로컬맛집 #용궁철판 #꼬막비빔밥

딱뚝통나무집식당 맛집
"안면도 꽃게를 넣어 끓인 얼큰한 게국지"

안면도 꽃게와 김치, 건새우, 들깨가루를 넣어 끓인 얼큰한 게국지 맛집. 생배추가 들어가게의 비린 맛이 없고 깔끔하다. 안면도 꽃게로 만든 간장게장도 양념게장도 인기 있다. 식당 근처에 국내 최대의 수련 군락지인 안면송길이 있어 함께 들르기 좋다.(p430 B:2)

■ 충남 태안군 안면읍 조운막터길 23-22
■ #게국지 #간장게장 #양념게장 #안면도 #꽃게

백사장항 추천
"명심해 꽃게는 봄, 대하는 가을이야"

봄에는 맛있는 꽃게를 신선하게 맛볼 수 있고, 가을이면 바로잡은 대하를 맛볼 수 있는 수산물 시장과 음식점이 많다.(p430 B:2)

■ 충남 태안군 안면읍 창기리
■ 주차 : 태안군 안면읍 창기리 1269-95
■ #꽃게 #대하 #조개

삼봉해수욕장 해식동굴
"동굴을 액자 삼아, 바다를 배경 삼아"

@pf_ju

굴속으로 뚫렸다 하여 갱지동굴로도 불린다. 해수욕장 가는 길이 소나무 숲으로 되어 있어 산책하기에도 매우 좋은 곳이다. 돌밭을 지나 해식동굴을 찾았다면, 동굴을 액자 삼아 사진을 찍어보자. 동굴이라기보다는 조금 큰 구멍으로 생각해야 찾기 쉽다. 동굴 액자 프레임으로 실루엣 사진을 남겨보자. 간조 시간에 잘 맞추어 방문해야 한다.

■ 충남 태안군 안면읍 창기리
■ 주차 : 충남 태안군 안면읍 삼봉길 195 태

안해안국립공원 안면도분소, 삼봉해수욕장 주차장

■ #갱지동굴 #해식동굴 #동굴프레임 #액자사진 #실루엣 #간조

카트체험장
"아이와 함께라면 뭐든 재미있겠지!"

안면도 내에서 운영되는 카트체험장. 평일 저녁 7시, 주말 저녁 8시까지 운영되어 늦은 시간에도 즐길 수 있다. 3세 이상 유아, 어린이는 2인승 카트에 동반자와 함께 탑승해야 하며, 150cm 이상은 1인승 단독 체험할 수 있다. 사전예약 시 더욱 저렴하고, 대기 없이 탑승할 수 있다.

■ 충남 태안군 안면읍 창기리 1262-219
■ 주차 : 태안군 안면읍 창기리 1262-219
■ #카트 #이색체험 #가족

신두리해안사구 추천
"사막처럼 쌓인 모래도 신기하지만, 고운 모래를 얇고 넓게 깔아놓은 해안은 너무도 잔잔하고 예뻐서 서정적이야"

우리나라 최대 규모의 해안사구 지역. 바닷가를 따라 3.4Km가량 사구가 형성되어 있다. 사구라는 것은 바람으로 모래가 운반, 퇴적되어 만들어진 언덕을 의미한다. 이곳은 원형이 잘 보존되어 있어 생태보전 지역으로 지정되었다. 사구가 만들어진 이유는 겨울철에 북서 계절풍이 해안에 직각 방향으로 불어 모래 운반이 매우 용이하기 때문이다. 해안 모래 알갱이가 너무 곱고, 바다 해안의 높이가 다른 해변보다도 더 완만해 독특하고 신기한 느낌이 든다.(p430 A:1)

■ 충남 태안군 원북면 신두리 산 263-1   ■ 주차 : 태안군 원북면 신두리 357-28
■ #사구 #모래언덕

태안솔향기길 추천
"태안의 해안을 따라 선물 같은 풍경이"

@nomad_jual

태안 앞바다를 둘러싼 소나무 숲길. 총 6개 코스, 67km 기나긴 해안 둘레길. 그중 가장 유명한 1코스는 10km 길이로 도보로 약 4시간 소요된다. 소나무의 짙은 향기를 맡으며 바다 풍경과 다양한 기암괴석들을 감상할 수 있어 트래킹 여행객들에게 인기 있는 장소다. (p430 B:1)

- 충남 태안군 이원면 꾸지나무길 81-19
- #소나무숲길 #트래킹 #기암괴석

오서산 정상 억새
"찾기 쉽지 않은 바다를 전망으로하는 억새군락지"

정상을 중심으로 2km가량의 억새군락지가 형성되어 있다. 오서산은 장항선 광천역에서 4km 거리에 있어 열차 여행으로도 방문하기도 좋다. 억새군락지에서 서해를 조망할 수도 있다. 차량 이동 시 오서산산촌생태마을에 주차 후 왕복 8km의 등산 구간 이용, 왕복 2시

간정도 걸린다.(p430 C:2)

- 충남 홍성군 광천읍 담산리 1
- 주차 : 보령시 청소면 성연리 88
- #억새 #기차여행 #등산

속동전망대
"노을과 드넓은 갯벌이 한눈에"

홍성 8경에 속하는 속동전망대에서 솔숲과 푸른 천수만 풍경을 즐겨보자. 전망대와 이어지는 모섬으로 이동하면 솔숲 군락과 포토존이 마련되어 있다. 전망대 일대에서 서해 조개잡이 갯벌 체험장도 마련되어 있어 여름철 가족 여행지로 제격이다. (p430 B:2)

- 충남 홍성군 서부면 남당항로 689
- #천수만 #전망대 #갯벌체험

남당항
"특히 새조개로 굉장히 유명한 곳, 새조개철 꼭 찾아가야 하는 맛의 명소"

9~10월에 대하 축제가, 1~5월에 새조개 축제가 열린다. 신선한 대하와 새조개를 먹으러 시간 내서 찾아갈 만하다. 특히 새조개 좋아하시는 분은 무조건 남당항으로 가자.(p430 B:2)

- 충남 홍성군 서부면 남당항로213번길
- #새조개 #대하 #축제

비츠카페 카페
"노란 캠핑카 놓인 오션뷰 카페"

서해안과 안면도 전망으로 유명한 비츠카페 마당에는 샛노란 카라반 캠핑카와 의자, 테이블, 그늘막이 설치되어 있다. 타프 가림막 안에서 캠핑카가 보이도록 사진을 찍으면 캠핑 감성 사진을 찍어갈 수 있다. 이곳은 10월 말부터 11월까지 피어나는 핑크뮬리, 팜파스 밭으로도 유명한 곳이니 기회가 된다면 이 시기를 맞추어 방문해보자.

- 충남 홍성군 서부면 남당항로72번길
- #캠핑컨셉사진 #캠핑카 #천막

죽도 상화원 추천
"조화를 숭상하는 비밀정원"

대나무가 울창한 섬 죽도에는 100% 예약제로 운영하는 상화원이 자리 잡고 있다. 한옥과 한국식 정원으로 꾸며진 이곳은 숙박도 가능하지만, 개인이나 소규모 예약은 받지 않는다. 4~11월 중에도 금~일요일 및 공휴일에만 예약 가능하니 방문 일정을 꼭 확인하시길. (041-933-4750)

- 충남 보령시 남포면 남포방조제로 408-52
- #예약제 #한국식정원 #숙박시설

대천해수욕장 추천

"젊은이들이 많이 찾는 서해안의 대표 해수욕장"

서해안 최대의 해수욕장으로 길이 3.5km 너비 100m를 자랑한다. 서해에서 가장 오랫동안 유명한 해수욕장으로, 여름이면 세계적으로도 유명한 머드 축제가 열린다. 대천해수욕장을 검색하면 '헌팅' 연관검색어가 있을 정도로 젊은이들이 많다.(p430 B:3)

- 충남 보령시 신흑동 1345-27　　■ 주차 : 충남 보령시 신흑동 1436
- #서해안 #머드축제 #커플 #헌팅

대천해수욕장 스카이바이크

"해안가 스카이바이크"

바다 위를 달릴 수 있는 국내 유일한 스카이바이크. 대천해수욕장 분수광장에서 출발해 대천항까지 40분간 2.3km 거리를 왕복한다.(p430 B:3)

- 충남 보령시 신흑동 2209-3
- 주차 : 보령시 신흑동 2212-1
- #스카이바이크 #대천 #바닷가

짚트랙코리아(대천해수욕장)

"서해 바다위를 날고 있는 짜릿한 느낌"

대천 앞바다를 가로지르는 631m 길이의 짚트랙. 트롤리와 와이어의 마찰음이 [집]

소리를 낸다고 하여 '짚트랙'이라고 불린다. 와이어 4개가 운영되어 4명이 동시에 즐길 수 있고, 해 질 무렵 이용하면 서해의 아름다운 석양도 바라볼 수 있다.(p430 B:3)

- 충남 보령시 신흑동 2209-3
- 주차 : 보령시 신흑동 2212-1
- #짚트랙 #스릴 #서해전망

오양손칼국수 맛집

"갑오징어와 키조개가 들어간 칼국수"

3대째 이어온 맛집. 6번을 먹으면 1~5번까지 다 먹을 수 있어 6번 칼국수가 인기 메뉴다. 보리밥에 열무김치, 고추장을 넣고 비벼먹다 보면 칼국수가 나온다. 갑오징어, 키조개, 매콤한 비빔국수까지 다양한 칼국수를 한 번에

먹을 수 있다. 인원수대로 주문시 면과 보리밥이 무한리필된다. 15:00~16:00 쉬어가며 월요일 휴무 (p437 D:1)

- 충남 보령시 오천면 소성안길 55
- #보령맛집 #칼국수맛집 #무한리필

외연도 상록수림 추천

"20m도 넘는 나무를 비롯하여 신비한 자연의 숲을 있는 그대로 볼 수 있는 곳, 2박 추천!"

인간의 손길이 많이 타지 않은 자연 그대로의 숲을 볼 수 있는 곳. 제일 큰 나무 중에는 20m도 훨씬 넘는 팽나무가 있으며, 이외에도 다양한 종의 나무들이 엉켜 자라고 있다. 섬에는 2km의 둘레길이 있어 도보여행하기에도 좋다. 대천항에서 1시간 30분가량 소요된다.(p436 A:2)

- 충남 보령시 오천면 외연도리 산239
- 주차 : 충남 보령시 신흑동 2243-1
- #팽나무 #동백나무 #상록수

충청수영성

"동백꽃 필 무렵 가야할 곳"

외적의 침입을 막기 위해 만든 석성. 돌로 만든 아치형 석문이 이곳의 포토존이다. 돌계단

463

에 올라 사진을 찍으면 액자 프레임 같은 아치형 석문, 그 사이로 하늘과 나무가 함께 담긴다. 겨울에 동백꽃이 피면 그 아름다움은 배가 된다. 이곳은 드라마 <동백꽃 필 무렵> 촬영지이기도 하니, 드라마 속 장면을 떠올려보셔도 좋겠다.(p433 E:2)

■ 충남 보령시 오천면 충청수영로
■ #아치형 #석성 #인스타핫플 #액자프레임 #동백꽃필무렵 #드라마촬영지

무창포해수욕장
"신기한 바닷길을 경험하고 싶다면 음력 보름날을 기억해!"

매월 음력 보름날과 그믐날 전후 해변에서 석대도까지 1.5km 바닷길이 열린다. 서해 해변의 매력인 일몰 또한 멋지다.(p430 B:3)

■ 충남 보령시 웅천읍 관당리
■ 주차 : 충남 보령시 웅천읍 관당리 800-1
■ #해수욕장 #바닷길 #일몰

보령 주산 벚꽃길
"벚꽃터널이 펼쳐지는 드라이브 코스"
보령 주산초등학교 앞 금암삼거리부터 보령호 입구까지 6km가량 이어진 벚꽃 드라이브 코스이다. 왕벚나무가 2,000여 그루 벚꽃 터널이 만들어진다. 내비게이션에 주산면을 거쳐 보령댐을 목적지로 하고 가다 보면 어느덧 2차선 양쪽으로 수많은 벚꽃 터널이 펼쳐진다.

■ 충남 보령시 주산면 황율리 51-2
■ 주차 : 보령시 주산면 동오리 542-1
■ #왕벚나무 #드라이브 #보령댐

천북굴단지
"겨울엔 맛있는 석굴 먹으러 가자! 벌써 군침이 도네"

천북 굴은 11~2월까지 잡히는 것이 최상품으로, 매년 12월 '천북 굴 축제'가 열린다. 12~2월이 석굴 구이 먹기에 최적기. 석굴 좋아하는 사람이면 겨울에 무조건 가야 하는 곳이다.(p433 E:2)

■ 충남 보령시 천북면 장은리 959-3
■ 주차 : 충남 보령시 천북면 장은리 1066-1
■ #석굴 #굴구이 #굴국밥 #겨울먹거리

훈이네굴수산 [맛집]
"입안 가득 바다향, 굴찜"

@lee_donghwan_

굴 전문점이 모인 천북굴단지에 위치한다. 냄비에 굴과 가리비가 투박하지만 푸짐하게 담겨 나온다. 장갑을 끼고 뽀얀 속살을 까먹으면 된다. 입에 꽉 차는 향긋한 굴을 맛볼 수 있다. 함께 나오는 굴전도 짜지 않고 맛있다. 굴찜을 먹은 후 굴이 가득 들어가고 면이 쫄깃한 해물칼국수로 마무리하면 오늘 하루 잘 먹었다는 생각이 든다. 화요일 휴무 (p433 E:2)

■ 충남 보령시 천북면 홍보로 1061 8동2호
■ #천북굴단지 #굴찜 #보령맛집

우유창고 [카페]
"우유 테마로 아기자기하게 잘 꾸며진 재미있는 목장 카페"

@milkstorehouse

우유곽 컨셉의 귀여운 외관과 아기자기하게 꾸며진 포토존까지, 가볍게 체험도 할 수 있어 아이들과 함께 방문하기 좋은 장소이다. 같이 운영하는 목장에서 직접 바로 만든 순수한 맛의 우유아이스크림이 인기있다.(p433 E:2)

■ 충남 보령시 천북면 홍보로 573
■ #보령카페 #보령우유 #수제아이스크림

카페블루레이크 [카페]
"나홀로나무와 호수 전망"

@ez_hyung

블루레이크 마당 잔디밭 사이 산책로를 향해 쭉 걷다 보면 나무 벤치와 웅장한 나 홀로 나무 한 그루가 나온다. 뒤로는 푸른 청천 호수 전망이 펼쳐져 아름다운 사진 배경이 되어준다. 원목 벤치를 사진 하단 1/3, 정 가운데 위치시키고 나 홀로 나무 끝까지 잘 나오도록 멀리 떨어져 인물사진이나 배경 사진을 찍으면 멋지다. (p433 D:3)

■ 충남 보령시 청라면 장산리 596번지
■ #레이크뷰 #나홀로나무 #벤치

갱스커피 `카페`
"성주산 중턱에 자리잡은 최고의 전망 보령 핫플레이스"

@deepwhiteblue

광부들이 사용했던 건물을 개조하여 만든 빈티지 감성 카페. 매장 입구에 멋진 풍경과 함께 물 위 돌다리에서 사진을 찍을수 있는 유명한 인증샷 스팟이 있다. 1인 1주문 원칙. 실내보다 야외에서 멋진 뷰를 감상하며 여유로운 시간을 보내기 좋은 곳.(p430 C:2)

- 충남 보령시 청라면 청성로 143
- #보령카페 #대천카페 #갱스토리 #사진찍기좋은곳

청양 칠갑산 진달래
"콩밭 메는~ 아낙네야~"

장곡산장에서 465봉을 거쳐 정상까지 조성된 진달래 군락. 이곳뿐만 아니라, 칠갑산 전체에 진달래 군락이 조성되어 있다. 정상과 삼형제봉에서 진달래 군락을 조망할 수 있다. 칠갑산 산장과 천문대를 거쳐 정상으로 향하는 1시간 코스를 추천한다. 칠갑산은 진달래뿐만 아니라 철쭉으로도 유명하다.(p437 F:1)

- 충남 청양군 대치면 장곡리 산20-1
- 주차 : 청양군 대치면 장곡리 216-2
- #진달래 #철쭉 #등산

농부밥상 `맛집`
"청양산 식재료로 만든 건강한 밥상"

지역의 농산물을 이용해 만든 로컬푸드 식당으로 유명한 곳. 첨가물을 넣지 않고 천연조미료를 사용한 건강한 밥상을 맛볼 수 있다. 구기자 떡갈비한상이 인기 메뉴. 돼지고기를 손으로 다져 요리한 구기자 떡갈비가 감칠맛 난다. 생선요리에 여러 반찬까지 푸짐한 한상이다. 칠갑호 전경을 보며 식사할 수 있다. (p437 F:1)

- 충남 청양군 대치면 칠갑산로 704-18
- #학하동맛집 #한식당 #떡갈비

청양 장곡사 벚꽃길
"동학사 벚꽃길과 더불어 충남의 벚꽃 명소로 유명!"
청양 장곡사 벚꽃길은 한국의 아름다운 길 100선에 선정된 바 있다. 청양 대치면 탄정리에서 지방도 645호 도로를 따라 장곡사 입구까지 7km가량의 벚꽃길이 아름답다.(p437 F:1)

- 충남 청양군 대치면 탄정리 84-1
- 주차 : 청양군 대치면 장곡리 216-2
- #장곡사 #벚꽃터널 #드라이브

은행집 `맛집`
"직접 띄운 청국장 맛집"

구수한 청국장이 생각날때 찾는 곳. 직접 띄운 청국장으로 만들어 걸쭉하고 구수하다. 간수를 사용하지 않고 바닷물을 이용해 만든 손두부가 맛보기로 나온다. 보글보글 끓는 청국장에는 버섯과 두부가 가득 들었다. 청국장을 푸짐하게 넣고 비벼 먹으면 맛있다. 밑반찬으로 나오는 파김치가 유명하다. 재료소진시 조기마감 (p437 F:1)

- 충남 청양군 대치면 한티고개길 11
- #칠갑산맛집 #두부요리 #청국장

천장호 출렁다리 `추천`
"흔들 흔들 스릴만점!"

천장호와 칠갑산을 이어주는 길이 207m의 기다란 출렁다리. 다리 입구에 청양을 대표하는 농작물 고추 모형이 장식되어 있고, 다리 건너편에는 황룡과 호랑이 동상이 설치되어 있다. 칠갑산 황룡과 호랑이의 기운을 받으면 건강한 아이를 낳을 수 있다는 믿음 때문에 이 다리를 찾는 신혼부부가 많다. (p431 D:2)

- 충남 청양군 정산면 천장리
- #출렁다리 #포토존 #전통설화

청양 알프스 마을 `추천`
"눈과 얼음 가득한 겨울 왕국"

충남의 알프스로 불리며, 지대가 높고 경사가 심하여 농사가 잘 되지 않는 곳이다. 매년 12월부터 2월까지 열리는 칠갑산 얼음분수축제가 유명하다. 얼음 봅슬레이며 얼음 썰매, 빙어낚시 등 다양한 행사들이 기다리고 있다. 겨울철에 매력과 진가를 확인할 수 있는 곳이다. 여름에는 '세계 조롱박 축제'가 열린다. (p431 D:2)

- 충남 청양군 정산면 천장호길 223-35
- #얼음분수축제 #여름여행지 #겨울여행지

백제문화단지 `추천`
"백제시대 사비성을 17년의 고증을 거쳐 재현한 곳, 그 노력만큼이나 가봐야 할 곳!"

삼국시대 왕궁의 모습을 최초로 재현해낸 곳. 백제의 사비궁이 재현되어 있으며 천정전, 문사전, 무덕전 등으로 이루어져 있고, 성왕의 명복을 빌기 위한 왕실의 사찰도 재현되어 있다. 삼국시대 당시의 백제 생활 주거 풍습을 알 수 있는 마을도 있으며, 백제 한성시기(BC 18~AD 475)의 위례성도 재현되어 있다.(p430 C:3)

- 충남 부여군 규암면 합정리 575   ■ 주차 : 충남 부여군 규암면 합정리 584
- #백제 #왕궁 #사찰

관북리유적 및 부소산성
"538년 이전에 축조된 백제의 산성"

백제의 중심을 이룬 산성으로 유사시에는 도성의 방어거점으로 활용되었다. 백제 성왕 16년(538년) 이전에 축조되었으며, 이곳에 낙화암이 있다.(p438 A:2)

- 충남 부여군 부여읍 관북리 산1-2
- 주차 : 충남 부여군 부여읍 구아리 10-1
- #백제 #산성

부여 백마강 유람선
"천년 전 백제를 유람해 보자!"

백마강 유람선은 고란사-구드래, 고란사-규암, 황포돛배 일주, 고란사-백제보 코스를 운영한다. 단, 초등학생까지는 고란사-구드래 코스만 이용할 수 있다. 부소산성, 낙화암, 고란사를 구경하고 돌아가는 길에 유람선을 타는 코스를 추천한다. 백마강은 '백제의 제일 큰 강'이라는 뜻으로, 삼국시대에 일본, 신라, 당나라 등과 교역을 할 때 큰 역할을 했다.(p431 D:2)

- 충남 부여군 부여읍 구교리 420
- 주차 : 부여군 부여읍 구교리 420
- #백마강 #백제 #뱃놀이

장원막국수 맛집

"노포의 끝판왕"

식당이 맞나 싶을 정도로 낡은 집 앞으로 줄을 서는 사람들이 빼곡하다. 메밀막국수와 편육 단촐한 메뉴로 전국의 식객들을 사로잡았다. 국수 육수는 흔히 맛보던 그런 맛이 아니다. 감칠맛이 뛰어나고 계속해서 생각나는 맛이다. 괜히 줄을 서는 것이 아니구나 싶은 깨달음을 얻기도.

- 충남 부여군 부여읍 나루터로62번길 20
- #메밀막국수 #편육 #새콤

부여 궁남지 추천

"백제 무왕 34년(634년)에 궁궐 남쪽에 만들어진 연못"

백제 무왕 34년(634년) 때 궁궐 남쪽에 만든 연못. 삼국사기의 기록에 의해 궁남지라 부른다. 연못 주변에 우물과 주춧돌이 남아 있으며, 기왓조각이 흩어진 건물터도 발견되었다. 매년 봄부터 여름이면 연꽃들로 가득한 연못 정원이 된다. 100,000평의 대규모 연꽃 단지에서 백련, 홍련, 수련, 가시연 등 50여 종의 다양한 연꽃을 모두 만나볼 수 있다. 정자와 다리, 산책로도 잘 조성되어 있어 연꽃지 곳곳을 가까이 살펴볼 수 있다. 매년 7월에는 서동 연꽃 축제도 개최된다. 궁남지는 사적 제135호로, 백제 무왕이 만든 대한민국 최초의 인공연못이다.(p431 D:2)

- 충남 부여군 부여읍 동남리 117
- 주차 : 충남 부여군 부여읍 동남리 152-1
- #연꽃 #연잎 #산책로

부여 왕릉원(유네스코 세계유산)

"무덤은 이미 주인을 알 수 없을 정도로 도굴되었는데, 93년 우연히 고분군 수로에서 '금동대향로'가 발견되었어"

백제의 마지막 도읍이었던 사비(현재 부여)에 자리 잡은 총 7기의 고분. 백제 왕실의 무덤으로 추정되지만, 신라의 무덤과 달리 입구가 있는 능산리 고분은 대부분 도굴당해 무덤의 주인을 알 수가 없다. 1993년 능산리 사지 수로에서 우연히 '금동대향로'(국보 제 287호)를 발견하게 되었다. '금동 대향로'는 오래전 국사 교과서의 표지에 실리기도 했다. 발굴 당시 고분군 1호에서는 고구려 무덤에서나 볼 수 있는 '사신도'가 있었다. 능산리 고분군과 능산리 사지 일대를 백제왕릉원이라 부른다.

- 충남 부여군 부여읍 능산리 산16-2
- #사비시대 #고분 #금동대향로

부여 서동연꽃축제

"천년 백제도시 부여의 연꽃축제"

궁남지에서 즐기는 천만 송이 규모의 연꽃. 서동 선화 쪽배 체험, 연꽃 인형 극장, 생태 체험도 즐길 수 있다. 밤에는 조명이 들어와 더 운치 있다.(p438 A:2)

- 충남 부여군 부여읍 동남리 117
- 주차 : 부여군 부여읍 동남리 152-1
- #연꽃 #축제 #체험행사 #야간개장

정림사지 및 오층석탑 추천

"불타 없어진 정림사지에 홀로 남겨진 오층 석탑은 외롭지만 화려해"

1탑 1금당, 전형적인 백제의 가람배치 형태

로 제작된 오층 석탑과 정림사지 석불좌상. 538년 백제가 도읍을 사비, 현재 부여로 옮기면서 도성 한복판 평지에 완성되었다. 이는 평지 사찰의 가장 이른 사례인데, 불교적 통치이념을 확고히 하고 왕권 강화를 도모하기 위함이었다고 한다. 정림사지 5층 석탑은 삼국시대 목탑에서 석탑으로 탑의 형식이 바뀌는 과도기에 만들어진 탑으로 목탑의 양식을 그대로 유지하고 있다. 5층 석탑의 아랫부분 탑신에는 당나라 장수 소정방이 남긴 '백제를 징벌한 기념탑'이라는 글씨가 아직 남겨져 있다. 이 치욕적인 글씨는 이 정림사지가 백제 왕실의 상징적 존재였다는 것을 슬프게 반증하고 있다. 높이 8.3m 화강암으로 만들어진 1500년의 역사를 가지고 있는 이 탑은 절제미, 조형미, 비례미를 갖춘 백제 석탑의 완성작이라 할 수 있다. 또한, 정림사지는 백제 사찰 건축의 원형이라 할 수 있다. 베일에 가려진 백제의 역사와 정신을 밝히는 날이 오길 간절히 바란다.(p431 D:2)

- 충남 부여군 부여읍 동남리 254
- 주차 : 충남 부여군 부여읍 동남리 401
- #백제 #오층석탑 #불교

정림사지박물관
"백제 불교는 어떤 형태였을까?"

백제 사비 시기의 불교문화를 주제로 한 박물관. 사비 시기 불교의 중심에 있었던 정림사지에 있으며, 백제의 불교 수용, 발전과정 등을 전시하고 있다. 불상 만져보기 체험도 해볼 수 있다.(p431 D:2)

- 충남 부여군 부여읍 동남리 364
- #백제 #불교 #정림사지

국립부여박물관
"백제 부여의 모습은 어땠을까?"

백제 역사, 문화재, 유물, 불교미술 등을 전시해놓은 박물관. 백제 금동 대향로, 호자 등 유명한 유물들이 전시되어있다. 해설 시간에 맞춰 입장하면 예약 없이 해설을 들을 수 있다. 매주 월요일, 1월 1일, 설날, 추석 휴관.(p431 D:2)

- 충남 부여군 부여읍 동남리 산16-9
- 주차 : 부여군 부여읍 동남리 762-3
- #백제 #금동대향로 #도자기

카페 무드빌리지 [카페]
"라탄 소품으로 꾸민 포토존"

@_s_.hee

한옥 카페 무드빌리지에는 넓은 마당이 딸려 있고, 실내도 라탄 소재 가구들로 꾸며져 있어 곳곳에 사진찍기 좋은 포토스팟이 많다. 대나무 사이 전신거울을 통해 보이는 한옥 건물과 함께 핸드폰에 비친 사진을 찍는 곳이 이곳의 대표 포토존이다. (p431 D:2)

- 충남 부여군 부여읍 뒷개로27번길 10-1
- #한옥건물 #전신거울포토존 #대나무

왕곰탕 식당 [맛집]
"상식을 파괴한 국밥"

@pine2020

시금치와 부추무침을 넣어 먹는 국밥. 40년 전통을 자랑한다. 양탕과 곰탕이 유명하다. 뽀얗게 잘 우려낸 곰탕이 뚝배기 안에서 팔팔 끓는다. 여기에 양념된 부추와 시금치를 넣어먹는다. 국물에 시금치와 부추가 대처지며 식감이 살아나고 얼큰한 국물맛이 완성된다. 브레이크타임 14:30~17:00, 일요일 휴무 (p437 F:2)

- 충남 부여군 부여읍 사비로108번길 13
- #곰탕 #설렁탕 #부여맛집

연꽃이야기 [맛집]
"연잎향 솔솔 나는 연잎밥을 맛보자"

@today_yummy_yummy

오리훈제, 기본찬과 연잎밥이 나오는 연잎밥 정식이 인기메뉴. 연잎차가 물 대신 나온다. 연꽃이야기에서 직접 재배한 연잎으로 만든 연잎밥이 별미다. 찰밥을 먹는 것처럼 찰진 맛이다.반찬이 많이 나와 한정식을 좋아하는 사람이라면 충분히 만족할만하다. 정원을 잘 가꾸어 사진찍기 좋고, 대기가 지루하지 않다. 브레이크타임은 15:00~17:00이며 월요일은 휴무다. (p437 F:2)

- 충남 부여군 부여읍 성왕로 22
- #부여맛집 #연잎밥 #궁남지맛집

성흥산성 사랑나무
"커플 성지, 우리 사랑 이대로"

@rami_loveme

역사의 도시 부여를 낭만도시로 만든 장본인, 성흥산성 사랑나무. <삼국사기>에도 등장하는 오래된 산성인 성흥산성 아래, 거대한 느티나무가 있는데 반쪽짜리 하트 모양을 닮았다. 400년이 넘는 수령을 자랑하는 이 나무는, 드라마 <서동요>, <호텔델루나> 등 여러 드라마의 무대가 되었다. 하트 사진은 같은 자리에서 여러 차례 찍어 좌우 반전을 시켜 편집하면 된다. 연인이 찍으면 더 의미 있을 것이다.(p437 F:2)

- 충남 부여군 임천면 성흥로 97번길 167
- #성흥산성 #가림성 #부여 #낭만도시 #느티나무 #좌우반전사진 #하트사진 #인스타핫플

가림성
"촬영 명소 성흥산성 사랑나무가 있는 곳"

웅진시대에 부여지역을 방어하기 위해 세워졌던 산성으로, 그 역사적 가치를 인정받아

무량사 `추천`
"3개의 보물이 있는 사찰"

신라시대에 창건한 불교 사찰로 '금오신화'의 저자 김시습이 머물던 곳으로도 유명하다. 충청남도 유형문화재 25호로 지정된 김시습 부도와 보물 1497호 김시습 초상을 소장하고 있다. 절 한가운데 있는 오층 석탑과 석등, 극락전, 괘불탱 들도 모두 대한민국 보물로 지정되었을 만큼 그 역사적 가치가 높다. 가을에는 길과 탑 그리고 한옥 사이로 보이는 단풍이 아름답다. 무량사 주차장 주차 후 도보로 20분 이동하자.(p430 C:2)

- 충남 부여군 외산면 무량로 203
- #역사여행지 #문화유산 #불교사찰 #신라

사적 4호로 지정되었다. 성흥 산 위에 있어 성흥산성이라고도 불린다. 성곽 안쪽은 흙으로, 겉면은 돌로 둥글게 쌓았으며, 규모는 둘레 1.4km에 이른다. (p437 F:2)

- 충남 부여군 장암면 성흥로97번길 150-31
- #역사여행지 #문화유산 #산성

서동요 테마파크 `추천`
"백제시대로 떠나는 타임슬립 여행"

백제 왕실을 그대로 재현해놓은 1만 평 규모의 드라마 촬영장. '서동요'뿐만 아니라 '육룡이 나르샤', '계백' 등 백제를 무대로 한 다양

한 사극이 이곳에서 촬영되었다. 백제시대 옷을 빌려 입고 한옥 앞에서 사진촬영도 즐길 수 있다. 09~18시 운영, 매주 월요일 휴관. (p430 C:3)

- 충남 부여군 충화면 충신로 616
- #사극촬영지 #복식체험 #포토존

국립생태원 에코리움 `추천`
"세계의 생태계를 한눈에"

대표적인 기후와 그 기후에 맞춰 살아가는 동식물을 살펴볼 수 있는 곳, 생태계를 배울 수 있는 곳이다. 저렴한 입장료에도 큰 규모의 시

설, 매우 다양하고 유익한 콘텐츠 등이 아이의 교육적인 측면에서 매우 훌륭한 여행지이다. 지구와 기후, 동식물을 놀이하듯 익힐 수 있다.(p430 C:3)

- 충남 서천군 마서면 금강로 1210
- 주차 : 서천군 마서면 금강로 1210
- #기후 #생태계 #동식물 #유익 #교육

금강하구둑놀이공원
"아담한 놀이공원이 좋을 때도 있어"

회전목마, 다람쥐 통, 롤러코스터 등 운영. 계절에 따라 수영장과 썰매장도 운영된다. 금강 하굿둑은 철새 도래지로도 유명해 인근에 조류 생태 전시관도 운영된다. 놀이공원 옆이 해물칼국수 거리로도 유명하니 꼭 맛보자.

- 충남 서천군 마서면 도삼리 73-1
- 주차 : 서천군 마서면 도삼리 73-5
- #레트로 #회전목마 #롤러코스터

춘장대해수욕장
"작지도 크지도 않은 적당한 규모의 해수욕장"

관광공사가 지정한 자연학습장 8선 가운데 한 곳. 완만한 경사와 잔잔한 수면이 특징이다. 갯벌에서 조개, 넙치 등을 잡을 수 있는 체험을 즐길 수 있고, 아카시아 숲에는 캠핑도 할 수 있다.(p430 C:3)

- 충청남도 서천군 서면 도둔리 1376-1
- 주차 : 서천군 서면 도둔리 1455
- #해수욕장 #갯벌체험 #캠핑

서산회관 맛집
"제철 주꾸미로 만든 철판볶음"

주꾸미 철판볶음과 주꾸미 샤브샤브를 판매한다. 주꾸미 볶음은 적당히 칼칼하고 미나리가 들어가 향긋하다. 졸여진 양념으로 만든 볶음밥은 꼭 먹어야 한다. 전창으로 바다가 보여 만조때는 바다를 보며 식사할 수 있다. 3~5월 주꾸미가 맛있는 시기다. 제철에 방문하는것을 추천한다. 대기가 긴 편이라 이른 시간에 방문하는 것이 좋다. 연중무휴 (p437 D:3)

- 충남 서천군 서면 서인로 318
- #마량포구맛집 #주꾸미 #주꾸미샤브샤브

서천 마량리 동백나무 숲
"겨울에 피어나는 강인한 꽃 "

매년 봄이 되면 마량리 동백나무 80 그루에 붉은 꽃이 만개한다. 동백 숲 정상에는 동백정이라는 정자가 있는데, 이곳에 올라 너른 서해바다와 붉은 동백나무숲을 내려다보면 저절로 탄성이 나온다. 동백 정은 일몰, 일출 감상 명소로도 유명하다. 4월 중 서천에서 주꾸미 축제가 열리니 함께 방문해 봐도 좋겠다. (p430 B:3)

- 충남 서천군 서면 서인로235번길 103
- #동백나무 #봄여행지 #주꾸미축제

씨큐리움
"바닷속으로의 여행"

우리나라에 서식하는 5천 점이나 되는 해양생물 표본이 모여있는 '생명의 탑'이 방문객들을 맞는다. 씨큐리움은 그 자체로 바닷속을 닮았다. 다양한 해양생물들이 모여있고, QR코드로 해설 영상까지 제공된다. 아이들은 놀이하듯 해양생물들에 노출될 수 있고, 오감을 통해 경험할 수 있다. 매우 유익한 전시들이 이어지고 있으니 아이가 있는 가족이라면 꼭 방문해 보시길.

- 충남 서천군 장항읍 장산로101번길 75
- 주차 : 서천군 장항읍 장산로101번길 75
- #바다체험 #해양생물 #표본 #과학 #교육 #오감자극 #아이와여행

장항 스카이워크 `추천`
"서해바다와 소나무 숲을 한눈에"

울창한 소나무 숲을 자랑하는 장항송림산림욕장에 위치한 전망대. 15m 높이, 250m 길이의 스카이라인이 짜릿함을 선사한다. 서해바다와 소나무 숲 위를 걷는듯한 느낌이 이색적이다. 해양생물자원관을 함께 관람할 수 있으니 꼭 들러보자.(p437 E:3)

- ■ 충남 서천군 장항읍 장항산단로34번길 122-16　　■ 주차 : 서천군 장항읍 송림리 913
- ■ #전망대 #솔숲

진미식당 `맛집`
"사계절 즐길 수 있는 콩국수"

2대째 이어온 전통의 맛. 서천군 1호 백년가게로 선정된 곳. 서천에서 수확한 서리태 콩을 이용해 콩물을 만든다. 걸쭉하게 갈아 낸 콩물에 면을 넉넉히 넣은 서리태 콩국수. 걸쭉한 콩물과 탱글한 면발이 조화롭게 어우러진다. 설탕과 소금을 넣지 않아도 맛있다. 여름에는 콩국수, 겨울에는 온콩국수로 사계절 콩국수를 즐길 수 있다. 계절별 영업시간 다름. 전화 후 방문 추천 (p430 C:3)

- ■ 충남 서천군 판교면 종판로 885
- ■ #서천맛집 #콩국수 #물막국수

신성리 갈대밭
"앞이 보이지 않는 갈대숲, 때로는 길 잃은 외로움이 필요할 때도 많아!"

충남 서천 한산면 신성리에 있는 10만여 평의 갈대밭. 순천의 갈대밭은 나무데크 위로 걷지만, 신성리는 갈대숲, 맨 밑부분 땅을 직접 밟으며 걸을 수 있다. 영화 공동경비구역 JSA가 이곳에서 촬영되었다. 금강하구의 담수호에 있어 매년 12월, 1월에는 10만여 마리의 겨울철 새들이 찾아든다.(p430 C:3)

- ■ 충남 서천군 한산면 신성리 22-21
- ■ 주차 : 서천군 한산면 신성리 125-2
- ■ #갈대밭 #철새 #산책

레이크힐 제빵소 `카페`
"탑정호 전망 스카이워크"

탑정호 전망 카페 레이크힐 1층 엘리베이터를 타고 6층 선셋 데크로 올라가면 스카이워크 (유리 전망대) '탑클라우드'로 이동할 수 있다. 360도로 탁 트인 원형 선셋 데크를 돌아보면 바닥에 투명한 유리 전망대가 나오는데, 바닥으로 탑정호수 전망이 훤히 들여다보인다. 난간도 모두 유리로 되어있어 전망대 위에 서면 정말 호수 위를 선 듯한 느낌을 줄 수 있다. 해질 녘 풍경도 아름답고, 저녁에 전망대 건너편 출렁다리에 조명이 들어오는 풍경도 아름답다. (p438 B:2)

- ■ 충남 논산시 가야곡면 탑정로 872
- ■ #탑정호 #유리전망대 #노을전망

탑정호 출렁다리
"탑정호를 가로지르는 탁트인 출렁다리"

거대한 탑정호수를 가로지르는 출렁다리로, 바닥에 투명 강화유리가 깔려있어 더 아찔한 느낌이 든다. 09~18시 영업, 동절기는 17시까지만 영업, 매주 월요일 휴관. (p431 E:3)

- ■ 충남 논산시 가야곡면 탑정로 905
- ■ #출렁다리 #전망카페 #아찔한

강경해물칼국수 `맛집`
"오동통한 면발과 시원한 국물의 조합"

맛있는 녀석들에서 SNS 추천 맛집으로 소개된 곳. 바지락, 홍합, 굴, 오만둥이와 멸치와 다시마를 넣고 끓인 시원한 육수가 일품이다. 면은 3~4시간 숙성시켜 두껍게 뽑아내는데, 쫄깃한 맛이 일품이다.

- 충남 논산시 강경읍 대흥리 56-8
- #해물칼국수 #쫄깃한면 #굵은면 #해물육수

관촉사
"은진미륵이 보우하사"

대한민국에서 가장 큰 석불 '은진미륵'을 모시고 있는 불교 사찰. 높이 74척(18m)에 이르는 거대한 화강암 불상은 그 가치를 인정받아 우리나라 보물 제218호로 지정되었다. 이 불상이 마치 촛불처럼 빛난다고 해서 관촉사라는 이름으로 불리게 되었다. (p438 B:2)

- 충남 논산시 관촉로1번길 25
- #불교사찰 #역사여행지 #문화유산

온빛자연휴양림
"숨만 쉬어도 정화가 되는 메타세쿼이아 숲"

@foolh1106

메타세쿼이아와 호수가 어우러진 모습이 마치 북유럽의 한적한 별장을 연상케 한다. 단풍 시즌이면 그 아름다움이 절정을 맞는다. 곧게 뻗은 나무들 사이로 숨만 쉬어도 그대로 정화가 되는 느낌. 사진으로 보는 것보다 직접 가봐야 그 매력과 감동을 실감할 수 있다.

- 충남 논산시 벌곡면 황룡재로 494
- #메타세쿼이아 #호수 #북유럽 #별장 #단풍 #힐링 #정화

백제군사박물관
"계백장군에 대해 더 상세히 알고 싶다면"

계백장군이 황산벌 전투에서 전사하신 유적지에 개설된 박물관. 백제 시대의 유물과 군사문화를 체험할 수 있다. 박물관 옆에 계백장군의 묘소와 영정을 모신 충장사가 있다. 주말에 초등학생을 대상으로 국궁체험, 승마체험을 운영하고, 매월 셋째 주 일요일 박물관 대학 강의가 진행된다. 또, 매년 4월 충장사에서 계백 장군의 충절을 기리는 제향 행사가 진행된다. (p431 E:3)

- 충남 논산시 부적면 신풍리 6
- 주차 : 논산시 부적면 신풍리 306-7
- #계백장군묘 #체험행사 #제향행사

원조연산할머니순대 `맛집`
"4대째 이어온 피순대집"

4대째 이어오고 있는 순대맛집이다. 내장의 진한맛과 향을 좋아한다면 추천한다. 피순대로 스펀지처럼 폭신하고 촉촉하다. 뜨거울 때 먹어야 맛있다. 다대기, 소금, 새우젓, 들깨가루를 먹어 입맛에 맞게 멎으면 된다. 찹쌀순대에 익숙한 사람들에겐 조금 어려운 맛일 수 있다. 브레이크타임14:30~15:30 (p438 C:2)

- 충남 논산시 연산면 황산벌로 1525
- #순대 #순대국 #연산맛집

선샤인랜드 추천
"미스터선샤인의 주인공이 되어보자"

드라마 '미스터 선샤인' 촬영장이었던 이곳에 국내 최초 병영테마파크인 호국 테마파크가 마련되었다. 드라마 세트장과 함께 한국전쟁을 재현한 스튜디오 및 서바이벌 경기를 즐길 수 있다. (p438 B:3)

- 충남 논산시 연무읍 봉황로 102
- #영화촬영지 #테마파크 #가족여행

고향맛집 맛집
"가성비 동태탕 맛집"

@brightsmile0820

동태탕 단일메뉴만 판매. 인원수에 맞게 동태탕이 나온다. 약불에 보글보글 끓여 먹으면 된다. 알, 동태, 무 등이 냄비 가득 푸짐하게 들어가 있다. 비린맛이 없어 좋고, 국물이 졸면서 점점 진하고 시원한 국물맛을 맛볼 수 있다. 라면사리를 넣어 먹어도 좋다. 점심장사만 한다. 일요일 휴무.

- 충남 계룡시 엄사면 배울길 97
- #계룡시맛집 #동태탕 #현지인맛집

반월소바 맛집
"맛과 양, 모두를 사로잡은 노포"

허름한 듯 그저 오래된 노포인 듯 보이지만, 기다림 없이 음식을 먹을 수 없는 논산 맛집이다. 메밀소바가 시그니처이지만 돈가스도 빼놓을 수 없다. 우선 양이 어마어마한데, 대식가들도 숨을 몰아쉬며 나온다는 후문. 진한 소바 국물, 고기 식감을 제대로 살린 돈가스 등 맛과 양 모두 만족스럽다.(p438 B:2)

- 충남 논산시 해월로 132
- #메밀소바 #돈까스 #맛과양 #현지맛집 #전국구맛집 #인스타명소

카페 연리지 카페
"야외 정원 딸린 한옥카페"

@_byyunee

넓은 야외 정원이 딸린 한옥 카페 연리지는 카페 안팎이 모두 예쁜 포토존이라고 볼 수 있다. 한옥이나 정원에 심겨진 커다란 소나무, 꽃 화분이 놓여진 가지런한 담장 모두 사진 찍으면 예쁘게 나온다. 한옥 왼쪽 끝 유리 통창이 설치된 부분 앞에 서서 왼쪽에 있는 소나무까지 나오게 인물사진을 찍으면 예쁘다.

- 충남 계룡시 엄사면 향적산길 91
- #고풍스러운 #소나무 #한옥창문뷰

장독대와보리밥 맛집
"천마산 보리밥 맛집"

@hey_m_28

천마산 등산로 입구에 위치한 청국장보리밥이 맛있는 집이다. 보리밥 위에 계란후라이가 올려져 나온다. 여기에 각종 나물을 넣어 비벼먹으면 된다. 구수한 청국장과 함께 먹으면 맛이 두배가 된다. 찹쌀가루가 들어간 파전도 곁들이 메뉴로 좋다. 직접 만든 시골된장과 고추장도 판매한다. 수요일은 군부대 급식이 없는 날이라 붐빈다. 일요일 휴무 (p438 C:2)

- 충남 계룡시 천마로 87-10
- #보리밥 #청국장 #계룡맛집

대청댐

"인공적인 댐이지만, 마치 호수 같은 곳"

대전과 청주 사이에 있는 우리나라에서 3번째로 큰 댐. 댐 완공 후 전망대와 잔디광장이 있는 금강 로하스공원 그리고 물 홍보관으로 관광지가 되었다. 많은 이들이 대청호 주변 드라이브와 함께 이곳에 올라 대청호를 조망한다. 대청댐 물문화관 건너편에는 대통령의 별장인 청남대가 있다.(p439 E:2)

- 대전 대덕구 미호동 53-9
- 주차 : 대전광역시 대덕구 미호동 1-10
- #대청댐물문화관 #청남대 #전망

신탄진 핑크뮬리

"금강변에 내려앉은 핑크빛 안개"

@_eunoia.s2

분홍빛 안개 같은 핑크뮬리. 대전에서 가장 아름다운 핑크뮬리를 볼 수 있는 곳이다. 금강변을 따라 이어진 길에 핑크뮬리가 그림같이 펼쳐져 있다. 산책길 코스에 자리하여 걷기 좋고, 포토존들도 잘 설치되어 있어 방문하기 좋다.

- 대전 대덕구 석봉동 522-4

- 주차 : 대전 대덕구 석봉동 779,금강로하스 산호빛공원주차장
- #핑크뮬리 #금강로하스 #하천생태공원 #금강변

계족산 황톳길

"가뿐히 오를 수 있는 힘들지 않은 산, 잘 가꾸어놓은 산책하기 좋은 곳"

계족산에는 명품 100리 숲길과 장동산림욕장 그리고 황톳길이 있는데, 이 황톳길은 맨발로 걸을 수 있는 힐링 여행지이다. 20분만 오르면 계족산성이 있는데 대전 전망을 볼 수 있다.(p439 E:1)

- 대전 대덕구 장동 산59
- 주차 : 대전광역시 대덕구 장동 453-1
- #맨발트래킹 #황토 #피톤치드

오문창순대국밥 맛집

"가성비 넘치는 순대국밥과 순대모둠"

대전 5대 순댓국밥집 중 한 곳으로 저렴한 가격과 푸짐한 양으로 유명세를 탔다. 두부, 찹쌀, 선지, 당면과 채소가 들어간 순대는 잡내가 없어 남녀노소 즐기기 좋다. 순대, 염통, 머리 고기, 오소리감투 등 다양한 돼지 부속물이 썰려 나오는 모둠 순대도 인기 메뉴.

- 대전 대덕구 중리동 한밭대로 1153
- #순대국밥 #모둠순대 #가성비 #푸짐한양

식장산전망대 추천

"답답한 마음에 차를 몰고 정상에 올랐어"

대전의 전경을 볼 수 있는 몇 안 되는 장소로, 일몰과 야경이 아름다워 대전의 데이트 코스로도 유명하다. 식장산은 백제와 신라의 경계였던 곳인데, 자동차로 정상까지 올라갈 수 있다.(p439 E:2)

- 대전 동구 대성동 산1-1
- 주차 : 대전광역시 동구 세천동 산 43-5
- #일몰 #야경 #커플 #가족

세천유원지(세천공원) 벚꽃

"계곡을 따라 천천히 걸을만 한 짧은 거리"

세천저수지를 끼고 있는 세천공원에는 왕벚나무 많아 봄이 되면 벚꽃이 만발한다. 따뜻한 봄날 저수지에서 졸졸 흘러내려 오는 시냇물 소리를 들으며 벚꽃을 구경해보자. 유명한 벚꽃 여행지는 아니어도 다소 한적한 산책길이 좋다. 식장산 삼거리에서 세천공원으로 들어오는 입구에 주차장이 몇 군데 있으니 이곳에 주차하고 이동하자.

- 대전 동구 세천동 산 76-9
- 주차 : 대전 동구 세천동 368-
- #벚꽃 #산책로 #저수지

소제동 카페 거리

"대전역 뒷편 뉴트로 감성이 충만한 카페 골목 여행"

@youngji.go.go

대전역 뒷편 오래된 건물들을 개조하면서 변신중인 뉴트로 감성 카페 거리. 대나무숲과 '차'전문 풍뉴가, 불교 컨셉의 그레이구락부, 여인숙을 개조한 소제화실 등등 개성만점 카페를 구경할 수 있다.

- 대전 동구 소제동 일대
- #대전카페 #소제동카페 #대전역뒷편 #대전가볼만한곳 #뉴트로감성

대전 시티투어 대전역

"생각보다 볼게 많을 거야!"

대전 시티투어버스는 평일, 주말 운영하는 프로그램이 나뉘어 있다. 평일 중에는 역사문화, 생태투어, 힐링투어 등 요일별로 코스가 달라지는 테마투어가 있다. 주말에는 언텍트세이프투어, 권역별 순환버스 투어 등의 코스가 있다. 한밭수목원, 계족산황톳길, 유성온천족욕체험장, 전국 5대 빵집 성심당 등의 인기여행지를 알차게 둘러볼 수 있다. 홈페이지에서 다양한 코스와 일정을 확인하고 꼭 사전예약하기를 추천한다. (p439 D:2)

- 대전 동구 정동 1-280

- 주차 : 대전 동구 정동 1-300
- #가이드 #국립중앙과학관 #성심당

오씨칼국수 맛집

"물총 칼국수에 실비 김치 한 조각"

@kangiy90

물총조개라고도 부르는 동죽 조개로 하는 칼국수집. 대전을 대표하는, 요리 프로그램의 단골 맛집이다. 얼큰하면서도 개운한 칼국수에 실비 김치를 얹어 먹으면 그곳이 바로 천국! 대전에 왔다면 반드시 들러야 할 명소다.

(p439 D:2)

- 대전 동구 옛신탄진로 13
- #손칼국수 #조개탕 #물총조개

대청호 오백리길 추천

"평화롭고 평화롭도다"

대청 호반의 아름다운 풍경을 즐길 수 있는 트래킹 코스. 대덕구와 동구 사이 나무데크길을 따라 남녀노소 가볍게 산책을 즐길 수 있다. 오백 리 길을 따라 대청댐물 문화관, 계족산 황톳길, 동춘당공원 산책도 함께 즐겨보자. 근처에 '대청호 로하스 캠핑장'이라는 대규모 캠핑장이 있어 숙박도 가능하다. (p439 E:2)

- 대전 동구 천개동로 36
- #대청호 #트래킹 #캠핑장

대청호 추동습지 보호구역 억새 및 갈대 추천

"환상적인 해 질 녘을 경험해볼 수 있는 비밀스러운 장소, 가을에 너만 몰래 와봐"

대전 동명초등학교 근처에 있는 대청호 오

백 리 길에 속하는 도보길. 갈대와 억새, 습지 생물들이 많고 대청호와의 조화가 매우 아름답다. 대청호와 갈대, 억새, 해 질 무렵 비스듬히 비치는 햇빛이 이곳을 정말 환상적인 곳으로 만든다. 많은 사람들이 잘 모르는 비밀스러운 숨은 여행지.(p439 E:2)

- 대전 동구 추동 276-1
- 주차 : 대전 동구 추동 454-4
- #동명초 #대청호 #석양

한밭수목원 추천
"수목원을 거닐며 여유를 찾아보세요"

중부권에서 가장 큰 규모를 자랑하는 수목원으로 소나무 숲길, 장미원, 허브원, 암석원 등 다양한 테마 정원이 마련되어 있다. 산책로와 편의시설이 잘 마련되어 있어 잠깐 시간이 날 때 가볍게 산책, 피크닉 즐기기 좋다. 06~21시 개관. (p439 D:1)

- 대전 서구 둔산대로 169
- #장미원 #허브원 #가족여행

대전시립미술관
"분수대에 비치는 물그림자가 아름다운 미술관"

대전, 중부지역에서 최초로 개설된 공공미술관. 시기별 다양한 전시와 교육이 기획된다. 5개의 전시실, 야외 분수대와 조각공원이 함께 운영된다. 매주 월요일, 명절 연휴 당일 휴관.

- 대전 서구 만년동 396
- #특별전시 #조각공원

이응노미술관
"동양화로 그린 추상화"

세계적인 한국 화가 고암 이응노 화백을 기리는 미술관. 이응노 화백은 충청지역 출신이기도 하다. 고암 이응노 화백의 종이 부조, 판화, 은지화, 페인팅 등 전시되어있는데, 그의 작품은 동·서양이 결합한 미술 세계를 보여준다. 매주 월요일, 1월 1일, 설날과 추석 연휴 휴관.

- 대전 서구 만년동 396
- #이응노 #동양화 #추상화

장태산 자연휴양림 단풍
"누군가와 아무말 없이 그냥 걷기 좋은 곳!"

1970년대부터 조성된 메타세쿼이아 숲. 밤나무, 잣나무, 은행나무, 소나무, 두충, 메타세쿼이아, 가문비나무 등을 계획적으로 조림했다. 산 정상의 형제바위에서는 기암괴석과 함께 낙조도 감상할 수 있다. 숲속의 어드벤처(나무데크길), 스카이타워(전망대) 등 다양한 편의시설이 갖추어져 있다.(p431 E:3)

- 대전 서구 장안동 산48
- 주차 : 대전 서구 장안동 산48-7
- #단풍나무 #전망대 #노을

대전화폐박물관
"돈은 어떻게 만들까?"

우리나라 최초의 화폐 전문 박물관. 세계의 화폐 자료 4,000여 점을 시대별, 종류별로 전시하며, 지폐의 역사와 위조 방지 기술, 씰, 메달 등도 전시되어 있다. 무료입장. 매주 월요일, 1월 1일, 설날과 추석 연휴, 임시 공휴일 휴관.

- 대전 유성구 가정동 35
- #화폐 #동전 #위조지폐

국립중앙과학관 추천
"6살 이하 아이도 체험할 수 있는 오감 놀이터"

과학기술관, 자연사관, 생물탐구관, 창의나래관 등을 함께 운영하는 국립중앙과학관에서는 자기부상열차를 체험하고 천체관측도 해볼 수 있다. 미취학 아동을 위한 꿈아띠관도 함께 운영된다. 근처에 대전 엑스포가 있으니 함께 방문해보자. 과학기술관과 자연사관 입장 무료. 매주 월요일 휴관.(p431 E:2)

- 대전 유성구 구성동 32-2
- 주차 : 대전 유성구 가정동 9
- #과학체험 #자가부상열차

대전 충남대학교 벚꽃길

"따뜻한 봄날 캠퍼스의 벚꽃 낭만으로 들어가보자!"

충남대학교 정문을 지나 중앙도서관 일원까지 벚꽃이 만발한다. 해에 따라 다르나 '꽃길 축제', '벚꽃축제' 등의 이름으로 학교에서 벚꽃축제를 한다. 따뜻한 봄날 캠퍼스의 낭만 속으로 들어가 보자.

- 대전 유성구 궁동 220
- 주차 : 대전 유성구 궁동 258-2
- #캠퍼스 #낭만 #벚꽃길 #축제

대전선사박물관

"구석기 사람들은 믹서기 대신 뭘 썼을까?"

대전광역시의 첫 시립 박물관이자 유일한 선사시대 전문 박물관. 구석기부터 철기시대까지의 대전의 선사 문화를 전시하며, 무덤 체험, 선사인 되어보기 등 다양한 체험행사도 진행된다. 무료입장. 매주 월요일, 1월 1일, 설날 당일 휴관.

- 대전 유성구 노은동 523
- #선사시대 #민속품 #체험

대전엑스포 과학공원

"미디어사파드 음악분수를 즐겨보아요"

@optimist_lee_

1993년 대전 엑스포가 개최된 곳으로, 지금은 과학과 관련한 다양한 전시를 진행하는 과학공원 겸 박물관으로 운영되고 있다. 테크노피아관, 우주탐험관, 전기에너지관 등 과학과 관련된 다양한 테마 전시관을 갖추고 있다. 아이맥스급 영화관과 자기부상열차 등 어린이부터 어른까지 과학과 관련된 다양한 체험을 즐길 수 있다. (p439 D:1)

- 대전 유성구 대덕대로 480
- #과학체험 #우주체험 #교육여행지

대전 오월드 놀이동산

"낮에도 즐겁고, 밤에는 더 짜릿한 놀이공원"

@ye__jinn2

'대전 동물원'이라고도 불리는 이곳에서 백두산 호랑이, 한국 토종 늑대, 세이셸 희귀 거북 등 다양한 동물들을 만나볼 수 있다. 플라워랜드 외에 조이랜드, 버드랜드, 나이트 유니버스 등 다양한 테마 공간이 마련되어 있다.(p439 D:2)

- 대전 중구 사정동 60
- #오월드 #놀이공원 #어린이

성심당 맛집

"바삭하고 달달한 튀김소보로를 시작으로 빵지순례 필수 코스"

전국 5대 빵집으로 꼽히는 성심당은 2014년 프란치스코 교황 방한 때 그의 식사 빵을 담당하기도 했다. 소보로를 튀겨 만든 튀김

소보로와 부추, 계란 등으로 속을 채운 부추빵이 유명하다.(p431 E:2)

- 대전 중구 은행동 145
- #전국5대빵집 #튀김소보로 #부추빵

바로그집 맛집
"아이스크림처럼 부드러운 독특한 맛의 떡볶이"

대전역 지하상가의 터줏대감 떡볶이집 바로 그집은 아이스크림 떡볶이로 유명하다. 아이스크림처럼 부드러운 맛이 나는 떡볶이 소스와 떡, 어묵, 김말이의 조화가 예술이다.

- 대전 중구 은행동 216 지하상가 C나 61호
- #아이스크림떡볶이 #대전역지하상가

진로집 맛집
"매콤한 양념이 매력적인 두부두루치기"

@miinnchelin

중간 매운맛, 순한맛으로 선택이 가능한 두부두루치기가 대표 메뉴. 쉽게 으깨지는 두부가 아닌 탱글한 식감의 두부와 깔끔하고 매콤한 양념맛이 조화롭다는 평. 국수 사리를 추가하면 더 든든한 한끼를 할 수 있다. 쫄깃한 식감을 원한다면 두부+오징어 조합도 추천한다. 입식, 좌식 테이블 보유, 포장가능, 브레이크 타임 15시~16시30분, 화요일 정기휴무 (p439 D:2)

- 대전 중구 중교로 45-5
- #현지맛집 #향토음식 #노포맛집

금산 보곡산골 비단고을 산벚꽃
"벚꽃길은 아니야 스스로 자라난 산벚꽃이라고!"

금산 보곡산골에 있는 국내 최대 산벚꽃 자생군락지. 억지로 심어놓은 벚꽃이 아닌 자연 그대로 자생한 벚꽃을 볼 수 있다. 산꽃벚꽃마을 오토캠핑장에 주차하고 신안사 가기 전 정자까지 보이네요길(6km), 자진뱅이길(9km), 건강걷기대회코스(4km) 3가지 코스를 따라 이동하자.(p431 F:3)

- 충남 금산군 군북면 산안리 285-1
- 주차 : 금산군 군북면 산안리 302
- #산벚꽃 #산책

금산인삼약령시장
"저렴하게 인삼 구매 가능"

전국 생산량의 80%가 거래되는 인삼 전문시장. 인삼과 각종 약재를 타지역보다 20~50% 저렴하게 구매할 수 있다.(p431 F:3)

- 충남 금산군 금산읍 인삼약초로 24
- 주차 : 충남 금산군 금산읍 중도리 8-1
- #인삼 #홍삼 #한약재

금산 칠백의총
"나라를 지켜낸 조상들의 넋이 모여있는 곳"

임진왜란 때 우리나라 700인의 병사가 왜적과 맞서 싸우다 순절한 넋을 기리는 곳. 당시 청주성 탈환에 성공한 조헌 선생이 권율 장군과 함께 금산에서 협공하기로 약속했으나, 기일을 늦추자는 권율 장군의 서한을 받지 못한 조헌 선생과 700 의병들은 결국 금산 연곤명 전투에서 전원 순절하고 말았다. (p431 F:3)

- 충남 금산군 금성면 의총길 50
- #역사여행지 #임진왜란 #권율장군

금산산림문화타운
"걸음걸음이 즐거운 초록의 숲길"

나무 도마 만들기, 나무의자 만들기 등 다양한 목공 프로그램과 캠핑을 즐길 수 있는 산림문화공간. 휠체어나 유모차로도 쉽게 이동할 수 있는 0.73km 무장애 나눔 길이 조성되어 있다. (p438 C:3)

- 충남 금산군 남이면 느티골길 200
- #목공체험 #산림욕 #가족여행

보석사

"천 년의 은행나무, 붉은 꽃무릇이 반겨주는 곳"

1,100년 수령의 거대한 은행나무가 있는 불교사찰. 이 은행나무는 천연기념물 제365호로 지정되기도 했다. 홍수, 가뭄 등 나라에 재난이 닥칠 때마다 이 은행나무에서 울음소리가 들렸다는 전설이 전해지고 있다. (p439 E:2)

- 충남 금산군 남이면 보석사1길 30
- #은행나무 #문화유산 #불교사찰

원골식당 맛집

"금강 민물고기와 금산 인삼의 만남"

30년 전통의 식당으로 어죽과 도리뱅뱅이가 인기메뉴다. 작은 물고기를 손질해 기름에 튀긴 뒤 고추장을 발라 구운 도리뱅뱅이, 달달하면서 바삭하고 고소한 맛이다. 어죽은 2인부터 주문 가능하고, 큰 냄비에 담겨 나온다. 금강에서 잡은 민물고기와 인삼을 넣고 걸쭉하게 끓인 어죽이 구수하다. 보양식으로 좋다. (p439 E:2)

- 충남 금산군 제원면 금강로 588
- #도리뱅뱅이 #어죽 #천태산맛집

월영산 출렁다리 추천

"발 밑으로 금강을, 위로는 월영산을 품을 수 있는 곳"

제원면 월영산과 부엉산을 이어주는 아찔한 출렁다리. 취병협, 원골 유원지 등과 길이 연결되어 있어 두루 방문하기 좋다. 매주 월요일 정기휴무로 다리 이용이 제한된다는 점을 참고하자. (p439 F:2)

- 충남 금산군 제원면 천내리 241-8
- #출렁다리 #월영산 #아찔한

금산 지구별그림책마을

"숲속으로 떠나는 북캉스"

하루 종일 책을 쌓아두고 뒹굴뒹굴 시간을 보내고 싶을 때가 있다. 그것이 숲속이라면 얼마나 더 평화로울까. 나무들이 가득한 숲 한가운데, 대안학교와 한옥스테이, 도서관 등이 세워져 있다. 아이도, 어른도 본인에게 가장 편안한 자세를 찾아 원 없이 책을 읽을 수 있다. 책 속으로, 자연 속으로 여행을 떠나보자.

- 충남 금산군 진산면 장대울길 52
- #도서관 #그림책 #대안학교 #북캉스

대둔산 단풍(케이블카, 구름다리, 삼선계단) 추천

"케이블카로 정상에서 보는 단풍여행"

기암 절경이 뛰어난 호남의 금강산으로 충청남도와 전라북도의 단풍명소. 케이블카로 중간지점에 오른 후 금강 구름다리를 건너면 삼선계단이 나온다. 대둔산 사이사이 울긋불긋 단풍의 화려함이 극에 달한다.(p439 D:3)

- 충남 금산군 진산면 대둔산로 6 ■ 주차 : 완주군 운주면 대둔산공원길 11 대둔산주차장
- #충청남도 #전라북도 #단풍

황토집사람들 맛집

"통나무집에서 청국장 한그릇"

황토집 청국장 정식이 인기메뉴. 자극적이지 않고 건강한 맛의 청국장이다. 묽지 않고 진한 맛의 청국장에 맛있는 두부가 잔뜩 들어있다. 모든 메뉴에 맛보기 수육이 나오고 손두부, 고등어 무조림, 샐러드 등 푸짐한 반찬이 나온다. 대둔산 근처에 위치해 등산 후 식사하기 좋은 곳이다. 연중무휴 (p431 E:3)

- 충남 금산군 진산면 태고사로 444
- #타고사맛집 #청국장 #한정식

06

경상북도·대구

#문경 문경새재

#예천 회룡포 전망대

#안동 낙강물길공원

#안동 병산서원

@whswjd

482

#청송 주산지

#안동 선상수상길

#청송얼음골

#안동 하회마을

@_solbee.h

483

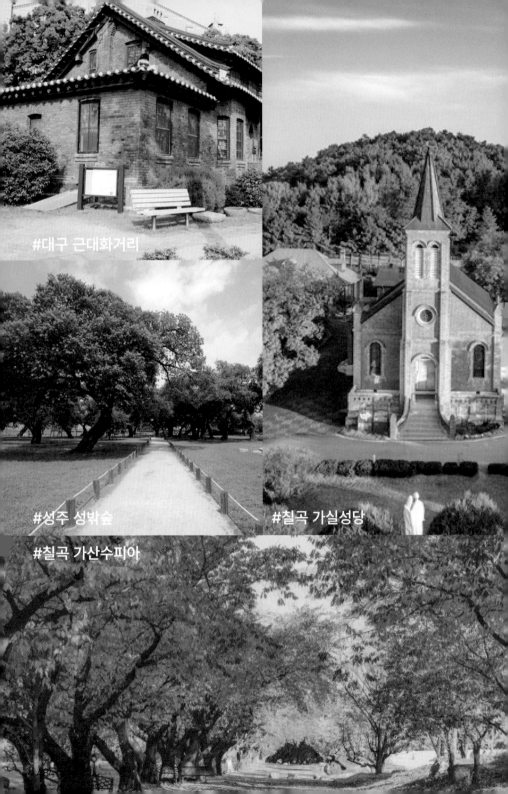

#대구 근대화거리

#성주 성밖숲

#칠곡 가실성당

#칠곡 가산수피아

#고령 지산동 고분군

#경주 황룡원

@okduc_

#경주 황리단길

#포항 환호스페이스워크

#경산 반곡지

경상북도·대구의 먹거리

찜갈비 | 대구광역시 중구 동인동

동인동 찜갈비는 마늘과 생강, 고춧가루를 넣은 매콤달콤한
양념이 매력적이다. 특히 남은 양념에 비벼 먹는 비빔밥이
별미다. 동인동 찜 갈비 골목은 60년대부터 생겨난 오래된
맛집 골목이다.

납작만두 | 대구광역시 서문시장

납작 만두는 만두피에 잘게 썬 당면과 부추만 넣어 얄팍하
게 만든 만두다. 보통 간장에 찍어 먹지만, 떡볶이 국물이나
쫄면 국물에 찍어 먹어도 맛있다.

안지랑 곱창거리 | 대구광역시 남구 대명동

안지랑시장 안에 있는 안지랑 곱창 거리에는 서민들을 위한
곱창, 막창 맛집들이 모여있다. 대구 곱창은 초벌구이 되어
잡내가 적고 담백하다.

중앙로 야끼우동 | 대구광역시

야끼우동은 1980년 대구에서 중국집을 운영하던 화교가
처음으로 선보인 음식이다. 각종 해산물과 채소를 중화 면
과 함께 매콤하게 볶아 낸다.

05

평화시장 닭똥집 | **대구광역시**

평화시장에는 저렴한 가격에 닭똥집
과 다양한 닭요리를 선보이는 닭똥집
골목이 있다.

06

뒷고기 | **대구광역시**

뒷고기는 돼지고기를 도축하고 남은
특수부위를 뜻한다. 대구 뒷고기 전문
점에서 놀랄 만큼 저렴한 가격으로 뒷
고기를 푸짐하게 맛볼 수 있다.

07

경주 쌈밥 | **경주시 황남동**

대릉원 일대 쌈밥 골목에 쌈밥 전문점
이 모여있다. 보쌈, 석쇠불고기, 소불
고기 쌈밥 등

08

경주 한정식 | **경주시**

갈비찜, 떡갈비 등을 메인 메뉴로 해,
수라상에 올라가는 12첩 여의 반찬이
제공된다.

09

한우구이 | **경주시**

경주에서는 저렴한 가격으로 질 좋은
한우를 구매할 수 있다. 구이용 고기뿐
만 아니라 떡갈비, 육회로도 유명하다.

10

한방백숙 | **구미시 금오산**

금오산 입구에 한방백숙 전문점이 모
여있다. 호박, 인삼과 당귀, 작약 등의
한약재 30여 가지 약재가 들어간다.

경상북도·대구의 먹거리

선산곱창 | 구미시

선산곱창은 돼지 곱창과 각종 부속물을 넉넉히 넣고 김치와 채소를 넣어 얼큰하게 끓여 먹는 구미의 전골 요리다. 건더기를 건져 먹고 라면 사리를 넣어 먹거나 밥을 볶아 먹어도 맛있다.

긴천 흑돼지구이 | 김천시 지례면

지례면 산간지대에서 사육되는 국산 토종 흑돼지는 덩치가 작고 육질이 쫄깃하고 비계가 적은 것이 특징이다. 보통 연탄불, 석쇠 등으로 구워 소금구이나 양념구이로 먹는다.

약돌돼지구이 | 문경시

거정석(약돌)을 먹여 키운 문경 특산 돼지는 불포화 지방산, 필수 아미노산 함량이 일반 돼지보다 높다. 문경에는 약돌돼지 삼겹살, 항정살, 갈빗살 등을 취급하는 음식점이 많다

문경 약돌한우 | 문경시

문경에는 골다공증, 피부질환, 혈압 등에 효과가 있는 화강암 거정석(약돌)을 먹여 키운 한우 등심 맛집이 많다. 약돌한우에는 필수 아미노산 함량이 높고 육즙이 풍부해 맛이 좋다.

건진국수 **ㅣ 안동시**

밀가루에 콩가루를 넣어 반죽한 칼국
수면에 찬물에 헹군 면을 닭육수나 멸
치다시마 장국에 말아 먹는 요리

안동 간고등어정식 **ㅣ 안동시**

생선 효소와 소금이 만나 이동하면서
바람, 햇볕에 자연 숙성한 간고등어.
정식은 1인분에 고등어 반 마리씩 나
온다.

헛제삿밥 **ㅣ 안동시**

나물, 생선, 소고기 산적, 상어고기, 간
고등어 등의 안동 제사음식과 소고기,
명태, 무가 들어간 탕국과 전이 반찬으
로 나온다.

안동찜닭 **ㅣ 안동시 구시장**

닭고기에 채소와 간장 양념을 넣어 만
든 닭조림 요리로, 아주 맵지 않아 아
이들과 함께 먹기 딱 좋다.

안동식혜 **ㅣ 안동시**

다른 지방과 달리 고춧가루와 무, 생강
을 넣어 만든다. 매콤달콤하고 톡 쏘는
맛

강구항 대게 **ㅣ 영덕군 강구항**

강구항 주변에 대게 전문점이 모여있
다. 늦겨울과 이른 봄에 가장 맛이 좋
다.

경상북도·대구의 먹거리

영천 소머리국밥 | 영천시 영천공설시장

영천 공설시장 소머리국밥은 큰 우시장이 있었던 영천 장에서 유명해진 장터 음식이다. 시장 안에 50년 넘은 소머리국밥 맛집이 많다.

울릉약소구이 | 울릉군

울릉도에서 자생하는 약초와 산채를 먹고 사육하는 울릉도 약소는 약초 향이 밴 향과 맛이 살아있고, 영양가도 높다. 보통 로스구이나 양념을 한 불고기 구이로 먹는다.

오징어물회 | 울릉군

오징어물회는 간 얼음 위에 가늘게 채를 썬 오징어를 올려 채소와 양념장을 넣고 말아먹는 음식이다. 울릉도 오징어는 6~9월에 가장 많이 잡힌다. 이 시기 울릉도는 집어등이 밤바다를 아름답게 밝히는데, 이를 '저동어화'라고 한다.

따개비 칼국수 | 울릉군

삿갓조개, 작은 전복으로도 불리는 따개비. 따개비 칼국수는 보통 내장을 터트려 육수를 만드는데, 전복죽처럼 진한 초록빛을 띤다. 다진 청양고추를 취향껏 넣어 매콤하게 먹어도 좋다.

후포항 대게 ┃ 울진군 후포항

죽변항과 후포항에서는 신선한 대게를 양념 없이 그대로 쪄먹는다.

구룡포 과메기 ┃ 포항시 구룡포

꽁치와 청어를 얼렸다 녹였다 하며 건조해 쫀득한 식감이 재미있다. 특유의 향이 있어 김, 초장, 마늘, 고추와 먹는다.

구룡포 국수 ┃ 포항시 구룡포

바닷바람에 따라 소금 양, 간격을 조정해 말리는 수제 해풍 국수이다. 해산물을 몽땅 넣고 칼칼하게 끓인 모리국수도 유명

포항 대게 ┃ 포항시 죽도시장

포항 죽도시장 대게 거리에 대게 전문점이 모여있다. 해마다 구룡포 대게 축제가 열린다.

구룡포 물회거리 ┃ 포항시 구룡포

구룡포항 앞에서 방파제까지 이어지는 바닷길이 오래된 물회집들이 모여있다.

포항 물회 ┃ 포항시

광어, 우럭, 도미, 가자미 등 여러 가지 생선을 사용한다. 고추장 양념에 물 대신 달콤한 육수를 넣어 만드는 퓨전 물회도 인기

491

경상북도·대구에서 살만한 것들

경산 대추 | 경산시

알이 굵고 달콤하며 영양가가 풍부한 경산 대추는 전국적으로 품질이 인정되어 대추로써는 처음으로 산림청 지리적 표시제 제9호로 등록되었다. 씨를 빼고 얇게 썰어 건조한 대추 칩도 인기 있다.

김천 자두 | 김천시

전국 자두 생산량의 2~30%를 차지하는 김천에서는 노란 바탕에 붉은 물이 들어 있는 포모사(후무사) 품종의 자두가 주로 생산된다. 진한 빨간빛을 띠는 대석 자두도 포모사 다음으로 많이 생산된다.

문경 사과 | 문경시

문경은 소백산맥 남쪽에 위치해 일교차와 토질이 사과를 재배하기 적합하다. 문경 사과는 맛이 새콤달콤하고 식감이 단단하며 오래 보관할 수 있다. 특히 씨앗 주변에 '꿀'이 들어찬 달콤한 사과로 유명하다.

봉화 송이버섯 | 봉화군

태백산 자락의 마사토 토양에서 자라난 송이버섯은 향이 진하고, 수분 함량이 적어 쫄깃쫄깃하고 오래 보관할 수 있다. 길이가 8cm 이상이면서 갓이 퍼지지 않은 것이 최상품이고, 갓이 퍼질수록 식감이 좋지 않아 상품성이 떨어진다.

05

상주 곶감 | 상주시

상주 곶감은 조선 예종 때 임금님께 진상되었던 명품 곶감으로, 전국 곶감 생산량의 60%를 차지한다. 해풍으로 건조해 만든다.

06

안동 간고등어 | 안동시

안동 간고등어는 고등어 부위 별로 들어가는 소금양이 달라 일반 고등어보다 감칠맛이 좋다.

07

안동소주 | 안동시

안동시에서 주조되는 증류식 민속주 안동소주는 예로부터 귀한 손님을 대접할 때나 약용으로 사용되었다.

08

영덕 게장 | 영덕군

대게의 고장 영덕에는 등딱지의 내장만 골라 만든 게딱지 장. '가니미소'라고 불리며, 일본에서도 큰 인기

09

영덕 대게 | 영덕군

껍질이 얇으면서도 살이 가득 차 있으며, 담백하고 쫄깃쫄깃하다. 항구 근처에서 갓쪄낸 대게를 택배로 배송해준다.

10

영덕 마른오징어 | 영덕군

영동 앞바다의 해풍으로 건조한 마른오징어는 맛과 향이 유독 진하다.

경상북도·대구에서 살만한 것들

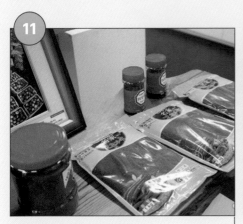

영양 고춧가루 | 영양군

일조량이 많아 고운 색을 내는 영양군 홍고추를 이용해 만든다. 고추 크기가 크고 과피가 두꺼워 고춧가루가 유독 많이 나온다.

영천 포도 | 영천시

영천 포도는 시지 않고 알알이 단맛이 가득하다. 8~9월 초가을 무렵 캠벨포도, 거봉 품종이 주로 재배된다. 영천 포도로 만든 와인도 유명하다.

울릉도 더덕 | 울릉군

울릉군 저동항 앞 노점에서 쉽게 살 수 있는 더덕은 일반 더덕과 달리 식감이 부드럽고 아린 맛이 없어 부담 없이 즐길 수 있다. 더덕구이, 더덕장아찌, 더덕주 등으로 활용해도 좋다.

울릉도 오징어 | 울릉군

울릉도 해안가는 육지와의 거리가 있어 보통 말린 오징어가 판매된다. 울릉도의 깨끗한 바닷바람으로 당일 건조해 신선하고 향이 좋다. 마른오징어는 구린 냄새가 나지 않고 살이 두꺼우며 가루가 고루 묻은 것이 좋다.

의성 마늘 | **의성군**

경상북도 의성에서 재배되는 육쪽마늘은 매콤하며 살균력이 좋고, 오래 보관할 수 있어 김치 담기 좋다.

청도 반시 | **청도군**

씨가 없어 더 먹기 좋다. 청도에는 반시를 이용해 감말랭이, 아이스 홍시 등 다양한 상품을 선보이고 있다.

청도 미나리 | **청도군**

1~3월 수확기에 청도 화악산 미나리 단지를 찾아오면 비닐하우스 안에서 미나리 삼겹살도 맛볼 수 있다.

청송 사과 | **청송군**

1924년 독립운동가이자 농촌운동가였던 박치환 장로가 보급했다. 일교차가 크고 일조량이 많아 식감이 단단하며 당도가 높은 '꿀사과'가 재배된다.

과메기 | **포항시 구룡포**

동해안 지방에서만 맛볼 수 있는 명물이다. 겨울철 널어놓은 꽁치가 해풍을 맞고 얼고 녹기를 반복하여 쫄깃한 식감

황남빵 | **경주시 황남동**

황남동에서 처음 만들어져 황남빵이 되었다. 얇은 밀가루 반죽에 팥고물을 가득 넣어 국화 무늬 도장을 찍어 구워낸다.

경상북도·대구 BEST 맛집

01

한우리식당 | 문경시

족살찌개는 문경 지역 특색음식으로 예전 탄광촌 광부들이 자주 먹었던 음식. 능이버섯, 표고버섯과 돼지 앞다리 살이 들어간 짜글이 느낌

02

약선당 | 영주시

세계약선 요리대회 대상을 수상한 요리연구가가 직접 운영하고 있는 대한민국 대표 약선요리전문점

03

순흥전통묵집 | 영주시

김가루, 김치를 넣고 먹는 전통묵밥. 옛 한옥집을 활용한 외관으로 고즈넉한 분위기에서 식사가 가능하다.

04

일직식당 | 안동시

안동 간고등어 정식이 대표메뉴로 특유의 양념장에 조린 고등어와 된장찌개, 오이무침 등 반찬과 함께 먹으면 입 맛을 당긴다

05

동악골금재가든 | 안동시

단짠단짠의 닭볶음탕이 이곳의 대표 메뉴다. 매콤달콤한 양념에 밥을 비벼 먹으면 맛이 일품

06

대게종가 | 영덕군

탱탱한 게살을 맛볼 수 있는 대게 요리 전문점. 단골이 많은 영덕대게음식점으로 쫄깃쫄깃한 대게맛이 일품

07

명궁약수가든 | 청송군

37년 전통으로 청송에서 최초로 누룽
지백숙을 선보인 곳

@country_fogu

08

신라식당 | 대구광역시

1985년부터 오픈하여 운영하고 있는
곳. 돌판낙지볶음이 주메뉴

@easeo.1519

09

평양아바이순대국밥 | 구미시

30년동안 운영하고 있는 순대국밥집.
깔끔하고 개운한 국물맛

10

산동장안식당 | 구미시

석쇠불고기 청국장 정식, 고등어정식
이 대표 메뉴

@sesesep

11

산마루식당 | 성주군

오리불고기, 산채비빔밥, 칼국수, 백숙
등

@doni.spapa

12

송산능이백숙 | 고령군

능이 백숙, 능이 오리백숙, 능이 소고
기전골, 능이 삼계탕

13

유림식당 | 포항시

싱싱한 생선과 해산물을 넣고 여럿이
냄비 채로 나누어 먹는 모리국수

@_foodjoha

14

진미손칼국수 | 영천시

바지락칼국수, 들깨칼국수, 얼큰해물
칼국수, 보리비빔밥, 수육 등

15

향화정 | 경주시

꼬막무침비빔밥이 대표 메뉴. 육회비
빔밥, 육회물회, 소불고기, 파전

경상북도·대구

부석사, 소수박물관
장수조이월드, 영주 서천 벚꽃길

영주시

소백산

예천 산택연꽃공원, 회룡포 전망대

포암산

황장산

예천군

문경석탄박물관, 문경새재
옛길박물관, 문경 짚라인
문경 철로자전거(레일바이크)

조령산 주흘산

운달산

희양산 백화산

문경시

공검지 연꽃, 북천 벚꽃길
경천섬 유채꽃, 비봉산전망대
상주자전거박물관, 상주박물관

대야산

청화산 둔덕산

상주시

갑장산

구미금오랜드, 금오산 벚꽃길
금오산 단풍(해운사, 명금폭포)

백마산

구미시

교동 연화지 벚꽃
김천세계도자기박물관

황악산

김천시

칠곡군

민주지산

성주군

매원마을 연꽃

고령 지산동 고분군
대가야박물관, 우륵박물관

수도산

가야산

대구

고령군

비슬산

83타워, 김광석 다시그리기 길
대구 이월드, 팔공산 단풍(동화사, 정상)
네이처파크 동/식물원, 스파밸리
팔공산 케이블카

도산서원, 하회마을
하회세계탈박물관, 월영교
안동문화예술의전당, 안동시립박물관
전통문화콘텐츠박물관

청량산박물관
봉화 동양리 두동마을(띠띠미마을) 산수유

덕구온천스파월드

청옥산

봉화군

울진군

청량산

일월산

영양군

안동시

장사 해수욕장, 고래불해수욕장
영덕 해맞이공원, 영덕 풍력발전단지 전망대

영덕군

주산지
주왕산 단풍(절골계곡, 기암단애, 용추폭포)

의성군

청송군

주왕산

의성 화전리 산수유마을

팔각산

내연산

호미곶, 영일대 해수욕장
죽도시장, 국립등대박물관
영일민속박물관, 구룡포 근대문화역사거리

위군

보현산

비학산

포항시

영천댐 호반벚꽃 100리길
보현산 천문대

영천시

불국사, 첨성대, 동궁과 월지
대릉원, 보문관광단지
문무대왕릉, 국립경주박물관

경주시

시

경산시

남산

토함산

단석산

금오산

청도군

운문산

경산 영남대 벚꽃길, 경산시립박물관
대구대 경산캠퍼스 늘푸른테마공원 청보리밭

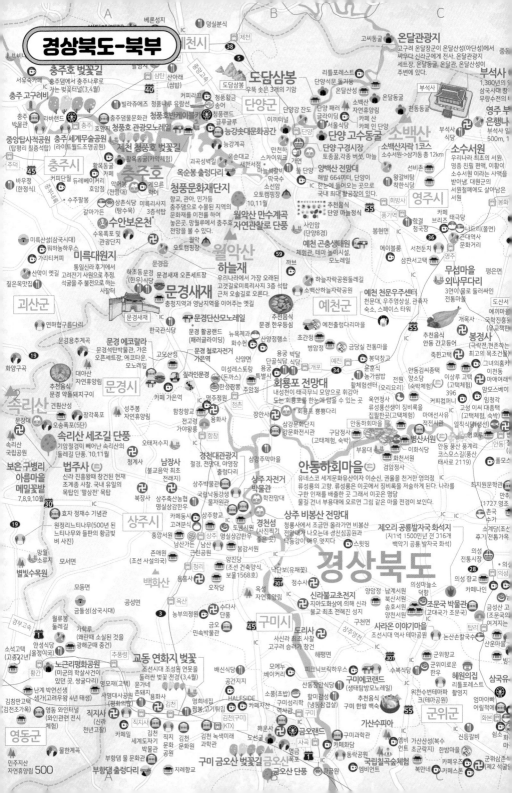

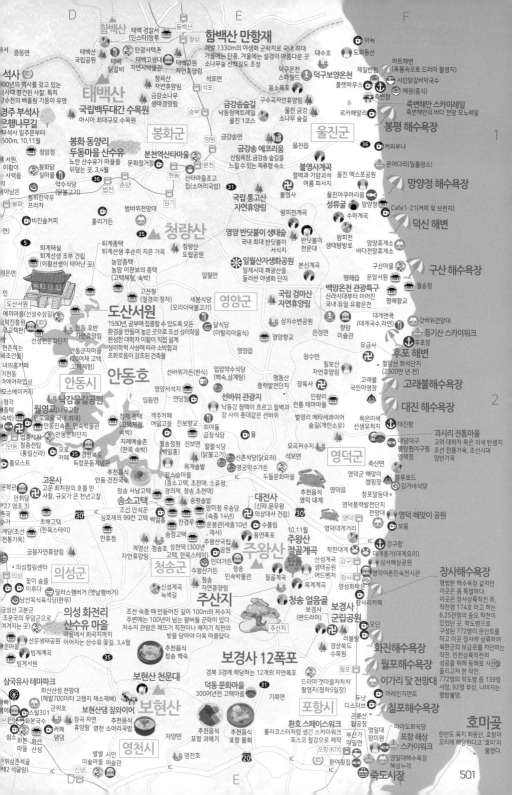

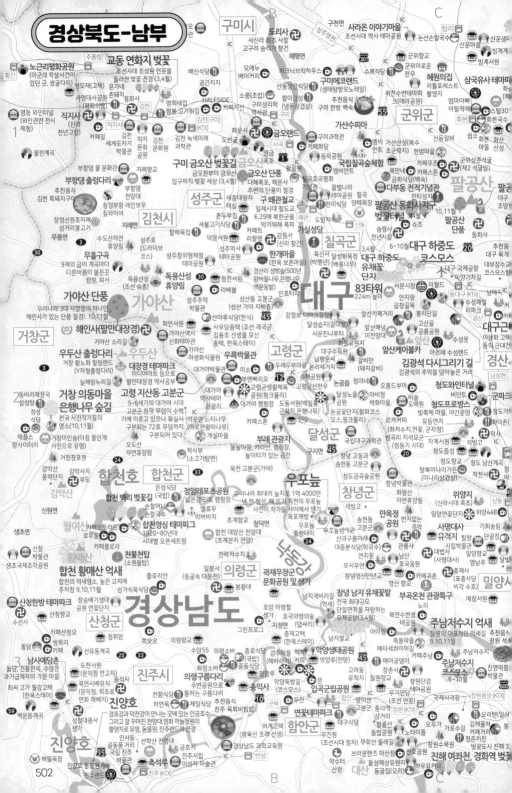

경상북도-서북부

괴산군

A

B

C

☆예천
곤충 체험관을 비롯해 곤
등이 있는 테마공원. 모노
사이

문경새재
3관문

주흘산
(1,106m)

☆차갓재골

황장산
(1,078m)

까브

문경새재
오픈세트장

조령산
(1,025m)

문경새재
미로공원

여우목성지

문경 오미자
체험마을

연풍 IC

엣길박물관

문경새재 도립공원 ☆
충청지역과 영남지역을 이어주는 고갯길

운달산
(1,097m)

대승사 윤필암

동로면

금천

소백산
하늘자락길

추천음식
문경 약돌돼지구이

하초동
(버섯천국)

문경향교

대승사 주차장 부터
황장목 슬기길 종점
총거리 833m

문경읍

문경단산모노레일☆

공덕산

황장목숲길☆

용궁면

추천음식
문경 한우등심

문경
종합온천

오미나라

문경 고요리
착륙장(패러
글라이딩)

문경문화관

예천 출렁
다리마무

봉암사

석가탄신일에만 개방되는 사찰, 동일신라 양식

그린스톤
오픈캠핑장

운강 이강년
기념관

에메랄드 카페

문경새재 IC

마성면

문경문학관

돌리네습지

예천권씨 병입당지 및 별

초간

다리마무

새재수목원

예천권씨종가별당

문경시

예천권씨종택

대야산 자연휴양림

문경 에코랄라

문경용추

대야산
(931m)

고모산성,
진남교반

문경석탄박물관, 가은오픈세트장
자이언트프로젝트, 에코타운

문경 철로자전거

용궁토산리

문경향교

용궁

뉴욕제과(찹쌀떡)
만세제

충절사
의상대

개포역

가오실

문경 하든밸리
오토캠핑장

선유동계곡

카페
가은

아자개장터

송내촌나물밥
(산채비빔밥)

산북면

화수헌(한옥)

용궁향교

개포면

문경 에코랄라
모노레일

석탄박물관

궁터산촌
생태체험
마을

소양
서원

임카마오
박물관

운암사

조령별채

문경문화원
문경문화 예술회관
(버섯천국)

점촌

산양정촌소

용궁역

기천석

여울마을

소천서원

회룡포 전망대

대야산계곡

신태식의병
대장 생가

농암면

전고령가야성,용화사

함창고, 함창고

점촌함창 IC

영순면

장안지

장안수

내성천이 태극무늬 모양
도는 회룡포를 한눈에 볼

완담서원

이안면

포레스트65

함창역

59

삼강주막마을

지보조

대야산 자연휴양림

늘재골

은척면

상주 증촌리
석조여래입성

임호서원

장강서당

풍양면

완담서원

쌍룡계곡

심원사

황령사

상주
동학교당

청암서원

북상주

영강

백번고기집
돼지(한우)

비봉산
(579.3m)

성주봉
자연휴양림

문장대

속리산
(1,058m)

장각
폭포

청계사

맑은개울
캠핑장

이안천

견훤산성(견훤이 축성)

화서면

견훤사당

오태저수지
(낚시)

외서면

청자(짬뽕)

공검지

덕산저수지

상주상품교

경천대 관광지☆
절경, 전망대, 야영장, 출렁다리

국립낙동강
생물자원관

상주 증촌리
이부곡 토성

상주 자전거 박물관☆
기획전시, 자전거 역사,
자전거 전면, 체험, 어린이
자전거 체험관

덕암역

다인면

상주 비봉산 전

보은군

속리산

구병산하이패스

30

구병산IC

상주서원

IC 화서 밤원마을

불교음악 최초 전래지

남장사

연수암

구마이
오토캠핑장

상주 임란
북천전적지

상주 곶흐리
문양주택

남장가든(석쇠구이)

상주 축산농협

청룡사

사진찍기 좋은 곳, 수상탑병원

경천섬☆

상주주막(해물파전)

청룡사입구에서의 낙동강

조금만 올라가면 비봉산의

경천성공원과 낙동강이 만드

효우 정재수
기념관

판곡저수지

도안서원

25

함창옥탑주택

남산근린공원

용흥사

상주시☆

상주역

봉황사

명상상감한우

둥해사

상주향교

두락(봉임밥상)

낙양서원

수암종택
류성룡의 셋째 아들
류진을 불천위로

옥연서원

신의터재

지기재

내서면

상주곶감공원

상주신양 고병비

상주공간(짬뽕)

남천주

낙동

상주 남동서주 묘사노 되지

동상서주 묘사노 되지

(불천위 : 신주를 땅에 묻지 않

사당으로 둔다)

평산소류지

존애루
(조선 사설의국)

외남반점
(짬뽕)

옥성서원

광덕서원

연악서원

갑장산
(806m)

대둔사

구미지승마장

구미IC

모서면

버들뱅이마을

성우농원

덕곡지

옥동서원

곡곡서원

상판저수지

창석사당

301

추천음식
구미 한방 백숙

송하루

오토캠핑장

옥성면 치즈피자체험

옥성
자연휴양림

풍마실저수지
(우유마기)

도개IC

신라불
야도화순
최초로 전도

문수사

사곡지

백화산
호국의길

금돌성(삼국시대)

모동
지장마을

이재짓고

큰재골

공성면

옥산역

수다사

농부의정원

금오
민속박물관

산선리 고분군
(삼국시대)

금오서원

구미보

영동군

IC 영동

IC
황간

황간역

무을면

선산 IC

선산

33

고아읍

매학정일원
모애커리

무흘면

재들지

적하지

감문면

아름다운정원
자연속으로

어모면

빗내농악전수관

계림사

대양면

배식식당
(석쇠돼지고기)

45

개령향교

광산

추풍령 IC

삼남산

감문산

내남산

1

신암역

공간지지

선산 IC

59

구

아포 수제돈가스

원각사

매학정일

베이커리

504

영동역

509

경상북도-동남부

카페 가은역 `카페`

"프렌차이즈점과 다른 매력의 오래된 역사의 '폐역에 부는 달콤한 향기'가 있는 카페"

@cafe_gaeun

등록 문화재로 지정된 더 이상 운영하지 않는 가은역을 개조한 카페. 전형적인 간이역사 모습을 보존한 역사적 가치가 있는 장소. 어른들의 옛추억과 아이들의 색다른 경험을 할 수 있는 곳.(p500 B:2)

- 경북 문경시 가은읍 대야로 2441 가은역
- #문경여행 #문경가은역 #간이역사카페 #아이와가볼만한곳 #가족나들이 #데이트코스

문경 에코월드 `추천`

"문경 석탄의 역사와 체험을 한곳에서"

석탄 박물관, 가은 오픈세트장, 자이언트 포레스트, 에코타운 등 주요 관광시설이 모여있다. 이 일대는 옛 탄광이 있던 자리로, 광업과 관련된 지역 축제가 열리기도 한다.

- 경북 문경시 가은읍 왕능길 112
- #석탄체험 #박물관 #가족여행

문경 철로자전거(레일바이크) 가은역-먹뱅이 구간 왕복 6.4km

"문경 철로자전거 제3코스"

가은역과 문경 먹뱅이를 잇는 왕복 6.4km 길이의 레일바이크. 석탄을 실어 나르던 철로를 개조해 레일바이크로 운영하고 있다. 총 30대의 철로자전거(레일바이크)를 구비하고 있다. 가은역 근처 석탄 박물관에 들렀다가 즐기는 코스를 추천한다.(p500 B:2)

- 경북 문경시 가은읍 왕능리 538-1
- 주차 : 문경시 가은읍 왕능리 536
- #레일바이크 #철로자전거

문경 철로자전거(레일바이크) 구랑리역-먹뱅이 구간 왕복 6.6km

"문경 철로자전거 제1코스"

구랑리 역과 먹뱅이를 잇는 왕복 6.6km 길이의 레일바이크. 아름다운 야생화를 감상하고 터널을 통과하는 코스를 운영한다. 총 40대의 철로자전거(레일바이크)가 구비되어있다.(p500 B:2)

- 경북 문경시 마성면 하내리 262-1
- 주차 : 문경시 마성면 하내리 262-1
- #레일바이크 #꽃전망

문경 철로자전거(레일바이크) 진남역-구랑리역 구간 왕복7.2km

"문경 철로자전거 제2코스"

진남역과 구랑리 역을 잇는 왕복 7.2km 길이의 레일바이크. 문경의 자랑 진남교반의 풍경을 감상할 수 있는 코스로, 철로 자전거 코스 중 가장 아름다운 풍경을 자랑한다. 총 30대의 철로자전거(레일바이크)가 구비되어있다.(p500 B:2)

- 경북 문경시 마성면 신현리 126-1
- 주차 : 문경시 마성면 신현리 123-9
- #레일바이크 #전망

까브 카페 카페

"백운석 동굴 이색 카페"

@juri1102

하얀 톤의 백운석으로 이루어진 동굴로 밝은 분위기다. 동굴 속의 레스토랑, 이색적인 느낌을 담을 수 있다. 카페 안으로 들어가면 동굴이 있다. 수정과 백운석을 캐던 광산을 카페로 꾸몄다. 높고 폭이 넓어 답답함이 전혀 느껴지지 않는다. 유리 바닥 아래로 동굴의 모습을 볼 수 있다. 지역 특산물인 오미자로 만든 와인을 판매하고 있다. (p500 B:1)

- 경북 문경시 동로면 안생달길 279
- #문경 #동굴카페 #황장산카페

옛길박물관

"문경새재의 관문을 통과 한다는 것은 어떤 의미일까?"

문경관문, 영남대로, 문경의 전투에 대해 전시하고 있는 역사박물관. 문경의 문화, 의식주, 신앙과 의례, 생업 등도 함께 전시되어 있다. 박물관 근처에 있는 잉카 마야 박물관, 박열 의사 기념관도 함께 들러보자. 1월 1일, 설날과 추석 당일 휴관.

- 경북 문경시 문경읍 상초리 242-1
- 주차 : 문경시 문경읍 상초리 517-2
- #문경 #향토박물관 #서민문화

문경새재 오픈세트장

"조선시대로의 시간 여행"

무려 75억 원을 투자해 지어진 조선시대 세트장. 우리가 알고 있는 대부분의 사극, 시대극이 이곳에서 촬영되었다. 우리나라에서 가장 큰 규모의 사극 세트장이기도 하다. 조선시대에 와 있는 듯한 현실적인 세트장도 재미있지만, 문경새재의 자연을 보는 것만으로도 지루할 틈 없는 곳이다.(p504 B:1)

- 경북 문경시 문경읍 새재로 932
- 주차 : 경북 문경시 문경읍 상초리 84-2,문경새재 오픈세트장
- #조선시대 #오픈세트장 #사극 #시대극 #문경새재 #자연

문경새재 추천

"문경새재의 문은 꼭 소림사의 문 같아 그 문을 통과하면 고수가 될테니까"

충청지역과 영남지역을 이어주는 옛길. 조선 시대 여섯 개의 한양으로 향하는 큰길 중에 하나로, 과거 영남의 선비들이 이 길을 통해 과거를 보러 다녔지만, 산새가 험해 임진왜란 시 왜구들도 주저했다고 한다. 임진왜란 때 왜구들이 이곳의 산새가 험해 주저하고 있는 동안 신립 장군은 문경새재를 버리고 탐금대에 진을 치는 실수를 저질렀다. 안타깝게도 이때의 실수로 신립 장군은 전쟁에서 패하게 되었다.(p500 B:2)

- 경북 문경시 문경읍 상초리 146-2   ■ 주차 : 문경시 문경읍 상초리 517-2
- #임진왜란 #신립장군 #유적지

문경단산모노레일

"문경에서 백두대간을 둘러볼 수 있는 산악 모노레일"

해발 956m 고요리 단산까지 왕복 3.6km 길이를 이동하는 산악 모노레일로, 케이블카와 달리 땅과 맞닿은 창밖의 풍경도 오롯이 즐길 수 있다. 한국관광공사가 주관하는 '한국관광 100선'에 선정된 관광명소이기도 하다. (p500 B:2)

- 경북 문경시 문경읍 활공장길 106
- #산전망 #모노레일 #아찔한

문경 짚라인

"다양한 코스의 짚라인"

백두대간의 중심인 불정산을 가로지르는 짚라인. 9개의 다양한 코스로 초심자부터 숙련자까지 누구나 즐길 수 있다. 짚라인에 대한 두려움이 없다면 9번의 다이내믹 코스를 추천한다. 몸무게 30kg 이하, 100kg 이상, 임산부 등은 탑승할 수 없다.(p500 B:2)

- 경북 문경시 불정동 336-3
- 주차 : 문경시 불정동 산 71-1
- #짚라인 #스릴 #스포츠

화수헌 카페

"한옥 카페에서 나누는 담소"

@sosohan_dream

규모가 큰 한옥 카페. 대청마루는 물론, 마당에서도 음료를 즐길 수 있다. 이곳의 대표 메뉴는 떡와플과 가래떡구이. 옛 것의 매력을 느끼기 좋은 곳이다. 분위기 있는 한옥으로 소풍을 가보자.(p500 B:2)

- 경북 문경시 산양면 현리3길 9
- #한옥카페 #문경카페 #레트로 #떡와플 # 가래떡구이

한우리식당 맛집

"문경하면 족살찌개!"

@kim_kiwoong

24년동안 한결 같은 정성으로 만든 전골, 백숙, 한식 전문점. 대표메뉴인 족살찌개는 문경 지역 특색음식으로 예전 탄광촌 광부들이 자주 먹었던 음식이다. 능이버섯, 표고버섯으로 돼지 앞다리살이 들어가 짜글이 느낌으로 개운하고 얼큰한 국물 맛 평이 좋다. 계란, 햄, 멸치볶음, 김치가 들어 있는 광부도시락도 추천한다. 연중무휴 (p504 C:2)

- 경북 문경시 중앙6길 26-4
- #정부지정안심식당 #족살찌개 #문경맛집

송내촌산나물밥 맛집

"맛있고 건강한 저칼로리 다이어트식단"

대표메뉴는 국내산 한우와 가죽나물로 조리한 산채육회비빔밥. 인공 조미료는 일체 사용하지 않고 최소 양념만으로 조리해 저칼로리 다이어트 식단이다. 농가 한옥을 개조하여 옛 분위기를 물씬 느낄 수 있으며 독립된 공간으로 되어 있어 프라이빗한 식사가 가능하다. 마당에서는 전통놀이를 체험할 수 있다. 화요일 정기휴무, 재료 소진 시 조기 마감 (p504 B:1)

- 경북 문경시 호계면 가열2길 25-1
- #제철요리 #산나물한상 #민속놀이체험

상주 공검지 연꽃

"습지보호 지역으로 선정된 곳"

상주 공검지 역사관 앞에 위치한 공검지에 피어난 연꽃 자생지. 백련, 홍련, 수련, 가시연 등 다양한 종류의 연꽃이 피어난다. 공검지는 후삼국 시대에 벼농사를 위해 조성된 저수지로, 그 가치가 뛰어나 현재는 습지보호 지역으로 선정되어 관리되고 있다.

- 경북 상주시 공검면 양정리 199-84
- 주차 : 상주시 공검면 양정리 199-156
- #백련 #홍련 #습지

상주 북천 벚꽃길

"산책하기 좋은 기찻길 옆 벚꽃길"

상주 북천교부터 상산교를 지나 북천 둑길에 이어지는 벚꽃길. 주차는 상산교 주변의 천변 주차장, 북천시민공원 주변의 천변 주차장이 있다. 상산교 앞 기찻길과 벚꽃을 배경으로 멋진 사진을 찍을 수 있다.

- 경북 상주시 냉림동 387
- 주차 : 경북 상주시 계산동 523
- #북천 #기찻길 #스냅사진

상주자전거박물관

"자전거가 자동차보다 나중에 만들어졌다는 사실! 알고계신가요?"

국내 최초로 자전거를 테마로 한 박물관. 상주시는 전국에서 자전거 보유 대수가 가장 높은 도시이다. 자전거 역사, 건강, 자전거 체험관, 애니메이션 등이 전시되어 있고, 이색 자전거를 대여하거나 내 자전거를 점검

해볼 수도 있다. 1월 1일, 설날과 추석 당일 휴관.(p500 B:2)

- 경북 상주시 도남동 산3-4
- #이색자전거 #체험 #전시

상주축산 명실상감한우 맛집
"상주 곶감을 먹고 자란 명실상감한우 정육식당"

@zenzang1985

질 좋은 상주 명실상감 한우를 맛볼 수 있는 정육 식당. 꽃등심, 갈빗살, 모둠구이, 육회 등을 판매한다. 점심특선으로 한정 판매하는 한우 갈비탕을 먹으려면 적어도 오전 11시까지는 도착해야 한다.(p500 B:2)

- 경북 상주시 동문동 영남제일로 1119-9
- #한우 #꽃등심 #갈비살 #갈비탕 #육회비빔밥

낙동강 경천대(경천대 전망대)
"낙동강이 한눈에 내려다보이는 절벽"

낙동강 물길 중에서도 유독 경치가 좋기로 소문난 곳으로, 조선시대 사극 '상도'의 무대가 되기도 했다. 캠핑장과 취사장이 마련되어 있어 숙박을 함께할 수 있다. 근처에 국립 상주 박물관이 있어 함께 방문하기 좋다. (p500 B:2)

- 경북 상주시 사벌국면 경천로 652
- #사극촬영지 #캠핑장 #상주박물관

두락 맛집
"자연을 담아 약이 되는 밥상"

@_ciao._bella_

뽕잎을 이용하여 만든 약선 요리 전문점. 연근절임, 곶감장아찌, 뽕잎장아찌 등 각종 밑반찬과 뽕잎 돌솥밥이 나오는 뽕잎밥상이 대표메뉴. 영양과 맛 모두 챙길 수 있는 곳으로 텃밭 채소를 직접 재배하여 매일 신선한 밥상으로 차려진다. 브레이크 타임 14시~17시, 2,4번째 월요일 정기휴무 (p504 C:2)

- 경북 상주시 식산로 112
- #뽕잎 #약선요리 #건강식

경천섬 추천
"일몰과 야경, 열기구, 자전거를 즐길 수 있는 섬"

낙동강변에 있는 경치좋은 섬으로, 오리알 섬이라는 별칭으로도 불린다. 여름에는 플라이보트 등 다채로운 수상 스포츠를 즐길 수 있다. (p500 B:2)

- 경북 상주시 중동면 오상리 968-1
- #오리알섬 #수상스포츠 #여름여행지

남산가든 맛집
"불향 가득한 석쇠구이"

메뉴는 고추장 석쇠구이, 간장석쇠구이, 우렁이무침이 있다. 숯불향 가득한 고추장 석쇠구이가 가장 인기 있는 메뉴로 고기도 부드럽고 간도 적당하다는 맛 평. 달달하고 쌉쌀한 양파 부추 겉절이를 상추쌈과 함께 싸먹으면 더욱 맛있게 즐길 수 있다. 브레이크 타임 13시 30분~17시, 1,3,5째주 일요일, 2,4째주 월요일 정기휴일 (p500 B:2)

- 경북 상주시 신서문1길 137
- #석쇠구이 #불향 #상주맛집

상주 경천섬 유채꽃

"낙동강 따라 가장 아름다운 길"

경천섬 둘레길을 따라 조성된 150,000㎡ 규모의 유채꽃밭. 경천섬까지는 상주 도남서원 근처에서 다리를 건너면 이동할 수 있다. 잘 정돈된 둘레길 양옆으로 피어난 유채꽃밭과 낙동강 풍경이 아름답다. 경천섬은 낙동강 사이에 위치한 작은 섬으로, 낙동강 10경 중에서도 가장 아름다운 장소로 알려져 있다.(p500 B:2)

- 경북 상주시 중동면 오상리 968-1
- 주차 : 경북 상주시 도남동 170
- #둘레길 #유채꽃 #낙동강

상주 비봉산전망대

"힘들이지 않고 멋진 전경을 볼 수 있는 곳"

산세가 봉황이 날개를 펴고 비상하는 모습과 같다 하여 비봉산이라 불린다. 청룡사 입구에서 보는 낙동강의 풍경이 매우 운치 있고 아름답다. 청룡사에서 조금만 올라가면 비봉산 전망대가 나오는데 경천 섬 공원과 낙동강이 매우 멋지다. 차로 이동 시 청룡사 입구까지 가서 주차하면 된다.(p500 B:2)

- 경북 상주시 중동면 오상리 산73-2
- 주차 : 상주시 중동면 회상리 산200-6
- #청룡사 #낙동강전망

만수당 〔맛집〕

"은은하게 단 팥맛과 쫄깃한 찹쌀바죽"

@s2o2girls2

한정수량 판매로 미리 전화 예약 후 방문해야 한다. 찹쌀, 팥 모두 국내산을 사용하며 1통 10개 기준으로 판매된다. 은은하게 느껴지는 단 맛의 팥과 말캉말캉하고 쫄깃한 찹쌀이 어우러져 자극적이지 않은 빵 맛이 좋다는 평. 남녀노소 모두 즐길 수 있다. 월요일 정기휴무 (p505 D:1)

- 경북 예천군 감천면 석송로 313-10
- #남녀노소모두가능 #쫄깃쫄깃 #자극적이지않은

예천천문 우주센터

"예천 밤하늘의 별을 관측해 보자"

관측실과 천체투영실이 있어 직접 천문 관측을 해볼 수 있는 곳. 관측 외에도 우주인 체험, 가변중력 체험 등 다양한 우주 환경을 체험해볼 수 있다. 1박 2일 동안 진행되는 천문캠프 프로그램도 진행되니 관심이 있다면 홈페이지에 방문해 보자. (p500 C:2)

- 경북 예천군 감천면 충효로 1078
- #천문관측 #우주체험 #천문캠프

맛질예찬 토담 〔맛집〕

"정갈하고 깔끔한 향토음식점"

경북 예천군 지정 향토음식점. 불맛이 가득 담긴 육즙이 풍부한 석쇠구이와 깊은 장맛을 느낄 수 있는 청국장, 매일 만드는 반찬 등 맛있고 정갈한 한정식을 맛볼 수 있는 곳이다.

대표메뉴인 뽕잎약수밥정식의 뽕잎약수돌솥밥은 뽕잎이 한가득 올라가 있어 맛도 건강도 챙길 수 있다. 두번째,네번째 수요일 정기휴무 (p505 D:1)

- 경북 예천군 보문면 오암길 20 맛질예찬 토담
- #향토음식 #건강한밥상 #밑반찬깔끔

예천 산택연꽃공원

"기분좋게 연꽃 나들이"

경북 예천군 용궁면 산택리 고종산 국도 동쪽에 위치한 산택저수지(산택지)를 따라 조성된 15,000㎡ 규모의 홍련 단지. 한적한 곳에 있어 고즈넉한 분위기 속에서 연꽃을 즐길 수 있다. 34번 국도 대로변에 위치해 잠시 쉬어가기 좋다. 산택지는 원래 농업용수를 공급하던 저수지였다고 한다.

- 경북 예천군 용궁면 산택리 95-10
- 주차 : 예천군 용궁면 산택리 95-11
- #저수지 #공원 #홍련

용궁단골식당 〔맛집〕

"순대 하나, 오징어 불고기 하나요!"

@y____jjeong

모둠순대, 오징어 불고기 맛집. 막창 속으로 꽉 찬 순대 소. 양념장이 필요하지 않는 알맞은 간에, 입 안 가득 푸짐한 양이 먹는 순간 행복한 미소를 짓게 한다. 거기에 불향 가득한 오징어 불고기는 이곳이 왜 유명한지 깨닫게 한다. 백종원 3대천왕 맛집으로 소개된 명성이 이해되는 곳. (p500 B:2)

- 경북 예천군 용궁면 용궁시장길 30
- #백종원3대천왕 #예천맛집 #순대 #오징어불고기

회룡포 전망대 [추천]

"한국의 아름다운 하천 선정"

내성천이 태극무늬 모양으로 휘감아 도는 회룡포를 한눈에 담을 수 있는 곳. 낙동강 상류 일대에 나타나는 지형으로 하천과 그 외부의 가파른 경사가 어우러져 멋진 비경을 연출한 다.(p500 B:2)

- 경북 예천군 용궁면 향석리 산54-1
- #전망대 #낙동강 #내성천

예천 곤충생태원

"곤충 좋아하는 친구들 모여라"

살아있는 곤충을 직접 만나볼 수 있는 생태 체험교육장. 매년 여름이면 예천곤충바이오 엑스포라는 지역축제가 이곳에서 개최된다. (p500 B:1)

- 경북 예천군 효자면 은풍로 1045
- #곤충체험 #과학관 #곤충바이오엑스포

영주 서천 벚꽃길

"벚꽃핀 둑길 따라 걷는 설렘"

삼판서 고택과 가흥교 사이 하천의 둑을 따라 조성된 벚꽃길. 조명을 잘 배치해 많은 사람이 찾는 야경명소이기도 하다. 벚꽃은 3cm가량 으로 분홍색 또는 백색의 꽃으로 피며, 군락을 이룬 곳은 눈이 온 것 같다.(p500 C:1)

- 경북 영주시 가흥동 111-2
- 주차 : 영주시 가흥동 1474-5
- #벚꽃 #야경 #사진촬영

무섬마을 [추천]

"물위에 떠있는 듯한 조선시대 선비 마을"

조선시대 영주지방 선비들이 모여 살던 선비 촌이다. 무섬은 '물에 떠있는 섬'이라는 뜻으 로, 마치 섬처럼 마을 주변을 물길이 휘감고 있다. 마을 안에는 조선시대 선비들이 거주하 던 한옥들과 초가집들, 강을 건널 수 있는 외 나무다리가 있다. 정갈한 음식이 나오는 한정 식 집들이 모여있으니 이곳에서 식사를 즐겨 도 좋겠다. (p500 C:2)

- 경북 영주시 문수면 무섬로180번길 16
- #조선시대 #집성촌 #한옥마을

사느레정원 [카페]

"푸른 정원 바라보며 힐링타임"

카페 입구 양쪽으로 나무를 심어 놓아 푸른 숲에 있는 듯한 사진을 찍을 수 있다. 카페 이름에서 알 수 있듯이 정원을 예쁘게 꾸며 놓았다. 통창을 통해 멋진 전망을 보며 커피를 즐길 수 있다. 식물원에서 다양한 식물들을 보며 사진도 찍고 힐링할 수 있는 곳이다. 외 부에는 그네가 있고, 작은 집 앞에 테이블이 있어 마치 소풍 나온 기분이 든다. (p505 E:1)

- 경북 영주시 문수면 문수로1363번길 30
- #영주카페 #한옥카페 #식물원느낌

약선당 [맛집]

"약이 되는 음식을 만드는 집"

세계약선 요리대회 대상을 수상한 요리연구 가가 직접 운영하고 있는 대한민국 대표 약선 요리전문점. 인삼, 산야초, 영주 한우 등을 사 용하여 건강한 식재료를 일체 조미료를 사용

하지 않고 음식을 지공한다. 직접 장도 손수 만들어 재료 고유의 맛을 살려 건강한 음식을 맛볼 수 있다. 브레이크 타임 15시~16시30분

- 경북 영주시 봉현면 신재로 887-14 약선당
- #약선요리 #건강한밥상 #노조미료

부석사 추천
"무량수전 배흘림 기둥에 기대서서"

삼국시대 676년 의상대사가 창건한 절. 1,300여 년의 역사, 일주문, 천왕문, 안양루, 무량수전의 공간으로, 특히 무량수전의 배흘림기둥이 유명하다. 무량수전은 국보 제18호로 고려 우왕 때 건립되었다.(p500 C:1)

- 경북 영주시 부석면 북지리 148
- 주차 : 영주시 부석면 북지리 162
- #사찰 #배흘림기둥 #국보문화재

영주 부석사 은행나무길
"무량수전 찾아가는 길에 펼쳐진 은행나무"

부석사 일주문부터 천왕문을 잇는 약 500m 규모의 은행나무 길. 탐스러운 사과

나무와 단풍나무의 조화가 인상적이다. 부석사 내부를 장식한 단풍나무도 절경을 이룬다. 부석사 무량수전은 국보 제18호로 지정된 곳이며, 부석사가 위치한 영주시는 사과 산지로도 유명한 곳이다.(p500 C:1)

- 경북 영주시 부석면 북지리 264-2
- 주차 : 영주시 부석면 북지리 162
- #부석사 #은행나무 #단풍나무

소수박물관
"유교가 좋다 나쁘다 처럼, 이분법적으로 생각할 수 있을까?"

소수서원에 위치한 국내 유일의 유교 박물관. 유교가 우리의 문화에 어떤 영향을 끼쳤는지 살펴볼 수 있다. 선비들의 배움터인 서원과 향교에 대한 정보도 전시되어 있다.(p500 C:1)

- 경북 안동시 성곡동 784-1
- #안동댐 #민속문화 #유교문화

순흥전통묵집 맛집
"김가루, 김치를 넣고 먹는 전통묵밥"

옛 한옥집을 활용한 외관으로 고즈넉한 분위기에서 식사가 가능하다. 실내외 테이블을 보유하고 있으며, 메뉴는 전통묵밥 단일메뉴다. 묵과 김치를 넣고 육수에 김가루, 참깨가루를

솔솔 뿌려넣으면 감칠맛이 난다는 맛 평. 탱글탱글한 묵 식감으로 인기가 좋은 곳이다. 연중무휴

- 경북 영주시 순흥면 순흥로39번길 21
- #한옥식당 #탱글탱글 #묵밥

장수조이월드
"아담하지만 있을 것 다 있는 놀이동산"

레이스 카, 박치기왕(범퍼카), 싱싱 보트, 바이킹 등이 있는 놀이공원. 동전 놀이기구와 식물원, 매점 등도 함께 운영되며, 겨울에는 눈썰매장도 운영한다. 조이월드가 위치한 장수면은 예전에 장수(長壽) 마을이 있었던 곳이다.

- 경북 영주시 장수면 화기리 683
- #범퍼카 #바이킹 #오락실 #눈썰매

일직식당 맛집
"살이 토실하게 오른 간고등어"

안동 간고등어 정식이 대표메뉴로 특유의 양념장에 조린 고등어와 된장찌개, 오이무침 등 반찬과 함께 먹으면 입 맛을 당긴다는 맛 평. 조림은 2인 이상, 구이는 1인도 가능하다. 좌식, 입식 테이블을 보유하고 있어 아이와 함께 오기에 좋다. 월요일 정기휴무 (p500 C:2)

- 경북 안동시 경동로 676
- #간고등어맛집 #안동맛집 #현지인맛집

맘모스제과 `카페`

"빵맛이 예술, 맘모스제과를 가기위해 안동에 간다"

안동 맘모스제과는 소위 전국 3대 빵집 중 하나다. 미슐랭 가이드에 소개된 적도 있다. 쫀득한 찰 빵 안에 부드러운 크림치즈를 가득 넣은 크림치즈 빵과 유자 향 물씬 풍기는 유자 파운드가 대표 메뉴다.(p500 C:2)

- 경북 안동시 남부동 163-2
- #전국3대빵집 #맘모스제과 #크림치즈빵 #유자파운드

도산서원 `추천`

"고리타분하다 생각지마 이토록 아늑하고, 산책이 즐거워 지는 곳은 처음이야"

1550년 3칸 규모로 검소하게 건축된 도산서원은 조선 성리학을 완성한 대학자 이황이 직접 설계했으며, 이황 사후 제자들이 도산서원으로 증축했다. 성리학적 사상에 따라 소박함과 자연과의 조화로움이 강조되어 있다.(p501 D:2)

- 경북 안동시 도산면 도산서원길 154
- 주차 : 안동시 도산면 토계리 673-1
- #이황 #성리학 #학문

선상수상길

"호수 위를 걷다 "

@_solbee.h

안동호 위에 설치된 1km의 데크길. 호수 위를 따라 걷는다. 물 위를 걸으며 바람을, 바람에 흔들리는 물결을 감상할 수 있다. 보는 자체로, 걷는 자체로 평화를 얻을 수 있는 곳이다.

- 경상북도 안동시 도산면 서부리 172
- #안동호 #데크길 #부교 #호수 #물길

낙강물길공원 `추천`

"비밀의 숲으로 떠나는 피크닉"

곳곳에 설치되어 있는 포토존들을 따라 걷는 재미. 비밀의 숲으로도 부른다. 안동로로 오르는 계단을 따라 올라가면, 안동댐을 내려다 볼 수 있다. 공원 안에 분수대가 있는데, 유럽의 정원에 와 있는 듯한 느낌을 준다. 피크닉을 즐기기 매우 좋은 공원이다.(p501 D:2)

- 경북 안동시 상아동 423
- 주차 : 경북 안동시 상아동 423
- #비밀의숲 #안동여행 #지베르니 #분수 #유럽정원 #피크닉

월영교 `추천`

"야경이 아름다워 감성적인 곳"

안동시 상아동과 성곡동 일원의 안동호에 놓인 국내에서 가장 긴 나무로 된 인도교. 교량 한가운데 안동댐 민속경관지에 월영대(月映臺)라고 적힌 바위글씨가 있어 월영교라 불린다.(p500 C:2)

- 경북 안동시 상아동 486-3
- #나무다리 #월영정 #전망

봉정사

"천등산에 있는 통일신라시대의 절"

유네스코 세계문화유산으로 지정된 천년고찰. 신라 문무왕 때 능인 스님이 창건하였다. 주변에 오랜 수령의 소나무가 많이 심겨있어 산림욕하기 좋다. 고려 태조, 공민왕, 엘리자베스 2세 여왕과 앤드루 왕자 등 유명 인물이 방문한 곳으로도 유명하다. (p500 C:2)

- 경북 안동시 서후면 봉정사길 222
- #유네스코 #불교사찰 #소나무숲길

안동문화예술의전당 앞 낙동강변 벚꽃길

"안동역 뒷편으로 가면 펼쳐지는 벚꽃길"

안동문화예술의전당 앞 낙동강 변을 따라 만발하는 벚꽃길. 벚꽃은 3cm가량으로 분

홍색 또는 백색의 꽃으로 피며, 군락을 이룬 곳은 눈이 온 것 같다.

- 경북 안동시 안흥동 373
- 주차 : 경북 안동시 옥야동 424
- #안동문화예술의전당 #벚꽃길

안동 군자마을 추천
"광산 김씨 전통 마을"

600년 넘는 역사를 가진 전통마을로, 옛 모습을 그대로 간직한 20여 채의 한옥들을 만나볼 수 있다. 후조당, 사랑채, 읍청정, 낙운정 등 일부 고택 및 신축 한옥펜션에서 숙박할 수 있다.(gunjari.net) 마을 내 식당에서 정갈한 한정식을 판매하니 기회가 된다면 식사도 즐겨보자.

- 경북 안동시 와룡면 군자리길 29
- #한옥마을 #한옥펜션 #전통체험

동악골금재가든 맛집
"단짠단짠이 정석"

@am7_59

단짠단짠의 닭볶음탕이 이곳의 대표메뉴다. 매콤달달한 양념에 밥을 비벼 먹으면 천국이 따로 없다. 한마리, 한마리 반으로 선택 가능. 갓지어 나온 뜨끈한 돌솥밥, 나물무침 등이 제공된다. 닭볶음탕은 돌판에 내어 열기가 잘 식지 않아 뜨끈하게 먹을 수 있다. 수요일 정기휴무 (p505 E:2)

- 경북 안동시 와룡면 동악골길 166 동악골금재가든
- #단짠단짠 #안동현지맛집 #돌솥밥

병산서원 추천
"풍산 유씨의 교육기관"

@whswjd_love

조선시대 유학자인 류성룡이 세운 병산서원. 만대루로 이동하면 시원스럽게 펼쳐진 낙동강 경치를 즐길 수 있다. 서원은 조선시대 학자들이 유교 문화를 배우던 교육기관 이자 조

안동 하회마을 추천
"억지로 만든 마을이 아니라 오래전부터 있던 마을 그래서 거짓되지 않아"

유네스코 세계문화유산으로 지정된, 고려 말기부터 정착하게 된 풍산 류 씨의 마을. 물길 건너 부용대에 오르면 그림 같은 마을 풍경이 보인다. 이순신, 권율을 천거한 영의정 류성룡의 고향이며, 류성룡은 이곳에서 징비록을 저술하게 된다. 나라를 구한 인재를 배출한 곳이기에 명당으로 여겨진다.(p505 D:2)

- 경북 안동시 하회종가길 54
- #역사 #천연기념물
- 주차 : 안동시 풍천면 전서로 186

상님들의 은덕을 기리던 사당을 말한다. 대중교통으로는 이동하기 힘들고, 자동차나 택시를 이용해 이동하는 것이 좋다. 09~17시 개관, 무료입장. (p500 C:2)

- 경북 안동시 풍천면 병산길 386
- #조선시대 #문화유적 #역사여행지

하회세계탈박물관
"하회탈에 담겨있는 우리민족의 얼과 의미"

안동 하회마을에 위치한 탈 박물관. 하회별신굿에 쓰이는 탈을 포함한 세계의 여러 탈을 전시하고 있다. 익살맞은 표정의 한국 탈은 각각의 풍자와 해학을 담고 있다.

- 경북 안동시 풍천면 하회리 287
- 주차 : 안동시 풍천면 하회리 254
- #하회탈 #한국탈

홀리가든 `카페`
"스위스 느낌 알프스뷰 카페"

@sis_travel

세모난 지붕, 통창을 통해 내려다보이는 풍경이 마치 스위스 같다. 원피스를 입고 사진을 찍으면 더욱 예쁜 사진을 찍을 수 있다. 100% 예약제 카페로 이용 시간은 1시간 30분이다. 노키즈존으로 운영된다. 최대 4팀까지만 입장이 가능해 여유롭게 차를 즐길 수 있다. . 초록의 봄과 여름도 좋지만, 장작 난로가 있어 운치가 있는 겨울도 좋다. (p501 D:1)

- 경북 봉화군 명호면 비나리길 172-57
- #봉화카페 #알프스뷰 #사전예약

봉화객주 화덕피자 `맛집`
"오전약수 반죽, 참나무 장작불 화덕피자"

@lucidaesther

피자와 치킨 스테이크를 참나무 장작불을 사용한 화덕에서 직접 구워 더 담백하고 고소한 맛을 느낄 수 있다는 평. 치킨 스테이크는 사전 예약 필요. 피자는 비스테카 루꼴라 피자, 페퍼로니 등 총 6개가 있다. 음식점 바로 옆에 봉화 명소인 오전약수터가 있어 물소리를 들으며 음식을 맛 볼 수 있다. 월요일 정기휴무

- 경북 봉화군 물야면 문수로 1541 봉화객주
- #오전약수터맛집 #화덕피자 #고소담백

고향집식당 `맛집`
"시골 냄새 물씬, 구수한 밥상"

직접 두부, 청국장 등 여러 장류를 만들어 음식 제공하는 곳. 메뉴는 청국장+순두부, 모두부 2가지다. 모두 국내산을 이용하여 전체적으로 깔끔하고 맛있다는 평. 각종 나물에 제철 나물에 비벼 먹으면 나물 식감과 고소한 두부맛을 함께 느낄 수 있다. 둘째, 넷째 일요일 정기휴무

- 경북 봉화군 봉성면 다덕로 539
- #시골냄새 #구수한밥상 #토속음식점

백두대간수목원 `추천`
"백두산 호랑이와 시드볼트가 있는 곳"

아시아에서 가장 큰 수목원. 백두대간은 우리나라 생태계를 책임지는 주요 축인데, 그 상징인 백두산 호랑이를 볼 수 있는 곳이기도 하다. 전 지구적인 측면에서 보존해야 할 식물종자를 저장해둘 수 있는, 전 세계 2개뿐인 시드볼트를 보유하고 있다.(p501 D:1)

- 경북 봉화군 춘양면 춘양로 1501
- #백두대간 #백두산호랑이 #식물종자 #시드볼트 #아시아최대수목원

백두대간 협곡열차(V-Train) 분천 (분천-철암)
"연탄의 고장 철암으로"

창문을 오픈할 수 있는 사파리 형 협곡 열차. 여름에는 자연 바람을 맞으며, 겨울에는 난로 열기를 쬐며 백두대간의 운치를 느낄 수 있다. 목탄 난로를 이용해 구워 먹는 군고구마도 꿀맛. 철암역에 도착하면 철암 탄광역사촌 박물관을 구경해보자.(p501 E:1)

- 경북 봉화군 소천면 분천리 935-1
- #테마열차 #난로 #군고구마

봉화 동양리 두동마을(띠띠미마을) 산수유

"우와! 탄성이 절로 나오는 곳"

동양리 산수유길 초입부터 동양리 마을회관을 지나 두동마을에 이르는 2.5km가량의 길. 아늑한 시골길에 노란색 물감을 뿌려놓은 수채화를 보는 듯한 산촌이 나온다. 산수유꽃은 3~4월에 잎보다 먼저 피고 열매는 10월경에 맺으며, 열매는 간과 신장을 보호해주는 약재로 많이 쓰인다.(p501 D:1)

- 경북 봉화군 봉성면 동양리 218-1
- 주차 : 봉화군 봉성면 동양리 17
- #두동마을 #산수유 #노랑

영양 반딧불이 생태숲

"밤하늘 수놓은 반딧불이 볼 사람 모여라"

@jominji811219

영양군은 아시아 최초로 국제 밤하늘 보호공원에 지정된 청정지역으로, 별과 함께 반짝이는 반딧불이 무리를 볼 수 있다. 수비 수하계곡 국제 밤히늘 보호공원에서 맨눈으로 밤하늘 별자리 관측을 즐길 수 있다. (p501 E:1)

- 경북 영양군 수비면 반딧불이로 50
- #별자리 #반딧불이 #생태체험

일월산자생화공원

"영양군 최고봉 일월산의 아름다운 꽃"

@italkwind

소박한 아름다움을 가진 대한민국의 자생화들이 피어있는 공원. 일월산 자생화 공원에서 시작해 수비면 남회룡으로 790번지 우련전까지 이어지는 숲길이 산림청이 뽑은 '걷기 좋은 명품 숲길'로 지정되었다. (p501 E:2)

- 경북 영양군 일월면 영양로 4124
- #자생화 #정원 #나들이

한울가든 [맛집]

"맛있는 밑반찬과 돌솥밥"

복도를 중심으로 양 옆으로 방이 나 있는 식당 구조. 신발을 벗고 이용해야 한다. 제일 인기 있는 메뉴는 돌솥정식으로 호박잎, 콩나물부침, 단호박, 생선구이 등 정갈한 밑반찬과 돌솥밥 한 상이 차려져 맛 평이 좋은 편이다. 반찬 리필 가능. 연중무휴 (p507 D:2)

- 경북 영양군 영양읍 솔광장길 9-5
- #영양군청맛집 #돌솥밥 #영양맛집

입암약수식당 [맛집]

"불맛,불향 가득한 닭불고기"

닭불백, 닭불고기 2가지 메뉴이며 배추김치, 콩나물부추무침, 멸치볶음 등 다양한 밑반찬이 제공된다. 닭불고기는 불향, 불맛은 물론 부드러워 맛 평이 좋다. 각종 쌈에 싸 먹으면 더 맛있게 즐길 수 있다. 이 외 닭죽형태의 백숙도 녹두가 들어가 부드럽게 먹을 수 있어 인기가 있다. 반찬 셀프 리필. 입식, 좌식테이블을 보유. 브레이크 타임 14시~17시30분 (p501 E:2)

- 경북 영양군 입암면 약수탕길 13
- #닭불고기 #녹두백숙 #불맛불향

선바위관광지

"촛대를 닮은 선바위와 낙동강절경이 한눈에"

촛대를 닮은 선바위와 그 앞에 펼쳐진 푸른 남이포 물결 풍경이 아름답다. 민물고기가 잘 잡히는 낚시 명당으로도 유명하다. (p501 E:2)

- 경북 영양군 입암면 영양로 883-16
- #촛대모양 #기암괴석 #낚시터

성류굴

"임진왜란때 불상을 피신 시켰던 굴"

@hyunamong

2억 5천만 년의 역사를 가지고 있는 석회동굴로, 대한민국 관광 동굴 제1호, 천연기념물 제155로 지정되었다. 임진왜란 때 이 동굴로 불상을 피신시켰기 때문에 성류굴이라는 이름으로 불린다. 김시습이 성류굴의 아름다움에 반해 '성류사 유숙'이라는 시를 짓기

도 했다. 동절기엔 09:00~16:30, 하절기엔
09:00~17:30 운영, 연중무휴. (p501 F:1)

- 경북 울진군 근남면 성류굴로 225
- #자연동굴 #석회동굴 #김시습

금강송숲길
"금강송 따라 걷기 좋은 길"

산림청 지정 대한민국 1호 숲길로, 500년 넘
는 수령의 금강소나무 숲이 원시림 그대로 보
존되어 있다. 산림보호를 위해 방문 인원을 제
한하고 있으므로 인터넷으로 사전 예약 후 방
문하는 것을 추천한다. 금강송(금강소나무)
은 금빛으로 빛나는 나무껍질과 가지가 특징
이며, 왕궁 건축이나 왕실의 장신구를 만드는
데 쓰였던 고급 소나무 품종이다. (p501 E:1)

- 경북 울진군 금강송면 대광천길 60
- #금강송 #명품소나무 #사전예약필수

불영사계곡 (추천)
"우리나라 3대 계곡"

@kh_hhyc106

불영사 선유정, 불영정 일대에 15km 가량 이어지는 웅장한 계곡으로, 우리나라 3대 계곡 중
한곳으로 꼽힌다. 계곡물 양옆으로 소나무가 심겨 있는데, 기암괴석, 절벽 사이 푸릇푸릇한 풍
경이 시원스럽다. 선유정 누각 2층에서 보는 풍경이 가장 멋지다. (p501 F:1)

- 경북 울진군 금강송면 불영계곡로 880
- #계곡 #단풍 #기암괴석

등기산 스카이워크
"후포의 바다를 즐길 수 있는 스카이워크"

@lovehy0222

후포항 전망을 즐길 수 있는 높이 20m 길이
135m의 해상 스카이워크. 강화유리 바닥 아
래로 푸른 동해바다가 훤히 들여다보여 정말
바다 위를 걷는듯한 느낌이 든다. 후포항 전망
대, 포토존, 신석기유적관 등을 함께 운영한
다. (p501 F:2)

- 경북 울진군 금강송면 불영계곡로 880
- #바다전망 #강화유리 #스카이워크

덕구온천스파월드
"어른과 함께하는 여행지로는 온천만한
게 없지! 믿어봐!"

국내에서 유일하게 온천수를 그대로 사용
하는 자연용출온천. 태백산맥 광경을 바라
보며 낭만적인 온천욕을 즐길 수 있다. 이곳
온천수는 알칼리수로 신경통, 관절염, 근육
통에 효과가 좋다. 스파를 이용하려면 수영
복을 꼭 들고 가야 한다. 울진 대게를 맛보
고 온천을 즐기는 코스를 추천한다.(p501
F:1)

- 경북 울진군 북면 덕구리 575-26
- #노천온천 #건강 #스파

덕구솔밭옹심이칼국수 맛집
"직접 만든 옹심이를 넣었어요"

옛 시골집을 개조해 만들어 편안한 분위기에서 식사가 가능하다. 직접 만든 옹심이가 들어간 옹심이칼국수, 장칼국수가 대표메뉴. 옹심이칼국수는 진한 국물로 담백한 맛을 느낄 수 있고 장칼국수는 빨간 국물로 맵지 않고 깔끔한 맛을 느낄 수 있다는 평. 목요일 정기휴무 (p507 E:1)

- 경북 울진군 북면 덕구온천로 758
- #덕구온천맛집 #노포 #옹심이칼국수

노바카페 카페
"소나무숲 전망 인테리어 카페"

통창을 통해 보는 소나무 숲이 멋지다. 바 테이블 자리에 앉아 소나무 숲을 배경으로 운치 있는 사진을 담을 수 있다. 하얀 건물에 기와 지붕, 울창한 소나무 숲 앞에 있어 더욱 근사하다. 카페 내부 인테리어가 화이트톤이라 깨끗한 느낌을 주고, 통창을 통해 보는 소나무 숲이 그림같이 예쁘다. 여름에는 배롱나무꽃도 볼 수 있다.

- 경북 울진군 평해읍 월송정로 496
- #울진 #월송정카페 #소나무뷰

죽변해안스카이레일 추천
"바다 위 1열, 동해를 달리는 모노레일"

울진의 바다 위를 달리는 모노레일. 부서지는 파도 위를 달리고, 하늘 위를 나는 기분도 든다. 죽변항으로부터 후정해변까지 이어지는 길이다. 울진의 대표적인 명소인 하트해변, 드라마 <폭풍속으로> 세트장 등을 지나는 코스여서 지루할 틈이 없다. B코스 보다 A코스를 더 추천한다. 선착순 탑승임을 기억해두자.(p501 F:1)

- 경북 울진군 죽변면 죽변중앙로 235-8
- #울진 #랜드마크 #동해 #모노레일 #하트해변 #폭풍속으로

한마음대게수산 맛집
"오션뷰를 만끽하며 통통한 대게를"

1, 2층이 모두 통창으로 되어 있어 시원한 오션뷰를 만끽하며 식사가 가능하다. 각종 TV 프로그램에 방영되어 더욱 유명해졌으며 입식, 좌식테이블을 보유해 편안하게 좌석 이용 가능하다. 대게 외 볶음밥, 비빔국수, 라면 등 메뉴가 있다. 알이 꽉찬 대게 맛과 서비스가 좋아 인기가 있는 곳이다. 연중무휴 (p507 E:2)

- 경북 울진군 후포면 울진대게로 169-63
- #오션뷰 #대게맛집 #울진맛집

대게종가 맛집
"강구항 영덕 대게 맛집"

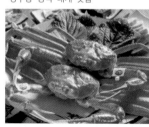

탱탱한 게살을 맛볼 수 있는 대게 요리 전문점. 단골이 많은 영덕대게음식점으로 쫄깃쫄깃한 대게맛이 일품이다. 내부에 피규어가 짝 놓여 있어서 피규어를 좋아한다면 구경하는 재미도 느낄 수 있다. 작게 놀이방이 있어 아이가 있는 가족들에게도 추천한다. 연중무휴 (p501 F:2)

- 경북 영덕군 강구면 강구대게길 21
- #강구항대게 #놀이방보유 #영덕맛집

카페 봄 `카페`

"푸른 바다와 노란 철제 구조물"

노란 철제 구조물과 전구, 푸른 바다를 한 장의 사진에 담을 수 있다. 낮에는 푸른 하늘과 바다를, 밤에는 멋진 야경 사진을 찍을 수 있다. 카페 입구에 있는 빨간 벤치부터 노란 벽면, 대형 커피잔, 투명 유리 공간 등 카페 곳곳 포토존이 가득하다. 2층 테라스 자리의 예쁜 의자에 앉으면 멋진 동해 뷰가 펼쳐진다.

- 경북 영덕군 강구면 영덕대게로 192
- #영덕 #강구항카페 #오션뷰

영덕대게거리

"영덕 대게 맛보러 가보자"

강구항 일원에 활대게를 파는 어시장과 함께 대게요리 전문점 120여 곳이 모여있다. 대게 철인 11월~4월 사이에 방문하면 신선한 대게 요리를 맛볼 수 있다. 매년 4월에는 영덕 대게축제가 열리니 축제 일정을 확인해 보자. (p501 F:2)

- 경북 영덕군 강구면 영덕대게로 205
- #어시장 #대게찜 #대게비빔밥

장사 해수욕장 `추천`

"장사상륙작전 작전명 제174호 어딘가에 잠들어 있을 학도병들이여…"

영덕 남정면에 있는 해변. 평범한 해수욕장 같지만, 이곳은 좀 특별하다. 이곳은 장사상륙작전 즉, 작전명 174호라고 하는 6·25전쟁의 중요 작전이 있었던 곳이다. 학도병으로 구성된 772명이 문산호를 타고 이곳 장사에 상륙하여 북한군의 보급로를 차단하고, 인천상륙작전의 성공을 위해 동해로 시선을 돌리고자 한 작전이 수행되었다. 그 결과 772명의 학도병 중 139명 사망, 92명 부상, 나머지는 행방불명되었다. 우리나라에 이에 대한 기록은 따로 없었지만, 미군 참전용사의 기록을 통해 세상에 알려지게 되었다. 해변에 보이는 배는 학도병들이 탔던 문산호를 재현한 것으로, 당시 문산호는 아직 이 바다 어딘가에 고이 잠들어 있을 것이다.(p501 F:3)

- 경북 영덕군 동해대로 3592
- #역사 #천연기념물

고래불해수욕장

"맑고 깨끗한 청청 해변"

고래가 물을 뿜어내는 명사 20리 해변으로 울창한 소나무 숲에 둘러 쌓여있는 해수욕장. 긴 백사장과 맑고 깨끗한 바닷물이 피서지로 적합하다.(p501 F:2)

- 경북 영덕군 병곡면 병곡리 58-24
- 주차 : 영덕군 병곡면 병곡리 58-4
- #해수욕장 #솔숲 #여름여행지

영덕 해맞이공원

"해 뜨는 동해에서~"

해 뜨는 동해 일출을 멋지게 볼 수 있는 명소. 전망대가 높고 가리는 것이 없어 뜨는 해를 보기 좋다.(p501 F:2)

- 경북 영덕군 영덕읍 창포리 산 5-5
- 주차 : 영덕군 영덕읍 대탄리 산3-10
- #일출 #일몰 #전망대

영덕 풍력발전단지 전망대

"이 한 장면을 보기 위해 우리는 그토록 멀리서 달려왔나 보다."

영덕의 푸른 앞바다가 눈 앞에 펼쳐지는 전

망대. 풍력발전소의 하얀색 프로펠러의 조화가 아름답다. 파란 하늘과 하얀색 뭉게구름이 소품이 되어버릴 만큼 감성적인 전망을 보여준다.(p501 F:2)

- 경북 영덕군 영덕읍 해맞이길 247
- 주차 : 영덕군 영덕읍 창포리 328-2
- #풍력발전기 #스냅사진 #연인

벌영리 메타세콰이어 숲

"메타세콰이어 숲길과 푸른 바다"

20만 평 너른 규모의 메타세콰이어 숲으로, 20m 넘는 기다란 나무들이 줄지어 있는 풍경이 아름답다. 산책로 계단길을 따라 올라가면 영덕군을 감싸고 있는 푸른 동해바다를 한눈에 담을 수 있는 전망대가 마련되어 있다.(p507 E:3)

- 경북 영덕군 영해면 벌영리 산54-1
- #숲길 #산책로 #동해바다

괴시리 전통마을

"영양 남씨 집성촌"

영양 남씨 집성촌으로, 조선시대 옛 모습을 간

직한 200년 넘은 고택들을 구경할 수 있다. 매주 주말 10~18시 사이에 고택체험 및 궁중무용 관람이 가능하다. (p501 F:2)

- 경북 영덕군 영해면 호지마을1길 11-2
- #조선시대 #한옥마을 #고택체험

정일호선주집 맛집

"축산항 영덕 대게 맛집"

@puni.1008

시골 작은 항구에 있는 횟집 분위기로 1층, 2층으로 나뉘어 있으며 찜기에서 대게를 바로 쪄서 제공한다. 기본 반찬도 맛이 좋아 평이 좋다. 게를 쉽게 바를 수 있도록 손질되어 나오며 오동통한 게살이 올라 있어 부드러운 대게를 맛볼 수 있다. 연중무휴 (p507 E:3)

- 경북 영덕군 축산면 축산항3길 25 축산항3길 25
- #축산항대게 #살통통대게 #대게맛집

주산지 추천

"물안개마저 완벽하게 반영되는 신비의 저수지"

주왕산 단풍(절골계곡, 기암단애, 용추폭포)

"200㎞이상 달려와도 후회하지 않을 단풍 명소"

가을날 주왕산 내부의 대전사, 기암단애, 주왕암, 연화봉, 병풍바위, 시루봉, 숲속도서관, 주왕산 절골계곡, 대문다리, 용추폭포, 용연폭포에 있는 단풍나무는 절경을 이룬다. 주왕산은 수려한 암봉과 계곡으로 이루어진 우리나라 3대 암산 중 하나로 꼽힌다. 주왕산 절골계곡과 대문다리 단풍을 즐기고 싶다면 절골탐방지원센터 앞에 주차, 주왕산 대전사, 주방계곡, 용추폭포 등의 단풍 절경을 즐기고 싶다면 주왕산 상의주차장 주차하자.(p501 F:2)

- 경북 청송군 부동면 공원길 226
- #주왕산 #계곡 #폭포 #단풍

조선 숙종 때 만들어진 길이 100m의 저수지. 주변에는 100년이 넘는 왕버들 군락이 있다. 저수지 관람은 해뜨기 직전이나 해지기 직전의 빛을 담아야 더욱 아름답다.(p501 F:2)

- 경북 청송군 부동면 이전리 73
- 주차 : 청송군 부동면 이전리 1602-2
- #왕버들 #석양사진

대전사 추천
"의상대사가 창건한 주왕산의 사찰"

신라시대 의상대사가 창건한 주왕산의 불교
사찰. 사찰 안에서 바라본 주왕산 정상, 다섯
손가락을 닮은 깃대 바위의 풍경이 아름답다.
근처에 물맛과 효능으로 유명한 달기 약수터
가 있으니 함께 방문해 보자. 달기 약수로 끓
인 백숙 전문점도 유명하다. (p501 E:2)

- 경북 청송군 주왕산면 상의리 442-6
- #깃대바위전망 #불교사찰 #신라시대

주왕산 절골계곡 단풍 추천
"단풍이 아름다운 계곡"

@jeongae1854

깎아지른듯한 기암괴석 사이로 흐르는 물과
붉게 물든 단풍이 아름답다. 단풍이 가장 예
쁜 10~11월 사이 방문을 추천한다. 체력, 시
간적 여유가 있다면 절골 매표소에서 출발해
상의 매표소까지 이어지는 5~6시간 등산 코
스도 추천한다. 등산로 너머에 달기 약수로
끓인 백숙 전문점들이 모여있다. (p501 F:2)

- 경북 청송군 주왕산면 주산지길 121-170
- #기암괴석 #단풍 #가을여행지

주왕산가든 맛집
"가족과 방문하기 좋은 깔끔한 고기집"

1988년 오픈하고 현재까지 운영되고 있는 곳
으로 일반 홀과 프라이빗한 식사가 가능한 룸
형태로 좌석이 나누어져 있다. 숯으로 고기
를 구워먹는 방식으로 한우부터 한돈까지 다
양한 고기 주문이 가능하다. 깔끔하고 정갈한
밑반찬과 부드러운 고기 맛 평이 좋다. 브레이
크 타임 14시30분~16시30분 (p501 E:2)

- 경북 청송군 주왕산면 주왕산로 508-9 2F
- #청송소노벨맛집 #가족과방문하기좋은곳
  #고기맛집

명궁약수가든 맛집
"청송 최초로 누룽지 백숙을 선보인 곳"

37년 전통으로 청송에서 최초로 누룽지백숙
을 선보인 곳. 청송의 양대 명천인 약수로 닭
을 삶아 잡내도 없고 부드러운 닭고기와 누룽
지가 들어가 구수한 맛 평이 좋다. 닭을 부위
별로 조리해 부드러운 다리는 백숙, 퍽퍽한 가
슴살은 양념불고기, 날개는 구이로 만든다고
한다. 브레이크 타임 15시30분~17시(토,일)
2,4번째 목요일 정기휴무 (p501 E:2)

- 경북 청송군 진보면 경동로 5156 1층
- #고소담백 #웰빙보양식 #누룽지백숙

청송 얼음골 추천
"겨울왕국 실사판 사진찍기"

한여름에도 얼음이 낀다하여 얼음골이라 이름붙은 주왕산 골짜기에 매년 겨울이면 겨울왕
국이 펼쳐진다. 인공으로 만든 대규모의 얼음폭포가 신비로운 풍경을 자아낸다. 빙벽등반
가 뿐 아니라 사진애호가들에게도 사랑받는 명소로 SNS에서 사랑받는 중. (p511 E:1)

- 경북 청송군 주왕산면 팔각산로 228 ■ 주차 : 청송군 주왕산면 팔각산로 228
- #겨울왕국 #빙벽 #얼음폭포

송소고택 추천
"99칸 만석군의 고택"

막대한 재력을 자랑하던 만석꾼 송소 심호택의 저택으로, 솟을대문이 7칸, 저택 전체는 99칸에 이른다. 집을 다 짓는데 무려 20년의 세월이 걸렸을 정도. 지금은 심호택의 11대 후손이 저택을 관리하고 있다. 질 좋은 금강송으로 지어진 이 고풍스러운 고택에서 직접 숙박해 볼 수도 있다. (p501 E:2)

- 경북 청송군 파천면 송소고택길 15-2
- #99칸 #대저택 #한옥숙박

조문국 박물관
"고대 의성지역의 역사를 알아보기 좋은 곳"

삼국시대 이전 조문국에 대해 전시해놓은 박물관. 의성군은 금성산 고분군 및 경덕왕릉이 남아있는 우리나라에서도 드물게 조문국 유적이 남아있는 지역이며, 박물관에서 이에 대한 자료들을 찾아볼 수 있다. 박물관 옥상에는 조문국 유적이 훤히 들여다보이는 전망대가 마련되어 있다. (p500 C:3)

- 경북 의성군 금성면 초전1길 83
- #조문국 #유적 #역사박물관

촌국수가 맛집
"시원한 국물맛이 끝내줘요"

@asolmom

11시~16시는 칼국수, 국밥 등을 판매하며 16시~21시까지는 대구뽈찜, 해물찜을 판매한다. 고창 물총조개, 통영 굴, 완도 미역 등 싱싱한 식재료를 이용해서 만드는 물총 칼국수가 대표 메뉴. 매일 직접 만드는 겉절이와 함께 먹으면 탱탱한 면발과 깔끔하고 담백한 국물의 맛이 좋다는 평. 1,3번째 일요일 정기휴무 (p500 C:2)

- 경북 의성군 단촌면 고운길 17 촌국수가
- #시원한국물 #물총칼국수 #싱싱한해산물

의성 화전리 산수유마을
"매년 봄 산수유 축제가 열린다고!"

의성군 사곡면 화전리 산수유 마을 탐방센터 우측으로 뻗은 길을 통해 숲실(정자), 화곡지를 이으며 조성된 4km 산수유 군락지. 2~300년 된 산수유 고목 3만여 그루가 밀집해 있다. 산수유 마을은 봄이면 노란 꽃이, 가을이면 빨간 산수유 열매가 마을을 장식한다. 매해 봄에는 산수유 축제도 개최된다.(p503 D:1)

- 경북 의성군 사곡면 화전리 1115
- #산수유마을 #봄꽃 #노랑

달라스햄버거 맛집
"레트로의 끝판왕 햄버거집"

외관부터 내부까지 레트로한 인테리어로 꾸며져 있는 추억의 햄버거 맛집. 마치 드라마세트장에 온 것 같은 느낌을 얻을 수 있다. 불고기, 에그, 치즈, 치킨 등 다양한 햄버거 종류와 돈가스가 메뉴다. 얇게 썬 오이, 양배추 등 패티 하나하나 수제로 올려 만드는데 옛날 어릴적 먹던 햄버거 맛을 느낄 수 있다는 평. 일요일 정기휴무 (p501 D:3)

- 경북 의성군 의성읍 군청길 14-1
- #레트로끝판왕 #옛날햄버거 #추억의맛집

사라온 이야기마을 추천
"군위의 역사와 문화, 농촌 체험 마을"

경북 군위군 군위읍에 있는 농촌체험마을로, 얼음 페스티벌, 전래동요, 전통놀이 잔치마당, 다도체험, 명상체험, 예절 체험 등 근현대 역사, 문화를 두루 체험할 수 있다. (p500 C:3)

- 대구 군위군 군위읍 동서길 49
- #전통놀이 #예설체험 #농촌체험

혜원의 집
"리틀 포레스트 그집에서 쉬어가기"

@s_y.120929

영화 <리틀 포레스트>의 촬영지. 시종일관 조용하고 여유 있고 다정했던 영화의 촬영지답게, 아기자기하고 따뜻한 곳이다. 혜원의 집 안으로도 출입이 가능하여, 영화 속에서 그녀가 요리하던 곳을 직접 볼 수 있다. 마을 곳곳에 영화의 흔적을 찾을 수 있다. (p500 C:3)

- 대구 군위군 우보면 미성5길 58-1
- #리틀포레스트 #영화촬영지 #군위 #가을여행

삼국유사테마파크 추천
"삼국유사를 테마로 한 역사 체험 테마파크"

고려 시대에 일연 스님이 편찬한 역사도서 '삼국유사'를 테마로 한 역사체험공간. 삼국유사에 담긴 건국 설화, 위인 설화 등을 배경으로 한 다양한 조형물들이 설치되어 있으며, 가온누리 전시관에서 삼국유사에 담긴 내용과 함께 소원 빌기, 활쏘기 등 다양한 체험을 즐길 수 있다. 각종 놀이시설과 수영장(여름), 눈썰매장(겨울)을 함께 운영해 아이들이 더 재밌게 놀다 갈 수 있다. 10~18시 개관, 공휴일을 제외한 매주 월요일 휴관.(p500 C:3)

- 대구 군위군 의흥면 일연테마로 100
- #삼국유사 #조형물 #활쏘기

삼국유사테마파크 해룡 물놀이장
"역사와 물놀이를 한번에"

삼국유사 속에 등장하는 이야기들을 조형물

로, 전시실로, 체험공간으로 구현해낸 복합문화공간이다. 무엇 하나 의미 없이 지어진 게 없는, 역사를 그대로 재현해낸 교육적인 공간이다. 이 중에서도 해룡 물놀이장은 규모도 크고 컨디션도 좋아 어른, 아이 모두 즐기기 좋다. 옆으로는 사계절 썰매장이 있어 스릴을 즐길 수 있다. (p500 C:3)

- 대구 군위군 의흥면 일연테마로 100
- #삼국유사 #콘텐츠 #역사 #복합문화공간 #물놀이장 #사계절썰매장

군위이로운한우 맛집
"명품 군위 한우 저렴하게 구워 먹을 수 있는 곳"

한우 직판장 겸 정육식당으로 군위 한우를 저렴하게 먹을 수 있다. 1층 직판장에서 고기를 주문하고 2층 식당에서 상차림비를 내고 고기를 구워 먹을 수 있다. 소 잡는 날에만 판매하는 쫄깃한 식감의 뭉티기 육회도 기회가 있다면 꼭 맛보고 오자. (p500 C:3)

- 대구 군위군 효령면 성리 715-8
- #군위한우 #직판장 #정육식당 #특등심 #갈비살 #뭉티기 #가성비

대구 앞산 케이블카 추천
"대구를 대표하는 앞산공원"

대구를 대표하는 도시자연공원 앞산공원에 위치한 케이블카. 비수기와 평일에는 2층에서 표를 살 수 있다. 정상에서 안일사로 내려가면 왕건이 은신했던 왕굴을 방문할 수 있다. 밤에 오르면 대구 도심의 야경을 한눈에 조망할 수 있다.(p502 C:2)

- 대구 남구 봉덕동 산152-1
- 주차 : 대구 남구 대명동 산 227-5
- #앞산공원 #케이블카 #야경

진흥반점 맛집
"진한 불맛의 맵지 않은 고기 짬뽕"

전국 5대 짬뽕집으로 꼽히는 중국집. 돼지고기로 육수를 내어 국물 맛이 진하고, 부추와 숙주가 들어가 고명 씹는 맛이 좋다.

- 대구 남구 이천로28길 43-2
- #전국5대짬뽕

83타워
"전망대에 오르면 그 지역을 정복한 것 같은 느낌이 들어"

대구 시내를 한눈에 볼 수 있는 전망대. 전망대에는 카페도 있다. 높이는 에펠탑보다 12m 낮고 N서울타워보다 90m가량 높다.(p502 C:2)

- 대구 달서구 두류동 두류공원로 200
- 주차 : 달서구 두류동 산302-11
- #대구 #전망대 #시내전망

대구 이월드
"잘 꾸며진 대구 도심 놀이 테마파크"

유럽식 폭포, 분수, 조명 등으로 장식된 놀이공원. 놀이 시설, 어린이 광장, 전시·예술 공간 등이 함께 운영된다. 롤러코스터가 4대나 운영되는데, 이 중에서 카멜백과 부메랑이 인기. 스릴을 즐긴다면 부메랑 롤러코스터, 메가 스윙 360을 추천한다. 야간 자유이용권을 이용하면 나이 관계없이 저렴하게 즐길 수 있다.(p502 C:2)

- 대구 달서구 두류동 산302-11
- #유럽식테마파크 #롤러코스터

네이처파크 동/식물원
"교감 프로그램이 있어 좋은 곳"

사자, 호랑이, 수달, 사막여우 등 80여 종 전시된 동식물원. 사진 찍기, 먹이 주기, 터치 놀이 등 교감 프로그램과 사육사의 설명을 들을 수 있는 큐레이터 프로그램도 진행된다.

- 대구 달성군 가창면 냉천리 27-27
- #동물원 #식물원 #먹이주기

스파밸리
"아이도 어른도 모두 좋아하는 곳"

바데풀, 키즈풀, 파도 풀, 유수풀 등을 운영하는 스파밸리. 겨울에는 육각 온천수 워터파크까지 즐길 수 있다. 4층에서 음양오행탕과 UK-Ball 사우나도 운영되는데, 음양오행의 조화를 통해 신진대사를 촉진해준다고 한다.

- 대구 달성군 가창면 냉천리 27-9
- 주차 : 달성군 가창면 냉천리 27-25
- #스파 #온천수 #건강 #효도여행

큰나무집 궁중약백숙 맛집
"각종 한약재를 넣고 끓인 보양식 궁중약백숙"

토종닭에 수삼, 율무, 흑임자 등 한약재를 아낌없이 넣고 끓인 궁중약백숙 전문점. 주문 시 전복, 능이버섯을 추가할 수 있다. 밑반찬으로 나오는 양파장아찌와 고추 장아찌는 백숙과 찰떡궁합이다. 방문 전 미리 예약하고 가는 것을 추천.

- 대구 달성군 가창면 삼산리 930-1
- #닭백숙 #오리백숙 #한약재 #수삼 #율무 #흑임자 #전복 #능이버섯 #장아찌맛집

대구 달성군 용연사가는 벚꽃길(옥포 벚꽃길)
"대구의 '아름다운 거리' 선정"

신라 고찰인 용연사로 가는 길목의 40년 수령의 벚나무가 있는 벚꽃길. 달성군 노인복지회관부터 용연사 방향으로 벚꽃길이 형성되어 있다. 대구의 아름다운 거리로도 지정된 인기 있는 곳으로, 차량 통제를 할 때가 많으니 옥포면 근처에 주차하고 도보로 이동하는 것도 추천한다.

- 대구 달성군 옥포면 기세리 257-5
- 주차 : 달성군 옥포면 기세리 264-1
- #용연사 #벚꽃길 #고목

대구 비슬산 진달래
"정상 부근 4㎞ 가량의 진달래 군락"

정상 부근 대견사지 길옆으로 조성된 4km 규모의 참꽃(진달래) 군락지. 늦은 봄 시기에 30만 평 대규모 참꽃 군락지를 구경할 수 있다. 비슬산 자연휴양림에서 출발해 대견사지를 거쳐 정상 대견봉으로 향히는 코스를 추천. 산행에 왕복 6시간 이상이 소요되므로 체력과 시간이 필요하다.

- 대구 달성군 유가면 양리 산5
- 주차 : 달성군 유가면 용리 15
- #비슬산 #대견봉 #진달래 #등산

달성습지 추천
"생태계의 보고"

자연의 보고인 달성습지는 다양한 동식물이 자라는 곳으로, 자연을 즐기고 공부할 수 있는 최고의 체험장이다. 낙동강과 금호강이 만나는 곳에 위치한 달성습지는 가을이면 억새와 갈대가 장관을 이루어 손꼽히는 가을여행지이기도 하다. 겨울에는 철새와 두루미들도 볼 수 있다.(p509 D:2)

- 대구 달성군 화원읍 구라1길 88
- 주차 : 대구광역시 달성군 화원읍 구라1길 88
- #자연 #생태학습관 #생태계 #갈대 #억새 #철새

팔공산 갓바위
"전국에서 가장 유명한 기도처 명당"

팔공산 갓바위는 우리나라 보물 431호로 지정된 불상으로, 전국에서 가장 효험이 좋은 기도처로 알려져 있다. 새해나 수능시험을 전후로 불공을 드리기 위해 이 불상을 찾는 불교신자들이 많다. 정성을 다해 소원을 빈다면 딱 한 가지 소원은 이루어진다고 전해진다. (p503 D:1)

- 대구 동구 갓바위로 229
- #불교사찰 #기도처 #소원

대구 팔공산 벚꽃길 추천
"먹거리, 케이블카, 동화사관광지 그리고 벚꽃"

팔공CC부터 수태골까지 이어지는 팔공산로 벚꽃 터널 드라이브 길. 팔공산벚꽃축제는 보통 팔공산 동화사지구 분수대 광장에서 펼쳐진다. 근처에 있는 동화사는 사명대사가 임진왜란 때 승군을 지휘한 본부였다.(p502 C:1)

- 대구 동구 용수동 27-5
- #팔공산 #벚꽃축제 #분수대

팔공산 케이블카
"사시사철 팔공산의 풍경을 즐길 수 있는 케이블카"

동화사 입구에서 팔공산 해발 820m 정상까지를 잇는 케이블카. 경사가 있고 거리가 길어 구경하는 재미가 있다. 정상에 오르면 대구 시내와 팔공산을 한 번에 조망할 수 있다. 6인승 곤돌라 리프트를 운영하며, 주변 관광명소로 방짜 유기 박물관, 동화사, 부인사 등이 있다. (p503 D:1)

- 대구 동구 용수동 팔공산로185길 51
- #시내전망 #산전망 #케이블카

팔공산 카페거리
"자연 속 다양한 컨셉의 카페들이 모여 있는 대구 핫플레이스 거리"

팔공산 주변, 운치있고 분위기 좋은 카페들이 모여 있는 카페 거리. 자연 속에서 힐링하러 가기 좋은 장소. 찍기만해도 인생샷 헤이마, 아이와 함께 가기 좋은 트리팜, 예쁘게 꾸며진 정원 시크릿가든, 멋진 루프트탑 티아이티에프 등등 카페 투어의 성지.

- 대구 동구 팔공산로 일대
- #대구카페거리 #팔공산카페거리 #힐링카페 #데이트코스 #대구가볼만한곳

대구 반야월 연꽃테마파크
"도심인근 산책하기 좋은 곳"

대구 지하철 1호선 안심역 4번 출구 방향으로 동남쪽, 대구도시철도공사 안심 차량 기지 사업소 안쪽에 위치한 대규모 연꽃테마파크. 연근 밭 사이로 나무데크길이 조성되어있으며, 전망대도 설치되어 있다. 홍련과 백련이 무리 지어 있으며, 특정 시기에는 연꽃 전시회도 개최된다. 반야월 지역이 속한 대구광역시는 전국 최대의 연근 생산지로도 유명하다.

- 대구 동구 대림동 758
- 주차 : 대구 동구 대림동 731
- #홍련 #백련 #전망대

불로동 고분군
"경주가 부럽지 않은 삼국시대 고분군"

삼국시대 당시 토착 지배세력의 것으로 추정되는 200여기의 고분군이다. 연둣빛 고분들 사이로 난 길을 따라 오르면 정상에 나무가

한 그루 있는데, 푸른 하늘과 밑으로 보이는 고분과 대구 시내의 모습이 묘한 조화를 이룬다.

■ 대구 동구 불로동
■ 주차 : 대구 동구 불로동 산1-16
■ #삼국시대 #고분군 #나홀로나무 #인스타 명소 #출사

밥을짓다 _{맛집} 맛집
"분위기 좋은 퓨전 한정식"

분위기 좋은 카페 같은 깔끔한 인테리어가 돋보이는 곳. 봄, 여름, 가을, 겨울 세트로 구분되며 직화차돌박이전골, 냉채, 리코타치즈샐러드 등을 공통으로 밥으로 활전복죽이나 돌솥비빔밥 중 선택하여 메뉴를 정하면 된다. 깔끔하고 정갈한 퓨전한정식이라 인기가 좋은 편. 어린이를 위한 어린이전복죽, 수제돈까스 등도 있어 아기와 가기 좋은 곳이다. 연중무휴 (p509 E:2)

■ 대구 동구 팔공산로9길 6-11층
■ #팔공산맛집 #대구한식 #퓨전한정식

동촌파크광장 놀이공원
"아담한 놀이공원이지만 괜찮아!"

대구광역시 동촌유원지에 위치한 소규모 놀이공원. 범퍼카, 바이킹, 우주비행기, 회전그네, 인형 뽑기, 두더지 등이 있고, 어른

들은 야구, 사격을 즐길 수 있다. 근처에 음식점과 공원도 있어 주말을 보내기에 좋다. 동촌 유원지는 벚꽃 명소로도 유명하다.

■ 대구 동구 효목동 1111
■ #범퍼카 #바이킹 #오락실 #사격

대구 하중도 _{추천} 추천
"사계절이 아름다운 금호강의 꽃섬"

하중도 남서쪽, 유채꽃 단지 반대편에 조성된 청보리밭. 유채꽃밭 남서쪽으로는 갈대밭도 조성되어있다. 하중도는 대구 금호강 가운데 만들어진 대구광역시의 유일한 섬이다. 하중도 청보리밭은 스몰 웨딩 열기에 힘입어 이색 결혼 장소로도 사용된다고 한다. 노곡교 위에서 바라보면 유채꽃 단지를 한 번에 조망해 볼 수 있다. 가을에는 코스모스, 겨울에는 억새도 즐길 수 있다.(p502 C:1)

■ 대구 북구 노곡동 693
■ 주사 : 대구 북구 노곡동 761
■ #하중도 #청보리 #금호강 #꽃섬

리안 _{맛집} 맛집
"대구의 명물 야끼우동 맛있는 곳"

우동면에 오징어, 돼지고기, 목이버섯, 양파 등을 넣고 맵게 볶아낸 야끼우동 전문점. 쫄깃쫄깃한 식감이 좋은 찹쌀탕수육을 곁들여 먹으면 더 맛있다. 음식양 역시 푸짐하여 누구나 배부르게 먹고 나올 수 있다.

■ 대구 수성구 교학로4길 48
■ #야끼우동 #찹쌀탕수육 #대구요리

아르떼 수성랜드
"규모는 작지만 알찬 재미가 있어"

회전목마, 로봇 카, 점프 스마일, 바이킹 등이 있는 작은 놀이공원. 인근 아르떼 갤러리에서 석고 방향제, 수제 비누 등을 만들어 볼 수 있다. 가족뿐만 아니라 연인끼리 방문하기에도 좋다.

■ 대구 수성구 상동 725 수성랜드
■ 주차 : 대구 수성구 상동 474-1
■ #회전목마 #범퍼카 #공방

국립대구박물관
"내가 살고 있는 대구의 과거부터 현재까지 모습"

대구·경북의 문화유산이 전시된 박물관. 구석기시대부터 통일신라 시대까지의 유물이 전시되어 있으며, 우리 문화 체험실, 박물관 교육도 예약제로 운영되고 있다. 우리 문화 체험실을 통해 3D 펜으로 문화재 만들기 등을 체험할 수 있다. 무료입장, 매주 월요일, 1월 1일, 설날과 추석 당일 휴관.

■ 대구 수성구 황금동 70
■ 주차 : 대구 수성구 황금동 70
■ #대구 #경북 #문화유산 #체험

대구 근대화거리 추천

"빼앗긴 들에도 봄은 오는가' 이상화 시인의 고택"

이상화 고택, 서상돈 고택, 제일 교회, 계산성당, 동산 선교사 주택, 종로, 염매시장, 진골목 등 근대건축물들이 남아 있는 거리이다.(p502 C:2)

■ 대구 중구 경상감영길 67　　　　■ 주차 : 대구광역시 중구 포정동 21

■ #근대건축물 #역사거리

대구약령시 한의약박물관

"약재란 어떤 것일까?"

전국 3대 한약재 전문시장인 대구 약령시에 있는 대구약령시 한의약박물관은 약재, 약초 채집 도구, 약탕기 등을 전시하고 있다. 2층에서 한방 족욕체험, 한방 비누 만들기 등을 체험할 수 있고, 개인별 한방건강요법도 체크해볼 수 있다. 3층에서 한국어, 영어, 일본어, 중국어 음성 안내기를 대여해준다. 무료입장, 매주 월요일, 1월 1일, 설날과 추석 당일 휴관.

■ 대구 중구 남성로 51-1

■ 주차 : 대구 중구 수동 85

■ #한약 #약초 #한방족욕

김광석 다시그리기 길

"그냥 걷고 있는 것만으로도 생각이 나"

김광석의 추억을 담아놓은 거리. 대구 방천시장 350미터가량의 골목길을 김광석 벽화와 조형물이 수놓고 있다. 2014년 한국관광공사 '베스트 그곳'으로 선정되었다.(p502 C:2)

■ 대구 중구 대봉1동 6-12

■ 주차 : 대구광역시 중구 대봉동 31-9

■ #김광석 #음악 #감성

신라식당 맛집

"오동통한 낙지와 매콤한 소스의 조화"

1985년부터 오픈하여 운영하고 있는 곳으로 홀은 11시~15시, 포장 11시~19시까지 가능하다. 2인분부터 주문가능한 돌판낙지볶음이 주메뉴. 통통한 낙지와 당면, 떡이 어우러져 매콤하면서도 부드럽고 탱글한 식감의 낙지 맛이 좋다는 평. 낙지 외 제육, 낙지+새우, 낙지+양볶음, 1인분도 가능한 순두부찌개도 인기가 좋다. 수요일 정기휴무 (p509 E:2)

■ 대구 중구 중앙대로 406-8

■ #동성로맛집 #통통한낙지 #매콤매콤

맨션5 카페

"한옥의 정취를 느끼며 다양한 메뉴의 브런치를 즐길 수 있는 카페"

한국적+현대적 감각이 공존하는 차분한 분위기의 한옥 브런치카페. 예쁜 마당의 야외 테이블에서 앉아 한옥의 운치를 맘껏 느껴보자!

■ 대구 중구 중앙대로79길 28

■ #대구카페 #동성로카페 #종로카페 #한옥카페 #브런치카페

평양아바이순대국밥 맛집

"30년 전통 순대국밥"

@easeo.1519

30년동안 운영하고 있는 순대국밥집. 깔끔하고 개운한 국물맛과 항정살, 오소리살 등 100% 국내산 돼지고기 3가지 부위가 듬뿍 들어 있다. 돼지고기 잡내도 없고 푸짐해 평이 좋은 편. 좌식, 입식 테이블 보유. 밀키트도 출시 해 집에서도 간편하게 즐길 수 있다. 아기의자 보유, 연중무휴 (p508 C:1)

- 경북 구미시 고아읍 들성로 61 1층
- #전통순대국 #문성맛집 #한결같은맛

모에누베이커리 카페

"유럽식 분수 정원과 산책로"

@y._.na_00

유럽 느낌 가득한 분수 정원이 이곳의 포토 스팟이다. 분수 중간에 있는 돌다리에 서서 이국적인 감성 사진을 찍을 수 있다. 야경도 멋있어서 밤에 방문해도 좋은 곳. 대형카페인 만큼 드넓은 정원과 산책로가 있어 아이들도, 반려견도 뛰어놀기 적합한 카페. 건물 내, 외부는 모던한 인테리어로 꾸며져 있으며, 2

534

층 루프탑은 노키즈존이다. (p500 B:3)

- 경북 구미시 고아읍 봉한3길 4
- #구미감성카페 #분수정원카페 #구미대형카페

금오산 단풍 (해운사,명금폭포)

"구미시 단풍 명소"

케이블카를 타고 금오산 중간지점에 내리면 다혜(명금)폭포, 해운사, 도선굴 주변의 단풍이 절경을 이룬다. 소백산맥의 지맥에 솟은 산, 산 전체가 기암절벽을 이루고 있다. 영남 8경 중 하나로 산 입구에서 다혜폭포까지 케이블카로 7분 소요, 매표소에서 다혜폭포까지 도보 30분 소요된다.(p500 B:3)

- 경북 구미시 금오산로 434-1
- 주차 : 구미시 남통동 280-1
- #금오산 #다혜폭포 #단풍

금오산 벚꽃길

"천변, 저수지변, 드라이브길 다양한 벚꽃길 즐기기"

금오천 벚꽃산책길, 금오지 벚꽃길로도 불리는 유명 벚꽃길. 금오산 초입까지는 벚꽃 드라이브 코스를 즐기다가 금오저수지 부

근에서 내려 금오천 벚꽃 산책길을 즐겨보자. 벚꽃은 3cm가량으로 분홍색 또는 백색의 꽃으로 피며, 군락을 이룬 곳은 눈이 온 것 같다. 벚꽃이 떨어질 때 꽃비가 되기도 한다.(p500 B:3)

- 경북 구미시 남통동 산5-4
- 주차 : 경북 구미시 남통동 132
- #금오천 #벚꽃 #드라이브

구미금오랜드

"야경이 아름다운 놀이공원"

금오산 도립공원 내에 있는 놀이공원. 바이킹, 범퍼카, 공중자전거, 회전목마, 오락실, 볼 풀장 등이 있고, 수영장, 아이스링크, 눈썰매장, 레이저 매직&별룬 쇼도 즐길 수 있다. 특히 야간에 볼 수 있는 일루미네이션이 인상적이다.(p500 B:3)

- 경북 구미시 남통동 253 금오랜드
- 주차 : 경북 구미시 남통동 251-5
- #바이킹 #회전목마 #야간개장

산동장안식당 맛집

"구미시 선정 구미 50대 맛집 중 한 곳"

구미시 선정 구미 50대 맛집에 속한 곳으로 석쇠불고기 청국장 정식, 고등어정식이 대표 메뉴다. 각종 메뉴 소스를 직접 개발해 제공하며 김장 김치도 직접 담근다고 한다. 청국장과 된장찌개는 우리 콩으로 직접 띄운 것을 사용하여 더욱 깊은 맛이 있다는 평. 브레이

크타임 15시30분~16시30분 (p500 B:3)

- 경북 구미시 산동읍 강동로 840
- #구미50대맛집 #한정식맛집 #에코랜드맛집

구미에코랜드 `추천`
"다양한 체험을 할 수 있는 테마파크"

모노레일 타고 숲속 생태체험을 즐길 수 있는 산림테마파크. 숲 해설, 목공예 체험, 항공 과학 체험 등 자연과 과학을 주제로 한 다양한 체험 프로그램으로 2022년 대한민국 안심관광지로 선정되기도 했다. (p500 C:3)

- 경북 구미시 산동읍 인덕1길 195
- #목공예 #항공체험 #모노레일

유타커피라운지 `카페`
"미국식 인테리어 대형 카페"

@choi_yoga.pilates

하얀색 벽에 귀여운 여유, 미국 여행을 하는 느낌이다. 미국식 인테리어로 유명한 대형카페다. 독특한 인테리어지만 주변 건물과의 조화가 좋다. 테이블이며 인테리어가 밝은 이미지의 미국 횡단 여행을 하는 기분을 들게 한

가산수피아 `추천`
"사시사철 예쁜 꽃과 아이들이 좋아하는 놀이 공간으로 잘 꾸며진 가족나들이 핫플레이스"

계절따라 벚꽃, 핑크뮬리, 라벤더 꽃 등을 보면서 감성 충전을 할 수 있는 곳. 움직이는 공룡, 아이들이 좋아하는 놀이기구를 여유롭게 즐기려면 아침 일찍 방문 추천. 그밖에 미술관, 수목원, 캠핑장, 카페 등이 있다.(p500 C:3)

- 경북 칠곡군 가산면 학하들안2길 105
- #칠곡여행 #칠곡수목원 #감성수목원 #칠곡캠핑장 #칠곡미술관 #가족휴양시설 #아이와가볼만한곳

다. 높은 층고와 화이트톤의 벽면이 가게 내부를 크고 환하게 보이게 해준다. 아치형의 개별 공간에서 프라이빗한 시간을 즐길 수 있다.

- 경북 칠곡군 동명면 금암북실1길 12
- #칠곡 #미국감성 #소금빵

동명주말농장식당 `맛집`
"촌캉스 분위기에서 닭,오리구이를"

@lovechoijm_eat

야외에서 대리석 돌판 위에 닭, 오리를 구워 먹는 곳으로 나무의자를 깔고 앉아 이색적인

촌캉스 분위기의 식사를 할 수 있다. 장작과 불쏘시개를 이용해 굽는 방식으로 담백한 고기 맛을 느낄 수 있다. 마지막에 먹는 볶음밥도 별미. 국물이 먹고 싶다면 라면 추가 주문도 추천한다. 애견동반가능 (p509 D:2)

- 경북 칠곡군 동명면 동명팔거천2길 59-33
- #촌캉스느낌 #대리석돌판 #진정한불맛

서울깍뚜기 `맛집`
"간과 허파 무한리필"

메뉴는 고기, 내장, 순대가 포함된 순대국밥과 고기만 있는 돼지국밥, 순대 총 3가지다. 간과 허파가 무한으로 제공되어 맘껏 맛 볼 수 있는 곳이 이곳의 특징. 18시간 우려낸 뽀얀 국물이 담백하다는 맛 평. 개인 기호에 맞게 부추, 청양고추 다대기를 넣으면 맛이 더 살아난다. 일요일 정기휴무 (p508 C:2)

- 경북 칠곡군 약목면 금오대로 41
- #간허파무한제공 #노포국밥 #국밥맛집

가실성당 [추천]

"오래된 성당의 운치를 더하는 배롱나무"

경상북도 유형문화재. 100년이 넘는 역사를 지닌 성당이다. 붉은색 벽돌로 지어진 성당이 주는 경건함, 세월이 느껴지는 거룩함 모두 성지순례지로서의 가치를 충분히 더하고 있다. 여름이면 배롱나무가 활짝 피어 그 아름다움이 배가 된다.(p509 D:2)

- 경북 칠곡군 왜관읍 가실1길 1
- #경북유형문화재 #역사 #경건함 #성지순례 #배롱나무

칠곡 매원마을 연꽃

"살아 내려옴으로 연꽃은 이어져 가고"

영남 3대 마을로 지정된 매원마을의 고택단지 안에 조성된 연꽃지. 매원마을에서 동북 방향으로 350m 이동하면 고택들이 보이고 그중 해은고택 맞은편 방향에 정자와 연꽃지가 조성되어 있다. 다양한 연꽃과 수련이 피어나 눈을 즐겁게 한다. 연꽃지가 위치한 매원마을은 아직도 어르신들이 거주하고 계시는 집성촌이며, 매원마을 지경당은 경북 문화재자료 620호로 지정되기도 했다.

- 경북 칠곡군 왜관읍 매원리 404-1
- 주차 : 칠곡군 왜관읍 매원3길 104-5
- #매원마을 #연꽃 #정자 #시골풍경

한미식당 [맛집]

"수제 돈가스와 수제버거가 맛있는 키치한 경양식집"

옛날 돈가스와 수제버거를 판매하는 정통 경양식집. 고기 속에 스모크햄과 모짜렐라 치즈를 넣은 '코던블루'와 경양식 돈까스, 식빵에 돈까스를 넣어 만든 '치즈시내소'가 인기 메뉴다. 반찬으로 나오는 깍두기가 돈가스, 스테이크와 잘 어울린다. (p502 B:1)

- 경북 칠곡군 왜관읍 석전로 159
- #햄버거 #돈가스 #경양식집 #미국감성

배신식당 [맛집]

"60년 전통의 석쇠불고기 맛집"

연탄불에 석쇠로 구워낸 양념불고기, 소금구이 맛집. 불 맛이 제대로 살아있는 고기는 쌀밥, 밑반찬과 함께 상추쌈으로 먹는다. 1인분이 아닌 접시 단위로 판매하는데, 1접시는 400g으로 약 2인분 분량이다. 예약 및 포장 주문도 가능하다. (p500 B:3)

- 경북 김천시 감문면 배시내길 46
- #석쇠불고기 #소금구이 #양념구이

교동 연화지 벚꽃

"연못에 비춘 정자, 벚꽃 사진촬영명소"

연화지는 경북 김천시 교동에 있는 조선 시대 조성된 연못으로, 봄철에는 연못을 둘러싼 벚꽃의 전경이 아름답다. 연못 가운데에는 정자가 있는데, 연못을 둘러싼 벚꽃과 정자, 그리고 연못에 비춘 이들의 모습을 담는 사진 촬영지로 유명하다.(p500 B:3)

- 경북 김천시 교동 820-2
- #연못 #벚꽃 #사진

마타아시타 [맛집]

"정갈하고 푸짐한 일본 가정식"

대표메뉴는 치킨난반 정식으로 이 외 미소카츠, 돈카츠 카레 등이 있다. 치킨난반 정식은 닭다리 살을 이용한 미야자키현의 명물 요리로, 겉바속촉한 튀김과 간장 소스로 간을 해서 먹으면 된다. 카레는 순한맛, 중간맛, 매운맛 선택이 가능하다. 짙은 원목빛의 인테리어로 안락한 분위기를 느낄 수 있다. 브레이크 타임 16시~17시 (p508 B:1)

- 경북 김천시 시청1길 27 마타아시타
- #일본가정식 #김천맛집 #분위기좋은

장영선원조지례삼거리불고기 [맛집]

"불향을 느낄 수 있는 흑돼지 양념불고기"

메뉴는 양념불고기, 소금구이(삼겹/목살)이 있다. 양념불고기는 1차로 연탄불로 초벌해서 제공되는데 돌 테이블에 연탄을 이용하여 굽는 형태로 불향 가득한 양념불고기를 맛볼 수 있다. 맵지 않고 달짝지근한 맛 평이 좋으며 직접 담근 시골된장을 이용한 된장찌개와 함께 먹으면 더욱 맛있다는 평. 브레이크 타임 15시~15시30분 (p502 A:1)

- 경북 김천시 지례면 장터길 64
- #노포맛집 #연탄양념불고기 #정부지정안심식당

리베볼 카페 `카페`
"숲속 오두막 느낌 카페"

@jju.__hee2

야외정원에는 숲속의 오두막집 같은 느낌의 공간이 있다. 양옆에 연둣빛 가득한 나무들과 뒤쪽의 산까지 싱그러운 느낌이 든다. 마치 동화 속처럼 예쁜 카페. 음료를 주문하면 카페 지도를 주는데 그만큼 공간이 넓고 다양하다. 2층에서는 계곡을 보며 카페를 즐길 수 있다. 넓은 정원에서 사계절의 아름다움을 느낄 수 있다. 제한적 노키즈존으로 12개월 미만과 10세 이상은 출입이 가능하다. (p502 B:2)

- 경북 성주군 수륜면 덕운로 1433
- #성주카페 #애견동반 #숲속카페

회연서원
"봄을 맞이하는 매화꽃의 향기가 가득한 멋스러운 옛 서원"

@arnos01

조선시대 학자 한강 정구 선생이 제자들을 교육하기 위해 만든 서원. 옛스러움 그대로

성밖숲 `추천`
"성주의 왕버들 숲"

천연기념물 403호로 지정된 자연숲으로, 왕버들 군락지로 유명하다. 가을이 되면 300~500년 수령의 왕버들 59그루가 푸릇푸릇 잎을 틔운다. 최근 복원을 마친 성주 읍성 및 성주 역사테마공원이 근처에 있으니 함께 방문하면 좋겠다. (p508 C:2)

- 경북 성주군 성주읍 경산리 446-2
- #왕버들 #성주읍성 #가을여행지

간직한 고즈넉한 유적지. 매화 1백 그루 이상 심어져 있다고 해서 '백매원'이라고도 불리기도 했다. 가볍게 산책을 하거나 쉬어가기 좋은 곳.(p502 B:2)

- 경북 성주군 수륜면 동강한강로 9
- #경북성주여행 #매화꽃 #대구근교나들이 #성주가볼만한곳

산마루식당 `맛집`
"많은 양과 자극적이지 않은 맛"

@sesesep

1994년 개업 이래 현재까지 운영되고 있는 곳으로 오리불고기, 산채비빔밥, 칼국수, 백숙 등이 있다. 최근 TV프로그램에서 방영되어 더욱 인기가 많아진 곳으로 푸짐한 양을 자랑

한다. 오리불고기는 달짝지근한 양념에 자극적이지 않은 맛이라는 평. 브레이크 타임(주말) 15시30분~16시30분,목요일 정기휴무 (p502 B:2)

- 경북 성주군 수륜면 성주가야산로 110
- #가야산맛집 #오리불고기 #상주맛집

촌두부집 `맛집`
"시골할머니집 감성에 노포 맛집"

산 속 아래 30년동안 운영하고 있는 곳으로 시골 할머니집 분위기를 물씬 느낄 수 있는 곳이다. 국산콩을 사용한 두부와 칼국수 면을 매일 직접 만들어 제공한다. 가격 대비 양도 푸짐하고 간이 삼삼한 편이라는 맛 평. 기호에 맞게 간장을 추가해 먹을 수 있다. 바로 옆 계곡. 재료 소진 시 조기 마감, 월요일 정기휴무

(p502 B:1)

- 경북 성주군 월항면 지산로 64 촌두부집
- #시골할머니집감성 #계곡뷰 #

한개마을
"오랜 역사를 가진 성산이씨의 전통마을"

@ya.k_95

600년 넘는 역사를 가진 전통마을로, 옛 모습을 간직한 기와집과 초가집 70여 채가 모여있다. 국가적으로 많은 인재를 배출해낸 양반 가문 성산 이씨 집성촌이기도 하다. 마을 전체가 국가 민속문화재 중요민속자료 255호로 지정되었을 정도로 역사적 가치가 크다. (p502 B:1)

- 경북 성주군 월항면 한개2길 8-5
- #기와집 #초가집 #전통체험

고령명품한우식당 맛집
"전국한우협회 인증점"

@32hong.ba

27년동안 운영중인 고령 최대 규모의 정육식당. 1동 식당, 2동 정육점, 3동 로컬푸드, 4동 캠핑형 바베큐장으로 구성되어 있다. 직접 재배한 채소만 사용하여 음식이 제공되며 고기가 질기지 않고 입에서 살살 녹는다는 맛 평. 주차 100대 이상 가능, 200좌석 보유, 야외

애견 동반가능(예약필수), 월요일 정기휴무 (p508 C:2)

- 경북 고령군 다산면 성암로 472
- #정부지정안심식당 #소고기맛집 #고령소고기

송산능이백숙 맛집
"푸릇푸릇 숲을 보며 건강한 몸보신"

@doni.spapa

한옥스타일의 외관으로 창 밖으로는 푸른 숲을 볼 수 있다. 능이 백숙, 능이 오리백숙, 능이 소고기전골, 능이 삼계탕이 있으며 백숙은 사전 예약을 해야 한다. 1인당 1개씩 깍두기, 3종 장아찌 반찬이 제공된다. 능이버섯 특유의 향과 야들야들한 고기 맛 평이 좋은 편. 월요

대가야 역사테마관광지 추천
"찬란한 문화를 가진 대가야의 역사 관광지"

토기, 철기 문화가 번성했던 대가야의 역사를 살펴보고, 다양한 체험을 즐길 수 있는 역사테마파크. 대가야 자료 전시공간뿐만 아니라 농기구 체험, 농작물 체험 등 농촌체험을 즐길 수 있고, 넓은 캠핑장과 펜션이 마련되어 있어 이곳에서 숙박하는 가족 여행객들도 많다. 근처에 또 다른 체험시설인 '대가야 생활촌'도 함께 방문할만하다. (p508 C:3)

- 경북 고령군 대가야읍 대가야로 1216
- #역사박물관 #농촌체험 #캠핑장

일 정기휴무 (p508 C:2)

- 경북 고령군 다산면 성암로 809
- #정부지정안심식당 #푸른숲뷰 #몸보신

대가야박물관
"으스스한 순장 무덤 속을 볼 수 있어"

고령 지산동 고분군에서 출토된 대가야 유물 전시되어있는 박물관. 구석기시대부터 근대까지의 대가야와 고령 지역 유물들이 있으며, 특히 대규모 순장 무덤인 지산리 제44호 고분 내부 재현이 볼만하다. 돔식 구조로 지어진 전시관 건물이 시선을 끈다. 매주 월요일 휴관.(p508 C:3)

- 경북 고령군 대가야읍 지산리 460
- #대가야 #순장 #고분

고령 지산동 고분군

"가야의 역사는 우리가 생소해! 근처 '대가야유적지'와 함께 방문해봐"

5~6세기의 대가야 시대 고분군. 현재 무덤이 수백 기에 이르고 있으나 확실시 구분되는 72호 무덤까지 구분되어 있다. 지산동 고분군에서는 시가지를 한눈에 내려다 볼 수 있어 전망도 좋다. 근처에 '대가야유적지'도 있으니 들러보는 것을 추천한다.(p502 B:2)

- 경북 고령군 대가야읍 지산리 466 -1
- #가야 #역사 #무덤

구룡포 일본인 가옥거리 <u>추천</u>

"100년 전 조선을 침략한 일본인들이 살던 곳 그리고 '역사거리'로 재탄생"

100년 전 일본인들이 거주하던 거리. 원래 가옥 몇 개만 남아있었으나 최근 '근대문화역사 거리'가 조성되었다. 구룡포 근대역사관도 꼭 함께 방문해보자.(p503 F:1)

- 경북 포항시 남구 구룡포읍 구룡포길 153-1 ■ 주차 : 남구 구룡포읍 구룡포리 954-34
- #근대 #일본인가옥

유림식당 <u>맛집</u>

"생선, 해산물이 들어 있는 얼큰한 국수"

주메뉴는 모리국수로 싱싱한 생선과 해산물을 모디(모아의 사투리) 넣고 여럿이 냄비 채로 나누어 먹는다는 뜻이라고 한다. 생선, 골뱅이, 홍합, 콩나물 등 각종 해산물과 야채를 넣고 양념장과 함께 푹 끓여 먹는 방식으로 부드러운 생선살과 쫄깃한 면발이 조화롭다는 맛 평. 적당히 얼큰하고 칼칼해 시원한 국물 맛이 인기가 좋다. 브레이크 타임 14시30분 ~16시

- 경북 포항시 남구 구룡포읍 호미로 227-6
- #얼큰칼칼 #모리국수 #구룡포맛집

포항 남구 상도동 뱃머리 꽃밭

"하수처리장 개선을 위해 조성한 도심공원"

포항시에 있는 18,450㎡ 규모의 도심 공원 뱃머리 꽃밭. 금방울, 야생화, 국화 등 다양한 꽃들이 무리 지어 피어나고, 꽃밭 곳곳에 포토존이 설치되어 있어 사진을 촬영하기에도 좋다. 뱃머리 꽃밭은 기피 시설인 하수처리장의 이미지를 개선하고자 조성한 도심 공원으로, 포항의 어르신들이 직접 가꾼 꽃밭이라고 한다.

- 경북 포항시 남구 상도동 510
- 주차 : 포항시 남구 상도동 510
- #들꽃 #포토존 #도심공원

포항국제불빛축제

"휴가철 포스코 주변 바닷가의 화려한 불빛"

포스코 주관으로 여름 휴가철 개최되는 국제적인 규모의 불꽃 축제. 불꽃을 활용한 다양한 퍼포먼스가 볼만하다. 인근 야시장에서 포항 특산물을 저렴하게 살 수 있으며, 근교의 호미곶, 죽도시장, 내연산도 유명한 관광 명소다.

- 경북 포항시 남구 해도동 115-1
- 주차 : 포항시 남구 해도동 137-5
- #포스코 #불꽃축제 #10월

포항크루즈

"물길을 만들어 배를 띄운 '운하'라는 단어가 익숙하지 않아!"

옛 물길을 복원한 운하를 돌아보는 유람선. 송도해수욕장과 운하를 한 바퀴 또는 크루즈 코스와 포항 운하를 왕복하는 크루즈 코스가 있다.(p503 E:1)

- 경북 포항시 남구 해도동 489-6
- 주차 : 포항시 남구 송도동 222
- #포항운하 #송도해수욕장

호미곶 `추천`

"학교 다닐 때 배웠던 전국지도의 호랑이 꼬리 부분"

포항시 장기 반도의 끝에 있는 곳. '곶'이란 바다로 돌출한 육지라는 의미인데, 그 규모가 크면 반도라고 부른다. 김정호는 대동여지도를 만들면서 국토 최동단을 측정하기 위해 이곳을 일곱 번이나 답사한 후 호랑이 꼬리라고 기록했다. 이것이 '호미'라는 이름의 기원이 되었다. 이곳은 '상생의 손'이라고 하는 수상 조형물이 있어 더욱 알려지기 시작했다.(p501 F:3)

- 경북 포항시 남구 호미곶면 대보리 221-1
- 주차 : 남구 호미곶면 대보리 292-5
- #대동여지도 #상생의손

덕동문화마을

"여강 이씨 전통마을"

여강 이씨 집성촌이자 한옥체험이 가능한 전통문화마을이다. 전통음식 만들기, 전통문화 체험뿐만 아니라 한옥에서 직접 숙박도 할 수 있다. 고즈넉한 한옥을 둘러싼 소나무숲, 용계천과 계곡 풍경이 특히나 아름답다. 체험 일주일 전 예약 필수, 매주 월요일 휴관. (p501 E:3)

- 경북 포항시 북구 기북면 오덕리 210
- #한옥체험 #전통문화체험 #가족여행

영일대 해수욕장

"국내 유일의 해상누각과 포스코의 야경이 한번 가볼만하다."

국내 유일의 해상 누각인 영일정이 있는 곳. 누각을 비추는 등 때문에 야경 감상하기에 좋다. 누각에 오르면 포스코가 보이는데 포스코 야경도 유명하다.(p503 F:1)

- 경북 포항시 북구 두호동 1015
- 주차 : 포항시 북구 항구동 58-66
- #영일정 #포스코야경

환호 스페이스워크 추천

"포항 해변을 내려다보는 아찔한 스카이워크"

@seng2_v

포항 해변 일대가 내려다보이는 바닷길 스카이워크로, 2021년 개장한 국내 최대 규모의 체험형 조형물이기도 하다. 2023년 '대한민국 정책브리핑'에서 가장 많이 열람한 여행지로 꼽히기도 했다. 야간에는 화려한 조명으로 꾸며져 야경 감상하기도 좋다. (p501 F:3)

- 경북 포항시 북구 삼호로 370
- #동해전망 #스카이워크 #야간개장

영일대한티재 맛집

"포항의 맛을 느낄 수 있는 한식점"

@yoonsooyeon84

포항보쌈과 순두부전문점으로 2시간 삶아 기름기 뺀 갓 삶은 수육과 다양한 해물 및 수제 순두부가 들어가 맛 좋은 음식을 즐길 수 있다. 한식의 티나는 재구성을 모티브로 건강한 식재료를 사용해 맛있는 음식을 맛볼 수 있다. 아기의자 보유, 단체석 완비. 브레이크 타임 15시~17시, 재료 소진 시 조기마감 (p511 E:2)

- 경북 포항시 북구 삼호로 384
- #포항영일대맛집 #스카이워크맛집 #보쌈한상

러블랑 카페 카페

"그리스 산토리니 감성 카페"

@semi_hana

그리스 산토리니를 연상케 하는 하얀색 대문이 메인 포토존. 푸른 하늘과 동해바다를 한 장의 프레임에 담아보자. 메인 포토존 외에도 지중해 느낌의 청량함을 느낄 수 있는 포토존이 마련되어 있다. 은은한 조명이 켜지는 밤에도 인생샷을 남기기 좋다. 바닷가 바로 앞이라 어느 자리에 앉든 통창을 통해 시원한 동해바다 뷰를 볼 수 있다.

- 경북 포항시 북구 송라면 동해대로 3310
- #포항 #오션뷰 #그리스감성

보경사 12폭포

"3시간 정도의 등산으로 12개의 자연폭포를 감상할 수 있다면 꽤 괜찮은 여행지라 할 수 있겠지?"

경북 3경에 해당하는 12개의 자연폭포로, 3시간이면 12폭포 모두 볼 수 있다. 3시간 정도 가벼운 등산을 하는데 멋진 자연폭포가 12개나 있다고 생각해보면 생각보다 괜찮은 여행지 아닐까?(p503 E:1)

- 경북 포항시 북구 송라면 중산리 622
- 주차 : 북구 송라면 중산리 544-32
- #자연폭포 #등산로

죽도시장

"물회 먹고 싶다면 포항 죽도시장으로"

동해 최대 규모의 포항 전통시장. 많은 수산물을 접하고 먹을 수 있는 곳이며, 특히 물회, 대게가 유명하다.(p501 F:3)

- 경북 포항시 북구 죽도동 2-4
- 주차 : 포항시 북구 죽도동 156-12
- #전통시장 #물회 #횟집

이가리닻전망대 _{추천}

"드라마 <런온>, <갯마을차차차>에서 나왔던 전망대"

@_ddayoung_

떠오르는 일출 명소. 닻 모양을 하고 있는 전망대이다. 파도가 부서지는 바다 위로 100m 가 넘는 데크길이 펼쳐진다. 해송과 함께 기암 괴석까지 함께 즐길 수 있다. 전망대의 끝부분 인 닻의 화살표는 독도를 가리키고 있다고도 한다(p503 F:1)

- 경북 포항시 북구 청하면 이가리 산67-3 이가리간이해수욕장 인근
- #일출명소 #닻 #전망대 #데크길 #해송 # 독도

환여횟집 _{맛집}

"생선회 물회 맛집 "

물회로 유명한 곳. 포항의 물회는 조금 더 맵 고 진한 맛을 자랑한다. 고추장이 기본이 되 는 물회. 쫀득한 활어에 진한 육수가 조화롭 다. 함께 제공되는 매운탕 또한 기본 이상의 맛이니 함께 드셔 보시길. (p501 F:3)

- 경북 포항시 북구 해안로 189-1
- #물회 #물회국수 #매운탕포함

갯마을 차차차 촬영지

"드라마 속 공진을 포항에서 만나는 법"

@bear_fruit0308

포항의 대표적인 여행지, 곤륜산 활공장. 오 봉산의 능선은 물론, 칠포항을 한눈에 내려다 볼 수 있어 막혔던 속이 뻥 뚫리는 기분이다. 그리고 극중 대부분의 에피소드가 펼쳐졌던 공진시장의 실제 촬영지는 청하시장이다. 드 라마 속 익숙한 그 장소가 실제로 어떤 모습인 지 확인해 보시길.(p503 E:1)

- 경북 포항시 북구 흥해읍
- 주차 : 경북 포항시 북구 청하면 청하로200 번길 6, 청하5일장
- #갯마을차차차 #드라마촬영지 #곤륜산활 공장 #청하시장

오도리오도시 _{카페}

"시원하게 뻥뚫린 바다 전망을 보며 힐 링할 수 있는 뷰맛집"

오도리
오도시
@rookie_jaeri

바닷가 바로 앞 흰색 콘테이너 건물과 파 란 하늘이 너무나 잘어울리는 감성 충만 카 페. 넓은 창, 루프탑에서 보는 오션뷰는 최 고의 인생샷 스팟. 오도리만의 커피나 음료

의 용기가 따로 제작되어 특별함이 가득하 다.(p511 E:1)

- 경북 포항시 북구 흥해읍 해안로1774번 길 49
- #포항여행 #오션뷰카페 #오도리용기# 포항카페 #포항가볼만한곳

영천전투메모리얼파크

"6.25 영천 전투를 기리며"

6.25 전쟁 때 영천전투가 있던 장소로, 영천 전투 호국기념관, 최무선 과학관, 노계 문학관 등 영천 대표 여행지가 근처에 모여있다. 공원 곳곳에 6.25 때 일어난 영천전투를 주제로 삼은 전시실과 추모시설 등이 마련되어 있다. (p503 D:1)

- 경북 영천시 교촌동 11-33
- #영천전투 #호국기념관 #최무선과학관

농가맛집 숲속안골길 _{맛집}

"깔끔하고 건강한 시골 엄마밥상"

@___hemi

부부가 운영하는 농가맛집으로 매일 새로운 밥과 반찬을 지어 제공한다. 전원주택을 개조 하여 식당으로 활용하여 아늑한 분위기를 느 낄 수 있다. 주 메뉴는 안골반상, 숲속반상, 채 약반상으로 제철 채소에 따라 밑반찬은 변경

된다. 브레이크 타임 15시~17시, 월요일 정기
휴무 (p509 F:2)

- 경북 영천시 안골길 20-75
- #농가맛집 #건강한한정식 #숲속반상

진미손칼국수 `맛집`
"깔끔한 국물맛이 끝내줘요"

@_foodjoha

직접 손으로 칼국수, 수제비를 만들어 제공하
는 곳. 바지락칼국수, 들깨칼국수, 얼큰해물칼
국수, 보리비빔밥, 수육 등이 있다. 대표메뉴
는 바지락칼국수로 깔끔한 국물맛봐 쫄깃한
면발이 맛있다는 평. 자극적이지 않아 옛 칼
국수 맛을 느끼고 싶다면 추천한다. 화요일 정
기휴무 (p509 F:2)

- 경북 영천시 임고면 포은로 1067-22
- #수타면 #옛칼국수맛 #깔끔한국물

임고서원 `맛집`
"정몽주의 업적을 기리는 서원"

고려 시대 충신이자 유학자였던 포은 정몽주
의 업적을 기리는 서원으로, 경상북도 기념물
62호로 지정되었다. 전통문화체험 행사와 예
절 체험학습 등 다양한 문화행사가 열린다.
(p503 D:1)

- 경북 영천시 임고면 포은로 447
- #정몽주 #문화유적 #전통체험

영천댐 호반벚꽃 100리길
"벚꽃 터널을 지나는 호반 드라이브코스"

영천댐 초입부터 천문과학관을 지나 횡계
리까지 이어지는 100리 벚꽃길. 영천댐 공
원에 주차하고 산책을 할 수 있고 차를 타고
횡계리까지 드라이브도 할 수 있다.

- 경북 영천시 자양면 성곡리 산7
- 주차 : 경북 영천시 문외동 317
- #영천댐 #천문과학관 #벚꽃길

보현산 천문대
"한국에서 가장 큰 1.8m 반사망원경을
보유한 곳"

우리나라 3대 천문 관측소 중 한 곳. 국내 최
대 구경의 1.8m 반사망원경과 태양 플레어
망원경이 설치되어 있다. 4, 5, 6, 9, 10월 넷
째 주 토요일에 주간 공개행사 실시하는데,
공개행사에서 천문학 강의를 듣고 천문대 시

반곡지 `추천`
"완벽한 반영샷을 찍을 수 있는 곳"

설을 견학할 수 있다. 월요일, 1월 1일, 설날과
추석 연휴 휴관.(p501 E:3)

- 경북 영천시 화북면 정각리 산6-2
- #천문대 #별자리 #일출 #일몰 #국내최대

마고포레스트 카페 `카페`
"온실속 나무 포토존"

@sssa_mi

실내 정원 카페인 마고포레스트는 건물 2층
까지 높이 솟아오른 나무가 독특한 포토존이
되어준다. 매장 가운데 있는 계단 위로 올라 2
층 난간에서 1층 조경을 내려다보는 사진을
찍으면 예쁘다. 시그니처 메뉴인 말차라떼와
녹차빵, 고구마빵 등 음식사진 찍기 좋은 베
이커리 카페이기도 하다. (p503 D:2)

- 경북 경산시 경안로73길 20
- #실내정원 #2층규모 #키큰나무

사진 애호가들에겐 손꼽히는 출사지로, 드라마 관계자들에겐 인상 깊은 촬영지로 유명한 곳이
다. 오랜 세월 자리를 지켜온 왕버들이 150m나 터널처럼 이어져 있는데, 그 버들이 저수지 물
에 반영되어 환상적인 장면을 연출한다. 물과 하늘, 초록의 나무들이 완벽하게 대칭을 이룬다.
거울에 비친 듯 호수의 반영샷이 그림 같은 곳이다.(p503 D:2)

- 경북 경산시 남산면 반곡리
- #저수지 #반영샷 #거울샷 #왕버들 #드라마촬영지
- 주차 : 경산시 남산면 반곡리 239-1

남산식육식당 `맛집`
"옛날 정육점 분위기의 소고기 구이점"

@garam1002

소고기 구이 전문점으로 사전 예약해야하는 토시살, 안창살이 가장 인기 있으며 예약 없이는 구이 요리가 가능하다. 옛 정육점처럼 유리로 된 냉장고에 고기를 걸어두고 판매한다. 별도 3,000원에 판매되는 된장찌개는 두부, 표고버섯, 양파, 콩나물, 고기 등이 들어가 푸짐하여 꼭 같이 드시길 추천한다. 월요일 정기휴무 (p509 F:3)

- 경북 경산시 남산면 산양1길 6
- #된장찌개맛집 #한우맛집 #경산소고기

잔치국수 `맛집`
"육수 맛으로 입소문 난 잔치 국숫집"

@yemyemm__ing

배춧잎, 명태 껍질, 소금구이 멸치, 건새우 등을 넣고 끓인 비법 육수가 기막히게 맛있는 잔치 국숫집. 주인장이 <생활의 달인> 잔치국수편 달인으로 출연하기도 했다. 양이 워낙 푸짐해서 성인 남성이 혼자 먹어도 배부를 정도다. (p503 D:2)

- 경북 경산시 압량읍 대학로 647
- #잔치국수 #비빔국수 #두부국수 #비빔만두 #육수맛집

분보남보 `맛집`
"아늑한 한옥에서 즐기는 베트남 음식"

건물은 메인 한옥, 별관 신식으로 나누어져 있다. 소고기 쌀국수, 팟타이, 파인애플 볶음밥 등이 있는 베트남 음식 전문점으로 대표 메뉴인 소고기 쌀국수는 숙주와 소고기가 푸짐하게 올라와 있고 국물도 진하면서 담백하다는 맛 평. 베트남 전통 음식 기법에서 다소 거부감 있는 향, 채소 등은 취향에 맞게 조리하고 있다고 한다. 브레이크타임 15시~17시, 일요일 정기휴무 (p509 D:2)

- 경북 경산시 장산로24길 21 삼남동95
- #베트남음식 #쌀국수 맛집 #경산맛집

버던트 카페 `카페`
"비대칭 벽면과 야자수가 포인트"

@songweon_i

비대칭으로 벽을 뚫어서 예술적인 느낌이 든다. 이 벽을 배경으로 사진을 찍으면 벽면이 큰 프레임이 된다. 사진 채도를 낮추면 더욱 분위기 있는 사진이 된다. 카페에 들어서면 양쪽으로 야자수가 심어져 있어 식물원에 온 듯한 느낌이 든다. 폐공장을 개조한 카페로 천장이 높고 공간이 넓어 시끄럽지 않다. 아보카도가 들어간 메뉴가 유명하다. (p502 C:2)

- 경북 청도군 이서면 연지로 330
- #청도 #액자포토존 #베이커리카페

군파크 루지테마파크 `추천`
"청도에서 즐기는 루지"

2021년 개장한 민간 레저 테마파크로, 전국 최고 수준 루지 트랙을 갖추고 있다. 루지는 썰매를 타고 얼음 길을 달리는 동계 스포츠다. 평일 10~17시, 주말과 공휴일 10~17시 개장하며 36개월 미만 아동과 65세 이상 노약자는 탑승할 수 없다. (p502 C:2)

- 경북 청도군 화양읍 남성현로 350-30
- #루지 #동계스포츠 #겨울여행지

청도 와인터널 `추천`
"폐동굴을 개발하여 관광자원으로 재탄생한 청도 와인동굴"

@sm__0324

일제시대때 만들어진 기차 터널을 와인 저장고와 여러 테마로 꾸며서 운영하는 동굴 테마파크. 이곳에서 청도의 명물 '감'으로 만든 와인도 맛볼 수 있다.(p502 C:2)

- 경북 청도군 화양읍 송금길 100
- #경북청도여행 #와인터널 #기차터널 #감와인 #동굴테마파크 #가족나들이

청도 유호연지 연꽃
"저수지와 정자가 그림같이 어울리는 곳"

청도 연지교차로, 연지휴게소 길 건너 맞은 편 유호연지(유등지)에 있는 65,000㎡ 면적의 연꽃지. 연지를 가득 메우는 분홍빛 홍련이 아름답다. 연지 동쪽 중앙에 위치한 군자정이라는 정자도 유명하다. 유호연지는 청파극담의 저자 이육이 연산군 때 만든 것이다.

- 경북 청도군 화양읍 유등리 783-2
- 주차 : 청도군 화양읍 유등리 1738-2
- #분홍연꽃 #군자정

화덕촌 맛집
"참나무 화덕에 구운 피자"

피자, 스테이크, 스파게티, 리조또 등 다양한 양식 음식을 맛 볼 수 있는 곳이다. 화덕촌's 그니쳐 피자가 대표메뉴로 통통한 새우, 바질페스토, 수북히 토핑되어 있는 루꼴라, 발사믹소스, 치즈가루가 뿌려져 있다. 참나무 화덕에 구워 향긋한 참나무향과 고소담백한 피자 맛이 좋다는 평. 좌석 태블릿 주문하는 시스템. 포장가능, 연중무휴 (p503 D:2)

- 경북 청도군 화양읍 화양로 72 1층 화덕촌
- #참나무화덕 #화덕피자 #청도맛집

청도 프로방스 추천
"청도에서 만나는 프랑스 시골 마을"

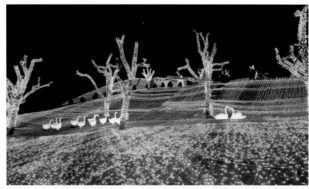

프랑스 시골 마을 풍 배경이 화려한 조명으로 꾸며져 있다. 우리나라 최대 규모 빛 축제장으로도 널리 알려져 있다. 화려한 조명으로 꾸며진 기찻길이 주요 사진 촬영 포인트.(p502 C:2)

- 경북 청도군 화양읍 이슬미로 272-23
- #유럽감성 #포토존 #빛축제

경주 서천둔치 벚꽃길
"보문호까지 가기 힘들면 형산강변 서천 둔치 벚꽃길로 도보 가능"

경주고속버스터미널 앞 서천교를 지나면 서천 둔치에 벚꽃이 만발한다. 주차는 공영주차장에 해도 되고, 이곳에 주차공간이 없으면 천변 주차장에 할 수도 있다. 4월에는 첨성대와 대릉원을 들른 후(대릉원에서 도보 16분) 형산강변으로 벚꽃을 보러 가는 것도 좋은 방법이다.

- 경북 경주시 노서동 252-1
- #서천교 #벚꽃길 #낭만

대구대 경산캠퍼스 늘푸른테마 공원 청보리밭
"젊음이 느껴지는 대학 캠퍼스 내"

대구대학교 경산캠퍼스 늘 푸른 테마공원에 조성된 5,400평 규모의 청보리밭. 싱그러운 풍경을 자랑하는 청보리밭은 5~6월 중 일반인에게도 개방된다. 청보리밭을 가로지르는 여러 갈래의 길이 조성되어 쉽게 이동할 수 있다. 청보리밭 맞은편에 있는 문산 저수지와 어우러져 절경을 이룬다. 이곳의 보리를 판매한 수익금은 대구대 학생들의 장학금으로 쓰인다고 한다.

- 경북 경산시 진량읍 내리리 산31-6
- 주차 : 경산시 진량읍 내리리 15
- #대구대 #늘푸른테마공원 #청보리

전촌항용굴 추천
"용이 드나들던 동굴에서 인생사진을"

파도와 시간이 만들어낸 걸작, 해식동굴. 전촌항의 용굴로 가는 해파랑길은 어디를 찍어도 근사한 작품 같다. 군 작전지역으로 출입이 어려웠던 곳이나 최근 공개되었다. 동굴 사이로 파도가 밀려오기 때문에 안전에 각별히 유의해야 한다. 용이 드나들었던 동굴에서 인생사진을 찍어보자.

- 경북 경주시 감포읍 장진길 39
- 주차 : 경북 경주시 감포읍 전촌리, 전촌항 공영주차장
- #해식동굴 #전촌항 #해파랑길 #동굴샷

송대말등대 `추천`
"스노클링의 성지"

@namjihyun1

감포 앞바다를 지키고 있는 등대. 감은사지 석탑을 본떠 만든 등탑도 있다. 300년이 훌쩍 넘은 소나무들과 어우러져 조화를 이룬다. 최근 스노클링의 성지로도 꼽힌다. 일제강점기 당시 양식장으로 사용하던 웅덩이가 스노클링 명소로 유명해졌다. 파도가 세지 않고 웅덩이 역시 넓어서 비교적 안전하게 즐길 수 있다.(p511 F:3)

- 경북 경주시 감포읍 척사길 18-94
- #감포 #감은사지석탑등탑 #소나무 #스노클링성지 #인스타핫플

양동마을
"유네스코 문화유산으로 지정된 전통마을"

옛 문화와 건축물들이 그대로 보존되어 있는 전통체험마을. 경주 손 씨와 여강 이씨의 집성촌으로, 옛 모습을 간직한 기와집, 초가집들이 모여있다. 유네스코 세계문화유산으로 지정되었으며, 무첨당, 관가정 등 일부 건물들이 국가 문화재로 지정될 만큼 그 역사적 가치가 높다. 하절기 09~19시, 동절기 09~18시 개관. 경주 양동마을 초입(양동리 마을회관 앞)에는 10,000㎡ 규모 연꽃지가 있다. 백련, 홍련, 수련이 마을 초입을 오색으로 수놓고 있어 고즈넉한 양동마을의 분위기를 한껏 살려준다. (p503 E:1)

- 경북 경주시 강동면 양동마을안길 91
- #기와집 #초가집 #전통체험마을

경주 시티투어 신경주역
"신경주역에서 시티투어가 시작해"

동해안 코스, 세계문화유산 코스, 테마파크 코스 등 7개 코스를 운행하는 시티투어 버스. 신경주역뿐만 아니라 다양한 장소에서 승하차할 수 있다. 문화재 해설사의 가이드도 들어볼 수 있다. 영어, 일본어, 중국어 관광 안내 서비스가 함께 제공된다.(p503 E:2)

- 경북 경주시 건천읍 화천리 1010
- #동해안 #문화유산 #가이드

경주타워
"음각 형태의 건축물이 일단 멋지다! 또 전망대에 오르는 건 여행지에 필수 아닐까?"

@chaehyeonew1007

황룡사 9층 석탑을 음각으로 설계한 것으로, 경주세계문화엑스포 때 건축되었다. 엘리베이터를 타고 전망대에 오르면 경주가 한눈에 보인다.(p503 E:2)

- 경북 경주시 경감로 614
- #전망대 #석탑 #시내전망

또봇 정크아트뮤지엄
"폐자원의 새로운 변신"

@lovely_jungbros

폐자동차를 이용해 제작한 대형로봇과 같이 정크아트를 경험해볼 수 있다. 카봇, 또봇과 같은 변신로봇이 아이들의 상상력을 자극한다. 로봇을 조립하고 조종해볼 수 있는 다양한 체험 시설이 갖추어져 있어 가족 단위의 방문객들의 호응이 크다.

- 경북 경주시 경감로 614
- #정크아트#또봇#디오라마

월정교 돌다리 `추천`

"신라의 달밤을 잇는 월정교"

경주를 대표하는 야경 명소, 월정교! 해가 지길 기다리는 사람들이 찾는 월정교 앞의 고즈넉한 공원 같다. 돌담 계단과 월정교를 반영하는 개울과 징검다리 모두 낭만적이다. 통일시대 당시 지어졌던 교량이 최근 복원되어 그 웅장함을 자랑하는데, 밤이 되면 물가에 완벽히 반영되어 더 환상적인 매력을 뽐낸다. (p511 E:3)

- 경북 경주시 교동
- #월정교 #경주핫플 #야경 #반영 #복원

교동 최씨고택 `추천`

"전재산을 남을 위한 희생으로 마무리한 최진사댁 한번 가봐야 하지 않겠나?"

최씨 가문에서는 진사 이상의 벼슬을 금지했으며, 만석 이상의 재산을 모으지 않았다고 전해진다. 최씨 가문은 일제강점기 때에는 독립자금을 지원했고 해방 이후 교육재단에 모두 기부한 진정한 명문가이다.(p503 E:2)

- 경북 경주시 교동 69
- 주차 : 경주시 황남동 106-3
- #최진사댁 #고택 #독립운동

진수성찬 `맛집`

"한식 전문 셰프가 요리하는 한정식"

수제연잎밥, 법성포보리굴비, 알배기암꽃게 간장게장, 파채바싹불고기 등 다양한 메뉴가 있는 한정식 식당. 매일 신선한 최상의 식재료를 사용하며 한식 전문 셰프가 요리 한다고 한다. 전통 한옥으로 8개의 방과 4개의 야외테이블을 보유하고 있으며, 영유아 동반 손님을 위한 좌식테이블도 있다. 반려동물 동반 가능. 수요일 정기휴무

- 경북 경주시 교촌길 39-9
- #교촌마을맛집 #애견동반가능

경주 통일전 은행나무길

"대한민국 100대 아름다운 길"

경주 통일전부터 통일전 삼거리까지 이어지는 2km 규모의 은행나무 길. '대한민국 100대 아름다운 길'에도 선정된 명소이다. 통일전은 삼국통일의 정신을 계승하고 평화를 기리기 위해 세워진 전당이며, 근처에 있는 경북 산림환경연구원도 은행나무길로 유명하다.(p503 E:2)

- 경북 경주시 남산동 907-1
- #통일전 #은행나무 #산책길

보문호 `추천`

"가을엔 단풍, 봄엔 벚꽃 그리고 호수 야경이 끝내주는 곳"

경주 동쪽에 있는 50만 평 규모의 인공호수. 걷거나 조깅할 수 있는 산책로가 잘 조성되어 있다. 가을에는 단풍이, 봄에는 벚꽃이 만발하며, 일몰 석양이 아름다워 많은 사람이 찾는 공원이다! 봄에는 50만평 인공호수의 산책로 주변으로 벚꽃이 만발한다.(p503 E:2)

- 경북 경주시 보덕동 330
- 주차 : 경북 경주시 신평동 374-3
- #산책 #가족 #일몰

보문관광단지

"오래전 중학교 수학여행 이후에 다시 찾은 곳, 그냥 그 추억만이어도 충분히 행복해"

50만 평의 인공호수 보문호 근처에 위치에 210만 평 규모의 관광단지. 많은 숙박 시설과 음식점이 모여 있는 곳으로, 차로 15분만 나가면 대릉원과 첨성대로 갈 수 있다.(p503 E:2)

- 경북 경주시 보문로 446
- 주차 : 경주시 신평동 375-5
- #숙박 #식당 #중심가

보문정

"하늘, 정자 그리고 연못의 꽃은 사진 촬영의 명소"

CNN이 선정한 "한국에서 가봐야 할 아름다운 장소' 11위에 뽑힌 곳. 봄에는 벚꽃, 여름에는 연꽃, 가을에는 단풍이 아름답다.(p503 E:2)

- 경북 경주시 신평동 150-1
- 주차 : 경주시 신평동 375-5
- #정자 #꽃길 #산책

황룡원

"보문관광단지의 화려한 랜드마크"

@okduc_

보문관광단지의 랜드마크. 선덕여왕이 지었던 황룡사 9층 목탑을 재현한 건물로, 9층 높이에 화려한 외관으로 유명한 곳이다. 가까이에서는 전체를 찍을 수 없으므로 경주 스마트미디어 센터 앞에서 찍을 것을 추천. 황룡원을 배경으로 주변 예쁜 가로수를 함께 담을 수 있다.

- 경북 경주시 엑스포로 40
- #보문관광단지 #선덕여왕 #황룡사9층목탑 #경주스마트미디어센터 #포토존

키덜트 뮤지엄

"어른이들의 추억 소환"

@ye_rim_4

아이들은 물론 키덜트 어른들에게도 천국과 같은 곳. 마징가Z, 로봇태권V와 같은 오래된 캐릭터들은 물론 마블 캐릭터까지 5만 점이 넘는 전시품들이 눈길을 사로잡는다. 한 시대를 풍미했던 할리우드 스타들의 피규어들도 만나볼 수 있다. 관람에 그치지 않고 조립하고 그려보는 다양한 체험 프로그램들이 운영

중이다.

- 경북 경주시 보문로 132-16 콜로세움1층/3층
- #추억공유#7080#숨은키뮤찾기

경주세계자동차박물관

"자동차의 어제와 오늘 그리고 내일"

@yonabali

자동차의 역사, 구조, 변천 과정 등을 확인할 수 있는 곳이다. 영화 속에 등장했던 차량을 비롯, 의전차, 스포츠카 등 다양한 종류의 차를 관람할 수 있다. 실제 트랙에서 스스로 운전해 볼 수도 있으며, 야외 전시장에서는 캠핑카나 빈티지카 등의 이색 차량을 경험해 볼 수도 있다. 카페에서 음료를 구입하면 키즈카페 무료 이용이 가능하다. 전망대에서 보문호 수 감상도 가능하니 확인해 보자.

- 경북 경주시 보문로 132-22
- #세계자동차#클래식카#시승체험

바니베어 뮤지엄

"사랑스러운 실바니안과 테디베어의 만남"

@s_____seung

아이들에게 익숙한 실바니안 패밀리와 테디베어로 꾸며진 박물관이다. 불국사, 첨성대 등 신라시대를 대표하는 명소들을 배경으로 한복을 입은 테디베어와 실바니안 패밀리의 모

습을 볼 수도 있다. 아이들에게 익숙한 캐릭터와 함께 경주의 역사를 배울 수 있다. 다이노 소어 월드에서는 공룡을 볼 수 있는가 하면, 서식지에 맞게 테마별로 바다생물들을 관람할 수도 있다.

■ 경북 경주시 보문로 280-34 교원드림센터
■ #실바니안#테디베어#만들기체험

낙지마실 맛집
"쓰러진 소도 일으킨다는 낙지의 힘!"

낙지와 한우 곱창, 새우가 어우러진 낙곱새 맛집. 자극적이지 않고 얼큰하게 기운을 돋운다. 이곳의 다크호스는 낙지해물전. 푸짐한 낙지 한마리가 그대로 들어간 가성비 최고의 메뉴이다.

■ 경북 경주시 북군길 9
■ #낙곱새 #낙지볶음 #곱창

향화정 맛집
"푸짐한 양에 반할 수 밖에 "

꼬막무침비빔밥이 대표 메뉴로 육회비빔밥, 육회물회, 소불고기, 파전이 있다. 간장베이스에 졸여진 통통한 꼬막살을 김과 함께 싸 먹으면 달콤 짭짤한 맛이 나 평이 좋다. 음식 양도 푸짐해 인기가 많은 편. 캐치테이블 앱 현장

대기 등록 가능. 포장 가능. 브레이크 타임 15시~17시 (p511 E:3)

■ 경북 경주시 사정로57번길 17
■ #정부지정안심식당 #추집한양 #황리단길맛집

도리마을 은행나무숲
"황금빛 은행나무숲"

도리마을은 경주의 서쪽에 있는 곳으로, 영천시와 경계에 있다. 자작나무 숲과 같이 은행

문무대왕릉 추천
"정말 위대한 대왕이었다는 사실은 팩트!"

문무대왕이라는 칭호는 문과 무를 모두 겸비했다는 의미로, 문무대왕은 백제를 멸망으로 이끌고 대당나라 전쟁에서 승리를 이끈 신라에서 가장 위대한 왕이라는 평가를 받는다. 한국사에서 '대왕'이라는 칭호를 붙이는 몇 안 되는 위대한 왕이기도 하다. 그는 군사적인 승리뿐만 아니라 삼국통일 이후의 혼란스러운 사회 속에서 많은 정책으로 민심을 얻었다. 문무대왕은 내가 죽어서도 용이 되어 왜구의 침략을 막겠다는 유언을 남겼으며, 동해 대왕암 일대에 유해를 뿌리고 대석에 장례를 치렀다. 이는 왕으로서는 역사상 최초의 화장이었다.(p503 F:2)

나무들이 빼곡하게 줄을 지어 심어져 있다. 가을철엔 위, 아래 모두 노란 잎들이 장관을 이룬다. 관광객들의 발길뿐만 아니라 사진작가들이 즐겨 찾는 곳이기도 하고, 이곳에서 웨딩촬영을 하는 사람들도 많다. 사진 찍기 좋은 곳이다.

■ 경북 경주시 서면 도리길 35-102
■ 주차 : 경북 경주시 서면 도리 959-3, 도리마을 은행나무숲
■ #은행나무 #황금물결 #장관 #웨딩촬영 #출사

■ 경북 경주시 양북면 봉길리
■ #신라 #문무대왕 #역사

■ 주차 : 경주시 양북면 봉길리 839

감은사지 추천

"3층 석탑의 묵직함과 웅장함 그 시절
감은사가 어땠을지 정말 궁금해"

신문왕 2년(682년) 돌아가신 아버지 문무
대왕을 기리기 위해 만든 절터. 문무대왕은
삼국통일을 이룬 왕으로 역사적으로 몇 안
되는 '대왕' 칭호를 받는 왕이다. 감은사지 3
층 석탑은 고구려, 신라, 백제의 모든 양식
이 통합되어 있는데, 묵직하고 안정적인 느
낌의 3층 석탑은 편안함과 위엄을 동시에
갖추고 있다. 신문왕은 이곳을 죽은 문무대
왕이 용이 되어 드나들 수 있도록 동해와 수
로로 연결되도록 설계했다고 한다.(p511
F:3)

- 경북 경주시 양북면 용당리 55-1
- 주차 : 경주시 양북면 용당리 52-3
- #문무대왕 #신문왕 #석탑

국립경주박물관

"박물관에 가야 진짜 유물을 볼 수 있
어!"

신라역사관, 신라미술관, 특별 전시관, 수목
당 등으로 나뉘어 운영되는 국립경주박물관
은 시간을 맞춰 방문하면 전시 해설도 들을
수 있다. 매달 마지막 주 수요일 등 특정일에
는 야간 연장 개관한다. 어린이를 위한 어린
이 박물관, 교육 프로그램을 함께 운영한다.
입장료는 무료이지만, 어린이 박물관은 사
전 예약을 해야 입장할 수 있다.

- 경북 경주시 인왕동 76
- #신라시대 #역사 #문화 #어린이

동궁과 월지 추천

"연못을 배경으로 하는 야경 사진의 성지"

문무왕의 삼국통일을 기념하기 위해 준공된 신라 왕궁의 별궁으로, 귀빈들의 접대 장소로
이용되었다. 동궁 터에서 3만여 점의 유물 출토되어 통일신라의 왕실 문화를 엿볼 수 있다.
25,000㎡ 규모의 동궁과 월지에는 홍련, 백련, 황연, 수련 등이 피어나 있으며, 태양을 피
할 수 있는 정자와 포토존도 마련되어 있다.(p503 E:2)

- 경북 경주시 월성동 517
- 주차 : 경주시 인왕동 504-1
- #통일신라 #별궁 #연못 #야경

첨성대 추천

"1300년 동안 무너지지 않았다는 게 믿기지 않아, 대부분의 유적은 무너진 거 다
시 세운 건데 말이야"

1300여 년 동안 보수, 개축 없이 원형 상태를 보존하고 있는 국보 유물로 돌의 강도는 콘크
리트의 두 배나 된다. 내부 4.5m까지는 자갈과 흙으로 채워 배수로 역할을 했다. 네모난
구멍으로 사다리를 통해 들어가 천문을 관측하고 기록한다.(p503 E:2)

- 경북 경주시 월성동 첨성로 169-5
- 주차 : 경주시 황남동 198-4
- #천문대 #역사 #문화재

경주 첨성대 코스모스

"문화유산과 코스모스라 멋진걸!"

대릉원 입구부터 첨성대 가는 길에 조성된 황화 코스모스 꽃길. 첨성대 동쪽 야생화단지에도 다른 꽃들과 더불어 황화 코스모스가 드넓게 피어난다. 쉽게 만날 수 없는 노란 코스모스가 피어나 더욱더 인상적이고, 코스모스길 옆을 지나면 진분홍색의 갈대 핑크뮬리도 만날 수 있다. 첨성대는 신라 선덕여왕 때 세워진 것으로 동양에서 가장 오래된 석조 구조물이다.(p503 E:2)

- 경북 경주시 황남동 115-2
- 주차 : 경북 경주시 황남동 194-1
- #첨성대 #노란코스모스

첨성대 전기자전거

"친환경 자전거를 타고 첨성대 주변을 돌아!"

첨성대 대릉원 매표소 근처에 전기자전거 대여점이 모여있는데, 이곳에서 세 발 전기자전거, 커플 전기자전거 등을 대여할 수 있다. 1시간~2시간 정도 대여하는 것을 추천. 전기자전거로 한옥마을까지 이동해 명물 교리 김밥도 꼭 먹어보자. (p503 E:2)

- 경북 경주시 황남동 202-9
- 주차 : 경북 경주시 황남동 202-6
- #이색체험 #이동수단 #한옥마을

어마무시 황남점 `카페`

"마당 수조와 전신거울 포토존"

@ddobiin_niian

황리단길 한옥 카페 어마무시에서 가장 사진이 예쁘게 나오는 공간은 마당 수조 공간이다. 한옥 유리 통창이 배경이 되도록 수조 끝에 서서 수조를 둘러싼 네모난 징검다리가

잘 나오도록 배경 사진을 찍으면 예쁘다. 이곳 말고도 카페 입구 오른쪽에 놓인 전신거울도 셀프 사진 찍기 좋은 포토존이 되어준다. (p503 E:3)

- 경북 경주시 첨성로99번길 25-6
- #황리단길 #한옥카페 #징검다리

대릉원 옆 돌담길 벚꽃

"천년의 기억과 오늘의 추억"

대릉원 입구 우측길인 계림로를 따라 천마총 후문 방향으로 0.6km가량의 벚꽃길. 대릉원 주차장에 주차를 한 후 첨성대, 대릉원 등을 둘러보면 된다. 돌담 위에 보이는 릉으로 벚나무의 늘어진 벚꽃잎들이 흐드러지게 향해있다.(p503 E:2)

- 경북 경주시 황남동 89-1

대릉원 `추천`

"신라시대 무덤인 천마총으로 들어가본다는 것은 어떤 느낌일까?"

11,500여 점의 어마어마한 유물이 출토된 무덤 천마총. 백제나 고구려의 무덤과 다르게 신라의 무덤엔 문이 없고 쉽게 도굴할 수 없도록 엄청난 돌들로 쌓여있어 도굴을 면할 수 있었다. 500년 즈음에 만든 것으로 추정되며, 1500년 전 유물이 도굴 없이 보존되어있다. 가을이면 신라 시대의 무덤들 사이에 노란색, 붉은색 단풍이 어우러지는 단풍이 피어난다. 릉의 잔디가 색을 잃어갈 때 쯤 단풍이 물드는 것이 운치 있다. (p503 E:2)

- 경북 경주시 황남동 계림로 9
- 주차 : 경주시 황남동 198-4
- #신라 #무덤 #유물 #역사여행지

한국대중음악박물관

"K-POP의 찬란한 역사를 모아 모아"

@_mong.siri

세계의 대중문화를 이끌어나가는 K-Pop! 케이팝의 100년 역사를 한곳에서 체험해 볼 수 있는 곳이다. 피아노 소리가 나는 계단, 곳곳에 마련된 퀴즈 코너 등 다양한 재미요소가 흥미를 돋운다. 일제강점기 음악부터 지금의 케이팝까지 한국 대중음악사를 온몸으로 체험할 수 있는 음악여행을 떠나보자.

- 경북 경주시 엑스포로 9
- #대중음악의100년#K-POP#음악감상

황리단길 추천
"경주의 경리단길인 뉴트로 감성의 '황리단길'"

1960~70년대의 오래된 건물이 잘 보존되고 골목마다 테마별로 형성된 거리. 옛 정취를 느끼며 먹거리, 볼거리 등 구석구석 구경하는 재미가 있다. 경주 여행을 하면서 꼭 들려봐야하는 코스.(p503 E:2)

- 경북 경주시 황남동 포석로 일대
- #경주여행 #뉴트로감성 #젊음의거리 #도보코스 #경주가볼만한곳

바실라카페 카페
"해바라기 넘실대는 한옥 카페"

@5g9yo_

한옥카페 앞으로 하동 저수지가 흐르고, 끝이 보이지 않는 황금빛 해바라기가 넘실대는 곳. '더 좋은 신라'라는 뜻을 지닌 카페엔, 역사의 도시 경주를 느낄 수 있는 소품들이 곳곳에 비치되어 있다. 흐르는 물과 해바라기를 보는 것만으로도 방문의 목적은 충분하나 한옥 카페만의 분위기가 그 정취를 돋운다.(p511 E:3)

- 경북 경주시 하동못안길 88
- #한옥카페 #신라 #해바라기 #하동저수지 #경주핫플

경주 천북면 갈곡리 청보리밭
"파란 하늘 청색의 보리"

갈곡리 마을 초입에 있는 드넓은 청보리밭. 경주 보문관광단지에서 천북면까지 이동한 후 다시 갈곡리 방향으로 진입하여 갈곡리 입구 삼거리에 주차 후 같은 방향으로 비포장도로를 따라 도보로 이동한다. 드넓고 싱그러운 청보리밭이 언덕 능선과 어우러져 멋진 경관을 선사한다. 사진 촬영 장소로도 인기가 많은 곳이다.

- 경북 경주시 천북면 갈곡리 산8-13
- 주차 : 경주시 천북면 성지리 132-5
- #청보리밭 #시골풍경 #스냅사진

블루원 워터파크
"대형 파도는 내 맘을 설레게 하고!"

2.6m 높이의 대형 파도가 일렁이는 워터파크. 사계절 즐길 수 있는 포시즌 존이 운영되고 있다. 음악을 들을 수 있는 웨이브 존의 스톰 웨이브 추천. 이곳에서 사용되는 블루 코인은 충전 후 영수증을 챙겨야 나머지 금액을 환불받을 수 있다.(p511 E:3)

- 경북 경주시 천군동 1688
- #워터파크 #파도풀 #수영

경주월드캘리포니아비치 워터파크
"여름 경주를 시원하게 해주는 곳"

33,000m 규모를 자랑하는 경주월드 워터파크는 다양하고 짜릿한 슬라이드로 젊은 층에 인기가 많다. 엑스존, 와이프아웃, 더블 익스트림을 추천한다.(p511 E:3)

- 경북 경주시 천군동 191-5
- #워터파크 #슬라이드 #수영

경주월드
"역사도시 경주의 테마파크"

스릴 있는 놀이기구들이 준비된 영남권 최대 규모의 테마파크. 대한민국에서 유일한 인버티드 코스터인 '파에톤'을 강력히 추천한다. 스릴을 느끼고 싶다면 경주월드에서 가장 무서운 놀이기구인 '토네이도'도 함께 즐겨보자. 어린이도 즐길 수 있는 테마 공간인 위자드 가든과 범퍼카, 가족 열차, 미로 탐험 등도 운영된다. .(p511 E:3)

- 경북 경주시 천군동 191-5
- #놀이공원 #파에톤 #토네이도

불국사 추천

"기억나? 수학여행 단체사진 촬영 장소였잖아"

신라 법흥왕 528년에 창건한 절. 불국사라는 이름은 부처 불, 나라 국, 즉 부처의 나라라는 의미로 불교는 신라의 통치이념을 나타내기도 한다. 다보탑과 석가탑을 나란히 놓은 것은 불국사만의 특징이다. 불교 이념에 따라 사찰 건물 하나하나가 건축되었다.(p503 E:2)

- 경북 경주시 진현동 15-1
- 주차 : 경북 경주시 진현동 50-2
- #신라 #역사 #문화재 #사찰

경주 불국사 벚꽃

"명불허전 벚꽃 명소"

불국사 제2주차장에 주차를 하고 화장실 옆 계단을 올라가면 벚꽃이 피어있는 산책길이 나온다. 이 산책길을 지나 정문을 지나 불국사로 가는 길에 벚꽃이 많이 피어 있다. 너무도 유명한 천년 사찰에 드리워진 벚꽃이라니, 감탄이 절로 나온다.(p503 E:2)

- 경북 경주시 진현동 78-1
- 주차 : 경주시 진현동 50-2
- #불국사 #산책길 #역사여행지

나리분지 추천

"화산 폭발의 신비로움을 느낄 수 있는 곳"

울릉도는 해저에서 솟아오른 화산섬이며, 종을 뒤집어놓은 종상화산으로 형태 또한 특이하다. 반면 울릉도 나리분지는 전형적인 칼데라(화산 분화구가 함몰된 형태) 지형이 평평하게 분지를 이루고 있다. 나리분지는 여러 번의 화산폭발로 울릉도에서 볼 수 있는 유일한 평지가 되었다.

- 경북 울릉군 북면 나리 산41
- 주차 : 울릉군 북면 나리 89-1
- #화산 #분지 #평지

카페울라 카페

"고릴라 바위 전망 망원경"

@d_biiiiiiiii

송곳산 골릴라 바위에서 영감은 얻은 울라, 메가울라 앞에 포토존이다. 원형 프레임이 있어 산과 울라와 함께 사진을 찍을 수 있다. 푸른 바다를 담을 수 있는 포토존도 인기다. 카페 울라 내에 망원경을 이용해서 송곳산을 보면 고릴라 바위를 볼 수 있다. 다양한 메뉴와 함께 울라 굿즈도 판매하고 있다.

- 경북 울릉군 북면 추산길 88-13
- #울릉도카페 #오션뷰

태하향목 관광모노레일

"향목 전망대에서는 대풍감, 코끼리 바위 등의 울릉도 비경을 쉽게 감상할 수 있어!"

울릉도의 비경을 한눈에 감상할 수 있는 곳. 국내 10대 비경 중의 하나인 대풍감, 코끼리바위의 풍경을 볼 수 있다. 태하등대를 볼 수 있는 태하 향목 모노레일도 즐겨보자.

- 경북 울릉군 서면 태하길 236
- 주차 : 울릉군 서면 태하리 662
- #교통수단 #코끼리바위

울릉도 유람선투어
"다양한 바다 전망 관람"

울릉도 한 바퀴를 돌아보는 일주 유람선. 만물상, 곰바위, 관음도 등의 명소를 관람할 수 있다. 탄력적으로 운행되므로 전화 확인 후 이용하자. 뱃길이 다소 험하므로 멀미가 심하다면 탑승 전 멀미약을 꼭 복용하자.

- 경북 울릉군 울릉읍 도동리 23 울릉여객선터미널
- #만물상 #곰바위 #관음도

독도일출전망대케이블카
"독도 살아생전 두 눈으로 한번은 봐야 하지 않겠어?"

맑은 날에는 독도를 조망할 수 있는 케이블카. 흐린 날에는 독도를 볼 수 없을 수도 있다. 울릉군 독도박물관 옆에 있으니 꼭 함께 들러보자.

- 경북 울릉군 울릉읍 도동리 581-1
- #케이블카 #독도전망 #독도박물관

독도 `추천`
"죽기전에 꼭 한번 가봐야 할 곳"

울릉읍에 속하며 울릉도에서 동남쪽으로 87.4km 떨어진 우리 섬. 죽기 전에 꼭 한번 가봐야 할 곳으로, 천연기념물 제336호로도 지정되어 있다.

- 경북 울릉군 울릉읍 독도리 30
- 주차 : 울릉군 울릉읍 사동리 946
- #역사 #천연기념물

죽도
"대나무로 가득한 울릉도 부속섬 죽도"

울릉도에서 유람선을 타고 죽도 관광이 가능한데 섬 전체가 아름다운 관광지이다. 절벽에 365 소라 계단을 오르면 전망대까지 오를 수 있다. 울릉도의 부속 섬 중 가장 큰 섬으로 대나무 군락이 형성되어 있어 죽도라 부른다. 죽도의 특산물로는 수박과 더덕이 있다. 현지에서 파는 더덕 주스도 먹을 만 하다.

- 경북 울릉군 울릉읍 저동리
- 주차 : 울릉군 울릉읍 도동리 299
- #대나무 #오징어 #더덕

07

경상남도·울산

#울산 대왕암공원

#울산 간월재

#울산 십리대숲

#양산 통도사

#밀양 위양못

#밀양 영남루

#밀양 사자평고원

#밀양 트윈터널

#창원 주남저수지

#진해 경화역

#창녕 영산만년교   @sophia_hyeonseo   #창녕 우포늪

#합천 해인사

#거창 감악산 풍력발전단지

#고성 상족암 군립공원

#거제 바람의 언덕

@jin2zzzang

559

경상남도·울산의 먹거리

언양불고기 | 울주군 언양읍

양념에 재운 채 썬 한우를 석쇠에서 구워 먹는 언양식 불고기는 국물이 없고 숯 향이 나며 담백하고 육즙이 살아있다.

울산 고래고기 | 울산광역시

고래고기는 제사상에도 오를 만큼 울산 사람들에게는 친숙한 음식이다. 갓 잡은 고래고기일수록 잡내가 없고 맛있는데, 특히 지방이 많은 꼬리 부위가 고소하다.

외포리 대구탕 | 거제시 외포리

외포항은 전국 30% 생산량의 대구 집산지다. 대구와 함께 대구 알인 곤이, 채소를 넣어 시원하고 얼큰하게 끓여낸다. 외포항 대구탕 거리에 맛집이 모여있다.

거제 복요리 | 거제시

거제 복은 복회, 복국, 복수육, 복튀김, 복 샤브샤브, 복 불고기 등으로 요리해 먹는다. 거제에는 맑은 생선국 스타일의 복지리와 얼큰하게 끓여낸 복매운탕을 식사로 내는 음식점이 많다.

거제 굴 ┃ **거제시**

거제도에는 석화 굴구이 전문점이 많다.

멸치쌈밥 ┃ **거제시**

멸치쌈밥은 자박하게 끓인 멸치 찌개를 밥과 함께 상추에 싸 먹는 경남지방의 별미이다.

멍게비빔밥 ┃ **거제시**

멍게비빔밥은 잘게 썬 멍게 젓갈을 밥에 넣고 채소, 참기름을 넣어 비빈 요리다.

멸치회 ┃ **남해군**

남해 특산품 죽방멸치는 어른 손가락 크기로 일반 멸치보다 훨씬 통통하다. 남해 멸치회는 생물 멸치를 통으로 넣어 뼈째 씹히고 살이 달큼하다.

오동동 아구찜 ┃ **창원시 오동동**

아귀찜은 건 아귀(말린 아귀)에 미더덕, 채소와 갖은양념, 고춧가루를 넣어 찐 음식. 오동동 아귀찜 거리에 식당이 많이 모여있다.

마산 전어회 ┃ **창원시 마산합포구**

가을철에 마산합포구 어시장을 찾는다면 고소한 전어회를 맛볼 수 있다.

경상남도·울산의 먹거리

밀양 돼지국밥 | 밀양시

밀양식 돼지국밥은 부산식과는 달리 소뼈를 우려 육수를 낸다. 맛이 깔끔하다. 국밥 안에는 살코기와 함께 쫀득한 머리고기, 내장 등이 들어가 있다.

진주냉면 | 사천시, 진주시

사천에서는 해물 육수에 메밀면, 육전, 계란지단을 올려 만드는 진주식 냉면을 판매한다. 육전이 들어가 일반 냉면보다 더 든든하다.

진주 육회비빔밥 | 진주시

진주식 육회비빔밥은 밥에 양념한 육회, 청포묵, 나물 등을 넣고 보탕국을 붓고 엿꼬장을 넣어 비벼 먹는다. 진주 육회비빔밥은 나물의 놓인 모양이 꽃과 같아 '칠보화반(꽃밥)'이라고도 부른다.

진주 추어탕 | 진주시

진주 추어탕은 다른 지방 추어탕보다 국물이 맑고 맛이 깔끔하다. 수육을 추가해 먹으면 더 든든하게 즐길 수 있다.

15

옥천리 송이백숙 | **창녕군**

옥천계곡을 따라 난 옥천 송이 백숙 거리 양쪽에 송이 요리 전문점이 많다.

16

석쇠불고기 | **창원시**

창원의 언양불고기는 광양식과 달리 미리 양념에 재운 한우를 석쇠로 구워 낸다. 불맛이 나게 골고루 익힌 고기는 기름기가 적어 맛이 담백하다.

17

복국 | **창원시 마산합포구 남성동**

낙동강에서 잡아 올린 신선한 복어로 끓인 창원 복국. 마산합포구 남성동에 오래된 복국집들이 모여있다.

18

강구안 굴 | **통영시 강구안**

강구안(통영항)은 국내 굴 생산량의 80%를 차지한다.

19

충무김밥 | **통영시 중앙동**

충무김밥은 밥만 싼 김밥과 무김치, 오 징어무침, 양념 된 어묵을 같이 먹는 요리

20

통영 전복 | **통영시**

통영에서 전복 물회, 전복 빵 등 이색 먹거리를 만나볼 수 있다.

경상남도·울산의 먹거리

통영 굴요리 | 통영시

전국 굴 생산량의 80%를 차지하는 통영에는 굴 두루치기, 굴 삼겹살, 굴찜, 굴 파스타 등의 다양한 굴 요리 전문점이 있다. 굴전, 굴 무침, 굴회, 굴튀김, 굴찜 등이 포함된 굴 코스 요리 전문점도 있으니 굴 요리를 좋아한다면 꼭 방문해보자.

통영 복요리 | 통영시

통영에서 복회, 복국, 복수육, 복튀김, 복 샤브샤브, 복 불고기 등을 맛볼 수 있다. 통영에는 맑은 생선국 스타일의 복지리와 얼큰하게 끓여낸 복매운탕을 식사로 내는 음식점이 많다.

통영 멍게비빔밥 | 통영시

멍게비빔밥은 잘게 썬 멍게 젓갈을 밥에 넣고 채소, 참기름을 넣어 비빈 요리다. 2~5일 숙성한 멍게 젓갈에 양념이 되어있어 고추장을 넣지 않는다. 멍게의 타우린 성분이 간 기능을 높여주고, 바나듐 성분이 당뇨를 예방 치료한다.

통영 다찌 | 통영시

다찌는 음식을 시키는 게 아니라 술을 시키면 안주가 나오는 방식의 술집을 일컫는다. 통영 다찌집에서는 술을 더 시킬수록 새로운 해산물 안주가 나온다. 제철 해산물, 해물전, 밑반찬과 광어회, 생선구이, 매운탕 등이 나온다

통영 회 | **통영시**

통영 중앙시장에서 신선한 회를 저렴하게 판매한다. 활어 직판장에서 초장값을 내면 상차림을 받을 수 있다.

통영 멸치쌈밥 | **통영시**

멸치쌈밥은 자박하게 끓인 멸치 찌개를 밥과 함께 상추에 싸 먹는 경남지방의 별미다. 멸치회와 함께 먹어도 맛있다.

꿀빵 | **통영시**

팥을 넣은 밀가루 빵을 튀겨 겉에 물엿을 두른 달콤한 간식. 항남동에 있는 오미사 꿀빵이 60년 넘는 역사를 가진 원조집이다.

산채정식 | **하동군**

하동 지리산 부근에 산채정식 전문점이 모여있다. 지리산에서 직접 채취한 20여 가지의 산나물 반찬과 생선구이, 더덕구이 등이 함께 나온다.

다슬기 | **하동군**

다슬기는 해장국, 비빔밥, 무침, 전골 등으로 요리해 먹는데, 하동에서는 보통 섬진강 재첩과 함께 국 요리로 먹는다.

경상남도·울산에서 살만한 것들

거제 멸치 | 거제시

거제도 청정해역에서 어획되는 다양한 크기의 마른 멸치는 시원한 남해의 해풍을 맞고 건조되어 살이 연하고 담백하다. 작은 지리 멸치, 가이리 멸치는 볶아 밥반찬용으로 활용하기 좋고, 큼직한 다시 멸치는 국물을 내면 시원한 맛이 일품

맹종죽순 | 거제시

거제시는 전국 맹종죽순 생산량의 80%를 차지한다. 맹종죽은 보통 죽순을 먹기 위해 기르기 때문에 '먹는 대나무'라고도 불리며, 죽순은 4~5월경 채집한다. 맹종죽순은 섬유질이 풍부해 당뇨와 고혈압에 좋다.

거창 사과 | 거창군

해발 250~700m의 청정지역 거창군에서 재배되는 사과는 고운 색과 달콤한 맛, 아삭거리는 식감이 특징이다. 농촌진흥청 탑 프루츠(Top fruit) 품질평가회에서 대상을 수상한 바 있다.

진영단감 | 김해시 진영읍

진영읍은 1927년 대한민국 최초의 단감 시배지로 현재까지도 그 명맥을 이어오고 있다. 우리나라는 세계 1위의 단감 생산지기도 하다. 진영단감은 다른 단감보다 더 달콤하고 비타민 등 영양성분이 풍부하다.

경상남도·울산 경상남도

05

고사리 | 남해군 창선면

남해 창선 고사리는 따뜻한 기후에 해풍을 맞고 자라 맛과 향이 진하고, 식감도 부드럽다. 단백질과 무기질도 풍부해 성장기 아이들에게 더욱 좋다.

06

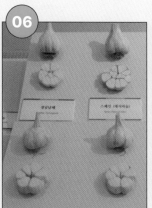

남해 마늘 | 남해군

마늘은 남해군의 대표 특산물로, 사면이 바다로 둘러싸여 해풍을 맞고 자라난다. 염분있는 흙에서 자라나는 난지형 마늘로 알싸한 맛이 나며 영양이 좋다.

07

남해 유자 | 남해군

전설에 따르면, 남해 유자는 신라 시대에 장보고가 당나라에서 선물 받은 유자 씨에서 전파되었다고 한다. 남해 유자를 활용한 유자차나 유자주도 인기

08

남해 굴 | 남해군

남해 굴은 선도가 높아 입안에 넣으면 싱그러운 바다향이 물씬 풍긴다.

09

밀양 사과 | 밀양시

밀양 사과는 단단해서 저장성이 좋은 부사(후지) 사과로, 다른 지역에서 생산되는 부사보다 더욱 새콤달콤한 맛이 특징이다.

10

산청 곶감 | 산청군

고종 황제에게 진상했던 '고종시'와, '단성시'. 산청 곶감을 선물 받은 엘리자베스 2세 여왕도 그 맛에 감탄해 감사를 표했다고 한다.

경상남도·울산에서 살만한 것들

창녕 양파 | 창녕군

창녕군은 국내 최초로 1900년도 초부터 양파를 재배하기 시작한 곳이다. 창녕군의 비옥한 토양에서 풍부한 일조량을 받으며 자라난 양파는 수분 함량이 적고 단단해 오래 두고 먹을 수 있다.

통영꿀빵 | 통영시

통영 꿀빵은 팥소가 들어간 밀가루 빵을 튀겨 물엿과 깨를 묻혀 만든다. 통영 중앙시장에 꿀빵을 파는 가게가 모여있으며, 중앙시장과는 다소 떨어진 봉평동에도 유명한 꿀빵 가게가 있다.

통영 나전칠기 | 통영시

나전칠기의 재료가 되는 전복, 소라, 조개의 주산지가 바로 통영이다. 통영의 나전칠기는 공예 법이 독창적이고 색깔과 빛이 아름다워 최상품으로 친다. 통영 옻칠미술관, 나전칠기 공방에서 작품 관람과 소품을 구매할 수 있다.

하동 악양 대봉감 | 하동군

대봉감은 그냥 먹으면 떫지만, 홍시나 곶감으로 익혀 먹으면 달콤한 맛이 그만이다. 악양면 대봉감은 임금님 진상품으로도 올라갔을 정도로 품질이 좋다. 매년 11월 악양면에서 대봉감 축제가 열린다.

15

하동 화개녹차 | 하동군

지리산 자락에 있는 하동군 화개면 일대에서 생산되는 녹차는 소엽종의 차나무 잎이 담백하고 고소한 맛을 낸다. 자연과 어우러진, 야생 상태와 가까운 재배 환경에서 재배하며, 솥에서 덖고 비비는 수제 작업을 통해 완성된다.

16

하동 매실 | 하동군

3~6월경 하동군 일원에서 매실 열매가 열린다. 5월 말부터 수확되는 청매실은 아삭한 식감으로 절임으로 활용하기 좋고, 6월부터 수확되는 황매실은 맛과 향이 좋아 매실주나 청으로 활용하기 좋다.

17

함안 수박 | 함안군

전국 수박 생산량 11%, 경남 수박 생산량 36%를 차지하는 함안 수박은 일반적으로 겨울철에 비닐하우스에서 재배된다. 씨 없는 수박이나 컬러 수박 등 기능성 수박으로 유명하다.

경상남도·울산 BEST 맛집

01

하동식당 | 울산광역시

울산 3대 국밥 맛집으로 고기랑 내장이 잘게 잘려져 들어가 있어 먹기 편하다.

02

언양 진미불고기 | 울산광역시

60여년전 언양 최초의 식육점으로 시작된 오랜 역사를 자랑하는 곳

03

행랑채 | 밀양시

흑미밥에 고사리, 콩나물, 배추 등 각종 야채를 넣고 양념장을 넣어 비벼먹는 비빔밥

04

단골집 | 밀양시

돼지국밥, 살고기국밥, 순대국밥, 섞어국밥 등 메뉴가 다양한 노포

05

대동할매국수 | 김해시

1959년부터 쭉 이어온 국수집. 물국수(보통/곱빼기), 비빔국수, 유부초밥이 주 메뉴

06

안집곱도리탕 | 창원시

한우곱창과 닭이 어우러진 곱도리탕

화정소바 | 의령군

30년 이상 레시피를 유지하는 전통 소바

중동식당 | 의령군

40년 전통의 오래된 식당으로 신선한 한우가 듬뿍 들어간 소고기국밥

다우리밥상 | 거창군

생선구이, 돼지불고기, 계절반찬 12가지 등이 나오는 다우리(반상)

혜성식당 | 하동군

재첩국, 은어, 참게탕을 전문으로 한 식당. 인기 있는 메뉴는 참게탕

하연옥 | 진주시

1945년부터 3대째 전통 방식을 유지하며 한결 같은 맛을 내는 진주냉면집

한꼬막두꼬막 | 거제시

28년 경력이 있는 음식 장인이 손수 만든 게장과 꼬막, 가리비 정찬

심가네 해물짬뽕 | 통영시

꽃게, 가리비, 새우, 홍합, 조개, 키조개, 오징어 등 해산물 가득 해물짬뽕

통영해물가 | 통영시

해산물을 듬뿍 넣어 끓인 얼큰한 해물 뚝배기

힙한식 | 남해군

남해 식재료로 건강한 한식을 제공하는 감성 한식당

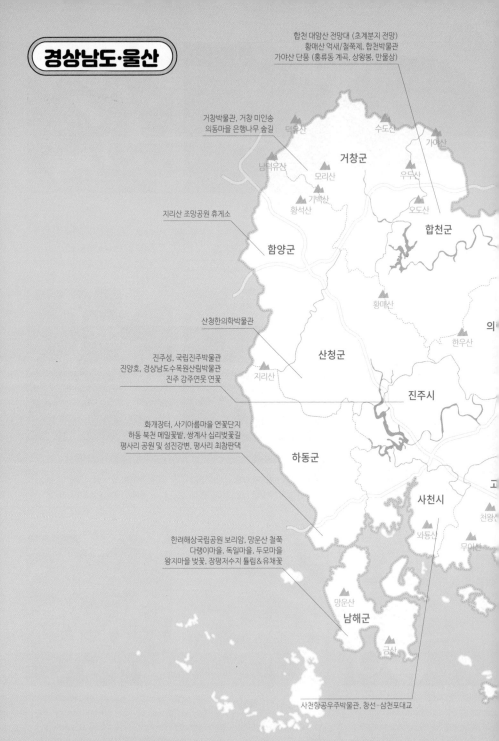

경상남도·울산

합천 대암산 전망대 (초계분지 전망)
황매산 억새/철쭉제, 합천박물관
가야산 단풍 (홍류동 계곡, 상왕봉, 만물상)

거창박물관, 거창 미인송
의동마을 은행나무 숲길

덕유산

수도산

가야산

거창군

남덕유산

모리산

우두산

기백산

황석산

오도산

합천군

지리산 조망공원 휴게소

함양군

황매산

산청한의학박물관

한우산

진주성, 국립진주박물관
진양호, 경상남도수목원산림박물관
진주 강주연못 연꽃

산청군

지리산

진주시

화개장터, 사기아름마을 연꽃단지
하동 북천 메밀꽃밭, 쌍계사 십리벚꽃길
평사리 공원 및 섬진강변, 평사리 최참판댁

하동군

사천시

천왕산

한려해상국립공원 보리암, 망운산 철쭉
다랭이마을, 독일마을, 두모마을
왕지마을 빛꽃, 장평저수지 튤립&유채꽃

와룡산

무이산

망운산

남해군

금산

사천항공우주박물관, 창선-삼천포대교

572

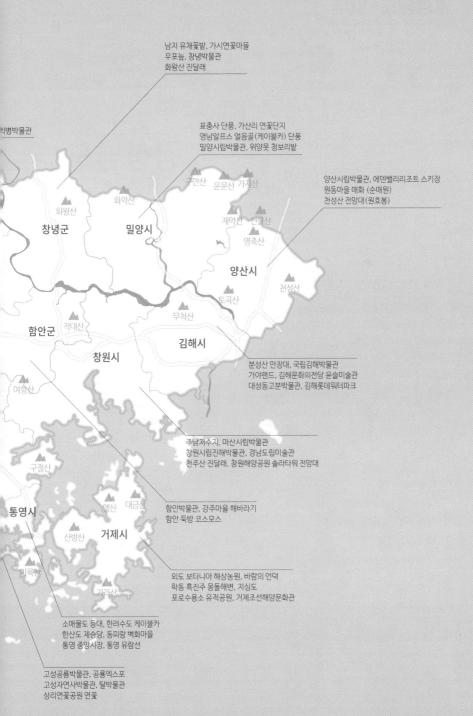

남지 유채꽃밭, 가시연꽃마을
우포늪, 창녕박물관
화왕산 진달래

표충사 단풍, 가산리 연꽃단지
영남알프스 얼음골 (케이블카) 단풍
밀양시립박물관, 위양못 청보리밭

양산시립박물관, 에덴밸리리조트 스키장
원동마을 매화 (순매원)
천성산 전망대 (원효봉)

의병박물관

금만산   운문산 가정산

화악산

창녕군   밀양시

재약산   신불산

영축산

양산시

화왕산

천성산

함안군   작대산

토곡산

무척산

김해시

창원시

여항산

분성산 만장대, 국립김해박물관
가야랜드, 김해문화의전당 윤슬미술관
대성동고분박물관, 김해롯데워터파크

주남저수지, 마산시립박물관
창원시립진해박물관, 경남도립미술관
천주산 진달래, 창원해양공원 솔라타워 전망대

구절산

통영시

앵산   대금산

산방산

거제시

함안박물관, 강주마을 해바라기
함안 둑방 코스모스

미륵산

가마산

외도 보타니아 해상농원, 바람의 언덕
학동 흑진주 몽돌해변, 지심도
포로수용소 유적공원, 거제조선해양문화관

소매물도 등대, 한려수도 케이블카
한산도 제승당, 동피랑 벽화마을
통영 중앙시장, 통영 유람선

고성공룡박물관, 공룡엑스포
고성자연사박물관, 탈박물관
상리연꽃공원 연꽃

573

경상남도-서북부

경상남도-동부

경상남도-서남부

진양호 ★
경호강과 덕천강이 만나는 곳에 있는
인공호수 그리고 잘 꾸며진 진양대
진양공원에는 영화 촬영지로 유명, 진주랜드와 연결

진주시

구인회생가
지수면
임천서원
금산면 호탄지
인사동 조장골 월아산
천황식당 남강유원지 경상남도
촉석루 산음 본점 과학교육원
서학로 전망대 청곡사
진주성 ★
임진왜란 3대첩 중의
하나인 진주성. 1592년
진주대첩서 3,800여
명으로 왜군 2만을
물리쳤다.

하동군
청암계곡
청암면
구제휴양밸리
칠보정사
종티재
양양국

사천시
다솔사
단정묘소
곤양면

남해군
남해 상상
양떼목장 편백숲
100마평 초지와 편백숲
양떼, 알파카, 백사슴

독일마을
파독 광부, 간호사들의 정착
마을로 독일문화를 체험해 볼 수
있는 관광 마을로도 활용된다.

남해 보리암 및 단풍 ★
기암절경과 붉은 빛의 단풍
그리고 보리암과
한려해상국립공원, 10.11월

고성군
옥천사
상족암 군립공원 ★
고성 공룡
박물관

다랭이마을 ★
비탈진 곳에 층층이 높이 좁고 긴
계단식 논. 다랑논이 아름답게 펼쳐져
있어 '다랭이마을'로 불린다.
다랭이라는 말은 '다랑'의 이곳 사투리

두미도

580

울산대공원

"울산에 있는 대규모 공원"

울산광역시 남구에 위치한 도심 공원. 국내 도심 공원 중 최대 규모인 369만 평 규모를 자랑한다. 규모가 커서 입구가 남문(시내), 정문(주택가), 동문(공업탑)으로 나뉘어 운영된다. 공원 안에는 놀이터, 장미원, 동물원, 헬스장, 수영장, 스케이트장 등이 있으며, 장미원에서 개최되는 장미 축제로도 유명하다. 공원 입장료는 무료이지만 수영장 등 일부 부대시설은 별도 요금을 받는다.(p579 E:2)

- 울산 남구 옥동 146-1
- #도심공원 #헬스장 #수영장 #장미축제

대왕암공원 추천

"거대한 기암괴석과 해안절경"

울주군 간절곶과 함께 해가 가장 빨리 뜨는 곳. 산책로에는 벚꽃, 동백, 개나리, 목련 등이 많다. 거대한 바윗덩어리들이 많은 해안 절경도 함께 즐겨보자.(p503 F:3)

- 울산 동구 일산동 산907
- 주차 : 울산 동구 일산동 911-1
- #해변 #기암괴석 #꽃길산책

공주분식 맛집

"옛날 분식 맛을 간직한 맵지않고 달콤한 떡볶이"

전국 8대 떡볶이 맛집으로 꼽히는 공주분식은 30년 넘는 역사를 가진 분식집으로도 유명하다. 해조류와 채소, 어묵을 아낌없이 넣고 끓여낸 시원한 육수가 일품이다.

- 울산 동구 동부동 194-87
- #전국8대떡볶이 #공주분식

하동식당 맛집

"가마솥에 끓인 걸쭉한 국밥 맛집"

울산 3대 국밥 맛집으로 고기랑 내장이 잘게 잘려져 들어가 있어 먹기 편하다. 흔한 돼지국밥과 달리 국물이 걸쭉하다. 가마솥에 끓여 깊은 맛을 느낄 수 있다. 아침 7시부터 영업으로 아침 식사하기 좋다. 주차장이 따로 없고 공영주차장으로 이용해야 한다. (p579 F:2)

- 울산 동구 동해안로 30-7
- #울산맛집 #국밥맛집 #돼지국밥

한가위 맛집

"가족 모임으로 딱! 좋은 갈빗집!"

가족 단위로 식사하기 좋은 갈비 맛집이다. 규모가 크고 시설 역시 좋아 시끌벅적한 고깃집 답지 않게 조용히 프라이빗하게 식사를 즐길 수 있다. 숯불도 좋고 고기 역시 질이 좋아서 어르신을 모시고 가도 만족스러운 맛집이다.

- 울산북구 진장유통로 43
- #울산맛집 #소갈비 #숯불 #가족모임

라메르판지 카페 카페

"유럽 감성 오션뷰 카페"

2층 멀리 보이는 오션뷰를 배경으로 그네와 함께 이색적인 사진을 연출해보자. 그리스 신전을 연상케 하는 유럽풍 외관에 깔끔한 내부 인테리어가 매력적인 곳이다. 계단식 좌석, 쇼파 등 다양한 좌석을 보유하고 있으며 통창으

경상남도 울산 · 울산광역시

로 되어 있어 시원한 바다를 볼 수 있다. 메뉴는 커피, 우유, 티 등과 크루아상, 쿠키 등 다양한 베이커리류를 맛볼 수 있다. (p579 F:1)

- 울산 북구 판지1길 30
- #오션뷰 #그네포토존 #대형카페

언양 진미불고기 `맛집`
"온 가족이 맛있게 먹을 수 있는 불고기"

@yang_s_e

60여년전 언양 최초의 식육점으로 시작된 오랜 역사를 자랑하는 곳으로 한우 암소 고기를 사용한다. 담백한 육즙과 불향, 양념이 잘 어우러진다. 고기가 부드럽고 야들야들해서 아이가 먹기에도 좋아 가족 외식 장소로 좋다. 육회도 맛있다. 전화예약이 가능하고 재료소진시 조기 마감한다. (p575 F:1)

- 울산 울주군 삼남읍 중평로 33
- #울산맛집 #불고기 #육회

파래소 폭포
"당신이 '바라던 대로 이루어지는 곳'"

먼 옛날 기우제를 올리던 곳으로도 알려져 있는데, 파래소 폭포는 '바라던 대로 이루어지길 바람'의 뜻을 지닌 '바래소'에서 유래되었다고 한다. 15m 높이의 폭포 중앙 쪽에 바위

영남알프스 간월재 억새(간월산) `추천`
"생각 없이 억새 사잇길을 걷다 보면"

부산/경남의 산악인들이 많이 찾는 간월산은 가을이면 간월재의 억새 군락지가 장관을 이룬다. 간월산 울산 2코스 기준 왕복 3시간 10분 소요되며, 영남알프스 복합 웰컴센터에 주차하고 등반하면 된다.(p575 F:1)

- 울산 울주군 상북면 간월산길 614
- #간월산 #억새 #노을

- 주차 : 울주군 상북면 등억알프스리 517

들이 있는데 그곳에서 사진을 찍으면 폭포와 주변 자연을 함께 담을 수 있다.

- 울산 울주군 상북면 청수골길 175 신불산폭포자연휴양림
- #기우제 #바래소 #피서 #윤슬 #등산 #전망대

반구대 암각화 `추천`
"세계유산적 가치가 있는 바위그림"

대곡천을 마주한 4m 높이, 10m 너비의 커다란 절벽에 선사시대 사람들이 그림을 새겨 넣었다. 고래 잡는 사람, 물고기 잡는 사람, 수영하는 고래, 탈 쓴 사람 등 선사시대 사람들의 흥미로운 삶의 모습을 엿볼 수 있다. 이는 고래잡이(포경) 모습을 담고 있는 유적 중 세계

에서 가장 오래된 것으로, 국보 285호 문화유산으로 지정되었다. (p575 F:1)

- 울산 울주군 언양읍 대곡리 산234-1
- #문화유산 #국보급 #고래잡이

언양기와집불고기 `맛집`
"대한민국 3대 한우 불고기 언양불고기"

@ing_shine

한우를 얇게 썰고 뭉쳐서 석쇠에 구워 먹는 언양식 불고기 맛집. 불고기 말고도 낙엽살, 안거미살 등 한우 특수부위를 함께 판매하고 있다. 한옥으로 된 식당 건물과 정원이 아름다워 잠시 쉬어 가기도 좋다.(p575 F:1)

- 울산울주군 언양읍 헌양길 86
- #언양불고기 #등심 #낙엽살 #한우특수부위 #막국수 #된장찌개

십리대숲 추천
"10리 대나무숲을 거닐며 힐링을"

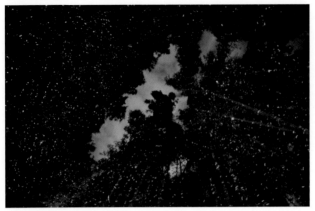

울산에 숨을 불어넣는 태화강변을 따라 조성된 대나무숲. 4km에 이르는 대나무숲은 그야말로 장관이다. 바람을 따라 흔들리는 댓잎들, 그 소리들을 따라 걷다 보면 상념은 잦아들고 오로지 나 자신만 남는 기분이 든다. 이곳의 포토존은 '은하수길', 밤이면 조명이 더해져 은하수를 걷는 느낌이다.

- 울산 중구 태화동　　　　■ 주차 : 울산 중구 중앙길 162, 태화둔치5공영주차장
- #울산 #태화강 #대나무숲 #은하수길 #인스타핫플

울산 태화강대공원 코스모스
"누구나 함께할 수 있는 편한 산책길"

태화강대공원 동쪽 산책로에 있는 코스모스 꽃밭. 울긋불긋한 코스모스뿐만 아니라 황화 코스모스도 함께 피어있다. 곳곳에 벤치와 평상, 그늘막이 있어 편하게 걸어 다닐 수 있다. 도시락을 챙겨온다면 평상에서 간단한 식사도 가능하다. 태화강대공원에 봄꽃이 질 무렵엔 십리대숲과 야외공연장 사이의 6,000㎡ 규모에 해바라기밭이 만개한다.자전거 대여소에서 자전거를 빌려 이동할 수 있으며, 해바라기밭 근처 십리대

숲 걸으며 잠깐 더위를 피할 수 있다.(p579 E:2)

- 울산 중구 태화동 107
- #황화코스모스 #나들이 #데이트

로얄경양식&스테이크 맛집
"오션뷰에서 레트로한 양식을"

합리적인 가격으로 경양식 및 스테이크를 맛볼 수 있는 양식 음식 전문점. 통창으로 되어있어 광안리 해수욕장을 한 눈에 조망이 가능하며 내부는 추억의 경양식 인테리어로 되어있어 아늑한 옛 분위기를 느낄 수 있다. 스테이크 메뉴는 전폐 알리고 감자치즈를 테이블

에 즉석에서 부어주어 보는 재미도 쏠쏠하다. 오픈주방, 아기의자 보유, 브레이크 타임 14시30분~17시 (p578 C:2)

- 경남 양산시 물금읍 물금중앙길 17 1층
- #광안리해수욕장뷰 #로얄경양식 #

양산시립박물관
"양산시의 역사"

양산시의 고분 문화, 불교문화, 도자 문화, 제례 문화를 전시하고 있는 박물관. 역사실, 고분실, 어린이 역사 체험실을 운영하며, 야외에는 양산 횡구식 석실묘 3점도 전시되어 있다. 무료입장, 매주 월요일, 1월 1일 휴관.

- 경남 양산시 북정동 678
- 주차 : 경상남도 양산시 북정동 662
- #양산 #향토박물관 #석실묘

소토 맛집
"경치 좋은 한옥에 마련된 정육식당"

@iiraraii

고즈넉한 한옥 건물과 아름다운 경치가 고기 맛을 더하는 정육 식당. 꽃등심, 갈빗살, 살치살, 제비추리 등 다양한 한우 부위를 골라 먹을 수 있고, 버섯, 간, 천엽도 추가해먹을 수 있다. 고기 먹고 난 후 정원을 산책하며 휴식을 즐겨보자.

- 경남 양산시 상북면 소토리 1062
- #한우 #정육식당 #숯불구이 #한옥건물 #정원 #뷰맛집

홍룡폭포 추천
"폭포 아래 작은 절"

@jisangnw

양산8경 중 하나. 폭포에서 떨어지는 물보라 사이로 무지개가 뜨는 곳이다. 폭포 아래로 홍룡사가 위치하여 역동적이면서도 차분함을 느낄 수 있다.(p579 D:2)

- 경남 양산시 상북면 홍룡로 372
- 주차 : 경남 양산시 상북면 대석리 2-1, 홍룡사 주차장
- #양산8경 #물보라 #무지개 #홍룡사

에덴밸리리조트 스키장
"초보자도 쉽게 탈 수 있는 곳"

영남 지역 유일한 리조트형 스키장. 슬로프의 경사가 완만해 초보자들도 쉽게 스키를 탈 수 있다. 골프, 승마 등의 스포츠도 함께 즐길 수 있다.(p575 F:1)

- 경남 양산시 원동면 대리 1040-21
- 주차 : 양산시 원동면 대리 1040-14
- #스키 #리조트 #골프 #승마

양산 천성산 전망대(원효봉)
"잘 알려지지 않은 가을의 억새 명산"

한반도에서 동해의 일출을 가장 먼저 볼 수 있는 전망대. 전국에서 해돋이 광경을 보기 위해 많은 관광객이 찾는 곳. 가을이면 억새가 온 산을 덮어 억새 산이 된다. 홍룡사 주차장에 주차 후 등반한다.(p575 F:1)

- 경남 양산시 하북면 용연리 산63-2
- 주차 : 양산시 상북면 대석리 2-1
- #해돋이 #전망대

트리폰즈 카페
"정원뷰 호수뷰 힐링카페"

@da1__d

멋진 조경, 정원의 호수와 함께 자연 힐링 컨셉의 사진을 연출해보자. 카페 내부 돌과 선인장 등을 활용해 마치 산을 형상화한 느낌의 내부 인테리어가 매력적인 곳이다. 인조 잔디가 깔려 있는 야외좌석, 바 테이블, 빈백, 루프탑 텐트 등 다양한 좌석들이 많아 편안하게 즐길 수 있다. 메뉴는 커피, 티, 쥬스, 맥주, 와인도

585

맛볼 수 있고 쿠키, 바게트 등 베이커리류도 있다. (p575 F:1)

- 경남 양산시 하북면 삼감리 14
- #대형카페 #정원호수 #다양한좌석

천성산 원효봉 억새평원 억새
"일출도 보고 억새도 보고!"

가을이면 억새가 온 산을 덮어 억새산이 되는 곳. 한반도에서 동해의 일출을 가장 먼저 볼 수 있는 전망대이기도 하다. 해돋이 광경을 보기 위해 전국에서 많은 관광객이 찾는 곳이다. 홍룡사 주차장에 주차 후 등반하여 이동하자.(p503 E:3)

- 경남 양산시 하북면 용연리 산63-2
- 주차 : 양산시 상북면 대석리 2-1
- #억새 #일출 #홍룡사

양산 원동마을 매화 (순매원)
"매화마을 가는 기차여행"

양산 원동마을에 있는 매화마을로 전망대에 오르면 낙동강과 기찻길 매화가 힌눈에 들어온다. 순매원에서는 파전, 국수, 떡볶이, 어묵 등을 판매한다. 봄꽃 여행지에는 방문객이 많아 새벽같이 도착하는 것이 좋다. 매화 축제 기간(쌍포매실다목적광장) 동안 주차가 쉽지 않으니 근처 임시주차장에 주차하고 셔틀로 이동(홈페이지 확인) 매화는 하얀 꽃에 푸른 기운이 도는 청매화, 붉은빛이 나는 홍매화, 하얀색의 백매화로 나뉘며, 3월 초부터 4월 초까지 핀다.(p575 C:2)

- 경남 양산시 하북면 용연리 산63-2
- 주차 : 양산시 상북면 대석리 2-1
- #억새 #일출 #홍룡사

통도사 [추천]
"부처의 진신사리를 안치하고 있는 국보"

유네스코 세계문화유산으로 지정된 불교 사찰로, 녹차 만들기, 족욕, 명상, 암자 순례길 걷기 등 다양한 불교문화 체험 프로그램과 마음치유를 위한 템플스테이 프로그램을 운영한다. (p579 D:2)

- 경남 양산시 하북면 통도사로 108
- #유네스코 #문화유산 #불교사찰

영남알프스 사자평고원 억새 [추천]
"억새 밭이 아니라 신비롭기까지한 고원이다!"

신불산 사자평고원은 억새군락지로 가을 150만 평의 드넓은 고원이 억새로 가득 찬다. 사자평의 억새는 허리 정도밖에 안 올 정도로 키가 작고 잎새도 가는 것이 특징이다. 영남알프스 얼음골 케이블카를 타고 상부 승강장에서 하차, 하늘정원을 지나 재약산 방향으로 1시간 30분 산책하면 억새군락지에 도착한다. 한 시간 반 산행으로 이렇게 멋진 전망을 볼 수 있다니 가을 여행지로 강력히 추천한다.(p575 E:1)

- 경남 밀양시 단장면 시전3길 12-445
- 주차 : 밀양시 산내면 삼양리 71
- #고원 #작은억새 #케이블카 #등산

밀양 표충사 단풍
"간단하고 쉽게 단풍 구경하기"

재약산(천황산) 남서쪽에 있는 신라 무열왕에 의해 창건된 천년고찰. 표충사에 직접 주차 할 수도 있고, 표충사 야영장에 주차한 후 산책 하듯 올라갈 수도 있다.(p575 E:1)

■ 경남 밀양시 단장면 표충로 1338
■ 주차 : 밀양시 단장면 구천리 25-1
■ #천년고찰 #단풍

달빛쌈지공원
"해질 무렵, 밀양 시내를 한눈에"

@jiiiiin_91

데이트 명소. 노을 무렵 데이트하기 좋은 곳이다. 원래는 오래된 배수지가 있던 곳이었지만 공원으로 탈바꿈했다. 정상의 전망대는 밀양 시내를 한눈에 내려다볼 수 있는 핫플레이스다. 아기자기하면서도 곳곳에 포토존이 많아 지루할 틈이 없다.(p575 E:1)

■ 경남 밀양시 내일중앙1길 21-29
■ 주차 : 경남 밀양시 내일동 431-169, 밀양 달빛주차장
■ #데이트명소 #일몰명소 #노을 #배수지 # 전망대 #밀양핫플

위양못 청보리밭 추천
"은은하게 멋스러운 위양못"

위양못 정면에 펼쳐진 드넓은 청보리밭. 위양못을 둘러싼 흙길 산책로를 따라 걸으며 청보리밭을 감상할 수 있다. 위양못은 신라 시대에 축조된 저수지로, 5월경 절정인 이팝나무꽃으로도 유명하다. 밀양시의 보리 재배 면적이 2,000ha 이상으로 드넓어 위양못뿐만 아니라 밀양시 농가 도로 일대에서 청보리밭을 쉽게 만날 수 있다. (p575 E:1)

■ 경남 밀양시 부북면 위양리 293
■ #청보리밭 #이팝나무 #저수지
■ 주차 : 밀양시 부북면 위양리 236-24

가산리 연꽃단지
"연극도 관람하고 연꽃도 보고"

밀양연극촌 건물을 둘러싸고 있는 80,000㎡ 규모의 대규모 연꽃단지. 홍련, 백련, 수련 등 20가지가 넘는 다양한 연꽃이 피어난다. 나무데크 탐방로와 쉼터가 조성되어 편하게 이동할 수 있다. 근처 밀양연극촌에 방문해 전통 연극도 관람해보자.

■ 경남 밀양시 부북면 가산리 219
■ 주차 : 경남 밀양시 부북면 가산리 22-7
■ #홍련 #백련 #대규모연꽃단지

카페 그로브 카페
"가산저수지 전망 베이커리 카페"

@bbo._.ii

카페 입구 파란색 글자 조형물과 함께 거울 샷을 찍어보자. 앞쪽으로는 넓은 잔디밭 뒤쪽으로는 가산저수지가 있어 뷰가 좋고 한적하여 힐링하기 좋은 카페이다. 1층은 푹신한 쇼파, 단체석이 마련되어 있으며 2층 루프탑은 안전상의 이유로 노키즈존으로 운영되며, 실내외 좌석이 있다. 음료는 커피, 라떼, 과일쥬스 등이 있고 간단한 베이커리류도 맛볼 수 있다.

■ 경남 밀양시 부북면 퇴로로 326-13
■ #대형카페 #위양지카페 #가산저수지뷰

영남알프스 얼음골 케이블카
"가슴이 확 트이는 느낌을 받고 싶을 때 일단 케이블카 타고 올라가 봐!"

한국 케이블카 중 표고 차(높이차)가 가장

큰 곳. 청황산 정상에서는 울산, 밀양, 양산을 경계로 하는 멋진 전망을 볼 수 있다. 케이블카 이동 중에 백운산 암벽 등산코스인 '백호 바위'가 눈에 보인다. 단, 단풍철 케이블카 타려면 새벽같이 도착하는 것이 필수이다. 청황산 정상에서는 울산, 밀양, 양산을 경계로 하는 멋진 단풍전망을 즐길 수 있다. 근처 표충사 단풍 풍경도 유명하다.(p575 E:1)

- 경남 밀양시 산내면 삼양리 71
- #케이블카 #백호바위 #단풍 #억새

행랑채 _{맛집}
"수제비와 비빔밥을 한번에"

@bh_yeol2

향토 느낌이 물씬 나는 외관을 따라가면 고즈넉한 분위기에서 식사를 즐길 수 있다. 메뉴는 비빔밥, 수제비, 감자전, 고추전이 있다. 비빔밥은 흑미밥에 고사리, 콩나물, 배추 등 각종 야채를 넣고 양념장을 넣어 비벼먹으면 맛이 좋아 평이 좋다. 비빔밥 주문 시 조그맣게 수제비를 제공해준다. 테이블링 앱 예약 가능. 월요일 정기휴무 (p575 E:1)

- 경남 밀양시 산외면 산외로 731
- #산속의맛집 #비빔밥맛집 #향토느낌

트윈터널 _{추천}
"1억 개의 별빛부터 다양한 포토존에서 추억을 쌓기 좋은 장소"

1억개의 별빛들이 쏟아지는 터널을 시작으로 다양한 스토리 테마별 터널 여행을 할 수 있는 곳. 핑콘카트, 피자 만들기 체험 등 다양한 프로그램이 운영된다. 연인들 인증샷 명소.

- 경남 밀양시 삼랑진읍 삼랑진로 537-11
- #밀양여행 #1억개의별빛 #터널여행 #아이와가볼만한곳 #가족나들이 #데이트코스

밀양 종남산 진달래
"10분 등산이면 진달래 군락을 만날 수 있어!"

종남산 정상부에 이르는 500m 길이의 진달래 군락지. 종남산 사각 정자에 주차 후 정상까지 오르는 코스를 추천한다. 경사는 다소 가파르지만 10분 정도 등산하면 진달래 군락을 만날 수 있다. 종남산 정상에서 밀양 시내를 한눈에 조망해 볼 수도 있다.

- 경남 밀양시 상남면 남산리 산162-1
- 주차 : 밀양시 상남면 남산리 산162-10
- #진달래 #종남산 #전망대

단골집 _{맛집}
"깔끔한 국물과 잡내 나지 않는 고기"

밀양 아리랑시장 내 국밥집이 위치해 있어 노포 분위기를 물씬 느낄 수 있는 곳이다. 각종 TV프로그램에 방영되어 더 인기가 좋아졌다. 돼지국밥, 살고기국밥, 순대국밥, 섞어국밥 등 메뉴가 다양하다. 기본적으로 밥에 국물이 말아 제공되며, 잡내가 나지 않는 고기와 깔끔한 국물 맛 평이 좋다. 재료 소진 시 조기마감. 수요일 정기휴무 (p575 E:1)

- 경남 밀양시 상설시장3길 18-16 단골집 시장안
- #밀양맛집 #노포분위기 #아리랑시장맛집

영남루 추천
"이황, 이색이 거쳐 간 조선시대 3대 누각"

조선시대 3대 누각 중에서도 가장 유명한 누각으로, 총 20칸이 넘을 만큼 규모가 큰 것이 특징이다. 원래 신라시대에 세워진 누각이었으나 화재 등으로 조선시대까지 개, 보수 작업을 거쳐 지금의 모습이 되었다. 당시 손님을 대접하거나 관리들의 휴식하는 객사로 사용되었다. (p575 E:1)

- 경남 밀양시 중앙로 324
- #누각 #전망대 #객사

김해 분성산 만장대
"머릿속에 생각이 많다면 근교 등산 추천!"

멋진 김해야경을 볼 수 있는 전망대. 분성산에서는 낙동강과 김해평야를 볼 수 있다. 가야테마파크 주차장에서 도보로 19분 이동하면 나온다.(p575 E:2)

- 경남 김해시 가야로405번안길 210-162
- 주차 : 경남 김해시 어방동 990
- #전망대 #야경 #낙동강전망

김해가야테마파크
"친환경 어드벤처 시설에서 짜릿한 스릴을!"

가야의 역사, 문화시설을 그대로 재현해놓은 교육 테마파크. 가야 무사 어드벤처, 시립도서관, 김해 목재 박물관 등 아이들이 즐겁게 체험할 수 있는 교육 시설들이 모여있다. (p575 E:2)

- 경남 김해시 가야테마길 161
- #가야체험 #산림체험 #놀이터

국립김해박물관
"가야를 알고 싶다면 이곳으로"

가야의 역사·문화를 전시하는 고고학 박물관. 가야의 성립, 발전, 멸망, 가야인의 삶 등을 전시하고 있고, 영상실, 강당, 도서 자료실도 함께 운영된다. 무료입장, 매주 월요일, 1월 1일, 설날, 추석 휴관.(p575 E:2)

- 경남 김해시 구산동 232
- #가야문화 #가야유물

대동할매국수 맛집
"1959년부터 쭉 이어온 국수집"

1959년부터 쭉 이어온 국수집. 선결제 후 식사가 가능하다. 물국수(보통/곱빼기), 비빔국수, 유부초밥이 메뉴이며 굵은 중면과 각종 고명에 별도 제공해주시는 주전자 멸치 육수를 부어먹으면 된다. 양념과 다진청양고추가 테이블에 있어 개인 기호에 맞게 뿌려먹으면 더욱 맛있는 국수를 맛볼 수 있다. 브레이크 타임 15시~16시, 월요일 정기휴무 (p578 C:3)

- 경남 김해시 대동면 동남로45번길 8
- #물국수 #국수맛집

김해롯데워터파크
"해운대에서 차로 1시간거리"

2015년 개장 당시 기준 대한민국 최대 규모의 워터파크. 부산 해운대에서 차로 1시간 거리에 있다. 남태평양을 모티브로 한 이국적인 풍경과 다양한 탈 거리가 있다. 근처 롯데 프리미엄 아울렛과 장유 율하 카페거리도 들러보자.(p578 C:3)

- 경남 김해시 신문동 1417
- #남태평양느낌 #슬라이드

홍철책빵 서커스점 `카페`
"서커스장에 온 듯한 소품들"

@mi._.nam129

드라이브스루 입구 홍철 벽화와 함께 개성 넘치는 사진을 남겨보자. 서커스 공연 티켓 같은 종이에 원하는 메뉴를 체크해 주문하는 방식으로 이색적인 방법으로 주문한다. 식빵, 브라우니 등 다양한 디저트가 있으며 4가지 로고가 랜덤으로 프린트 되는 럭키가이홍철 음료가 시그니처 음료이다. 음료 컵은 재사용이 가능하며 유리잔, 머그컵 등 카페 굿즈도 볼 수 있다. (p578 C:3)

- 경남 김해시 율하로 443
- #노홍철카페 #베이커리카페 #서커스장분위기

수백당 김해본점 `맛집`
"마늘소스가 올라간 수육백반"

@shinhomotors

순대곱새라 불리는 메뉴가 이곳의 대표메뉴로 쫄깃한 순대와 수육, 푸짐한 야채들이 들어 있어 얼큰하면서도 오동통한 씹는 맛이 일품이라는 평. 또한 대한민국 최초로 마늘소스가 올라간 수육백반을 개발한 곳이라 수육백반도 인기가 좋다. 로봇이 서빙을 하는 시스템. 뻥튀기, 아이스크림, 쥬스, 커피 등 다양한

디저트도 즐길 수 있다. 24시간 영업.일요일만 라스트오더 20시30분 (p578 C:3)

- 경남 김해시 인제로 109 1층
- #순대곱새 #김해맛집 #24시간영업

밀양돼지국밥 `맛집`
"깔끔한 토렴식 국밥"

@05.24th

날이 추워지면 생각나는 국물 음식. 경상도에 왔다면 돼지국밥 한 그릇은 먹고 가야 한다. 뽀얀 국밥에 부추를 얹어 기운을 더한다. 음식의 맛도, 식당의 청결함도 돋보이는 집이다. (p578 C:3)

- 경남 김해시 인제로 91
- #돼지국밥 #내장국밥 #부추

우동한그릇 `맛집`
"우동 위에 커다란 닭다리 한조각"

@ddojayo_ddoja

쑥갓, 숙주 고명을 시작으로 커다란 닭다리 튀김이 나오는 우동이 대표메뉴. 손가락 비닐장갑을 제공해 주어 위생적인 식사가 가능하다. 우동은 매운맛,순한맛이 있어 기호에 맞게 선택할 수 있다. 부드러운 닭다리살과 쫄깃한 우동의 맛이 조화롭다는 맛 평. 테이블링 앱 예약 가능. 브레이크 타임 14시50분~16시40분(주말 제외) (p578 A:3)

- 경남 창원시 마산합포구 가포로 706
- #닭다리우동 #창원3대우동 #가포맛집

저도 콰이강의다리 `추천`
"트릭아트와 스카이워크를 동시에 즐겨볼까"

@eonuneun

태국 여행 명소 '콰이강의 다리'를 닮아 똑같은 이름으로 불린다. 연인들이 달아놓은 사랑의 자물쇠도 재미있는 구경거리가 되어준다. (p575 D:2)

- 경남 창원시 마산합포구 구산면 해양관광로 1872-60
- #자물쇠 #연인 #야경

코아양과 `맛집`
"전국 빵지도의 롤케이크 맛집"

오랜 역사를 가진 코아양과 빵집은 '응답하라 1994'의 배경이 되기도 했다. 다양한 맛 롤케이크와 생크림 카스테라가 유명하다.

- 경남 창원시 마산합포구 동성동 229-1
- #코아양과 #롤케이크

해양드라마세트장 <추천>

"드라마 속으로의 여행"

6개 구역, 25채의 건물로 구성되어 있는 세트장. 다양한 시대상, 신분상의 고증이 반영된 곳이다. 덕분에 다양한 드라마, 영화가 이곳에서 촬영되었는데 <해적>, <육룡이 나르샤>, <미스터 선샤인> 등이 대표적이다. 게다가 무료로 산과 바다, 세트장을 누릴 수 있다.(p575 D:2)

- 경남 창원시 마산합포구 구산면 해양관광로 876-2
- #드라마세트장 #철저한고증 #다양한시대 #다양한신분 #미스터선샤인 #해적 #촬영장

고려당 <맛집>

"빵도 맛있고 시식 인심도 후한 빵집"

고려당은 1959년 풀빵집으로 시작해 지금의 빵집으로 발전했다. 대표메뉴는 없지만 버터빵부터 고구마빵, 피자빵, 바게트까지 모두 맛있다. 시식을 원하면 즉석에서 빵을 잘라준다.

- 경남 창원시 마산합포구 창동 138-2
- #고려당 #풀빵

하우요카페 <카페>

"마창대교와 바다 전망 루프탑 카페"

@comely_so

화이트톤 감성카페 하우요는 3층 규모의 전망 카페로 1층부터 3층까지 모두 오션뷰를 즐길 수 있다. 3층으로 올라가 통창 너머 마창대교가 잘 보이는 구간에서 인증 사진을 남겨보자. 저녁에는 다리에 조명이 들어와 더 멋진 야경을 선사한다. 안전상의 문제로 2~3층은 노키즈존으로 운영되는 점을 참고하자. 매일 12~22시 영업, 월, 화요일 휴무. (p575 E:2)

- 경남 창원시 성산구 삼귀로 524-6
- #오션뷰 #마창대교뷰 #야경

창원 주남저수지 연꽃

"한적한 시골 저수지"

주남저수지 생태학습관에서 동쪽으로 400m 떨어진 길가에 위치한 주남저수지 탐조대의 맞은편에 위치한 연꽃단지. 홍련과 백련, 가시연, 어리연이 사이좋게 무리지어 피어나 있다. 연꽃뿐만 아니라 자라풀, 물달개비 등의 수생식물도 함께 관찰할 수 있고, 연꽃밭을 찾는 참새목의 귀여운 새 '개개비'도 만날 수 있다. (p575 E:2)

- 경남 창원시 의창구 동읍 주남로101번길 32
- 주차 : 창원 의창구 동읍 월잠리 303-7
- #저수지 #연꽃 #수생식물 #개개비

창원 주남저수지 코스모스

"저수지 천변 따라 코스모스 길"

주남저수지 밀피부터 철새 조망대까지 둑길을 따라 조성된 1.3km 규모의 코스모스 길. 폭 7~8m, 10,000㎡에 달하는 거대한 코스모스 꽃길이 인상적이다. 코스모스 길 중간에 쉼터와 벤치가 있어 편하게 걸을 수 있는 것이 장점. 코스모스 길을 따라 더 걷다 보면 문화재로 지정된 주남 돌다리도 건너볼 수 있다. 가을 철새도 구경하고 근처 생태학습관, 람사르 문화관에도 들러보자. 둑길을 따라서 억새밭도 아름답다. 람사르 문화관 앞에 주차 후 이동한다.(p575 E:2)

- 경남 창원시 의창구 대산면 가술리 1553
- 주차 : 창원 의창구 동읍 월잠리 303-7
- #철새조망지 #코스모스 #람사르

죽동마을
"메타세쿼이아 길 따라 주남저수지까지"

@qkrdudgp1024

창원의 대표적인 여행지인 '메타세쿼이아 길'이 있는 마을. 이 길은 주남저수지로도 이어진다. 쭉 뻗은 메타세쿼이아 길을 드라이브하고, 억새와 철새를 볼 수 있는 주남저수지까지 둘러보자.(p575 D:2)

- 경남 창원시 의창구 동읍 죽동리
- #메타세쿼이아길 #주남저수지 #억새 #철새 #드라이크보스

천주산 진달래
"창원, 마산, 함안군을 아우르는 경남의 명산"

천주산 만남의 광장부터 정상 용지봉까지 1.5km 구간에 달천계곡을 따라 6,000㎡ 규모로 조성된 진달래 군락지. 천주암, 임도를 거쳐 정상에 오르는 천주암 코스를 추천한다. 이 코스는 짧지만, 경사가 심한 코스이기 때문에 체력이 필요하다. 천주산은 창원, 마산, 함안군을 아우르는 경남의 명산으로, 정상 부근에서 진달래꽃과 함께 억새도 감상할 수 있다.

- 경남 창원시 의창구 북면 외감리 산68
- 주차 : 창원시 의창구 소답동 740
- #달천계곡 #용지봉 #진달래

경남도립미술관
"공간이 아름다운 미술관"

경상남도민을 위한 미술 문화 공간으로 매 시기 다양한 전시와 교육 프로그램이 진행된다. 인근에 김종영 생가와 창원 소재의 다양한 갤러리들이 있으니 함께 들러보자. 매주 월요일, 1월 1일, 설날과 추석 연휴 휴관.

- 경남 창원시 의창구 사림동 1-2
- 주차 : 경남 창원시 의창구 퇴촌동 산 134-10
- #특별전시 #미술교육

안집곱도리탕 [맛집]
"곱창과 닭의 환상적인 만남"

@jjoji_0611

국내산 좋은 재료로만 만든 음식을 제공하는 곳. 곱도리탕, 닭도리탕, 묵은지 찌개 등이 있으며 대표메뉴는 한우곱창과 닭이 어우러진 곱도리탕이다. 닭, 곱창, 팽이버섯, 당면 등이 들어 있어 매콤한 양념이 베어 깊은 맛을 느낄

수 있다는 맛 평. 마지막에 남은 국물과 함께 먹을 수 있는 눈꽃 치즈 볶음밥도 별미다. 연중무휴 (p578 B:3)

- 경남 창원시 진해구 냉천로 46
- #곱도리탕 #국내산재료 #진한국물

진해해양공원 솔라타워 전망대
"신재생 에너지의 랜드 마크"

음지도 해양공원 내에 위치한 건축물로 전시동과 태양광 타워를 함께 운영한다. 120m 높이의 전망대에서는 부산항과 거가대교, 진해만을 한눈에 볼 수 있다. (p575 E:2)

- 경남 창원시 진해구 명동로 62
- #해안전망 #부산항 #거가대교

진해 경화역 벚꽃길 [추천]
"동네 벚꽃길과 비교하지 말자 차원이 다르다"

매년 4월이 되면 진해는 벚꽃의 도시가 된다. 경화역의 철길 800m 양쪽에는 왕벚나무로 가득하다. 동네 벚꽃길과는 차원이 달라 꼭 한번 가볼 만하다. 벚꽃은 3cm가량으로 분홍색 또는 백색의 꽃으로 피며, 군락을 이룬 곳은 눈이 온 것 같다. 벚꽃이 떨어질 때 꽃비가 되기도 한다.(p575 E:2)

- 경남 창원시 진해구 병암동 1760-12
- #경화역 #왕벚나무 #벚꽃축제
- 주차 : 창원시 진해구 진해대로 649

진해 여좌천 벚꽃길 추천
"우리나라에서 가장 큰 벚꽃축제"

진해는 우리나라에서 가장 큰 벚꽃축제 '군항제'가 열리는, 벚꽃으로 가장 유명한 도시다. 진해에서도 이름난 벚꽃 명소로 여좌천과 경화역 벚꽃길이 있다. 특히 여좌천 로맨스 다리는 드라마에 출연한 후 전국의 연인들이 찾는 명소가 됐다. 경화역, 진해역, 통해 역 등 오래된 폐 기차역들도 벚꽃과 함께 예쁜 풍경이 되어준다. (p575 E:2)

- 경남 창원시 진해구 진해대로 649
- #로망스다리 #봄축제 #봄여행지

진해 제황산공원 벚꽃
"모노레일 타고 진해탑 정상에서 진해 벚꽃 명소를 한눈에 볼 수 있어!"

제황산공원은 진해 제황산 일대에 조성된 공원으로 산 정상에 진해탑이 있어 진해를 조망할 수 있다. 모노레일을 타거나 걸어서 진해탑 앞까지 올라갈 수 있는데, 진해탑 9층 전망대에 오르면 벚꽃이 가득한 진해 벚꽃 명소들이 한눈에 들어온다. 전망뿐만 아니라 진해탑을 오르는 중간중간에도 아름드리 벚꽃은 나를 반긴다. 모노레일을 탑승하려면 모노레일카 주변 갓길 주차장에 주차하면 되고, 도보 이동하려면 진해탑 계단 바로 아래에 주차장에 주차하면 된다. 벚꽃

철에는 주차가 쉽지 않으니 근처 공영주차장 주차 후 도보로 이동하는 게 훨씬 빠를 수 있다.(p575 E:2)

- 경남 창원시 진해구 제황산동 28-5
- #제황산공원 #벚꽃축제 #모노레일

동부회센터 맛집
"가성비 갑, 최고의 회센터"

싱싱한 회를 저렴하게, 풍성하게 즐길 수 있는 곳. 모듬회부터 킹크랩, 장어까지 없는 해산물이 없다. 大자 모듬회도 3만 원이면 충분! 물고기 좋아하는 사람이라면 물 만나는 곳이다.(p575 E:2)

- 경남 창원시 진해구 천자로 5
- #모듬 #조개구이 #가성비갑 #해산물

진해 장복산 공원 벚꽃길
"말이 필요없는 벚꽃의 도시의 벚꽃 산"

마진터널을 지나 장복산 조각공원 옆 도로를 타고 장복로 사거리까지 이어지는 1.6km의 벚꽃길. 장복산 조각공원 내에도 조각과 함께 아름다운 벚꽃을 볼 수 있다. 장복산 정상에 오르는 등산을 한다면, 벚꽃으로 덮인 진해 시가지를 볼 수 있는 흔치 않은 기회를 얻을 수도 있다.

- 경남 창원시 진해구 태백동 산 52-127
- 주차 : 창원시 진해구 진해대로 307
- #벚꽃 #등산

함안박물관
"높게 솟은 고분 사이의 박물관"

사적 제515인 아라가야 말이산 고분군에 위치한 함안 군립 박물관. 국내에서 처음 출토된 말 갑옷, 불꽃무늬 토기 등 가야 시대의 다양한 유물들이 전시되어있다. 야외에 있는 아라홍련 연못과 고인돌 공원도 꼭 들러보자. 무료입장. 매주 월요일, 추석 연휴 휴관.

- 경남 함안군 가야읍 도항리 581-1
- #가야시대 #갑옷 #토기

함안 연꽃테마파크 추천
"고려 때 씨앗을 싹을 틔운 아라연꽃"

@cherish__ranji

매년 7월을 전후로 붉은 아라홍련이 연꽃테마파크를 물들인다. 아라홍련은 연꽃테마파크에서만 볼 수 있는 희귀종으로, 700년 전 고려 때 연꽃 씨앗을 발아시킨 것이다. 귀한 아라홍련을 구경하려 해마다 10만 명 넘는 관광객들이 여름마다 이곳을 찾는다. (p574 C:2)

- 경남 함안군 가야읍 왕궁1길 38-20
- #아라홍련 #고려연꽃 #여름여행지

악양생태공원
"낙강변 예쁘게 조성된 핑크뮬리로 유명한 꽃들의 천국 생태공원"

@haman_official

핑크뮬리뿐만 아니라 금계국, 코스모스 등등 사시사철 다양한 꽃들이 피어나는 정원. 꽃과 호수에 둘러쌓인 데크로드를 따라 산책하기 좋은 장소. 아이들을 위한 놀거리도 있어 가족나들이로 추천!(p574 C:2)

- 경남 함안군 대산면 서촌리 1418
- #함안여행 #함안생태공원 #꽃들의잔치 #핑크뮬리 #가족나들이 #데이트코스

함안 강주마을 해바라기
"그림 같은 해바라기"

함안군 법수산 주변의 마을 주민들이 힘을 모아 조성한 300만 송이 해바라기밭. 농촌 마을의 부흥을 위해 주민들이 힘을 모아 해바라기밭을 가꾸었다고 한다. 마을 곳곳에 그려진 해바라기 벽화도 인상적이다. 매해 가을에는 해바라기를 주제로 한 마을 축제도 열린다. (p574 C:2)

- 경남 함안군 법수면 강주리 455
- 주차 : 함안군 법수면 강주리 411
- #해바라기벽화 #해바라기축제

카페 뜬 카페
"잔디 정원과 모던한 건물"

@00.12.20orin2

카페 뜬 2층 루프탑 공간에 올라가면 3,000평에 이르는 대형 카페 부지가 한눈에 내려다보인다. 가운데 잔디 정원 공간을 중심으로 삥 둘러싼 카페 건물과 푸른 하늘이 가득 담기도록 배경 사진을 찍으면 예쁘다. 매일 10:30~20:00 영업하며 휴무일은 인스타그램을 통해 공지된다. (p574 C:2)

- 경남 함안군 법수면 부남1길 24-15
- #대형카페 #루프탑 #전망

함안 둑방 코스모스
"언제 와도 좋은 함안 둑방"

남강 둔치를 따라 조성된 둑방길 사이에 있는 100m 규모의 코스모스 꽃길. 코스모스 꽃길 근처에는 경비행장과 풍차가 있어 더욱 운치가 있다. 코스모스 말고도 계절별로 다양한 꽃을 감상할 수 있으며, 자전거를 대여해 둑방길을 자전거로 달려볼 수도 있다. 둑방길 전체는 왕복 6.5km 규모이며, 함안둑

방은 이름이 같은 장소가 있으니 유의하자. 내비게이션에 '경남 함안군 법수면 윤외리 70-1' 입력 후 이동한다. (p574 C:2)

- 경남 함안군 법수면 윤외리 74-4
- 주차 : 함안군 법수면 윤외리 70-1
- #코스모스꽃길 #포토존 #자전거대여

국보반상 맛집
"연잎에 쪄 오븐에 구운 보리굴비"

연잎에 찐 굴비를 오븐에 구운 연잎보리굴비가 대표메뉴. 이 외에도 10년 이상 연구해 특제 양념 소스로 만든 코다리찜과 꼬막비빔밥도 맛 볼 수 있다. 문어다리요리, 목이버섯, 더덕무침 등 밑반찬이 정갈하게 나와 인기가 좋다. 최대 80명 수용 가능하며, 사전 예약 후 프라이빗룸 사용도 가능하다. 브레이크 타임 15시~17시 (p578 A:3)

- 경남 함안군 산인면 산인로 331
- #안심식당 #부모님식사 #건강밥상

입곡군립공원
"익사이팅한 산악스포츠 체험장"

600m 길이의 산림욕장과 함께 무빙 보트, 아라 힐링 사이클, 바이크 등 산악스포츠 체험장이 마련되어 있다. 저수지 위를 이동할 수 있는 전동 무빙 보트는 가족 여행객들에게 인기 있고, 11m 높이에서 즐기는 공중 자전거

아라 힐링 사이클은 개인 여행객들에게 인기 있다. (p574 C:2)

- 경남 함안군 산인면 입곡공원길 255-20
- #무빙보트 #아라힐링사이클 #산악레포츠

매미궁뎅이 맛집
"정갈하고 맛있는 보쌈정식"

정갈한 보쌈정식이 대표메뉴로 한 접시에 보쌈, 깻잎, 무쌈, 무말랭이 등이 나와 한 쌈 푸짐하게 싸먹으면 맛이 좋다는 평. 보쌈 위에 마늘 소스가 얹어 나와 별미. 청국장순두부가 포함되어 나오기 때문에 든든한 한 끼를 채우기 좋다. 이 외에 순두부뚝배기, 명태회 비빔국수, 콩빈대떡 등이 있다. 브레이크 타임 15시~16시30분, 일요일 정기휴무 (p575 D:2)

- 경남 함안군 칠원읍 운무로 105
- #마늘보쌈 #정갈한음식 #함안맛집

대구식당 맛집
"야들야들한 한우가 들어간 얼큰한 국밥 맛집"

한우, 선지, 무, 콩나물, 고춧가루를 넣고 얼큰하게 끓인 한우국밥 맛집. 국수와 밥이 함께 나오는 짬뽕도 인기. 한우불고기나 돼지수육, 돼지불고기를 함께 시키면 든든한 한 끼가 된다. (p575 D:2)

- 경남 함안군 함안면 북촌2길 50-27
- #한우국밥 #짬뽕 #한우불고기 #돼지불고기 #돼지수육

창녕 남지 유채꽃밭 추천
"끝없이 펼쳐진 노란 물결"

창녕군 남지읍 남지체육공원 좌우로 펼쳐진 800,000㎡ 규모의 유채꽃밭. 단일면적 기준, 우리나라 최대 규모의 유채꽃밭이라고 한다. 낙동강이 맞닿아있어 낙동강 물길과 함께 유채꽃을 즐길 수 있으며, 튤립과 청보리로 장식한 태극기 조형물도 설치되어있다. 매해 봄에는 유채꽃 축제도 개최된다.(p575 D:1)

- 경남 창녕군 남지읍 남지리 873-23
- 주차 : 창녕군 남지읍 남지리 878-4
- #낙동강 #유채꽃 #청보리

창녕 가시연꽃마을
"우포늪에서 자생하는 연꽃"

가시연꽃 군락지인 우포늪의 사지포 늪 근처에 위치한 마을. 마을 초입에서 자동차로

7분 거리에 생태체험장이 있다. 생태체험장에서는 우포늪에서 자생하는 연꽃을 포함한 300여 종의 수생식물을 관람할 수 있고, 창포 머리 감기, 미꾸라지 잡기, 약초 캐기 등 다양한 생태체험을 즐길 수도 있다. 단, 체험을 즐기려면 홈페이지를 통해 사전예약해야 한다.

- 경남 창녕군 대합면 주매리 558-2
- 주차 : 창녕군 대합면 주매리 557-2
- #우포늪 #가시연 #생태체험

도천진짜순대원조집 맛집
"칼칼한 순대 전골과 볶음밥 한 그릇"

@grace79jin

도톰한 돼지 내장에 찹쌀, 선지, 두부, 숙주를 넣은 순대 요리를 선보이는 곳. 그중에서도 얼큰한 순대 전골과 모둠 순대가 인기다. 순대 전골을 먹고 남은 국물에 밥을 비벼 먹는 것이 이 집을 찾는 진짜 이유. 김말이 순대도 이곳에서만 맛볼 수 있는 이색 메뉴인데, 모둠 순대를 시키면 함께 나온다.(p577 F:2)

- 경남 창녕군 도천면 일리 532
- #내장순대 #순대전골 #모둠순대 #김말이순대 #볶음밥

경상남도 울산 함안군 창녕군

창녕 영산 만년교 추천
"냇가에 반영된 무지개 다리 "

무지개 모양의 돌다리. 보물로 지정되어 있을 정도로 유서 깊은 다리이다. 튼튼하게 지어져
지금도 통행이 가능한 다리이다. 아치형의 다리가 냇가에 완벽히 반영되어 완전한 원을 이룬
다.(p575 D:1)

- 경남 창녕군 영산면 원다리길 42
- #돌다리 #무지개다리 #보물 #아치형 #반영샷

우포늪 추천
"생소한 '늪지'라는 단어만큼이나 어떤 장소이고 느낌일지 궁금한 곳"

1억 4,000만 년 전에 생성된 자연 늪지. 다양한 동식물이 서식하고 있고 람사르 협약을 맺
었다. 해 뜨기 직전의 우포늪은 사진작가들 사이에서 손꼽히는 촬영 명소다.(p575 D:1)

- 경남 창녕군 유어면 세진리 232   ■ 주차 : 창녕군 유어면 세진리 253
- #람사르 #습지 #자연

창녕 화왕산 진달래
"왕복 5시간 정도의 등산 구간"

화왕산 정상부터 청간재까지 이어지는
2km 규모의 진달래 군락지. 화왕산은 드라
마 허준 촬영지로도 유명하며 드라마 세트
장도 설치되어 있다. 자하곡 매표소에서 도
성암, 삼거리를 거쳐 화왕산 정상에 이르는
코스를 추천. 정상까지는 편도 2시간이 소
요되며, 정상에서 청간재까지는 1시간이 더
소요된다. 등산에 왕복 5~6시간이 소요되
므로 시간과 체력이 필요하다.

- 경남 창녕군 창녕읍 옥천리 산323-1
- #진달래 #허준촬영지 #등산

의령구름다리
"강물이 훤히 들여다보이는 아찔한 그물
다리"

의령천을 가로지르는 보도교로, 바닥이 그물
형태로 되어있어 강물이 훤히 들여다보여 아
찔하다. 가을에는 붉게 칠해진 다리 주위로
단풍잎이 물들어 경치가 더 아름답다. 다리 건
너편에서 오리배와 전동 보트 등 수상 스포츠
를 즐길 수 있나. (p574 C:2)

- 경남 의령군 의령읍 벽화로 622-5
- #의령천 #출렁다리 #오리배

의령소바 맛집
"장조림이 듬뿍 들어간 의령식 메밀소바"

메밀면에 육수를 붓고 고명으로 쇠고기 장조림, 지단, 김치, 배, 오이 등을 올려 만든 의령식 메밀소바. 5시간 동안 양념간장에 조린 소고기장조림이 별미다. 육수에는 동치미 국물이 섞여 새콤달콤하고 맛있다. 채소를 잘게 썰어 매콤한 양념장과 함께 무쳐낸 비빔소바도 맛있다.(p574 C:2)

- 경남 의령군 의령읍 서동리 491-30
- #한국식소바 #온소바 #냉소바 #비빔소바 #돈까스 #메밀찐만두 #장조림고명

화정소바 맛집
"30년 이상 레시피를 유지하는 전통 소바"

2,000평에 농장에서 직접 키운 채소를 고명과 깍두기로 만들어 제공하며, 반죽, 숙성 등 모두 자가로 제면하는 곳이다. 메뉴는 온소바, 비빔소바, 냉소바 등과 돈까스 메뉴로 구성되어 있다. 매콤새콤한 맛과 고소한 참기름 맛이 더해진 비빔소바가 맛 평이 좋은 편. 아기의자 보유 (p574 C:2)

- 경남 의령군 의령읍 의병로18길 9-3
- #전통소바 #의령맛집 #30년이상오픈

중동식당 맛집
"40년 전통 의령 전통 소국밥"

40년 전통의 오래된 식당으로 신선한 한우가 듬뿍 들어간 소고기국밥이 이곳의 대표메뉴

다. 이 외 곰탕, 따로국밥, 수육(소고기)도 있다. 고기가 두툼하지만 질기지 않고 입에서 살살 녹는 식감으로 맛 평이 좋은 편. 국밥은 하얀 국물이 아닌 빨간 국물로 얼큰한 맛을 느낄 수 있다.(p574 C:2)

- 경남 의령군 의령읍 충익로 47-14
- #40년전통 #얼큰국물 #한우듬뿍

가야산 단풍 (홍류동 계곡, 상왕봉, 만물상)
"우리나라 3대 사찰중의 하나인 해인사가 있는 단풍 절경!"

대장경테마파크 추천
"대장경판의 우수성과 과학적 원리 체험"

@twoyou_mom_nara

팔만대장경과 장경판전 제작의 과학적 원리와 역사적 가치를 살펴볼 수 있는 교육 체험공간. 대장경천년관, 기록문화관, 빛소리관으로 나누어져 있으며, 체험형 전시를 통해 아이들이 더 재미있게 팔만대장경에 대해 배워갈 수 있다. 박물관 밖에도 아이들이 좋아할 만한 롤러코스터와 놀이터가 마련되어 있다. 매주 월요일 휴무, 월요일이 공휴일일 경우 화요일 휴관. (p577 D:1)

- 경남 합천군 가야면 가야산로 1160
- #팔만대장경 #박물관 #놀이터

가야산 국립공원부터 합천 해인사 입구까지 4km의 홍류동 계곡 단풍. 해인사에서 가야산 정상인 상왕봉까지 이동하는 4km, 편도 2시간 30분 거리의 등산코스를 추천한다. 난이도 높은 코스가 좋다면 백운동 탐방지원센터-서성재까지 이어지는 2.8km, 편도 2시간 20분 거리의 수려한 만물상 코스를 추천한다. 등산 상급자라면 가야산 정상인 상왕봉, 만물상을 지나 뱅운동 탐방지원센터까지 이어지는 코스에도 도전해보자.(p577 D:1)

- 경남 합천군 가야면 치인리 산 10
- 주차 : 합천군 가야면 치인리 10
- #해인사 #상왕봉 #등산

삼일식당 맛집
"상다리가 휘어지겠는걸"

@ye__sinnanda

가지나물, 도토리묵, 버섯볶음 등 20여종의 각종 밑반찬을 매일 새벽에 반찬을 직접 만들어 제공한다고 한다. 제철 자연산 재료를 이용해 푸짐한 한 상차림으로 보는 것만으로도 배가 부르다는 평. 자연산 송이버섯국은 향기로운 버섯향과 함께 진하고 깊어 시원하고 깔끔한 국물맛을 느낄 수있다. 연중무휴 (p577 D:1)

- 경남 합천군 가야면 치인1길 19-1
- #해인사맛집 #산채한정식 #건강식

황매산 억새
"높은 고지에 주차장이 있어 억새를 바로 볼 수 있어!"

태백산맥의 마지막 준봉인 황매산은 무학대사의 수도장소로, 기암괴석과 소나무, 철쭉으로 유명하다. 고지대에 있는 황매산오토캠핑장에 주차하면 바로 앞부터 억새군락지가 펼쳐진다. 힘들고 긴 등반이 필요 없어 더욱더 좋은 곳이.(p574 B:2)

- 경남 합천군 가회면 둔내리 산 219
- 주차 : 합천군 가회면 둔내리 산219-11
- #황매산오토캠핑장 #억새 #차량이동

해인사 추천
"선조들의 지혜 집합소 장경판전"

유네스코 세계기록문화유산으로 지정된 팔만대장경을 소장하고 있는 불교 사찰. 팔만대장경은 대적광전 뒤 장경판전에서 찾아볼 수 있다. 장경판전 바닥 깔린 숯이 제습 작용을 해서 팔만대장경이 지금까지도 잘 보존될 수 있었다 한다. 해인사 홈페이지를 통해 매주 월요일 진행되는 팔만대장경 해설 프로그램을 예약할 수 있다. 다도체험, 108배, 암자체험등을 즐길 수 있는 해인사 템플스테이도 유명하다. (p576 C:1)

- 경남 합천군 가야면 해인사길 122
- #팔만대장경 #유네스코 #템플스테이

합천박물관
"철기 문화를 이끈 다라국 이야기"

가야 시대 다라국 지배자 묘역인 옥전 고분군의 유물이 전시되어있는 박물관. 주요 유물로는 용봉 문양 고리 자루 큰칼, 금제 귀걸이 등이 있다. 가야 시대 다라국 지배자 무덤 모형과 다라국 도성 모형도 볼만하다. 무료입장. 매주 월요일, 1월 1일, 설날과 추석 연휴 휴관.

- 경남 합천군 쌍책면 성산리 504
- #옥전고분군 #가야유물

합천영상테마파크 추천
"근대문화 특화 오픈세트장"

@2_harry_potter

7만 제곱미터 넘는 넓은 부지에 1920년대부터 1980년대까지 서울시내 저잣거리를 그대로 옮겨놓았다. 경성역(서울역), 경교장, 동화백화점, 조선총독부 건물에서부터 청와대 세트장까지 둘러볼 수 있다. 특히 대통령 집무실에서부터 브리핑룸까지 그대로 재현해놓은 청와대 세트장은 구석구석 볼 거리가 많다. 09~18시 개관, 동절기 09~17시 개관, 매주 월요일 휴관, 월요일이 공휴일일 경우 화요일

휴관. (p574 B:1)

- 경남 합천군 용주면 합천호수로 757
- #드라마촬영지 #경성역 #청와대

황계폭포
"중국의 여산폭포가 부럽지 않은 곳"

합천8경 중 하나. 20m에 이르는 폭포는 2단으로 이루어져 있는데 수심 역시 깊어 물놀이는 금지되어 있다. 주변 암벽이 병풍처럼 감싸 안고 있다. 여름부터 초가을까지, 밤에 이곳을 찾으면 폭포 바로 위로 쏟아지는 은하수를 담을 수 있다.

- 경남 합천군 용주면 황계2길 30
- #합천8경 #2단폭포 #물놀이금지 #암벽 #은하수

합천 대암산 전망대 (초계분지 전망)
"신기한거 좋아하는 사람들이라면 추천"
초계분지는 합천군 초계면과 적중면이 있는 원형 침식 분지로, 이 초계분지가 한눈에 들어오는 전망대가 대암산 전망대이다. 대암산 정상에는 패러글라이딩 활공장이 운영되고 있다.(p574 C:1)

- 경남 합천군 초계면 원당리 산 42
- 주차 : 합천군 대양면 무곡리 산 11-1
- #초계분지 #전망대

순할머니손칼국수 [맛집]
"손으로 밀어 만든 칼국수"

@booraki

손으로 밀어 만든 칼국수만 전문으로 판매하는 곳. 전통손칼국수, 들깨칼국수, 엄나무닭칼국수가 있다. 매일 아침 김치를 담궈 아삭한 김치 맛과 시원 담백한 국물, 얇지만 졸깃한 면발이 조화롭다는 맛 평. 독특한 육수로 다른 곳과는 좀 다른 칼국수 맛을 느낄 수 있다. 월,화 정기휴무 (p574 C:1)

- 경남 합천군 합천읍 충효로 113
- #안심식당 #찐손칼국수 #합천맛집

가조가마솥육개장순두부 [맛집]
"모든 메뉴 고기는 한우만 사용"

모든 메뉴에 한우만 취급하는 곳으로 한우육개장, 순두부육개장, 한우비빔밥, 한우곰탕 등 다양한 메뉴를 보유하고 있다. 대표메뉴는 한우육개장으로 푸짐하고 질기지 않은 고기와 깊은 맛이 나는 국물의 맛 평이 좋다. 별도 판매하는 오곡영양빵도 고소한 맛이 좋다고 한다. 영수증 리뷰 작성 시 음료 무료 제공. 아기의자 보유. 단체석 완비. 월요일 정기휴무 (p576 C:1)

- 경남 거창군 가조면 가조가야로 1129
- #정부지정안심식당 #가조출렁다리맛집

우두산 출렁다리 [추천]
"국내유일의 Y자 출렁다리"

우두산 마장재에 설치된 Y자 모양으로 된 이색 출렁다리로, 봄이면 우두산 철쭉을 보기 위해 많은 이들이 이 다리를 건넌다. 거창 항노화 힐링랜드가 근처에 있어 함께 방문하기 좋다. (p576 C:1)

- 경남 거창군 가조면 의상봉길 834
- #우두산 #출렁다리 #철쭉

거창 의동마을 은행나무 숲길
"전국 사진작가들의 명소"
의동교 앞 의동마을 입구에서부터 마을 내부를 잇는 300m 규모의 은행나무 숲길. 2011년 제1회 거창 관광 전국 사진 공모전을 통해 알려지기 시작한 이후 전국의 사진작가들이 즐겨 찾는 곳이 되었다. 가을에는 은행마을이 위치한 월천 권역 마을에서 은행나무 축제도 개최된다.(p576 C:1)

- 경남 거창군 거창읍 학리 1047-134
- #은행나무길 #산책로 #축제

거창 미인송
"꼭 새벽에 가야 되는 곳"
동양화 한 폭처럼 느껴지는, 물속에서 굳건히 자라나는 소나무. 사진 촬영장소로도 유명하다. 2010년 고사한 '거창 미인송'은 그 유명세로 말미암아 새로운 소나무로 다시 옮겨심었다.(p576 C:1)

- 경남 거창군 남하면 대야리 775
- #소나무 #사진 #물안개

민들레울 `카페`
"가을 단풍과 해먹 전망"

@jj_miiiii

10월 형형색색으로 물든 가을 단풍을 배경으로 카페 내 설치된 해먹과 함께 사진을 찍어보자. 맑고 수려한 월성계곡과 초록초록한 자연 경관을 보며 힐링할 수 있는 곳이다. 또한 허브농장과 팜 카페를 같이 운영하고 있다. 커피, 에이드, 아이스크림과 맥주, 칵테일 등 다양한 음료가 있고 크로플, 케익 등 베이커리류도 맛볼 수 있다. (p576 B:1)

■ 경남 거창군 북상면 덕유월성로 2188
■ #월성계곡뷰 #정원카페 #거창카페

다우리밥상 `맛집`
"외할머니 정성을 느낄 수 있는 집밥"

@teamsunny_1121

메뉴는 생선구이, 돼지불고기, 계절반찬 12가지 등이 나오는 다우리(반상)과 제육솥밥, 백숙 등 다양하다. 공기밥은 따로 없으며 안전함을 검증받은 지하수와 몸에 좋은 아로니아를 넣고 만드는 돌솥밥이 제공된다. 웨이팅이 있는 편이라 근처 관광지인 수승대를 둘러보기 전 미리 웨이팅을 걸어두는 것도 추천한다. 테이블링 예약 가능. 15시~17시 쉬어가고, 월요일은 정기휴무. (p576 B:1)

감악산 풍력발전단지 `추천`
"풍력발전기 아래 보랏빛 물결"

거창의 떠오르는 여행지! 900m의 고원에 풍력발전기와 아스타 국화, 감국 등의 꽃밭이 조성되어 그 풍경이 매우 이국적이다. 풍력발전기 풍경은 물론, 일출과 일몰도 너무 아름다워 노지 캠핑, 차박하는 사람들도 많다. (p576 B:2)

■ 경남 거창군 신원면 덕산리 산57 일원   ■ 주차 : 경남 거창군 신원면 연수사길 456
■ #풍력발전기 #아스타국화 #감국 #일출 #일몰 #차박 #캠핑

■ 경남 거창군 위천면 은하리길 2 수승대 관리사무실
■ #정부지정안심식당 #푸짐한한정식 #돌솥밥

지리산 조망공원 휴게소
"지리산 천왕봉부터 각종 봉우리들을 한눈에!"

오도재를 넘으면 지리산 조망공원 휴게소를 찾을 수 있는데, 이곳에서는 지리산의 주요능선을 한눈에 볼 수 있다. 휴게소 식당 옆 지등정이라는 정자에 오르면 지리산 천왕봉은 물론이거니와 세석평원, 반야봉, 중봉 등을 볼 수 있다.(p574 A:1)

■ 경남 함양군 마천면 지리산가는길 5
■ #지리산 #전망 #자연

함양대봉산휴양밸리 대봉스카이랜드
"모노레일에서 만나는 분홍빛 꽃 물결"

모노레일과 짚라인을 즐길 수 있는 산악체험유원지. 봄에는 진달래와 철쭉이 대봉산 정상을 진분홍빛으로 수놓는데, 이 모습을 보기 위해 산에 오르는 상춘객들이 많다. 모노레일과 짚라인은 숲나들e 사이트를 통해 예약할 수 있다. (p574 A:1)

■ 경남 함양군 병곡면 광평리 723-15
■ #모노레일 #짚라인 #철쭉

남계서원 추천
"서원 철폐에도 살아남은 우리나라 2번째 서원 "

성리학자 일두 정여창 선생을 모시고 있는 서원으로 유네스코 세계문화유산으로 지정된 문화재이다. 영주 소수서원에 이은 우리나라 두 번째 서원이다. (p576 B:2)

- 경남 함양군 수동면 남계서원길 8-11 KR
- #유네스코 #정여창 #서원

개평한옥마을
"성리학자 일두 정여창 선생의 선비 정신이 깃든 곳"

하동 정씨 집성촌 겸 한옥마을로, 그중에서도 정여창 고택이 가장 유명하다. 조선시대에 지어진 정여창 고택은 마을의 중심이 되는 가장 높은 곳에 있어 일두 고택이라고 불린다. (p576 B:2)

- 경남 함양군 지곡면 개평길 35-9
- #정여창고택 #일두고택 #한옥마을

늘봄가든 맛집
"향토 별미를 맛볼 수 있는 곳"

향토 별미를 맛볼 수 있는 자연 건강식 요리 전문점. 웰빙 컬러푸드인 특오곡정식을 대표로 삼겹살, 한방수육, 갈비찜 등 다양한 메뉴가 있다. 대표메뉴는 특오곡정식은 찌개, 생선, 불고기 등과 조, 수수 등이 들어간 오곡밥이 나와 푸짐하게 각종 음식들을 맛볼 수 있다.(p574 A:1)

- 경남 함양군 함양읍 필봉산길 65 늘봄가든
- #컬러푸드 #자연건강식 #향토별미

산청약초식당 맛집
"약초를 활용한 요리를 맛볼 수 있는 곳"

약초가 유명한 산청에서 약초를 활용한 요리를 맛볼 수 있는 곳. 찌개, 고기, 나물 등 각종 밑반찬들이 나오는 약초정식이 이곳의 대표 메뉴로 건강에 좋은 푸짐한 한상이 나와 인기가 좋은 곳이다. 비빔정식은 정식에 비빔밥을 먹을 수 있게 대접에 추가 나물이 나온다. 물도 당귀차로 제공된다. 연중무휴 (p576 B:3)

- 경남 산청군 금서면 친환경로 2623 화봉정비
- #정부지정안심식당 #건강한한정식 #동의보감촌맛집

남사예담촌
"옛 담 마을로의 초대"

경상도를 대표하는 한옥마을. 양반마을로 유명했던 이곳은, 전통가옥들이 잘 보존되어 있고 지리산 초입이라 자연 풍경도 매우 아름답다. 700여 년 전, 먼 옛날로 여행을 온듯한 이곳에서 옛 정취를 만끽해 보시는 것은 어떨까. (p574 B:2)

- 경남 산청군 단성면 지리산대로2897번길 10

경상남도 울산 / 함양군 산청군

- 주차 : 경남 산청군 단성면 지리산대로 2897번길 9, 남사예담촌주차장
- #선비마을 #양반마을 #전통가옥 #지리산

열매랑뿌리랑 약초산나물뷔페 `맛집`
"지리산에서 채취한 산나물 뷔페식"

지리산에서 직접 채취하여 만든 각종 산나물, 찌개, 고기, 카레 등을 무한으로 즐길 수 있는 산나물 뷔페. 40여 종류의 나물들을 맛볼 수 있으며 조미료향보다는 나물 본연의 맛과 향을 느낄 수 있어 건강한 한 끼로 배를 채울 수 있다. 밥도 쌀밥, 곤드레밥 2종류로 나뉘어 있다. 산나물을 직접 판매하고 있어 둘러보는 재미도 쏠쏠하다. 연중무휴.
- 경남 산청군 시천면 남명로 228 1층
- #안심식당 #산나물뷔페 #건강한밥상

코리아 짚와이어
"금오산 정상에서 시작되는 짜릿함"

아시아 최장 길이인 3,420m 길이의 짚와이어. 최고 시속 120km로 한려해상국립공원 일대를 빠르게 이동하는데, 아찔한 속도감을 즐길 수 있다. 금오산 정상까지 이동하는 하동 케이블카를 함께 운영한다. (p574 B:2)
- 경남 하동군 금남면 경충로 493-37
- #산악스포츠 #짚와이어 #아찔한

하동 북천 코스모스 / 메밀꽃밭
"메밀꽃 보고 레일바이크 타고"

하동군 북천면에서는 매년 가을 코스모스/메밀꽃 축제가 동시에 열린다. 북천역 근처 일원에 코스모스밭과 메밀꽃밭 풍경을 즐길 수 있으며, 구 북천역 근처에 있는 레일바이크 승차장에서 코스모스 꽃길을 따라 레일바이크를 체험해 볼 수도 있다. (p574 B:2)
- 경남 하동군 북천면 직전리 583
- #코스모스 #메밀꽃 #레일바이크
- 주차 : 하동군 북천면 직전리 507-7

평사리 공원 및 섬진강변
"바다의 몰아치는 파도가 후련한 마음이 들었다면, 넓고 잔잔한 이 강줄기는 고요하게 마음을 편하게 해줘서 좋다."

하동과 구례의 중간지점에 위치한 평사리 공원. 넓은 백사장과 낮은 수심, 전국 유일의 1급수 수질로 가족 여행객에는 최고의 장소라 할 수 있다. 야영장과 넓은 주차장, 바비큐 그릴 등 캠핑 관련 시설들이 준비되어 있어 야영하기도 제격이다. 근처에 화개장터 고소성과 토지의 무대인 최참판댁이 있다. (p574 A:2)
- 경상남도 하동군 악양면 평사리 76
- #가족 #캠핑

매암제다원 `카페`
"'아름다운 다원'으로 선정된 하동 인스타 핫플레이스"

@soonii_59

푸르른 녹차밭의 풍경을 보며 편안하게 차를 즐길 수 있는 곳. 실내보다 야외에서 즐기는 다도 추천! 찻값은 입장료 대신, 차박물관 운영비로 사용된다. 8세이상 1인 1주문 원칙.(p574 A:2)
- 경남 하동군 악양면 악양서로 346-1 매암다원문화박물관
- #하동여행 #하동녹차밭 #차박물관 #하동다원 #하동가볼만한곳

악양 평사리 최참판댁

"박경리 대하소설 '토지'의 재현"

대하소설 토지의 주 무대로 펼쳐지는 곳으로, 소설 속 상상의 무대였던 하동군 악양면 평사리의 최참판댁과 그 주변인물들의 생활공간이 재현되어 있다. 주변에는 평사리 문학관, 최참판댁 드라마 촬영지 평사리 부부 소나무 등이 있다.(p574 A:2)

- 경상남도 하동군 악양면 평사리길 66-7
- 주차 : 하동군 악양면 평사리 414-1
- #토지 #최참판댁

하동 사기아름마을 연꽃단지

"취화선의 촬영지"

하동군 사기아름마을 광장 뒤쪽 골짜기에 길게 조성된 연꽃단지. 이곳의 연꽃은 작물용으로써 연꽃과 연잎 등은 수확기에 수확된다고 한다. 관광지로 개발되지 않았기 때문에 더욱더 여유롭게 연꽃을 구경할 수 있는 곳. 도예가 장금정씨가 운영하는 도자기 전시관과 칸 국제 영화제 수상작 취화선의 촬영지도 함께 만나볼 수 있다.

- 경남 하동군 진교면 백련리 152
- 주차 : 하동군 진교면 백련리 129-2
- #대규모 #연꽃단지 #도자기전시관

하동 쌍계사 십리벚꽃길

"화개장터, 섬진강, 쌍계사 그리고 벚꽃"

@aareummi

화개장터에서 화개천을 따라 쌍계사까지 이어지는 약 5km의 벚꽃길. 화개장터에서 화개천을 넘어 쌍계사로 가는 길이며, 나무데크도 있어 산책하기 좋다. 1931년 도로 개통으로 성금을 모아 벚나무 1,200그루를 심어 십리벚꽃길이 만들어졌다고 한다. 벚꽃 철 화개장터에서는 벚꽃 축제가 열리는데, 축제 기간에는 화개장터 공영주차장, 화개중학교에 주차하는 것을 추천한다.(p574 A:2)

- 경남 하동군 화개면 삼신리 산151-2
- 주차 : 하동군 화개면 탑리 725
- #화개천 #쌍계사 #벚꽃길

도심다원 `카페`

"녹차밭 전망이 보이는 정자"

@eruph_

도심다원에서 가장 유명한 핫한 공간은 녹차밭 사이에 마련된 야외 정자인데, 이 정자에 올라 아래로 넓게 펼쳐진 녹차밭 전망을 눈과 사진으로 담아갈 수 있다. 단, 이 정자는 사

전 예약한 사람만 이용할 수 있다는 점을 참고하자. 10~18시 사장님 개인 휴대전화(010-8526-0070)로 문자 연락 후 예약비를 지불하면 된다.

- 경남 하동군 화개면 신촌도심길 43-22
- #녹차밭전망 #야외정자 #사전예약

화개장터

"재첩국 등의 맛깔스러운 음식을 맛볼 수 있다. 지나가다 들러 꼭 식사하고 가자"

섬진강 물길 따라 형성된 재래시장. 섬진강 재첩국 등의 맛깔스러운 음식이 유명하며, 봄에는 벚꽃으로 화개장터 주변이 만발한다.(p574 A:2)

- 경남 하동군 화개면 쌍계로 15
- 주차 : 경상남도 하동군 화개면 탑리 734-5
- #전통시장 #재첩국 #벚꽃

쉬어가기좋은날식당 `맛집`

"부모님과 가기 좋은 한정식 맛집"

하동 섬진강쌀로 밥을 제공하고, 하동매실로 장아찌, 매실청을 손수 만들고, 계절 나물 반찬을 맛볼 수 있는 곳. 지리산에 향취를 느낄 수 있는 산채더덕구이 정식과 하동 명물로 꼽히는 섬진강 재첩국이 대표메뉴다. 정갈하고

다양한 종류의 밑반찬과 깔끔한 음식 맛 평이 좋다. 수요일 정기휴무

- 경남 하동군 화개면 쌍계사길 6
- #정부지정안심식당부모님과함께가기좋은곳 #쌍계사맛집

혜성식당 `맛집`
"한국관광공사 공인 깨끗하고 맛있는 집"

재첩국, 은어, 참게탕을 전문으로 한 식당. 가장 인기 있는 메뉴는 참게탕으로 매콤하고 얼큰맛을 느낄 수 있는 국물과 알이 꽉 차 있는 게와 함께 먹으면 밥도둑이라는 맛 평. 각종 TV프로그램에도 방영되어 인기있는 곳이다. 공기밥 별도 주문. 화개장터, 쌍계사, 섬진강이 인근에 있어 방문하기 좋다. 연중무휴 (p574 A:2)

- 경남 하동군 화개면 화개로 48
- #정부지정안심식당 #참게탕맛집 #부모님과함께가기좋은곳

섬이정원
"아름다운 꽃들의 천국, 정성스럽게 가꾸어진 남해 민간 정원 1호"

@1weekbro

사시사철 아름다운 꽃이 피어나는 아늑한 유럽감성 정원. 제일 유명한 연못 포토존에서 인생샷을 남길 수 있다. 무인 매표소 운영. 외길이라 초보 운전자에겐 어려운 코스니 주의하자.

- 경남 남해군 남면 남면로 1534-110
- #남해여행 #남해가볼만한곳

시골할매막걸리 `맛집`
"직접 담근 막걸리를 놓치지 말아요"

@about_jonghee

3대째 이어 운영하고 있는 남해 맛집. 메뉴는 멸치쌈밥, 갈치조림, 생선구이, 해물칼국수 등이 있다. 물과 반찬 셀프. 특히 직접 담근 유자막걸리, 울금(강황)막걸리, 남해(쌀)생탁주 등은 음식과 남해 명물과 함께 맛보는 것을 추천한다. 바다가 보이는 야외테이블도 인기가 좋다. 라스트오더 19시 (p574 B:3)

- 경남 남해군 남면 남면로679번길 17-37
- #다랭이마을맛집 #수제막걸리 #바다뷰

다랭이마을
"계단식의 독특한 형태의 논, 삶이라는 것 결국 자연에 맞춰지는게 아닐까?"

비탈진 곳에 층층이 되어 있는, 좁고 긴

계단식 논. 다랑논이 아름답게 펼쳐져 있어 '다랭이마을'로 불린다. 다랑논은 반석으로 지반을 다진 후 석축을 쌓고 자갈을 메워 만든다. 다랭이라는 말은 '다랑'의 이곳 사투리이다.(p574 B:3)

- 경남 남해군 남면 홍현리 912-1
- 주차 : 경남 남해군 남면 홍현리 886-2
- #계단식논

힙한식 `맛집`
"남해의 건강한 식재료를 담아낸 솥밥"

@mijaaari_

상호 그대로 '힙한' 한식집이다. 카페나 비스트로 같은 건물에 고급스러운 한식을 내는데, 솥밥과 파전이 이곳의 대표 메뉴이다. 바삭한 해물파전이나 목살 구이도 일품. 남해의 건강한 식재료들을 담아 한 그릇 먹으면 그대로 보신, 보양이 될 것 같은 이곳의 솥밥은 남해에 왔다면 꼭 경험해 봐야 할 맛이다.(p574 B:3)

- 경남 남해군 미조면 동부대로 2
- #솥밥 #남해식재료 #건강밥상 #해물파전 #목살구이 #한식

남해의숲 `카페`
"이국적 분위기 숲 전망 카페"

@numim.

카페 입구 나무 대문에서 동화마을에 온 듯한 느낌의 사진을 연출해보자. 포레스트 뷰와 현무암, 라탄 인테리어로 되어 있어 이국적인 분위기를 느낄 수 있는 카페. 커피 원두는 개인이 직접 로스팅한 원두만 사용하여 신선하며 쿠키, 브라우니, 소금빵, 크로플 등 다양한 디저트로 맛볼 수 있다. 애견은 야외 마당에서만 동반이 가능하다. (p580 B:3)

- 경남 남해군 삼동면 독일로 152-8 1층
- #독일마을카페 #이국적인분위기 #애견동반

독일마을 추천

"파독 광부, 간호사들의 정착 마을로 이국적인 건물과 문화를 느껴볼 수 있다."

1960년대 파독 광부, 간호사들이 귀국하여 정착한 마을로, 현재는 독일문화를 간접 체험할 수 있는 관광지가 되었다. 일부 건축물은 독일 현지에서 건축자재를 조달하여 건축했다.(p574 B:3)

- 경남 남해군 삼동면 독일로 64-11
- 주차 : 남해군 삼동면 봉화리 2613
- #독일 #감성사진 #수제맥주

물건방조어부림

"해안이 바로 옆 1.5㎞의 숲이라, 신기하지 않아?"

남해 보리암 및 단풍 추천

"조선 태조 이성계의 백일기도 명당"

@yuni_3.3

기암 절경 아래 붉은빛의 단풍, 지는 태양 그리고 보리암과 한려해상국립공원이 절경을 이루는 곳. 과거 태조 이성계가 백일기도를 하고 이곳에 금산이라는 이름을 붙였으며, 보리암을 왕실 원당으로 삼았다. 금산의 기암 절경 아래 보리암에서 보는 한려해상국립공원의 모습은 세계 유명 여행지로 삼을 만 하다. 금산탐방지원센터에 주차 후 1시간가량 등반하자.(p574 B:3)

- 경남 남해군 상주면 보리암로 665
- 주차 : 남해군 이동면 신전리 산 116-2
- #이성계 #금산 #보리암

물건리에 위치한 물건방조어부림(勿巾防潮魚付林)은 남해 12경중의 하나로 해안가 옆에 초승달 모양으로 1.5km 숲을 이룬다. 느티나무, 이팝나무, 푸조나무, 팽나무 등 1만 그루의 나무가 심어져 있으며, 독일마을에서 물건마을, 방조어부림을 한눈에 볼 수 있다.(p574 B:3)

- 경남 남해군 삼동면 동부대로1030번길 59
- 주차 : 남해군 삼동면 물건리 465-1
- #느티나무 #이팝나무 #산책로

남해 독일마을 맥주축제

"술에 취하지 말고 기분에 취해봐!"

남해 독일마을의 이국적인 풍경에서 개최되는 맥주 축제. 독일의 맥주와 요리를 함께 선보이며, 파독 광부, 간호사 관련 전시장도 마련되어있다.(p574 B:3)

- 경남 남해군 삼동면 물건리 1137
- 주차 : 남해군 삼동면 봉화리 2571-2
- #수제맥주 #독일요리

상주 은모래비치

"고운 모래, 호수같이 맑은 바다"

소나무숲에 둘러싸인 백사장이 일품인 곳. 남해 금산 아래, 호수처럼 맑은 해변 덕에 남해

에서 가장 많은 사람들이 모여드는 해수욕장이다. 이곳으로 일출 구경 오는 사람이 많다. 겨울엔 전지훈련지로도 각광받는다.(p574 B:3)

- 경남 남해군 상주면 상주로 17
- 주차 : 경남 남해군 상주면 상주리 1227, 상주은모래비치주차장
- #솔숲 #백사장 #금산 #남해핫플 #일출 #전지훈련지

남해 두모마을 유채꽃
"파도처럼 움직이는 유채꽃 물결"

남해군 상주면 두모마을 두모교 북쪽 150,000㎡ 계단식 논두렁에 자라난 유채꽃밭. 독특하고도 아름다운 풍경 덕분에 아름다운 대한민국 꽃길로 선정되었다. 유채꽃이 지는 가을 무렵에는 메밀꽃이 피어나는데, 이 모습도 무척 아름답다. 바다와 맞닿은 두모마을의 풍경과 해양 레포츠도 함께 즐길 수 있다. 매해 봄에는 유채꽃 축제가 개최된다.(p574 B:3)

- 경남 남해군 상주면 양아리 137
- #계단식 #유채꽃밭 #메밀꽃밭

남해 망운산 철쭉
"KBS 중계소 까지는 차량 이동이 가능!"

망운산 주봉에서부터 KBS 중계소가 위치한 망운산 제2봉을 잇는 철쭉 군락지. 바다와 어우러진 아름다운 풍경으로 대한민국 100대 야생화 명소로 선정되었다. 화방사 입구에서 출발해 망운산 주봉에서 암봉까지 진입 후 좌회전하여 KBS 중계소(통신시설)를 찍고 하산하는 코스를 추천한다. 단, 등산에는 약 5~6시간이 걸리므로 체력이 필요하다.(p574 B:3)

- 경남 남해군 서면 노구리 산99-2
- 주차 : 남해군 고현면 대곡리 1149-4
- #망운산 #야생화 #등산

돌창고프로젝트 [카페]
"남해 여행의 필수 코스, 창고 카페"

@jjjjjong_2_

카페이자 문화복합공간. 오래된 창고를 개조한 이 카페는, 전시회와 도자기 공방도 함께 운영한다. 성수동의 힙한 창고형 카페, 공장형 카페에 와 있는 듯한 느낌이기도 하다. 이곳의 대표 메뉴는 도자기에 내오는 돌창고 미숫가루, 덩어리 쑥떡이다.(p574 B:3)

- 경남 남해군 서면 스포츠로 487
- #창고카페 #문화복합공간 #도자기 #전시회 #돌창고미숫가루 #덩어리쑥떡

남해대교유람선해상랜드
"남해바다로 역사기행 가자"

남해대교유람선해상랜드는 주간 해상 크루즈, 대도 상륙 관광 코스를 운영한다. 매해 1월 1일에는 해맞이 유람선도 운영하는데, 선착순 50명만 이용할 수 있으니 미리미리 예약하자. 유람선은 충무공 이순신 장군이 전사하신 관음포 바다를 지나간다. 근교 관광지로는 남해대교, 충렬사, 대도 파라다이스 등이 있다. 탑승 시 신분증을 꼭 지참해야 한다.(p574 B:3)

- 경남 남해군 설천면 노량리 443-21
- 주차 : 남해군 설천면 노량리 429
- #남해대교 #해맞이 #유람선

남해 왕지마을 벚꽃
"남해대교와 푸른 바다 그리고 벚꽃터널"

남해대교 아래 남해 충렬사를 지난 후 갈림길이 나오는데, 여기에서 우측길로 들어선 후 약 3km가량을 이동하면 벚꽃길이 나온다. 왕지마을 입구부터 양쪽으로 늘어진 벚나무가 벚꽃 터널을 만든다. 벚꽃은 3cm가량으로 분홍색 또는 백색의 꽃으로 피며, 군락을 이룬 곳은 눈이 온 것 같다. 벚꽃이 떨어질 때 꽃비가 되기도 한다.

- 경남 남해군 설천면 노량리 산 14-2
- 주차 : 남해군 설천면 문의리 산 259-7
- #남해대교 #벚꽃길

남해 장평저수지 유채꽃/튤립
"따뜻한 봄날, 행복한 산책"

장평저수지 튤립밭을 둘러싸고 있는 유채꽃밭. 저수지를 따라 조성된 나무데크길을 걸으며 유채꽃, 튤립, 저수지 풍경을 모두 즐길 수 있다. 시기를 맞추어 가면 벚꽃까지 구경할 수 있다. 새벽 시간대에 방문하면 물안개가 드리워 더욱 아름답다.

- 경남 남해군 이동면 초음리 1604-5
- #유채꽃 #벚꽃 #튤립 #물안개

대방진굴항

"거북선을 숨겨두던 비밀의 요새"

왜구의 침략을 막기 위해 세웠던 둑으로, 활처럼 굽은 모양을 띄고 있어 '굴항'이라 부른다. 이순신 장군이 거북선을 숨기는 용도로 사용했으나 지금은 작은 어선들이 선착장으로 이용 중이다. 주머니 모양으로 바다로부터 들어와 있는 그 형세가 특이하고 신비롭다.

- 경남 사천시 굴항길 99 ■ 주차 : 경남 사천시 대방동 251, 대방진굴항
- #왜구침략 #이순신장군 #선착장 #신비

나인뷰커피 `카페`

"천국의 계단과 천사 모형"

@sun_sun_na_na

하늘로 올라가는 듯한 느낌의 천국의 계단이 대표 포토존. 뿐만 아니라 하늘그네, 천사 날개 모형도 있어, 또 다른 감성 사진 연출도 할 수 있다. 실내외 소파, 단체석 등 다양한 좌석이 많다. 저녁에는 캠프파이어장에서 불멍하며 마시멜로를 구워 먹을 수 있다. 가격은 한 개 2,000원으로 해당 판매 금액은 전액 불우이웃돕기로 사용된다고 한다. (p580 B:2)

- 경남 사천시 남양광포1길 16
- #천국의계단 #오션뷰 #사천카페

사천항공우주박물관

"항공기가 신기한 아이들과 함께"

항공 우주관, 자유 수호관, 야외 전시장을 운영하는 항공우주박물관. 항공기의 역사와 원리 등을 56개의 패널로 조감할 수 있다. 2층에서는 우주를 비행하는 우주왕복선에 대한 전시물이 있으며, 자유수호관에서는 6.25 한국전쟁에 대한 전시가 진행된다. 설날, 추석 연휴를 제외하고 연중무휴 운영.(p574 B:2)

- 경남 사천시 사남면 유천리 802
- 주차 : 경남 사천시 사남면 유천리 806
- #항공 #우주선 #한국전쟁

사천 바다케이블카 `추천`

"바다와 섬을 잇는 해상 전망"

사천 내륙과 바닷길, 초양섬을 잇는 해상 케이블카. 바닷길, 산길, 하늘길을 모두 즐길 수 있어 오늘도 많은 관광객들이 이 케이블카에 몸을 싣는다. 노을 질 때 탑승하면 그 풍경이 특히 멋지다. (p580 B:2)

- 경남 사천시 사천대로 18
- #해상케이블카 #바다전망 #섬전망

창선-삼천포대교

"가만히 앉아 일몰과 야경을 보고 있노라면"

사천시와 남해군을 연결하는 연륙교. 남해군의 랜드마크로 공원과 같이 조성되어 있다. 해지는 일몰과 야경이 아름다운 곳이다.

- 경남 사천시 사천대로 3-16
- 주차 : 경남 사천시 대방동 681-2
- #해변전망 #드라이브 #일몰

앞들식당 맛집
"시원하고 또 시원하다"

재첩국과 낙지볶음 전문점. 기본 반찬으로 계란말이, 고등어구이 등이 제공된다. 추가 반찬은 셀프바에서 리필 가능하다. 부추가 송송 썰려 있는 투명한 국물의 재첩국은 비린 맛 없고 시원한 맛 평이 좋다. 낙지볶음도 가성비가 좋아 인기가 좋은 편. 낙지볶음에 밥을 쓱쓱 비벼먹으면 통통하고 쫄깃한 낙지맛을 더 풍미있게 맛볼 수 있다. 연중무휴 (p580 B:1)

- 경남 사천시 사천읍 옥산로 75 앞들식당
- #재첩국맛집 #사천맛집 #속시원

박서방식당 맛집
"가성비 끝판왕 백반집"

@s0rala

14가지 반찬, 국으로 구성된 백반정식이 이곳의 대표메뉴. 새우장, 전복장, 나막스(생선)구이 반찬 맛이 좋아 인기가 있다. 1인당 12,000원의 가격으로 푸짐한 한상차림을 맛볼 수 있으며 8세 이상은 1인으로 추가된다. 테이블링 예약 가능. 라스트오더 15시, 화,수, 목요일 정기휴일

- 경남 사천시 유람선길 14 박서방식당
- #가성비좋은 #백반정식 #사천맛집

진주냉면산홍 본점 맛집
"진주 양반들이 먹던 전통 진주냉면"

남해안에서 생산 후 말린 해산물을 주재료한 육수로 인해 감칠맛이 좋아 맛 평이 좋다. 면은 토종 앉은 뱅이 밀, 고구마, 보리, 메밀 4가지 곡물을 섞어 만들어 고소한 향은 물론 부드럽고 독특한 식감을 느낄 수 있다. 칼칼하고 얼큰한 매운맛을 느낄 수 있는 진주산더미불갈비도 인기 있다. 캐치테이블 앱 예약 가능, 브레이크 타임 15시30분~17시 (p580 C:1)

- 경남 진주시 금산면 금산로 62
- #전통진주냉면 #해물육수 #산더미물갈비

진양호
"인공호수 앞 전망대 그리고 공원"

서부 경남의 유일한 인공호수로 환상적인 저녁노을을 볼 수 있는 곳. 진양호공원은 영화 하늘정원의 촬영지로 유명하다. 동물원, 진주랜드와 연결되어 다양한 볼거리와 체험거리가 있다.(p574 B:2)

- 경남 진주시 남강로1번길 105-13
- 주차 : 경남 진주시 판문동 437-8
- #인공호수 #전망대 #석양

국립진주박물관
"진주대첩은 우리에게 어떤 의미가 있을까?"

경상남도 최초의 국립박물관으로 임진왜란 격전지인 진주성에 있다. 임진왜란과 진주에 관한 문화유산이 전시되어 있으며. 3D 입체 상영관에서 '진주대첩', '명량대첩' 애니메이션도 상영한다. 진주성 입장료를 냈다면 박물관 관람은 무료. 음성 안내기도 선착순으로 25대까지 대여해준다.(p574 B:2)

- 경남 진주시 남성동 169-17
- #진주성 #향토박물관 #애니메이션

아소록 카페 카페
"화이트톤 인테리어 카페"

@su_hyeon204

화이트톤 감성 카페인 아소록. 사선으로 줄틈이 있는 독특한 철제 벤치와 벤치 뒤쪽에 주황색 카페 로고가 화이트톤 배경 사진에 독특한 재미 요소가 되어준다. 실내도 이색 식물, 조명, 패브릭 포스터 등으로 독특하게 꾸며져 있어 사진 찍어갈 만한 곳이 많다. 테이블이 놓여있는 카페 옥상에도 한번 올라가 보자.

- 경남 진주시 석갑로91번길 2
- #감성카페 #줄무늬벤치 #노출콘크리트

진주성 추천
"한국관광공사 선정, 한국인이 꼭 가봐야 할 국내 관광지 1위"

임진왜란 3대첩 중의 하나인 진주성은 1592년 진주대첩시 3,800여 명으로 왜군 2만을 물리친 곳이다. 촉석루는 지휘본부 역할을 했는데 기와지붕의 거대함이 웅장해 보인다. 진주성 의암은 논개가 왜장과 함께 남강으로 뛰어내린 장소다.(p574 B:2)

- 경남 진주시 본성동
- 주차 : 경상남도 진주시 남성동 3-1
- #임진왜란 #논개 #성곽

경상남도수목원산림박물관
"생태체험을 해보자"

경남 산림환경연구원 부지 내에 위치한 산림, 임업에 대한 역사적 자료가 전시된 박물관. 전시실, 자연 표본실, 경남의 산림, 생태체험실 등을 운영한다. 연구원 내에 무궁화 공원, 식물원, 야생동물원 등도 있다.(p574 C:2)

- 경남 진주시 이반성면 대천리 391
- 주차 : 진주시 이반성면 대천리 437
- #산림 #목재 #자연공원

경상남도수목원 추천
"희귀한 식물 가득한 생태숲 체험장"

@flooriarocio

경남 산림환경연구원 부지 내에 위치한 산림, 임업에 대한 역사적 자료가 전시된 박물관. 전시실, 자연 표본실, 경남의 산림, 생태체험실 등을 운영한다. 연구원 내에 무궁화 공원, 식물원, 야생동물원 등도 있다. (p574 C:2)

- 경남 진주시 이반성면 수목원로 386
- #숲체험 #생태체험 #식물원

진주 강주연못 연꽃
"연못 위를 걷는 느낌"

진주 시내에서 사천방면 3번 국도 예하교차로 우측에 위치한 연꽃지. 강주연못을 가득 메운 홍련과 백련, 수련이 싱그럽다. 연못 좌우 양옆으로 나무데크길이 설치되어 연꽃을 더 가까이 만날 수 있다. 연못을 따라 1km의 산책로가 조성되어 있으며 지압보드, 쉼터, 벤치 등이 조성되어 나들이하기 좋다.(p574 B:2)

- 경남 진주시 정촌면 예하리 911-11
- 주차 : 진주시 정촌면 예하리 276-3
- #연꽃 #산책로 #휴식

하연옥 맛집
"알록달록 고명과 감칠맛의 진주냉면"

1945년부터 3대째 전통 방식을 유지하며 한결 같은 맛을 내는 진주냉면집. 오이, 계란 지단, 육전, 실고추 등 형형색색의 빛을 내는 고명으로 인해 더 입맛을 돋군다. 육수는 홍합, 멸치 등 다양한 해산물과 소뼈를 함께 넣어 400도 이상 달군 무쇠와 섞여 깔끔한 감칠맛을 느낄 수 있다. 연중무휴 (p574 B:2)

- 경남 진주시 진주대로 1317-20
- #진주냉면 #알록달록 #맛있는감칠맛

천황식당 맛집
"80년 넘는 역사를 간직한 진주비빔밥"

1900년대 초부터 4대째 내려오고 있는 진주비빔밥 식당. 진주비빔밥 3대 식당으로도 꼽히며, 한국 사람이 사랑하는 오래된 한식당으로 선정되기도 했다. 한우가 들어간 진주식 비빔밥에 선짓국이 딸려 나와 더욱더 든든하다.(p574 B:2)

- 경남 진주시 촉석로207번길 3
- #한옥 #전통 #옛날감성 #진주비빔밥

고성주꾸미 맛집
"단짠,단맵의 주꾸미 맛집"

@dntkak11

주꾸미, 주꾸미삼겹, 주꾸미새우 등과 어린이도 즐길 수 있는 김가루 주먹밥, 돈까스 등도 있다. 주꾸미는 보통맛과 매운맛 중 선택이 가능하며 콘치즈, 계란찜, 묵사발은 기본으로 제공된다. 상추에 주꾸미를 소스에 찍어 먹고, 콘치즈까지 먹으면 단짠,단맵의 맛을 느낄 수 있어 맛 평이 좋다. 1인당 인삼우유와 요구

르트 제공. 브레이크 타임 14시30분~17시. 월요일 정기휴무

- 경남 고성군 거류면 거류로 711
- #정부지정안심식당 #현지맛집 #단짠단맵

본토대가 맛집
"모든 장을 직접 담궈요"

간장게장, 전복장, 새우장, 가리비장 등 모든 장류를 전문으로 하는 음식점. 저염으로 숙성하여 짜지 않아 누구나 맛있게 맛볼 수 있어 인기가 좋다. 솥밥 밥을 덜고 물을 부어 숭늉을 만들고, 밥에 각종 장을 넣고 간장으로 간을 해 먹으면 깊은 맛을 느낄 수 있다고 한다. 김가루, 고추냉이 등 개인 기호에 맞게 곁들여 먹어볼 것을 추천한다. 라스트오더 17시, 연중무휴 (p574 C:2)

- 경남 고성군 고성읍 성내로144번길 17
- #정부지정안심식당 #장맛집 #돌솥밥

고성 상리연꽃공원 연꽃
"마음을 다스릴땐 연꽃 저수지가 최고"

고성군 상리면 시내 남측 끝에 위치한 상리연꽃공원. 공원 연못에 수련, 홍련, 백련, 노랑어리연꽃 등 다양한 연꽃이 피어나 있다. 연못을 가로지르는 나무 데크와 돌다리가 설치되어 연꽃을 더욱 가까이에서 관찰하고 만져볼 수도 있다. 근처에 있는 고성 공룡박물관에도 방문해보자.

- 경남 고성군 상리면 척번정리 89-1
- 주차 : 고성군 상리면 척번정리 118-3
- #공원 #연꽃

상족암 군립공원 추천
"1억 5000만 년 전 공룡의 발자국이 담긴 화석 산지"

@jin2zzzang

세계 3대 공룡 화석지중 하나로, 천연기념물로 지정될 정도로 학술적 가치가 높은 곳이다. 해안가 나무데크 길을 따라 책이 층층이 쌓인 듯한 해안절벽이 이어진다. 동굴포토존이 요즘 사랑받는 사진스팟. 고성공룡 박물관으로 이동하면 티라노사우루스, 트리케라톱스 등 공룡 발자국, 공룡 모형, 공룡 관련 영상 등을 체험할 수 있다. 매년 여름이면 공룡축제가 열리니 방문 전 축제 일정을 살펴보자. (p574 C:3)

- 경남 고성군 하이면 덕명5길 42-23
- #공룡발자국 #천연기념물

고성공룡박물관
"공룡탐험을 떠나자"

전 세계 최대 공룡발자국화석지인 상족암 군립 공원 내에 위치. 5개의 전시실을 포함해 공룡 탑, 전망대 등을 운영하며, 다양한 체험학습이 진행되어 가족끼리 방문하기 좋다. 매주 월요일 휴관.(p574 B:3)

- 경남 고성군 하이면 덕명리 85
- #공룡 #전망대 #어린이

공룡엑스포
"한반도의 공룡을 한자리에서 보자!"

고성 당항포 관광단지 부지 내에 있는 공룡엑스포는 한반도의 공룡 발자국이 한곳에 모여 있는 곳이다. 국내 최초 360도 회전하는 5D 영상관과 미디어파사드 불꽃 쇼, 빛 체험관 등이 운영되며, 야간에 방문하면 밤을 수놓는 화려한 불빛도 인상적. 2016년 엑스포 행사 종료 후에도 관광지 내에 공룡 전시, 홀로그램 영상 등이 남아있다.(p574 B:3)

- 경남 고성군 회화면 당항리 112-2
- 주차 : 고성군 회화면 당항리 25
- #공룡모형 #5D애니메이션 #어린이

당항포 관광지
"한국의 쥐라기 공원에서 이순신 장군을 만나다!"

이순신 장군과 공룡에 대한 다양한 체험시설이 마련된 테마파크. 이순신 장군의 활약상을 전시해놓은 당항포 해전관, 거북선 체험관과 공룡 엑스포, 공룡 캐릭터관, 고성 자연사박물관이 한자리에 있다. 넓은 캠핑장에 놀이터까지 갖춰져 있으니 이곳에 숙박하며 다

양한 체험시설을 느긋하게 즐겨봐도 좋겠다. (p574 C:2)

- 경남 고성군 회화면 당항만로 1116
- #역사체험 #이순신 #거북선

거제 식물원 정글돔
"정글돔을 지나서 가자!"

우리나라에서 가장 큰 식물원이다. 280억이 투자된 돔형 열대온실인 것이다. 삼각 유리가 7,500장 넘게 투입된 이 정글돔은, 엄청난 규모의 식물은 물론 실내에 인공폭포와 물안개가 어우러져 그야말로 아마존 정글에 와 있는 듯한 착각이 들게 한다. 곳곳에 핫한 포토존이 많은데 그중에서도 '새둥지 포토존'은 제일 인기가 뜨겁다.(p581 E:2)

- 경남 거제시 거제면 거제남서로 3595
- #열대온실 #인공폭포 #새둥지포토존

거제관광모노레일
"수려한 거제의 풍경을 관람할 수 있는 모노레일"

거제포로수용소 유적공원에서 계룡산까지 이동하는 모노레일로, 주변 숲길 풍경을 오롯이 즐길 수 있다. 하절기 09~17시 운행하며 탑승 인원이 제한되어 있으므로 사전예약 후 방문해야 한다. (p581 E:2)

- 경남 거제시 계룡로 61 포로수용소유적공원
- #계룡산 #모노레일 #예약필수

거제도 포로수용소 유적공원
"민족의 비극이 고스란히 남아있는 곳"

6·25전쟁 중 북한군과 중공군 포로들을 수용하던 곳. 처음의 규모는 6만이었으나 나중에 17만에 이르는 전쟁 포로를 수용했다.(p575 E:3)

- 경남 거제시 고현동 362
- #한국전쟁 #수용소

해금강 추천
"금강산에 견줄만 하다 하여 '해금강'"

우리나라 명승 제2호로 지정된 곳으로, 해금강 유람선을 타면 한려해상국립공원으로 지정된 작은 섬들과 바다 풍경을 오롯이 즐길 수 있다. 해금강 유람선은 외도, 우제봉, 병대도, 소매물도 등을 둘러보는 총 6가지 코스가 운영되며, 비정기적으로 운행하니 미리 전화로 문의하고 시간 여유를 갖고 출발하는 것이 좋다.(055-622-1352, 055-622-3079) (p575 E:3)

- 경남 거제시 남부면 갈곶리 85-1
- #해금강 #십자동굴 #촛대바위 #사자바위

바람의 언덕

"시야가 탁트인 풍경으로 드라마, 영화 촬영지로 유명한 곳"

거제 8경 중 하나인, 잔디로 이루어진 민둥산. 탁트인 풍광에 시원한 바람을 맞으며 마음이 청량해진다. 신선대, 외도, 해금강을 관광하면서 잠시 쉬었다 가는 코스. 드라마, 영화 촬영지로 더욱 유명해졌다. 바람의 언덕 랜드마크 이국적인 대형 풍차앞에서 인증샷은 필수.(p575 E:3)

- 경남 거제시 남부면 갈곶리 산14-47
- #드라마영화촬영지 #대형풍차 #신선대 #도장포유람선 #전망대 #핫도그

바람의 핫도그 `맛집`

"예쁜 데코레이션과 수준급 맛의 핫도그"

거제도 바람의 언덕에서 판매하는 명물 핫도그. 일반 관광지에서 파는 핫도그와 달리 데코레이션도 예쁘고 맛도 수준급이다. 대표메뉴인 돼지고기 핫도그 포크엔틱이 인기 메뉴.

- 경남 거제시 남부면 다대리 424
- #바람의 핫도그 #바람의언덕

저구항 수국

"바다와 수국"

수국 축제가 열리는 동산. 바닷가에 인근하여 바다와 어우러지는 수국을 경험할 수 있다. 수국 주변으로 산책로도 잘 꾸며져 있어 걷기에도 참 좋다. 색색의 아름다운 수국을 만끽해 보시길.(p581 E:3)

- 경남 거제시 남부면 저구리 216-7, 저구수국동산
- #수국축제 #수국동산 #알록달록 #바닷가

근포동굴

"거제 여행 필수 코스, 근포농굴 인생샷 남기기"

@s___ms208

거제에서 가장 핫한 여행지. 근포마을 뒤, 5개의 땅굴 중 하나이다. 일제강점기 당시 포진지로 쓰기 위해 만들었다가 그 흔적이 남았다. 이곳에서 인생사진 얻는 꿀팁. 해가 질 시점에 가는 것이다. 동굴 밖 어스름한 풍경과 피사체의 실루엣이 대비를 이룰 때 보다 멋진 사진을 얻을 수 있다.(p581 E:3)

- 경남 거제시 남부면 저구리 423
- 주차 : 경남 거제시 남부면 근포1길 58, 근포마을회관
- #거제핫플 #근포마을 #일제시대 #일몰 #동굴사진 #인스타명소

장사도 가배 유람선

"장사도의 육상관광을 포함한"

거제도 가배항 20분 떨어진 장사도 해상공원에 도착 후 2시간가량 장사도 해상공원 육상관광을 즐기는 2시간 40분 코스의 유람선. 장사도에 도착하면 10만여 그루의 동백나무와 후박나무, 팔색조 등을 만날 수 있다. 장사도는 추억의 영화 '낙도의 메아리' 촬영지로도 유명하다. 동백꽃 피는 겨울철에는 붉은 동백꽃 물결을 감상할 수 있다.(p581 E:3)

- 경남 거제시 동부면 가배리 247-11
- #장사도 #겨울 #동백나무

학동 흑진주 몽돌해변

"흑진주 같은 검은 몽돌이 가득한, 흔치 않은 해변"

다른 해수욕장과 다르게 수심이 깊고 파도가 거칠다. 선착장에서는 해금강을 둘러볼 수 있는 유람선이 있다.(p581 E:3)

- 경남 거제시 동부면 학동리 276-8
- #해수욕장 #해금강 #유람선

온더선셋 `카페`

"야자수 조망 루프탑 카페"

@find__found_

휴양지 느낌의 분위기가 물씬 풍기는 카페 입구에서 사진을 남겨보자. 선셋 브릿지와 야자수에서 느낄 수 있는 트로피컬한 분위기의 감성 루프탑 카페이다. 낮에는 푸른 바다를 보며 청량함을, 노을 무렵에는 로맨틱한 분위기를 만끽할 수 있는 곳이다. 해수면에 붙어 있어 크루즈 카페 같은 느낌도 받을 수 있다. 다양한 음료와 베이커리는 물론 10~14시까지 브런치 주문도 가능하다. (p575 D:3)

- 경남 거제시 사등면 성포로 65
- #휴양지분위기 #대형카페 #크루즈느낌

성포끝집 `맛집`

"3면이 통창으로 되어있는 거제도 맛집"

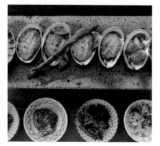

3면이 통창으로 되어 있어 고래섬, 등대, 가

조도, 가조도 다리를 보며 식사를 할 수 있다. 톳밥정식, 꼬막 비빔면정식, 전복죽 정식 등이 인기메뉴다. 건강식으로 간을 세게 하지 않아 기호에 따라 비치된 비빔밥양념이나 새우장 간장에 비벼 먹을 수 있다. 라스트오더 20시 30분연중무휴 (p581 E:2)

- 경남 거제시 사등면 성포로3길 56 2층
- #뷰맛집 #오션뷰 #꼬막한상

거제 가조도

"조용한 어촌에서 하룻밤"

가조도는 거제도에 속한 섬으로, 그 이름은 거제도를 보좌한다는 의미가 있다. 가조도로 가기 위해 연륙교를 지나는데 이곳에서 보는 일몰이 아름답다.(p581 E:2)

- 경남 거제시 사등면 창호리 산112-2
- 주차 : 거제시 사등면 창호리 2073-3
- #어촌마을 #일몰

글래씨스 `카페`

"거제 바다를 내려다보며 몽돌라떼 한 잔"

@glasseas_official

몽돌해수욕장이 내려다보이는 통창의 오션뷰 카페. 망치몽돌해수욕장과 해금강 외도유람선터미널과도 매우 가깝다. 여행을 하다가 이곳에서 쉬면 되는 코스. 야외 테라스에는 이국적인 야자수와 함께 거제의 아름다운 바다가 펼쳐져 있다. 바다를 보며 이곳의 시그니처, 몽돌라떼와 거제 레드 유자 에이드를 즐거 보시길.(p575 E:3)

- 경남 거제시 일운면 거제대로 1514-17
- #몽돌해수욕장 #통창 #오션뷰 #야자수 #몽돌라떼 #거제레드유자에이드

외도널서리 `카페`

"예쁜 정원과 멋진 오션뷰를 볼 수 있는 외도보타니아에서 만든 카페"

@oedonursery

식물원같은 예쁜 정원과 시원한 오션뷰를 만끽할 수 있는 카페. 이국적인 느낌의 온실 컨셉 건물과 정원 전체를 둘러볼 수 있도록 입구와 출구가 다른 특이한 구조가 인상깊다. 1인 1메뉴 주문후 입장. (p575 E:3)

- 경남 거제시 일운면 구조라로4길 21
- #거제도카페 #구조라카페 #오션뷰카페 #식물카페 #외도보타니아 #데이트코스

구조라성

"샛바람 소리길 끝에 펼쳐진 거제의 쪽빛 바다"

왜적의 침입을 막으려 지었던 조선시대의 산성이다. 샛바람소리길을 따라가는 길이 아주 신비롭다. 초록의 싱그러운 대숲 터널은 이곳의 대표적인 포토존. 비밀의 문 같은 이 길을 따라 구조라성에 도착하면 거제의 푸른 바다가 발 아래 펼쳐진다. 쪽빛 바다의 아름다움이 숨 막히게 아름답다.(p581 F:2)

■ 경남 거제시 일운면 구조라로8길 7-1

■ 주차 : 경남 거제시 일운면 구조라로 73,구조라항

■ #샛바람소리길 #대숲터널 #산성 #거제바다 #인스타핫플 #포토존

거제 내도 동백꽃 섬
"전국 10대 명품섬 중 하나"

내도는 구조라유람선터미널에서 배로 10분 거리에 있는 섬으로, 외도의 안에 있다 하여 내도라 한다. 이곳은 3.9km의 해안선을 가진 작은 섬으로, 10가구가량의 주민이 거주하고 있다. 섬 안에는 내도 명품 길이라는 둘레길이 있어 산책을 즐기기 딱 좋다. 외도의 모습과 해금강의 모습을 모두 감상할 수 있는 곳으로도 유명하다. 동백나무는 정원용으로 재배되는 품종으로 기후가 따뜻한 곳에서 잘 자라며, 꽃은 붉은색 꽃잎에 노란색 수술을 갖는다.(p575 E:3)

■ 경남 거제시 일운면 와현리 산 99

■ 주차 : 거제시 일운면 구조라리 42-17

■ #유람선 #동백꽃 #둘레길

지심도
"섬 전체가 동백나무숲을 이루어 동백섬이라고도 불러"

거제시 동쪽으로 1.5km 떨어진 섬. 장승

경상남도 울산

거제시

외도 보타니아 해상농원 추천
"매년 백만 명 이상 찾는 관광섬으로 열대식물들이 이국적인 섬으로 보이게 해"

해상 식물공원으로 유명한 관광섬. 3,000여 종의 수목과 열대식물로 섬 전체가 이국적으로 보인다. 비너스가든, 조각공원, 전망대, 에덴가든, 천국의 계단 등이 있다.(p575 E:3)

■ 경남 거제시 일운면 외도길 17

■ 주차 : 거제시 일운면 와현리 619-12

■ #식물원 #산책 #가족

포항에서 배로 15분 거리에 있으며 섬 전체가 동백나무로 뒤덮여 있다. 오솔길을 따라 2~3시간이면 섬 전체를 둘러볼 수 있다.(p575 E:3)

■ 경남 거제시 일운면 외도길 17

■ 주차 : 거제시 일운면 와현리 619-12

■ #식물원 #산책 #가족

한꼬막두꼬막 맛집
"국내산 꼬막, 가리비만 사용해요"

28년 경력이 있는 음식 장인이 손수 만든 게장과 꼬막, 가리비 정찬을 만드는 곳. 국내산 꼬막, 가리비만 사용하여 음식이 제공된다.

음식에 들어가는 장 또한 전부 직접 담가 사용하여 음식의 맛이 깊고 풍부하다는 맛 평. 월~목요일엔 15시~16시 30분 쉬어가며, 토, 일요일엔 16시~17시 쉬어간다. 매주 첫째, 셋째 화요일 정기휴무(공휴일 제외) (p581 F:2)

■ 경남 거제시 일운면 지세포로 122

■ #소노캄맛집 #신선한해산물 #해산물정식

거제보재기집 맛집
"거제도 현지인이 추천하는 물회 맛집"

커다란 그릇에 자연산 활어회가 가득 올라간 물회 맛집. 그중에 서도 푸짐한 양을 자랑하는 보재기 스페셜이 인기. 보재기 스페셜 중자는 2인, 대자는 3~4인이 먹기에 알맞다. 물회는 반정도 쌈으로 먹고 난 후 육수와 밥 혹은 면사리를 넣어 말아 먹는 것이 정석. 포장도 가능하다.

- 경남 거제시 일운면 지세포리 374-8
- #물회 #보재기스페셜 #멍게비빔밥

거제조선해양문화관
"4D로 거제도 해저탐험 해볼래?"

거제도를 포함한 남해안 어촌의 생활상과 선박 관련 자료가 전시된 박물관으로, 어촌민속전시관(1관)과 조선해양전시관(2관)으로 구성되어있다. 시기별 다양한 기획전과 교육 프로그램도 진행된다. 매주 월요일, 1월 1일, 명절 당일 휴관.

- 경남 거제시 일운면 지세포리 929-88
- #바다 #민속박물관

매미성 추천
"여기저기 포토존에서 찍는 사진마다 예술이 되는 인스타 성지"

@nan.kyung

2003년 태풍 매미로 인해 피해를 본 원주민이 농작물을 지키기위해 오랜시간 홀로 쌓고 있는 성이 유명해진 곳. 아직 미완성이다. 탁트인 바다 풍경과 성곽을 배경으로 인생샷을 남길 수 있는 핫스팟이다.(p575 E:3)

- 경남 거제시 장목면 복항길
- #거제도여행 #태풍매미 #개인사유지# 인스타성지

거제맹종죽테마파크
"거제의 대나무 테마공원"

거제 앞 바다 전망을 즐길 수 있는 복합 테마파크로, 아이들이 즐길만한 다양한 체험시설과 놀이 기구들이 마련되어 있다. 매년 4~5월 즈음 지역축제인 맹종 대나무 축제가 열리니 이 시기에 맞추어 방문해 보자. (p575 E:3)

- 경남 거제시 하청면 거제북로 700
- #바다전망 #놀이동산 #맹종대나무축제

통영 유람선(통영)
"한산도의 육상관광을 포함한"

장사도+한려수도 코스(약 3시간 20분), 한산도+승전지 코스(2시간)를 운영하는 유람선. 장사도 코스에서는 장사도 해상공원을, 한산도 코스에서는 이순신 장군 격전지를 방문한다. 자가용 이용 시 북 통영 IC로 통영 터널을 통과하면 빠르게 유람선 승선지로 갈 수 있다. (p581 D:2)

- 경남 통영시 도남동 634 유람선터미널
- 주차 : 경남 통영시 도남동 635
- #장사도 #한려수도 #이순신

오미사꿀빵 맛집
"겉바속촉한 통영 먹거리 명물"

50년이 넘게 같은 맛을 지켜온 통영 먹거리 명물. 본점은 팥 앙금 한가지만 판매하는 곳이다. (분점은 자색고구마, 단호박 맛 밑 매장 내 테이블 보유) 빵은 얇지만 앙금이 많아 달달하며 겉은 바삭해서 씹는 맛이 좋다는 맛 평. 재료 소진 시 조기마감. 연중무휴. (p581 E:1)

- 경남 통영시 도남로 110
- #통영먹거리 #겉바속촉 #통영꿀빵

카페 네르하21 카페
"스페인 해변 마을을 닮은 감성카페"

@wonriven_wn.03

네르하는 '유럽의 발코니'라는 별명으로 불리는 스페인의 아름다운 해변마을로, 이곳에서 스페인 못지않은 청량한 바다 사진을 찍어갈 수 있다. 야외 테라스에 푸른빛 수조가 놓여있고, 그 너머로 해송과 바다 전망이 잘 드러나 멋진 배경을 만들어준다. 단, 야외 테라스는 추락위험이 있는 곳이기 때문에 만 13세 이하는 출입 불가능한 노키즈존으로 운영하고 있다. (p581 E:1)

- 경남 통영시 도산면 도산일주로 952
- #유럽풍 #오션뷰 #물정원

욕지도 한양식당 맛집
"해산물을 듬뿍 넣은 깔끔한 국물"

욕지도 맛집으로 손꼽히는 해물 짬뽕집. 탱글탱글한 새우살과 주꾸미 등 해산물이 가득하다. 짬뽕만큼이나 볶음밥도 맛있다.

- 경남 통영시 동항리 790-9
- #해물짬뽕 #욕지도

삼도수군통제영
"특히 세병관의 웅장함은 마치 궁궐 건물을 보는 듯, 거대한 지붕과 현판이 그 자리를 뜨지 못하게 한다."

이순신이 통제사일 때 한산도가 통제영이었으나, 정유재란 이후 통영에 삼도수군 통제영이 자리 잡았다. 삼도수군 통제영은 오늘날의 해군 총사령부. 가장 중심이 되는 세병관은 원래 있던 건물이고, 나머지는 재현된 것이다.(p574 C:3)

- 경남 통영시 문화동 64-1
- 주차 : 경남 통영시 문화동 109
- #이순신장군 #해군

통영해물가 맛집
"제철 해산물을 넣고 끓인 시원한 해물 뚝배기"

@heyjina_jmt

제철 해산물을 듬뿍 넣어 끓인 얼큰한 해물 뚝배기로 유명한 곳. 통영에 오면 꼭 먹어봐야 할 멍게비빔밥과 물회, 굴 구이 코스요리도 인기. 굴 구이 코스요리는 겨울에만 맛볼 수 있다.

- 경남 통영시 동호동 통영해안로 377
- #해물뚝배기 #멍게비빔밥 #물회

통영 스카이라인 루지 추천
"통영 여행의 필수 코스, 아이나 어른할 것 없이 즐길 수 있는 액티비티 루지"

@dyeon_22

통영 풍경도 즐기고, 스릴만점인 루지로 즐거운 액티비티를 할 수 있는 곳. 통영의 인기 관광 명소. 최소 3번이상 타기 추천. 매번 탈때마다 티켓을 확인하니 분실 주의.(p581 E:1)

- 경남 통영시 발개로 178
- #아이와가볼만한곳 #가족나들이

한려수도 케이블카 _{추천}

"장담하건대 첩첩섬중, 지구 상에서 충분히 아름다운 곳"

1.9km 국내 최장 거리 케이블카로 탑승 시간 편도 10분 정도 걸린다. 서양 사람들에게도 굉장히 이국적인 곳으로 스위스, 오스트리아 사람들도 이곳에 오면 '원더풀'을 외칠 만 하다. 장담하건대 지구상에서 충분히 아름다운 곳이다.(p581 D:2)

- 경남 통영시 산양읍 영운리 910-2
- #국내최장거리 #케이블카

욕지도 모노레일 _{추천}

"욕지도의 바다를 감상하는 행복한 16분!"

@wo_ocloud

2km 코스의 모노레일을 타며 한려수도의 아름다운 섬들과 자연을 감상할 수 있다. 경사도가 제법 있어 롤러코스터를 타는 기분도 든다. 별도 공지 시까지 휴장 (p574 C:3)

- 경남 통영시 욕지면 욕지일주로 1467
- #욕지도 #모노레일 #한려수도 #남해바다 #섬조망 #롤러코스터

심가네 해물짬뽕 _{맛집}

"꽃게부터 키조개까지 해산물 듬뿍 들어간 해물짬뽕"

꽃게, 가리비, 새우, 홍합, 조개, 키조개, 오징어 등 해산물을 아낌없이 넣은 해물짬뽕 전문점. 살아있는 해산물을 넣어 식감이 쫄깃하고 국물 맛 또한 시원하다. 매콤한 해물짬뽕과 맑은 국물 하얀짬뽕 두 가지 메뉴를 판매한다.

- 경남 통영시 서호동 163-35
- #해물짬뽕 #하얀짬뽕 #꽃게 #키조개 #해산물 #해장음식

통영시티투어(통영여객선터미널)

"한산도 제승당을 포함한 시티투어 여객선"

한산도 제승당-세병관-미륵산 케이블카-전혁림미술관을 방문하는 시티투어 버스. 한산도 배 승선권, 미륵산 케이블카 입장권 등이 포함되어 있어 더욱더 경제적이다. 충무공 이순신 장군의 얼을 느낄 수 있는 한산도 제승당은 꼭 방문해야 할 명소이다. (p574 C:3)

- 경남 통영시 서호동 316
- #한산도제승당 #미륵산케이블카

통영 중앙시장

"신선한 해산물을 저렴하게 구매할 수 있는 곳 회 먹고 싶다!"

신선한 해산물과 맛집이 몰려 있는 시장. 활어회를 구매하면 근처에서 자릿값을 주고 먹을 수 있다. 근처에 거북선과 동피랑, 삼도수군통제영이 있다.(p575 D:3)

- 경남 통영시 중앙동 38-4
- 주차 : 경상남도 통영시 중앙동 236
- #활어회 #해산물

소매물도

"등대섬을 가장 아름답게 바라 볼 수 있는 섬"

등대섬 경치를 가장 아름답게 바라볼 수 있는 소매물도는 통영 여객선 터미널에서 약 1시간 30분간 섬과 육지를 오가는 여객선을 타고 이동할 수 있다. 단, 하루에 2~3번 정도로 여객선 운항 횟수가 적으므로 소매물도에서 숙박하는 것도 추천한다. 섬 안에는 식당이나 매점이 드물기 때문에 먹거리 마실 거리를 충분히 챙겨가는 것이 좋겠다. (p575 D:3)

- 경남 통영시 한산면 소매물도길 116
- #등대섬전망 #고즈넉한 #노을전망

소매물도 등대

"걸을 수밖에 없는, 그래서 알게 되는 풍경에 감동하는 섬"

소매물도 등대섬으로 가는 길이 예쁜 곳. 걷는

것만으로도 감동이 벅차오른다. 수많은 기암절벽과 등대를 구경할 수 있다.(p581 E:3)

- 경남 통영시 한산면 소매물도길 24
- 주차 : 경남 통영시 통영해안로 234
- #등대 #기암괴석 #산책로

한산도 제승당 <추천>

"한산섬 달 밝은 밤에 수루에 혼자 앉아 충무공의 氣를 받아올 수 있는 곳"

학익진의 한산대첩이 있었던 앞바다. 임진왜란 때 이순신의 통제영이 있던 곳으로, 통영 여객항에서 여객선을 타고 30분가량 소요된다. 충무공이 '한산도가'를 읊었던 망루가 있다.(p575 D:3)

- 경남 통영시 한산면 한산일주로 70
- 주차 : 경남 통영시 통영해안로 234
- #이순신 #한산대첩 #역사여행지

동피랑 벽화마을

"통영의 '동쪽 벼랑' 벽화로 다시 태어난 곳"

통영의 동쪽 벼랑이라는 뜻을 가진 '동피랑'

벽화마을은 통제영의 '동포루'가 있던 자리로, 벽화 공모전을 통해 벽화마을로 탄생했다.(p575 D:3)

- 경남 통영시 항남동 139-20
- 주차 : 경남 통영시 태평동 528-1
- #벽화마을 #스냅사진

08

부산광역시

#감천문화마을

@imlosey

#다대포 해수욕장

#부네치아

#보수동 책방골목

#168계단

#송도 용궁구름다리

#이바구길

621

#흰여울 문화마을

#오륙도 스카이워크

#청학배수전망대

#뮤지엄 원

#마린시티

#롯데월드 부산

#죽성성당 드림세트장

#해운대 블루라인

@twinkle_2yu

623

부산의 먹거리

동래파전 | 동래구

동래 파전은 통파 위에 해물, 찹쌀 반죽, 달걀을 올리고 뚜껑을 덮어 쪄낸다. 부산에서는 파전을 초장에 찍어 먹는다.

전포 카페거리 | 부산진구 전포역

부산 지하철 전포역 7번 출구 방향으로 카페거리가 이어진다. 프렌차이즈 카페가 아닌 개성 있는 개인 카페들이 모여 있어 더 재미있다. 이곳에서 해마다 전포 카페거리 축제도 열린다.

부평동 냉채족발 | 중구 부평동

얇게 썬 족발에 당근, 오이, 양파 등의 채소와 해파리를 올리고 매콤한 겨자 소스를 부어 먹는 음식. 꼬들꼬들한 해파리와 채소의 아삭한 식감에 새콤한 소스로 느끼한 맛을 제대로 잡았다. 부평동 족발 골목에 많은 전문점이 모여있다.

자갈치시장 생선구이 | 중구 자갈치시장

자갈치시장은 국내 최대 수산물 시장으로, 꼼장어, 갈치, 가자미, 고등어, 삼치 등을 즉석에서 구워준다. 만원 내외의 가격에 매운탕까지 나오는 구이 정식 코스를 즐길 수 있다.

05

복요리 | 부산광역시

부산에서는 보통 무, 콩나물, 미나리, 마늘 양념을 넣어 맑게 복국으로 끓여 먹는다.

06

돼지국밥 | 부산광역시

돼지 뼈를 우린 육수에 편육과 밥을 말아 먹는 것이 부산식 돼지국밥이다. 범일동, 부전동 등 여러 곳에 돼지국밥 골목이 있다.

07

곰장어구이 | 부산광역시

먹장어를 부산 사투리로 곰장어라고 부른다. 부산은 짚불 곰장어와 양념 곰장어로 유명하다. 자갈치시장, 온천장, 부전동에 곰장어 전문점이 많다.

08

어묵 | 부산광역시

부산 어묵은 풀치나 깡치에 조기, 도미 등을 섞어 만든다. 생선 살이 50% 이상 함유되어 더 쫄깃쫄깃하고 맛이 진하다. 삼진어묵, 영진어묵 등이 유명

09

밀면 | 부산광역시

밀가루 국수에 시원한 고기 뼈 육수를 얹어 먹는 부산 향토음식. 돼지고기, 무절임, 달걀 지단 등이 고명으로 올라간다.

10

완당 | 부산광역시

조그마한 고기만두를 완당이라고 한다. 고기 뼈 육수에 완당을 넣은 만둣국 형태로 판매한다. '원조 18번 완당 발국수'라는 곳이 가장 유명

부산에서 살만한 것들

대저 토마토 | 강서구 대저동

대저 토마토는 짭짤한 맛으로 '짭짤이 토마토'라고도 불린다. 과육이 단단해 아삭아삭한 식감이 좋다. 3월부터 5월까지가 제철

기장 멸치 | 기장군

길이 10~15cm로 큼직하고 고소한 맛이 좋아 어엿한 '생선'으로 취급된다. 특히 봄철의 기장 멸치는 감칠맛이 나고 살이 연해 회로 먹기 좋다.

기장 미역 | 기장군

기장 앞바다는 플랑크톤과 유기물이 많이 함유되어 향이 진하고 식감이 쫄깃한 미역이 자란다. 기장 미역은 겨울부터 봄까지 재배된 것이 가장 맛있다.

부산 고등어 | 부산광역시

고등어는 부산 근해에서 잡히는 대표적인 물고기. 기름진 고등어를 반으로 갈라 석쇠에 구워 먹는 고갈비나 신선한 고등어 회가 일품

부산 어묵 | 부산광역시

부산어묵은 풀치, 깡치 등의 생선 살을 이용해 만들어진다. 신선한 생선 살이 70% 이상 함유되어 더욱더 깊은 맛이 난다.

부산 BEST 맛집

01

합천일류돼지국밥 | 사상구

깊고 진한 돼지 국물 맛으로 유명한 돼지국밥집. 200도로 끓인 육수로 토렴해 밥알에 깊은 맛이 배어있다.

02

할매재첩국 | 사상구

손톱만큼 작은 조개 재첩과 부추를 넣어 끓인 우유빛깔 조갯국. 반찬으로 나오는 고등어조림도 인기 높다. 재첩국과 재첩엑기스는 포장 가능

03

이재모피자 | 중구

임실치즈와 토핑을 듬뿍 넣은 로컬 맛집. 치즈크러스트 피자가 주력상품. 파스타와 마늘빵도 인기

04

부산족발 | 중구

부평동 족발거리에서 손꼽히는 냉채족발 전문점. 족발, 해파리냉채, 채소를 톡 쏘는 겨자 소스와 함께 버무려 먹는다.

부산 BEST 맛집

초량밀면 | 동구

부산의 자랑인 밀면! 깊은 육수에 감칠맛 나는 양념, 고기와 각종 채소들이 맛있는 조화를 이룬다.

본전돼지국밥 | 동구

부산역 근처에 있는 돼지국밥 찐 맛집. 특히 매콤하게 무쳐 낸 배추김치와 정구지(부추)김치 맛이 일품

오늘도카츠 | 영도구

풍부한 육향, 육미를 위해 최소 400시간 이상 교차숙성을 하여 만든 제주도 흑돼지 숙성 돈카츠 전문점. 특로스카츠정식, 히레카츠정식, 치즈카츠정식 등이 있다.

왔다식당 | 영도구

소의 힘줄 부위인 스지를 이용한 요리를 맛 볼 수 있는 곳. 스지전골이 대표메뉴로 버섯, 두부 등 각종 채소를 넣고 푹 끓여 담백하면서도 깔끔한 국물이 좋다.

09

@eat_ing.diary

원조할매낙지 | 부산진구

40여년의 전통을 자랑하는 원조낙지
볶음할매집. 29가지의 재료를 아끼지
않고 넣어 풍부한 맛의 양념이 밴 음식
을 맛 볼 수 있다.

10

기장손칼국수 | 부산진구

전국 5대 칼국수집으로 꼽히는 곳. 매
일 직접 뽑아내는 쫄깃한 수타면에 쑥
갓과 고춧가루가 들어간 얼큰한 국물
이 속을 달랜다.

11

@2_10_dar

톤쇼우 광안점 | 수영구

육향과 풍미가 좋은 고기를 사용한 돈
가스 전문점. 다양한 돈가스 메뉴가 있
으며 한정수량인 특로스카츠가 가장
인기가 많은 편

12

@yam_jjul2

신발원 | 동구

여러 요리 프로그램에 소개된 만두집.
튀김만두가 가장 유명

13

해운대암소갈비집 | 해운대구

부산에서 가장 유명한 음식점으로 꼽히
는 곳. 생갈비는 아침 일찍 방문하거나
미리 예약하지 않으면 맛보기 힘들다.
리모델링으로 2024년 6월 재오픈

14

@mamma__dori

다리집 | 수영구

길쭉 두툼한 가래떡에 고추장 양념을
해서 만든 떡볶이 전문점. 일반 떡보다
쫀득쫀득한 식감이 재미있다.

부산

부산 삼락공원 코스모스

대저생태공원 유채꽃 & 코스모스
낙동강 둑길 벚꽃

북구

백양산

부산

사상구

동구

엄광산

중구

강서구

서구

봉화산

승학산

사하구

영

구곡산

감천 문화마을, 아미산전망대

대저생태공원 유채꽃 & 코스모스
낙동강 둑길 벚꽃, 송도해상 케이블카

해동 용궁사, 일광해수욕장

삼각산

백운산 함박산

망월산 **기장군**

절마산

정구

부산해양자연사박물관
금강공원 케이블카, 복천박물관

부산시립미술관, 동백공원
해운대해수욕장, 해운대시장
해운대 영화의거리, 해운대 달맞이길
해운대 마천루 마린시티

봉대산

윤봉산

래구

감딘산

연제구

구곡산

부산 황령산 벚꽃길

해운대구

수영구

황령산 봉수대

부산 불꽃축제 광안리해변
광안리해수욕장

남구

초량 이바구길, 부산 시티투어 부산역
이바구길 모노레일

부산박물관, 오륙도 이기대해안산책로
오륙도 해맞이공원 유채꽃 및 스카이워크

자갈치 시장, 부산근대역사관
보수동 책방골목, 부산세관박물관

국립해양박물관, 태종대 및 유람선
흰여울문화마을

부산-남부

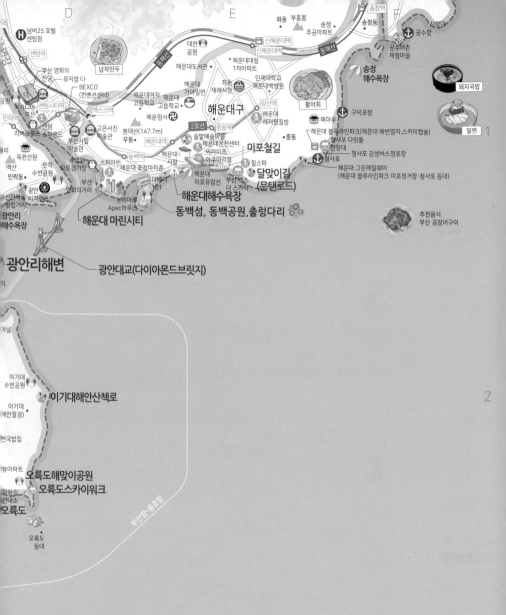

넘버25 호텔
센텀점
센텀역
부산 영화의
전당
뮤지엄 다
BEXCO
(컨벤션센터)
벡스코역
센텀
리버포르 스파랜드
부산시립
미술관
옥련선원
수영만
요트경기장
백산
민락동
수변공원
부산
영화의거리
APEC하우스
누리마루
Apec하우스
광안리
해수욕장

납작안두

동해선
해운대도서관
좌동
부흥봉
송정
주공아파트
신해운대역
신해운대역
해운대역
대천
공원
해운대림
1차아파트

송정역
송정동
좌동
재래시장
인제대학교
해운대백병원
해운대여자
고등학교
해운대
고등학교
해운정사
봉대산(147.7m)
우동
동백역
해운대
시장
미포유람선
부산 엑스
더 스카이
미포
쥬라기201

해운대구
장산역
활어회
2호선
중동역
솔밭예술마을
해운대온천센터
씨라이프
아쿠아리움
부산 엑스
더 스카이
힐스파

송정
해수욕장

구덕포항
해마루
해운대 블루라인파크(해운대 해변열차,스카이캡슐)
장사포 다릿돌
천망대
청사포 감성버스정류장
청사포
해운대 그린라일웨이
(해운대 블루라인파크 미포정거장~청사포 등대)

사랑대
공수항
공수어촌
체험마을

돼지국밥

밀면

마포철길
달맞이길
(문택로드)

해운대해수욕장
동백섬, 동백공원, 출렁다리

추천음식
부산 곰장어구이

해운대 마린시티

광안리해변
광안대교(다이아몬드브릿지)

이기대해안산책로

이기대
수변공원
이기대
해안절경
천국밥집
뷰아파트
오륙도해맞이공원
파랑길
안내소
오륙도스카이워크
오륙도
오륙도
등대

부산항·용호만

부산-중부·북부

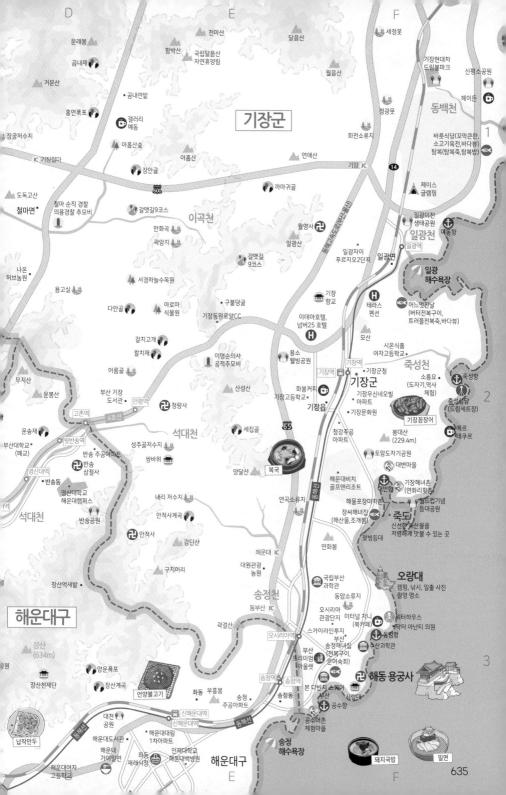

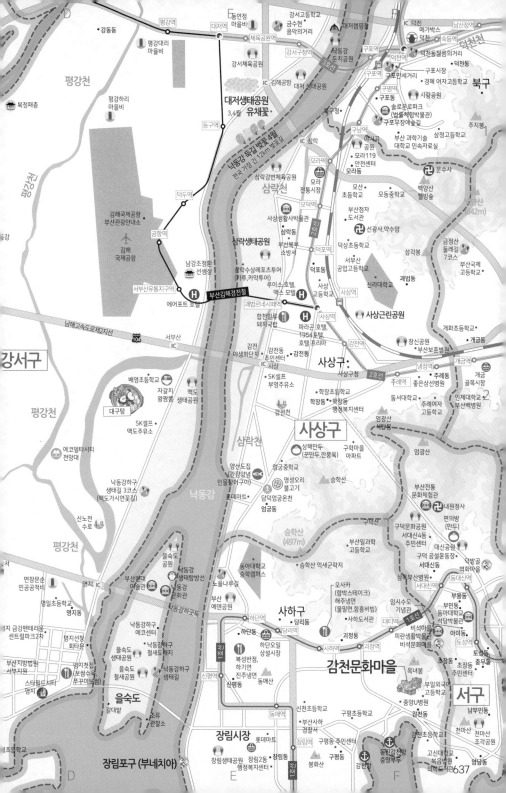

기장군

도항연화(전복리조뜨,모듬카츠)
백화제방(앤티크한
인테리어에 전망좋은
카페)
범고래다방(동해
전망이 아름다운 4층
루프탑 카페)   젖병등대
기장곰장어

죽도
신선한 해산물을 저렴하게
맛볼 수 있는 곳

오시리아 관광단지

더 이스트 인 부산
(대게, 오리 불고기, 꼬막,
갈치, 커피까지 한 번에
즐길 수 있는 곳. 5층
옥탑방 베이커리 카페
전망이 멋지다.

오랑대
캠핑, 낚시, 일출 사진
촬영 명소
오랑대공원

국립부산과학관

대게만찬(깔끔하고 가격도
저렴한 대게 맛집)

아난티코브
(아난티펜트하우스,
이터널저니,
펜트하우스,골프립,힐튼부산)
워터하우스(온천,스파)

오시리아관광단지
테마파크

스카이라인루지 부산

H

오시리아역

안동보리밥(깔끔하고
담백한 보리밥정식)

풍원장시골밥상집
(정갈한 반찬이 딸려
나오는 백반집)

페리데스 하이엔드
(유럽풍 궁전 인테리어와 클래식공연이
있는 베이커리 디저트카페

사랑대

해운대구

운 전망산

대천공원
장산 출입구에 있는 가볍게
운동하기 좋은 공원

본다빈치스퀘어 부산

송정역

공수어촌
체험마을

해동 용궁사 ✪
드넓은 바다와 맞닿아있는 한국에서
가장 아름다운 불교사찰. 아름다운 경치
때문에 항상 관광객으로 붐비는 곳.
다양한 불상과 약수터, 108계단이
설치되어 있다. 주말에는 주차하기 힘들
수 있으므로 버스로 이동하는 것을 추천.

원조할매국밥
(모듬국밥,돼지국밥)

해운대 그린레일웨이
(송정역-구덕포-다릿돌전망대-청사포
정거장-달맞이터널-미포정거장)

신해운대역

동해선

맘보식당
(산더미물갈비)
신도시시장(재래
시장, 식당가)

수월경화(오션뷰
퓨전찻집,달보드레상자)

송일정

송정해수욕장
서핑하기 좋은 깨끗한 해수욕장.

좌동재래시장
(횟집, 식당,
식자재)

해운정사
도심 속 여유를 느낄
수 있는 아늑한
불교사찰

해운대31CM
(해물파전,칼국수)
해물칼국수

장산역

송정포구
(정갈한 맛이 좋은
자가제면 국수, 만두 맛집)

중동역

해마루
해운대 앞바다 경치가
아름다운 전망대

청사포다릿돌전망대
바닷가까지 뻗어있는 유리 바닥길
다리 전망대. 망원경 너머 보이는
풍경도 멋지다.

솔밭예술마을
작은 공방이 모여있는 예술마을.
다양한 체험행사도 개최된다.

비비사당
(전망좋은
전통찻집)

달맞이길

하진어촌
(조개구이,청사포 앞바다)

청사포 감성바스정류장

라꽁띠(분위기
좋은 파스타 맛집)

청사포
아담한 횟집과 카페가
모여있는 정겨운 어촌마을

수민이네(조개구이)
연탄불에 구워 먹는 조개구이 맛집. 오래된 해송
너머 바다가 펼쳐지는 경치도 아름답다. 조개
파티가 끝난 후 먹는 후식 라면도 별미.

운대

밀면

해운대블루라인파크(해변열차,스카이캡슐)

힐스파
해운대 전망이
끝내주는 목욕탕 겸
찜질방

대구탕

해운대시장 ✪
횟집, 식당, 치킨집, 분식점, 길거리 음식점 등이
모여있는 먹거리 시장. 시장 인심을 느끼며
식사하고 싶다면 이곳을 추천.

출렁다리

달맞이길 (문탠로드) ✪
보름달 또는 밤에 꼭 들러봐야 할 환상적인 둘레길.
봄철에는 아름다운 벚꽃 군락이 보름달의 운치를 더한다.

씨라이프 부산아쿠아리움
다양한 해양생물을 만나볼 수 있는 웅장한 아쿠아리움. 상어,
펭귄, 가오리, 해마, 거북이 등 다양한 해양생물들이 살고
있으며, 상어 먹이 주기, 물고기 만져보기, 인어공주 쇼 등
다양한 이벤트도 열린다. 월~목요일 10:00~19:00, 금~일요일
09:00~21:00 개장.

부산엑스더스카이

해운대해수욕장 ✪
명실상부 대한민국에서 가장 유명한 해수욕장. 다양한
수상스포츠부터 요트까지 즐길 수 있는 곳. 해수욕장 주변에 고급
호텔과 식당, 쇼핑몰 등이 모여있어 야경도 아름답다.

더베이101 ✪
푸드트럭, 카페, 레스토랑, 요트클럽, 잡화점 등이 모여있는
복합상가. 1층 펍에서 해운대 야경을 바라보며 맥주를
즐기거나 3층 루프탑 레스토랑에서 식사를 즐기기 좋다.

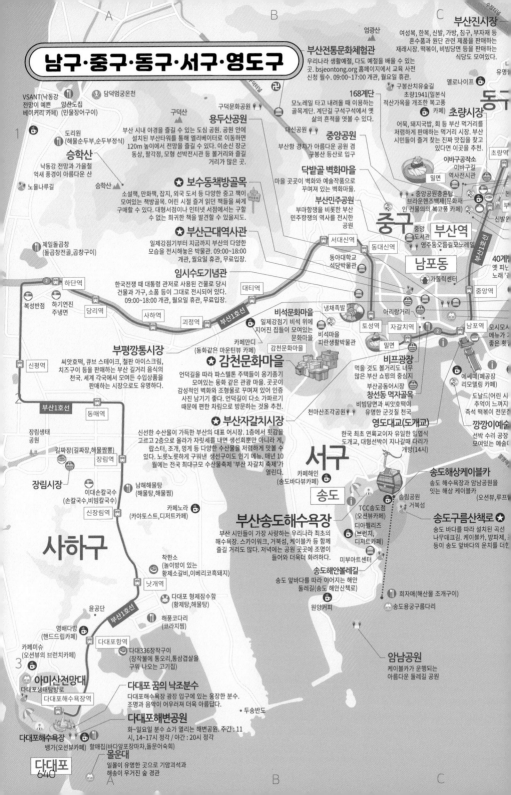

50년전통할매국밥

범일역 원조호돌매낙지 (낙곱새)

문현역

대연동못골시장

경성대부경대역

구덕포끝집고기 남촌끝집고기 (삼겹살)

용호만 유람선 터미널

너살차이 ~동에 더위 ~는 식빵이 감성 카페

좌천역

아이테르

지게골역

대연역

철인7호 경성대점 (맛있는 치킨집)

매축지마을

구석구석 옛 부산의 정취가 넘쳐나는 재래향 존

조선통신사 역사관 조선통신사에 대한 설명, 역사, 행로에 대한 지도 모형 등의 전시

문현동곱창골목

꿀꿀이빼대귀해장국 (돼지국밥)

부산장난감박물관

쌍둥이 경성대화교점 진주냉면대연점 소육포장,물내역점

대영온천 온몸이 매끈매끈 해지는 해수온천탕.

용호동해맨팥빙수 단팥죽(팥 맛으로 승부하는 가성비 최고 빙수 맛집)

부산진역

부산과학체험관 다양한 과학체험을 즐길 수 있는 어린이 박물관. 09:30~17:30 개관, 월요일 휴관.

내호냉면(100년 넘는 전통을 자랑하는 밀면 맛집)

부산박물관 부산의 역사와 부산에서 출토된 유물을 전시해놓은 박물관. 09:00~18:00 개관, 월요일 휴관, 무료입장.

UN조각공원

P

평화공원 6.25 전쟁에 참전한 한국군과 UN 참전군 전사자들을 기리는 공원. 조용하고 깨끗해 가볍게 산책하기 좋다.

이기대해안산책로 이기대수변공원

이기대

~량밀면(밀면맛집) ~돼지국밥

~역 국제수산 ~터미널 중국식 고기만두

이바구길모노레일 주민들을 위해 무료로 운영하는 아담한 모노레일.

국립일제강제동원역사관 일제강점기의 아픈 한국사를 소개하는 박물관. 10:00~18:00 개관, 월요일 휴관, 무료입장.

공원칼국수 (시원한 조개국수 칼국수, 줄서는 맛집)

UN기념공원

동명불원

남구

초량이바구길 6.25 당시 피난민들이 모여 살았던 산동네로 지금은 기념품점, 포토존, 카페, 막걸릿집 등이 모여있다.

풍년곱창 (돼지곱창,소고기 곱창전골)

차이나타운 중국집, 만둣집이 모여있는 곳. 만두 전문점 신발원이 유명

감만부두시민공원 낚시하기 좋은 부두가 공원. 오후 11까지 부산항대교로 조명이 들어와 야경도 아름답다.

합천국밥집 (따로국밥,수육백반)

~사스 거리 ~국, 러시아, 중국 느낌 물씬 풍기는 부산의 이태원 ~길 ~들의 만남의 장소. 박재홍의 ~도 아가씨'의 배경이 된 곳.

신선대

부산영화체험박물관 다양한 영화도 보고 트릭 아이 사진도 찍을 수 있는 체험박물관. 아이들과 함께 방문하기 좋다. 10:00~18:00 개관, 월요일 휴관.

오륙도가원 (탁트인 바다전망의 한우전문점, 카페도있다.

해파랑카페 (전면 오션뷰, 디저트카페)

부산항 연안여객터미널

오륙도스카이워크

국제시장 동네의 영화로 더욱 유명해진 생필품 시장. 식료품과 군것질거리를 판매하는 상점부터 옷가게, 구제 옷가게, 소품점, 철물점, 안경점, 전자제품 판매점 등이 테마별로 모여있다. 식사하기도 좋고 구경하기도 좋은 활기찬 재래시장.

오륙도 6개의 바위섬이 모여있는 곳. 등대가 있는 섬까지 배로 이동할 수 있다.

세트 성비 ~개조해 만든 ~감성 카페

청학수변공원

신기산업(항구 풍경이 아름다운 루프탑 카페)

용두산공원 부산타워 120m 높이에서 부산 도심을 내려다볼 수 있는 360도 전망대. 저녁 8시에 레이저 쇼가 펼쳐진다.

오늘도카츠 (300시간숙성 돈가스)

어묵

카린 영도 플레이스(영도 야경이 예쁜 3층 규모의 전망카페)

신기숲 (숲속뷰카페,노키즈존)

삼진어묵 본점и 체험어사관 어묵 역사를 배우고 어묵을 만들어볼 수 있는 체험관. samjinstory.com 홈페이지 사전예약 필수.

청학배수지전망대

국립해양박물관 영도와 바다생물과 모형, 해양 관련 자료가 전시되어있는 박물관. 화~금요일 09:00~18:00, 토~일요일 09:00~19:00 개관, 월요일 휴관, 무료입장.

마을 조선소가

봉래산 영도와 부산 시내를 내려다볼 수 있는 전망산.

복천사

부산국제 크루즈터미널

조도

한국해양대학교

팬스타크루즈

레트로덕천

손목서가 (북카페)

~테르 ~카페

흰여울해안터널 흰여울 피아노계단 흰여울전망대

영도관광실탄사격장 중리해녀촌(문어숙회)

한국해양대학교아치캠퍼스박물관

동삼동패총전시관

태종대유람선 태종대 앞바다를 한 바퀴 돌아보는 유람선

영도구

75광장

중리학동대

골목분식(비빔라면)

영도해녀문화전시관

동삼어촌체험마을

김치박물관

~각상 ~다.

흰여울문화마을 해안절벽길에 작은 주택이 옹기종기 모여있는 문화마을. 알록달록한 담장 길을 따라 감성적인 소품점과 카페가 모여있다. 영화 범죄와의 전쟁, 변호인 촬영지로도 유명하다.

태종대온천

수국꽃문화축제 6~7월 태종사에서 열리는 다채로운 수국 축제

감지해변산책로

태종대

태종대자갈마당 아름다운 자갈밭 풍경을 바라보며 해녀들이 갓 잡아 올린 해산물도 맛볼 수 있는 먹자골목

태종사

태종대 탁 트인 바다 경치를 즐길 수 있는 언덕 전망대. 바다의 운치를 더하는 영도등대, 신선 바위, 모자상 등이 설치되어있다. 걸어서 구경하는 다소 힘들기 때문에 다누비 순환 열차를 이용하는 것을 추천.

영도등대 신선바위

태종대다누비열차 태종대 등대를 찍고 돌아오는 꼬마 기차

태종대유원지 자갈밭, 등대, 전망대 등이 설치된 유명 산책로

태종대

태종대전망대 탁 트인 바다 경치를 즐길 수 있는 전망대. 다누비 열차를 이용해 이동하는 것을 추천.

1

2

3

남포동

★ 보수동책방골목
소설책, 만화책, 잡지, 외국 도서 등 다양한 중고 책이 모여있는 책방골목. 어린 시절 즐겨 읽던 책들을 싸게 구매할 수 있다. 대형서점이나 인터넷 서점에서는 구할 수 없는 희귀한 책을 발견할 수 있을지도.

책방골목

가톨릭센터

국제시장
동명의 영화로 더욱 유명해진 시장. 식재료와 군것질거리를 상점부터 옷가게, 구제 옷가게, 철물점, 안경원, 전자제품 판매 테마별로 모여있다. 식사하기 구경하기도 좋은 활기찬 재래

P 공영

부평깡통시장
씨앗호떡, 큐브 스테이크, 철판 아이스크림, 치즈구이 등을 판매하는 부산 길거리 음식의 천국. 세계 각국에서 모여든 수입상품을 판매하는 시장으로도 유명하다.

인앤빈 (원두를 직접 볶아 내린 핸드드립커피)

옥생관 (간짜장,탕수육,중식당)

거인통닭 (백종원도 사랑하는 부산 3대 시장통닭집. 커다란 생닭을 가마솥에 바싹바싹하게 튀겨낸다.)

소문난똥집이모 (닭모래집,닭날개구이)

(치즈가 듬뿍 올 피자와 파

양산집 (밥말아살코기, 돼지국밥)

깡통골목할매 유부전골본점 (유부우동,유부전골)

꽃분이네 (영화 국제시장 촬영지,현재는 카페로운영)

이가네떡볶이 (감칠맛 나는 떡볶이 양념이 매력적인 곳, 3 대천왕 우승)

돌고래순두부 (가성비 좋은 순두부찌개 및

남포동 프리 (디자인소품

이가네떡볶이 (깡통시장속 떡볶이)

국제시장

빈티지뮤지엄 (빈티지 소품)

H 지앤비 호텔

P

세정 (한치회,모밀쟁반)

공순대 (순대전골,이북식 순대전문점)

바다집 수중전골,낙곱볶음)

아리랑 거리
옷과 생활소품을 판매하는 전통시장

아리랑 거리

부평양곱창1호점 (돌판양념곱창,소금구이)

추억보물섬 골동품, 장난감 전시관

돌솥밥집 (순두부돌솥비빔밥,된장찌개 돌솥비빔밥)

H 호텔 아벤트리 부산

대정양곱창 (매콤달콤한 양념구이 곱창 맛집)

조선의한우 (한우구이)

부산족발 (새콤달콤한 해파리냉채와 곁들여 먹는 냉채족발 맛집)

육전밀면 남 (시원한 밀면 고소한 육전 함께 판매)

한양족발 (해파리냉채가 들어간 부산식 냉채족발)

★ 부평족발골목

냉채족발

체도 (매력적인 앤틱카페)

H 남포 하운드 호텔 텔프리미어

남포쭈꾸미 (매콤달콤 밥 볶아먹기도 좋은 주꾸미 볶음)

18빈원당집 (일본식 만둣국 완당, 모밀국수 발국수가 유명한 곳)

토성 초교

스타양궁카페 (양궁장)

창선동 먹자골목

부산BIFF거리

피프카메라 (중고카메라)

★ 창선동 먹자골목
비빔당면과 씨앗호떡이 유명한 군것질 천국

씨앗호떡

스탠포드 인 부산

부산횟집 (유명프로 나온 활어

서구청

남포스시 (사시미,오마카세스시)

1호선 자갈치역

⑦ ⑤ ③ ⑩ ⑧ ⑥ ④

영심이찐빵 (생활의달인 찐빵집)

H 호텔 노아

백화양곱창 (연탄불에 구워 먹는 고소한 양곱창 맛집)

장우손 부산어묵 (어묵)

자갈치신동 아시장(횟집)

신경북 (대게, 랍 코스 판매하는

한월식당 (갈치조림,모둠생선구이)

자갈치해안로

남포동

642

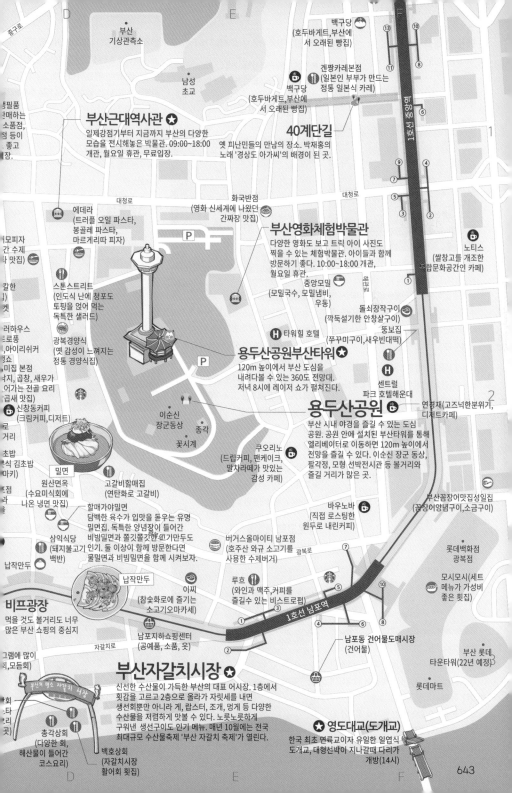

부산근대역사관 ★
일제강점기부터 지금까지 부산의 다양한 모습을 전시해놓은 박물관. 09:00~18:00 개관, 월요일 휴관, 무료입장.

40계단길
옛 피난민들의 만남의 장소. 박재홍의 노래 '경상도 아가씨'의 배경이 된 곳.

에데라
(트러플 오일 파스타, 봉골레 파스타, 마르게리따 피자)

백구당
(호두바게트,부산에서 오래된 빵집)

백구당
(호두바게트,부산에서 오래된 빵집)

겐짱카레본점
(일본인 부부가 만드는 정통 일본식 카레)

부산영화체험박물관
다양한 영화의 모습을 보고 트릭 아이 사진도 찍을 수 있는 체험박물관. 아이들과 함께 방문하면 좋다. 10:00~18:00 개관, 월요일 휴관.

화국반점
(영화 신세계에 나왔던 간짜장 맛집)

스톤스트리트
(인도식 난에 청포도 토핑을 얹어 먹는 독특한 샐러드)

광복경양식
(옛 감성이 느껴지는 정통 경양식집)

중앙모밀
(모밀국수, 모밀냄비, 우동)

노티스
(쌀창고를 개조한 복합문화공간인 카페)

돌쇠장작구이
(깍둑썰기한 안창살구이)

뚱보집
(쭈꾸미구이,새우빈대떡)

타워힐 호텔

용두산공원부산타워 ★
120m 높이에서 부산 도심을 내려다볼 수 있는 360도 전망대. 저녁 8시에 레이저 쇼가 펼쳐진다.

센트럴 파크 호텔해운대

신창동커피
(크림커피,디저트)

이순신 장군동상

종각

꽃시계

쿠오리노
(드립커피, 팬케이크, 말차라떼가 맛있는 감성 카페)

연경재(고즈넉한분위기, 디저트카페)

용두산공원 ★
부산 시내 야경을 즐길 수 있는 도심 공원. 공원 안에 설치된 부산타워를 통해 엘리베이터로 이동하면 120m 높이에서 전망을 즐길 수 있다. 이순신 장군 동상, 팔각정, 모형 선박전시관 등 볼거리와 즐길 거리가 많은 곳.

밀면

원산면옥
(수요미식회에 나온 냉면 맛집)

고갈비할매집
(연탄화로 고갈비)

바우노바
(직접 로스팅한 원두로 내린커피)

부산꼼장어맛집성일집
(꼼장어양념구이,소금구이)

할매가야밀면
담백한 육수가 입맛을 돋우는 유명 밀면집. 독특한 양념장이 들어간 비빔밀면과 쫄깃쫄깃한 고기만두도 인기. 둘 이상이 함께 방문한다면 물밀면과 비빔밀면을 함께 시켜보자.

삼익식당
(돼지불고기 백반)

납작만두

버거즈올마이티 남포점
(호주산 와규 소고기를 사용한 수제버거)

롯데백화점 광복점

모시모시(세트 메뉴가 가성비 좋은 횟집)

비프광장
먹을 것도 볼거리도 너무 많은 부산 쇼핑의 중심지

이찌
(참숯화로에 즐기는 소고기오마카세)

루흐
(와인과 맥주,커피를 즐길수 있는 비스트로펍)

부산 롯데 타운타워(22년 예정)

1호선 남포역

남포지하쇼핑센터
(공예품, 소품, 옷)

남포동 건어물도매시장
(건어물)

롯데마트

부산자갈치시장 ★
신선한 수산물이 가득한 부산의 대표 어시장. 1층에서 횟감을 고르고 2층으로 올라가 자릿세를 내면 생선회뿐만 아니라 게, 랍스터, 조개, 멍게 등 다양한 수산물을 저렴하게 즐길 수 있다. 노릇노릇하게 구워낸 생선구이도 인기 메뉴. 매년 10월에는 전국 최대규모 수산물축제 '부산 자갈치 축제'가 열린다.

총각상회
(다양한 회, 해산물이 들어간 코스요리)

백호상회
(자갈치시장 활어회 횟집)

★ 영도대교(도개교)
한국 최초 연륙교이자 유일한 일엽식 도개교, 대형선박이 지나갈때 다리가 개방(14시)

맥도생태공원

"낙동강 따라 걷는 에코 투어 "

낙동강을 따라 만들어진 자연 둔치. 봄이면 벚꽃으로, 여름엔 연꽃으로, 겨울이면 철새들로 장관을 이룬다. 동식물들을 가까이에서 볼 수 있는 생태공원이라 아이들의 교육에도 좋다. 다양한 체육시설이 마련되어 있어 넓은 공간에서 함께 뛰어놀기 좋다.

- 부산 강서구 공항로 500
- #낙동강 #자연둔치 #벚꽃 #연꽃 #철새도래지 #체육시설

부산 대저생태공원 유채꽃/코스모스

"낙동강변 엄청난 크기에 감동이 밀려오는 곳"

대저 생태공원 중앙광장 서쪽 사계절 꽃단지에 조성된 유채꽃밭. 공원 꽃단지 터에 길이 7.5km의 대규모 유채꽃밭이 조성되어 있다. 유채꽃이 질 가을 무렵에는 해바라기와 코스모스가 피어난다. 벤치와 정자가 있으며, 구포다리 밑에서 휴식을 취할 수도 있다. 구포다리 위에서 유채꽃밭을 촬영하면

근사한 사진을 찍을 수 있다.(p575 F:2)

- 부산 강서구 대저1동 1-5
- #유채꽃밭 #해바라기 #코스모스

낙동강 둑길 벚꽃

"이번 부산여행에는 낙동강 벚꽃길로!"

사상구 낙동강변에는 둑길을 따라 3천여 그루의 벚꽃이 펼쳐져 있다. 대저생태공원에서 맥도생태공원에 이르는 벚꽃길로 전국에서 가장 긴 12km의 벚꽃 터널이 이어진다. 이곳은 전국 아름다운 길 100선에 선정되기도 했다. 벚꽃은 3cm가량으로 분홍색 또는 백색의 꽃으로 피며, 군락을 이룬 곳은 눈이 온 것 같다. 벚꽃이 떨어질 때 꽃비가 되기도 한다.(p637 E:1)

- 부산 강서구 대저2동 1200-22
- 주차 : 부산 강서구 대저1동 1-12
- #낙동강 #생태공원 #벚꽃길

앙로고택 [카페]

"건물 자체가 예술인 한옥 카페"

인간문화재가 지은 멋진 한옥카페. 고즈넉한

한옥에서 낙동강을 바라보며 커피를 즐길 수 있다. 본관과 별관이 있는데, 세련되고 깔끔한 매력이 돋보인다. 별관 뒤 나룻배, 2층의 기와지붕, 낙동강과 나무를 배경으로 찍을 수 있는 곳, 별관의 창가 낙동강부 등 기억에 남을 사진을 얻을 수 있는 포토존이 가득하다.

- 부산 강서구 식만로 122
- #부산핫플 #한옥카페 #인간문화재 #나룻배 #포토존

합천일류돼지국밥 [맛집]

"진한 국물 돼지국밥에 아삭한 깍두기 한 입"

깊고 진한 돼지 국물 맛으로 이름난 돼지국밥집. 200도로 끓인 육수를 뚝배기에 붓는 토렴 과정을 거쳐 밥알에 깊은 맛이 배어있는 것이 특징이다. 밥 대신 우동사리를 넣어 먹을 수도 있다. 24시간 영업.(p637 E:1)

- 부산 사상구 광장로 34
- #돼지국밥 #진한국물 #우동사리 #모둠보쌈 #24시간 #셀프반찬코너

부산 삼락공원 코스모스

"산책하기 좋은 공원 꽃밭"

삼락생태공원 사이클경기장과 테니스장 맞은편 일원 등을 수놓은 코스모스 꽃밭. 가을이면 삼락공원 곳곳에서 코스모스를 볼 수 있지만, 테니스장 맞은편을 따라 조성된 코스모스 꽃밭의 규모가 더 크다. 테니스장 P6 주차장 주차 후 김해경전철 다리 밑으로 이동. 코스모스 사이로 산책로가 조성되어 편하게 이동할 수 있다.(p637 E:2)

- 부산 사상구 삼락동 29-66
- #코스모스 #철길 #산책로

할매재첩국 맛집
"아침 식사로도, 해장국으로도 제격인 시원한 재첩국"

재첩국의 고장 부산광역시에서도 손꼽히는 재첩국 전문점. 재첩국은 손톱만큼 작은 조개 재첩과 부추를 넣어 끓인 우유 빛깔 조갯국이다. 반찬으로 나오는 고등어조림도 재첩국만큼이나 인기가 있다. 재첩국과 재첩엑기스는 포장 주문도 가능하다.

- 부산사상구 삼락동 69-4
- #재첩국 #재첩회 #고등어조림 #시골인심 #국물리필가능 #포장가능

아미산전망대
"부산의 일몰 명소로 유명한 전망대"
부산의 일몰 명소로 유명한 전망대. 고래등, 백합 등을 살펴볼 수 있다. 3층에는 음료 및 다과를 판매한다.(p640 A:3)

- 부산 사하구 다대동 1548-1
- #전망대 #전망카페

감천 문화마을 추천
"애환을 같이 나누는 사람들이 모여살면 어떤 식으로든 그 마음이 표현되는 것 같아"

6.25 피난민들과 태극도 신도들이 살고 있는 곳. 태극도 신도 4,000여 명이 이주하며 정착해 형성된 마을. 감천동의 마을 미술 프로젝트 사업으로 벽화와 마을 정비가 이루어져 인기를 끌고 있다.(p632 A:3)

- 부산 사하구 감천2동 감내2로 203
- #감성 #스냅사진 #기념품점
- 주차 : 부산 사하구 감천동 10-1

다대포 해수욕장 추천
"타들어가는 저녁놀"

@imlosey

유난히 하얗고 고운 모래가 오래도록 기억나는 곳. 물이 얕고 차지 않아서 가족 단위의 피서지로도 인기가 좋다. 최근엔 패들보드 같은 해양 레포츠를 즐기는 사람들이 많아졌지만 이곳의 백미는 일몰. 세계 최대 규모의 꿈의 낙조 분수도 반드시 봐야 할 명소다.(p640 A:3)

- 부산 사하구 몰운대1길 14
- 주차 : 부산 사하구 몰운대1길 14
- #고운모래 #패들보드 #해양레포츠 #꿈의 낙조분수 #일몰명소

부산 부네치아(장림포구)
"사진 찍기 좋은 날엔 부네치아로"

"부산의 베네치아. 장림포구를 수놓은 이국적인 건물들과 소품들이 절로 카메라를 켜게 만든다. 비비드한 색상의 건물들이 이어져, 그냥 보는 것보다 사진으로 찍었을 때 더 매력적인 곳. 'BUNEZIA' 글씨 포토존에서 사진 찍는 것을 잊지 말자.

- 부산 사하구 장림로 93번길 72
- #장림포구 #이국적 #비비드 #글씨포토존

을숙도생태공원
"사계절 내내 철새들이 모여드는 곳"

먹이를 찾아 날아든 철새들을 볼 수 있는 생태 여행지. 큰고니의 최대 월동지로 유명하지만, 사계절 내내 다양한 철새들을 볼 수 있는 곳이다. 눈앞에서 철새들을 볼 수 있어 교육적으로도 매우 유익한 여행지이다. 다만 새들이 놀라지 않게 너무 화려한 옷을 입거나 큰 소리를 내선 안 되니 주의가 필요하다.(p637 E:3)

- 부산 사하구 하단동 1207
- 주차 : 부산 사하구 낙동남로 1240, 을숙도생태공원주차장
- #철새도래지 #큰고니 #최대월동지 #생태여행 #자연교육

부산 송도해상 케이블카
"투명한 바닥으로 보이는 영도의 풍경"

부산 송림공원에서 암남공원까지 운행되는 1.67km 길이의 케이블카. 2017년 기준 최신형 8인승 케이블카 39기를 운영한다. 일부 케이블카는 바닥이 투명하게 제작되어 짜릿함을 느낄 수 있다. 투명한 바닥 사이로 보이는 남항, 영도의 풍경이 매력적이다.(p640 C:2)

- 부산 서구 암남동 124-1
- #투명케이블카 #영도앞바다

송도 용궁구름다리
"바다 위를 건너는 짜릿함"

송도 해상케이블카를 타고 암남공원으로 간 뒤, 송도 용궁구름다리를 이용하는 코스. 송도를 대표하는 가장 핫한 여행지이다. 절벽에서 작은 섬을 잇는, 바다 위를 걷는 용궁구름다리는 아찔하면서도 짜릿해 여행객들을 설레게 한다. 발아래로 보이는 부산의 깊은 바다와 파도가 스릴 넘치게 다가온다.(p640 C:2)

- 부산 서구 암남동 620-53
- #해상케이블카 #암남공원 #스카이워크 #아찔 #짜릿 #송도핫플 #인스타명소

이재모피자 맛집
"맛 좋은 임실치즈 듬뿍 들어간 로컬 피자집"

@mukk.ing

쫄깃한 임실치즈와 토핑을 아낌없이 넣은 부산 로컬 맛집. 맛 좋은 치즈가 듬뿍 올라간 치

즈 크러스트 피자가 주력상품이다. 피자 말고 파스타, 마늘빵도 인기 있으니 여럿이 방문한다면 골고루 시켜 먹어보자.(p642 C:1)

- 부산 중구 광복동 광복중앙로 31
- #치즈맛집 #치즈크러스트 #마늘빵 #파스타 #로컬맛집

자갈치 시장
"생선을 이렇게 많아보긴 처음이야 바다 근처 정말 큰 수산시장이지"

싱싱한 해산물을 저렴하게 맛볼 수 있는 부산을 대표하는 전통시장. 자갈치는 돌자갈이 바다 기슭으로 모여 몽돌이 깔린 남포동 일대를 뜻한다.(p632 C:2)

- 부산 중구 남포동 자갈치해안로 52
- 주차 : 부산 중구 남포동4가 37-2
- #수산시장 #횟집거리

부산근대역사관
"부산 근대유물 200여점"

일제강점기에 동양척식주식회사 부산지점으로 사용된 건물로, 현재는 부산의 근현대사 유물 200여 점을 전시하고 있다. 일제 수탈의 아픈 역사와 부산의 성장 과정을 살펴볼 수 있다. 관람료 무료, 매주 월요일, 1

월 1일 휴관.(p640 C:2)

- 부산 중구 대청동2가 24-2
- #일제강점기 #역사박물관

깡통야시장
"야시장 열풍의 주인공, 없는 게 없는 시장"

전국 야시장 열풍의 주역! 자갈치 시장, 국제시장과 함께 부산의 3대 시장으로 꼽힌다. 일제강점기 때부터 운영 중인 역사 깊은 시장이기도 하다. 한국전쟁 당시 미군의 통조림이 거래되면서 이름 붙여졌다. 없는 것 없는 만능시장으로, 밤이 깊어질수록 더욱 생기를 띤다. 먹을 것, 볼 것 많은 에너지 넘치는 시장이다.(p640 C:2)

- 부산 중구 부평1길 48
- 주차 : 부산 중구 중구로33번길 32 부평공영주차장
- #야시장 #부산3대시장 #만능시장 #먹자골목 #볼거리

부산족발 맛집
"남포족발골목의 명물 냉채족발의 원조집"

부평동 족발거리에서 손꼽히는 냉채족발 전문점. 족발, 해파리냉채, 채소를 톡 쏘는 겨자

소스와 함께 버무려 먹는다. 야들야들한 족발과 신선한 채소, 겨자 소스가 어우러져 일반 족발보다 훨씬 맛있다.(p642 B:2)

- 부산 중구 부평동 광복로 19-1
- #남포동 #부평동 #족발골목 #냉채족발 #원조 #겨자소스 #새콤한맛 #새콤달콤

신발원 맛집
"과연 만두의 성지"

부산의 소문난 만두 맛집. <백종원의 3대 천왕>을 비롯, 여러 요리 프로그램에 소개되었을 정도로 유명한 곳이다. 튀김만두가 가장 유명하고 새우교자, 고기만두도 훌륭하다. 과연 '만두의 성지'라 불릴만한 흡족한 맛. 긴 웨이팅은 감수해야 한다.(p640 C:1)

보수동 책방골목 추천
"헌책방의 추억을 다시 꺼내고 싶다면"

헌책들이 즐비한 책방 골목으로, 오래전 추억을 떠올리며 걷기만 해도 행복해지는 곳.(p632 A:2)

- 부산 중구 보수1가
- #헌책방 #감성 #추억
- 주차 : 부산 중구 보수동1가 146-18

- 부산 동구 대영로243번길 62
- #만두성지 #백종원3대천왕 #튀김만두 #부산맛집 #웨이팅필수

문화공감수정(구 정란각) 카페
"부산의 근대문화유산 감성카페"

한때 일본인을 위한 요정으로 사용되었던 일본식 2층 구가옥을 카페로 개조함. 다다미방에 앉으면 일본에 온듯한 착각도 불러일으킨다. 고즈넉한 분위기에 압도되어 사색하기 좋은 공간이면서 역사적 의미를 되새겨볼 수 있는 이색카페.

- 부산 동구 수정1동 1010
- #적산가옥 #밤편지뮤비촬영지 #고즈넉한분위기 #근대문화유산 #전통찻집

168계단 추천

"168계단을 오르는 재미, 모노레일을 타는 즐거움"

초량동의 핫플, 지상 6층 높이의 아찔한 계단. 최근 계단 옆으로 모노레일이 생겨나 무료로 오르내릴 수 있다. 올라가며 보이는 마을의 정취가 따뜻하다. 담장의 꽃 화분, 계단에 그려져 있는 아기자기한 그림들 등 둘러보는 재미가 있는 곳이다. 정상에서 보는 부산의 화려하고 높은 고층건물들의 모습 또한 낯설게 조화를 이룬다.(p640 C:1)

- 부산 동구 영초길197번길 9
- 주차 : 부산 동구 영초윗길 33, 초량2동 공영주차장
- #초량동 #아찔한경사 #모노레일 #정취 #아기자기

초량밀면 맛집

"독특한 향과 함께 느낄 수 있는 청량함"

@dazzle_jeje

물밀면, 비빔밀면, 만두 3가지 종류를 판매한다. 육수 한모금 후 밀면에 식초와 겨자소스

를 기호에 맞게 적당히 넣어 먹으면 시원한 참밀면 맛을 느낄 수 있다. 독특한 향과 함께 먹는 청량한 육수의 맛이 좋다는 평. 다진 채소와 고기로 가득찬 왕만두도 인기가 좋다. 연중무휴 (p640 C:1)

- 부산 동구 중앙대로 225
- #별미음식 #물밀면 #밀면맛집

본전돼지국밥 맛집

"배추김치와 부추김치 맛이 좋은 돼지국밥집"

@b_ggge

부산역 근처에 있는 돼지국밥 찐 맛집. 특히 매콤하게 무쳐 낸 배추김치와 정구지(부추)김치 맛이 일품이다. 잡내는 없지만 깊은 맛은

초량 이바구길

"역사 속 진짜 '부산'을 느끼고 싶다면"

부산의 역사를 담고 있는 테마 거리. 백제병원, 우물 터, 168계단, 김민부 전망대, 이바구 갤러리 등이 있다. 인생처럼 고불고불 높고 좁은 길이 이어진다. 초량2동 공영주차장에 주차하고 모노레일로 오를 수도 있다.(p632 A:2)

- 부산 동구 초량1동 1005-4
- #테마거리 #복고풍

- 주차 : 부산 동구 초량동 1204-9

살아있는 국물에 다진 양념과 새우젓으로 취향껏 간을 해 먹는다. 국물 리필 가능. (p640 C:1)

- 부산 동구 중앙대로214번길 3-8
- #부산역 #돼지국밥 #진한국물 #새우젓

남도해양관광열차(S-Train) 부산 (부산-보성)

"남해안의 구불구불한 철길 관광"

부산광역시와 전라남도 보성을 잇는 남도의 관광열차. 거북선을 본뜬 열차 모양이 재미있다. 가족실, 커플실, 카페실, 이벤트실, 레포츠실 등을 운영하며, 4호 차에서 남도의 다례 문화도 체험해 볼 수 있다. 보성에

도착하면 녹차밭, 방진관, 7080거리에 들러보자.(p632 A:2)

- 부산 동구 초량동 1187-1
- #부산 #보성 #거북선열차

부산 시티투어 부산역
"쉽게 부산을 관람하는 방법"
부산 시티투어 버스는 레드라인(부산역-해운대), 블루라인(해운대-용궁사), 그린라인(용호만-오륙도) 3코스가 있다. 1일 이용권을 사면 모든 라인 버스를 이용할 수 있고. 레드라인은 이층 버스로 운행된다. 점보 버스라는 이름의 태종대 코스도 별도로 운영되니 참고. 패키지 상품을 사면 각종 액티비티도 함께 즐길 수 있다. (p632 A:2)

- 부산 동구 초량동 1187-1
- #부산역 #해운대 #용궁사 #오륙도

오늘도카츠 맛집
"제주도 흑돼지 숙성 돈카츠 전문점"

@muksuni____

풍부한 육향, 육미를 위해 최소 400시간 이상 교차숙성을 하여 만든 제주도 흑돼지 숙성 돈카츠 전문점. 특로스카츠정식, 히레카츠정식, 치즈카츠정식 등이 있다. 밥, 국, 카츠, 샐러드, 김치와 소스는 소금, 와사비, 홀그레인 마스타드, 돈가스소스, 겨자소스 등으로 구성되어 나온다. 브레이크타임 15시~16시, 일요일 정기휴무 (p641 D:2)

- 부산 영도구 대교로2번길 22-6 1층
- #흑돼지돈가스 #숙성돈가스 #돈가스정식

부산 태종대 유람선
"빼어난 절경을 유람선 타고 관광해 보자!"

태종대 유람선은 빼어난 절경의 태종대와 동백섬 아치 섬을 함께 둘러보는 약 40분 길이의 코스로 운영된다. 태종대의 해송 숲, 철새, 모자상, 신선바위, 병풍바위 등을 감상해보자. 가족여행이라면 태종대 사이를 달리는 다누비 관광열차 탑승도 추천한다.

태종대 추천
"거대한 바위에 올라 사진 찍을 기회를 놓치지마"

@mi.huing

백제를 멸망시킨 태종 무열왕이 활을 쏘고 절경을 즐긴 곳으로, 깎아 세운듯한 기암절벽과 푸른 바다가 펼쳐져 있다. 계단을 따라 절벽 바위 위에 올라가 볼 수 있다. 다누비열차를 이용해 태종대 명소들을 쉽게 오갈 수 있다.(p632 B:3)

- 부산 영도구 동삼동 산29
- #바다전망 #산책로 #다누비열차

날이 맑은 날에는 이곳에서 맨눈으로 대마도를 바라볼 수 있다.(p632 B:3)

- 부산 영도구 동삼2동 859-2
- 주차 : 부산 영도구 동삼동 1011
- #동백섬 #다누비관광열차

국립해양박물관
"바다에서의 삶은 어땠을까?"
다양한 해양 문화유산이 전시된 박물관. 해양문화, 해양생물, 해양산업, 선박 등의 자료가 전시되어 있으며 어린이 박물관에서 해양생물 종이접기, 해양 마술 쇼도 열린다. 관람료 무료, 매주 월요일 휴관. 근처에 75광장, 동삼동 패총, 봉래산, 아치 섬 등 부산 주요 여행지가 있다.(p632 C:3)

- 부산 영도구 동삼동 1125-39
- #해양문화 #해양생물 #선박

- 주차 : 부산 영도구 동삼동 1011

흰여울문화마을 (추천)

"무엇인가를 봐야 한다는 강박관념을 버린다면 이렇게 은은한 냄새가 나는 곳이 좋아"

산책하기 좋은 테마 마을. 영화 '변호인'의 촬영지로 더욱 유명하다. 해안가에 바다를 보고 형성된 마을이다.(p641 D:2)

- 부산 영도구 영선동4가 1043
- 주차 : 부산 영도구 신선동3가 112-255
- #테마거리 #변호인

청학배수지전망대

"부산항의 밤은 당신의 낮보다 아름답다"

부산항을 내려다볼 수 있는 하버뷰 명소. 이곳은 특히 야경 명소로 유명한데, 바다 위에 세련된 빛을 뿜어내는 부산항대교와 함께 어우러지는 여러 부두들의 모습이 아련하면서도 생동감 넘친다. 일몰 무렵부터 관찰할 것을 추천. 하늘에 약간의 푸른빛이 남아 있고, 건물들에 불이 켜질 때 가장 예쁜 야경 사진을 얻을 수 있다.

- 부산 영도구 와치로 36

- #야경명소 #부산항 #하버뷰 #부산항대교 #부두 #일몰 #매직아워 #야경사진

카린 영도 플레이스 (카페)

"북유럽 감성이 녹아든 카린의 컨셉카페"

선글라스 브랜드 카린의 컨셉공간으로 카페와 쇼룸이 함께 운영되고 있다. 통유리 너머로 보이는 부산항대교와 바다의 야경을 보며 스웨덴커피를 맛볼 수 있다.(p641 D:2)

- 부산 영도구 청학동 청학동로 16
- #뷰맛집 #루프탑 #야경 #인생사진

왔다식당 (맛집)

"한우 스지 요리를 맛 볼 수 있는 곳"

소의 힘줄 부위인 스지를 이용한 요리를 맛 볼 수 있는 곳. 스지전골이 대표메뉴로 버섯, 두부 등 각종 채소를 넣고 푹 끓여 담백하면서도 깔끔한 국물이 좋다는 맛 평. 남은 국물에 면사리를 넣어 먹으면 더 포만감 있는 식사가 가능하다. 스지맑은전골, 스지된장전골, 스지김치전골, 스지수육 등이 있다. 월요일 정기휴무

- 부산 영도구 하나길 811
- #스지전골 #한우스지 #부산영도맛집

절영해안산책로

"모든 여행지는 절영해안산책로로 통한다"

바다를 끼고 걷기 좋은 산책로. 해안선을 따라 3km의 길이 이어진다. 산책로 중간중간 갓 잡은 해산물을 파는 노점들을 보는 재미도 쏠쏠하다. 신비로운 '흰여울 해안터널' 끝에서 찍는 동굴샷은 이곳에 왔다면 반드시 찍어야 하는 대표적인 포토존. 산책로를 따라갈 수 있는 관광지가 많아 강력 추천한다.

- 부산 영도구 해안산책길 52
- 주차 : 부산 영도구 영선동4가 186-66, 절
영해안산책로 앞 노상 공영주차장
- #해안산책로 #해산물 #흰여울해안터널 #
흰여울문화마을 #동굴샷 #인스타명소

부산박물관
"부산의 전통문화는 어떤것이 있을까?"

선사시대부터 현대까지의 부산광역시의 전
통문화자료를 전시하고 있는 부산박물관은
동래관(구석기~고려), 부산관(조선~현대),
야외전시장으로 나뉘어 운영된다. 일본어
통역 안내요원이 상주하고 있으며, 한국어,
영어, 일본어, 중국어 음성 가이드기도 빌릴
수 있다. 무료입장, 매주 월요일, 1월 1일 휴
관.(p638 A:3)
- 부산 남구 대연4동 948-1
- #부산 #역사박물관

경성대 문화골목
"빈티지 감성 가득한 골목"

@jeongyumi6835

빈티지 감성을 입힌 독특한 구조와 소품들

오륙도 이기대해안산책로 추천
"부산 앞바다와 광안리, 해운대가 보이는 지루하지 않은 산책로"

해안 절벽을 따라 조성된 해안 산책로. 광안리, 동백섬, 해운대, 달맞이공원과 넓은 바다가
있어 산책하는 내내 지루하지 않다. 오륙도 '스카이워크'라고 유리로 된 길도 있다.(p575
E:2)
- 부산 남구 용호동 산 28-1
- #해안전망 #산책로
- 주차 : 부산 남구 용호동 12

이 생동감 넘치는 복합문화공간. 다양한 볼
거리, 놀거리, 먹을거리가 가득하다. 2008
년 '부산다운 건축상' 대상을 수상함.
- 부산 남구 대연동 용소로13번길 36-1
- #레트로감성 #빈티지 #골목 #부산인생
샷 #감성사진

오륙도 해맞이공원 수선화/유채꽃
"부산 바다의 화려한 조연, 수선화"

조용필의 '돌아와요 부산항에'의 배경이 된
곳. 바다 위를 걷는 스카이워크 전망대에서 보
는 오륙도의 풍경은 말문이 막힐 정도다. 이곳
에서 해맞이 공원으로 이어지는 길에 봄이면
유채꽃과 수선화가 피어나는데, 바다와 함께

피어난 꽃이 신비로울 지경이다.(p633 D:2)
- 부산 남구 오륙도로 137
- 주차 : 부산 남구 오륙도로 137, 오륙도스카
이워크 공영주차장
- #조용필 #스카이워크 #해맞이공원 #수선
화 #유채꽃 #환상

오륙도 스카이워크 추천
"영화 '해운대'의 촬영장소"

35m 높이 해안 절벽에 설치된, 말발굽형으
로 이어진 15m 길이의 유리 다리. 영화 '해
운대'의 촬영 장소이기도 하다. 날씨가 좋을
때는 이곳에서 대마도를 맨눈으로 바라볼
수 있다(p633 D:2).
- 부산 남구 용호동 산197-4
- 주차 : 부산광역시 남구 용호동 950
- #스카이워크 #대마도전망

냉수탕가든 맛집

"오리 불고기도 먹고 계곡 물놀이도 즐길 수 있는 곳"

@star_and_walnut

오리불고기로 유명한 2층짜리 대규모 계곡 가든 식당. 매콤 달콤한 오리불고기와 샐러드, 도라지무침 등의 밑반찬이 정갈하게 나온다. 백숙이나 훈제오리, 도토리묵도 주문할 수 있다. 주차장이 넓고 2층에 단체석이 있어 식사 모임 하기 좋다.(p632 A:1)

- 부산 부산진구 가야3동 가야공원로 107
- #오리불고기 #오리백숙 #훈제오리 #닭백숙 #계곡 #물놀이 #풍경맛집

원조할매낙지 맛집

"40여년 전통을 자랑하는 낙지볶음"

@eat_ing.diary

40여년의 전통을 자랑하는 원조낙지볶음할매집. 29가지의 재료를 아끼지 않고 넣어 풍부한 맛의 양념이 밴 음식을 맛볼 수 있다. 낙지볶음을 밥에 비벼먹거나 각종 면사리를 넣어 먹는 것도 별미. 대표메뉴는 낙지, 곱창, 새우, 당면이 들어가 있는 낙곱새로 일체 조미료를 사용하지 않아 재료 고유의 담백하고 매콤한 맛을 느낄 수 있다. 맵기조절 가능, 2번째 화요일 정기휴무 (p641 D:1)

범천동 호천마을 추천

"드라마 <쌈, 마이웨이> 촬영지로의 심야 데이트"

마을 곳곳에 드라마 속 장면의 흔적이 남아있는 <쌈, 마이웨이>의 촬영지. 드라마를 추억하며 둘러보기에도 좋지만 이곳은 야경이 진가를 발휘하는 곳. 전망대에서 내려다보는 산복도로 아래의 마을 불빛이 영화보다 더 아름답다.

- 부산 부산진구 엄광로 491
- 주차 : 부산 부산진구 엄광로 491, 만리산공영주차장
- #쌈마이웨이 #라이프온마스 #드라마촬영지 #야경명소 #전망대 #데이트명소

- 부산 부산진구 골드테마길 10
- #낙곱새 #노조미료 #현지인맛집

기장손칼국수 맛집

"전국 5대 칼국수집 중 한 곳"

전국 5대 칼국숫집으로 꼽히는 곳. 매일매일 직접 뽑아내는 쫄깃한 수타 면에 쑥갓과 고춧가루가 들어간 얼큰한 국물이 속을 달랜다. 일반 손칼국수보다도 강렬한 매운맛을 자랑하는 '매운 마약 수제비'가 이곳의 시그니처 메뉴.

- 부산부산진구 서면로 56
- #손칼국수 #매운마약수제비 #들깨칼국수 #팥칼국수 #갈비만두

전리단길

"과거와 현재를 잇는 이색 카페거리"

과거 철물, 공구상가였던 지역에 이색적인 카페들과 식당, 수공예점들이 생기면서 과거와 현재가 공존하는 이색적인 거리를 형성하고 있다. 2017년 뉴욕타임스 선정 '올해의 세계여행지 52곳중에 한곳'으로 한국에서 유일하게 선정됨.

- 부산 부산진구 전포2동 서전로37번길
- #전포동카페골목 #부산카페투어 #이색적인거리 #관광명소 #사진명소

황령산 봉수대

"부산에서 해변 볼 만큼 봤다면 부산 야경으로 무조건 추천!"

부산 전체를 조망하기 좋은 곳으로, 특히 부산 야경이 아름답다. 저녁 8시 이후에는 크루즈 불꽃놀이도 즐길 수 있다. 해수욕장이 지루하다면 무조건 추천한다. 특히 봄철에는 금련산 청소년수련원 앞 광안터널부터 황령산 정상으로 가는 3.3km의 드라이브 코스에 벚꽃이 만개하여 아름답다. (p632 A:2)

- 부산 부산진구 전포동 산50-1
- 주차 : 부산 연제구 연산동 산181-22
- #야경 #크루즈

랑데자뷰 `카페`

"제주감성 담은 부산 광안리 카페"

@jjeopjjeop_baksa

돌담을 활용한 감성 인테리어로 제주에 온 듯한 착각을 일으킨다. 곳곳에 마련된 포토존과 광안대교가 보이는 창가석 뷰는 인기가 많으며 시그니쳐 메뉴들을 보틀에 담아 마실 수 있어 이색적이다.

- 부산 수영구 광안해변로 165 205호
- #광안리카페 #인생샷 #광안리뷰맛집 #신상카페 #제주감성

광안리해수욕장 `추천`

"해수욕장 앞으로 광안대교가 지나가는 광경은 참 독특했어, 에펠탑이 그러했던 것처럼"

관리가 잘된 깔끔한 해변. 1.4km의 백사장과 광안대교 뒤로 지는 일몰이 아름답

부산 불꽃축제 광안리해변

"엄청난 규모의 환상적인 공연"

광안리해수욕장에서 매년 10월에 개최되는 불꽃 축제. 독특하고 웅장한 불꽃들과 함께 레이저 쇼도 감상할 수 있다.

- 부산 수영구 광안2동 192-20
- #광안리 #불꽃놀이 #레이저

- 주차 : 부산 수영구 광안동 198-3

다.(p632 C:2)

- 부산 수영구 광안동 1306-2
- 주차 : 부산 수영구 광안동 198-3
- #해수욕장 #횟집

톤쇼우 광안점 `맛집`

"광안리에서 맛보는 숯불 향 가득 돈가스"

@2_10_dar

육향과 풍미가 좋은 고기를 사용한 돈가스 전문점. 다양한 돈가스 메뉴가 있으며 한정수량인 특로스카츠가 가장 인기. 특로스가츠는 유일하게 훈연 작업을 거쳐 숯불향이 가득한 돈가스이다. 돈가스를 찍어 먹는 소금, 겨자, 특제소스, 김치시즈닝이 있어 기호에 맞게 돈가스를 즐길 수 있다. 연중무휴

- 부산 수영구 광안해변로279번길 13 1층
- #전국3대돈까스#웨이팅필수#로스카츠#핑크빛육즙

다케다야 `맛집`

"일본 정통 사누끼 우동맛"

@yeoguelin

손수 반죽하여 쫄깃쫄깃한 면발의 수제 우동을 맛 볼 수 있는 곳. 특제 쯔유에 비벼 먹는 차가운 우동인 붓가케우동이 대표메뉴로, 10가지 종류의 우동이 있다. 붓카케종류의 우동은 쯔유간장을 기호에 맞게 간을 맞춰 부어 비벼 먹는 방식이다. 쯔유가 짜지 않아 최대한 많이 부어 먹으면 더 풍미로운 맛을 느낄 수 있다. 아기의자 보유, 브레이크타임 15시~17시, 월

요일 정기휴무 (p638 B:3)

- 부산 수영구 남천동로108번길 31 2층
- #자가제면 #붓가케우동 #우동전문점

다리집 본점 맛집
"두툼한 가래떡으로 만든 고추장 떡볶이"

@mamma__dori

길쭉 두툼한 가래떡에 고추장 양념을 해서 만든 떡볶이 전문점. 일반 떡보다 쫀득쫀득한 식감이 재미있다. 감칠맛 나는 고추장 양념에 오징어튀김과 어묵을 곁들여 먹으면 환상 궁합을 자랑한다.

- 부산수영구 남천바다로10번길 70 101호
- #떡볶이 #가래떡 #오징어튀김 #어묵

동백공원
"해운대, 광안대교를 멋지게 볼 수 있는 장소"

해운대, 광안대교를 모두 멋지게 볼 수 있는 장소. 누리마루APEC하우스 관람도 가능하다. 여행객이나 지역주민들에게도 산책로로 인기가 많은 곳. 동백나무는 정원용으로 재배되는 품종으로 기후가 따뜻한 곳에서 잘 자라며, 꽃은 붉은색 꽃잎에 노란색 수술을 갖는다.(p633 E:1)

- 부산 해운대구 우동 710-1
- #도시전망 #산책 #동백나무

더베이101 추천
"야경이 멋진 부산의 랜드마크"

@ghksdl_94

마린시티의 야경과 마천루를 즐길수 있는 해운대의 핫플레이스. 주변여행지를 연계한 산책 코스로 훌륭하며 이국적인 풍경이 셀피명소로도 유명하다. 건물에 카페, 스낵바, 음식점, 잡화점이 입점해있으며 요트투어도 가능하니 이용시간과 요금을 미리 확인하자.(p639 D:3)

- 부산 해운대구 동백로 52 더베이101
- #야경명소 #야경맛집 #피시앤칩스 #셀피장소 #부산핫플 #이국적인풍경 #부산야경

해운대 마천루 마린시티
"부산을 찾는 사람들에게 반드시 해야만 할 새로운 미션이 생겼어"

해운대 마린시티에는 수십층이 넘는 마천루 건물들이 있다. 건너편 동백공원의 운대산 자락에서 바라보는 마린시티 마천루의 야경이 멋있다. 더베이101에 앉아 맥주 한잔하면서 야경을 감상하는 사람들이 많다.(p633 E:1)

- 부산 해운대구 우동 747-7
- 주차 : 부산 해운대구 우동 1437
- #도심 #쇼핑 #음식점

뮤지엄 원
"전시의 진화, 미디어 전문 미술관"

우리나라에서 최초로 시도되는 미디어 전문 미술관이다. 세계에서도 가장 큰 규모를 자랑한다. 고정되어 있는 작품이 아닌, 끊임없이 움직이고 변하는 미디어 작품들을 만날 수 있다. 진화된 전시를 경험하는 느낌. 8천만 개의 LED 조명이 선사하는 화려한 빛을 느껴볼 수 있다.(p634 C:3)

- 부산 해운대구 센텀서로 20

부산 수영구·해운대구

■ #미디어전문미술관 #세계최대 #국내최초
#LED전시 #진화된전시

포트1902 `카페`
"송정바다가 내려다 보이는 힙한 루프탑
카페"

총 4층 규모 건물의 바다전망 루프탑 카페
로 층별 분위기가 다르다. 1층에는 성인 전
용의 인피니티 풀라운지가 있으며 4층에는
루프트탑이 있어 탁 트인 바다를 즐길 수 있
다. 낮과 밤의 분위기가 확 달라지는 힙한
카페.

■ 부산 부산진구 중앙대로824번길 6 1층
■ #뷰맛집 #수영장카페 #루프탑 #전망좋
은곳

해운대해수욕장 `추천`
"그냥 다른 말 필요 없고, 해운대"

1.5Km의 넓은 백사장과 평균수심 1m인 바
닷물로 여름 피서철 하루에 수십만 명이 찾는
명소. 숙박시설들이 해변 근처에 가까이 있어
해수욕하기에 매우 편리하다. 해운대에는 근
처에는 동백공원, 누리마루, 달맞이 길, 미포
철길, 부산아쿠아리움 부산 주요 여행지들이
모여있다. 해수욕철이 아닌 때에도 불꽃 축제
등의 여러 행사가 진행되며, 특히 불꽃 축제
때에는 어마어마할 정도로 많은 사람이 몰린
다.(p633 E:1)

■ 부산 해운대구 우1동 620-29
■ 주차 : 부산 해운대구 우동 620-25
■ #해수욕장 #연인 #헌팅

부산시립미술관
"현대미술은 언제나 내 삶을 일깨워 주지"

부산시민의 문화 의식 향상을 위해 설립된
미술관. 시기별로 다양한 현대미술 작품이
전시된다. 특정 시간에 방문하면 도슨트의
해설을 들을 수 있다. 별관에 현대미술의 거
장 이우환 작가의 전용 전시 공간이 마련되
어 있다. 매주 월요일, 1월 1일 휴관.(p638
B:2)

■ 부산 해운대구 우동 1413
■ #미술관 #이우환

빨간떡볶이 `맛집`
"엄청 매워보이지만 부드러운 매운 맛의
신기한 떡볶이"

빨간 떡볶이의 떡볶이에는 식혜와 율무 밥
으로 숙성 시켜 만든 떡볶이 떡이 들어간다.
떡볶이가 가게 이름처럼 진한 빨간 빛을 띠
지만 생각보다 맵지 않다.

■ 부산 우동 558-8
■ #빨간떡볶이

해운대31CM `맛집`
"저렴하고, 푸짐하고, 맛있게"

@byungjoon_shin

가리비, 물총조개, 홍합 등 푸짐한 양의 해산
물과 쫄깃쫄깃한 면, 부산어묵, 가래떡이 들
어가 있는 칼국수를 맛볼 수 있는 곳. 양도 많
아 가성비가 좋은 식당으로 유명하다. 개인
기호에 맞게 전복, 낙지 등 추가가 가능하다.
매운 김치와 칼국수의 맛이 조화롭다는 맛
평. 월요일 정기휴무.

■ 부산 해운대구 좌동로91번길 10
■ #매운김치 #가성비좋은 #해물칼국수

해운대가야밀면 `맛집`
"깔끔한 육수맛의 밀면"

22년째 영업중인 밀면 전문점. 밀면 육수 농
축액을 직접 만들어 제공한다. 밀면, 비빔면이
주메뉴로 물밀면은 식초, 겨자를, 비빔면면은
온육수를 기호에 따라넣어 먹으면 입 안에 천
국이 펼쳐진다. 고명으로 양념, 오이, 잘게 찢
어진 고기가 올라가 있는데 아삭쫄깃한 식감의
고명과 깔끔한 육수맛이 조화롭다는 맛 평.
(p633 E:1)

■ 부산 해운대구 좌동순환로 27
■ #깔끔한육수 #밀면 #로컬맛집

해운대기와집대구탕 `맛집`
"원기회복에 딱 좋은 맑은 대구탕 "

신선한 대구로 만든 맑은 국물 대구탕 전문
점. 연중무휴 아침 8시부터 영업하며, 정갈한

밑반찬이 함께 나와 아침식사 혹은 숙취해소로 그만이다. 다른 대구탕집보다 대구 살도 통통해서 든든한 한 끼를 즐길 수 있다.

- 부산 해운대구 중동 달맞이길104번길 46
- #대구탕 #맑은국물 #대구뽈찜 #원기회복 #건강식

해운대시장

"상대적으로 저렴한 가격에 선지국밥, 부산어묵, 곰장어 구이, 조개구이를 먹을 수 있는 곳"

다양한 먹을거리로 가득한 먹거리 시장. 선짓국밥, 부산어묵, 구슬 떡볶이, 곰장어 구이, 조개구이가 유명하며, 관광객들이 주로 방문한다. 가격이 상대적으로 저렴하다.(p633 E:1)

- 부산 해운대구 중1동 구남로41번길 22-1
- 주차 : 해운대구 중1동 1378-95
- #부산어묵 #곰장어 #회

해운대 달맞이길 벚꽃

"부산에서 유명한 드라이브 코스"

해운대의 유명 드라이브 코스로, 해운대해수욕장에서 송정해수욕장에 이르는 고갯길

해운대 미포유람선 추천

"해운대 해변과 광안리를 한눈에 볼 수 있는, 가장 감동적인 방법이야"

해운대해수욕장 근처 여행지를 한눈에 볼 수 있는 가장 쉽고 감동적인 방법. 동백섬을 지나 광안대교 앞 그리고 이기대 및 오륙도를 돌아오는 코스에서 바다 경치의 하이라이트인 일출과 일몰을 느껴볼 수 있다. 광안대교와 누리마루 사이의 야경도 유람선을 타며 관람이 가능하다.(p633 E:1)

- 부산 해운대구 중1동 957-8
- #해운대 #동백섬 #일몰

이다. 봄철에는 고갯 길에 벚꽃길이 펼쳐진다.(p633 E:1)

- 부산 해운대구 중동 산42-20
- 주차 : 부산 해운대구 중동 산42-20
- #드라이브 #정월대보름 #벚꽃

해운대암소갈비집 맛집

"명불허전의 위엄"

부산에서 가장 유명한 음식점을 꼽으라면 이곳이 아닐까. 생갈비는 아침 일찍 방문하거나 미리 예약해두지 않으면 맛보기도 힘들고. 이곳만의 시그니처 불판에 갈비를 구워 먹으면 맛있는 양념과 불맛이 잘 어우러진다. 식

사를 마칠즘 주문하는 감자사리는 쫀득하면서도 감칠맛이 제대로다. 현재 리모델링으로 2024년 7월 재오픈 예정

- 부산 해운대구 중동2로10번길 32-10
- #생갈비 #감자사리 #된장뚝배기

청사포 다릿돌 전망대

"바다로 뻗은 길에서 해맞이를!"

육지로부터 70m 가량 바다를 향해 뻗어 있는 전망대. 전망대 끝은 투명 바닥이라 20m 높이의 아찔함을 느낄 수 있다. 청사포의 아름다운 광경은 물론, 이곳에서 일출과 일몰을 즐길 수 있다. (p633 F:1)

- 부산 해운대구 청사포로 167

부산 해운대구

■ #바다감상 #투명전망대 #청사포 #일출 #일몰

풍원장시골밥상집 맛집
"깔끔하고 정갈한 시골상 한차림"

돼지불고기, 오리훈제, 보쌈 등 다양한 한정식 메뉴를 보유하고 있는 곳으로 10가지 이상의 밑반찬이 제공된다. 계절에 따라 밑반찬 메뉴는 변경되지만 정갈하고 푸짐하여 평이 좋은 편이다. 모든 메뉴 주문 시 철원 평야 청정지역의 오대쌀로 지은 돌솥밥이 제공되며, 반찬 별도 구매 가능하다. 브레이크타임 15시~15시30분 (p639 F:1)

■ 부산 기장군 기장읍 기장해안로 250
■ #기장맛집 #한정식 #시골밥상

이터널 저니 카페
"개인 서재 같은 공간에서 즐기는 북캉스"

아난티코브내 고급진 공간에 잘 정돈된 다양한 종류의 책들과 흥미로운 큐레이션으로 지적인 즐거움이 가득한 서점. 무료북토크도 진행되며, 음악과 차를 즐길 수 있는 카페에서 책을 읽어도 좋다.

■ 부산 기장군 기장읍 기장해안로 268-31
■ #북카페 #기장핫플 #북캉스 #책방여행

블루라인파크 스카이캡슐(청사포 정거장) 추천
"옛 철도를 달리는 낭만적인 해안열차를 타고 바다를 감상해"

@twinkle_2yu

동해 남부선 폐선부지에 있는 5Km 철길 '미포철길'이 레트로한 디자인의 테마 기차인 해변열차와 스카이캡슐이 달리는 블루라인 파크로 재단장하였다. 빨강, 초록의 감성적인 디자인의 4인승 자동 운행 스카이캡슐에 올라 동부산의 해안절경을 감상할 수 있다. 해운대 미포부터 청사포까지 2km구간을 자동으로 운행한다.(p633 E:1)

■ 부산 해운대구 청사포로 116   ■ 주차 : 해운대구 중동 948-1
■ #바다 #철길 #스냅사진 #테마열차

롯데월드 어드벤처 부산
"최신식 놀이기구들이 가득한 놀이공원"

2021년 개장해 부산여행의 새로운 필수코스로 자리잡은 곳. '자이언트 스플래쉬', '자이언트 디거'가 인기있다. 어린아이들이 탈만한 기구가 많은 편이며, 로티스 매직 포레스트 퍼레이드, 우정의 세계여행 등 퍼레이드와 스테이지 공연이 알차다.

■ 부산 기장군 기장읍 동부산관광로 42
■ #롯데월드부산 #아이와부산여행 #가족여행

해동 용궁사 추천

"망망대해 앞, 기암절벽이 사찰을 더욱 웅장히 보이게 만든다."

망망대해 앞, 기암절벽 위에 들어선 사찰의 모습에 감탄이 나오는 곳. 평지가 없는 곳이어서 일반적인 가람배치와는 다르다. 숲길을 지나 계단을 지나야 들어갈 수 있는데 그 계단의 수는 108개이다. 원래 이름은 보문사였으며 임진왜란 때 소실되었다가 1930년대 중창했다. 10m 높이의 '해수관음대불'과 '갓바위 부처'라고 하는 약사여래불이 있다.(p635 F:3)

- 부산 기장군 기장읍 용궁길 86
- 주차 : 기장군 기장읍 시랑리 414
- #사찰 #바다전망 #기암괴석

메르데쿠르 카페

"하늘과 바다가 만난 탁 트인 오션뷰 카페"

@ss_beans

소나무사이로 하늘과 바다가 한눈에 보이는 전망 좋은 루프탑 카페. 커피와 팡도르가 유명하다. A와 B동 2개의 건물이 이어지는 독특한 구조와 세련된 외관, 화이트톤의 깔끔한 내부 인테리어가 인스타 감성사진 찍기 좋다. 루프트탑은 노키즈존으로 운영.(p635 F:2)

- 부산 기장군 기장읍 죽성리 410-2
- #인스타감성 #먹방여행 #빵지순례 #기장카페추천 #전망좋은카페 #루프탑카페

일광해수욕장

"가족동반 피서객이 많은 곳!"

동해 남부해안의 소나무숲이 바로 옆에 있는 해수욕장. 가족동반 피서객이 많이 찾고 있다.(p635 F:2)

- 부산 기장군 일광면 삼성리 143-11
- 주차 : 부산 기장군 일광면 삼성리 720
- #솔숲 #해수욕장

어느멋진날 맛집

"가정식 전복 전문 음식점"

매일 2번씩 신선한 전복을 직접 받아 음식을 제공한다. 전복밥, 새우장덮밥, 홍게살덮밥, 전복구이, 전복죽, 간장새우장이 메뉴로 비법 소스와 함께 비벼먹는 방식이다. 청결한 가게 분위기와 호불호가 없고 자극적이지 않은 깔끔한 맛으로 인기가 좋다. 일광해수욕장 바로 앞에 위치해 있어서 창가쪽에서는 오션뷰를 보며 식사가 가능하다. 아기의자 보유, 브레이크 타임 15시~17시 (p635 F:2)

- 부산 기장군 일광읍 기장해안로 1286 일광 투썸플레이스 옆 옆집
- #일광해수욕장맛집 #전복새우 #청결한가게

죽성드림세트장

"폭풍의 언덕 위, 죽성성당"

중세시대의 건물로 보이는 죽성성당은 드라마 <드림>의 세트장이다. 내부는 갤러리로 운영되고 있으며, 건물 뒤로 등대가 이곳의 대표적인 포토존. 세트장 밖으로, 바다를 배경으로 지어진 레드카펫의 포토존 역시 방문객들의 셔터를 바쁘게 만든다.(p635 F:2)

- 부산 기장군 기장읍 죽성리 134-7
- #죽성성당 #드림 #드라마촬영지 #레드카펫 #포토존

카페 헤이든 `카페`
"크라스마스 트리 대형 조형물"

@zyun.nie

카페로 들어가는 입구에 크리스마스트리를 연상케 하는 나무 조형물과 사진을 남겨보자. 실내 인테리어는 초록색이 포인트로 깔끔하다. 시그니처 음료는 벅 헤드 등 총 3가지가 있고 이 외 커피, 에이드, 티 등이 있다. 또한 크루아상, 케익 등 다양한 베이커리류를 즐길 수 있다. 대형카페여서 실내에 많은 좌석을 보유하고 있으며 계단 좌석에서도 넓은 오션뷰 조망이 가능하다.

- 부산 기장군 일광읍 문오성길 22
- #오션뷰 #기장카페 #대형카페

아홉산숲
"하늘을 채운 대나무숲"

300년 가까이 되는 금강송을 비롯, 대나무숲과 편백나무숲이 이어지는 초록의 숲이다. 사유지라는 것이 믿기지 않을 정도로 넓은 부지와 오래된 나무들을 자랑한다. 드라마 <더 킹>에서 주인공이 시공간을 초월해 다니던 그 문이 바로 이곳이다. 하늘이 보이지 않을 정도로 초록의 나무로 꽉한 숲으로 힐링여행을

계획해 보시길.(p503 E:3)

- 부산 기장군 철마면 미동길 37-1
- 주차 : 부산 기장군 철마면 웅천리 480, 아홉산숲주차장
- #금강송 #대나무숲 #편백나무숲 #더킹 #달의연인 #드라마촬영지

회동수원지
"부산에서 가장 산책하기 좋은 길"

1930년대에 조성된 인공저수지. 숲과 호수를 즐길 수 있는, 20km에 가까운 5시간가량의 다소 긴 산책길이다. 땅뫼산 황토숲길은 특히 건강에 좋다고 알려져 있다. 본인에게 맞는 코스를 선택하여 걸어보는 재미가 있는 곳이다.

- 부산 금정구 개좌로 147
- 주차 : 부산 금정구 오륜동 672-6, 오륜동 공영주차장
- #인공저수지 #황토숲길 #생태탐방로 #건강 #산책

모모스커피 `카페`
"한국 최초! 월드 바리스타 챔피언 우승에 빛나는 카페"

@judassin1014

부산의 대표 커피, 모모스 커피. 월드 바리스타 챔피언 우승자가 속해있는 카페로도 유명하다. 초록의 대나무숲에 둘러싸인 카페는 로스팅룸, 베이커리룸이 함께 있다. 커피 블렌딩이 아주 뛰어나다 알려져 있으며, 베이커리 역시 동물복지 무항생제 달걀을 이용하여 정성껏 마련하는 것으로 유명하다. 젊은층 만큼이나 차 한잔의 여유를 즐기는 중노년층의 방문이 꾸준한 것도 이곳의 매력.

- 부산 금정구 오시게로 20 모모스커피 1층
- #부산대표카페 #월드바리스타챔피언우승 #대나무숲 #블렌딩 #전세대사랑

복천박물관
"고대 가야, 궁금하다!"

복천동 고분군에서 발굴된 고대 가야의 유물을 전시하고 있는 박물관. 복천동 고분은 6세기 이전 부산 지배층의 무덤이다. 가야 토기, 철제 무기, 갑옷, 투구, 금동관 등이 전시되어 있으며, 선사시대부터 삼국시대까지의 무덤 문화도 살펴볼 수 있다. 무료입장, 매주 월요일, 1월 1일 휴관.(p638 A:1)

- 부산 동구 복천동 13
- 주차 : 부산 동구 칠산동 50
- #복천동 #고분 #유물

소문난주문진막국수 맛집
"야들야들 삶아낸 수육이 인기 있는 막국수집"

물막국수, 비빔막국수, 수육이 맛있는 곳. 특히 잡내 없이 야들야들하게 삶은 돼지고기 수육이 인기다. 수육을 시키면 함께 나오는 식해무침 또한 그 맛이 각별하다. 막국수와 수육 모두 포장 주문 가능.(p634 A:3)

- 부산 동래구 사직로58번길 8
- #물막국수 #비빔막국수 #수육 #식해 #식해맛집

부산해양자연사박물관
"어촌의 삶은 어땠을까?"

낙동강과 동해를 둘러싼 부산의 어촌문화를 전시해놓은 박물관. 낙동강 어촌 민속실, 부산 어촌 민속실로 나뉘어 있으며, 다양한 어패류와 열대 생물, 화석을 관람할 수 있다. 무료입장, 매주 월요일, 1월 1일 휴관.

- 부산 동래구 온천1동 산13-1
- 주차 : 부산 동래구 온천동 270-1
- #어촌 #민속박물관 #화석

금강공원 케이블카
"부산시내 전경을 볼 수 있는 곳"

장거리(1,260m)를 운행하는 케이블카. 금정공원에서 해발 540m 금정산 등성이까지 왕복 운행한다. 케이블카로 금정산 정상에 오르면 금정공원과 부산 시내 전경을 함께 조망할 수 있다.

- 부산 동래구 온천동 산20-17
- 주차 : 부산 동래구 온천동 270-44
- #케이블카 #금정공원

09

전북특별자치도

#군산 경암동 철길마을

@1304___h

@choyeunii

#군산 옥녀봉 교차로

#군산 선유도

662

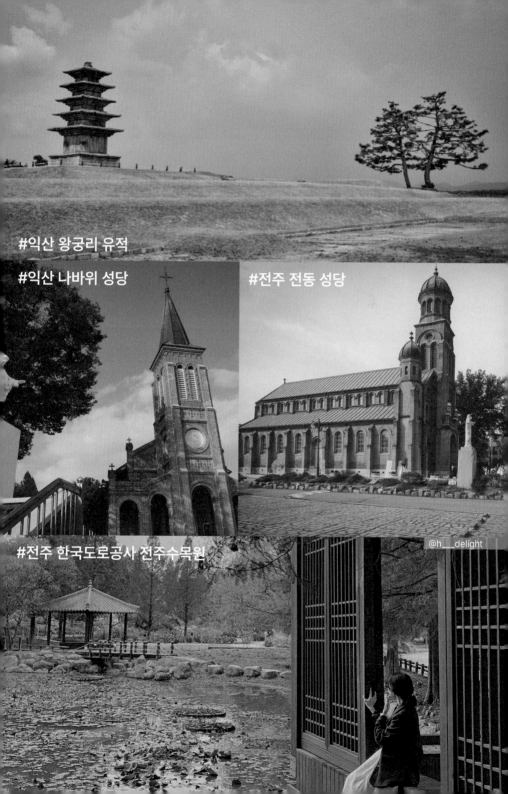

#익산 왕궁리 유적

#익산 나바위 성당

#전주 전동 성당

#전주 한국도로공사 전주수목원

@h___delight

#전주 경기전

#전주한옥마을

#원주 두베카페

@with__ari @chae_eun_park_123

#삼례문화예술촌

@sejongkim89

#부안 채석강

#고창 보리나라 학원농장

#정읍 우화정

@lovely_kauai_

#순창 강천사

#진안 마이산

665

전라북도의 먹거리

01

고창 바지락 | 고창군

고창군에서는 바지락을 죽, 칼국수, 비빔밥 등으로 요리해 먹는다. 전통시장에서 맛볼 수 있는 바지락 라면도 맛보고 가자.

02

고창 장어 | 고창군

풍천장어의 이름은 선운산 앞 고랑 '풍천'에서 유래했다. 선운사 입구에 장어구이 촌이 형성되어 있다. 장어에는 면역력을 높이는 비타민A가 소고기의 300배나 들어있다.

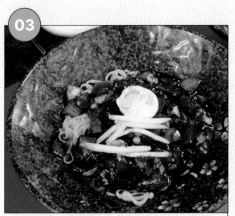

03

고창 짬짜면 | 고창군

고창에서만 맛볼 수 있는 비빔 짬짜면은 말 그대로 걸쭉한 짬뽕과 짜장 소스를 면에 섞어 먹는 이색 음식이다. 배틀트립, 삼시세끼 등에 소개되어 더 유명해졌다.

04

군산 꽃게장 | 군산시

군산에서는 싱싱한 꽃게에 감초, 고추씨, 황기, 생강, 파, 마늘 등을 넣어 끓인 간장을 부어 꽃게장을 만드는데, 특히 이 과정을 3번 반복하는 삼벌장으로 유명하다. 군산 대부분의 꽃게장 백반집에서는 양념게장이 반찬으로 나온다.

팥칼국수 | 군산시

군산시와 전주시 일대에서 걸쭉한 팥 국물에 칼국수 면과 설탕을 넣어 먹는 전라도식 팥칼국수를 선보인다. 동짓 날 먹는 달콤한 팥칼국수도 별미이다.

추어탕 | 남원시

남원식 추어탕은 신선한 미꾸라지를 삶아 갈아내고, 들깨, 시래기, 된장을 넣어 다시 푹 끓여 만든다. 다른 지역 추어탕과는 차원이 다른 깊은 국물맛

격포항 꽃게 | 부안군 격포항

격포항은 전북권 최대의 꽃게 집산지 로, 격포항 주변에만 100여 개의 꽃게 전문점이 있다.

부안군 백합죽 | 부안군

삼면이 바다와 갯벌인 부안은 백합과 바지락 요리가 유명하다. 백합살에서 나온 해수의 감칠맛과 백합살의 쫄깃 함이 느껴지는 부안의 별미음식이다.

전설의 쌍화차거리 | 정읍시

정읍 경찰서 앞에 있는 전설의 쌍화탕 거리. 한약재를 아낌없이 넣은 진짜배 기 한방 쌍화차를 맛볼 수 있다. 찻집 에서 쌍화탕 재료도 함께 판매한다.

한옥마을 길거리음식 | 전주시

토스트 전문점 길거리야, 만두 전문점 다우랑, 전주 초코파이의 원조 풍년제 과, 비빔밥 고로케를 선보이는 교동고 로케, 문어꼬치 구이 전문점들이 인기

전라북도의 먹거리

콩나물 국밥 | 전주시

콩나물 국물에 밥을 넣고 새우젓으로 간을 해 뚝배기째 끓여 나오는데, 여기에 칼칼한 고춧가루 양념장을 취향껏 넣어 먹는다.

전주비빔밥 | 전주시

전주비빔밥은 각종 나물에 육회 혹은 한우 불고기를 넣고 양념장과 비벼 먹는 음식이다. 콩나물과 황포묵이 들어가며, 양지머리 우린 물로 밥을 한다.

물짜장 | 전주시

물짜장은 춘장 대신 간장을 넣고 매콤하게 끓여낸 면 요리다. 걸쭉하면서도 해물과 고춧가루가 들어가 매콤한 맛이 있다. 노벨반점이 유명

전주 피순대 | 전주시

선지가 듬뿍 들어간 피순대는 전주와 순천 일대에서만 맛볼 수 있는 별미다. 피순대는 소금이나 새우젓, 막장이 아닌 초고추장에 찍어 먹는다.

정읍 산채정식 | 정읍시 내장동

정읍 산채정식집들은 내장산에서 채취한 산나물을 비롯한 40여 가지 반찬을 선보인다. 더덕구이, 홍어찜, 버섯구이와 한우 불고기가 곁들인다.

한우구이 | 정읍시

정읍 한우는 보리와 한약재를 먹고 자라 고기 색이 진하고 신선하다. 북면에 한우 전문 식당이 모여있다.

전라북도에서 살만한 것들

남원 제기 | 남원시

승려의 수가 3천 명이 넘었던 신라의 고찰 실상사로부터 제기 기술이 전수되어 향과 모양, 내구성이 좋아 남원 목기를 최상 품으로 친다. 어현동의 목공예길, 운봉읍의 목기 단지의 여러 공방에서 제기를 비롯한 목기를 전시·판매하고 있다.

남원 교자상 | 남원시

교자상은 명절이나 제사 등 큰 행사 때 사용하는 밥상이다. 남원 교자상은 장인이 질 좋은 목재에 옻칠해 만들어 오래 도록 튼튼하게 사용할 수 있다.

구천동 한과 | 무주군 구천동

구천동 한과는 무주군 설천면 일대에서 제작되는 전통 유과 로, 산머루, 찹쌀, 깨 등 100% 국산 농산물을 이용해 만들 어진다. 산머루 유과와 찹쌀 유과 두 종류를 판매하는데, 전 통 방식을 통해 만들어져 명절 선물로도 인기가 좋다.

구천동 호두 | 무주군 구천동

무주 덕유산은 고도가 높아 질 좋은 호두가 생산된다. 무주 호두는 알이 굵고 몸에 좋은 불포화지방산 함량이 높으며 더 고소하다.

전라북도에서 살만한 것들

05

머루와인 | 무주군

덕유산에서 자란 머루로 만든 와인은 포도만큼이나 새콤달콤하다. 적성산에 있는 머루와인동굴에서 무주 와인을 시음해보고 저렴하게 구매할 수 있다.

06

곰소 젓갈 | 부안군

곰소 젓갈에는 곰소만의 신선한 해산물과 곰소염전의 천일염이 들어가 더 신선하다. 새우젓, 멸치액젓, 갈치속젓, 갈치액젓 듯이 유명하다.

07

김/감태 | 부안군

부안 김은 서해안에서 자라난 신선한 김 원초를 사용해 향긋한 바다 향이 느껴지는 국민 반찬이다. 특히 겨울철에 생산되는 햇김이 가장 맛이 좋다.

08

전통고추장 | 순창군 백산리

순창 고추장은 고려 시대 말 이성계가 맛보고 감탄하여 조선 창건 후 진상하도록 했다는 기록이 있다. 섬진강 깨끗한 물과 질 좋은 태양초, 콩을 이용한다.

09

임실 치즈 | 임실군

1967년 임실을 찾은 벨기에인 지정환 신부에 의해 임실에 치즈가 만들어지기 시작했다. 식감은 더 쫄깃하고 맛은 더 부드럽다.

10

진안 인삼 | 진안군

진안군 고원지대에 위치한 용담면, 주천면 일대에서 재배되는 인삼은 비옥한 토양에서 자라나 사포닌 함량이 높다. 홍삼으로도 유명하다.

전라북도 BEST 맛집

지린성 | 군산시

백종원의 3대 천왕에 나오며 더 유명해진 고추짜장 맛집. 소스와 면이 따로 나오는데, 굵직한 채소에 반질반질한 소스가 입맛을 돋운다.

태백칼국수 | 익산시

40년 넘는 역사를 가진 칼국수 맛집으로, 익산 사람들 중에는 대를 이어 이곳을 찾는 사람도 많다. 진한 멸치육수에 고기와 계란, 김 가루, 깨가 들어가 더욱 감칠맛 나는 칼국숫집

다솜차반 | 김제시

다솜차반건강한식이 기본 메뉴다. 호박죽, 수육, 삼색전, 게장 등 다양한 메뉴로 구성되어 있다. 냄비 밥을 지어서 가져와 직접 퍼준다. 시그니처 메뉴는 한방수육으로 깔끔하고 정갈한 맛이다. 무말랭이무침과 새우젓을 올려 먹으면 된다.

은혜식탁 | 김제시

파스타 맛집으로 유명하다. 묵은지와 소고기, 버섯, 청양고추가 들어간 순이 크림파스타가 시그니처 메뉴다. 엄마가 담근 새콤한 묵은지와 단짠 크림의 맛이 조화로와 계속 생각나는 맛이다.

전라북도 BEST 맛집

고궁 전주본점 | 전주시

맛있는 녀석들에 나왔던 전주비빔밥 맛집. 불고기, 파전, 떡갈비와 세트로도 먹을 수 있고, 단품으로도 먹을 수 있다. 나물, 고기, 버섯, 무생채, 청포묵 등이 들어간 비빔밥이 건강한 맛이다.

@muk_luvxx

기찻길옆오막살이 전주아중리본점 | 전주시

닭볶음탕 맛집으로 유명한 식당. 큼직한 감자와 부드럽고 간이 잘 된 닭이 입맛을 돋운다. 감자를 으깨 양념, 고기와 함께 먹으면 맛있다. 닭볶음탕을 다 먹고 먹는 볶음밥이 별미다.

베테랑 | 전주시

2대에 걸쳐 운영중인 칼국수 맛집. 이젠 백화점 팝업 스토어에서도, 마켓컬리에서도, 밀키트로도 이곳의 음식을 즐길 수 있게 되었다.

조점례남문피순대 | 전주시

선지를 가득 넣어 담백한 맛이 나는 피순대 전문점. 피순대와 머리고기가 들어간 얼큰한 순대 국밥과 선지로 속을 채운 피순대가 대표 메뉴.

09

봉동짬뽕 ┃ **완주군**

고추기름에 해산물 육수가 시원한 짬
뽕이 인기메뉴다. 고기와 해산물이 가
득 들어있다.

10

화심순두부 본점 ┃ **완주군**

3대째 직접 만든 손두부를 판매한다.
콩돈까스와 화심순두부찌개가 대표메
뉴다. 바지락이 가득 들어간 얼큰한 맛
의 순두부를 맛볼 수 있다.

11

금단양만 ┃ **고창군**

우리나라 최초의 셀프 장어집. 바다와
갯벌의 풍경이 장어의 맛을 더한다.

12

보안식당 ┃ **정읍시**

생활의 달인에 쫄면 달인으로 출연한
분식집. 일반 쫄면과 달리 면발이 가는
비빔쫄면이 시그니처 메뉴다.

13

대일정 ┃ **정읍시**

1969년부터 운영중인 참게장, 떡갈
비 전문점. 참게장 정식과 떡갈비 정식
이 인기 메뉴다.

14

천마루 ┃ **무주군**

무주 천마로 면을 뽑아 각종 해산물과
갈비로 만든 해물갈비짬뽕이 인기 메
뉴다. 머루소스를 올린 탕수육도 별미
다.

전라북도

미륵사지 석탑, 익산보석박물관
미륵사지유물전시관, 왕궁리유적전시관
마한관, 나바위성당

선유도, 은파호수공원 벚꽃길
새만금 및 신시전망대, 어청도
대각산 전망대, 군산근대역사박물관

익산시

미륵산   용화산

군산시

김제 벽골제(지평선 전망대), 김제 지평선 축제
벽골제농경문화박물관, 금산사 가는 벚꽃길

전주

김제시

부안 채석강 및 격포해변, 소노벨 변산 오션플레이
모항갯벌해수욕장, 부안청자박물관
변산반도 단풍탐방로

모악산

부안군

변산

정읍시

고창고인돌박물관, 고창 학원농장

선운산

내장산   회문산

고창군

순

내장산 케이블카 및 벚꽃터널
내장산 내장사 가는 산책로

전주한옥마을, 전동성당
전주 동물원, 국립전주박물관
전주역사박물관, 전주전통술박물관

전북도립미술관, 구이저수지 벚꽃길
송광사 가는 벚꽃길

진안역사박물관, 마이산~탑사 벚꽃길
메타세쿼이아 모래재길

덕유산리조트 곤돌라, 무주 반딧불축제
덕유산 구천동계곡 및 백련사 단풍
덕유산 향적봉 철쭉, 무주 반디랜드

완주군   운암산

위봉산   운장산   구봉산   적상산   무주군
연석산

고덕산   진안군

부귀산

마이산   남덕유산

덕태산

장수군

임실군   장안산
팔공산

련산   국사봉 전망대

만행산

용괄산   남원시   덕두산

광한루원, 봉화산 철쭉
남원랜드, 정령치 고리봉 전망대
남원향토박물관

전라북도산림박물관, 순창장류박물관
강천산 강천사 및 계곡 단풍길
섬진강마을 연꽃

675

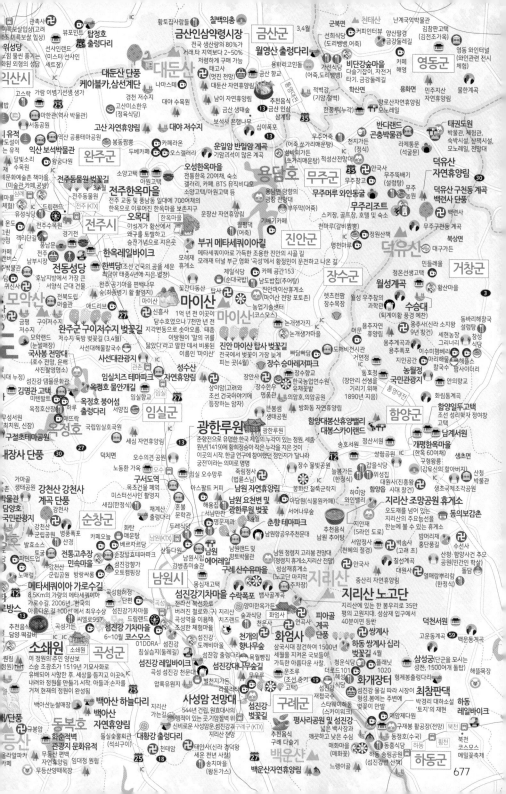

전라북도-서북부

서천군

금강습지 생태공원
금강미래체험관
금강하구둑, 금강호 ☆ **금강철새**
진포시비공원
채만식 문학관 ☆ 군산역 ● 성흥사

장항항 ⚓
군산 시간 여행마을
진포해양테마공원
군산 해망굴 웰명공원 동국사 국내 유일의 일본식 사찰 구암동산 옛 철길 상점, 근대 사진관 **경암**
초원사진관
금란도
군산항 ⚓ 월명호수 지린성 이영춘 가옥 (일제가옥) 미라벨
이성당 은적사 **신흥동 일본식가옥** 푸르던
1945년에 세워져 우리나라에서 가장 오랜 역사를 가진 빵집 군산문화원 개정동커피집 군산 개정면 구 일본인농장 창고 군산병원 발산리

군산어린이교통공원 교통안전 체험관 옥구평야 **근대역사박물관** 은파호수공원 카페, 옥산리 카페산타로사 은파 물빛다리, 음악분수 청암산 오토캠핑장
새만금회집 베스트웨스턴호텔 옥녀교차로 (청보리 풍경) 근대역사와 해양문화 전시, 군산항의 역사와 항일항쟁 당시의 기록 등을 전시 중 등의 볼거리와 호숫가 카페거리
선유도 월명유람선 새만금비응공원 **군산호수** **군산**
비응도 새만금 어린이랜드 국립군산 대학교 박물관 옥구향교, 옥산서원 염의서원 문창서원
추천음식 군산 쭈꾸미 군산공항 ✈ 염의서원, 자천대 의서원 의서원
새만금 방조제 치동서원

공감선유 ☆

군산컨트리클럽 (골프)
야미도 신흥동가옥

김제평야
진봉양수대
심포항 ⚓ 두곡서원
망해사낙서전 **코스모스 4백리길**
새만금바람길 진봉산 (72m) **김제시**
성덕산

신시도 **새만금 및 신시전망대**
바다를 가로질러 가는 33.9km의 세계에서 가장 긴 방조제의 중간이 신시도인데 이곳에 전망대가 설치되어 있다.
영화 마이웨이 촬영현장 군평저수지

김제 메타세콰이어길 따라 메타세콰이어가 있어 드라이브하기

구구마을버스 구구마을버스 카페
간재선생유지, 계양서원 안성관광농원 하시모토
삼불암

신지도 계화조류지 반곡산 (32m) **김제 벽골제 및 지**
청호저수지 (그네에서 노을과 저수지를 감상하며 인생샷) 석정 문화관 ☆ 벽골제는 삼국사기에 시대 만든 저수지 두 이르게 이어져 있다 엘리베이터와
판아드레 (핑크뮬리 호수뷰)
두리도 신석정 고택 부안향교
석불산 영상랜드 (불멸의이순신 세트장) **청호 저수지** 성황사 아매창묘
가력도 가력도항 ⚓ 가력도 생태공원 계화회관 (백합죽, 백합구이) 할매피순대 (피순대, 모둠전골) 부안문화원 백산 성지
효봉사 부안항교 ☆ 해창공원 IC 부안
신재생에너지 테마파크 **부안군** 부안 구암리 지석묘군

678

전라북도-동남부

경암동 철길마을 추천
"기찻길을 따라 옛 판자촌 상점들이"

@1304___h

일제강점기부터 7080년대 동네 풍경을 그대로 옮겨놓은 듯한 곳으로, 기찻길을 따라 옛 판잣집들이 옹기종기 모여있다. 판잣집 안에는 불량식품이나 추억의 장난감 등을 파는 레트로 소품점과 레트로 콘셉트 사진관들이 모여있다. 이곳은 원래 바다였지만, 일제강점기에 일본인들이 공장을 짓기 위해 바다를 매립했다고 한다. 이 철길에는 실제로 2008년까지 하루에 두 번씩 종이를 나르는 화물열차가 지나다녔다고 한다. (p676 C:1)

■ 전북 군산시 경촌4길 14
■ #장난감 #레트로 #사진관

군산 은파호수공원 벚꽃길
"잔잔한 저수지와 벚꽃은 정적인 감동이 있지!"

@seung_0720

미제저수지를 벚꽃이 둘러싸고 있는데 이곳에는 은파호수공원, 은파유원지가 있고 은파유원지에서 저수지를 가로지르는 물빛다리가 있다. 은파호수공원 앞 나무데크 산책로 변으로 벚꽃이 흐드러지게 피어 있다. 호수를 둘러싼 도로에 노상 유료주차장이 많이 있지만, 벚꽃 철에는 때에 따라 주차 금지하는 주차장도 있으니 현장에서 잘 확인해야 한다. (p676 C:1)

■ 전북 군산시 나운동 1222-1
■ #호수공원 #벚꽃 #산책로

옥녀교차로
"청보리밭 한가운데 메타세쿼이아 섬"

@choyeuniii

청보리밭 한가운데에 메타세쿼이아 군락이 섬처럼 자리하고 있다. 드넓은 초록의 보리, 파란 하늘이 끝없이 펼쳐지는데 그 조화가 마음을 평화롭게 한다. 사유지이기에 농작물이 훼손되지 않도록 주의해야 한다.(p678 B:2)

■ 전북 군산시 내초동 212-19
■ #청보리 #메타세쿼이아 #초록섬 #사유지

또리분식 맛집
"군산 별미, 여러가지 재료를 넣고 잡탕으로 만든 떡볶이"

라면 사리, 삶은 달걀뿐만 아니라 만두, 수제비, 깻잎까지 들어가는 잡탕 떡볶이가 전문점. 재료가 많이 들어가 한 그릇만 시켜도 넉넉하다.

■ 전북 군산시 명산동 5-2
■ #잡탕떡볶이

복성루 맛집
"시원한 국물과 푸짐하게 돼지고명을 얹은 짬뽕"

수북한 돼지고기 건더기로 유명해진 전국 5대 짬뽕집. 해물로 육수를 먼저 내고 돼지고기를 따로 구워 얹어냈기 때문에 시원한 국물 맛이 그대로 살아있다.

■ 전북 군산시 미원동 332
■ #전국5대짬뽕 #돼지고기건더기

지린성 맛집
"고추짜장의 매운맛!"

백종원의 3대 천왕에 나오며 더 유명해진 고추짜장 맛집. 소스와 면이 따로 나오는데, 굵직한 채소에 반질반질한 소스가 입맛을 돋운다. 칼칼하면서도 씹는맛이 재밌는 군산 최고의 맛집이다. (p678 C:2)

■ 전북 군산시 미원로 87
■ #고추짜장 #매운짜장 #청양고추새우 #매운맛

동국사
"국내 유일의 일본식 사찰"

일제강점기에 지어진 국내 유일의 일본식 사찰. 아담한 절 뒤에 있는 대나무숲이 인상적이다.(p676 C:1)

- 전북 군산시 삼학동 동국사길 16
- #일본식사찰 #대나무숲 #근대문화유산 #군산가볼만한곳

신흥동 일본식가옥(히로쓰가옥) 추천
"일본식으로 지어진 이색가옥"

일제강점기 일본식 가옥의 역사와 그 의미를 되새겨 볼 수 있는 장소. 영화 "장군의 아들", "타짜" 등의 촬영지로 유명하다.(p676 B:2)

- 전북 군산시 신흥동 구영1길 17
- #시간여행 #일본식가옥 #군산명소 #일본식정원

초원사진관
"8월의크리스마스 영화 속 그 장소"

영화 "8월의크리스마스" 촬영지로 군산여행 시 짧은 시간 내에 구경 할 수 있는 곳이다. 보고만 있어도 영화를 추억하게하는 장소로 방문객이 많아 줄을 서서 기다려야 할지도 모른다.(p678 C:2)

- 전북 군산시 신창동 구영2길 12-1
- #영화촬영지 #아날로그감성여행 # 8월의크리스마스 #군산핫플

한일옥 맛집
"속이 편안해지는 소고기 뭇국"

초원사진관 맞은편에 있는 소고기 뭇국 전문점. 쫄깃한 소고기와 담백한 국물은 찰진 쌀밥과 환상의 궁합을 자랑한다. 식당 건물은 1937년 일제강점기 병원 건물을 리모델링한 것으로, 2층에 당시 사용했던 물건을 전시해 놓은 박물관이 있다.

- 전북 군산시 신창동 구영3길 63
- #소고기무우국 #육회비빔밥 #닭국 #김치찌개 #집밥느낌

안젤라분식 맛집
"달달한 떡볶이와 매콤하게 비벼 먹는 콩나물 잡채"

백종원의 삼대 천왕에 나온 떡볶이 맛집. 떡볶이와 콩나물 잡채를 곁들여 먹으면 더 맛있다.

- 전북 군산시 영화동 18-4
- #백종원삼대천왕 #떡볶이 #콩나물잡채

선유도 해수욕장
"짚라인 체험도 하고 명사십리 해변도 감상하고 일거양득 바다 여행지!"

모래사장이 10리에 이른다고 하여 명사십리해수욕장이라고도 불린다. 100m를 걸어 들어가도 수심이 허리밖에 오지 않을 정도로 낮다. 선유도 스카이라인에서는 짚라인을 체험할 수 있다. 고군산군도의 섬들 덕택에 높은 파도가 별로 없다. 근처에서 낚시 즐

기기 좋다.(p676 B:1)

- 전북 군산시 옥도면 선유도리 213-2
- 주차 : 군산시 옥도면 무녀도리 223-3
- #모래사장 #해수욕 #짚라인

공감선유 `카페`

"셔터를 누르는 모든 곳이 작품이 되는 갤러리 카페"

갤러리 카페. 밖에서 보이는 작은 건물과 달리, 내부의 공간이 매우 드넓다. 초록의 정돈된 잔디 위에 놓인 철제의자는 이곳의 대표적인 포토존. 그러나 포토존으로 특정 공간을 꼽기 무색하게 어디를 찍어도 작품이 되고 그림이 되는 곳이다. 문화이용료로 이 모든 것을 즐길 수 있다.(p676 C:1)

- 전북 군산시 옥구읍 수왕새터길 53
- #갤러리카페 #혼자가기좋은카페 #조용한카페 #포토존 #문화이용료

무녀2구마을버스카페 `카페`

"푸른 바다 너머 노란색 스쿨버스"

@anyeaheun12

바다 앞 이국적인 노란색 스쿨버스와 함께 사진을 찍어보자. 이름도 특이한 마을버스 카페

선유도 `추천`

"고군산 군도가 방파제 역할을 해 잔잔한 바다를 느낄 수 있는 곳"

신선이 노닌다는 이름의 선유도. 선유도 전망대인 선유봉에 오르면 선유도 해수욕장이 한눈에 보인다. 2018년 군산에서 선유도까지 가는 고군산 연결도로가 개통되어 자동차로 이동할 수 있다.(p676 B:1)

- 전북 군산시 옥도면 선유도리 302
- #섬마을 #어촌 #차량이동

안에는 여러 색깔의 스쿨버스가 있다 그중 바다 앞 노란 버스 안에는 커피를 즐길 수 있고 안에서 찍는 사진도 멋지게 나온다. 새만금 방조제를 지나 선유도 가는 길 무녀도항 근처에 있다. (p676 B:2)

- 전북 군산시 옥도면 무녀도동길 117
- #무녀2구#마을버스카페#스쿨버스

새만금 및 신시전망대

"이 거대한 인공물은 자연이 영원히 허락할까?"

군산부터 변산면까지 33.9Km에 이르는 방조제. 이후에 갯벌과 바다를 육지로 만드는 간척 사업이 진행되었다. 전 세계에 가장

긴 방조제로 기네스북에 올랐다. 방조제 중간이 신시도인데, 이곳에 전망대가 설치되어 있다. 2023년 세계 스카우트 잼버리 대회 개최지로 선정되었다.(p676 B:1)

- 전북 군산시 옥도면 신시도리
- 주차 : 군산시 옥도면 신시도리 산4-9
- #간척지 #드라이브 #갈매기

군산 대각산 전망대

"서해바다 아름다운 경치중 하나!"

고군산군도의 신시도 대각산의 3층 규모의 정상 전망대. 정상에 오르면 섬들 사이로 연결된 고군산대교의 모습이 아름답다. 오르는 길이 가파를 수 있으니 조심해서 올라가야 한다.(p676 B:1)

- 전북 군산시 옥도면 신시도리 산 17-1
- 주차 : 군산시 옥도면 신시도리 266-2
- #고군산대교 #전망대 #섬

어청도
"거울처럼 맑은 물에서 잡힌 우럭"

어청도는 물 맑기가 거울과 같다는 뜻. 중국 산둥반도와 300km 정도의 거리로, 중국과 가까운 영해이다. 우럭, 해삼, 전복이 많이 잡히는데 특히 자연산 우럭으로 만든 우럭찜 요리가 유명하다.

- 전북 군산시 옥도면 어청도리 98-5
- 주차 : 전북 군산시 임해로 378-14
- #거울같은섬 #우럭

이성당 `맛집`
"빵집의 성지, 줄서서 먹을 수 있는 단팥빵과 야채빵"

속이 알찬 복고풍 단팥빵과 야채빵으로 유명한 전국 5대 빵집. 단팥빵과 야채빵은 1호점에서만 대기 후 구매할 수 있다.(p676 B:2)

- 전북 군산시 중앙로1가 12-2
- #전국5대빵집 #단팥빵 #야채빵

익산 왕궁리 유적
"백제의 옛 궁궐터"

백제 무왕 때인 639년에 건립되었던 왕실의 궁궐터. 신증동국여지승람, 대동지지 등의 문헌에도 '옛 궁궐터'라고 적고 있다. 익산은 백제의 수도가 아니었으니 이곳은 '별궁'이었을 것이라 예상된다. 왕궁리 유적은 1989년부터 20년이 넘는 기간 동안 발굴되었다. 처음에는 5층 석탑을 보고 사찰로 추정했으나, 건물 터에서 왕궁의 형태가 발견되었다. 거대한 화장실 터도 3개 발견되어 궁궐 안에 많은 사람이 기거했을 것이라 추정된다. (p679 F:2)

- 전북 익산시 궁성로 666
- #백제 #왕궁터 #역사여행지

군산근대역사박물관
"근대 개항지인 군산의 역사를 이해할 수 있는 곳"

해상무역도시인 군산의 과거와 오늘날의 모습을 전시하고 있는 박물관. 옛 군산의 서해 물류유통의 역사와 국제적인 무역항이 된 오늘날의 모습을 보여준다. 군산 바다 여행, 바닷가 친구들 등 어린이 체험 행사도 즐겨보자. 1월 1일 휴관.(p676 B:2)

- 전북 군산시 장미동 1-67
- #근대 #군산항 #옛체험

익산 미륵사지 및 석탑 `추천`
"한국 석탑의 최대 걸작이 있는 곳, 삼국유사에도 기록되어 있는 백제 최대 사찰 터"

삼국유사에 기록되어 있는 백제 최대의 사찰인 미륵사지. 우리나라에서 가장 오래되고 큰 석탑인 미륵사지 석탑이 있다. 석탑은 서탑과 동탑이 있는데 흔적도 없던 동탑은 고증을 거쳐 복원한 것으로 직접 탑 안에 들어가 볼 수 있다. 남아있던 서탑은 일제 강점기, 일본에 의해 잘못 복원되어 붕괴 위험 등으로 인해 해체 복원이 시작되었고 21년 만인 2019년에 복원이 완료되었다.(p676 C:1)

- 전북 익산시 금마면 기양리 97
- 주차 : 익산시 금마면 기양리 104-1
- #백제 #석탑 #역사여행지

미륵사지유물전시관

"많은 유물은 아니지만, 베일에 가린 백제의 모습을 조금은 볼 수 있어!"

미륵사지 유물과 자료 400여 점을 전시해 놓은 곳. 미륵사지는 백제 최대의 사찰로, 백제문화의 우수성을 엿볼 수 있다. 전시관 또한 미륵사지 석탑을 닮아 아름답다. 주기적으로 전통문화강좌와 영화가 상영되며, 영어, 일본어, 중국어 브로슈어와 전시해설도 제공한다. 무료입장. 매주 월요일, 1월 1일, 설날과 추석 당일 휴관.(p676 C:1)

- 전북 익산시 금마면 기양리 104-1
- #미륵사지 #백제문화 #유물

나바위성당 추천

"종교가 달라도 느낌이 너무 좋은 곳 이래서 천주교가 조선에 자리잡았구나"

화산 천주교회의 초창기 명칭이지만, 아직까지 애칭으로 나바위성당으로 불린다. 1897년 베르 모렐 신부가 1906년 성당으로 개조했다. 한옥과 양옥이 결합한 건물로, 성당으로는 매우 독특한 형태이다.(p676 C:1)

- 전북 익산시 망성면 화산리 1158-1
- #천주교 #성지

초미당 첫번째 맛집

"깔끔한 초밥이 먹고 싶다면"

스페셜초밥 12p가 인기 메뉴다. 네타 숙성기술로 부드럽고 감칠맛나는 회와 무쇠가마솥으로 지은밥으로 만든 초밥을 종류별로 맛볼 수 있다. 샐러드와 미소된장이 기본으로 제공된다. 별도의 웨이팅룸이 있다. 대기가 길 경우 포장하는 것도 좋은 방법이다. 북부시장 주차장 1시간 주차 지원. 14:30~17:30 쉬어가며, 연중무휴 (p679 E:2)

- 전북 익산시 선화로33길 76
- #남중동맛집 #초밥맛집 #안심식당

교도소세트장 추천

"드라마 속 교도소는 대부분 이곳!"

드라마 <펜트하우스>, 영화 <7번방의 선물> 등, 우리나라에서 교도소를 배경으로 하는 영화, 드라마의 대부분이 이곳에서 촬영되었다. 유치장, 독방, 면회장 등 교도소 장면에 필요한 공간들이 현실적으로 꾸며져 있다. 원한다

면 수의나 교도관복을 빌려 사진을 찍을 수도 있다.(p676 C:1)

- 전북 익산시 성당면 함낭로 207
- #드라마 #영화 #교도소세트장 #수의 #교도관복

익산보석박물관

"보석으로 불리는 광물에 대해 공부할 수 있는 곳!"

아름다운 보석들과 화석이 함께 전시된 박물관. 다이아몬드를 닮은 피라미드형 건물 외관이 인상적이다. 탄생석, 보석 원석, 화석, 보석탑 등이 전시되어 있으며 3월~11월 중에는 칠보공예, 보석 액세서리 만들기 등 체험행사도 진행된다. 매주 월요일, 1월 1일 휴관.(p677 D:1)

- 전북 익산시 왕궁면 동용리 575-1
- #보석 #원석

동서네낙지 본점 맛집

"곱이 가득한 소곱창과 낙지의 만남"

@sonhyemin0212

익산의 공식맛집으로 선정된 낙지요리 전문점이다. 소곱창 낙지볶음이 인기메뉴다. 돌판 위에 다양한 채소와 통통한 낙지, 곱이 가득한 소곱창이 푸짐하게 들어가 있다. 많이 익히

면 낙지가 질겨질 수 있으니 2~3분 후 먹으면 된다.매운 것을 못 먹으면 우동사리를 추가하는 것을 추천한다. 15:00~17:00까지 브레이크타임이며, 일요일은 휴무다. (p679 E:2)

- 전북 익산시 인북로46길 47
- #익산맛집 #낙지요리 #소곱창낙지볶음

태백칼국수 맛집
"40년 동안 익산역을 지켜온 유명 칼국수 맛집"

@inui0i

40년 넘는 역사를 가진 칼국수 맛집으로, 익산 사람들 중에는 대를 이어 이곳을 찾는 사람도 많다. 진한 멸치육수에 고기와 계란, 김가루, 깨가 들어가 더욱 감칠맛 나는 칼국숫집. 아삭하게 무쳐낸 김치 겉절이가 맛을 더한다. 고기가 듬뿍 들어간 왕만두도 꼭 함께 시켜 먹어보자. (p679 E:2)

- 전북 익산시 중앙1가 52
- #칼국수 #겉절이 #고기만두 #로컬맛집 #푸짐한양

서해금빛열차(G-Train) 익산 (익산-용산)
"서해 풍경을 보며 달리는 철길"

익산역에서 출발해 용산역까지 운행하는

서해안 관광열차. 중간 구간에서 개그 공연과 오카리나 연주 이벤트도 열린다. 온돌마루 객실과 족욕 카페가 있는 프리미엄 관광열차로 코레일이 운영하는 관광열차 중 가장 인기가 좋다.(p679 E:2)

- 전북 익산시 창인동2가 1
- 주차 : 전북 익산시 중앙동1가 1
- #족욕카페 #힐링 #테마기차

함라마을 삼부자집
"전라북도 소문난 세명의 만석꾼의 집"

@road_trip_1993

익산뿐만 아니라 전라도에서도 부자로 소문났던 만석꾼 삼부자 집. 삼부자는 조해영, 이배원, 김안균 3인을 일컫는다. 이 세 사람은 단순히 돈만 많은 것이 아니라, 가난한 이웃을 위해 자신이 가진 것을 나눌 줄 아는 사람들이었다 전해진다. 삼부자 가옥들도 모두 주인의 품성을 닮아 너무 호사스럽지 않고 여유로운 분위기가 풍긴다. (p676 C:1)

- 전북 익산시 함라면 함라교동길25
- #99칸 #대저택 #고택

고스락
"장독대 위에 쌓인 겨울의 풍경"

우리나라 최고의 장류가 만들어지는 곳이다. 3만 평에 달하는 넓은 공간에 빼곡히 채워진 장독대는 그야말로 장관. 이곳에서 만들어지는 장류는 모두 유기농 원료로 지어진다고. '최고'를 의미하는 고스락 이름다운 곳이다. 겨울이면 이 많은 장독대 위에 눈이 소복이 쌓인 아름다운 모습을 볼 수 있다. 고스락 내부에 한식당과 카페도 운영 중이(p679 E:1)

- 전북 익산시 함열읍 익산대로 1424-14
- #장독대 #유기농 #설경 #겨울여행지

온아 카페 카페
"일본 목조주택 느낌 감성카페"

@ziioznn_

일본 느낌이 나는 한옥 스타일 외관을 등 뒤로 하고 사진을 찍는 것이 이곳의 대표 포토존이다. 해 질 녘이나 조명이 켜지는 밤에 방문한다면 감성적인 사진을 찍을 수 있다. 외관 전체가 나오게 찍는 것이 포인트다. 온아의 로고가 있는 벽면, 물 위에 있는 테이블 석, 통창으로 보이는 뷰 등 포토존이 가득하다. (p676 C:1)

- 전북 익산시 현영길 12-2
- #익산 #대형카페 #소금빵맛집

다솜차반 `맛집`

"정갈하고 건강한 밥상"

@kim_okkyu

다솜차반건강한식이 기본 메뉴다. 호박죽, 수육, 삼색전, 게장 등 다양한 메뉴로 구성되어 있다. 냄비 밥을 지어서 가져와 직접 퍼준다. 시그니처 메뉴는 한방수육으로 깔끔하고 정갈한 맛이다. 무말랭이무침과 새우젓을 올려 먹으면 된다. 가게 앞 대율저수지가 있어 뷰가 좋다. 15:00~17:00까지 브레이크타임이며, 월요일은 휴무다. (p679 D:3)

- 전북 김제시 금구면 대율2길 83
- #한정식 #김제맛집 #대율담맛집

대율담 `카페`

"루프탑 인피니트 풀 공간"

@god__u

루프탑의 수조 포토존 징검다리에 서서 대율저수지와 푸른 하늘을 담아보자. 인피니티풀의 느낌을 담을 수 있다. 밝은색의 외관의 푸른 하늘과 잘 어울린다. 입구에 제주도 느낌이 나는 카페 로고 앞, 블랙톤의 벽 분수, 통창을 통해 보이는 저수지 등 포토존이 다양하다. 층마다 인테리어 분위기가 달라 모든 층을 둘러보는 것도 좋겠다. (p679 D:3)

- 전북 김제시 금구면 대화1길 95
- #김제 #대율저수지 #징검다리

금산사

"한국전쟁 때에도 소실되지 않은 천년고찰"

한국전쟁 때에도 소실되지 않은 천년고찰로, 봄에는 벚꽃잎 내려앉은 풍경이, 가을철 오색 빛깔로 물드는 단풍 풍경이, 겨울철 눈으로 덮인 사찰과 설산 풍경이 아름답다. 사찰 내 미륵전 건물이 국보로 지정되어 있다. 2023 새만금 세계 잼버리 대회 대원들이 방문하기도 했다. (p679 F:3)

- 전북 김제시 금산면 모악15길 1
- #계절꽃 #단풍 #불교사찰

김제 금산사 가는 벚꽃길

"사찰로 이어지는 작은 벚꽃길의 아름다움"

김제시 관광안내소부터 금산사로 이르는 벚꽃길과 금산사 경내에 핀 벚꽃. 규모가 있는 사찰이어서 산책하기에 좋고 경내에 수령이 오래된 벚나무가 한옥과 어울려 더욱더 감성적이다. 금산사는 백제(600년) 창건한 절로 920년 후백제의 견훤의 원찰이기도 했다.(p679 F:3)

- 전북 김제시 금산면 금산리 28-3
- 주차 : 김제시 금산면 금산리 102-2
- #벚꽃나무 #고목 #사찰

원평지평선청보리한우촌 `맛집`

"김제 청보리 먹고 자란 부드러운 육질의 한우"

@duddo_nyong

김제평야에서 수확한 청보리를 먹여 부드러운 육질을 자랑하는 청보리 한우 정육식당. 꽃등심, 갈빗살 등 한우 구이뿐만 아니라 콩나물, 오이, 무채 등을 곁들여 아삭한 맛이 일품인 육회비빔밥도 인기. (p676 C:2)

- 전북 김제시 금산면 원평리 1-1
- #청보리 #한우 #정육식당 #꽃등심 #갈비살 #육회비빔밥

김제 벽골제(지평선 전망대)

"백제시대 저수지 둑 뿐만 아니라 전망대, 전시관 등이 있어 충분히 지루하지 않아"

@jyl7318

삼국사기에 따르면 330년 백제 시대 만든 저수지 둑으로, 제방이 3km에 이르게 이어져 있다. 벽골제 민속유물전시관, 농경사 체험돔, 지평선 한우 명품관이 있다. 지평선 전망대는 건물 엘리베이터를 타고 올라가면 나온다.(p676 C:2)

- 전북 김제시 부량면 신용리 119-1
- #벽골제 #지평선 #농경문화 #저수지

김제 지평선 축제

"우리나라에서 지평선을 볼 수 있는 몇 안되는 곳 중 하나"

국내에서 유일하게 지평선을 바라볼 수 있는 김제평야에서 열리는 축제. 쌀밥 짓기, 짚풍공예, 농촌체험 등 곡창지대로 유명한 김제평야의 농경문화를 체험할 수 있다. 근처에 한우 직판장이 있어 저렴하게 한우를 맛볼 수 있다. (p676 C:2)

- 전북 김제시 부량면 신용리 119-1
- 주차 : 김제시 부량면 신용리 224-1
- #호남평야 #곡창지대 #전망대 #한우

은혜식탁 맛집

"파스타와 리조또가 맛있는 집"

@enetable_619

파스타 맛집으로 유명하다. 묵은지와 소고기, 버섯, 청양고추가 들어간 순이 크림파스타가 시그니처 메뉴다. 엄마가 담은 새콤한 묵은지와 단짠 크림의 맛이 조화로워 계속 생각나는 맛이다. 연인들의 데이트장소로도 좋고, 다인석이 있어 가족외식으로도 좋다. 브레이크타임 14:30~17:00, 월요일 휴무. (p679 D:3)

- 전북 김제시 요촌북로 91
- #이탈리아음식 #파스타맛집 #리조또맛집

한국도로공사 전주수목원

"연못 위 창에서 찍는 인생사진"

@h___delight

한국도로공사에서 운영하는 수목원. 10만 평에 이르는 넓은 부지 덕에 수목원, 유리온실, 약초원 등 다양한 섹션이 운영 중이다. 전주수목원은 그림 같은 포토존이 많은 곳으로 유명한데, 그 중에서도 안내책자 내 40번으로 표기된 수생식물원2가 가장 유명하다. 연못 위 누각의 큰 창틀을 활용해 찍는데, 한옥의 창이 그 자체로 액자가 된다. 고풍스러우면서도 아늑한 인생사진을 찍어보자.(p677 D:2)

- 전북 전주시 덕진구 번영로 462-45
- #한국도로공사 #수생식물원2 #습지 #한옥포토존 #인생사진 #인스타명소

전주 동물원

"전북의 대표 동물원, 벚꽃명소이기도 해"

호랑이, 사자, 기린, 하마 등 다양한 동물을 만나볼 수 있는 동물원. 주차공간이 넓고 유모차, 휠체어를 무료로 대여할 수 있다. 동물원 안에 있는 작은 놀이공원 드림랜드에서 회전목마, 대관람차도 타볼 수 있다. 근처에 덕진공원, 한국소리문화의 전당, 한옥마을 등이 있다. 벚꽃 철이 되면 전주동물원에 벚꽃이 만발하여 많은 사람이 찾는다. 야간에 벚꽃을 볼 수 있도록 야간개장을 하는데 그 일정은 전주동물원 홈페이지에서 확인하면 된다. (p679 F:3)

- 전북 전주시 덕진구 덕진동1가 73-48
- 주차 : 전주시 덕진구 덕진동1가 73-4
- #호랑이 #사자 #기린 #놀이공원 #벚꽃

고궁 전주본점 맛집

"전주여행 필수 전주비빔밥"

맛있는 녀석들에 나왔던 전주비빔밥 맛집. 불고기, 파전, 떡갈비와 세트로도 먹을 수 있고, 단품으로도 먹을 수 있다. 나물, 고기, 버섯, 무생채, 청포묵 등이 들어간 비빔밥이 건강한 맛이다. 천원 추가시 돌솥비빔밥으로 먹을 수

있다. 누룽지를 긁어먹는 맛이 있다. 영수증 리뷰시 옆 카페에서 커피 한잔 제공. 브레이크 타임 없음. 명절 전날과 당일만 휴무 (p679 F:3)

- 전북 전주시 덕진구 송천중앙로 33
- #전주맛집 #전주비빔밥 #비빔밥

전주 한옥레일바이크 아중역 (폐선)-왜망실 왕복3.4km
"한옥마을 구경하고 레일바이크도 타고"

아중역에서 왜망실까지 왕복 3.5km 구간을 운영하는 레일바이크. 아중역, 바람개비 구간, 터널 구간, 포토존 등을 지난다. 전 구간이 기찻길 옆에 조성된 것도 독특하다. 아중역은 한옥마을 근처에 있어 함께 관광하기 좋다.(p680 A:2)

- 전북 전주시 덕진구 우아동1가 942-1
- 주차 : 덕진구 우아동1가 1098-9
- #한옥 #레일바이크

그 날의 온도 `카페`
"한적한 시골의 모던한 야외카페"

전주 외곽에 위치한 모던한 외관의 규모가 큰카페로 정원과 분수가 있는 뷰맛집. 커피는 테라로사 원두를 사용한다.(p676 C:1)

- 전북 전주시 덕진구 원동 378-3

- #정원카페 #루프탑카페 #야외카페 #전주혁신도시

기찻길옆오막살이 전주아중리본점 `맛집`
"마늘숙성 닭볶음탕과 만새전"

@muk_luvxx

닭볶음탕 맛집으로 유명한 식당. 큼직한 감자와 부드럽고 간이 잘 된 닭이 입맛을 돋운다. 감자를 으깨 양념, 고기와 함께 먹으면 맛있다. 닭볶음탕을 다 먹고 먹는 볶음밥이 별미다. 만가닥버섯과 새우가 가득 들어간 만새전도 인기다. 오두막 느낌이 나는 가게 인테리어가 정겹다. 15:00~17:00까지 브레이크타임이며, 월요일은 휴무다.

- 전북 전주시 덕진구 인교9길 71
- #전주맛집 #닭볶음탕 #만새전

베테랑 `맛집`
"비주얼만 봐도 이미 맛있는 칼국수"

2대에 걸쳐 운영 중인 칼국수 맛집. 이젠 백화점 팝업 스토어에서도, 마켓컬리에서도, 밀키트로도 이곳의 음식을 즐길 수 있게 되었다. 김가루, 들깻가루, 고춧가루... 비주얼만으로 이미 맛있는 칼국수이다. 면의 식감이 너무 맛있는 곳!

- 전북 전주시 완산구 경기전길 135
- #칼국수 #만두 #들깨가루

전주한옥마을 오목대
"태조 이성계도 이곳에 올라 이 전망을 보았겠지, 나도 보고 말겠어!"

태조 이성계가 황산에서 왜구를 토벌하고 승전기념으로 지었으며, 이곳에서 연회를 열었다.(p677 D:2)

- 전북 전주시 완산구 교동 55-8
- 주차 : 전주시 완산구 교동 65-6
- #이성계 #전망대

이르리 `카페`
"드라이플라워로 꾸민 감성 포토존"

@kyeomiiii_

이르리 한옥 카페 한쪽 벽면에 거대한 드라이플라워가 장식되어 있고, 좌측 하단에 '지금 여기 이르리'라는 문구가 쓰여 있는 곳이 있다. 흰 벽 배경을 기준으로 수직, 수평을 맞추어 가운데 선 인물을 찍으면 예쁘다. 이 곳 말고도 넓은 한옥 카페 곳곳이 전주 한옥마을 감성 포토존이 되어준다.

- 전북 전주시 완산구 은행로 69
- #드라이플라워 #한옥카페 #소녀감성

전주 완산공원 겹벚꽃 추천
"둥글 둥글 뭉쳐 있는 개량 벚꽃, 일반 벚꽃 보다 개화일이 늦어!"

일반 벚꽃은 꽃이 균일하게 분포한다면, 겹벚꽃은 둥글둥글 뭉쳐서 벚꽃이 핀다. 겹벚꽃은 일반 산벚나무를 개량하여 만들어진 것으로 일반 벚꽃이 지고 약 보름 정도 뒤, 대략 4월 말이나 5월 초까지 핀다. 벚꽃 철을 놓쳤다면 겹벚꽃 구경할 기회가 아직 남아있다.(p679 F:3)

- ■ 전북 전주시 완산구 동완산동 산121-1　　■ 주차 : 전주시 완산구 동완산동 377-3
- ■ #겹벚꽃 #늦봄

전주 전동성당 추천
"무채색의 붉은 벽돌 성당은　사진 촬영을 안할 수 없게 만들지"

조선 시대 천주교 신자의 순교지 위에 지어진 성당. 1889년 프랑스의 신부가 성당 용지를 매입하고 설계하여 건물이 완공되었다. 호남 지방의 서양식 근대 건물 중 규모가 가장 크고 오래되었다. 로마네스크와 비잔틴풍, 화강석을 기단으로 붉은 벽돌을 사용해 이국적인 느낌이 물씬 풍긴다.(p677 D:2)

- ■ 전북 전주시 완산구 전동 태조로 51　　■ 주차 : 전주시 완산구 전동 200-1
- ■ #천주교성당 #벽돌건물 #감성사진

조점례남문피순대 맛집
"선지로 속을 꽉 채운 피순대와 순대국밥"

선지를 가득 넣어 담백한 맛이 나는 피순대 전문점. 피순대와 머리고기가 들어간 얼큰한 순대 국밥과 선지로 속을 채운 피순대가 대표 메뉴. 피순대는 초고추장에 찍어 깻잎에 싸 먹는 것이 정석이라고 한다. 포장 주문 가능.

- ■ 전북 전주시 완산구 전동3가 2-195
- ■ #순대국밥 #암뽕순대국밥 #피순대 #머릿고기 #수육 #초고추장 #순대깻잎쌈 #포장가능

객사(객리단길)
"SNS 핫플 천국, 전주객리단길"

서울의 경리단길이 떠오르는 전주의 객리단길. 옛 동네의 풍경과 맛집, 개성있는 카페, 펍 등이 만나 젊고 활기찬 거리로 전주의 핫플!(p679 F:3)

- ■ 전북 전주시 완산구 중앙동2가 10-1
- ■ #전주한옥마을 #먹거리골목 #인스타감성 #카페투어 #젊음의거리 #전주핫플 #전주맛집 #먹방투어

청연루
"전주의 밤을 내려다보는 정자"

전주천을 가로지르는 남천교 위에 있는 정자. 이곳은 밤에 봐야 그 진가가 드러난다. 따뜻한 조명이 켜진 한옥마을과 밤하늘의 별을 구경하기에 이곳만큼 좋은 곳이 없기 때문이다. 해가 지면 청연루를 찾자.

- 전북 전주시 완산구 천경로 40
- 주차 : 전북 전주시 완산구 풍남동3가 14-1, 한옥마을 노상 공영주차장
- #전주여행 #한옥마을 #정자 #남천교 #전주천 #야경명소

전주경기전
"태조 어진이 모셔져 있는 경기전"

@with__ari

국보인 태조 이성계의 어진이 모셔져 있는 곳. 태조 어진 외에도 역대 왕들의 어진을 만나볼 수 있다. 여기에 전주사고도 설치되어 있으니 조선왕조의 뿌리와 역사가 이곳에 있는 셈이다. 역사적 가치도 물론이지만, 곳곳에 아름다운 나무들과 풍경이 아름다워 사진 찍기

에도 좋다. 한옥마을 초입이라 경기전을 둘러보고 본격 전주여행을 시작하는 사람들이 많다.(p677 D:2)

- 전북 전주시 완산구 태조로 44
- 주차 : 전북 전주시 완산구 춘향로 5299, 대성공영주차장
- #태조어진 #국보 #조선의뿌리 #한옥마을

어진박물관
"태조 어진 실물과, 세종, 영조, 정조 등의 어진이 전시"

태조 이성계의 영정이 봉인된 경기전에 위치한 어진 박물관. 태조 어진 실물과 세종, 영조, 정조, 철종, 고종, 순종 모사 어진이 전

시되어 있다. 어진은 왕의 초상화를 뜻한다. 기회가 된다면 경기전 유물 만들기, 어진 그리기 등의 체험 행사에도 꼭 참가해보자. 경기전 입장 시 별도의 입장료는 없으며, 1월 1일 휴관.

- 전북 전주시 완산구 풍남동3가 102
- 주차 : 전주시 완산구 전동 108
- #어진 #왕 #초상화

전주 풍남동 은행나무
"한옥과 잘 어울리는 나무, 은행나무"

전주 풍남동 한옥마을에 있는 600년 넘은 은행나무. 고목의 반절이 파일 정도로 오래된 나무지만 아직도 해마다 싹을 틔우고 가을이면 잎을 물들인다. 이 은행나무는 고려 시대 월당 최담 선생이 후진 양성을 위해 학당을 세우고 정원에 심은 나무다. 은행나무는 벌레가 슬지 않기 때문에, 관직에 진출할 유생들이 부정에 물들지 말라는 뜻에서 심어졌다.

- 전북 전주시 완산구 풍남동3가 36-2
- 주차 : 전주시 완산구 풍남동3가 51-2
- #은행나무 #고목 #유학

전주한옥마을 _{추천}
"과거로 가보고 싶은 인간의 마음"

전주 교동 및 풍남동 일대에 700여 채의 한옥으로 이루어진 한옥마을 보존지구. 태조 이성계의 어진을 모신 경기전, 전동성당, 전주향교, 오목대가 있으며, 다양한 한옥체험 숙박, 먹거리도 함께 즐길 수 있다.(p677 D:2)

- 전북 전주시 완산구 풍남동 기린대로 99
- 쇼핑 #맛집거리 #한복체험
- 주차 : 전주시 완산구 풍남동2가 44-1

전주전통술박물관

"술빚기 강좌가 있어 체험해 볼 수도 있어!"

전통주로 손님을 맞이하고 제사를 지내던 문화를 체험할 수 있는 곳. 강좌를 통해 집에서도 집에서 간단하게 술 빚는 방법이나 술을 마시는 예법인 '향음주례'도 배워볼 수 있다. 관람료 무료. 연중무휴.

- 전북 전주시 완산구 풍남동3가 39-3
- 주차 : 전주시 완산구 풍남동2가 44-1
- #전통주 #이강주 #향음주례

국립전주박물관

"전북 대표 박물관"

전라북도에서 출토된 고고 유물, 불교 미술품, 도자기 등 3만여 점의 작품을 전시하고 있는 박물관. 고고실, 미술실, 역사실, 석전기념실, 옥외전시실을 운영하며, 어린이부터 성인, 전문인까지 전통문화를 체험해볼 수도 있다. 월요일~토요일 중에는 예약을 통해 전시 해설도 들어볼 수 있다. 무료입장. 1월 1일, 설날과 추석 연휴 휴관.(p679 F:3)

- 전북 전주시 완산구 효자동2가 900
- 주차 : 전주시 완산구 효자동2가 893-1
- #전주 #유물 #미술품 #도기

고산미소한우 맛집

"저렴하게 신선한 한우 맛볼 수 있는 정육식당"

@jh_12.10

완주 한우농가 250여 곳이 모여 차린 정육식당. 한우 직영 판매점이라 저렴한 가격에 신선한 한우를 맛볼 수 있다. 식사류로는 갈비탕과 소고기가 익혀 나오는 한우 비빔밥 '익힘 비빔밥'이 인기. 갈비탕은 하루 120그릇만 한정 판매하므로 여유 있게 방문하는 것이 좋다.(p677 D:1)

- 전북 완주군 고산면 남봉로 135
- #한우 #가성비 #정육식당 #육회 #갈비탕 #익힘비빔밥 #생비빔밥

완주군 구이저수지 벚꽃길

"조용하고 아늑한 벚꽃 오솔길"

전북 완주에 있는 구이저수지 둑방에 핀 벚꽃길. 다른 유명 벚꽃길보다 다소 알려지지 않은 곳으로 한적한 벚꽃 감상하기에 좋다. 시골 오솔길 같은 둘레길도 이어지는데 아늑하니 커플 사진 촬영하기에도 제격이다. 벚꽃은 3cm가량으로 분홍색 또는 백색의 꽃으로 피며, 군락을 이룬 곳은 눈이 온 것 같다. 벚꽃이 떨어질 때 꽃비가 되기도 한다.(p677 D:2)

- 전북 완주군 구이면 두현리 30
- 주차 : 완주군 구이면 구이로 1512-15
- #둘레길 #봄나들이

전북도립미술관

"경관이 뛰어난 미술관, 나들이도 좋아!"

전라북도를 대표하는 예술 문화공간. 모악산과 구이 저수지 사이에 있어 경관이 뛰어나다. 시기별 다양한 전시와 문화예술교육이 진행된다. 매주 월요일, 1월 1일, 명절 휴관.(p677 D:2)

- 전북 완주군 구이면 모악산길 원기리 1068-7
- #특별전시 #예술교육

봉동짬뽕 맛집

"신선한 재료와 손맛의 만남"

고추기름에 해산물 육수가 시원한 짬뽕이 인기메뉴다. 고기와 해산물이 가득 들어있다. 손질된 해산물이 들어있어 홍합을 까는 번거로움이 없어 좋다. 기본짬뽕도 얼큰한 편이다. 매운맛을 즐기는 분은 고추짬뽕을 추천한다. 겉바속촉한 찹쌀탕수육과 함께 주문하면 두 명이 먹기에 충분하다. 브레이크타임 14:30~17:00. 금, 토 휴무 (p677 D:1)

- 전북 완주군 봉동읍 하월길 43 봉동짬뽕
- #완주맛집 #짬뽕맛집 #중국집

삼례문화예술촌
"양곡 수탈지에서 문화 예술의 본거지로"

@sejongkim89

일제강점기 당시 양곡 수탈의 본거지였던 양곡창고를 문화창고로 변신시켰다. 다양한 형태의 전시는 물론, 목공 체험소, 카페 등이 마련되어 있다. 세월이 묻어나는 건물 곳곳에 다양한 작품들이 전시되어 있어 독특한 분위기를 자아낸다. 아이와 함께 하기에 특히 좋은 여행지이다.(p679 F:2)

- 전북 완주군 삼례읍 삼례역로 81-13
- #양곡수탈 #아픔 #문화창고 #전시 #카페 #작품

상관 공기마을 편백나무 숲
"피톤치드 가득한 편백나무 숲"

10만 그루 편백나무가 모여있는 피톤치드 가득한 편백숲. 하늘 높이 뻗은 하얀 편백나무가 빼곡하다. 공기마을은 위에서 내려다보면 그 모습이 꼭 공깃밥 그릇같이 생겼다 해서 공기마을이라는 이름으로 불린다. (p680 A:3)

- 전북 완주군 상관면 죽림편백길
- #편백나무 #힐링 #트래킹

위봉산성
"역사적 성지, BTS 성지"

조선 숙종시대 당시 지었던 돌로 된 산성이다. 적의 침입에 대비하기 위해 지어진 시설이지만, 난리가 생겼을 때 태조 이성계의 어진을 이곳으로 옮겨 보호하려는 목적도 있었다. 역사적 가치와 더불어 BTS가 서머 패키지를 촬영했던 곳이기도 하다. 팬들에겐 성지로 통하는 곳이다.

- 전북 완주군 소양면 대흥리
- #돌산성 #군사시설 #어진보호 #BTS #서머패키지 #BTS성지

완주 송광사 가는 벚꽃길
"2km 정도면 봄냄새 맡으며 걸어보자"

죽절리 마수교에서 완주 송광사까지 2km 구간의 벚꽃 터널길. 완주 송광사는 신라 말기 지어진 사찰로 순천 송광사와 이름이 같다. 완주 송광사는 순천에 있는 것보다 규모는 약간 작지만 아늑한 느낌이 드는 사찰이다.(p680 A:2)

- 전북 완주군 소양면 대흥리 599-3
- 주차 : 전북 완주군 소양면 대흥리 1058
- #벚꽃 #드라이브 #사찰

아원고택 추천
"한옥과 노출콘크리트. BTS힐링성지"

@a_pleasant_thing

자연과 어우러진 완벽한 한옥. 대청마루에서 바라보는 종남산의 능선은 모든 근심을 내려놓게 하는 마력을 지녔다. 기둥과 기둥 사이, 창틀 사이로 보이는 자연의 풍경이 그대로 수묵화를 닮았다. 너무나 아름다운 풍경 덕분에 BTS의 서머패키지의 배경지로도 선정되었다. 고택 그대로의 매력과 현대적인 세련미를 동시에 느낄 수 있는 공간이다. 한옥 밖으로 난 길을 따라가면 대숲이 이어지니 이곳도 즐겨보자.

- 전북 완주군 소양면 송광수만로 516-7
- #한옥카페 #갤러리카페 #인생사진 #한옥스테이

소양고택 두베카페 카페
"통창 밖 물 위의 돌다리"

@chae_eun_park_123

오성 한옥마을에 있는 한옥 개조 카페로, 유리통창 밖으로 비치는 돌다리, 소나무 정원 경치가 아름답다. 어느 좌석에 앉아도 시원한 통창 밖 아름다운 전망을 감상할 수 있다. 오성 한옥마을은 BTS 서머 패키지 촬영지로도 유명하다.(p677 D:1)

- 전북 완주군 소양면 송광수만로 472-23
- #한옥 #양옥 #인테리어 #징검다리 #돌다리 #미슈페너 #파스텔케이크 #인스타성지

오성한옥마을
"한옥 카페, 갤러리 고즈넉한 힐링의 장소"

완주군에 귀촌한 한 동네 주민이 경남 진주에 있던 한옥을 그대로 옮겨 놓은 것을 시작으로, 완주군에서 추가적으로 한옥과 전통가옥을 건설해 오성 한옥마을이 만들어졌다. 전통 방식으로 지어진 한옥에서 전통놀이 체험과 한옥 숙박 체험까지 즐길 수 있다. BTS 뮤직 비디오 촬영지로도 유명세를 치렀다. (p677 D:1)

채석강 추천
"중국의 채석강과 비슷하게 생긴 강이 아닌 바다"

화강암, 편마암을 기반 층으로 백악기(1억 년 전) 부터 형성된 총 1.5km의 해안 절벽·수만 개의 돌을 켜켜이 겹겹이 쌓아놓은 것 같은 인류의 자연조형물이 장관을 이룬다. 썰물 때 물이 빠지면 채석강 일대를 직접 걸어볼 수도 있다. 서해바다에 속해있지만 이태백이 빠져 죽은 중국 채석강을 닮았다 해서 채석강이라는 이름으로 불린다. 하루 두 차례 간조 때 들어갈 수 있으며, 해식 작용으로 만들어진 해식동굴 안으로도 들어가 볼 수 있다. (p676 B:2)

- 전북 부안군 변산면 격포리
- #채석강 #해식절벽 #교육여행

- 전북 완주군 소양면 송광수만로 472-23
- #한옥 #전통놀이 #숙박

화심순두부 본점 맛집
"얼큰한 순두부와 콩까스"

@___ssim

3대째 직접 만든 손두부를 판매한다. 콩돈까스와 화심순두부찌개가 대표메뉴다. 바지락이 가득 들어간 얼큰한 맛의 순두부를 맛볼 수 있다. 콩돈까스는 엄청난 크기를 자랑하고 고기와 비슷한 식감을 느낄 수 있다. 검은콩 토핑이 뿌려진 고소한 아이스크림과 담백한 콩도넛도 판매한다. 별관쪽에 놀이방이 있어 아이와 방문하기 좋다. (p680 A:2)

- 전북 완주군 소양면 전진로 1051
- #화순맛집 #순두부 #콩돈까스

채석강 해식동굴
"거대한 절벽 속, 해식동굴에서 찍는 인생사진"

@jen_na_1

제주도의 주상절리가 부럽지 않은 웅장하고 신비한 해식절벽과, 해식동굴에서 찍는 동굴샷! 오랜 세월에 걸쳐 차곡차곡 쌓인 거대한 절벽은 그 규모와 위세가 압도적이다. 지질학적 가치가 매우 뛰어난 곳으로 다양한 퇴적작용을 확인할 수 있다. 여기에 해식동굴은 안에서 밖을 향해 찍으면 동굴 프레임의 액자샷을 찍을 수 있다. 하늘과 바다, 동굴과 피사체의 음영 대비가 인상적이다. (p682 A:1)

- 전북 부안군 변산면 격포리
- 주차 : 전북 부안군 변산면 변산해변로 1, 격

포해수욕장

■ #주상절리 #퇴적층 #지질학 #해식동굴 #동굴샷 #인스타명소

소노벨 변산 오션플레이
"변산반도를 끼고 있는 워터파크"

프랑스 북부 노르망디 지방을 모티브로 한 워터파크. 격포 해수욕장을 바라보며 노천온천과 물놀이를 즐길 수 있다. 야외 파도풀, 슬라이드, 노천온천, 닥터피시 체험장 등을 운영한다.

■ 전북 부안군 변산면 격포리 257
■ 주차 : 부안군 변산면 격포리 259-60
■ #유럽풍 #풀장 #온천

모항갯벌해수욕장
"경관이 화려한 해수욕장"

아담한 백사장과 울창한 소나무숲이 아름다운 곳. 내변산과 외변산이 마주치는 지점에 생긴 해수욕장으로, 변산반도 국립공원의 산악경관과 바다의 해양경관이 조화롭다.(p676 B:2)

■ 전북 부안군 변산면 도청리 203-1
■ 주차 : 부안군 변산면 도청리 172
■ #솔숲 #해수욕장

변산반도 단풍탐방로
"가을을 마음껏 느낄 수 있는 단풍명소"

변산반도는 국립공원 중 유일하게 산과 바다가 어우러진 공원이다. 변산반도의 단풍을 즐기려면 내변산탐방지원센터 앞에 주차하여 등산하면 된다. 내변산탐방지원센터~직소폭포 2.2km 1시간 거리 (산책길), 남여치~내변산 5.5km, 1시간 50분 (능선길), 내변산~내소사 6.1km 2시간 30분 (계곡길) 세 가지 등산코스를 이용할 수 있다.(p676 B:2)

■ 전북 부안군 변산면 중계리 산 141-1
■ 주차 : 부안군 변산면 중계리 179-9
■ #단풍 #바다전망 #등산

부안청자박물관
"부안지역 청자의 모습을 볼 수 있는 곳"

부안군 고려청자 유적지에서 출토된 청자조각들이 전시된 박물관. 청자 찻잔 모양의 건물이 흥미롭다. 청자 전시관, 체험관, 도예 창작스튜디오, 야외 사적공원 등을 운영하며, 특히 전시동에 위치한 4D 입체영상이 특히 볼만하다. 매주 월요일, 1월 1일, 설날과 추석 연휴 휴관. 내소사 입장권 지참 시 입장료 50% 할인.

■ 전북 부안군 보안면 유천리 798-4
■ #고려청자 #체험

곰소염전
"하늘과 바다의 데칼코마니, 반영샷 명소"

천일염 생산지. 4월~10월 사이엔 실제로 소금을 만드는 시기이니 염전 근처로 가는 것은 주의가 필요하다. 바닷물이 소금이 되는 과정을 직접 볼 수 있어 신기하고, 염전 위로 비치는 하늘이 마치 거울 같은 모습도 신비롭기만 하다. 물이 고인 염전에 반사된, 반영샷을 찍어보는 것도 좋다.(p682 A:2)

■ 전북 부안군 진서면 곰소리
■ 주차 : 전북 부안군 진서면 염전길 18,곰소염전주차장
■ #염전 #소금 #반영 #반사 #거울샷

현정이네 〔맛집〕
"다양한 회를 맛볼 수 있는 회정식"

병어, 아나고, 광어, 간재미 등 여러종류의 회를 맛볼 수 있는 회정식이 인기메뉴다. 개불, 산낙지, 조개구이 등 20여가지 이상의 밑반찬이 나온다. 해산물을 좋아하는 사람이라면 만족스러운 식사를 할수 있다. 잘 차려진 한 상이 먹음직스럽다. 회와 스끼다시, 얼큰한 매운탕까지 완벽한 회정식을 맛보자. (p676 B:2)

■ 전북 부안군 진서면 곰소항길 66-15
■ #곰소항 #생선회 #회정식

할매피순대 〔맛집〕
"가마솥에 끓인 진한 육수의 국밥"

가마솥에 하루종일 끓여 만든 진한 국물의 국밥을 맛보자. 생활의 달인에 출연한 맛집이다. 오래 끓여 진하고 뽀얀 국물에 피순대와 내장이 듬뿍 들어간 순대국밥이 인기메뉴다. 쫄깃한 식감의 막창 피순대는 초장에 찍어먹으면 맛있다. 브레이크타임 15:00-17:00, 셋째 화요일 휴무 (p678 C:3)

■ 전북 부안군 행안면 부안로 2524
■ #부안맛집 #생활의달인 #피순대

보리나라 학원농장 ^{추천}
"너른 들녘을 가득 메운 아름다운 풍경"

봄에는 유채꽃, 여름에는 청보리와 해바라기, 가을에는 메밀꽃이 심겨 사철 구경할 거리가 가득한 곳. 농장 규모도 무려 17만 평에 이른다. 농장 식당에서 이곳에서 재배한 청보리로 만든 한정식을 판매한다. 영화 '웰컴 투 동막골'과 드라마 '도깨비' 촬영지로도 유명하다. 4~5월경에는 청보리밭 축제가 열리며, 푸른 청보리 사이로 노랗게 물든 유채꽃밭이 인상적이다. 9월경에는 학원농장 식당과 매점 앞의 36,000평 규모 큰 밭에 조성된 해바라기가 만발한다. 해바라기밭 사이로 산책로가 조성되어 쉽게 이동할 수 있다. 9월경 방문하면 해바라기와 함께 메밀꽃도 구경할 수 있다. 단, 날씨에 따라 개화 일정이 달라질 수 있으니 홈페이지 확인 후 방문하자. (p676 B:3)

- 전북 고창군 공음면 학원농장길 154
- #청보리 #계절꽃 #포토존 #유채꽃 #해바라기

고창고인돌박물관
"열차 타고 고인돌 보러가자"

세계에서 가장 고인돌 밀집도가 높은 고창 고인돌 유적지에 있는 고창고인돌박물관은 선사시대의 유물, 생활상과 세계 고인돌 문화를 전시하고 있다. 정기적으로 운행되는 모로모로 열차를 타고 고인돌 유적지를 둘러볼 수 있으며, 망루 체험, 사냥, 불 피우기, 고인돌 만들기 체험도 할 수 있다. 매주 월요일, 1월 1일 휴관.(p676 B:2)

- 전북 고창군 고창읍 도산리 676
- #고인돌 #선사시대 #꼬마열차

고창읍성 ^{추천}
"전라북도 고창에 있는 조선시대 성곽"

고창군 중심부에 자리한 1.7km 길이의 성곽은 왜구의 침입을 막기 위해 세운 것이다. 고창에는 예로부터 머리에 돌을 이고 성벽을 따라 걷는 '답성 놀이'가 전해져오고 있는데, 돌을 떨어트리지 않고 한 바퀴를 도는데 성공하면 다리가 튼튼!해지고, 두 바퀴에 성공하면 무병장수를, 세바퀴에 성공하면 극락에 이른다고 전해진다. (p676 B:2)

- 전북 고창군 고창읍 모양성로 1
- #역사여행지 #답성놀이 #전통문화

꽃객프로젝트 핑크뮬리
"고창의 가을을 수놓는 핑크뮬리"

민간 정원. 대를 이어 정원을 가꿔오는 중이다. 10만 본의 핑크뮬리 물결이 장관을 이루는데 백일홍, 코키아 같은 다양한 꽃도 함께 즐길 수 있다. 붉은 안개 같은 핑크뮬리가 지평선을 가득 채운 느낌. 꽃을 좋아하는 사람이라면 이곳을 위해 고창을 찾아도 아깝지 않을 것이다.(p676 B:2)

- 전북 고창군 부안면 복분자로 307
- #민간정원 #가업 #핑크뮬리 #백일홍 #코키아 #꽃평선

구시포해수욕장
"붉은 노을과 함께 하는 캠핑 성지"

고창에서 가장 큰 해수욕장이다. 소나무 숲에 둘러싸여 풍경이 좋을 뿐 아니라 일몰이 아름다워 차박, 캠핑을 위해 이곳을 찾는 사람들이 늘고 있다. 잔잔한 해변과 너른 모래사장, 아름다운 낙조가 감동적인 해수욕장이다. (p682 A:2)

- 전북 고창군 상하면 자룡리
- #솔숲 #차박 #오토캠핑 #낙조 #일몰

금단양만 　맛집
"최초의 셀프 장어집"

우리나라에 셀프 장어집을 처음 도입한 곳이다. 몸에 좋은 보양식으로 으뜸인 풍천장어를

상하농원 　추천
"푸른 대지 위에 그림 같은 농장"

유럽의 시골마을에 온것 같은 풍경. 다양한 체험, 견학 프로그램이 구성되어 있어 아이와 함께하기 좋은 여행지. 농장 내 카페와 식당에서 신선한 우유로 만든 아이스크림, 커피, 피자 등을 맛볼 수 있고 숙박도 가능하다. 할로윈 시즌에는 농장전체가 할로윈무드로 꾸며져 아이가 있는 가족여행객에게 인기(p682 A:2)

- 전북 고창군 상하면 상하농원길 11-23
- #동물먹이체험 #아이와함께 #수제아이스크림 #매일유업 #견학

사서 식당 2층으로 올라가 직접 구워 먹는다. 가게 밖으로 보이는 바다와 갯벌의 풍경이 장어의 맛을 더한다.(p676 B:2)

- 전북 고창군 심원면 검당길 51-10
- #국내최초 #셀프장어집 #풍천장어 #갯벌 #일몰

연다원 카페 　카페
"저수지를 향해 뻗은 계단 포토존"

@cherish.＿.00

저수지의 계단이 메인 포토존. 계단 가까이에 찍어 저수지와 나무만 찍는 것이 포인트. 카페 사방이 통창으로 되어 있어 어느 자리에 앉아도 자연을 즐길 수 있다. 2층에서는 저수지가

잘 보여 물멍하기 좋다. 카페 앞에는 3만 평 규모의 녹차밭이 펼쳐져 있어 녹차밭을 배경으로 사진을 찍기 좋다. 녹차라떼가 대표 메뉴다. (p682 C:2)

- 전북 고창군 아산면 복분자로 184-81
- #고창 #정원카페 #녹차밭뷰

선운사 동백꽃
"천년고찰 선운사의 겨울을 밝히는 붉은 동백"

@hellokitty.jang

매년 4월 말부터 5월까지 고창 선운사에 진분홍 동백꽃이 만개한다. 시인 서정주가 그 아름다움에 반해 '선운사 동구'라는 시를 짓기도 했을 정도이다. (p676 B:2)

- 전북 고창군 아산면 선운사로 250
- #동백꽃 #불교사찰 #봄여행지

운곡람사르습지 자연생태공원

"830종의 생물이 공존하는 고대 생태의 보고"

수달, 담비, 삵, 황조롱이 등 도시에서는 쉽게 볼 수 없는 멸종 위기종 및 천연기념물 동물들이 살고 있는 곳. 생태탐방 열차를 타고 공원 곳곳을 편하게 돌아다닐 수 있다. 세계 최대 크기를 자랑하는 고인돌도 설치되어 있다. 10~18시 영업, 동절기 10~17시 단축 영업, 매주 월요일 휴무. (p676 B:2)

- 전북 고창군 아산면 운곡서원길 15
- #습지체험 #생태체험 #고인돌

청림정금자할매집 맛집

"생활의 달인 장어맛집"

풍천장어 전문점으로 생활의 달인에 방송되었다. 양식장에서 키운 장어를 노지에서 굶겨

육질을 최상의 상태로 만든다.소금구이, 된장구이, 고추장구이, 복분자구이가 주요 메뉴다. 불판 가득 대파를 올리고 그 위에 장어를 올려 굽는다. 파향이 나는 장어를 구운 파와 함께 먹으면 된다. 고창하면 유명한 복분주와 함께 먹으면 더욱 맛있다. (p682 B:2)

- 전북 고창군 아산면 인천강서길 12
- #장어 #먹장어 #생활의달인

장어파는부부 맛집

"겉바속촉한 장어의 맛"

인건비를 줄여 합리적인 가격에 장어를 판매하는 곳이다. 반찬은 셀프코너를 이용하면 된다. 가게 곳곳에 장어 굽는 법이 적혀 있다. 직접 장어를 구우면 된다. 직원이 수시로 돌아다니면서 설명을 해주니 걱정하지 말것. 잘 구어진 장어를 장아찌와 함께 먹으면 속바겉촉 장어맛을 느낄 수 있다. 맛뿐만 아니라 뻥뚫린 뷰가 멋지다. (p682 B:2)

- 전북 고창군 아산면 인천강서길 417
- #장어구이 #뷰맛집 #고창맛집

내장사 및 내장사 단풍

"단풍객들이 가장 사랑하는 이곳"

명실상부 우리나라에서 가장 유명한 단풍 여행지가 바로 내장산일 것이다. 다른 산보다 기

후가 온화해서 단풍이 늦게 지는 것이 특징이다. 산 곳곳에 단풍 구경 할 곳이 많지만, 그중에서도 주차장에서부터 시작해 내장사까지 이어지는 단풍 길이 가장 유명하다. 다른 지역 단풍나무보다 잎이 작고 초록빛부터 진한 갈색까지 색이 다양한 것이 특징이다. (p676 C:2)

- 전북 정읍시 내장산로 936
- #오색단풍 #트래킹 #가을여행지

내장산 내장사가는 산책로, 케이블카 단풍

"대한민국 단풍명소 No 1"

내장산의 연봉들이 병풍처럼 둘러싸인 내장사. 제3주차장 주차 후 내장사까지 단풍산책길을 걸으면 도보 45분 정도 걸린다. 내장사 바로 앞에 있는 우화정은 단풍사진 찍기 좋은 사진작가들의 명소이다. 케이블카는 탐방안내소부터 연자봉 중턱 전망대까지 약 5분간 운행하는데, 단풍철에는 1시간 대기는 필수이다. 단풍철 1, 2, 3 주차장에 가득 찰 정도로 사람이 많으니 새벽같이 오는 편이 낫다. (p676 C:2)

- 전북 정읍시 내장동 산 262-2
- 주차 : 정읍시 내장동 673-1
- #단풍명소 #사진 #케이블카

우화정
"내장산의 단풍이 감싸안은 정자"

가을 단풍이 예술인 내장산의 하이라이트는 우화정에 있다. 거울같이 맑은 호수 위에 단정히 놓인 정자. 맑은 호수 아래로 푸른 하늘과 단풍 든 내장산, 그리고 우화정의 정자가 고스란히 반영된다. 계절별로 산수유, 개나리, 단풍 등이 우화정을 감싸 안는다.

- 전북 정읍시 내장산로 936
- 주차 : 전북 정읍시 내장호반로 536 내장주차장, 내장산국립공원제1주차장
- #내장산 #단풍 #호수 #반영 #거울

내장산 벚꽃터널
"유명 단풍여행지의 명성만으로도 믿을 만한 벚꽃길"

내장산테마파크부터 내장저수지를 지나 내장산 터미널까지 이어지는 벚꽃 터널 길. 내장저수지와 연결되어있는 천을 따라 내장산로와 내장호반로가 있는데, 내장산터미널 앞에서 도로를 변경해서 유턴해 가면 된다. 단풍 여행지로 가장 유명하지만 화려한 벚꽃길도 유명하다.(p676 C:2)

- 전북 정읍시 쌍암동 392-1
- 주차 : 전북 정읍시 내장동 산249
- #벚꽃 #내장사 #케이블카

김명관 고택
"99칸 한옥의 툇마루에 앉아"

조선 후기에 지어진 99칸 대저택으로, 매년 4월이면 툇마루 마당에 영산홍, 금낭화, 동백꽃 등 다양한 봄꽃이 피어나 소담스러운 봄 풍경을 보여준다. (p677 D:2)

- 전북 정읍시 산외면 공동길 72-10
- #99칸 #대저택 #계절꽃

양자강
"오징어와 돼지고기가 들어간 비빔 짬뽕"

일반 짬뽕보다 국물이 적은 이색 비빔 짬뽕 전문점. 오징어, 돼지고기, 호박, 양파, 목이버섯 등 다양한 재료가 양껏 들어가 있다. 삶은 홍합과 생새우가 들어가 자박한 국물이 매력적이다. 짬뽕과 잘 어울리는 볶음 탕수육도 인기 메뉴.(p676 C:2)

- 전북 정읍시 수성동 668-1
- #비빔짬뽕 #이색짬뽕 #불맛 #볶음탕수육

제이포렛
"실내외 모두 예쁜 정원 딸린 카페"

힐링 정원 카페 제이포렛 안에는 담쟁이덩굴이 무성히 자라나 초록 창틀을 만들어내는 공간이 있다. 푸른 카페 안쪽에 마련된 정원 또한 여느 식물원 못지않게 규모가 큰데, 이 창 너머로 정원 풍경이 보여 싱그러운 사진 배경이 되어준다. 건물 안에서 담쟁이 틀 앞에 앉아있는 사람을 찍어도 예쁘고, 건물 바깥쪽에선 사람을 정방형으로 찍어도 예쁘다. (p676

C:2)

- 전북 정읍시 신월동 808
- #정원카페 #초록빛 #담쟁이덩굴

보안식당 ^{맛집}
"가는 면발의 비빔쫄면을 맛보자"

생활의 달인에 쫄면 달인으로 출연한 분식집. 일반 쫄면과 달리 면발이 가는 비빔쫄면이 시그니처 메뉴다. 각종 채소와 새콤달콤한 소스가 더해져 특별한 맛을 느낄 수 있다. 비벼져 나와 바로 먹을 수 있고, 면발이 쫄깃하다. 전라도에서 즐겨먹는 팥칼국수도 인기메뉴다. 브레이크 타임 14:30~16:00, 일요일 휴무 (p683 E:2)

- 전북 정읍시 중앙로 95 보안식당
- #3대천왕 #칼국수 #비빔쫄면

대일정 ^{맛집}
"게장 국물에 밥 비벼먹기"

1969년부터 운영중인 참게장, 떡갈비 전문점. 참게장 정식과 떡갈비 정식이 인기 메뉴다. 반찬의 가짓수가 많아 남도밥상임을 느낄 수 있다. 짭쪼름한 간장에양파, 쪽파, 고춧가루가 뿌려진 참게장. 게딱지 밥도 맛있고, 게장 국물에 밥을 말아먹어도 좋다. 비린내가

많이 나지 않아 좋다. 남은 음식 포장 가능. 화요일 휴무. 브레이크타임 없음 (p676 C:2)

- 전북 정읍시 태인면 수학정석길 3
- #정읍맛집 #한정식 #백년가게

임실치즈 테마파크
"임실의 가장 큰 보물, 치즈!"

치즈, 피자 만들기 체험을 즐길 수 있는 테마파크. 치즈가 어떻게 만들어졌는지부터 시작해 다양한 치즈 종류를 배우고, 치즈 체험관에서 다양한 치즈 요리를 직접 만들어볼 수 있다. 식당에서 수제 치즈로 만든 치즈 커틀릿, 골드 포테이토 피자도 판매한다. 단, 만들기 체험은 사전 예약해야 한다. (p677 D:2)

국사봉 전망대 ^{추천}
"휘감아 도는 옥정호의 환상적인 전망!"

- 전북 임실군 성수면 도인2길 50
- #치즈만들기 #피자만들기 #치즈식당

옥정호물안개길
"몽환적이라 더 아름다운"

섬진강 발원지인 옥정호는 새벽이 되면 진한 물안개를 드리운다. 해 뜨기 전 이른 새벽에 용담골을 통해 오봉산, 국사봉 전망대까지 이동하면 이 물안개 풍경을 두 눈으로 담아 갈 수 있다. 왕복하는데 약 4시간 정도 걸리므로 쉬운 코스는 아니지만 물안개 풍경을 본 사람들은 또다시 이곳을 찾는다. 또, 새벽 등산인 만큼 춥고 위험할 수 있으므로 옷을 단단히 껴 입고, 길을 밝힐 수 있는 조명기구를 지참하는 것이 좋다. (p677 D:2)

- 전북 임실군 운암면 마암리 산74
- #새벽 #물안개 #사진촬영명소

옥정호를 한눈에 볼 수 있는 전망대. 일교차가 큰 새벽 운해의 모습이 장관이다. 수많은 포토그래퍼가 찾는 사진 촬영의 명소로 꼽힌다.

- 전북 임실군 운암면 입석리 719-1
- #옥정호 #전망대 #사진촬영

붕어섬

"옥정호에 뜬 붕어 한 마리"

@marine_o_o

임실9경 중 하나. 섬진강댐을 만들며 생긴 인공호수 옥정호의 가운데 있는 섬이다. 모양이 마치 금붕어 같다 하여 붕어섬이라 부른다. 붕어섬을 가장 잘 볼 수 있는 곳은 국사봉 전망대이다. 붕어섬을 둘러싼 주변 경관이 파노라마처럼 펼쳐진다. 2022년 옥정호의 명물 붕어섬까지 이동하는 420m 출렁다리가 개통되었다. 붕어섬은 계절마다 철쭉, 작약, 수국, 구절초 등이 피어나는 거대한 생태공원으로, 산책로와 쉼터, 숲속 도서관, 잔디마당, 먹거리 장터, 주차장 등이 갖춰져 있다. (p677 D:3)

- 전북 임실군 운암면 용운1길 202-57
- 주차 : 전북 임실군 운암면 국사봉로 639 국사봉전망대 주차장
- #옥정호 #붕어모양섬 #국사봉전망대

애뜨락 카페 `카페`

"옥정호 전망 사진찍기 좋은 카페"

@golfjoa_

사각형 철골 구조물에 물이 담겨 있다. 그 위에 서서 사진을 찍으면 마치 옥정호 호수 위에 서 있는 것 같아 보인다. 옥정호와 맞닿은 산중턱에 위치해 있어 옥정호가 한눈에 보이는 뷰가 무척 매력적이다. 통창으로 된 실내에서도 옥정호를 감상할 수 있다. 옥정호 주변으로

솟대, 인형 등 각종 조형물이 있어 조형물과 사진 찍기에도 좋다. (p677 D:2)

- 전북 임실군 운암면 운정길 70-20
- #한옥카페 #옥정호뷰 #쌍화탕맛집

치즈온 `맛집`

"직접 만들어 더욱 맛있는 피자"

@hajelblanc

임실 치즈마을에 위치, 피자 등을 직접 만들어보는 체험형 카페. 임실치즈를 아낌없이 넣은 피자를 도우부터 직접 만들 수 있다. 아이와 동반하는 가족여행객이 대부분이다. 직접 만들어 맛있고, 임실치즈가 가득해 더욱 맛있는 피자를 맛볼 수 있다. 피자 체험 시간이 정해져 있으니 확인 후 방문하기 바란다.

- 전북 임실군 임실읍 치즈마을길 142-23
- #피자만들기 #체험카페 #임실치즈

베르자르당 `카페`

"야자수가 있는 이국적인 카페"

@verre_jardin

순창의 핫플. 넓은 정원과 유리 온실속의 야자수로 이국적인 분위기가 물씬나는 카페 (p677 D:3)

- 전북 순창군 순창읍 가잠로 8
- #온실카페 #갤러리카페 #사진맛집

화양연화 `카페`

"대나무숲 펼쳐진 한옥카페"

@ee_zi2

카페 마당 한가운데 양옆의 풍성한 대나무, 하얀 자갈, 돌다리, 라탄 등으로 꾸며진 포토존이 있다. 돌다리 위에 서서 한옥과 하늘을 배경으로 싱그러운 사진을 찍을 수 있다. 툇마루 자리, 어렸을 때 할머니 집에 놀러 온 것 같은 분위기가 나는 좌식 자리까지 다양한 포토존이 있다. (p684 B:3)

- 전북 순창군 순창읍 경천로 91
- #순창 #한옥카페 #감성포토존

옥천골한정식 `맛집`

"반찬이 푸짐하게 나오는 전라도식 한정식집"

푸짐하고 정갈한 밑반찬으로 유명한 전라도식 한정식집. 석쇠에 구운 소불고기와 돼지불고기, 조기탕이 포함된 한정식 차림을 주문할 수 있다. 밑반찬으로는 갈치조림, 된장국, 조기구이, 장조림, 나물 등이 한상 가득 나온다. (p684 B:3)

- 전북 순창군 순창읍 교성리 394-21
- #전라도 #한정식 #석쇠구이 #조기탕 #된장찌개 #밑반찬맛집

순창고추장민속마을
"일품 고추장의 위엄"

순창 고추장은 다른 곳 고추장과는 달리 검붉은 빛이 특징이며, 설탕을 넣지 않아도 은은한 단맛이 나고, 자극적이지 않아 오래 먹어도 물리지 않는다. 고려 말 이성계가 순창 고추장을 반찬으로 밥 한 그릇을 뚝딱 비워낸 일화도 유명하다. 고추장 마을에서는 순창 고추장 장인이 만든 고추장과 된장, 쌈장 등 순창이 자랑하는 장류식품들을 직접 맛보고 구매할 수 있다. (p677 D:3)

- 전북 순창군 순창읍 장류길 56-1
- #고추장 #된장 #명인

강천산 군립공원
"사계절 매력이 모두 다른"

강천산은 계곡을 따라 펼쳐진 멋진 기암괴석 풍경으로 '호남의 소금강'이라는 별명으로도 불린다. 여름 휴가철에는 야간개장하는데, 산책로에 불이 들어와 안전하게 여행을 즐길 수 있다. (p677 D:3)

- 전북 순창군 팔덕면 강천산길 270
- #계곡 #단풍 #기암괴석

강천산 강천사 계곡 단풍길
"계곡 따라 흐르는 붉은 단풍의 소리"

전라도 3대 단풍 절경(순창 강천산, 백암산, 내장산)으로 손꼽히는 곳. 강천산 주차장에 주차 후 강천사로 이어지는 계곡의 단풍이 장관을 이룬다. 강천사에서 강천산의 정상인 왕자봉까지 45분가량 소요되는데, 이곳에서는 또 다른 느낌의 단풍을 감상할 수 있다. 강천산 계곡의 단풍나무는 개종되지 않은 순수 토종 단풍나무로 서리가 내려도 지지 않는 단풍이다.(p677 D:3)

- 전북 순창군 팔덕면 청계리 산 271   - 주차 : 순창군 팔덕면 청계리 973
- #강천사 #계곡 #단풍놀이

산경 `맛집`
"가성비 백반 맛집"

15가지의 기본반찬에 조기구이, 제육볶음, 부침개, 계란찜이 나오는 백반이 인기 메뉴다. 특별하다기 보다는 익숙한 맛이다. 가성비 맛집으로 유명하다. 통창으로 되어 햇살 따뜻한 곳에서 식사할 수 있고, 시골집에 온 듯 정겨운 분위기의 식당이다. 예약제로 운영중이다. 전화예약 필수. 메뉴를 반드시 말할것(말 안하면 한정식으로 나옴). 월요일 휴무 (p677 D:3)

- 전북 순창군 팔덕면 창덕로 353
- #순창맛집 #백반 #한정식

향가산장 `맛집`
"신선한 메기와 고소한 참게"

순창에서 메기탕으로 유명한 집. 들깨와 참게가 가득 들어가 시원하고 고소한 맛의 참게 메기탕이 인기메뉴다. 부드러운 시래기, 알이 꽉차 고소한 참게, 부드럽고 통통한 살의 메기까지. 뚝배기 가득 나오는 매운탕에 밥한그릇은 뚝딱이다. 비린내가 나지 않아 호불호 없이 즐길 수 있다. 점심 영업만 하고, 휴무는 전화문의해야 한다. (p684 B:3)

- 전북 순창군 풍산면 향가로 574-45
- #순창맛집 #참게매기매운탕 #메기찜

미드슬로프 카페 카페

"인공 연못 딸린 캠핑장 감성 카페"

@8m_____m8

따뜻한 색의 주황 벽돌에 카페의 로고에 새겨져 있다. 벽 앞의 의자에 앉아 하늘과, 초록 뷰를 함께 담아보자. 카페 뒤편은 숲속 야외 캠핑장처럼 꾸며놓았다. 건물 동쪽 옆으로는 작은 인공 연못이 있어 보고만 있어도 마음이 편안해진다. 음료를 담아주는 빨간 트레이도 감성적이다. (p685 D:3)

- 전북 남원시 대산면 운강길 87
- #남원 #숲속감성 #마운틴뷰

혼불문학관

"최명희 작가의 혼이 담긴 곳"

무려 17년 동안 집필한 대작 <혼불>. 일제강점기 모진 탄압을 겪으며 살아냈던 사람들의 모습을 그리고 있다. 소설 속 무대가 되었던 남원의 상신마을과 노봉마을. 이곳에 혼불문학관이 지어져 소설의 정서를 재현해 내고 있다.

- 전북 남원시 사매면 노봉안길 52
- #혼불 #최명희 #대하소설 #노봉마을

서도역 추천

"미스터 션샤인의 주인공이 되는 곳"

구 서도역. 소설 <혼불>의 배경이 되었던 곳으로 알려졌지만, 드라마 <미스터 션샤인>의 촬영지로 더 유명해졌다. 나무로 지어진 역을 보니, 세월이 느껴진다. 철길 위는 이곳의 대표적인 포토존. 서도역에서 드라마 속 주인공이 되어보자.(p677 E:3)

- 전북 남원시 사매면 서도길 32
- #최명희 #혼불 #미스터션샤인 #드라마촬영지 #레일포토존

달궁식당 맛집

"지리산 토종닭으로 만든 백숙"

@mermaid.cici

맛있게 구워져 나오는 흑돼지구이가 인기 메뉴다. 고기의 비계부분이 쫄깃하다. 함께 나오는 볶음 김치와 같이 먹으면 된다. 흑돼지구이와 더덕구이를 함께 주문해 쌈을 싸서 먹는 것도 좋다. 여름철 백숙맛집으로도 유명하다. 물놀이 후 지리산 토종닭으로 만든 백숙을 맛보고 싶다면 방문할 것. (p685 E:3)

- 전북 남원시 산내면 지리산로 311
- #남원맛집 #흑돼지직화구이 #백숙맛집

봉화산 철쭉

"3시간 코스 철쭉 등산"

봉화산 매봉에서 정상 중간 지점인 꼬부랑재까지 이어진 1km 길이 철쭉 능선. 봉화산의 철쭉 군락지는 길이가 길고 등산로가 좁은 것이 특징이다. 남원면 성리 봉화사 주차장 하차 후 도보로 복성이재까지 이동하여 매봉 철쭉군락지와 꼬부랑재를 거쳐 봉화산 정상까지 오른 후 복성이재로 하산. 이 코스대로 이동할 경우 약 3시간이 소요된다.(p677 E:3)

- 전북 남원시 아영면 성리 산40
- 주차 : 남원시 아영면 성리 787-2
- #철쭉 #등산

춘향 테마파크
"춘향전 소설 속으로"

고전소설 '춘향전'을 그대로 옮겨놓은 테마파크로, 영화 '춘향뎐'과 드라마 '쾌걸춘향'의 촬영지로 쓰였다. 춘향의 어머니 월매가 살던 집과 부용당 등 소설 속에 등장하는 장소들을 실제로 방문해 볼 수 있다. 남원시의 역사를 돌아볼 수 있는 남원 향토 박물관도 꼭 들러보자. 연중무휴 09~22시 개관, 11~3월 09~21시 개관, 향토 박물관 월요일 휴관. (p677 E:3)

- 전북 남원시 양림길 43
- #영화촬영지 #역사여행지 #향토박물관

남원랜드
"아담하지만 이것만으로 충분해!"

남원 관광단지 내 춘향문화예술 회관, 국립민속국악원 근처에 있는 놀이공원. 바이킹, 사슴 열차, 비행기, 다람쥐 통, 유령의 집 등이 있다. 키 120cm 이하 어린이는 범퍼카 탑승 시 보호자와 동승해야 한다. 놀이기구뿐만 아니라 서커스, 허브 체험도 즐길 수 있는 곳으로, 서커스 공연은 각설이 공연, 중국 기예단, 소림무술 공연 등으로 구성되어 있다.(p677 E:3)

- 전북 남원시 어현동 37-140 남원랜드
- #바이킹 #범퍼카 #사격

광한루원 추천
"조선 관아조경의 최고봉 달나라 궁전이라는 의미의 광한루원"

광한루원은 명승 제33호로 누각(광한루)이 있는 정원을 말하는데, 세종 원년(1419)에 황희정승이 작은 누각을 지은 것이 기원이 되었다. 광한루원은 명실상부한 한국 제일의 누원이라고 할 수 있으며, 그 이름은 한글 연구에 참여했던 정인지가 '달나라 궁전'이라는 의미로 명명하였다. 이몽룡과 성춘향의 러브스토리로 더욱 유명해진 곳. 광한루의 연못은 은하수를 의미한다.(p677 E:3)

- 전북 남원시 요천로 1447
- #황희정승 #춘향전 #누각

- 주차 : 전북 남원시 천거동 205-1

서남만찬 맛집
"돌솥오징어로 볶음밥 만들어 먹기"

돌판에 지글지글한 소리와 함께 나오는 돌솥오징어볶음이 인기 메뉴다. 오징어가 통통하고 부드러워 먹을수록 맛있는 맛이다. 달콤하고 매콤한 떡볶이 맛이 생각나는 맛이다. 그냥 먹는 것도 맛있고, 공기밥을 넣어 볶아먹는 것도 맛있다. 브레이크타임 13:30~17:10,1,3번째 일요일, 2,4번째 화요일 휴무 (p677 E:3)

- 전북 남원시 역재1길 9
- #오징어 #돌솥오징어볶음 #남원맛집

지리산 허브밸리
"자연 속에서 익스트림 체험"

우리나라 최대 규모의 스카이트 레일을 갖춘 산림체험장. 스카이트 레일은 지상 3층 규모 오각 타워로, 지리산 일대를 시원하게 내려갈 수 있는 스포츠 시설이다. 이 외에도 열대식물원, 복합 토피아 관 키즈존 등 다양한 체험시설과 화분 꾸미기, 정원 가꾸기, 허브정원 해설 프로그램, 식물 체험 프로그램 등이 마련되어 있다. (p685 E:3)

- 전북 남원시 운봉읍 바래봉길 214
- #스카이트레일 #숲체험 #식물원

남원 정령치 고리봉 전망대

"베이스캠프가 높아 지리산 노고단 정도는 1시간이면 등반완료!"

고도 1,172m 자동차로 올라갈 수 있는 지리산 전망대. 이곳에서 한 시간 정도 등산하면 노고단에 올라갈 수 있다. 1.6km의 자연관찰로도 있어 힘들지 않게 산책할 수 있다.(p677 E:3)

- 전북 남원시 운봉읍 주촌리 산 32
- 주차 : 남원시 산내면 덕동리 산215-23
- #지리산 #전망대 #휴게소

아담원 카페

"힐링하기 좋은 수목원카페"

잘꾸며진 넓은 정원과 호수, 산책길이 있는 수목원 같은 카페. 유료입장 후 티켓을 음료로 교환 가능하다. 마감시간이 이르니 확인하고 방문해야한다.(p677 E:3)

- 전북 남원시 이백면 목가길 193
- #사진맛집 #넓은정원 #한적한카페

새집추어탕 맛집

"기력보충에 좋은 추어탕"

광한루원 앞 추어탕 거리에서도 손꼽히는 추어탕 맛집. 된장과 우거지를 넣고 매콤하게 끓여낸 추어탕 한 그릇에 속이 든든해진다. 함께 판매하는 추어 숙회와 미꾸라지 깻잎 튀김도 맛있다.(p677 D:3)

- 전북 남원시 천거동 160-206
- #추어탕 #추어숙회 #미꾸라지깻잎튀김

명문제과 맛집

"생크림슈보르, 수제햄빵, 꿀아몬드빵 꼭 먹어야할 3종빵!"

백종원의 3대 천왕에도 소개된 명문제과. 생크림 소보루 '슈보르'와 수제햄빵, 꿀아몬드빵 세가지 메뉴가 가장 유명하다. 그중에서도 꿀 아몬드 빵은 꼭 맛봐야 한다. 오전 10시, 오후 1시 30분, 오후 4시 30분에만 빵이 나오므로 참고하자.(p677 E:3)

- 전북 남원시 하정동 1-5
- #생크림슈보르 #수제햄빵 #꿀아몬드빵

옛터가든 맛집

"48시간 끓은 육수로 만든 삼계탕"

@doni__yumyum

1992년부터 운영한 역사가 있는 곳으로 토종닭과 오리 전문점이다. 한우 사골과 한약재로 48시간 끓여 깊은맛이 일품인 육수의 장수보약삼계탕이 시그니처 메뉴다. 전북지역에서 생산되는 식재료를 사용해 믿고 먹을 수 있다. 주문 즉시 솥에 끓여 조리시간이 걸리는 편, 예약하면 기다림없이 바로 먹을 수 있다.(p681 D:3)

- 전북 장수군 계남면 장무로 168
- #장수맛집 #삼계탕 #한방삼계탕

논개사당

"호수를 바라보고 우뚝 선 의암사"

@jii.__ann

왜군의 적장을 끌어안고 강으로 투신한 논개의 초상화가 모셔진 사당이다. 사당 앞을 흐르는 저수지인 의암호는 논개의 호를 따서 지어진 호수로, 논개를 떠올리며 데크길을 따라 함께 둘러보기 좋다. 충절의 장수군을 느껴볼 수 있는 코스이다. (p681 D:3)

- 전북 장수군 장수읍 논개사당길 41
- #의암사#의암루#논개고을

장수누리파크
"귀여운 동물 카라반에서의 하룻밤"

@yeo.yuri

장수를 대표하는 농촌테마파크! 장수의 특산물을 체험하고 구매할 수 있으며 넓은 공간을 4인용 자전거 등을 이용해 이동할 수 있다. 평탄한 연못 위 데크길 산책도 추천한다. 여름이면 물놀이 시설이 운영되기도 하고 캠핑 사이트도 마련되어 있어 가족 단위의 여행객들에게 인기이다.

- 전북 장수군 장수읍 논개사당길 65
- #농촌테마공원#이색카라반#캠핑장

벚꽃마을 _{맛집} 맛집
"더덕과 등갈비의 장작불 위 만남"

더덕 장작구이 세트가 인기 메뉴다. 참나무 장작으로 구운 등갈비와 목살, 더덕구이를 맛볼 수 있다. 양념이 자극적이지 않고, 더덕의 향긋함과 쫄깃한 고기의 조합이 좋다. 마이산 초입에 위치해 등산객들이 많다. 아침 8시부터 운영해 등산전 아침식사를 하기 좋다. 벚꽃 피는 봄에 방문하는 것을 추천한다. (p680 C:3)

- 전북 진안군 마령면 마이산남로 209
- #마이산맛집 #산채비빔밥 #장작구이

마이산 추천
"미슐랭 그린가이드 별 3개, 이 정도면 충분히 신기하고 볼만한데 잘 알려지지 않은 곳"

진안 마이산은 소백산맥과 노령산맥이 만나는 지점에 있다. 1억 년 전, 이곳은 담수호였으나 7천만 년 전 지각변동으로 솟아올라 현재의 형태가 되었다. 이런 현상은 지질학적으로 매우 특이한 경우이다. 태종 이방원이 '말의 귀를 닮았다'라고 말한 것이 '마이산'이라는 이름의 기원이 되었다. 마이산의 암석을 보면 구멍이 나 있는 '타포니 현상'을 발견할 수 있다. '타포니 현상'은 보통 해안가의 절벽에 바람과 침식작용으로 나타난다. 미슐랭 그린가이드에 별 세 개로 선정된 신비의 명산으로, 비 많이 오는 날 암석 위로 떨어지는 자연폭포의 모습이 볼만하다.(p677 E:2)

- 전북 진안군 마령면 마이산남로 367
- 주차 : 진안군 마령면 동촌리 70-21
- #말귀모양 #자연 #타포니현상

진안 마이산-탑사 벚꽃길
"신기한 마이산이 배경이 되는 벚꽃 산책길"

마이산은 전국에서 벚꽃이 가장 늦게까지 피는 곳으로, 4월 중순 이후에도 꽃이 핀다. 마이산도립공원 주차장에 주차하면 탑영제(저수지)를 지나 탑사까지 도보 45분 벚꽃길이 이어진다. 탑영제를 둘러싼 벚꽃과 마이산의 특이한 모습이 사진 촬영지로 유명하다. 벚꽃은 3cm가량으로 분홍색 또는 백색의 꽃으로 피며, 군락을 이룬 곳은 눈이 온 것 같다. 벚꽃이 떨어질 때 꽃비가 되기도 한다.(p677 E:2)

- 전북 진안군 마령면 마이산남로 289-5
- 주차 : 진안군 마령면 동촌리 70-21
- #벚꽃 #저수지 #탑사

부귀 메타세쿼이아 모래재길
"억지로 꾸며진 길이 아닌 정감있는 시골길"

메타세쿼이아로 가득한 조용한 시골길. 모래재 터널 부근은 영화 '곡성'에서 황정민이

운전하고 나온 길이다. (p677 E:2)

- 전북 진안군 부귀면 세동리 1339-2
- #메타세쿼이아 #드라이브 #곡성

섬바위가든 맛집
"몸보신에 좋은 쏘가리탕"

@apple58666

전북음식 문화대전 쏘가리매운탕 대상 수상자의 집. 살이 통통하고 국물맛이 얼큰한 쏘가리탕이 시그니처 메뉴다. 민물새우, 버섯, 시래기 등 다양한 야채와 수제비가 들어있다. 라면 사리와 함께 먹으면 더욱 맛있다. 쫀득한 쏘가리회는 흔한 음식이 아니므로 맛볼 것을 추천한다. 기력 회복에 좋은 쏘가리, 몸보신용으로 좋다. 월요일 휴무 (p677 E:1)

- 전북 진안군 용담면 안용로 910
- #진안맛집 #쏘가리매운탕 #쏘가리회

운일암반일암
"오직 하늘과 돌과 나무와 구름"

한여름에도 시원한 계곡물이 흘러 여름철 가족 여행지로 각광받는 곳. 깎아지른 듯 날카로운 절벽 사이로 흘러내리는 계곡물이 장관을 이룬다. 절벽이 너무 높아 돌과 나무, 구름만 오간다 해서 '운일암', 절벽이 너무 깊어 해가 반나절밖에 뜨지 않는다 해서 '반일암'이라는

이름이 붙었다고 한다. (p677 E:1)

- 전북 진안군 주천면 동상주천로 1996-13
- #기암괴석 #자연여행지 #여름여행지

무주 반딧불축제
"천연기념물 반딧불이를 가까이서 관찰할 수 있는 생태탐험 축제"

천연기념물인 반딧불이가 서식하는 무주에서 열리는 축제. 깨끗한 환경을 조성하여 반딧불이를 보존하자는 주제를 가지고 있다. 반딧불 예술대전, 반딧불이 탐사, 반딧불 원정대 등의 행사가 열리며, 신청을 통해 1박 2일간 생태탐험을 할 수도 있다.

- 전북 무주군 무주읍 당산리 1199-3
- 주차 : 무주군 무주읍 당산리 1133-2
- #반디 #청정지역 #야간축제

국립 덕유산 자연휴양림
"자연이 주는 최고의 힐링 스폿"

전북의 명산으로 꼽히는 덕유산은 스키장, 눈썰매장, 곤돌라, 호텔 등 다양한 편의시설을 갖추고 있다. 곤돌라에 탑승하면 설천봉을 거쳐 정상 향적봉까지 남녀노소 쉽게 이동할 수

있다. 겨울 설산 풍경이 특히 아름다운 곳으로 꼽히니 기회가 되면 눈 내릴 때 방문해 보자. 단, 적설량이 많기 때문에 목도리, 핫팩 등 방한용품을 챙기는 것이 좋겠다. 1월에는 남대천 얼음축제, 6월에는 반딧불 축제가 열린다. (p677 F:1)

- 전북 무주군 무풍면 구천동로 530-62
- #스키 #리조트 #겨울여행지

무주덕유산리조트스키장
"강원도까지 가지 않아도 돼!"

덕유산 자락에 있는 대규모 리조트형 스키장. 길이 6.1km 모 국내 최장 거리의 실크로드를 타고 내려오면 덕유산의 눈꽃과 설경을 감상할 수 있다. 이곳의 레이더스 슬로프는 국내 최고 경사도를 자랑한다. 근처에 덕유산 국립공원이 있으며, 이 지역은 고로쇠 물로도 유명하다.(p677 F:1)

- 전북 무주군 설천면 심곡리 1287-5
- 주차 : 무주군 설천면 심곡리 1182-6
- #케이블카 #스키 #눈썰매 #리조트

산들애 맛집
"다양한 버섯을 맛보고 싶다면!"

@sungsim1979

덕유산 근처에 있어 등산객들이 많이 찾는 곳

이다. 버섯전골이 주력 메뉴다. 버섯연구가인 사장님이 운영한다. 버섯먹는 순서, 고기와 먹어야 하는 버섯 등 먹는 방법을 알려준다. 노루궁댕이버섯, 소간버섯, 목이버섯, 느타리버섯 등 다양한 버섯이 들어가 깔끔하고 향긋한 국물맛을 맛볼 수 있다. 화,수 휴무 (p681 E:2)

- 전북 무주군 설천면 만선1로 94
- #무주맛집 #덕유산맛집 #버섯전골

덕유산 구천동계곡 및 백련사 단풍

"길고긴 계곡 따라 볼 수 있는 단풍 트레킹"

덕유산 주차장에서 백련사까지 왕복 12km 길이, 3시간이 소요되는 단풍 트레킹 코스. 백련사는 신라 신문왕 때 백련선사가 은거하던 곳에 백련이 피어나자 지게 된 사찰이다. 구천동계곡은 70리에 걸쳐 흐르는 계곡으로 구천 폭포, 연화폭포, 수심대, 학소대 등 구천동 33경 명소들이 계곡물을 따라 늘어서 있다.(p677 F:1)

- 전북 무주군 설천면 삼공리 936-1
- 주차 : 무주군 설천면 삼공리 411
- #단풍 #폭포 #케이블카

태권도원 (추천)

"올 어바웃 태권도"

태권도를 하는 사람이라면 한 번쯤 들러보고 싶은 태권도의 성지. 여의도의 절반에 이르는 넓은 부지로 인해 셔틀버스와 모노레일이 운영 중이다. 태권도와 관련된 모든 것을 체험할 수 있다. 박물관, 체험관, 경기장 등 다양한 시설이 마련되어 있다. 전 세계적인 인기를 모으고 있는 태권도 시범단 공연도 볼 수 있다. 간단한 동작, 호신술도 배울 수 있어 그야말로 태권도를 온몸으로 체험할 수 있는 곳이다.(p677 F:1)

- 전북 무주군 설천면 무설로 1482
- #태권도 #셔틀버스 #모노레일 #박물관 #태권도체험관 #시범단공연

무주 천리길 및 어사길 (추천)

"한번 발을 들이면 되돌아나가기 힘든 매력의 길"

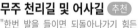

계절 풍경 따라 걷기 좋은 무주 천리길 및 어사길 트래킹 코스. 이중 어사길은 암행어사인 박문수가 암행을 나온 길이라 해서 '어사길'이라 불린다. 구천동 계곡을 따라 펼쳐진 시원한 치유길부터 선녀가 비파를 연주하며 놀았다는 비파담, 하얀 연꽃이 아름다운 백련사까지 곳곳에 형형색색 아름다운 볼거리들이 많다.

- 전북 무주군 설천면 삼공리 산109
- #트래킹코스 #걷기좋은길 #자연경관

무주 반디랜드 (추천)

"곤충은 징그러운게 아니야"

국내 최대 규모의 희귀 곤충 전문 박물관. 곤충 박물관, 생태 온실, 돔 영상실, 입체 영상실, 천문과학관이 있으며, 천문과학관에서 반디와 별을 함께 감상할 수 있다. 청소년 수련원, 청소년 야영장, 물놀이장 등도 함께 운영한다. 매주 월요일 휴무.(p677 F:1)

- 전북 무주군 설천면 청량리 1100
- 주차 : 전북 무주군 설천면 청량리 424
- #희귀곤충 #반디 #천문관 #야영장

천마루 맛집

"소갈비가 통째로 들어간 럭셔리 짬뽕"

몸값 비싼 소갈비를 넣은 해물 소갈비 짬뽕으로 유명한 곳. 숙성 소갈비와 주꾸미, 홍합, 바지락이 듬뿍 들어간 소갈비해물짬뽕은 무주 특산물인 머루 소스로 만든 탕수육과 함께 먹으면 더 맛있다. 면과 탕수육 반죽에 이 지역 특산물인 천마 가루가 들어가 더욱 쫄깃하다.(p677 F:2)

- 전북 무주군 안성면 장무로 1730
- #럭셔리짬뽕 #이색짬뽕 #소갈비짬뽕 #머루소스탕수육 #천마가루

10

전라남도·광주

#담양 소쇄원

#담양 죽녹원

#광주 1913송정역시장

#광주 무등산

#영광 백수 풍력발전단지

@jjo._.puu

#나주 전라남도 산림자원연구소

#나주영상테마파크

#곡성 침실습지

@daphne1022 @aboutgurye

#순천 낙안읍성

#곡성 섬진강 기차마을

#구례 사성암 전망대

@mjbbang_90
@byeonbohyeon_

#순천 드라마세트장

#고흥 힐링파크 쑥섬

#해남 고천암호

#목포해상케이블카

#영암 한국제다 영암제2다원

@joomi1213

#신안 퍼플섬

전라남도·광주의 먹거리

송정동 떡갈비 | 광주광역시 송정동

송정 떡갈비는 비싼 한우 떡갈비와 달리 돼지고기를 섞어 가격도 저렴하고 맛도 더 부드럽다. 돼지 뼈로 끓여낸 뼛국이 반찬으로 나오는데, 이 뼛국과 떡갈비의 조화도 끝내준다.

보리밥정식 | 광주광역시 지산동

보리밥은 광주 5미중 하나로, 무등산 입구에 보리밥 거리가 있다. 각종 채소와 고추장을 보리밥에 넣고 비벼 먹으며, 반찬으로는 전라도식 나물과 고기반찬, 청국장과 생열무 쌈이 나온다.

상추튀김 | 광주광역시

상추 튀김은 각종 튀김을 상추에 싸 먹는 광주만의 독특한 간식거리다. 보통 오징어 튀김을 먹지만 고구마, 야채 튀김을 싸 먹어도 맛있다. 튀김만 먹을 때보다 훨씬 속이 편하다.

오리찜 | 광주광역시 북구 유동골목

오리고기 요리로 유명한 광주는 오리탕에 들깻가루와 고춧가루를 넣어 국물이 걸쭉하고 얼큰하다. 광주 북구 유동골목에 오리탕 전문점이 모여있다.

05

광주 육전 | 광주광역시

육전은 얇게 저민 소고기에 달걀 물을
입혀 구워낸 고급 음식이다. 광주에서
는 육전을 직접 눈앞에서 구워준다.

06

고흥 커피 | 고흥군 커피마을

고흥에는 커피농장에서 직접 재배한
원두로 만든 핸드드립 커피를 맛볼 수
있는 커피마을이 있다.

07

고흥 한우구이 | 고흥군

고흥 한우는 고흥 유자를 먹고 자라 면
역력이 높고, 고기 질도 좋다. 유자골
고흥한우프라자, 고흥한우직판장에서
저렴하게 판매

08

고흥 굴 | 고흘군

고흥 청정지역에서 채취한 굴은 유기
물이 풍부해 고소한 우유 맛이 난다.

09

아나고 | 광양시

광양에서는 섬진강 하구 통발 낚시로
잡힌 장어 요리를 선보인다. 광양은 아
나고라 불리는 붕장어가 유명하다.

10

광양 불고기 | 광양시

얇게 썬 소고기에 최소한의 양념을 발
라 먹기 직전 구워 먹는다. 귀양살이왔
던 선비들이 한양에 올라가 '천하일미
마로화적'이라 그리워한 음식

전라남도·광주의 먹거리

나주 곰탕 | 나주시

나주 곰탕은 뼈 대신 양지, 등심, 갈빗살 등 고기를 삶아 다른 지역과 달리 국물이 맑고 개운한 맛이 일품이다. 밥알 사이사이로 국물이 스며들도록 밥에 곰탕 국물을 부었다 따라내는 토렴 과정을 거쳐 더욱 맛있다.

나주 홍어 | 나주시

나주는 흑산도 못지않게 삭힌 홍어로 유명한 지방이다. 돼지고기, 묵은지, 홍어를 함께 먹는 삼합뿐만 아니라 미나리와 양념을 넣고 무친 홍어회 무침도 먹어보자.

우렁쌈밥 | 담양군

담양 우렁쌈밥은 우렁이와 된장, 다진 김치 등을 넣어 자작하게 끓여낸 강된장을 사용해 짜지 않고 삼삼하고 구수한 맛이 난다. 우렁이에는 칼슘과 철분, 비타민 B가 풍부하다.

대통밥 정식 | 담양군

담양 대통밥 정식은 3년 이상 된 왕대나무 대통에 은행, 밤, 잣 등을 넣어 쪄내는 전통 음식이다. 담양 명물 떡갈비가 함께 나오는 정식 코스가 많다.

담양 국수 | 담양군

관방제림에는 국수의 거리라고 불리는 맛집 거리가 있다. 멸칫국물에 소면과 양념장이 올라간 잔치국수와 매콤달콤하게 양념 된 비빔국수 모두 인기

담양 떡갈비 | 담양군

떡갈비는 다진 갈빗살을 양념하여 다시 갈빗대에 붙여 구워낸 것으로, 모양이 시루떡을 닮아 떡갈비라 이름 붙여졌다.

세발낙지 | 목포시

발이 세 개라서가 아니라, 발이 가늘어서 세(細)발 낙지라 불린다. 일반 낙지보다 크기가 작아 살이 야들야들하고 먹기 편하다.

무안 낙지요리 | 무안군 성남리

'무안 낙지 골목'에 낙지집이 많이 모여있다. 보통 초무침, 비빔밥, 호롱, 탕탕이, 연포탕, 돌솥밥 등으로 요리해 먹는다.

홍어삼합 | 보성군 흑산도

홍어 삼합은 삭힌 홍어와 삶은 돼지고기, 묵은지를 썰어 함께 먹는 음식이다. 막걸리를 곁들여 먹는 것을 '홍탁삼합'이라 한다.

순천 닭구이 | 순천시

순천에서는 닭고기를 양념 없이 돼지, 소고기처럼 숯불에 구워 먹는데, 이를 닭구이라고 한다.

723

전라남도·광주의 먹거리

신안 전복 | 신안군

신안에서 양식된 전복은 신선한 다시마를 먹고 자라나 큼직하고 신선하다. 전복은 껍질이 깨지지 않고 살이 통통하게 오른 것이 상품이다.

돌산 갓김치 | 여수시 돌산읍

부드러운 여수 돌산 갓을 이용해 만든 새콤달콤 톡 쏘는 갓김치. 익을수록 톡 쏘는 맛이 강해져 더 매력적이다. 갓김치에는 다른 김치보다 단백질, 무기질, 비타민이 많아 고지혈증 등 성인병을 예방하는데 좋다.

여자만 장어 | 여수시 여자만

청정해역인 여수 여자만은 장어 서식지로도 유명하다. 장어에는 면역력을 높이는 비타민A가 소고기의 300배나 된다.

여자만 꼬막 | 여수시 여자만

청정해역 여자만에는 피꼬막, 새꼬막, 참꼬막 등 다양한 참꼬막이 잡힌다. 그냥 삶아 먹어도 짭짤하고 맛있지만 회나 무침으로 먹어도 별미이다.

25

서대회무침 | **여수시**

서대는 6~10월에 잡히는 가자미와 비슷한 생선으로, '서대가 엎드려있는 개펄도 맛있다.'는 말이 있을 정도로 담백하고 부드러운 맛을 자랑한다.

26

여수 돌게장 | **여수시**

일반 꽃게장과 달리 껍질이 단단하고 더 깊은 감칠맛을 낸다. 여수에는 간장 돌게장, 양념 돌게장을 무한리필해주는 백반집이 많다.

27

여수 굴 | **여수시**

여수의 석화 굴구이는 여수 10미로 꼽힐 만큼 맛이 좋다. 날이 추워지는 11월부터 2월까지가 제철이다.

28

법성포 굴비 | **영광군 법성포**

법성포 앞바다에서 잡은 참조기를 소금간 해서 말린 최고의 밥 도둑. 임금님 수라상에 올라갔을 정도로 고급 음식이다.

29

영광 장어 | **영광군**

황토 갯벌에서 자연 양식하는 영광 민물장어는 식감이 쫀득하고 맛도 자연산 민물장어와 비슷하다.

30

영광 한우구이 | **영광군**

친환경 농법으로 재배한 청보리를 먹고 자란 영광 한우는 지방질이 적고 면역력이 높다. 영광 축협 하나로마트에 한우 판매장이 있다.

전라남도·광주의 먹거리

완도 전복 | 완도군

완도에서는 전국 참전복의 80%가 양식된다. 완도에 미역, 다시마가 많고 수온과 수질이 좋아 맛좋은 전복을 양식할 수 있다. 회로 먹을 때는 신선한 생전복을 썰어 기름장이나 초장에 찍어 먹는다.

매생이국 | 완도군

완도는 청정해역에서만 서식하는 무공해 식품 매생이로 끓인 매생이 국이 유명하다. 매생이에 숙취해소에 도움이 되는 칼륨 함량이 높아 숙취해소용 국으로도 인기 있다.

장흥 키조개 | 장흥군

장흥에서는 키조개를 소고기, 표고버섯과 함께 삼합으로 먹는다. 키조개는 산란기인 7월 이전 4, 5월이 제철이며, 보통 샤브샤브, 회무침, 버터구이, 양념 볶음 해 먹는다.

장흥 한우구이 | 장흥군

장흥 한우는 마블링이 뚜렷하고 고소한 맛이 난다. 장흥 한우와 표고버섯, 키조개를 함께 먹는 '한우 삼합'도 함께 맛보자.

35

독천 낙지거리 | 영암군 학산면 독천리

영암군 학산면 독천리 하나로마트 앞에 낙지 맛집이 모여있다. 갈비와 낙지가 함께 들어간 '갈낙탕'이 유명하다.

36

한우비빔밥거리 | 함평군 함평읍

육회를 넣은 생고기 비빔밥, 구운 한우를 넣은 익힘 비빔밥 모두 맛볼 수 있다. 화랑식당, 대흥식당이 유명하다.

37

해남 산채정식 | 해남군

해남 두륜산 일대에서 채취한 버섯과 산나물을 이용해 산채정식을 선보인다. 해남 산채정식은 남도 밥상답게 반찬 가짓수가 많고 푸짐하다. 두륜산 대흥사 주차장 부근에 산채정식 집이 모여있다.

38

짱뚱어탕 | 순천시

짱뚱어는 순천만 갯벌에 서식하는 물고기다. 짱뚱어탕은 '100마리를 먹으면 감기에 안 걸린다'는 말이 있을 정도로 건강에 좋은 보양식이다. 짱뚱어탕은 여름이 제철이며, 맛은 추어탕과 비슷하지만, 살이 더 고소하고 담백하다.

전라남도·광주에서 살만한 것들

01

고흥 유자 | 고흥군

사계절 내내 온난한 고흥에서 서해안 해풍을 맞고 자란 고흥 유자는 전국 생산량의 35%를 차지한다. 작지만 옹골차고 향이 진하며 과즙이 많다. 고흥 유자를 이용한 전통주 유자 향주도 인기

02

곡성 사과 | 곡성군

섬진강과 보성강의 물을 머금고 자라난 보성 사과는 달콤하고 아삭한 식감의 후지 사과 품종이다. 단단한 과육 덕분에 더욱더 오래 보관할 수 있다. 껍질 채 먹는 사과나 1인 가구를 위한 소형 사과도 개발되었다.

03

광양 매실 | 광양시

섬진강과 백운산의 청정한 자연환경 속에서 자란 매실은 구연산 함량이 높고 과즙이 많아 여러 용도로 활용하기 좋다. 5월 말부터 수확되는 청매실은 절임으로 활용하기 좋고, 6월부터 수확되는 황매실은 매실주나 청으로 활용하기 좋다.

04

구례 산수유 | 구례군

구례는 전국 산수유 생산량의 74%를 차지하는 산지다. 산수유는 10~11월에 열매가 빨갛게 익는데, 신장과 당뇨, 고혈압, 면역력 강화에 효과가 있다. 보통 햇볕에 말려 차로 끓여 먹거나 설탕에 절여 청을 만들어 먹는다.

담양 죽공예 | **담양군**

담양은 국내 대숲 면적의 34%를 차지하고 죽공예가 발달해 죽향(竹鄕)으로 불린다.

보성 녹차 | **보성군**

보성 녹차는 지리적 표시 전국 제1호로 지정될 만큼 전국적으로 유명한 지역 특산품

신안 천일염 | **신안군**

전국 소금 생산량의 70%를 차지한다. 신안 천일염을 이용하면 발효가 천천히 진행된다.

돌산 갓김치 | **여수시 돌산읍**

여수 특산품 돌산 갓에 매운 양념을 넣어 만든 갓김치는 다른 지방의 갓김치보다 향이 진하고 식감이 부드럽다.

여수 돌게장 | **여수시**

여수 돌게장은 일반 꽃게장과 달리 껍질이 단단하고 더 깊은 감칠맛을 낸다. 유명 돌게장 식당에서 돌게장만 따로 구매할 수 있다.

영광굴비 | **영광군 법성포**

법성포항에서 어획된 참조기를 소금에 절여서 말린 영광굴비는 예로부터 임금님 수라상에 진상된 밥도둑

전라남도·광주에서 살만한 것들

영암 황토고구마 | 영암군

영암 황토고구마는 말 그대로 황토밭에서 경작되는데, 일반 땅에서 자란 고구마보다 훨씬 달고 속살도 노랗다. 진한 단 맛으로 꿀고구마라고도 불린다.

완도 멸치 | 완도군

완도 멸치는 짜지 않으면서도 바다 향이 그윽하다. 대멸치~ 중멸치는 조림용으로, 소멸치는 국물 내기용으로 쓴다.

장성 새송이버섯 | 장성군

장성 새송이버섯은 자연산 송이에 버금가는 탄력 있는 식감과 은은한 버섯 향이 특징이다. 소고기를 먹을 때 함께 구워 먹으면 콜레스테롤 수치를 떨어뜨려 궁합이 좋다. 생으로 찢어서 향을 즐기며 먹거나, 구워서 담백하게 먹을 수 있다.

새싹삼 | 장성군

새싹삼은 인삼 새싹을 뜻하며, 장성군은 우리나라 최대의 새싹쌈 재배지다. 삼의 잎부터 뿌리까지 모두 먹을 수 있어 삼의 영양을 오롯이 섭취할 수 있다.

15 장흥 무산김 | 장흥군

청정 장흥 앞바다에서 양식된 무산 김은 산 처리를 하지 않아 건강에 더 좋다. 깨끗한 제조환경으로 최근 코셔 인증을 받았다.

16 진도 검정쌀 | 진도군

전국 생산량 77%를 차지하는 검정쌀의 주산지. 진도 검정쌀은 일반 쌀보다 구수한데, 생쌀에도 향취가 날 정도다.

17 해남배추 | 해남군

남해의 해풍을 맞고 자라 속이 꽉 들어찬 달콤한 겨울 배추는 추운 겨울을 견디며 자라 쉽게 물러지지 않아 김장용으로 제격이다.

18 해남 젓갈 | 해남군

해남 젓갈은 매운맛, 단맛 등이 조화롭다. 낙지젓, 갈치속젓, 꼴뚜기젓, 토하젓 등. 이중 토하젓은 조선 시대에 궁중에 진상하던 젓갈

19 해남 고구마 | 해남군

해남 고구마는 전분 함량이 높아 일반 고구마보다 더 달콤하고 식감이 포근하다.

전라남도·광주 BEST 맛집

01

승일식당 | 담양군

명인이 운영하는 숯불 돼지갈비집. 여기에 얼마든지 가져다먹을 수 있는 양념게장까지!

02

남도예담 | 담양군

떡갈비 명인으로 지정된 오너 셰프가 있는 곳이다. 주문 즉시 숯불에 구워낸 맛있는 떡갈비를 먹을 수 있다.

03

영미오리탕 | 광주광역시

몸보신에 으뜸인 오리탕 맛집. 졸여진 국물에 밥을 말아 죽처럼 먹으면 완성!

04

동창식당 | 장성군

오리백숙 반마리와 오채밥이 함께 나오는 동창 건강밥상이 주 메뉴다. 삼채가 들어가 있는 백숙은 보양식으로 손색이 없다.

05

초동순두부 | 장성군

소고기, 새우, 바지락이 들어간 순두부 찌개를 돌솥밥과 함께 먹는 초동 순두부

06

갈매기식당 | 영광군

영광에 왔다는 꼭 먹어야하는 영광굴비. 정식으로 즐겨보자. 굴비구이, 보리굴비, 간장게장, 조기매운탕 등이 나온다.

화랑식당 | **함평군**

돼지비계 한, 두 젓가락을 넣고 묵은지를 얹어 선짓국과 먹는 육회비빔밥

나주곰탕하얀집 | **나주시**

1910년부터 100년이 넘는 역사를 자랑하는 곰탕집

진미국밥 | **나주시**

잡내없는 깔끔하고 진한 국물맛의 국밥

@juwaned

수림정 | **화순군**

적당히 말리고 훈연한 보리굴비 정식 지역 맛집

@kongju.lee

삼대광양불고기집 | **광양시**

3대째 운영중인 광양 불고기 맛집

대숲골농원 | **순천시**

닭숯불구이와 차돌된장찌개가 인기메뉴

@and0123love

꽃돌게장1번가 | **여수시**

무한리필 여수 간장게장 맛집

동서식당 | **여수시**

여수 지역에서 초고추장을 서대에 찍어 먹는 음식인 서대회무침

천일식당 | **해남군**

100년의 역사의 전 대통령들도 자주 찾던 대통령 맛집

전라남도·광주

방장산 자연휴양림 단풍, 내장산 백양사 단풍
축령산 삼나무 편백 숲

국립나주박물관, 나주배박물관
한국천연염색박물관, 금성산 금영정 전망대
동섬 유채꽃, 남평 동촌로 은행나무길

가거도, 하누넘전망대(하트해변 전망)
증도 태평염전 및 소금밭전망대
임자면 튤립축제

무안 회산백련지 연꽃

목포문학관, 국립해양문화재연구소
목포생활도자박물관, 목포자연사박물관
목포 유달산 유선각 (전망대) 및 동백꽃

영암도기박물관
전라남도 농업박물관

도리산 전망대, 세방낙조 전망대
신비의 바닷길 축제

두륜산 케이블카 및 전망대, 우수영관광지
해남공룡박물관, 땅끝마을 전망대 및 모노레일
고천암호, 두륜산 대흥사 단풍길

청산도 유채꽃

병산산

장성군
태청산
장암산
불갑산

영광군

함평군

금성산

나주시

무안군
승달산

목포시

영암군
월출산

두봉산

흑석산

강진

금강산

덕룡산

해남군
주작산

두륜산

진도군   첨찰산

달마산

완도군

734

무등산 단풍(원효사, 봉황대, 풍암정)
1913송정역시장, 국립광주박물관
광주 어린이대공원, 우치공원 동물원

소쇄원, 한국대나무박물관
메타세쿼이아 가로수길, 담양 대나무축제
죽녹원, 전라남도자연환경연수원 은행나무길

섬진강기차마을 코스모스
섬진강기차마을 증기가관차 관광열차

화엄사, 사성암 전망대
지리산 노고단
구례 산수유축제, 현천 산수유마을
구례 피아골 단풍축제

순천만습지, 순천만자연생태관
낙안읍성, 순천시립뿌리깊은나무박물관
송광사 가는 벚꽃길

백운산 국사봉 철쭉, 옥룡사 동백나무 숲
홍쌍리 청매실농원 매화

해상케이블카, 돌산공원
영취산 진달래

무등산 억새(백마능선), 세량지

대한다원, 한국차박물관
일림산 철쭉제, 초암산 철쭉
대원사 가는 벚꽃길

하늘빛수목원 튤립, 선학동 유채마을
천관산 연대봉 억새&진달래

다산초당, 다산기념관
고려청자박물관 및 청자축제
강진 용정마을 연꽃, 백련사 동백꽃

암산
병풍산
태산
추월산
담양군
설산
동악산
곡성군
노고단
구례군
광주광역시
백아산
무등산
오산
안양산
옹성산
순천시
백운산
광양시
꽃비산
화순군
조계산
고봉산
영취산
가지산
존계산
초암산
여수시
보성군
오봉산
운암산
팔영산
봉황산
장흥군
천관산
고흥군
현등산
마복산

전라남도-서북부

고창군

영광군

함평군

신안군

무안군

목포시

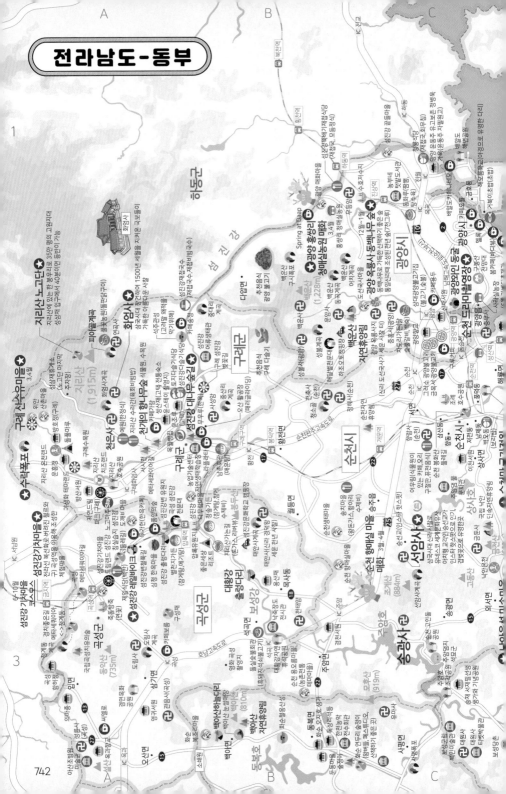

진우네집국수 맛집

"푸짐하고 시원한 멸치국수와 새콤달콤한 비빔국수"

@eat._.gogo

커다란 그릇에 담겨 나오는 멸치국수, 비빔국수 맛집. 멸치국수는 큼직큼직한 대파에 간장양념장이 들어가 시원한 맛이 그만이고, 비빔국수는 고추장 양념에 새콤달콤하게 무쳐 식욕을 돋운다. 반찬으로 나오는 콩나물, 열무김치와 서비스로 나오는 삶은 달걀도 별미.

- 전남 담양군 담양읍 객사리 211-34
- #비빔국수 #멸치국수 #밑반찬맛집 #삶은달걀 #푸짐한양

메타프로방스

"담양의 프로방스"

@metaprovence

프랑스의 프로방스 마을 컨셉으로 맛집, 카페, 소품가게, 펜션 등이 모여있는 곳. 화이트톤의 이국적인 배경으로 인생사진 찍기 좋다.(p739 E:1)

- 전남 담양군 담양읍 깊은실길 2-17
- #인생사진 #담양갈만한곳 #인스타감성 #이국적인장소

소쇄원 추천

"오로지 한국에서만 느껴볼 수 있는, 조선 대표 정원 반드시 아침일찍 사람 없을 때 가봐야해"

이 정원의 주인 양산보는 조광조의 문하생으로 과거시험에 급제하였다. 그러나 급진적 개혁파이었던 스승 조광조가 1519년 기묘사화로 유배되어 사망한 후, 세상을 등지고 이곳에 내려와 정원을 만들기 시작했다. 양산보의 아들과 손자를 거쳐 현재의 정원이 완성되었다.(p739 E:2)

- 전남 담양군 남면 지곡리 123
- 주차 : 담양군 남면 지곡리 99
- #양산보 #조선시대 #한국식정원

별빛달빛길

"플라타너스 나무 아래로 '별빛이 내린다'"

@vni._.inv

담양 최고의 야경을 경험할 수 있는 곳. 플라타너스 나무 아래, 내리는 별을 볼 수 있는 곳이기도. 죽녹원 앞으로 이어지는 별빛달빛길이 그 주인공이다. 별빛을 따라 걷다 초승달 포토존에서 사진을 찍으면 담양의 야경은 완성된다.

- 전남 담양군 담양읍 죽녹원로 130
- 주차 : 전남 담양군 담양읍 객사리 169-2, 담양관방제림주차장
- #담양 #야경 #플라타너스 #별빛 #죽녹원 #별빛달빛길

승일식당 맛집

"명인이 요리하는 숯불 돼지갈비"

@kintaeng

숯불돼지갈비 맛집. 다양한 요리 프로그램, 경연 프로그램에서 이미 검증된 명인이 운영하는 고수의 맛집이다. 숯불 향이 잘 입혀진 부드러운 돼지갈비가 침샘을 자극한다. 여기에 얼마든지 가져다 먹을 수 있는 양념게장! 아쉬우니 냉면도 한 그릇! 입으로 떠나는 미식 여행 완성이다.

■ 전남 담양군 담양읍 중앙로 98-1
■ #돼지갈비 #물냉면 #숯불 #푸짐한양

죽녹원 추천

"엄청난 대나무 숲으로 초대해"

2003년 개장한 9만여 평의 울창한 대나무 숲. 죽림욕을 할 수 있는 2.4Km의 산책로가 이어져 있으며, 각종 영화, TV CF의 촬영지로도 유명하다. 담양 죽세 공예는 조선 시대부터 500년의 역사를 가지고 있으며, 품질이 매우 우수하여 일본과 중국 등지에 수출되고 있다. 담양 사람들은 고려 초기부터 음력 5월 13일을 죽취일로 정해 대나무를 심었다고 한다.(p739 E:1)

■ 전남 담양군 담양읍 향교리 390 ■ 주차 : 담양군 담양읍 운교리 120
■ #대나무 #산책 #피톤치드

메타세쿼이아 가로수길 추천

"내가 걷는 이 길은, 시간이 지나 먼 훗날 추억이 되겠지"

8.5Km의 가량의 메타세쿼이아 가로수길. 1970년도 3~4년생의 묘목을 심어 조성했으며, 현재 메타세쿼이아 나무 나이는 45~50살 정도 된다. 근처 국도 확장 시 가로수길이 사라질뻔한 위기가 있었으나 담양군민의 노력으로 살아남아 관광지가 되었다. 2006년 '한국의 아름다운 길 100선'에서 최우수상을 받았다. 메타세쿼이아는 1940년 중국에서 살아 있는 화석으로 발견되었으며, 이후 품종이 개량되어 전 세계에 가로수 나무로 전파되었다.(p739 D:2)

■ 전남 담양군 담양읍 학동리 578-4 ■ 주차 : 담양군 담양읍 학동리 651
■ #메타세쿼이아길 #산책

담양 대나무축제

"대나무 바람소리 더위를 날리고 내마음도 날리고!"

담양 죽녹원과 전남도립대 일원에서 즐기는 대나무숲. 대나무 숲길 체험, 대나무 화분 만들기, 대나무 술 담그기도 체험해보자. 야간에는 레이저를 이용한 화려한 경관이 펼쳐진다.

■ 전남 담양군 담양읍 향교리 22-1
■ #대나무길 #죽공예체험

옥담카페 `카페`

"인공연못 사진맛집"

@__s.youn.g

인공연못 앞에 서서 하얀 건물을 배경으로 사진을 찍는 것이 시그니처다. 잔잔한 감동을 주는 연못 뷰가 멋지다. 프라이빗 룸에서 연못과 전원 풍경을 독점하듯 즐길 수 있다. 주차장에서 보는 카페 건물과 인공 연못은 한 폭의 그림 같다. 진짜 딸기우유가 대표 메뉴다.

- 전남 담양군 봉산면 연산길 89-11
- #담양 #연못뷰 #딸기우유맛집

담양애꽃 `맛집`

"담백한 떡갈비를 먹어보자"

담양에 왔다면 꼭 먹어봐야 하는 음식, 떡갈비 한정식집이다. 정갈한 상차림이 대접받는 느낌이 들게 한다. 기름기 있는 돼지고기와 담백한 소고기 반반이 가능하다. 식사 후 숭늉을 먹으며 마무리 할 수 있다. 룸으로 된 식당으로 프라이빗하게 식사할 수 있다. 브레이크타임 15:00-17:00, 수요일 휴무. (p739 E:1)

- 전남 담양군 봉산면 죽향대로 723
- #죽녹원맛집 #떡갈비 #한정식

전라남도자연환경연수원 은행나무길

"아는 사람만 아는 한적한 은행나무길"
전라남도 자연환경연수원(국제청소년교육재단) 하차 후 병풍산 등산로를 통해 임도를 타고 약 500m를 올라가면 조성된 400m 길이의 은행나무 길. 등산로이지만 길이 가파르지 않기 때문에 쉽게 이동할 수 있다. 개인 사유지이기 때문에 임산물 수집 및 야영은 할 수 없다.

- 전남 담양군 수북면 대방리 산75-1
- 주차 : 담양군 수북면 대방리 산105-2
- #은행나무 #산책

남도예담 `맛집`

"떡갈비 명인이 만든 떡갈비와 대통밥"

떡갈비 명인으로 지정된 오너 셰프가 있는 곳이다. 주문 즉시 숯불에 구워낸 맛있는 떡갈비를 먹을 수 있다. 간장게장, 가자미구이, 육회 등 푸짐한 밑반찬이 나온다. 국내산 쌀밥, 잡곡 등을 사용하여 40여분간 압력솥에 쪄낸 대통밥을 먹을 수 있다. 죽녹원 근처에 위치해 있다. (p739 E:1)

- 전남 담양군 월산면 담장로 143
- #담양맛집 #대나무통밥 #떡갈비

1913송정역시장 `추천`

"다양한 먹거리와 구경거리 쇼핑몰과는 다른 매력"

100년의 역사를 간직한 송정역 매일시장은 최근 아기자기한 인테리어와 예쁜 글씨 간판으로 특색있게 재탄생 되었다. 꼬치, 호떡, 어묵, 잔치국수 등 먹거리가 가득하다.(p736 C:1)

- 광주 광산구 송정로8번길 13
- 주차 : 광산구 송정동 857-1
- #떡볶이 #호떡 #국수 #시장먹거리

명화식육식당 `맛집`

"돼지고기와 애호박이 들어간 광주식 옛날국밥"

돼지고기와 애호박을 넣고 매콤하게 끓인 광주식 옛날국밥. 연한 애호박과 껍질이 붙은 돼지고기, 버섯, 양파, 고추기름이 조화를 이룬다. 큼직한 그릇에 가득 담겨 나와 양으로 아쉬움을 느끼는 사람이 없을 정도다.(p736 C:1)

- 광주 광산구 평동 평동로 421
- #옛날국밥 #애호박국밥 #향토음식 #곱창전골 #돼지주물럭 #삼겹살

펭귄마을

"뒤뚱뒤뚱 어르신들의 불편한 걸음이 펭귄이 되어"

@my.daixy_

빈집에서 나온 쓰레기들로 꾸민 문화체험 마을. 양은 냄비, 벽걸이 시계, 액자들로 장식된 마을 곳곳이 독특한 포토존이 되어준다. 직접 만든 소품을 판매하는 가게들과 사진관, 주막 등이 옹기종기 모여있다. (p737 D:1)

- 광주 남구 천변좌로446번길 7
- #시골마을 #포토존 #레트로

지산유원지

"무등산을 오르는 모노레일(feat. 아찔, 스릴, 공포)"

무등산을 가장 스릴 넘치게 즐길 수 있는 곳이다. 세월이 느껴지는 리프트를 타고 올라가 아찔한 모노레일을 타고 정상에 오르는 코스. 고소공포증이 유발되는 높이에 운영 중인, 세월감이 느껴지는 다소 낡은(?) 기구들이라 더 아찔하고 스릴 넘친다. 정상에 오르면 너른 광주 시내가 한눈에 내려다보인다.

- 광주 동구 지호로164번길 35-1
- #무등산 #스릴 #리프트 #모노레일

동명동 카페거리

"오래된 학원가와 감성카페들이 공존하는 거리"

@larari_moncher @moonlighte_

한때 학원가로 잘 알려진 구도심으로 힙한 분위기의 다양한 카페와 맛집이 즐비한 감성거리. (p739 E:2)

- 광주 동구 동명동
- #감성카페 #레트로 # 동리단길 #광주카페거리

궁전제과 [맛집]

"광주 빵집투어 1순위"

@gung_jeon_bakery
@yoonsss0910

전국 5대 빵집에 꼽히는 광주의 오래된 제과점으로 공룡알, 나비파이가 유명하다. (p739 E:2)

- 광주 동구 충장동 충장로 93-6
- #전국5대빵집 #빵집투어 #빵지순례

영미오리탕 [맛집]

"기운이 솟아나는 오리탕"

@jin.2723

몸보신에 으뜸인 오리탕 맛집이다. 둘이 방문하면 반마리로도 충분한 곳으로, 들깨가루에 초장을 섞어 찍어 먹으면 좋다. 졸여진 국물에 밥을 말아 죽처럼 먹으면 이 식사는 완성된다. 기운이 딸린다 싶을땐 이곳으로! (p736 C:1)

- 광주 북구 경양로 126
- #오리탕 #들깨가루 #보양식 #걸쭉한국물

카페얼씨 카페
"유리 별관이 있는 자연친화적 카페"

유리 온실을 연상케 하는 별관의 창에 새겨진 카페 이름을 배경으로 인스타 감성 샷을 찍을 수 있다. 자연 친화적 카페답게 어떤 좌석에서도 자연을 느낄 수 있다. 정원이 잘 가꿔진 카페로 정원 한쪽에 있는 돔하우스에서 프라이빗한 시간을 즐기기 좋다. 카페 내부에서 통창을 통해 들어오는 자연광과 함께 사진을 찍기 좋다. 2023년 12월까지 임시휴업

■ 광주 북구 금곡동 939
■ #광주 #무등산 #숲속뷰

국립광주박물관
"과거의 광주는 어땠을까?"

광주와 전라남도의 문화유산이 전시되어있는 박물관. 선사문화실, 농경문화실, 고대 문화실, 서화실 등을 운영하며, 안에는 광주, 전남 지역의 불교 미술품과 해저 유물 등이 전시되어 있다. 스마트폰 앱으로 전시를 안내받을 수 있다. (p736 C:1)

■ 광주 북구 매곡동 430
■ #광주 #불교미술 #유물

무등산 단풍(원효사, 봉황대, 풍암정) 추천
"온 산이 단풍으로 불타고…"

광주광역시에 있는 국립공원으로, 무등산은 '등급을 매길 수 없는 산' 의미. 전망대에서는 광주 시내 전경을 감상할 수 있다. 수만탐방지원센터, 들국화 마을, 안양산 입구에서 등반할 수 있는데, 이 중에서는 들국화 마을을 추천한다. 원효사 인근 단풍터널길, 단풍나무 숲 봉황대, 풍암정 단풍도 함께 감상해보자. (p737 D:1)

■ 광주 북구 무등로 1522-1   ■ 주차 : 광주 북구 금곡동 809-6
■ #들국화마을 #산책로 #단풍놀이

국립5.18 민주묘지
"반드시 기억해야 할 투쟁의 역사"

5.18 광주 민주화 항쟁 당시 민주주의를 위해 투쟁하신 분들의 유해가 모셔져 있는 곳. 1980년 이곳에서 군사정권에 반대하는 광주 시민들이 시위에 참가했고, 군인은 무력을 동원해 시민들을 진압했다. 이 아픈 군사독재의 역사는 유네스코 세계기록유산으로 남았다. 매년 5월 18일에 민주화 운동 기념식이 열린다. (p736 C:1)

■ 광주 북구 민주로 200
■ #역사여행지 #교육여행지 #문화유산

밤실마을 맛집
"담백하고 고소한 육회비빔밥"

생고기, 육회, 갈비찜, 갈비탕 등이 있으며 생고기비빔밥이 주메뉴다. 기본 반찬은 콩나물, 김치, 육회가 제공되며 반찬으로 나온 육회를 함께 비빔밥에 넣어 먹으면 더 포만감 있는 비빔밥을 맛 볼 수 있다. 담백하고 고소한 맛이 좋다는 평. 후식으로는 직접 만든 식혜가 제공된다. 일요일 정기휴무 (p739 E:2)

■ 광주 북구 밤실로 163-9
■ #생고기 #두암동맛집 #현지맛집

광주패밀리랜드
"호남권 최대 규모의 놀이동산"

카오스, 청룡열차, 바이킹, 타가디스코, 깜짝 마우스, 씽씽 보트 등이 있는 놀이공원. 스릴을 즐기고 싶다면 카오스, 청룡열차, 바이킹을 추천한다. 타가디스코 DJ의 재미있는 멘트로도 유명하다. 패밀리 목마, 어린이 범퍼카 등 어린이를 위한 놀이기구도 많이 있어 가족과 함께 방문하기도 좋다. 정문에서 패밀리 열차를 이용해 입구까지 이동하는 것을 추천한다. (p739 E:2)

- 광주 북구 생용동 산127-2
- 주차 : 광주 북구 생용동 산101
- #청룡열차 #바이킹 #범퍼카

차차룸 맛집
"이국 분위기의 브런치 식당"

감성적인 이국 분위기의 브런치 식당. 잠봉뵈르, 샌드위치, 파스타, 스테이크 등 다양한 메뉴가 있다. 대표메뉴는 파스타로 양송이 치즈 크림파스타, 스파이시 파스타 등 총 5가지가 있으며 싱싱한 재료들과 함께 맛이 좋다는 평. 카페도 함께 운영되고 있는 곳이라 식사후 후식도 맛 볼 수 있다. 캐치테이블 예약 가능. 연중무휴 (p739 E:2)

- 광주 북구 일곡택지로99번길 33 / 1층
- #브런치맛집 #이국적 #파스타맛집

광주 운천저수지 연꽃
"도심속 친환경 저수지"

광주 상무역 운천역 2번 출구에서 200m 거리에 위치한 도심 공원 연꽃지. 여름이면 수련, 백련, 홍련이 무리 지어 피어나며, 백일홍도 붉게 물든다. 나무데크길, 흔들의자, 벤치, 쉼터 등 잘 조성되어 있고, 밤에 방문하면 연꽃과 함께 빛고을 광주의 야경을 즐길 수 있다. 봄에는 나무데크길을 따라 늘어선 벚꽃이 아름답다. 일요일에는 교회 주차장을 사용할 수 없으며, 주차 공간이 협소하므로 주말에는 지하철을 이용하는 것이 좋다. 운천역 2번 출구 하차 후 직진하면 된다.

- 광주 서구 쌍촌동 869-10
- 주차 : 광주 서구 쌍촌동 889-1
- #광주 #백련 #홍련

광주호 호수생태원 추천
"언제 걸어도 좋은, 광주의 보물"

호수를 둘러싼 나무데크길을 따라 계절 꽃 산책을 즐길 수 있다. 봄에는 해당화, 팬지, 데이지 꽃이, 여름에는 연꽃과 맥문동이, 가을에는 꽃무릇, 구절초, 코스모스가 산책길 향기를 더한다. (p739 E:2)

- 광주 북구 충효샘길 7
- #계절꽃 #산책로 #걷기편한

방장산 자연휴양림 단풍
"혼자 느낄 수 있는 단풍의 양은 오히려 더 많을지도 몰라!"

단풍과 함께 편백의 매력을 느낄 수 있는 자연휴양림. 휴양림에는 참나무, 소나무, 편

백, 낙엽송, 리기다소나무 등이 많이 자라고 있다. 벽오봉과 고창 고개 중간 능선에서는 고창읍과 서해바다가 보인다. 휴양림에서 방장산 정상까지는 왕복 3시간 정도가 걸린다.(p739 D:1)

- 전남 장성군 북이면 죽청리 산70-1
- #편백나무 #등산 #서해전망

축령산 삼나무 편백숲
"피톤치드 넘치는 치유의 숲길"

축령산 모암리 방향으로 들어가면 나오는 편백숲으로, 3km의 숲길을 걸으면 내 몸이 치유되는 느낌이 든다. 편백에는 피톤치드라는 천연 항균물질이 있어 세균에 대한 살균이 뛰어나다.(p739 D:1)

- 전남 장성군 서삼면 모암리 682
- 주차 : 장성군 서삼면 모암리 586
- #편백숲 #피톤치드 #산책

동창식당 맛집
"여행의 피로를 날려줄 보양식"

@l_is.b

오리백숙 반마리와 오채밥이 함께 나오는 동창 건강밥상이 주 메뉴다. 삼채가 들어가 있

내장산 백양사 단풍 추천
"단풍 최고 명소 두말하면 잔소리"

백양사 입구 연못 위에 비치는 쌍계루와 단풍 풍경으로 사진작가들에게 인기 있는 곳. 내장산 국립공원 내에는 백제 시대 천년 고찰이 있으며, 등산로 쪽에도 천진암, 약사암, 운문암 등 암자가 많고 경관도 뛰어나다. 약사암에서는 첩첩산중 백양사와 단풍의 모습이 한눈에 들어온다. 단풍철에는 주차장이 가득 찰 정도로 사람이 많으니 이른 아침에 방문하는 것을 추천한다.(p739 D:2)

- 전남 장성군 북하면 백양로 1239
- #사찰 #단풍길
- 주차 : 장성군 북하면 약수리 146

는 백숙은 보양식으로 손색이 없다. 본 메뉴가 나오기 전 당귀전 반죽이 나와 직접 부쳐 먹을 수 있다(단풍절엔 안나옴). 각종 산나물과 장아찌, 김치 등 다양한 밑반찬을 제공한다. 백양사 입구에 위치해 있다. 월요일 휴무(p739 E:1)

- 전남 장성군 북하면 백양로 1136
- #백양사맛집 #오리백숙 #건강식

초동순두부 맛집
"광주/전남 순두부 판매량 1위"

소고기, 새우, 바지락이 들어간 순두부찌개를 돌솥밥과 함께 먹는 초동 순두부가 인기 메뉴

다. 자극적이지 않고 부드러운 순두부의 맛을 느낄 수 있다. 깔끔하고 감칠맛나는 국물이 일품이다. 찰진 솥밥을 다 먹고 따뜻한 물을 부어 숭늉으로 입가심하기 좋다. 바로 옆에 카페가 있어 후식으로 즐기기 좋다. 15:00~17:00까지 브레이크타임이다. (p739 E:1)

- 전남 장성군 진원면 초동길 1
- #두부요리 #장성맛집 #순두부찌개

따뜻한섬온도 카페
"한옥 전망 유리통창 카페"

@zzyayo__

전라남도 광주 장성군

통창 너머로 보이는 한옥 풍경이 멋지다. 한옥 카페다운 인테리어 소품이 가득하다. 인테리어나 소품이 아기자기하고 전체적인 느낌이 따뜻하다. 통창을 통해 들어오는 자연광이 좋고, 초록초록한 외부를 즐기기 좋다. 출입구에 있는 하얀 벽면, 거울 포토존 등 곳곳에 포토존이 마련되어 있다.

- 전남 장성군 황룡면 행복1길 2
- #장성 #황룡강 #한옥카페

홍길동 테마파크
"최초의 히어로 홍길동의 모든 것"

소설 속 홍길동 생가 터를 구경하고 홍길동 소설과 영상을 살펴볼 수 있는 홍길동 박물관. 너른 마당에서 민속놀이, 전통무예도 배우고 한옥마을 및 야영장에서 숙박할 수도 있다. 홍길동은 장성 출신의 실존 인물로, 대한민국 국민이라면 누구나 아는 허균의 소설 '홍길동전' 주인공이기도 하다. (p739 D:1)

- 전남 장성군 황룡면 홍길동로 431
- #역사여행지 #교육여행지 #박물관

보리 카페
"서해바다와 징검다리 풍경"

풍력발전단지 (추천)
"저 푸른 초원 위에 그림같은 풍력발전단지"

바다와 맞닿아있는 너른 땅 위로 그림 같은 풍력발전기가 위용을 뽐내고 있다. 영화 <독전>이 촬영되었던 곳이기도. 초록의 벌판 위, 하늘이 반사되는 염전 위에 설치되어 있다. 보는 순간 마음이 탁! 트이는 기분이 든다.

- 전남 영광군 백수읍 백수로3길 201
- #호남풍력발전 #독전촬영지 #초록 #일몰 #염전 #이국적

미로처럼 생긴 자갈길을 따라 걷다 보면 메인 포토존이 나온다. 징검다리에 서서 잔잔한 서해바다를 배경으로 한 폭의 액자 같은 풍경을 담을 수 있다. 노을 질 때 오면 더 예쁜 사진을 찍을 수 있다. 카페 한쪽 벽면이 통창이라 넓은 보리밭과 바다를 한눈에 볼 수 있다. 야외의자에 앉아 보리밭과 바다를 한 프레임에 담는 것도 멋지다.

- 전남 영광군 백수읍 해안로 787
- #영광 #오션뷰 #메밀꽃밭

갈매기식당 (맛집)
"영광에서는 영광굴비를"

영광에 왔다는 꼭 먹어야하는 영광굴비. 정식으로 즐겨보자. 굴비구이, 보리굴비, 간장게

장, 조기매운탕 등이 나온다. 시원한 녹차물에 밥을 말아 굴비살을 얹어 먹으면 꿀맛이다. 굴비를 고추장에 찍어 먹어도 맛있다. 가격에 비해 반찬이 많이 나와 가성비 맛집으로 유명하다. 15:00~16:00 쉬어간다. (p738 C:1)

- 전남 영광군 법성면 진굴비길 46
- #법성포맛집 #영광굴비 #가성비맛집

영광 칠산타워
"탄성을 자아내는 칠산의 타는 저녁놀"

전라남도에서 가장 높은 111m 해안 전망대로, 낙조 때 하늘과 칠산 앞바다 일대가 타오르듯 붉게 물드는 모습이 특히 아름답다. 타워 1층은 수산시장, 2층은 횟집, 3층은 전망대로 이용되고 있다. 맑은 날에는 바다 너머 작은 섬까지 들여다보인다. 09~20시 운영, 11~2

월은 10~18시 운영. (p736 B:1)

- 전남 영광군 염산면 향화로 2-25
- #바다전망 #낙조 #횟집

산채로 `맛집`
"저염식의 건강한 밥한끼"

@rirri._.rarra

8가지 나물을 강된장에 비벼먹는 비빔밥이 인기 메뉴다. 저염식으로 간은 강된장이나 고추장을 넣어 맞추면 된다. 식전에는 티벳버섯 유산균으로 만든 소화에 좋은 요플레가 제공된다. 저수지와 논밭으로 둘러싸인 주변 풍경이 멋지다. 셀프코너에서 후식 식혜를 먹을 수 있다. 월요일 휴무 (p738 C:1)

- 전남 영광군 영광읍 함영로9길 64
- #영광맛집 #산채비빔밥 #저염식

신흥상회 `맛집`
"뻘에서 잡은 세발낙지 전문점"

@gold_ddackji

함평앞바다에서 갓 잡은 싱싱한 뻘낙지를 맛볼 수 있다. 탕탕이, 낙지 볶음, 연포탕 등 다양한 낙지요리를 맛볼 수 있다. 지역에서 공수한 식재료를 신선한 음식맛을 자랑한다. 채소와 낙지가 듬뿍 들어간 연포탕은 보양식으로

로 손색이 없다. 연포탕 국물에 먹물을 터트려 끓여먹는 먹물라면도 별미다. 수요일 휴무 (p738 C:2)

- 전남 함평군 손불면 석산로 68
- #육회비빔밥 #돼지비계 #함평맛집

함평 양서파충류 생태공원
"양서파충류를 가까이 볼 수 있는 특별한 기회"

우리나라 최초로 개장한 양서 파충류 동물원. 뱀, 악어, 아나콘다, 거북 등등 다양한 양서류, 파충류 동물들을 관찰할 수 있다. 그 밖에도 나비 곤충 애벌레 생태관, 나무 첨성대, 반달가슴곰 관찰원, 분재원, 우리 꽃 생태학습장, 만들기 체험학습장 등 아이들이 즐기고 체험할 만한 시설이 가득하다. 매주 월요일 휴관. (p736 B:1)

- 전남 함평군 신광면 학동로 1398-9
- #양서류 #파충류 #생태체험

함평 엑스포공원
"꽃과 함께 나빌레라"

매년 4~5월이면 함평나비축제가 열리는 공간이다. 축제 기간이 아니더라도 살아있는 나비와 곤충을 만나볼 수 있다. 나비곤충생태관

유리온실에서 날개를 펄럭이는 진짜 나비를 찾아보자. 그 밖에 다육식물관, 자연생태관이 있으며, 한여름에는 야외 물놀이장이 개방되어 모든 시설을 즐기려면 하루가 모자라다. 매일 09~18시 개장. (p736 B:1)

- 전남 함평군 함평읍 곤재로 27
- #나비체험 #곤충체험 #식물원

화랑식당 `맛집`
"돼지 비계를 넣은 육회비빔밥"

육회비빔밥이 주력 메뉴다. 옛날부터 함평에서는 육회비빔밥에 돼지비계를 넣어 먹었다고 한다. 돼지비계 한, 두 젓가락을 넣고 묵은지를 얹어 시원한 선짓국과 함께 특별한 맛의 육회비빔밥을 맛보자. 육회를 못 먹는 사람들을 위한 익힘비빔밥도 판매한다. 영수증 지참시 근처 카페에서 할인을 받을 수 있다. 재료가 소진되면 조기 마감될 수 있다. (p736 B:1)

- 전남 함평군 함평읍 시장길 96
- #돼지비계 #육회비빔밥 #함평맛집

포베오커피 `카페`
"원형 외벽이 매력적인 카페"

@smiley_ej_

표주박과 같은 형태로 외부를 둘러싸고 있는 옹벽이 건물을 품고 있는 듯한 느낌이다. 카페 외관에 서서 원형 건물을 배경으로 담을 수 있다. 통창 및 루프탑에서 탁 트인 주포항을 감상할 수 있다. 카페 뒤편의 수공간을 바라보며 물멍 하기도 좋고, 마당의 캠핑존에서 캠핑 감성을 사진을 찍기도 좋다. 전신거울 샷도 잊지 말자. (p736 B:1)

- 전남 함평군 함평읍 주포로 395
- #함평 #오션뷰 #주포항

나주 금성산 금영정 전망대
"교과에서 익혔던 '나주는 평야다'"
나주평야의 넓은 전망을 볼 수 있는 전망대. 한수제 저수지 앞 주차장에서 도보 30분가량 소요된다.

- 전남 나주시 경현동 산 1-4
- 주차 : 전라남도 나주시 경현동 117-1
- #나주평야 #전망대

나주곰탕하얀집 맛집
"오랜 역사를 가진 나주곰탕 맛집"

1910년부터 100년이 넘는 역사를 자랑하는 곳이다. 일반 고기가 들어간 곰탕, 머릿고기가 들어간 수육곰탕 중 입맛에 맞게 골라 먹으면 된다. 밥을 토렴해서 함께 담아준다. 잘 익은 김치를 곰탕에 얹어 먹으면 꿀맛이다. 아침 8시 오픈이라 아침식사 하기도 좋다. 1,3번째 월요일 휴무 (p736 C:1)

- 전남 나주시 금성관길 6-1
- #나주곰탕 #수육곰탕 #백년맛집

나주 영상테마파크 추천
"드라마 세트장이자 삼국시대 민속촌"

주몽, 태왕사신기, 바람의 나라 등 고구려를 무대로 한 다양한 사극이 촬영된 곳. 4만 5천 평에 이르는 테마파크 안에 왕실, 성벽, 저잣거리 등이 그대로 재현되어 있다. 함께 운영하는 고구려 역사 문화 전시관에서 전통의상 입어보기, 활쏘기, 천연 염색, 한과체험, 비누 만들기 등을 즐길 수 있는 체험 프로그램도 즐길 수 있다. 현재 의병역사박물관 건립 건으로 운영 임시중단 중(p736 B:1)

- 전남 나주시 공산면 덕음로 450
- #사극촬영지 #고구려 #전통놀이

금성관
"역사와 문화가 숨쉬는 나주객사"

고려 시대 때 관리들의 숙소로 사용되던 객사. 지역 관찰사나 외국인 사신 등이 이곳에 머물렀다고 한다. 역사적 가치를 인정받아 전라남도 유형문화재 2호로 지정되어 있다. (p736 C:1)

- 전남 나주시 금성관길 8
- #경치좋은 #역사여행지 #문화유산

오하라 카페 카페
"핑크빛 사랑스러운 컨테이너 카페"

@bab_o_foto

카페 입구가 메인 포토스팟이다. 핑크빛 카페 외관이 사랑스럽다. 모던함과 부티크호텔 분위기가 어우러진 컨테이너 카페로 건물도 의자도 커튼도 모두 핑크다. 2층으로 올라가는 핑크 계단, 전신 거울 샷 등 포토존이 가득하다. 딸기에이드와 크로플이 맛있다.

- 전남 나주시 남평읍 강변1길 33-10
- #나주 #핑크카페 #크로플맛집

남평은행나무길

"노란 은행나무길에서 인생사진 찍으세요"

양옆으로 길게 이어진 노란 은행나무길이 그림 같은 곳이다. 그중에서도 1길은 짧지만 사진이 가장 예쁘게 나오는 곳. 오후보다는 오전에 방문하는 것이 좋다. 오후일수록 역광으로 찍히는 경우가 많아 오전에 인생사진을 찍기 좋다.(p736 C:1)

- 전남 나주시 남평읍 동촌로 236-42
- 주차 : 전남 나주시 남평읍 동촌로 236-42
- #은행나무 #1길 #인생샷 #성지 #오전방문

국립나주박물관

"나주라는 곳! 알고 싶다!"

영산강 유역에서 발굴된 문화재가 전시된 박물관. 영산강 유역의 고분 문화, 보이는 수장고 등을 전시하고 있으며 스마트폰이나 전용 단말기를 통해 전시를 안내받을 수 있다. 관람료 무료, 매주 월요일 휴관.(p736 C:1)

- 전남 나주시 반남면 신촌리 152-25
- #영산강 #고분 #수장고

전라남도 산림자원연구소 추천

"나주에서 가장 핫한 포토존, 동글 나무 사이"

나주에서 가장 핫한 장소. 산림생태계를 연구하는 곳이지만 인생샷 성지로 더 유명하다. 메타세쿼이아길과 잣나무숲 사이에 성인 키만큼 크게 자란 나무가 동글동글 둥근 모양을 하고 양옆으로 길게 이어져 있다. 차가 없을 때, 도로의 중앙선에 앉거나 서서 찍으면 대칭을 이룬 사진을 얻을 수 있다.(p736 C:1)

- 전남 나주시 산포면 다도로 7
- #산림생태계연구 #인생샷성지 #메타세쿼이아 #잣나무숲 #둥근나무 #중앙선

나주 영산강 체육공원 유채꽃

"자전거 타고 달리기 좋은 유채꽃 길"

영산강 체육공원 동쪽으로 영산강을 따라 1.5km 길이로 조성된 유채꽃밭. 유채꽃밭 끝에서 다리를 통해 나주 동섬으로 이동할 수 있다. 신분증을 맡기면 무료로 자전거를 대여할 수 있다. 사잇길이 잘 정비되어있어 자전거 타고 이동하기 좋고, 공원 곳곳에 포토존도 마련되어 있다.(p739 D:2)

- 전남 나주시 삼영동 117-6 영산강 둔치
- 주차 : 나주시 삼영동 117-1
- #유채꽃 #자전거 #산책

영산포 홍어거리

"탁주와 함께 홍어의 톡 쏘는 이 맛"

영산포 선창 전통 방식으로 푹 삭힌 홍어를 맛볼 수 있는 영산포 홍어거리. 달큰한 흑산도 홍어와 달리 코가 매울 정도로 톡 쏘는 맛이 특징이다. 돼지고기, 김치와 함께 먹는 홍어삼합을 비롯해 홍어회 무침, 홍어애국 등 다양한 먹거리들을 판매하고 있다. 홍어 1번지라는 가게가 유명하다. (p736 C:1)

- 전남 나주시 영산2길 17-3
- #홍어 #맛집 #홍어삼합

나주 동섬 유채꽃

"작은 섬, 유채꽃으로 가득하고"

나주시 영강동 영산강 일대에 피어난 화사한 유채꽃밭. 나주 종합 스포츠파크 앞에 위치한 유채밭에서 다리를 건너면 유채꽃이 심어진 작은 섬으로 이동할 수 있다. 내비게이션에 나주 동섬이 아닌 '나주 종합 스포츠파크'를 검색 후 스포츠파크에서 영산강변을 향해 내려오는 것이 편리하다.(p736 C:1)

- 전남 나주시 영산동 383-5
- 주차 : 전라남도 나주시 송월동 262
- #유채꽃 #섬

진미국밥 _{맛집}

"7,000원으로 푸짐한 국밥 한그릇!"

잡내없는 깔끔하고 진한 국물맛의 국밥을 맛볼 수 있다. 돼지내장과 부속고기가 푸짐하게 들어가 있다. 셀프바에서 들깨가루를 추가해서 먹어도 좋다. 7,000원으로 가성비가 좋다. 반찬으로 나오는 부추무침을 국밥에 넣어 먹으면 맛있다. 브레이크타임 14:00~17:00. 일요일 휴무 (p739 D:3)

- 전남 나주시 황동2길 4-15
- #나주맛집 #돼지국밥 #순대맛집

빛가람 호수공원 _{추천}

"빛가람의 밤은 당신의 낮보다 아름답다"

빛가람 혁신도시를 대표하는 유원지로, 매년 여름부터 가을까지 음악 분수를 개장한다. 음악 분수는 매일 12:00, 20:00, 20:40부터 20분간 운영하는데, 20시 이후부터는 조명이 밝혀져 더 화려한 분수 쇼를 즐길 수 있다. 분수 개장 기간이 아니더라도 버스킹 공연, 빛 축제 등 다양한 행사가 열린다. (p736 C:1)

- 전남 나주시 호수로 77
- #산책로 #음악분수 #조명

도곡보리밥&보리카페 _{맛집}

"각종 나물과 보리밥을 비벼 먹자"

@honeylee87

주문은 간단하다. 보리밥과 쌀밥 중 고르면 된다. 주문 즉시 빠르게 밥상이 차려진다. 밥이 나온 큰 그릇에 콩나물, 고사리나물, 머위대 나물, 표고버섯볶음 등 각종 나물을 가득 넣고 고추장과 참기름을 넣고 비벼먹으면 된다. 가격도 9천원으로 부담이 없다. 후식으로는 단술(알코올이 없는 술)이 나온다. 일요일 휴무 (p739 E:2)

- 전남 화순군 도곡면 효자1길 27
- #화순맛집 #백반맛집 #보리밥

화순 적벽 관광지문화유적

"방랑객 김삿갓의 걸음도 멈춰 세운 곳"

김삿갓이 사랑했던 이곳은 삼국지에 나오는 중국 적벽을 닮았다 해서 '화순 적벽'이라 불린다. 물염적벽, 창랑 적벽 등 물줄기를 따라 웅장한 절벽이 이어지는데, 그중 가장 유명한 것은 노루목적벽이라고도 불리는 장항 적벽이다. 동복댐 건설 후 수몰지역이 된 이곳 마을 주민들을 위로하기 위해 망향정이라는 정자도 세워져 있다. 09:30~12:00 수, 토, 일요일만 입장 가능, 화순적벽 투어 사전 예약 후에만 방문할 수 있다는 점을 주의하자 (p739 F:2)

■ 전남 화순군 이서면 물염로 161
■ #절벽 #수몰지 #투어신청

세량지

"미국 CNN이 선정한 한국에서 가봐야할 곳!"

미국 CNN이 선정한 한국에서 가봐야 할 곳! 산벚나무가 세량제 풍경에 어우러진 모습이 아름다워 사진 마니아들의 촬영 명소로도 유명하다.(p737 D:1)

■ 전남 화순군 화순읍 세량리 95-2
■ 주차 : 화순군 화순읍 세량리 271-2
■ #CNN추천 #벚나무 #사진촬영

무등산 양떼목장

"화순의 알프스, 양 보러 오세요!"

화순의 알프스. 10만 평의 초원 위를 뛰노는 200마리의 양들이 동심을 자극한다. 양에게 직접 먹이를 줄 수도 있고, 전망대에 올라서 평화로운 목장을 조망해 볼 수도 있다. 곳곳에 포토존이 많아 인생사진을 건지는 것은 시간문제!(p737 D:1)

■ 전남 화순군 화순읍 안양산로 537
■ #알프스 #10만평 #200마리양 #먹이주기

무등산 억새(백마능선)

"국립공원의 매력과 억새군락지로서의 매력"

광주광역시에 있는 국립공원으로, 무등산은 '등급을 매길 수 없는 산'이라는 의미. 백마능선 일대 억새군락지가 형성되어 있어 가을 여행에 좋다. 전망대에서는 광주 시내 전경이 보인다. 수만탐방지원센터, 들국화 마을, 안양산 입구에서 등반할 수 있는데, 이 중에서 들국화 마을을 추천한다.(p737 D:1)

■ 전남 화순군 화순읍 수만리 산 100-1　　■ 주차 : 화순군 화순읍 수만리 562-1
■ #억새 #들국화마을 #등산

수림정 　맛집

"돼지감자차에 보리굴비 한점"

@0200yh_

지역에서 굴비 맛집으로 유명한 곳이다. 적당히 말리고 훈련한 보리굴비 정식이 인기 메뉴다. 생선 가시가 발려져 나와 먹기가 편하다. 돼지감자차에 밥을 말아 보리굴비 한 점을 올려 먹으면 된다. 셀프코너에는 반찬과 후식 음료가 준비되어 있다. 15:00~17:00까지 브레이크타임이다. (p739 E:2)

■ 전남 화순군 화순읍 진각로 154
■ #보리굴비 #훈연 #가시없는굴비

스물카페 　카페

"빨간 우체통과 공중전화 부스"

@_1860mm_

카페 외부에 있는 대형 빨간 우체통이 포토존인데, 파란 하늘과 함께 담으면 외국에 온 듯한 느낌이다. 빨간 공중전화부스도 있다. 커다란 통창을 통해 보이는 야자수가 마치 외국에 여행 온 듯한 기분을 느끼게 해준다. 카페 내부에서 식물이 가득하다. 장미축제가 열리는 고성으로 장미를 사용한 장미 에이드가 대표

메뉴다. 식용장미로 먹어도 된다.
- 전남 곡성군 오곡면 승법길 20 1층
- #곡성카페 #빨간우체통 #장미에이드

침실습지
"섬진강을 따라 천천히 걸어보는 길"

@aboutgurye

곡성9경 중 하나. 섬진강의 거대한 습지이다. 수달이며 삵 등의 멸종 위기의 야생동물이 서식하는 것으로 알려진, 신비하면서도 귀한 지역이다. 물안개가 피어나면 그 풍경이 몽환적이라 '섬진강의 무릉도원'이라고도 부른다. 생명의 강, 섬진강을 따라 평소보다 조금 더 천천히 걸어보시는 것은 어떨까.

- 전남 곡성군 오곡면 오지2길 21-99
- 주차 : 전남 곡성군 오곡면 기차마을로 150-108, 침실습지주차장
- #곡성9경 #거대습지 #수달 #멸종위기동물 #물안개 #무릉도원 #섬진강

제일식당 맛집
"곡성 기차마을 가성비 맛집"

12,000원에 제육볶음(또는 보쌈)과 생선구이가 들어간 백반정식을 먹을 수 있다. 나물반찬이 많이 나오고, 정갈하고 깔끔하다. 점심시간에는 점심특선만 가능하고, 주말에도

섬진강기차마을 코스모스
"기차체험하며 코스모스 보고!"

섬진강 기차 마을 곳곳에 피어난 코스모스 꽃밭. 특히 동물농장과 짚풀공예체험관 사이에 설치된 자수화단에 본격적으로 코스모스 꽃길이 조성되어 있다. 이곳 외에도 기차 마을 곳곳에서 코스모스를 포함한 다양한 꽃을 감상할 수 있다. 섬진강 기차 마을이 위치한 곡성은 기차마을뿐만 아니라 코스모스로도 유명하다.(p737 E:1)

- 전남 곡성군 오곡면 오지리 747-8
- #꼬마기차 #레일바이크 #코스모스
- 주차 : 곡성군 오곡면 오지리 721-1

점심특선이 가능하다. 2인 이상 주문 가능. 14:30~17:30 쉬어가며, 일요일 휴무. 재료소진시 조기 마감. (p742 A:3)

- 전남 곡성군 오곡면 오지리 476
- #곡성맛집 #가정식백반 #기차마을맛집

섬진강기차마을 증기기관차 관광열차
"10km의 섬진강자락 구간을 왕복"

섬진강 기차마을과 가정역을 잇는 관광용 증기기관차. 10km의 짧은 구간으로 매일 3~5회 운행된다. 편도 30분, 정차 30분으로 왕복에는 약 1시간 30분이 소요된다. 기차마을과 섬진강 일대에서 레일바이크도 함께 즐길 수 있다.(p737 E:1)

- 전남 곡성군 오곡면 오지리 770-5
- 주차 : 곡성군 오곡면 오지리 719-1
- #증기기관차 #이색체험

섬진강 레일바이크 침곡역-가정역 구간 왕복10.2km
"섬진강을 따라 달리는 레일바이크"

침곡역부터 가정역까지 편도 약 5.1km 운행하는 레일바이크로 약 30분이 소요된다. 여유로운 섬진강의 풍경을 한눈에 담을 수 있다. 인근 기차마을에 들러 다양한 체험도 하고 증기기관차에도 탑승해보자. (p737 E:1)

- 전남 곡성군 오곡면 침곡리 45-1
- 주차 : 곡성군 오곡면 침곡리 75-3
- #코스모스 #레일바이크

옥과한우촌 맛집
"육질이 부드러운 1등급 암소 구이"

@lovely_eunhwa

분만하지 않은 1등급 암소만을 취급하는 정육 식당. 다른 소고기들보다 육질이 부드럽고 탄력 있다. 두툼하게 썰려 나오는 꽃등심과 돌솥 육회비빔밥이 인기 메뉴. 밑반찬으로 나오는 동치미와 김치, 고추장은 직접 담근 것이라고 한다.

- 전남 곡성군 오산면 연화리 6
- #한우 #암소 #1등급 #꽃등심 #육회비빔밥 #밑반찬맛집

라플라타 카페
"섬진강 전망 포토존 한가득"

@ihye_young_92

섬진강을 배경으로 푸릇함을 담을 수 있다. 적벽돌과 벽 등, 아치형 창문까지 예쁜 공간이 많다. 루프탑뿐 아니라 야외 잔디까지 작은 공원에 온 듯한 느낌의 카페. 특색있는 공간으로 구석구석 둘러보는 재미가 있고, 포토존이 많아 사진 찍기 좋다. (p742 B:2)

- 전남 구례군 구례읍 산업로 270
- #구례 #섬진강뷰

천개의 향나무숲 추천
"유럽의 정원에서 즐기는 피크닉"

천 그루의 향나무가 숲을 이루는 곳. 젊은 부부가 운영 중인 민간 정원이다. 웅장한 향나무들이 좌우에 줄지어 서있는 향나무숲길 포토존은 꼭 이용해 보시길. 숲길을 지나면 초록의 잔디밭을 즐길 수 있는 잔디밭 공원이 나오는데, 이곳에서 즐길 수 있는 피크닉 소품은 대여가 가능하다. 유럽의 정원에 온듯한 사진을 연출해 보자.(p742 A:2)

- 전남 구례군 광의면 천변길 12
- #향나무 #민간정원 #포토존 #잔디밭공원 #피크닉 #유럽정원

섬진강 대나무 숲길
"올곧은 대숲으로 가자"

@rozzberri

서늘한 대나무 숲 산책을 즐길 수 있는 여름철 대표 여행지. 대나무 숲속은 주변보다 기온이 약 3도 낮으며, 높은 대나무 그늘 덕분에 쾌적한 산책길을 만들어준다. 야간에는 산책로에 알록달록한 조명이 들어와 안전하게 밤 산책을 즐길 수 있다. (p737 E:1)

- 전남 구례군 구례읍 원방리 1
- #대나무숲 #야간개장 #여름여행지

화엄사
"각황전은 우리나라에서 가장 큰 불전 그 크기만큼 웅장하고 엄숙함이 느껴져!"

삼국시대에 창건된 사찰. 각황전은 정면 7칸 측면 5칸의 팔작지붕 건물로, 우리나라에서 가장 큰 불전이다. 각황전의 석축은 신라 시대에 만들어졌으며 현재 건물은 1702년 조선 숙종대 중건되었다. 저녁 예불 시간에 맞추어 엄청난 울림을 자랑하는 종소리와 북소리를 들어보자.(p742 A:2)

- 전남 구례군 마산면 화엄사로 539
- 주차 : 구례군 마산면 황전리 산20-1
- #신라 #사찰 #종소리

사성암 전망대

"기암절벽 위의 사성암도 멋지지만 전망대에서 바라보는 섬진강, 지리산, 구례평야를 한눈에 볼 수 있어 너무 좋다."

사성암 초입에서 셔틀버스를 타고 이동, 경사가 있어 조심해야 한다. 기암절벽 위에 멋스러운 사성암이 신비롭기까지 하다. 전망대에서 보는 섬진강과 지리산 그리고 평야는 너무 아름답다. 원효대사가 손톱으로 그린 구례 사성암 마애여래입상이 있다.

- 전남 구례군 문척면 죽마리 188
- 주차 : 구례군 문척면 죽마리 산7
- #해안전망 #마애여래입상

지리산 노고단 `추천`

"노고단 운해는 지리산 10경일 정도로 장관을 이룬다."

노고단 정상은 정해진 입산 시간이 있으니 등반 전 반드시 확인해야 한다. 노고단 정상은 넓은 초원이 펼쳐지는 35만 평의 고원지대로, 입구에서 40분이면 등반할 수 있다.(p742 A:2)

- 전남 구례군 산동면 16-1
- #등산 #자연 #절경

수락폭포

"하늘에서 쏟아지는 은빛 폭포수"

30m 높이에서 시원한 폭포수가 흘러내리는데, 매년 여름이 되면 이 계곡물을 맞으러 피서객들이 몰려든다. 판소리 명인 송만갑이 득음한 곳으로도 알려져 있다. (p742 A:2)

- 전남 구례군 산동면 원달리
- #폭포 #가족여행 #여름여행지

구례 반곡마을, 대음교, 상위마을, 현천마을 주변 산수유꽃

"구례 산수유 명소!"

산수유 사랑 공원을 중심으로, 서시천 계곡을 따라 북측 2km까지 반곡마을, 대음교, 상위마을을 걸쳐 지리산 둘레길을 따라 조성된 산수유길. 계곡 길을 따라 올라가면 좌우로 산수유나무가 식재되어 있다. 노란 산수유꽃과 정겨운 마을 풍경이 인상적이다. 매해 봄이 되면 '구례 산수유 꽃축제'가 열린다. 구례군에서 나오는 산수유는 전국 산수유 생산량의 70% 이상이라고 한다. (p742 A:2)

- 전남 구례군 산동면 좌사리 839-1
- 주차 : 구례군 산동면 좌사리 742
- #구례 #산수유

구례 산수유축제

"산수유 보며 산책하는 여행"

영원불멸의 꽃말을 가진 산수유를 감상할 수 있는 봄꽃 축제. 매년 3월경 지리산 둘레길 일대에서 개최된다. 하트 소원지 달기, 사랑의 열쇠 걸기 등의 행사가 진행되어 가족뿐만 아니라 연인끼리 방문하기도 좋다. (p742 A:2)

- 전남 구례군 산동면 좌사리 835-2
- #봄꽃축제 #가족 #연인

지리산 피아골 계곡 단풍

"후회하지 않을 계곡 단풍 여행"

지리산 피아골 계곡은 피아골 단풍 축제가 열릴 정도로 주변이 붉게 단풍이 진다. 특히 지리산 10경 중 하나인 직전마을~피아골 대피소(왕복 3시간 30분 거리) 코스의 단풍이 절정이다.(p742 A:2)

- 전남 구례군 토지면 내동리 산26
- 주차 : 구례군 토지면 내동리 973-1
- #계곡 #단풍축제

토지다슬기식당 맛집
"섬진강 다슬기를 맛보자"

@by_yeonji

섬진강에서 채취한 다슬기를 맛보자. 몸에 좋은 다슬기가 가득 들어간 다슬기 수제비가 인기 메뉴다. 얇게 뜬 수제비와 다슬기의 시원한 국물맛이 잘 어울리는 다슬기 수제비는 2인분부터 주문이 가능하다. 다슬기탕, 다슬기 초무침 등 다슬기 요리를 맛볼 수 있다. 화요일 휴무. (p742 A:2)

- 전남 구례군 토지면 섬진강대로 5048-1
- #구례맛집 #다슬기 #다슬기수제비

지리산수라간 맛집
"신선한 채소와 육회의 조합"

@yangda_gurye

묵사발과 김치전을 포함한 기본 반찬이 맛있다. 각종 채소와 나물들이 가득 들어간 그릇에 다슬기가 듬뿍 들어간 강된장을 비벼먹는 강된장 비빔밥과 육회가 얹어 나오는 육회 비빔밥이 인기다. 메뉴가 많지 않아 세팅 속도가 빠르다. 화엄사 가는 길에 들러 식사하기 좋다. 화요일 휴무. (p742 A:2)

760

- 전남 구례군 토지면 섬진강대로 5048-1
- #구례맛집 #비빔밥 #육회비빔밥

삼대광양불고기집 맛집
"광양에 왔다면 불고기부터"

@kongju.lee

광양의 대표 음식, 불고기! 숯 불판 위로 야들야들하게 양념된 고기를 구워 먹는다. 이곳의 기본 반찬인 매실장아찌는 달콤하면서도 아삭하여 고기와 매우 잘 어울린다. 3대째 운영 중인 이곳의 역사가 맛을 대변한다.(p737 F:1)

- 전남 광양시 광양읍 서천1길 52
- #광양불고기 #3대 #매실장아찌 #광양맛집

광양 홍쌍리 청매실농원 매화
"눈처럼 온산을 뒤덮은 하얀 매화를 보고 싶다면?"

섬진강 너머 백운산 5만 평 자락에 매화나무가 가득한 광양에서도 유명한 곳. 매화꽃은 하얀 꽃에 푸른 기운이 도는 청매화, 붉은빛이 나는 홍매화, 하얀색의 백매화로 나뉘며, 3월 초부터 4월 초까지 핀다. 청매실농원에서는 매실로 만든 다양한 제품도 구매할 수 있다.(p742 B:1)

- 전남 광양시 다압면 도사리 399-9
- 주차 : 광양시 다압면 도사리 490-2
- #매화축제 #매실먹거리

백운산 국사봉 철쭉
"주차장 주차후 10분이면 정상"

광양 국사봉 정상에서 좌우(선유지-헬기장 방향) 양방향 1km 구간에 조성된 철쭉 길. 철쭉 길 주변으로도 30ha 규모의 드넓은 철쭉 군락지가 조성되어있다. 영세공원 주차장에 주차 후 도보로 10분만 이동하면 정상까지 오를 수 있다. 등산 시 수평마을 수평재 하차 후 대치재를 따라 정상까지 오르는 코스를 추천한다. (p737 F:1)

- 전남 광양시 옥곡면 대죽리 산140-1
- 주차 : 광양시 광양읍 죽림리 산1-2
- #영세공원 #철쭉

옥룡사 동백나무 숲
"천년에 걸쳐 생명을 이어온 동백"

옥룡사지 주변에는 통일신라 시대 도선국사가 땅의 기운을 보강하기 위해 심었다는 동백나무 7천여 본이 7ha에 걸쳐 동백숲을 이룬다. 동백나무는 정원용으로 재배되는 품종으로 기후가 따뜻한 곳에서 잘 자라며,

동백꽃은 붉은색 꽃잎에 노란색 수술을 갖는다.(p737 F:1)

- 전남 광양시 옥룡면 추산리 423-1
- #사찰 #동백나무

동화루 맛집
"인생 탕수육을 맛볼 수 있는 곳"

@the__shim__

옥곡 5일장쪽에 위치한 줄서서 먹는 중국집으로 탕수육과 짬뽕이 유명하다. 양념이 뿌려져 나오는 찹쌀탕수육은 바로 튀겨 바삭바삭하고, 잡내가 없고 부드럽다. 꽃게, 홍합, 오징어, 새우 등 해산물이 가득 들어간 짬뽕도 별미다. 방문전 전화로 영업여부 확인할 것. 브레이크 타임 14:30~17:00, 일요일 휴무

- 전남 광양시 옥곡면 옥진로 688
- #광양맛집 #탕수육 #짬뽕

거북이초밥 맛집
"가성비와 초밥 구성이 좋은 초밥집"

@eat._jjae

신선하고 두툼한 회가 올라간 초밥을 맛볼 수 있다. 상큼한 사과소스가 올라간 연어 초밥과 모둠초밥이 인기 메뉴다. 초밥의 구성이 다양하고 스프와 우동이 기본으로 제공된다. 서비

낙안읍성 추천
"400년 전 조선의 일상을 눈앞에서"

@mjbbang_90

조선시대 읍성과 민가를 그대로 보존해놓은 민속마을로 몇몇 집은 대를 이어 주민들이 살고 있다. 전통 의상 입어보기, 전통 악기 연주, 혼례 체험, 두부 만들기 등 다양한 체험거리도 즐길 수 있다. 주말에는 전통 악기 연주회가 열려 볼거리 즐길 거리가 더욱 풍성해진다. 민속마을 안에 있는 황토 초가집에서 숙박도 즐길 수 있다. (p737 E:1)

- 전남 순천시 낙안면 충민길 30
- #전통체험 #국악체험 #숙박

스로 제공되는 갓 튀긴 바삭한 대게다리튀김이 별미다. 브레이크 타임 14:30~17:00. 일요일 휴무 (p742 C:1)

- 전남 광양시 항만9로 126
- #중마동맛집 #초밥 #가성비

순천만 국가정원 추천
"우리나라의 첫 국가정원"

대한민국 국가 정원 1호로 등록된 곳으로, 유럽, 아시아, 아프리카 등 세계 각국의 정원을 그대로 옮겨놓았다. 규모도 워낙 넓어 하루 안에 모든 정원을 둘러보기가 힘들 정도. 단, 정원 내부를 돌아볼 수 있는 전기차를 운행하고 있기 때문에 노약자도 편안한 정원 산책을

즐길 수 있다. 봄부터 겨울까지 다양한 꽃 축제들이 열려 다양한 볼거리를 제공한다. 순천만 국가 정원과 순천만 습지 통합 입장권을 판매하는데, 두 곳 모두 방문하려면 시간이 꽤 소요되니 하루 일정을 모두 비워두는 것을 추천한다. (p737 F:1)

- 전남 순천시 국가정원1호길 152-55
- #세계정원 #국가정원 #꼬마기차

순천만 갈대군락지 추천
"세계 5대 습지에 속할 만큼 굉장한 곳이야"

@ooo.kay.eee

람사르 습지로 지정된, 우리나라 최대의 갈대 군락지. 바다로 흘러 들어가는 물길 양쪽

으로 70만 평의 갈대숲이 펼쳐져 있다. 갈대는 흙 속으로 공기를 제공해줘 순천만을 맑고 깨끗한 땅으로 유지해주는 천연 정화기 역할을 한다. 이곳에는 국제적인 희귀조류와 천연기념물 140종의 새들이 있다. 순천만은 미국 동부 해안, 아마존 하구, 북해 연안, 캐나다 동부 연안과 함께 세계 5대 습지로 손꼽힌다.(p737 F:1)

- 전남 순천시 대대동 162-2
- 주차 : 순천시 대대동 161-6
- #갈대 #철새도래지 #짱뚱어

벽오동
"고급 한정식으로 착각하게 만드는 백반집"

10가지가 넘는 밑반찬이 나오는 백반집이다. 보리밥과 쌀밥 중 하나를 고르면 된다. 반찬이 다양해 아이와도 함께 하기 좋다. 백반집이 아닌 한정식에 온 듯한 착각을 느끼게 한다. 고기를 제외한 반찬이 무료 리필되고, 가격도 저렴하여 맛있는 밥을 부담없는 가격에 즐길 수 있다. 15:00~17:00까지 브레이크타임이며, 수요일은 휴무다.

- 전남 순천시 상사호길 73
- #순천맛집 #보리밥 #보리밥정식

송광사 가는 벚꽃길
"한국관광공사 선정 '가볼만한 벚꽃길'"
주암호를 끼고 송광사까지 가는 길로 특히, 송광사삼거리부터 송광사까지 이어지는 벚꽃길이 유명하다. 한국관광공사에서 선정한 '가볼 만한 벚꽃길'이기도 하다.(p742 C:3)

- 전남 순천시 송광면 신평리 270-5
- 주차 : 순천시 송광면 신평리 산1-1
- #호수 #사찰 #벚꽃길

순천 드라마촬영장 추천
"시대극의 주인공이 되어보세요"

@byeonbohyeon_

1950~80년대 거리를 그대로 옮겨놓은 듯한 이곳은 '제빵왕 김탁구', '자이언트'의 무대가 된 촬영장이다. 옛날 극장, 옛날 빵집, 주막, 양장점까지 옛 달동네의 향수를 불러일으키는 가게들이 줄지어 있다. 여기에 옛날 교복, 7080 뮤직박스, 달고나, 윷놀이 체험도 즐길 수 있다. 옛날 교복을 빌려 입고 흑백사진, 필름 사진을 찍어도 좋은 추억이 될 듯하다. 09~18시 영업, 17시 입장 마감.(p737 F:1)

- 전남 순천시 비례골길 24
- #드라마촬영지 #7080 #교복대여

선암사
"사찰의 보물이 가장 많이 남아있는 곳"

백제시대에 지어진 천년고찰 선암사는 600년 된 매화나무와 800년 된 야생차밭으로 유명하다. 선암사에서 송광사까지 이어지는 숲길 경치가 특히 유명한데, 그 고즈넉한 아름다움에 취한 정호승 시인이 '선암사'라는 시를 짓기도 했다. 다원 선각당에 방문하면 이곳에서 재배한 야생 녹차를 직접 마실 수 있다. 템플스테이 프로그램도 진행하니 기회가 된다면 참여해 보자. (p737 E:1)

- 전남 순천시 승주읍 선암사길 450
- #매화나무 #다도체험 #템플스테이

선암사 홍매화
"매화 군락지와는 또다른 느낌!"

조계산 기슭 동쪽에 자리 잡은 선암사는 신라 경문왕 도선국사가 창건한 곳으로, 담장 사이로 핀 홍매화, 목련, 동백꽃들의 조화로운 모습을 볼 수 있다. 600여 년 전에 심은 홍매화가 남아있는데, 이 매화나무는 천연기념물 488호로 지정되었다. 선암사에는 매년 봄 홍매화 축제도 열린다. 각황전을 따라 운수암으로 가는 담길이 이곳 매화길의 하이라이트이다. 매화꽃은 3월 초부터 4월 초까지 핀다.(p737 E:1)

- 전남 순천시 승주읍 죽학리 802
- 주차 : 순천시 승주읍 죽학리 산 48-1
- #홍매화 #천연기념물 #매화축제

향매실마을 매화

"5개의 시골 마을을 둘러보는 재미"

순천 향매실마을은 50여 년 전 처음 매화 나무를 심기 시작하여 현재 약, 25만 평의 들판에 매화나무가 가득하다. 매실마을은 상동, 외동, 중촌, 이문, 내동의 5개 마을이 군락을 이루며 모여있다. 매화꽃은 하얀 꽃에 푸른 기운이 도는 청매화, 붉은빛이 나는 홍매화, 하얀색의 백매화로 나뉘며, 3월 초부터 4월 초까지 핀다.(p737 E:1)

- 전남 순천시 월등면 계월리 317-1
- #매화 #매실 #봄꽃여행지

건봉국밥 맛집

"깔끔한 국물 맛이 좋은 순천식 돼지국밥 맛집"

잡내 없이 고소한 돼지 머리고기와 내장이 가득 들어간 순천식 돼지국밥 맛집. 국밥에 들어가는 고기와 순대 양을 조절할 수 있고, 고기 부위도 취향껏 고를 수 있다. 후추의 알싸한 맛이 고기, 국물과 조화를 이룬다. 반찬으로 나오는 전라도식 김치는 리필이 가능하다.

- 전남 순천시 장평로 65
- #국밥 #머리국밥 #순대국밥 #돼지수육 #

머릿고기 #돼지내장 #세트메뉴 #반찬무한리필

순천 동천 유채꽃

"순천만 국가정원 가는 길"

순천 동천 양옆의 둑길을 따라 조성된 유채꽃 길. 산책로와 자전거 도로, 벤치 등 편의 시설이 잘 구비되어있다. 길 한가운데 위치한 돌다리를 통해 옆쪽 유채꽃 길로 이동할 수 있고, 길을 따라서 남쪽으로 죽 내려가면 순천만 정원까지 이동할 수 있다. 시민들과 여행객들을 위해 무료로 개방한다.

- 전남 순천시 조곡동 753
- 주차 : 전라남도 순천시 조곡동 200-20
- #유채꽃 #자전거

화월당 맛집

"백설기 느낌의 찐팥앙금을 넣은 카스테라와 촉촉 말랑한 찹쌀떡"

화월당은 1928년 일제강점기에 개장한 역사적인 빵집이다. 카스테라에 팥고물을 가득 넣은 볼카스테라와 찹쌀떡 두 가지 메뉴만 판매한다.

- 전남 순천시 중앙로 90-1
- #화월당 #볼카스테라 #찹쌀떡

대숲골농원 맛집

"대나무숲에서 즐기는 닭구이"

닭숯불구이와 차돌된장찌개가 인기메뉴. 양념되지 않아 타지 않게 구워먹을 수 있다. 식사 후 요청하면 닭죽을 먹을 수 있다. 맛있는 전라도 반찬들이 제공되고, 셀프코너에서 추가로 먹을 수 있다. 공원처럼 조성되어 있어 반려동물, 아이들과 함께하기 좋고, 식사 후 정원을 산책하기도 좋다. 테이블링 예약 가능.

(p742 B:2)

- 전남 순천시 학동길 54 대숲골농원
- #순천맛집 #대숲골 #닭구이

순천만 용산전망대

"순천만의 가장 아름다운 모습을 보게 될거야!"

순천만 갈대군락지 길을 따라 용산전망대에 오르면 순천만의 웅장한 S자 물길을 볼 수 있다. 갈대, 갯벌, 해지는 일몰 그리고 사랑하는 사람과 함께할 수 있는 곳이다.(p737 F:1)

- 전남 순천시 해룡면 농주리 476-2
- 주차 : 전남 순천시 대대동 161-6
- #물길 #일몰 #갈대밭

와온해변

"일몰 명소, 솔섬 뒤로 지는 태양"

해넘이 명소. 갯벌 위로 바다와 철새, 그리고 다양한 생물들을 보고 느낄 수 있도록 해상데크길이 설치되어 있다. 이곳의 하이라이트는 일몰. 솔섬 뒤로 타는 듯 지는 해가 장관을 이룬다. 하늘과 바다 모두를 붉게 물들이는 아

름다운 해넘이를 꼭 경험해 보셨으면 한다. (p737 F:1)

- 전라남도 순천시 해룡면 상내리
- #일몰 #해넘이 #낙조 #해상데크길 #솔섬

앵무 카페 카페

"붉은 담 루프탑 카페"

@aluv_eyelove

루프탑 붉은 담에 카페 로고가 그려져 있다. 이곳이 메인 포토존. 담 앞에 서서 귀여운 표정을 지으며 인증샷을 찍어 보자. 카페 입구 왼쪽 벽에는 예쁘게 앵무 글씨가 적혀 있다. 이곳도 인기 포토존이다. 통창으로 넓게 펼쳐진 잔디밭을 볼 수 있고, 루프탑은 캠핑 의자로 꾸며놓아 캠핑하러 온 느낌이다. 넓게 펼쳐진 논이 평화롭다.

- 전남 순천시 해룡면 해룡로 802
- #순천 #정원카페 #붉은담

낭만카페 카페

"노을이 멋진 뷰맛집"

@cafenangman

1004벽화마을 언덕에 위치한 바다 전망의 루프탑 카페. 노을을 분위기 있게 바라보며

인생샷 찍을 수 있는 곳

- 전남 여수시 고소동 291-1
- #오션뷰 #야수야경 #루프탑카페 #뷰맛집

무슬목해변

"새해 소원은 무슬목해변에서"

700m에 달하는 긴 해변. 보고만 있어도 기분이 좋아지는 몽돌 해수욕장이다. 여수에서 가장 손꼽히는 일출 해변이기도 하다. 임진왜란의 격전지이기도 했던 무슬목인지라 이순신 장군 조형물도 구경할 수 있다.(p743 E:1)

- 전남 여수시 돌산읍 돌산로 2876
- 주차 : 전남 여수시 돌산읍 평사리 1258, 해양수산과학관주차장
- #몽돌해수욕장 #일출명소 #임진왜란 #이순신장군 #무슬목조각공원

모이핀 카페

"바다 전망의 여수 핫플레이스"

MOIFIN   @cafe_moifin

인스타 성지로 떠오른 여수핫플레이스. 바다와 하늘이 만나는 수평선을 한눈에 볼 수 있는 전망 좋은 대형카페로 남녀노소 취향

저격하는 인테리어와 넓은 주차공간이 여유로움 (p743 E:1)

- 전남 여수시 돌산읍 평사리 1273-5
- #예쁜카페 #인생샷 #대형카페 #뷰깡패 #여수핫플

여수 해상케이블카 추천

"바다위를 야간에 통과하는 이색 케이블카"

아시아에서 4번째, 국내에서는 최초로 바다 위를 통과하는 케이블카. 바닥이 투명한 크리스탈 캐빈 10대, 일반 캐빈 30대를 운영한다. 편도 약 13분, 왕복 약 25분이 소요된다. 돌산공원 내 놀아 정류장에서 무료 주차를 할 수 있다. 예매 불가능하며 당일 현장 발권만 가능하다.(p743 D:1)

- 전남 여수시 돌산읍 우두리 794-89
- 주차 : 여수시 돌산읍 우두리 801-6
- #바다풍경 #투명바닥 #케이블카

돌산공원

"여수 밤바다~!!! 한국 유일의 야간 해상 케이블카, 가봐야겠지?"

여수 밤바다를 가장 아름답게 볼 수 있는 곳으로, 야간에도 탈 수 있는 해상 케이블카를 운영하고 있다.(p737 F:2)

- 전남 여수시 돌산읍 우두리 산1
- 주차 : 여수시 돌산읍 우두리 산368-24
- #케이블카 #전망대 #여수밤바다

싱싱게장마을 맛집

"맛있는 게장을 무한리필로 즐겨보자"

여수여행에서 반드시 먹어봐야 하는 것이 게장, 맛있는 게장을 12,000원에 무한리필로 즐겨보자. 게장백반으로 생선구이, 된장찌개, 새우장, 젓갈류까지 다양한 반찬이 제공된다. 게장, 밥, 반찬 모두 무한리필이다. 혼밥도 가능하다. 오후 3시까지만 운영하니 오전에 방문하는 것이 좋다. 3째 수요일 휴무. (p743 D:1)

- 전남 여수시 문수6길 40
- #무한리필 #게장백반 #여수맛집

아이뮤지엄

"오감으로 즐기는 빛의 예술"

빛이 만들어내는 환상의 세계. 플라워가든, 포레타시아, 아이스페이스 등 꽃과 숲, 우주라는 테마로 미디어 아트가 펼쳐진다. 볼풀장, 미술테이블 등의 아이 친화적인 공간도 많으니 가족 여행객들에게도 인기가 높다.(p743 D:1)

- 전남 여수시 박람회길 1 국제관 D동 3층 아이뮤지엄
- 주차 : 전남 여수시 박람회길 1 국제관 B동
- #미디어아트 #인터랙티브 #입체 #환상 #실내여행지

아르떼뮤지엄 여수

"여수의 바다와 자연을 미디어로 만나다"

오션이라는 테마로 여수의 바다생태탐험 및 자연경관을 미디어아트를 통해 접할 수 있다. 온몸을 휘감는 압도적인 미디어아트는 오감을 깨우고, 12개의 다양한 테마가 지루할 틈 없게 한다. 특히 진짜 파도가 밀려오는듯한 파도방이 이곳의 하이라이트! 연인과 오기에도, 가족이 함께 오기에도 훌륭한 여행지다. (p743 D:1)

- 전남 여수시 박람회길 1 국제관 A동 3층
- #미디어아트#여수의자연#바다생태탐험

꽃돌게장1번가 맛집

"무한리필 간장게장의 매력"

여수 하면 게장이 아니던가. 식사를 시키면 간장게장, 양념게장 등은 계속해서 리필하여 먹을 수 있다. 꽃게, 돌게 게장 모두 맛볼 수 있으며 셀프바에서 이용 가능한 기본 반찬들은 모두 수준급이라 입이 쉴 새가 없다. 밥도둑 게장의 위엄을 제대로 느껴보자. (p743 D:1)

- 전남 여수시 봉산2로 36
- #꽃게정식 #꽃게탕 #일회용칫솔구비 #무한돌게장

유월드 루지 테마파크

"초대형 트랙을 타고 내려오는 루지"

아이부터 어른까지 스릴 넘치는 하루를 보낼 수 있는 곳. 곤돌라를 타고 올라가 지상 7m 높이의 트랙에서 스피드를 즐길 수 있다. 규모가 크고 속도 조절이 비교적 쉬워 아이도 안전하게 즐길 수 있다. 다이노밸리, 쥐라기 어드벤처도 함께 운영 중이니 가족 단위의 여행객이 즐기기에 편하다.(p737 F:2)

- 전남 여수시 소라면 안심산길 155

■ 주차 : 전남 여수시 소라면 안심산길 155
■ #루지 #스피드 #스릴 #가족여행

낭만도시 `카페`
"전면 통창, 오션뷰 카페"

@minj_0826

거북선대교를 조망할 수 있는 통창 오션뷰 카페. 전면 통창이라 창가 어디에 자리를 잡든 바다 조망이 가능하다. 건물 옥상인 5층엔 루프탑도 운영 중이니, 마음껏 셔터를 누르자.

■ 전남 여수시 여수시민로 6 2층-5층
■ #오션뷰 #거북선대교 #통창 #루프탑 #낭만도시

키스링 `맛집`
"교황빵으로 유명한 여수명물 베이커리"

@so.han.re

키스링은 프란체스코 교황님이 드시면서 유명해진 빵으로 여행자들이 선물용으로 많이 구입한다. 마늘빵과 블루베리 빵만을 한정수량 판매한다.(p737 F:2)

■ 전남 여수시 오동도로 10-1
■ #여수먹거리 #여수맛집 #여수데이트 #여수빵집

여수 낭만포차거리 `추천`
"신선한 해산물과 여수 밤바다를 즐기기 좋은 곳"

낭만포차거리는 여수 거북선 대교 아래에 있는 포차 골목이다. 여수 밤바다를 바라보며 해물과 삼겹살, 채소를 볶아먹는 철판요리 해물 삼합이 인기 있다. 매일 저녁 7시부터 새벽 2시까지 영업한다.(p737 F:2)

■ 전남 여수시 하멜로 102 일대
■ #낭만포차거리 #해물삼합

동서식당 `맛집`
"서대회에 밥을 비벼먹자"

여수 지역에서 초고추장을 서대에 찍어 먹는 음식인 서대회무침. 커다란 밥그릇에 서대회를 넣어 비벼먹으면 된다. 꽃게와 딱새우가 들어간 된장국도 맛집. 허영만의 백반기행에 나왔던 식당으로 유명하다. 터미널 근처에 위치해 뚜벅이 여행자들이 방문하기 좋다. 15:00~17:00까지 브레이크타임이며, 수요일은 휴무다. (p739 E:1)

■ 전남 여수시 장군산길 71
■ #여수맛집 #백반기행 #서대회무침

이순신수제버거 `맛집`
"가성비 좋은 수제버거 맛집"
SNS 유명맛집으로 사람들이 줄서서 먹는 곳. 시그니처메뉴는 이순신버거 홀은 좁으나 이순신버거라운지가 따로 마련되어있어 여유롭게 먹을 수 있다.

■ 전남 여수시 중앙로 73
■ #여수맛집 #수제버거 #가성비갑 #여수관광

초암산 철쭉
"매년 5월 철쭉이 만발하여 축제가 열리는 초암산"
초암산 정상에서 광대코 재까지 이어지는 철쭉 군락지. 이 구간 외에도 봄철에는 초암산 길목 곳곳에 철쭉꽃이 만개해 있다. 수남 주차장에서 하차하고 초암산 정상으로 향한 후 철쭉 봉과 광대코 재를 거쳐 무남이재 방면으로 하차하는 3시간 거리 코스를 추천. 무남이재에서 다시 수남 주차장으로 도로를 따라 이동할 수 있다.

■ 전남 보성군 겸백면 사곡리 산1
■ 주차 : 보성군 겸백면 수남리 959-1
■ #무남이재 #철쭉

해연 `맛집`
"벌교하면 꼬막, 정식으로 만나자"
벌교의 대표적인 식재료인 꼬막, 꼬막정식을 맛볼 수 있는 곳이다. 호박죽, 새우튀김, 연어회 등 반찬이 푸짐하게 나온다. 꼬막이 가득담긴 그릇에 밥을 넣어 비빔밥을 만들어 먹으면 된다. 제철이 아닐때는 꼬막이 아닌 전복이 나오니 확인해 보고 방문하시길. 15:00~17:00 까지 브레이크타임이다. (p737 E:2)

- 전남 보성군 벌교읍 장좌월곡길 166-27
- #벌교맛집 #꼬막정식 #한정식

대원사 가는 벚꽃길
"대한민국 아름다운 길 100선 선정"

대원사삼거리부터 티벳박물관까지 이어진 5km가량의 벚꽃길. 대한민국 아름다운 길 100선에 선정되었으며, 전남을 대표하는 벚꽃 명소로도 유명하다. 2차선 도로의 양쪽 벚나무가 터널을 이룬다.

- 전남 보성군 문덕면 죽산리 산86
- 주차 : 보성군 문덕면 죽산리 800-5
- #사찰 #벚꽃길

남도해양관광열차(S-Train) 보성 (보성-부산)
"바다와 열정의 도시 부산으로"

보성역에서 출발해 부산역으로 향하는 횡단 열차. 거북선을 본뜬 기관차 모양이 재미있다. 가족실과 커플실 외에도 다례를 체험할 수 있는 공간을 운영한다. 부산에 도착하

대한다원 추천
"동일한 모양의 패턴을 가진 녹차밭이 너무 신비로워"

보성은 국내 녹차 80%를 생산하는 국내 최대의 녹차 생산지인데, 동국여지승람과 세종실록지리지에 이곳의 자생하는 차 나무로 녹차를 만들어왔다는 기록이 있다. 보성읍 봉산리에 있는 대한다원은 150만 평의 차 관광농원으로, 대한다원은 보성이 녹차의 고장이라는 홍보를 하는 데 크게 기여하고 있다. 녹차는 미국 시사주간지 타임(TIME)지가 선정한 세계 10대 건강식품이다.(p737 D:2)

- 전남 보성군 보성읍 녹차로 763-65
- 주차 : 보성군 보성읍 봉산리 1287-1
- #녹차밭 #녹차아이스크림 #녹차박물관

면 태종대, 자갈치시장, 깡통시장에 방문해 보자.

- 전남 보성군 보성읍 보성리 891-1
- 주차 : 보성군 보성읍 보성리 93-10
- #거북선기차 #다도체험

한국차박물관
"차는 어떻게 재배되고 어떻게 마셔야 할까?"

전국 최대의 녹차 생산지 보성에 있는 차 박물관. 차의 재배와 생산, 시대별 차 도구, 세계의 차 문화를 전시하고 있으며, 차 제조 공방에서 직접 녹차와 떡차 등을 만들어 볼

수도 있다. 월요일, 1월 1일, 설날과 추석 당일 휴관.

- 전남 보성군 보성읍 봉산리 1197
- 주차 : 보성군 보성읍 봉산리 1259
- #차잎 #도기

춘운서옥 카페
"정원 전망 툇마루 포토존"

@acbbnet

툇마루에 앉아 정원을 담아보자. 방에서 정원

을 향해 사진을 찍으면 운치 있는 사진을 찍을 수 있다. 야외 테이블, 방으로 된 실내, 일반 카페 홀 등 다양한 공간이 있는데 곳곳이 포토 존이다. 오래된 역사처럼 정원에는 큰 나무들이 많고, 대나무가 집 주변을 둘러싸고 있다. 카페 외부에는 동굴이 있는데, 색감이나 질감이 특이해 사진 찍기 좋다.

- 전남 보성군 보성읍 송재로 211-9
- #보성 #한옥카페 #동굴

보성녹차떡갈비 _{맛집}

"녹차를 만난 떡갈비"

@hawaiian_tanning

보성녹차떡갈비 원조집이다. 녹돈으로 만든 돼지떡갈비, 녹차가루를 섞어 만든 한우떡갈비를 먹을 수 있다. 20여가지의 재료를 넣어 만든 떡갈비를 참나무숯으로 구워 향이 좋다. 10여 가지의 밑반찬이 나오고, 셀프 코너가 있어 넉넉하게 먹을 수 있다. 보성에서만 먹을 수 있는 녹차떡갈비, 보성 여행 필수 코스다. 월요일 휴무

- 전남 보성군 보성읍 흥성로 2541-4
- #보성맛집 #녹차떡갈비 #모둠떡갈비

관산식당 _{맛집}

"고추장 양념이 들어간 칡냉면"

@choooohyunwoo

힐링파크 쑥섬쑥섬(애도) _{추천}

"쑥섬으로 트레킹 오세요"

봄에 쑥이 많이 자라나 쑥섬으로도 불리는 이곳의 이름은 애도. 애도에 도착하면 탐방로가 시작되는데, 무려 4백 년간 숨겨져 있던 숲이 최근에야 공개되었다. 원시의 자연이 그대로 유지되어 있어 신비로운 곳이다. 원시 난대림에서 '환희의 언덕'을 만날 수 있는데 사람이 설 만큼의 공간을 제외한 나머지 부분을 넝쿨이 채워주고 있다. 별정원, 태양정원, 달정원을 이르는 우주정원을 모두 거닐어 보자. 경이로운 자연의 신비함을 몸소 체험해 볼 수 있다.(p737 E:2)

- 전남 고흥군 봉래면 애도길 43
- 주차 : 전라남도 고흥군 나로도항길 120-7, 나로도연안여객선터미널
- #애도 #탐방로 #원시난대림 #환희의언덕 #우주정원

칡냉면 전문점으로 물냉면과 비빔냉면만 판매한다. 고명으로 올라가는 시원한 열무김치와 얼음육수 위에 뿌려진 들깨가루가 고소하다. 고추장 양념이 들어가 감칠맛이 좋다. 오픈형 주방으로 깔끔한 주방이 음식맛을 더한다. 정기휴일은 없고, 우천시 전화 후 방문해야 한다. (p737 E:2)

- 전남 고흥군 고흥읍 고흥로 1896
- #고흥맛집 #칡냉면 #냉면

평화국밥 _{맛집}

"현지인 국밥 맛집"

모둠, 순대만, 선지 국밥을 판매한다. 당일 도축한 돼지 내장을 사용한다. 깔끔하고 진한

국물맛의 국밥을 맛볼 수 있다. 현지인도 줄서서 먹을 만큼 유명한 맛집이다. 회전 속도가 빨라 대기 시간이 짧다. 재료소진시 조기 마감하므로 마감시간에 맞추지 말고 서둘러 방문하면 좋다. 월요일 휴무. (p743 E:2)

- 전남 고흥군 과역면 과역로 951
- #고흥맛집 #국밥맛집 #로컬맛집

치유의숲

"편백의 숲에서 힐링"

@jaebok_

팔영산에 있는 우리나라 최대 규모 편백나무

치유숲. 고흥 특산품인 유자, 석류를 이용한 수(물) 치유 실과 편백소금집 등 다양한 힐링 공간이 마련되어 있으며, 요가나 맨발걷기 같은 체험 프로그램도 진행한다. (p737 E:2)

- 전남 고흥군 영남면 천사로 529-191
- #편백나무 #힐링 #치유공간

섬진강 기차마을

"아이들에게 태워주고 싶은 기차체험, 느리게 가서 좋다."

증기기관차 모양의 기차를 타볼 수 있는 테마 마을. 기차마을(구 곡성역)에서 가정역까지는 왕복 1시간 30분이 소요된다. 섬진강 기차마을 공원 안에는 총 2.4km가량의 공원을 한 바퀴 돌 수 있는 미니 열차도 운행한다. 섬진강 기차마을 내 순환형 레일바이크와 침곡역에서 가정역까지 운행되는 섬진강 레일바이크도 함께 즐겨보자.(p737 E:1)

- 전남 곡성군 오곡면 기차마을로 232
- 주차 : 곡성군 오곡면 오지리 719-1
- #꼬마기차 #체험 #꽃길 #가족

청솔가든 맛집

"섬진강뷰 참게 맛집"

@_kitty_hye_jin_

허영만의 만화 식객 맛집으로 유명하다. 된장 베이스에 시래기와 청게가 가득한 시원한 국물맛의 청게탕이 대표 메뉴다. 참게의 살과 알이 가득한 쫀득한 참게 수제비는 1시간 전 예약해야 맛볼 수 있다. 통창을 통해 섬진강뷰를 감상할 수 있다. 브레이크 타임 15:00~16:30 (p742 B:2)

- 전남 곡성군 오곡면 대황강로 1560
- #은어튀김 #참게수제비 #참게탕

천관산 연대봉 억새

"끝없이 펼쳐진 억새군락지에서 다도해를 보다"

해남과 고흥, 완도과 다도해 해상 국립공원이 보이는 억새 군락지. 연대봉에는 130만 제곱미터의 드넓은 억새군락지가 있다. 천관산 주차장에 주차 후 1시간 30분이면 연대봉 억새군락지에 도착한다.(p737 D:2)

- 전남 장흥군 관산읍 옥당리 산 97-4
- 주차 : 장흥군 대덕읍 연지리 801-6
- #억새 #등산

천관산 진달래

"잘알려지지 않은 호남의 5대 명산"

천관산 정상 연대봉 일대에 조성된 진달래 능선. 하산 시 천관산 초입 장천재까지 이어지는 길목에서도 아름다운 진달래를 감상할 수 있다. 천관산 도립공원 주차장에서 영월정 - 장천재 - 금수굴을 지나 연대봉에 올라 다시 하산하는 코스를 추천하며, 이 코스는 왕복 약 8km, 4~5시간이 소요된다. 천관산은 호남의 5대 명산으로 다양한 모양의 기암괴석으로도 유명하다.(p737 D:2)

- 전남 장흥군 관산읍 외동리 산51-4
- 주차 : 장흥군 관산읍 농안리 산72-1
- #진달래 #기암괴석 #등산

하늘빛수목원 튤립

"잘 가꾸어진 수목원과 꽃밭"

장흥 하늘빛수목원 30,000평 대지 위에 심어진 튤립과 야생화 꽃밭. 튤립은 아침 정원에, 야생화는 야생화 정원 일대에서 감상할 수 있다. 아침 정원 시냇물을 따라 피어난 다양한 색의 튤립이 아름답다. 매년 4월에는 튤립 축제도 개최된다. 하늘빛수목원에서 승마 체험, 봄꽃 심기 등의 체험 행사도 즐겨보자.

- 전남 장흥군 용산면 어산리 382-3
- #야생화 #튤립축제

소등섬

"일출 명소, 은하수 명소"

아는 사람들만 알던 일출 명소이자 별여행지. 규모가 크지 않은 무인도이지만, 섬 앞으로 물길이 갈라지는 모세의 기적이 펼쳐지는 곳이다. 바닷물이 빠지고, 섬으로 들어가는 길이 드러날 때 쏟아지는 별들을 만날 수도 있다. 해가 떠오르는 때도, 별이 쏟아지는 때도 너무나 아름다운 곳이다.

- 전남 장흥군 용산면 상발리 산225
- #일출명소 #별여행지 #은하수 #모세의기적 #무인도

문수헌 장흥 본점 맛집
"관자+한우+표고버섯=장흥삼합"

@barkvictoria

키조개 관자, 한우, 표고버섯이 들어간 장흥 삼합전골이 주력 메뉴다. 자극적이지 않은 순한 국물맛이 일품이다. 청태전이란 식전차를 제공한다. 흑임자죽, 버섯전, 토마토 샐러드 등 맛있는 밑반찬이 나온다. 4천원을 추가하면 연잎밥을 먹을 수 있다. 15:00~17:00까지 브레이크타임이며, 월요일은 휴무다. (p741 F:1)

- 전남 장흥군 장흥읍 외평길 152
- #한우삼합 #삼합전골 #안심식당

청화식당 맛집
"밥도둑 묵은지김치찜과 강황밥의 조화"

@manwolhouse

3년 이상된 묵은지로 만든 묵은지찜(고등어/돼지고기)이 주력 메뉴다. 정갈한 상차림이 한정식집 분위기를 느끼게 한다. 건강에 좋은 황금강황쌀밥을 제공한다. 국물이 자작한 편으로 찜을 다 먹은 후 라면사리를 추가해 먹을 수 있다. 15:00~17:00까지 브레이크타임이며, 첫째 일요일과 셋째 월요일은 휴무다.

(p741 F:1)

- 전남 장흥군 장흥읍 중앙로 97 청화식당
- #강황밥 #묵은지김치찜 #밥도둑

선학동 유채마을 유채꽃
"임권택 감독의 100번째 작품을 촬영한 곳"

선학동 유채마을 주택가 뒤편에 산책로를 따라 조성된 유채꽃밭. 드넓은 유채꽃밭과 고즈넉한 마을 분위기가 정겨워 다시 찾고 싶은 곳으로, 사진작가들의 촬영 명소로도 손꼽힌다. 선학동은 이청준의 "선학동 나그네"의 배경이 된 곳이자, 선학동 나그네를 영화화한 임권택 감독의 100번째 작품 '천년학'의 무대가 된 곳이다. 마을 초입에서 천년학 촬영지를 구경할 수 있다.(p736 C:2)

강진만 생태호수공원
"갈대가 파도처럼 일렁이는 곳"

가을이면 호수 주변으로 드넓은 갈대밭이 펼쳐지고, 고니를 비롯한 희귀한 철새들이 찾아온다. 갈대밭 한가운데 나무데크길이 이어져 산책을 즐기기도 좋다. 특히 일몰 때 갈대밭 너머로 해가 지는 모습이 장관이다. 강진만에서 요트와 낚시, 짚트랙 등 다양한 레저 활동도 즐길 수 있으니 관심이 있다면 여행사나 인터넷 사이트에 문의해 보자. (p736 C:2)

- 전남 장흥군 회진면 회진리 200
- 주차 : 장흥군 회진면 회진리 176-1
- #유채꽃 #임권택 #천년학

다강한정식 맛집
"남도의 손맛이 느껴지는 한정식"

한정식 코스 요리를 판매하는 집으로 2인부터 주문이 가능하다. 게장, 간재미 무침, 회, 홍어삼합 등 남도 한정식답게 반찬의 가짓수가 많다. 장소가 넓어 가족모임이나 단체모임 장소로도 좋다. 전화예약 가능. 브레이크타임 15~18, 월요일 휴무 (p741 E:1)

- 전남 강진군 강진읍 중앙로 193
- #남도음식 #한정식 #한식명인

- 전남 강진군 강진읍 생태공원길 47
- #갈대밭 #철새전망대 #짚트랙

남미륵사

"천만 그루의 철쭉과 서부해당화가 만들어낸 꽃대궐"

@seonlovely

아시아에서 가장 큰 아미타 부처님이 모셔진 사찰이다. 그러나 이곳을 유명하게 만든 것은 사찰 주변으로 피어난 아름다운 꽃과 나무들이다. 봄이면 서부해당화와 철쭉이 흐드러지는데, 꽃대궐이라 불러야 할 것 같은 느낌이다. 가히 봄 여행지 최적의 코스라 불러도 손색이 없는 곳. SNS의 포토존은, 연꽃방죽으로 가는 길에 있다. 붉은 꽃 터널을 걷다 보면 정신이 아득해진다.(p737 D:2)

- 전남 강진군 군동면 풍동1길 24-13
- 주차 : 전남 강진군 군동면 풍동리 618, 남미륵사주차장
- #아미타 #서부해당화 #철쭉 #꽃대궐 #봄여행지 #꽃터널

강진 청자축제

"청자를 저렴하게 구입할 수 있는 곳"

한국 예술품의 자랑 고려청자의 생산지 강진에서 개최되는 청자 축제. 중고등학교 교과서에 소개될 정도로 유명한 지역 축제로, 문화체육부에서 최우수 축제로 선정되기

도 했다. 점토 밟기, 점토 빚기, 점토 팩, 물레 조각 등 청자와 관련된 체험행사 개최된다.(p736 C:2)

- 전남 강진군 대구면 사당리 127
- #고려청자 #체험

고려청자박물관

"고려청자는 우리의 자부심"

고려청자 유물이 많이 발굴되어 국가 사적 제68호로 지정된 강진의 청자 요지에 위치한 고려청자 박물관. 고려청자는 중국에 이어 세계 두 번째로 만들어진 자기이다. 고려청자의 생산, 소비, 유통을 한눈에 파악할 수 있다. 매주 월요일 유무.(p736 C:2)

- 전남 강진군 대구면 사당리 127
- 주차 : 강진군 대구면 사당리 34
- #고려청자 #강진청자

가우도 출렁다리, 모노레일

"가우도를 즐기는 짜릿한 방법"

소 머리를 닮은 섬 가우도는 육지에서 출렁다

리를 건너거나 모노레일, 짚트랙을 이용해 이동할 수 있다. 대구면에서 출발하는 저두 출렁다리와 도암면에서 출발하는 망호 출렁다리가 있는데, 각 438m, 716m에 이르는 긴 출렁다리 위에 서면 다리 위로 너른 산과 바다 풍경이 360도로 펼쳐져 무서움도 잊게 만든다. 출렁다리를 걷기 힘든 사람들을 위해 모노레일도 설치되어 있으니 원하는 방법으로 이동하면 된다. (p736 C:2)

- 전남 강진군 도암면 가우도길 2
- #출렁다리 #모노레일 #짚트랙

백련사 동백꽃 추천

"다산초당에 들러 백련사로의 산책"

백련사 동백나무 숲은 다산초당이 있는 만덕산 자락에 있으며 1.3ha에 1500그루의 동백나무가 있는 천연기념물 제151호로 지정되어 있다. 동백나무숲을 지나 다산초당으로 가는 오솔길은 정약용이 백련사를 왕래할 때 이용하던 길로, 다산초당에서 백련사까지 도보 20여 분 정도가 걸린다. 동백나무는 정원용으로 재배되는 품종으로 기후가 따뜻한 곳에서 잘 자라며, 동백꽃은 붉은색 꽃잎에 노란색 수술을 갖는다.(p677 F:1)

- 전남 강진군 도암면 만덕리 246
- 주차 : 강진군 도암면 만덕리 산55-4
- #동백꽃 #산책

다산초당 `추천`

"당대 최고의 학자가 10년간 유배되었던 곳, 가는 길도 아름다워 더욱 슬퍼"

정약용의 유배지로 현판은 추사 김정희의 글씨로 쓰여있다. 다산 초당에 이르는 길은 강진에서 '걷고 싶은 길'에 속한다. 다산 정약용은 10년을 이곳에서 보냈다.(p736 C:2)

- 전남 강진군 도암면 만덕리 339-1
- 주차 : 강진군 도암면 만덕리 333-1
- #다산 #정약용 #유배지

다산박물관

"수많은 기록을 남기신 다산 정약용 배우기!"

다산 정약용 선생의 유배지 강진에 있는 다산기념관. 정약용 선생의 18년간의 유배 생활과 정신을 엿볼 수 있다. 다산 정약용의 생애, 업적, 유물, 애니메이션 등을 만나볼 수 있으며, 별도 예약하지 않아도 50분간 진행되는 해설을 들을 수 있다. 무료입장, 매주 월요일 휴무.(p741 E:2)

- 전남 강진군 도암면 만덕리 415
- 주차 : 강진군 도암면 만덕리 401-1
- #정약용 #유배지 #업적

벙커 카페 `카페`

"바다전망 그네와 해먹"

해 질 무렵 바다를 바라보며 그네를 타는 뒷모습을 찍으면 감성적인 인생샷을 찍을 수 있다. 노을이 예쁜 곳에서 그네는 물론 카페 내부에서도 노을을 담을 수 있다. 테라스의 해먹에 누워 바닷바람을 쐬며 힐링하기 좋다. 야외뿐만 아니라 실내에도 야자수 인테리어로 제주 감성을 느끼기 충분하다. 주차장이 없어 갓길에 주차해야 한다. (p741 F:2)

- 전남 강진군 마량면 까막섬로 73
- #강진 #오션뷰 #일몰맛집

백운동 별서정원

"정약용도 잊지 못한 풍경"

조선시대 선비 이담로가 지은 정원으로, 때 묻지 않은 계곡과 월출산 풍경을 오롯이 즐길 수 있다. 다산 정약용 선생도 그 경치에 반해 이 공간을 찬미하는 시를 남겼다. (p736 C:2)

- 전남 강진군 성전면 월하안운길 100-63
- #월출산 #전망대 #정약용

용정마을 연꽃

"연못에서 용이 나와 용정"

용정마을 입구에서 동남 방향 자동차 3분 거리, 방죽 용동제에 위치한 40,000㎡에 이르는 드넓은 연꽃단지. 내비게이션에 '용동제' 검색 후 이동할 수 있다. 드넓은 용동제를 가득 메운 백련, 홍련과 백일홍이 아름답다. 용정마을은 마을 연못에서 용이 나왔다고 하여 용정마을로 불린다.

- 전남 강진군 작천면 삼열리 287-3
- 주차 : 강진군 작천면 삼열리 112-11
- #백련 #홍련

달스윗 장보고빵 `맛집`

"전복 하나가 통째로 들어간 완도 명물 빵"

큼직한 전복 한 마리가 통째로 들어간 장보고 빵. 빵 반죽에도 완도 특산물인 미역귀와 비파가 들어가 있다. 지역 빵집 달스윗에서 판매한다. (p736 C:3)

- 전남 완도군 완도읍 군내길 3
- #장보고빵 #전복빵 #달스윗

빙그레식당 `맛집`
"완도에서 맛보는 자연산 생선구이"

생선구이 정식이 인기 메뉴다. 생선구이는 적당한 짠맛의 반건조 생선을 구워준다. 쫄깃한 식감이 좋고, 직접 손질을 해주셔서 편히 먹을 수 있다. 10가지가 넘는 기본 반찬이 나온다. 톳이 들어간 진한 된장국이 일품이다. 브레이크타임 14:30~17:00. 2,4번째 월요일 휴무 (p736 C:3)

- 전남 완도군 완도읍 청해진로 1565-4
- #해산물정식 #완도맛집 #생선구이

청산도 유채꽃
"인공의 소음이 없는 천연소리만 가득"

청산도 슬로길 1코스 구간에 위치한 유채꽃밭. 임권택 감독의 영화 서편제에서 주인공들이 아리랑을 부르며 돌담길을 걷는 장면은 바로 이 유채꽃밭에서 촬영되었다. 드라마 봄의 왈츠, 여인의 향기, 피노키오 등의 촬영장소로도 유명하다. 슬로길 1코스는 도보 90분 정

청산도 `추천`
"CNN이 선정한 가봐야 할 곳 영화 '서편제'의 슬로길이 있는 아름다운 섬"

영화 '서편제', 드라마 '봄의 왈츠', 드라마 '여인의 향기' 등의 촬영지로 유명한 곳. 슬로길이라는 이름이 붙은 '청산도 슬로길'이 있다. CNN이 선정한 가봐야 할 곳으로도 선정되었다. 해신 드라마 세트장, 보길도 윤선도 원림, 신지명사십리 해수욕장, 완도타워, 청해진유적지 등이 있다.(p736 C:3)

- 전남 완도군 청산면 부흥리 861
- 주차 : 완도군 완도읍 군내리 1255
- #관광섬 #둘레길 #포토존

도의 거리로 시멘트 길을 따라 걷는 비교적 편한 코스이다. (p736 C:3)

- 전남 완도군 청산면 당락리 611
- 주차 : 완도군 청산면 당락리 638-1
- #유채꽃 #서편제 #슬로길

문가든 `카페`
"저수지와 하얀 보트 풍경"

@ajin_ann

저수지 근처 화이트 보트 포토존이 있다. 포토존 안내문을 참고하여 포즈를 취해보자. 수량이 풍부할 때 멋진 사진을 찍을 수 있다. 저수지 쪽 테이블도 인생샷을 찍기 좋다. 숲속 느낌이 가득한 1층, 저수지와 산을 바라볼 수 있는 2층, 야외 민간 정원을 산책할 수 있는

카페다. 정원의 캐빈, 온실 등에서 사진을 즐기며 여유롭게 산책하기 좋다. (p736 C:2)

- 전남 해남군 계곡면 오류골길 64
- #해남 #호수뷰 #화이트보트

신창손순대국밥 `맛집`
"유시민 작가의 인생 순댓국집"

사골 육수에 순대와 돼지머리 고기, 콩나물, 대파를 넣고 끓인 순댓국밥집. 사골 육수가 들어가 마치 소고깃국을 먹는 듯하다. 순댓국에는 다진양념을 넣어 간을 맞추고, 순대는 초장을 찍어 먹는 것이 현지 스타일이다. (p736 B:2)

- 전남 해남군 관광레저로 1673
- #순대국밥 #사골육수 #양념장

명량해상케이블카 `추천`

"명량대첩 해협을 지나는 케이블카"

명량대첩을 성공으로 이끌었던 울돌목 위를 지나는 케이블카이다. 이순신 장군의 숨결이 느껴지는, 역사적인 곳을 지나는 감동이 있다. 이곳에서 일몰을 보는 것도, 진도대교에 불이 켜지는 장면을 보는 것도 추천한다.(p740 C:1)

- 전남 해남군 문내면 관광레저로 12-20
- #명량대첩 #울돌목 #이순신장군 #일몰 #진도대교

트윈브릿지 `카페`

"진도대교 앞에서 즐기는 커피 한 잔"

@n_star00

진도대교, 울들목이 한눈에 보이는 통창 카페. 해남의 바다, 일몰, 야경을 로맨틱하게 즐길 수 있다. 우드톤의 세련된 인테리어와 바다를 보다 가까이에서 즐길 수 있는 테라스까지. 없는 것이 없는 카페. 밤에 가면 더없이 예쁜 해남 제1의 카페이다.(p736 B:2)

- 전남 해남군 문내면 관광레저로 5
- #진도대교 #울들목 #통창 #오션뷰 #해남 카페 #야경

진도대교(울돌목)

"이곳 명량에서 왜선의 침몰 장면이 머리속에 자꾸 그려져"

1579년, 12척의 배로 적선 133척을 맞아 31척을 격파한 명량대첩이 있었던 역사적인 장소. 울돌목의 폭은 294m로, 해협치고는 매우 협소하다. 하루 네 차례 들고 나는 빠른 물살이 좁은 해협과 깊은 해구의 절벽에 부딪혀 물이 용솟음치고 회오리친다. 회오리치는 소리가 20리(7.8km) 밖까지 들려 바다가 운다고 명량이라 한다. 명량해전이 일어났던 1579년 9월 16일 15시 30

분경 8.4노트의 최강류가 흘렀다. 회오리치는 물살을 가만히 바라보면 명량해전의 뱃소리가 들리는 듯하다.(p740 C:2)

- 전남 해남군 문내면 학동리 1467-9
- 주차 : 해남군 문내면 학동리 1021
- #명량대첩 #명량해전 #역사여행지

진도 우수영관광지

"이순신에 대한 존경심 만으로 찾는 곳"

명량대첩의 울돌목이 있는 지역으로, 명량대첩의 승전을 기념하는 관광지. 이곳에는 충무공의 어록비와 사당 그리고 많은 유품과 모형 등의 시설물이 자리 잡고 있다. 매년 10월에는 명량대첩제가 열린다.(p736 B:2)

- 전남 해남군 문내면 학동리 산36
- 주차 : 해남군 문내면 학동리 1021
- #이순신 #역사여행지

해남 보해매실농원 매화

"너는 내운명 영화 매화 스틸컷 처럼 똑같이 찍어보자"

전남 해남군 국내 최대 규모인 14만 평 14,500주의 매화나무 농원. 너는 내운명(영화), 연애소설(영화)등이 촬영된 곳으로

도 유명하다. 보통 3월 초부터 말까지 개화 시기에 맞춰 무료개방되지만, 홈페이지에서의 확인 필수다. 매화꽃은 하얀 꽃에 푸른 기운이 도는 청매화, 붉은빛이 나는 홍매화, 하얀색의 백매화로 나뉘며, 3월 초부터 4월 초까지 핀다.(p736 B:2)

- 전남 해남군 산이면 예덕길 125-89
- 주차 : 해남군 산이면 예정리 56-10
- #매실농원 #매화

두륜산 케이블카 추천
"올라가보면 엄청 깜짝 놀랄 경관이!"

두륜산 도립공원과 두륜산 고계봉을 잇는 케이블카. 전국 2번째로 긴 규모인 1.6km의 장거리 코스를 운영한다. 하차 후 산책로를 따라 고계봉에 오르면 강진, 완도, 무등산까지 다양한 산세를 즐길 수 있다. 정상에서 바라보는 다도해의 작은 섬들도 절경. 날씨가 맑은 날에는 제주 한라산까지 볼 수 있다고 한다. 단풍철에는 다소 대기가 있을 수 있다.(p741 E:2)

- 전남 해남군 삼산면 구림리 138-6
- 주차 : 해남군 삼산면 구림리 138-14
- #케이블카 #단풍

대흥사
"우거진 숲길을 걷다 그림처럼 나오는 천년 사찰"

신라 진흥왕 5년, 544년 두륜산에 창건된 불교 유적. 특히 임진왜란의 승병장이었던 서산대사가 계셨던 곳으로 유명하다. 대흥사를 둘러싼 산의 모습이 부처님이 누워 있는 형상을 하고 있다. 대웅보전의 현판은 원래 추사 김정희의 글씨로 바꾸었으나, 겸손하겠다는 의미로 추사가 귀향을 마치고 돌아가면서 다시 떼었다.(p736 B:2)

- 전남 해남군 삼산면 대흥사길 400
- 주차 : 해남군 삼산면 구림리 794
- #천년고찰 #서산대사

두륜산 대흥사 단풍길
"짧은 산책부터 산행까지 단풍 여행!"

우거진 숲길을 걷다 그림처럼 나오는 천년 사찰 대흥사와 두륜봉까지 이어진 단풍길. 대흥사 주차장에 주차 후 대흥사까지 1km, 편도 15분 거리를 이동하고, 대흥사부터 두륜봉까지는 1시간 가량의 산행이 이어진다.(p736 B:2)

- 전남 해남군 삼산면 구림리 798
- 주차 : 해남군 삼산면 구림리 산24-9
- #대흥사 #두륜봉 #단풍

해남 두륜산 전망대
"표현할 방법이 없을 정도로 감탄사가 나오는 전망"

해남에 있는 해발 703m의 산. 두륜이란 말은 산 모양이 사방으로 둥글게 둘러 있다는 의미. 케이블카는 정상 하부까지 연결되어 쉽게 오를 수 있다. 정상에서는 해남 땅끝마을 전망대, 완도, 강진만, 진도 등이 보인다. 다도해의 푸른 바다와 산 그리고 섬들이 병풍처럼 펼쳐져 있다. 차량이 동시 두륜산 주차장 하차 후 동쪽 케이블카 방향으로 이동한다.(p736 B:2)

- 전남 해남군 삼산면 평활리 산177-18
- 주차 : 해남군 삼산면 구림리 146-14
- #케이블카 #땅끝마을 #바다전망

본동기사식당 맛집
"가성비 끝판왕 갈치백반"

국물이 자작한 갈치조림이 나오는 갈치백반이 인기메뉴다. 갈치 토막이 많지는 않지만 사이즈가 제법 크고 실한 갈치가 들어있다. 기사식당답게 음식이 빠르게 나온다. 전복장, 양념게장, 제육볶음 등 밑반찬이 푸짐하다. 갈치백반만 2인 이상 주문 가능하다. 혼밥하기 좋은 식당. 연중무휴 (p741 D:3)

- 전남 해남군 송지면 땅끝해안로 1796
- #안심식당 #갈치백반 #땅끝마을맛집

땅끝마을 전망대

"전망도 좋지만, 나는 땅끝마을을 가봤다는 경험 생겨"

한반도 최남단, 북위 34도 17분 21초에 있는 갈두산 사자봉이 해남 땅끝마을이다. 해남 땅끝마을 전망대에서는 해남 앞바다를 볼 수 있다.(p736 B:3)

- 전남 해남군 송지면 송호리 1158-5
- 주차 : 해남군 송지면 송호리 산47-8
- #최남단 #남해바다 #갯벌

해남 땅끝 모노레일 (추천)

"모노레일 타고 올라가는 전망대!"

땅끝마을 산책로에서 전망대까지 이동하는 모노레일. 전망대로 이동하면 땅끝마을과 서해 풍경을 한눈에 담을 수 있다. 인근 해양자연사박물관, 조각공원에도 방문해보자.

- 전남 해남군 송지면 송호리 산45
- 주차 : 해남군 송지면 송호리 1169-2
- #모노레일 #전망대 #땅끝마을

주작산 진달래꽃

"30분이면 등산이라 할 수는 없지!"

주작산 자연휴양림과 오소재를 잇는 암릉(바위지대)에 위치한 진달래꽃길. 주작산의 기암괴석과 어우러진 진달래가 절경을 이룬다. 주작산 자연휴양림에서 비포장길을 따라 1km 정도 직진하면 정상 부근까지 더 쉽게 이동할 수 있는데, 이 경우 하차 후 30분 정도만 등산하면 된다. 단, 암릉은 등산하기에는 위험한 코스이므로 등반 시 주의. 암릉에서 감상하는 일출과 일몰도 매우 아름답다.

- 전남 해남군 옥천면 용동리 산176
- 주차 : 강진군 신전면 수양리 산65-5
- #등산 #진달래 #일출

천일식당 (맛집)

"대통령 맛집에서 한정식 한상"

100년의 역사를 자랑하는 오래된 맛집. 3대째 운영하고 있다. 전 대통령들도 자주 찾던 대통령 맛집. 숯불향과 육즙이 가득한 떡갈비 정식이 인기메뉴다. 상다리가 부러지게 차려진 한상을 직접 들고 온다. 아이를 위한 반찬도 많이 나온다. 전화 및 홈페이지를 통한 예약 가능. 2,4주 월요일 휴무 (p736 B:2)

- 전남 해남군 해남읍 읍내길 20-8 천일식당
- #떡갈비 #아이와함께 #현지인맛집

포레스트수목원

"가시는 걸음마다 작품같은 포토존"

@ssooooo_yul

포레스트는 별(STar), 기암괴석(STone), 이야깃거리(STory), 배울 거리(STudy), 이렇게 4개의 ST가 있는 테마 수목원이다. 달 모양 조형물 앞에 인생 사진을 남길 수 있는 메인 포토존이다. (p741 D:2)

- 전남 해남군 현산면 봉동길 232-118
- #기암괴석 #별체험 #포토존

해남공룡박물관

"공룡 화석, 발자국을 실제로 볼 수 있어!"

세계 최초로 익룡, 공룡, 새 발자국이 동일 지층에서 발견된 곳에 해남에 세워진 공룡박물관. 알로사우루스 화석, 공룡 조형물, 공룡 발자국 등이 전시되어 있다. 국내 최대 규모의 공룡테마파크도 함께 운영된다. 음성 안내기와 야외전시관 영상 안내 시스템을 대여할 수 있다. 7~8월을 제외한 매주 월요일 휴관. (p736 B:2)

- 전남 해남군 황산면 우항리 191
- #공룡 #화석 #공룡모형

고천암호

"수많은 가창오리떼를 볼 수 있다는 건, 누구나 볼 수 없는 행운을 얻는 것"

철새도래지로 12월~1월 말까지 가창 오리 떼를 구경할 수 있다. 서편제, 살인의 추억 등이 촬영되었으며, 50만 평의 갈대밭 군락지도 함께 만나볼 수 있다.(p741 D:2)

- 전남 해남군 황산면 한자리 1620-3 ■ 주차 : 해남군 황산면 한자리 산 84-12
- #가창오리떼 #갈대밭

용천식당 `맛집`

"다양한 낙지요리를 즐겨보자"

낙지요리 전문점이다. 탕탕이, 연포탕, 낙지볶음, 초무침 등을 판매하는데 그 중 탕탕이기 인기 메뉴다. 국내산 낙지로 질기지 않고 연해서 씹기에 부담이 없다. 게장을 포함한 푸짐한 밑반찬이 나온다. 쏠비치 근처에 위치해 이용객들로 붐빈다. 15:00~17:00 시간엔 브레이크 타임이다. (p736 B:3)

- 전남 진도군 의신면 초평길 64
- #낙지요리 #쏠비치맛집 #낙지탕탕이

진도 신비의 바닷길 축제

"신비로운 엄청난 조수간만의 차"

약 1시간가량만 열리는 진도 바닷길을 테마로 한 축제. 조수간만의 차이로 수심이 낮아져 생기는 약 40m의 바닷길이 생긴다. 바닷길을 따라 올라가면 뽕할머니 영정사진과 조형물을 구경할 수 있다.(p740 C:2)

- 전남 진도군 고군면 금계리 1212-31
- 주차 : 진도군 고군면 가계길 73
- #바닷길 #뽕할머니

쏠비치 진도

"프로방스에 온듯한 착각"

@y.muu__

지중해 마을을 떠올리게 하는 이국적인 호텔 리조트로, 객실에서 다도해 작은 섬 풍경과 하루에 두 번 열리는 신비의 바닷길 풍경을 즐길 수 있다. 물때로 바다 사이로 길이 생겨 도보이동할 수 있는 소삼도를 탐험할 수 있는 '로스트 아일랜드' 프로그램도 운영하고 있으니 관심이 있다면 프론트에 참가 신청을 해보자. (p740 C:2)

- 전남 진도군 의신면 송군길 30-40
- #소삼도체험 #호텔 #리조트

도리산 전망대

"첩첩섬중 바다 전망"

섬 조도에 있는 전망대로 관광객이 많지 않아 깨끗하고 전망이 좋다. 진도항에서 출발하여 하조도를 지나 상조도에 하선하면 된다. 육지에서 바라보는 다도해의 절경과는 또 다른 매력이 있는 곳이다.(p736 A:3)

- 전남 진도군 조도면 조도대로 54
- 주차 : 진도군 임회면 연동리 1216-5
- #바다 #전망대 #섬

진도 세방낙조 전망대 추천

"다시 떠오르기 위해 이렇게 아름답게 지는 것인가!"

다도해의 수많은 섬 사이로 붉게 지는 태양, 해 질 녘 석양의 모습을 이처럼 아름답게 볼 수 있을까 싶다. (p736 A:3)

- 전남 진도군 지산면 가학리
- 주차 : 진도군 지산면 가학리 178
- #노을 #섬 #전망대

그냥경양식 맛집

"추억의 옛날 돈까스"

스프와 바삭한 돈까스가 어렸을 적 추억을 생각나게 하는 맛이다. 얇고 바삭한 돈까스와 고소한 소스의 조합이 좋다. 수제 돈까스로 모양이 제각각이다. 서빙이 빨라 빠르게 음식을 맛볼 수 있다. 골목 안쪽에 위치해 사잇길로 들어가야 찾을 수 있다. 브레이크 타임 16:00~17:00, 일요일 휴무 (p736 A:2)

- 전남 진도군 진도읍 철마길 3-8
- #진도맛집 #돈까스 #쏠비치

왕인박사 유적지

"남도를 대표하는 벚꽃 명소이기도"

왕인박사는 백제문화를 일본에 전파한 인물로, 그의 고향인 성기동 생가 및 기념관을 살펴볼 수 있다. 4~5세기경 일본으로 건너간 왕인박사는 일본 태자에게 백제의 유교 문화를 전파했는데, 도쿄 우에노 공원에서 그 업적을 기리는 비석을 발견할 수 있다. 지금도 이 유적지를 찾는 일본인 관광객들이 많다. (p736 B:2)

- 전남 영암군 군서면 왕인로 440
- #백제 #일본 #역사여행지

덕진차밭

"녹차밭에서 보는 월출산 비경"

@joomi1213

차밭 너머로 월출산이 들여다보이는 풍경이 아름다운 곳으로, 호남 3대 차밭 중 한곳으로 꼽힌다. 드넓게 펼쳐진 27만 평 차밭 풍경이 펼쳐져 마치 초록 카펫 위를 걷는 듯하다. 번잡한 관광 시설이 없이 오롯이 차밭만 있어 더 경건한 느낌이 든다. (p736 C:1)

- 전남 영암군 덕진면 운암리 133-2
- #녹차밭 #자연경관 #사진촬영

달뜬콩두부 맛집

"안전한 식재료로 만든 맛있는 두부요리"

@ji_nasss

모든 식재료를 달뜬영농조합 농가에서 공급받아 신선하고 믿고 먹을 수 있다. 국산콩을 사용해 직접 만든 두부는 특유의 고소함과 부드러움이 있다. 순두부찌개와 두부전골이 인기 메뉴다. 여름에 먹어야 하는 콩국수는 물을 부어 입맛에 맞게 농도를 맞출 수 있다. 브레이크 타임14:30~16:30, 월요일 휴

무 (p741 D:1)

- 전남 영암군 삼호읍 나불외로 13-10
- #콩요리 #두부요리 #영암삼호맛집

영암국제자동차경주장 추천
"쾌속질주의 스피드를 체험하고 싶다면"

@happy.hoya

우리나라 최초의 국제 자동차 경주 서킷으로, F1 대회뿐만 아니라 대학생 포뮬러 자작 자동차 대회 등 대규모 자동차 대회가 바로 이곳에서 열렸다. 일반 방문객들도 카트체험, 모터스포츠 체험 등을 즐길 수 있다. (p740 C:1)

- 전남 영암군 삼호읍 에프원로 2
- #모터사이클 #경주대회 #레이싱체험

수궁한정식 맛집
"남도의 푸짐한 한상을 맛보자"

@m0k4eatgangster

허영만의 백반기행에 출연한 백반 맛집이다. 정식 단일메뉴만 판매하고, 인원수에 맞춰 주문하면 된다. 1인 주문도 가능하다. 10가지가 넘는 반찬이 나온다. 해물된장찌개와 제육볶음도 리필이 된다. 저렴한 가격에 푸짐한 남도 한상을 먹을 수 있다. 브레이크 타임 16:00~17:00, 일요일 휴무 (p740 C:1)

- 전남 영암군 삼호읍 용당로 80-1
- #백반기행 #백반집 #영암맛집

백리벚꽃길
"4월 초, 반드시 들러야 할 벚꽃 드라이브코스 명소"

@o_____ne

100리(40km)에 이르는 벚꽃길이 이어진다 해서 백 리 벚꽃길이라 불린다. 매년 3~4월 중 벚꽃이 만개하는 때 지역축제인 영암 왕인문화축제가 열리는데, 이 시기에 맞추어 방문해 봐도 좋겠다. (p742 A:3)

- 전남 영암군 영암읍 남풍리
- #벚꽃명소 #왕인문화축제 #봄여행지

피크니처 카페
"월출산 노을 전망 감성카페"

@jin_gbang

2층의 통창으로 보이는 월출산을 담아보자. 해 질 녘의 월출산이 특히 아름답다. 하얀 자갈이 깔린 마당과 다홍색 건물이 눈길을 끈다. 주차장 뒤편으로 캠핑 감성의 삼각캐빈에서 프라이빗한 시간을 보내며 사진을 즐기기 좋다. 건물 외부에도 포토존이 있으니 구석구석 살펴보자. (p741 E:1)

- 전남 영암군 영암읍 천황사로 280-25
- #영암 #월출산뷰 #통창

서울분식 맛집
"옛날돈까스 맛집"

@sinjinyi
@sinjinyi

백종원 3대천왕에 나온 분식가게로 두꺼운 두께의 돈까스와 푸짐한 양의 분식들로 인기가 많아 대기가 길다.

- 전남 목포시 삼일로 51-2
- #가성비갑 #인생돈까스 #추억맛집 #백종원3대천왕 #옛날돈까스

태동반점 (맛집)
"짜장면+짬뽕+탕수육=중깐"

중깐이 인기메뉴로 자장면을 주문하면 탕수육, 짬뽕이 서비스로 나온다. 탕수육에는 튀긴 만두도 함께 나온다. 7,000원의 가격에 즐길 수 있는 가성비 맛집이다. 풍자 '또간집'에 방송된 유명한 집이다. 브레이크타임 14:50~15:40. 1,3번째 화요일 휴무. 재료 소진시 조기 마감

- 전남 목포시 마인계터로40번길 10-1
- #목포맛집 #중깐 #또간집

장터식당 (맛집)
"꽃게살만 발라 만든 귀한 양념 비빔밥"

목포에서 가장 유명한 꽃게요리 전문점. 그중에서도 꽃게 살만 모아 매운 양념을 더해 비벼 먹는 꽃게살 양념 비빔밥이 가장 인기다. 비빔밥은 조미김에 싸서 함께 제공되는 정갈한 나물 반찬에 싸 먹으면 그 맛이 각별하다.

- 전남 목포시 만호동 영산로40번길 23
- #꽃게살비빔밥 #꽃게무침 #꽃게찜 #꽃게탕 #밥도둑

백성식당 (맛집)
"나혼산 목포 백반집"

@soolgeljisoo

나혼자 산다 팜유즈 목포 세미나에 나온 백반집이다. 바지락탕과 생선구이 등 15가지가 넘는 반찬이 테이블 가득 세팅된다. 엄마가 만든 집밥을 먹는 기분을 느낄 수 있다. 반찬은 자주 바뀌어 방문시마다 새로운 맛을 맛볼 수 있다. 브레이크 타임 10:00~12:00, 일요일 휴무, 재료 소진시 조기 마감.

- 전남 목포시 번화로 68
- #목포맛집 #백반 #나혼산

시화마을 연희네슈퍼
"옛날 감성 물씬나는 슈퍼"

아기자기한 옛골목에 위치한 1987의 촬영지. 슈퍼 뒤쪽에는 역사적인 장소 방공호가 있다. 시화마을 언덕을 올라가면 바다를 한눈에 볼 수 있다.(p740 C:1)

- 전남 목포시 서산동 12-32
- #레트로 #오래된골목길 #옛날감성 #영화촬영지

국립해양문화재연구소
"어촌과 바다 생활상을 볼 수 있어!"

대한민국의 해양 문화유산을 발굴, 전시하는 유일한 해양 박물관. 과거의 배, 해양 문화재, 어촌 사람들의 삶과 문화 등을 전시하고 있으며, 전시품을 통해 선조들이 어떻게 바다를 이용해왔는지 엿볼 수 있다. 화~금요일에는 전시해설을 들을 수 있으며 한국어, 영어, 중국어, 일본어 오디오 가이드도 구비되어 있다. 관람료 무료, 매주 월요일 휴무.

- 전남 목포시 용해동 8
- #해양문화 #어촌 #배

목포자연사박물관
"46억 지구역사 박물관"

46억 년의 지구 역사를 돌아보는 자연사박물관. 자연사관(공룡), 문예역사관(수석, 문학, 화폐 등)으로 나뉘어 운영되고 있다. 매주 월요일과 1월 1일 휴관.(p736 B:2)

■ 전남 목포시 용해동 9-28

■ #자연사박물관 #공룡 #문화

유달산 일주도로 개나리
"기암절벽과 이런 개나리!"

유달산은 봄마다 2.7km의 일주도로를 따라 개나리가 피어난다. 유달산은 노령산맥의 마지막 봉우리로 다도해로 이어지는 서남단 끝의 산으로, 228m 높이의 아담한 봉우리라서 가벼운 마음으로 오를 수 있다.

■ 전남 목포시 죽교동 168-1

■ 주차 : 전남 목포시 죽교동 187-25

■ #개나리 #동산

유달산 유선각(전망대) 추천
"목포 최고의 전망대로 목포항, 목포시, 다도해를 한눈에 볼 수 있어"

현재 오포대는 유달산의 전망대로 사용하고 있지만, 원래는 시민들에게 정오를 알리기 위한 포대였다고 한다. 유달산 입구인 노적봉은 충무공 이순신 장군의 강강수월래 기원이 있는 곳이기도 하다. 전망대에 오르면 목포 시내 및 목포항이 한눈에 보이고 듬성듬성 일본식 건물이 보인다.(p736 B:1)

■ 전남 목포시 죽교동 산27-1 　　■ 주차 : 전남도 목포시 죽교동 182-2

■ #이순신 #강강수월래 #전망대

목포해상케이블카 추천
"다도해를 내려다보는 우리나라 최장 케이블카"

서해안 풍경뿐만 아니라 목포 시내, 유달산까지 넓게 내려다볼 수 있는 케이블카. 바닥이 모두 투명한 크리스탈 캐빈을 타면 마치 바다 위를 둥둥 떠다 디는 느낌을 받을 수 있다. 서해안에 노을이 드리울 때부터 해가 지고 난 후 목포 시내에 불이 들어올 때까지의 풍경이 특히 멋지다. 월~목요일 10~20시, 금~일요일과 공휴일 09~21시 운영, 영업종료 1시간 전 매표 마감. (p736 B:1)

■ 전남 목포시 해양대학로 240

■ #유달산 #바다전망 #투명바닥

카페델마르 `카페`
"목포대교 무지개빛 방파제 전망"

@whiteangelhs

통창을 통해 목포대교를 한눈에 담을 수 있다. 노을을 보며 데이트하기 좋은 곳이다. 목포대교뿐만 아니라 무지개 빛깔 방파제가 보여 뷰가 좋다. 좌석 형태도 다양하고, 배치 또한 다양해서 원하는 자리에 앉을 수 있다. 루프탑에서 한층 더 올라가면 있는 포토존. 바다에 빠질 듯 하늘에 떠 있는 듯한 사진을 찍을 수 있다.

■ 전남 목포시 해양대학로 77 3층
■ #목포 #목포대교뷰 #오션뷰

독천식당 `맛집`
"살아있는 목포 세발낙지를 먹고 싶다면 이곳으로"

회산 백련지 `추천`
"동양 최대의 백련 자생지"

@joomi1213

8월에 이곳을 찾으면 연꽃의 절정을 목격할 수 있다. 어쩐지 마음을 차분하게 하는 연꽃들은 존재만으로 위로를 주곤 한다. 백련은 물론 물옥잠, 물양귀비 등 다양한 수생식물들도 함께 볼 수 있으니 10만 평의 연꽃 축제를 꼭 경험해 보자. (p736 B:1)

■ 전남 무안군 일로읍 산정리
■ #무안연꽃축제#동양최대#백련자생지

백종원의 3대 천왕에도 나왔던 목포 세발낙지 맛집. 주문과 동시에 수족관에서 살아있는 낙지를 건져올려 바로 요리해 주기 때문에 식감이 더욱 쫄깃하다. 혼자 방문한다면 합리적인 가격으로 팔고 있는 낙지 비빔밥을 추천. (p741 D:1)

■ 전남 목포시 호남동 7-3
■ #낙지호롱 #낙지탕탕이 #연포탕

요리 전문점. 닭똥집 육회, 닭주물럭, 닭볶음, 백숙, 닭죽 등 닭을 코스로 즐길 수 있다. 남도 식당답게 다양하고 맛있는 밑반찬을 맛볼 수 있다. 오션뷰 식당으로 먹는 맛, 보는 맛을 동시에 즐길 수 있다. 애견동반이 가능하다. 전화예약 필수.

■ 전남 무안군 망운면 톱머리길 103
■ #오션뷰 #톱머리해수욕장 #촌닭코스

수보라횟집 `맛집`
"코스로 즐기는 촌닭요리"

@dodo06171122

나혼자산다에서 박나래가 방문했던 닭 코스

동산정 `맛집`
"신선한 뻘낙지로 만든 코스요리"

@ck_lovebr

낙지골목이 형성될 만큼 낙지로 유명한 무안.

낙지요리를 코스로 즐길 수 있는 곳이다. 매일 새벽 경매로 받은 국내산 신선한 뻘낙지로 요리한다. 낙지비빔밥, 낙지탕탕이, 낙지볶음, 낙지 호롱구이, 연포탕 등 다양한 낙지요리를 즐길 수 있다. 맛깔난 밑반찬과 함께 낙지요리를 즐겨보자. 1번째 화요일 휴무 (p738 C:2)

- 전남 무안군 무안읍 성남1길 173
- #무안낙지골목 #낙지맛집 #낙지코스요리

무안 황토 갯벌랜드
"검은비단이라 불리는 세계 5대 갯벌"

무안 갯벌은 람사르 습지로 지정된 갯벌로, 황토찜질, 황토 이글루 체험을 즐길 수 있는 체험 여행지로도 유명하다. 흰발농게 등 갯벌에서만 서식하는 다양한 생물군을 관찰할 수 있다. 생태체험과학관에서 갯벌 생태에 대해 자세히 알아보고, 체험학습장에서 다양한 황토 체험을 즐길 수 있다. 오토캠핑장이 마련되어 있어 숙박도 함께 해결할 수 있다. (p736 B:1)

- 전남 무안군 해제면 만송로 36
- #황토체험 #갯벌체험 #생태체험

도초도 자산어보 촬영지
"초가집 마루에서 보는 도초도의 바다"

@s.w_lee.89

영화 <자산어보>의 촬영지인 도초도. 언덕 위, 바다가 내려다보이는 초가집 두 채가 영화가 촬

영되었던 곳이다. 초가집 중앙의 앞뒤로 트인 대청마루로 푸른 바다가 보이는데, 그 자체로 액자 같다. 바다 가운데에 앉아 있는 듯한 인증사진은 이곳 방문의 필수 코스.(p740 A:1)

- 전남 신안군 도초면 발매리 1356
- #도초도 #섬 #초가집 #대청마루 #바다액자 #인증샷

하누넘전망대(하트해변 전망)
"육지가 아닌 섬의 전망은 왠지 모르게 가슴 떨려"

하늘과 바다만 보이는 바닷가라는 뜻의 '하누넘' 하트 해변이 보이는 곳. 침식작용의 반복으로 하트 형태의 해변이 만들어졌다. 멀리 선왕산의 기암괴석과 봉우리 그리고 바

퍼플섬 _{추천}
"섬 전체가 온통 보랏빛 향기"

보라색의 아스타 꽃이 섬 전체를 물들여 '퍼플섬'이라 부른다. 반월도와 박지도가 그 주인공. 보라색 꽃밭과 함께 섬 곳곳의 건물과 소품들이 모두 보라색으로 되어 있다. 섬에 사는 할머님의 '두 발로 걸어서 섬을 나오고 싶다'라는 꿈을 이뤄드리기 위해 박지도와 반월도를 잇는 '퍼플교'를 지었던 것이 '퍼플섬'의 시작이었다.(p736 A:2)

- 전남 신안군 안좌면 소곡두리길 257-35
- 주차 : 전남 신안군 안좌면 소곡리799-2, 퍼플섬주차장
- #반월도 #박지도 #신안군 #아스타꽃 #보라색섬 #퍼플교 #포토존

다의 모습이 아름답다. 명사십리 해변에서 차로 17분 이동.

- 전남 신안군 비금면 내월리 산 117
- 주차 : 신안군 비금면 내월리 산95-1
- #하트해변 #연인 #사진

신안 튤립 축제
"엄청난 규모의 튤립축제"

신안 임자도에서 개최되는 120,000㎡ 대규모 튤립 축제. 튤립공원, 유리온실, 수변정원, 동물농장 등이 마련되어 있고, 100여 품종 300만 송이 튤립들을 한 번에 감상할 수 있다. 축제장에서 임자도의 특산품인 천일염, 대파, 참깨, 새우젓, 김 등도 살 수 있다.(p738 A:2)

- 전남 신안군 임자면 대기리 2523-10
- #섬축제 #튤립

백길천사횟집 맛집

"신선한 회를 맛보자"

광어, 참돔, 도다리, 농어 등 많이 먹던 횟감부터, 현지에서 즐길 수 있는 횟감까지 다양한 생선회를 즐길 수 있다. 자연산, 양식을 구분해서 판매하고, 식사 메뉴도 다양해 선택의 폭이 넓다. 밑반찬이 푸짐하고 맛있기로 유명하다. 월요일 휴무. (p736 A:1)

- 전남 신안군 자은면 자은서부1길 86-12
- #생선회 #백길해수욕장 #자은도

증도 태평염전

"염전 한 번도 안가본 사람? 이제는 가봐야 할때! 선물용 천일염도 사고"

신안 증도에 있는 국내 최대의 단일염전으로 근대유산으로 인정받아 문화재로 등록되었다. 소금밭이 67개로 분할되어, 소금 창고가 3Km가량 넓게 늘어서 있다. 관광지로 개방되어 있어 염전체험도 즐길 수 있으며, 태평염전 입구에는 소금 가게, 소금 아이스크림을 파는 소금 카페들도 있다.(p736 A:1)

- 전남 신안군 증도면 지도증도로 1058
- 주차 : 신안군 증도면 대초리 1648-1
- #염전체험 #소금커피 #소금아이스크림

증도 소금밭전망대

"느리게 사는 삶,인생을 허투루 살지 않겠다는 다짐"

증도는 드넓은 갯벌 염전을 토대로 세계 슬로시티로 지정되었다. 소금밭 전망대에 오르면 국내 최대 단일 염전인 태평염전과 증도대교, 앞바다가 한눈에 들어온다. 증도라는 지명은 물이 귀하여 물이 밑 빠진 시루처럼 새어나간다는 의미를 담고 있다.(p736 A:1)

- 전남 신안군 증도면 대초리 1650-65
- #염전 #전망대 #바다전망

섬티아고 순례길

"신안군에서 걷는 순례길, 섬티아고"

천여 개의 섬으로 이루어진 신안군. 소악도에 있는 12사도 예배당을 도는 코스이다. 크고 작은 섬들을 이어 만든 순례길이라 '섬티아고'가 되었다. 지표를 따라 섬의 풍경을 감상하며 천천히 걷는 길은, 생각을 정리하고 마음을 다듬는데 큰 도움을 준다. 순례길을 걷기 위해 굳이 산티아고를 갈 필요가 없을 정도. (p736 A:1)

- 전남 신안군 증도면 병풍리
- #신안군 #섬투어 #소악도 #섬티아고

갯마을식당 맛집

"짱뚱어탕과 양념꽃게가 맛있는 집"

짱뚱어의 고장 신안. 짱뚱어탕으로 맛있게 즐겨보자. 추어탕과 비슷한 맛이나면서도 갯벌향이 느껴진다. 방송에도 여러번 출연한 맛집이다.적당히 맵고 달달한 양념과 탱탱한 살의 꽃게무침도 인기메뉴다. 매운탕은 직접 잡은 농어와, 숭어로 만든다. 짱뚱어탕 이외의 메뉴는 2인분부터 주문 가능하다. (p737 D:2)

- 전남 신안군 증도면 증도중앙길 40-2
- #증도맛집 #짱뚱어탕 #신안맛집

안성식당 맛집

"낙지요리와 짱뚱어탕으로 기력 충전"

전남 특산물인 낙지, 짱뚱어, 백합 등으로 신선한 해산물 요리를 선보이는 곳. 그중에서도 짱뚱어를 갈아 만든 짱뚱어탕이 인기인데, 추어탕보다 더 깊은 맛이 난다. 매콤한 낙지볶음과 시원한 국물 연포탕도 추천 메뉴. 갤러리를 겸하는 곳이라 곳곳에 그림과 서예 작품이 걸려있다.

- 전남 신안군 증도면 증동리 1691-10
- #짱뚱어탕 #낙지볶음 #연포탕 #백합탕 #갤러리

신안 가거도

"낚시체험을 해보고 싶다면 가거도로!"

우리나라 갯바위 5대 지역 중에 하나로, 중국의 새벽닭 울음소리가 들리기도 한다. 낚시로 유명한 섬이며 해저가 수심이 깊은 암초 지대여서 어종이 다양하다.

- 전남 신안군 흑산면 가거도리 582-18
- 주차 : 목포시 수강동1가 7-2
- #섬 #낚시터

제주특별자치도

#절물자연휴양림

#오라동 메밀밭

#용두암

#아침미소목장

#이호테우해변 등대

#사려니숲

#닭머르 해안

#만장굴

#함덕서우봉 해안

#종달리 수국길

#검멀레 해변

@ay_y213

#섭지코지

#소천지

#성이시돌목장

#새별오름

#금오름

@yizhen_2

#아르떼뮤지엄

제주의 먹거리

01

@iin_ni

우도 땅콩 아이스크림 | 제주시 우도면

우도에 방문한다면 꼭 먹고 가야 할 땅콩 아이스크림. 땅콩 알과 가루가 수북이 뿌려져 있어 고소하다. 한라봉이나 애플 망고가 들어간 땅콩 아이스크림도 있다.

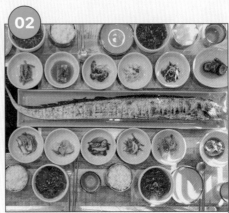

02

제주도 갈치 | 제주특별자치도

제주도 갈치는 채낚시로 잡아 올려 손상이 적어 최상급으로 친다. 갈치는 보통 구이, 찌개, 조림으로 먹지만, 제주에서는 국과 회로도 먹을 수 있다. 갈치에는 비타민A, B, D, E와 오메가 3가 풍부하다.

03

제주도 흑돼지 | 제주특별자치도

일반 돼지보다 작고 털이 검은 흑돼지는 껍질이 두껍고 마블링이 많아 일반 돼지고기보다 더 육즙이 풍부하고 고소하다. 돼지껍데기가 붙은 흑돼지 오겹살도 별미다.

04

돔베고기 | 제주특별자치도

돔베는 '도마'의 제주도 방언으로, 돔베고기는 마늘, 계피, 생강 등을 넣어 삶은 흑돼지를 나무 도마에 통째로 올려 썰어 낸 요리를 말한다. 여기에 소금이나 멜젓, 마늘, 묵은지를 곁들여 먹는다.

갈치조림 | 제주특별자치도

손상이 적고 살코기가 통통한 최상급 제주도 은갈치. 토막 낸 갈치를 무와 감자 등과 함께 고추장을 풀어 매콤하게 조려 먹는다.

제주도 물회 | 제주특별자치도

제주 물회는 쉰다리 식초를 넣어 새콤한 맛이 난다. 제피잎, 풋고추, 마늘을 넣어 매운맛을 내는 것도 제주 물회만의 특징이다.

고기국수 | 제주특별자치도

제주 고기국수는 뽀얗게 우린 돼지 뼈 육수에 중면을 넣고 수육을 올려 먹는다. 뼈와 수육은 모두 제주 흑돼지를 사용해 담백하고 깔끔한 맛이 난다.

@yoonjung1028

보말칼국수 | 제주특별자치도

보말은 '바다 고둥'의 제주 방언으로, 여름에 가장 맛이 좋으며 깊고 고소한 맛이 난다.

전복돌솥밥 | 제주특별자치도

전복 내장을 넣어 돌솥에 한 밥에 통통한 전복 살을 올린 전복 돌솥 밥은 밤, 대추, 호박 등과 맛 간장을 넣어 기본 간이 되어서 나온다.

몸국 | 제주특별자치도

몸국은 돼지고기를 삶은 육수에 모자반, 돼지 내장, 신김치를 썰어 넣고 메밀가루를 풀어 걸쭉하게 만든 국이다.

제주의 먹거리

제주도 전복 | 제주특별자치도

전복은 제주도에서 꼭 먹어보고 가야 할 대표적인 특산물이다. 쫄깃쫄깃한 식감이 예술인 전복회, 전복죽, 시원한 국물이 일품인 전복 뚝배기 모두 맛있다.

제주도 회 | 제주특별자치도

제주도에서는 식당뿐만 아니라 시장이나 마트에서도 간편하게 회를 사 먹을 수 있다. 고등어회, 갈치회, 딱새우회 등 제주에서만 먹을 수 있는 회도 많다.

말고기 | 제주특별자치도

평소에 맛보기 힘든 말고기를 제주도에서는 흔하게 만나볼 수 있다. 말고기는 보통 육회로 먹지만 구이, 찜, 샤브샤브, 탕으로도 요리해 먹는다.

@ogam__

오메기떡 | 제주특별자치도

차조 가루 떡에 팥고물, 콩가루, 견과류를 굴려 만든 오메기떡. 제주 동문시장에서 판매하며 택배로 부칠 수도 있다.

막창순대 | 제주특별자치도

제주도에서는 두툼한 돼지 막창에 소를 넣어 순대를 만들어 먹는다. 일반 순대와 달리 막창 피가 쫄깃하고, 순대 한 접시만 먹어도 든든하다.

제주에서 살만한 것들

01

서귀포 감귤류 | 제주특별자치도

삼국시대부터 재배되고, 임금에게 진상되던 제주 감귤. 11월~12월에는 서귀포의 여러 감귤농장에서 귤 따기 체험을 할 수 있다.

02

우도 땅콩 | 제주시 우도면

우도 특산물 땅콩은 껍질 채 먹어도 될 정도로 고소한 맛이 제대로 살아있다. 땅콩 아이스크림을 시켜도 껍질 땅콩이 그대로 올라 올 정도이다.

03

감귤초콜릿 | 제주특별자치도

판 초콜릿과 크런키 형태로 판매되는 제주 감귤 초콜릿은 감귤 원료가 많이 함유되어 진한 감귤 맛이 난다.

04

제주 옥돔 | 제주특별자치도

제주 옥돔은 생선 중의 생선으로 꼽힐 만큼 고급 어종이다. 옥돔은 부패하기 쉬워 육지에서는 맛보기 힘들다. 9월부터 이듬해 4월까지가 제철

05

감귤막걸리 | 제주특별자치도

감귤막걸리는 제주 감귤 농축액이 들어가 새콤달콤한 맛이 난다. 한·중·일 3국 정상회의 만찬주로도 선정된 바 있다.

06

오메기술 | 제주특별자치도

오메기술은 오메기떡으로 빚은 제주도 전통주다. 몸국이나 제주 흑돼지에 오메기술을 곁들이면 더 맛있다.

제주 BEST 맛집

올래국수 | 제주시

제주3대 고기국수집이다. 고기국수 단일메뉴만 판매한다. 맑고 가벼운 느낌의 국물에 두툼한 제주산 고기가 올라가 있다.

돈사돈 | 제주시

연탄불에 직접 구워주는 돼지고기 전문점. 고기는 근(400g, 600g) 단위로 주문할 수 있으며, 5cm 정도로 두툼하게 썰려 나온다.

다가미 | 제주시

제주3대 김밥 맛집이다. 제주산 돼지 떡갈비에 마늘, 고추가 들어간 매콤한 화우쌈이 시그니처 메뉴다.

곰막식당 | 구좌읍

큼직한 회, 탱글탱글한 면, 맛있는 양념이 만나 조화로운 맛을 이루는 회국수가 인기메뉴

벵디 | 구좌읍

매콤하고 달콤한 양념의 돌문어덮밥이 인기 메뉴다. 탱글탱글하고 신선한 문어를 맛볼 수 있다. 식감이 쫄깃하고 담백하다.

명진전복 | 구좌읍

제주도 전복 맛집으로 유명한 곳. 돌솥밥에 전복 내장과, 당근 등의 재료를 넣고 위에 전복을 올렸다. 취향에 맞게 버터를 넣어 비벼먹으면 된다.

섬소나이 | 우도면

우도 특산물인 뭄이 올라가고 톳으로 만든 톳면이 특징인 우도 짬뽕 맛집

성산흑돼지두루치기 | 성산읍

활전복, 흑돼지, 오징어로 만든 흑돼지 삼합두루치기가 시그니처 메뉴

오는정김밥 | 서귀포시

예약제로 운영하므로 예약 필수. 사전 예약은 하루 전부터 가능하다.

@mukjuk_song_2399

연돈 | 서귀포시

등심가스, 치즈가스 2가지 메뉴만 판매하는 곳

@henupark

서광춘희 | 안덕면

귤창고를 식당으로 개조했다. 성게라면과 성게비빔밥이 인기메뉴

안녕협재씨 | 한림읍

협재 비빔밥 맛집이다. 여러 비빔밥 중 딱새우비빔밥이 인기

수우동 | 한림읍

쫄깃쫄깃한 면발에 반숙 계란 튀김이 올라간 냉우동 맛집

문개항아리 | 애월읍

꽃게, 바지락, 가리비, 전복, 문어 등 푸짐한 해물이 들어간 해물라면

애월 우니담 | 애월읍

제주 성게 맛집이다. 성게덮밥, 성게미역국, 전복 가마솥밥이 인기메뉴

제주도

국립제주박물관, 용두암
절물자연휴양림, 한라수목원
방주교회, 제주동문재래시장
제주도 민속자연사박물관

곽지과물해변(곽지 해수욕장), 테지움
항몽유적지 항파두리, 새별오름 들꽃축제
하가리 연꽃마을 연화지

성이시돌목장, 제주 금악리 해바라기
금오름, 나홀로나무(왕따나무)
협재해수욕장

신창풍차 해안도로, 엉알해안
제주현대미술관, 해거름 전망대
판포포구, 수월봉

제주시

애월읍

어승생악

한림읍

붉은오름

한라산

곰오름

한경면   저지오름

고근산

안덕면   서귀포시

대정읍

산방산

마라도, 노을해안도로
알뜨르 비행장, 송악산
서귀포 가파도 청보리밭

송악산

정방폭포, 서귀포 올레시장
한라산, 외돌개, 쇠소깍
천제연 폭포, 대포동 주상절리대

오설록티뮤지엄, 용머리해안
건강과 성 박물관, 군산오름
산방산

사려니숲길, 렛츠런팜 제주
산굼부리, 제주레포츠랜드 카트체험
닭머르 해안, 한라산 성판악코스 단풍

비자림, 평대리 해수욕장
해녀박물관, 월정리 해수욕장
용눈이오름, 세화 해수욕장

하고수동 해수욕장, 산호해수욕장
비양도, 검멀레 해변
우도 유채꽃

구좌읍

우도면

조천읍

다랑쉬오름

성산읍

산굼부리

통오름

김영갑갤러리 두모악, 섭지코지
성산일출봉, 신풍 신천 바다목장
광치기해변, 성산포 유람선

따라비오름

표선면

남원읍

성읍민속마을, 제주민속촌
제주 보롬왓 메밀꽃밭&청보리밭
따라비오름, 오늘은카트레이싱
유채꽃 프라자(가시리) 유채꽃

큰엉해안경승지

이호테우등대
빨간색, 하얀색 목마 등대를 배경으로 사진촬영을 꼭 해야 하는 곳

카페나모니베이커리
어영공원 바다를 마주보고 있는 공원
올레길 17코스
아라리오 탑동해변 뮤지엄
제주항
공연장 (탑동광장)

도두동무지개 해안도로
도두봉(제주 숨은 비경 중 하나)
백디방베이커리
제주사수정
듀포레크 루아앙
제주항

1.체험배낚시 전진호(배낚시)
2.이호털보 배낚시(배낚시)
3.서프로와(서핑)

도두봉전망대
코바다이빙스쿨 (패들보드)
노을언덕 (무인카페)
파리바게뜨
제주국제공항
용연야경 해수랜드
용두암 구름다리
관덕정
향사당
돼지거리

몽돌해변
알작지(제주의 몽돌해변)
월대천

순옥이네명가 (소라,전복)
도두항
도두동 카세스즈
도두동 무지개해안도로
바이크트립 자전거
칠돈가(흑돼지)
제주향교
서문수산(코스요리)
국수문화거리

신의한모 (한치간장게장 낮또덮밥)

현사포구 공중화장실

이호테우해수욕장
공항에서 10분, 목마 등대보며 방파제 산책
제주이호테우해변로점 앞 버베나

제주민속오일장
공항 가기 전에 꼭 들러봐 끝자리
2일, 7일에 열리는 오일장

시티투어버스
착한집(양념게장)
제주김만복 본점(전복이간밥)

[4월] 벚꽃거리
제주종합경기장 (벚꽃명소)

황해식당(갈치조림)
바다속고등어쌈밥 (고등어쌈밥)

은희네해장국 (소고기해장국)

자매국수(고기국수)

규태네양곱창(양곱창모음)
눌봄흑돼지 (삼겹살,목살)
숙성도 (숙성흑돼지)
제주곰당 (고기국수)
국수만찬 (고기국수)
돈주주
넥슨컴퓨터박물관

소시 호시카라 (오미야케)
다가미 (다가미김밥)
1.제주도자전거대여 보물섬하이킹 자전거
2.제이바이시클 자전거
3.박스앤자전거

한라수목원입구 벚꽃
4월 초가 되면 한라수목원 입구 차로에 왕벚꽃 만개[4월]
민오름

맛동산감귤체험농장
애월읍 광령리 3227, 감귤체험

두리 해바라기

이호테우해수욕장

마농 제주본점
(돌문어스튜)

돈사돈 (흑돼지)
제주 하엘 (치즈케이크)
빛이드는곳벤디
수목원테마파크
플레이박스VR 월음터(끄럼틈, 초콜릿만들기체험 등 아이들과 함께하기 좋은 곳
수목원길 야시장

제주아트센터
월정사
한라수목원 수국 [5,6,7월]

한라수목원
희귀식물과 멸종위기 식물로 이색적인 수목원 다른 세상에 온 듯한 느낌적인 느낌!

에스프레소 라운즈 (액틱의 넓은 매장)

브릭캠퍼스
브리아티스트 들의 작품 브릭/레고 체험, 실내

귤향기 농장
노형동 160(1100로 3118) 체험은 어두워지기 전에 오세요

그러므로part2(카페라떼와 잘 어울리는 커피번 맛집)

방선문계곡
방선폭포

제주도립미술관
물가에 떠 있는 듯한 모습이 인상적인 미술관

1.제주달콤펄빌라(풀빌라)
2.제주 까르마펜션(풀빌라)
3.엔젤풀빌라(풀빌라)

신비의도로 (도깨비 도로)

제주러브랜드
밤에 가면 더 재밌고, 유쾌 발칙한 성 테마공원

골프존카운티 오라
오라CC 진입로로 겹벚꽃길

고성숲길
항파두리 나홀로 나무

사진놀이터 전시

아날로그 감귤밭

카페 분위의(블렌딩 커피를 핸드드립으로 내려주는 카페)

미스틱3도(동물체험을 할 수 있는 정원이 딸린 카페)

제주 오라동 청보리밭
푸르른 청보리 내 마음을 채우고[4,5월]

제주 오라동 메밀꽃밭
바다까지 이어질 것 같은 넓은 꽃밭[5,6,9,10월]

버터모닝 (치즈타르트)
항파두리 백일홍
백일 간의 백일홍 항연[8,9,10월]

광령 초등학교

미깡창고감귤밭 &카페

마마롱(마마롱 케이크)
카페 공산명월 레트로

백제사

무수천
양쪽 바위벽에 흐르는 천, 기암절벽과 폭포, 호수가 있는 곳, 산책하기 좋음

어사파리
동물 인형들을 직접 진짜으로 찍을 수 있는 테마 파크 놀기 좋음

유적지
최후까지 패하여 흥파두성을 위하여 꽃을 심어 놓음

(외야)제주거 (외야정원에서 피크닉 즐길 수 있는 카페)

제주공룡랜드
국내 최대 공룡 테마파크, 30종 100여마리 공룡. 토이랜드, 조랑알체험장 (리모델링 여부확인 필)

극락오름

프레리어(독채)

어승생마장 (승마)

오라동 유채꽃밭
진짜 넓은 유채꽃밭[4,5월]

제주불빛정원
제주장미정원, 제주야간명소

제주불빛정원 장미

렛츠런파크 제주
주승마공원 (승마)

괫물오름 우거진 숲
괫물오름
족은녹고메오름
큰노꼬메오름

애월읍

국립제주 호국원
천왕사 단풍
한옥과 단풍 가을을 느끼게 해주고...[10,11월]

천왕사

어승생악
해발 1,168m 작은 한라산이라 불리는 산 작은 한라산이라 불리며 짧은 시간 왕복1시간에 등반 가능 '어승생' = '임금님께 바치는 말'

어리목탐방지원센터
제주 어승생악 일제동굴진지

천아계곡 단풍
제주의 아름다움을 단풍과 함께[10,11월]

천아수원지 단풍
천아오름

1100고지 단풍
오르지 않아도 되는 단풍길 걷기[10,11월]

1100고지 설경
1100고지
한대오름
1100고지
한라산 남벽 뷰 감상 가능

1100고지 람사르습지

2시간 4.5Km

만세동산(오름)

왕관바위
윗세누운오름
선작지왓(윗세오름)
윗세오름
병풍바위
철쭉
백록담
전망대크
남벽분기점

영실탐방코스
2시간 30분 5.8Km
801

오름 호수
와 함께

한림

1

카페 노티드 제주(제우

제주도

야자나무와 유채꽃[3,4월] 애월한담해안로 유채꽃

청아투명카약

곽지해수욕장 일원 **곽지해수욕장**
현무암 독살(원담)을 이루는 곳이 파도가 잔잔하여 물놀이 하기 좋
곽지해수욕장에는 용천수가 나오는 '과물 노천탕'이 있
과물, '용천수가 솟아나는 우물'

1.노리터 서핑 패들보드(서핑보드, 패들보드)
2.문서프(서핑보드)

제주시차(제주동백꽃과자)
카페콜라(코카콜라 박물관 겸 콜라 카페)

귀덕바다
투명카약(카

귀덕궤물 동
(작은 언덕 공원

제주애단바
팜스빌리지
키즈 스파 오

비양농
(비양도뷰 카페)

카페 비양농
나을

평수포구

해안도로

한림항
도선대합실

옴만이네 제주금능협재점
(옴만이해물갈비찜)

우무(커스터드 푸딩)

한림칼국수
(보말칼국수)

한림항

1.맨트러사이트
(옛 방직공장을 개조해
만든 베이커리 카페)
2.카페우주
(까눌레로 유명한 프
디저트 전문 베이커리

비양도
비양도항

바당길(전복뚝배기,톳칼국수)

한라산소주(공장투어)

문쏘 제주협재점
(황게카페,에그인헬)

별별 협재해변점
(흑돼지)

옴포리포구

하늘고래블루(독채)

쉼177 키즈 가족 협재점(키즈펜션

협재해수욕장
제주공항에서 30킬로미터, 제주에서 으뜸가는 석양 명소
협재해변 앞의 비양도는 어린왕자 보아뱀의 모양

1. 제주미작 협재점(바다푸딩)
2. 호텔샌드(선인장몽테)

안녕현재씨
(딱새우장비빔밥)

면뽑는 선생만두빚는아내(만두전골)

협재포구

명월성지

금능해수욕장

피어22(태왕, 랍스터테일)

아인슈페너)

협재 수우동

한치앞도모를바
(한치동복어), 굴

금능포구/금능해수욕장

돼지굼뉴

협재칼국수

스테이만월

제갈양 제주
협재점(갈치조림)

야자나무

한림공원 매화, 튤립
3~4월 개화

주얼당(독채)

명월 팽나무 군락
수령 50년 이상 된 팽나무들이
가로수로 군락을 이루고 있다.
멋스럽고 조용한 마을

네이처트레일(원룸형)
문위크(풀빌라)

과수원피스 농원

정원

한림공원

카페 굴han가
(굴따기)

명월국민학교
(매주 일요일 프리마켓이
열리는 폐교 카페)

월령 선인장 군락지
어디서든 쉽게 볼 수 없는
선인장 군락

돌하르방 및
얼굴 석상 가득

금능석물원

한림공원 수선화
1,2월

월정선인장
(풀빌라)

액트파크
실내클라이밍, 카트
키즈카페

월령포구

키친오즈 핑크뮬리
[9~11월] 카페 건물배경
사진촬영이 유명

해거름전망대
해 질 무렵 조용히 낙조를 감상하기 좋은 곳

제주라라하우스
(풀빌라)

섭재(독채)

협재굴,황금굴,
쌍용굴

스노쿨링으로 유명한 이색물놀이 장소 **판포포구**

짚불돗
(흑돼지 딱새우)

바다를본태배기(전복뚝배기)

오지island(호주식 비건 베이커리카페)

금능남로 유채꽃길
라온프라이빗CC~제주
선인장마을까지 이어지는
유채꽃 드라이브 코스

제주맥주 양조장
사전 예약제로 운영되는 양조장
투어(에일 생맥주 시음 가능)

**서부농업기술센터
촛불맨드라미**
이국적 풍경을 만들어주는
맨드라미[9,10월]

제주
하늘패러
(패러글라

카페웨이(원웨이치즈케이크 바닐라쉬폰)

굴당리 협재점
(새참 브런치,케이크)

데마파크

벨진우영(독채)
울트라마린(망그케이크)

코코메아
(미트파이)

기마오연, 승마체험, 카트등
즐길거리가 많은 곳

제주돌마을공원

데마카트
카트레이싱

저지문화예술
갤러리와 조각품이 모여있는 복
다양하고 독특한 창작품들을 볼

다이브자이언트 제주
프리다이빙

서쪽아이
(풀빌라)

실내동물원 라온ZOO
체험형 실내동물원

제주현대미술관
현대미술 작품과 야외
조각작품을 감상할 수 있는
곳

풀빗(독채)
모네의숲

채은이네 해장국
(고사리육개장,해장국)

클랭블루(풍력발전기와
바다 전망)

비체올린 카약

비체올린 버베나

제주주

싱계물공원
풍차

숲속 1km 수로길 및 공원

비체올린 능소화

**서부농업기술센터
코스모스**
코스모스는 돌담길에
있어야 제맛[9,10월]

어오내스테이(독채)

방림원
국내 최초 야생화 식물원
(2000여종 이상의 다양한

싱계물공원
풍력발전기와 바다, 물
놀이 즐기는 육교

플로어가든
풀빌라(독채)

데미안
(돈까스정식)

제주창고
(수영장이
있는 카페)

저지예술
정보마루앙

저지오름
둘레가 약 900m, 김씨가 꺼
60m를 되는 매우 가파른
깔때기형 신상분화구

김장열 화가
아틀리에

신창풍차
해안도로(신창풍차해안도로)

그 해 여름(수제청 음료)

클랭블루s동(독채)

유랑
위드북스

생각하는 정원
1만2천평 대지에 7
개의 소정원

환상숲 곶자왈
천연 원시곶자 곶자왈 공원
정각의 숲을 해설 듣기는 함

신창 투명카약(카약)

블루웨이 프리다이브

클랭블루s
(2인소스)

조수리 장미마을

제주돗
(근고기)

가메창
(암메)

똥보야야제제(갈치구이)

텔레스코프

마중 오름

맛있는菜부엌(문어오일링쿠시

산노루 제주점
(말차라떼,말차팥라떼)

아홉굿마을
1000개의
의자를 구경할 수 있는 곳,
무한도전 촬영

별밭스테이(독채)

몰드리네
(염색체험)

뉴저지 카페
감귤밭이 통유리로 보이는
빈티지 카페

말통식당(흑돼지)

제주 유리의
유리공예 조각품으
이루어진 테마마을

절부암(제주도 기념물 제9
호, 조선시대 조남당한
남편의 사연이 있는

수리당(독채)

용수리포구

제주 차귀도
요트투어

제주환상전기자전거

알동네집(흑돼지)
명리동식당(흑돼지)

차귀도

차귀도유람선

자구내포구

당산봉

올레길 12코스

별별 정원본점
(제주산흑돼지)

봄빛코티농(독채)

가마오름

한경면

청수리아파트
(독채)

양가형태(경버거)

오름,일몰명소

엉알해안
해안절벽과 올레길 그리고 아름다운
석양이 있는 유네스코 세계지질공원

당오름

하소로커피(직접 로스팅한
원두가 인기있는
핸드드립 카페)

펠롱여관(독채)

웃뜨르우리돼지
(흑돼지독살)

수월봉 노을

수월봉
해 질 무렵 보이는 저녁노을이 으뜸인 곳
수월정에서 보이는 차귀도와
차귀해안의 절경,주차 후 1분

수월봉
지질트레일

산양큰엉곶
숲속의 작은마을을 재구현한 곳으로
다양한 포토존이 있다.
기차포토존,백설공주 오두막이 유명하다.

제주 곶자

곶자왈이란 돌
널려있는 지대에

스퀘어베이(우영우촬영지)

신도포구

미쁜제과
(미쁜크림라떼,아메리카노)

녹남봉오름 백일홍

올레길 12코스

올레길 11

무릉2리

제주도예촌

올레길 12코스

스테이가람(풀빌라)

로브제8(독채),
제주놀 3320(독채)

대정읍

어쩌다 영락(독채)

초콜릿박물관

(적양육
마리아

영락리 방파제
대정 앞바다에서
돌고래 조망

가시리

북마크게스트하우스
(게스트하우스)

날외15(그래놀라와 오디가
들어간 건강한 수제요거트)

감저카페
(담쟁이
덩쿨어

인스밀(이국적인 야자수 전망을 즐길 수 있는 카페)

모슬포한라전복 본점
(전복돌솥밥)

동일리포구

수애기베이커리(노을뷰 전망카페)

하모체육공원 제주올레안내소
하모3대할망네
트라몬토 제주모슬포본점
(파스타)

모슬포항

하모해수욕장
모래가 곱고 수심이 얕으며
해안가 뒤의 넓은
잔디밭에는 야영
운진항

마라도정
마라도끼
하
사전예약해야 티켓을 쉽게
가파도는 중간에 허

마라도

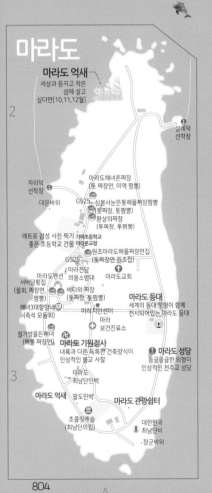

마라도 억새
세상과 등지고 작은
섬에 살고
싶다면[10,11,12월]

실레덕
선착장

마라도해녀촌짬장
(톳 짜장면, 미역 찜뽕)

자리덕
선착장

대문바위

GS25-심봉사눈뜬톳해물짜장짬뽕
(톳짜장, 톳짬뽕)

환상의짜장
(투자장, 투짬뽕)

레트로 감성 사진 찍기 가파초등학교
좋은 초등학교 건물 마라분교

원조마라도해물짜장연집
(톳짜장면 원조집)

GS25

마라전담
의용소방대

마라도교회

마라도펜션
서바당횟집
(물회, 짜장면,
짬뽕)

바다와 짜장
(톳짜장, 톳짬뽕)

마라도 등대
세계의 등대 모형이 함께
전시되어있는 마라도 등대

해녀3대할망네
(즉석 모둠회)

마라차안센터

마라
보건진료소

철가방을든해녀
(해물 짜장면)

마라 기원정사
내륙과 다른 독특한 건축양식이
인상적인 불교 사찰

마라도 성당
동글동글한 외형이
인상적인 천주교 성당

마라도
최남단민박

마라도 억새

팔도민박

마라도 관망쉼터

초콜릿캐슬
(최남단의집)

대한민국
최남단비

·장군바위

땅(제주수제
치즈돈까스)

D

제주신화월드

신화테마파크

제주신화월드

거린오름
(북오름)

F

카멜리아힐 동백꽃
느끼면 알게되는 동백꽃의
아름다움[1,2,3,4월]

뽀로로앤타요
테마파크 제주

서광다원
수평선까지 닿아있는 제주
최대규모 녹차밭

제주항공우주박물관
아이들과 함께 즐기는
다양한 항공기 체험

로봇플래닛

신화역사공원
샤스타데이지

바이나흔트
크리스마스박물관

토끼마켓
(플리마켓)

송하농장 홍가시
[4,5월]

카멜리아힐 수국
봄을 지나 여름으로 가는
때에 [5,6,7월]

스트스테이(독채)

노리매공원 핑크뮬리
핑크 해지는 사진을 찍고
싶다면[9,10,11월]

트로이테마-
농원(승마)

하다책숙소
(게하)

도희네
칼국수

소인국테마파크
미니어쳐 사이즈
세계의 랜드마크가

프리튀르
(수제 도너츠)

헬로키티
아일랜드

❄ 카멜리아힐

이상한 나라의
앨리스

서광카트체험장(카트)
하늘여행 행글라이더체험장

전시된 테마공원
서광준희
(성게칼큰)

피규어뮤지엄
(비엔나커피,티라미수)

제주
유리박물관

카멜리아힐 핑크뮬리
가을 손님 맞을 준비 끝
[9,10,11월]

오전열한시
(전북볶음밥)
육쌈동치미)

노리매공원
사계절 꽃과 식물과 함께 찍는
인생사진, 봄철 매화축제

제주어린왕자
펜션(풀빌라)

봉숭이네흑돼지

제주채펜션
감성숙소 혼인

파더스가든
한라의향기(굴뚝)

aaa jeju

제주실탄사격장
실내 권총사격장,이색 체험장

tiny little
ace(독채)

노리매공원 매화
니들이 매화를 알아[3,4월]

벨진빗(벨라마)

안성리 수국길
마을 비포장 양옆으로 풍성하게
꽃피운 수국, 안성리 998 [5,6,7월]

카페수리2180
(루프탑테라스와 굴밭)

화순곶자왈생태탐방숲길
화산활동으로 생긴 요철 지형의 숲

파더스가든(굴뚝)

중문미로파크

군산오름

제주어린왕자
펜션(풀빌라)

크래커스 대정점(돌담 창 햇살,
청춘부부(감귤창고 감성카페)

마노르블랑
(수국 가득한 야외정원)

루나피크닉

안덕면사무소 수국길
덕면 면사무소와 안덕면 산방로에
푸른 수국 길 [5,6,7월]

카페차롱
(3단 도시락 상단차롱)

BISTRO 낭
(채끌스테이크)

고려 봄꿈 때 폭발한 오름,
천년밖에 안된 산. 서귀포
앞바다를 한눈에 서귀포 예래
볼 수 있는 오름

어린왕자감귤밭

마노르블랑 핑크뮬리
[9~11월 예쁜 찻문으로
가득한 카페뷰 핑크뮬리]

마노르블랑
돗통
산방(山房)

고요한오후(독채)
오마이코티지(독채)

명화 컬렉션

루나폴 루나페어야경
12만평 규모의 미디어 아트,
야간형 디지털 테마파크

안덕계곡

군산오름(독채)

풀스테이
카페베이지(독채)

제주그루(독채)

추사 김정희
유배지

단산
산방산.송악산과
마주보고 있으며
정상에서 형제섬,
마라도를 볼수있다.

제주커피수목원

산방산
395미터로 우뚝 솟은 전형적인 종상화산,
산방(山房)이라는 의미는 산수의 동굴을
의마 해석동물로 있기 때문

토지호오(풀빌라)
거멍국수
(고기국수)

또시호오(풀빌라)

화순양오(독채)

건강과성 박물관
엄청난 규모의 성 테마 박물관

더트리브
(성게칼국수)

산방산초가집
(전복매운탕)

제주 진미
(오리 민박/녹용)

마비오주풀빌라

제주해조국 보말성게전문점
(제주보말죽)

단산
탄산온천
바굼지오름

산방산 유채꽃
[3,4월]

산방굴사

산방연대

화순가오(독채)

올레길 9코스 마돈가말굼기)

무릎레 민박/녹용

색달식당(갈치)

갯깍주상절리대 동굴
(제주산속해변)

주제대해안도로

제주국
제주보말죽

미니미리 게하

란드르비당(제주산속해변)

해실(독채)

올레길 8코스

오라디도로
(스테이크)

춘미향
(정식)

스테이 숲이되는
아이노스펜션
(풀빌라)

유엔아이
(스테이크)

순천미항(갈치조림)

하멜기념비

비고르서프
&프리다이빙

황우치해변

박수기정

대평
포구

올레길 9코스 마돈가말굼기)

난드로호선상낚시
프라다 선상낚시

논짓물해안

알라딘호선상낚시

제주커피수목원

보로스름:
스테이더움 2호점
아이노스펜션
(풀빌라)

그레이집
(사계전망 카페)

하늘꽃

설쿰바당해변

치처름(토끼모양 아이스크림)

치처름(토끼모양 아이스크림)

박수기정

홀길로(하트 둠담)
카페 두가시(당근케이크)
카페루시아 본점(아메리카노)

제주대학교 골드빌라스
독채 펜션(풀빌라)

사계해수욕장

유엔아이
(스테이크)

부스트
(현무암카페)

화순금모래해수욕장
가파도와 마라도, 산방산이
배경인 해변

박수기정
절벽이 장관,바다지로 마실 샘물이 솟는
절벽이라는 의미

2

르비행장

당시 일본군이
강제동원하여
전투기 격납

방식당(밀냉면)

송악카트
체험장

4.3유적지

용머리해안
180만 년 전 수중 화산 폭발로 만들어진
각층 동굴과 단층이 모아저서 절경이 탄생

1.커피스케치(브라운 치즈를
듬뿍 넣은 달콤한 크로플 맛집)
2.카페갤러시아(산방송이)

설쿰바당해변

셋알오름학살터

큰돈가 본점(흑돼지근고기)

흑돼지근고기)

용머리 하멜상선
전시관

1. 토끼트멍(무늬오징어,돌문어볶음)
2. 제주선채항(전복칼국수)

제주해양사업단
하모씨워킹)

사일리커피

마라도가는여객선

형제섬

제주스쿠바이로파
(스쿠바다이빙)

올레길 10코스

송악산 둘레길

송악산 진지동굴
(진지동굴 노을)

진지동굴 노을

송악산
산방산, 한라산, 마라도의 모습이 한눈에
섭지코지 못지않게 해안절경이 아름다운 곳

송악산 수국정원
5~7월 송악산 정상에서부터
가파도를 향해 뻗은 분화구를 따라
흘러내린 듯 길게 늘어선 수국밭

마라도가는 여객선
송악산에서 마라도까지 30분 소요
하루 8~9회 왕복
사전예약 필수

상동포구

가파도
천천히 걷기 좋은 '키 작은 섬'

리

이창명 짜장면시키신분
(돗짜장, 톳찜뽕)

가파도
천천히 걷기 좋은 '키 작은 섬'

3

자리덕선착장

살레덕선착장

억새

마라도
대한민국 최남단비

제주가 왜 아름다운 섬인지 자연스레 알게 되는 곳
섬 둘레 4.2km, 대한민국 최남단 신비의 섬

D

E

F

D　　　　　E　　　　　F

큰바리메오름
바리메오름 호수

2시간 4.5Km

만세동산(오름)

한대오름

윗세누운오름

돌오름

병풍바위

윗세오름

1100고지 단풍
오르지 않아도 되는 단풍길 걷기[10,11월]

삼형제큰오름

1100고지 설경

1100고지
한라산 남벽 뷰 감상 가능

1100고지 람사르습지

영실탐방안내소

영실탐방코스
2시간 30분 5.8Km

한라산 영실코스 단풍
그냥 등산말고, 단풍 등산[10,11월]

라산아래첫마을영농조합법인
제주메밀비빔작면.제주메밀빔냉면

무민랜드
핀란드 캐릭터 무민의 스토리가
담긴 공간. 국내 최초, 미디어
아트, 목공아트

법정이오름

서귀포자연휴양림
운동화가 아니어도 괜찮아, 혼자 걸어와도 좋아
제주의 숲에서 캠핑해보는 색다른 경험

호텔

방주교회
제주 7대 아름다운 건축물
관광지는 아니지만 특이한
건물로 많은 사람들이 찾는 곳

거린사슴

본태박물관
세계적인 건축가 안도타다오의 작품.
노출콘크리트와 빛 물이 조화롭게 어우러진
건축미. 세계적인 거장들의 작품과 우리나라
전통공예 전시

시오름

롯데스카이힐제주 CC

클럽엘제주 컨트리클럽

본태박물관
노출 콘크리트

서귀포 치유의 숲
평균수령 60년 이상의 전국
최고의 편백 숲이 여러 곳에 조성

제주다원
생각지도 어려운 녹차 미로와
곳곳의 포토존, 무인카페

녹차 미로공원

중문레저
UTV (ATV)

1115

서귀포 천문과학 문화관
밤하늘의 천체 및 태양을 관찰할 수
있는 천체 망원경 보유

하늘아래수목원

•대유ATV수렵사격랜드
ATV, 수렵, 사격

예래동 벚꽃길
조용히 벚꽃놀이를 즐기고 싶다면
예래생태공원[3,4월]

중문향토오일장
끝자리 3일, 8일에
열리는 오일장

법화사지 배롱나무
법화사

엉또폭포
비가 많이 와야만 볼 수
있는 신비의 폭포

호근동 동백길
시골길에 피어나는 붉은 동백길.
주소: 호근동 1323-1
[11,12,1,2,3월]

도순다원•

오전열한시
서복불로삼
쌀꽃피마

스테이블든(독채)

고근산
서귀포시와 서귀포 앞바다가
한눈에 보이는 곳

씨프로우
프리다이빙

뜻밖의발견 - 조용한 빈티지 카페

모루헌
(독채)

1.연돈(돈까스)
2.숙성도(숙성흑삼겹)
3.형제도식당(갈치한상)

김서프제주(서핑)
제이제이
서핑스쿨(서핑)

중문동 벚꽃길
예래동 주민센터부터 구 중문동
주민센터까지 벚꽃 드라이브 길[3,4월]

중문 모메든식당
(제주산흑돼지)

국수바다 본점(고기국수)

한국야구
명예의 전당

경기장

문치비
(흑돼지오겹살)

**서귀포시청
제2청사**

흑고 신시가지점

돈블랙(흑돼지)

서귀피안
(오션뷰)

식물집

제주운이네
(갈치조림)

삼미흑돼지

가망돼지 중문점

고집돌우럭

천제연폭포
총 3단으로 이루어진 폭포

볼스카페

제주국제평화센터
남북평화, 세계 평화에 기여한
분들의 밀랍인형

1136

1132

시스터필드(유기농)
밀과 프랑스 버터로
만든 크루와상 맛집

카페꽃다락

제주 월드컵
경기장

병하우로스(봄날,딸기라떼)

더플래넷(생태문화)
여미지식물원
박물관으로 살아있다

스토리캐슬 EP.1
더 신데렐라

그림 포레스트

수두리보말칼국수

답다니 수국
이곳이 수국 맛집[6,7월]

진곳내
물개바위 노을
(일러스트샵)

세리월드
종합 레저 테마파크로 카트,승마,
미로공원등 즐길거리가 다양하다

하라케케
(말차라떼)

테디베어뮤지엄,초콜릿면점
엉덩물계곡 유채꽃

무비인랜드
왁스유지엄

들레길 중문 본점

천제연폭포
폭포샵

플래워스
(일러스트샵)

법환동 청소년
문화의집

법환포구

갯깍
중문색달해변
수질평가 1위 해변
깨끗한 바다, 수영이나
해양스포츠에 제격

주상절리대 동굴

아프리카
박물관

악천사

조안베어 유치원
제주국제컨벤션센터

제주테트

월평올레

돈내미울
(유채꽃이
아름다운
곳.법환동 1541)

색달해변 일몰
더클리프(브런치와 칵테일을
즐길 수 있는 오션뷰 카페)

디스커버제주
돌고래투어

앳모스제주점
1000평 규모의 엔터테인먼트 오락실

월평포구
월평포구 스노쿨링

강정천

서건도

러더스
두머니물(범섬과
유채꽃이 아름다운
곳.법환동 1541)

대포주상절리대
화산 분출 용암 표면이 균등한 수축으로 수직 방향으로
생겨난 돌기둥이 주상절리.
해안가의 용암이 빠르게 식으면서 생긴 균열이 4~6각형의
기둥을 생성, 그 균열로 비와 얼고 녹이를
반복하면서 틈이 발생하고 떨어져 나가 대포 주상절리대 생성

올레길 7코스

강정항

서귀포 엉덩물계곡 유채꽃

중문관광단지

D　　　　　　　　　　F

따라비오름 억새

따라비오름
쉽게 오를 수 있고 가을
억새풀이 가득한 오름

가시리마을

녹산로 유채꽃 도로
유채꽃은 꽃밭보다 꽃길이지 [3,4월]

오늘은 녹차
한잔 동굴샷

오늘은녹차한잔에
(향긋한 녹차 한잔에
녹차 족욕까지)

무명고택(독채)

**김정문알로에
알로에숲**
온실 알로에숲

오늘은카트
레이싱(카트)

물영아리(오름)
물이 많은 마을, 람사르
습지보호구역

해비치 CC

가시리 마을 벚꽃
제주 시골 그리고 벚꽃[3,4
월]

갑선이오름

에드타임(독채)

해비치CC입구 벚꽃
제주 도민만 아는 벚꽃
명소[3,4월]

가시리사무소

포토갤러리
자연사랑미술관

가스름식당
(토종흑돼지삼겹살),
나목도식당(삼겹살)

가시식당(두루치기)

가시리마을

옷귀마테마
타운(승마)

머체왓 숲길
수레국화가 아름다운 한적한
제주숲길, 총 거리 6.7km
2시간 30분

수망다원
(녹차,말차라떼)

열대과일농장 유진팡
(바나나,파파야,귤따기)

소소름
(쇠오름)

아호
(쪼꼬미스콘,
제주당근스콘)

가세오름

머체왓숲길
방문객 지원센터

수망일기
(핸드메이드 인형으로 꾸며진
동화 감성 카페)

보내다제주
(귤따기)

광동식당(흑돼지
두루치기)

편백포레스트
엄소먹이주기체험, 숲속놀이터,짚라인,클라이밍등
다양한 놀거리가 있어 아이들과 가기좋은 여행지

심플토산
(독채)

토종흑염소목장
3.5만평의 숲에 7만평의 편백나무로
이루어진 곳 그리고 1.5만평의 목장.

경흥농원 동백
노란 귤밭과 어우러지는
붉은 동백[12,1,2,3월]

동백마을
방문자센터

요정의 집

신흥2리마을
동백마을

남원읍

귤림동화(독채)

더쉼팡스파앤
풀빌라리조트(풀빌라)

문화창달(빈티지 소품들로
꾸며진 감성카페)

제주 판타스틱버거
(베이직버거)

소노갑제주
하트나무

목시케
(제주김운파스타,
제주가득한파스타)

최남단 체험 감귤농장
(가위밀 농촌생태공원)

미깡밧스테이 삼삼은구(독채)

모카다방
(유기농 재료를
사용한 구움과자가
맛있는 곳)

제주외가(독채)

수국길
소담스러운
[5,6,7월]

구사물

제주도작은집
(독채)

세러데이아일랜드
(정통 이탈리아식
식음료를 판매하는 곳)

나름의 고요
(독채)

제주파인비치펜션
(캠핑장)

코코몽에코파크
가족형 어린이 놀이공원

취향의섬
(보리개역카피)

토리코티지 펜션
(풀빌라)

스테이귤밭
정원(독채)

에어그라운드
(캠핑장)

금호리조트
제주아쿠아나

소이언가(독채)

아주르블루

제주동백

모노클제주
(아인슈페너,스콘)

루브린라운지

선광사

마므레
(바베큐)

로빙화

범일분식
(순대국밥,순대한접시)

남원
포구

남진호,착한배낚시
(배낚시)

수목원

올레길 5코스

소싯적(독채)

카페 동박낭 동백꽃
애기동백군락과
커피한잔[11,12,1,2,3월]

큰엉해안경승지
큰엉 이라는 뜻은 제주 사투리로 '큰 언덕'
큰 바윗덩어리가 많은 1.5km의 해안산책로
한반도 지형의 사진을 찍을 수 있는 사진 명소

큰엉해안 한반도 지형

동백나무군락
붉은색 동백 용단이
숲, 1월~4월 만개

태웃개
용천수가 흐르는 노천탕.
'우리들의 블루스'촬영지 스노쿨링 스팟

표선

전국

12번 도로 삼나무 숲길

돌카롱 사려니숲길점
(유채꽃카롱,억새카롱)

1112

사려니숲길
입구

곶자왈 숲 속을 달리는 미니기차

탱크아놀자(ATV)
제주오름승마
랜드(승마)

곳갓전시관
성미가든
(닭고기샤브샤브)

교래
삼다수마을

제주 센트럴파크

샤이니
숲길

샤이니숲길
편백나무길

삼다수숲길

카페갤러리(앤틱
가구로 꾸며진
갤러리형 카페)

렛츠런팜 해바라기밭

붉은오름
자연휴양림

물찻오름

붉은오름
삼나무길을 걸어
계단을 오르면
30분만에 정상 도착

사려니숲길
삼나무길

사려니숲길
비자림로에서 사려니오름에 이르는
약 15KM의 완만한 숲 산책로
편백 나무, 삼나무, 때죽나무 등의
다양한 종류의 나무가 가득
걸어도 걸어도 전혀 힘들지 않은
몸과 마음의 병이 치유되는 곳

전망대

말로(정원 산책과 포니 먹이주기
체험할 수 있는 카페)

산굼부리
높이는 불과 28m 그런데 구멍이
깊이는 100m
구덩이(굼부리)가 깊은 특이한 오름

산굼부리 억새
낮은 오름과 억새[10,11,12월]

탐라승마장

카페 글렌코
(스코틀랜드풍 정원)

렛츠런팜제주
6~8월 해바라기밭 만으로도 가볼만 한 곳
목장의 예쁜 꽃길에서 인생 사진 찍을 수
있는 곳

안돌오름
비밀의숲

거슨새미

제주관광 승마(승마)

카페 글렌코
핑크뮬리
[9,10,11월]

카페 글렌코 샤스타데이지

제주 스카이워크쇼
(가족과 볼만한
스카이워터쇼)

송당 우픈모루
(인스타 스팟)

송당승마장(승마)

블루버토즈 제주 카페
(놀라플로트,제주녹차땅콩호떡)

송당리
[5,6,9,10월]
백약이
아부오름

성불오름

97

보롬왓 맨드라미
보롬왓
“꽃이 지지않는 곳 같아”

목장카

목장카

포니밸리(승마)

**서귀포 정석항공관
일대 유채꽃 및 벚꽃**
드라이브는 유채꽃과 함께
[3,4월]

정석항공관

대록산
억새밭

큰사슴이오름
(대록산)

유채꽃프라자
[3,4월] 유채꽃프라자 옆에 조성된
드넓은 유채꽃밭, 카페에서 유채꽃
보며 커피한잔의 여유

다이나

가시리풍력발전단지 억새
가시리 초원의 억새무리, 녹산로
464-78 [10,11월]

메밀꽃밭(5,6,9,10)과 라벤더밭(7,8월) 그리고
청보리밭(4,5월), 보라유채꽃(3,4월) 비밀스러운
수국 길까지 사계절 모습이 다 아름다워

따라비오름
노을 억새

따라비

녹산로 벚꽃 도로
4월, 유채꽃 뒤편으로 이어지는 벚꽃길

가시리마을

따라비오름 억새
한라산 전망 억새[10,11,12월]

실내 어드벤처 스
아이 어른 같이
게임 등의

따라비

쉽게 오를 수 있
억새풀이 가득

녹산로 유채꽃 도로
유채꽃은 꽃밭보다 꽃길이지 [3,4월]

성읍랜드
승마,카트,ATV,말당근수기체험등
즐길거리가 많은 곳

물영아리(오름)
물이 많은 마을, 람사르
습지보호구역

1118

해비치 CC

해비치CC입구 벚꽃
제주 도민만 아는 벚꽃
명소[3,4월]

가스름식당
(토종흑돼지삼겹살)
나목도식당(삼겹살

옷귀마테마
타운(승마)

머체왓 숲길
수레국화가 아름다운 한적한
제주숲길, 총 거리 6.7km
2시간 30분

머체왓숲길
방문객 지원센터

편백포레스트
염소먹이주기체험, 숲속놀이터,짐라인,클라이밍등
다양한 놀거리가 있어 아이들과 가기좋은 여행지

요정의 집

수망다원
(녹차,말차라때)

수망일기
(핸드메이드 인형으로 꾸며진
동화 감성 카페)

열대과일농장 유진팜
(바나나,파파야,귤따기)

소소름
(쇠오름)

아호
(포꼬미스콘,
제주당근스콘)

보내다제주
(귤따기)

심플토산
(독채)

경흥농원 동백
노란 귤밭과 어우러지는
붉은 동백 [12,1,2,3월]

1136

동백마을
방문센터

**위미리 3760
(위미리동백군락지)**
토종 동백나무를 볼 수
있는 곳[11,12,1,2,3월]

1119

토종흑염소목장
3.5만평의 숲에 7만평의 편백나무로
이루어진 곳 그리고 1.5만평의 목장.

휴애리 매화
3~4월 개화

휴애리 자연생활공원 동백꽃
애기동백이
뭐야?[11,12,1,2,3월]

휴애리 자연생활공원 귤밭
내가 직접 따는 감귤맛은
어떨가?[10,11,12,1월]

동백포레스트

동백포레스트 동백
동백정원에서 커피
한잔[11,12,1,2,3월]

양금석가옥

네이처캔버스비베큐
B.B.Q플래스

쉼터체험농장
(감귤, 황금향)

위미리 수국길
소담스러운
수국[5,6,7월]

신흥2리마을
동백마을

귤림동화(독채)

남원읍

구사물

제주도작은집
(독채)

미깡밭스테이 삼삼은구(독채)

세레데이아일랜드
(정통 이탈리아식
식음료를 판매하는 곳)

스테이귤밭
정원(독채)

제주 판티
(베

모카다방
(유기농 재료를
사용한 구움과자가
맛있는 곳)

나름의 고요
(독채)

제주외

제주파인버치펜션
(캠핑장)

최남단 체험 감귤농장
(가위말 농촌생태공원)

코코몽에코파크
가족형 어린이 놀이공원

토리코티지 펜션
(풀빌라)

취향의섬
(보리갯역커피)

에어그라운드
(캠핑장)

올레길4코스

A   B   C

아주르블루

성산읍

아부오름
문석이 오름
동거문오름

스누피가든
피너츠의 에피소드를 재현해놓은 자연휴식공간
제주 자연이 주는 느낌과 테마가든에서

백약이오름 가는 산간 도로

백약이오름
푸른 초원과 나무계단
꽃을 든 커플사진을 많이 찍는 곳

백약이 오름 가는 산간도로

청초밭 동백
아이와 함께 동백꽃
군락[11,12,1,2,3월]

팜파스 그라스
풍성한 느낌의
팜파스[10,11,12,1월]

성읍리 갯꽃무

제주아리랑 혼
제주아리랑과 태권무지컬 공연장

어라운드 폴리(독채)

베니스랜드
베니스의 축소판, 곤돌라타고
한바퀴

수와키(독채)
제주농원 감귤체험농장
짱구네 유채꽃밭
원형 감귤장식

짱구네 유채꽃밭
산책하기 제격의
[12,1,2,3월]

제주해양 동물박물관

아일랜드플라워
목장형 동물 체험 카페

감귤랜드귤체험장
산포식당
(왕갈치정식)
제주카페박물관
Baum
컬러인제주
성산바다
(갈치조림)

빛의 벙커
해저 광케이블 시설이 전시
시설로 재탄생
빛의 벙커
웅장한 공간

대수산봉

올레길 2코스

혼인지
혼인 신화가 전해오는
연못, 전통 혼례 체험

혼인지 수국
연못주변 수국밭[6,7월]

온평바다한그릇
(해물라면)

온평 포구

가달빛(흑돼지라자냐)

OK승마장

영주산(오름)
천국의 계단[보랏빛] 산수국
계단, 수국철 6~7월]

알프스승마장포니(승마)
이어도승마장(승마)
뷰 제주하늘
제주공룡 동물농장
유건에오름

난산리큰집
(게스트하우스)

올레길 3A 코스

제주 달로
풀빌라

레돔펜션(독채)

북돼지식당
(고사리주물럭무한리필)

만덕이네(갈치조림정식,전
복문어흑돼지두루치기)

정의향교,
고창문 고택,
고평오 고택

정의현성

초가현(기름떡,
아메리카노)

일출랜드
신비로운 지하동굴
속에서 영감 폭발
천연동굴 미천굴을
중심으로 한 자연컨셉
테마랜드

동오름

동자봉

미천굴

잔디공장(내 건강을 위한
초록초록한 잔디우유와
잔디스무디 한 잔)

표선·세화해안도로
(세화리-민속촌박물관)

카페아오오(올디니즈,
올디사남)

제이아일랜드
(롱올리창 밖으로 보이는
멋진 바다전망 카페)

올레길 3B 코스

**김정문알로에
알로에숲**
온실 알로에 숲

오늘은카트
레이싱(카트)

남산봉
(망오름)

성읍민속마을
1423년(세종 5년) 현청이 생긴 이후
조선 말기까지 '정의현' 소재지였던 곳
전통 초가 가옥들이 현무암의 돌담
사이에 분포

불특정식당(디너, 런치)

고흐의 정원

아줄레주
(리스본 감성이 느껴지는
에그타르트 맛집)

몽상화(독채)

하이재(독채)

신풍 포구

신풍 신천 바다목장

스테이삼다오름
(풀빌라)

무명고탁(독채)

신풍리 해바라기
돌담과 해바라기[7,8,9월]

표선면

갑선이오름

에드타임(독채)

포토갤러리
연추사랑미술관

가시식당(두루치기)

가시리마을
유채꽃 드라이브 코스(녹산로와 유채꽃 축제로
유명한 마을, 미술관, 카페, 공방, 밥집들이 있는
작은 제주마을)

세계술박물관

이리스
(독채)

신천아트빌리지
마을 곳곳에 수놓은 51점의
벽화 작품들이 있는 해변 마을

신풍 신천 바다목장
제주올레 3코스에 해당하는 곳으로 해안 옆 목장이 이색적
아름다운 해안가 옆, 말이 뛰는 초원위를 걷는 기분
관광 목장이 아니므로 지정된 올레길로만 이동

신천목장 귤피밭

표선여가(독채)

13월의제주(독채)

제주허브동산 허브
허브로 할 수 있는 모든것
[9,10,11월]

가세오름

제주허브동산
낮보단 밤에 가봐, 반짝이는
조명작품들 사이 향긋한 허브향

광동식당(흑돼지
두루치기)

아키아서핑스쿨
서프포인트(서핑)

당포로나인 돈카츠(왕카츠롤까스)
당케올레국수(보말향국수)
해미원(모듬회)

제주촌로(오겹살)
제주우동가게(돈까스)
표선수산마트
(광어회,고등어회)

웨이브
(수제버거)

소금막해수욕장

표선해비치 해수욕장
무릎 정도의 해수면이 백 미터 이상 펼쳐지는 얇고 넓은 해수욕장
그래서 수영하지 않는 사람들이 걷기에도 좋고 아이들이 놀기에 딱 좋다.

더심팡스파앤
풀빌라리조트(풀빌라)

문화창달(빈티지 소품들로
꾸며진 감성카페)

소녀캠제주
하트나무

목스키친
(제주로운파스타,
제주가득한파스타)

해비치 호텔 & 리조트

제주민속촌
돌담과 청낭, 19세기의 제주도가 그대로

제주민속촌 수국
대장금 촬영지로 수국무리[6,7월]

코코티에(솔티카라멜라떼,백향과에이드)

제주올레
공식안내소

당케포구

다카포(모래놀이할수 있는 카페)

표선 해안도로

성산

구좌읍

김녕미로공원
길을 잃는 즐거움
키만큼 큰 나무 벽에 갇히면
하늘이 더 파랗게 보여

만장굴
유네스코 세계자연유산
땅이 쑥 꺼졌을걸? 겉옷 필수
세계 최장길이 자연동굴

말젯문(새우크림빵)

요요무문(구좌 당근 디저트)

아이보리매직(독채)
명진전

그계절(식물이 함께하는
싱그러운 카페)
(수플

"예쁜 바닷가
플리마켓」매월 5일,
(코로나로 인하여 휴즙

선흘 동백동산
(동백나무 10여만
그루가 숲을 이룸)

둔지오름

"사

제주흐름(2인독채)

선흘곶자왈
(제주도 국가지질공원)

선흘감리교회 사스테데이지

카페 비케이브 초콜맨드라미

선흘감리교회

선흘꽃
(쌈밥정식) 비케이브
(비케이브라떼,비케이브요거트)

카페 비케이브 백일홍

비자림
500~800년된 비자
천년을 버텨온 원시
항균효과가 뛰어나

메이즈랜드 장미

비자림의
비자나무

이공팔오(통 유리창 안으로
들어오는 채광 엿집 카페),

메이즈랜드
미로 박물관도 구경하고 미로
체험도 할 수 있는 곳

제주
오메기파크

한올랜드

제주라프
다이나믹한 짚와이어/짚라인

오엘로(독채)

동굴의다원 다희연
동굴카페, 녹차밭, 짚라인, 카트투어

제주랜드

다랑쉬오름 일출

다랑쉬오름

다랑쉬오름

다랑쉬오름
둘레가 약 1.5킬로미터, 깊이 115
미터로 원뿔모양의 분화구

윗밤오름

섭섭이네
(유괴슬실에서
산책할 수 있는 곳)

월랑봉

선흘리 벵뒤굴

송당나무

아끈다랑쉬
오름 억새
억새군락의 끝판왕[9,10,11,12월]

흑돼지통뒷다리
흑돼지한입가스정식)

캔디원

선녀와 나무꾼 테마공원
어릴적 추억의 장소

우연히, 그곳
(고소한 크림 듬뿍
아인슈페너 맛집)

풍림다방
(진한 바닐라맛의
커피 풍 람브레빠)

용눈이오
환상적인 일몰을 감상하기 좋은
제주에서 가볍게 산책할 수 있는 하
오름을 고른다면 바로

상춘재
(멍게비빔밥)

포레스트 공룡사파리

오름나그네(보말칼국수)

제주 세계자연유산센터

거친오름

체오름

밧돌오름

송당무끈모루
나무사이/포토존

디포레카라반
파크(캠핑장)

높은오름
제주 동부에서 가장 높은 오름

거문오름
세계유네스코 자연유산 등재
학술적, 자연유산적 가치가 높은

안돌오름 비밀의숲

사근이오름

송당미학
(독채)

아부오름 갯무꽃밭
제주에서만 볼 수 있는
야생화[5,6,7월]

탱크야놀자(ATV)

삼나무와 편백나무가
빽빽히 들어선 예쁜 숲

안돌오름 백일홍

안돌오름
비밀의숲

송당
무끈모루

새미오름

안도르(돌땅코르테,안돌오름)

아부오름
문섬이오름

아부오름

동거문오름

제주오션승마
랜드(승마)

거슨새미

아부오름
노을 맛집

산굼부리
높이는 불과 28m 그런데 구덩이
깊이는 100m
구덩이(굼부리)가 깊은 특이한 오름

제주관광 승마(승마)

스누피가든
피너츠의 에피소드를 재현해놓은 자연휴식공간
제주 어느 느낌과 테마가든에

카페 글렌코

핑크뮬리
[9,10,11월]

송당 무끈모루
(인스타 스팟)

백약이오름 가는
산간 도로

백약이 오름 가는

산굼부리 억새
낮은 오름과 억새[10,11,12월]

탐리송머장

카페 글렌코 사스테데이지

송당리 메밀꽃밭
[5,6,9,10월] 송당리 산164-4,
백약이 오름 가는 중간
아부오름도 가고 메밀꽃밭
사진도 찍고

송당승마장(승마)

블루보틀 제주 카페
(놀라플로트,제주녹차땅콩호떡)

백약이오름
푸른 초원과 나무계단
꽃을 든 커플사진을 많이 찍는 곳

팜파스 그라스
풍성한 느낌의
팜파스[10,11,12,1월]

성읍리 갯두

서귀포 정석항공관
열대 유채꽃 및 벚꽃
드라이브 유채꽃과 함께
[3,4월]

제주 스카이워터쇼
(가족과 볼거한
스카이워터쇼)

성불오름

청초밭 동백
포토존

청초밭 동백
아이와 함께 동백나무
군락[11,12,1,2,3월]

어룬드포레(독채)

뷰 제주하늘

보롬왓 맨드라미

보롬왓
"꽃이 지지않을 것 같아"
메밀꽃밭[5,6,9,10]과 라벤더밭[7,8월] 그리고
청보리밭(4,5월), 보라유채밭[3,4월] 비밀스러운
수국 갈꽃지 사계절 모습이 다 아름다워

목장카페 드르쿰다

제주아리랑 혼
제주아리랑과 태권뮤지컬 공연연장

가시리풍력발전단지 억새
가시리 초원의 억새무리, 녹산로
464-78 [10,11월]

대록밭
억새밭

대록밭
큰사슴이오름
(대록산)

유채꽃프라자
[3,4월] 유채꽃프라자 옆에 조성된
둘레는 유채꽃밭. 카페에서 유채꽃
보며 커피한잔의 여유

목장카페 밭디

포니밸리(승마)

낙타트레킹

사과달빛(흑돼지자나마)

노바웅더리 제주
(리조또,파스타)

OK승마장

이어도승마장(승마)

영주산(오름)
천국의 계단(보랏빛 산수국
계단, 수국철 6~7월)

알프스승마장포니(승마)

정의향교
고창환 고택
고평오 고택

북돼지식당
(고사리주물럭우한리필)

만덕이네(갈치조림정식,전
북문어흑돼지두루치기)

일출란
신비로운 저하늘
속에서 영감 읽
천연동굴 미천으
중심으로 하자

서귀포 정석항공관
열대 유채꽃 및 벚꽃

다이나믹메이즈
실내 어드벤처 스포츠 테마파크
아이 어른 같이하는 미로탈출
게임 등 다양한 즐길거리

녹산로 벚꽃 도로
4월, 유채꽃 뒤편으로 어우러진 벚꽃길

가시리마을

따라비오름
노을 억새

정의현교
(흑돼지오겹살),
옛밭죽축(새알팥죽)

성읍칠십리식당
(흑돼지오겹살)

정의현정

명의갈비탕

산남봉
정의현에

따라비오름 억새
한라산 전망 억새[10,11,12월]

따라비오름
쉽게 오를 수 있고 가을
억새풀이 가득한 오름

오늘은 녹차
한잔 녹차공상

성읍민속마을
1423년(세종 5년) 현청이 생긴 이후
조선 말기까지 '정의현' 소재지였던 고
전통 초가 가옥들이 현무암의 돌담
사이에 분포

김경문알로에
알로에숲
온실 알로에 숲

오늘은녹차한잔
(항긋한 녹차 한잔에
녹차 족욕까지)

녹산로 유채꽃 도로
유채꽃은 꽃밭보다 꽃길이지 [3,4월]

성읍랜드

오늘은카트
레이싱(카트)

주밭담 테마공원
전통의 돌담문화를 볼 수
곳, 진빌래 밭담길

월정투명카약
제주웨이브서핑
3.파도서프
4.월정쿽서프

월정암(독채)
물물인연(독채)

**구좌풍력
발전기**
리즈또(피자)
정리이준옥원조고등어
좌점(고등어묵은지찜)
이안
일상호사(독채)
월정리에서런치
천동굴
(오션뷰)
냉사굴
친절한 경배씨
(게스트하우스)

월정리해수욕장
에메랄드빛 바다와 수많은 카페
커플 여행자들이 꼭 둘렀다 가는 곳!

월정리 해안도로

코난해변
구좌방파제
수심이 얕고 에메랄드빛의 바다. 스노쿨링으로 유명하다.

오저어 일몰

구좌읍 우럭튀김 민경이네어등포식당
(우럭정식, 민경이물회)

세화해수욕장
파란 바다를 배경, 의자
사진 찍는 그곳!

종달리 해안도로

월정 장연의집
(만두전골)
**월정리
카페거리**
그초록
하하호호 월정리점
(구좌마을흑돼지버거)
스테이솔티
(바다전망 '모래한잔')

어등포해녀촌
(회정식, 우럭정식)
그초록
(아보카도커피)

떡하니
문어떡볶이
멘도롱
돈까스

로봇스퀘어
직접 만지며 조종할 수 있는
로봇과학관(아이들 체험 실내공간)

Avec 0426
(독채)
벵디(돌문어덮밥)
뿔소라투덮밥)

카페 라라라
(당근주스
당근케이크)

별방진
왜구를 막기위해 1510
년 축성한 방호소

알젯몬(새우크람알밥)

윤스타 피자앤
파스타(화덕피자)

토끼섬
토끼섬
문주란 자생지

김녕미로공원
길을 잃을 즐거움
키만큼 큰 나무 벽에 갇히면
하늘이 더 파랗게 보여

요요무문(구좌 당근 디저트)
아이보리매직(독채)

통툼카레
(콩카레)
명진전복(전복돌솥밥)

평대리해수욕장
세화포구
숙자네술가락젓가락
(갈치조림+통갈치구이)

카페할라산

구좌 용문사앞
하변

올레길 21코스

제주카약체험
우도, 토끼섬 전

세화벨롱장
"예쁜 바닷가에 시끌벅적 별이뜨는
플리마켓", 매월 5일, 20일 11시~1시 사이
반짝 열린다.
(코로나로 인하여 휴장중, 페이스북 확인 필)

그계절(식물이 함께하는
싱그러운 카페)

카페오걸
(수플레 팬케이크)
청파식당호회

제주해녀
항일운동기념탑

아코제주
(인테리어소품)

하도핑크
(딱새우리조또)

제주 하도리
철새도래지

제주 해녀박물관
제주 해녀의 역사와 삶을
엿볼 수 있는 장소

하도해변
투명한 물빛과 고운 모래

둔지오름

세화민속오일장
"시장 앞 푸른 바다 감상하며
문어꼬치 먹기"
끝자리 0일, 5일에 열리는 오일장

풍미독서
(브런치 맛있는
북카페 레스토랑)

하도미술관
(마들렌이 맛있는
갤러리카페)

지미봉(지미오름,
정상까지 15분,
올레 21코스)

구좌읍

비자림
500~800년된 비자나무 2,500여 그루가 있는 곳
천년을 버텨온 원시림 그리고 피톤치드로 가득한 산림욕
항균효과가 뛰어난 비자 열매, 몸이 건강해지는 여행

철새 천연기념물
희귀새도래지 및 서식지
(철새도래지, 출사장소)

이스트포레스트
(전복리조또)

온온오뜰(독채)

종달 타보카
수상보트

소심한책방

종달차경메리골드(독채)

다랑쉬오름
둘레가 약 1.5킬로미터, 깊이 115
미터로 원뿔모양의 분화구

메이즈랜드 장미
메이즈랜드
미로 박물관도 구경하고 미로
체험도 할 수 있는 곳

송당나무
(유리온실에서
산책할 수 있는 곳)
네
식)

비자림의
비자나무

제주
오메기파크

다랑쉬오름 일출
다랑쉬오름 철쭉
다랑쉬오름 갯무꽃

월랑봉

말미오름(두산봉,제주도)
올레길 1코스 첫 번째 오름)

제주 올레1코스 안내소

알오름

시흥리

종달리 해안도로
브라비치돌

**아끈다랑쉬
오름**

올레길 1코스

제주레일바이크
용눈이 오름 옆, 제주 대자연을 2,3,4
인승으로 달릴 수 있는 레일 바이크

연히,그 곳
크림 풍뱃
패너 맛집)

송당본향당
•디포레카라반 커피 풍 팜브레꿰)
부오름 갯꽃밭
제주에서만 볼 수 있는
야생화[5,6,7월]
땅끄래미,안돌오름
로(독채)

**아끈다랑쉬
오름 억새**
억새군락의 끝판왕[9,10,11,12월]

풍림다방
(친한 바닐라맛의
커피 풍 팜브레꿰)

용눈이오름
환상적인 일몰을 감상하기 좋은 오름
제주에서 가볍게 산책할 수 있는 하나의
오름을 고른다면 바로 이곳

용눈이오름 억새
억새군락의
끝판왕[9,10,11,12월]

어니스트밀크 본점
(한아름목장 우유로 만든
건강한 수제요거트)

이스틀리카페&현애원
(수제티라미슈,플레이치즈케이크)

성산읍

높은오름
제주 동부에서 가장 높은 오름

문석이
오름
동거문오름

수와키(독채)

감귤랜드귤체험장

산포식당
(왕갈치정식)

새벽숯불가든
(흑돼지생오겹)

복자씨연탄

아부오름

스누피가든
피너츠의 에피소드를 재현해놓은 자연휴식공간
제주 자연이 주는 느낌과 테마가든에서

성산읍

제주농원 감귤체험농장

짱구네 유채꽃밭
원형 감귤정식

제주해양
동물박물관

빛의 벙커
해저 광케이블 시설로 전시
시설로 재탄생

제주커피박물관
Baum

컬러랜드제주

성산바다
(갈치조림)

대수산봉

밀꽃밭
[산164-4,
가는 중간
] 메밀꽃밭
사진도 적고
채
동백
포토존

백약이오름
푸른 초원과 나무계단
꽃을 좋은 커플사진을 많이 찍는 곳

백약이 오름 가는 산간도로

짱구네 유채꽃밭
산책하기 제격의
[12,1,2,3월]

빛의 벙커
빛의 벙커
웅장한 미술관

올레길 2코스

청초밭 동백
아이와 함께 동백꽃
군락[11,12,1,2,3월]

아일랜드플라워
목장형 동물 체험 카페

국립제주박물관

"탐라의 문화는 어떻게 발전되어 현재에 이를까?"

제주도에서 출토된 유물들과 선사시대부터의 제주도 역사를 전시하고 있는 박물관. 내륙지방과는 사뭇 다른 탐라의 독특한 문화가 인상적이다. 시기별 다양한 특별전과 사회교육 프로그램도 진행된다. 무료입장. 매주 월요일, 1월 1일, 설날과 추석 연휴 휴관.(p799 D:1)

- 제주 제주시 건입동 261
- 주차 : 제주 제주시 건입동 261
- #제주도 #역사 #문화

제주동문재래시장

"여행만 하다가 사올만한 것을 깜빡 했다면 공항과 가까운 재래시장으로!"

제주공항에서 차로 15분 거리에 있는 오래된 재래시장. 감귤, 귤하르방 빵, 감귤 초콜릿 등의 기념품과 활어회 흙돼지 등 각종 해산물 및 먹거리를 함께 판매한다. 저녁 8시 폐장한다.(p799 D:1)

- 제주제주시 관덕로14길 20
- 주차 : 제주도 제주시 일도1동 1104-2
- #한라봉 #감귤초콜릿 #기념품

올래국수 [맛집]

"제주도의 대표 메뉴, 고기 국수!"

제주공항 근처의 고기국수 맛집이다. 뽀얀 육수에 터프하게 올려진 돼지고기, 식감 좋은 면발까지 조화를 이룬다. 숭덩숭덩 올려진 고기들이 씹히는맛이 좋다. 여행의 시작, 여행을 마무리할 때 들러 먹기 좋은 곳! (p799 D:1)

- 제주 제주시 귀아랑길 24
- #고기국수 #진한고기육수

돈사돈 [맛집]

"연탄불에 직접 구워주는 돼지 근고기"

연탄불에 직접 구워주는 돼지고기 전문점. 고기는 근(400g, 600g) 단위로 주문할 수 있으며, 5cm 정도로 두툼하게 썰려 나온다. 직접 고기를 구울 필요가 없어 편하고 고기 맛도 좋다. 고기를 찍어 먹는 제주도식 '멜젓'과 직접 담은 김치로 끓인 돼지고기 김치찌개도 훌륭하다.(p798 C:2)

- 제주 제주시 노형동 3086-3
- #돼지고기 #삼겹살 #근고기 #멜젓 #김치찌개 #육즙

다가미 [맛집]

"햄과 단무지가 빠진 담백한 대왕김밥"

제주3대 김밥 맛집이다. 제주산 돼지떡갈비에 마늘, 고추가 들어간 매콤한 화우쌈이 시그니처 메뉴다. 3,000원의 가격에 속이 꽉 찬 푸짐한 김밥을 맛볼 수 있다. 햄과 단무지가 들어가지 않는 것이 특이하다. 전화예약이 가능하나, 주문이 밀린 경우 통화가 어렵다. 제주 도내 5개의 매장이 있으니 가까운 곳으로 방문하면 된다.일요일 휴무 (p801 F:1)

- 제주 제주시 도남로 111 다솜빌라 1층
- #김밥맛집 #대왕김밥 #테이크아웃맛집

마방목지

"한라산 중턱의 넓은 초원만큼 이색적인 곳도 없지!"

제주에서 서귀포로 넘어가는 한라산 중턱 1131번 도로에 있는 말을 키우는 이국적이고 넓은 초원. 순수 제주혈통의 조랑말이 있는 이곳은 천연기념물 347호로 지정되어있다. 우리나라 말의 50%는 제주에 있는 이유는 넓은 초원이 한몫한다고.(p799 F:2)

- 제주 제주시 봉개동 516로 2480
- 주차 : 제주 제주시 용강동 산14-11
- #조랑말 #초원 #승마체험

한라생태숲

"가벼운 마음으로 지나가다 들러봐 혼자 걸으며 사색하기 좋은 곳!"

난대, 온대, 한대 식물을 한 장소에서 모두 볼 수 있는 곳. 2층 전망데크에 오르면 한라산 정상 뷰를 즐길 수 있다. 힘들지 않게 동네 공원을 산책하는 느낌으로 한라산 정상과 제주 앞바다를 볼 수 있어 더 매력적이다.(p799 F:2)

- 제주 제주시 봉개동 516로 2596
- 주차 : 제주 제주시 용강동 산14-1
- #식물원 #전망대 #한라산전망

르부이부이 맛집

"제주도에서 즐기는 프랑스 미식여행"

@ppamy102

제주도의 귀한 프렌치 레스토랑. 오리 간 요리인 파테, 달팽이 요리인 에스카르고 같은 프랑스를 대표하는 메뉴들을 캐주얼하게 즐길 수 있는 곳이다. 제주도의 식재료를 활용해 만든 훌륭한 코스 요리를 비교적 저렴한 가격에 즐길 수 있어 제주도에선 이미 소문난 곳이라고. 요리만큼이나 내추럴와인도 유명한 곳이니 꼭 함께 하시길!

절물자연휴양림 추천

"많은 사람들이 이곳을 제주 1순위 여행지로 꼽는다."

쭉쭉 뻗은 삼나무 숲길로 유명한 휴양림. 삼나무 숲 사이로 한 폭의 수채화 작품 같은 산책로가 나 있는데, 두 시간 코스로 제주의 삼나무 숲을 느끼면서 산책할 수 있다. 절물 오름에 오르면 멋스럽게 한라산을 조망할 수 있다. 휴양림에는 약수터, 연못, 잔디광장, 폭포 등의 시설이 있다. 절물은 '절 옆에 물이 있다'라는 뜻이다.(p799 F:2)

- 제주 제주시 봉개동 명림로 584
- 주차 : 제주 제주시 봉개동 산78-1
- #삼나무숲길 #트래킹

- 제주 제주시 사라봉7길 32
- #프렌치 #내추럴와인 #비스트로

제주 전농로 벚꽃거리

"공항근처 가장 빨리 볼 수 있는 제주 벚꽃거리"

대한적십자사 제주도지사 앞부터 삼성혈 방향 KT 제주지사까지 1km가량의 왕벚꽃 거리. 2차선의 양쪽 벚나무가 벚꽃 터널을 이루고 있어 제주를 대표하는 벚꽃 명소로 불린다. 삼성혈 주차장 또는 제주민속자연사

박물관 주차장 또는 복개주차장을 이용하자. 벚꽃은 3cm가량으로 분홍색 또는 백색의 꽃으로 피며, 군락을 이룬 곳은 눈이 온 것 같다. 벚꽃이 떨어질 때 꽃비가 되기도 한다.(p799 D:1)

- 제주 제주시 삼도1동 1230
- 주차 : 제주시 삼도2동 821-11
- #전농로 #벚꽃터널 #벚꽃

제주 삼성혈 벚꽃

"아침일찍 혼자 걷는 제주 벚꽃 산책길"

사실 삼성혈은 벚꽃 여행지로 인기 있는 관광지는 아니다. 하지만 그래서 아침 일찍 오면 조용히 벚꽃을 감상할 수 있다. 삼성전 한옥 건물 옆에 흘러내리는 벚꽃까지 배경으로 많은 사진을 찍는다. 삼성혈은 제주도 고씨, 양씨, 부씨의 시조가 솟아났다는 3개의 구멍을 말한다.(p799 D:1)

- 제주 제주시 삼성로 22
- #벚꽃 #삼성혈

우진해장국 맛집
"제주도에 왔다면 고사리 해장국부터"

제주 고사리를 넣어 걸쭉하게 끓여낸 고사리 육개장 맛집. 밑반찬으로 나오는 김치와 오징어 젓갈도 맛있다. 고사리육개장과 몸국은 택배 주문 할 수 있다.

- 제주 제주시 서사로 11
- #고사리육개장 #사골해장국 #고사리

제주대학교 벚꽃길
"벚꽃보고 공항가는 길"

제주대학교 입구부터 제주대학로를 따라 제주대사거리 방향으로 1km가량 이어진 벚꽃길. 벚꽃은 3cm가량으로 분홍색 또는 백색의 꽃으로 피며, 군락을 이룬 곳은 눈이

제주 오라동 청보리/메밀꽃밭 추천
"30만 평은 축구장 100개보다도 큰 거래!"

@jinah6077

봄에는 청보리가, 여름에는 메밀꽃이 만발하는 청보리밭. 청보리가 시들면 곧 메밀이 싹 터 메밀꽃이 만발한다. 국내 최대 규모로 30만 평에 이르는 엄청난 크기이다. 9~10월 절정을 이루는 오라동의 메밀꽃. 메밀꽃밭을 둘러볼 수 있도록 꽃밭 사이에 길이 나 있다. 좁쌀 같은 하얀 메밀꽃밭을 만끽해보자.(p798 C:2)

- 제주 제주시 연동 산132-2
- 주차 : 제주 제주시 연동 산132
- #청보리밭 #메밀꽃밭 #축제 #포토존 #사진명소

온 것 같다. 벚꽃이 떨어질 때 꽃비가 되기도 한다.(p799 E:2)

- 세주 제주시 이리1동 359-5
- #캠퍼스 #벚꽃 #낭만

한라수목원 추천
"다른 세상에 온듯한 느낌!"

희귀식물을 볼 수 있는 909종의 식물이 있는 수목원. 멸종 위기 식물을 볼 수 있는 이곳은 서식지 보전기관으로 지정되었다. 천천히 걸으면서 식물을 수의 깊게 관찰해보자.(p799 D:2)

- 제주 제주시 연동 수목원길 72
- 주차 : 제주도 제주시 연동 998
- #희귀식물 #정원

방주교회

"제주 7대 아름다운 건축물"

제주 7대 아름다운 건축물로 꼽힌 곳. 관광지는 아니지만 특이한 건물로 많은 사람이 찾는다. 건물을 연못이 둘러싼 설계는 '노아의 방주'를 표현하고 있다. 가을에는 방주교회 근처에 '핑크뮬리' 꽃이 피어 사람으로 더욱 붐빈다.(p803 F:3)

- 제주 제주시 오등동 365
- 주차 : 서귀포시 안덕면 상천리 423-1
- #교회 #연못 #스냅사진

용두암

"한 번쯤은 용의 머리를 찾으러 가보자!"

암석 모양이 용의 머리를 닮았다 하여 '용두암'이라 불린다. 제주 공항에서 매우 가까우며 용두암 해안도로를 따라 조금만 이동하면 애월 해안도로가 나온다. 용두암 옆에는 해녀들이 직접 잡은 수산물을 맛볼 수 있다.(p799 D:1)

- 제주 제주시 용담2동 용두암길 15
- 주차 : 제주 제주시 용담2동 483
- #해안도로 #드라이브

아침미소목장

"알프스 소녀 하이디가 된 기분"

귀여운 송아지들과 함께하는 친환경 체험목장. 송아지 우유 주기, 소 건초 주기, 아이스크림과 치즈 만들기 등 다양한 체험을 즐길 수 있다. 목장에서 만든 수제 요구르트와 아이스크림, 치즈, 우유 잼도 함께 판매한다. 대중교통으로 이동하기 어려우니 자동차로 이동하는 것을 추천. 매일 10:00~17:00 영업, 매주 화요일과 명절 휴무.(p799 E:2)

- 제주 제주시 첨단동길 160-20
- #송아지우유주기 #아이스크림만들기 #치즈만들기 #유제품판매

이호테우해변 등대

"빨간색, 하얀색 등대를 배경으로 사진촬영 안 하면 섭섭해, 그냥 지나칠 수 없는 곳"

해변보다는 이호테우 등대로 더 유명한 곳. 빨간색, 하얀색 목마 등대를 배경으로 사진을 꼭 남겨 가야 한다. 두 말 사이로 지는 일몰 장면도 멋지다.(p798 C:1)

- 제주 제주시 이호1동 375-43
- 주차 : 제주 제주시 이호1동 431-2
- #목마등대 #사진명소 #일몰

늘봄흑돼지 맛집

"공항 맛집, 늘봄흑돼지에서 시작하는 제주도 여행"

엄청난 규모를 자랑하는 제주도 흑돼지 맛집. 프라이빗한 룸은 물론 광대한 홀까지 음식을 먹는 동안 다른 손님들과 동선이 겹치지 않아 여유롭고 안전하게 즐길 수 있다. 두툼한 고기에 육즙, 깔끔한 상차림까지 훌륭한데 가격까지 부담스럽지 않아 좋다.(p798 C:2)

어승생악

"정상까지 30분 거리의 탐방로를 오르면
제주 북서쪽의 모든 경관을 멋지게 볼
수 있어"

어승생악은 해발 1,168m 높이로 작은 한
라산이라는 별명을 갖고 있다. 정상까지 대
부분 계단으로 이루어져 있으며, 별명처
럼 짧은 시간에 한라산을 등반하는 느낌을
얻어 갈 수 있다. 정상에 오르면 백록담 정
상은 물론 다양한 오름과 바다를 볼 수 있
고 250m의 분화구가 있다. 정상까지 편
도 1.3km로 왕복 1시간가량 소요된다. '어
승생' 은 '임금님께 바치는 말'이라는 뜻이
다.(p799 D:3)

■ 제주 제주시 해안동 산 220-13
■ #작은한라산 #백록담 #분화구

제주 김경숙 해바라기 농장

"태양의 꽃, 해바라기 물결의 장관"

귀농 부부가 무농약으로 재배하고 있는 해
바라기 농장. 1만 평 규모의 사유지에 75만
송이의 해바라기가 피어난다. 해바라기밭
사이로 산책로가 조성되어 있으며 포토존
도 설치되어 있다. 소정의 입장료를 내면 교
환권을 받아 이곳의 해바라기 농산물과 교
환할 수 있으며, 해바라기를 이용한 뻥튀기,
초콜릿, 씨앗, 해바라기유 등을 살 수도 있
다.(p799 F:2)

■ 제주 제주시 회천동 391
■ #해바라기 #사진촬영 #기념품

사려니숲길 [추천]

"목표 없이 걷는 순간을 즐겨 봐, 우리는 너무 목적에만 심취한 채 과정을 경시했
으니까…"

비자림로에서 사려니오름에 이르는 총 15킬로미터가량의 숲길. 피톤치드가 가득한 나무가 상
쾌한 향기를 뿜어낸다. 편백 나무, 삼나무, 때죽나무 등의 다양한 종류의 나무가 가득하며, 완
만한 지형으로 산책 다녀오듯 가볍게 다녀올 수 있다. 아주 천천히, 느리게, 걷고 싶은 만큼 걷
는, '여행'이라는 건 사실은 이런 것 아닐까?(p810 C:1)

■ 제주 제주시 조천읍   ■ 주차 : 제주 제주시 봉개동 산78-1
■ #숲길 #여유

한라산 성판악코스 단풍

"활엽수가 우거져 단풍이 아름답게 지는
코스"

성판악휴게소에 주차 후 등반하면 9.6km
높이에 있는 정상까지 편도 약 4시간 30
분이 걸린다. 성판악탐방안내소-속밭대피
소-사라오름(산정화구호)-진달래대피소-
한라산 동능(정상 안내소) 순으로 이동하
자. 정상까지 등산이 부담되면 사라오름 산
정화구호에서 돌아와도 괜찮은 단풍 코스
를 즐길 수 있다. 산정화구호는 5.8km 높
이로, 소요 시간은 왕복 약 6시간이 걸린다.
한라산 성판악 코스는 예약해야만 입산
할 수 있다. 최소 한 달 전 예약하는 것을 추
천.(p809 D:1)

■ 제주 제주시 조천읍 516로 1865
■ 주차 : 서귀포시 남원읍 신례리 산2-13
■ #등산 #진달래 #단풍

렛츠런팜 제주

"해바라기 밭 만으로도 가볼만 한데 목
장의 예쁜 꽃길에서 인생 사진도 찍을 수
있는 곳"

양귀비밭, 해바라기밭으로 꽃이 가득 한 곳.
말이 있는 목장과 목장 사잇길의 꽃길이 아름
답다. 꽃밭을 배경으로 인생 사진 찍을 수 있
는 커플 사진의 성지이기도.(p798 A:3)

■ 제주 제주시 조천읍 남조로 1660
■ 주차 : 제주시 조천읍 교래리 산25-2
■ #목장 #꽃밭 #스냅사진

산굼부리 추천

"오름 높이는 불과 28m 그런데 구덩이 깊이는 100m 특이하지? 어서 와 여기는 산에 있는 구덩이야!"

산(오름)에 있는 구덩이(굼부리). 오르는 높이는 수직 28m에 불과하지만, 구덩이는 100m로 백록담보다도 넓고 깊다. 화산폭발로 제주가 형성될 때 폭발하지 못한 구덩이가 산굼부리가 되었다. 구덩이 안은 온도가 매우 따뜻하여 사람이 살기도 했다고. 구덩이의 위치에 따라 다양한 식물이 자생하여 천연기념물 263호로 등록되어 있다. 정상까지 5분이면 올라갈 수 있는데, 그 사이 억새밭이 펼쳐져 있다. 학술적으로도 연구 가치가 높은 이곳은 사유지이기 때문에 따로 입장료를 받고 있다.(p812 B:1)

- 제주 제주시 조천읍 비자림로 768   ■ 주차 : 제주시 조천읍 교래리 산38-2
- #화산 #구덩이 #천연기념물

1112도로 삼나무 숲길 추천

"드라이브도 좋지만, 꼭 내려서 걸어봐!"

@5ooooh_h

단연코 우리나라에서 가장 아름다운 삼나무 숲길. 드라이브 코스로도 매우 유명하다. 5.16도로 방향에서 1112번 도로, 사려니숲 방향으로 이어진다. 쭉쭉 길게 뻗은 삼나무 사이의 도로가 신비로운 느낌을 준다.(p816 A:3)

- 제주 제주시 조천읍 비자림로
- #삼나무 #드라이브

닭머르 해안

"숨어있던 커플 사진 촬영 명소"

올레길 18코스, 아름다운 해안 절경을 감상할 수 있는 조천읍의 숨은 명소. 닭이 흙을 파헤치고 안에 들어앉은 모습이라 이런 이름이 붙었다.(p799 F:1)

- 제주 제주시 조천읍 신촌리 3403
- 주차 : 제주시 조천읍 신촌리 2542-1
- #올레길 #낙조

백리향 맛집

"가성비 맛집 고등어정식"

@nemo413

조천읍 현지인 맛집으로 알려진 곳. 기름기 쫙 빼고 담백하게 구워져 나오는 고등어정식이 시그니처 메뉴다. 콩나물무침, 묵, 고추장아찌 등 여러종류의 반찬이 나오고 셀프바가 있어 더 먹기 좋다. 집밥 느낌의 맛이다. 9천원의 가격에 고등어와 탐라포크의 흑돼지로 만든제육볶음, 여러종류의 밑반찬을 맛볼 수 있는 가성비 맛집이다. 11시~13시 혼밥 손님 안 받음. 일요일 정기휴무 (p816 A:1)

- 제주 제주시 조천읍 신북로 244
- #백반맛집 #고등어정식 #조천맛집

함덕 서우봉해변 `추천`
"함덕 서우봉에서 바라보는 해변의 모습은 이곳이 하와이는 아닐까? 의심이 들게 해"

낮은 수심의 해변으로 물이 맑고 깨끗해 가족 단위 여행자들이 즐기기 좋다. 카약을 빌려 카약 체험도 해볼 수 있는 곳. 함덕 서우봉에서 바라보는 함덕해수욕장은 하와이를 보는 듯하다.(p816 A:1)

■ 제주 제주시 조천읍 조함해안로 525　■ 주차 : 제주시 조천읍 함덕리 1004-5
■ #이국적 #카약

곰막식당 `맛집`
"최자로드 회국수 맛집"

큼직한 회, 탱글탱글한 면, 맛있는 양념이 만나 조화로운 맛을 이루는 회국수가 인기메뉴. 성게알이 올라간 성게국수는 아이들이 먹기에도 좋다. 키오스크로 주문, 그릇부터 반찬까지 셀프 서비스. 최자로드로 유명한 곳. 여름철 야간 회차차 운영. 가게 앞이 바다로 오션뷰가 멋짐. 15:00~16:00 쉬어가며, 화요일 휴무 (p816 C:1)

■ 제주 제주시 구좌읍 구좌해안로 64
■ #회국수 #구좌맛집 #최자로드

오드랑베이커리 `카페`
"제주도식 마늘빵 마농바게트 맛집"

@dduddulee

제주도식 마늘 빵 마농 바게트를 판매하는 베이커리. 전국 빵순이들이 '빵지순례'하러 오는 곳으로도 유명하다. 치아바타, 타르트 등 다양한 빵과 제주 과일로 만든 과일잼, 밀크잼도 맛집. 매일 07:00~22:00 영업.(p816 B:1)

■ 제주 제주시 조천읍 조함해안로 552-3
■ #마농바게트 #치아바타 #타르트

제주 서우봉 유채꽃
"유채꽃길 따라 함덕 서우봉 정상으로"

제주 올레길 19코스에 속하는 서우봉 산책로를 따라 조성된 유채꽃 길. 서우봉 산책로 초입부터 산책로를 곳곳이 물들인 유채꽃이 인상적이다. 함덕 바닷가 옆에 위치해 해변과 꽃길, 등산을 모두 즐길 수 있는 곳. 서우봉은 두 개의 봉우리로 이루어진 독특한 산으로, 등산로가 잘 정비되어 있어 비교적 쉽게 오를 수 있다.(p816 B:1)

■ 제주 제주시 조천읍 함덕리 4132
■ #유채꽃 #바다전망 #등산

김녕 해수욕장
"조용한 곳을 좋아하는 사람만 모여!"

조그만 백사장과 기암절벽에 어우러진 해변. 갯돌, 노래미돔 등의 갯바위 낚시를 위해 찾는 이들이 많다. 사람이 붐비지 않는 조용하고 아담한 해변이지만, 각종 해수욕 시설들을 보유하고 있다.(p816 C:1)

■ 제주도 제주시 구좌읍 김녕리 497-4
■ 주차 : 제주시 구좌읍 김녕리 497-4
■ #기암괴석 #해수욕장 #낚시

만장굴
"박쥐 최대 서식지, 아름답고 넓은 동굴"

유네스코 세계자연유산으로 유명한 만장굴은 700만 년의 역사를 가지고 있다. 제주도 말로 '아주 깊다'라는 뜻답게 총 길이가 13,422m에 이를 정도로 큰 규모를 자랑한다. 긴가락박쥐와 제주관박쥐가 겨울잠을 자는 우리나라에서 가장 큰 박쥐 서식지이기도 하다.(p814 B:1)

- 제주 제주시 구좌읍 만장굴길 182
- #유네스코세계자연유산 #박쥐 #최대서식지

세화 해수욕장
"파란 바다를 배경으로 의자에 앉아 사진 찍는 그곳! 알지?"

구좌읍 세화리에 있는 폭 30~40m의 해수욕장. 해안도로를 따라 카페들이 있으며 바다를 배경의 의자에 앉아 사진 촬영 하는 사람들이 많다.(p817 E:1)

- 제주 제주시 구좌읍 세화리 1477-1
- 주차 : 제주시 구좌읍 세화리 1381-5
- #해수욕장 #카페거리

다랑쉬오름
"깊게 파인 분화구 풍경에서 보는 일출과 일몰"

오름의 여왕'이라 할 만큼 우아한 산세를 자랑하는 다랑쉬 오름. 원뿔 모양으로 깊게 파여있으며, 안에는 잡초가 수북이 자라있는 분화구는 한라산 백록담과 비슷한 정도의 깊이다. '다랑쉬'는 '달이 뜨는 곳'이라는 제주말로, 오름에 올라 바라본 달 모양이 동글동글 탐스러워 붙은 이름이다.(p814 C:2)

- 제주 제주시 구좌읍 세화리 산6
- 주차 : 제주시 구좌읍 세화리 2705, 다랑쉬오름주차장
- #오름의여왕 #월랑봉

카페공작소 [카페]
"세화해변의 아기자기 감성카페"

세화해변 뷰의 정원이 있는 감성카페. 아기자기한 인테리어와 포토존이 마련되어 있어 사진찍기 좋음. 엽서 등의 굿즈를 판매함.

- 제주 제주시 구좌읍 세화리 1477-4
- #인스타감성 #제주여행 #인생사진 #정원카페

아부오름
"낮아서 편안히 오르기 좋은 오름"

점잖게 앉아있는 아버지 모습같다하여 아부오름이라 불린다. 다른 오름들에 비해 높지 않고 분화의 깊이가 넓은 것이 특징이다. 웨딩촬영지로도, 어린아이들 또는 할머니 할아버지와 함께 하는 가족여행지로도 좋다.(p813 D:1)

- 제주 제주시 구좌읍 송당리 산164-1
- 주차 : 제주시 구좌읍 송당리 산 175-2 아부오름주차장
- #웨딩스냅 #가족여행지

제주 송당리 메밀꽃밭
"백약이 오름 가는 중간에 들러보세요"

백약이오름 가는 길목에 있는 메밀꽃밭으로, 주소는 송당리 산164-4. 송당리 메밀꽃밭 근처에 분화구가 지면보다 낮은 아부오름이 있어서 다녀올 수 있다.(p813 D:1)

- 제주 제주시 구좌읍 송당리 산164-4
- 주차 : 제주시 구좌읍 송당리 산 158-8
- #메밀꽃 #백약이오름 #송당리

월정리 투명카약
"제주 바다를 더욱 생생하게"

월정리의 에메랄드빛 해변을 지나는 투명 카약. 월정리 어촌계(제주 밭담 테마공

구좌읍

원) 근처에 매표소가 있다. 초심자도 안전
요원의 설명에 따라 카약을 즐길 수 있다.
임산부, 36개월 미만 유아는 탑승할 수 없
다.(p817 D:1)

- 제주 제주시 구좌읍 월정리 1400-4
- #투명카약 #이색체험

월정리 해수욕장 추천
"에메랄드빛 바다와 수많은 카페, 여행
자들은 꼭 들렀다 가야 하는 곳!"

에메랄드빛 바다와 해 질 녘의 일몰이 아름
다운 곳. 이국적인 해안 카페거리도 꼭 들러
보자.(p817 D:1)

- 제주 제주시 구좌읍 월정리 33-3
- 주차 : 제주시 구좌읍 월정리 648-3
- #바다전망 #카페거리

구좌상회 카페
"당근케이크 맛집"

제주의 구옥을 개조해 빈티지한 느낌이 가
득하다. 백종원 3대천왕 당근케이크 맛집
으로 나온 카페. (p816 B:2)

- 제주 제주시 조천읍 선교로 198-5
- #당근케이크 #카페투어 #백종원의3대
천왕 #슬로우트립

종달리 수국길
"창밖으로 보이는 수국길"

@ay_y213

6~7월이 되면 종달리 크리스마스 리조트
부터 소금바치 순이네 식당까지 이어지는
1.7km 도로에 새하얀 수국 무리가 소담스럽
게 피어난다. 종달리 해안도로와 함께 수국
경치를 즐길 수 있으니 차를 렌트했다면 꼭
방문해 보자. 차량이동 시 일주동로 종달 1교
에서 소금바치 순이네 식당까지 이동.(p815
E:1)

- 제주 제주시 구좌읍 종달리 10
- 주차 : 제주특별자치도 제주시 구좌읍 종달
리153, 종달리수국길공영주차장
- #5,6,7월 #크리스마스리조트 #소금바치
순이네 #해안도로 #드라이브

종달리 해변
"주차하고 그냥 걸어봐 느낌적인 느낌이
있는 해변"

올레길 21코스에 해당하는, 우도와 성산 일
출봉 해안 절경이 보이는 곳.(p815 E:1)

- 제주 제주시 구좌읍 종달리 596-3
- #올레길 #성산일출봉

용눈이오름 추천
"오름에서의 멋진 일몰을 보고자 한다면
이곳으로!"

용눈이오름은 비교적 완만해 등산이 쉽고, 정
상에서 성산일출봉이 보인다. 정상에서 보이
는 일몰 풍경으로도 유명하다. 산책하는 느낌
으로 30분 정도 걸으면 도착한다. 잔디와 함
께 풀밭을 이루는 아름답고 전형적인 제주오
름 중 하나이다.(p814 C:2)

- 제주 제주시 구좌읍 종달리 산38
- 주차 : 제주시 구좌읍 종달리 4650
- #성산일출봉 #전망

풍림다방 카페
"달달한 브뤠베가 유명한 카페"

@pung_lim_dabang

수요미식회에 나온 제주카페. 시그니처메뉴
인는 풍림브뤠베와 핸드드립 커피. 노키즈
존으로 운영되니 참고하자.(p814 B:2)

- 제주 제주시 구좌읍 중산간동로 2254
- #카페투어 #핸드드립커피 #수요미식회
#커피맛집

평대리 해수욕장
"평대리 마을 궁금하지 않아?"

아기자기한 평대리 마을에 있는, 산책하기 좋은 해변. 그리 크지 않은 아담한 해안가이지만 카페들이 많다.(p815 D:1)

- 제주 제주시 구좌읍 평대리 1994-20
- 주차 : 제주시 구좌읍 평대리 1945-7
- #해수욕장 #산책 #가족

벵디 맛집
"쫄깃하고 담백한 돌문어덮밥"

@_laeseurt

매콤하고 달콤한 양념의 돌문어덮밥이 인기 메뉴다. 탱글탱글하고 신선한 문어를 맛볼 수 있다. 식감이 쫄깃하고 담백하다. 옥수수알이 들어간 솥밥을 돌문어 양념에 섞어먹으면 맛있다. 아이들이 먹을 수 있는 메뉴도 있어 가족이 방문하기 좋다. '벵디'는 사방으로 펼쳐진 넓고 평평한 벌판을 일컫는 제주어. 목요일 휴무 (p815 D:1)

- 제주 제주시 구좌읍 해맞이해안로 1108
- #구좌맛집 #평대해변 #돌문어덮밥

명진전복 맛집
"뜨끈한 전복 돌솥밥"

수요미식회에 나온 전복돌솥밥과 전복구이 전문점. 간간하게 양념 된 밥 위로 올라온 뽀얀 전복이 입맛을 돋운다. 돌솥에 눌어붙은 누룽지도 별미이니 이곳에 방문하기 전에는 배를 비워두자. 고등어 추가 5,000원.

- 제주 제주시 구좌읍 해맞이해안로 1282
- #전복죽 #전복돌솥밥 #바다뷰 #전복내장

산도롱맨도롱갈비국수 맛집
"숯불향 진한 갈비가 가득! 진한 국수를 원하신다면!"

숯불향 잔뜩 나는 쫄깃한 갈비 토핑에 개운한

국물까지, 돈코츠라멘과 비슷한 갈비국수 맛집이다. 이미 입소문이 많이 나서 웨이팅이 있다. 바다를 보며 즐길 수 있는 위치라 눈도 입도 즐겁다.(p815 E:1)

- 제주 제주시 구좌읍 해맞이해안로 2284
- #갈비국수 #돈코츠라멘 #진한국물 #웨이팅필수 #바다조망

구좌 방파제
"저 멀리 월정리 해안이 멋지게 보여!"

구좌 방파제에서 바라보는 월정리 해안은 매우 이색적이다. 해안의 멋진 경치가 지나가는 사람을 한 번쯤 정차하게 만든다. 제주 올레 20코스가 지나는 곳에 있는 숨은 여행지로 지나가다 꼭 들러볼 만한 곳이다.

- 제주 제주시 구좌읍 행원리 594-4
- 주차 : 제주시 구좌읍 행원리 575-20
- #올레길20코스 #바다전망

우도 추천
"또 다른 세계로 들어가는 것 같아, 제주 본섬에서도 볼 수 없는 깨끗한 해변에 깜짝 놀랐어"

매년 300만 명의 관광객이 찾으며, 인구 1,700여 명이 살고있는 섬. 깨끗한 물과 해변은 제주 본섬에서 볼 수 없는 풍경이다. 소 한 마리가 누워있는 형상을 한다고 해서 우도라 불린다. 우도봉에 오르면 우도의 풍경은 물론이고 성산일출봉과 제주도 본섬 모습까지 볼 수 있다.(p815 F:1)

- 제주 제주시 우도면 연평리
- 주차 : 제주시 우도면 연평리 317-1
- #성산일출봉 #땅콩막걸리 #짜장면

우도 하고수동 해수욕장
"우도의 해변은 제주 본섬보다 물이 더 맑은 거 알지?"

얇고 부드러운 모래와 얕은 수심으로 어린이가 있는 가족 여행객에게 인기 있는 해수욕장. 백사장에 조개껍데기가 많이 섞여 있다.(p815 F:1)

- 제주 제주시 우도면 연평리 1290-1
- #모래사장 #해수욕 #가족여행

우도 유채꽃
"섬 전체가 노란색으로 물들때"

'유채꽃 섬'이라고 불릴 정도로 곳곳에 많은 유채밭이 위치한 우도는 섬 면적의 1/4이

유채꽃밭으로 채워져 있다고 한다. 따뜻한 제주 날씨 덕분에 내륙보다 일찍 유채꽃이 개화되며, 매년 4월경 유채꽃 행사도 진행된다. 제주 올레길 1-1코스를 이용하면 우도의 해안도로를 따라 유채꽃을 감상해볼 수 있다. 우도는 성산항에서 배편으로 이동할 수 있다.(p815 F:1)

- 제주 제주시 우도면 연평리 1737-13
- 주차 : 서귀포시 성산읍 성산리 347-9
- #꽃길 #올레길 #유채꽃축제

우도 산호해수욕장
"제주와 우도를 통틀어 가장 투명한 느낌의 해변! 남태평양이라고 친구를 속여봐!"

하얀 모래가 펼쳐져 있는 모래사장. 우도 해안의 홍조류가 단괴된 일명 홍조 단괴 백사장. 진정한 에메랄드빛 해변이 마치 남태평양이나 동남아 유명 해안에 와 있는 듯한 느낌을 준다. 제주도와 우도를 통틀어 가장 투명한 느낌이 나는 해수욕장이다.(p815 E:1)

- 제주 제주시 우도면 연평리 2512-1
- 주차 : 제주시 우도면 연평리 2515-5
- #에메랄드해안 #모래사장

우도 비양도
"우도에 딸린 작은 섬이야 작은 다리로 연결되어 있지!"

우도에 딸린 작은 섬으로, 우도와 도로가 연결되어 있다. 제주도가 자랑하는 캠핑 성지이기도 하다. 우도 본섬을 약간 벗어난 시선에서 감상할 수 있다.(p815 F:1)

- 제주 제주시 우도면 연평리 3
- 주차 : 제주 제주시 우도면 연평리 1-3
- #우도전망 #캠핑

검멀레해변
"땅콩 아이스크림 먹으며, 멀리서 보기만 해도 멋져!"

우도봉 아래 협객에 있는 100m가량의 작은 해변. '검멀레'는 검은 모래 해변이라는 뜻이다. 땅콩 아이스크림으로도 유명한 곳. 썰물 때 고래가 살았다는 전설의 동안경굴도 감상해보자. 여름에는 모래찜질하는 사람들이 많이 찾는다.(p815 F:1)

- 제주 제주시 우도면 우도해안길 1132
- #땅콩아이스크림 #동안경굴 #모래찜질

우도 짜장면(산호반점) 맛집
"톳을 넣어 독특한 식감의 우도표 짜장면, 짬뽕"
우도 산호반점에서 소라와 톳이 들어간 짜장면과 짬뽕을 판매한다. 톳의 오독하는 식감이 재미있다.(p815 F:1)

- 제주 우도면 우도해안길 252
- #우도산호반점 #소라톳짜장면 #소라톳짬뽕

섬소나이 맛집
"불향 가득한 우도 짬뽕맛집"

우도 특산물인 몸이 올라가고 톳으로 만든 톳면이 특징인 우도 짬뽕 맛집이다. 10가지 이상의 재료를 12시간 동안 끓여 만든 육수를 사용한다. 전복과 톳, 새우, 모자반 등 제주 식재료가 가득하다. 불향이 나는 우짬과 고소한 맛의 크림짬뽕이 인기메뉴다. 테라스 자리에 앉으면 하고수동해변뷰를 보며 식사할 수 있다. 배 안뜨는 날 휴무 (p809 E:3)

- 제주 제주시 우도면 우도해안길 814
- #우도맛집 #짬뽕맛집 #우짬

휘닉스 제주 유민 아르누보 뮤지엄
"유리공예 미술관"

세계적인 건축가 안도 타다오가 설계한, 국내 유일한 아르누보 유리공예 미술관이다. 노출 콘크리트로 지어진 건축물로, 건물과 제주도의 자연이 하나의 작품처럼 조화를 이루는 것으로도 유명하다. 미술관 벽 틈으로 보이는 성산일출봉을, 마치 액자 속 그림처럼 담아낼 수 있다. 제주도의 자연이 더 돋보이는 공간이다.(p815 E:2)

- 제주 서귀포시 성산읍 고성리 21
- #안도타다오 #노출콘크리트 #아르누보

광치기해변 추천
"성산일출봉을 가장 멋지게 볼 수 있는 곳, 너무 가까우면 잘 보이지 않는 법이거든"

용암이 굳어 생성된 해변으로 성산일출봉을 가장 멋지게 볼 수 있는 장소. 올레길 1코스의 마지막 장소이며 2코스의 시작 부분이다. 성산일출봉과 섭지코지 사이에 있으며, 봄이면 유채꽃이 만발한다.(p815 E:2)

- 제주 서귀포시 성산읍 고성리 224-33
- 주차 : 서귀포시 성산읍 고성리 224-1
- #성산일출봉 #전망 #올레길1코스

서귀포 광치기해변 유채꽃
"신비롭고 아름다운 해변과 유채꽃"

올레길 2코스 출발지점인 광치기 해산촌 맞은편에 있는 유채꽃 재배단지. 겨울철에도 제주의 따뜻한 기온 때문에 유채꽃이 만발해있다. 성산 일출봉을 배경으로 펼쳐진 유채꽃이 인상적. 유채꽃밭 안에 들어가 사진찍기 체험도 즐길 수 있다. 광치기 해변은 저어새, 노랑부리저어새 등 희귀한 철새들을 만날 수 있는 곳으로도 유명하다.(p815 E:2)

- 제주 서귀포시 성산읍 고성리 263
- #유채꽃 #올레길

서귀포 섭지코지 유채꽃
"제주 제1의 경관과 함께 보는 유채꽃"

섭지코지 달콤하우스 길옆으로 조성된 유채꽃밭은 성산 일출봉을 배경으로 유채꽃이 피어나 멋진 사진을 찍을 수 있는 곳이다. 유채꽃밭 가운데 사잇길이 있어 인물사진을 찍기에도 적격이다. 이곳뿐만 아니라 글라스 하우스(지포뮤지엄) 옆으로도 유채꽃밭이 조성되어 있다. (p815 E:2)

- 제주 서귀포시 성산읍 고성리 48
- 주차 : 서귀포시 성산읍 고성리 62-4
- #유채꽃 #성산일출봉 #사진

맛나식당 맛집
"착한 가격의 갈치조림을 즐길 수 있는 가성비 식당"

몸값 비싼 갈치조림, 고등어조림을 저렴하게 판매하는 식당. 생물 갈치와 고등어에 고춧가루 양념을 더해 매콤하게 조려 나온다. 간이 잔뜩 밴 무 조림을 함께 곁들여 먹어보자. 2인분 이상 주문 필수, 항상 손님이 많기 때문에 식사시간을 피해 방문하는 것을 추천.

- 제주 서귀포시 성산읍 동류암로 41
- #갈치조림 #고등어조림 #가성비

김영갑갤러리 두모악
"제주를 더 좋아하게 되는 사진들"

사진작가 고 김영갑 씨의 작품이 전시된 갤러리. 김영갑 씨는 루게릭병 환자로, 거동조차 불편한 몸이었지만 꾸준히 작품 활동을 해 오며 많은 사람의 귀감이 되었다. 제주를 배경으로 한 아름다운 사진 작품들이 인상적이다. 매주 수요일, 1월 1일, 설날과 추석 당일 휴관.(p813 E:2)

- 제주 서귀포시 성산읍 삼달리 437-5
- 주차 : 서귀포시 성산읍 삼달리 487-1
- #김영갑 #사진 #상설전시

아쿠아플라넷
"아이와 함께하는 제주여행 필수여행지"

국내 최대 규모의 아쿠아리움. 많은 해양동생물을 볼 수 있고 다양한 프로그램이 마련되어 아이와 함께 가기 좋다. 야외에서 보이는 성산일출봉뷰가 멋진 곳.(p815 E:2)

섭지코지 추천
"제주에 사는 현지인들조차 너무 멋져 인기가 좋은 곳, 산책길로 매우 좋음"

코지'는 곶(바다로 돌출한 육지)의 제주 방언이다. 섭지코지는 신양해수욕장에서 시작되는 2km가량의 해안 절경이 펼쳐지는 곳으로, 경치가 너무 좋아 제주도에서도 인기가 좋다. 드라마 '올인' 등 각종 영상물이 제작되었던 곳으로도 유명하다. 3월 중순에는 유채꽃이 만발해 더욱더 예쁘다.(p815 E:2)

- 제주 서귀포시 성산읍 섭지코지로 262
- 주차 : 서귀포시 성산읍 고성리 62-4
- #해안길 #유채꽃

- 제주 서귀포시 성산읍 섭지코지로 95
- #아이와함께 #가족여행 #아쿠아리움 #성산일출봉

가시아방국수 맛집
"수요미식회에서 극찬한 고기국수 맛집"

두툼한 돼지고기가 올라간 고기국수로 입소문 난 집. 잡내 없이 야들야들하게 삶아낸 돔베고기도 인기 있다. 고기국수, 비빔국수, 돔베고기가 같이 나오는 세트메뉴도 판매한다. 식사시간에는 대기 줄이 길어질 수 있으므로 여유롭게 방문하는 것을 추천. (p815 E:2)

- 제주 서귀포시 성산읍 섭지코지로 10
- #고기국수 #비빔국수 #돔베고기

성산일출봉 추천
"25분만 투자하면 제주에서 가장 멋진 전망을 보게 될 거야"

유네스코 세계자연유산에 등재된 182m 높이의 산봉우리. 10만 년 전 바닷속에서 용암이 분출되어 만들어진 수성 화산으로, 정상에 거대한 분화구가 있고 가파른 경사면이 형성되어 있다. 원래 성산일출봉은 화산섬이었으나 모래와 자갈이 쌓이면서 육지와 연결되었다.(p815 F:2)

- 제주 서귀포시 성산읍 성산리 9
- #화산섬 #일출 #유네스코

제주도 성산읍

카페 브라보비치 `카페`

"동남아 휴양지 느낌 정자와 해먹"

@rookie__jeju

넓은 카페 정원에 원목 야외 선베드와 동남아 휴양지풍 정자, 해먹 등이 설치되어 있다. 선베드 바로 앞에 성산일출봉과 성산 바다 전망이 펼쳐져 있고, 선베드 주변으로 야자나무가 심겨 있어 다양한 연출사진을 찍을 수 있다. 썬베드와 야자나무만 나오게 찍으면 휴양지 느낌이 물씬하고, 조금 멀리 떨어져 산방산 풍경까지 찍으면 제주 여행 느낌이 물씬하다. (p815 E:2)

- 제주 서귀포시 성산읍 시흥리 10
- #발리감성 #해변전망 #썬베드

신산 신양 해안도로

"목적지만 찍으면 해안도로로 가질 않아!네비대로 가지말고 너 나름대로 길을 가봐"

표선을 지나 신산리에서 신양포구에 이르는 해안도로. 멀리 섭지코지를 배경으로 서귀포 우측 해안을 보며 이동할 수 있다. (p815 E:3)

- 제주 서귀포시 성산읍 신산리 1129-4
- 주차 : 서귀포시 성산읍 신산리 1052-2
- #해안도로 #드라이브

신풍 신천 바다목장

"그냥 해변하고는 또 다른 느낌"

제주올레 3코스에 해당하는 곳으로 해안 옆 목장이 이색적이다. 아름다운 해안가를 걷다 보면 말이 뛰는 초원 위를 걷는 기분이 든다. 관광 목장이 아니므로 지정된 올레길로만 이동해야 한다. (p813 E:2)

- 제주 서귀포시 성산읍 신천동로 130
- 주차 : 서귀포시 성산읍 신풍리 39-1
- #바다목장 #바다전망 #올레길3코스

성산흑돼지두루치기 `맛집`

"전복, 흑돼지, 오징어 삼합 두루치기"

활전복, 흑돼지, 오징어로 만든 흑돼지 삼합 두루치기가 시그니처 메뉴다. 고기를 익히고, 콩나물과 당면을 넣어 볶아 약불로 조리한 후 먹으면 된다. 남은 두루치기를 잘게 자르고 밥과 김가루를 넣어 직접 만들어먹는 볶음밥은 필수. 제주해녀가 직접 딴 모자반을 이용해 만든 향토음식 몸국과 몸죽을 먹을 수 있다. 15:00~17:00 브레이크타임이며 1,3번째 화요일 휴무 (p815 E:2)

- 제주 서귀포시 성산읍 한도로 255
- #몸죽 #성산일출봉맛집 #도민맛집

따라비오름

"제주도 오름 중 가을 억새가 가장 볼 만한 오름"

3개의 굼부리(구덩이)가 있는 것이 특징인 오름. 이류구가 있는 것으로 보아 최근 분출된 화산에 속한다. 제주 오름 중 가을 억새로 유명하다. (p811 E:1)

- 제주 서귀포시 표선면 가시리
- 주차 : 서귀포시 표선면 가시리 산63
- #구덩이 #억새

서귀포 녹산로 유채꽃 도로

"한국의 아름다운길 100선"

조천읍 교래리 서진 관광 승마장 입구부터 정석항공관을 지나 가시리 사거리까지 이어지는 10km의 드라이브 코스. 차도를 따라 길게 이어진 유채꽃밭과 벚꽃 무리가 인상적이다. 한국의 아름다운 길 100선에도 선정된 제주도의 대표적인 여행명소. 사진을 찍기 위해 갓길에 정차하는 사람이 많아 운전에 주의해야 한다. (p811 E:1)

- 제주 서귀포시 표선면 가시리 산87-15
- 주차 : 서귀포시 표선면 가시리 산52-4
- #유채꽃 #명소 #드라이브

서귀포 정석항공관 일대 유채꽃

"한국의 아름다운길 100선 따라 유채꽃 만발"

정석항공관 앞뒤로 녹산로를 따라 이어지는 10km 유채꽃 드라이브 코스. 차도를 중심으로 양편에 유채꽃과 벚꽃이 나란히 펼쳐져 봄을 만끽할 수 있다. 푸른 하늘, 흰 벚꽃, 노란 유채꽃의 조화가 아름다워 한국의 아름다운 길 100선에 선정되기도 했다.(p812 B:2)

- 제주 서귀포시 표선면 가시리 산87-15
- 주차 : 서귀포시 표선면 가시리 산52-4
- #벚꽃 #유채꽃 #드라이브

유채꽃 프라자(가시리) 유채꽃

"카페에서 유채꽃 보며 커피한잔의 여유"

숙박시설인 유채꽃 프라자 동쪽에 위치한 드넓은 유채꽃밭. 이국적인 유채꽃프라자 건물과 유채꽃이 어우러진 풍경이 아름답다. 가을에는 유채꽃이 진 자리에 억새가 피어나 아름다운 풍경을 만든다. 축구장, 포토존, 무인 카페 등의 편의시설이 마련되어 있

보롬왓 `카페`

"바람부는 들판에서 찍는 인생샷"

아름다운 꽃밭이 있는 농장형 카페로 넓은 들판에 심은 계절꽃들과 청보리, 메밀밭 등을 즐기며 차한잔 마실 수 있는 곳. 사계절 내내 시기 별로 만개하는 꽃들로 인생샷 찍기 좋은 곳이다. 보롬왓 카페도 함께 운영 중이며, 카페 뒤편에 주차할 수 있는 공간이 있다. (p812 C:1)

- 제주 서귀포시 표선면 번영로 2350-104
- #웨딩촬영 #자연친화적인 #인생샷 #데이트스냅

으며, 유채꽃밭 사이로는 커다란 무대가 설치되어있다.(p811 E:1)

- 제주 포시 표선면 녹산로 464-65
- #유채꽃 #전망카페 #포토존

목장카페 드르쿰다 `카페`

"넓은 들판을 마음껏 뛰어노는 아이들"

넓은 들판을 품는다는 뜻의 드르쿰다는 아이들이 마음껏 뛰어놀며 다양한 체험을 할 수 있는 곳이다. 승마 체험, 먹이 주기 체험, 차와 함께 멋진 뷰를 보며 쉴 수 있는 공간까지 유아 동반 가족들에게 인기 있는 장소. 승마 코스는 나이 조건에 따라 거리별로 선택해서 이용할 수 있다.(p814 B:3)

- 제주 서귀포시 표선면 번영로 2454
- #가족여행 #체험여행 #말먹이주기

백약이오름 가는 산간 도로

"이런 이색적인 신비로움이 좋더라!"

해안도로 못지않게 이국적이고 아름다운 산간도로. 성산읍에서 한라산 중간산 방면(1112번 도로 방면)으로 이어진다. '백약이오름 입구'를 내비게이션 목적지로 찍고 이동. 도로 좌우로 오름과 초원이 펼쳐져 기분 좋게 드라이브를 즐길 수 있다.(p813 D:1)

- 제주 서귀포시 표선면 성읍리 95-4
- 주차 : 서귀포시 표선면 성읍리 1893
- #초원 #산길 #드라이브

성읍민속마을

"제주 왔으니 전통가옥쯤은 봐야 하지 않겠어?"

실제 주민이 거주하고 있는 민속 마을. 중요 민속문화제 제188호로 지정되어 있다. 전통 초가 가옥들이 현무암 돌담 사이에 분포되어 있고, 마을을 둘러싼 성곽과 관아 향교 등도 남아있다. 국내에 남아있는 몇 안 되는 읍성 중에 하나. 1423년(세종 5년) 현청이 생긴 이후 조선 말기까지 '정의현' 소재지였다.(p813 D:1)

- 제주 서귀포시 표선면 성읍리 987
- 주차 : 서귀포시 표선면 성읍리 778
- #민속마을 #초가집 #돌담 #읍성

백약이오름 (추천)

"초원을 오르는 나무계단 위에서 꽃을 든 커플이 너무 예뻐 보이는 곳"

푸른 초원과 나무계단 그리고 성산일출봉이 보이는 확 트인 전망이 아름다운 오름. 약초가 많다고 하여 백약이라는 이름으로 불린다. 오름 정상으로 올라가는 초원길이 예전 윈도우 바탕화면을 보는 듯하다. 오름 입구, 나무계단과 초원의 아름다운 배경이 웨딩사진이나 커플 사진의 성지로 알려졌다. 근처에 목장이 있는데 소들이 나무 계단 사이를 유유히 다니기도 한다.

- 제주 서귀포시 표선면 성읍리 산1
- 주차 : 서귀포시 표선면 성읍리 1893
- #성산일출봉 #전망대 #초원

표선해수욕장

"수영 말고 그냥 물위를 걷고만 싶다면 여기가 딱이지!"

서귀포시 표선면에 위치한 백사장 길이 200m, 폭 800m가량 되는 아주 넓은 해변으로, 물때를 잘 맞추면 30㎝ 미만 깊이의 백사장이 100m 이상 펼쳐진다. 그래서 수영하지 않는 사람들이 걷기에도 좋고, 아이들이 놀기에도 안성맞춤이다.(p813 E:3)

- 제주 서귀포시 표선면 표선리 4
- 주차 : 서귀포시 표선면 표선리 44-14
- #해수욕 #해변산책 #가족

제주민속촌

"제주 사람들은 어떻게 살았을까?"

제주의 산촌, 중산간촌, 어촌, 토속신앙 등을 복원한 박물관. 전문가의 고증을 통해 복원되어 재현도가 높다. 100여 채에 달하는 전통가옥 곳곳에는 민속공예 장인들이 활동하고 있다. 대장금 촬영지로도 유명하며, 관람을 돕는 관람 열차도 운영한다. 연중무휴 운영.(p813 E:3)

- 제주 서귀포시 표선면 표선리 40-1
- 주차 : 서귀포시 표선면 표선리 40-77
- #제주 #민속문화 #관람열차

큰엉해안경승지

"높은 해안 언덕길을 따라 걷는 또 다른 경험"

'큰엉'이라는 뜻은 제주 사투리로 '큰 언덕'이라는 뜻이다. 현무암 해안인 제주 대부분과는 달리 큰엉해안은 큰 바윗덩어리들이 해안가를 둘러쌓고 있다. 1.5km가량 해안 산책로가 갖춰져 있는 관광지이자 한반도지형의 사진을 찍을 수 있는 사진 명소이기도 하다.

- 제주 서귀포시 남원읍 남원 2리
- 주차 : 서귀포시 남원읍 남원리 2384-3
- #바위언덕 #한반도지형

카페서연의집 (카페)

"영화 속 그 카페"

영화 건축학개론 촬영지였던 카페. 내부 인테리어와 메뉴에 영화의 흔적이 남아있다. 슬라이딩 통유리창 너머로 보이는 풍광이 일품인 뷰맛집

- 제주 서귀포시 남원읍 위미해안로 86
- #건축학개론 #제주명소 #사진찍기좋은곳 #뷰맛집

편백포레스트

"초록 풀밭을 자유롭게 뛰어노는 흑염소들"

3천여 마리의 흑염소들을 만날 수 있는 친화적 농촌체험 목장이다. 매시간 정각이면 수백 마리의 흑염소들이 달리는 장관을 구경할 수도 있다. 먹이주기 체험 등 다양한 체험시설이 운영 중이다. 그리고 이곳은 7만 그루의 편백나무를 볼 수 있는 곳이기도 하다. 제주도에서 의외로 편백나무는 보기 힘든데, 3만 평 대지에 편백나무숲 체험이 운영 중이라 산림욕 힐링이 가능하다. (p811 D:2)

- 제주 서귀포시 남원읍 한남리 산14
- #흑염소 #친환경농촌체험 #편백나무

강정천

"유명 여행지는 아니지만 들러봐, 이색적인 느낌이 분명히 들 꺼야"

강정천은 용천수(지하수가 솟아나는)로 사계절 맑은 물이 흐른다. 서귀포시 식수의 70%를 이 강정천에서 공급한다고. 현무암으로 가득한 넓은 하천이 뻥 뚫린 바다로 이어지는 모습이 이색적이다. 강정천에는 다른 곳에서 찾아보기 힘든 1급수 어종인 은어가 살고 있다.

- 제주 서귀포시 대천동 2692-2

- 주차 : 서귀포시 강정동 2661-5
- #용천수 #현무암 #은어

아프리카박물관

"김중만 작가의 아프라카 사진을 볼 수 있는 곳!"

김중만 작가의 아프리카 사진, 아프리카 조각, 가면, 가옥 등이 전시되어있는 박물관. 서아프리카 말리 젠네에 위치한 이슬람 사원을 본뜬 건물이 인상적이다. 젠네 대사원은 흙으로 지어진 최대 규모의 건물이자 유네스코 문화유산. 월요일을 제외한 날에는 아프리카 민속 공연도 진행된다. 연중무휴 개관.

- 제주 서귀포시 대포동 1833
- #김중만 #아프리카 #사진

오는정김밥 맛집

"전화예약 필수 김밥맛집"

예약제로 운영하므로 예약 필수. 사전 예약은 하루 전부터 가능하다. 2줄부터 판매한다. 튀긴 유부가 들어가 짭짤하고 감칠맛 나는 오는정김밥이 시그니처 메뉴다. 포장만 가능. 옆 가게 꼬란에서 라면이나 음료 주문시 취식이 가능하다. 브레이크타임 13:30~14:30, 일요일 휴무 (p809 D:3)

- 제주 서귀포시 동문로 2
- #전화예약 #올레시장맛집

솔오름전망대

"지나가다 들릴 때 괜찮은 곳, 서귀포를 동서로 가로지르는 1115번 도로"

솔오름 근처에 있는 2층짜리 나무 데크 전망대. 앞으로는 서귀포시가, 뒤로는 한라산 정상이 보인다. 푸드트럭이 있어 간단히 요기 할 수 있다. 서귀포 동서를 가로지르는 1115번 도로 위에 있으며, 근처 지나가다 들리기 괜찮다.

- 제주 서귀포시 동홍동 2150-1
- #서귀포 #한라산 #전망대

소정방 폭포 추천

"폭포를 가까이에서 만질 수 있다는 것"

정방폭포 동쪽에 있는 아담한 폭포로 폭포수를 매우 가까이서 볼 수 있다. 정방폭포를 축소한 모양이라 하여 '소정방'이라 부른다. 폭포 높이가 7m가량으로 여름철 물맞이 장소로 인기가 있다.(p809 E:3)

- 제주 서귀포시 동홍동 278
- 주차 : 서귀포시 동홍동 234-7
- #폭포 #여름여행지 #물놀이

정방폭포

"해안으로 바로 떨어지는 폭포 아시아에서 찾아보기 쉽지 않을걸?"

천지연, 천제연과 더불어 제주 3대 폭포 중 하나. 해안으로 바로 떨어지는 해안폭포로 아시아에서는 찾아보기 힘든 비경을 자아낸다. 4.3항쟁 직후 제주도민의 학살 터이는 슬픈 역사를 가진 곳이기도 하다.(p809 D:3)

- 제주 서귀포시 동홍동 칠십리로214번길 37
- 주차 : 서귀포시 동홍동 277
- #해안폭포 #43항쟁

소천지

"인스타 사진촬영 명소"

올레6코스의 소나무숲길을 따라가다 보면, 제주도의 숨은 명소 소천지를 만나게 된다. 백두산 천지를 그대로 옮겨 놓은듯하여 소천지라 부르는데, 날씨가 좋으면 고여있는 물 위로 한라산이 반영되는 모습까지 볼 수 있다.(p809 E:3)

- 제주 서귀포시 보목동 1400
- #백두산축소판 #올레6코스 #1급수

갯깍주상절리대 해식동굴

"6각 주상절리의 신비로움"

@kimurella_travel

깎아놓은듯한 돌기둥이 인상적인 갯깍 주상절리대. 사각형, 육각형의 돌기둥이 절벽처럼 이어져 있는데, 우리나라에서 가장 큰 규모라고 한다. 이곳 안쪽으로 동굴이 있는데, 사진을 찍으면 동굴의 검은 실루엣 안쪽으로 파란 하늘과 바다를 한컷에 담을 수 있어 사진을 찍으려는 사람들로 늘 북적인다.(p807 D:3)

- 제주 서귀포시 상예동 977-1
- #주상절리 #동굴 #포토존

오전열한시 맛집

"호불호 없는, 어른 아이 모두가 만족할 만한 메뉴!"

제주도의 나무와 꽃에 둘러싸인 예쁜 밥집이다. 건물이 크고 넓어 가족 단위의 방문객들에게 좋다. 시원한 동치미 국수와 수육, 전복볶음밥과 간장새우밥으로 운영되며 어른, 아이 모두가 만족할만한 메뉴와 맛을 자랑한다.(p808 A:2)

- 제주 서귀포시 상예로 248
- #동치미국수 #전복볶음밥 #간장새우밥

한라산 추천

"누구나 쉽게 도전하지 못하는 산 4시간 30분 등반이면 우리나라 최고 높은 곳에 오를 수 있어"

성판악 코스 정상까지 4시간 30분이면 백록담을 볼 수 있다. 겨울철에 눈밭을 올라가려는 등산객으로 붐빈다. 더 이상의 미사여구가 필요 없는 남한에서 제일 높은 산으로, 등반 시간을 잘 체크하여 사고 나는 일이 없도록 해야 한다.(p809 D:1)

- 제주 서귀포시 상효동 산 1-2
- 주차 : 제주도 제주시 해안동 산 220-13
- #등산 #설경 #백록담

서귀포 엉덩물계곡 유채꽃

"평지 많은 제주에 흔치않은 계곡 유채꽃길"

엉덩물 계곡 길을 샛노랗게 수놓은 탐스러운 유채꽃. 계곡을 따라 올라갈수록 더 풍성한 유채꽃을 만날 수 있다. 서귀포 유채꽃 걷기대회 코스, 중문 달빛걷기 코스로 지정될 정도로 제주도에서 손꼽히는 걷기 좋은 유채꽃 길. 예전에는 엉덩물 계곡의 지형이 험난해 접근하기 힘들어 이곳을 찾은 이들이 물맛을 보지 못하고 엉덩이를 들이밀고 볼일만 보고 돌아갈 수밖에 없었는데, 이러

한 사연 때문에 엉덩물이라는 재미있는 이름이 붙게 되었다고 한다.(p807 D:3)

- 제주 서귀포시 색달동 3384-4
- 주차 : 제주 서귀포시 색달동 2889-1
- #유채꽃 #둘레길 #축제

연돈 맛집
"새벽부터 줄 서도 먹기 힘든 돈가스 전문점"

@mukjuk_song_2399

백종원의 골목식당에 나와 극찬을 받았던 포방터 돈가스집이 제주도로 자리를 옮겼다. 등심가스, 치즈가스 2가지 메뉴만 판매하며 카레와 밥을 추가할 수 있다. 맛이 워낙 뛰어나지만 그만큼 예약이 치열하다는 것이 유일한 단점. 예약에 실패했다면 당일 취소분을 노려보자.(p808 A:3)

- 제주 서귀포시 색달동 일주서로 968-10
- #인생돈가스 #인스타맛집 #등심가스 #치즈가스 #수제카레 #예약필수

서귀포 올레시장
"저렴하고 맛있는 회를 사서 숙소로~!"

서귀포에서 가장 큰 아케이드형 시장. 횟감, 감귤 등 각종 토산품 및 선물용품을 살 수 있다. 구입한 물건은 대부분 육지까지 택배로 부칠 수 있다. 오메기떡, 꽁치 김밥 등

다양한 먹거리도 판매하는데, 이곳에서 음식을 사서 숙소에서 먹는 여행자들도 많다.(p809 D:3)

- 제주 서귀포시 서귀동 277-1
- 주차 : 서귀포시 서귀동 276-19
- #회 #한라봉 #감귤초콜릿

이중섭 문화거리
"이중섭 거주지와 이중섭 미술관의 그림으로 여행중 감성 충전"

이중섭이 1951년 1년여를 지내며 그림을 그린 곳. 천재 화가 이중섭을 기리기 위해 피난 당시 거주했던 초가를 중심으로 문화 거리가 조성되었다. 이중섭 거주지가 남아있고, 이중섭 미술관이 운영되고 있다.(p809 D:3)

- 제주 서귀포시 서귀동 512-2
- 주차 : 제주도 서귀포시 서귀동 538
- #민중화가 #이중섭 #문화거리

이중섭 미술관
"이중섭의 원화를 볼 수 있는 곳"

6.25 전쟁 당시 이중섭이 1년여간 거주했던 서귀포 자택 뒤편에 위치한 미술관. 가나아트센터 대표 이호재 씨의 기증품이 전시되어있다. 이중섭 원화 8점과 근현대 화가 작품 52점이 전시되어있다. 매주 월요일 휴관.(p809 D:3)

- 제주 서귀포시 서귀동 532-1
- #이중섭 #민중화가 #소

네거리식당 맛집
"서귀포 갈치요리 맛집으로 입소문 난 향토식당"

갈치조림, 갈치국, 성게미역국 등 다양한 제주향토음식을 선보이는 곳. 그중에서도 매콤한 갈치조림과 갈치구이, 시원한 갈치국으로 유명세를 얻었다. 육지에서는 쉽게 접할 수 없는 갈치국은 시원하고 깔끔한 국물 맛이 좋아 아침식사나 해장국으로 좋다.(p809 D:3)

- 제주 서귀포시 서귀동 서문로29번길 20
- #갈치조림 #갈치국 #갈치구이 #옥돔구이 #성게미역국

황우지 해안
"찾기 힘들더라도 끝까지 Go Go! 남들이 잘 모를 때 내가 먼저 가보는 짜릿한 느낌"

현무암이 둘레를 이루고 있어 천연 수영장이 만들어지는 곳. 황우지 해안은 눈에 잘 띄지 않는데, 외돌개 휴게소 올레 7코스 부근 주차장에 주차하여 올레 7코스로 따라 해안가로 내려가면 그곳이 바로 황우지 해안이다. 해안에는 열두 개의 굴이 있는데, 이 동굴들은 일본군이 파놓은 진지 동굴이다.(p809 D:3)

- 제주 서귀포시 서홍동 766-1
- 주차 : 제주도 서귀포시 서홍동 551-1
- #현무암 #해안 #올레길7코스

외돌개 <추천>

"제주에서 가장 아름다운 산책길, 외돌개 옆 올레길은 잊을 수 없어"

외돌개는 용암이 식어 만들어진 바위로, 삼 매봉 남쪽 바다에 우뚝 솟은 모습이 특이하 다. 대장금 촬영지로 활용되어서 수많은 외 국인이 찾고 있는 국제적인 여행지이기도 하다. 외돌개와 해안 절경을 보며 걸을 수 있는 산책길인 올레길 제7코스가 있다. 올 레길 7코스는 올레길 중에서도 으뜸으로 손꼽힌다.(p809 D:3)

- 제주 서귀포시 서홍동 794-11
- 주차 : 제주도 서귀포시 서홍동 784-3
- #기암괴석 #대장금 #올레길7코스

천제연 폭포

"비가 오는 날은 반드시 제1폭포를 보러 가자"

천제연(天帝淵)은 하느님의 못이라는 뜻 을 담고 있다. 천제연 폭포는 상, 중, 하로 나 뉘는 3단 폭포로 천제교 아래 있다. 그중 비 가 와야 구경할 수 있는 최상류의 제1폭포 가 으뜸으로 꼽히며, 나무데크로 1폭포 부 터 3폭포까지 산책로가 이어져 있다. 천제

연 폭포 옆 선임교는 오작교 형태의 전설을 담고 있다.(p807 D:3)

- 제주 서귀포시 중문동 2232
- 주차 : 서귀포시 중문동 2230-1
- #비오는날 #제1폭포

대포동 주상절리대

"사진으로만 볼 수는 없잖아, 신기함은 직접 봐야 느낄 수 있어!"

주상절리는 화산 분출 후 용암 표면이 균등한 수축으로 수직 방향으로 생겨난 돌기둥을 뜻 한다. 해안가의 용암이 빠르게 식으면서 생긴 균열이 4~6각형의 기둥을 생성하고, 그 균열 로 비와 눈이 들어가 얼고 녹기를 반복하면서 틈이 발생하고 떨어져 나가 대포동 주상절리 대가 생성되었다.(p807 D:3)

중문색달해변 <추천>

"수질평가 1위 해변, 중문 단지라 주변이 깔끔해서 허기를 채울 수 있는 음식점도 많아!"

제주의 다른 해변들보다 조금 더 깊이가 있는 곳. 그래서 수상스키, 윈드서핑, 스쿠버다이빙 등 해양스포츠를 하기에 제격이다. 과거 전국 해수욕장의 수질평가를 한 적이 있는데 이곳이 가장 우수했다고. (p807 D:3)

- 제주 서귀포시 중문동 2812-2
- #수상스키 #윈드서핑 #해양스포츠
- 주차 : 서귀포시 색달동 2950-3

- 제주 서귀포시 중문동 2767-3
- 주차 : 서귀포시 중문동 2757-10
- #해안 #돌기둥 #기암괴석

제주운정이네 <맛집>

"순살 갈치조림을 먹을 수 있는 곳"

서귀포 갈치조림 맛집이다. 메뉴가 다양해 꼼 꼼히 확인 후 주문해야 한다. 통갈치에 문어, 전복, 새우 등 해물이 가득 들어간 갈치조림 을 맛볼 수 있다. 전복 돌솥밥 또한 별미다. 가 시가 발라져 나와 편하게 먹을 수 있다. 오메 기떡, 돈까스, 튀김 등이 식전 반찬으로 나온 다. 식사 후 커피, 아이스크림 무료제공. 브레 이크타임 16:00~17:00. 연중무휴

- 제주 서귀포시 중산간서로 726
- #중문맛집 #갈치조림 #순살갈치조림

삼매봉

"오르는 동안 한라산이 병풍이 되는 곳!"

정상에 봉우리가 세 개 있다고 해서 삼매봉이라는 이름이 붙은 산. 정상 팔각정까지 도보 15분 거리의 산책로가 형성되어 있다. 북쪽으로 한라산 정상이 보이고 남쪽으로 서귀포 앞바다가 보이는 숨은 명소이다.(p810 A:3)

- 제주 서귀포시 천지동 820-2
- 주차 : 서귀포시 서홍동 551-1
- #팔각정 #한라산 #서귀포 #전망

천지연 폭포

"너무 유명해서 그동안 잘 가지 않았던 곳 이제 한번 가보자고!"

오래된 스테디셀러 관광지로, 넓은 계곡으로 떨어지는 폭포의 모습이 한편의 동양화 같다. 야간조명시설이 되어 있어 야간에도 오픈한다. 외국의 거대한 폭포도 좋지만, 천지연폭포야말로 운치 있는 폭포로 색다른 아름다움을 준다.(p809 D:3)

- 제주 서귀포시 천지동 961-33
- 주차 : 제주도 서귀포시 서홍동 680
- #푸른빛폭포 #필수관광지

올레삼다정 [맛집]

"특대사이즈의 제주갈치를 맛보자"

@yeoni_yamyam

제주에서 반드시 먹어야 하는 갈치. 갈치구이와 조림 맛집이다. 1키로 가까이 되는 특대 사이즈의 갈치구이를 맛볼 수 있다. 냉동하지 않은 생물을 사용해 씹을수록 고소하고 부드럽다. 직원이 손질해줘서 편히 먹을 수 있다. 수저로 떠서 먹으면 된다. 공기밥으로 초밥도 만들어 먹는 방법을 알려준다. 15:00~17:00까지 브레이크타임이며, 수요일은 휴무다. (p809 D:3)

- 제주 서귀포시 태평로537번길 48
- #올레시장맛집 #갈치조림 #통갈치구이

쇠소깍 [추천]

"잔잔한 물 위에 투명 카약, 수상자전거 체험하러 줄을 서는 곳"

바다로 흐르는 효돈천의 하구. 현무암의 지하를 통과하여 바닷물과 만나 웅덩이가 형성되었다. 쇠소깍이라는 이름에서 쇠는 '소', 소는 '웅덩이', 깍은 '끝'을 의미한다. 소라는 이름이 붙여진 이유는 이곳의 형태가 '소가 누워있는 형태의 지명'인 '쇠둔이'라 불렸기 때문이다. 쇠소깍인 효돈천 물길을 따라 양쪽에 산책길이 나 있다. 투명카약, 전통어선인 테우, 수상자전거 등을 체험할 수 있다.(p809 D:3)

- 제주 서귀포시 하효동 쇠소깍로 138
- 주차 : 제주도 서귀포시 하효동 990-1
- #냇가 #수상스포츠

한라산 영실코스 단풍

"반나절 소요 한라산 등반 단풍코스"

영실휴게소 주차 후 등반 편도 5.8km 2시간 30분 동안 등산하여 영실휴게소-병풍바위-윗세1대피소-남벽분기점을 지나는 등산코스를 이용하자. 등반 시작 후 10분 내외 병풍바위를 둘러싼 단풍 풍경이 펼쳐진다.(p801 F:3)

- 제주 서귀포시 하원동 산 1-4
- 주차 : 제주도 서귀포시 하원동 산1-1
- #등산 #단풍 #병풍바위

제주에인감귤밭

"귤체험도 하고, 인생사진도 건져봐"

카페와 함께 운영하는 감귤밭 포토존 겸 감귤 쿠킹클래스 체험장. 감귤밭 유리온실에서 한라봉 과일 청을 만들어볼 수 있는데, 제주 여행 기념 선물하기에도 딱 좋다. 한라봉 청 만들기 체험 11:00~17:00 운영, 사전 예약 필수.

- 제주 서귀포시 호근서호로 20-14
- #한라봉과일청 #감귤밭 #포토존

카멜리아힐

"꽃들이 만발하는 제주 핫플레이스"

@camelliahilljeju

제주의 핫플레이스. 동백꽃, 수국 등의 다양하고 예쁜 꽃과 식물들로 정원을 꾸며놓아 포토스팟이 많다. (p805 F:1)

- 제주 서귀포시 안덕면 병악로 166
- #인생샷 #동백꽃 #수국 #제주사진잘나온는곳

산방산

"어디에서 보느냐에 따라 달리 보이는 종상화산"

서귀포 안덕면에 있는 높이 395m로 우뚝 솟은 전형적인 종상화산. 화산의 종류로는 순상화산과 종상화산이 있는데, 순상화산은 정상 화구에서 분출된 분화구가 있는 화산, 종상화산은 용암이 지표에 밀려 나와 돔 형태를 띠는 화산을 뜻한다. 이곳 산방산은 돔 형태의 종상화산이다. 산방(山房)이라는 의미는 산수의 동굴을 의미하는데, 해식동굴이 있어서 이런 이름이 붙었다. 산방산은 모슬포항부터 송악산 용머리 해안 중문에서도 보일 정도로 우뚝 솟아 있다. (p805 E:2)

- 제주 서귀포시 안덕면
- 주차 : 서귀포시 안덕면 사계리 166-4
- #종상화산 #돔

순천미향 맛집

"문어, 전복, 흑돼지 삼합"

제주의 귀한 식재료인 문어, 전복, 흑돼지 갈비가 푸짐하게 들어간 제왕삼합이 시그니처 메뉴다. 문어와, 갈비, 전복을 숟가락에 올려 한꺼번에 먹으면 된다. 매콤한 소스가 밥이랑 잘 어울려 밥을 비벼먹어도 좋다. 용머리해안 근처에 위치해 제주 남쪽 바다를 한눈에 볼 수 있다. 과일을 갈아서 단맛과 깊은 맛이 나는 소스의 갈치조림도 인기메뉴다. 목요일 휴무 (p806 B:3)

- 제주 서귀포시 안덕면 사계남로216번길 24-73
- #갈치조림 #제주삼합 #안덕맛집

용머리해안 추천

"용한마리 몰고가세요"

산방산에 있는 해안으로, 180만 년 전에 있었던 화산 폭발로 생긴 것으로 알려져 있다. 층층이 쌓인 기이한 모양의 암벽들이 절경을 이룬다. 에메랄드 빛 물 웅덩이가 이곳의 대표적인 포토존인데, 물 아래로 거울처럼 반사되는 사진을 얻을 수 있어 이곳에서 사진을 찍으려는 사람들이 줄을 이룬다. 하멜표류 기념비가 이

근처에 있다. (p805 E:2)

- 제주 서귀포시 안덕면 사계리 112-3
- 주차 : 서귀포시 안덕면 사계리 112-3
- #용머리모양 #하멜상선전시관

서귀포 산방산 유채꽃 -
"종상화산의 특이한 지형 앞에 펼쳐진 노란물감"

산방산과 유채꽃을 모두 배경에 담을 수 있는 곳. 산방산 앞으로 펼쳐진 노란 유채꽃밭과 제주의 푸른 하늘이 매우 인상적이다. 화려한 배경으로 사진을 찍으려는 이들의 발길이 끊이지 않는다. 단, 사유지이므로 꽃밭 안에 입장해 사진을 찍으려면 소정의 입장료를 지급해야 한다.(p805 E:2)

- 제주 서귀포시 안덕면 사계리 1930
- 주차 : 서귀포시 안덕면 사계리 163-1
- #유채꽃 #산방산 #사진

산방산 탄산온천
"수질 좋은 탄산 온천"

우리나라의 5대 약수를 보다 수질이 좋기로 유명한 산방산 탄산온천! 온천의 약효가 뛰어나 여행의 피로와 고단함을 풀고 가기에 제격

인 곳이다. 노천탕을 이용하며 보는 이국적인 야자수들, 산방산의 풍경은 진정한 힐링이 무엇인지를 깨닫게 해준다.(p805 D:2)

- 제주 서귀포시 안덕면 사계북로41번길 192
- #최고수질 #약수보다온천수 #고혈압탕

오설록티뮤지엄 추천
"제주의 대표 차밭!"

제주 오설록 차밭 인근에 있는 한국 전통차 박물관. 한국 전통차 문화, 세계의 찻잔 등이 전시되어있으며, 전문가의 차 덖는 과정

본태박물관 추천
"박물관 자체로도 작품인 핫플"

세계적인 건축가 안도다다오가 설계건축한 박물관으로 동서양의 조화, 전통에서 현대에 이르는 작품들과 콘텐츠들이 전시된 곳.(p808 A:2)

- 제주 서귀포시 안덕면 산록남로762번길 69
- #안도다다오 #제주여행코스 #사진찍기좋은곳 #한적함

도 구경하고, 해당 찻잎을 살 수도 있다. 전통차와 녹차를 이용한 베이커리, 아이스크림도 판매하니 꼭 맛보고 오자.(p803 D:3)

- 제주 서귀포시 안덕면 서광리 1235-1
- #녹차 #문화 #녹차아이스크림

신화워터파크
"아이와 여행중이라면 물놀이 어때?"

신화월드 리조트에서 운영하는 워터파크. 엄마 아빠 아이 모두 만족할 만한 시설이 모두 갖추어져 있다. 18개의 풀과 슬라이드를 갖춘 워터파크와 어린이 전용 풀장, 찜질방, 소

안덕면

금방, 황토방에 시원한 맥주 한 캔을 즐길 수 있는 식당가까지 없는 것이 없다. 연중무휴 12:00~20:00 영업.(p805 E:1)

- 제주 서귀포시 안덕면 신화역사로304번길 38
- #대규모워터파크 #슬라이드 #어린이플장 #찜질방 #식당

군산오름

"고려 목종 때 폭발한 오름, 천년밖에 안된 산이라니 ㄷㄷ"

산방산과 중문 사이에 있는 오름. 오름이란 산의 제주도 방언이다. 군산 오름은 가장 최근에 폭발한 오름인데, 고려 목종 7년, 1007년에 생겼다고 기록되어 있다. 주차를 하고 5분가량 계단을 올라가면 쉽게 정상에 오를 수 있다. 정상에서는 서귀포 앞바다의 멋진 전경이 눈에 들어온다.(p805 F:1)

- 제주 서귀포시 안덕면 창천리 564
- 주차 : 서귀포시 안덕면 창천리 산3-1
- #화산 #오름 #서귀포전망

춘심이네 본점 맛집

"제주산 통갈치 구이 맛집"

@park_j_sung

바다낚시로 잡은 자연산 갈치를 공수해 만든 통갈치구이가 시그니처 메뉴다. 입에 낚시바늘이 있어 주의해야 한다. 크기가 커 조리시간이 30분 정도 걸린다. 직원이 갈치를 직접 손질해줘서 먹기 편하다. 고소하고 부드러운 갈치살을 아삭한 양파절임과 함께 먹는 것을 추천한다. 브레이크타임 15:30~17:00, (p805 F:1)

- 제주 서귀포시 안덕면 창천중앙로24번길 16 1층
- #안덕맛집 #통갈치구이 #왕갈치

서귀포 화순서동로(화순리) 유채꽃

"조용하고 한적한 제주 길따라 유채꽃 세상"

서광동리 사거리에서 안덕면 화순리에 위치한 화순서동로를 따라 3km 길이로 조성된 장거리 유채꽃 드라이브 코스. 유채꽃 드라이브 코스 사이로 보이는 산방산도 인상적이다. 다른 지역에서 볼 수 없는 독특한 드라이브 코스로 많은 사랑을 받고 있다. 길이 복잡하지 않아 중간에 차를 세워두고 꽃을 오롯이 즐길 수 있다.(p805 E:1)

- 제주 서귀포시 안덕면 화순리 2046
- #유채꽃 #드라이브

화순금모래 해변

"검은 모래가 금빛으로 빛나서 금모래"

현무암의 검은색을 띤 고운 모래가 햇빛에 비쳐 금색으로 보이는 아름다운 해수욕장. 가파도와 마라도가 보이는 해변으로, 해안의 끝에는 산방산이 있다. 화순항에서 출발해 금모래 해변을 따라 제주올레 9코스 산책을 즐겨보자. 바다 너머 산방산 전망이 아름답다.(p805 E:2)

- 제주 서귀포시 안덕면 화순리 776-8
- 주차 : 서귀포시 안덕면 화순리 833-2
- #금빛모래사장 #산방산

서광춘희 맛집

"제주산 성게알이 올라간 라면"

@henupark

귤창고를 식당으로 개조했다. 성게라면과 성게비빔밥이 인기메뉴다. 제주산 성게알만 사용해 가격은 높다 생각되지만 성게알의 양을 보면 이해가 되는 가격이다. 일본 라멘과 태국 음식 등이 생각나는 비주얼이다. 청양고추가 들어가 매콤하고 느끼하지 않다. 성게의 바다 향을 라면과 함께 맛보길 원한다면 방문하길 추천한다. 브레이크타임 16:00~17:30, 화요일 휴무(p805 E:1)

- 제주 서귀포시 안덕면 화순서동로 367
- #안덕맛집 #성게라면 #라면맛집

제주도 안덕면

서귀포 가파도 청보리밭
"꼭 한번 가고 싶은 곳"

가파도 2/3 규모를 빼곡히 채운 600,000 ㎡의 대규모 청보리밭. 모슬포항 가파도 선착장에서 유람선을 타고 이동할 수 있다. 올레길 10-1코스를 따라 가파도 선착장에서 곧바로 섬에서 가장 고도가 높은 가파초등학교까지 이동해 청보리밭과 섬 전체를 조망해볼 수도 있다. 매년 4월에는 청보리 축제도 개최되니 기회가 된다면 꼭 참여해보자.(p805 D:3)

- 제주 서귀포시 대정읍 가파리 373-2
- 주차 : 서귀포시 대정읍 하모리 694-7
- #청보리축제 #올레길

마라도 추천
"제주가 왜 아름다운 섬인지 자연스레 알게 되는 곳"

대한민국 최남단의 섬. 섬 둘레는 4.2km로, 도보로 한 바퀴 도는데 40분가량 소요된다. 여객선은 보통 2시간 간격이며 1시간 정도 산책하고 짜장면까지 먹으면 대략 2시간 정도가 걸린다. 날씨가 좋은 날 마라도에서 보는 제주도 본섬의 모습은 환상적

이다. 마라도에 오면 제주가 왜 아름다운 섬인지 자연스레 알게 된다. 조개류, 해조류 등이 많아 톳이 들어간 짜장면이 유명하다.(p804 A:2)

- 제주 서귀포시 대정읍 마라로101번길 46
- 주차 : 서귀포시 대정읍 상모리 132
- #여객선 #산책 #짜장면

마라도 억새
"평지 섬에 수많은 억새, 그 환상적임"

가을 마라도의 둘레길에 펼쳐진 억새의 모습이 가슴을 뛰게 한다. 세상과는 동떨어진 곳에 있는 그 신비함의 억새 길을 즐길 수 있다. 마라도는 대한민국 최남단의 섬으로, 섬 둘레는 4.2km. 도보로 한 바퀴를 도는데는 40분가량이 소요된다. 날씨가 좋은 날 마라도에서 보는 제주도 본섬의 모습은 환상적이다.(p804 A:2)

- 제주 서귀포시 대정읍 가파리 642
- 주차 : 서귀포시 대정읍 상모리 132
- #억새 #제주도전망 #스냅사진

알뜨르 비행장
"산방산, 한라산, 그리고 일제 비행기 격납고. 아이러니하게 이국적으로 아름다운 풍경"

알뜨르'라는 말은 '아래 벌판'을 의미하는 제주 방언이다. 이곳은 태평양전쟁 때 일본군의 비행기를 숨겨놓던 격납고였는데, 아

이러니하게도 이곳에서 보는 산방산과 한라산이 너무 아름답다.(p805 D:2)

- 제주 서귀포시 대정읍 상모리 411
- 주차 : 서귀포시 대정읍 상모리 1670
- #벌판 #한라산전망

송악산
"섭지코지 못지않게 해안절경이 아름다운 곳, 오르면 비로소 알게되는 멋진 경치"

104m의 낮은 오름. 해안 절벽에 동굴이 있는데 태평양전쟁 때 일본군들이 배를 감추기 위해 15개를 파 놓았다. 그래서 일오동굴이라 한다. 둘레길이 있어 산책할 수도 있는데, 이 둘레길에서 바라보는 산방산과 한라산, 마라도의 모습도 너무 아름답다.(p805 D:2)

- 제주 서귀포시 대정읍 상모리 산2
- #일오동굴 #둘레길

노을해안도로
"그냥 봐도 아름답지만 해 질 무렵은 더 아름다워"

바닷가 바로 옆에 형성되어 있는 해안도로. 수월봉을 지나 대정읍에 걸쳐 있으며, 제주 서쪽 협재 해변의 의 아름다운 석양을 감상할 수 있다.(p804 B:1)

- 제주 서귀포시 대정읍 신도리 2937-3
- 주차 : 서귀포시 대정읍 신도리 2937-7
- #협재해수욕장 #드라이브

곶자왈 `추천`
"원시 숲에 들어온 기분이야"

사계절 늘 초록의 공간인 곶자왈은, 남방계 식물과 북방계 식물이 함께 사는 매우 독특한 생태계를 자랑하는 곳이다. 우리나라에서 가장 큰 난대림 지대이기도 한데, 곶자왈을 통해 모인 빗물이 강이 되어 흐른다고 한다. 생명수를 품고 있다 하여 제주의 허파라고도 불린다. 숲해설을 들으며 천천히 걷다 보면, 몸도 마음도 깨끗해지고, 이름 모를 나무와 꽃도 달리 보이게 된다.(p806 A:2)

- 제주 서귀포시 대정읍 에듀시티로 178
- #화산숲 #최대난대림 #생명수

인스밀 `카페`
"이국적인 야자수 전망을 즐길 수 있는 카페"

@seungah0323

탁 트인 야자수 전망을 배경으로 사진찍기 좋은 카페. 제주 보리를 넣어 만든 곡물 음료 보리개역, 보리 아이스크림이 인기상품. 보리와 마늘로 만든 스콘도 맛있다. 11~3월 매일 10:30~19:30, 4~10월 10:30~20:30 영업, 마감 30분 전 주문 마감.

- 제주 서귀포시 대정읍 일과대수로27번길

22 1층
- #이국적 #사진촬영 #보리디저트

마라도 정기 여객선
"최남단 마라도로 향하는 정기 여객선"

@jinyoung6314

하루 5번 운행, 편도 25분 소요되는 마라도 정기 여객선. 출발 10분 전 매표가 마감되며, 전화로 사전 예약할 경우 40분 전까지 매표소에 도착해야 한다. 마라도에 도착하면 천연기념물 제423호로 지정된 마라도의 자연경관을 감상하고, 국토 최남단비, 기원정사, 송악산, 마라도 잠수함, 초콜릿 박물관 등에도 방문해보자.(p805 D:2)

- 제주 서귀포시 대정읍 하모리 646-20 모슬포항 여객선대합실
- #자연경관 #송악산 #잠수함

미영이네식당 `맛집`
"육지에선 맛볼 수 없는 윤기 좌르르 고등어회"

제주도까지 왔다면 고소한 맛이 일품인 고등어회를 꼭 먹어보자. 미영이네 고등어회는 마른 김에 새콤달콤한 채소무침, 조밥, 갈치속 젓을 넣어 쌈을 싸 먹는 것이 공식이다. 회를 먹고 나면 나오는 맑은 국물 고등어탕도 일

품.(p804 B:2)

- 제주 서귀포시 대정읍 하모리 770-29
- #고등어회 #고등어쌈 #채소무침 #갈치속 젓 #고등어탕

엉알해안
"조용히 걷고 싶을 때, 조금은 덜 알려진 이곳으로 와"

해안 절벽이 퇴적층으로 이루어져 있는 유네스코 세계지질공원. 차귀도 포구에서 수월봉 방향으로 엉알해안이 있으며, 올레길 12코스에 속해있다. 해안 길을 따라 차귀도 뒤로 지는 아름다운 석양을 볼 수 있다.(p804 B:1)

- 제주 제주시 한경면 고산리
- 주차 : 제주시 한경면 고산리 3615-11
- #유네스코 #해안절벽 #석양

수월봉 `추천`
"오지 않으면 후회할만한 경치, 수월봉을 잊지 마!"

차귀해안을 따라가다 보면 나오는 오름. 차량으로 수월정(정상 전망대)까지 접근할 수 있다. 정상에 오르면 차귀도와 차귀해안이 아름답게 내려다보이며, 해 질 무렵 보이는 저녁노을 또한 으뜸이다.(p804 B:1)

- 제주 제주시 한경면 고산리 3760
- 주차 : 제주시 한경면 고산리 3760-3
- #해안 #낙조 #전망대

수월봉 지질트레일

"지질트레일 코스. 엉알해안에서 자구내 포구로 이어지는 곳이 사진포인트"

지질트레일로 유명한 수월봉! 화산폭발이 만들어 낸 놀라운 수직절벽, 나이테를 닮은 화산재를 보며 걸을 수 있다. 서쪽이라 노을이 특히 아름답다. 엉알해안에서 자구내포구로 이어지는 곳이 사진 포인트이니, 해넘이 시간을 잘 활용해 보자.(p804 B:1)

- 제주 제주시 한경면 고산리 3674-7
- #수월봉 #지질트레일 #수직절벽 #노을

제주 차귀도 요트투어

"요트 위에서 바라보는 아름다운 일몰"

제주시 한경면

대한민국 10대 일몰 명소인 차귀도 풍경을 즐길 수 있는 요트투어. 일반 요트투어와 낚시투어, 스노클링투어 3가지 코스를 운영한다. 단독으로 배를 빌려 연인이나 가족을 위해 깜짝 이벤트를 준비할 수도 있다. 매일 09:00~19:00 연중무휴 운영.(p802 A:3)

- 제주 제주시 한경면 용수리 4240
- #이벤트요트 #로맨틱 #낚시 #스노클링

신창풍차 해안도로

"줄지은 하얀 풍차를 배경으로 멋진 사진을 찍어봐!"

한경면 신창리에 있는 풍력발전소가 있는 신창풍차해안은 일몰의 석양을 아름답게 볼 수 있는 명소이다. 드라이브 코스로 손에 꼽히는 곳이므로 차로 여행한다면 꼭 들러보자. 싱계물공원에는 바다 육교가 설치되어 있어 바다와 풍차를 더 가까이 볼 수 있다.(p802 A:3)

- 제주 제주시 한경면 신창리 1481-21
- 주차 : 제주시 한경면 신창리 1321-2
- #드라이브 #바다전망 #풍차

해거름 전망대

"사람 없는 조용한 곳에서 조용히 즐기는 노을"

판포 포구 앞 해변을 조망할 수 있는 2층 건물의 전망대. 협재해변에서 서귀포 가는 방향에 있으며, 2층 해거름 카페에서 해 질녘 멋진 낙조 전망을 보며 차를 즐길 수 있다.(p802 A:2)

- 제주도 제주시 한경면 판포리 1608
- 주차 : 제주시 한경면 판포리 1608-4
- #해변가 #전망카페

판포포구

"꼭 여름에 들러봐! 수영이 가능할 때 말이야"

협재해변을 지나 나오는 이색 물놀이 명소다. 물이 맑고 물고기가 많아 스노클링 장소로도 유명하다. 조수 간만의 차가 커서 썰물 때는 모래 등이 보일 정도로 수심이 낮아지는데, 밀물일 때와는 또 다른 매력을 지닌다.(p802 A:2)

- 제주 제주시 한경면 판포리 2877-1
- 주차 : 제주시 한경면 판포리 1600-4
- #스노쿨링 #수상스포츠

성이시돌목장 추천

"뛰어노는 말과 이국적인 건축물인 '테쉬폰'으로 유명"

이국적인 건축물인 테쉬폰 형태의 건물이 있는 곳. '우유부단'이라는 브랜드의 아이스크림이 유명하다. 제주에서 사진 찍기 좋은 장소 중에 하나다.(p803 D:3)

- 제주 제주시 한림읍 금악리 124
- #우유부단 #아이스크림 #스냅사진

안녕협재씨 맛집

"신선한 해산물 비빔밥을 맛보자"

협재 비빔밥 맛집이다. 여러 비빔밥 중 딱새우 비빔밥이 인기 메뉴다. 새우 손질 후 달걀 노른자를 넣고 소스를 부어 비벼먹으면 된다. 부드러운 간장 딱새우장과 달걀 노른자의 고소한 맛이 조화롭다. 특히 비빔밥에 들어있는 조림무가 달달하고 맛있다. 잘게 썰어 비벼먹으면 된다. 제공되는 맛간장으로 간을 맞춰 먹으면 된다. (p802 A:1)

- 제주 제주시 한림읍 금능길 12 1층
- #협재맛집 #딱새우장비빔밥 #돌문어장비빔밥

금악리 해바라기

"초겨울 까지도 해바라기가 있다."

농장주 히피웅씨가 금악리 홍보를 위해 무료개방하는 해바라기 농장. 금악리는 관광객들이 많이 찾지 않는 지역이지만, 자연환경이 아름답고, 대로변에 위치해 접근성이 좋은 지역이다. 따뜻한 제주도의 날씨 덕분에 초겨울까지도 해바라기가 피어난다. 단, 수확으로 인해 꽃을 보지 못할 수 있으니 농장주인 히피웅 블로그를 통한 확인이 필요하다. 해바라기밭 앞 길가에 주차할 수 있지만, 주차장이 만석일 경우 금악초등학교에 주차하면 된다.

- 제주 제주시 한림읍 금악리 3017-1
- 주차 : 제주시 한림읍 금악리 1915
- #해바라기 #무료입장

금오름 추천

"쉽게 오를 수 있어 별것 아니라는 편견을 버려, 엄청난 광경을 보게 될 거야"

@yizhen_2

금악오름이라고도 부르는 오름으로 정상에서 패러글라이딩 체험을 즐길 수 있다. 협재해변, 한라산, 새별 오름 등 각종 오름도 전망할 수 있다. 협재해변에서 차로 15분 거리 이동. 금오름의 '금'은 고조선부터 쓰이던 신(神)이라는 의미이다.(p800 B:3)

- 제주 제주시 한림읍 금악리 산1-1
- #전망산 #패러글라이딩

나홀로나무

"웨딩, 커플 사진의 성지! 커플이라면 바로 스크랩"

성이시돌목장 근처에 일명 '왕따나무'라고 불리는 '새별 오름 나 홀로 나무'는 홀로 서있는 나무와 뒤에 보이는 새별 오름과 이달 오름이 멋지게 나오는 기념사진, 웨딩사진 촬영의 성지이다. 성이시돌목장에서 5분 거리에 있다.

- 제주 제주시 한림읍 금악리 산30-8
- #왕따나무 #사진

한림읍

명월국민학교 `카페`
"매주 일요일 플리마켓이 열리는 폐교 카페"

시골 학교 건물을 리모델링한 베이커리 카페. 음료를 주문하면 학교 안의 포토존과 운동기구 등 각 시설물을 이용할 수 있다. 기회가 된다면 매주 일요일에 열리는 프리마켓 행사에도 참여해보자. 매일 11:00~19:00 영업.(p802 C:1)

■ 제주 제주시 한림읍 명월로 48
■ #시골감성 #폐교건물 #명월차 #티라미슈라떼

카페 호텔샌드 `카페`
"협재해변 전망 파라솔 설치"

@_aa_yomi

카페 호텔샌드에서 협재해수욕장을 바라보며 쉬어갈 수 있는 파라솔을 빌릴 수 있다. 솔방울을 닮은 나무 소재의 파라솔과 바다 풍경이 잘 보이도록 사진을 찍어갈 수 있다. 단, 차량 이동 시에는 카페 주차장이 협소하므로 협재해수욕장 공용주차장에 주차하는 것이 좋다.

■ 제주 제주시 한림로 339
■ #협재해수욕장 #파라솔대여 #일광욕

채훈이네 해장국 `맛집`
"제주 향토음식을 맛보자"

@dr.zzumbzzumb

걸쭉하고 되직한 식감의 고사리 육개장이 인기메뉴. 돼지고기와 사골, 잡뼈 등을 삶아 국물을 내고, 잘게 찢은 고사리와 돼지고기, 메밀가루를 넣어 만든 국으로 제주도에서 집안행사가 있을 때 먹었던 향토음식이다. 국이지만 죽처럼 걸쭉한 국물이 특징이다. 모자반을 넣어 만든 몸국도 추천한다. (p802 A:3)

■ 제주 제주시 한림읍 한림상로 29
■ #협재맛집 #해장국 #고사리육개장 #향토음식

수우동 `맛집`
"쫄깃쫄깃한 면발에 반숙 계란 튀김이 올라간 냉우동 맛집"

발로 반죽한 족타 방식으로 면을 뽑아내는 우동 전문점. 반죽을 하루 동안 숙성시켜 면발 식감이 더욱 쫄깃하다. 우동에 올라간 반숙 계란 튀김은 쫄깃한 면발만큼이나 별미. 가게

통창 밖으로 보이는 비양도 경치도 아름답다. 방문 예약만 가능하며, 최소 하루 전 미리 방문해서 예약하는 것을 추천.(p802 A:1)

■ 제주 제주시 한림읍 협재1길 11
■ #수우동 #냉우동 #족타면 #반숙튀김 #모둠튀김

협재해수욕장 `추천`
"협재만큼 로맨틱한 해변은 없을 거야"

제주공항에서 30㎞, 40분 거리에 있는 제주에서 으뜸가는 석양 명소. 비양도의 모양이 소설 어린 왕자에 나오는 보아뱀을 닮아 더욱 독특하고 감성적이다.(p802 A:1)

■ 제주 제주시 한림읍 협재리 2497-1
■ 주차 : 제주시 한림읍 협재리 2447-13
■ #석양 #해수욕장

문개항아리 `맛집`
"자연산 돌문어가 들어간 해물라면"

꽃게, 바지락, 가리비, 전복, 문어 등 푸짐한 해물이 들어간 해물라면이 시그니처 메뉴. 직접 문어손질을 해주신다. 오래 익히면 질겨지니 문어부터 먹으면 좋다. 해물은 먹은 후 육수에 라면 생면과 차돌박이를 넣어 끓여먹으면 된다. 육수는 리필이 된다. 브레이크 타임 15:30~17:00. 목요일 휴무. 테이블링 예약 가능. (p798 A:2)

- 제주 제주시 애월읍 가문동길 38
- #애월맛집#공항맛집 #해물라면

애월 우니담 `맛집`

"바다향을 품은 성게를 맛보자"

제주 성게 맛집이다. 성게덮밥, 성게미역국, 전복 가마솥밥이 인기메뉴다. 성게덮밥은 비비지 말고 밥에 성게알을 얹어 먹는 것이 성게의 고소하고 녹진한 맛을 느끼기 좋다. 가마솥밥이라 밥이 고슬고슬하다. 바다향을 가득 품은 성게를 넣은 미역국의 진한 맛이 솥밥과 잘 어울린다. 애월해안이 바로 앞에 위치해 뷰가 좋다. 15:00~16:00 쉬어간다. (p800 C:1)

- 제주 제주시 애월읍 고내로13길 107 2층
- #애월맛집 #우니덮밥 #전복솥밥

잇수다 `맛집`

"두툼한 흑돼지 돈까스"

@jungjun88

흑돼지 돈까스로 유명한 집. 두툼하고 육즙 가득한 흑돼지 고기로 만든 돈까스의 식감이 좋다.돈까스 소스와 고기 위에 얹어진 버섯 크림 소스가 조화롭다. 두툼한 등심의 씹는 맛이 좋고, 잡내가 나지 않아 더욱 맛있다. 15:00~17:00까지 브레이크타임이며, 화요일은 휴무다. 애견동반 가능.

- 제주 제주시 애월읍 고내로7길 46-1 1층
- #고내포구 맛집 #돈까스 #애견동반

곽지과물해변(곽지 해수욕장)

"괴물이 아니야 '용천수가 솟아나는 우물'이라는 의미의 '과물' 이라고"

현무암 독살(원담)을 이루는 곳이 파도가 잔잔하여 물놀이 하기 좋다. 곽지해수욕장에는 용천수가 나오는 '과물 노천탕'이 있는데, 과물은 '용천수가 솟아나는 우물'을 의미한다.(p800 B:2)

- 제주 제주시 애월읍 곽지리 15
- 주차 : 제주시 애월읍 곽지리 1565
- #해수욕장 #과물 #노천탕

구엄리돌염전

"정말 작은 염전, 사진 한장으로 끝!"

현무암으로 이루어진 천연암반지대에서 소금을 생산했던 장소이다. 조선시대부터 구엄마을의 주요 생업 터전이었지만 1950년에 그 기능을 상실해서 현재는 체험과 관광자원으로 활용하고 있다. 제주 올레 16길 코스에 위치하여 바다의 절경을 감상할 수 있는 해안 드라이브 코스로도 유명하다.(p798 A:2)

- 제주 제주시 애월읍 구엄리 1254-1
- #돌염전 #소금빌레 #올레16코스

새별오름 추천

"근처에 '새별오름 나 홀로 나무'도 있지! 멀리서 볼 때 더 아름다운 오름"

파란 하늘에 민둥산 느낌의 초원으로 이루어진 오름. 저녁 하늘 샛별과 같이 외롭게 있다고 하여 '새별오름'이라 불린다. 가을에는 억새로 가득한 억새 산이 된다. 해 질 무렵 새별오름에서 보는 저녁노을은 평생 기억할 추억이 될 것이다.(p800 C:2)

- 제주 제주시 애월읍 봉성리 산59-8
- 주차 : 제주시 애월읍 봉성리 산59-12
- #억새 #갈대 #노을

새별오름 억새

"가을 제주, 필수 여행지!"

새별오름은 가을 억새로 가득한 억새산이다. 파란 하늘에 민둥산 느낌의 초원으로 이루어진 오름으로, 저녁 하늘 샛별과 같이 외롭게 있다고 하여 '새별오름'이라는 낭만적인 이름이 붙었다. 새별오름 주차장에 주차후 좌측 능선으로 이동하는데, 초반 등산길은 약간 경사가 있다.(p800 C:2)

- 제주 제주시 애월읍 봉성리 산 59-8
- 주차 : 제주시 애월읍 봉성리 산59-12
- #억새 #민둥산

들불축제

"새별 오름에 불을 놓는다 생각해봐 너무 멋지지 않아?"

해묵은 풀을 태워 해충을 쫓는 제주의 전통 풍습 '방애'를 모티브로 한 축제. 제주도에서는 들불을 밝혀 새해 액막이를 하고 소원을 빈다고 한다. 오름 불 놓기, 달집 만들기, 듬돌들기 등의 전통체험을 할 수 있다.

- 제주 제주시 애월읍 봉성리 산59-8
- 주차 : 제주시 애월읍 봉성리 산59-12
- #전통문화축제 #들불 #체험

항파두리 항몽유적지

"삼별초의 최후 항전지라는 것이 큰 의미가 있는 것 같아, 가끔은 의미 있는 여행도 좋아"

몽골 침입 때 삼별초가 최후까지 항전한곳. 전라도 전투에서 패한 삼별초는 제주도로 건너와 이곳에 항파두성을 쌓았다. 최근 관련 유적과 복원작업을 진행 중이며, 근처에 방문객을 위하여 꽃밭을 심어 놓았다.(p798 A:2)

- 제주 제주시 애월읍 상귀리 1012
- 주차 : 제주시 애월읍 상귀리 1008-1
- #항파두리토성 #역사여행지 #꽃밭

항파두리 유채꽃/해바라기

"삼별초의 최후 격전지와 유채꽃"

항파두리 항몽유적지 옆 들판에 조성된 4천 평 규모의 유채꽃 꽃밭. 무료로 입장할 수 있으며, 산책로도 조성되어 있다. 봄에는 유채꽃, 여름에는 해바라기, 가을에는 코스모스가 피어난다. 항파두리 항몽 유적지는 몽골의 침략을 받은 조국을 위해 싸운 삼별초가 최후까지 항전하다가 순의 한 곳이다.(p798 A:2)

- 제주 제주시 애월읍 상귀리 897-1
- 주차 : 제주시 애월읍 상귀리 1008-1
- #유채꽃 #산책로 #무료입장

테지움
"날씨가 안 좋다면, 인형 박물관은 어때?"

세계 최초로 동식물을 봉제 인형으로 제작하여 전시한 박물관. 호랑이, 코끼리, 돌고래, 상어, 홍학, 오리 떼 등의 봉제 인형과 테디베어가 함께 전시되어있다. 드라마 뉴 하트에 등장한 모든 테디베어도 찾아보자. 연중무휴.

- 제주 제주시 애월읍 소길리 155-112
- 주차 : 제주시 애월읍 소길리 155-101
- #테디베어 #인형 #어린이

봄날 `카페`
"웰시코기가 맞이해주는 뷰맛집"

해안 전망의 뷰맛집. 맨도롱또똣 드라마 촬영지로 유명한 곳. 아기자기한 소품들과 예쁜 인테리어로 사진찍기 좋으며 카페에 입장하면 웰시코기가 맞이해주는 카페 (p800 B:1)

- 제주 제주시 애월읍 애월리 2540
- #뷰맛집 #인생사진 #녹차아이스크림

애월더선셋 `카페`
"바다뷰가 멋진 브런치카페"

@cocoyula0305

제주 일몰 명소로 유명한 카페. 파스텔톤의 아기자기한 인테리어와 바다뷰로 선셋이 멋진 뷰맛집. 1층은 까페 2층은 리조트로 운영중이다.(p800 B:1)

- 제주 제주시 애월읍 일주서로 6111
- #인생샷 #뷰맛집 #브런치카페 #인스타감성

하이엔드제주 `카페`
"애월바다가 한눈에 보이는 카페"

@pinkladysun

애월바닷가 바로 옆에 위치한 큰 규모의 베이커리 까페. SNS 인기 제주핫플로 루프탑에 포토존이 마련되어 있어 사진찍기 좋다.(p800 B:1)

- 제주 제주시 애월읍 애월북서길 56-1
- #인생사진 #뷰맛집 #딸기팡도르 #제주핫플

몽상드애월 `카페`
"제주 애월바다의 대표카페"

전망 좋은 카페로 유명한 곳. 벽면이 전부 유리로 되어 세련된 인테리어와 바다뷰로 오랜시간 동안 인기있는 카페.

- 제주 제주시 애월읍 애월북서길 56-1
- #경치좋은곳 #뷰맛집 #오션뷰 #전망좋은카페

크랩잭 제주한담 `맛집`
"환상적인 바다와 함께 랍스터를!"

석양의 바다를 보며 랍스터를 즐기는 환상적인 음식점이 있다. 우주선 같은 재미있는 건물과 이국적인 야자수, 그리고 제주의 환상적인

제주도 애월읍

851

바다가 더해져 하와이가 부럽지 않은 곳이다. 노을 시간에 맞춰 가면 인생 최고의 로맨틱한 시간을 보낼 수 있다. 랍스터와 딱새우, 제주도의 다양한 해산물을 낭만적으로 즐겨보자.

- 제주 제주시 애월읍 애월해안로 765
- #랍스터 #노을 #석양 #하와이감성 #이국적 #로맨틱

하가리 연꽃마을 연화지
"파스텔톤의 더럭분교옆 연못"

@hyeyeon2095

더럭분교(애월초등학교) 옆에 위치한 연화지에서 피어나는 연꽃 무리. 연화지는 제주도에서 가장 큰 연못으로, 10,000㎡가 넘는 면적을 자랑한다. 넓은 연화지를 가득 메운 소담스러운 연꽃 무리가 인상적이다. 연화지 중앙에는 정자가 설치되어 있어 연꽃을 한껏 즐길 수 있다. 연화지 안에는 잉어와 장어가 서식하며, 주변으로 팽나무, 무궁화 등도 자라난다. 나무데크길을 따라 인물 사진 찍기도 좋다.

- 제주 제주시 애월읍 하가리 1569-2
- 주차 : 제주시 애월읍 하가리 1569-5
- #대규모 #연못 #연꽃

아르떼뮤지엄 제주
"영원한 자연이란 테마의 미디어 아트"

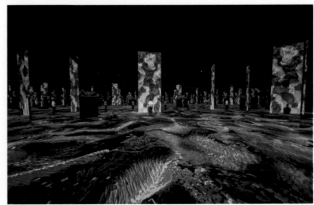

빛과 소리가 만들어내는 환상적인 공간, 코엑스 'Wave' 작품으로 유명한 디지털 컴퍼니 d'strict가 주관/제작한 국내 최대 규모의 미디어 아트 전시관이다. 영원한 자연(ETERNAL NATURE) 소재의 10개 테마의 미디어 아트가 전시되어 있으며, 특히 최고의 몰입도를 자랑하는 비치(Beach) 존이 가장 유명하다. (p800 C:2)

- 제주 제주시 애월읍 어림비로 478
- #Wave #d'strict #미디어아트전시관

제주도 애월읍

INDEX

울릉도

독도

고성군

철원군

양구군

속초시

연천군

화천군

인제군

양양군

포천시

춘천시

파주시

동두천시

홍천군

강원특별자치도

강릉시

양주시

의정부시

가평군

고양시

남양주시

양평군

횡성군

평창군

정선군

동해시

서울특별시

경기도

구리시

하남시

광주시

원주시

삼척시

성남시

수원시

여주시

인천광역시

중구

부천시

안양시

용인시

이천시

영월군

태백시

안산시

화성시

오산시

안성시

충주시

제천시

단양군

봉화군

울진군

평택시

음성군

진천군

증평군

충청북도

영주시

당진시

아산시

천안시

괴산군

문경시

예천군

안동시

영양군

태안군

서산시

청주시

충청남도

예산군

청송군

홍성군

공주시

세종특별
자치시

보은군

상주시

의성군

경상북도

영덕군

청양군

대전광역시

계룡시

옥천군

구미시

군위군

영천시

포항시

보령시

부여군

논산시

금산군

영동군

김천시

칠곡군

경산시

경주시

서천군

익산시

완주군

무주군

성주군

대구광역시

군산시

전주시

진안군

거창군

고령군

청도군

김제시

임실군

장수군

함양군

합천군

창녕군

밀양시

울산광역시

부안군

정읍시

남원시

산청군

의령군

양산시

전라북도

고창군

순창군

구례군

함안군

김해시

창원시

부산광역시

영광군

장성군

담양군

곡성군

광양시

진주시

경상남도

함평군

광주광역시

하동군

사천시

고성군

거제시

나주시

화순군

순천시

여수시

남해군

전라남도

무안군

영암군

보성군

강진군

장흥군

고흥군

진도군

완도군

해남군

제주특별자치도

제주시

서귀포시

864